Die Fahrdynamik der Verkehrsmittel

Eine Berechnungsgrundlage für das Wirtschaften

Von

Dr.-Ing. habil. Wilhelm Müller
o. Professor an der Technischen Hochschule Berlin
Regierungsbaurat a. D.

Mit 236 Abbildungen im Text
und auf 3 Tafeln

Springer-Verlag Berlin Heidelberg GmbH
1940

Additional material to this book can be downloaded from http://extras.springer.com

ISBN 978-3-642-50596-6   ISBN 978-3-642-50906-3 (eBook)
DOI 10.1007/978-3-642-50906-3

Vorwort.

Das vorliegende Buch ist ein Buch für den praktischen Ingenieur und Betriebsmann trotz der für den Praktiker manchmal auf den ersten Blick bedrohlich erscheinenden mathematischen Einkleidung des Stoffes. Weiterhin soll das Buch der Ausbildung des Nachwuchses dienen. Es stellt zum ersten Male Probleme der Fahrdynamik aller Verkehrsmittel nach einer einheitlichen Methode dar. Das vorliegende Gebiet habe ich seit vielen Jahren in einer Reihe von Einzelarbeiten in verschiedenen Fachzeitschriften behandelt, und meine berufliche Tätigkeit gab mir vielfach Gelegenheit, die praktische Anwendbarkeit der Fahrdynamik auf alle Verkehrsmittel zu prüfen. Nachdem ich nun die Verfahren für den praktischen Gebrauch wesentlich vereinfacht habe und die Entwicklung meiner Methoden zu einem gewissen Abschluß gebracht zu haben glaube, scheint es mir an der Zeit, das ganze Gebiet einmal zusammenfassend zu behandeln. Bei der Bearbeitung des Werkes konnte ich auf Abhandlungen zurückgreifen, die von meinen Schülern vielfach auf meine Anregung hin meist als Dissertationen verfaßt worden sind, und über die das Quellenverzeichnis Aufschluß gibt.

Die Aufgaben der Fahrdynamik sind im letzten Grunde wirtschaftlicher Natur. Die wirtschaftliche Auswirkung eines technischen Werkes — das Wort im weitesten Sinne genommen — hat stets zwei scharf voneinander getrennte Seiten, den Aufwand für die erstmalige Herstellung, das sind die Baukosten, und den Aufwand für seine Benutzung und Unterhaltung, das sind die Betriebskosten. Beide Kostengruppen sind grundsätzlich verschiedener Natur:

Die Baukosten sind einmalig und fest begrenzt, also gewissermaßen statisch,

die Betriebskosten dagegen hängen von der Art und Größe des Betriebes ab. Sie sind daher relativ und dynamisch.

Entsprechend ihrer einfacheren Natur setzte die wissenschaftliche Durchdringung der Baukosten schon früh ein. Die alte Kunst des wirtschaftlichen Trassierens z. B. war im wesentlichen ein Vergleich der Baukosten. Verhältnismäßig jung und noch in der Entwicklung begriffen ist die Betriebskostenermittlung als Grundlage für die Planung. Die Notwendigkeit, beide Kostengruppen gegeneinander abzuwägen, ist um so größer, je mehr die Betriebskosten gegenüber den Baukosten ins Gewicht fallen. Das ist im besonderen Maße bei den Verkehrsmitteln der Fall. Aber auch in solchen Fällen, wo anscheinend die reinen Baukosten absolut überwiegen, können die Betriebskosten den Ausschlag bei der Wahl zwischen verschiedenen Lösungsmöglichkeiten geben. Dafür sei ein Beispiel aus dem Brückenbau genannt:

Die Wahl der Baustelle für eine Strombrücke hängt wirtschaftlich gesehen nicht nur von den Baukosten ab, die durch die erforderliche Länge und die Systemwahl der Brücke bedingt sind, sondern auch von den Unterschieden der Betriebskosten, die sich bei den einzelnen Lösungen infolge der verschiedenen Neigungs- und Krümmungsverhältnisse der Zufahrtrampen ergeben.

Die Grundlagen für die fahrdynamischen Untersuchungen bilden Diagramme, die die Abhängigkeit der Bewegungskräfte und des Energieverbrauchs von der Fahrgeschwindigkeit angeben. Diese Diagramme sind durch Auswertung der Ergebnisse entstanden, die auf den Motorprüfständen, durch Versuchsfahrten und Beobachtungen gefunden worden sind. Aus ihnen werden zeichnerisch durch stufenweise Integration Fahrweg, Arbeit und Energieaufwand für gleichbleibende Zeitschritte ermittelt, deren Summe die Fahrzeit und weiterhin den Arbeits- und Energieverbrauch, also den technischen Aufwand der gesamten Fahrstrecke ergeben. Die Größe des Zeitschritts hängt von der Art der Bewegungskräfte und der Betriebsweise ab und ist bei den verschiedenen Verkehrsmitteln so gewählt, daß die Zeichenarbeit möglichst klein und die Genauigkeit möglichst groß ist. Das Verfahren bedient sich nur elementarer, hauptsächlich geometrischer Ausdrucksmittel und ist daher im Aufbau und in der Handhabung anschaulich und einfach.

Grundsätzlich ist es hinsichtlich der Genauigkeit den Verfahren überlegen, die mit gleichbleibenden Geschwindigkeitsschritten den technischen Aufwand ermitteln.

Die Aufwandsermittlung könnte auch mit Verfahren durchgeführt werden, die mit allgemeiner Integration arbeiten. Integrationsfehler werden hierbei zwar vermieden, aber dieser Vorteil ist nur theoretischer Natur, denn man erkauft ihn durch den Nachteil, daß die Form der vorgenannten Diagramme erst einer integrierbaren Funktion angepaßt werden muß. Das ist umständlich und kann zu neuen Fehlern und Ungenauigkeiten Anlaß geben. Die Hauptschwierigkeit bei der allgemeinen Integration liegt aber in den Unstetigkeiten der Funktionen, die bei Dampflokomotiven von dem Übergang der Reibungs- zur Kesselleistungsgrenze, bei elektrischen Triebfahrzeugen von den einzelnen Schaltstufen, bei Fahrzeugen mit Verbrennungsmotoren und mechanischem Getriebe von den verschiedenen Gängen und beim Fahrweg von den Neigungs- und Krümmungswechseln herrühren. Das mathematische Rüstzeug für die allgemeine Integration ist also viel umfangreicher als bei der stufenweisen.

Meine Darstellungsweise der Fahrbewegung ist folgende:

Ein Bewegungsvorgang wird ebenso in Zeitschritte unterteilt wie ein Musikstück (Takte). Die Wege je Zeitschritt werden aus den vorgenannten Diagrammen der Bewegungskräfte zeichnerisch ermittelt, aneinandergereiht und nach ihrer Zeitfolge beziffert. Eine Fahrt wird nach der zeichnerischen Darstellung aus den Wegstrecken je Zeitschritt ebenso zusammengesetzt, wie es im Film durch die einzelnen Aufnahmen dieser Wegstrecken geschieht. Meine Darstellungsweise bezeichnet also wie für einen Trickfilm, der die verhältnisgleiche Bewegung wiedergibt, die Orte, an denen sich das Fahrzeug in den aufeinanderfolgenden Zeitschritten befindet. Bisher wird die Fahrbewegung auf einem Schienen-, Land- oder Wasserwege meist zweidimensional als Zeit-Wege-Linie wiedergegeben, in der sowohl der Fahrweg als auch die Fahrzeit geometrisch dargestellt sind.

Im Gegensatz hierzu erscheinen bei meiner Darstellungsweise lediglich die Wege ihrer Natur entsprechend als Strecken. Da nach Leibniz die Zeit die Ordnung der Folge der Veränderungen ist, so genügt es für die vollständige Darstellung der Fahrbewegung nach Raum, Zeit und Richtung, wenn man die aneinandergereihten Wegstrecken je Zeitschritt, also die Ortsveränderungen, nach ihrer Zeitfolge beziffert. Das Bild der Fahrbewegung wird dadurch eindimensional. Infolgedessen können z. B. in einem Bahnhofsplan die Zugfahrten unmittelbar in ihre Fahrstraßen eingezeichnet werden. Auch ist es hiernach möglich, eine schraubenförmige Flugbahn aus den Flugstrecken je Zeitschritt räumlich und zeitlich zu konstruieren.

Weiterhin gestattet die Eigenart dieser Darstellungsweise in einfacherer und übersichtlicherer Weise als mittels allgemeiner Integration sog. Netztafeln zu entwerfen, aus denen für Wegstrecken von beliebiger Länge und Neigung Fahrzeit und Energieverbrauch abgelesen werden können. Die Netztafeln sparen daher die schrittweisen Ermittlungen. Ihre Verwendung ist für städtische Verkehrsmittel mit ihren kurzen Haltestellenabständen vorteilhaft. Bei Fernbahnen führt jedoch die stufenweise Integration bei gleichbleibenden Zeitschritten mit weniger mathematischem Aufwand und in einfacherer Weise zum Ziel.

Mit meinem Verfahren lassen sich in ähnlicher Weise wie bei der Fahrzeit- und Energieermittlung auch noch auf anderen Gebieten, z. B. der Schwingungslehre, der Hydraulik und der Elektrotechnik, Aufgaben auf einfache und anschauliche Art lösen.

Für die ausgezeichnete Ausstattung des Buches gebührt der Verlagsbuchhandlung Julius Springer mein besonderer Dank.

Zum Schluß möchte ich noch meinen herzlichen Dank meinen Assistenten, den Herren Reichsbahnbauassessor Werner Gildemeister und Dipl.-Ing. Gerhard Röhrs, aussprechen, die mir beim Lesen der Korrektur aufmerksame Mitarbeit leisteten, sowie den Herren Reichsbahnrat Dr.-Ing. Ernst Behr, Reichsbahnbauassessor Alfred Schieb und insbesondere meinem leider so früh verstorbenen Assistenten Herrn Reichsbahnbauassessor Rudolf Prater für die wertvolle Arbeit bei der Aufstellung der Zeichnungen.

Berlin, im November 1939. **Wilhelm Müller.**

Inhaltsverzeichnis.

Erster Abschnitt.
Die Grundlagen der Fahrdynamik der Verkehrsmittel.

Zweiter Abschnitt.
Die Fahrdynamik des Fernbahnbetriebes.
1. Die Zugförderung.

Inhaltsverzeichnis.

2. Die Zugbildung.

Dritter Abschnitt.

Fahrdynamik der städtischen Verkehrsmittel.

Vierter Abschnitt.

Die Fahrdynamik des Bauzugbetriebes als Berechnungsgrundlage für die Kostenermittlung der Erdarbeiten.

Fünfter Abschnitt.
Fahrdynamik des Kraftwagenbetriebes.

Sechster Abschnitt.

Die Fahrdynamik der Binnenschiffahrt.

Siebenter Abschnitt.

Zeichnerische Ermittlung der Flugbahn und der Flugzeit eines Motorflugzeuges.

Die Grundlagen der Fahrdynamik der Verkehrsmittel.

A. Aufgaben und Gliederung der Fahrdynamik.

Die Fahrdynamik ist ein Sondergebiet der technischen Mechanik und somit der angewandten Physik. Sie behandelt die physikalischen Gesetzmäßigkeiten der Fahrzeugbewegung in Abhängigkeit von der Beschaffenheit der Fahrzeuge, insbesondere der Antriebsmaschinen und der Bremsen, sowie von der Art der Fahrbahn und des Wetters. Die Aufgabe der Fahrdynamik ist es, den Aufwand an Zeit, Arbeit und Energie bei den Fahrten zu ermitteln. Dieser Aufwand bildet die Grundlage für die Beurteilung der Zweckmäßigkeit von Fahrzeug und Fahrbahn, für die zweckvolle Gestaltung des Betriebes und für die Erfassung der Kosten.

Die Einführung in die Anwendung der Fahrdynamik zur Lösung praktischer Aufgaben des Betriebes und der Kostenermittlung wird erleichtert durch eine gesonderte Behandlung der hauptsächlichsten Arten der Verkehrsmittel.

Der Verkehr auf Schienen wird zweckmäßig getrennt nach dem Fernverkehr, dem städtischen Schnell- und Straßenbahnverkehr und dem Schmalspurverkehr. Wie diese Gegenüberstellung zeigt, steht der Fernverkehr hier lediglich im Gegensatz zu dem städtischen Verkehr und dem Schmalspurverkehr, bedeutet also nicht etwa nur den Durchgangsverkehr auf große Entfernungen.

Der Schmalspurverkehr ist grundsätzlich nicht verschieden von dem Vollspurverkehr und bedarf daher keiner eigenen Darstellung. Wegen seiner Bedeutung für die Kostenermittlung der Erdarbeiten wird jedoch der in der Regel schmalspurige Bauzugbetrieb besonders behandelt.

Der nicht an die Schienen gebundene Verkehr gliedert sich seiner Natur nach in Straßen-, Wasser- und Luftverkehr.

B. Abriß der Bewegungslehre.

1. Der Zug als Massenpunkt.

Auf den Fahrbahnen mit Zwangsführung, den Schienenwegen, überwiegen die Züge, auf den Straßen die Einzelfahrzeuge. Bei Zügen bewegen sich ebenso wie bei Einzelfahrzeugen alle Teile in der Hauptsache nur fortschreitend. Ein einzelner Punkt kann daher symbolisch für den ganzen Zug gelten und die fortschreitende Bewegung des Zuges durch die eines Punktes dargestellt werden. Gegenüber dieser fortschreitenden Hauptbewegung soll die umdrehende Bewegung der Räder sowie der Anker der elektrischen Motoren und der Vorgelege, ferner die der kleinen schwingenden und stoßartigen Bewegungen bei der Ermittlung des technischen Aufwandes der Fahrten nicht besonders berechnet werden. Sie werden dadurch berücksichtigt, daß man bei der Ermittlung der fortschreitenden Bewegung die Masse des Zuges mit einem sog. Massenfaktor (s. umseitig) vervielfältigt.

2. Die Masse eines Zuges.

Da bei gleicher Kraft sich die Bewegung eines Zuges mit dessen Gewicht ändert, so wäre dem Punkt das Gewicht des Zuges zuzuschreiben. Zweckmäßiger schreibt man ihm die Masse des Zuges zu, weil diese im Gegensatz zum Gewicht für alle Punkte der Erde gleich ist. Der Punkt, auf den die Bewegung eines Zuges bezogen wird, heißt daher der Massenpunkt.

3. Kraft und Masse.

Man ist übereingekommen, als Einheit der Kraft das Gewicht eines Liters Wasser von 4° C anzunehmen, das eine Federwaage anzeigt, die in Höhe des Meeresspiegels in dem durch Paris gehenden Breitengrad geeicht worden ist. Diese Einheit ist ein Kilogramm. Die Erdbeschleunigung bei dem Breitengrad von Paris ist $g = 9{,}81$ m/s². Hat bei diesem also ein Körper ein Gewicht $G = 1000$ kg, so ist seine Masse $m = G : g = 1000 : 9{,}81 = 102$ kg $\cdot$ s²/m.

4. Der Massenfaktor.

Bewegt sich ein Zug mit einer Geschwindigkeit v m/s, so führen außer der fortschreitenden Bewegung des gesamten Fahrzeugs die Räder noch eine Drehbewegung aus. Die gesamte Bewegungsenergie eines Zuges setzt sich daher aus einer Translationsenergie $E_1 = m \cdot \dfrac{v^2}{2}$ und einer Rotationsenergie der Räder $E_2 = J \cdot \dfrac{\omega^2}{2}$ zusammen. Hier ist m die Masse des gesamten Wagens einschließlich der Radsätze und $J = \int r^2 \cdot dm$ das Trägheitsmoment der Radsätze. Letzteres erhält man, wenn man alle Massenteilchen dm der Räder mit dem Quadrate ihres Abstandes r von der Achse multipliziert und alle diese Produkte summiert. Ferner ist ω die Winkelgeschwindigkeit der Räder. Multipliziert man diese mit dem Laufkreishalbmesser R, so erhält man $\omega \cdot R = v$ m/s die Bahngeschwindigkeit des Fahrzeugs. Hiermit ist die Rotationsenergie $E_2 = \dfrac{J \cdot v^2}{2 R^2}$ und die gesamte Bewegungsenergie ist

$$E = E_1 + E_2 = \frac{v^2}{2} \cdot \left(m + \frac{J}{R^2} \right) = m \frac{v^2}{2} \cdot \left(1 + \frac{J}{m R^2} \right) = \frac{m v^2}{2} \varrho \, .$$

Man nennt $\varrho = 1 + \dfrac{J}{m \cdot R^2}$ den Massenfaktor. Vervielfältigt man die Masse des Zuges mit ϱ und berechnet für die Masse $m \cdot \varrho$ die fortschreitende Bewegung, so ist hierdurch auch der Einfluß der drehenden Massen auf die Bewegung berücksichtigt.

Außer für die Räder ist auch für die umdrehenden Motoranker sowie für die Vorgelege der elektrischen Triebfahrzeuge nach vorigem der Massenfaktor zu berechnen. In der Regel wird dieser von der Lieferfirma angegeben.

Ist ϱ_w der Massenfaktor des angehängten Wagenzuges von Gewicht G_w und ϱ_l der Massenfaktor der Lokomotive vom Gewicht G_l, so ist der Massenfaktor des Zuges

$$\varrho_z = \frac{\varrho_w \cdot G_w + \varrho_l \cdot G_l}{G_w + G_l} \, .$$

Nimmt man der Einfachheit halber an, daß die Masse der Radreifen m_r im Laufkreis vom Halbmesser R vereinigt ist, so ist das Trägheitsmoment $J = m_r \cdot R^2$. Für das Gewicht der Radreifen G_r ist deren Masse $m_r = G_r / g$ und $J = G_r \cdot R^2 / g$. Die gesamte Bewegungsenergie des Fahrzeugs vom Gewicht G ist dann

$$E = E_1 + E_2 = \frac{G \cdot v^2}{2g} + \frac{J \cdot \omega^2}{2} = \frac{G \cdot v^2}{2g} + \frac{G_r \cdot R^2 \cdot v^2}{2g \cdot R^2} = \frac{v^2}{2g} (G + G_r) = \frac{v^2}{2g} \cdot G \left(\frac{G + G_r}{G} \right) = \frac{m \cdot v^2}{2} \cdot \varrho \, .$$

Hier ist $\varrho = (G + G_r) : G$ der Massenfaktor. Man braucht also hier nur zum Fahrzeuggewicht G das Radreifengewicht G_r zu addieren und die Summe durch G zu teilen, um ϱ zu erhalten.

Nachstehende Untersuchung von Dr.-Ing. Potthoff soll den Unterschied des Massenfaktors nach beiden Berechnungsarten sowohl für neue als auch für stark abgenutzte Radreifen von beladenen und leeren Güterwagen zeigen:

Für den in der Hütte, Bd. III, 26. Aufl., S. 988 abgebildeten Radsatz mit neuen Radreifen und $R_{neu} = 50$ cm ist das Trägheitsmoment $J_{neu} = 1349$ kg $\cdot$ cm $\cdot$ s^2. Für einen Radsatz mit stark abgenutzten Radreifen kann man $R_{alt} = 45$ cm und $J_{alt} = 441$ kg $\cdot$ cm $\cdot$ s^2 berechnen. Betrachtet man einen unbeladenen Wagen vom Gewicht $G_u = 10$ t und einen beladenen mit $G_b = 30$ t je mit neuen und alten Radsätzen, so ist $m_u = \dfrac{10000}{981} = 10,2$ kg $\cdot$ s^2/cm und $m_b = 30,6$ kg $\cdot$ s^2/cm. Für einen unbeladenen Wagen mit neuen Radsätzen ist $\varrho = 1 + \dfrac{2 \cdot 1349}{10,2 \cdot 50^2} = 1,106$. Bei alten Radsätzen ist $\varrho = 1,052$. Für einen beladenen Wagen ist bei neuen Radsätzen $\varrho = 1,035$ und bei alten $\varrho = 1,017$. Der Massenfaktor schwankt also in ziemlich weiten Grenzen. Der übliche Mittelwert $\varrho = 1,06$ dürfte aber im allgemeinen richtig sein. Nimmt man näherungsweise an, daß die Masse der Radreifen im Laufkreis vereinigt ist, so ist im neuen Zustand $J'_{neu} = 1263$ kg $\cdot$ cm $\cdot$ s^2 und im abgefahrenen ist $J'_{alt} = 300$ kg $\cdot$ cm $\cdot$ s^2. Die Massenfaktoren sind dann für dieselben Wagen wie oben bei unbeladenen Wagen $\varrho_{neu} = 1,099$, $\varrho_{alt} = 1,029$, bei beladenen Wagen $\varrho_{neu} = 1,033$, $\varrho_{alt} = 1,009$. Diese Werte sind also durchweg zu klein.

5. Die Bewegung der Fahrzeuge auf gerader Bahn.

a) Gleichförmige Bewegung der Fahrzeuge. Ein Fahrzeug bewegt sich, wenn es zu verschiedenen Zeiten gegenüber einem festgelegten Raum verschiedene Lagen einnimmt. Die Verbindungslinie sämtlicher Lagen nennt man die Bahn des Fahrzeuges. Nach ihr unterscheidet man geradlinige und krummlinige Bewegungen. Die Länge der Bahn, die von dem Fahrzeug in der Zeit t zurückgelegt wird, nennt man den Weg l.

Weg und Zeit stehen also miteinander in Beziehung, die man durch die Gleichung $l = f(t)$ darstellen kann. Die Funktion $f(t)$ kann sehr mannigfaltig sein. Der einfachste Fall ist $l = f(t) = v \cdot t$, wobei v eine Konstante ist. Die Bewegung, die dieser Gleichung entspricht, heißt eine gleichförmige, weil in gleichen Zeiten auch immer gleiche Wege zurückgelegt werden. Der Weg, der in der Sekunde zurückgelegt wird, heißt die Geschwindigkeit des Fahrzeugs. Man mißt also die Geschwindigkeit v durch das Verhältnis des Weges zur zugehörigen Zeit, $v = l : t$. Da die Geschwindigkeit nur durch ein Verhältnis ausgedrückt wird, so ist bei deren Bestimmung die absolute Größe des Weges bzw. der Zeit ganz gleichgültig. Gewöhnlich wird als Geschwindigkeit der in einer Sekunde zurückgelegte Weg angegeben, also v m/s. Im Schienen- und Straßenverkehr wird die Geschwindigkeit durch den in einer Stunde zurückgelegten Weg in km ausgedrückt, also V km/h. Es ist $\dfrac{V\,\text{km}}{1\,\text{h}}$ dann $V \cdot \dfrac{1000\,\text{m}}{3600\,\text{sec}} = \dfrac{V}{3,6}$ m/s. Setzt man $\dfrac{V}{3,6} = v$, so ist $\dfrac{V\,\text{km/h}}{3,6} = v$ m/s.

b) Ungleichförmige Bewegung der Fahrzeuge. Um aber bei ungleichförmiger Bewegung für einen bestimmten Punkt der Bahn die Geschwindigkeit angeben zu können, drückt man zweckmäßig die Geschwindigkeit durch das Verhältnis kleiner Wege in gleichen Zeiten aus. Ist die Bewegung durch eine Gleichung beschrieben, so wird, um diese analytisch behandeln zu können, die Geschwindigkeit durch das Verhältnis des unendlich kleinen Weges dl zur unendlich kleinen Zeit dt ausgedrückt, so daß die Geschwindigkeit $v = \dfrac{dl}{dt}$ ist.

Bei der ungleichförmigen Bewegung kann sich die Geschwindigkeit $v = \dfrac{dl}{dt}$ von Punkt zu Punkt der Bahn ändern. Während also bei der gleichförmigen Bewegung lediglich der Weg $l = f(t)$ eine Funktion der Zeit ist, ist bei der ungleichförmigen Bewegung sowohl der Weg als auch die Geschwindigkeit eine Funktion der Zeit, also $l = f(t)$ und $v = \varphi(t)$. Die einfachste Funktion ist $v = b \cdot t$. Hier ist b eine Konstante, die besagt, daß in jeder Sekunde die Geschwindigkeit den Zuwachs b erhält. Diesen Zuwachs nennt man Beschleunigung. Im vorliegenden Falle hat die Beschleunigung eine konstante Größe. Eine derartige Bewegung nennt man deshalb eine gleichförmige beschleunigte. Vermindert sich die Geschwindigkeit in der Sekunde, so nennt man dies eine Verzögerung. Die gleichförmige Beschleunigung oder Verzögerung wird durch die Gleichung $\pm b = v : t$ ausgedrückt, $+$ bedeutet Beschleunigung, $-$ Verzögerung. Ist die Beschleunigung oder Verzögerung ungleichförmig, so wird für eine bestimmte Zeit die Beschleunigung bzw. Verzögerung durch die Gleichung $\pm b = \dfrac{dv}{dt}$ m/s² angegeben.

Will man weiterhin das Maß bestimmen, mit dem sich die Beschleunigung $+ b$ bzw. die Verzögerung $- b$ in der Zeit dt ändert, so ist $\dfrac{db}{dt} = R$ m/s³ der Ruck, das Maß dieser Veränderung in der Zeit dt. Übersteigt der Ruck beim Anfahren oder Bremsen ein gewisses Maß, so wird die Bewegung als unangenehm empfunden. Man hält einen Ruck $R = \dfrac{db}{dt} = 0{,}5$ m/s³ im allgemeinen für zulässig[1].

c) Der Zusammenhang zwischen Bewegung, Kraft, Arbeit und Leistung.
α) Kräfte. Eine Änderung der Geschwindigkeit tritt nur ein, wenn man eine Kraft auf das Fahrzeug einwirken läßt. Wird nun auf dem Massenpunkt des Fahrzeugs während der Zeit dt die Kraft P ausgeübt, so wird sich dessen Geschwindigkeit um so beträchtlicher ändern, je größer die Kraft ist. Die Gesamtänderung der Geschwindigkeit wird demnach dem Produkt $P \cdot dt$ proportional gesetzt werden können. Für eine endliche Zeit t erhält man dann den Gesamteinfluß der Kraft auf das Fahrzeug, wenn man die Summe $\int\limits_{0}^{t} P \cdot dt$ bildet. Dies ist das Zeitintegral der Kraft oder der Impuls. Bewegt sich ein Fahrzeug von der Masse m aus der Ruhe und hat es nach der Zeit t die Geschwindigkeit v, so nennt man das Produkt $m \cdot v$ die Bewegungsgröße der Masse m. Nach dem Impulssatz ist aber der Impuls gleich der Bewegungsgröße, also $\int\limits_{0}^{t} P \cdot dt = m \cdot v$. Differentiiert man diese Gleichung, so ist $P \cdot dt = d(m \cdot v)$ die Veränderung der Bewegungsgröße in der Zeit dt. Bei Fahrzeugen bleibt die Masse m während der Bewegung konstant. Also ist hier $P \cdot dt = m \cdot dv$ oder es ist die Kraft $P = m \dfrac{dv}{dt}$ durch den Zuwachs der Bewegungsgröße bestimmt, den das Fahrzeug in der Zeit dt erfährt.

Ist umgekehrt die Kraft P, die auf das Fahrzeug einwirkt, und das Fahrzeug selbst durch seine Masse m bekannt, so ist $t = \int\limits_{0}^{v} \dfrac{m \cdot dv}{P}$ die Fahrzeit, die das

---

[1] Melchior, P.: Z. VDI 1928 S. 1842.

Fahrzeug gebraucht, um die Geschwindigkeit v aus der Ruhelage zu entwickeln. Hierbei muß die Kraft als eine Funktion der Geschwindigkeit, also $P = f(v)$ gegeben sein.

Die Kraft P setzt sich aus der Zugkraft Z_t am Triebradumfang und den Widerständen ΣW der Fahrzeuge, der Strecke (Steigung und Krümmung) und der Luft zusammen. Die Zugkraft Z_t und der Luftwiderstand (s. S. 36 und 25) sind von der Geschwindigkeit abhängig. Es ist also $P = Z_t - \Sigma W$. Für die gleichmäßige Geschwindigkeit ist $\frac{dv}{dt} = 0$. Hierfür kann man aus der Gleichung $P = Z_t - \Sigma W = 0$ die gleichmäßige Geschwindigkeit v berechnen, mit der sich das Fahrzeug bewegt·

β) Der Weg. Um anzugeben, an welchem Punkte der Bahn das Fahrzeug die Geschwindigkeit v hat, ist der zurückgelegte Weg aus der Gleichung $l = \int_0^t v \cdot dt$ zu berechnen, da ja $v = \frac{dl}{dt}$ ist.

γ) Die Arbeit und die Leistung. Setzt man in der Gleichung $P = m \cdot \frac{dv}{dt}$ für $\frac{1}{dt} = \frac{v}{dl}$, so ist $P = m \cdot v \cdot \frac{dv}{dl}$ oder $P \cdot dl = m \cdot v \cdot dv$. Dann ist $A = \int_0^l P \cdot dl = m \cdot \frac{v^2}{2}$ mkg die von der Kraft P geleistete Arbeit. Es sind hier P die Beschleunigungs- bzw. Verzögerungskräfte. Mehr als die Arbeit dieser Kräfte ist die Arbeit der indizierten Zugkräfte Z_i von Interesse, also der Kräfte, die die Antriebsmaschinen (Dampfzylinder-, Elektro- und Verbrennungsmotoren) liefern, um hieraus Rückschlüsse auf die Beanspruchung und den Verschleiß von Fahrzeug und Fahrbahn (s. Kostengleichungen S. 120) zu ziehen. Es ist also die Zugkraftarbeit der Antriebsmaschine $A_{mo} = \int_0^l Z_i \cdot dl$. Es ist $Z_i = Z_t : \eta$ (s. S. 20).

Differentiiert man die Arbeit der Zugkraft nach der Zeit, so erhält man deren Leistung $N_{mo} = \frac{dA_{mo}}{dt} = Z_i \cdot \frac{dl}{dt} = Z_i \cdot v$ kg · m/s. Die Leistung charakterisiert also die Antriebsmaschine nach der Zugkraft und der Geschwindigkeit. Bei Dampfmaschinen und Verbrennungsmotoren wird die Leistung in Pferdestärken PS und die Fahrgeschwindigkeit in V km/h angegeben. Dann ist hier die Leistung $N_{mo} = \frac{Z_i \cdot V}{270}$ PS, da ein PS $= 75$ kg · m/s und $v = V : 3,6$ m/s sind.

Ist die Leistung eines Elektromotors $N_{mo} = \frac{J \cdot E}{1000}$ kW, wobei J Amp. die Stromstärke und E Volt die Spannung ist, so ist durch die Zugkraft und die Geschwindigkeit ausgedrückt $N_{mo} = \frac{E \cdot J}{1000} = \frac{Z_i \cdot V}{270} \cdot 0,7351$ kW. Es ist 1 PS $= 0,7351$ kW. Wird die elektrische Leistung 1 kW in kg, m und sec ausgedrückt, so ist 1 kW $= 102$ kg · m/s.

Die elektrische Arbeit ist 1 kWh $= \frac{102 \text{ kg} \cdot \text{m} \cdot 3600 \text{ s}}{\text{s} \cdot 1000} = 367$ kg · km, oder 1 kWh $= 0,367$ tkm. Dann ist 1 tkm $= 1 : 0,367 = 2,7225$ kWh.

6. Die Bewegung des Rades auf der Fahrbahn.

Ist die gleichmäßige Geschwindigkeit eines Fahrzeugs v m/s, und macht das Rad hierbei n Umdrehungen in der Minute, so ist die Winkelgeschwindigkeit des Rades um seine Achse

$$\omega = \frac{2\pi \cdot n}{60} \cdot \frac{1}{\text{sec}}.$$

Die Geschwindigkeit des Punktes B des Radumfanges, der augenblicklich mit der Fahrbahn in Berührung steht, ist nach Abb. 1

$$v_B = v - R \cdot \omega \text{ m/s}.$$

Hier ist R m der Radhalbmesser. Ist v_B positiv, dann hat sie nach Abb. 1 den Pfeilsinn von v, also den der Fahrt.

a) Rollen. In Abb. 2 steht der gestrichelte Durchmesser ab des Rades zu Beginn des unendlich kleinen Zeitabschnittes dt senkrecht zur Fahrbahn. Bewegt sich das Fahrzeug, so steht am Ende des Zeitabschnittes dt derselbe Durchmesser in Richtung der Bewegung vorn übergeneigt, wie er ausgezogen und mit $a'b'$ in der Abb. 2 gezeichnet ist. Der Schnittpunkt O der zwei Stellungen desselben Durchmessers zu Anfang und Ende der Zeit dt liegt auf der Fahrbahn. Der Weg des Fahrzeugs bzw. einer Achse ist $CC' = v \cdot dt$, und der Rollweg des Radumfanges auf der Fahrbahn $\omega \cdot R \cdot dt$ ist nach Abb. 2 genau so groß wie der Weg

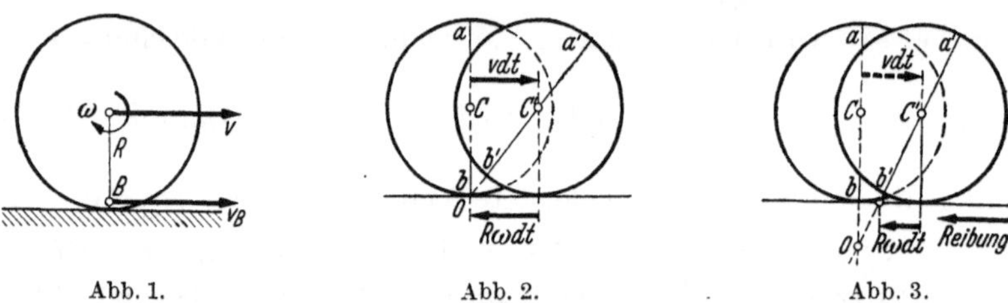

Abb. 1.   Abb. 2.   Abb. 3.

des Fahrzeugs. Diese Bewegung, bei der also die Geschwindigkeit des Fahrzeugs gleich der des Radumfanges ist, also $v = R \cdot \omega$ m/s, nennt man **Rollen**. Beim reinen Rollen ist auf dem Weg l zwischen 2 Stationen die Anzahl der Umdrehungen des Rades $l : 2\,R \cdot \pi$.

Beim Rollen fällt der Schnittpunkt O der zwei Stellungen desselben Durchmessers zu Beginn und Ende der Zeit dt mit dem Punkt B des Radumfanges, der augenblicklich mit der Fahrbahn in Berührung steht, zusammen. Der Punkt $O = B$ wird der **augenblickliche Drehpunkt** der rollenden Räder genannt.

b) Gleiten. In Abb. 3 liegt der Schnittpunkt O der 2 Stellungen desselben Durchmessers zu Beginn und Ende des Zeitabschnittes dt **unterhalb** der Fahrbahn. Der Rollweg des Radumfanges auf der Fahrbahn in dieser Zeit $\omega \cdot R \cdot dt$ ist kleiner als der Weg des Fahrzeugs $CC' = v \cdot dt$. Dann hat das Rad den Weg $(v - R \cdot \omega) \cdot dt$ durch **Gleiten** zurückgelegt. Die hierbei auftretende **Gleitreibung** der Fahrbahn ist nach Abb. 3 **rückwärts gerichtet**. Ist also die Fahrzeuggeschwindigkeit größer als die des Radumfanges, also $v > R \cdot \omega$, so tritt außer dem Rollen noch Gleiten ein. Das Maß des Gleitens ist

$$\left(\frac{v \cdot dt - R \cdot \omega \cdot dt}{v \cdot dt} \right) 100 = \alpha \%.$$

Die Anzahl der Umdrehungen des Rades auf der Strecke l ist hier nur

$$\frac{l\left(1 - \dfrac{\alpha}{100}\right)}{2\,R \cdot \pi}.$$

Hört das Drehen des Rades auf, so ist $\omega = 0$, und das Maß des Gleitens ist $\alpha = 100\%$ (festgebremstes Rad).

c) Schlüpfen. In Abb. 4 liegt der Schnittpunkt O desselben Durchmessers zu Anfang und Ende des Zeitabschnittes dt **oberhalb** der Fahrbahn. Hier ist der Rollweg des Rades auf der Fahrbahn $\omega \cdot R \cdot dt$ größer als der Weg des Fahrzeugs $v \cdot dt$. Diese Art der Bewegung, das Schlüpfen des Rades, tritt ein auf schlüpfriger Bahn, auf der die Zugkraft größer als die Haftreibung ist. Die hierbei auftretende Reibung ist nach Abb. 4 vorwärts gerichtet. Es ist also hier $v < R \cdot \omega$ m/s. Das Maß des Schlüpfens ist

$$100 \, \frac{R \cdot \omega \, dt - v \cdot dt}{R \cdot \omega \cdot dt} = \beta \% .$$

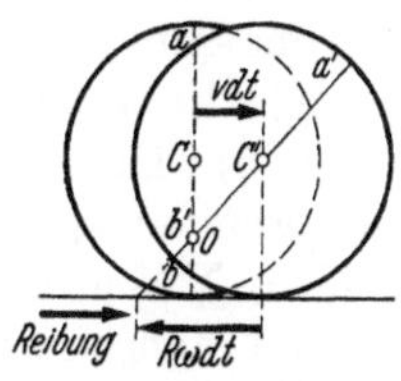

Bleibt das Fahrzeug bei drehenden Rädern stehen, so ist $v = 0$, und das Maß des Schlüpfens ist $\beta = 100\%$ (Radschleudern beim Anfahren). Beim Schlüpfen wird die Anzahl der Radumdrehungen auf der Strecke l vergrößert. Sie ist hier

$$\frac{l}{2 R \cdot \pi \cdot \left(1 - \dfrac{\beta}{100}\right)} .$$

Abb. 4.

7. Die Kräfte an einem Zuge.

In der dynamischen Gleichung $Z_t - \sum W = \varrho \cdot \dfrac{G}{g} \cdot \dfrac{dv}{dt}$ sind entweder die Zugkräfte Z_t am Triebradumfang und die Widerstände $\sum W$ des Zuges sowie das Zuggewicht G gegeben und die Fahrbewegung ist gesucht (Fahrzeitermittlung), oder es sind die Fahrbewegung, das Gewicht und die Zugkraft des Triebfahrzeugs sowie die Widerstände je Tonne des Triebfahrzeugs und der angehängten Wagen bekannt, dann kann man hieraus das Gewicht des angehängten Wagenzuges berechnen. Der Faktor ϱ berücksichtigt wie gesagt den Einfluß der umdrehenden Radmassen auf die Fahrbewegung.

Ist die Geschwindigkeitsänderung dv in der Zeit dt, also $\dfrac{dv}{dt} = 0$ und daher die Geschwindigkeit v gleichmäßig, dann ist $Z_t = \sum W$. Dies ist die Voraussetzung für die Ermittlung des Gewichts des angehängten Wagenzuges, also für die Bemessung des Zuges in Abhängigkeit von der Antriebsmaschine und der Strecke bei gegebener gleichmäßiger Geschwindigkeit.

Es müssen nun bei gleichmäßiger Geschwindigkeit die Kräfte und Gegenkräfte, die drei Gleichgewichtsbedingungen wie bei einem statischen System erfüllen: bei den ja $v = 0$ ist. Es muß bei den Fahrzeugen

1. die Summe der der Fahrbahn gleichgerichteten Kräfte gleich Null,
2. die Summe der senkrechten Kräfte gleich Null,
3. die Summe der Momente um einen Drehpunkt gleich Null sein.

Ist die Zugbewegung ungleichförmig, also dv/dt nicht gleich Null, dann sind auch die Gleichgewichtsbedingungen nicht mehr erfüllt. Man kann aber auch bei ungleichförmiger Bewegung formal diese drei Gleichgewichtsbedingungen dadurch erfüllen, daß man in den Schwerpunkten der Fahrzeuge die d'Alembertschen Ergänzungskräfte $X = \varrho \cdot \dfrac{G}{g} \cdot \dfrac{dv}{dt}$ einführt. Dann kann man auch bei ungleichförmiger Bewegung die Regeln der Statik anwenden.

Es ist bei der Fahrzeugbewegung zu unterscheiden zwischen der fortschreitenden Bewegung des ganzen Fahrzeugs und der Drehbewegung der Räder. Diese beiden Bewegungen sind in den Radachsen miteinander verknüpft, und zwar haben die mathematischen Radachsen, deren Halbmesser ja gleich Null ist, nur fortschreitende Bewegung. In diese mathematischen Radachsen werden daher zweckmäßig die an den Fahrzeugen angreifenden äußeren Kräfte und ihre Gegenkräfte verlegt, wenn außer der fortschreitenden Fahrzeugbewegung auch noch die Beanspruchung der Fahrbahn durch die Bewegung erfaßt werden soll. Der Einfluß der umdrehenden Radmassen wird nach S. 2 dadurch berücksichtigt, daß man die Fahrzeugmassen um den Betrag der drehenden Radmassen vergrößert.

α) **Die Kräfte bei gleichmäßiger Geschwindigkeit.** a) Das Triebfahrzeug (Abb. 5). Die von den Dampfzylindern oder von den Elektro- oder Verbrennungsmotoren ausgeübten Kräfte werden auf die Triebräder übertragen. Diese Kräfte $\sum K$ greifen im Abstand e von den Triebachsen an und ihr Drehmoment auf alle Achsen ist $\sum K \cdot e$. Ersetzt man letzteres durch dasjenige der Zugkräfte Z_t an den Triebradumfängen, so ist bei dem Triebradhalbmesser R bezogen auf die Radachsen das Moment $Z_t \cdot R = \sum K \cdot e$, und die gesamte Zugkraft zwischen den Triebradumfängen und der Fahrbahn ist $Z_t = \sum K \cdot e : R$. Sie wirkt im Sinne der Drehrichtung der Räder, die mit ihren Achsen fest verbunden sind, und ist der Fahrtbewegung des Zuges entgegengerichtet. Die gesamte Zugkraft verteilt sich auf die einzelnen Triebachsen. Hat die Lokomotive z. B. nur zwei Achsen, die sämtlich Triebachsen sind, so wirkt an den Triebradumfängen der vorderen Achse Z_{t_1} bzw. an der hinteren Z_{t_2}. Hierbei ist $Z_{t_1} + Z_{t_2} = Z_t$.

Durch die Schwungmassen an den Rädern wird trotz der ungleichförmigen Antriebskräfte $\sum K$ während einer Umdrehung eine gleichmäßige Winkelgeschwindigkeit der Triebräder praktisch erreicht. Daher kann man für die Berechnung der Fahrzeugbewegung auch während einer Umdrehung eine gleichmäßige Zugkraft an den Triebradumfängen annehmen.

Beim Drehen der Räder durch die Zugkräfte an den Umfängen der Triebräder werden in deren Lager die Gegenkräfte Z_{t_1} und Z_{t_2} hervorgerufen, die in der Fahrrichtung wirken. Soll das Triebfahrzeug sich selbst fortbewegen bzw. noch andere Fahrzeuge hinter sich herziehen, so muß eine äußere Kraft geweckt werden, welche die Fortbewegung der Räder auf der Unterlage bewirkt. Wäre diese äußere Kraft nicht vorhanden, so würden die Triebräder unter dem Einfluß des Moments der Antriebskräfte sich lediglich drehen. Daß sie aber rollen, und das Triebfahrzeug dadurch fortbewegt wird, wird durch die Haftreibung zwischen Räder und Fahrbahn bewirkt.

Die Haftreibung zwischen Rad und Schiene beruht nach Dr.-Ing. Fink[1] auf einer Oxydationsbewegung des Eisens. Sie ist dem Abscherwiderstand des Zahnes einer Zahnstange vergleichbar, der auftritt, wenn ein angetriebenes Zahnrad auf dieser rollt. Der Abscherwiderstand der Zahnstange wird hervorgerufen durch die Druckkraft des berührenden Zahnradzahnes. Bei Reibungsbahnen und -straßen führt man für die Berechnung der Fahrzeugbewegung entsprechend dieser Druckkraft des Zahnradzahnes die vorgenannte Zugkraft Z_t zwischen der Fahrbahn und den Triebradumfängen ein, die an den letzteren in deren Drehrichtung wie an einem Seile zieht. Beim Rollen stützt sich die Zugkraft an den Triebradumfängen gegen die Haftreibung der Fahrbahn ebenso ab wie das Zahnrad gegen die Zähne der Zahnstange. Triebräder und Fahrbahn sind demnach mit Zahnrädern und Zahnstangen von unendlich feiner Zahnung vergleichbar.

Bewegt sich das Fahrzeug mit gleichmäßiger Geschwindigkeit und rollen die Räder, so ist, wie im vorigen Kapitel gesagt, an jedem Triebrad die Geschwindigkeit des Punktes B (Abb. 2), der augenblicklich mit der Fahrbahn in Berührung steht, $v_B = v - R \cdot \omega = 0$, d. h. die Geschwindigkeit v des Fahrzeugs ist gleich, aber entgegengesetzt der Umfangsgeschwindigkeit $R \cdot \omega$ der drehenden Räder. Dann sind auch die entsprechenden Wege in der Zeit dt

---

[1] Dr.-Ing. Fink: Arch. Eisenhüttenw. Bd. 9 (1932/33) S. 161.

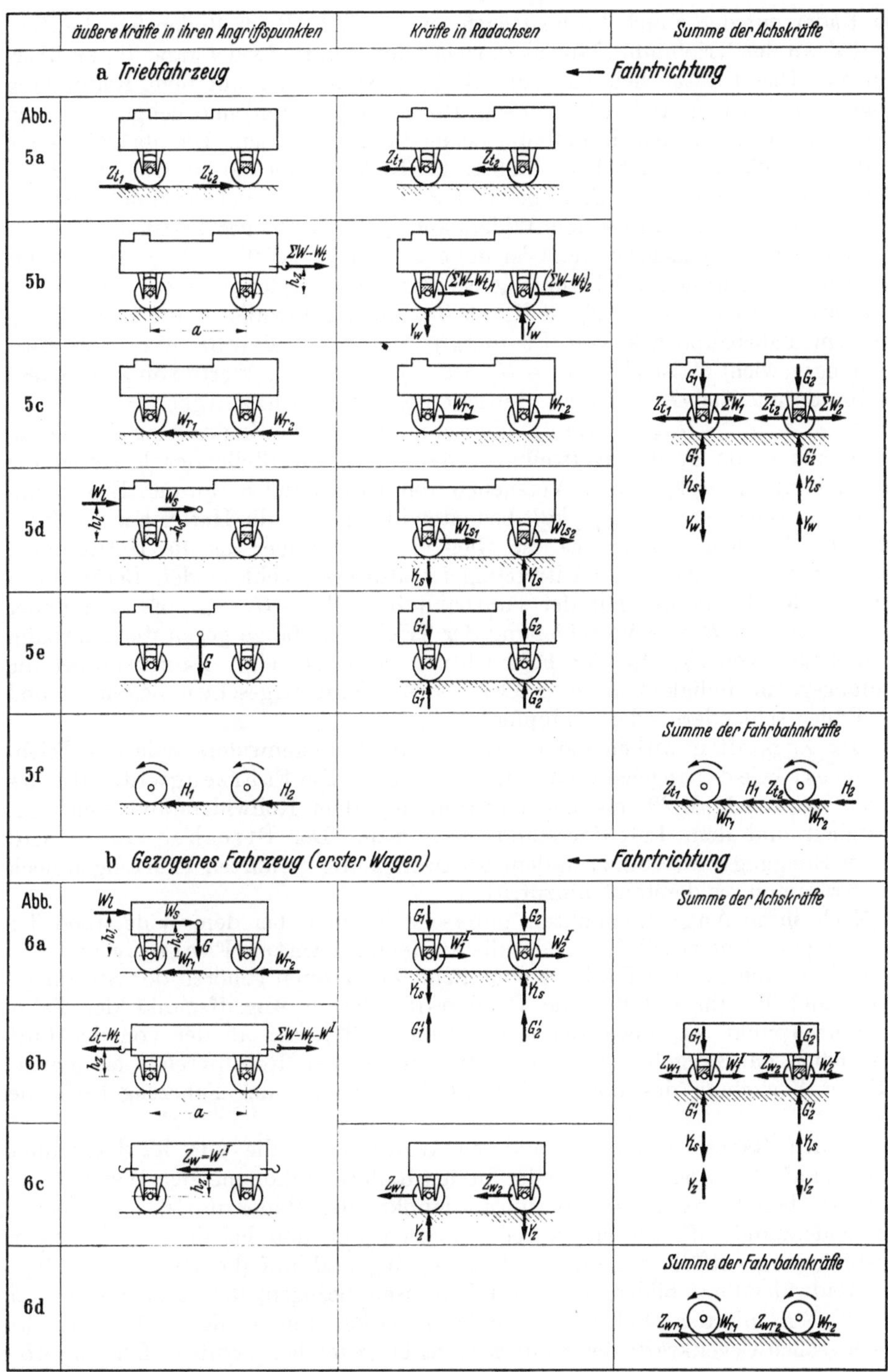

Abb. 5 u. 6.

gleich, aber entgegengesetzt. Die Berührungspunkte B der Radumfänge haben daher gegen die Fahrbahn keine Verschiebung. Die Verschiebung kann aber nur dann gleich Null sein, wenn die Tangentialkräfte in den Berührungspunkten der Räder mit der Fahrbahn im Gleichgewicht sind. Beim Rollen hat die Zugkraft Z_t an den Triebradumfängen zunächst den sog. Radwiderstand W_r zu überwinden. Dieser setzt sich aus dem Rollwiderstand, der auf dem Radumfang umgerechneten Lagerreibung, dem sog. Restglied (s. unten) und bei gekrümmten Schienenbahnen aus dem Krümmungswiderstand zusammen. Die übrigbleibende Kraft $Z_t - W_r$ stützt sich beim Rollen des Rades gegen die Haftreibung H ab, und es besteht dabei das Gleichgewicht $Z_t - W_r = H$. Bei gleichmäßiger Geschwindigkeit ist Z_t durch den Widerstand $\sum W$ des Zuges bestimmt, so daß für sämtliche Triebachsen die Gleichung $Z_t - W_r = \sum W - W_r = H$ besteht. Bei dem zweiachsigen Triebfahrzeug ist unter der Vorderachse $Z_{t_1} - W_{r_1} = H_1$ und unter der Hinterachse $Z_{t_2} - W_{r_2} = H_2$. Im Höchstfalle ist die Haftreibung bei dem Fahrbahndruck von 1 t μ_h kg/t. Für alle Triebachsen mit dem Reibungsgewicht G_r ist $H = H_1 + H_2 = G_r \cdot \mu_h = H_{\max}$. (Werte von μ_h s. S. 38.)

Im Beispiel ist $G_r = G$ dem Gewicht des Triebfahrzeuges.

Ist $Z_t - W_r > H_{\max} = G_r \cdot \mu_h$, überschreitet also die Zugkraft an den Triebradumfängen die größte Haftreibung, dann tritt an Stelle der letzteren die Gleitreibung $G_r \cdot \mu_g$ kg. Nach Versuchen von Metzkow[1] ist an den Eisenbahnfahrzeugen die Gleitreibung μ_g kg/t bedeutend kleiner als die Haftreibung μ_h kg/t. Auch für Straßenfahrzeuge ist die Gleitreibung geringer als die Haftreibung. Bei Eintritt der kleineren Gleitreibung ist also erst recht in den Berührungspunkten der Triebräder mit der Fahrbahn $Z_t - W_r > G_r \cdot \mu_g$. Es tritt daher in den Punkten B eine Verschiebung der Triebradumfänge gegen die Fahrbahn in Richtung von Z_t, also der Fahrrichtung entgegen, ein. Dann ist aber die Umfangsgeschwindigkeit $R \cdot \omega$ größer als die Fahrzeuggeschwindigkeit v, und die Räder schleudern oder schlüpfen.

Den Zugkräften wirken die Fahrzeug- und Streckenwiderstände des Triebfahrzeugs sowie der angehängten Wagen entgegen. Die Fahrzeugwiderstände setzen sich nach S. 20 aus der Lagerreibung, dem Rollwiderstand, dem sog. Restglied und dem Luftwiderstand zusammen. Der Streckenwiderstand ist der Steigungswiderstand, zu dem bei zwangläufig geführten Fahrzeugen noch der Krümmungswiderstand hinzutritt.

Nach ihren Angriffspunkten unterscheidet man bei dem Widerstand der Fahrzeuge diejenigen Widerstände, die an dem gesamten Fahrzeug und diejenigen, die nur an den Rädern angreifen. Zu ersteren gehören der Steigungswiderstand W_s (in Gefällen die Gefällkraft), dessen Angriffspunkt der Fahrzeugschwerpunkt ist, sowie der Luftwiderstand W_l, der an der von der Luft getroffenen Fahrzeugoberfläche aufkommt und dessen Resultierende bei gleichmäßiger Verteilung des Luftdruckes im Schwerpunkt der Fahrzeugoberfläche angreift.

An den Rädern treten die anderen Widerstände, die mit W_r bezeichnet werden, auf. Die Angriffspunkte der an den Rädern aufkommenden Widerstände sind, wie bereits gesagt, die Berührungspunkte der Räder mit der Fahrbahn. Die Widerstände W_r wirken in der Fahrtrichtung, und bei dem zweiachsigen Triebfahrzeug entfällt auf die Vorderachse W_{r_1} und auf die Hinterachse W_{r_2}. Der Radwiderstand bildet, auf die Triebachsen bezogen, die Momente $W_{r_1} \cdot R$ und $W_{r_2} \cdot R$, die der Drehrichtung entgegenwirken und in den Achslagern die gleich großen Gegenkräfte der Fahrtrichtung entgegen hervorrufen. Der Angriffspunkt des Steigungswiderstandes W_s liegt um h_s und derjenige der Resultierenden des Luftwiderstandes W_l um h_l über den Triebachsen. Die Widerstände W_l und W_s werden durch die Achshalter und die Lager auf die Triebachsen übertragen, so daß in letzteren in gleicher Richtung wie in ihren Angriffspunkten

---

[1] Metzkow: Org. Fortschr. Eisenbahnw. 1934 Nr. 13.

$W_{ls_1} = W_{s_1} \pm W_{l_1}$ sowie $W_{ls_2} = W_{s_2} \pm W_{l_2}$ wirken, deren Summe $W_s \pm W_l$ ist. Bei Gegenwind gilt für W_l das positive und bei Segelwind das negative Vorzeichen. Im Beispiel soll Gegenwind angenommen werden. Durch Verlegung des Luft- und Steigungswiderstandes in der Verbindungslinie der beiden Radachsen wird ein Kräftepaar geweckt, dem zwei einander entgegengesetzte gleiche Vertikalkräfte Y_{ls} an den Lagern mit dem Achsabstand a als Hebelarm das Gleichgewicht halten. Es ist daher $W_l \cdot h_l + W_s \cdot h_s = Y_{ls} \cdot a$ oder $Y_{ls} = (W_l \cdot h_l + W_s \cdot h_s) : a$.

Falls keine Wagen an das Triebfahrzeug angehängt sind, wirken nun in den Triebachsen der Fahrtrichtung entgegen an der Vorderachse der Widerstand $W_{r_1} + W_{l_1} + W_{s_1} = W_{t_1}$, und an der Hinterachse $W_{r_2} + W_{l_2} + W_{s_2} = W_{t_2}$, und es ist $W_{t_1} + W_{t_2} = W_t$ der Widerstand des Triebfahrzeugs. Die in den Achslagern in der Fahrtrichtung wirkenden Kräfte $Z_{t_1} - W_{t_1}$ und $Z_{t_2} - W_{t_2}$ werden durch die Achshalter und das Untergestell auf die Zugstange übertragen, die in der Rahmenmitte des Untergestells federnd befestigt ist und um h_3 über den Triebachsen liegt. Durch die Zugstange wird die verminderte Zugkraft $Z_t - W_t$ auf die angehängten Wagen übertragen. Die Zugkraft hat zunächst die Widerstände des Zuges zu überwinden und der Kraftüberschuß wird für die Beschleunigung ausgenutzt.

Die Kraft in der Zugstange nimmt mit jedem Wagen um dessen Widerstand W ab, so daß auf jeden Wagen die Zugkraft $Z_w = W$ entfällt. Bei dem gesamten Zugwiderstand $\sum W$ ist der Widerstand am Zughaken hinter dem Triebfahrzeug $\sum W - W_t$.

In der Verbindungslinie der Triebachsen wirkt nunmehr entgegen der Fahrtrichtung der gesamte Zugwiderstand $W_t + \sum W - W_t = \sum W$, der mit der Zugkraft Z_t im Gleichgewicht ist.

Durch die Verlegung der Widerstände $\sum W - W_t$ der angehängten Wagen von der Zugstange in die Verbindungslinie der Triebachsen wird das Kräftepaar $(\sum W - W_t) \cdot h_3$ geweckt, dem zwei einander entgegengesetzte gleiche Vertikalkräfte Y_w mit dem Achsabstand a als Hebelarm das Gleichgewicht halten. Es ist also $Y_w = (\sum W - W_t) \cdot h_3 : a$ die senkrechte Kraft.

Senkrecht verteilt sich das Gewicht des Triebfahrzeugs G auf Vorder- und Hinterachse mit G_1 und G_2. Die senkrechten Achskräfte rufen in der Fahrbahn die Gegenkräfte G_1'' und G_2'' hervor. Mit diesen Gewichten sind gemäß ihren Vorzeichen die Kräfte Y_{ls} und Y_w zusammenzufassen. Auch bei den senkrechten Achskräften und ihren Gegenkräften besteht Gleichgewicht. In Abb. 5 u. 6 sind die Kräfte an den Fahrzeugen so dargestellt, daß in der ersten Spalte einzeln die äußeren Kräfte der Fahrzeuge und der Fahrbahn in ihren Angriffspunkten eingezeichnet sind. In der zweiten Spalte sind die Fahrzeugkräfte in die Radachsen verlegt. Der Belastungszustand hat sich hierdurch gegenüber den äußeren Kräften nicht geändert. In der letzten Spalte sind die vertikalen und die der Fahrbahn gleichgerichteten Kräfte je für sich summiert. Für beide Achsen zusammengefaßt sind die Kräfte der gleichen Richtungen im Gleichgewicht, wenn auch der senkrechte Druck der Vorderachse des Triebfahrzeugs auf die Fahrbahn kleiner als der der Hinterachse ist.

b) Das gezogene Fahrzeug (Abb. 6). In Abb. 6a sind in der ersten Spalte die Angriffspunkte des Fahrzeuggewichts sowie der Luft-, Steigungs- und Radwiderstände eingetragen und rechts daneben wie beim Triebfahrzeug die Radachskräfte. Für das erste Fahrzeug hinter dem Triebfahrzeug sind in Abb. 6b die Kräfte am vorderen Zughaken $Z_t - W_t$ und die am hinteren Zughaken $\sum W - W_t - W^I$ eingezeichnet. Es ist W^I der Gesamtfahrzeugwiderstand des ersten Wagens hinter dem Triebfahrzeug. In Abb. 6c ist die Summe dieser

Kräfte entsprechend ihrer Kraftrichtung $\overset{\longleftarrow}{Z_t - W_t} - (\overset{\longrightarrow}{\sum W - W_t - W^I})$
$= W^I = Z_w$. Es ist, wie vorher gesagt, Z_w die auf den ersten Wagen entfallende
Zugkraft. Bei gleichmäßiger Geschwindigkeit ist $Z_w = W^I$. In der mittleren
Spalte der Abb. 6 sind die Achskräfte Z_{w_1} und Z_{w_2} und in der letzten Spalte die
gesamten Achskräfte wie beim Triebfahrzeug eingetragen. Bei diesen besteht
wieder wie beim Triebfahrzeug getrennt für die beiden Kraftrichtungen Gleichgewicht.

Die Radwiderstände W_{r_1} und W_{r_2} üben auf die Räder um deren Achse ein
Drehmoment $(W_{r_1} + W_{r_2}) \cdot R$ entgegen deren Drehsinn aus. Beim Rollen wirkt
diesen das gleich große Drehmoment der Achskräfte $(Z_{wr_1} + Z_{wr_2}) \cdot R$ um die

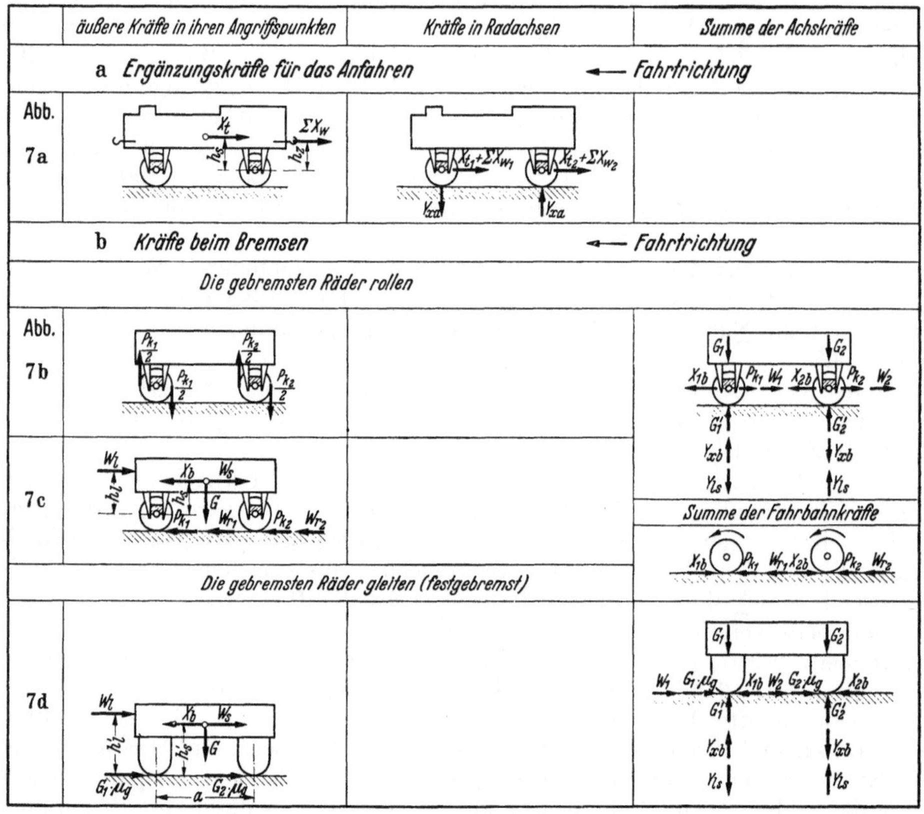

Abb. 7.

Berührungspunkte der Räder mit der Fahrbahn entgegen. Da Z_w gleich $W^I = W_s$
$+ W_l + W_r$ ist, so kann man auch Z_w in $Z_{ws} + Z_{w_2} + Z_{wr}$ zerlegen. Infolgedessen ist $Z_{wr} = W_r$ und in den Berührungspunkten der Räder mit der Fahrbahn
für die Vorderachse $Z_{wr_1} = W_{r_1}$ und für die Hinterachse Z_{wr_2} und W_{r_2}. Beim
Rollen stützen sich also die den Radwiderständen entsprechenden Zugkräfte
in den Berührungspunkten der Räder mit der Fahrbahn auf die entgegenwirken-
den Radwiderstände ab.

β) **Die Kräfte am Zuge bei ungleichförmiger Bewegung.** a) Das Anfahren
(Abb. 7a). An den Triebachsen eines zweiachsigen Triebfahrzeugs wirken wie
gesagt in der Fahrtrichtung die Zugkräfte $Z_{t_1} - W_{t_1}$ bzw. $Z_{t_2} - W_{t_2}$ und am
hinteren Zughaken die Widerstände $\sum W - W_t$ letztere der Fahrtrichtung entgegen. Um bei der Anfahrbeschleunigung für die Kräfte an den Triebachsen

und am Zughaken ebenso wie bei gleichförmiger Bewegung nach den Regeln der Statik die drei Gleichgewichtsbedingungen ansetzen zu können, fügt man der Fahrtrichtung entgegen die d'Alembertschen Ergänzungskräfte 1. im Schwerpunkt des Triebfahrzeugs $X_t = \dfrac{\varrho_t \cdot G_t}{g} \cdot \dfrac{dv}{dt}$ und 2. im Zughaken hinter dem Triebfahrzeug $\sum X_w = \dfrac{\varrho_w \sum G_w \cdot dv}{g \cdot dt}$ an. Hier sind ϱ_t und ϱ_w die Massenfaktoren des Triebfahrzeugs sowie der angehängten Wagen zur Berücksichtigung der drehenden Massen.

Verlegt man die Ergänzungskräfte in die Verbindungslinie der beiden Triebachsen, so wirkt dort der Fahrtrichtung entgegen an der ersten Achse $X_{t_1} + \sum X_{w_1}$ und an der zweiten $X_{t_2} + \sum X_{w_2}$. Es ist dann an der vorderen Achse $Z_{t_1} = \sum W_1 + X_{t_1} + \sum X_{w_1}$ und an der hinteren Achse $Z_{t_2} = \sum W_2 + X_{t_2} + \sum X_{w_2}$. Die Ergänzungskraft hat vom Schwerpunkt des Triebfahrzeuges den Abstand h_s und die am Zughaken den Abstand h_3 von der Triebachse. Es ist daher bei der Verlegung der beiden Ergänzungskräfte in die Verbindungslinie der Triebachsen $Y_{xa} = (X_t \cdot h_s - \sum X_w \cdot h_3) : a$. Diese Kraft belastet die hintere Achse und entlastet die vordere. Fügt man die senkrechten sowie die der Fahrbahn gleichgerichteten Achskräfte zu den durch die äußeren Kräfte hervorgerufenen hinzu, so sind diese Kräfte jeder Richtung in den Fahrzeugachsen auch bei ungleichförmiger Bewegung im Gleichgewicht (Abb. 7a).

b) Das gebremste Fahrzeug (Abb. 7b u. c). Ist die Triebkraft abgestellt, und werden die Räder gebremst, dann drücken, wie es meist bei Schienenfahrzeugen der Fall ist, die Bremsklötze auf die Laufflächen der Räder. Der gesamte Klotzdruck eines Wagens auf die Räder sei K_b t, dessen Produkt mit der Bremsreibung μ_b kg/t (s. S. 71) ist die Bremskraft eines Wagens. Nach den Vorschlägen von Metzkow ermäßigt man für die Praxis die durch Versuch gefundenen Bremsreibungen μ_b auf 80 %, so daß die in Rechnung zu setzende Bremskraft eines Wagens (s. S. 71) $P_k = 0{,}8 \cdot \mu_b \cdot K_b$ kg an den Radumfängen der Drehrichtung entgegenwirkt. Ohne Einfluß auf das Kräftespiel der umdrehenden Räder verschiebt man für die Berechnung der Bremsfahrt die Bremskräfte zwischen Bremsklötzen und Radumfang auf diesen in die Tangentialebene zwischen Fahrbahn und Räder. Die Bremskräfte P_k wirken dann hier in der Fahrtrichtung. Die Betrachtung sei für ein Einzelfahrzeug durchgeführt.

Bei zwei Wagenachsen entfällt auf die vordere P_{k_1} und auf die hintere P_{k_2}. Das Moment der Bremskräfte in den Berührungspunkten der Räder mit der Fahrbahn ruft in den Radachslagern gleich große Gegenkräfte P_{k_1} und P_{k_2} hervor, die der Fahrt entgegengerichtet sind (Abb. 7c). Ebenso wirken die Momente der Bremskräfte $P_{k_1} \cdot R$ und $P_{k_2} \cdot R$, bezogen auf die Radachsen der Drehrichtung der Räder, entgegen. In Abb. 7 sind links wieder das Fahrzeuggewicht und die Fahrzeugwiderstände W_s, W_l, und $W_r = W_{r_1} + W_{r_2}$ und rechts davon die entsprechenden Radachskräfte eingezeichnet. In der letzten Spalte sind wieder die Achskräfte zusammengefaßt. Es wirkt der Fahrtrichtung entgegen in den beiden Achsen $P_{k_1} + W_1$ und $P_{k_2} + W_2$. Es ist $W_1 + W_2 = W$ der gesamte Wagenwiderstand. Außer dem Eigengewicht wirken senkrecht in den Achsen wie vorher die Kräfte Y_{ls}, die beide gleich, aber entgegengerichtet sind, an der Vorderachse nach unten und an der Hinterachse nach oben.

Um auch bei der ungleichförmigen Bewegung der Bremsfahrt nach den Regeln der Statik für die Achskräfte die drei Gleichgewichtsbedingungen aufzustellen, ist zu den Widerständen $P_{k_1} + W_1$ bzw. $P_{k_2} + W_2$ in den Achsen die im Fahrzeugschwerpunkt wirkende Ergänzungskraft $X_b = \varrho \cdot \dfrac{G}{g} \cdot \dfrac{dv}{dt}$ hinzuzufügen, die in der Fahrtrichtung wirkt. Verlegt man wieder wie beim Anfahren die Ergänzungskraft verteilt auf die beiden Achsen in deren Verbindungslinie, so wird das Moment der Ergänzungskräfte $X_b \cdot h_s = \varrho \cdot \dfrac{G}{g} \cdot \dfrac{dv}{dt} \cdot h_s$ durch das Moment der senkrechten Kräfte $Y_{Xb} \cdot a$ im Gleichgewicht gehalten. Es ist also $Y_{Xb} = \varrho \cdot \dfrac{G}{g} \dfrac{dv}{dt} \cdot \dfrac{h_s}{a}$. Diese senkrechten Kräfte rufen umgekehrt wie beim Anfahren unter der Vorderachse eine Mehrbelastung der Fahrbahn hervor und entlasten die Hinterachse.

In den beiden Achsen wirkt dann in der Fahrtrichtung $X_{b_1} = \varrho \cdot \dfrac{G_1}{g} \cdot \dfrac{dv}{dt}$ bzw. $X_{b_2} = \varrho \cdot \dfrac{G_2 \cdot dv}{g \cdot dt}$, denen die vorgenannten Widerstände $P_{k_1} + W_1$ und $P_{k_2} + W_2$ das Gleichgewicht halten. P_{k_2} und P_{k_2} sowie W_1 und W_2 sind die Reaktionen der Bremskräfte und der Widerstände. Beim Rollen muß in der Fahrbahnebene zwischen Räder und Fahrbahn Gleichgewicht bestehen. In der Bewegungsrichtung wirken hier nach Abb. 7c unter der Vorderachse $P_{k_1} + W_{r_1}$ und unter der Hinterachse $P_{k_2} + W_{r_2}$. Sollen die Räder rollen, dann muß diesen Widerständen ein gleich großer Anteil der Ergänzungskräfte X_{b_1} und X_{b_2} entgegenwirken, der für die Vorderachse $X_{b_1} - W_{l_1} - W_{s_1}$ und für die Hinterachse $X_{b_2} - W_{l_2} - W_{s_2}$ beträgt. Es ist dann an der Vorderachse $X_{b_1} - W_{l_1} - W_{s_1} = P_{k_1} + W_{r_1}$ oder $X_{b_1} = P_{k_1} + W_1$ und entsprechend ist an der Hinterachse $X_{b_2} = P_{k_2} + W_2$.

Fahrzeuge mit festgebremsten Rädern (Abb. 7d), bei denen durch den zu starken Druck der Bremsklötze auf die Radreifen die Drehbewegung aufgehoben ist, wirken bei der Fortbewegung des Wagens wie ein Schlitten. An Stelle des Rollwiderstandes tritt nun zwischen den Radumfängen und der Fahrbahn an den beiden Wagenachsen der Gleitwiderstand $G_1 \cdot \mu_g$ bzw. $G_2 \cdot \mu_g$ nach rückwärts auf. Der Radwiderstand ist hier $W_r' = W_r - W_\varrho$, also um den Rollwiderstand W_ϱ vermindert. Durch die in die Gleitebene verlegten Luft- und Steigungswiderstände $W_{l_1} + W_{s_1}$ bzw. $W_{l_2} + W_{s_2}$ erhöht sich der Widerstand auf $G_1 \cdot \mu_g + W_{r_1}' + W_{l_1} + W_{s_1} = G_1 \cdot \mu_g + W_1'$ bzw. auf $G_2 \cdot \mu_g + W_{r_2}' + W_{l_2} + W_{s_2} = G_2 \cdot \mu_g + W_2'$. Diesen Widerständen wirkt die in die Gleitebene verlegte Ergänzungskraft $X_b = \varrho \cdot \dfrac{G}{g} \cdot \dfrac{dv}{dt}$ entgegen. Auf die beiden Achsen verteilt sind diese $X_{b_1} = G_1 \mu_g + W_{l_1} + W_{s_1}$ und $X_{b_2} = G_2 \cdot \mu_g + W_{l_2} + W_{s_2}$. Bei Verlegung der Ergänzungskraft X_b sowie der Steigungs- und Luftwiderstände $W_l + W_s$ in die Gleitebene werden die Momente $(X_b + W_s) \cdot h_s' + W_l \cdot h_l'$ durch das Gegenmoment im Gleichgewicht gehalten, das die senkrechten Achskräfte Y_b mit dem Hebelarm a ausüben. Es ist also $Y_b = X_b \cdot h_s' : a$ bzw. $Y_{ls} = (W_l \cdot h_l' + W_s \cdot h_s') : a$ auf. Die letzteren Kräfte (Y_{ls}) haben die entgegengesetzte Kraftrichtung wie die ersteren. Die Hebelsarme h_l' und h_s' sind hier größer als beim Rollen, bei denen sie nur auf die Achsen bezogen wurden. Die gesamten senkrechten Kräfte sind wieder im Gleichgewicht.

Da die Gleitreibung kleiner als die Haftreibung ist, haben festgebremste Räder eine schlechtere Bremswirkung als langsam rollende. Aus diesem Grunde schleudern auch Kraftwagen mit festgebremsten Rädern leichter. Ferner treten bei festgebremsten Schienenreifen Flachstellen auf, die den ohnehin schon unruhigen Fahrzeuglauf während der Bremsfahrt noch vergrößern.

8. Die Bewegung eines Fahrzeugs in einer Krümmung.

a) Ohne Querneigung der Spur. Ein Wagen durchläuft eine Krümmung vom Halbmesser r m mit gleichbleibender Geschwindigkeit v m/s. Um die Richtungsänderung der Geschwindigkeit zu bewirken, muß aber außer der Zugkraft als

Tangentialkraft, die die Bewegungswiderstände überwindet, noch eine **Normalkraft** auf den Wagen übertragen werden. Diese ist die nach dem Krümmungsmittelpunkt gerichtete **Zentripetalkraft**

$$C = m \cdot \frac{v^2}{r} \text{ kg}.$$

Die von der Fahrbahn auf das Fahrzeug übertragene Zentripetalkraft ruft eine Reaktionskraft vom Fahrzeug zur Fahrbahn hervor. Dies ist die der Zentripetalkraft gleiche, aber vom Krümmungsmittelpunkt abgewendete **Zentrifugalkraft**.

Bei Eisenbahnen wird die Zentripetalkraft durch die Schienen auf die Spurkränze der Wagen übertragen, da diese dem Wagen die krummlinige Bewegung vorschreiben. Außerdem wirkt zwischen dem Laufkreis der Räder und der Schienenoberkante noch die Haftreibung.

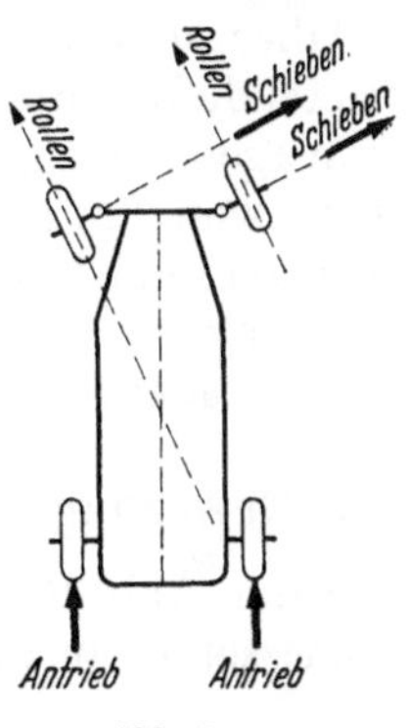

Abb. 8.

Auf Straßen wird die Zentripetalkraft auf einer waagerechten Spur lediglich durch die Haftreibung auf den Wagen übertragen. Das Kurvenfahren wird beim **Kraftwagen** dadurch ermöglicht, daß die vorderen Räder gegen die Achse schief gestellt werden, und daß durch das Ausgleichgetriebe in der Achse der hinteren Räder diese ungleiche Winkelgeschwindigkeiten annehmen können (Abb. 8). Sofern beim Kraftwagen die Haftreibung zwischen Bahn und Rädern genügt, laufen letztere, wenn sie schief gestellt sind, in ihrer eigenen Ebene weiter. Nur wenn die Haftreibung nicht ausreicht, werden sie noch rechtwinklig zu ihrer Ebene geschoben.

Bei der **Einleitung** einer Kurvenfahrt werden die Vorderräder durch die Lenkung seitlich gedreht. Hierdurch wird eine **bohrende Reibung** zwischen Rad und Straße erzeugt. Da beim rollenden Rade die Unebenheiten zwischen Rad und Straße keine Zeit haben, ganz innig ineinander einzudringen, so ist während der Fahrt das zum Drehen der Vorderräder gegen die bohrende Reibung erforderliche Moment am Lenkrad kleiner, als wenn man sie bei **stehenden** Wagen drehen wollte. Durch die bohrende Reibung wird am Eingang und Ausgang einer Kurve die Straßenfläche besonders beansprucht.

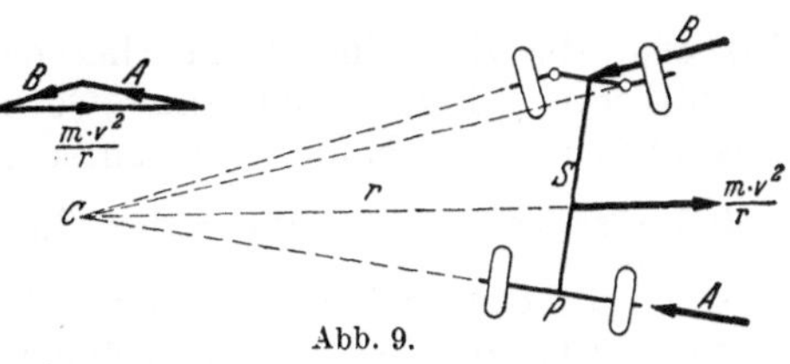
Abb. 9.

Bei der **Kurvenfahrt als Dauerfahrt** dreht sich der Wagen um den Mittelpunkt P der Hinterachse. Die Gegendrücke A und B der Straßenoberfläche müssen mit ihren Grundrissen der in Abb. 9 eingezeichneten Fliehkraft $C = m \cdot v^2 : r$ das Gleichgewicht halten. Genügt die Haftreibung für die Grundrißkräfte A und B nicht, so schiebt der Wagen als Ganzes zur Kurve hinaus. Dabei wirkt die **kleinere** Gleitreibung dieser Bewegung entgegen.

Beispiel. Ist in einer Krümmung $r = 20$ m einer Straße mit waagerechter Fahrspur die Haftreibungsziffer $\mu_h = 0{,}3$, so muß mit $G = m \cdot g$ die Zentrifugalkraft $mv^2 : r = G \cdot \mu_h = m \cdot g \cdot \mu_h$ sein. Es darf daher die Geschwindigkeit höchstens $v = \sqrt{r \cdot g \cdot \mu_h} = \sqrt{20 \cdot 9{,}81 \cdot 0{,}3} = 7{,}7$ m/s oder $V = 3{,}6 \cdot v = 27{,}5$ km/h sein.

b) Mit Querneigung der Spur. Die Zentrifugalkraft wird durch die Überhöhung Δh der äußeren Spur verkleinert. Für die Überhöhung Δh ist dann bei der Spurweite s_p die Querneigung der Fahrbahn $n = \Delta h : s_p$. Die in diese fallende Seitenkraft des Fahrzeuggewichts $n \cdot G$ wirkt der Zentrifugalkraft entgegen, und die Summe der quer zur Fahrbahn wirkenden Kräfte wird geringer. Durch die Überhöhung der äußeren Spur soll in der Regel die Zentrifugalkraft der Fahrzeuge für die Höchstgeschwindigkeit aufgehoben werden.

Die der Zentrifugalkraft entsprechende Zentrifugalbeschleunigung $v^2 : r$ m/s² wird von den Fahrgästen der Eisenbahnwagen als unangenehm empfunden, wenn sie größer als 0,6 m/s² ist. Ungefähr die gleichen Werte gelten auch für Kraftfahrbahnen.

Es ist also sowohl bei Straßenbahnen als auch bei Schienenbahnen Aufgabe der Fahrbahngestaltung, die seitlich wirkenden Kräfte so aufzunehmen, daß die Fahrzeuge mit einer vom Betrieb geforderten Geschwindigkeit in ruhiger Fahrt durch die Krümmung hindurchfahren können. Die auf das Fahrzeug wirkende Zentrifugalkraft ist radial also senkrecht zur Fahrzeugbewegung gerichtet und hat daher keinen Einfluß auf diese. Der bei Schienenbahnen in den Gleisbögen auftretende Krümmungswiderstand rührt davon her, daß die Radachsen starr mit dem Wagen verbunden sind (s. S. 30). Können sich die Achsen radial einstellen, so tritt kein Krümmungswiderstand auf. Es ist hiernach — bei Gleisfahrzeugen selbstverständlich unter Berücksichtigung des Krümmungswiderstandes — die Ermittlung der Fahrzeugbewegung in der Krümmung genau so, wie für die Fahrt in der Geraden.

9. Die Bewegung des Fahrzeugs in der Ausrundung eines Neigungswechsels.

In der Abb. 10 ist der Wechsel der Neigungen $s_1\,^0/_{00}$ und $s_2\,^0/_{00}$ durch den Halbmesser r_a ausgerundet. Fährt ein Wagen durch eine sog. Wanne (Abb. 10),

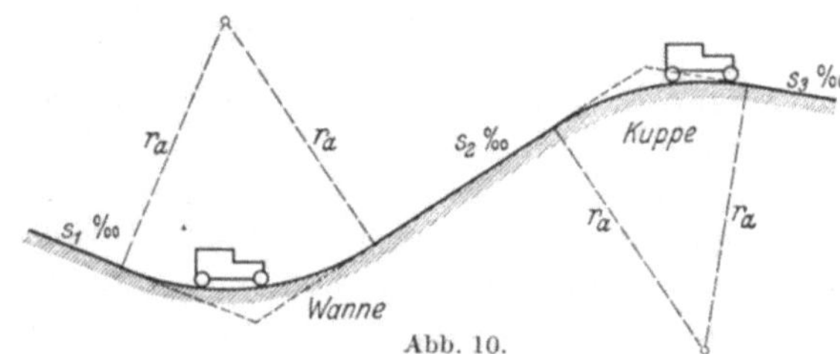

Abb. 10.

so wird die Richtung seiner Geschwindigkeit durch eine nach dem Krümmungsmittelpunkt der Ausrundung strebenden Normalkraft abgelenkt. Diese Zentripetalkraft ruft einen gleichen, aber entgegengesetzten, also nach unten wirkenden Druck des Fahrzeugs, die Zentrifugalkraft, hervor. Die Seitenkraft der letzteren auf die Lotrechte addiert sich zum Gewicht des Wagens und verstärkt den Druck auf die Fahrbahn. Die entsprechende Zentrifugalbeschleunigung soll $\dfrac{v^2}{r_a} \leqq 0{,}5$ m/s² sein, damit die Fahrt durch die Wanne nicht unangenehm empfunden wird. Hiernach ist für eine geforderte größte Fahrgeschwindigkeit der Ausrundungshalbmesser r_a zu berechnen.

Bei einer Ausrundung des Neigungswechsels nach Abb. 10 — Kuppe — tritt durch die Zentrifugalkraft eine Verminderung des Fahrzeugdrucks auf die Fahrbahn oder sogar ein Abheben von dieser ein.

C. Leistung und Energieverbrauch der Antriebsmaschinen.

Die Antriebsmaschinen der Verkehrsmittel sind Dampflokomotiven, elektrische Lokomotiven und Triebwagen mit Wechselstrommotoren sowie Triebwagen mit Gleichstrommotoren und mit Verbrennungsmotoren. Sie sind auf die Eigenart des Betriebes zuzuschneiden und haben daher nach den gestellten Anforderungen eine bestimmte Charakteristik, die in der Abhängigkeit von Zugkraft, Geschwindigkeit und Energieverbrauch zum Ausdruck kommt.

1. Die Dampflokomotiven.

Die Dampflokomotiven haben ihre eigene Kraftquelle. Für die Leistung der Lokomotive ist die Dampferzeugung des Kessels bestimmend. Mit wachsender Zahl der Kolbenhübe im Zylinder, also mit zunehmender Fahrgeschwindigkeit, wird der Auspuff und damit auch die Feueranfachung lebhafter. Die Dampferzeugung wird besser und die Lokomotivleistung steigt. Jedoch entstehen bei gleichbleibender Dampffüllung der Zylinder von einer gewissen Geschwindigkeit an, die durch die Kessel- und Zylindergröße bedingt ist, durch das schneller werdende Einströmen des Dampfes in die Zylinder so große Drosselverluste, daß die Leistung sinkt. Eine Verkleinerung des Füllungsgrades mit wachsender Fahrgeschwindigkeit verringert diese Verluste. Die Zylinderfüllungen sind daher mit zunehmender Geschwindigkeit kleiner zu halten. Wenn also der Dampfverbrauch in einem wirtschaftlichen Verhältnis zur Dampferzeugung stehen soll, gehört zu jeder Fahrgeschwindigkeit ein bestimmter Füllungsgrad der Zylinder. An den Lokomotivleistungs- und Verbrauchstafeln (Taf. III), in denen die Abhängigkeit der Zugkräfte und der Fahrgeschwindigkeiten von dem Kohlenverbrauch je Sekunde dargestellt ist, ist auch der Zusammenhang mit den Füllungsgraden der Zylinder zu ersehen. Die Dampfmaschine arbeitet mit um so kleinerem Energieverbrauch, je mehr sie im Dauerbetrieb ihre Kesselleistung und ihre Geschwindigkeit ausnutzen kann und je weniger oft sie wieder anzufahren braucht. Die Kunst des Lokomotivführers ist es, den Energieverbrauch richtig zu regeln. Der Erbauer der Lokomotive kann die vom Betrieb gestellten Anforderungen an Zugkraft und Geschwindigkeit durch die Wahl der Triebradgröße, der Zylinder und Kesselabmessungen sowie der Blasrohranordnung innerhalb gewisser Grenzen erfüllen.

2. Die elektrischen Triebfahrzeuge.

Im Gegensatz zur Dampflokomotive steht den elektrischen Triebfahrzeugen aus einem großen Leitungsnetz genügend Energie zur Verfügung, die nur durch die Eisen-, Kupfer- und Lagerreibungsverluste der Motoren und die hierdurch vorgeschriebene Erwärmung begrenzt wird. Durch Konstruktion und Schaltung ist beim Elektromotor die Abhängigkeit zwischen Zugkraft, Geschwindigkeit und Energieverbrauch zwangsläufig bestimmt und der Motor hält die so festgelegte Fahrweise selbsttätig inne. Beim Schalten ändert sich die Stromaufnahme sprunghaft, bis der Motor auf eine andere festgelegte Fahrweise gebracht worden ist, die er dann wieder selbsttätig einhält, solange nicht anders geschaltet wird. Wenn es sich im Nahverkehr um Triebwagen der Straßenbahnen und um Triebwagenzüge der Stadtschnellbahnen mit ihren häufigen Anfahrten und kurzdauernden Stromentnahmen handelt, so ist die Charakteristik der Motoren anders, als wenn im Fernverkehr elektrische Lokomotiven Züge mit großen Lasten oder hohen Geschwindigkeiten fahren, die seltene Anfahrten sowie langandauernde Stromentnahmen haben. Im letzteren Falle ist die von den Verlusten und der Kühlung abhängige Erwärmung der Motoren, die nach längerer Fahrt einen Lokomotivwechsel bedingen kann, sowie die Rückwirkung auf das Netz infolge der Schwankungen der Stromnahme ganz anders als im Nahverkehr.

3. Die Triebwagen mit Vergaser- und Dieselmotoren.

Bei den Schienenfahrzeugen kommt fast ausschließlich der Dieselmotor zur Verwendung, bei den Straßenfahrzeugen werden die Lastkraftwagen wohl ebenfalls überwiegend von Dieselmotoren angetrieben. Jedoch wird bei der vermehrten Herstellung heimischer flüssiger Treibstoffe die Verwendung der Vergasermotoren (Ottomotoren) steigen. Sowohl die Vergaser- als auch die Dieselmotoren werden für Schienen- und Straßenfahrzeuge meist als Viertaktmotoren gebaut. Beim 1.Takt wird beim Vergasermotor das Brennstoff-Luftgemisch, beim Dieselmotor Luft durch ein Ventil von einem Zylinder angesaugt. Beim 2. Takt wird das Brennstoff-Luftgemisch bzw. die Luft durch den Zylinderkolben verdichtet. Nun wird beim Vergasermotor das Gemisch durch einen elektrischen Funken entzündet und beim Dieselmotor wird durch Brennstoff, der in die erhitzte und verdichtete Luft eingespritzt wird, eine Verbrennung eintreten. Beim 3. Takt, dem eigentlichen Arbeitstakt, drücken die Verbrennungsgase den Kolben nach abwärts und im 4. Takt werden die Abgase durch das geöffnete Auslaßventil ins Freie befördert. Für die Ingangsetzung des Motors ist eine fremde Kraftquelle erforderlich.

Geregelt wird die Brennstoffzufuhr und damit auch die Leistung beim Vergasermotor durch die volle oder teilweise Öffnung der Drosselklappe, beim

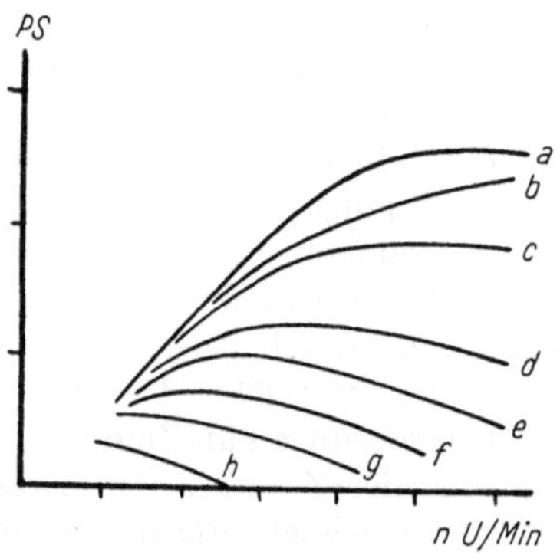

Abb. 11. Leistungsschaubild eines Vergasermotors.
a volle Öffnung der Drosselklappe, *b—h* verschiedene Stellungen der Drosselklappe.

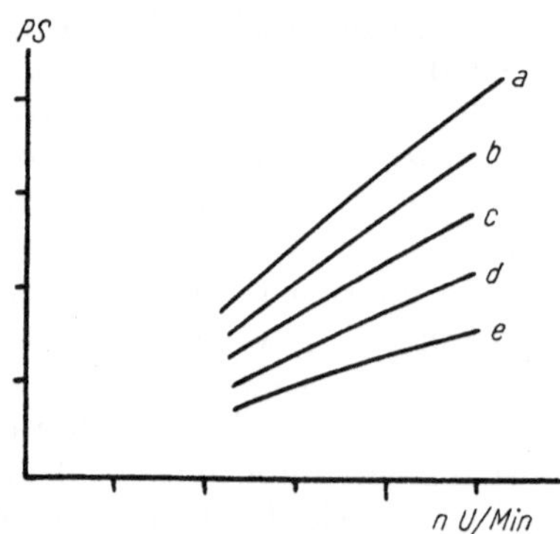

Abb. 12. Leistungsschaubild eines Dieselmotors.
a volle Füllung, *b—e* verringerte Füllungen der Brennstoffpumpe.

Dieselmotor durch die vollen oder verringerten Füllungen der Brennstoffpumpe.

Die Abhängigkeit der Leistung von der Motordrehzahl bei Vergaser- und Dieselmotoren zeigen bei den verschiedenen Stärken der Brennstoffzufuhr die Abb. 11 u. 12.

Bei den Dieselmotoren gibt es außer dieser „Füllungsregelung", bei der für dieselbe Drehzahl sich die Leistung, also auch für dieselbe Geschwindigkeit die Zugkraft ändert, noch die sog. „Drehzahlregelung". Hier wird mittels eines federbelasteten Pendelreglers, dessen Federspannung vom Fahrzeugführer verstellt wird, für dieselbe Zugkraft die Fahrgeschwindigkeit verändert.

Da man durch die Veränderung der Motordrehzahl den erforderlichen Bereich der Fahrgeschwindigkeiten nicht schaffen kann, so erfolgt die Kraftübertragung vom Motor zum Triebrad des Fahrzeugs nicht unmittelbar, sondern mittels eines mechanischen Getriebes oder mittels hydraulischer bzw. elektrischer Kraftübertragung.

Die älteste Kraftübertragung ist die mechanische, die beim Kraftwagen und beim Omnibus vorherrscht. Sie kommt aber bei höheren Leistungen, z. B. bei Motoren über 120 PS nicht mehr in Frage. Die mechanische Kraftübertragung besteht in der Zwischenschaltung einer lösbaren Kupplung und Zahnradpaaren, durch die in 3 bis 5 Gängen die Motordrehzahl in das gewünschte Verhältnis zur Triebachsendrehzahl gebracht wird. Bei Kraftwagen wird das erforderliche Zahnradpaar, jeweils mit Schub getrieben, zum Eingriff gebracht; bei Schienenfahrzeugen werden die verschiedenen Gangstufen durch Reibungskupplungen, synchronisierte Klauenkupplungen oder mit Hilfe eines Freilaufs geschaltet. Diese Betätigung erfolgt meist pneumatisch, bei größeren Leistungen elektropneumatisch. Die Zugkraft wird beim Umschalten unterbrochen.

Das Bestreben, die Kraftübertragung zwischen Motor und Triebrad stetig und ohne Unterbrechung zu gestalten, brachte die Entwicklung der hydraulischen Kraftübertragung mittels Flüssigkeitsgetriebes, dessen Wirkungsweise auf S. 112 beschrieben wird, und der elektrischen Kraftübertragung, bei der nach S. 108 ein Dieselmotor eine Dynamomaschine und diese die Fahrmotoren antreibt. Im Gegensatz zu dem stufenweisen Abfall der Zugkräfte von Gang zu Gang bei der mechanischen Kraftübertragung verändern sich diese bei der hydraulischen und elektrischen kontinuierlich und selbsttätig. Die elektrische Kraftübertragung hat jedoch den Nachteil, daß das Gewicht wegen der zweimaligen Energieumwandlung recht groß und die Kraftübertragung daher teuer ist. Das hydraulische Getriebe hat ein geringeres Gewicht und eine einfachere Handhabung. Auch ist es wenig empfindlich gegen Bedienungsfehler. Die mechanische Kraftübertragung hat billige Anlagekosten, geringes Gewicht und Einfachheit in technischer Hinsicht.

4. Die Schaulinien der Leistung und des Energieverbrauchs der Antriebsmaschinen.

Physikalisch ist die Fahrt eines Verkehrsmittels, das durch eine Antriebsmaschine bewegt wird, durch den Aufwand an Zeit, Energie sowie an Förderarbeit erfaßt. Für diese Ermittlungen müssen die Zugkräfte der Antriebsmaschine in Abhängigkeit von der Fahrgeschwindigkeit und dem Energieverbrauch, ferner die Widerstände der Fahrzeuge abhängig von der Fahrt- und Luftgeschwindigkeit, sowie die Krümmungs- und Steigungswiderstände bzw. die Gefällkräfte der befahrenen Strecke gegeben sein. Die Summe der in jedem Augenblick auftretenden Kräfte und Widerstände ergibt dann die Beschleunigungs- bzw. die Verzögerungskräfte, aus denen die Fahrzeiten ermittelt werden. Aus der vorausgegangenen Fahrzeitermittlung und aus einer Darstellung, aus der für die Zugkräfte der auf die Zeiteinheit treffende Energieverbrauch entnommen werden kann, wird sodann der Energieverbrauch der Fahrt berechnet.

Als Grundlage für alle diese Ermittlungen dienen Schaulinien, die die Zugkräfte der Antriebsmaschine oder deren Leistungen in Abhängigkeit von der Fahrgeschwindigkeit und der Einheit des Energieverbrauchs darstellen. Derartige Schaulinien sind für Dampf- und elektrische Lokomotiven von der Deutschen Reichsbahn durch die sog. Lokomotiv-Leistungs- und Verbrauchstafeln (Llv-Tafeln) berechnet worden. Ihre Richtigkeit wurde durch Meßfahrten nachgewiesen. Sie stellen nach Abb. 26a die indizierten Zugkräfte und die Fahrgeschwindigkeiten in Abhängigkeit von dem Kohlenverbrauch je Sekunde dar. Die Berechnung der Llv-Tafeln wird auf S. 35 beschrieben.

Für den Triebwagen mit Elektro- oder Verbrennungsmotoren lassen sich die Zusammenhänge zwischen Zugkräften, Fahrgeschwindigkeiten und Energieverbrauch in der gleichen Weise darstellen. Meist aber sind hierfür die schon früher bekannten sog. Motorkennlinien im Gebrauch (s. Abschn. III u. V), aus denen diese Zusammenhänge durch einige Umrechnungen entnommen werden können. Ihr Aufbau wird in Abschn. III u. V beschrieben. Die Werte zur Herstellung der Kennlinien für Elektro- und für Verbrennungsmotoren werden auf ortsfesten Prüfständen mit großer Genauigkeit schon seit vielen Jahren aufgenommen, während für den Dampfbetrieb besondere Prüfanlagen mit wenigen Ausnahmen fehlen und sich der genauen Messung des Wasser- und Kohlenverbrauchs während der Fahrt erhebliche Schwierigkeiten entgegenstellen.

D. Die Widerstände der Fahrzeuge und der Strecke.

Die in den Lokomotivleistungs- und Verbrauchstafeln und in den Motorkennlinien angegebenen indizierten Zugkräfte bzw. Motorzugkräfte kennzeichnen zwar das Triebfahrzeug, geben aber noch keinen Aufschluß über die Beschleunigungsfähigkeit der Fahrzeuge und über die Größe der Steigungen, die von ihnen im Regelbetrieb befahren werden können. Diese Eigenschaften müssen jedoch bekannt sein, bevor die Fahrzeiten sowie der Energie- und Arbeitsverbrauch berechnet werden. Zu diesem Zwecke müssen außer den Zugkräften die Widerstände der Fahrzeuge und der Strecke bekannt sein. Diese Widerstände hat die Zugkraft zunächst zu überwinden, und erst die um die Widerstände verminderten Zugkräfte bringen den Zug in Fahrt. Aus dem Überschuß der Zugkräfte über diese Widerstände kann die Beschleunigungsfähigkeit berechnet werden, und aus der Gleichheit der Zugkräfte mit den Fahrzeug-, Krümmungs- und Steigungswiderständen ergibt sich bei gegebenem Zuggewicht die Steigung, über die der Zug im Regelbetrieb noch gezogen werden kann.

1. Die Fahrzeugwiderstände.

Die Fahrzeugwiderstände setzen sich bei Schienenfahrzeugen zusammen
a) aus dem Getriebewiderstand der Antriebsmaschinen,
b) aus dem Widerstand, der von der Lagerreibung herrührt,
c) aus dem Rollwiderstand. Man nennt b) + c) den Grundwiderstand.

d) aus den Widerständen, die auf die Gleislage, die Einwirkung der Schienenstöße und auf die durch die Bauart der Fahrzeuge hervorgerufenen Einzelbewegungen der Wagen zurückzuführen sind. Diese Fahrzeugwiderstände werden als Restglied zusammengefaßt[1],
e) aus dem Luftwiderstand.

a) Die Getriebewiderstände der Antriebsmaschinen. Die Getriebewiderstände, durch die die indizierten Zugkräfte bzw. die Motorzugkräfte bei ihrer Übertragung auf dem Triebradumfang verringert werden, treten in den Gelenken sowie in den Zahnradeingriffstellen auf. Bei Dampflokomotiven wird durch den Getriebewiderstand die indizierte Zugkraft um 4%, bei elektrischen Triebfahrzeugen mit Einzelantrieb (nur Zahnradübertragung) die Motorzugkraft um 2,5% verringert. Bei Triebfahrzeugen mit Verbrennungsmotoren sind die Getriebewiderstände (s. V. Abschn.) größer. Es ist z. B. für Dampflokomotiven der Wirkungsgrad des Getriebes $\eta = 1 - 0{,}04$. Man erhält daher die Zugkraft am Triebradumfang Z_t, wenn man die indizierte Zugkraft Z_i bzw. die Motorzugkraft Z_{mo} mit dem Wirkungsgrad η vervielfältigt. Von der Zugkraft am Triebradumfang sind die nachfolgend beschriebenen Fahrzeug- und Streckenwiderstände abzuziehen.

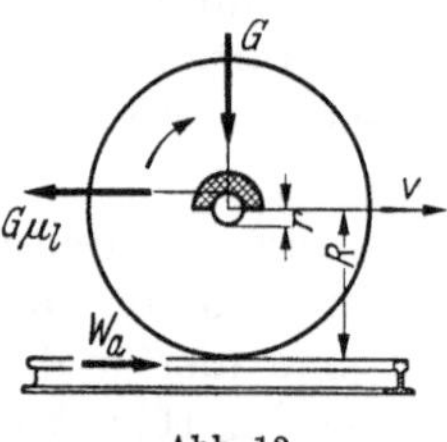

Abb. 13.

b) Der Widerstand aus der Lagerreibung (Abb. 13). Ist G die Belastung des Lagers, μ_l die Reibungsziffer zwischen Achsschenkel und Lagerschale, r der Achsschenkel- und R der Laufkreishalbmesser und W_a die Kraft, die am Radumfang zur Überwindung der Lagerreibung aufgewendet werden muß, so ist das Moment auf die Radachse $W_a \cdot R = r \cdot G \cdot \mu_l$. Dann ist $W_a = G \cdot \mu_l \cdot r : R$, und für $G = 1$ t ist der Widerstand aus der Lagerreibung

$$w_a = W_a : G = \mu_l \cdot r : R \ \mathrm{kg/t}.$$

---

[1] **Sauthoff:** Die Bewegungswiderstände der Eisenbahnwagen. Dr.-Ing.-Diss. Berlin: VDI-Verlag 1933.

Die Widerstände der Fahrzeuge und der Strecke.

Die Reibungsziffer des Lagers μ_l hängt ab
1. von der Bauart, dem Einlaufzustand und dem Lagermetall,
2. von der Art der Schmierung und des verwendeten Öls,
3. von der Geschwindigkeit (Zapfenumfangsgeschwindigkeit),
4. von dem Achsdruck (Wagengewicht),
5. von der durchlaufenen Strecke und der Dauer des vorhergehenden Stillstandes,
6. von der Außentemperatur.

Für den Anfang der Drehbewegung wurde durch Versuche von Garbers[1] mit Reibungswaagen der Anfahrwert, d. h. die Lagerreibung, bei der beim Drehbeginn der Lagerzapfen vom Wagenachslager abreißt, ermittelt. Bei Gleitlagern mit Polsterschmierung und mechanischen Schmiervorrichtungen schwankt die Lagerreibung μ_l zwischen 0,1 und 0,25, bei Rollagern zwischen 0,005 und 0,006. Diese Lagerwerte treten schon nach einer Ruhezeit der Räder von etwa 1 Minute auf und sind nach einer Ruhezeit von 1 Stunde fast noch die gleichen. Bei einem Achszapfenhalbmesser eines Eisenbahnwagens von 5,75 cm und einem Laufkreishalbmesser des Rades von 50 cm schwankt der Anfahrwert der Lagerreibung auf den Radumfang bezogen zwischen $w_a = \mu_l \cdot r : R = 0,1 \cdot 5,75 : 50 = 11,5\,^0/_{00} = 11,5$ kg/t und $w_a = 0,25 \cdot 5,75 : 50 = 28,8\,^0/_{00} = 28,8$ kg/t.

Bei Gleitlagern besteht bei Beginn der Drehung trockene Reibung von der Größe $\mu_l = 0,1$ bis $0,25$. Der Ölfilm ist hier gerissen. Bei Bewegung geschmierter Flächen tritt, solange die Ölschicht noch nicht tragfähig ist, also bei hohem spezifischem Flächendruck $q = \dfrac{G}{2 \cdot r \cdot l}\,\text{t/cm}^2 - (l = 20$ cm ist die Länge des Zapfens) — und geringer Geschwindigkeit, gemischte Reibung auf. Der Übergang von trockener zur gemischten Reibung und von der gemischten zur flüssigen Reibung kann rechnerisch nur schwer festgestellt werden. Zwar lassen sich Zähigkeit des Öls und der Lagertemperatur für jede Zeit und Geschwindigkeit bestimmen, jedoch ist bei gemischter Reibung die Schmierfähigkeit oder Schlüpfrigkeit des Öls wichtiger als die Zähigkeit. Die Schmierfähigkeit kann aber nur durch Versuche gefunden werden.

Durch Versuche[2] wurde der von der Gleitlagerreibung abhängige Fahrzeugwiderstand am Radumfang w_a kg/t vom Verfasser an einem DWV-Gleitachslager mit Regelpolsterschmierung für kleine Geschwindigkeiten in Abhängigkeit von dem Lagerdruck, dem Weg und der Geschwindigkeit ermittelt. In Abhängigkeit von Geschwindigkeiten, wie sie im Zugbetrieb vorkommen, und vom Lagerdruck für verschiedene Lagerausführungen und Schmiervorrichtungen hat, wie vorher gesagt, Garbers die Lagerreibungswerte μ_l durch Versuche festgestellt. Die Versuche des Verfassers wurden angestellt, um eine Grundlage für die Berechnung der Anlaufbewegung eines Güterzuges auf einer Rampe des Rangierbahnhofs zu erhalten, von der aus die Züge durch Schwerkraft der Ablaufanlage zurollen sollen. Bei diesen Versuchen, die auf dem maschinentechnischen Versuchsfelde der Technischen Hochschule Berlin ausgeführt wurden, wurde das betriebsmäßig geölte Lager entsprechend den Gewichten eines leeren bzw. eines mit 10 oder 20 t beladenen Wagens mit 2,5, 5 und 7,5 t belastet. Mit dem entgegengesetzten Ende der Achse war nach Abb. 14 eine Scheibe fest verbunden, an der sich eine Meßtrommel befand. Auf diese wurde die Drehung der Scheibe übertragen. Der Schreibstift für die Meßtrommel war über die Scheibe übergreifend an einem Ring befestigt, der durch Federn mit der Achse verbunden war. Der Schreibstift zeichnete in Richtung der Meßtrommelachse die Verdrehung des

[1] Garbers: Org. Fortschr. Eisenbahner 1936 S. 304.
[2] Bahningenieur 1936 Heft 35.

Ringes gegen die Scheibe auf. Diese Verdrehung ist ein Maß der am Ring wirkenden Kraft und daher auch das der Lagerreibung. Es wurde also auf der Meßtrommel die Lagerreibung μ_l in Abhängigkeit von der Achsdrehung auf-

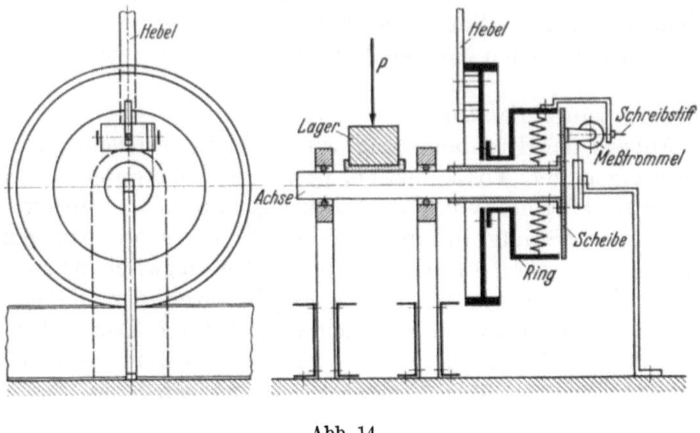

Abb. 14.

gezeichnet. Aus diesen Diagrammen wurde für den Achsschenkeldurchmesser $2r = 11{,}5$ cm und den Laufkreisdurchmesser $2R = 100$ cm mittels geeichter Maß-stäbe der auf den Radumfang bezogene Widerstand w_a kg/t ausgewertet. Um

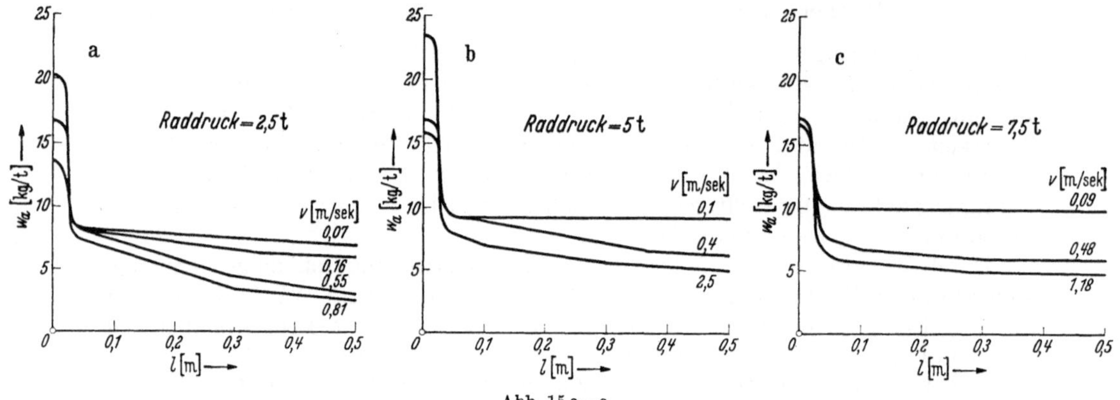

Abb. 15 a—c.

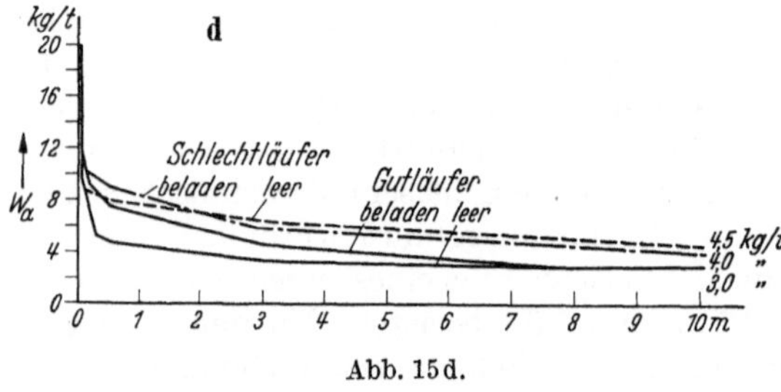

Abb. 15 d.

eine ruckweise Einleitung der Drehbewegung zu vermeiden, wurde der Ring mittels eines langen Hebels mit den verschiedenen in Frage kommenden Geschwindigkeiten gedreht. Die Abb. 15 geben die ausgewerteten Messungen für den von der Lagerreibung herrührenden Widerstand w_a kg/t in Abhängigkeit von Belastung, Weg und Geschwindigkeit der Wagen an. Die An-fangswerte liegen zwischen $w_a = 13$ und 24 kg/t, also innerhalb des von Garbers berechneten Bereichs. Die Versuche zeigen, daß bei normaler Temperatur nach etwa 4 cm Laufweg gemischte Reibung auftritt. Bleibt die Geschwindigkeit unter 0,1 m/s, so nimmt der Widerstand nicht weiter ab, weil dann eben so viel

Öl von der Reibfläche abläuft, wie ihr in derselben Zeit durch die Umdrehung des Rades zugeführt wird. Zu diesem Widerstand aus der Lagerreibung w_a tritt noch der Rollwiderstand zwischen Rad und Schiene (s. unten). Beide zusammen ergeben den Anlaufwiderstand des Güterwagens.

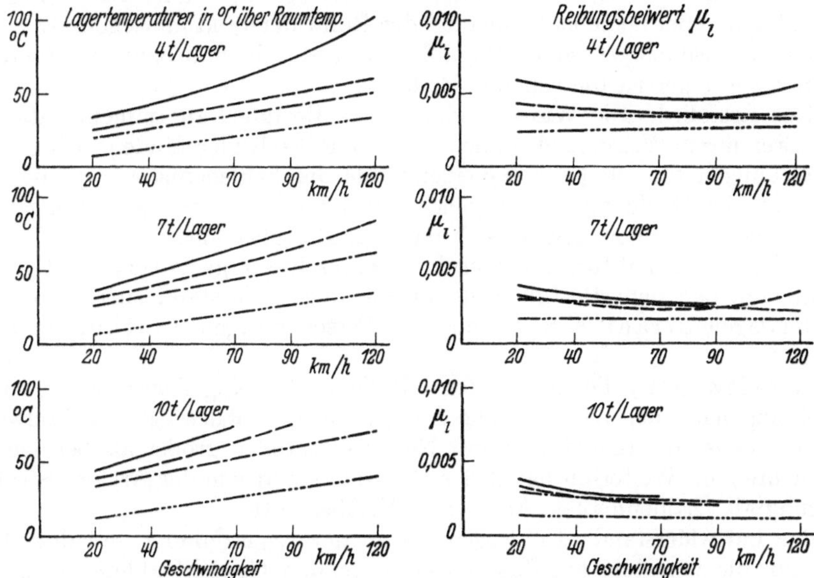

Abb. 16. Lagertemperaturen und Reibungsbeiwerte von Achslagern.

Zeichenerklärung: ———— DWV-Gleitachslager mit Regelpolster-Schmierung. — — — DWV-Gleitachslager mit mechanischer Schmiervorrichtung. —·—·— Sondergleitachslager mit mechanischer Schmierölförderung. ···—··· Zylinderrollenlager mit Fettschmierung.

Die von Garbers ermittelten Lagerreibungswerte sind in Abb. 16 wiedergegeben. Sie ändern sich mit der Geschwindigkeit verhältnismäßig wenig. Für $G = 1$ t ist z. B. für das DWV-Gleitachsenlager mit Regelpolsterschmierung bei $V = 40$ km/h oder $11,1$ m/s die Lagerreibungsziffer $\mu_l = 0,005$ und daher der entsprechende Widerstand am Radumfang $w_a = \mu_l \cdot r : R = 0,005 \cdot 5,75 : 50 = 0,58\,^0/_{00} = 0,58$ kg/t.

c) **Der Rollwiderstand.** Der Flächendruck des Rades auf die Schiene ist $G = a \cdot b \cdot p$, wo b die Breite der Berührungsfläche, a das Maß quer dazu und p kg/cm^2 der mittlere Flächendruck ist. Bewegt sich das Rad um die Strecke Δl vorwärts, und wird hierbei die Schiene auf der Fläche $a \cdot \Delta l$ um die Höhe Δh zusammengedrückt, so ist die dabei geleistete Arbeit

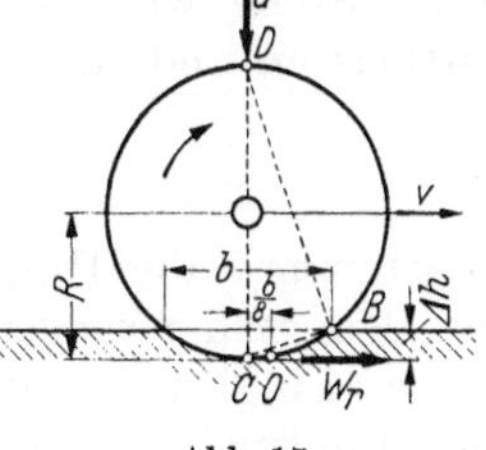

Abb. 17.

$$A_r = \Delta h \cdot a \cdot p \cdot \Delta l \quad \text{und mit} \quad a \cdot p = G : b \quad \text{ist} \quad A_r = \frac{\Delta h \cdot G \cdot \Delta l}{b} = W_r \cdot \Delta l.$$

Hier ist der Rollwiderstand $W_r = G \cdot \Delta h : b$ kg.

In dem rechtwinkligen Dreieck DBC des Laufkreises vom Halbmesser R (Abb. 17) ist $b^2 : 4 = (2R - \Delta h) \cdot \Delta h \cong 2R \cdot \Delta h$ oder $\Delta h = \dfrac{b^2}{8 \cdot R}$.

Für $G = 1$ t ist der Rollwiderstand

$$w_o = \frac{W_r}{G} = \frac{G \cdot \Delta h}{G \cdot b} = \frac{b}{8R} \text{ kg/t}.$$

Durch den Rollwiderstand rückt der augenblickliche Drehpunkt um $b/8$ in der Bewegungsrichtung von der Achssenkrechten ab, und das Moment $\dfrac{G \cdot b}{8}$ wirkt der Bewegung entgegen.

Bei Eisenbahnrädern auf Schienen ist $b:8 = 0{,}28$ bis $0{,}5$ mm. Für $b:8 = 0{,}5$ mm und $R = 0{,}5$ m $= 500$ mm Raddurchmesser ist $w_\varrho = 0{,}5 : 500 = 1\,^0/_{00} = 1$ kg/t. Nach Sauthoff ist w_ϱ abhängig von der Geschwindigkeit, und zwar ist bei $V = 40$ km/h mit $b:8 = 0{,}28$ mm $w_\varrho = 0{,}56$ kg/t, bei $V = 60$ km/h mit $b:8 = 0{,}33$ mm $w_\varrho = 0{,}66$ kg/t und bei $V = 90$ km/h mit $b:8 = 0{,}48$ mm $w_\varrho = 0{,}96$ kg/t. Bei Schienenbahnen ist der Rollwiderstand im Gegensatz zu den Straßen dem Absolutwert nach gering. Je härter also die Fahrbahn und die Räder sind, um so geringer ist die rollende Reibung.

d) Das Restglied. Die Widerstände, die als Restglied zusammengefaßt werden, gehören ihrem Wesen nach zu den Lager- und Rollwiderständen. Während in den Gleichungen für die Fahrzeugwiderstände der Schienenfahrzeuge die Roll- und Lagerwiderstände zu einem gleichbleibenden Wert für jede Zuggattung vereinigt werden können, ändert sich das sog. Restglied linear mit der Fahrgeschwindigkeit. Den Faktor, mit dem die Fahrgeschwindigkeit vervielfältigt werden muß, um den dem Restglied entsprechenden Widerstand zu erhalten, hat für Güterwagen Strahl (s. S. 40) und für Personenwagen Sauthoff (s. S. 40) ermittelt.

Bei Kraftwagen, die in der Regel Rollen- oder Kugellager haben, ist die Lagerreibung nach der Abb. 16 sehr gering, dagegen überwiegt der Rollwiderstand. Dieser ist bei Kraftwagen mit Niederdruckreifen größer als bei den mit Hochdruckreifen. Weiterhin hängt der Rollwiderstand von der Art der Straßenbefestigung ab. Zahlenmäßige Angaben s. V. Abschnitt.

e) Der Luftwiderstand. Im Gegensatz zu der Lagerreibung und dem Rollwiderstand, die von dem auf den Achsen ruhenden Gewicht abhängen, ist der Luftwiderstand vom Fahrzeuggewicht unabhängig, und seine Größe wird von der Form und der Oberfläche der Fahrzeuge sowie von deren Geschwindigkeit und der sie umströmenden Luft bestimmt.

Bewegt sich ein Körper in strömenden Luftmassen, so entsteht an dessen Oberfläche durch Druck- und Reibungskräfte der Luftwiderstand. Der größte Druck tritt an der Stelle auf, an der die Luft sich relativ zum Körper in Ruhe befindet. Das ist z. B. an der gewölbten Spitze eines Luftschiffes der Fall. An dieser Stelle wird durch Stau die Geschwindigkeit zwischen den strömenden Luftmassen und dem Luftschiff gleich Null. Der Staudruck an dieser Stelle ist

$$q = \frac{\gamma \cdot v_r^2}{2g}\ \text{kg/m}^2.$$

Es ist v_r m/s die Relativgeschwindigkeit zwischen den strömenden Luftmassen und dem sich bewegenden Luftschiff. Ferner ist γ das Gewicht von 1 m³ Luft und $g = 9{,}81$ m/s² die Erdbeschleunigung. Setzt man $v_r = V_r : 3{,}6$ m/s, so ist der Staudruck auf die Einheit des vom Wind getroffenen Querschnittes eines Landverkehrsmittels mit $\gamma = 1{,}25$ kg/m³ in Bodennähe

$$q = \frac{1{,}25}{2g}\left(\frac{V_r}{3{,}6}\right)^2 \cong 0{,}5\left(\frac{V_r}{10}\right)^2\ \text{kg/m}^2.$$

Die Luftmassen, deren Geschwindigkeit nicht Null wird, strömen an der Oberfläche des Fahrzeuges entlang und rufen dort Reibungskräfte hervor. Sie schließen sich bei der Stromlinienform des Körpers hinter dem spitzen Ende ohne Sog wieder zusammen. Bei Körpern, die von der Stromlinienform abweichen, tritt an deren Ende ein Sog auf. Es ist schwierig, durch Rechnung festzustellen, wieviel Luftwiderstand durch Stau und wieviel durch Reibung auftritt, und wie groß der Einfluß des Sogs ist. Deshalb wird nicht nur bei Luft-, sondern auch bei Landverkehrsmitteln durch Modellversuche im Windkanal die Abhängigkeit der Druck- und der Reibungskräfte durch den Luftwiderstandsbeiwert c_w

angegeben. Dieser ist um so größer, je mehr das Verkehrsmittel von der Stromlinienform abweicht. Die gesamten Druck- und Reibungskräfte, also der gesamte Luftwiderstand auf den von der strömenden Luft getroffenen Querschnitt F m^2 ist dann

$$W_L = c_w \cdot F \cdot q = 0,5 \cdot c_w \cdot F\left(\frac{V_r^2}{10}\right) \text{ kg}.$$

Aus den vorgenannten Anteilen setzt sich der Fahrzeugwiderstand der Verkehrsmittel zusammen. Für die einzelnen Verkehrsmittel sind Formeln für die Fahrzeugwiderstände aufgestellt worden, die in den jeweiligen Abschnitten, in denen die Fahrzeugbewegung des Verkehrsmittels behandelt wird, angegeben werden.

2. Die Streckenwiderstände.

Die Fahrzeuge haben auf ihrer Fahrt nicht nur die durch ihr Gewicht, ihre Bauart und Form hervorgerufenen Widerstände, sondern auch die durch die Linienführung des Verkehrsweges bedingten zu überwinden. Die Linienführung wird dargestellt durch den Lageplan und das Längenprofil. Aus ersterem sind die Krümmungen zu ersehen, die bei den Schienenfahrzeugen die Krümmungswiderstände hervorrufen. Aus letzterem entnimmt man die Steigungs- und Gefällstrecken, auf denen bei allen Fahrzeugen die Steigungswiderstände bzw. die Gefällkräfte, die die Zugkraft vergrößern, auftreten.

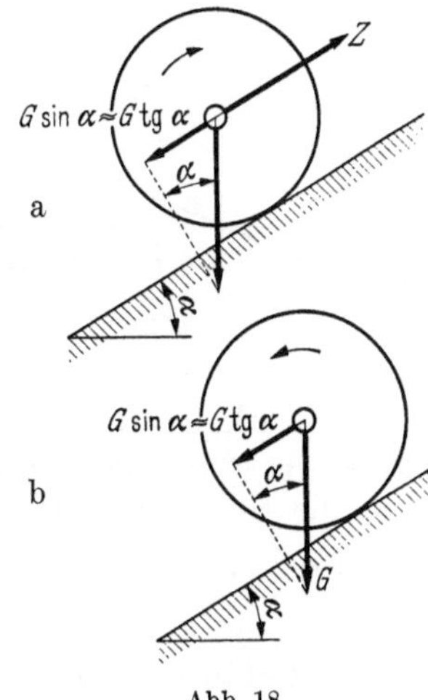

Abb. 18.

a) Steigungswiderstand und Gefällkraft auf durchgehender Streckenneigung. Bewegt sich nach Abb. 18a und b ein Rad vom Gewicht G auf einer Neigung, die mit der Waagerechten den Winkel α bildet, so ist die Komponente in Richtung der Fahrbahn die abwärts wirkende Kraft $G \cdot \sin \alpha$. Bei Reibungsbahnen, deren Neigung höchstens $s = 40^0/_{00}$, also $\operatorname{tg}\alpha = 0,040$, nach der Eisenbahn-Bau- und -Betriebsordnung sein darf, ist $\alpha = 2°20'$ und hierfür ist $\sin\alpha \cong \operatorname{tg}\alpha$. Auch bei Kraftfahrbahnen, deren Neigungen im Gebirge bis $s = 80^0/_{00}$ zulässig sind, ist $\sin\alpha \cong \operatorname{tg}\alpha$.

Bei $\operatorname{tg}\alpha = s^0/_{00}$ ist $\dfrac{s}{1000} = \dfrac{s \text{ kg}}{1000 \text{ kg}}$ oder $s^0/_{00} = s$ kg/t. Die in die Fahrtrichtung fallende Kraft ist $G \cdot s$ kg. Wird das Rad mit der Zugkraft Z die Neigung heraufgezogen, so wird durch den Steigungswiderstand $G \cdot s$ die Zugkraft Z vermindert. Rollt das Rad talwärts, so ist $G \cdot s$ kg die Gefällkraft (Abb. 18 b).

Im Gegensatz zu den Lauf- und den Krümmungswiderständen, die durch Versuche und Berechnung gefunden worden sind, werden der Steigungswiderstand und die Gefällkraft, wie vorher gezeigt, geometrisch durch die Neigung der Bahn bestimmt.

b) Steigungswiderstand und Gefällkraft in ausgerundeten Neigungswechseln. Die Steigung $s_1^0/_{00}$ und das Gefälle $s_2^0/_{00}$ sind nach Abb. 19 durch die Ausrundung vom Halbmesser r_a miteinander verbunden. Legt man in der Abb. 19 an den Scheitel A der Ausrundung eine waagerechte Tangente, so ist in A die Neigung $s = 0^0/_{00}$. Der Punkt B der Bahn im Abstand x vom Scheitel liegt von der Scheiteltangente um y tiefer, und seine Lage ist durch die Gleichung $x^2 = (2r_a - y) \cdot y$ bestimmt, da in dem rechtwinkligen Dreieck ABC ja $x^2 = BD^2$ gleich dem Produkt der beiden Hypotenusenabschnitte $AD = y$ und $CD = 2r_a - y$ ist. Da die Ordinate y im Verhältnis zu dem Ausrundungshalbmesser r_a sehr klein ist, so kann man in der Gleichung $x^2 = 2y \cdot r_a - y^2$ das Glied y^2

vernachlässigen, und $y = x^2 : 2r_a$ sind die Ordinaten der Ausrundung auf die Scheiteltangente bezogen. Die Neigung der Bahn im Punkt B ist $\operatorname{tg}\varphi = \dfrac{dy}{dx} = \dfrac{x}{r_a}$ oder da $\dfrac{dy}{dx} \cdot 1000 = s_x{}^0/_{00}$ ist, so ist

$$s_x = \frac{1000\,x}{r_a}\; {}^0/_{00}$$

die Neigung der Bahn in Punkt B. Dies ist die Gleichung einer Geraden.

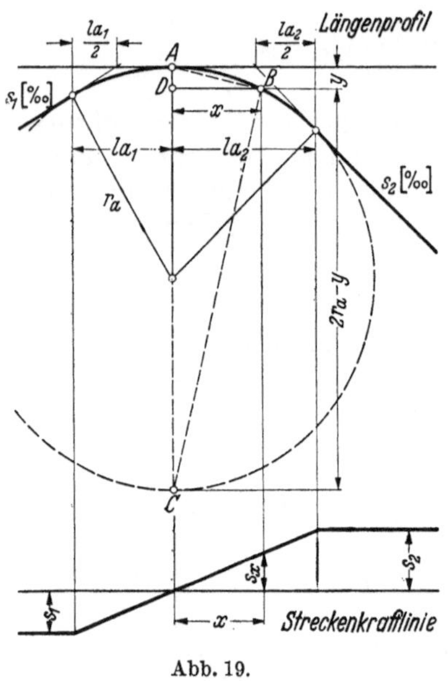

Abb. 19.

Bei den flachen Neigungen der Eisenbahnen und Straßen kann man die Abszisse x gleich der Ausrundungsstrecke l_a setzen. Bei $x = l_{a_2}$ (Abb. 19) ist $s_x = s_2{}^0/_{00}$ Gefälle. Links vom Scheitel ist bei $x = l_{a_1}$ dann $s_x = -s_1{}^0/_{00}$ Steigung. Für den gleichen Ausrundungshalbmesser r_a ist die Ausrundungsstrecke

$$l_a = l_{a_1} + l_{a_2} = \frac{(s_2 - s_1)}{1000} \cdot r_a \; \text{m}.$$

c) Die Streckenkraftlinien. α) Die Streckenkraftlinie für Einzelwagen. Trägt man nach Abb. 19 über einer Waagerechten als Wegachse die Neigungen $s_x{}^0/_{00}$ nach ihren Vorzeichen (Steigungen nach unten und Gefälle nach oben) als Ordinaten auf und verbindet die oberen Endpunkte, so erhält man die Streckenkraftlinie. Bei durchgehender Neigung ist sie eine waagerechte und in der Ausrundung eine geneigte Gerade. Die Ordinaten der Streckenkraftlinie sind die Steigungswiderstände und die Gefällkräfte der wandernden Einzellast $G = 1$ t. Die Streckenkraftlinie ist nach der Gleichung $\dfrac{dy}{dx} \cdot 1000 = s_x = \dfrac{1000\,x}{r_a}\,{}^0/_{00}$ die Differentiallinie des Längenprofils. In den Krümmungsstrecken zieht man in Gefällen den Krümmungswiderstand w_r kg/t (s. S. 30) von diesen Ordinaten ab, in den Steigungsstrecken zählt man ihn zu.

Die Streckenkraftlinie gilt auch für Einzelwagen, wenn man die Punkte im halben Achsabstand a beiderseits der Ecken des Linienzuges geradlinig verbindet (Abb. 20 mit den Gefällen nach unten).

β) Die Streckenkraftlinie für Gruppen von Wagen verschiedenen Gewichts. Die Streckenkraftlinie einer Wagengruppe wird aus der für einen Einzelwagen konstruiert (Abb. 20). Zunächst ist der Schwerpunktsabstand b der Gruppe mit den verschiedenen Wagengewichten $G_1, G_2 \ldots G_n$ t von dem Gruppenende zu ermitteln. Sodann wird die Streckenkraftlinie des Einzelwagens durch Senkrechte im Abstand der Wagenlängen oder auch der Achsabstände unterteilt. Darüber zeichnet man für die einzelnen Laststellungen Waagerechte von der Länge der Gruppen. Diese werden in den Abständen der Wagen oder Achsen unterteilt und befinden sich mit ihrem Gruppenschwerpunkt über den jeweiligen vorgenannten Senkrechten der Streckenkraftlinie des Einzelwagens. Für jede dieser Laststellungen wird die Streckenkraftlinie des Einzelwagens ausgewertet. Zu diesem Zweck zeichnet man für die Reduktion der Ordinaten der Streckenkraftlinie ein Strahlenbüschel, indem man vorher auf einer Senkrechten von der Wegachse der Streckenkraftlinie aus das Gewicht der Gruppe ΣG nach unten, dann vom Endpunkte nach rechts die Gewichte G der Einzelwagen absetzt und diese Punkte mit dem Nullpunkt der Wegachse verbindet. Die Neigung eines Strahls für einen Wagen vom Gewicht G_1 ist dann $G_1 : \Sigma G$.

Multipliziert man die Ordinate s_{x_1} der Streckenkraftlinie des Einzelwagens mit $G_1 : \Sigma G$ und ebenso s_{x_2} mit $G_2 : \Sigma G$ usw., so ist bei den einzelnen Laststellungen für die Last 1 t im Gruppenschwerpunkt die Ordinate der Streckenkraftlinie der Gruppe $s_g = (s_{x_1} \cdot G_1 + s_{x_2} \cdot G_2 + \cdots + s_{x_n} \cdot G_n) : \Sigma G\ {}^0/_{00}$. Zur Auswertung dieses Ausdruckes entnimmt man aus der Streckenkraftlinie des Einzelwagens für jede Laststellung unter jeder Einzellast der Gruppe die Ordinaten s_x, überträgt sie je nach dem Vorzeichen nach unten oder oben senkrecht ins Strahlenbüschel und greift waagerecht die einzelnen Beträge $c = s_x \cdot G : \Sigma G$ ab. Die Beträge $c_1, c_2 \ldots c_n$ reiht man für alle Lasten der Gruppe auf der Senkrechten unter dem

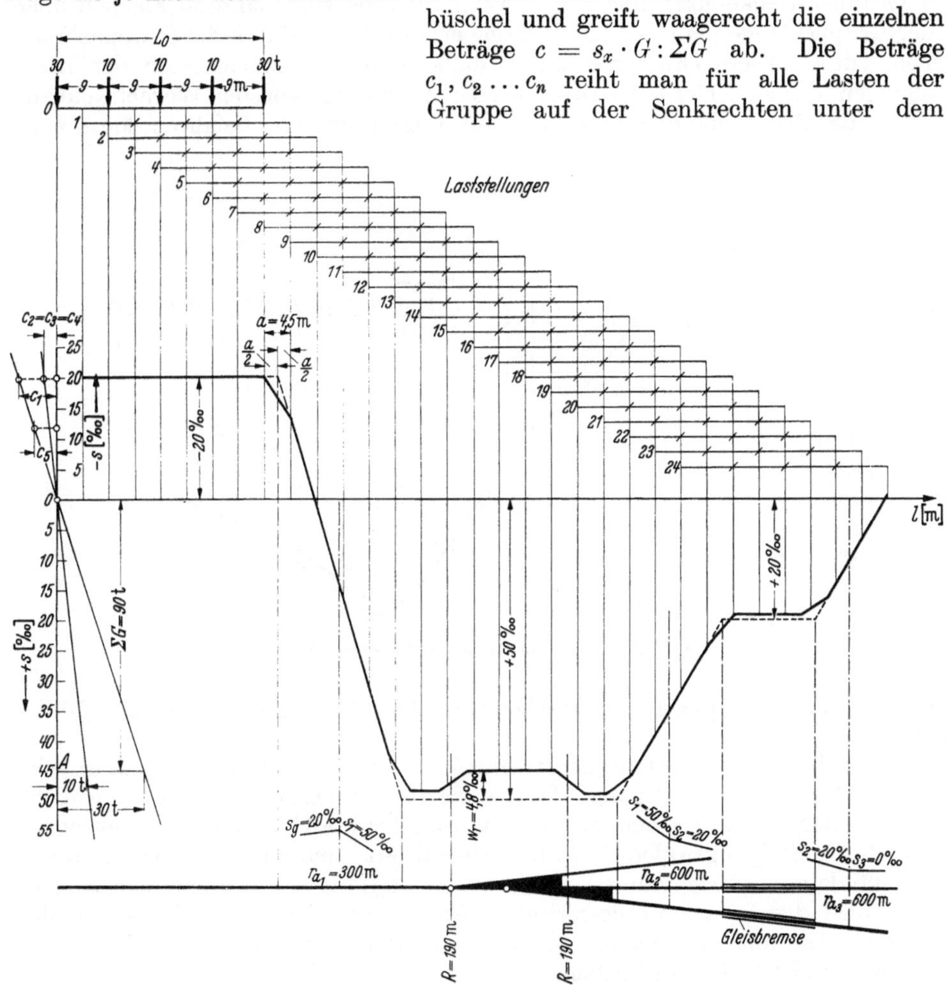

Abb. 20. Streckenkraftlinie eines Einzelwagens.

Gruppenschwerpunkt von einer waagerechten Wegachse aus aneinander und erhält so die entsprechende Ordinate der Gruppenstreckenkraftlinie (Abb. 21). Die Verbindung der freien Enden dieser Ordinaten liefert die Gruppenstreckenkraftlinie für die wandernde Last 1 t im Gruppenschwerpunkt. Letztere ändert sich mit den Wagengewichten sowie mit der Reihenfolge der Wagen in der Gruppe.

γ) Die Streckenkraftlinie für Wagengruppen und Züge mit konstantem Gewicht je lfd. m. Ist das Gewicht je lfd. m der Gruppe oder des Zuges gleichbleibend, also $q = G : l_w$ t/m konstant für alle Wagen, so ist auch $\Sigma G = q \cdot l_g$. Hier ist l_w die Länge der Einzelwagen und l_g die Länge der Gruppe. Da das Gewicht aller Einzelwagen als gleich angenommen wird, so ist $G : \Sigma G = l_w : l_g$. Dann lautet die vorgenannte Gleichung für die Ordinate der Gruppenstreckenkraftlinie

$$s_g = q\,(s_{x_1} + s_{x_2} + \cdots + s_{x_n}) \cdot \frac{l_w}{l_g}\,{}^0/_{00}\,.$$

Es ist aber $(s_{x_1} + s_{x_2} + \cdots + s_{x_n}) \cdot l_w$ die Fläche der Streckenkraftlinie des Einzelwagens über der Gruppenlänge l_g als Grundlinie. Man erhält also die Ordinaten der Gruppenstreckenkraftlinie $s_g\,{}^0/_{00}$, wenn man die vorgenannten Flächen über jeder Gruppenlänge bei jeder Laststellung ermitteln und durch die Gruppenlänge teilen würde. Diese Ordinaten wären dann in den Schwerpunkten der Laststellungen, das sind hier die Gruppen- oder Zugmitten, von der Wegachse abzusetzen. Bei Zügen, die den ausgerundeten Neigungswechsel befahren, kann man

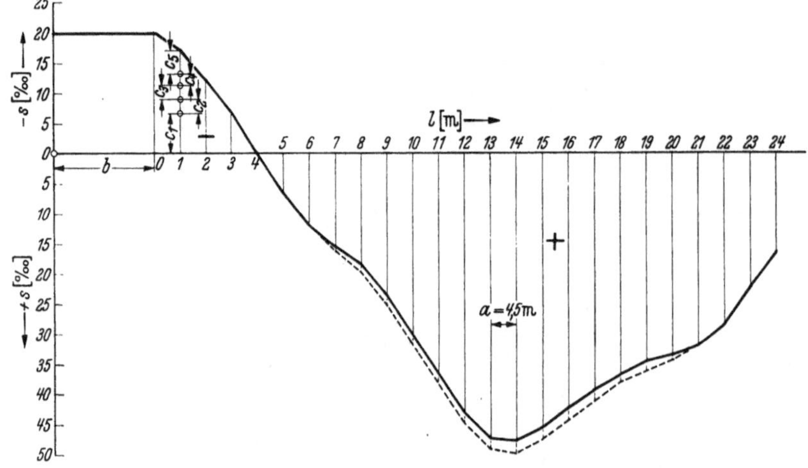

Abb. 21. Streckenkraftlinie einer Wagengruppe.

bei Sonderuntersuchungen die Abstände der Laststellungen alle 50 oder 100 m wählen.

Das Aufzeichnen der Gruppenstreckenkraftslinie vereinfacht sich aber sehr nach der folgenden Überlegung. Da die Neigungswechsel einer Bahnlinie nicht in einem Bogen liegen sollen, so gibt die Streckenkraftlinie eines Einzelwagens lediglich die Steigungswiderstände und Gefällkräfte und nicht die Krümmungswiderstände an. Es ist dann $(s_{x_1} + s_{x_2} + \cdots + s_{x_n}) \cdot l_w = h$ der jeweilige Höhenunterschied des Längenprofils zwischen Anfang und Ende des Zuges von der Länge l_z. Die mittlere Neigung des Zuges ist dann jeweils $s_g = h : l_z\,{}^0/_{00}$. Hier ist h in m und l_z in km anzugeben.

Die mittleren Neigungen $s_g\,{}^0/_{00}$ des Zuges in jedem Punkte der Bahn kann man als Höhen zwischen 2 Längsprofilen abgreifen, die in gleicher Höhenlage, aber im Abstand der Zuglänge l_z gezeichnet worden sind. Diese beiden Längsprofile zeichnet man nach Abb. 104b u. 106b als Seilzug über den Horizontalprojektionen der einzelnen Neigungsstrecken aus einem Strahlenbüschel, dessen Polabstand die Zuglänge l_z im Längenmaßstab der Strecke ist, und dessen Kräfte die Steigungen $s\,{}^0/_{00}$ der einzelnen Steigungsstrecken im Kräftemaßstab sind.

d) Der Krümmungswiderstand. Würde bei der Fahrt durch eine Gleiskrümmung jede Achse eines Fahrzeugs stets in der Richtung des Krümmungshalbmessers stehen und der auf dem Innenstrang laufende Reifen im Verhältnis zum Krümmungshalbmesser einen kleineren Halbmesser haben, so würde die Schwenkung widerstandslos vor sich gehen. Nun liegen aber nicht nur bei den Lokomotiven die Achsen in einem starren Rahmen, sondern auch bei den zweiachsigen Wagen sind die Achsen parallel so gelagert, daß sie sich nicht gegenseitig verstellen können. Bei den Wagen mit Drehgestellen können sich diese zwar radial einstellen, aber im Drehgestell selbst sind die Achsen wieder parallel so gelagert, daß sie sich nicht gegenseitig verstellen können. Es kann also bestenfalls nur eine Achse in Richtung des Halbmessers stehen. Um die Schwenkung auf der Länge des Bogens aufrechtzuerhalten, ist ein Drehmoment nötig, das die kleinen schleifenden Bewegungen dieser radial eingestellten und auch der anderen Achse überwinden muß. Dieses Moment, das also die schleifenden oder gleitenden Widerstände in Richtung der Schiene und quer dazu, also den sog. Krümmungswiderstand bei der Schwenkung der Fahrzeuge überwinden muß, wird hervorgerufen durch den Führungsdruck anlaufender Achsen und durch den Druck am Drehzapfen der Drehgestelle. Aber auch die Zugkraft in der Kupplung zwischen zwei Einzelfahrzeugen, deren Richtung ja in Krümmungen nicht mehr mit den Fahrzeuglängsachsen zusammenfällt, übt Drehmomente aus. Die Zentrifugalkraft der in Krümmungen laufenden Fahrzeuge wird für die Höchstgeschwindigkeit durch die Überhöhung des Außenstranges aufgehoben.

Die Widerstände, die bei diesen Fahrzeugschwenkungen von den Reibungskräften des Fahrzeuggewichts G t beim Gleiten der Radreifen ausgeübt werden, sind in der Längsrichtung der Schienen $G \cdot \mu_g \cdot \dfrac{e}{2\,r}$ kg/t und in der Diagonalrichtung $G \cdot \mu_g \cdot \dfrac{\sqrt{a^2 + e^2}}{2\,r}$ kg/t. Hier ist μ_g die Gleitreibung zwischen Rad und Schiene, r der Krümmungshalbmesser, e m ist die Gleisbreite von Schienenmitte zu Schienenmitte. Ferner ist a m der feste Achsstand des Fahrzeugs oder des Drehgestells. Für $G = 1$ t Wagengewicht ist die Summe dieser Widerstände in den Gleiskrümmungen

$$w_r = 0{,}5 \cdot \mu_g \left(e + \sqrt{a^2 + e^2} \right) : r \ \text{kg/t}.$$

Diese Formel, die z. B. in dem Lehrbuch „La traction électrique" von H. Parodi angegeben wird, ist ziemlich genau, wenn sie auch verschiedene Faktoren unberücksichtigt läßt, wie z. B. die übermäßig spitzen Anlaufwinkel, die Spurerweiterung, die Überhöhung, die Querverschieblichkeit oder Radialstellung der Achsen, die Länge des Zuges und seine Stellung in der Krümmung usw.

Zur Vereinfachung dieser Formel hat Protopapadakis[1], Athen, für verschiedene Spurweiten und Achsstände den Ausdruck $0{,}5 \cdot \left(e + \sqrt{a^2 + e^2} \right) : r$ ausgewertet und statt dessen mit großer Genauigkeit den Ausdruck $(0{,}72\,e + 0{,}47\,a) : r$ gesetzt.

Die vereinfachte Widerstandsformel für Krümmungen ist dann

$$w_r = \mu_g (0{,}72\,e + 0{,}47\,a) : r \ \text{kg/t}.$$

Für Regelspur lautet sie

$$w_r = \mu_g (1{,}08 + 0{,}47\,a) : r \ \text{kg /t}.$$

Die Reibung μ_g schwankt je nach der Oberfläche der Schienen erheblich. Protopapadakis schlägt vor, mit festen Durchschnittswerten zu rechnen, und zwar im gemäßigten Klima im Sommer mit $\mu_g = 220$ kg/t und im Winter mit $\mu_g = 165$ kg/t (Zahlentafel 1).

Diese Formel ist der bisher bei der Reichsbahn gebräuchlichen Formel von v. Röckl $w_r = 650 : (r - 55)$ kg/t bei Hauptbahnen und $w_r = 500 : (r - 30)$ kg/t bei Nebenbahnen vorzuziehen. Letztere Formeln liefern nach Meßfahrten der

---

[1] Protopapadakis: Mschr. int. Eisenb. Kongr.-Vereinig. April 1937.

Reichsbahn zur Untersuchung des Krümmungswiderstandes[1] in den meisten Fällen nicht annähernd richtige Werte.

Zahlentafel 1.

Sommerbetrieb	Winterbetrieb	a m gilt zwischen
Für Normalspur: $w_r = (233{,}2 + 103{,}4\,a) : r$ kg/t	$w_r = (175 + 77{,}6\,a) : r$ kg/t	1,75 u. 8,25 m
Für Meterspur: $w_r = (160 + 104\,a) : r$ kg/t	$w_r = (120 + 78\,a) : r$ kg/t	1,25 u. 5,0 m
Für 75-cm-Spur: $w_r = (128{,}5 + 100{,}3\,a) : r$ kg/t	$w_r = (96{,}4 + 75{,}2\,a) : r$ kg/t	1,0 u. 3,0 m
Für 60-cm-Spur: $w_r = (103 + 101\,a) : r$ kg/t	$w_r = (77 + 76\,a) : r$ kg/t	0,9 u. 2,5 m

E. Die Darstellung der Fahrkräfte.

1. Die Fahrkräfte.

Insgesamt wirken nach dem vorhergehenden an dem Umfang der Räder folgende Kräfte:

1. In Richtung der Bewegung die Triebradzugkraft Z_t und auf Gefällen noch die Streckenkraft $G \cdot s$ kg.

2. Der Bewegung entgegen:

a) Die Fahrzeugwiderstände setzen sich aus der Lagerreibung, dem Rollwiderstand sowie den Widerständen, die nach vorigem als Restglied zusammengefaßt sind, und weiterhin aus dem Luftwiderstand zusammen. Alle diese Fahrzeugwiderstände werden mit W kg bezeichnet.

b) Die Streckenwiderstände, d. s. die der Steigung $G \cdot s$ kg und die der Krümmung $G \cdot w_r$ kg.

c) Der Bremswiderstand B kg, der später bei der Ermittlung der Bremsbewegung behandelt werden soll. Bei der Fahrt mit Kraft ist die Fahrkraft

$$Z_t - W \pm G \cdot s - G \cdot w_r \gtreqless 0.$$

Bei Fahrt ohne Kraft der Antriebsmaschine ist die Fahrkraft

$$G(\pm s - w_r) - W \gtreqless 0.$$

Beim Bremsen, wenn also die Triebkraft abgestellt ist, ist die Fahrkraft

$$G(\pm s - w_r) - W - B \leqq 0.$$

Ist in diesen Gleichungen die linke Seite größer als Null, so werden die Fahrzeuge beschleunigt; ist sie kleiner als Null, so werden sie verzögert; ist die linke Seite gleich Null, so bewegen sich die Fahrzeuge mit gleichmäßiger Geschwindigkeit.

Den Krümmungswiderstand w_r zählt man dem Steigungswiderstand zu, oder man zieht ihn von der Gefällkraft ab und gibt stets $\pm s - w_r$ als einen Neigungswert an.

2. Die Fahrkraftlinie für die von der Geschwindigkeit abhängigen Kräfte.

Die Zugkraft Z_t sowie der Luftwiderstand und auch der als Restglied zusammengefaßte Widerstand sind von der Geschwindigkeit abhängig. Diese Widerstände faßt man mit denen der Lagerreibung und dem Rollwiderstand

---

[1] Nordmann: Glasers Ann. 1935, Sonderausgabe „Die wirtschaftliche Bedeutung der Eisenbahn und ihre technische Entwicklung".

zusammen, da die beiden letzteren sich bei Schienenbahnen während der Fahrt wenig ändern. Bei Straßenfahrzeugen ändert sich mit der Befestigungsart der Straße der Rollwiderstand. Hier trennt man zweckmäßig den Betrag für Lagerreibung und Rollwiderstand von dem Luftwiderstand. Bei Schienenbahnen faßt man daher die Zugkräfte und den gesamten Fahrzeugwiderstand, bei Straßen die Zugkräfte und den Luftwiderstand zu den sog. Fahrkräften zusammen. Von diesen zieht man die von der Geschwindigkeit unabhängigen, aber mit der Linienführung und der Fahrbahnbeschaffenheit sich ändernden Kräfte, d. h. auf Schienenbahnen die Streckenkräfte und auf Straßen die Roll-, Lager- und Steigungswiderstände ab. Die Gefällkräfte werden selbstverständlich zugezählt.

Um aber die Bewegung der Einzelfahrzeuge und der Züge verschiedenen Gewichts besser vergleichen zu können, trägt man die Zugkräfte und Widerstände für 1 t der zusammengekuppelten Fahrzeuge auf. Es lautet dann die Gleichung der Bewegungskräfte für 1 t Fahrzeuggewicht

$$\frac{Z_t}{G} - \frac{W}{G} \pm s \gtreqqless 0,$$

oder mit $Z_t : G = z$ und $W : G = w$ kg/t lautet die Gleichung

$$p = z - w \pm s \gtreqqless 0 \ \text{kg/t}.$$

Man trägt daher in Abb. 22 bei Schienenfahrzeugen unter V-Achse für verschiedene Geschwindigkeiten die Werte w kg/t auf und verbindet diese zur sog. w-Linie.

Von dieser trägt man die für die einzelnen Geschwindigkeiten berechneten z-Werte nach oben ab und erhält durch Verbindung der oberen Enden die **Fahrkraftlinie**. Die Höhen der Fahrkraftlinie über der V-Achse sind $p_o = z - w$ kg/t die Beschleunigungskräfte auf der waagerechten geraden Bahn. Fährt das Fahrzeug auf der Steigung $s^0/_{00}$, so vermindern sich die Beschleunigungskräfte um den Betrag s kg/t. In der Abb. 22 zieht man, um die Beschleunigungskräfte auf der

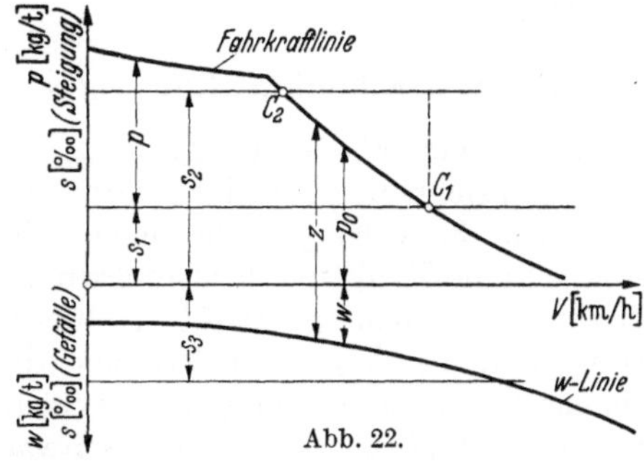

Abb. 22.

Steigung $s_1\ ^0/_{00}$ zu erhalten, im Abstand s_1 kg/t von der V-Achse eine Waagerechte. Letztere schneidet die Fahrkraftlinie im Punkt C_1. Von $V = 0$ bis zur Geschwindigkeit V, die senkrecht unter C_1 auf der V-Achse abzulesen ist, wird das Fahrzeug durch die Kräfte $p = z - w - s_1 > 0$ beschleunigt. Im Punkte C_1 ist die Zugkraft z durch den Lauf- und Steigungswiderstand $w + s_1$ aufgezehrt, also $z = w + s_1$. In diesem Falle ist die Geschwindigkeit gleichbleibend. Fährt das Fahrzeug von der Steigung $s_1\ ^0/_{00}$ auf die Steigung $s_2\ ^0/_{00}$, die durch eine Waagerechte im Abstand s_2 kg/t über der V-Achse dargestellt wird, so wird hierdurch bei der dem Schnittpunkt C_1 entsprechenden Geschwindigkeit der Steigungs- und Laufwiderstand $s_2 + w$ größer als die Zugkraft z. Die Fahrzeugbewegung verzögert sich, bis eine Geschwindigkeit erreicht ist, die man auf der V-Achse senkrecht unter dem Schnittpunkt C_2 der Fahrkraftlinie mit der Waagerechten für den Steigungswiderstand s_2 ablesen kann. Mit dieser Geschwindigkeit fährt dann der Zug auf der Steigung s_2 gleichförmig weiter. Bei Gefällen sind die Waagerechten für die Gefällkräfte im Abstand s kg/t unterhalb der V-Achse zu zeichnen. Hier ist dann die Beschleunigungskraft $p = z - w + s$ kg/t.

Im Gegensatz zu den Fahrkraftlinien für Schienenfahrzeuge trägt man bei Straßenfahrzeugen nach Abb. 194 unterhalb der V-Achse die Linie des Luftwiderstandes

$$w_l = 0{,}5 \cdot c_w \cdot \frac{F}{G} \cdot \left(\frac{V_r}{10}\right)^2 \text{ kg/t}$$

(w_l-Linie) auf. Von dieser setzt man dann wie vorhin die z-Werte nach oben ab und zeichnet nach Abb. 194 die Fahrkraftlinie. Durch diese zieht man Waagerechte im Abstande $s + w_0$ oberhalb der V-Achse, um die Beschleunigungskräfte auf der Steigung zu erhalten. Es heißt der mit der Deckenbefestigung wechselnde Rollwiderstand, zusammen mit dem geringfügigen Widerstand aus der Lagerreibung der Rollenlager (Abb. 16), der Grundwiderstand w_0 kg/t.

3. Die Fahrkraftlinienschar für die von Geschwindigkeit und Zeit abhängigen Kräfte.

Bei der Bewegung eines mit Druckluft gebremsten Zuges ist die Bremskraft eine Funktion der Fahrgeschwindigkeit und der Zeit für den Anstieg des Bremsdruckes in den Bremszylindern. Zur Ermittlung der Bremsbewegung teilt man den Verlauf des Druckanstieges in kleine gleichbleibende Zeitabschnitte (Zeitschritte). Für den mittleren Druck jedes Zeitschritts berechnet man für die verschiedenen Fahrgeschwindigkeiten die Bremskräfte, die man zusammen mit den Laufwiderständen über der Geschwindigkeitsachse als sog. Bremsfahrkraftlinien in ihrer zeitlichen Folge aufträgt. Diese Bremsfahrkraftlinienschar stellt also die Fahrkräfte als Funktion der Geschwindigkeit und der Zeit dar (Näheres s. S. 72).

4. Die Streckenkraftlinie für die von dem Weg abhängigen Kräfte.

Die obenerwähnte Waagerechte im Abstande $s^0/_{00}$ von der V-Achse ist nur dann zu zeichnen, wenn das Fahrzeug auf einer durchgehenden Neigung fährt. In diesem Falle ist für die gleichbleibende Neigung der Strecke die Fahrkraft lediglich eine Funktion der Geschwindigkeit. Rollt aber z. B. ein Wagen über die Gipfelausrundung eines Ablaufberges, so ändert sich die Bahnneigung stetig, und die Neigungskräfte sind dann als Streckenkraftlinie darzustellen. In gleicher Weise ist für die Neigungskräfte eine Streckenkraftlinie zu zeichnen, wenn ein langer Güterzug von einer schwachen Neigung auf eine Anlaufsteigung (s. S. 160) gelangt, auf der der Steigungswiderstand größer als die Zugkräfte ist. Hierbei wächst nämlich der Steigungswiderstand mit dem allmählich auf die Anlaufsteigung übergehenden Zuge von Null zum Steigungswiderstand des ganzen Zuges an. In den beiden letzteren Fällen sind die Bewegungskräfte sowohl eine Funktion der Geschwindigkeit als auch des Weges. Zur Ermittlung der Bewegung ist daher 1. die Fahrkraftlinie über der V-Achse und 2. die Streckenkraftlinie über der Wegachse aufzuzeichnen.

Wenn ein Zug im Neigungswechsel einer Strecke gebremst wird, so ist die Bremskraft eine Funktion 1. der Geschwindigkeit, 2. der Zeit und 3. des Weges. Die Ermittlung dieser Bremsbewegung geschieht also aus der vorgenannten Bremsfahrkraftlinienschar in Verbindung mit der Streckenkraftlinie, aus der die sich stetig ändernden Neigungskräfte für jeden Zeitschritt entnommen werden, um sie mit den Bremskräften aus der Bremsfahrkraftlinienschar zusammenzusetzen.

F. Die Darstellung des Energie- und Arbeitsaufwandes.

Die Ermittlung des Aufwandes an Energie und Arbeit geschieht auf Grund der Fahrzeitermittlung; nach dem später beschriebenen Verfahren des Verfassers werden für einen gleichbleibenden Zeitschritt die Geschwindigkeiten und Wege aus der Fahrkraftlinie zeichnerisch ermittelt. Zur Ermittlung des Energie- und des Arbeitsaufwandes berechnet man für verschiedene Fahrgeschwindigkeiten aus den Llv.-Tafeln oder den Motorkennlinien den Kohlen- oder Treibstoffverbrauch sowie die elektrische Arbeit der Motoren und weiterhin die Arbeit der Antriebsmaschinen je Zeitschritt. Diese Werte trägt man über einer Geschwindigkeitsachse zu den Energie- oder Arbeitslinien je Zeitschritt auf. Für die einzelnen Geschwindigkeiten, die während der Fahrt je Zeitschritt auftreten, kann man nun hieraus die Energie- oder Arbeitsbeträge abgreifen, die man dann aneinanderreiht, um den entsprechenden Aufwand in seinem zeitlichen Verlauf für die ganze Fahrt zu erhalten.

Auf welche Weise die Fahrkraftlinie sowie die Energie- und Arbeitslinien aus den Llv.-Tafeln oder den Motorkennlinien ermittelt werden, und wie aus diesen Diagrammen die Fahrzeit, der Energie- oder Arbeitsverbrauch für eine Fahrt aufgezeichnet wird, das soll in den nachfolgenden Abschnitten für den Eisenbahnbetrieb, den Betrieb der Kraftwagen sowie der städtischen Straßen- und Schnellbahnen, des Bauzuges, der Binnenschiffe und schließlich auch für das Flugzeug beschrieben werden.

Die Fahrdynamik des Fernbahnbetriebes.

1. Die Zugförderung.

Erster Teil: Die Zugfahrt.

I. Die Aufgaben der Fahrdynamik des Zugbetriebes.

Die Fahrdynamik des Zugbetriebes ermittelt die Verbrauchswerte der Zugfahrten. Es handelt sich hierbei sowohl um Züge, die mit Dampf- oder elektrischen Lokomotiven bespannt sind, als auch um Triebwagen mit Elektro- oder mit Dieselmotoren. Bei letzteren wird die Kraft vom Dieselmotor auf die Triebräder entweder elektrisch oder hydraulisch übertragen. Die Verbrauchswerte werden nicht nur für die Fahrt mit Kraft, sondern auch für die Fahrt ohne Kraft (Auslauf) sowie für die Bremsfahrt erfaßt. Außer den Verbrauchswerten Weg, Fahrzeit, Energieaufwand, Arbeit der Lokomotiven und Bremsen sind bei den elektrischen Lokomotiven noch der Strom- und Spannungsverlauf sowie die Schein- und Wirkleistungen und die Übertemperaturen der Motoren zu bestimmen.

Die Verbrauchswerte bilden die Grundlage für die Kostenermittlung einer Zugfahrt. Diese Kosten erhält man, wenn man die Verbrauchswerte mit Kostensätzen vervielfältigt, die auf die Einheit der Verbrauchswerte bezogen sind. Für die verschiedenen Kostenanteile der Zugfahrt sind Kostengleichungen aufgestellt, die aus den jeweiligen Verbrauchswerten und den zugehörigen Kostensätzen zusammengesetzt sind.

Die Kosten der Zugfahrten sind die Grundlage für den wirtschaftlichen Vergleich von Neubaulinien unter sich und mit bestehenden Linien, von Dampf- mit Elektrobetrieb und von Eisenbahnen mit anderen Verkehrsmitteln.

Die wirtschaftlichen Untersuchungen erstrecken sich aber nicht nur auf die Kosten der Einzelfahrten, sondern auch auf die Ausnutzung der Bahnanlagen durch den gesamten Zugverkehr. Denn nur dann, wenn man die je Tag gefahrenen Züge kennt, kann man den Anteil der festen Kosten der Bahnanlage und ihres Betriebes auf die Einzelfahrt umlegen. Der Anteil der auf die Einzelfahrt umgelegten Kosten ist am geringsten, wenn die Züge so dicht aufeinanderfolgen können, als es nach der Betriebsweise der Strecke möglich ist. Auf Fernbahnen werden schnell- und langsamfahrende Züge durcheinander befördert. Um die Bahnanlagen gut auszunutzen, müssen hier die Überholungen so geregelt werden, daß kein Zug mit höherer Geschwindigkeit durch einem vor ihm liegenden mit geringerer Geschwindigkeit aufgehalten wird.

Die Regelung der Zugfolge hängt aber sowohl von der Leistungsfähigkeit der freien Strecke als auch von der der Bahnhöfe ab. Die Leistungsfähigkeit der freien Strecke sowie der Bahnsteig- und Überholungsgleise läßt sich verhältnismäßig leicht ermitteln. Schwierigkeiten bereitet es jedoch, die Aufnahmefähigkeit der die Strecke mit dem Bahnsteig- und Überholungsgleisen verbindenden Weichenbezirke festzustellen. Für die Ermittlung der Aufnahmefähigkeit von Bahnhof und Strecke ist vorher die gegenseitige Beeinflussung der Zug- und Rangierfahrten innerhalb der vorgenannten Bezirke in Abhängigkeit von der Zeit darzustellen. Diese Darstellungen sind die Grundlagen für die Aufstellung der Betriebspläne der Bahnhöfe und die Fahrpläne der Strecken.

Aus diesen Untersuchungen können nun wieder Rückschlüsse auf die Gestaltung der Bahnanlagen, insbesondere auch auf die Ausstattung der Bahnlinien mit Blockstellen und Überholungsgleisen gezogen werden.

Diese Anwendungen der Fahrdynamik bei der Kostenermittlung und bei den Kostenvergleichen, ferner bei der Aufstellung der Betriebs- und Fahrpläne und bei den Entwürfen der Bahnhöfe sowie bei der Ausstattung der Bahnlinie mit Blockstellen und Überholungsgleisen soll im Anschluß an die Ermittlung der Verbrauchswerte der Zugfahrt behandelt werden.

II. Die Zugfahrt mit Dampflokomotiven.

A. Die Lokomotiv-Leistungs- und Verbrauchstafeln.

Die Lokomotiv-Leistungs- und Verbrauchstafeln nach Abb. 26a und in Tafel III wurden von der Deutschen Reichsbahn für verschiedene Lokomotivgattungen aufgestellt. Hierfür wurden mit den Formeln, die Strahl in seinem Werk „Der Einfluß der Steuerung auf Leistung, Dampf- und Kohlenverbrauch der Heißdampflokomotiven" (Hanomag-Nachrichten-Verlag 1924) aufgestellt hat, die Leistung und der Dampfverbrauch einer Lokomotive bei bekannter Heißdampftemperatur und Verdampfungsziffer in hinreichender Übereinstimmung mit der Wirklichkeit berechnet.

1. Der Aufbau der Lokomotiv-Leistungs- und Verbrauchstafeln.

Es wurden hierbei für die verschiedenen Fahrgeschwindigkeiten die indizierten Zugkräfte sowie der zugehörige Dampfverbrauch je Sekunde ermittelt. Mit diesen Werten wurden die Linien gleicher Fahrgeschwindigkeit und gleichen Füllungsgrades der Zylinder für den Dampf gleicher Temperaturen aufgezeichnet. Um eine unbeschränkte Verwendung der Tafeln zu gewährleisten, wurde als Zugkraft die indizierte Zugkraft Z_i und nicht die Zugkraft Z_t am Triebradumfang oder die von der befahrenen Neigung abhängige effektive Zugkraft Z_e am Zughaken gewählt.

Damit war auch die Möglichkeit gegeben, im Verlauf der weiteren Berechnung die neuere Widerstandsformel für Lokomotiven (Strahlsche Formel), die ein von Z_i abhängiges Glied besitzt, anzuwenden. In Abb. 23 ist die von Wetzler[1] dargestellte Lokomotivleistungs- und Verbrauchstafel einer Heißdampflokomotive der Gattung S 36.18 wiedergegeben. Im ersten Quadrant, der als Ordinatenachse die indizierte Zugkraft Z_i kg und als Abszissenachse den Verbrauch an Dampf von 300° C in einer Sekunde d_0 kg/sec hat, sind die Linien gleicher Fahrgeschwindigkeiten V mit zunehmendem Füllungsgrad wegen der schlechter werdenden Dampfausnützung nach unten abgebogen. Die Linien gleichen Füllungsgrades $\varepsilon\%$ fallen wegen der steigenden Drosselverluste mit zunehmender Fahrgeschwindigkeit. Den Dampfverbrauch d kg/sec bei anderen Heißdampftemperaturen $t_{\ddot{u}}°$ berechnete man mit großer Annäherung aus der Erfahrungstatsache, daß einer um 5° höheren Überhitzung ein Minderverbrauch an Dampf von 1% entspricht. Es ist hiernach

$$d = d_0 \left(1 - \frac{t_{\ddot{u}} - 300}{500}\right).$$

---

[1] Wetzler: Org. Fortschr. Eisenbahnw. 1931 S. 463.

Im zweiten Quadranten der Abb. 23 stellt das Strahlenbüschel die Funktion $d = d_0\left(1 - \dfrac{t_{\ddot u} - 300}{500}\right)$ für verschiedene Werte der Heißdampftemperatur $t_{\ddot u}$ dar. Die Heißdampftemperaturen sind in ihrer Abhängigkeit von der Heizflächenbelastung

$$D/H = 3600\, d : H \text{ kg/h} \cdot \text{m}^2$$

bekannt. Hier ist D kg/m² das von der gesamten Heizfläche H m² des Kessels in der Stunde erzeugte Dampfgewicht. Die Ordinaten des zweiten Quadranten sind sowohl von der Heizflächenanstrengung D/H als auch nach dem Verbrauch an Dampf von $t_{\ddot u}°$, d kg/sec unterteilt. Für die Fahrzeitermittlung ist in der Regel $D/H = 57$ kg/m² · h, jedoch besteht wegen der Elastizität des Dampfes im Kessel keine so scharfe Grenze. Nun rechnet man noch für mehrere Werte d von der Tempe-

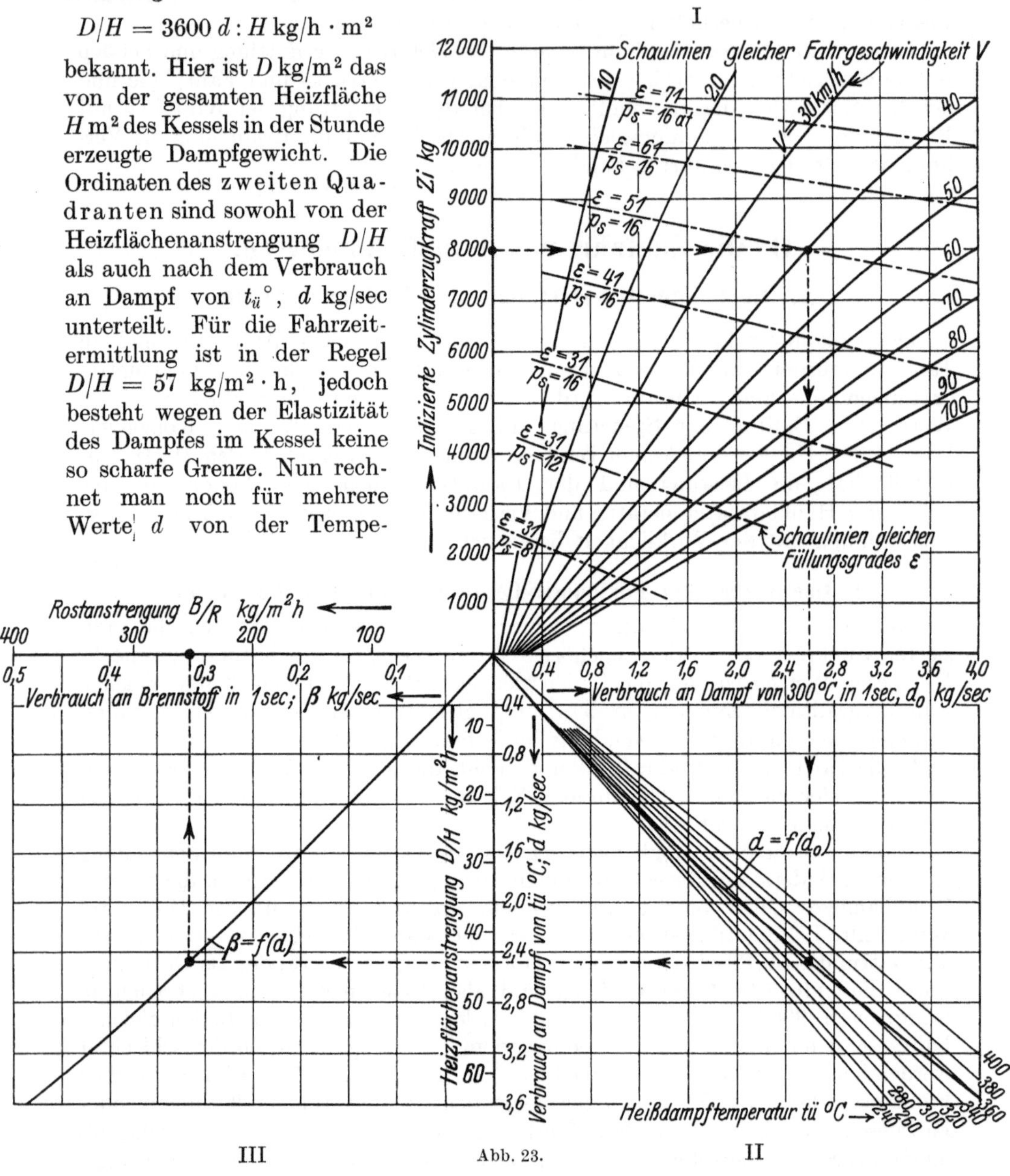

ratur $t_{\ddot u}°$ mittels der Gleichung $d = d_0\left(1 - \dfrac{t_{\ddot u} - 300}{500}\right)$ den zugehörigen Dampfverbrauch d_0 von 300° aus, der dieselbe Leistung in der Lokomotivdampfmaschine hervorzubringen imstande ist wie d. Hierfür trägt man die Schaulinie $d = f(d_0)$ im zweiten Quadranten ein. Aus dieser Schaulinie kann man dann umgekehrt für jedes d_0 das zugehörige d ablesen und ersieht zugleich aus dem Geradenbüschel, welche Heißdampftemperatur $t_{\ddot{u}}°$ dazu gehört. Geht man nun im zweiten Quadrant von der Heizflächenanstrengung waagerecht zur Schaulinie $d = f(d_0)$ und von da senkrecht herauf zur Abszissenachse, so findet man auf dieser den Dampfverbrauch d_0 kg/sec bei $300°$, der die gleiche Leistung hat wie der Dampfverbrauch d, dessen Temperatur nach Angabe des Geradenbüschels $t_{\ddot{u}}°$ ist.

Den Kohlenverbrauch β kg/sec kann man mittels der Verdampfungsziffer z_d aus dem Dampfverbrauch nach der Gleichung $\beta = d : z_d$ kg/sec berechnen. Die Verdampfungsziffer z_d gibt an, wieviel kg Wasser von 1 kg Kohle in Dampf verwandelt werden können. Zur Berechnung der Verdampfungsziffer z_d hat Strahl unter Berücksichtigung der Kessel- und Rostabmessungen eine Näherungsgleichung entwickelt. Zutreffendere Werte der Verdampfungsziffer jeder Lokomotive erhält man durch Auswertung von Versuchsfahrten, wie sie Abb. 24 wiedergibt.

Im dritten Quadranten der Abb. 23 ist hiernach die Linie $\beta = f(d)$ gezeichnet, deren Abszissenachse nach der Rostanstrengung B/R kg/h $\cdot$ m² und dem Brennstoffverbrauch in 1 sec, β kg/sec unterteilt ist. Es ist B kg die stündlich auf der gesamten Rostfläche R m² verfeuerte Kohlenmenge, abhängig von der Lokomotive und der Kohlensorte. Die Rostanstrengung $B : R$ und der sekundliche Kohlenverbrauch β sind durch die Gleichung $B : R = 3600 \, \beta : R$ miteinander verbunden. In Abb. 23 ist ein gestrichelter Linienzug eingetragen, nach dem man für eine angenommene Zylinderzugkraft Z_i und Fahrgeschwindigkeit V den Füllungsgrad $\varepsilon\%$, den Dampfverbrauch d_0 für $300°$ C, die Dampftemperatur $t_{\ddot{u}}°$ C, den wirklichen Dampfverbrauch d, die Heizflächenanstrengung $B : H$, den Kohlenverbrauch β und die Rostanstrengung $B : R$ ablesen kann.

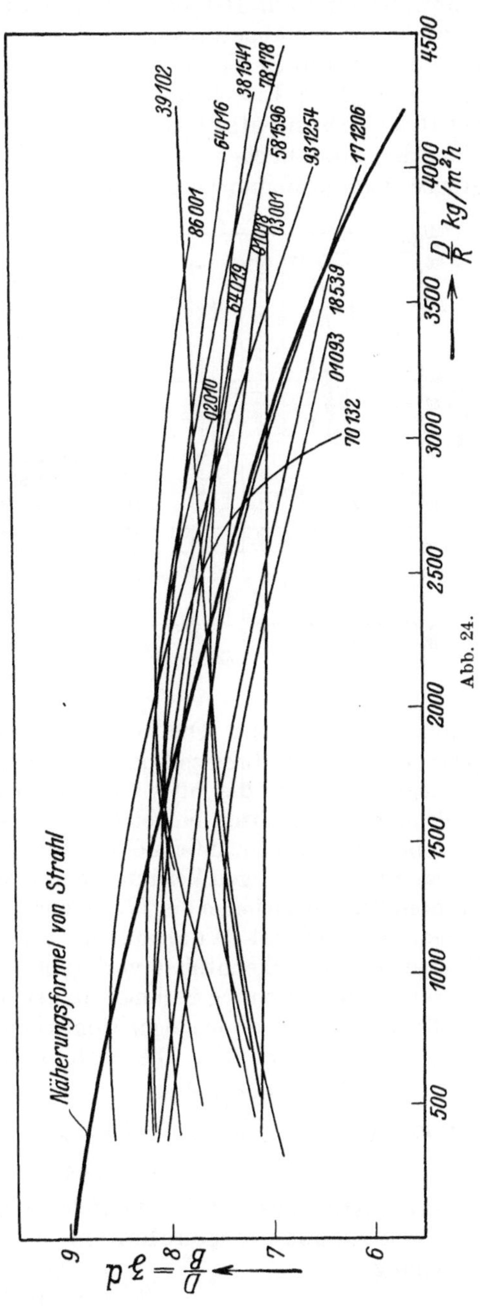

2. Die Begrenzung der Lokomotiv-Leistungs- und Verbrauchstafeln.

a) Durch die Reibung. In Richtung der Ordinaten sind die Zugkraftlinien begrenzt durch eine Linie, die die größte im normalen Betrieb durch die Haftreibung zwischen Rad und Schiene erreichbare Zugkraft angibt. Die letztere beruht, wie bereits gesagt, nach Dr.-Ing. Fink auf einer Oxydationserscheinung des Eisens[1]. Sie sinkt bei Laubfall und Vereisung sehr stark, so daß der Sandstreuer als Gegenmittel notwendig ist. Die Reibungszugkraft fällt mit der Geschwindigkeit. Für Dampflokomotiven ist für 1 t Reibungsgewicht, das ist das Gewicht auf den angetriebenen Achsen, die vermöge der Haftreibung erreichbare Zylinderzugkraft Z_i im Mittel 220 kg/t für $V = 0$ km/h, 200 kg/t für $V = 20$ km/h und 180 kg/t für $V = 40$ km/h praktisch erprobt worden. Über die obere Grenze der Haftreibung elektrischer Triebfahrzeuge schreibt Kother[2] folgendes: Über den tatsächlichen Verlauf der oberen, im Betrieb ausnutzbaren Reibungsgrenze sind die Meinungen immer noch geteilt. Es sind deshalb die wichtigsten der

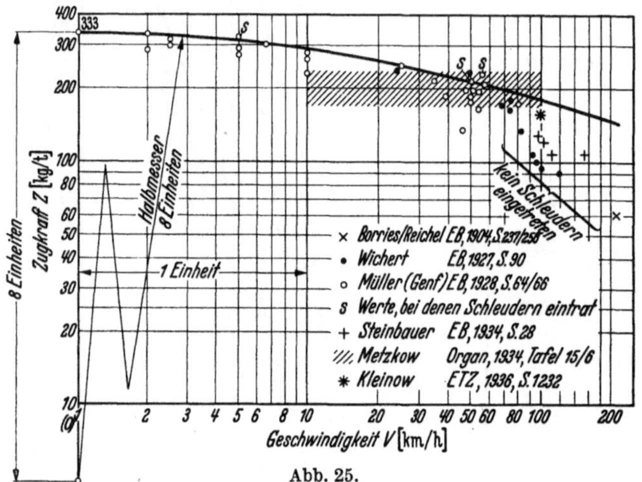

Abb. 25.

bisher veröffentlichten Ergebnisse über den Haftwert zwischen Rad und Schiene in Abb. 25 auf logarithmischen Koordinaten zusammengestellt, um festzustellen, ob eine eindeutige mathematische Extrapolation für hohe Fahrgeschwindigkeiten möglich ist.

Man erkennt hieraus zunächst, daß ein deutlicher Gegensatz zwischen dem Reibwertverlauf bei Anfahren und Bremsen besteht. Die durch Schraffen gekennzeichneten Werte sowie der Wert x sind beim Bremsen aufgenommen.

Legt man durch die mit s bezeichneten Punkte der Anfahrwerte — bei denen Schleudern der Achsen eingetreten ist — eine stetige Kurve und extrapoliert diese bis zu dem nichtuntersuchten Bereich von 200 km/h, so ergeben sich in Bestätigung der bisherigen Vermutungen tatsächlich höhere Werte, als nach den bekannten Extrapolationen der Werte von Wichert und Müller (Genf) zu erwarten waren. Hierauf hat Wechmann[3] bereits hingewiesen. Solange keine neuen Messungen oder Erkenntnisse vorliegen, kann man also für den Entwurf mit einer Extrapolationsgleichung rechnen, die sich daraus ergibt, daß die Grenzkurve als ein Kreisbogen im doppellogarithmischen Koordinatensystem aufgefaßt werden kann (aber nicht muß!). Die Mittelpunktsgleichung dieses Kreisbogens lautet:

$$(\log V)^2 + (\log \mu_h)^2 = R^2 = 64. \quad (\text{Es ist } \mu_h = Z\,\text{kg/t der Abb. 25.})$$

Für $\log \mu_h$ ergibt sich die Gleichung

$$\log \mu_h = \sqrt{64 - (\log V)^2} - 5{,}477,$$

wobei die Konstante $-5{,}477$ die richtige Stellenzahl berücksichtigt. Als Hyperbel mit achsenverschobenem Koordinatensystem heißt die obige Gleichung

$$\mu_h = \frac{9000}{V + 42} + 116 \text{ kg/t}.$$

---

[1] Fink: Arch. Eisenhüttenw. Bd. 6 (1932/33) S. 161.

[2] Kother: Fahrzeitermittlung und Bestimmung der Beanspruchung der Fahrmotoren und des Transformators elektrischer Triebfahrzeuge. Elektr. Bahnen, Dezember 1937 S. 297.

[3] Wechmann: „Elektrische Bahnen" 1934, S. 8.

Während diese Gleichung für guten Schienenzustand gilt, sind die Werte für schlüpfrige Schienen rd. 0,7 mal so groß.

Man könnte natürlich auch noch andere Kurven durch die an sich nicht mathematisch exakt gegebenen Grenzpunkte legen, jedoch ist es in Anbetracht der für den Entwurf der Fahrzeuge erforderlichen Sicherheit ratsam, erst dann über die angegebene „Grenzkurve" hinauszugehen, wenn neue Versuchsergebnisse dazu berechtigen.

Gegenüber diesen Haftreibungswerten der elektrischen Triebfahrzeuge sind diejenigen der Dampflokomotiven wegen des Einflusses des Unförmigkeitsgrades bei der Zugkraft am Triebradumfang je nach Zylinderzahl und deren Anordnungen nach obigem geringer.

b) Durch die Kesselanstrengung. Die Begrenzung der Zugkraftlinien in Richtung der Abszissen ist wegen der Elastizität des Dampfes im Kessel nicht so scharf. Für die Fahrzeitermittlung ist vorgeschrieben, daß eine Heizflächenanstrengung $D:H = 57$ kg/h $\cdot$ m^2 in der Regel nicht überschritten werden soll. In dem zu diesem Wert gehörigen Abszissenpunkt des ersten Quadranten werden daher die Zugkraftlinien gleicher Fahrgeschwindigkeiten durch eine Senkrechte geschnitten. Diese Senkrechte besagt, daß für die in Frage kommenden Geschwindigkeiten der Heizer immer die gleiche Kohlenmenge je Minute verfeuert.

Aus den Zugkräften, die durch die beiden von der Reibung und der Kesselanstrengung bedingten Linien festgelegt sind, werden die kürzesten Fahrzeiten ermittelt. Soll der Zug nicht so schnell fahren, so kann man die Fahrzeiten aus Zugkräften ermitteln, die innerhalb dieser Begrenzungslinien abzugreifen sind.

Die von der Reichsbahn herausgegebenen Lokomotivleistungs-Verbrauchstafeln bestehen nur aus dem ersten Quadranten (Taf. III) mit den Z_i-Werten als Ordinaten und den Werten β kg/sec für den Kohlenverbrauch bei 6800 kcal Heizwerte der Kohle.

B. Widerstandsformeln.

1. Lokomotivwiderstände.

Für Dampflokomotiven sind die von Strahl aufgestellten Formeln bei der Deutschen Reichsbahn in Gebrauch. Es ist hiernach der Widerstand von Lokomotive und Tender

$$W_l = 2{,}5\,G_{l1} + c \cdot G_{l2} + 0{,}5 \cdot c_w \cdot F \cdot \left(\frac{V_r}{10}\right)^2 \text{kg}.$$

Es ist $G_{l1} + G_{l2} = G_l$ t das Gewicht von Lokomotive und Tender, wobei G_{l1} t das Gewicht auf den Lauf- und Tenderachsen und G_{l2} t das auf den Triebachsen ist, das auch Reibungsgewicht G_r genannt wird. Für Zweizylinderlokomotiven ist $c = 5{,}8$ bei 2, $c = 7{,}3$ bei 3, $c = 8{,}4$ bei 4, und $c = 9{,}3$ bei 5 gekuppelten Achsen. Für Vierzylinderlokomotiven ist $c = 7{,}5$ bei 3 gekuppelten Achsen. Im Betriebe rechnet man mit 12 bis 15 km/h Gegenwind, also ist $V_r = V + 12$ bzw. $V_r = V + 15$ km/h die Relativgeschwindigkeit zwischen Lokomotive und umgebender Luft. Fm^2 ist der Lokomotivquerschnitt.

Nach Glasers Ann. 1934 S. 1371 wird der Luftwiderstandsbeiwert c_w wie folgt angegeben:

Zahlentafel 2.

Lokgattung	F m^2	c_w Lok allein	c_w Lok vor dem Zug
Regellok mit Schlepptender	11	1,45	1,0
Regelgüterzuglok	11,9	—	0,94
Völlig verschalte Schlepptenderlok	11,4	0,49	0,37
Stromlinientenderlok	11	0,215	0,183
Ellok.	11,2	—	0,55

Auf der Fahrt mit Dampf gehen bei der Übertragung der Zugkraft durch das Getriebe vom Zylinder zum Radumfang infolge des Getriebewiderstandes etwa $0{,}04\,Z_i$ kg verloren, so daß die Zugkraft am Triebradumfang

$$Z_t = 0{,}96 \cdot Z_i \ \text{kg}$$

ist.

2. Widerstände des angehängten Wagenzuges.

a) Reisezüge. Für Reisezüge ist von Sauthoff[1] der Widerstand durch die Formel

$$w_w = a + b \cdot V + \frac{0{,}48}{G_w}\,(n + 2{,}7) \cdot f \cdot \left(\frac{V + 12}{10}\right)^2 \ \text{kg/t}$$

angegeben. Hier ist $a = 1{,}9$ kg/t, V km/h die Fahrgeschwindigkeit,

$$
\begin{aligned}
b &= 0{,}0025 \ \text{für vierachsige Wagen}\\
&= 0{,}004 \ \text{für dreiachsige Wagen}\\
&= 0{,}007 \ \text{für zweiachsige Wagen}
\end{aligned}
\left\}\
\begin{aligned}
&\text{berücksichtigt die Unebenheiten}\\
&\text{und die Eigenbewegung der}\\
&\text{Wagen (Restglied).}
\end{aligned}
\right.
$$

n ist die Wagenanzahl

$f = 1{,}45$ m² ist die Äquivalentfläche für   D-Wagen neuerer Bauart
  $= 1{,}55$ m² ,, ,,   ,,   ,,   älterer Bauart
  $= 1{,}15$ m² ,, ,,   ,,   ,,   zwei- und dreiachsige Personenwagen.

Die Zahl 2,7 berücksichtigt den Sog am Zugende. Dies wirkt sich gewissermaßen als Verlängerung des Zuges aus.

b) Güterzüge. Für Güterzüge sind noch keine neueren Formeln aufgestellt. Man berechnet den Widerstand der an die Lokomotive angehängten Güterwagen nach Strahl mit

$$w_w = 2 + (0{,}007 + m) \cdot \left(\frac{V + 12}{10}\right)^2 \ \text{kg/t}.$$

Das Glied $0{,}007 \cdot \left(\dfrac{V + 12}{10}\right)^2$ berücksichtigt entsprechend dem sog. Restglied die Gleisunebenheiten und die Fahrzeugschwankungen. Das Glied $m\left(\dfrac{V + 12}{10}\right)^2$ stellt den Einfluß des Luftwiderstandes dar.

Es ist für schwerbeladene Güterwagen . . . . $m = 0{,}025$
      für Eilgüterwagen . . . . $m = 0{,}04$
      für gewöhnliche Güterzüge gemischter Zusammensetzung . . . $m = 0{,}05$
      für Leerwagenzüge . . . . $m = 1{,}0$

3. Zugwiderstand.

Der Widerstand für den gesamten Zug vom Gewicht $G = G_l + G_w\,t$ (G_w ist das Gewicht des angehängten Wagenzuges) ist

$$w = \frac{W_l + w_w \cdot G_w}{G} \ \text{kg/t}.$$

4. Krümmungswiderstand.

In der auf S. 30 angegebenen Formel für den Krümmungswiderstand bei Normalspur

$$w_r = (233{,}2 + 103{,}4\,a) : r \ \text{kg/t}$$

ist für den Achsabstand $a = 4{,}5$ m eines zweiachsigen Güterwagens

$$w_r = 700 : r \ \text{kg/t}.$$

---

[1] Sauthoff: Diss. Berlin 1933.

Zahlentafel 3. Personenwagen und Gepäckwagen der Reichsbahn[1].

Gattung der Wagen	Gattungszeichen	Drehzapfenabstand mm	Pufferabstand m	Abteilräume	Zahl der Plätze Klasse			Eigengewicht t
					1	2	3	
D-Zug-Wagen	AB 4 ü	14400	21,72	2 + 6	12	36	—	47,5
D-Zug-Wagen	C 4 ü	14400	21,72	10	—	—	80	47,2
Durchgangswagen	B 4 i	14040	21,70	3	—	62	—	37,3
Durchgangswagen	B C 4 i	13300	20,96	2 + 2	—	23	51	36,7
Durchgangswagen	C 4 i	13300	20,96	3	—	—	84	35,9
Abteilwagen	BC 3	7500[2]	12,50	2 + 4	—	12	32	20,4
Abteilwagen..........	C 3	7600[2]	11,70	6	—	—	48	19,0
Gepäckwagen				Ladegewicht in t				
für D-Zug	Pw 4 ü	12360	19,68	9,5				39,0
„ Personenzug	Pw 4	12360	19,68	10				32,1
„ Personenzug	Pw 3	7500[2]	12,90	6				16,6
„ Güterzug	Pwg	4700[2]	8,50	4				11,1

Zahlentafel 4. Reichsbahn-Güterwagen[3].

Gattung und Gattungsbezirk	Lade-			Eigengewicht		Ladegewicht	Tragfähigkeit	Achsstand		Pufferabstand	
				ohne	mit			mit	ohne	ohne	mit
	länge	breite	höhe	Handbremse				Handbremse		Handbremse	
	m	m	m	kg	kg	t	t	m	m	m	m
G Kassel, München	7,92	2,69	2,15	10500	11000	15,0	17,5	4,5		9,30	9,60
Gl Dresden	10,72	2,69	2,035	12500	13000	15,0	17,5	7,0		12,10	12,80
K Wuppertal	5,30	2,81	1,25	10000	10500	15,0	17,5	3,5 od. 3,3		6,60	7,30
V Altona	6,90	2,69	1,03	11500	12000	15,0	17,5	4,0		8,25	8,55
O Halle Holzwände	6,72	2,73	1,0	9500	10000	15,0	17,5	4,0		8,1	8,8
O Nürnberg Eisenwände	5,3	2,81	1,3	9000	9500	15	17,5	3,5		6,60	7,30
Om	7,72	2,76	1,55	10500	11000	20,0	21,0	4,5		9,10	9,80
Omm Essen, Breslau Königsberg	8,75	2,81	1,50	11000	11500	27,5	28,5	6,0		10,05	
R Stuttgart	10,12	2,67	—	9500	10000	15,0	17,5	6,5	6,0	11,50	12,20
S Augsburg	13,0	2,75	—	10500	—	15,0	17,5	—	8,0	14,40	—
SS (4 achs.) Köln	15,1	2,75	—	—	20000	35,0	36,75	10	—	—	17,10
H Regensburg	8,0	2,50	—	9500	10000	15,0	17,5	4,5		9,30	10,03

Für D-Zugwagen mit dem Achsabstand $a = 3,6$ m eines Drehgestells ist

$$w_r = 600 : r \text{ kg/t}.$$

Für Güterwagen mit dem Achsabstand des Drehgestells $a = 2,00$ m, ist

$$w_r = 425 : r \text{ kg/t}.$$

[1] A bedeutet 1., B 2., C 3. Klasse. Die Zahl dahinter = Achszahl, ohne Zahl gleich zweiachsig, ü = Übergangsbrücken mit Faltenbalg, i = Durchgang und Übergangsbrücke ohne Faltenbalg. [2] Achsabstand.
[3] G; Gl = gedeckte Wagen, K = Klappdeckelwagen, V = Verschlagwagen mit Zwischenböden, O; Om und Omm = offene Wagen mit Kastenaufbau, R = Rungenwagen, S; SS = Schienenwagen. H = Schemelwagen.

C. Ermittlung des Wagenzuggewichts.

Die für die Fahrzeitermittlung maßgebende Last, die im Kopf des Buchfahrplan mit „Last" bezeichnet ist, ist bei Reisezügen das in der Hauptverkehrszeit beobachtete größte Wagenzuggewicht. Die maßgebende Last wird bei Güterzügen von der größten auf der Strecke vorkommenden Steigung bestimmt. Diese wird daher auch maßgebende Steigung $s_{\mathrm{ma}}{}^0/_{00}$ genannt. Soll der Zug auf der maßgebenden Steigung mit einer gleichmäßigen Geschwindigkeit fahren, dann müssen auf ihr die Zugkräfte am Triebradumfang und die Widerstände einander gleich sein, d. h. es muß

$$Z_t = 0{,}96 \cdot Z_i = W_l + w_w \cdot G_w + (G_l + G_w) \cdot s_{\mathrm{ma}}$$

sein. Z_i und die Laufwiderstände müssen der gleichmäßigen Geschwindigkeit entsprechen. Es ist dann das angehängte Wagenzuggewicht

$$G_w = \frac{0{,}96\,Z_i - W_l - G_l \cdot s_{\mathrm{ma}}}{w_w + s_{\mathrm{ma}}}\ \mathrm{t}.$$

Bei Dampflokomotiven ist nach Möglichkeit die Reibungskraft, bei elektrischen Lokomotiven die Dauerzugkraft (s. S. 89) auszunutzen.

Die Grenze der Kesselleistung von $57\ \mathrm{kg/h} \cdot \mathrm{m}^2$ darf nur ausnahmsweise überschritten werden.

Beispiel. Auf dieses Beispiel baut sich die spätere Ermittlung der Verbrauchswerte einer Güterzugfahrt auf.

Ein Güterzug soll von einer Lokomotive der Gattung G 56.16 auf der maßgebenden Steigung $s_{\mathrm{ma}} = 15^0/_{00}$ mit $V = 25\ \mathrm{km/h}$ gezogen werden. An der Grenze der Kesselleistung ist nach der Lokomotivleistungstafel (Abb. 26a) die indizierte Zugkraft $Z_i = 14350\ \mathrm{kg}$, die Zugkraft am Triebradumfang ist $Z_t = 0{,}96 \cdot Z_i = 13700\ \mathrm{kg}$. Das Gewicht der Lokomotive ist 95,7 und das des Tenders 45,6 t, so daß $G_l = 141{,}3\ \mathrm{t}$ ist. Da das Reibungsgewicht $G_{l_2} = 82{,}5\ \mathrm{t}$ beträgt, so ist $G_{l_1} = 141{,}3 - 82{,}5 = 58{,}8\ \mathrm{t}$. Mit $c = 9{,}3\ \mathrm{kg/t}$, $c_w = 1$ und $F = 11\ \mathrm{m}^2$ ist der Lokomotivwiderstand $W_l = 2{,}5 \cdot 58{,}8 + 9{,}3 \cdot 82{,}5 + 0{,}5 \cdot 1 \cdot 11\left(\dfrac{25+12}{10}\right)^2$ $= 990\ \mathrm{kg}$. Der Steigungswiderstand der Lokomotive ist $G_l \cdot s_{\mathrm{ma}} = 141{,}3 \cdot 15 = 2120\ \mathrm{kg}$. Der Widerstand des angehängten Wagenzuges ist $w_w = 2{,}0 + (0{,}007 + 0{,}05) \cdot \left(\dfrac{25+12}{10}\right)^2 = 2{,}7\ \mathrm{kg/t}$. Daher ist das gesuchte Wagenzuggewicht $G_w = \dfrac{13700 - 990 - 2120}{2{,}7 + 15} = 599\ \mathrm{t}$, und das Zuggewicht ist $G = 141{,}3 + 599 \cong 740\ \mathrm{t}$.

D. Ermittlung der Fahrkraftlinien.

Bei der Fahrt ohne Dampf ist die Fahrkraftlinie die Linie des Zugwiderstandes, die sog. w-Linie. Der Zugwiderstand $w = (W_l + w_w \cdot G_w) : G\ \mathrm{kg/t}$ ist für verschiedene Geschwindigkeiten zu berechnen und unterhalb der V-Achse (Abb. 26b) als w-Linie aufzutragen. Für das vorherige Beispiel ist mit $G = 740\ \mathrm{t}$ und $G_w = 599\ \mathrm{t}$ der Lokomotivwiderstand $W_l = 2{,}5 \cdot 58{,}8 + 9{,}3 \cdot 82{,}5 + 0{,}5 \cdot 1 \cdot 11 \cdot \left(\dfrac{V+12}{10}\right)^2 = 915 + 5{,}5\left(\dfrac{V+12}{10}\right)^2\ \mathrm{kg}$, und der Widerstand für 1 t des angehängten Wagenzuges ist $w_w = 2{,}0 + 0{,}057 \cdot \left(\dfrac{V+12}{10}\right)^2\ \mathrm{kg/t}$. Es ist für

Zahlentafel 5.

$V =$	0	20	40	60	70 km/h
W_l kg	923	971	1064	1201	1285
$G_w \cdot w_w$ kg	1205	1550	2125	2980	3500
$W_l + G_w \cdot w_w$ ...	2128	2521	3189	4181	4785
w kg/t	2,87	3,4	4,3	5,64	6,46

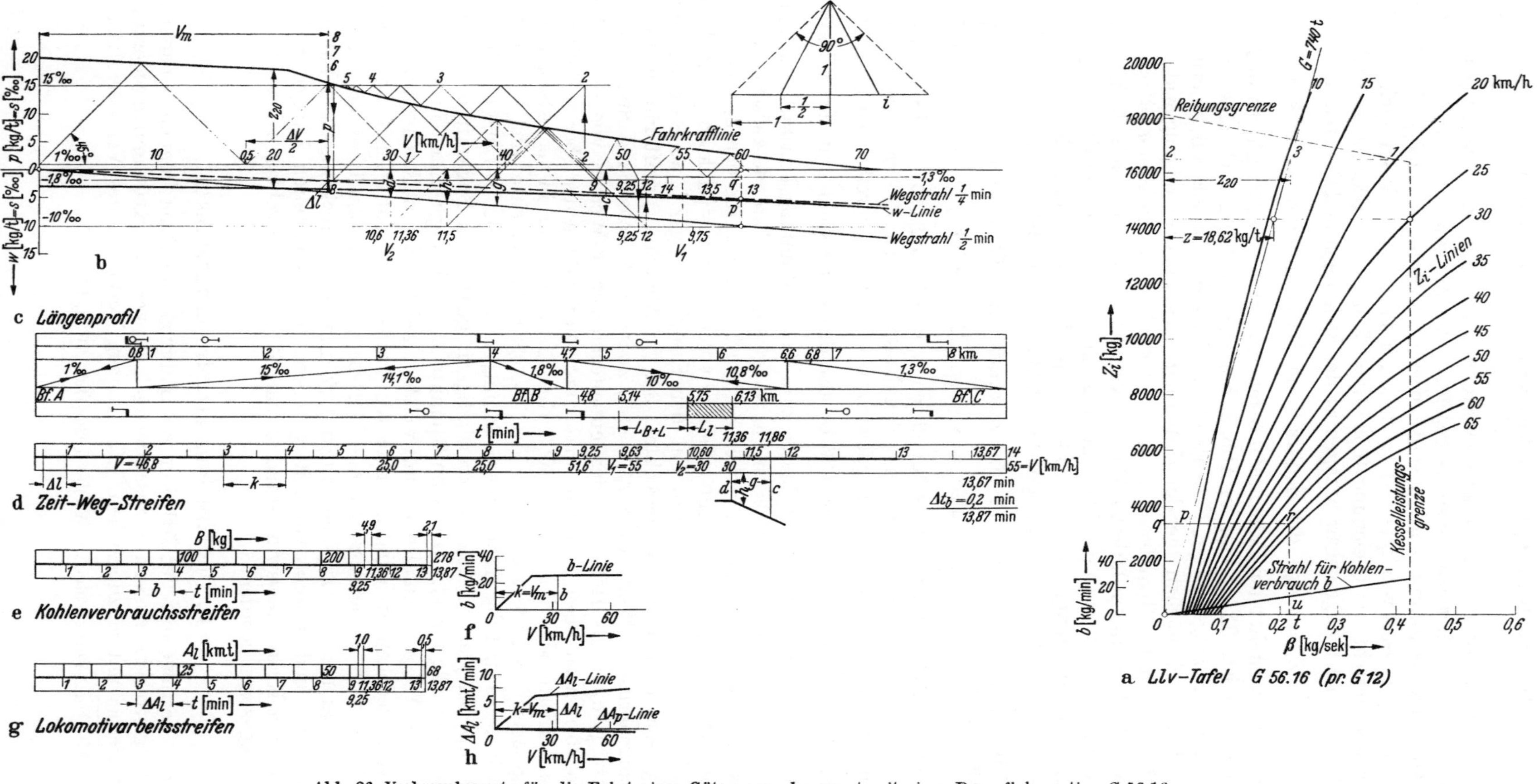

Abb. 26. Verbrauchswerte für die Fahrt eines Güterzuges, bespannt mit einer Dampflokomotive G 56.16.

Die Ermittlung der Fahrkraftlinie aus der Lokomotivleistungstafel sei an Hand des vorherigen Beispiels gezeigt. Das Zuggewicht von $G = 740$ t ist im Beispiel so bestimmt worden, daß auf einer Steigung $s = 15^0/_{00}$ der Zug mit gleichmäßiger Geschwindigkeit $V = 25$ km/h fährt. Bei dieser gleichförmigen Bewegung besteht die Gleichung $0{,}96 \cdot Z_i = G \cdot (s + w)$. Hier ist $w = (W_l + G_w \cdot w_w) : G$. Auf 1 t Zuggewicht bezogen ist der Steigungs- und Fahrzeugwiderstand

$$s + w = \frac{0{,}96}{G} \cdot Z_i = z \text{ kg/t}$$

der Zugkraft am Triebradumfang. Für $V = 25$ km/h ist aus der vorstehenden Zahlentafel 5 interpoliert $w = 3{,}62$ kg/t, so daß $s + w = 18{,}62$ kg/t ist. Trägt man in Abb. 26 b in den zugehörigen Geschwindigkeiten unterhalb der waagerechten V-Achse die w-Werte der Tabelle auf, so erhält man die w-Linie. Zieht man über der V-Achse im Abstand des Steigungswiderstandes $s = 15$ kg/t im Kräftemaßstab (1 kg/t = 2 mm) der w-Linie eine Waagerechte, dann ist in $V = 25$ km/h deren Abstand von der w-Linie $s + w = 18{,}62$ kg/t. In der Lokomotivleistungstafel (Abb. 26 a) ist die indizierte Zugkraft Z_i und die zugehörige Geschwindigkeit $V = 25$ km/h durch den Schnitt der Z_i-Linie für $V = 25$ mit der Kesselleistungsgrenze gekennzeichnet. Es ist hierfür $Z_i = 14350$ und für 1 t Zuggewicht ist die Zugkraft am Triebradumfang $z = \dfrac{0{,}96}{G} Z_i$

$$= \frac{0{,}96 \cdot 14350}{740} = 18{,}62 \text{ kg/t, also} = s + w.$$

Man trägt nun in $Z_i = 14350$ kg von der Z_i-Achse nach rechts im gleichen Kräftemaßstab $z = 18{,}62$ kg/t ab. Durch den rechten Endpunkt und den Nullpunkt der Z_i-Achse zeichnet man einen Strahl, an den man das Zuggewicht $G = 740$ t anschreibt. Ist in der Gleichung $z = \dfrac{0{,}96}{G} \cdot Z_i$ der Faktor $0{,}96 : G$, also das Zuggewicht und der Wirkungsgrad der Übertragung vom Zylinder zum Triebradumfang konstant, so ändert sich z linear mit Z_i. Also müssen die waagerechten Abstände zwischen der Z_i-Achse und dem Strahl in den Höhen Z_i vom Nullpunkt, die den Z_i-Werten entsprechenden z-Werte sein. Geht man nun von den Schnittpunkten der Z_i-Linien für die verschiedenen V-Werte mit der Kesselleistungs- bzw. Reibungsgrenze waagerecht nach links (Waagerechte 1-3-2 der Abb. 26 a), greift mit dem Zirkel die zugehörigen z-Werte (z. B. $z_{20} = 2\text{-}3$) zwischen Z_i-Achse und Strahl ab und überträgt diese als Höhen in den entsprechenden V-Werten von der w-Linie (Abb. 26 b) nach oben, so erhält man durch Verbindung der oberen Endpunkte die s-V-Linie oder die Fahrkraftlinie. Zieht man nun in den Abständen der Steigungswiderstände s kg/t über der V-Achse Waagerechte, die die s-V-Linie schneiden, so sind die Höhen dieser Schnittpunkte von der w-Linie gleich $s + w$ kg/t, die bei gleichmäßiger Geschwindigkeit gleich den Zugkräften am Triebradumfang z kg/t sind. Die Schnittpunkte dieser Waagerechten im Abstand s von der V-Achse geben also an, mit welchen gleichmäßigen Geschwindigkeiten V die verschiedenen Steigungen s befahren werden. Die zutreffende Bezeichnung s-V-Linie wird neuerdings durch die Benennung Fahrkraftlinie ersetzt. Nun ist der Zusammenhang zwischen Zugkraft, Zuggewicht, Streckenkräften, Fahrzeugwiderstand und Geschwindigkeit gegeben. Im gemittelten Längenprofil ist bereits der Krümmungswiderstand w_r zur Steigung zugeschlagen bzw. vom Gefälle abgezogen worden.

E. Die Mittelung der Streckenneigungen.

Zur Verringerung der Arbeiten der Fahrzeitermittlung können benachbarte Neigungsstrecken zu einer zusammengefaßt werden. Krümmungswiderstände sind hierbei mit einzubeziehen. Nach einem Verfahren des Verfassers[1] ist die

---

[1] Müller, Verkehrstechn. Woche 1922 Heft 16 u. 17.

Neigung der zusammengefaßten Streckenabschnitte so zu bestimmen, daß die Fahrzeit auf ihr genau so groß ist, wie die Summe der Fahrzeiten auf den einzelnen Streckenneigungen.

Wie im vorigen Abschnitt gesagt, gibt die Fahrkraftlinie an, mit welchen Geschwindigkeiten die einzelnen Steigungen befahren werden. Die Geschwindigkeit auf der Steigung $s_1{}^0/_{00}$ (Abb. 27b) sei V_1 km/h und die benachbarte Steigung s_2 werde mit V_2 befahren. Die Steigung $s_1{}^0/_{00}$ habe die Länge l_1 km und diejenige $s_2{}^0/_{00}$ die Länge l_2. Dann ist die Fahrzeit bei gleichförmiger Bewegung auf jeder der Streckenneigungen $t_1 = l_1 \cdot 60 : V_1$ min sowie $t_2 = l_2 \cdot 60 : V_2$ min, und $t_1 + t_2 = (l_1 + l_2) \cdot 60 : V_m$ min ist die Gesamtfahrzeit. Die mittlere Geschwindigkeit ist dann $V_m = 60 \cdot (l_1 + l_2) : (t_1 + t_2)$ km/h. Setzt man in Abb. 27a V_m auf der V-Achse ab und geht senkrecht herauf bis zur Fahrkraftlinie, so erhält

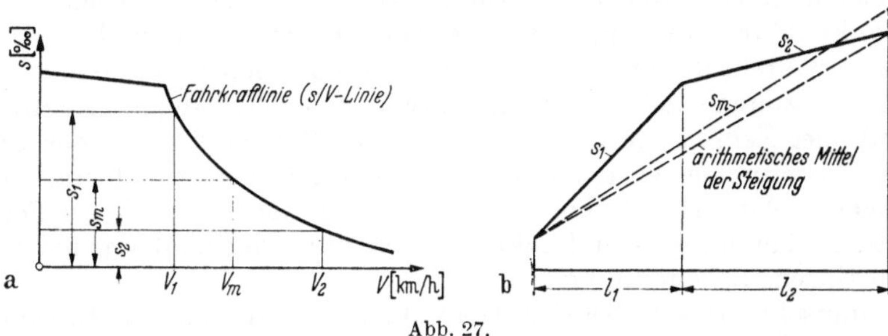

Abb. 27.

man im Schnittpunkt die mittlere Steigung s_m der zusammengefaßten Neigungsstrecken, auf der die Fahrzeit gleich der Summe der Fahrzeiten auf den einzelnen Strecken ist. Die so berechnete mittlere Steigung ist stärker als die, die man durch Verbindung der beiden Endpunkte der zu mittelnden Strecke erhält. Letztere Neigung wäre das arithmetische Mittel der Neigungsstrecken

$$s_m = \frac{l_1 \cdot s_1 + l_2 \cdot s_2 + \cdots + l_n \cdot s_n}{l_1 + l_2 + \cdots + l_n}\,{}^0/_{00}.$$

Berechnet man die Fahrzeiten für die nach dem arithmetischen Mittel gebildete mittlere Steigung, so ist diese Fahrzeit kürzer als die Summe der Fahrzeiten auf den einzelnen Neigungsstrecken. Der bequemeren Zusammenfassung benachbarter Neigungsstrecken nach dem arithmetischen Mittel sind also durch die Genauigkeit der Fahrzeitermittlung Grenzen gesetzt. Mit Rücksicht hierauf gelten für die Mittlung der Neigungsstrecken folgende Regeln:

1. Neigungsstrecken bis zu einer Länge von 5 km werden zu einer mittleren Neigung zusammengefaßt, wenn der Unterschied der größten und kleinsten Neigung $2,5^0/_{00}$ nicht übersteigt.

2. Neigungsstrecken unter 300 m Länge können miteinander ohne Rücksicht auf die Größe der Neigungsunterschiede gemittelt werden, falls die Gesamtstrecke der zusammengefaßten Neigungen nicht größer als 2,5 km ist.

3. Abgesehen von Anfahrstrecken, sind bei kurzen Waagerechten der Kuppen und der Wannen die benachbarten Neigungen bis zu ihrem Schnitt zu verlängern.

4. Gefälle von mehr als $2,5^0/_{00}$ sind unter sich zusammenzufassen.

5. Strecken mit Geschwindigkeitsbeschränkungen sind zu kennzeichnen.

6. Krümmungswiderstände sind von den Gefällen abzuziehen und den Steigungen zuzuzählen; bei einem Halbmesser $r \geqq 400$ m und einer Länge $l_r \leqq 300$ m sind sie zu vernachlässigen.

Die gemittelten Neigungsstrecken sind für die Fahrzeitermittlung als schematisches Längsprofil nach Abb. 26c aufzuzeichnen. Der Unterschied der an dieselbe Neigungsstrecke angeschriebenen $^0/_{00}$ für die Fahrt in der einen und in der anderen Richtung rührt daher, daß, wie vorher gesagt, in der Steigungsrichtung die Krümmungswiderstände zugezählt und in der Gefällrichtung von der gemittelten Neigung abgezogen werden. Der Krümmungswiderstand für die Bogenlänge l_r ist vorher für die Länge der gemittelten Neigung umzurechnen.

F. Zeichnerische Verfahren für die Ermittlung der Fahrzeiten, des Energie- und Arbeitsaufwandes.

1. Allgemeines über Fahrzeitermittlungen.

Die Verfahren der zeichnerischen und rechnerischen Fahrzeitermittlung[1] gehen von der Fahrkraftlinie aus.

Die bekannten Verfahren lassen sich in folgende Gruppen einteilen.

1. Die Verfahren, die mit allgemeinen Integrationen, und
2. die Verfahren, die mit stufenweisen Integrationen arbeiten.

Bei den letzteren sind die Stufen entweder Geschwindigkeitsschritte (Δv-Verfahren) oder Zeitschritte (Δt-Verfahren). Die Verfahren der ersten Gruppe[2] haben den theoretischen Vorteil, daß es bei ihnen möglich ist, Integrationsfehler zu vermeiden. Man erkauft dies aber durch den Nachteil, daß die Form der Fahrkraftlinie einer integrabeln Funktion angepaßt werden muß, was umständlich ist und zu Ungenauigkeiten führt.

Die Hauptschwierigkeit bei der Anwendung von allgemeinen Integrationen liegt aber in der Unstetigkeit der Fahrkraftlinie. Bei Dampflokomotiven sind die Unstetigkeiten am Übergang von der Reibungs- zur Kesselleistungsgrenze; bei elektrischen Triebfahrzeugen sind sie durch die einzelnen Schaltstufen und bei den Fahrzeugen mit Verbrennungsmotoren und mit mechanischer Kraftübertragung durch die verschiedenen Gänge bedingt. Beim Fahrweg rühren sie von den Neigungswechseln her. Es wird sich der Unterschied der sog. exakten Verfahren der einfachen stufenweisen Berechnung gegenüber in der Praxis nicht auswirken, da sowohl die Zugkräfte als auch die Widerstände nicht absolut festliegen. Auf S. 53 ist für eine geradlinige geneigte Fahrkraftlinie deren allgemeine Integration nach Zeit, Weg und Geschwindigkeit wiedergegeben.

Für die Praxis werden daher auch vorwiegend die Verfahren der stufenweisen Integration angewendet, die sehr einfach im Aufbau und in der Handhabung sind, aber den Nachteil haben, daß die angewandten Integrationen mit systematischen Fehlern behaftet sind.

Es sollen nun in ihren Grundzügen die stufenweisen Fahrzeitermittlungen mit den Geschwindigkeitsschritten (Δv-Verfahren) und mit den Zeitschritten (Δt-Verfahren) beschrieben und anschließend hinsichtlich ihrer systematischen Fehler miteinander verglichen werden.

2. Die Fahrzeitermittlung nach dem Δv-Verfahren.

a) Mittels der Geschwindigkeits-Zeit-Linie. Bei diesem Verfahren wird nach Abb. 28a, b die Fahrkraftlinie, deren Ordinatenachse die Beschleunigungskräfte

---

[1] Dittmann: Anweisung für die Ermittlungen der Fahrzeiten der Züge nach den zeichnerischen Verfahren. Org. Fortschr. Eisenbahnw. 1924 S. 117, und Lubimoff: Über rechnerische und zeichnerische Ermittlungen der Fahrzeiten von Eisenbahnzügen. Diss. Berlin 1932, sowie Judtmann: Motorzugförderung auf Schienen, S. 166. Berlin: Julius Springer 1938.
[2] Hierzu gehören auch die Arbeiten von Raab: Über eine exakte Methode der Fahrzeitermittlung. Org. Fortschr. Eisenbahnw. 1936 S. 381, und von Klein: Die Ermittlung der kürzesten Fahrzeit auf mechanisch-dynamischer Grundlage. Org. Fortschr. Eisenbahnw. 1937 S. 77.

je t Zuggewicht p_0 kg/t für die Fahrt auf der waagerechten geraden Bahn und deren Abszissenachse die Fahrgeschwindigkeiten in v m/s angeben, in senkrechte Streifen von der Breite $\varDelta v$ eingeteilt. Da die Kraft gleich der Masse mal der Beschleunigung ist, so ist für eine Fahrt auf der Steigung $s^0/_{00}$

$$p = p_0 - s = m \cdot \frac{\varDelta v}{\varDelta t} \text{ kg/t}.$$

Es ist m die Masse von 1 t Zuggewicht einschließlich des Einflusses der umdrehenden Massen. Die Zeit, in der die Kraft p den Geschwindigkeitsschritt $\varDelta v$ bewirkt, ist dann

$$\varDelta t = m \cdot \frac{\varDelta v}{p} \text{ sec.}$$

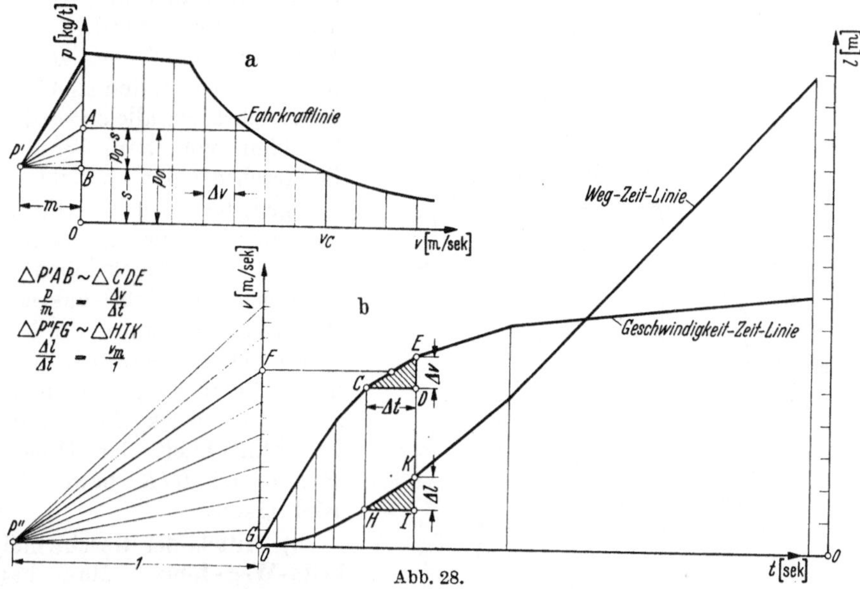

Abb. 28.

Diesen Wert kann man rechnerisch oder zeichnerisch bestimmen. Soll die Fahrzeit von $v = 0$ bis $v = v_c$ m/s eines auf der Steigung $s^0/_{00}$ anfahrenden Zuges ermittelt werden, so ist

$$t = \sum_{v=0}^{v=v_c} \varDelta t = \sum_{v=0}^{v=v_c} m \cdot \frac{\varDelta v}{p} \text{ sec.}$$

Für letzteren Ausdruck konstruiert man die sog. Geschwindigkeits-Zeit-Linie, deren Abszissenachse die Zeit angibt, und deren Ordinatenachse in die Geschwindigkeitsschritte $\varDelta v$ unterteilt ist. Durch diese Teilpunkte sind nach Abb. 28a, b Waagerechte gezogen, durch die die Geschwindigkeits-Zeit-Linie wie folgt gelegt wird: Zunächst zeichnet man für die befahrene Steigung über der V-Achse der Fahrkraftlinie im Abstand s kg/t eine Waagerechte und verlängert diese nach links (Abb. 28a) um den Polabstand m, der gleich der Masse ist. Nun lotet man auf die p-Achse die mittlere Höhe p der einzelnen senkrechten $\varDelta v$-Streifen und zieht zu diesen Punkten die Polstrahlen vom Pol P' aus. In der Reihenfolge der $\varDelta v$-Schritte zieht man nun in Abb. 28b vom Nullpunkt der Zeitachse aus von Waagerechte zu Waagerechte Parallele zu den Polstrahlen. Dieser Seilzug ist die Geschwindigkeits-Zeit-Linie. Die Abstände der Senkrechten durch die Ecken dieses Seilzuges sind die Zeiten je Geschwindigkeitsschritt $\varDelta v$. Die Richtigkeit folgt aus der Ähnlichkeit der über einem Polstrahl und einer Seite des Seilzuges gezeichneten Dreiecke $P'AB$ und CDE.

Es sind nun noch die Wege $\varDelta l$ zu bestimmen, die in den Zeiten $\varDelta t$ zurückgelegt werden. Dies geschieht durch Aufzeichnen der Zeit-Weg-Linie. Es ist $v = \dfrac{\varDelta l}{\varDelta t}$ oder der gesamte Fahrweg ist $l = \sum \varDelta l = \sum v \cdot \varDelta t$. Der letztere Summenausdruck ist aber der Inhalt der von der Geschwindigkeits-Zeit-Linie und der Zeitachse eingeschlossenen Fläche. Integriert man also die Geschwindigkeits-Zeit-Linie, so erhält man die Zeit-Weg-Linie. Dies geschieht auch wieder am besten zeichnerisch: Man lotet in der Geschwindigkeits-Zeit-Linie der Abb. 28b die mittleren Geschwindigkeiten v_m je $\varDelta t$ auf die Geschwindigkeitsachse und zieht sodann nach links in Verlängerung der Zeitachse den Polabstand $P''G = 1$. Von dem Pol P'' aus zeichnet man Strahlen zu den v_m-Werten der v-Achse. Parallelen zu diesen Strahlen von Senkrechte zu Senkrechte in den Abständen $\varDelta t$ gezogen, liefern nach Abb. 28b als Seilzug die Zeit-Weg-Linie. Die Projektionen der Seilzugseiten auf die senkrechte Weg-Achse, die mit der v-Achse zusammenfällt, sind die einzelnen $\varDelta l$-Strecken, die in den Zeiten $\varDelta t$ zurückgelegt werden. Die Ähnlichkeit der Dreiecke $P''FG$ und HIK beweist die Richtigkeit.

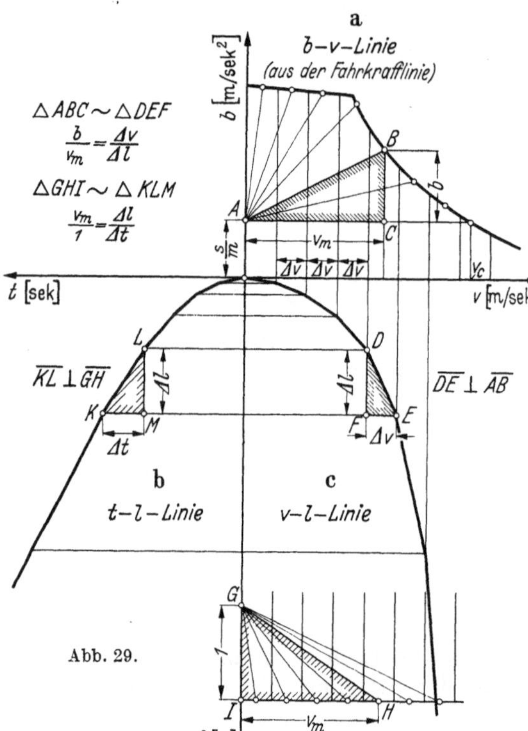

Abb. 29.

b) Mittels der Geschwindigkeits-Weg-Linie. Man kann auch mittels der Geschwindigkeits-Weg-Linie aus der Fahrkraftlinie die Fahrzeiten ermitteln. Die Konstruktion dieser Linie aus der Fahrkraftlinie hat der Verfasser bereits 1921

bekanntgegeben[1]. Hiernach soll auch diese Art der Fahrzeitermittlung beschrieben werden. Es ist die Beschleunigungskraft $p = m \dfrac{\varDelta v}{\varDelta t}$. Da $v = \dfrac{\varDelta l}{\varDelta t}$ und $\dfrac{1}{\varDelta t} = \dfrac{v}{\varDelta l}$ ist, so ist in die Gleichung für p eingesetzt $p \cdot \varDelta l = m \cdot v \cdot \varDelta v$ oder $\dfrac{p}{m} \cdot \varDelta l = v \cdot \varDelta v$. Es ist aber $p : m = b$ m/s² die Beschleunigung der Kraft p. Zeichnet man über der Geschwindigkeitsachse v m/s die Beschleunigungen b m/s² durch Umrechnung der Fahrkraftlinie auf, so erhält man nach Abb. 29a die b-v-Linie. Letztere unterteilt man wieder wie vorher in senkrechte Streifen von der Breite $\varDelta v$. Diese Senkrechten verlängert man unterhalb der v-Achse. Die Verlängerung der senkrechten Beschleunigungsachse ist die Wegachse lm. Um die Bewegung eines Zuges von der Geschwindigkeit $v = 0$ bis $v = v_c$ auf der Steigung $s^0/_{00}$ aufzuzeichnen, zieht man zunächst wieder über der v-Achse im Abstand s/m m/s² eine Waagerechte, die die b-v-Linie im Punkt v_c und die b-Achse in A schneidet. Zeichnet

---

[1] Verkehrstechn. Woche 1921 S. 412 u. 413.

man nun mit der einen Seite eines rechtwinkligen Dreiecks vom Punkt A Strahlen zu den Streifenmitten auf der b-v-Linie und senkrecht zu diesen Strahlen mit der anderen Dreieckseite im Nullpunkt der v-Achse beginnend unter dieser aneinandergereiht von Senkrechte zu Senkrechte einen Seilzug, so ist dieser die **Geschwindigkeits-Weg-Linie**. Die Projektionen der Strecken dieses Seilzuges auf die senkrechte Wegachse sind dann die während der Δv-Schritte zurückgelegten Wege Δl. Durch die projizierten Punkte legt man nach links Waagerechte. Aus der Ähnlichkeit des rechtwinkligen Dreiecks ABC über den Strahl und des Dreiecks DEF über der entsprechenden Seilzugseite läßt sich die Richtigkeit der Zeichnung beweisen.

Sodann ist wieder mit dem rechtwinkligen Dreieck aus der Geschwindigkeits-Weg-Linie die **Zeit-Weg-Linie** zu konstruieren. Da $\dfrac{v}{1} = \dfrac{\Delta l}{\Delta t}$ ist, zeichnet man zunächst durch die l-Achse in beliebiger Höhe die Waagerechte JH. Von dieser aus setzt man auf der l-Achse den Polabstand $JG = 1$ ab, zieht von den Mitten der senkrechten Streifen auf der Waagerechten JH Polstrahlen zum Pol G, und zwar mit der einen Seite eines rechtwinkligen Dreiecks. Mit der anderen Seite des rechtwinkligen Dreiecks zeichnet man links der l-Achse von deren Nullpunkt aus einen Seilzug von Waagerechte zu Waagerechte, die man vorher in den Abständen Δl gezogen hat. Dieser Seilzug ist, wie aus der Ähnlichkeit der Dreiecke GJH und KML zu ersehen ist, die **Zeit-Weg-Linie**. Von den beiden beschriebenen Δv-Verfahren gibt es eine Anzahl Varianten hinsichtlich der zeichnerischen Ermittlungsweise, die aber alle auf den vorgenannten Gleichungen beruhen und daher keine grundsätzlichen Unterschiede aufweisen.

3. Die Fahrzeitermittlung nach dem Δt-Verfahren des Verfassers.

Die nunmehr beschriebene Fahrzeitermittlung des Verfassers ist gegenüber der früher veröffentlichten[1] wesentlich vereinfacht. Das Verfahren ist folgendes:

a) Die dynamische Grundgleichung. Die Fahrkraftlinie ist nach Abb. 30a, mit der Ordinatenachse p kg/t und der Abszissenachse V km/h gegeben. Fährt der Zug mit Dampfkraft, so gilt die **Fahrkraftlinie** für die Ermittlung der Bewegung, wird ohne Dampf gefahren, so tritt nach Abb. 30a die w-Linie unterhalb der V-Achse an Stelle der Fahrkraftlinie.

Es ist, wie gesagt, die Beschleunigungskraft $p = m \cdot b$ kg/t (dynamische Grundgleichung). Hier

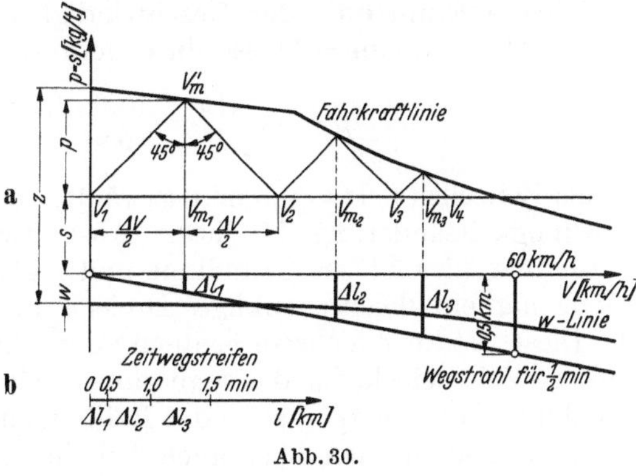

Abb. 30.

ist $m = 1000 \cdot \dfrac{1{,}06}{g}$ kg $\cdot \dfrac{\mathrm{sec}^2}{\mathrm{m}}$ die Masse von 1 t Zuggewicht unter Berücksichtigung der umdrehenden Radmassen des Dampfzuges durch den Massenfaktor 1,06. Die Beschleunigung ist $b = \dfrac{\Delta v}{\Delta t}$ m/s². Als gleichbleibender Zeitschritt sei $\Delta t = 1$ min $= 60$ sec gewählt. Es ist $\Delta v = v_2 - v_1 = \Delta V : 3{,}6 = (V_2 - V_1) : 3{,}6$ m/s. Hier ist V_2 km/h die gesuchte Geschwindigkeit des Zuges nach Ablauf des Zeit-

---

[1] Org. Fortschr. Eisenbahnw. 1924 S. 117.

schrittes $\Delta t = 1$ min und V_1 km/h die bereits ermittelte Geschwindigkeit zu Beginn des Zeitschrittes. Nunmehr lautet die Gleichung

$$p = m \cdot \frac{\Delta v}{\Delta t} = \frac{1000 \cdot 1{,}06 \cdot \Delta V}{9{,}81 \cdot 60 \cdot 3{,}6} = \frac{\Delta V}{2}\ \text{kg/t,}$$

d. h. in 1 min ist die halbe Geschwindigkeitsänderung $\Delta V/2$ nach ihrem Absolutwert gleich der Mittelkraft p.

b) Die Ermittlung der Geschwindigkeiten. Zeichnet man die ganze Geschwindigkeitsänderung ΔV in 1 min als Grundlinie, errichtet auf ihr die Mittelsenkrechte für die Mittelkraft p und verbindet deren oberen Endpunkt mit den beiden Enden der Grundlinie, so erhält man ein gleichschenkliges rechtwinkliges Dreieck. In diesem ist, wie die Gleichung besagt, $\Delta V/2$ als halbe Grundlinie, gleich p als Dreieckshöhe. Diese Überlegung liefert folgendes zeichnerische Verfahren, um von einer bereits bekannten Geschwindigkeit V_1 aus die Geschwindigkeit V_2 nach dem Zeitschritt $\Delta t = 1$ min zu bestimmen:

Soll die Bewegung eines Zuges aufgezeichnet werden, der auf einer Steigung $s^0/_{00}$ anfährt, so zieht man zunächst in der Fahrkraftlinie (Abb. 30a) im Abstand $s^0/_{00}$ oberhalb der V-Achse eine Waagerechte. Sodann zeichnet man auf ihr nach Abb. 30a bei $V = 0$ beginnend aneinandergereiht gleichschenklige, rechtwinklige Dreiecke, deren Spitzen auf der Fahrkraftlinie liegen. Die Grundlinien dieser Dreiecke stellen dann einzeln die Geschwindigkeitsänderungen ΔV je min dar. Da nun $\sum \Delta V = V$ ist, so geben die Enden der aneinandergereihten Dreiecksgrundlinien die Geschwindigkeiten des Zuges nach Verlauf von 1, 2, 3 usw. min an. Die mittleren Geschwindigkeiten je Zeitschritt $\Delta t = 1$ min sind senkrecht unter den Dreiecksspitzen abzulesen. Bei Verzögerung liegt die Waagerechte im Abstand $s^0/_{00}$ oberhalb der V-Achse höher als die Fahrkraftlinie. Die gleichschenkligen rechtwinkligen Zeitdreiecke, die wieder zwischen dieser Waagerechten für $s^0/_{00}$ und der Fahrkraftlinie gezeichnet werden, zeigen mit ihren Spitzen nach unten und werden nach $V = 0$ zu aneinandergereiht. Die Geschwindigkeiten werden daher nach Verlauf der einzelnen Zeitschritte kleiner.

Soll die Ermittlung der Geschwindigkeitsänderung ΔV z. B. für den Zeitschritt $\Delta t = 0{,}5$ min $= 30$ sec durchgeführt werden, so ist

$$p = m \cdot \frac{\Delta v}{\Delta t} = \frac{1000 \cdot 1{,}06 \cdot \Delta V}{9{,}81 \cdot 30 \cdot 3{,}6} = \Delta V\ \text{kg/t.}$$

Ist als Zeitschritt $\Delta t = 0{,}5$ min gewählt, so ist nach dieser Gleichung die Geschwindigkeitsänderung ΔV ihrem Absolutwert nach gleich der Mittelkraft p. Würde man hier ΔV als Grundlinie und p als Mittelsenkrechte dazu zeichnen, so erhielt man ein gleichschenkliges Dreieck, in dem die Grundlinie gleich der Höhe ist. Dieses ist aber nicht so bequem zu zeichnen, wie das gleichschenklige rechtwinklige Zeitdreieck, für das man zum Zeichnen nur den handelsüblichen gleichschenkligen rechten Winkel an der Reißschiene entlang zu schieben braucht. Diesen Vorteil kann man aber auch bei der Geschwindigkeitsermittlung für den Zeitschritt $\Delta t = 0{,}5$ min ausnutzen, wenn man die Geschwindigkeitsänderungen ΔV im doppelten Maßstab der Kräfte p aufträgt. Für die Fahrzeitermittlung der Dampfzüge wählt man daher bei $\Delta t = 0{,}5$ min zweckmäßig als Maßstab der Geschwindigkeitsachse $V = 1$ km/h $= 4$ mm und als Kräftemaßstab $p = 1$ kg/t $= 2$ mm. Zeichnet man jetzt ΔV als Grundlinie und p als Mittelsenkrechte, so erhält man wieder ein gleichschenkliges rechtwinkliges Dreieck, und das zeichnerische Verfahren, aus einer bereits bekannten Geschwindigkeit V_1 die Geschwindigkeit V_2 nach dem Zeitschritt $\Delta t = 0{,}5$ min zu bestimmen, ist das gleiche wie bei dem Zeitschritt $\Delta t = 1$ min.

Allgemein kann bei einem anderen Zeitschritt als 1 min das gleichschenklig rechtwinklige Dreieck zur Ermittlung der Geschwindigkeiten in der Fahrkraftlinie verwendet werden, wenn man bei Fahrzeugen mit dem Massenfaktor 1,06 das Verhältnis des Kräftemaßstabes zum Geschwindigkeitsmaßstab so wählt, wie das von Δt min zu 1 min.

c) Die Ermittlung der Wege. Es ist nun noch der Weg Δl je Zeitschritt Δt zu ermitteln. Zu diesem Zweck zeichnet man unterhalb der V-Achse vom Nullpunkt aus einen Wegstrahl (Abb. 30a). Hierfür trägt man z. B. bei $V = 60$ km/h von der V-Achse nach unten den Weg im Maßstab des Längenprofils auf, den der Zug im Zeitschritt, also hier in 1 bzw. 0,5 min zurücklegt. Bei $V = 60$ km/h legt der Zug in 1 min 1 km und in 0,5 min 0,5 km zurück. Wählt man als Längenmaßstab der Strecke den der Meßtischblätter, also 1:25000 oder 1 km = 4 cm, so setzt man von $V = 60$ km/h für 1 km 4 cm und für 0,5 km 2 cm nach unten ab, verbindet den Endpunkt mit $V = 0$ und erhält so die Wegstrahlen für 1 bzw. 0,5 min.

Der Weg je Zeitschritt Δt min ist allgemein $\Delta l = V_m \cdot \dfrac{\Delta t}{60}$ km. Für $\Delta t = 0,5$ min ist $\Delta l = V_m \cdot \dfrac{0,5}{60}$ km. Es verhält sich also die mittlere Geschwindigkeit V_m zu der Geschwindigkeit $V = 60$ km/h wie der Weg Δl km zu 0,5 km, also $V_m : 60 = \dfrac{\Delta l\,\text{km}}{0,5\,\text{km}}$. Nach Abb. 30a stellt die Senkrechte zwischen V_m der V-Achse (unter der Zeitdreieckspitze) und dem Wegstrahl den Weg Δl km dar, ebenso wie 2 cm den Weg für 0,5 km bei $V = 60$ km/h im Längenmaßstab darstellt. Man kann also senkrecht unter den Zeitdreieckspitzen zwischen der V-Achse und dem Wegstrahl die Wege abgreifen, die der Zug je 0,5 min zurücklegt. Die Δl-Strecken für diese Wege überträgt man mit dem Zirkel aneinandergereiht auf eine waagerechte Wegachse, den sog. Zeitwegstreifen (Abb. 30b), und beziffert die Anstoßpunkte ebenso wie die Dreieckspitzen nach der Zeitfolge.

Durch diese Unterteilung der Wegachse in Strecken, die der Zug in gleichen Zeitschritten nacheinander zurücklegt, ist aber die Bewegung des Zuges nach Zeit, Weg und Geschwindigkeit dargestellt. Nach den Ausführungen über den Wegstrahl sind ja die Strecken Δl proportional denen für die mittleren Fahrgeschwindigkeiten V_m je Zeitschritt.

Nach den bisherigen Fahrzeitermittlungen werden die Fahrzeugbewegungen dargestellt durch Zeitweglinien oder durch Geschwindigkeitsweglinien. In diesen sind die Zeiten, Wege und Geschwindigkeiten geometrische Größen. Die Darstellung des Bewegungsvorganges ist hier zweidimensional. Nach dem Verfahren des Verfassers wird nur der Weg geometrisch aufgetragen, und die Strecken für die Wege je Zeitschritt geben, wie gesagt, zugleich die mittleren Geschwindigkeiten an. Dagegen ist der zeitliche Verlauf der Fahrbewegung durch Bezifferung der Wege je Zeitschritt also lediglich zahlenmäßig gekennzeichnet. Der Bewegungsvorgang ist also hier nur durch eine Dimension zum Ausdruck gebracht. Infolgedessen kann man z. B. die Fahrbewegungen in die Gleispläne einzeichnen und weiterhin in sog. Netztafeln (Abschn. III) die Fahrzeiten für beliebige Streckenneigungen und Wege ablesen. Um ein weiteres Beispiel zu nennen, wird die Bewegung eines Flugzeugs, die mittels der Zeitweglinien räumlich aufgezeichnet werden muß, nach dem Verfahren des Verfassers in der Ebene des Zeichenblattes durch die Flugbahn selbst dargestellt, die durch die Flugstrecken je Zeitschritt unterteilt ist (Abschn. VII).

d) Die Fahrt über den Neigungswechsel. Ist der Zeitwegstreifen bis zum Ende einer Neigung gezeichnet, so geht man in der Fahrkraftlinie vom Ende des Zeitdreiecks senkrecht zur Waagerechten für $s^0/_{00}$ der folgenden Neigungsstrecke. Greift eine Δl-Strecke stark über den Neigungsknick über, so ermittelt man für diese Einzelfälle zweimal $\Delta l/2$ sowie das ΔV für $\Delta t/2$ mit einem gleichschenkligen Zeitdreieck, dessen Grundlinie gleich der Höhe ist. Die Wege werden hierfür zwischen der V-Achse und einem Wegstrahl abgegriffen, der für den halben Zeitschritt $\Delta t/2 = 0{,}25$ min gilt und daher noch einmal so flach verläuft wie der für $\Delta t = 0{,}5$ min, weil ja die Wege in 0,25 min halb so groß sind wie die in 0,5 min.

e) Fahrt ohne Dampf. Bei Fahrt ohne Dampf ist, wie gesagt, die w-Linie (Abb. 30a) die Fahrkraftlinie. Da diese sehr flach verläuft, erübrigt sich das Einzeichnen der Zeitdreiecke. Man geht daher in Abb. 30a schätzungsweise um das Stück $\Delta V/2$ von den bereits ermittelten V_1 weg, greift senkrecht die mittlere Fahrkraft $\pm s - w$ ab und reiht diese nach ihrem Vorzeichen zweimal auf der Waagerechten für $s^0/_{00}$ von V_1 ab aneinander, um das gesuchte V_2 zu erhalten. Unter der Mitte (V_m) greift man wieder zwischen Wegstrahl und V-Achse den Weg Δl ab und überträgt ihn in dem Zeitwegstreifen.

4. Die Fehler der Δv- und der Δt-Verfahren.

Fehler entstehen bei der stufenweisen Fahrzeitermittlung 1. dadurch, daß die Fahrzeiten nicht unmittelbar für die ganze Länge einer Neigungsstrecke bestimmt werden, sondern daß die Wege sich aus der schrittweisen Ermittlung ergeben. Die Änderungen der Beschleunigungen an den Neigungswechseln, die an sich die Grundlage der Ermittlungen bilden, erhält man daher erst als Ergebnis. Deshalb gehen die vorher zu machenden Annahmen über Zeit- und Geschwindigkeitsschritte nicht notwendigerweise in den Wegen glatt auf. Ein bestimmter Geschwindigkeitszuwachs Δv kann daher zum Teil in der Neigung $s_1^0/_{00}$, zum Teil in der Neigung $s_2^0/_{00}$ liegen.

2. Bei dem Δt-Verfahren kommt hinzu, daß die angenommene Einteilung der Zeitschritte Δt nicht mit den Unstetigkeiten der Fahrkraftlinie übereingehen.

Die Fehler dieser beiden Arten kann man durch Verkleinern der Schritte Δv und Δt oder durch Wiederholung des Schrittes (Iteration) in erträglichen Grenzen halten.

3. Von vornherein ungewisser sind die Fehler, die durch die Annahme der mittleren Beschleunigungskräfte während der Schritte Δv und Δt entstehen. Die grundsätzlichen Fehler dieser Art hat Potthoff[1] klargelegt und die beiden Verfahren in dieser Hinsicht miteinander verglichen. Bei dieser Untersuchung werden statt der Fahrkräfte p die Beschleunigungen $b = p:m$ m/s^2 eingeführt, was grundsätzlich an den Verhältnissen nichts ändert. Auch wurde, um einfachere Fehlergleichungen zu erhalten, angenommen, daß die von der Kesselzugkraft bzw. von der Motorzugkraft abhängigen Beschleunigungen sich geradlinig mit der Geschwindigkeit ändern.

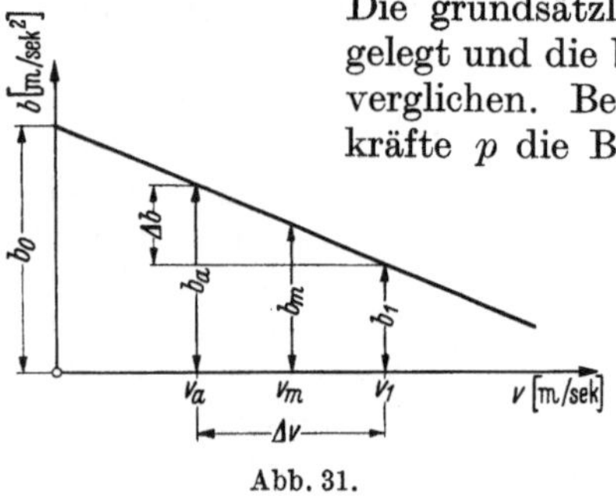
Abb. 31.

a) Die Fehler bei dem Δv-Verfahren. α) Ableitung der Näherungswerte für Zeiten und Wege. Es ist nach Abb. 31 beim Schritt $\Delta v = v_1 - v_a$ der Mittelwert der Beschleunigung

$$b_m = b_a - \frac{\Delta v}{2} \cdot \mathrm{tg}\,\alpha = b_a + q \cdot \frac{\Delta v}{2}. \tag{1}$$

---

[1] Potthoff: Dr.-Ing.-Diss. Berlin 1938, erschienen unter dem Titel „Fehler bei zeichnerischen Fahrzeitermittlungen" im Verlag R. Noske, Borna (Bezirk Leipzig) 1939.

Die Zeit für die angenommene Geschwindigkeitsänderung Δv ist

$$\Delta t = \frac{\Delta v}{b_m} = \frac{\Delta v}{b_a + q \cdot \dfrac{\Delta v}{2}} . \qquad (2)$$

Mit $k = \dfrac{q \cdot \Delta v}{b_a}$ ist

$$\Delta t = \frac{k}{q\left(1 + \dfrac{k}{2}\right)} . \qquad (3)$$

Nach der Abb. 33 ist $q \cdot \Delta v = - \Delta v \cdot \mathrm{tg}\alpha = \Delta b$ die Änderung der Beschleunigung. Also ist $k = \Delta b : b_a$ leicht mit dem Zirkel ohne Rücksicht auf Maßstab und Dimension zu bilden. Bei der Fahrkraftlinie ist $k = \Delta s : s_a$ ebenso zu finden.

Der Weg während des Geschwindigkeitsschritts für den Zeitschritt ist

$$\begin{aligned}
\Delta l = v_m \cdot \Delta t &= \left(v_a + \frac{1}{2}v\right)\frac{\Delta v}{b_a + \dfrac{q \cdot \Delta v}{2}} = \left(\frac{b_a - b_0}{q} + \frac{\Delta v}{2}\right) \cdot \frac{\Delta v}{b_a + \dfrac{q \cdot \Delta v}{2}} \\[2mm]
&= \frac{\left(b_a - b_0 + q \cdot \dfrac{\Delta v}{2}\right)\dfrac{1}{q}v}{b_a + \dfrac{q \cdot \Delta v}{2}} = \frac{\Delta v}{q}\left(1 - \frac{b_0}{b_a + \dfrac{q \cdot \Delta v}{2}}\right) = \frac{1}{q}(\Delta v - b_0 \cdot \Delta t) .
\end{aligned} \qquad (4)$$

Mit $\Delta v = \dfrac{b_a \cdot k}{q}$ und $\Delta t = \dfrac{k}{q\left(1 + \dfrac{k}{2}\right)}$ ist

$$\Delta l = \frac{1}{q}\left[\frac{b_a \cdot k}{q} \cdot \frac{b_0}{b_0} - \frac{b_0 \cdot k}{q\left(1 + \dfrac{k}{2}\right)}\right] ,$$

$$\Delta l = \frac{b_0}{q^2}\left[\frac{k \cdot b_a}{b_0} - \frac{k}{1 + \dfrac{k}{2}}\right] , \qquad (4a)$$

β) **Ableitung der wahren Werte.** Das Ergebnis der Gl. (3) und (4) für Δt und Δl ist nun mit den genauen Werten der zu ermittelnden Zeiten und Wege zu vergleichen, die man durch Integration der b-v-Linie erhält. Es ist die Beschleunigung $b = \dfrac{dv}{dt}$ und $dt = dv : b$. Mit $b = b_0 + q \cdot v$ ist die genaue Zeit

$$T = \int_{v_a}^{v_1} \frac{dv}{b_0 + q \cdot v} = \frac{1}{q} \ln \frac{b_0 + q \cdot v_1}{b_0 + q \cdot v_a} . \qquad (5)$$

Für die Integration des Weges aus der b-v-Linie setzt man $b = \dfrac{d^2l}{dt^2} = \dfrac{dv}{dt} = \dfrac{dv}{dl} \cdot \dfrac{dl}{dt}$ oder $dl = \dfrac{v \cdot dv}{b}$.

Mit $b = b_0 + q \cdot v$ ist

$$\int_{v_a}^{v_1} dl = \int_{v_a}^{v_1} \frac{v \cdot dv}{b_0 + q \cdot v} = \int_{v_a}^{v_1}\left(\frac{1}{q} - \frac{b_0}{q} \cdot \frac{1}{(b_0 + q v)}\right) dv . \qquad (6)$$

Es ist nämlich

$$\frac{v}{b_0 + q \cdot v} = \frac{1}{q} - \frac{b_0}{q(b_0 + q \cdot v)} .$$

Denn wenn man die rechte Seite auf einen gemeinsamen Nenner bringt, erhält man

$$\frac{b_0 + q \cdot v - b_0}{q(b_0 + q \cdot v)} = \frac{v}{b_0 + q \cdot v} .$$

Die Integration der Gl. (6) ergibt

$$L = \frac{v_1 - v_a}{q} - \frac{b_0}{q^2} \cdot \ln \frac{b_0 + q \cdot v_1}{b_0 + q \cdot v_a}.$$

Da aber, nach Gl. (5),

$$\frac{1}{q} \cdot \ln \frac{b_0 + q \cdot v_1}{b_0 + q \cdot v_a} = T$$

ist, so ist, dieser Wert in die vorige Gleichung für L eingesetzt,

$$\boxed{L = \frac{v_1 - v_a}{q} - \frac{b_0}{q} \cdot T} \tag{7}$$

der wahre Weg. Wenn $x = \ln a$, so ist $a = e^x$. Entsprechend ist nach Gl. (5)

$$\text{statt} \quad q \cdot T = \ln \frac{b_0 + q \cdot v_1}{b_0 + q \cdot v_a} \quad \text{auch} \quad e^{qT} = \frac{b_0 + q \cdot v_1}{b_0 + q \cdot v_a}$$

oder

$$e^{qT} - 1 = \frac{q(v_1 - v_a)}{b_0 + q \cdot v_a} \quad \text{und} \quad v_1 - v_a = \left(\frac{b_0 + q \cdot v_a}{q} \right) \cdot (e^{qT} - 1). \tag{8}$$

Der Geschwindigkeitsunterschied ist mit $b_a = b_0 + q \cdot v_a$

$$\boxed{v_1 - v_a = \frac{b_a}{q} (e^{qT} - 1).} \tag{9}$$

Ist v_a die Ausgangsgeschwindigkeit bekannt, so kann man die Endgeschwindigkeit v_1 hieraus berechnen.

Um nun die genäherten Werte von $\varDelta t$ und $\varDelta l$ mit den wahren Werten T und L zu vergleichen, sind in letzteren auch die Werte k und b_0 einzuführen.

Setzt man in der Gl. (5) $T = \frac{1}{q} \ln \frac{b_0 + q \cdot v_1}{b_0 + q \cdot v_a}$ und $b_0 + q \cdot v_a = b_a$, so ist

$$T = \frac{1}{q} \ln \frac{b_a - q \cdot v_a - q \cdot v_1}{b_a} = \frac{1}{q} \ln \frac{b_a + q(v_1 - v_a)}{b_a},$$

$$\boxed{T = \frac{\ln \left(q \frac{(v_1 - v_a)}{b_a} + 1 \right)}{q}.} \tag{10}$$

Nun ist aber nach vorigem $v_1 - v_a = \varDelta v$ und $q \cdot \varDelta v : b_a = k$. Daher ist die Zeit

$$T = \frac{\ln(k + 1)}{q} \tag{10a}$$

und der Weg nach (7) und mit $\varDelta v = \frac{b_a \cdot k}{q}$

$$L = \frac{\varDelta v}{q} - \frac{b_0}{q} \cdot \frac{\ln(k + 1)}{q} = \frac{b_a \cdot k \cdot b_0}{q^2 \cdot b_0} - \frac{b_0}{q^2} \cdot \ln(k + 1),$$

$$\boxed{L = \frac{b_0}{q^2} \left(\frac{b_a}{b_0} \cdot k - \ln(k + 1) \right).} \tag{11}$$

Die Unterschiede $a_t = T - \varDelta t$ und $a_l = L - \varDelta l$ sind die wahren Fehler des Verfahrens. Zieht man von der Gl. (10a) die Gl. (3) ab, so erhält man den **wahren Zeitfehler**

$$a_t = \frac{1}{q} \left[\ln(k + 1) - \frac{k}{1 + \frac{k}{2}} \right],$$

und der Unterschied der Gl. (11) von Gl. (4a) ist der **wahre Wegfehler**

$$a_l = \frac{b_0}{q^2}\left[\ln(k+1) - \frac{k}{1+\dfrac{k}{2}}\right] = -\frac{b_0}{q^2}\cdot a_t.$$

In Abb. 32 ist der Klammerwert über der Abszisse $k = q\cdot\Delta v : b_a$ aufgetragen. Der **bezogene** Fehler ist für die Zeit

$$c_t = \frac{T}{\Delta t} = \frac{\ln(k+1)}{\dfrac{k}{1+\dfrac{k}{2}}}$$

und für den Weg

$$c_l = \frac{L}{\Delta l} = \frac{\dfrac{b_a}{b_0}\cdot k - \ln(k+1)}{\dfrac{b_a}{b_0}k - \dfrac{k}{1+\dfrac{k}{2}}}.$$

Die entsprechenden prozentualen Fehler sind $100\,(c-1)\%$.

b) Die Fehler der Δt-Verfahren. α) Die Näherungswerte für Geschwindigkeiten und Wege. In der Abb. 33 ist für einen Zeitschritt das Zeitdreieck

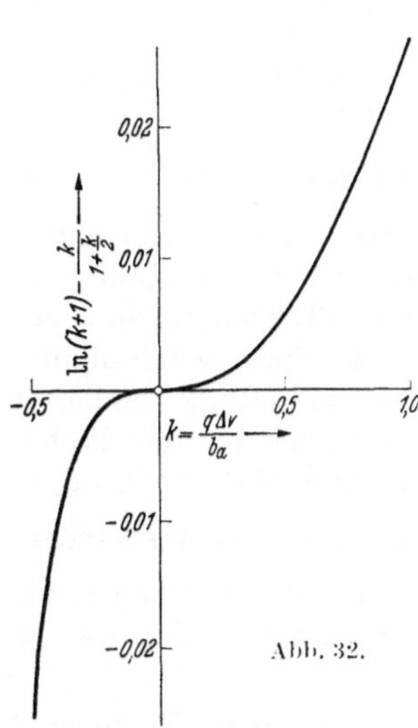

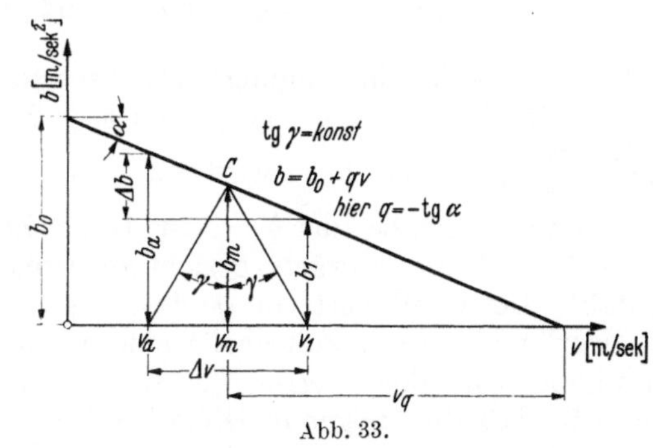

Abb. 33.

eingetragen, indem man von der bekannten Geschwindigkeit v_a unter dem Winkel γ zur Senkrechten die eine Dreiecksseite bis zum Schnitt C mit der b-v-Linie zieht, dessen Höhe über der v-Achse gleich der mittleren Beschleunigung b_m ist. Von dem Schnittpunkt C zieht man wieder unter dem Winkel γ zur Senkrechten die andere Dreiecksseite, die die v-Achse in der gesuchten Geschwindigkeit v_1 schneidet. $v_1 - v_a$ ist dann die Geschwindigkeitsveränderung Δv in der Zeit Δt. Unter Berücksichtigung der Maßstäbe für v m/s und b m/s² ist tg$\gamma = \dfrac{\Delta v}{2} : b_m$ zu berechnen. Während des Zeitschrittes ist die mittlere Geschwindigkeit $v_m = v_a + \dfrac{\Delta v}{2}$, und der Mittelwert der Beschleunigung ist $b_m = b_a + q\cdot\dfrac{\Delta v}{2}$, wo $q = -$tgα die Neigung der b-v-Linie ist.

Der Geschwindigkeitszuwachs ist nach den Grundsätzen der Mechanik

$$\Delta v = b_m\,\Delta t = b_a\cdot\Delta t + q\cdot\frac{\Delta v}{2}\cdot\Delta t$$

oder

$$\Delta v\left(1 - q\cdot\frac{\Delta t}{2}\right) = b_a\cdot\Delta t \qquad \text{oder} \qquad \Delta v = \frac{b_a\cdot\Delta t}{1 - q\cdot\dfrac{\Delta t}{2}}.$$

Nach der Abb. 33 ist die nach Δt erreichte Geschwindigkeit $v_1 = v_a + \Delta v$, und hierzu gehört die Beschleunigung $b_1 = b_a + q \cdot \Delta v = b_a + \dfrac{b_a \cdot q \cdot \Delta t}{1 - q \cdot \frac{\Delta t}{2}}$

$$b_1 = b_a \cdot \frac{1 + q \cdot \dfrac{\Delta t}{2}}{1 - q \cdot \dfrac{\Delta t}{2}} = b_a \cdot \frac{2 + q \cdot \Delta t}{2 - q \cdot \Delta t} \,. \tag{13}$$

Hiermit und mit $\dfrac{b_a + b_1}{2} = b_m$, sowie mit $\Delta v = b_m \cdot \Delta t$ ist

$$\Delta v = \frac{2 b_a \cdot \Delta t}{2 - q \cdot \Delta t} \,. \tag{12a}$$

Die Endgeschwindigkeit ist

$$v_1 = \frac{b_1 - b_0}{q} \,. \tag{14}$$

Der Weg, der während des Zeitschrittes Δt zurückgelegt wird, ist

$$\Delta l = v_m \cdot \Delta t = \frac{b_m - b_0}{q} \cdot \Delta t = \left(\frac{b_a + b_1}{2} - b_0\right) \frac{\Delta t}{q} \,,$$

Nach Abb. 33 ist

$$\Delta l = \left(\frac{2 b_a}{2 - q \cdot \Delta t} - b_0\right) \frac{\Delta t}{q} \,. \tag{15}$$

$$-\operatorname{tg} \alpha = \frac{\Delta b}{\Delta v} = q \quad \text{und} \quad q \cdot \Delta t = \frac{\Delta b \cdot \Delta t}{\Delta v} = \frac{\Delta b}{b_m} \tag{16}$$

das Verhältnis des Beschleunigungszuwachses zur mittleren Beschleunigung je Zeitschritt. Der Kleinstwert von $q \cdot \Delta t$ ist -2. Eingesetzt in Gl. (13) ist dann $b_1 = b_a \cdot \dfrac{2 + q \cdot \Delta t}{2 - q \cdot \Delta t} = 0$, d. h. es wird mit einem Zeitschritt die gleichmäßige Geschwindigkeit erreicht, bei der $b = 0$ ist. In der Zeitdreieckkonstruktion bedeutet $q \cdot \Delta t = -2$, daß die abwärts gerichtete Dreiecksseite mit der b-v-Linie zusammenfällt. Der Größtwert von $q \cdot \Delta t$ ist $+2$. Nach Gl. (13) ist dann $b_1 = \infty$, d. h. es wird mit einem Zeitschritt eine unendlich große Endbeschleunigung und Endgeschwindigkeit erreicht. In der Zeitdreieckdarstellung bedeutet $q \cdot \Delta t = +2$, daß die steigende Dreiecksseite und die b-v-Linie parallel laufen und sich nicht mehr schneiden. Bei dem Δt-Verfahren sind also die größten Zeitschritte, die man anwenden kann, $\Delta t = \pm \dfrac{2}{q}$ mit dem positiven Vorzeichen, wenn die b-v-Linie mit wachsendem v ansteigt, und mit negativem Vorzeichen, wenn sie fällt. Praktisch werden so große Δt-Werte nicht angewendet, da die Fehler dabei zu groß werden.

β) **Die wahren Werte bei der allgemeinen Integration.** Diese sind für die Geschwindigkeitsänderung nach Gl. (9)

$$v_1 - v_a = \frac{b_a}{q} (e^{qT} - 1)$$

und für den Weg nach Gl. (7)

$$L = \frac{v_1 - v_a}{q} - \frac{b_0}{q} \cdot T \,.$$

oder mit $v_1 - v_a = \dfrac{b_a}{q} (e^{qT} - 1)$ ist $L = \dfrac{b_a}{q^2} (e^{qT} - 1) - \dfrac{b_0}{q} \cdot T$.

Der wahre Fehler für die Geschwindigkeiten $a_v = v_1 - v_a - \Delta v$ ergibt sich aus dem Unterschied der Gl. (9) und (12a)

$$a_v = \frac{b_a}{q} (e^{qT} - 1) - \frac{2 b_a \cdot \Delta t}{2 - q \cdot \Delta t}$$

$$= \frac{b_a}{q} \left(e^{qT} - \frac{2 + q \cdot \Delta t}{2 - q \cdot \Delta t}\right) \,.$$

Da die Geschwindigkeits- und Wegfehler des Δt-Verfahrens für denselben Zeit-abschnitt ermittelt werden, ist $T = \Delta t$ und daher

$$a_v = \frac{b_a}{q}\left(e^{q\,\Delta t} - \frac{2 + q\cdot\Delta t}{2 - q\cdot\Delta t}\right). \tag{17}$$

Der **wahre Wegfehler** ergibt sich aus dem Unterschied der Gl. (7) und (15)

$$a_l = \frac{v_1 - v_a}{q} - \frac{b_0\cdot T}{q} - \left(\frac{2b_a}{2 - q\cdot\Delta t} - b_0\right)\frac{\Delta t}{q}.$$

Mit $v_1 - v_a = \dfrac{b_a}{q}\,(e^{q\,T} - 1)$ nach Gl. (9) ist

$$a_l = \frac{b_a}{q^2}\,(e^{q\,T} - 1) - \frac{b_0\cdot T}{q} - \left(\frac{2b_a}{2 - q\cdot\Delta t} - b_0\right)\frac{\Delta t}{q}$$

$$= \frac{b_a}{q^2}\left(e^{q\,T} - \frac{2 + q\cdot\Delta t}{2 - q\cdot\Delta t}\right) - \frac{b_0}{q}\,(T - \Delta t).$$

Mit $T = \Delta t$ wie vor ist

$$a_l = \frac{b_a}{q^2}\left(e^{q\,\Delta t} - \frac{2 + q\cdot\Delta t}{2 - q\cdot\Delta t}\right) = \frac{a_v}{q}. \tag{18}$$

Die Klammerwerte der Gl. (17) und (18) für die wahren Fehler a_v und a_l sind in Abb. 34 über der Abszissenachse $q\cdot\Delta t$ aufgetragen. Der wahre Wegfehler unterscheidet sich nach der vorstehenden Gleichung von dem wahren Geschwin-digkeitsfehler durch den konstanten Faktor $\dfrac{1}{q}$.

Die bezogenen Fehler sind dann für die Ge-schwindigkeiten

$$c_v = \frac{v_1 - v_a}{\Delta v} = \frac{\dfrac{b_a}{q}\,(e^{q\,T} - 1)}{\dfrac{2b_a\cdot\Delta t}{2 - q\cdot\Delta t}},$$

und mit $T = \Delta t$ ist

$$c_v = \frac{(e^{q\cdot\Delta t} - 1)\cdot(2 - q\cdot\Delta t)}{2q\cdot\Delta t}.$$

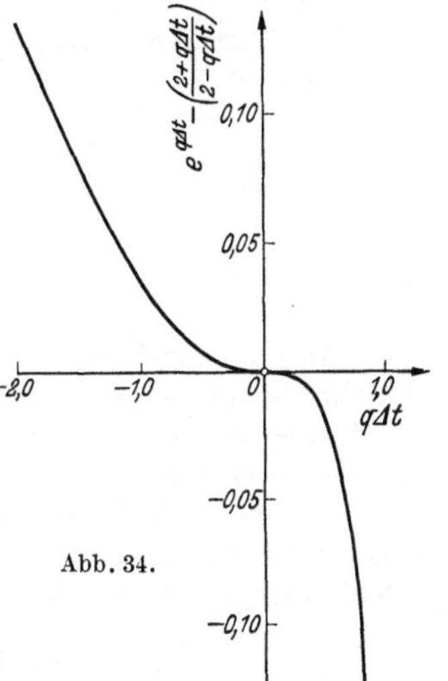

Abb. 34.

Dieser Wert ist nur von $q\cdot\Delta t$ abhängig. Der **bezogene Wegfehler** ist entsprechend

$$c_l = \frac{L}{l_1} = \frac{\dfrac{b_a}{q}\,(e^{q\cdot\Delta t} - 1) - b_0\cdot\Delta t}{\left(\dfrac{2b_a}{2 - q\cdot\Delta t} - b_0\right)\Delta t},$$

c_l ist also nur von $b_a : b_0$ und $q\cdot\Delta t$ abhängig. Es kann $b_a : b_0$ mit dem Zirkel leicht aus der b-v-Linie bzw. aus der Fahrkraftlinie festgestellt werden. Es entspricht $b_a : b_0 = 1$ der Be-schleunigung durch die Reibungszugkraft.

c) Vergleich der Fehler des Δv-Verfahrens mit dem des Δt-Verfahrens. Die beiden Verfahren lassen sich nur hinsichtlich der Wegfehler miteinander ver-gleichen. Die Abb. 32 und 34 können jedoch nicht ohne weiteres miteinander verglichen werden, da die Fehler des Δv-Verfahrens die Abszissen $q\cdot\Delta v : b_a$ und die des Δt-Verfahrens die Abszissen $q\cdot\Delta t$ haben. Diese Abszissen sind aber durch Gl.(10a) $T = \dfrac{\ln(k + 1)}{q}$ miteinander verknüpft. Setzt man $T = \Delta t$ und $k = q\cdot\dfrac{\Delta v}{b_a}$, so ist $T\cdot q = \ln(k + 1)$ oder $\Delta t\cdot q = \ln\left(q\cdot\dfrac{\Delta v}{b_a} + 1\right)$. Es ist daher die Abszis-senachse der Abb. 35 unter Beachtung dieser Verknüpfung logarithmisch unter-teilt. Als Ordinatenachse wurde der bezogene Wegfehler c_l aufgetragen.

Potthoff hat diese Wegfehler verschieden geneigter b-v-Linien aufgetragen für $b_a : b_0 = 1$, 0,75, 0,5 und 0,25. In Abb. 36 wird diese für $b_a : b_0 = 0,5$ wiedergegeben.

Es zeigt sich, daß im Bereich der negativen Werte von $q = -\operatorname{tg}\alpha$ die Wegfehler beim Δt-Verfahren bedeutend kleiner sind als die beim Δv-Verfahren. Bei negativen $\operatorname{tg}\alpha$ werden nach Abb. 35 die Beschleunigungen mit zeitlich fortschreitenden Δv- und Δt-Schritten kleiner, d. h. die b-v-Linie hat eine fallende Tendenz. Im Bereich der positiven Werte von $\operatorname{tg}\alpha$, also bei steigender b-v-Linie, ist es umgekehrt. Die abfallenden b-v-Linien sind aber gegenüber den steigenden bei den Fahrzeitermittlungen weitaus am zahlreichsten.

Aus dieser Tatsache heraus verdienen also die Fahrzeitermittlungen mit Zeitschritten den Vorzug gegenüber denen mit Geschwindigkeitsschritten.

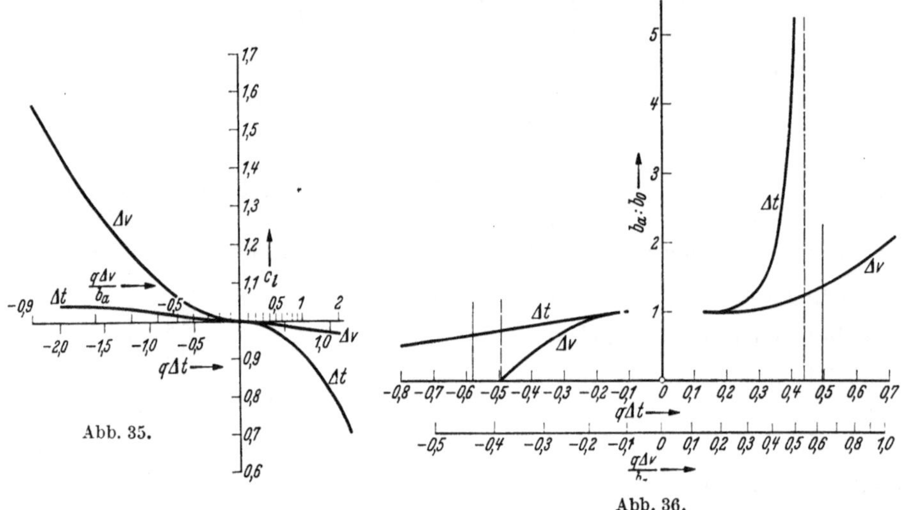

Abb. 35.   Abb. 36.

In Abb. 36 sind beim Fehler von 2% die zulässigen Größen des Δt- bzw. Δv-Schritts für beide Verfahren dargestellt. Diese Abb. zeigt die Überlegenheit des Δt-Verfahrens im Bereich der negativen q-Werte dadurch, daß man bei dem Δt-Verfahren bei gleicher Genauigkeit mit viel weniger Schritten auskommt als beim Δv-Verfahren. Nach Angabe von Potthoff ist bei der gleichen Genauigkeit die Ersparnis an Zeichenarbeit bei dem Δt-Verfahren i. M. um ein Drittel geringer als bei dem Δv-Verfahren.

5. Vergleich der Δt-Verfahren.

Zu dem Δt-Verfahren gehört außer dem des Verfassers das von Unrein. Nach letzteren Verfahren wird mit einem gleichbleibenden Zeitschritt zunächst die Geschwindigkeits-Weg-Linie aufgezeichnet, die man sodann in die zu jedem Zeitschritt gehörigen Wege unterteilt. Eine fehlerlose Geschwindigkeits-Weg-Linie vorausgesetzt, sind bei dieser die Geschwindigkeitsfehler dieselben, wie in Gl. (17) angegeben. Zwischen den beiden Handhabungen des Verfahrens von Unrein, nämlich der Aufzeichnung der Geschwindigkeits-Weg-Linie und deren Austeilung in Wegstrecken je Zeitschritt, besteht nach Potthoff kein unmittelbarer Zusammenhang. Die wahren und bezogenen Fehler des Weges lassen sich deshalb nicht geschlossen darstellen, wie es bei dem Δt-Verfahren des Verfassers möglich war.

Die Geschwindigkeits-Weg-Linie wird nach Unrein dadurch aufgezeichnet, daß man eine Schablone der Fahrkraftlinie über der Weg-Achse um den Aus-

schwingwinkel schwingen läßt. Es ergeben sich nach einem Bericht der Reichsbahndirektion Stuttgart (25 Ez f—4. II. 1935) bei diesen Ermittlungen sehr häufig
zu kurze Fahrzeiten, was sich besonders bei Lokomotiven, die gegenüber der
Höchstgeschwindigkeit empfindlich sind, störend bemerkbar macht.

Nach dem Verfahren des Verfassers erfolgt die Austeilung der Geschwindigkeitsachse der Fahrkraftlinie dadurch, daß man den gleichschenkligen rechten
Winkel entlang der Reißschiene verschiebt und die Zeitdreiecke einzeichnet. Zur
Austeilung der Wegachse werden die Höhen zwischen der V-Achse und dem Wegstrahl unter den Dreieckspitzen, also die $\varDelta l$-Strecken, mit dem Zirkel auf die
Wegachse übertragen. Diese Konstruktiönen mit Winkel, Reißschiene und Zirkel
sind an und für sich sowie wegen des großen Geschwindigkeitsmaßstabes s e h r
g e n a u. Zudem sind sie auf ihre Richtigkeit n a c h p r ü f b a r, da die $\varDelta l$-Strecken
des Zeitwegstreifens jederzeit in die Fahrkraftlinie zurück übertragen werden
können, um den durch den Wegstrahl und die Zeitdreiecke gegebenen Zusammenhang zwischen Zeit, Weg, Geschwindigkeit und Fahrkraft bis zum Ausgangspunkt rückwärts zu verfolgen. Dies ist bei den U n r e i n schen Verfahren
nicht möglich, da hier im Fahrkraftdiagramm die Ausschwingwinkel nicht eingetragen sind.

Gewiß ist die Darstellung der Zugbewegungen durch eine Geschwindigkeits-
Weg-Linie sehr anschaulich, aber es interessiert doch nur die Geschwindigkeit a m
E n d e einer Beschleunigung bzw. Verzögerung oder die im Neigungswechsel, und
diese Werte liest man auch bei der Geschwindigkeits-Weg-Linie auf der Ordinatenachse ab. Statt dessen werden nach dem Verfahren des Verfassers die Geschwindigkeiten im Neigungswechsel und in den Punkten, wo die gleichmäßige Geschwindigkeit nach einer Beschleunigung oder Verzögerung erreicht wird, gleich
in den Zeitwegstreifen eingeschrieben, so daß also der Zeitwegstreifen die Fahrtbewegung nach Zeit, Weg und Geschwindigkeit wiedergibt (vgl. S. 43).

6. Die Wahl des Zeitschrittes und der Maßstäbe bei dem $\varDelta t$-Verfahren.

a) Der Zeitschritt. Die Größe des zu wählenden Zeitschrittes hängt von einer
Reihe von Rücksichten ab. So sind zunächst die im vorvorigen Kapitel er-
läuterten Fehler von Einfluß auf die Wahl des Zeitschrittes. Sodann ist Rücksicht
zu nehmen auf den Abstand der Haltestellen und auf die Größe der auftretenden
Beschleunigungen. Man wird daher bei der Fahrzeitermittlung auf städtischen
Verkehrslinien mit ihren kleinen Haltestellenabständen und ihren großen Anfahrbeschleunigungen einen kleineren Zeitschritt wählen als bei der Aufzeichnung
der Bewegung eines Zuges des Fernverkehrs. Weiterhin kann ein häufiger Neigungswechsel des Längenprofils bestimmend auf die Wahl des Zeitschrittes sein.
So wird man bei der Ermittlung der Bewegung eines über die Gipfelausrundung
des Ablaufberges rollenden Wagens den Zeitschritt entsprechend kleiner halten
müssen, als wenn das Fahrzeug auf einer durchgehenden Neigung rollt. Ebenso
wird man bei Betriebsuntersuchungen der Bahnhöfe die Ein- und Ausfahrten
der Züge mit kleineren Zeitschritten aufzeichnen. Bei der Ermittlung der
Bremsbewegung ist der zeitliche Verlauf der Bremsdrucklinien und bei der
Darstellung des Starts (Rollen und Steigen) eines Flugzeuges ist die Bedienung des Höhensteuers maßgebend für die Wahl des Zeitschrittes. Allgemein
kann gesagt werden, daß für Dampfzüge des Fernverkehrs der Zeitschritt nicht
größer als $^1/_2$ min sein soll, bei Fernzügen mit elektrischen Triebfahrzeugen,
bei denen die Fahrkraftlinie der Motorzugkräfte steiler abfällt als die der Kessel-
zugkräfte der Dampflokomotiven, ist der Zeitschritt zweckmäßig nicht stärker
als mit 20 sec zu bemessen. Für andere Untersuchungen ist in der Zahlentafel
auf S. 61 der Zeitschritt angegeben.

Die zweckmäßigste Größe des Zeitschrittes läßt sich also nicht als eine mathematische Funktion darstellen, sondern sie ist mit Rücksicht auf die vorher aufgezeigten Verhältnisse zu wählen.

b) Geschwindigkeits- und Kräftemaßstäbe der Fahrkraftlinie. Da die Ermittlung der Geschwindigkeiten je Zeitschritt durch Einzeichnen der gleichschenkligen rechtwinkligen Dreiecke in die Fahrkraftlinie erfolgt, so besteht zwischen dem Zeitschritt $\varDelta t$ sowie den Ordinaten der Fahrkraftlinie p kg/t und V km/h nach S. 51 folgender Zusammenhang.

Allgemein kann bei einem kleineren Zeitschritt als 1 min das gleichschenklige rechtwinklige Dreieck zur Ermittlung der Geschwindigkeiten in der Fahrkraftlinie verwendet werden, wenn man bei Fahrzeugen mit dem Massenfaktor 1,06 das Verhältnis des Kräftemaßstabes zum Geschwindigkeitsmaßstab so wählt, wie das von $\varDelta t$ min zu 1 min.

c) Einfluß des Massenfaktors auf den Geschwindigkeitsmaßstab. Der Massenfaktor ist nach S. 91 größer als 1,06 bei Zügen, die mit elektrischen Lokomotiven bespannt sind sowie bei Wechselstromtriebwagen. Auch bei Dampfzügen erhöht man den Massenfaktor nach der „Dienstvorschrift der Deutschen Reichsbahn für die Berechnung der Kosten einer Zugfahrt (Zuko)“ von 1,06 auf 1,09, um die Verluste der Formänderungsarbeit in den Zugvorrichtungen und Tragfedern zu berücksichtigen.

Um das gleichschenklige rechtwinklige Dreieck auch beim größeren Massenfaktor als 1,06 für die Ermittlung der Fahrzeiten beibehalten zu können, ist der Maßstab der Geschwindigkeitsachse zu vergrößern. Durch die gleichschenkligen rechtwinkligen Zeitdreiecke werden bei dem vergrößerten Geschwindigkeitsmaßstab nach Verlauf der einzelnen Zeitschritte dann kleinere Geschwindigkeiten auf der V-Achse bestimmt, weil ja die Masse des Zuges durch die umdrehenden Massen von Rädern und Motoren vergrößert worden ist und daher für dieselben Fahrkräfte bei Vergrößerung der Massen nach der dynamischen Grundgleichung die Geschwindigkeitsänderungen je Zeitschritt (Beschleunigung oder Verzögerung) kleiner werden.

Ist z. B. für Dampfzüge aus den vorher genannten Gründen in der Zuko der Massenfaktor mit 1,09 angegeben, so ist der Maßstab der Geschwindigkeitsachse nicht mehr wie auf S. 49 und in der Zahlentafel 6 für den Massenfaktor 1,06 angegeben $V = 1$ km/h $= 4$ cm, sondern $4 \cdot \dfrac{1,09}{1,6} = 4,11$ mm. Der Maßstab der Geschwindigkeitsachse wird hierdurch unrund. Das ist aber nicht von Bedeutung, da ja die mittleren Geschwindigkeiten nach Einzeichnen der Zeitdreiecke nicht abgelesen werden. Es werden lediglich unter deren Spitzen zwischen V-Achse und Wegstrahl die Wegstrecken $\varDelta l$ mit dem Zirkel abgegriffen und in den Zeitwegstreifen übertragen. Wichtig ist dagegen für eine bequeme Fahrzeitermittlung, daß der Kräftemaßstab nicht unrund ist, denn von der Kraftachse geht man in die Fahrkraftlinie durch Eintragen der Waagerechten für die Streckenneigungen $s^0/_{00}$. Die Streckenneigungen $s^0/_{00}$ hat man aber im Längenprofil abgelesen und, um deren Werte auf der Kraftachse bequem und genau zu markieren, soll sich deren Unterteilung nach dem Dezimalsystem mit dem Netz des Millimeterpapiers decken.

d) Längenmaßstab und Längenprofil. Mit kleiner werdenden Zeitschritten sind für eine deutliche Darstellung der Bewegung die Längenmaßstäbe der Wege entsprechend größer zu wählen. So wird nach nachstehender Zahlentafel für die Fahrzeitermittlung der Züge der Maßstab der Meßtischblätter 1:25000 empfohlen, weil dann die Standorte der Haupt- und Vorsignale noch genau genug eingetragen, und so die Zeitwegstreifen der Züge ohne weiteres für die Zugfolgezeiten ausgewertet werden können (s. S. 150).

In der Abb. 26c ist über dem Längenprofil die Kilometrierung der Strecken eingetragen und darunter die Bahnhöfe und die Blockstellen. In den äußersten Streifen der Abb. 26c sind für jede Fahrtrichtung die Haupt- und Vorsignale eingezeichnet.

Für die Zugbewegungen auf Bahnhöfen ist bei Sonderuntersuchungen der vorhandene Gleisplan im Maßstab 1:1000 auch der der Fahrzeitermittlung. Ebenso können auch die im Maßstab 1:500 gezeichneten Absteckpläne einer Ablaufanlage unmittelbar für die Darstellung der Ablaufbewegung der Wagen verwendet werden. Die Pläne der städtischen Verkehrsnetze sind meist im Maßstab 1:2500 angefertigt. Dieser Maßstab ist daher auch der Fahrzeitermittlung der städtischen Verkehrsmittel zugrunde zu legen.

Zahlentafel 6. Zusammenstellung der Maßstäbe beim Massenfaktor 1,06.

Verkehrsmittel	Δt min	$p = 1$ kg/t sind mm	$V = 1$ km/h sind mm	$l = 1$ km sind mm
Reisezüge	0,5	2	4	40 (1:25000)
Güterzüge	0,5	2 oder 4	4 oder 8	40 (1:25000)
Zugbewegungen auf Bahnhöfen	0,25	1	4	1000 (1:1000)
Bremsfahrt	0,1	0,5	5	400 (1:2500)
Ablaufbewegung	0,1	1	10	2000 (1:500)
Städt. Verkehrsmittel	0,1	1	10	400 (1:2500)

7. Die Fahrweise.

Die Fahrweise ist die Art und Weise, wie der Lokomotivführer nach der Zusammensetzung des Zuges und der Eigenart der Strecke den Geschwindigkeitsablauf bei der Beförderung des Zuges regelt. Vor der Fahrzeitermittlung ist die Fahrweise festzulegen und in der Lokomotivleistungs- und Verbrauchstafel einzuzeichnen. Die Linie der Fahrweise deckt sich bei Dampfzügen in der Regel mit der Reibungsgrenze und der Kesselleistungsgrenze. Nur wenn die Lokomotive längere Zeit gestanden hat, gibt sie beim Anfahren nicht sofort die volle Dauerleistung her, weil Überhitzer und Zylinder sich erst genügend erwärmen müssen. Behr[1] schlägt daher vor, in diesem Falle bei Fahrtbeginn nur 90% der Reibungszugkraft in Ansatz zu bringen. Die volle Ausnützung der Reibungs- und Kesselleistungsgrenze ist für das Anfahren die wirtschaftlichste Fahrweise, weil eine hohe Anfahrbeschleunigung bei oft haltenden Fahrzeugen einen verhältnismäßig viel bedeutenderen Zeitgewinn bringt als die Erhöhung der Höchstgeschwindigkeiten. Außerdem wird infolge der großen Anfahrkräfte der Weichenbezirk des Ausgangsbahnhofes schnell geräumt, so daß dessen Leistungsfähigkeit dadurch gehoben wird. Bei Vorortzügen ist nach dem Vorschlag von Behr als Linie der Fahrweise nach Abb. 37 80% der Reibungsgrenze und 80% der Kesselleistungsgrenze einzusetzen, um bei dieser Zuggattung wegen ihres gleichbleibenden Zuggewichts eine Leistungsreserve für Verspätungen zu haben. Aus dem gleichen Grunde ist nach Abb. 37 auch beim Triebwagen 80% und bei Schnelltriebwagen 90% der Reibungsgrenze für die Anfahrleistung in Ansatz zu bringen.

Folgende Fahrweise entspricht gut der Wirklichkeit, da die Lokomotivführer nach Beobachtungen von Behr meist, wie in Abb. 38 dargestellt, anfahren. Die charakteristischen Punkte sind hierbei:

1. Große Füllung und weites Öffnen des Reglers, um den Anlaufwiderstand des Zuges, der nach S. 22 ein Vielfaches des gewöhnlichen Fahrzeugwiderstandes ist, zu überwinden.

---

[1] Behr: Org. Fortschr. Eisenbahnw. 1938 Nr. 14.

2. Im Augenblick des Anrückens des Zuges fällt nach Abb. 38 und S. 22 nach den Untersuchungen des Verfassers der Anlaufwiderstand nach etwa 4 cm Fahrweg steil ab. Daher zieht der Lokomotivführer beim Anrücken sofort die Steuerung ein, um Radschleudern zu vermeiden.

2—3 Fahren mit gleichbleibender Füllung.

3—4 Stufenweises Vorverlegen der Steuerung bis zur Reibungsgrenze.

4—5 wie 2—3.

5—6 Stufenweises Einziehen der Steuerung, wenn die Übergangsgeschwindigkeit von der Grenze der Reibung zur Grenze der Kesselleistung etwa erreicht ist usw.

Manche Lokomotivführer fahren allerdings auch in einer mehr der Linie e in Abb. 37 entsprechenden Weise an, die nach der Zuko, Teil A und B § 3, Ziffer 2 empfohlen wird, um, wie Nordmann[1] angibt, ein Durchreißen des Feuers

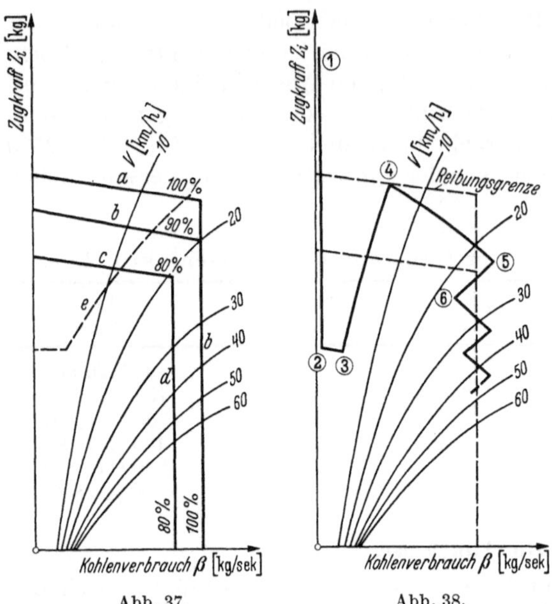

Abb. 37.   Abb. 38.

und Wasserüberreißen durch allzu hohe Anfahrkräfte zu vermeiden. Nordmann weist aber darauf hin, daß diese „Angst" der Lokomotivführer vor hohen Füllungen beim Anfahren unbegründet ist und zeigt an Fahrkraftlinien, die rückwärts aus Geschwindigkeitsweglinien von Versuchsfahrten mit schweren Schnellzügen gewonnen wurden, daß Belastungen der Lokomotiven sogar über die rechnungsmäßige Reibungsgrenze hinaus ohne Nachteil möglich sind.

Es können also auch vom Standpunkt des praktischen Lokomotivbetriebes ohne Bedenken hohe Anfahrkräfte gefordert und angewendet werden.

8. Richtlinien der Deutschen Reichsbahn für die Fahrzeitberechnung.

a) **Reine Fahrzeit.** Fährt ein Zug mit irgendeinem Wagenzuggewicht unter Ausnutzung der durch die Reibungs- und Kesselleistungsgrenze (Dampferzeugung 57 kg/m² · h der Heizfläche) bedingten Zugkräfte bis zur Höchstgeschwindigkeit an und hält die Höchstgeschwindigkeit solange als möglich bei, so ist die hierfür berechnete Fahrzeit die „reine Fahrzeit". In den Llv-Tafeln sind die Grenzen der Reibung und der Kesselleistung eingetragen. Für diese Grenzen hat das Reichsbahn-Zentralamt die Fahrkraftlinien (s-V-Linien) für die verschiedenen Wagenzuggewichte der einzelnen Lokomotivgattungen aufgestellt.

b) **Kürzeste Fahrzeit** ist die reine Fahrzeit für 100 t Zuggewicht.

c) **Planmäßige Fahrzeit.** Sie ergibt sich aus der reinen Fahrzeit durch deren Erhöhung um 3% bei Reisezügen und 5% bei Güterzügen, soweit die reine Fahrzeit nicht an sich schon um die genannten Beträge über der kürzesten Fahrzeit liegt. Die Zeiten für Anfahren und Bremsen werden ohne Erhöhung in die planmäßigen Fahrzeiten übernommen.

---

[1] Nordmann: Glasers Ann. 1928 S. 137.

Die Fahrzeiten für Zuggewichte von 50 t zu 50 t oder 100 t zu 100 t werden in Fahrzeittafeln zusammengestellt.

d) Maßgebende Last. Das größte Wagenzuggewicht, das von einer Lokomotive auf einer Strecke gefahren werden kann, wird bei Güterzügen in der Regel nach der maßgebenden Steigung der Strecke (s. S. 42) berechnet. Ist, wie es bei Reisezügen die Regel bildet, das durch das Verkehrsbedürfnis bedingte Wagenzuggewicht kleiner als das nach der maßgebenden Steigung berechnete, so wird die Auslastung eines bestimmten Zuges längere Zeit hindurch in den Hauptverkehrszeiten (Festtags-, Ferienverkehr usw.) beobachtet und für diesen Zeitraum das vorkommende größte Wagenzuggewicht unter Fortlassung einzelner ungewöhnlich hoher Werte festgestellt. Hierbei wird für das Verkehrsgewicht die halbe Platzbesetzung eingesetzt. Das so ermittelte Wagenzuggewicht der Güter- und der Reisezüge ist die „maßgebende Last" des Zuges. Diese Last kann aber in Ausnahmefällen bis zu 10% überschritten werden. Hierbei sollen die Fahrzeiten möglichst noch innegehalten werden, wenn nötig unter Überschreitung der Kesselleistungsgrenze, die durch die Erzeugung von 57 kg/m² · h Dampf bedingt ist. Die maßgebende Last ist im Kopf des Buchfahrplans mit „Last" bezeichnet.

9. Die Ermittlung des Kohlenverbrauchs.

a) Kohlenverbrauch bei ungedrosselter Dampfzufuhr. Die Ermittlung des Kohlenverbrauchs ist ebenso wie die der Lokomotiv- und Bremsarbeit stets für je zwei Zeitschritte, also für eine Minute, durchzuführen. In der Llv-Tafel (Abb. 26a S. 43) ist für das Abgreifen des Kohlenverbrauchs je min ein Strahl zur waagerechten β-Achse gezogen, dessen Höhen unter den Schnittpunkten der Z_i-Linien mit der Linie der Fahrweise (s. S. 43) den Kohlenverbrauch b kg/min angeben ($b = 10$ kg/min $= 5$ mm). Diese Höhen trägt man über einer Geschwindigkeitsachse zur b-Linie auf (Abb. 26f). Auf dieser Geschwindigkeitsachse sind 60 km/h durch 40 mm dargestellt. Das ist auch der Maßstab für 1 km des Weges. Da in dem Zeitschritt $\Delta t = 1$ min bei der Geschwindigkeit $V = 60$ km/h 1 km zurückgelegt wird, und da in dem Zeitwegstreifen je 2 benachbarte Δl-Strecken den Weg in 1 min angeben, so stellen sie auch gleichzeitig die mittleren Geschwindigkeiten dar, gemessen an der Geschwindigkeitsachse der b-Linie. Aus dieser Beziehung ergibt sich ein einfaches Verfahren zur Darstellung des Kohlenverbrauches im zeitlichen Verlauf der Zugfahrt durch den Kohlenverbrauchsstreifen. Letzterer ist nach Abb. 26e zunächst für den Kohlenverbrauch im Maßstabe der Ordinaten der b-Linie unterteilt, also 10 kg Kohle = 5 mm. Greift man nach Abb. 26d aus dem Zeitwegstreifen, wie eingetragen, $2 \Delta l$ mit dem Zirkel ab, setzt diese Strecke als mittlere Geschwindigkeit V_m je min auf der V-Achse der b-Linie ab und überträgt sodann die zugehörige Ordinate b in den Kohlenverbrauchsstreifen anschließend an den bereits ermittelten Kohlenverbrauch, so ist der Kohlenverbrauch bis zu diesem Zeitpunkt der Fahrt dargestellt.

b) Kohlenverbrauch bei gedrosselter Dampfzufuhr. Soll eine bestimmte Fahrgeschwindigkeit (z. B. die Höchstgeschwindigkeit) nicht überschritten werden, so ist die Dampfzufuhr so zu drosseln, daß die verkleinerte Zugkraft am Triebradumfang $0,96 \cdot Z_{id}$ bei gleichförmiger Geschwindigkeit gleich dem Strecken- und Fahrzeugwiderstand $W = G (\pm s + w)$ ist. Für $G = 1$ t ist dann bei Drosselung die Zugkraft $z_d = 0,96 Z_{id} : G = \pm s + w$ kg/t.

Es ist zu drosseln, 1. wenn die Steigung $s < z - w$ oder 2. das Gefälle $s < w$ kg/t ist. Ist die Steigung $s = z - w$, so wird mit der Zugkraft z kg/t bei ungedrosselter Dampfzufuhr gefahren. Ist das Gefälle $s = w$, so wird der Dampf abgestellt. Das Gefälle $s = w$ wird das Bremsgefälle genannt.

Den der Zugkraft bei Drosselung entsprechenden **Kohlenverbrauch** je **min** kann man aus der Llv-Tafel nach folgenden Beispiel abgreifen.

Beispiel. Nach Abb. 26c soll auf dem Gefälle $s = -1{,}3^0/_{00}$ mit $V = 60$ km/h gefahren werden. Man entnimmt aus Abb. 26b bei $V = 60$ km/h den senkrechten Abstand $q\,p$ zwischen der Waagerechten für $s = -1{,}3^0/_{00}$ und der w-Linie (also den Widerstand $-s + w$ kg/t), überträgt diese Strecke als $q\,p$ in Abb. 26a waagerecht zwischen der Z_i-Achse und dem Strahl für das Zuggewicht $G = 740$ t und geht nach rechts bis r der Zugkraftlinie für $V = 60$. Lotet man diesen Schnittpunkt r zur β-Achse, so ist die Höhe $u\,t$ zwischen dieser Achse und dem Strahl b der Kohlenverbrauch je min bei gedrosselter Dampfzufuhr.

c) Kohlenverbrauch bei abgestelltem Dampf. Während der Fahrt und bei Stillstand ist nach der „Zuko" der Kohlenverbrauch $b_0 = 0{,}6 \cdot R$ kg/min, wo R m^2 die Rostfläche ist. Der Kohlenverbrauch während der Zeit T_0 min, in der der Dampf abgestellt ist, ist dann

$$B_0 = b_0 \cdot T_0 \text{ kg}.$$

d) Kohlenverbrauch für Nebenleistungen. Die Nebenleistungen sind die Fahrten vom und zum Zug, ferner der Bereitschaftsdienst, die Ruhe im Feuer sowie das Anheizen der Zuglokomotive. Im Durchschnitt ist der Kohlenverbrauch für Nebenleistungen

$$B_n = 0{,}25\,R \cdot T_n = 50\,R \text{ kg}.$$

Hier ist $T_n = 200$ min die Zeit für die Fahrt vom und zum Zug, Ruhe im Feuer, Bereitschaftsdienst und Anheizen der Zuglokomotive.

Will man sich nicht mit dem Durchschnittswert $B_n = 0{,}25 \cdot R \cdot T_n$ kg begnügen, so kann man den Kohlenverbrauch für Nebenleistungen nach der Zuko (Teil B, S. 29) nach den einzelnen Leistungen unterteilen. Es ist hiernach zu rechnen für

Fahrt zum und vom Zug sowie für Rangierdienst . . . . $0{,}75 \cdot R$ kg/min
Stillstand während der Zugfahrt und in fahrbereitem Zustand
    vor dem Zug . . . . $0{,}6 \;\;\cdot R$ kg/min
Bereitschaft . . . . $0{,}29 \cdot R$ kg/min
Ruhe im Feuer . . . . $0{,}13 \cdot R$ kg/min

Ruhe im Feuer zwischen 2 Fahrten unterscheidet sich vom Stillstand in Bereitschaft dadurch, daß nur ein sehr kleines abgedecktes Feuer auf dem Rost unterhalten wird. Hierbei entsteht ein Wärmeverlust lediglich durch die Ausstrahlung des Kessels. Nach Versuchen (siehe Grundzüge für das Entwerfen von Lokomotivbehandlungsanlagen Ausgabe 1921, Kap. 3, Beilage Bl. 1) ist zum Ausgleich dieses Strahlungsverlustes eine Kohlenmenge von durchschnittlich 0,13 kg je m^2 Rostfläche und min notwendig.

Das **Anheizen** des Kessels erfordert bei einer Temperatur des Kesselwassers von 70° und beim Verhältnis der Heizfläche H zur Rostfläche R also $H:R = 70$ nach Versuchen durchschnittlich $74 \cdot R$ kg Kohlen. Für $H:R = 50$ ist der Kohlenverbrauch für Anheizen $60 \cdot R$ kg. Für Zwischenwerte von $H:R$ ist der Kohlenverbrauch zu interpolieren.

Die Zeit für die Nebenleistung T_n muß für besondere Untersuchungen aus dem Dienstplan der Lokomotivgruppe berechnet werden. Hierzu ist von der Gesamtzahl von Lokstunden (24 · Zahl der Tage des Dienstplanes) die Zahl der Reisestunden und die Zeit der Kesselwaschungen abzuziehen und dieser Unterschiedsbetrag durch die Zahl der Lokomotivläufe zu teilen. Für Durchschnittsberechnungen kann je Lokomotivlauf $T_n = 200$ min gesetzt werden.

Der Kohlenverbrauch für das Heizen der Reisezüge ist nach „Zuko"

$$K_{bh} = \frac{b_h \cdot T_h}{60} \text{ kg.}$$

Hier ist b_h = Kohlenverbrauch in kg je Heizstunde nach Abb. 39.

T_h = Heizzeit (Gesamtfahrzeit T + Stillstandszeit T_a innerhalb der Zugfahrt) in min.

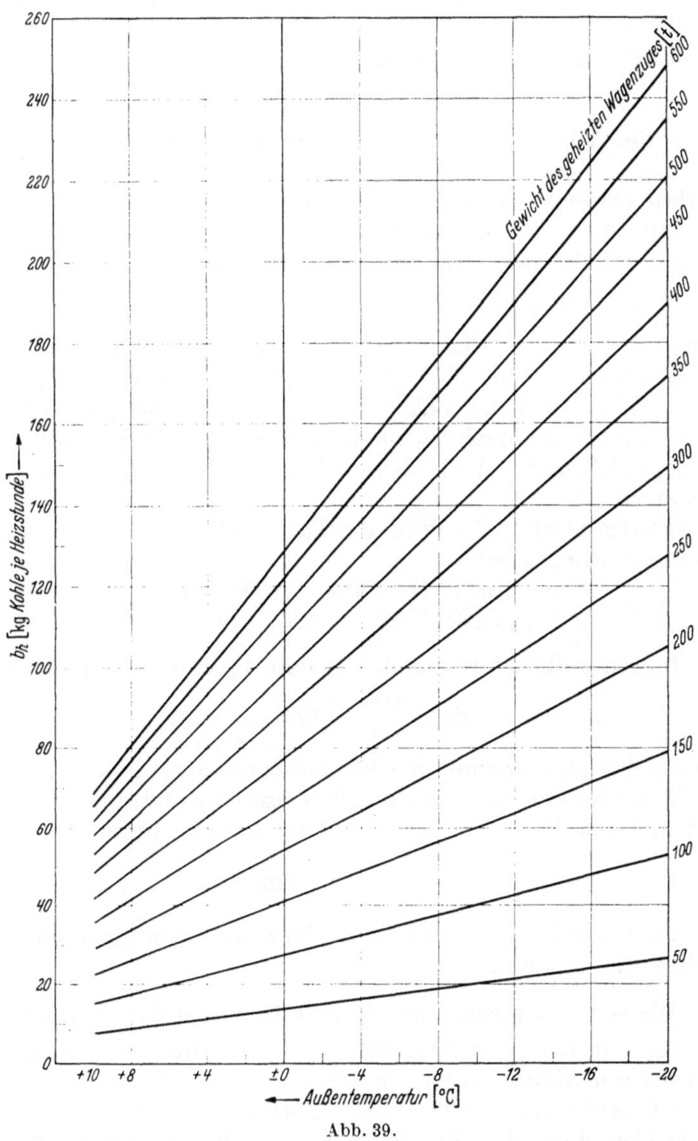

Abb. 39.

10. Die Ermittlung der Arbeiten (Abb. 26 g, h, S. 43).

a) Indizierte Lokomotivarbeit bei ungedrosselter Dampfzufuhr. Die Ordinaten der Schnittpunkte der Grenzlinien für Reibung und Kesselleistung mit den Z_i-Linien für gleichbleibende Geschwindigkeiten multipliziert man mit den an die Z_i-Linien angeschriebenen Geschwindigkeiten, daraus ergibt sich die Stundenarbeit in kg·km. Dann ist die Lokomotivarbeit je min $\Delta A_l = Z_i \cdot V/60 \cdot 1000$ kmt/min. Diese Werte trägt man für die verschiedenen Geschwindigkeiten über der V-Achse gleichen Maßstabes wie die der b-Linie zur ΔA_l-Linie auf. Der Maßstab ist zweckmäßig $\Delta A_l = 5$ kmt/min $= 10$ mm. Die Darstellung der Lokomotivarbeit in ihrem zeitlichen Verlauf geschieht durch Auftragen des Lokomotivarbeitsstreifens in derselben Weise wie das Zeichnen des Kohlenverbrauchsstreifens, indem man hier die Lokomotivarbeiten je min ΔA_l in ihrer zeitlichen Folge aneinanderreiht.

b) Indizierte Lokomotivarbeit bei gedrosselter Dampfzufuhr. Diese Arbeit ist $\Delta A_{ld} = Z_{id} \cdot V/60 \cdot 1000$ km/t min. Die Zugkraft bei gedrosselter Dampfzufuhr ist nach Abb. 26a für $V = 60$ km/h

$$Z_{id} = \text{der Strecke } rt.$$

Die Ermittlung der Arbeit ist genau wie vorher und im Lokomotivarbeitsstreifen anzureihen.

c) Die Arbeit bei abgestelltem Dampf. α) Getriebearbeit. Bei Fahrt mit abgestelltem Dampf ist die Getriebearbeit nach Abb. 26h aus der ΔA_p-Linie zu ermitteln. Diese erhält man, wenn man für eine Geschwindigkeit V den Wert

$$\Delta A_p = c \cdot G_{l_2} \cdot V/60 \cdot 1000 \text{ kmt/min}$$

berechnet und im gleichen Maßstab wie die Lokarbeit ΔA_l von deren V-Achse nach unten absetzt und den Endpunkt mit $V = 0$ verbindet. Es ist $c \cdot G_{l_2}$ nach S. 39 der Widerstand der Lokomotivtriebachsen. Bei gleichförmiger Geschwindigkeit V und der Fahrzeit T_0 min bei abgestelltem Dampf ist die Getriebearbeit $A_p = T_0 \cdot \Delta A_p$ kmt. Auch dieser Wert ist in dem Lokomotivarbeitsstreifen abzusetzen.

β) Bremsklotzarbeit. β_1) Wird die Fahrgeschwindigkeit V_1 auf V_2 abgebremst, so ist die Bremsarbeit

$$A_b = \frac{1{,}06 \cdot 1000 \cdot G(V_1^2 - V_2^2)}{2\,g \cdot 3{,}6^2 \cdot 1000^2} \cong \frac{4\,G(V_1^2 - V_2^2)}{10^6} \text{ kmt}.$$

β_2) Beim Halten z. B. auf Bahnhöfen ist mit $V_2 = 0$ die Bremsarbeit

$$A_h \cong \frac{4\,G \cdot V_1^2}{10^6} \text{ kmt}.$$

β_3) Falls der Zug gebremst mit gleichförmiger Geschwindigkeit auf einem Gefälle größer als das Bremsgefälle $s = w$ kg/t (Zugwiderstand) fahren soll, und die überschüssige Gefällkraft $s - w$ abgebremst wird, so ist die minutliche Bremsarbeit

$$\Delta A_{br} = \frac{G \cdot (s - w) \cdot V}{60 \cdot 1000} \text{ kmt/min}.$$

ΔA_{br} ist mit der Fahrzeit auf dem Bremsgefälle zu vervielfältigen, um die Bremsarbeit auf diesem zu erhalten.

11. Die Gewichtsverluste der Werkstoffe durch das Bremsen.

Als Gewichtsverluste für die Werkstoffe durch das Bremsen vor Langsamfahrstrecken und bis zum Halten werden angenähert nach Ehrensberger[1] gesetzt:

1. Für den Gewichtsverlust der Schienen bei Bremsarbeit $\Delta G_{vs} = 3{,}3$ g/kmt.

2. Für den Gewichtsverlust der Radreifen bei Bremsarbeit a) zwischen Rad und Schiene $\Delta G_{vsr} = 6{,}6$ g/kmt, b) zwischen Rad und Bremsklotz $\Delta G_{vrk} = 3{,}3$ g/kmt.

3. Für den Gewichtsverlust der Bremsklötze $\Delta G_{vk} = 20$ g/kmt. Der Gesamtverlust bei Verschleißarbeit der Werkstoffe ist

$$G_v = (\Delta G_{vs} + \Delta G_{vsr} + \Delta G_{vrk} + \Delta G_{vk}) \cdot A_b \cdot G.$$

Hier ist A_b kmt die Bremsarbeit.

---

[1] Ehrensberger: Org. Fortschr. Eisenbahnw. 1931 Nr. 21/22.

III. Die Zugfahrt beim Bremsen.

Die hohen Geschwindigkeiten der Antriebsmaschinen könnten im Betriebe gar nicht verwirklicht werden, wenn die Züge nicht mit so leistungsfähigen Bremsen ausgerüstet wären, daß sie jederzeit sicher und schnell zum Halten gebracht werden könnten. Wie die Reibungszugkraft von der Haftreibung zwischen den stählernen Rädern und Schienen, so hängt die Bremskraft von der Bremsreibung zwischen Rad und den gußeisernen Bremsklötzen, also von der Eigenart des Materials ab. Die Bremsreibung nimmt mit zunehmender Geschwindigkeit ab. Die Bremswirkung ist also bei den hohen Geschwindigkeiten geringer als bei den niedrigeren. Jedoch können sich für die Verkürzung der Bremswege die hohen Reibungswerte bei den kleinen Geschwindigkeiten nicht so sehr auswirken wie bei den großen Geschwindigkeiten. Die Folge davon sind lange Bremswege. *Eine möglichst genaue Vorausbestimmung der Bremswege ist von grundlegender Bedeutung, da hiernach die Abstände der Signale von den Gefahrstellen bestimmt werden.*

A. Die Bremsbauarten.

Bei der Reichsbahn sind Handspindelbremsen und Druckluftbremsen im Gebrauch, und zwar von letzteren die Bauart Kunze-Knorr (Zweikammerbremsen), die Bauart Hildebrand-Knorr sowie die Knorr- und die Westinghouse-Bremse (Einkammerbremsen). Die beiden ersteren Druckluftbremsen sind mehrlösig, die beiden letzteren einlösig.

1. Die Kunze-Knorr-Bremse.

a) Für Güterzüge. Diese hat einen langsamen Druckanstieg.

Wirkungsweise (Abb. 40): Die Druckluft wird von der Luftpumpe auf der Lokomotive erzeugt und gelangt durch die Bremsleitung zu den Bremsapparaten unter den Fahrzeugen. Der Lokomotivführer regelt den Bremsdruck mit dem Bremsventil, das 4 Stellungen hat: Lösestellung, Abschlußstellung, Betriebsbremsung, Schnellbremsung. Bei 5 at Volldruck in der Bremsleitung, den Kammern A und B und dem Hilfsluftbehälter A_1 stehen die Bremsklötze von den Rädern ab.

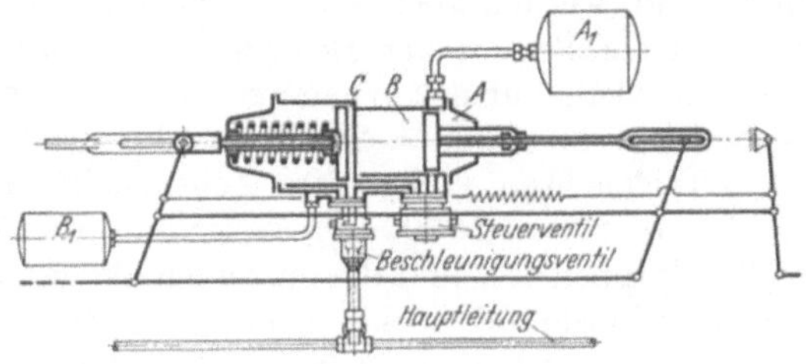

Abb. 40.

Kammer C hat mit der freien Luft über das Steuerventil Verbindung. Bei Druckverminderung in der Leitung schließt das Steuerventil die Kammer C nach außen ab, und die Druckluft fließt von B nach C, treibt den Bremskolben vor und die Bremsklötze schlagen, durch ein Gestänge angetrieben, an die Räder an. Die Bremse hat einen Lastwechsel, dessen Hebel auf „Leer“ und „Beladen“ gestellt werden kann. Die Vollbremsung in Stellung „Leer“ ist bei Druckausgleich der Kammern B und C erreicht. Bei Stellung „Beladen“ wird die Bremskraft dadurch erhöht, daß nach dem Druckausgleich zwischen C und B noch der Zweikammerkolben durch den Druck in der Kammer A auf das Bremsgestänge wirkt. Gelöst werden die Bremsen dadurch, daß der Druck in der Leitung erhöht, letztere durch das Steuerventil mit der Kammer B verbunden und Kammer C geöffnet wird. Die Bremse löst stufenweise, bis der Druck von 5 at in den Kammern B und A sowie im Hilfsluftbehälter A_1 erreicht ist. Auch ist die Bremse unerschöpfbar.

b) Für Personen- und Schnellzüge. Die Kunze-Knorr-Bremsen für Personenzüge haben für eine schnellere und stärkere Bremswirkung noch ein Beschleunigungsventil. Die Kunze-Knorr-Bremse für Schnellzüge ist wie die für die Personenzüge gebaut, aber mit größeren Abmessungen, und hat daher noch größere Bremskräfte. Sie hat Bremsdruckregler, die die Bremsluft rechtzeitig aus dem Einkammerzylinder entweichen läßt und dadurch den Bremsklotzdruck verringert, damit nicht bei zu hohem Klotzdruck die Räder festgestellt werden. Hierdurch würde nämlich nach S. 14 die Bremswirkung vermindert und der Bremsweg verlängert werden. Die Erhöhung des Bremsklotzdruckes tritt nach S. 71 bei abnehmender Geschwindigkeit ein, mit der die Bremsreibung zwischen Klotz und Rad wächst.

2. Die Hildebrand-Knorr-Bremse.

Sie ist eine selbsttätige Einkammerdruckluftbremse. Durch das Steuerventil wird das Bremsen und Lösen eingeleitet und geregelt. Sinkt der Druck im Bremszylinder, so wird durch das Steuerventil selbsttätig Luft vom Vorrats- und weiterhin vom Hilfsluftbehälter nachgefüllt. Die Bremse ist also unerschöpfbar. Ein vollautomatisches Führerventil auf der Lokomotive erleichtert die Handhabung und verbessert die Bremswirkung. Die Durchschlagsgeschwindigkeit wird durch die sog. gekoppelten Beschleuniger erhöht, durch die die langen Schnellzüge stoßfrei gebremst werden. Für hohe Geschwindigkeiten (160 bis 200 km/h) sind Bremsbauarten (Hik SS) gebaut worden, deren Bremskraft fast doppelt so groß wie bei den gewöhnlichen Bremsen ist und deren Vollwirkung bei Schnellbremsung in 2 sec erreicht ist. Die Schnelltriebwagen haben, um Bremsweg und -zeit zu verkürzen, außerdem noch eine elektromagnetische Schienenbremse.

Der Anlaß, langsam und schnell wirkende Bremsen zu bauen, ist durch die hohen Anlaufwiderstände (S. 22) gegeben. Diese treten im Augenblick des Anfahrens auf, werden aber plötzlich nach 3—5 cm Weg kleiner. Der Anfahrwiderstand ist im Beginn der Bewegung 15—24 kg/t. Soll z. B. ein Güterzug von 1200 t Gewicht auf der Waagerechten anfahren, so ist sein Anlaufwiderstand im Mittel $W_a = 20 \cdot 1200 = 24000$ kg. Ist die Reibungszugkraft einer Lokomotive mit 5 Triebachsen von je 20 t Achsdruck bei einer Haftreibung $\mu_h = 200$ kg/t, $Z_r = 5 \cdot 20 \cdot 200 = 20000$ kg, so kommt der Zug nur in Gang, wenn er nicht straff gekuppelt ist, und die einzelnen Wagen nacheinander in Bewegung geraten können. Würde der locker gekuppelte Zug mit einer schnellwirkenden Bremse abgebremst werden, so würden bei den rasch wechselnden Kräften Längsschwingungen auftreten, die Ladeverschiebungen verursachen können. Die Reisezüge haben gegenüber den Güterzügen ein so kleines Zuggewicht, daß die Reibungszugkraft in der Regel größer als der Anlaufwiderstand ist. Sie können daher straff gekuppelt und mit schnell wirkenden Bremsen abgebremst werden.

B. Die Ausrüstung der Züge mit Bremsen.

Die Züge sind so mit Bremsen auszurüsten, daß sie innerhalb des für die Strecke festgelegten Bremsweges zum Halten gebracht werden können. Unter Bremsweg versteht man den Weg, den der Zug vom Einleiten des Bremsvorganges bis zum Stillstehen zurücklegt. Die Deutsche Reichsbahn hat für die Bremswege 400, 700 und 1000 m Bremstafeln aufgestellt, deren Anwendung für die einzelnen Strecken im Anhang zu den Fahrdienstvorschriften angegeben wird. Die Bremstafeln geben die erforderlichen Bremshundertstel an, d. i. das erforderliche Bremsgewicht auf je 100 t Zuggewicht. Die Bremshundertstel nehmen bei wachsender zugelassener Geschwindigkeit sowie bei stärker werdendem Gefälle zu. Als **Bremsgewicht** wird der Anteil des Fahrzeuggewichts in t bezeichnet, welchen die Bremse auf dem Bremsweg bei hundert Bremsprozenten abzubremsen vermag. Das Bremsgewicht ist, je nachdem die Bremsen schnell oder langsam wirken und die Wagen leer oder beladen sind, verschieden. Für die **schnellwirkenden Bremsen**, die mit der **Bremsart I** bezeichnet werden, sind die Bremshundertstel in den Bremstafeln kleiner als die für die **langsam wirkende Bremsart II.** Die Bremsen dieser Bauarten haben eine andere Wirkung, je nachdem die Bremswagen in Schnellzügen, Reisezügen oder Güterzügen laufen. Diese Wirkung wird geregelt durch die Einstellung des **Steuerventilumstellers.** Bei dessen Stellung S wirkt die Bremse schnell und kräftig, bei der Stellung P wirkt sie schnell, bei der Stellung G langsam. Den verschiedenen Bremsstellungen entsprechen auch verschiedene Bremsgewichte, die an die Wagen angeschrieben sind. An den Güterwagen, die mit der Bremsart II ausgerüstet sind, befindet sich ein Umstellhebel, der sog. **Lastwechsel,** der auf „Leer" bzw. „Beladen" gestellt wird. Bei leeren Wagen ist zur Verhütung des Schleifens der Räder die Bremskraft verringert, wenn der Lastwechsel auf Leer steht. Das Bremsgewicht ist bei Güterwagen am Lastwechsel für diese Stellungen „Leer" und „Beladen" angeschrieben. Auch an den Lokomotiven ist das Bremsgewicht angeschrieben.

Wenn die Bremsgewichte nicht aus den Anschriften der Fahrzeuge zu ersehen sind, sind Durchschnittsgewichte anzunehmen. Bei durchgehender Druckluftbremsung wird bei Personenwagen, wenn alle Achsen gebremst werden, das Bremsgewicht wie folgt berechnet:

Für Bremsstellung S ist $1{,}25 \cdot$ Eigengewicht das Bremsgewicht
$\qquad\qquad\qquad\quad P\ \ \text{,,}\ \ 1{,}0 \qquad\quad\text{,,} \qquad\qquad \text{,,} \qquad\quad \text{,,}$
$\qquad\qquad\qquad\quad G\ \ \text{,,}\ \ 0{,}8 \qquad\quad\text{,,} \qquad\qquad \text{,,} \qquad\quad \text{,,}$

Bei Güterwagen mit mehrlösiger Bremse in Stellung „Beladen" ist 15 t, bei allen übrigen Güterwagen 10 t das Bremsgewicht.

Bei Handbremsung wird, wenn sämtliche Achsen gebremst sind, für Personenwagen das Eigengewicht, oder für Güterwagen das des Wagens $+$ Ladung, aber höchstens 26 t berechnet.

Um die betriebssichere Fahrt eines Zuges zu gewährleisten, muß vor Beginn der Zugfahrt festgestellt werden, ob die im Buchfahrplan geforderten Mindestbremshundertstel, die nach den Bremstafeln berechnet werden, auch im Zug vorhanden sind. Zu diesem Zweck wird das Gesamtzuggewicht und das Gesamtbremsgewicht ermittelt. Hieraus werden die im Zuge vorhandenen Bremshundertstel berechnet. Bei Reisezügen wird als Nutzlast zum Eigengewicht der Wagen und der arbeitenden Lok das **Reisegewicht** hinzugeschlagen. Dies wird dadurch ermittelt, daß die Zahl der Sitzplätze aller von Reisenden benutzten Personenwagen festgestellt wird. Das Reisegewicht ist dann Sitzplätze $\cdot\, ^4/_{100}.$

C. Die Bremsfahrt bei Druckluftbremsung.

1. Der Bremsklotzdruck.

Das Bremsen erfolgt durch Verminderung des Leitungsdrucks. Hierdurch wird ein Druck in den Bremszylindern hervorgerufen, der durch das Bremsgestänge auf die Bremsklötze übertragen wird. Der Bremsklotzdruck mit der Bremsreibung zwischen Rad und Bremsklötzen vervielfältigt, ergibt die **Bremskräfte.** Der Bremsklotzdruck je Bremswagen ist $K = Q \cdot i \cdot \eta$ kg. Hier ist i das Übersetzungsverhältnis des Bremsgestänges, η der Wirkungsgrad der Kraftübertragung und $Q = q \cdot F_z - R$ ist der Druck auf den Kolben des Bremszylinders. Die Kolbenfläche F_z cm² hat den spezifischen Luftdruck q kg/cm².

Es ist R kg die Kraft der Rückzugfeder im Einkammerzylinder und der Gestängefedern, die proportional dem spezifischen Druck q gesetzt werden kann. Infolgedessen ist $R : q =$ konstant. Der Druck im Bremszylinder ist dann

$$Q = \left(F_z - \frac{R}{q}\right) \cdot q = F'_z \cdot q,$$ und somit ist der Bremsklotzdruck $K = F'_z \cdot q \cdot i \cdot \eta$ kg.

Der Druckanstieg q mit der Zeit ist je nach der Bauart der Bremsen verschieden. In Abb. 41 und 42 sind die Bremsdruckschaulinien der langsamwirkenden Kunze-Knorr-Bremse (Bremsart II) für Güterzüge für Bremsstellung „Leer" (Abb. 41) und „Beladen" (Abb. 42) und in Abb. 43 für schnell- und starkwirkende Bremsen (Bremsart I) für Reisezüge und für Güterzüge mit mehr als 75 km/h Höchstgeschwindigkeit dargestellt. Bei beladenen Wagen wirkt nach Abb. 42 bis etwa 35 sec der Druck im Einkammerzylinder C, von da ab wird er verstärkt durch den Druck im Zweikammerzylinder A und B. Damit bei dem geringeren Gewicht der Leerwagen die Bremskraft die Haftkraft zwischen Rad und Schiene nicht übersteigt, und die Räder nicht schleifen, wird die Handkurbel des Lastwechsels am Wagen auf „Leer" gestellt. Der Höchstdruck ist hier, wie gesagt, schon bei dem Druckausgleich der Kammern C und B erreicht.

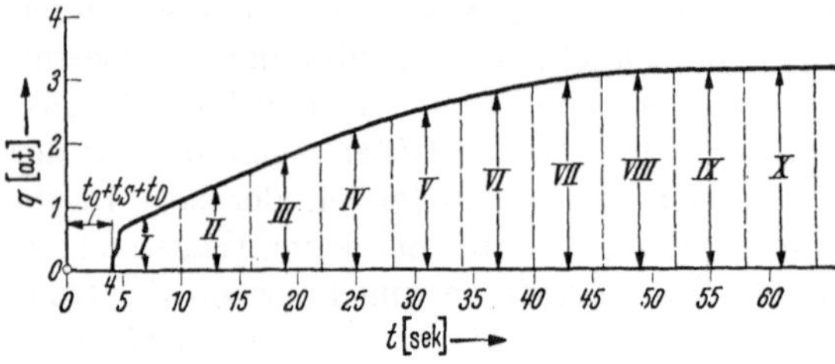

Abb. 41. Bremsdruckdiagramm eines leeren Güterwagens.

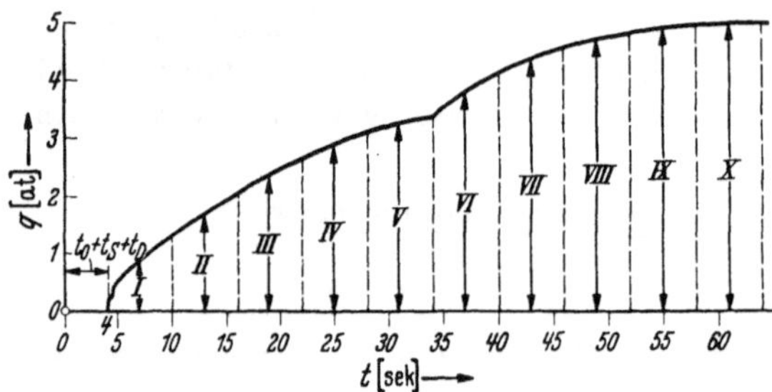

Abb. 42. Bremsdruckdiagramm eines beladenen Güterwagens.

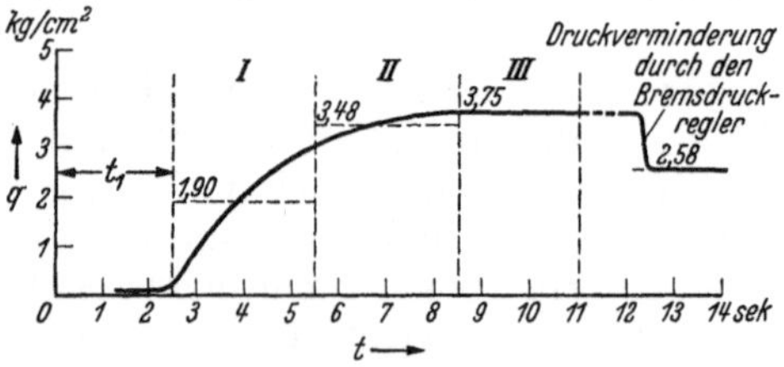

Abb. 43. Bremsdruckdiagramm eines Schnellzugwagens.

Der Druck K auf die von einem Bremsapparat des Wagens bedienten n_k Bremsklötze ist bei der Anpreßfläche F_k cm² eines Klotzes $K = k \cdot n_k \cdot F_k$ kg. Hier ist k kg/cm² der spezifische Klotzdruck je cm² Anpreßfläche des Bremsklotzes. Setzt man die Gleichung $K = F'_z \cdot q \cdot i \cdot \eta = k \cdot n_k \cdot F_k$, so ist der spezifische Klotzdruck

$$k = \frac{q \cdot F'_z \cdot i \cdot \eta}{n_k \cdot F_k} = q \cdot \ddot{U} \text{ kg/cm}^2.$$ Der

Klotzdruck eines Wagens ist dann $K = \dfrac{n_k \cdot F_k \cdot q \cdot \ddot{U}}{1000}$ t. Der Quotient $\dfrac{F'_z \cdot i \cdot \eta}{n_k \cdot F_k} = \ddot{U}$ ist das Übersetzungsverhältnis zwischen Bremsapparat und Bremsklötzen, das also nicht nur von der Gestängeübersetzung i und dessen Wirkungsgrad η, sondern auch von dem Verhältnis der Zylinder- zur gesamten Klotzdruckfläche abhängt.

Für die Bremsbewegung eines Zuges ist aber nicht das Übersetzungsverhältnis $\ddot{U}$ eines Wagens, sondern das des Zuges anzugeben. Die Übersetzungsverhältnisse $\ddot{U}$ schwanken bei den einzelnen Wagengattungen entsprechend den Gestängeübersetzungen i nach dem Wagengewicht. Für Reisezüge lassen sich aus den Zugbildungsplänen die Wagenzahl, Gattung und sonstigen Angaben entnehmen, um dann mit Hilfe des Merkbuches für Fahrzeuge in den „Vorschriften für den Bremsdienst" die Gestängeübersetzungen i und damit auch das

Übersetzungsverhältnis $\ddot{U}$ zu ermitteln. Es wird bei den Reisezügen $\ddot{U}$ im Wagenzug nicht stark schwanken, da man bestrebt sein wird, im Zuge möglichst Wagen von gleichen Eigenschaften zu haben. Für Güterzüge sind die Verhältnisse sehr mannigfaltig, weil die Bildung dieser Züge sich nach dem jeweiligen Anfall der Wagen richtet, und die Güterzüge nach Zahl, Gattung und Gewicht der Wagen sehr verschieden sind. Entsprechend den Wagengewichten sind im Güterwagenpark der Deutschen Reichsbahn die verschiedenen Gestängeübersetzungen i, in Prozenten der Wagen ausgedrückt, nach Kopp[1] folgende:

Für $i =$	4,0	4,56	5,6	6,0	7,4	8,0	9,2
% der Wagenzahl	12	43,6	31,6	2	8,6	2,2	0,04
Eigengewicht in t	9,1	10,2	11,1	13,2	15,7	22	28

Daraus ergibt sich ein mittleres Eigengewicht von $11,32\,$t mit $i = 5,2$ und $\ddot{U}_m = 1,1$. Mit diesem mittleren $\ddot{U}_m = 1,1$ soll bei Güterzügen gerechnet werden, während das mittlere Übersetzungsverhältnis der Reisezüge $\ddot{U}_m$, das größer ist, je nach der Zugzusammensetzung, wie oben gezeigt, zu ermitteln ist.

Der Unterschied der Bremskraft je t von Lok und Tender gegenüber dem des Wagenzuges ist gering. Will man erstere nicht in die Berechnung des Mittelwertes $\ddot{U}_m$ miteinbeziehen, so kann man das Übersetzungsverhältnis des Wagenzuges auch für den gesamten Zug nach obigen in Ansatz bringen.

Es ist dann der Bremsklotzdruck eines Zuges

$$\Sigma K = \frac{n_b \cdot n_k}{1000} \cdot F_k \cdot q \cdot \ddot{U}_m \text{ t},$$

wo n_b die Anzahl der gebremsten Fahrzeuge ist.

2. Die Bremskräfte der Bremsklötze.

Die Vervielfältigung des Bremsklotzdruckes K mit der Bremsklotzreibung μ_b ergibt die Bremskräfte an den Bremsklötzen. Die Bremsklotzreibung zwischen den gußeisernen Bremsklötzen und dem Rad ist nach Versuchen von Metzkow[2] in Abhängigkeit von der Geschwindigkeit und dem spez. Klotzdruck in Abb. 44 dargestellt. Für die Praxis sind die Werte μ_b nach dem Vorschlag von Metzkow auf $0,8\,\mu_b$ kg/t zu ermäßigen. Es ist daher die Bremskraft an den Bremsklötzen eines Wagens

$$P_k = 0,8 \cdot \frac{\mu_b \cdot K}{1000} = \frac{0,8 \cdot \mu_b}{1000} \cdot n_k \cdot F_k \cdot q \cdot \ddot{U} \text{ kg}.$$

Für den Zug ist mit $\ddot{U} = \ddot{U}_m$

$$\Sigma P_k = n_b \cdot \frac{0,8\,\mu_b}{1000} \cdot n_k \cdot F_k \cdot q \cdot \ddot{U}_m \text{ kg}.$$

Auf 1 t Zuggewicht G bezogen, sind die Bremskräfte

$$\frac{P_k}{G} = p_k = \frac{0,8 \cdot \mu_b \cdot n_b \cdot n_k \cdot F_k \cdot q \cdot \ddot{U}_m}{1000 \cdot G}$$

$$= \frac{0,8\,\mu_b \cdot k \cdot n_b \cdot n_k \cdot F_k}{1000\,G} \text{ kg/t}.$$

Zur Auswertung der Gleichung

$$p_k = \frac{0,8 \cdot n_b \cdot n_k \cdot F_k \cdot \ddot{U}_m}{1000\,G} \mu_b \cdot q = C\,\mu_b \cdot q \text{ kg/t}$$

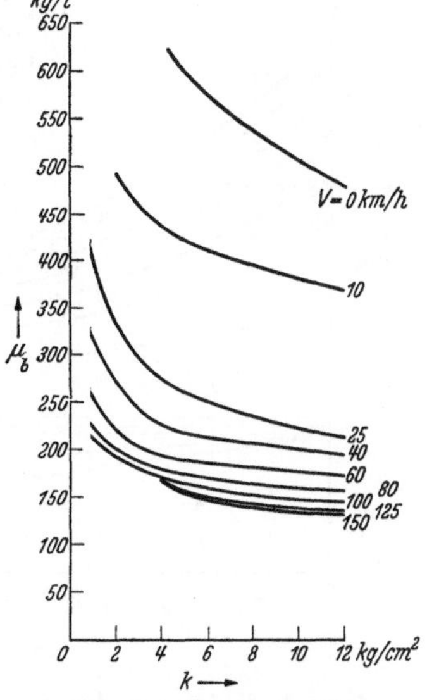

Abb. 44. Bremsklotzreibung nach Metzkow.

---

[1] Kopp: Dr.-Diss. Berlin 1938.   [2] Metzkow: Glasers Ann. 1926 S. 149.

teilt man die Bremsdruckschaulinien in senkrechte Streifen von der Breite des Zeitschrittes $\varDelta t$, z. B. 6 sec bei langsam wirkenden Bremsen oder $\varDelta t = 3$ sec bei schnellwirkenden.

Die mittlere Höhe q jedes Streifens vervielfältigt man mit $\ddot{U}_m$, liest für den spezifischen Klotzdruck $k = \ddot{U}_m \cdot q$ in Abb. 44 die Bremsklotzreibung μ_b für verschiedene Geschwindigkeiten V ab und bildet die Produkte $p_k = C \cdot \mu_b \cdot q$, die man nach den verschiedenen Geschwindigkeiten und q-Werten geordnet in eine Zahlentafel 7 einträgt (s. S. 75).

Sind z. B. $^1/_3$ der Bremswagen beladen und $^2/_3$ leer, so bildet man

$$p_k = C \cdot \left(\frac{q_b}{3} + \frac{2}{3}\, q_l \right) \mu_b \quad \text{und liest die Bremsreibung in Abb. 44 ab für}$$

$$k = \left(\frac{q_b}{3} + \frac{2 \cdot q_l}{3} \right) \cdot \ddot{U}_m \; \text{kg/cm}^2. \quad \text{Hier sind } \frac{q_b}{3} \text{ ein Drittel der Streifenhöhen in den}$$

Bremsschaulinien für beladene (Abb. 42) und $\frac{2}{3}\, q_l$ die zwei Drittel Streifenhöhen in den Bremsschaulinien für leere Wagen (Abb. 41).

3. Die Bremsfahrkraftlinien.

Außer den Bremskräften p_k kg/t wirken der Fahrt entgegen noch die Fahrzeug- und Streckenwiderstände. Die Krümmungswiderstände sind hierbei mit den Steigungen zu einem einzigen Wert zusammenzuzählen bzw. von den Gefällen abzuziehen.

Für 1 t Zuggewicht ist die Bremsfahrkraft $p = p_k + w \pm s$ kg/t, wo $w = (W_l + G_w \cdot w_w) : G$ der Fahrzeugwiderstand des Zuges ist. Es muß p kleiner sein als die Haftreibung $\mu_h \cdot G_b : G$ kg/t zwischen Rad und Schiene, damit die Räder nicht schleifen, und daher die Bremswirkung vermindert wird. Hier ist G_b das Gewicht auf allen gebremsten Achsen. Die Haftreibung zwischen Rad und Schiene schwankt beim Bremsen nach Versuchen (Abb. 25) zwischen $\mu_h = 135$ und $\mu_h = 250$ kg/t. Nach Metzkow[1] ist es aus Sicherheitsgründen auf keinen Fall zulässig, im Mittel mit einer höheren Haftreibung als $\mu_h = 150$ kg/t zu rechnen. Da nach Abb. 44 die Bremsklotzreibung bei abnehmender Geschwindigkeit stark ansteigt, und infolgedessen die Räder hier am ehesten schleifen, so baut man insbesondere bei den schnellwirkenden Bremsen (s. S. 68) Bremsdruckregler ein. Durch diese werden von etwa 50 km/h ab die Bremskräfte verringert, und ein Schleifen der Räder wird verhütet.

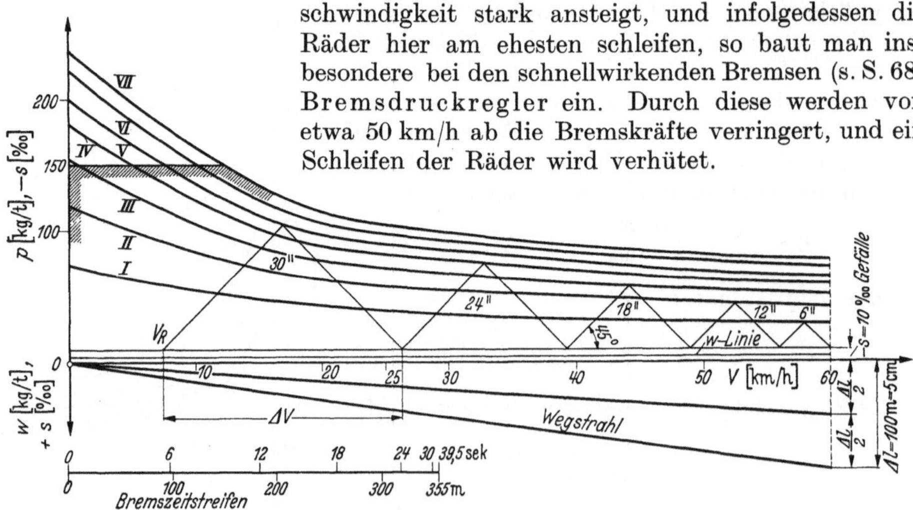

Abb. 45. Bremsfahrt eines Güterzuges.

Zum Aufzeichnen der Bremsfahrkraftlinien trägt man nach Abb. 45 über der V-Achse die w-Linie und von dieser nach oben für jedes einzelne q die p_k-Werte der verschiedenen Geschwindigkeiten zu einer Bremsfahrkraftlinie auf. Die ein-

---

[1] Metzkow: Org. Fortschr. Eisenbahnw. 1934 S. 201.

zelnen Bremsfahrkraftlinien sind in der zeitlichen Folge der Streifen $q \cdot \Delta t$ des Bremsdruckdiagramms zu numerieren. Für die Steigung zieht man im Abstand $s^0/_{00}$ eine Waagerechte über der V-Achse und für das Gefälle $s^0/_{00}$ unter dieser eine Waagerechte. Als Massenfaktor ist bei Dampfgüterzügen 1,06 zu setzen, weil beim Bremsen die Energieverluste durch die Formänderungsarbeit in dem Zuge und den Tragfedern gering sind[1]. Bei Zügen mit elektrischen Triebfahrzeugen ist derselbe Massenfaktor wie bei der Fahrt mit Strom in Ansatz zu bringen, da nach Abschalten des Stromes die Anker noch weiter rotieren.

Die Bremswege und -zeiten werden aus den Bremsfahrkraftlinien ebenso ermittelt wie die Fahrbewegung mit Lokkraft aus den Fahrkraftlinien. Für langsamwirkende Bremsen wählt man den Zeitschritt $\Delta t = 6$ sec. Beim Massenfaktor 1,06 ist für die Kräfte $p = 1^0/_{00}$, dann 0,5 mm und für $V = 1$ km/h 5 mm zu setzen. Bei schnellwirkenden Bremsen wählt man $\Delta t = 3$ sec. Für den Massenfaktor 1,06 ist $p = 1^0/_{00} = 0,25$ mm und $V = 1$ km/h $= 5$ mm. Bei größerem Massenfaktor ist der Maßstab der V-Achse im Verhältnis des größeren Massenfaktors zu 1,06 zu vergrößern (s. S. 60). An die V-Achse zieht man nach oben wie beschrieben den Wegstrahl für $\Delta t = 6$ sec bzw. $\Delta t = 3$ sec. Als Längenmaßstab wählt man 1:2000 oder 1:2500. Bei 1:2000 ist dann 1 km $= 500$ mm, und für $\Delta t = 6$ sec $= 0,1$ min ist bei $V = 60$ km/h der Weg 100 m durch 50 mm darzustellen. Diese Strecke trägt man in $V = 60$ km/h nach unten auf, um den Wegstrahl zu zeichnen. Der Wegstrahl für $\Delta t = 3$ sec ist nur halb so stark geneigt.

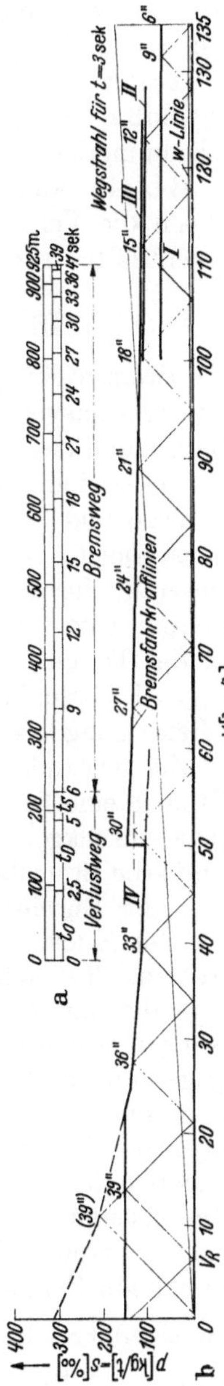

4. Ermittlung der Bremsfahrt bis zum Halten.

Für die Ermittlung der Bremsfahrt beginnt man in den Bremsfahrkraftlinien auf der Waagerechten im Abstand $\pm s^0/_{00}$ von der V-Achse bei der Abbremsgeschwindigkeit mit dem Einzeichnen der Zeitdreiecke. Die Spitze des ersten Zeitdreiecks liegt nach Abb. 45 auf der Bremsfahrkraftlinie I für q_I, die des zweiten auf der Bremsfahrkraftlinie II für q_{II} usw. Bei dem Sprung der Bremsfahrkraftlinie in $V = 50$ km/h infolge des Bremsdruckreglers zieht man in Abb. 46b etwa auf die Länge ΔV eine ausgleichende Waagerechte. Die bei kleineren Geschwindigkeiten hochsteigende Bremsfahrkraftlinie schneidet man durch eine Waagerechte in Höhe von 150 kg/t ($=$ Haftreibung zwischen Rad und Schiene) wegen des Festbremsens der Räder ab. Die Spitzen der Zeitdreiecke berühren dann diese Waagerechte. Hierdurch wird auch berücksichtigt, daß der Lokomotivführer die Bremsen, bevor der Zug zum Halten gekommen ist, löst, um so ein schnelles Anwachsen der Verzögerung zu verhindern und ein ruhiges Anhalten zu erreichen. Bleibt nach Einzeichnen der Zeitdreiecke noch eine Restgeschwindigkeit V_R übrig, so ist die Zeit für die Endbewegung

$$\Delta t_e = V_R \cdot \Delta t : \Delta V \text{ sec.}$$

Abb. 46. Bremsfahrt eines Schnellzuges.

---

[1] Vgl. Soltau: Dr.-Diss. Darmstadt.

Aus der Zeichnung kann man die Restgeschwindigkeit V_R und das ΔV d. i. die Grundlinie des zuletzt gezeichneten Zeitdreiecks in mm abgreifen und in die Gleichung für Δt_e einsetzen. Es ist Δt der Zeitschritt. Der entsprechende Weg ist $\Delta l_e = \dfrac{\Delta t_e \cdot V_R}{2 \cdot 3{,}6}$ m. Dieser Betrag ist für den Längenmaßstab umzurechnen. Die Höhen zwischen der V-Achse und dem Wegstrahl unterhalb der Dreieckspitzen, also die Wege Δl je Zeitschritt reiht man auf einer Waagerechten zu dem **Bremszeitwegstreifen** wie bei der Fahrzeitermittlung aneinander und fügt zum Schluß noch die Strecke für den Restweg Δl_e an. Die Anstoßpunkte werden zeitlich numeriert. In dieser Weise ist die Bremsbewegung eines Güterzuges nach Abb. 45 aufgetragen. Zu dem so gezeichneten Bremszeitwegstreifen sind noch die Verlustzeiten und deren Wege von der Betätigung des Führerbremsventils bis zum Eintreten der Bremswirkung hinzuzufügen.

5. Die Verlustzeiten vor Eintritt der Bremswirkung.

Die Bremswirkung tritt nicht gleichzeitig mit dem Beginn der Bedienung des Führerbremsventils ein. Rechnet man die Bremsbewegung von dem Beginn der Betätigung des Führerbremsventils an, so wird der Zug noch mit unverminderter Geschwindigkeit bis zum Eintritt der Bremsverzögerung weiterlaufen. Diese Wege und Zeiten sind dann zu denen der eigentlichen Bremsbewegung hinzuzuschlagen. Die Ermittlung der Bewegung wird aber bei dem Zug als Massenpunkt für die Zugmitte durchgeführt. Die vorhandenen Bremsdruckdiagramme sind an den einzelnen Bremsapparaten aufgenommen. Hierbei erfolgt der Druckanstieg q kg/cm² bei der Kunze-Knorr-Bremse für Güterzüge etwa $t_D = 1{,}25$ sec, bei den Kunze-Knorr-Bremsen für Reisezüge $t_D = 2{,}0 \div 2{,}5$ sec nach Betätigung des Bremsventils.

Im Zugverbande braucht die Druckluft nach Bedienung des Führerbremsventils noch eine Durchschlagszeit t_0, bis sie den Weg vom Anfang bis zum Ende des Zuges zurückgelegt hat, also auch bis der Bremsapparat des mittleren Wagens, für den ja die Bremsbewegung aufgezeichnet wird, in Tätigkeit tritt. Diese Zeiten sind von der Durchschlagsgeschwindigkeit der Luft abhängig. Bisher sind nach Angabe der Knorr-AG. für die Durchschlagsgeschwindigkeit $v = 170 \div 190$ m/s einzusetzen. Tatsächlich werden diese Geschwindigkeiten nur bei stärkerem Druckgefälle auftreten, d. h. höchstens bei Schnellbremsungen. Bei Betriebsbremsungen treten geringere Druckgefälle auf und damit auch geringere Durchschlagsgeschwindigkeiten. Letztere werden noch vermindert durch die ungünstigen Strömungsverhältnisse in den Schlauchkupplungen, durch die die Luftleitungen der Wagen miteinander verbunden sind. Für die Schnellbremsungen kann man daher nach Versuchen der Deutschen Reichsbahn mit einer mittleren Durchschlagsgeschwindigkeit von 160 m/s und für Betriebsbremsungen mit 60 m/s rechnen[1]. Die Bremshauptleitung ist etwa 10% länger als die entsprechende Zuglänge l_z. Die Durchschlagszeit der Luft bis zum mittleren Wagen ist daher bei Schnellbremsungen $t_0 = \dfrac{1{,}1 \cdot l_z}{2 \cdot 160}$ sec und bei Betriebsbremsungen $t_0 = \dfrac{1{,}1 \cdot l_z}{2 \cdot 60}$ sec. Durch Bremsbeschleuniger, Einfach- und Doppelbeschleuniger, kann die Durchschlagsgeschwindigkeit der Druckluft bedeutend erhöht, und damit die Durchschlagszeit t_0 herabgesetzt werden.

Ist nach dem Druckabfall in der Leitung der Beginn der Bremskolbenbewegung eingeleitet, so ist noch eine gewisse Zeit notwendig, bis eine Kraftübertragung auf die Bremsklötze stattfindet. Diese Zeit ist durch das Spiel in der Übertragung

---

[1] Vgl. Kopp: Dr.-Diss. Berlin 1938.

zwischen Bremsapparat und Bremsklotz bedingt. Sie wird als Schlupfzeit bezeichnet und beträgt nach Kopp etwa $t_s = 1 \div 2$ sec. Die Drucksteigerung im Bremszylinder wird nicht etwa erst durch das Anlegen der Bremsklötze bedingt, sondern schon durch die Gegenkräfte der Zylinder und Gestängerückziehfedern.

6. Beispiele für die Ermittlung der Bremsfahrt eines Schnellzuges.

I. Beispiel. Ein Schnellzug, der mit einer elektrischen Lokomotive bespannt ist, besteht aus 8 vierachsigen Wagen von je 52 t, also ist das Wagenzuggewicht $G_w = 416$ t. Der Massenfaktor des Zuges ist 1,09. Bei dem Zeitschritt $\Delta t = 3$ sec ist der Kräftemaßstab $p = 1$ kg/t $= 0,25$ mm und der Geschwindigkeitsmaßstab $V = 1$ km/h $= \dfrac{5 \cdot 1,09}{1,06} = 5,14$ mm. Der Zug soll von der Geschwindigkeit $V = 135$ km/h auf $V = 0$ abgebremst werden. Es ist die Anzahl der Bremswagen $n_b = 8$, die Anzahl der Bremsklötze je Wagen $n_k = 16$, die Anpreßfläche eines Bremsklotzes $F_k = 504$ cm², das mittlere Gesamtübersetzungsverhältnis $\ddot{U}_m = 1,56$ und die Steigung $2^0/_{00}$. Die Lokomotive wiegt 140 t, dann ist das Zuggewicht $G = 416 + 140 = 556$ t. Gegeben ist außer den Metzkowschen Bremsreibungslinien (Abb. 44) das Bremsdruckdiagramm einer Kunze-Knorr-Bremse für Schnellzüge mit Beschleunigungsventil für volle Betriebsbremsung, Abb. 43 (Normaldiagramm der Deutschen Reichsbahn). Es sei angenommen, daß die Bremsverhältnisse des angehängten Wagenzuges die gleichen sind, wie die des Zuges einschließlich Lok. Die Werte für den Zugwiderstand bei den einzelnen Geschwindigkeiten $w = (W_l + G_w \cdot w_w) : G$ kg/t ist nach S. 91.

$V =$	0	36	72	108	144	180 km/h
$w =$	2,45	2,95	3,9	5,33	7,22	9,55 km/t

Die Bremskraft an den Bremsklötzen eines Wagens ist $P_k = \dfrac{0,8 \cdot n_k}{1000} \cdot F_k \cdot \ddot{U}_m \cdot q \cdot \mu_b$ und für 1 t des Wagens vom Gewicht 52 t ist

$$p_k = \frac{P_k}{52} = \frac{0,8 \cdot 16 \cdot 504 \cdot 1,56}{52 \cdot 1000} \, q \cdot \mu_b = 0,194 \cdot q \cdot \mu_b \ \text{kg/t}.$$

Ferner ist der spez. Klotzdruck $k = \ddot{U}_m \cdot q = 1,56 \cdot q$ kg/cm².

Für die Streifen je $\Delta t = 3$ sec des Bremsdruckdiagramms mit den Höhen $q_I = 1,9$, $q_{II} = 3,48$, $q_{III} = 3,75$ und $q_{IV} = 2,58$ kg/cm² infolge Bremsdruckreglers) ergeben sich folgende Werte für die Klotzreibung μ_b und die Bremskraft p_k:

Zahlentafel 7.

$V =$	25	40	60	80	100	125	150 km/h
$q_I = 1,9,\ k = 3,0$							
$\mu_b =$				186	184	181	181 kg/t
$p_k =$				69	68	67	67 ,,
$q_{II} = 3,48,\ k = 5,43$							
$\mu_b =$			188	172	161	153	150 ,,
$p_k =$			127	116	109	103	102 ,,
$q_{III} = 3,75,\ k = 5,83$							
$\mu_b =$	250	213	185	165	158	149	145 ,,
$p_k =$	181	155	135	123	114	109	105 ,,
$q_{IV} = 2,58,\ k = 4,03$							
$V = 10$							
$\mu_b = 430$	272	245	192				
$p_k = 213$	137	112	96				

Mit $V = 120$ km/h werden in 1 min 2 km und in $\varDelta t = 3$ sec $= \frac{1}{20}$ min 100 m zurückgelegt. Hierfür wird bei dem Längenmaßstab 1:2500 die Strecke 4 cm nach oben abgesetzt und sodann der Wegstrahl sowie nach Abb. 46a der Zeitwegstreifen der Bremsfahrt gezeichnet. Die Verlustzeit ist für D-Züge $t_0 + t_D + t_s$ $= 6$ sec bei $t_0 = 2{,}5$, $t_D = 2{,}5$ und $t_s = 1$ sec. **Das Ergebnis ist: Bremszeit $= 41$ sec, Bremsweg $= 925$ m.** Die in Bremsprozenten umgerechneten Klotzdrücke ergeben $b = 126\%$. Nach der Bremstafel für 1000 m Bremsweg sind die Mindestbremsprozente bei $V = 135$ km/h auf der Waagerechten 123% (S. 77).

Bleibt das mittlere Gesamtübersetzungsverhältnis $\ddot{U}_m = 1{,}56$ das gleiche und ändert sich nur das mittlere Wagengewicht G_{wm}, so ändern sich die Werte der Bremskräfte p_k im Verhältnis $52 : G_{wm}$. Mit dieser Reduktion sind dann die neuen Bremsfahrkraftlinien zu zeichnen. Die w-Linie ändert sich im Verhältnis zu den p_k-Werten nur wenig, so daß diese erhalten bleiben kann. Die Bremsfahrkraftlinien nach Abb. 46b können auch für jede andere Abbremsgeschwindigkeit verwendet werden.

II. Beispiel: Mit dem geschilderten Verfahren wurde folgende Untersuchung durchgeführt: Zwei Bahnhöfe A und B der Reichsbahndirektion Hamburg liegen so dicht hintereinander, daß das Einfahrvorsignal mit Zusatzflügel V_b des Bahnhofs B neben dem Ausfahrsignal A des Bahnhofs A steht. Für den Bremsweg ist der Abstand zwischen dem Einfahrvorsignal V_b und dem Einfahrsignal B des Bahnhofs B nicht ausreichend.

Es treten folgende Betriebsfälle auf:

1. Steht das Einfahrvorsignal V_b auf Halt, dann darf Ausfahrsignal A nicht auf Fahrt stehen, und der Zug muß am Ausfahrsignal A gestellt werden. Danach darf erst das Ausfahrsignal gezogen werden.

2. Stehen dagegen B und V_b auf Fahrt, dann darf das Ausfahrsignal A gleichzeitig auf Fahrt stehen.

3. Es steht das Einfahrsignal B zweiflügelig. Darf dann gleichzeitig das Ausfahrsignal auf Fahrt stehen ?

Man kann dies zulassen, wenn der Abstand der Signale V_b und B_2 so groß ist, daß die im Betrieb vorkommenden Züge ihre Geschwindigkeit vom Einfahrvorsignal V_b bis zum zweiflügeligen Einfahrsignal B_2 auf 40 km/h herabmindern können.

Es wurde daher nach dem beschriebenen Verfahren für eine Verminderung auf 40 km/h der Bremsweg für folgende Züge ermittelt:

1. FD-Zug mit KKS-Bremse und 116 Bremshundertstel. Betriebsbremsung von $V_1 = 140$ km/h auf $V_2 = 40$ km/h.

Mit Lösen der Bremsen: Bremsweg 990 m.

Ohne Lösen der Bremsen: Bremsweg 780 m.

2. D-Zug mit KKS-Bremse und 96 Bremshundertstel. Betriebsbremsung von $V_1 = 120$ km/h auf $V_2 = 40$ km/h.

Mit   Lösen: Bremsweg 820 m.

Ohne ,,   ,,   600 m.

3. Personenzug mit KKP-Bremsen und 66 Bremshundertstel. Betriebsbremsung von $V_1 = 85$ km/h auf $V_2 = 40$ km/h.

Mit Lösen: Bremsweg 870 m.

Ohne ,,   ,,   595 m.

4. Güterzüge mit KKG-Bremse und 31 Bremshundertstel. Betriebsbremsung von $V_1 = 55$ km/h auf $V_2 = 40$ km/h.

Mit Lösen: Bremsweg 550 m.

Der Abstand des Vorsignals V_b bis zum Einfahrhauptsignal B beträgt 675 m. Der Gefahrenpunkt (Weichenspitze) liegt 130 m hinter dem Einfahrsignal B, also beträgt der Abstand des Einfahrvorsignals V_b vom Gefahrenpunkt 805 m. Da im vorliegenden Falle die planmäßig durchfahrenden Züge, falls sie abgelenkt werden, zur Übernahme eines Befehls in dem Überholungsgleis des Bahnhofs halten sollen, so wurde die Bremsfahrt ohne Berücksichtigung des Lösens, das vor einer Langsamfahrstelle erforderlich wäre, ermittelt. Hierfür reicht der Bremsweg zwischen dem Einfahrvorsignal V_b und dem Gefahrenpunkt, an dem jeder Zug 40 km/h haben muß, aus.

D. Bremsprozente und Klotzdruckprozente.

Um eine Beziehung zwischen der in Bremsprozenten und Bremsgewichten angegebenen Bremsausrüstungen und den im Zuge vorhandenen Klotzdrücken, nach denen die Bremsfahrt ermittelt wird, zu erhalten, wurde der Begriff „Klotzdruckprozente" eingeführt. Es ist der Klotzdruck eines Wagens in der Endstellung der Bremszylinderkolben $K_e = n_k \cdot F_k \cdot \ddot{U}_m \cdot q_e$, und der des Zuges vom Gewicht G bei n_b Bremswagen ist $\Sigma K_e = n_b \cdot n_k \cdot F_k \cdot \ddot{U}_m \cdot q_e$. Hierbei ist q_e der Bremsdruck bei Endstellung der Zylinderkolben, der aus den Bremsdruckdiagrammen zu entnehmen ist. Bezogen auf 1 t Zuggewicht G ist

$$\frac{\Sigma K_e}{G} = \frac{n_b \cdot n_k \cdot F_k \cdot \ddot{U}_m \cdot q_e}{1000\,G} \cdot 100 = b_{kv}\,\% \;.$$

Es sind b_{kv} die vorhandenen Klotzdruckprozente. Die vorhandenen Bremsprozente eines Zuges vom Gewicht G sind $b_v = \dfrac{\Sigma B_g}{G} \cdot 100\%$, wo ΣB_g die Bremsgewichte der Bremswagen sind. Es verhält sich also $\dfrac{\Sigma K_e}{\Sigma B_g} = \dfrac{b_{kv}}{b_v}$.

Sind der Bremsklotzdruck $K_e\,t$ und das mittlere Bremsgewicht $B_{gm}\,t$ eines Bremswagens bekannt, und sind nach dem Buchfahrplan die Mindestbremsprozente $b\%$ eines Zuges, die den Bremstafeln (Fahrdienstvorschriften, Anlage 27) entnommen sind, gegeben, so kann man die Mindestklotzdruckprozente $b_k\%$ nach der Gleichung $b_k = b \cdot \dfrac{K_e}{B_{gm}}\,\%$ berechnen. Die im Zuge vorhandenen Brems- und Klotzdruckprozente b_v und b_{kv} müssen gleich oder größer als diese Mindestwerte sein.

Beispiel für einen D-Zug. Es soll ein D-Zug, dessen sämtliche Fahrzeuge bediente Bremsen haben, nach der Bremstafel für 1000 m Bremsweg mit den Mindestbremsprozenten $b = 123\%$ (Bremsart I) auf der Waagerechten von $V = 135$ km/h ab zum Halten gebracht werden. Wie groß sind die Mindestklotzdruckprozente?

Bei einem mittleren Gewicht von 52 t eines D-Zugwagens ist nach S. 69 das mittlere Bremsgewicht $B_{gm} = 1{,}25 \cdot 52 = 65$ t. Mit $n_k = 16$, $F_k = 504\,\mathrm{cm}^2$, $\ddot{U}_m = 1{,}56$, $q_e = 3{,}75$ kg/cm² ist der Klotzdruck eines Wagens bei der Endstellung der Bremszylinder

$$K_e = \frac{n_k \cdot F_k \cdot \ddot{U}_m \cdot q_e}{1000} = \frac{16 \cdot 504 \cdot 1{,}56 \cdot 3{,}75}{1000} = 47{,}2\ \mathrm{t}\;.$$

Die Mindestklotzdruckprozente sind dann

$$b_k = \frac{b \cdot K_e}{B_{gm}} = \frac{123 \cdot 47{,}2}{65} = 89\,\%\;.$$

Es sollen nun die vorhandenen Klotzdruckprozente und Bremsprozente für den angehängten Wagenzug vom Gewicht G_w festgestellt werden bei der Annahme, daß die Bremswirkung des ganzen Zuges gleich der des angehängten Wagenzuges ist. Dann sind $b_{kv} = \dfrac{\Sigma K_e \cdot 100}{G_w} = \dfrac{8 \cdot 47{,}2 \cdot 100}{416} = 91\%$ die vorhandenen Klotzdruckprozente. Hier ist bei $n_b = 8$ Bremswagen $\Sigma K_e = n_b \cdot K_e$ $= 8 \cdot 47{,}2$ und $G_w = 416$ t das Wagenzuggewicht. Die vorhandenen Bremsprozente sind dann $b_v = b_{kv} \cdot \dfrac{\Sigma B_g}{\Sigma K_e} = 91 \cdot 65 : 47{,}2 = 126\,\%$. Diese reichen aus für dieselbe Bremsung auf einem Gefälle von $1\,^0/_{00}$.

b) Beispiel für einen Güterzug. Nach dem Beispiel für die Ermittlung der Verbrauchswerte eines Güterzugs (S. 83) sind bei der zugelassenen Geschwindigkeit $V = 60$ km/h auf $s = 14\,^0/_{00}$ Gefälle für einen Bremsweg von 700 m die Mindestbremsprozente $b = 48\,\%$ (Bremsart II) gegeben. Nach S. 69 ist das mittlere Bremsgewicht eines beladenen Güterwagens $B_{gm} = 15$ t und der Klotzdruck $K_e = \dfrac{n_k \cdot F_k \cdot \ddot{U}_m \cdot q_e}{1000} = \dfrac{8 \cdot 336 \cdot 1{,}1 \cdot 5{,}0}{1000} = 15$ t, wobei $n_k = 8$, $F_k = 336$ cm², $\ddot{U}_m = 1{,}1$ und $q_e = 5$ kg/cm² ist. Da $B_{gm} = K_e$, so ist auch $b_k = b\,\%$.

Das Gesamtgewicht des angehängten Wagenzugs ist $G_w = 599 \cong 600$ t. Bei $n_b = 20$ beladenen Bremswagen ist $\Sigma K_e = n_b \cdot K_{em} = 20 \cdot 15 = 300$ t. Dann sind die vorhandenen Klotzdruckprozente $b_{kv} = \dfrac{\Sigma K_e}{G_w} \cdot 100 = \dfrac{300}{600} \cdot 100$ $= 50\,\%$, die gleich den vorhandenen Bremsprozenten $b_v\,\%$ sind. Bei beiden ist also gegen die Mindestprozente ein Überschuß von $2\,\%$. Ist K_e und B_g auch für die Lok gegeben, so kann die Feststellung der vorhandenen Prozente für den ganzen Zug angegeben werden.

E. Die Bremszeitzuschläge.

Die vorstehenden Ermittlungen der Bremsbewegungen sind anzuwenden, um die Bremswege als Grundlage für die Stationierung der Signale zu bestimmen. Bei den Fahrzeitermittlungen ist es üblich, das Bremsen der Züge auf Halt dadurch zu berücksichtigen, daß man zunächst die Fahrzeiten so berechnet, als ob der Zug an der Haltestelle durchfährt. Zu dieser Durchfahrzeit fügt man einen Bremszeitzuschlag hinzu. Diese Bremszeitzuschläge erhält man dadurch, daß man die Bremsbewegung von Reise- und Güterzügen nach Zeit und Weg mit dem vorher beschriebenen Verfahren ermittelt, und zwar für verschiedene Abbremsgeschwindigkeiten und für verschiedene Klotzdruckprozente. Von dieser Bremszeit zieht man dann die Fahrzeit ab, die der Zug ungebremst auf dem vorher ermittelten Bremsweg gebraucht. Der Unterschied beider Werte ist

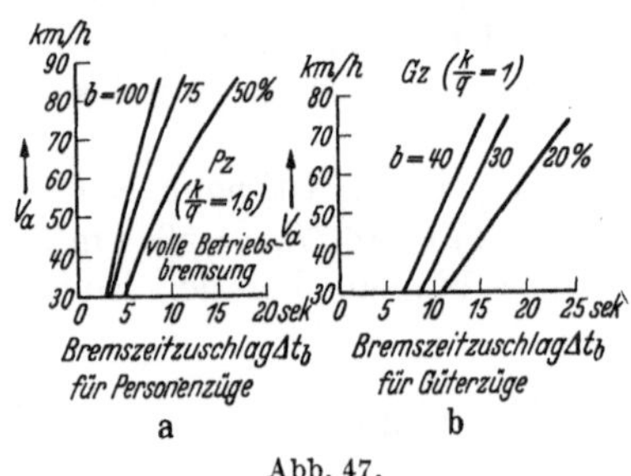

Abb. 47.

der Bremszeitzuschlag. Die Bremsbewegung wurde bei Güterzügen mit $\ddot{U}_m = 1{,}0$ und bei Reisezügen mit $\ddot{U}_m = 1{,}6$ für Betriebsbremsungen ermittelt. Als Bremsdruckdiagramme wurden diejenigen für stufenweises Bremsen verwendet, die von Kunze in dem Aufsatz über die Kunze-Knorr-Bremse[1] veröffentlicht wurden. Die Ergebnisse der Bremszeitzuschlagermittlung wurden durch die Diagramme Abb. 47 a, b für Reise- und Güterzüge dargestellt, deren Ordinatenachse die Abbremsgeschwindigkeiten und deren Abszissenachse die Bremszeitzuschläge angeben. Die an den einzelnen Linien angeschriebenen Prozente sind die Bremsprozente nach dem Buchfahrplan. Diese Diagramme stellen ein bequemes und zuverlässiges Mittel dar, bei der Fahrzeitberechnung das Bremsen auf Halt zu berücksichtigen. Die Verlustzeiten bei den Bremswirkungen fallen bei den Bremszeitzuschlägen fort.

---

[1] Kunze: Glasers Ann. 1918.

F. Die Bremsfahrt vor Langsamfahrstellen.

1. Allgemeines.

Im Eisenbahnbetriebe sind durch bauliche und betriebliche Verhältnisse Langsamfahrstellen bedingt, die vorübergehend oder dauernd erforderlich sind. Die Langsamfahrstellen sind (Abb. 48), wie das Geschwindigkeitswegbild einer Langsamfahrstelle angibt, nach dem Signalbuch der Deutschen Reichsbahn mit Signalen auszurüsten. Die Bewegungen sind bei der Fahrzeitermittlung

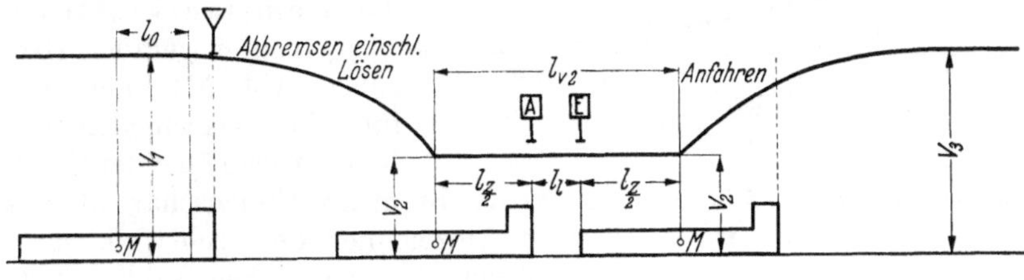

Abb. 48.

auf die Zugmitte bezogen. Ist die Lokomotive an der Langsamfahrscheibe, so ist der Dampf abzustellen, das Führerventil zu betätigen und bis zum Beginn der Langsamfahrstrecke l_{v2} die Geschwindigkeit von V_1 auf V_2 durch Bremsen und Lösen der Bremsklötze zu ermäßigen. Auf der Langsamfahrstrecke fährt der Zug mit der gleichmäßigen Geschwindigkeit V_2. Da die Bewegungsermittlung auf die Zugmitte bezogen wird, so ist $l_{v2} = \dfrac{2\,l_z}{2} + l_l$, also gleich der eigentlichen Langsamfahrstelle l_l + Zuglänge l_z (Abb. 48). Hat der Zugschluß die Langsamfahrstrecke verlassen, so ist mit Dampf die Geschwindigkeit von V_2 auf V_3 der des Regelbetriebes zu steigern. Die Endscheibe E steht hinter der Langsamfahrstelle l_l.

2. Die Zeiten und Wege beim Bremsen und Lösen vor Langsamfahrstellen.

Beim Bremsen von einer Geschwindigkeit V_1 auf eine bestimmte Geschwindigkeit V_2, mit der die anschließende Strecke befahren werden soll, wird der Lokomotivführer, nachdem durch die Bedienung des Führerbremsventils im Zuge eine Bremswirkung eingetreten ist, durch ein- oder mehrmaliges Lösen der Bremsen die geforderte Geschwindigkeit zu erreichen suchen. Am geschicktesten, d. h. am schnellsten wird diese Geschwindigkeitsverminderung erreicht, wenn die Bremsung eingeleitet und dann durch einen anschließenden Lösevorgang abgeschlossen wird. Der Lösevorgang muß abgeschlossen sein, wenn die Geschwindigkeit V_2 erreicht ist. Während des Lösens wird die Bremswirkung dadurch verringert, daß der Druck im Bremszylinder langsam bis zum Werte Null abnimmt. Dieser Lösevorgang schließt sich nicht unmittelbar an die Bremsung an, sondern, nachdem im Bremszylinder der Bremsdruck angestiegen ist, und das Führerbremsventil zum Lösen bedient ist, tritt erst die Durchschlagszeit t_0 ein, in der die Luft mit stärkerem Druck bis zum Mittelwagen in der Leitung vordringt. Diese Luftgeschwindigkeiten sind etwas kleiner als die beim Bremsen, da die Druckunterschiede beim Lösen geringer als beim Bremsen sind. Die anschließende Schlupfzeit t_s ist die gleiche beim Bremsen wie beim Lösen. Erst nach der Zeit $t_0 + t_s$ sec beginnt die Lösewirkung. Ebenso wie die Bremsdruckschaulinien sind an den Bremsapparaten auch Lösedruckschaulinien aufgenommen (Abb. 49). In Abb. 50 ist anschließend an die Verlustzeiten $t_0 + t_s$ der aufsteigende Ast der Bremsdrucklinie gezeichnet. Der erreichte Druck bleibt vor dem Lösen in der Zeit $t_0 + t_s$ erhalten. Sodann schließt sich die Lösedruckschaulinie an, deren Drücke sich allmählich dem Werte Null nähern. Aus dieser Abb. kann man die Zeit des gesamten Brems- und Lösevorganges ablesen. Um den entsprechenden Weg zu erhalten, sind aus den Brems- und Lösedruck-

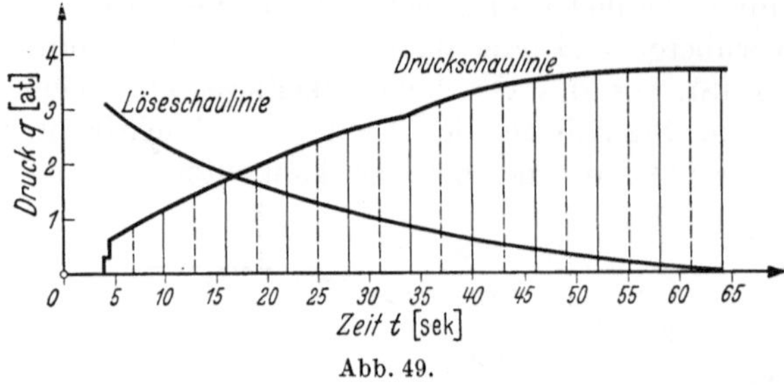

Abb. 49.

schaulinien mittels der Bremsreibungsdiagramme von Metzkow wie früher beschrieben die Bremskräfte zu ermitteln, die um die Zugwiderstände vermehrt die Bremsfahrkräfte auf der waagerechten geraden Bahn ergeben (Abb. 51). Letztere sind für die verschiedenen spez. Klotzdrücke über der Geschwindigkeitsachse wie auf S. 72 beschrieben, zu der Bremskraftlinienschar aufzutragen. Aus dieser Linienschar wird dann nach Einzeichnen der rechtwinkligen Zeitdreiecke und des Wegstrahls der Brems-Lösezeit-Streifen nach Abb. 52 hergestellt.

K o p p [1] hat für Reise- und Güterzüge auf verschiedenen Steigungen und Gefällen für eine Reihe von Bremsprozenten und Geschwindigkeitsverminderungen $V_1 - V_2$ nach dem Verfahren des Verfassers die Zeiten und Wege ermittelt.

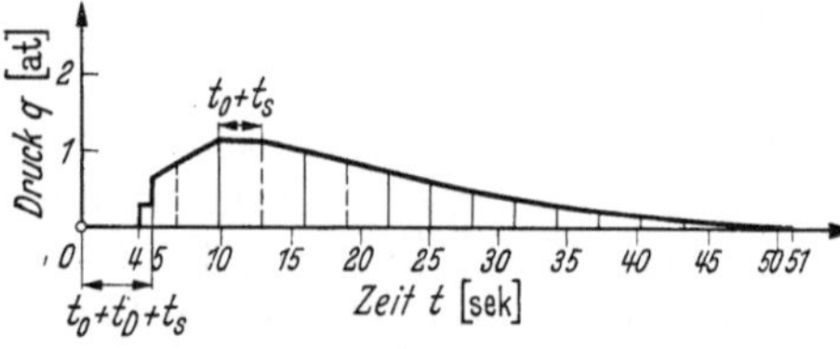

Abb. 50. Bremsdruck- und Löseschaulinien.

Diese Werte stellen das Minimum an Zeit und Weg dar für Bremsen und Lösen von einer Geschwindigkeit V_1 bis zur Geschwindigkeit V_2. Diese Zeiten und Wege können bei geschickter Bedienung des Führerbremsventils stets erreicht werden. In der Praxis werden jedoch in den meisten Fällen diese Werte überschritten. Deshalb ist es notwendig, zu den ermittelten Werten einen entsprechenden Zuschlag zu machen.

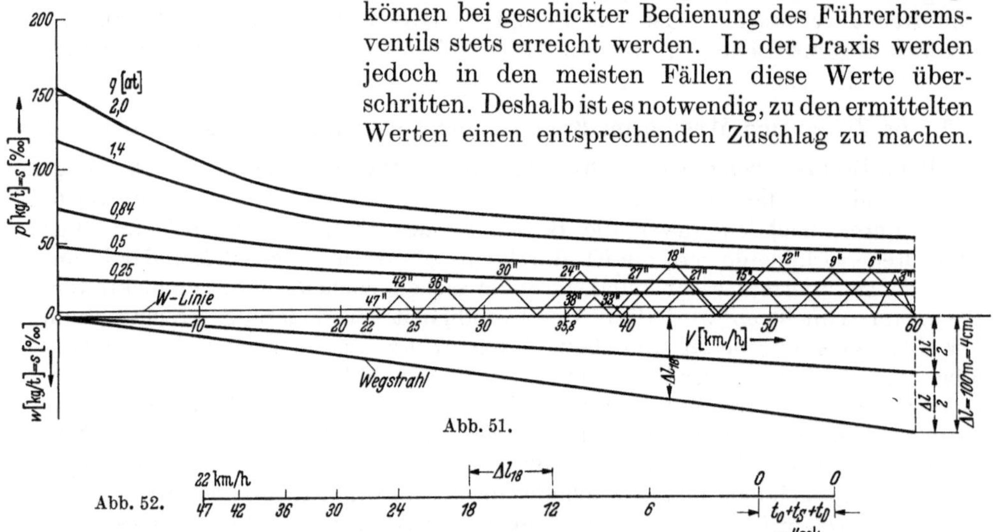

Abb. 51 u. 52. Bremsen und Lösen eines Güterzugs vor einer Langsamfahrstelle.

Nach Beobachtungen von K o p p betragen diese Überschreitungen in der Praxis bis zu 20%, je nachdem der Lokomotivführer mit der Örtlichkeit der Langsamfahrstellen durch häufigeres Befahren vertraut ist, wird er mit größerer Geschicklichkeit bremsen und lösen, und die Überschreitungen gegen die berechneten Werte sind geringer. Für die Praxis kann man unter Berücksichtigung der Häufigkeit als Mittelwert einen Zuschlag zur Brems- und Lösezeit von 10—12% einsetzen.

---

[1] Kopp: Dr.-Diss. Berlin 1938.

3. Nomogramme zur Ermittlung der Zeiten und Wege beim Bremsen und Lösen vor Langsamfahrstellen.

Die von Kopp ermittelten Zeiten und Wege wurden für den Gebrauch in der Praxis vom Verfasser zur Aufstellung von Nomogrammen für Güter- und Reisezüge (Abb. 53—55) verwendet.

Es wurde je ein Nomogramm zur Ermittlung der Zeiten und Wege für jede dieser Zugarten aufgestellt. Für Güterzüge wurde sowohl das Nomogramm für die Zeiten als auch das für die Wege in 4 Quadranten bei verschiedenen Klotzdruckprozenten $b_k\%$ und den Geschwindigkeiten V_1, von denen abgebremst wird, unterteilt. Die Geschwindigkeiten V_2, auf die abgebremst wird, sind auf der Abszissenachse zu finden. Die Ordinaten sind die Bremslösezeiten t_{B+L} bzw. die Bremslösewege l_{B+L}. In jedem dieser Quadranten werden die berechneten Zeiten und Wege durch Kurven für die verschiedenen Streckenneigungen dargestellt. Der Zwischenraum zwischen den beiden senkrechten Achsen dient zur Interpolierung der Bremslösezeiten und -wege für Werte zwischen $b_k = 20$ und 50% sowie zwischen $V_1 = 40$ und 60 km/h. Der Abstand zwischen diesen senkrechten Achsen ist linear unterteilt 1. für die Werte $V_1 = 40$ bis 60 und 2. für die Werte $b_k = 20$ bis 50%.

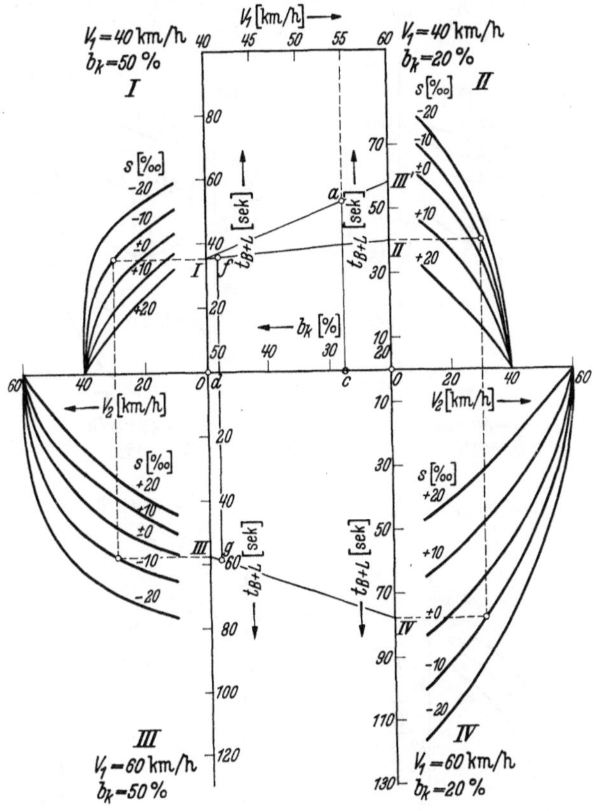

Ablesebeispiel des Nomogrammes. In einem Güterzug seien sämtliche Bremswagen beladen, so daß nach S. 78 der Klotzdruck eines Bremswagens $K_e = B_{gm}$ ist, also auch die Bremsprozente gleich den Klotzdruckprozenten gesetzt werden können. Es sei $b = b_k = 48\%$. Der Zug soll auf einem Gefälle $- s = 10^0/_{00}$ von $V_1 = 55$ auf $V_2 = 30$ km/h abgebremst werden.

Abb. 53.

Zunächst markiert man in den 4 Quadranten der Zeit- und Wegnomogramme der Güterzüge (Abb. 53 u. 54) die Punkte für $V_2 = 30$ km/h und $s = -10^0/_{00}$. Dann projiziert man diese Punkte auf die senkrechten Achsen und verbindet die gegenüberliegenden Punkte I mit II und III mit IV. Da bei gleichen Bremsprozenten die Bremslösezeiten und -wege mit zunehmenden V_1 wachsen, so überträgt man die Ordinaten 0—III (für $b_k = 50\%$ und $V_1 = 60$ km/h) auf die rechte Lotrechte von 0 bis III' und verbindet I mit III' durch eine nach rechts ansteigende Gerade. Die Ordinaten dieser Linie stellen dann die Bremslösezeiten und -wege bei $b = 50\%$ von $V_1 = 40$ bis 60 km/h auf $V_2 = 30$ km/h dar. In den beiden Abbildungen sind daher die Ordinaten $a c$ die Bremslösezeiten und -wege t' sec

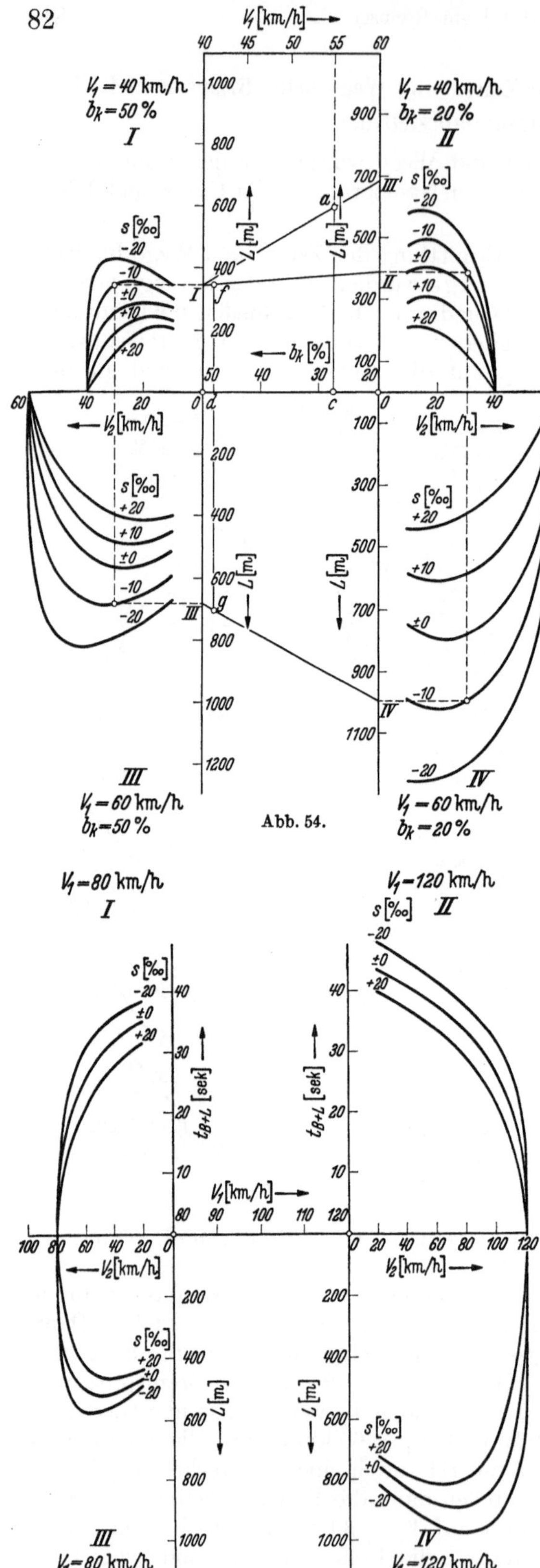

Abb. 54.

Abb. 55. Reisezüge, $b_k = 100\%$, bei $b_k = 80\%$
erhöhen sich t_{B+L}-Werte um 20%.

bzw. l' m für $V_1 = 55$ km/h. Da aber die Bremslösezeiten und -wege für $b = 48\%$ gesucht sind, und diese Zeiten und Wege größer sind als die für $b = 50\%$, so ist t' bzw. l' im Verhältnis der mittleren Bremslösezeiten und -wege von $b = 48\%$ und $b = 50\%$ zu vergrößern. Nach Abb. 53 ist für $b = 50\%$ die mittlere Bremslösezeit von $V_1 = 60$ und $V_1 = 40$ km/h die halbe Höhe I III auf der linken Achse, also $\dfrac{\text{I III}}{2} = t_{m\,50}$ sec bzw. ist nach Abb. 54 der mittlere Bremslöseweg $\dfrac{\text{I III}}{2} = l_{m\,50}$ m. Zieht man durch den Punkt $b_k = 48\%$ zwischen den beiden senkrechten Achsen das Lot zwischen den Linien I II und III IV, so ist der halbe senkrechte Abstand $\dfrac{f\,g}{2} = t_{m\,48}$ sec die mittlere Bremslösezeit zwischen $V_1 = 60$ und 40 km/h für $b = 48\%$. Entsprechend ist auf Abb. 54 $\dfrac{f\,g}{2} = l_{m\,48}$ m der mittlere Bremslöseweg. Daher ist bei $b = b_k = 48\%$, $V_1 = 55$ km/h und $V_2 = 30$ km/h die Bremslösezeit

$$t_{B+L} = \frac{1{,}11 \cdot t'}{t_{m\,50}} \cdot t_{m\,48} \text{ sec.}$$

Und da $2\,t_{m\,48} = f \cdot g$ sowie $2\,t_{m\,50} = \text{I III}$ ist, so ist

$$t_{B+L} = \frac{1{,}11 \cdot t'}{2\,t_{m\,50}} \cdot 2 \cdot t_{m\,48}$$

$$= 1{,}11\,\frac{t' \cdot f\,g}{\text{I III}} \text{ sec},$$

d. h. die Zeit t' ist im Verhältnis der Ordinaten $f\,g$ und I III zu vergrößern. Der Faktor 1,11 berücksichtigt den mittleren Zuschlag von 11% nach S. 80. Da sich der Einfluß der ungeschickten Bedienung des Führerbremsventils weniger bei den Bremslösewegen bemerkbar macht, so ist hier der Zuschlag wegzulassen und der Bremslöseweg ist $l_{B+L} = l' \cdot \dfrac{fg}{I\,III}$ m (Abb. 54, in der L statt L_{B+L} steht).

Nach dem in der Abb. 53 eingetragenen Linienzug ist $ac = t' = 52$ sec, $fg = 94$ sec, $I\,III = 93$ sec, also ist die Bremslösezeit $t_{B+L} = 1{,}11 \cdot t' \cdot \dfrac{fg}{I\,III} = 1{,}11 \cdot 52 \cdot \dfrac{94}{93} = 58{,}5$ sec $= 0{,}97$ min. Nach Abb. 54 ist $ac = l' = 600$ m, $fg = 1040$ m, $I\,III = 1020$ m, also ist der Bremslöseweg $l_{B+L} = 600 \cdot \dfrac{1040}{1020} = 611$ m.

Die **Bremsarbeit** und der Gewichtsverlust der Werkstoffe durch das Bremsen, die als Verbrauchswerte in die späteren Kostengleichungen einzusetzen sind, können für Langsamfahrstrecken nach dem auf S. 66 angegebenen Gleichungen berechnet werden.

IV. Beispiel für die Ermittlung der Verbrauchswerte einer Güterzugfahrt.

Die Ermittlung der Verbrauchswerte für eine Güterzugfahrt nach Abb. 26 soll nunmehr näher erläutert werden. Das Längenprofil der Strecke ist in Abb. 26 c, wie auf S. 60 beschrieben, dargestellt.

In der Lokomotiv-Leistungs- und Verbrauchstafel der Güterzuglokomotive der Gattung G 56.16 sind die indizierten Zugkräfte und die Fahrgeschwindigkeiten in Abhängigkeit von den sekundlichen Kohlenverbrauch dargestellt. Der Kohlenverbrauch je min wird an dem eingezeichneten Strahl für den minutlichen Kohlenverbrauch abgegriffen (Abb. 26 a). Das Wagenzuggewicht für eine Geschwindigkeit $V = 25$ km/h auf der größten Steigung der Strecke $s = 15^0/_{00}$ wurde auf S. 42 mit $G_w = 599$ t berechnet. Bei dem Gewicht $G_l = 141$ t für Lok und Tender beträgt das Zuggewicht $G = 740$ t.

1. Die Fahrzeiten.

Für das Zuggewicht $G = 740$ t wurde in die Llv-Tafel der Strahl eingetragen, zwischen dem und der Z_i-Achse die Zugkräfte am Triebradumfang z kg/t für die verschiedenen Geschwindigkeiten abgegriffen wurden. Unterhalb der Geschwindigkeitsachse wurde in Abb. 26 b die w-Linie aufgezeichnet und von dieser nach oben die z-Werte abgesetzt, um die Fahrkraftlinie zu erhalten. Die berechneten Zugwiderstände w kg/t sind auf S. 42 zu finden.

Die Maßstäbe unter Berücksichtigung des Massenfaktors 1,09 sind nach S. 60 $p = s = w = 1$ kg/t $= 2$ mm und $V = 1$ km/h $= 4{,}11$ mm. Der Zeitschritt ist $\varDelta t = 0{,}5$ min. Der Wegstrahl für $\varDelta t = 0{,}5$ min sowie der für $\varDelta t/2 = 0{,}25$ min sind in Abb. 26 b eingezeichnet.

Der Zug fährt auf der Steigung $s = 1^0/_{00}$ an und gebraucht bis zum Neigungswechsel 2 min Fahrzeit. Numeriert wird nur jedes 2. Zeitdreieck und jeder 2. Teilstrich in Zeitwegstreifen (volle Minute). Hinter dem 4. Zeitdreieck geht man im Fahrkraftdiagramm (Abb. 26 b) von der Waagerechten für $s = 1^0/_{00}$ zu der für $15^0/_{00}$. Auf dieser Steigung verzögert sich der Zug von der 2. bis zur 6. min und fährt dann mit gleichförmiger Geschwindigkeit $V = 25$ km/h noch 2 min auf dieser Steigung. Die Fahrt auf dem nachfolgenden Gefälle $s = 1{,}8^0/_{00}$ dauert 1,25 min. Damit der Zeitschritt nicht zu sehr auf das nächste Gefälle $10^0/_{00}$ übergreift, wurde vor dem Neigungswechsel der Zeitschritt $\varDelta t = 0{,}25$ min angewendet (spitzeres Zeitdreieck), und $\varDelta l$ wird am Wegstrahl für $\varDelta t = 0{,}25$ min abgegriffen. Ist der Zug auf der Gefällstrecke, so ist nach der Fahrzeit 9,25 min bei $V = 51,6$ in km 4,8 der Dampf abzustellen. Sodann fährt der Zug mit abgestelltem Dampf bis km 5,32 noch $^1/_2$ min. Seine Fahrzeit beträgt bis dorthin 9,75 min, und die Geschwindigkeit ist 56 km/h. Die Ermittlung für diesen Zeitschritt erfolgte wegen der flachen w-Linie ohne Einzeichnen des Zeitdreiecks (Abb. 26 b).

Nun liegt auf der Gefällstrecke $s = 10^0/_{00}$ noch eine **Langsamfahrstelle** von $l_l = 100$ m, die mit $V_2 = 30$ km/h befahren werden soll. Sie vergrößert sich um die Zuglänge $l_z = 280$ m zur Langsamfahrstrecke $L_l = 380$ m von km 5,75—6,13. Das maßgebende Gefälle der gesamten Strecke ist nach dem Längenprofil $14^0/_{00}$. Nach der Bremstafel I 700 m Bremsweg (Fahrdienstvorschriften, Anlage 27) sind für die Bremsart II bei der zugelassenen Geschwindigkeit von 60 km/h bei $s = 14^0/_{00}$ Gefälle die Mindestbremshundertstel $b = 48\%$. Für diese Bremsausrüstung des Zuges ist Bremslösezeit und -weg vor Langsamfahrstrecke aus den Nomogrammen Abb. 53, 54 abzulesen. Das im vorigen Abschnitt beschriebene Ablesebeispiel trifft für diese Langsamfahrstelle zu. Aus dem Nomogramm wurden aber zunächst für das Gefälle $s = 10^0/_{00}$, für die Bremsprozente $b =$ Klotzdruckprozente $b_k = 48$, für $V_2 = 30$ km/h und für ein geschätztes $V_1 = 56$ km/h Bremslöseweg und -zeit wie beschrieben ermittelt. Im Vergleich mit dem Auslauf zu Beginn des Gefälles $10^0/_{00}$ wurde aber das zutreffendere $V_1 = 55$ km/h in die Rechnung eingeführt. Hierfür sind nach S. 83 die Bremslösezeit $t_{B+L} = 0,97$ min und der Bremslöseweg $l_{B+L} = 611$ m. Rechnet man in Abb. 26 c vom Anfang der Langsamfahrstrecke (km 5,75) rückwärts, so beginnt man mit dem Bremsen bei km 5,14 $(= 5,75 - 0,61)$. Die ohne Dampf und ohne Bremsen befahrene Strecke ist dann $5,14 - 4,8 = 0,34$ km lang, für die $\dfrac{0,34 \cdot 60 \cdot 2}{(51,6 + 55)} = 0,38$ min Fahrzeit erforderlich sind. In km 4,8 ist $V = 51,6$ km/h. Also ist die Fahrzeit in km 5,14 nunmehr $9,25 + 0,38 = 9,63$ min. Hierzu kommt die Bremslösezeit mit 0,97 min, so daß die Langsamfahrstrecke nach $9,63 + 0,97 = 10,6$ min erreicht ist. Nach $L_l \cdot 60/V_2 = \dfrac{0,38 \cdot 60}{30} = 0,76$ min, also bei der Fahrzeit 11,36 min, wird die Langsamfahrstelle verlassen. Von dieser Stelle ab wird wieder mit Dampf gefahren. Ist die Fahrzeit am Ende einer Langsamfahrstrecke unrund, und will man im Zeitwegstreifen Zeitstriche für volle Minuten haben, so erreicht man dies wie folgt: Im Fahrkraftdiagramm Abb. 26 b ist zunächst von V_2 ab das Zeitdreieck gestrichelt zu zeichnen und den entsprechenden Weg $\varDelta l = g$ waagerecht in den Zeitwegstreifen am Ende der Langsamfahrstrecke abzusetzen. Am Anfang und Schluß der Strecke g trägt man vom Zeitwegstreifen als Höhe die Ordinaten d und c an, die man vorher zwischen Wegstrahl und V-Achse zu Beginn und Ende des gestrichelten Zeitdreiecks abgegriffen hat. Die Endpunkte der Ordinaten d und c unter dem Zeitwegstreifen verbindet man. Auf der Strecke g interpoliert man dann die halbe oder volle Minute und zeichnet in diesem Punkte nach unten die Höhe h ein. Letztere überträgt man mit dem Zirkel zwischen Wegstrahl und V-Achse und bestimmt so im Fahrkraftdiagramm die Geschwindigkeit auf der V-Achse, von der ab man die Zeitdreiecke für die Fahrzeiten mit vollen und halben Minuten einzeichnet.

Bei der Fahrt mit Dampf verläßt der Zug das Gefälle $s = 10^0/_{00}$ nach einer Fahrzeit von 12 min (Abb. 26 c, d). Er fährt dann noch 1 min mit Dampf auf dem Gefälle $1,3^0/_{00}$. Sodann ermittelt man für den Auslauf (Dampf abgestellt) die Fahrzeiten ohne Eintragen der Zeitdreiecke von der 13. bis 14. min. Für die Mitte des Bahnhofs C interpoliert man die Durchfahrtszeit 13,67 min, zu der man den aus Abb. 47 b entnommenen Bremszeitzuschlag $\varDelta t_b = 12$ sec $= 0,2$ min für die

Durchfahrgeschwindigkeit $V = 55$ km/h und die Bremsprozente $b = 48\%$ hinzuzählt. Als Fahrzeit für den auf Bahnhof C haltenden Zug ergibt sich dann 13,87 min.

Aus diesen Ermittlungen ergaben sich folgende Werte für die gesamte und für die ohne Dampf befahrene Strecke.

a) Für die Gesamtfahrstrecke 8,2 km ist die Gesamtfahrzeit $T = 13,87$ min.

b) Die Fahrzeit ohne Kraftverbrauch ist $T_0 = 2,98 \backsimeq 3$ min.

Weiterhin sind für eine Zugfahrt zu ermitteln:

c) Die Stillstandszeit T_a (hier $= 0$). Unter T_a sind die Verkehrsaufenthalte auf dem Bahnhof zum Ein- und Aussteigen, Ein- und Ausladen sowie zum Austausch der Wagen, ferner die Betriebsaufenthalte für den Lokomotivwechsel, Kohlen- und Wasserfassen, Drehen der Lokomotive, An- und Abkuppeln derselben sowie für Bremsprobe usw. zu rechnen.

d) Die Vorbereitungs- und Abschlußzeit für Personal T_{vp} min.

e) Die Vorbereitungs- und Abschlußzeit für die Lok T_{vl} min.

Diese Zeiten sind der Diensteinteilung für das Personal und die Lokomotiven zu entnehmen. Da hier nur ein Teil einer Zugfahrt ermittelt wurde, so können diese Zeiten für T_{vp} und T_{vl} nicht angegeben werden. Bei mehreren Fahrten je Tag mit demselben Personal oder derselben Lokomotive sind diese Zeiten auf die einzelnen Fahrten umzulegen. Als Durchschnittswert wird insgesamt $T_{vp} = 150$ bis 160 min und $T_{vl} = 140$ bis 150 min angegeben.

2. Der Kohlenverbrauch.

Nach Abb. 26e ergibt sich aus dem Kohlenverbrauchsstreifen

1. Kohlenverbrauch für Fahrt mit Kraftverbrauch $B = 230 + 41 = \ldots$ 271 kg
2. Kohlenverbrauch für Fahrt ohne Kraft bei der Rostfläche $R = 3,9$ m² und $T_0 = 3$ min ist $B_0 = 0,6 \cdot R \cdot T_0 = 0,6 \cdot 3,9 \cdot 3 = \ldots$ <u>7 „</u>
Gesamtkohlenverbrauch ohne den für Stillstand und Nebenleistungen (s. S. 43) $\ldots$ 278 kg

3. Die Arbeiten.

Nach dem Lokomotivarbeitsstreifen Abb. 26g und nach S. 65 ist die

1. Lokomotivarbeit $A_l = 56,5 + 10 = \ldots$ 66,5 kmt
2. Getriebearbeit $A_p = \sum \dfrac{c \cdot G_{l_2} \cdot V}{10^3 \cdot 60} \cdot T_0 = \dfrac{9,3 \cdot 82,5}{10^3 \cdot 60} \left[\left(\dfrac{51,6 + 30}{2} \right) 3 \right] = \ldots$ <u>1,5 „</u>

$A_l + A_p = \ldots$ 68,0 kmt

3. Bremsarbeit

a) Bremslösestrecke $l_{B+L} = 0,61$ km, von $V_1 = 55$ auf $V_2 = 30$ km/h

$$A_b = 4 \cdot 740 \, \frac{(55^2 - 30^2)}{10^6} = \ldots \ldots \text{6,50 kmt}$$

b) Bremsen auf Halt von $V = 55$ km/h

$$A_h = 4 \cdot \frac{740 \cdot 55^2}{10^6} = \ldots \ldots \text{9,0 „}$$

V. Die Zugfahrt mit elektrischen Lokomotiven.

A. Die Kennlinien der Wechselstrommotoren und die Lokomotiv-Leistungs- und Verbrauchstafeln.

1. Allgemeines.

Für schweren Vollbahnbetrieb auf großer Entfernung ist Wechselstrom mit hoher Betriebsspannung am vorteilhaftesten. Die hohe Netzspannung wird in ruhenden Transformatoren längs der Bahn und auf den Triebfahrzeugen ohne nennenswerten Energieverlust auf die erforderliche Fahrdraht- bzw. Betriebsspannung herabgesetzt. Von der Verwendung des Drehstroms ist man zum einphasigen Wechselstrom übergegangen, da bei diesem die Grenze der zulässigen Fahrdrahtspannung erheblich höher liegt als beim Drehstrom. Dies und die große Unempfindlichkeit gegen Spannungsschwankungen gestatten eine Verminderung der Transformatorstationen entlang der Strecken. Die elektrischen Lokomotiven und die Wechselstromtriebwagen der Deutschen Reichsbahn werden mit einphasigen Wechselstrom ($16^2/_3$ Hz) von 15 000 V aus der Fahrdrahtleitung

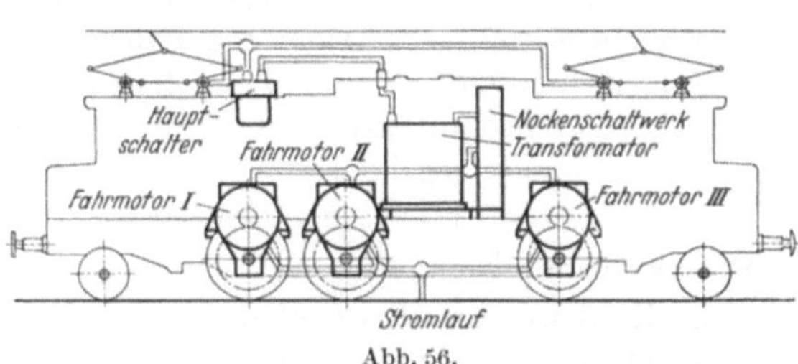

Abb. 56.

gespeist, der von dem auf dem Fahrzeug befindlichen Transformator auf die für die Fahrmotoren günstigste Spannung herabgesetzt wird.

Die Abb. 56 zeigt eine elektrische Lokomotive mit Einzelachsantrieb, der sich in der Unterhaltung wesentlich billiger stellt als der Gruppenantrieb mit seinen Trieb- und Kuppelstangen. Der Einzelantrieb wird daher heute ausschließlich verwendet. Das durch den Wegfall der Kraftquelle ersparte Gewicht kann zum großen Teil nutzbar gemacht werden, um stärkere Motoren auf der Lokomotive unterzubringen und dadurch im Betrieb schnelleres Anfahren der Züge, höhere Fahrgeschwindigkeiten, insbesondere auch auf stärkeren Steigungen, und Einholen der Verspätungen zu erreichen. Nach der Abb. 56 wird der Hochspannungsstrom aus der Fahrleitung über 2 Stromabnehmer entnommen, die durch eine Leitung miteinander verbunden sind, und läuft über den Hauptschalter zum gekühlten Transformator. Zur Regelung der den Motoren zugeführten Spannungen und damit der Fahrgeschwindigkeit dient das Nockenschaltwerk, das durch einen Drehmagnet vom Führerschalter aus gesteuert wird. Von diesem gelangt der Strom zu den Motoren. Die Rückleitung erfolgt durch die Fahrschienen.

Durch Konstruktion und Schaltung ist für jede Schaltstufe die Abhängigkeit zwischen Zugkraft, Fahrgeschwindigkeit und Stromstärke bestimmt, und der Motor hält selbsttätig die so festgelegte Fahrweise inne. Hierbei vermindert sich bei zunehmender Geschwindigkeit die Stromstärke und damit auch die Zugkraft bis die nächste Schaltstufe zur Wirkung kommt (Abb.). Durch diese wird der Motor unter sprunghafter Änderung der Stromaufnahme auf eine der ersteren qualitativ ähnlichen, aber quantitativ verschiedenen neue Charakteristik gebracht, die er wieder selbsttätig einhält.

Der Unterschied der Schwankung der Stromstärke und der Zugkraft zwischen der oberen und der unteren Grenze hängt von der Zahl der Schaltstufen ab. Für die Beschleunigung der Fahrzeuge ist das Mittel aus den beiden Grenzwerten maßgebend. Je größer die Zahl der Stufen ist, desto mehr nähert sich dieses Mittel dem oberen Grenzwerte der Anfahrzugkraft, und die Anfahrbeschleunigung

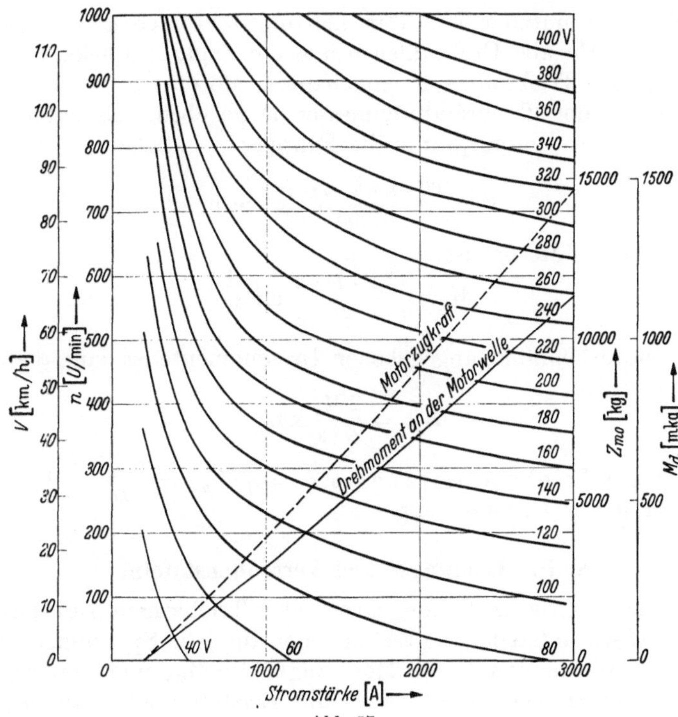

Abb. 57.

wird dadurch größer. Eine große Stufenzahl hat außerdem den Vorteil des sanfteren Anfahrens und der Schonung des Triebwerkes (Abschn. III).

2. Die Motorkennlinien.

Auf ortsfesten Prüfständen wird für die elektrischen Motoren die Drehzahl n, die Stromstärke J, die zugeführte elektrische Leistung N_e, der Wirkungsgrad η und bei Wechselstrommotoren noch der Leistungsfaktor $\cos\varphi$ in Abhängigkeit von dem Drehmoment M_d für die einzelnen Schaltstufen E Volt aufgenommen. Diese Messungen werden durch die Motorkennlinien (Abb. 57, 58, 59) dargestellt. Es ist der Leistungsfaktor

$$\cos\varphi = \frac{\text{Nutzleistung des Motors}}{\text{scheinbare Leistung in kVA}}.$$

Er gibt an, der wievielte Teil des am Amperemeter gemessenen Gesamtstromes J zur eigent-

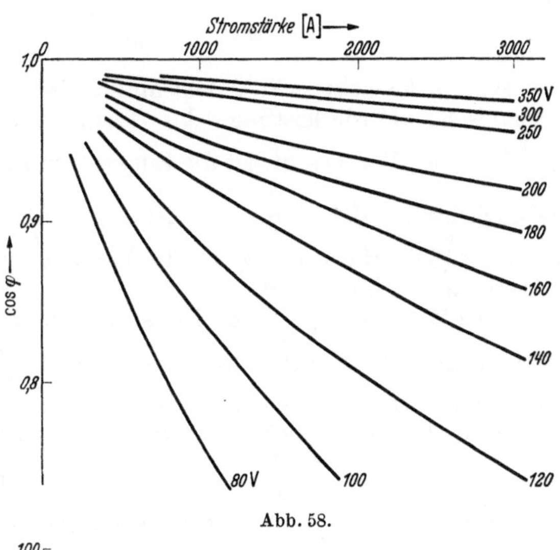

Abb. 58.

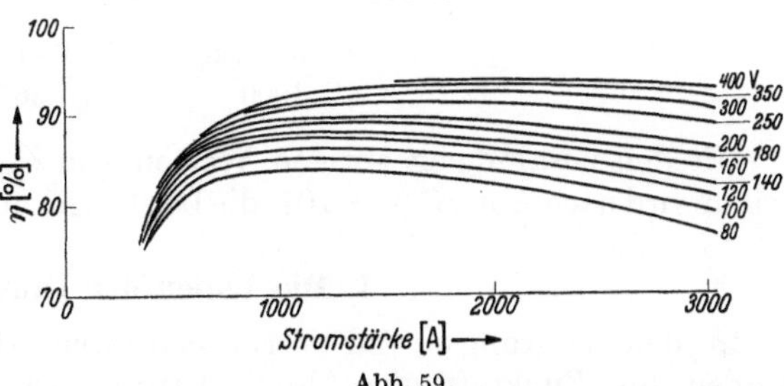

Abb. 59.

Abb. 57 bis 59. Motorkennlinien einer elektrischen Lokomotive (El 110), Treibraddurchmesser 1,40 m, Übersetzung 1 : 2,27.

lichen Motorleistung nutzbar ist. Der Leistungsfaktor $\cos\varphi$ ist also aus den Prüffeldmessungen für alle Drehzahlen n und die Zugkräfte bekannt.

Für den in das Triebfahrzeug eingebauten Motor ist das Untersetzungsverhältnis u sowie der Triebraddurchmesser D gegeben. Es entspricht daher den Drehzahlen n des Motors je min die Fahrgeschwindigkeit

$$V = \frac{60 \cdot n \cdot u \cdot D \cdot \pi}{1000} \ \text{km/h.}$$

Das Drehmoment des Motors ist

$$M_d = \frac{Z_{mo} \cdot D \cdot u}{2} \ \text{mkg.}$$

Für die in der Motorkennlinie angegebenen Drehmomente ist dann die **Zugkraft an der Motorwelle**

$$Z_{mo} = \frac{2\,M_d}{D \cdot u} \ \text{kg.}$$

Die **Zugkraft am Triebradumfang** ist $Z_t = \eta \cdot Z_{mo} = \dfrac{2 \cdot \eta \cdot M_d}{D \cdot u}\ \text{kg.}$ Hier ist η der Wirkungsgrad der Untersetzung.

3. Die Leistungs- und Verbrauchstafeln.

Will man für elektrische Lokomotiven oder Triebwagen **Leistungs- und Verbrauchstafeln** aufstellen, so rechnet man für jede Spannungsstufe E Volt und für mehrere Werte von V die Motorzugkräfte Z_{mo} und den sekundlichen Verbrauch an elektrischer Arbeit (d. i. die Leistung) aus, der bei Wechselstrommotoren

$$\beta_{\text{Motor}} = \frac{E \cdot J \cos\varphi}{1000} \ \text{kWsec/sec ist.}$$

Die sekundliche elektrische Arbeit an der Motorklemme kann man auch durch die mechanische Förderleistung des Triebfahrzeugs ausdrücken. Letztere ist $\dfrac{Z_t \cdot V}{3{,}6}$ kgm/sec. Wie gesagt, ist die Zugkraft am Triebradumfang $Z_t = \eta \cdot Z_{mo}$ oder die Zugkraft an der Motorwelle ist $Z_{mo} = \dfrac{Z_t}{\eta}$, und die entsprechende Leistung ist $Z_{mo} \cdot V : 3{,}6$. Hierbei ist η der die Verluste durch das Zahnradgetriebe charakterisierende Wirkungsgrad.

Da $1\,\text{kW} = 102\ \text{kg} \cdot \text{m/sec}$ ist, so ist die Förderleistung an der Motorwelle durch elektrische Maßeinheiten ausgedrückt $\dfrac{Z_{mo} \cdot V}{3{,}6 \cdot 102} = \dfrac{Z_t \cdot V}{\eta \cdot 367}$ kW. Allgemein kann diese Leistung, die auch die sekundliche Förderarbeit an der Motorwelle ist, gleich der sekundlichen elektrischen Arbeit an der Motorklemme gesetzt werden. Es ist also $\dfrac{Z_t \cdot V}{\eta \cdot 367} = E \cdot J$ kWsec/sec. Für den Wechselstrommotor mit dem Leistungsfaktor $\cos\varphi$ vervielfältigt, ist dann

$$\beta_{\text{Motor}} = \frac{E \cdot J \cdot \cos\varphi}{1000} = \frac{Z_t \cdot V \cdot \cos\varphi}{\eta \cdot 367} \ \text{kWsec/sec.}$$

Mit den zusammengehörigen Werten von Z_{mo} und β für gleiche Geschwindigkeiten wird nach Abb. 67 (s. S. 107) die Leistungs- und Verbrauchstafel aufgezeichnet.

4. Die Linien der Fahrweise.

In den Leistungs- und Verbrauchstafeln der elektrischen Triebfahrzeuge werden die Zugkraftlinien durch Linien für die **Grenz- oder Anfahr-, Stunden- und Dauerzugkraft** nach Abb. 67 u. 65 begrenzt.

Die Anfahrzugkraft wird durch die Haftreibung (s. S. 38) begrenzt. Mit ihr darf im Bereich von Null bis 30% der Höchstgeschwindigkeit zusammenhängend nicht länger als 10—15 min gefahren werden. Von da ab ist mit der sog. Stundenzugkraft etwa eine Stunde zu fahren, weil sonst die Erwärmung für Fahrmotoren unzulässig groß wird. Der Temperaturverlauf der Motoren ist der die Wärmeverluste zu ermitteln (s. S. 101). Mit der unter der Stundenzugkraft liegenden Dauerzugkraft kann beliebig lange gefahren werden.

Die Leistung eines elektrischen Triebfahrzeuges und somit auch die Linien der Fahrweise sind, wie gesagt, durch die Erwärmung der Fahrmotoren begrenzt. Diese Erwärmung rührt von den Stromwärmeverlusten in den Wicklungen und bei Gleichstrommotoren noch von denen am Kommutator der Motoren her. Die Erwärmung der Fahrmotoren muß daher bei jeder Berechnung der Fahrzeiten und Verbrauchswerte überwacht werden.

B. Widerstände der elektrischen Lokomotiven.

1. Ellok $B_0 - B_0$: $W_l = 5 \cdot 76{,}5 + 4\left(\dfrac{V + 12}{10}\right)^2$ kg.

Es ist $76{,}5$ t $= G_{l_2}$ das Reibungsgewicht.

2. Ellok $C_0 - C_0$: $W_l = 5 \cdot 117 + 4\left(\dfrac{V + 12}{10}\right)^2$ kg.

3. Ellok 1 C_0 1: $W_l = 2{,}5 \cdot 31{,}2 + 5 \cdot 68 + 4\left(\dfrac{V + 12}{10}\right)^2$ kg.

Es ist $31{,}2$ t $= G_{l_1}$ das Gewicht auf den Laufachsen.

4. Ellok 1 D_0 1: $W_l = 2{,}5 \cdot 30 \cdot 5 \cdot 80 + 2{,}5\left(\dfrac{V + 12}{10}\right)^2$ kg.

5. Ellok 2 D_0 2: $W_l = 2{,}5 \cdot 60 + 5 \cdot 80 + 2{,}5\left(\dfrac{V + 12}{10}\right)^2$ kg.

Im nachstehenden Beispiel wurde statt 12 km/h Gegenwind 15 km/h angenommen.

Bei der Übertragung der Motorzugkraft Z_{mo} zum Triebradumfang tritt durch die Zahnräder ein Verlust von $0{,}025\,Z_{mo}$ ein, so daß mit $\eta = 0{,}975$ die Zugkraft am Triebradumfang $Z_t = \eta \cdot Z_{mo} = 0{,}975\,Z_{mo}$ kg ist.

C. Beispiel für die Ermittlung der Verbrauchswerte und der Beanspruchung der Motoren sowie des Transformators einer Schnellzugsfahrt.

Das Beispiel wurde von Kother[1] bekanntgegeben. Statt des rechnerischen Verfahrens sollen die Ermittlungen nach dem zeichnerischen Verfahren des Verfassers durchgeführt werden.

1. Technische Daten.

Es sind in Abb. 60 das Zugkraftgeschwindigkeitsschaubild der $2 - D_0 - 2$ Ellok von $V = 0$ bis $V_\text{max} = 180$ km/h, ferner in Abb. 61 a, b die Kennlinien eines Wechselstrombahnmotors und in Abb. 66 das Übertemperaturschaubild der Bahnmotoren angegeben.

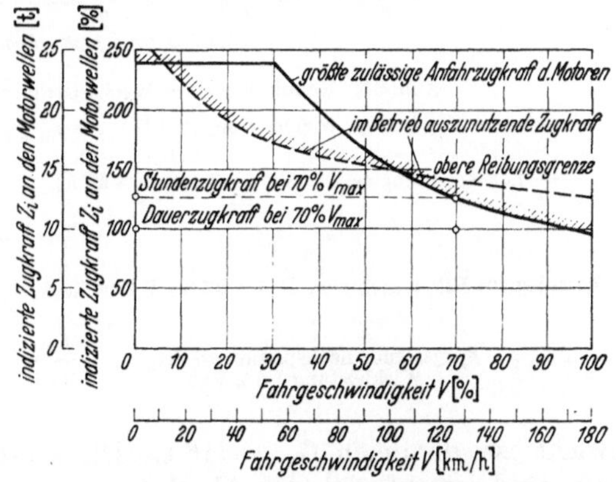

Abb. 60. Zugkraftgeschwindigkeitslinie einer $2'\,D_0\,2'$.

Die Lokomotiv-, Wagen- und Zugwiderstände und weiterhin die Motorzugkräfte Z_{mo}, die nunmehr nach dem Kotherschen Aufsatz

---

[1] Kother: Elektr. Bahnen 1937 Dezemberheft.

mit Z_i bezeichnet werden sollen, sowie die Zugkräfte am Triebradumfang Z_t sind in Zahlentafel 8 in Abhängigkeit von der Fahrgeschwindigkeit zusammengestellt. Das Gewicht der Lokomotive ist $G_l = 140$ t, das Reibungsgewicht $G_{l_2} = 80$ t. Der Schnellzug besteht aus 8 Wagen zu je 52 t. Das Gesamtwagenzug-

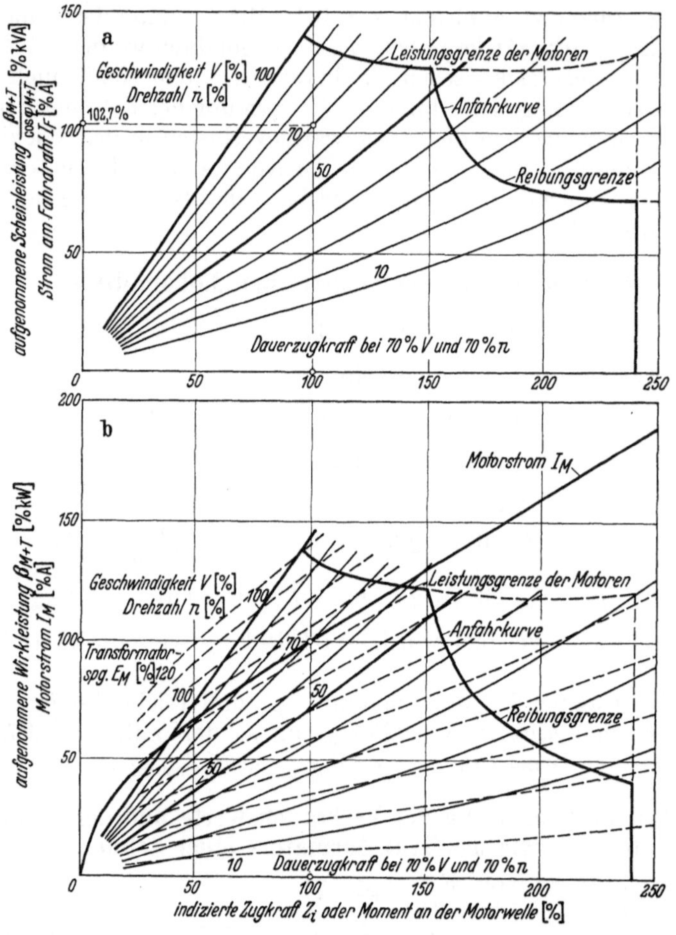

Abb. 61. Kennlinien eines Wechselstrombahnmotors für Lokomotiven.

β_{M+T} hochspannungsseitige Wirkleistung (% kW), $\cos\varphi_{M+T}$ Leistungsfaktor von Motor und Transformator

$\dfrac{\beta_{M+T}}{\cos\varphi_{M+T}}$ hochspannungsseitige Scheinleistung (% kVA), $\dfrac{(\beta_{M+T}+\beta_H)\,(\%\text{ kW})}{\left(\dfrac{\beta_{M+T}}{\cos\varphi_{M+T}}+\dfrac{\beta_H}{\cos\varphi_H}\right)(\%\text{ kVA})}$ Leistungsfaktor der Lokomotive,

β_H Zuschlag für Hilfsmaschinen, D-Zug 2,5%, P-Zug 3,5%, $\dfrac{\beta_H}{\cos\varphi_H}$ Zuschlag für Hilfsmaschinen, D-Zug 3,5%, P-Zug 4,5%,

$\beta_{M+T}+\beta_H$ gesamte hochspannungsseitige Wirkleistung (% kW), $\dfrac{\beta_{M+T}}{\cos\varphi_{M+T}}+\dfrac{\beta_H}{\cos\varphi_H}$ gesamte hochspannungsseitige Scheinleistung (% kVA).

gewicht ist demnach $G_w = 416$ t. Die Geschwindigkeiten und die Motorzugkräfte sind sowohl nach den Absolutwerten als auch in Prozenten angegeben. Die Angabe in Prozenten ist mit Rücksicht auf die genannten Kennlinien erfolgt. Letztere sind aus Messungen, die das Prüffeld an ähnlichen Motoren gemacht hat, gezeichnet worden. Um die Kennlinien auch wieder für die Zugfahrten mit Triebfahrzeugen ähnlicher Bahnmotoren zu verwenden, bei denen sich also das

Zahlentafel 8.

V (km/h)	0	36	72	108	144	180
V %	0	20	40	60	80	100
Lokwiderstand						
$2,5 \cdot 60 + 5 \cdot 80$	550	550	550	550	550	550
$2,5 \cdot \left(\dfrac{V + 15}{10}\right)^2$	6	65	190	379	632	950
Wagenwiderstand						
$(1,9 + 0,0025 \cdot V) \cdot 416$	790	828	865	903	940	978
$0,0048(8+2,7)\cdot1,45(V+15)^2$	17	194	565	1130	1890	2830
Zugwiderstand $\quad W$	1363	1637	2170	2961	4012	5308
Z_i (nach Abb. 60)	24000	19000	16000	14200	11300	9600
$0,975 \cdot Z_i = Z_t$	23400	18530	15600	13850	11020	9360
$0,975 \cdot Z_i - W$	22037	16893	13430	10989	7008	3952
$p_0 = \dfrac{0,975 \cdot Z_i - W}{556}$	38,9	29,8	23,7	19,4	12,35	7,0
$w = \dfrac{W}{556}$	2,45	2,95	3,90	5,33	7,22	9,55

Verhältnis von Geschwindigkeit, Zugkraft, Motorstrom, Transformatorspannung, Schein- und Wirkleistung des Fahrdrahtes nicht ändert, sind die vorgenannten Größen in Prozenten angegeben. Es muß dann für jede Lokomotive mitgeteilt werden, wie die Prozentualwerte in Absolutwerte umgerechnet werden können.

Im Beispiel ist die Geschwindigkeit $V = 180$ km/h $= 100\%$ gesetzt, die Dauerzugkraft Z_{id} bei 70% $V_{\max}$, also bei $V = 126$ km/h, ist mit 100% bezeichnet, d. h. nach Abb. 60 ist die Motorzugkraft $Z_{id} = 10000$ kg $= 100\%$. Die elektrische Leistung von 100 kW% entspricht der Dauerleistung $Z_{id} \cdot 0,7$ $V_{\max}$ kg $\cdot$ km/h. Auf die elektrische Maßeinheit 1 kW $= 367$ kg $\cdot$ km/h bezogen, ist 100 kW% $= \dfrac{10000 \cdot 126}{367 \cdot 0,86} = 4000$ kW, der Zusammenhang zwischen dem Prozentual- und dem Absolutwert der elektrischen Leistung. Hier bedeutet der Faktor 0,86 den Wirkungsgrad der gesamten Lokomotive ohne Hilfsmaschinen (z. B. für Licht). Somit können die Fahrzeiten die Motor- und Fahrdrahtarbeit, also die Verbrauchswerte der Zugfahrt ihrem Absolutwert nach aufgetragen werden.

2. Fahrzeitermittlung.

Für die Fahrzeitermittlung wählt man als Zeitschritt $\varDelta t = 20$ sec $= {}^1/_3$ min Bei dem Massenfaktor 1,06 müßte, falls die Fahrzeitermittlung mit gleichschenkligen rechtwinkligen Zeitdreiecken nach S. 43 durchgeführt würde, der Geschwindigkeitsmaßstab dreimal so groß als der Kräftemaßstab sein. Als Kräftemaßstab wählt man $p = s = w = 1$ kg/t $= 2$ mm. Nun ist aber der Massenfaktor der Lokomotive $\varrho_l = 1,18$ und der des Wagenzuges $\varrho_w = 1,06$. Dann ist der Massenfaktor des Zuges $\varrho_z = (G_l \cdot 1,18 + G_w \cdot 1,06) : G = \dfrac{140 \cdot 1,18 + 416 \cdot 1,06}{556} = 1,09$. Um hier das gleichschenklige rechtwinklige Zeitdreieck auch verwenden zu können, müßte der Maßstab der Geschwindigkeitsachse $V = 1$ km/h $= \dfrac{3 \cdot 2 \cdot 1,09}{1,06}$ $= 6,173$ mm sein, und $V = 180$ km/h sind durch $180 \cdot 6,173 = 1110$ mm darzustellen. Bei diesem Maßstab wird die Länge der V-Achse etwas unhandlich. Es soll daher ein kleinerer so bestimmt werden, daß man die Fahrzeitermittlung mit dem handelsüblichen rechtwinkligen Dreieck, dessen kleinster Winkel $30°$ beträgt, durchführen kann. Letzterer Winkel ist dann der halbe Spitzenwinkel des gleichschenkligen Zeitdreiecks. Man kann

Zahlentafel 9a.

	1	2	3	4	5	6	7	8	9	10	11	12	9a	11a
	Bahnhöfe	Nach §48 der FV und AzFV	Aus Spalte 13 od. 19 der Streckentafel	Aus Spalte 14 od. 20 der Streckentafel	Geschwindigkeit V oder Geschwindigkeitsänderung	Aus Lokomotiv-Tafel A_I. Hilfswert zur Berechnung von Δl aus Tafel A_I Spalte 4	Beschleunigende oder verzögernde Kraft p_m oder $-w_z$	Spalte 7—4. $p_m-(\pm w_m)$ oder $(-w_z)-(\pm w_m)$	$\frac{\text{Sp. 6}}{\text{Sp. 8}}$ oder Reststück. Wegabschnitt	Aus Lok.-Tafel A_I. Hilfswert zur Berechnung von Δt aus Tafel A_I Spalte 7	$\text{Sp. 9} \times \text{Sp. 10}$ oder $\text{Sp. 9} \times \frac{3,6}{V}$ od. Bremszeit. Fahrzeit für den Wegabschnitt Δl mit und ohne Strom	ohne Strom	Fortlaufende Summe der Spalten 9	11
		Zulässige größte Geschwindigkeit	Länge des Streckenteils l_m	Mittlerer Streckenwiderstand w_m	V_1 auf V_2				Δl		Δt	Δt_0	$\Sigma\,\Delta l'$	$\Sigma\,\Delta t'$
		km/h	m	kg/t	km/h		kg/t	kg/t	m		sec	sec	km	sec
1	A	180	160 000	+0,4	0—18	1 390	37,1	36,7	039	0,4000	16		0,039	16
2				+0,4	18—54	11 120	30,8	30,4	378	0,1000	38		0,417	54
3				+0,4	54—90	22 250	24,0	23,6	952	0,0500	48		1,369	102
4				+0,4	90—117	24 000	19,55	19,15	1 239	0,0348	43		2,708	145
5				+0,4	117—135	19 500	15,65	15,25	1 286	0,0286	37		3,994	182
6				+0,4	135—153	22 500	12,4	12,0	1 890	0,0250	47		5,884	229
7				+0,4	153—171	25 100	9,6	9,2	2 760	0,0222	61		8,644	290
8				+0,4	171—180	13 570	7,65	7,25	1 882	0,0205	39		10,426	329
9				+0,4	180	—	−9,2	−9,6	146 474	—	2920		157,000	3 269
10				+0,4	180—160	28 000	−8,9	−9,3	3 000	0,0212	64	64	160,000	3 333
						Hilfstafel 2	Bild 5							
11		160	130 000	+0,8	160	—	−8,2	−9,0	126 000	—	2860		286,940	6 193
							Bild 5							
12				+0,8	160—90	75 000	−17,55	−24,55	3 060	0,0288	88		290,000	6 281
						Hilfstafel 2	−6,20							
13		90	10 000	+2,2	90	—	−4,6	−6,8	8 900	—	357		298,900	6 638
							Bild 5							
14				+2,2	90—70	7 300	−4,4	−6,6	1 100	0,0450	50	50	300,000	6 688
						Hilfstafel 2	Bild 5							
15		70	16 000	+7,0	70	—	−3,8	−10,8	16 000	—	822		316,000	7 510
							Bild 5							
16		70	4 000	+20	70	—	−3,8	−23,8	4 000	—	206		320,000	7 716
17		70	12 000	+27	70	—	−3,8	−30,8	12 000	—	617		332,000	8 333
18		70	12 000	−23	70	—	−3,8	−19,2	12 000	—	617		344,000	8 950
19		70	4 000	−20	70	—	−3,8	−16,2	4 000	—	206		348,000	9 156
20		80	10 000	−5	70—80	6 500	23,4	+28,4	230	0,0480	11		348,230	9 167
						Hilfstafel 2	Bild 5							
21				−5	80	—	−4,2	+0,8	9 770	—	440		358,000	9 607
							Bild 5							
22		150	60 000	+2	81—108	21 900	21,0	19	1 155	0,0381	44		359,155	9 651
23				+2	108—135	28 200	16,6	14,6	1 970	0,0297	61		361,125	9 712
24				+2	135—150	19 000	12,3	10,3	1 850	0,0253	47		362,975	9 759
						Hilfstafel 2	Bild 5							
25				+2	150	—	−7,6	9,6	51 752	—	1240		414,737	10 999
							Bild 5							
26				+2	150—135	19 000	−12,3	−10,3	1 850	0,0253	47	47	416,587	11 046
						Hilfstafel 2	Bild 5							
27				+2	135—75	54 000	−5,2	−50	1 070	0,0343	37	37	417,657	11 083
						Hilfstafel 2	Bild 5							
28				+2	75—0	24 000	−2,9	−70	343	0,0960	33	33	418,000	11 116
						Hilfstafel 2	Bild 5							
29	B			+2	0	—	—	—	—	—	180	180	418,000	11 296

somit zum Vorteil der Genauigkeit die Zeitdreiecke wieder wie bei dem gleichschenkligen rechtwinkligen zeichnen, indem man die handelsüblichen Dreiecke an der Reißschiene entlang schiebt. Allerdings ist das Dreieck mit dem spitzen Winkel von 30° jedesmal um seine senkrechte Achse umzuklappen, um die abfallende Seite des Zeitdreiecks zu zeichnen. Verwendet man also statt des gleichschenkligen rechtwinkligen Zeitdreiecks dasjenige mit dem spitzen Winkel von 30°, so muß die Geschwindigkeitsachse im Verhältnis $\dfrac{\mathrm{tg}\,30°}{\mathrm{tg}\,45°} = \dfrac{0,5774}{1}$ verkleinert werden. Dann ist in der V-Achse $V = 180$ km/h durch die Strecke $180 \cdot 6,173 \cdot 0,5774 = 641,5$ mm darzustellen. Zum Auftragen der w-Linie unterhalb der V-Achse (Abb. 62a) aus den Werten der Zahlentafel 8 ist die Strecke 641,5 mm in 5 gleiche Teile zu teilen. Von diesen Punkten der V-Achse

Berechnungsblatt Ia[1].

Lokgewicht $G_l = 140$ t;   Wagengewicht $G_w = 416$ t;   Zuggewicht $G_z = 556$ t

Spaltenköpfe 21–23: $\times \dfrac{Sp.9 + Sp.13}{10^6}$; $\times \dfrac{Sp.11 \cdot Sp.19}{10^3}$; $\times \dfrac{Sp.9 - Sp.13}{10^6}$.   Spalten 24–30: Berechnung der Motor-Erwärmung T.

13	14	15	16	17	18	19	20	21	22	23	24	25	26	27	28	29	30
Indizierte Zugkraft $\pm Z_i$ ⊕ Treiben ⊖ Bremsen		Motor-Strom J_M	Motor-Spg. E_M	Strom J_F	Fahrdraht Schein-Leistung	Fahrdraht Wirk-Leistung	Endübertemperatur T_e	Indizierte Lok.-Arbeit ΔA	Fahrdrahtarbeit $\dfrac{\Delta B \cdot \Delta t}{10^3}$	Brems-arbeit ΔA_b	$\Sigma\,\Delta t$	$T_e\cdot\Delta t\,10^{-3}$	$\Sigma(T_e\cdot\Delta t)\,10^{-3}$	$\Sigma\,\Delta l$	$\dfrac{\Sigma\Delta l}{\Sigma\Delta t}\cdot\dfrac{360}{V_{max}}$	$T_{mittel}=\dfrac{\Sigma(T_e\cdot\Delta t)}{\Sigma\Delta t}\cdot10^3$	T
kg	%	%	%	%	%	%	%	km/t	MW%sec	km/t	sec	%sec	%sec	m	%	%	%
23100	231	179	~12		72	44	176	0,90	0,7[1]		329	2,8	42,8	10526	64	130	83
19650	197	158	31		76	58	144	7,42	2,2			5,5					
16200	162	137	56		97	91	124	15,42	4,4			6,0					
14300	143	126	82		127	123	128	17,70	5,3			5,5					
12600	126	116	92		129	125	123	16,20	4,6			4,5					
11300	113	108	103		132	129	124	21,40	6,0			5,8					
10300	103	102	110		135	133	127	28,40	8,1			7,7					
9750	98	99	116		137	136	129	18,37	5,3			5,0					
5480	55	70	94		82	80	90	804,00	235,0		2930	—	—	—	100	90	85,5
−5170	−52	—	—		—	—	49	Auslauf			64	—	—	—	95	49	84,5
5130	51	67	80		65,5	64	76	647,00	183,3		2860	—	—	—	89	76	78,0
−9750	−98	−1,1·100	85	1,1·103	−0,7·100	1,2·100		−30,00	−6,2	30,0[2]	88	—	—	—	75	120	80,0
3780	38	58	41		30	28	43	33,70	10,0		357	—	—	—	50	43	74,5
−3670	−37	—	—		—	—	26	Auslauf			50	—	—	—	44	26	73,5
6150	62	74	39		37	34	50	98,50	28,0		822	—	—	—	39	50	67,0
13600	136	120	54		80	76	102	54,30	15,7		206	—	—	—	39	102	70,0
17600	176	144	101		108	101	134	211,00	62,4		617	—	—	—	39	134	85,0
−10200	−102	−1,1·103	50	1,1·63	−0,7·59	1,2·81		−122,50	−25,5	122,5[2]	617	—	—	—	39	97	88,0
−8550	−86	−1,1·93	46	1,1·53	−0,7·49	1,2·69		−34,20	−7,1	34,2[2]	206	—	—	—	39	83	86,5
15900	159	117	59		103	97	126	3,65	1,0		451	1,39	2,49	10000	44	55	81,5
Bild 3 450	5	18	30		6	5	25	4,40	2,2			1,10					
14950	150	130	77		126	122	131	17,30	5,4		152	5,80	19,20	4975	66	126	84,5
13050	131	119	88		128	125	124	25,70	7,6			7,60					
11300	113	108	103		132	129	124	20,90	6,1			5,80					
Bild 3 5480	55	79	78		68	66	76	284,0	81,8		1240	—	—	—	84	76	81,0
−5730	—						42	Auslauf				1,98					
−27800	—						32	Bremsen		29,70[3]	117	1,18	3,50	3263	56	31	78,5
−39000	—						13	Bremsen		13,40[3]		0,43					
—	—						0	Halt			180	—	—	—	0	0	74,0

(Spalte 30, Kopf: $T_a = 75$.)

[1] Ohne Hilfsleistung.   [2] Nutzleistung.   [3] Luftbremse. Hilfsleistung $= 2,5 \cdot 11296 = 28250\ M_w$ % sec.

setzt man die w-Werte nach unten ab und verbindet sie zur w-Linie. Von der w-Linie trägt man nach oben die Werte $z = 0,975\, Z_i : 556$ kg/t zur Fahrkraftlinie auf. Diese Unterteilung der V-Achse radiert man nach Aufzeichnung der Fahrkraft- und der w-Linie wieder weg und unterteilt die V-Achse für je 10 km/h. Als Längenmaßstab ist gewählt 1:25000 oder 1 km = 40 mm (Meßtischblatt). Der Zug legt bei dem Zeitschritt $\Delta t = 20$ sec $= {}^1/_3$ min bei 180 km/h den Weg 1 km zurück. Daher setzt man in $V = 180$ km/h der V-Achse nach unten 1 km = 40 mm ab und erhält durch Verbindung des Endpunktes mit $V = 0$ den Wegstrahl zum Abgreifen der Wege Δl je Zeitschritt (Abb. 62a).

[1] Kother: Elektr. Bahnen 1937 S. 310—311.

Zur Ermittlung der Verbrauchswerte stellt Kother eine sog. Lokomotivtafel auf, in welcher man für die häufigsten Geschwindigkeitssprünge der Zeit- und Wegzunahmen, die Zugkräfte und die entsprechenden elektrischen Verbrauchswerte ablesen kann. Zur Aufstellung dieser Lokomotivtafeln ist aber wieder eine Hilfstafel erforderlich, um aus den Zugkrafts-, Fahrkrafts- und Widerstandslinien nach Abb. 60 und nach Zahlentafel 8 die entsprechenden Mittelwerte bei den Geschwindigkeitsschritten zu bilden. Die Mittelwerte der Fahrkräfte sind an Hand von Zahlentafeln und Schaubildern für den Fehlerausgleich berechnet. Außerdem ist zur Ermittlung von $4,3 \cdot V^2$ zwecks Ausrechnung des Wegs Δl je ΔV-Schritt noch eine Hilfstafel erforderlich. Nachdem mittels all dieser Zahlentafeln und Hilfszahlentafeln die Werte je Geschwindigkeitsschritt berechnet worden sind, stellt Kother sie in einem sog. Berechnungsblatt Ia zusammen, das auf S. 92/93 wiedergegeben ist. Hier ist für jeden Geschwindigkeitsschritt ΔV bei Fahrt mit oder ohne Strom und für die gleichförmigen Geschwindigkeiten je eine Zeile vorgesehen.

Da nach den Untersuchungen von Dr.-Ing. Potthoff die Fahrzeitermittlung mit Zeitschritten der mit Geschwindigkeitsschritten in bezug auf die Genauigkeit grundsätzlich überlegen ist, so entfällt bei dem Verfahren des Verfassers, falls der Zeitschritt zweckmäßig gewählt ist, der Fehlerausgleich, und es wird gegenüber dem rechnerischen Verfahren mit Geschwindigkeitsschritten ein beträchtlicher Teil der Ermittlungsarbeit gespart. Bei der zeichnerischen Fahrzeitermittlung wird so vorgegangen, daß man die Verbrauchswerte bei Fahrten mit Geschwindigkeitsänderungen infolge Strom oder Schwerkraft (Auslaufen), wie früher beschrieben, ermittelt. Für die Zugbewegung mit gleichförmigen Geschwindigkeiten rechnet man die Verbrauchswerte mit dem Rechenschieber aus, oder man liest Motorstrom, Transformatorspannung, Schein- und Wirkleistung an den Kennlinien für die Wechselstrombahnmotoren (Abb. 61a, b) ab. Die Ergebnisse stellt man dann auch wieder in einem sog. Berechnungsblatt zusammen. In diesem wird aber nicht wie bei Kother für jeden Geschwindigkeitsschritt eine Zeile vorgesehen, sondern es werden hier die Ergebnisse jeder zeichnerischen Ermittlung bei Geschwindigkeitsveränderung oder der Berechnung bei gleichmäßigen Geschwindigkeiten in je einer Zeile eingetragen (s. S. 96/97).

Zur Ermittlung der Motorerwärmung bestimmt man zunächst für die Endübertemperaturen T_e bei der Zeit $t = \infty$ und den verschiedenen Geschwindigkeiten die Werte $\Sigma(T_e \cdot \Delta t)$ zeichnerisch und bildet aus dem Fahrzeitstreifen das mittlere $T_e = \dfrac{\Sigma(T_e \cdot \Delta t)}{\Sigma \Delta t}$. Hierfür liest man sodann aus dem Übertemperaturenschaubild nach dem Kotherschen Verfahren die Übertemperaturen ab (s. S. 104). In Abb. 62 sind für die gesamte Fahrt des Schnellzuges die Verbrauchswerte der mit Geschwindigkeitsänderungen befahrenen Strecken ermittelt.

Es soll die zeichnerische Ermittlung für das Anfahren, für die gleichförmige Geschwindigkeit und für den Auslauf an je einem Beispiel gezeigt werden:

Nach dem Berechnungsblatt Ia des Kotherschen Aufsatzes bewegt sich der Zug auf einer Steigung von $0,4^0/_{00}$ und hat bei $V = 180$ km/h einen Weg von 10,426 km in einer Zeit von 329 sec zurückgelegt. Bei der zeichnerischen Ermittlung werden nach Eintragen der Waagerechten im Abstand $s = 0,4^0/_{00}$ über der V-Achse die Zeitdreiecke in das Fahrkraftdiagramm eingezeichnet und der Zeitwegstreifen für dieselbe Endgeschwindigkeit hergestellt. Die Ermittlung ergibt eine Fahrzeit von 328 sec. Der Unterschied ist also nur 0,3%. Sodann befährt der Zug mit 180 km/h gleichförmiger Geschwindigkeit eine Strecke von 146,574 km. Hierfür ist die Fahrzeit $t = \dfrac{146{,}574 \cdot 3{,}6}{180} = 2932$ sec. Anschließend

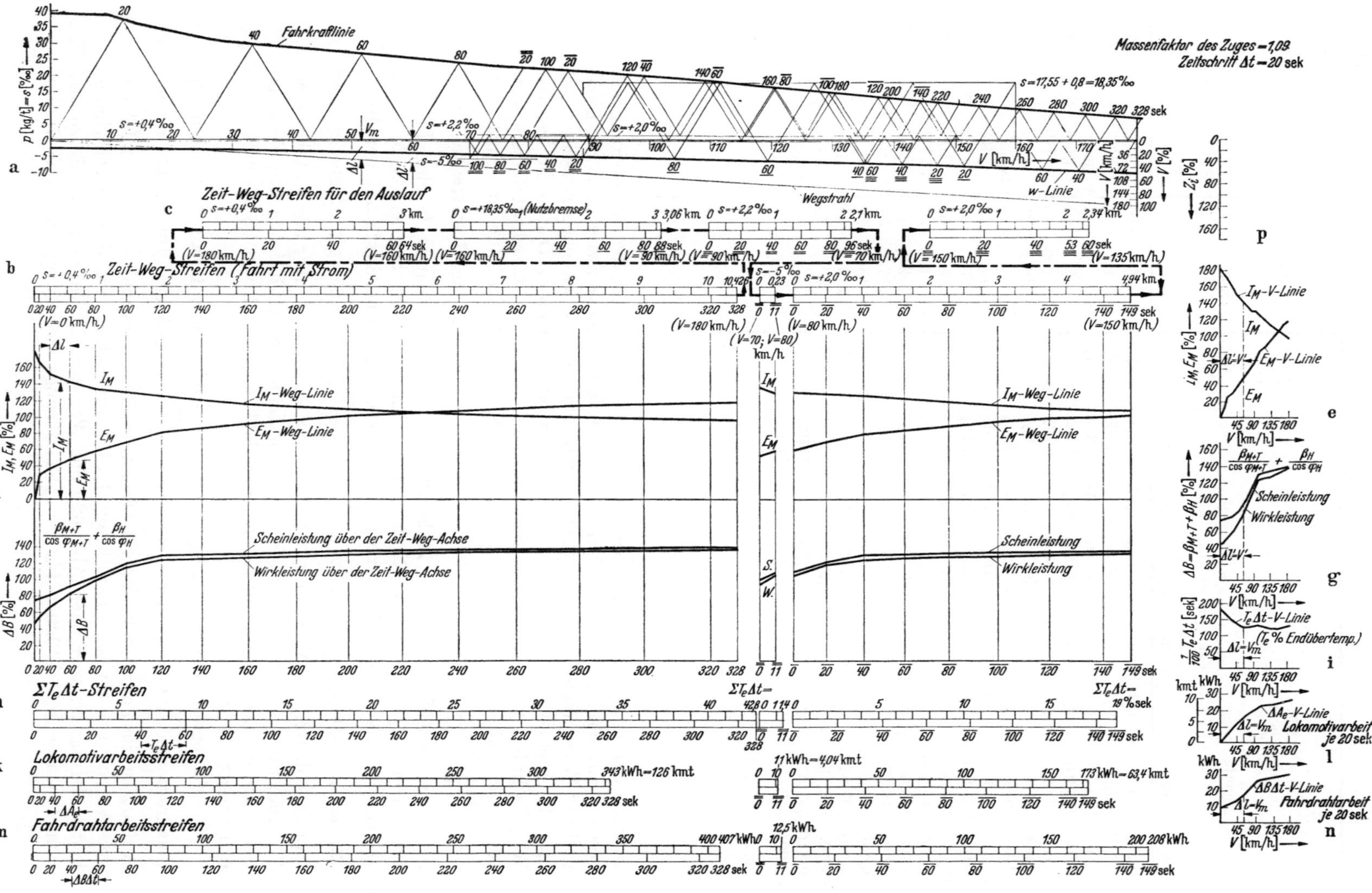

Abb. 62. Verbrauchswerte für die Fahrt eines Schnellzugs, bespannt mit einer elektrischen Lokomotive 2 D_0 2.

Zahlentafel 9b.

	1	2	3	4	5	6	7	8	9	10	11	12
	Weg-ab-schnitte l	Summe der Weg-ab-schnitte Σl	Mitt-lerer Strek-ken-wider-stand $\pm s$	Zu-lässige Ge-schwin-digkeit V_{zul}	Geschwin-digkeiten im Neigungs-wechsel V_1 auf V_2	Fahr-zeiten auf den Weg-ab-schnit-ten t	Summe der Fahr-zeiten Σt	Indizierte Zug-kräfte $\pm Z_i$ ($-$Treiben $-$Brem-sen)	Motor Strom J_M	Span-nung E_M	Fahrdraht- Schein-leistung	Wirk-leistung
	km	km	$^0/_{00}$	km/h	km/h	sec	sec	%	%	%	%	%
1	10,426	10,426	$+$ 0,4	180	0—180	328	328	$+$126	96	119	138	136
2	146,574	157,000	$+$ 0,4		180	2932	3260	$+$ 59	71	97	86,5	85
3	3,000	160,000	$+$ 0,4		180—160	64	3324	$-$ 52			Auslauf	
4	126,940	286,940	$+$ 0,8	160	160	2860	6184	$+$ 51	67	80	65,5	64
5	3,060	290,000	$+$ 0,8		160—90	88	6272	$-$ 98	$-1,1\cdot100$	85	$-1,1\cdot103$	$-0,7\cdot100$
6	7,900	297,900	$+$ 2,2	90	90	315	6587	$+$ 38	58	41	30	28
7	2,100	300,000	$+$ 2,2		90— 70	96	6683	$-$ 37			Auslauf	
8	16,000	316,000	$+$ 7,0	70	70	822	7505	$+$ 62	74	39	37	34
9	4,000	320,000	$+$20,0		70	206	7711	$+$136	120	54	80	76
10	12,000	332,000	$+$27,0		70	617	8328	$+$176	144	101	108	101
11	12,000	344,000	$-$23		70	617	8945	$-$112	$-1,1\cdot103$	50	$-1,1\cdot63$	$0,7\cdot59$
12	4,000	348,000	$-$20		70	206	9151	$-$ 90	$-1,1\cdot94$	46	$-1,1\cdot53$	$-0,7\cdot49$
13	0,230	348,230	$-$ 5		70— 80	11	9162	$+$158	117	59	103	97
14	9,770	358,000	$-$ 5	80	80	440	9602	$+$ 5	18	30	6	5
15	4,941	362,941	$+$ 2	150	80—150	149	9751	$+$137	119	88	128	125
16	51,794	414,735	$+$ 2		150	1243	10994	$+$ 55	79	78	68	66
17	2,340	417,075	$+$ 2		150—135	60	11054				Auslauf	
18	0,925	418,000	$+$ 2		135—0	41	11095					

wird der Strom abgestellt, und beim Auslauf vermindert sich die Geschwindigkeit von 180 auf 160 km/h. Durch Einzeichnen der Zeitdreiecke zwischen der w-Linie und der Waagerechten für $s = 0,4^0/_{00}$ erhält man ebenso wie nach Berechnungsblatt Ia einen Weg von 3000 m und eine Fahrzeit von 64 sec. Den nachfolgenden Wegabschnitt von 126,94 km bei einer gleichmäßigen Geschwindigkeit von 160 km/h auf einer Steigung von $s = 0,8^0/_{00}$ legt der Zug in einer Zeit

$$t = \frac{126,94 \cdot 3,6}{160} = 2860 \text{ sec}$$

zurück. Für das Befahren der Reststrecke dieser Steigung $s = 0,8^0/_{00}$ wurde in Zeile 12 des Berechnungsblattes Ia eine Bremsarbeit von $\Delta A_b = 30$ kmt der Nutzbremsung angenommen, bei der die Motoren als Generatoren in das Netz zurück arbeiten. Die Bremskraft auf der Reststrecke $l_r = 3,06$ km ist dann $p_b = \dfrac{\Delta A_b}{l_r \cdot G} = \dfrac{30\,000}{3,06 \cdot 556} = 17,55$ kg/t. Man zeichnet nun in Abb. 62a im Abstand $s = 17,55 + 0,8 = 18,35^0/_{00}$ über der V-Achse eine Waagerechte und zwischen dieser und der w-Linie die Zeitdreiecke von $V = 160$ bis 90 km/h. Dies ergibt auf der Strecke 3,06 km die Fahrzeit 88 sec wie in Berechnungstafel Ia.

Die folgende Steigung $2,2^0/_{00}$ wird auf 7,9 km mit 90 km/h gleichmäßig befahren, und zwar in der Zeit $t = \dfrac{3,6 \cdot 7900}{90} = 315$ sec. Im Kotherschen Aufsatz ist die Fahrstrecke für $V = 90$ km/h mit 8,9 km und für den nachfolgenden Auslauf von 90 auf 70 km/h mit 1,1 km angegeben. Für diese Geschwindigkeitsänderung ist aber nach Abb. 62c der Weg von 2,1 km erforderlich, so daß vom Wegabschnitt 10000 m für die gleichförmige Bewegung nur noch 7,9 km

Zusammenstellung.

13	14	15	16	17	18	19
				Motorerwärmung T		
Endübertemperatur T_e	Fahrdrahtarbeit $\varDelta B = \beta_M + T + \beta_H$	Indizierte Lokarbeit $\varDelta A_l$	Bremsarbeit $\varDelta A_b$	$\sum T_e \cdot \varDelta t$	$T_{e\,\mathrm{mittel}} = \dfrac{\sum T_e \cdot \varDelta t}{\sum \varDelta t}$	T
%	kWh	kmt	kmt	sec	%	%
130	407	126		42,8	130	83
90	2770	865			90	8,5
49		Auslauf			49	84,5
76	2030	647			76	78
1,2·100	7	— 30	—30		120	80
43	35	30			43	74,5
26		Auslauf			26	73,5
50	310	99,3			50	67
102	173	54,3			102	70
134	690	211			134	85
1,1·82	282	—134	—122,5		98	88
1,2·72	79	— 36	— 34,2		85	87
125	12,5	404		1,4 ⎫	55	82
25	24,5	36,63		1,1 ⎭		
128	208	63,4		19	126	85
76	961	284			76	81
42		Auslauf		2,5	4,2	78,5
16		—55	43,1	0,61	1,5	74,0
	$B = \sum \varDelta B = 7845$	$A_l = \sum \varDelta A_l = 2465,6$ nach den Vorzeichen $\sum A_l = 3075,6$ nach den Absolutwerten	$A_b = \sum \varDelta A_b = -229,8$			

übrigbleiben. Der Zug wird am Ende der Fahrt von 135 km/h auf Halt abgebremst. Die Bremsbewegung wurde nach S. 75 und Abb. 46 zeichnerisch mit der Bremszeit 41 sec und dem Bremsweg 925 m ermittelt.

3. Beanspruchung der Motoren und des Transformators während der Fahrt.

Wie bereits gesagt, sind die Grundlagen für diese Ermittlung die Kennlinien eines Wechselstrombahnmotors für Lokomotiven nach Abb. 61. Damit diese auch für Triebfahrzeuge mit ähnlichen Bahnmotoren verwendet werden können, sind die Größen der Kennlinien in Prozenten angegeben.

a) Die Beanspruchung der Motoren und des Transformators bei ausgenutzter Motorzugkraft. Nach Kother geben die ausgezogenen Strahlenbüschel der beiden Abb. 61a u. b für die prozentualen Zugkräfte und Geschwindigkeiten die Schein- und Wirkleistungen in % für die Werte der Z_i-V-Linie der Abb. 60 an. Das gestrichelte Strahlenbüschel der unteren Abb. 61b gibt die entsprechenden Transformatorspannungen an sowie die parabolische Linie den Motorstrom J_M in %. Die Geschwindigkeit $V = 180$ km/h ist gleich 100% gesetzt. In Abb. 61 ist die ausgezogene Querverbindung dieser Werte für die Reibungsgrenze und die Leistungsgrenze der Motoren die Anfahrkurve.

α) Die Stromstärke. Errichtet man in den Schnittpunkten der ausgezogenen Strahlen $V\%$ der unteren Abb. 61b mit der Anfahrkurve Senkrechte, so geben deren Höhen bis zur parabolischen Linie des Motorstroms die Stromstärken $J_M\%$ für die Geschwindigkeiten an. Um die von diesen Geschwindigkeiten abhängigen J_M-Werte in einfacher Weise auch über die Wegachse auftragen zu können, wählt man, wie früher S. 63 bei der Ermittlung des Kohlenverbrauchs und der Lokarbeit gezeigt, den Geschwindigkeitsmaßstab in Abhängigkeit von dem Längenmaßstab, also $V = 180$ km/h $= 1$ km $= 40$ mm. Man unterteilt nunmehr die 40 mm lange V-Achse nach Abb. 62e von $V = 0$ bis 180 km/h in 10 Teile und trägt in den Teilpunkten die $J_M\%$-Werte zur J_M-V-Linie auf. Um die J_M-Werte über die Wegachse aufzuzeichnen, lotet man die Zeitstriche des Zeitwegstreifens nach unten. Die Abstände dieser Senkrechten, die gleich den Höhen des Wegstrahls von der V-Achse lotrecht unter den Dreieckspitzen, sind, wie früher gezeigt, die Wege je Zeitschritt und geben gleichzeitig die mittleren Geschwindigkeiten an. Will man aber auf diesen Senkrechten die $J_M\%$-Werte absetzen, die zur Endgeschwindigkeit je Zeitschritt gehören, so greift man unter dem rechten Ende der Zeitdreiecke der Abb. 62a zwischen V-Achse und Wegstrahl die Höhen $\Delta l'$ ab, überträgt mit dem Zirkel auf die V-Achse der J_M-V-Linie diese Strecken, die hier die Endgeschwindigkeiten je Zeitschritt, also $\Delta l' = V'$ bedeuten, und setzt dann die zugehörigen Ordinaten $J_M\%$ von der Wegachse auf den zeitlich zugeordneten Senkrechten ab. In Abb. 62e u. d ist ein Ermittlungsgang eingezeichnet. Die Verbindungslinie der oberen Endpunkte ergibt die J_M-Linie über der Wegachse für das Anfahren (Abb. 62d).

β) Die Spannungen. Für die Spannungen $E_M\%$ von 10 zu 10% des Transformators sind von 10 bis 120%, wie gesagt, über der $Z_i\%$-Achse der unteren Abb. 61b gestrichelte Strahlen gezeichnet, die die Anfahrkurve schneiden. Interpoliert man diese Schnittpunkte zwischen den ausgezogenen Strahlen für die $V\%$, so erhält man die Geschwindigkeiten, die bei der Anfahrt zu den E_M-Werten der gestrichelten Strahlen gehören. Diese $E_M\%$-Werte trägt man in den interpolierten Geschwindigkeiten über der V-Achse gleichen Maßstabes der Abb. 62e zur E_M-V-Linie auf und zeichnet ebenso wie die J_M-Weg-Linie nunmehr die E_M-Weg-Linie für das Anfahren (Abb. 62d).

γ) Die Wirk- und Scheinleistung. Die hochspannungsseitige Wirkleistung von Motor und Transformator ist $\beta_{M + T}\%$ kW. Dividiert man diese durch den Leistungsfaktor von Motor und Transformator $\cos \varphi$, so erhält man die hochspannungsseitige Scheinleistung $\dfrac{\beta_{M + T}}{\cos\varphi_{M + T}}$ %kVA. Die Wirk- und Scheinleistungen sind, nach den Prüffeldmessungen berechnet und in Prozenten ausgedrückt, durch die ausgezogenen Strahlen für $V\%$ in Abhängigkeit von der Zugkraft $Z_i\%$ dargestellt. Die eingetragene Anfahrkurve kennzeichnet ihre Werte für das Anfahren. Die Schnittpunkte der $V\%$-Linie mit der Anfahrkurve geben an, welche Geschwindigkeiten zu den Ordinaten der Schein- und Wirkleistungen gehören. Zu den Ordinaten der Wirkleistungen ist aber noch ein Zuschlag für Hilfsmaschinen zu machen, und zwar für D-Züge $\beta_H = 2,5\%$ und für P-Züge $\beta_H = 3,5\%$. Die prozentuale Fahrdrahtleistung ist also $\Delta B = \beta_{M + T} + \beta_H\%$. Ebenso erhöht sich die Scheinleistung durch den Zuschlag für Hilfsmaschinen um $\dfrac{\beta_H}{\cos \varphi_H} = 3,5\%$ für D-Züge und $\dfrac{\beta_H}{\cos \varphi_H} = 4,5\%$ für Personenzüge. Die Werte $\Delta B = \beta_{M + T} + \beta_H\%$ der Wirkleistung und die Werte $\dfrac{\beta_{M + T}}{\cos \varphi_{M + T}} + \dfrac{\beta_H}{\cos \varphi_H}\%$ der Scheinleistung sind über der V-Achse gleichen Maßstabes wie bei der J_M-V-Linie sowie über der Wegachse wie vorher beschrieben aufzutragen (Abb. 62f u. g).

δ) Die indizierte Lokomotivarbeit. Für den Zeitschritt Δt ist die indizierte Lokomotivarbeit $\Delta A_l = \dfrac{Z_i V. \Delta t}{3,6 \cdot 10^6}$ kmt und für $\Delta t = 20$ sec ist $\Delta A_l = \dfrac{Z_i \cdot V}{18 \cdot 10^4}$ kmt, oder mit 0,367 kmt $= 1$ kWh ist die elektrische Arbeit.

$$\Delta A_e = \dfrac{Z_i \cdot V}{18 \cdot 10^4 \cdot 0,367} \text{ kWh.}$$

Zahlentafel 10.

Für $V =$	0	36	72	108	144	180 km/h
Z_i t	24	19	16	14,2	11,3	9,6
ΔA_l kmt	0	3,8	6,4	8,5	9,04	9,6
ΔA_e kWh	0	10,35	17,48	23,24	24,7	26,2
ΔB : 4,5 kWh	10	13,8	20,9	27,8	29,15	30,7

Die ΔA_e-Werte trägt man im Maßstab 1 kWh = 1 mm über der V-Achse im Maßstab $V = 180$ km/h = 40 mm zur ΔA_e-V-Linie auf. Sodann zeichnet man hieraus den Lokomotivarbeitsstreifen, wie auf S. 65 beschrieben. Die obere Hälfte dieses Streifens ist ebenfalls nach 1 kWh = 1 mm unterteilt. Sodann nimmt man die Abstände Δl der Zeitstriche des Zeitwegstreifens in den Zirkel, überträgt diese Strecken auf die V-Achse (Abb. 62l) und greift senkrecht die Ordinaten ΔA_e ab, die man in zeitlicher Folge in der unteren Hälfte des Lokomotivarbeitsstreifens aneinanderreiht. An die Teilstriche schreibt man die Fahrzeiten an. Nach Abb. 62k stimmen die Ergebnisse des Lokomotivarbeitsstreifens mit denen des Berechnungsblattes Ia des Kotherschen Aufsatzes überein.

ε) Die Fahrdrahtarbeit. Vervielfältigt man die prozentuale Wirkleistung des Fahrdrahtes $\Delta B = \beta_{M+T} + \beta_H \%$ mit dem Zeitschritt Δt, so erhält man $\Delta B \cdot \Delta t \%$ sec die prozentuale Fahrdrahtarbeit. Da nach S. 91 die 100 %-Fahrdrahtleistung $= 4000$ kWh ist, so ist die Fahrdrahtarbeit im Absolutwert $\dfrac{\Delta B \cdot \Delta t \cdot 4000}{100 \cdot 3600}$ kWh. Für $\Delta t = 20$ sec ist dann die Fahrdrahtarbeit $\dfrac{\Delta B \cdot 20 \cdot 4000}{100 \cdot 3600} = \dfrac{\Delta B}{4,5}$ kWh. Für verschiedene Geschwindigkeiten V km/h wurden aus der Abb. 61 die Werte $\beta_{M+T} \%$ ermittelt, und hierzu der Zuschlag $\beta_H = 2,5 \%$ für die Hilfsmaschinen des D-Zuges hinzugezählt. Die Werte ΔB:4,5 wurden in der Zahlentafel 10 zusammengestellt und in Abb. 62n zur $\Delta B \cdot \Delta t - V$-Linie über der V-Achse aufgetragen. Hieraus wurde der Fahrdrahtarbeitsstreifen in derselben Weise und mit den gleichen Maßstäben (Abb. 62m, n) wie der Lokomotivarbeitsstreifen gezeichnet. Die Ergebnisse stimmen auch hier mit denen des Berechnungsblattes Ia überein.

b) Die Beanspruchung der Motoren und des Transformators bei nicht ausgenutzter Motorzugkraft. Sind die indizierten (Motor-)Zugkräfte größer als die Fahrzeug- und Streckenwiderstände und soll doch mit gleichförmiger Geschwindigkeit gefahren werden, so sind die Zugkräfte so zu verkleinern, daß sie gleich den Widerständen sind. Durch die Verminderung der Zugkräfte ändern sich auch Stromstärke, Spannungen und Leistungen, deren verkleinerte Werte man aus der Abb. 61 a, b unter Benutzung von Maßstäben abgreifen kann. Mit diesen Maßstäben kann man die aus dem Fahrdiagramm entnommenen Absolutwerte der Zugkräfte und Geschwindigkeiten in die prozentualen Z_i- und V-Werte der Abb. 61 zurückführen. In Abb. 62a ist, wie gesagt, $V = 100 \%$ bei $V_{max} = 180$ km/h und $Z_i = 100 \%$ für die Dauerzugkraft $Z_{id} = 10000$ kg. Es sind also durch $V = 180$ km/h und $Z_{id} = 10000$ kg bei gleichförmiger Bewegung die Geschwindigkeiten und die den auftretenden Widerständen $G(\pm s + w)$ entsprechenden indizierten Zugkräfte zu teilen, um die Prozentsätze für V und Z_i zu erhalten.

α) Der $Z_i \%$-Maßstab. Der Widerstand $G(\pm s + w)$ ist gleich Z_t der Zugkraft am Triebradumfang. Dieser entspricht der indizierten Zugkraft $Z_i = \dfrac{Z_t}{0,975} = \dfrac{G(\pm s + w)}{0,975}$. Für 1 t Zuggewicht ist $z_i = Z_i : G = \dfrac{\pm s + w}{0,975}$. Der Dauerzugkraft $Z_{id} = 10000$ kg entspricht für 1 t Zuggewicht 10000 : $G = 10000$: 556 $= 18$ kg/t $= z_{id}$ im vorliegenden Falle. Es verhält sich nunmehr

7*

$$\frac{Z_i}{Z_{id}} = \frac{z_i}{z_{id}} = \frac{(\pm s + w) \cdot 100\%}{0,975 \cdot 18}\,, \quad \text{und } \frac{(\pm s + w) \cdot 100\%}{0,975 \cdot 18} \text{ ist die indizierte Zugkraft in}$$

Prozent. Im Fahrkraftdiagramm ist bei gleichmäßiger Geschwindigkeit $\pm s + w\,^0/_{00}$ der senkrechte Abstand der Waagerechten für $+s\,^0/_{00}$ von der w-Linie. Zeichnet man in Abb. 62p nun für $0,975 \cdot 18$ kg/t im Maßstab der Kräfte (1 kg/t = 2 mm), also = 35,1 mm eine Senkrechte, unterteilt diese in 10 gleiche Teile, an die man 10%, 20% … 100% Z_i anschreibt, so hat man den Maßstab, um aus den Absolutwerten Z_i die prozentualen für die Abb. 61 zu erhalten. Dieser Maßstab für $Z_i\%$ ist entsprechend den größten Z_i-Werten (wie in Abb. 62p auf 180% Z_i) zu erweitern. Überträgt man nun mit dem Zirkel aus der Fahrkraftlinie die Höhe $\pm s + w\,^0/_{00}$ bei der gleichförmigen Geschwindigkeit V, so kann man an diesen senkrechten Maßstab die $Z_i\%$ ablesen. Beim Auslaufen und Bremsen ist der Strom abgestellt. Hier ist $Z_i\% = \dfrac{G \cdot (\pm s + w) \cdot 100\%}{Z_{id}}$ $= \dfrac{G\,(\pm s + w)\,100\%}{10\,000}$.

β) **Der Maßstab für die Geschwindigkeiten $V\%$.** Dieser wurde auf der Senkrechten zwischen V-Achse und Wegstrahl in $V = 180$ km/h gezeichnet (Abb. 62a). Zur Konstruktion des Wegstrahles wurde, wie gesagt, in $V = 180$ km/h von der V-Achse nach unten ein km = 40 mm abgesetzt. Teilt man diese 40 mm in 10 gleiche Teile und schreibt an die Teilstrecken auf der einen Seite der Senkrechten 10%, 20%… 100% der Geschwindigkeit V und auf der anderen Seite die Absolutwerte von V an, so kann man die gleichförmigen Geschwindigkeiten in Prozenten auf diesem senkrechten Maßstab ablesen.

Auf der Abszissenachse der Abb. 61 bezeichnet man die ermittelten $Z_i\%$ und geht senkrecht herauf bis zu dem ausgezogenen Strahl für das so erhaltene $V\%$, so ist diese Ordinate der Prozentsatz der Schein- und Wirkleistungen. Ferner gibt in der unteren Abb. 61 für $Z_i\%$ der Schnitt der ausgezogenen Strahlen mit den gestrichelten den an letztere angeschriebenen oder interpolierten Prozentsatz der Transformatorspannung $E_M\%$ an.

Den Motorstrom $J_M\%$ erhält man, wenn man für das ermittelte $Z_i\%$ die Ordinaten der parabolischen Linie abliest.

Die Arbeit am Fahrdraht ist $\dfrac{\varDelta B \cdot t \cdot 4000}{100 \cdot 3600} = \dfrac{\varDelta B \cdot t}{90}$ kWh. Hier ist $\varDelta B\%$ in der vorbeschriebenen Weise ermittelt und t sec die Zeit, in der die Strecke mit gleichförmigem V befahren worden ist.

Die indizierte Lokomotivarbeit auf dem Weg l km ist $A_l = \dfrac{Z_i \cdot l}{1000}$ kmt. Da $Z_i = 100\%$ der Zugkraft $Z_i = 10$ t entspricht, so ist der zehnte Teil der $\% Z_i$ die Zugkraft ihrem Absolutwerte nach.

γ) **Ablesebeispiel.** Es soll für die gleichförmige Fahrbewegung $V = 180$ km/h nach dem Anfahren auf der Strecke 146,574 km mit der Steigung $s = 0,4\,^0/_{00}$ die prozentuale Zugkraft $Z_i\%$, die Stromstärke $J_M\%$, die Transformatorspannung $E_M\%$, die Schein- und Wirkleistung, die Arbeit am Fahrdraht und die indizierte Lokomotivarbeit ermittelt werden.

Für $V = 180$ km/h = 100% ist der Widerstand $w = 9,55$ kg/t, so daß mit $s = 0,4\,^0/_{00}$ $s + w = 9,95$ kg/t ist. Dies ist in Abb. 62a bei $V = 180$ km/h die Höhe der Waagerechten für $0,4\,^0/_{00}$ über der w-Linie. Überträgt man diese Höhe in den Z_i-Maßstab, so liest man dort $Z_i = 59\%$ ab. Aus Abb. 61 greift man sodann für $Z_i = 59\%$ und $V = 100\%$ $J_M = 71\%$, $E_M = 97\%$ sowie die Scheinleistung 83% ab, zu der noch 3,5% für Hilfsmaschinenleistungen beim D-Zug hinzukommen, so daß die Scheinleistung insgesamt 86,5% ist. Als Wirkleistung liest man $\varDelta B = 82,5\%$ ab und erhält nach Hinzufügen von 2,5% für Hilfsmaschinen insgesamt 85%. Hieraus berechnet man für die Fahrzeit $t = 2932$ sec (s. S. 94) die Fahrdrahtarbeit $t \cdot \Delta B \%$ sec $= 2932 \cdot 85 = 249200 \%$ sec. Der Absolutbetrag ist dann $\dfrac{249200 \cdot 4000}{100 \cdot 3600} = 2770$ kWh.

Die indizierte Lokomotivarbeit ist $A_l = \dfrac{Z_i \cdot l \text{ kmt}}{1000}$. Für $Z_i = 59\%$ ist nach vorigen $Z_i = 5,9$ t und für den Weg $l = 146,574$ km ist die Arbeit $A_l = 865$ kmt.

Beim Auslauf mit Bremsung werden die vorgenannten Werte für das Mittel zwischen Anfangs- und Endgeschwindigkeit bestimmt. Die Faktoren 1,1.... 1,2 und 0,7 bei Nutzbremsung zur Vervielfältigung der aus Abb. 61 entnommenen Werte J_M, E_M sowie für Schein- und Wirkleistung sind von Kother entsprechend geschätzt worden, um nicht ein neues der Abb. 61 entsprechendes Blatt für Nutzbremsung zu zeichnen.

c) Der Arbeitsverbrauch des elektrischen Triebfahrzeuges für das Heizen der Reisezüge. Dieser ist $b_h' = L_H \cdot c_H \cdot$ kWh (vgl. Zuko Anlage 16 E).

Es ist $b_h' = $ Arbeitsverbrauch des elektrischen Triebfahrzeuges in kWh je Heizstunde.

$L_H = $ Summe der in die Wagen eingebauten elektrischen Heizleistung.

$c_H = $ Zusatzfaktor für den Einfluß der Außentemperatur t_a.

Für $20°$ Raumtemperatur im Wagen ist c_H aus Versuchen ermittelt zu $c_H = 0,425 + 0,0172 (20 - t_a)$. Diese Gleichung ist gültig für den Bereich von $t_a = + 10°$ bis $t_a = - 20°$.

Die eingebauten Heizleistungen der einzelnen Wagen sind für

AB4ü	ist	L_a	= 20 kW	B3	ist	L_x	= 15 kW
BC4ü	„	„	= 20 „	C4ielT	„	„	= 17 „
ABC4ü	„	„	= 22 „	C4ielS	„	„	= 19 „
C4ü	„	„	= 20 „	C3iel	„	„	= 13 „
AB3ü	„	„	= 14 „	Pw4ü	„	„	= 4 „
Cü3	„	„	= 14 „	Pw3ü	„	„	= 4 „
C3i	„	„	= 14 „	Post4ü20	„	„	= 13 „
Ci	„	„	= 12 „	Post4/15	„	„	= 7 „
C3	„	„	= 10 „	Post3/12	„	„	= 7 „

Ergebnis. Nach Kother ist die Gesamtfahrzeit nach Berichtigung eines Rechenfehlers 11106 sec. Bei der zeichnerischen Ermittlung beträgt nach der aufgestellten Zahlentafel 9b die Fahrzeit 11095 sec. Der Fehler ist 11 sec, das ist $1^0/_{00}$. Rechnet man jedoch hiervon die Bremszeit 41 sec ab, die nach der überschlägigen Berechnung Kothers fast doppelt so groß ist, so ist nach der zeichnerischen Ermittlung die Fahrzeit bis zum Bremsen 17 sec länger. Die Übereinstimmung ist nicht nur im Gesamtergebnis, sondern auch in den Einzelbeträgen sehr gut. Jedoch ist die Ermittlungsarbeit bedeutend geringer als bei Kother.

4. Zeichnerisches Verfahren zur Vorausbestimmung der betriebsmäßigen Erwärmung der Bahnmotoren nach Kother.

a) Die physikalischen Grundlagen. Die elektrische Leistung eines Bahnmotors wird nicht restlos in mechanische Leistung umgesetzt, sondern es treten hierbei Verluste auf, die im Kupfer, Eisen und in den Lagern sowie durch die Luftreibung entstehen. Diese Verluste äußern sich in einer Erwärmung der Teile, in denen sie entstehen. Überschreitet die Erhitzung dieser Teile einen bestimmten Grad, so wird hierdurch die Betriebssicherheit der elektrischen Maschinen gefährdet. Das Triebfahrzeug ist daher nach den VDE-Vorschriften aus den Betrieb zu ziehen, wenn der Motor eine bestimmte Temperatur erreicht hat.

Läßt man einen Motor unendlich lange laufen, so erwärmt er sich auf eine Endübertemperatur $T_e °$C. Die Wärmemenge, die der Motor hierbei aufnimmt, kann aus der elektrischen Arbeit $G \cdot c_m$ Watt · sec mittels des Wärmeäquivalents des elektrischen Stromes 1 Watt · sec = 0,239 Wärmeeinheiten berechnet werden. Hier ist G kg das Gewicht des Motors; für 1 kg des Motors ist $c_m \dfrac{\text{Watt} \cdot \text{sec}}{\text{kg} \, °\text{C}}$ die mittlere spezifische Wärmemenge, ausgedrückt in elektrischer Arbeit, um die Temperatur um 1° zu erhöhen. Da die spezifische Wärmemenge für die verschiedenen Metalle, aus denen der Motor besteht, bekannt ist, und auch das Gewicht der verschiedenen Metallteile gegeben ist, so läßt sich hieraus die mittlere spezifische Wärmemenge c_m je kg berechnen. Der Wert $G \cdot c_m$ heißt die Wärmekapazität und ist für jeden Motor konstant.

Die spezifischen Wärmeverluste, die der Motor erleidet, sind, ausgedrückt durch die elektrische Leistung, $\varrho \cdot F$ Watt/°C. Hierbei ist F cm² die abkühlende Fläche und ϱ Watt/°C · cm² ist der Wärmeabgabekoeffizient.

Der gesamte Wärmeverlust, den der Motor erleidet, wenn er unendlich lange läuft und dabei die Endübertemperatur T_e erhält, ist $W = \varrho \cdot F \cdot T_e$ oder $\varrho \cdot F = W : T_e$. Das Verhältnis der Wärmekapazität $G \cdot c_m$ Watt · sec/°C zum spezifischen Wärmeverlust $F \cdot \varrho$ Watt/°C nennt man die Zeitkonstante

$$\tau = \frac{G \cdot c_m}{\varrho \cdot F} = \frac{G \cdot c_m \cdot T_e}{W} \text{ sec.}$$

b) Erwärmungskennlinie nach Wolf. Das Ansteigen der Übertemperatur mit der Zeit ist nicht linear, sondern vollzieht sich nach einer Exponentiallinie.

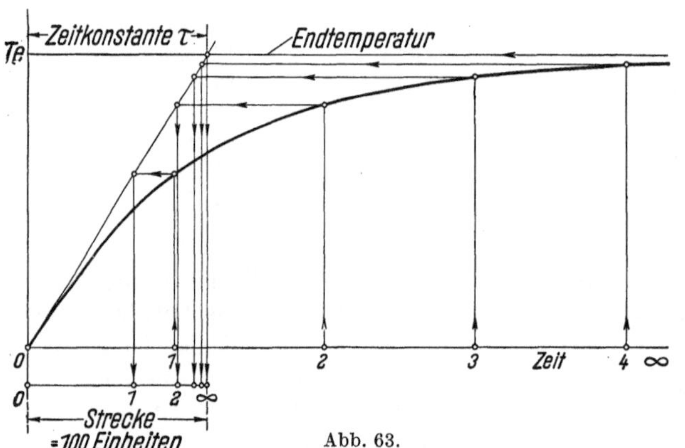

Abb. 63.

Der Wert T_e wird erst in unendlich langer Zeit erreicht. Die Schwierigkeit der Handhabung der Exponentialkurve hat Wolf dadurch beseitigt, daß er die exponentielle Erwärmungskurve von unendlicher Länge durch eine gerade von endlicher Länge darstellt (Abb. 63). Er verwendet zu diesem Zwecke eine exponentiale Einteilung der Zeitachse.

Hierbei ist jedoch nicht die Zeit als tatsächliche Größe, sondern das Verhältnis Zeit/Zeitkonstante als Maßeinheit gewählt. Zu diesem Zweck trägt man in Abb. 63 von der Ordinatenachse (Endtemperaturen T_e) nach rechts die Zeitkonstante τ ab, die dann gleich der Zeit ∞ gesetzt wird. Auf die Verbindungslinie des Endpunktes von τ mit dem Koordinatennullpunkt projiziert man waagerecht die Ordinaten der Exponentialkurve und lotet diese Punkte auf die Abszissenachse, um so deren Exponentialteilung zu erhalten.

c) Das Verlustschaubild (Abb. 64). Die Wärmeverluste eines Bahnmotors können nach Prüffeldmessungen in ein rechtwinkliges Koordinatennetz eingetragen werden, dessen Abszisse die Zugkräfte $Z_i\%$ und dessen Ordinaten die Gesamtverluste $W\%$ sind. Für Geschwindigkeiten von $V = 10\%$, 20% bis 100% kann man nun die Gesamtwärmeverluste $W\%$ in Abhängigkeit von der Zugkraft $Z_i\%$ zu einer Kurvenschar aufzeichnen (Abb. 64). In diese Kurvenschar trägt man ebenso wie in den vorher beschriebenen Kennlinien eines Wechselstrombahnmotors (Abb. 60) aus der Zugkraft-Geschwindigkeitslinie (Abb. 65) die Linien für die Anfahr-, Stunden- und Dauerzugkräfte ein. Beim Wechselstrombahnmotor ist es üblich, auf dem Prüffeld die verlangten Kurven der Dauer- und Stundenzugkraft über den ganzen Drehbereich nachzumessen. Die Stundenzugkraft ist nach der Vorschrift der Reichsbahn dadurch gegeben, daß hierbei in einer Stunde der Motor aus kaltem Zustand heraus genau die gleiche Erwärmung hat wie die Dauerzugkraft nach der Zeit unendlich.

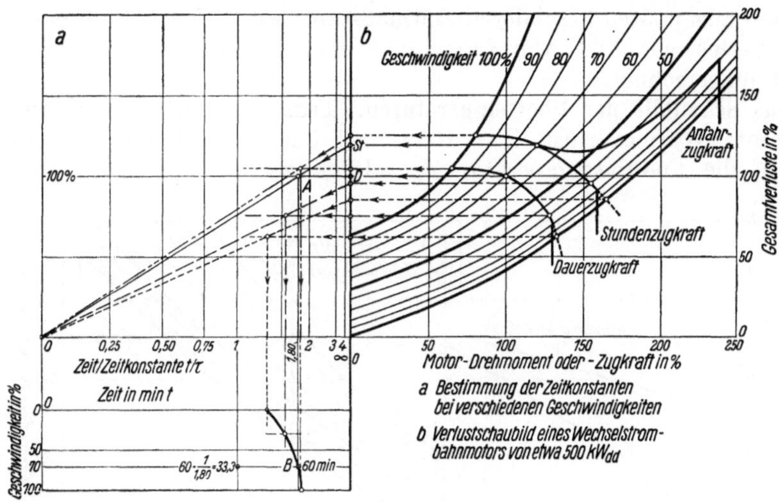

Abb. 64.

d) Die Bestimmung der Zeitkonstanten. Für eine bestimmte Geschwindigkeit des Motors, z. B. 70%, kann man nach Abb. 64 die Vereinbarung treffen, daß bei Dauerbetrieb $W = 100\%$ Wärmeverluste auch eine Erwärmung $T_e = 100\%$ geben. Bei der Stundenzugkraft, die bei der Geschwindigkeit 70% V_{max} in der Abb. 65 $Z_i = 120\%$ ist, betragen die Wärmeverluste $W = 118,5\%$, sie geben also auch $T_e = 118,5\%$ Erwärmung, wie auf der linken Achse im Punkte St abzulesen ist, wenn die Motoren (verbotenerweise) dauernd mit der Stundenleistung betrieben würden. Man kann also in der Gleichung $\tau = G \cdot c_m \cdot T_e : W$ die Wärmeverluste $W =$ der Erwärmung T_e setzen, da bei gleicher Motorendrehzahl die Lüftung und damit die Zeitkonstante τ unverändert bleibt. Nach Abb. 64 ist die Verlängerung der Abszissenachse die expontial unterteilte Achse für die Zeit/Zeitkonstante

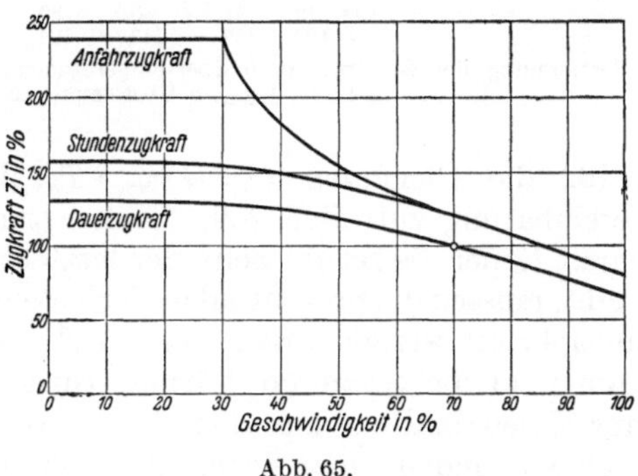

Abb. 65.

t/τ. Verbindet man den Nullpunkt dieser Achse mit dem Punkt St, in dem $T_e = 118,5\%$ für $t/\tau = \infty$ ist, so schneidet die bei Dauerbetrieb mit der Dauerzugkraft bei $V = 70\%$ V_{max} erreichte zulässige Höchsttemperatur $T = 100\%$ die Linie $0\,St$ im Punkt A. Dieser hat auf der t/τ-Achse den Wert $\dfrac{\text{Zeit } t}{\text{Zeitkonstante } \tau}$ $= 1,8$. Setzt man in diese Gleichung die Zeit t ein, die bei Stundenbetrieb seit Beginn der Erwärmung verstrichen ist, nämlich 60 min, so ist die Zeitkonstante $\tau = \dfrac{1,8}{60\,\text{min}} = 33,3$. In gleicher Weise findet man aus der Dauer- und Stundenzugkraftkurve die Zeitkonstanten bei den übrigen Motorgeschwindigkeiten, die in Abb. 64 links unten eingetragen werden und damit den Verlauf der 60 min-Linie für den gesamten Geschwindigkeitsbereich festlegt.

Nachdem die Kurve für 60 min für den ganzen Geschwindigkeitsbereich gefunden worden ist, können nach der exponentiellen Teilung leicht die übrigen Kurven für 5, 10, 15, 20... min berechnet werden (vgl. Abb. 62 des Beispiels für den D-Zug mit Ellok). Man erhält so zu jeder Geschwindigkeit einer der Zeitkonstanten angepaßten besonderen Zeitmaßstab. Mit Hilfe der Zeitkonstanten τ wird das Verlustschaubild (Abb. 64 rechts) in ein Schaubild der Übertemperaturen (Abb. 66) umgerechnet.

e) Das Schaubild der Übertemperaturen. Trifft man die Vereinbarung, daß der gesamte Wärmeverlust $W = 100\%$ bei der zugehörigen Zeitkonstanten $\tau = 100\%$ die Endübertemperatur $T_e = 100\%$ sei, so muß man, wenn nach

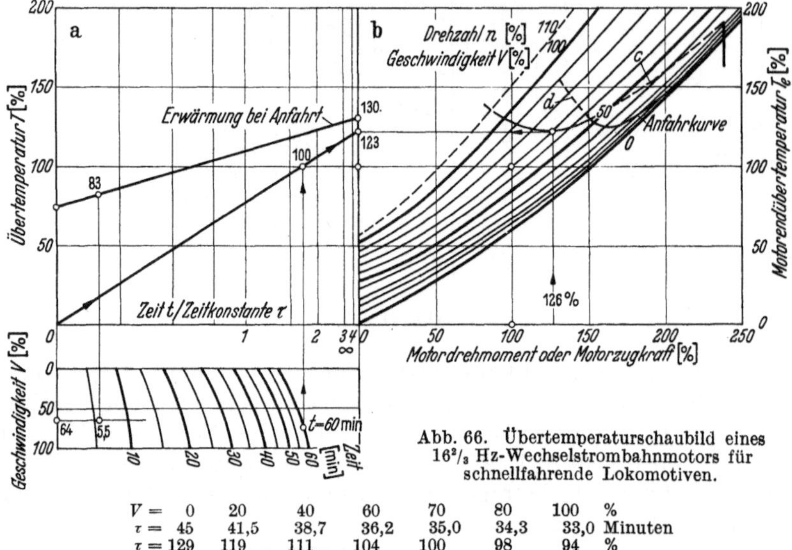

Abb. 66. Übertemperaturschaubild eines $16^2/_3$ Hz-Wechselstrombahnmotors für schnellfahrende Lokomotiven.

$V =$	0	20	40	60	70	80	100	%
$\tau =$	45	41,5	38,7	36,2	35,0	34,3	33,0	Minuten
$\tau =$	129	119	111	104	100	98	94	%

a Bestimmung der Erwärmung, *b* Übertemperaturschaubild mit Anfahrkurve, Stunden- und Dauerpunkt bei 70% V_{max}, *c* Überlastgrenze des Motors, *d* Reibungsgrenze.

S. 102 die Gleichung $\tau = G \cdot c_m \cdot T_e : W$ oder $T_e = \tau \cdot W : (G \cdot c_m)$ für diese Vereinbarung zutreffen soll, die konstante Wärmekapazität $G \cdot c_m = 1$ setzen. Damit ferner die rechte Seite der letzteren Gleichung den verlangten Wert 100% ergibt, müssen die prozentualen Verluste mit $^1/_{100}$ der prozentualen Zeitkonstanten multipliziert werden. Es ist also $T_e\% = W\% \cdot \tau\% : 100$. Aus dieser Gleichung kann man die gesamten Wärmeverluste W in ihre Endübertemperaturen $T_e\%$ umrechnen und so aus dem Verlustschaubild das Übertemperaturenschaubild zeichnen, indem man nach Abb. 66 über derselben % Z_i-Achse für die Geschwindigkeiten 10% V_{max} bis 100% V_{max} die Übertemperaturen $T_e\%$ als Kurvenschar aufträgt. In diese Kurvenschar zeichnet man wieder wie beim Verlustschaubild die Querlinien für die Anfahr-, Stunden- und Dauerzugkraft ein. Die beiden Quadranten links davon bleiben die gleichen wie bei dem Verlustschaubild.

Das Schaubild der Übertemperaturen gilt für alle Motoren, deren elektrische und magnetische Beanspruchung ebenso wie deren Lüftung einander entsprechen.

f) Beispiel für die Bestimmung der Übertemperaturen einer Schnellzugfahrt. Die höchst zulässige Motorerwärmung ist 100% ° C. Es soll dasselbe Ablesebeispiel wie in dem Kotherschen Aufsatz beschrieben werden. Für das Anfahren von $V = 0$ bis 180 km/h ist die mittlere Übertemperatur $T_{em} = \dfrac{\Sigma(T_e \cdot \varDelta t)}{\Sigma \varDelta t}$ $= \dfrac{42,8 \cdot 1000}{328} = 130\%$. Die Anfangstemperatur sei $T_a = 75\%$. Man trägt in Abb. 66 links oben die Werte $T_a = 75\%$ für die Zeit $t = 0$ und $T_{em} = 130\%$ für die Zeit $t = \infty$ ein, verbindet sie und erhält die Erwärmungskennlinie. Die mittlere Fahrgeschwindigkeit ist $V_m = \dfrac{l_a \cdot 3,6 \text{ km/h}}{t_a}$. Für $l_a = 10,426$ km und $t_a = 328$ sec ist $V_m = 115$ km/h. Das sind $115 : 180 = 64\%$ von $V_{max} = 180$ km/h. Für 64% von V_{max} und für $t_a = 328$ sec $= 5,5$ min bestimmt man in Abb. 66 links unten in der Kurvenschar die Abszisse t/τ der Zeit/Zeitkonstanten-Achse. Von diesem Punkt geht man bis zur gezeichneten Erwärmungskennlinie nach oben und findet als gesuchte Übertemperatur bei beendigter Anfahrt $T = 83\%$. Für die anderen Zeilen des Berechnungsblattes (S. 92/93) ist die Ermittlung von $T\%$ genau so. Bei Auslauf ist $Z_i = 0\%$. Dann ist für $Z_i = 0\%$ und die Geschwindigkeit $V\%$ $T_e\%$ für $t = \infty$ auf der senkrechten Achse zu markieren.

VI. Die Fahrt eines Wechselstromtriebwagens.

A. Die Leistungs- und Verbrauchstafeln.

Auf den verstromten Strecken laufen zur Ergänzung des Schnellzugverkehrs doppelte, drei- und vierteilige Schnelltriebwagen. Die Verbrauchswerte und die Beanspruchung der Motoren und des Transformators können in der gleichen Weise wie vorher für den mit einer Ellok bespannten Schnellzug ermittelt werden, wenn die dort bekanntgegebenen Motorkennlinien und Übertemperaturschaubilder vorhanden sind. Die Deutsche Reichsbahn hat für die Schnelltriebwagen nach Abb. 67 jedoch Leistungs- und Verbrauchstafeln aufgestellt. Es soll nun gezeigt werden, wie für einen Schnelltriebwagen nach Kenntnis der Fahrzeugwiderstände aus diesen Llv-Tafeln die Fahrkraftlinien sowie die elektrische Arbeit je Zeitschritt in Abhängigkeit von der Geschwindigkeit ermittelt werden.

B. Widerstandsformeln für Schnelltriebwagen und Triebwagen der Deutschen Reichsbahn.

Bei dem Gewicht G_t und dem Querschnitt $F_t = 10,3$ m² werden nach Breuer[1] die Widerstände für Schnelltriebwagen nach folgenden Formeln berechnet:

1. Für zweiteilige Schnelltriebwagen mit $G = 101$ t

$$W = 1,5 \cdot G_t + 0,5 \cdot 0,45 \cdot F_t \left(\frac{V + 12}{10}\right)^2 \text{ kg.}$$

2. Für dreiteilige mit $G_t = 150$ t

$$W = 1,5 \cdot G_t + 0,5 \cdot 0,6 \cdot F_t \cdot \left(\frac{V + 12}{10}\right)^2 \text{ kg.}$$

3. Für vierteilige mit $G_t = 207$ t

$$W = 1,5 \cdot G_t + 0,5 \cdot 0,71 \cdot F_t \cdot \left(\frac{V + 12}{10}\right)^2 \text{ kg.}$$

Ferner sind nachfolgende Widerstandsformeln für Triebwagen der Deutschen Reichsbahn mit $F_t = 10$ m² Querschnitt im Jahre 1936 aufgestellt worden.

1. Für Triebwagen allein

$$W = 2,0\, G_t + 0,5 \cdot 0,5\, F_t \left(\frac{V + 12}{10}\right)^2 \text{ kg.}$$

2. Für Triebwagen mit kurzgekuppeltem Anhänger von Gewicht $G_a t$

$$W = 2,0\, (G_t + G_a) + 0,5 \cdot 0,65 \cdot F_t \left(\frac{V + 12}{10}\right)^2 \text{ kg.}$$

---

[1] Breuer: Org. Fortschr. Eisenbahnw. 1937 S. 422.

3. Für Triebwagen mit normal gekuppeltem Anhänger

$$W = 2,0\,(G_t + G_a) + 0,5 \cdot 0,8 \cdot F_t\Big(\frac{V+12}{10}\Big)^2 \text{ kg.}$$

Diese Formeln gelten auch für Elektrodiesel-Schnelltriebwagen und Triebwagen.

C. Die Fahrkraftlinie.

Für einen zweiteiligen Schnelltriebwagen $B_0 - 2 + 2 - B_0$ sind die Fahrzeugwiderstände je t

$$w = 1,5 + 0,5 \cdot 0,45 \cdot \frac{10,3}{101}\Big(\frac{V+12}{10}\Big)^2 \text{ kg/t.}$$

Für $V =$	0	20	40	60	80	100	120	140	160 km/h
$w =$	1,53	1,74	2,12	2,67	3,7	4,43	5,6	6,9	8,5

Die Llv-Tafel des $B_0 - 2 + 2 - B_0$ Doppel-Schnelltriebwagens für die Fahrmotoren, den Transformator und die Hilfsmotoren sind nach Abb. 67a und c gegeben. In der Llv-Tafel für die Fahrmotoren sind die Linien der Fahrweise für die Grenzleistung ①, die REM-Stundenleistung ② und die REM-Dauerleistung ③ eingetragen. Die beiden letzteren Linien der Fahrweise sind nach den „Regeln für die Bewertung und Prüfung von elektrischen Maschinen und Transformatoren" (REM) des Vereins Deutscher Elektrotechniker vom Jahre 1930 festgelegt.

Der Massenfaktor ist mit $\varrho = 1,15$ geschätzt. Als Zeitschritt wird wie vorher $\varDelta t = 20$ sec $= \frac{1}{3}$ min gewählt. Der Kräftemaßstab ist wie vorher $p = s = w = 1$ kg/t $= 2$ mm. Dann ist der Maßstab der V-Achse bei gleichschenklig rechtwinkligem Zeitdreieck bei $\varrho = 1,06$ $V = 1$ km/h $= 6$ mm. Bei $\varrho = 1,15$ ist $V = 1$ km/h $= \frac{6 \cdot 1,15}{1,06} = 6,515$ mm. Soll aber der halbe Spitzenwinkel der Zeitdreiecke $30°$ sein, so ist mit tg $30° = 0,5774$ der Maßstab der V-Achse nunmehr $V = 1$ km/h $= 6,515 \cdot 0,5774 = 3,76$ mm, oder die Länge der V-Achse für $V = 160$ km/h ist 602 mm. Diese wird sodann in Teile je 10 km/h unterteilt. Unter ihr ist die w-Linie aufzutragen. (Vgl. S. 91.)

Um die Zugkräfte je t aus der Leistungs- und Verbrauchstafel des Wechselstromtriebwagens, in der nach Abb. 67a Z_i-Linien für je 10 km/h gezeichnet sind, zu erhalten, ist wie nach S. 44 für den Dampfzug in der Tafel ein Strahl für das Wagengewicht $G_t = 101$ t zu zeichnen. Für die beliebige indizierte Zugkraft $Z_i = 5000$ kg ist die Zugkraft am Triebradumfang bei dem Wirkungsgrad des Zahnradgetriebes $\eta = 0,975$, sodann $Z_t = 0,975 \cdot Z_i = 0,975 \cdot 5000 = 4880$ kg und $z_t = Z_t : G_t = 4880 : 101 = 48,3$ kg/t. Man trägt nun in der Abb. 67a in $Z_i = 5000$ kg im Kräftemaßstab 48,3 kg/t $(a \div b)$ ab und zieht den Strahl von dem Endpunkt nach dem Nullpunkt für das Wagengewicht $G_t = 101$ t. Nun geht man von den Schnittpunkten der Z_i-Linien mit den Grenzleistungslinien für Anfahren sowie auch von den Schnittpunkten dieser Z_i-Linien mit den Stunden- und Dauerleistungslinien waagerecht nach links und greift die Abstände zwischen der Z_i-Achse und dem Strahl $G_t = 101$ t ab. Diese Strecken setzt man dann von der w-Linie in den entsprechenden Geschwindigkeiten nach oben ab und verbindet sie zur Fahrkraftlinie (Abb. 67b).

Aus dieser Fahrkraftlinie und der w-Linie können, wie beschrieben, die Fahrzeiten für die Fahrt unter Strom oder für Auslauf ermittelt und der Zeitwegstreifen gezeichnet werden.

D. Die elektrische Arbeit je Zeitschritt.

Die Abszissenachse der Leistungs- und Verbrauchstafel ist nach der elektrischen Arbeit je sec β kWsec/sec unterteilt. Die elektrischen Arbeiten in kWh je $\Delta t = 20$ sec ist

$$\Delta A_e = \frac{\beta \cdot \Delta t}{3600} = \frac{\beta \cdot 20}{3600} \text{ kWh je 20 sec.}$$

Für $\beta = 900$ kWsec/sec ist $\Delta A_e = 5$ kWh je 20 sec. Trägt man diesen Wert im Maßstab 5 kWh/20 sec = 1 cm in $\beta = 900$ kWsec/sec der Abszissenachse auf und zieht einen Strahl vom oberen Endpunkt des m durch den Nullpunkt, so sind die Höhen dieses Strahls senkrecht unter den Schnittpunkten der Z_i-Linien mit den

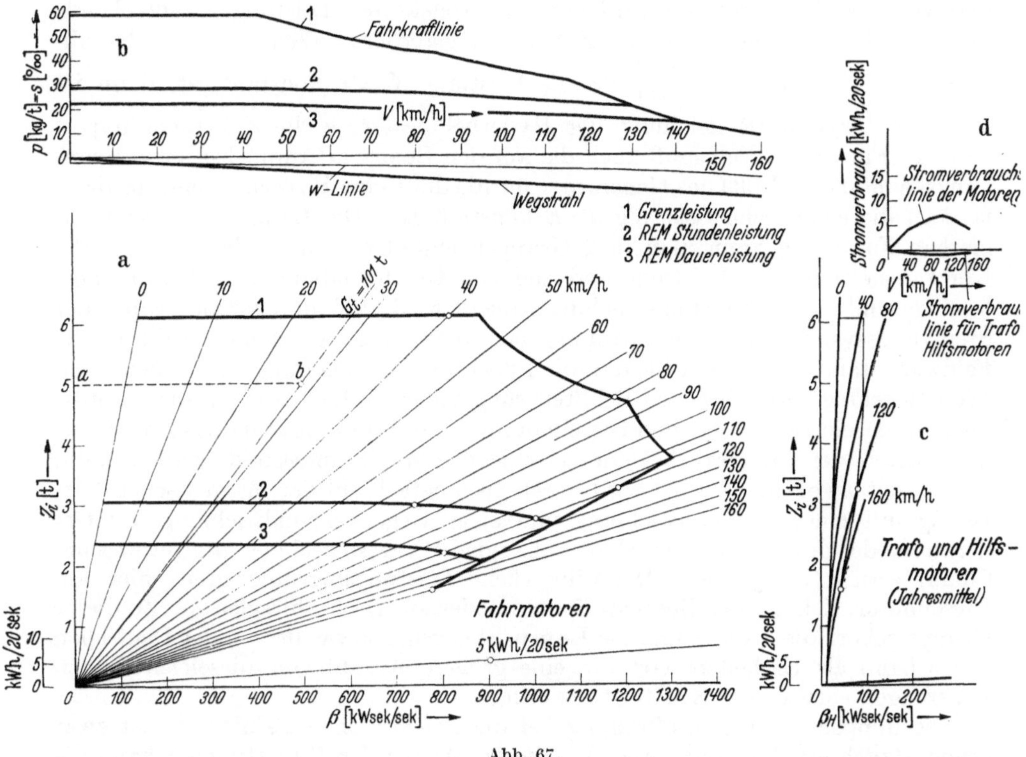

Abb. 67.

Grenzleistungslinien die entsprechenden elektrischen Arbeiten je 20 sec. Für die zeichnerische Ermittlung der elektrischen Arbeit der Zugfahrt trägt man in Abb. 67d letztere Höhen in den entsprechenden V-Werten über eine Geschwindigkeitsachse auf. Deren Länge ist für $V = 180$ km/h = der Strecke für 1 km zu zeichnen. Diese Länge ergibt sich aus der Beziehung, daß der Zug bei der Geschwindigkeit 180 km/h während des Zeitschrittes $\Delta t = 20$ sec 1 km zurücklegt. Bei 1:25000 ist 1 km = 40 mm die Länge der V-Achse in der Zeichnung. Über dieser Achse trägt man mit den ΔA_e-Werten je 20 sec die ΔA_e-V-Linie auf. Unter der V-Achse trägt man noch die entsprechenden Werte $\beta_H \cdot \dfrac{\Delta t}{3600}$ kWh je 20 sec für Transformator und Hilfsmotoren nach Abb. 67d in gleichem Maßstab auf.

Die Übertemperaturen sind in der gleichen Weise, wie in dem vorigen Kapitel beschrieben, zu ermitteln, wenn das Schaubild für diese Motoren vorhanden ist.

VII. Die Fahrt eines dieselelektrischen Triebwagens.

A. Die elektrische Kraftübertragung.

Bei den dieselelektrischen Triebwagen ist ein Dieselmotor mit einem Generator gekuppelt und dieser mit einem oder mehreren Elektromotoren, die die Triebachsen antreiben. Wegen der bequemen Regelung sind die Bahnmotoren der dieselelektrischen Triebwagen durchweg Gleichstrommotoren. Die Dieselmotoren werden elektrisch mit Hilfe der von der Batterie gespeisten Generatoren angelassen. Der Motor kann von jedem Führerstand aus besonders in Gang gesetzt und stillgelegt werden. Im Interesse einer wirtschaftlichen Arbeitsweise sollen Leistung und Drehzahl des Dieselmotors möglichst unverändert bleiben, und von den Bahnmotoren wird eine der konstanten Leistung entsprechende Zugkraft-Geschwindigkeits-Linie (Z-V-Linie) gefordert. Wenn aber in der allgemeinen Gleichung $N = \dfrac{Z \cdot V}{270}$ PS die Leistung $N = c$ konstant ist, dann ist nach der Asymptotengleichung der Hyperbel $c = x \cdot y$ die Z-V-Linie hyperbolisch. Für diesen Fall muß auch die auf den Strom (J Amp.) bezogene Spannungskennlinie (E Volt) des Generators im Idealfall eine Hyperbel sein, da dann ja auch die elektrische Leistung $J \cdot E$ konstant ist. Die Lösungen dieser technischen Forderung kann man in 2 Gruppen einteilen je nach der Art, wie die Konstanthaltung der Leistung und die zur Geschwindigkeitsregulierung notwendige willkürliche Leistungsregelung erreicht wird. Bei der ersten Gruppe der Steuerungssysteme wird die Spannung des fremderregten Generators durch den Feldwiderstand derart geregelt, daß die hyperbolische Spannungslinie erzielt wird. Diese Regelung erfolgt bei der BBC-Steuerung nach dem Leonard-Verfahren selbsttätig durch ein Relais, das den Dieselmotor auf konstante Leistungsabgabe regelt und mittels der Führerkurbel auf verschiedene Werte umgestellt werden kann.

Bei der zweiten Gruppe wird durch geeignete Wahl der magnetischen Sättigung mit einer Verbundwicklung und einer Gegenverbundwicklung des Generators oder durch besondere stromabhängige Erregermaschinen die gewünschte Charakteristik erzwungen. Die willkürliche Leistungsregelung greift hier am Dieselmotor, d. h. an der Brennstoffpumpe oder am Drehzahlregler an. Zu dieser Gruppe gehört die Gebus und die Lemp-Steuerung sowie die von der Deutschen Reichsbahn als Einheitsbauart für eine größere Anzahl von dieselelektrischen Fahrzeugen entwickelte RMZ-Steuerung.

Die doppelte Energieumformung bei dieselelektrischen Fahrzeugen ist zwar grundsätzlich ein Nachteil. Aber bei dieser Art der Kraftübertragung kann die Höchstleistung des Dieselmotors dauernd voll ausgenutzt und den Triebrädern, angepaßt an den Fahrbetrieb, zugeführt werden, da die elektrischen Vorgänge leicht zu beherrschen sind.

Um die Verbrauchswerte Fahrzeit und Energieverbrauch einer Fahrt zu ermitteln, sind die Zugkrafts-Geschwindigkeits- und die Energie-Geschwindigkeits-Linien zu entwerfen. Diese werden aus den Kennlinien des Generators und des Bahnmotors hergeleitet. Der Aufbau dieser Kennlinien soll an Hand des von Judtmann in seinem Buch: „Motorzugförderung auf Schienen" (Verlag Julius Springer) behandelten Beispiels (S. 136) erklärt werden. Es ist dies ein Beispiel für RMZ-Steuerung, also eines mit Drehzahländerung arbeitenden Generators.

B. Die Kennlinien des Generators in Abhängigkeit von der Antriebsleistung des Verbrennungsmotors.

Die Kennlinien des Generators werden auch äußere Kennlinien genannt. Die Abb. 68 zeigt für die konstanten Drehzahlen $n = 1270$, 1310 und 1350

(Kurven a, b, c) die Kennlinien für die Abhängigkeit der Spannung E Volt von der Stromstärke J Ampere. (Für geringere Drehzahlen $n = 800, 1000, 1200$ sind noch Kennlinien in Abb. 70 eingezeichnet.) In der oberen Ecke der Abb. 68 sind die drei erstgenannten Drehzahlen des Dieselmotors in der Leistungslinie (PS) gekennzeichnet, wie sie auf dem Prüfstand ermittelt worden sind. Jeder zu diesen 3 Drehzahlen gehörenden Leistung des Dieselmotors entspricht unter Berücksichtigung der eingetragenen Wirkungskurve η des Generators für die Abhängigkeit der Spannung von der Stromstärke eine hyperbelähnliche Kurve (d bis f). In den Schnittpunkten der Hyperbeln mit den Spannungs-Strom-Linien gleicher Drehzahlen besteht Gleichheit zwischen der Leistung des Dieselmotors und der des Generators. Die stark ausgezogene Verbindungslinie (I, II, III, IV, V) ist die sich selbsttätig einstellende Spannungs-Strom-Kurve des Generators bei Vollast. Zu dieser Kurve gehört oberhalb die Drehzahlkurve n U/min in Abhängigkeit von der Stromstärke. Darunter ist die Kurve der für die Zugförderung zur Verfügung stehenden PS dadurch gezeichnet, daß man die Punkte der Leistungslinie des Dieselmotors (oben rechts) auf die Drehzahlkurve n waagerecht und von dieser senkrecht nach unten projiziert, sowie die PS-Werte auf dieser Senkrechten abgesetzt hat.

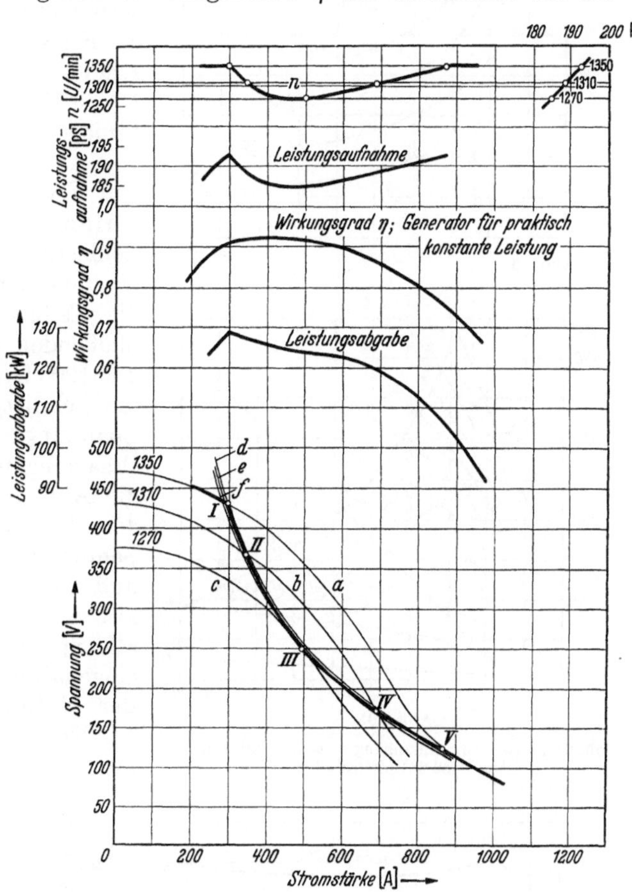

Abb. 68. Kennlinien eines mit Drehzahlsenkung arbeitenden Generators.

Die Umrechnung dieser PS mit den Wirkungsgraden η gibt die Kurve der vom Generator abgegebenen Leistungen in kW.

C. Der Zusammenhang zwischen Generator- und Fahrmotorenkennlinie.

Treibt der Generator nur einen Bahnmotor an, so ist die an den Klemmen abgegebene Stromstärke gleich der vom Bahnmotor aufgenommenen. Bei zwei oder mehreren Bahnmotoren entspricht der Generatorstrom bei Nebeneinander- oder Parallelschaltung dem zwei- oder mehrfachen Strom eines Bahnmotors. Zeichnet man z. B. nach Abb. 70 bei einem Bahnmotor daher die Spannungs-Strom-Linien des Fahrmotors für die verschiedenen Geschwindigkeiten im selben Maßstab in die Spannungs-Strom-Linien des Generators ein, so kann man hieraus die Zugkrafts-Geschwindigkeits-Linien für Vollast und die Teillasten ermitteln (Abb. 71).

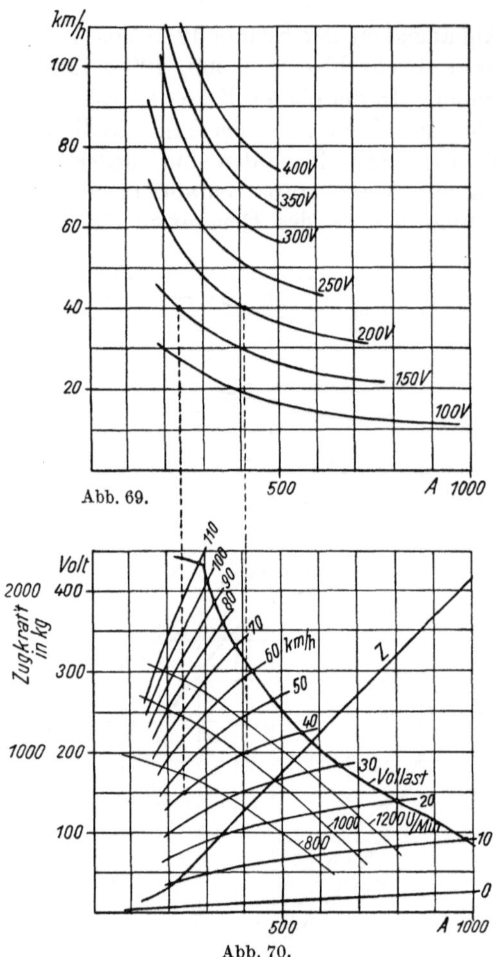

Abb. 69 u. 70. Zusammenhang zwischen Fahrmotor- und Generatorkennlinien.

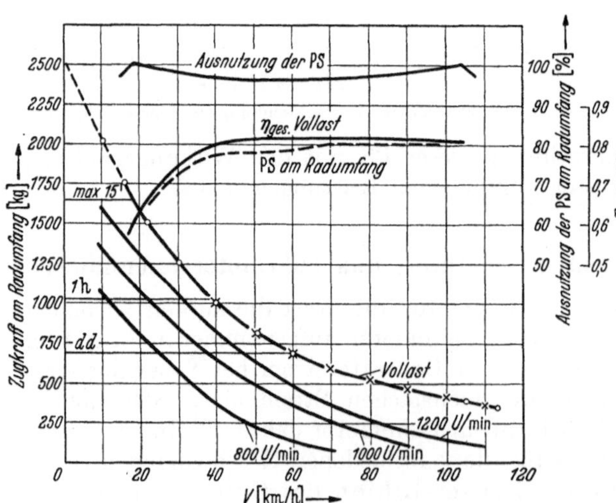

Abb. 71. Fahrzeugkennlinien eines 193/210 PS dieselelektrischen Triebwagens.

Es sind nach Abb. 69 hierfür die Kennlinien des Bahnmotors gegeben. In diesen sind die Fahrgeschwindigkeiten über dem Strom für verschiedene Spannungen dargestellt. Diese Kennlinien werden nach Abb. 70 so über die Stromachse gleichen Maßstabes umgezeichnet, daß man nunmehr die Kurven gleicher Geschwindigkeiten erhält, deren Ordinaten die Spannungen E Volt sind. In diese Spannungs-Strom-Linien des Bahnmotors zeichnet man aus Abb. 68 für dieselben Maßstäbe von E Volt und J Ampere die Kennlinien des Generators für Voll- und Teillasten ein. Bei reiner Drehzahlregelung entsprechen diese Kurven für die Teillasten denen für die gleichbleibenden Drehzahlen $n = 800$, 1000 und 1200 U/min. Lotet man aus Abb. 69 die Schnittpunkte der Linien für die Spannungen 150 und 200 Volt mit der Waagerechten für 40 km/h herunter in die Abb. 70, so erhält man hier auf der Motorkennlinie für 40 km/h zwei Schnittpunkte, deren Ordinaten 150 und 200 Volt sind. Demnach können also mit der Geschwindigkeit 40 km/h alle Spannungen von 150 bis 200 Volt eingehalten werden. Der Schnittpunkt der Motorkennlinie für 40 km/h mit der Kennlinie des Generators für Vollast zeigt jene höchste Stromstärke J Ampere an, die für die Zugkraft Z_t bei 40 km/h und Vollast maßgebend ist. An der eingetragenen Zugkrafts-Stromstärke-Linie kann dieser Wert von Z_t kg abgelesen werden. Ebenso wie für 40 km/h und Vollast kann man auch die Zugkräfte Z_t für die anderen Geschwindigkeiten der Vollast sowie diejenigen für die Teillasten mit den gleichbleibenden Drehzahlen $n = 800$, 1000 und 1200 ermitteln. Auf diese Weise erhält man nach Abb. 71 die Zugkrafts-Geschwindigkeits-Kennlinien eines dieselelektrischen Triebwagens. In dieser Abbildung ist auch über der V-Achse der mechanische Wirkungsgrad $\eta\,\%$ eingetragen.

Bei mehreren Bahnmotoren je Generator sind in Abb. 70 die Maßstäbe diesen Verhältnissen entsprechend zu wählen. In der Abb. 71 sind noch die von der Erwärmung der Maschinen abhängigen waagerechten Begrenzungslinien für Dauer-, Stunden- und 15 min-Zugkraft eingetragen, die mit max dd, 1^h und $15'$ bezeichnet sind.

D. Die Fahrkraftlinien.

Teilt man für die verschiedenen Geschwindigkeiten die Zugkräfte und ebenso die Widerstände durch das Wagengewicht und trägt die Unterschiede dieser Werte über die Geschwindigkeitsachse auf, so erhält man die Fahrkraftlinien (Abb. 72). Die Fahrkraftlinie IV entspricht der Vollbeanspruchung des Motors, die Fahrkraftlinien III, II und I entsprechen den Teillaststufen.

Um die elektrische Leistung zu erhalten, multipliziert man in Abb. 70 die Ordinaten E Volt mit der Abszisse J Ampere der Schnittpunkte der Vollastlinie bzw. der Linien gleicher Drehzahlen mit den Linien gleicher Geschwindigkeit. Diese Leistung ist $\dfrac{J \cdot E}{1000}$ kW, und die elektrische Arbeit je Zeitschritt $\varDelta t$ ist dann

$$\varDelta A_e = \frac{J \cdot E \cdot \varDelta t}{1000 \cdot 3600}\ \text{kWh}\,.$$

Für die mechanische Leistung an der Motorwelle ist $N = Z_{mo} \cdot V : 3{,}6$ kg m/sec zu bilden, wo $Z_{mo} = Z_t : \eta$ ist. Die mechanische Arbeit je Zeitschritt ist dann

$$\varDelta A_m = \frac{Z_t \cdot V \cdot \varDelta t}{\eta \cdot 3{,}6 \cdot 10^6}\ \text{kmt}\,.$$

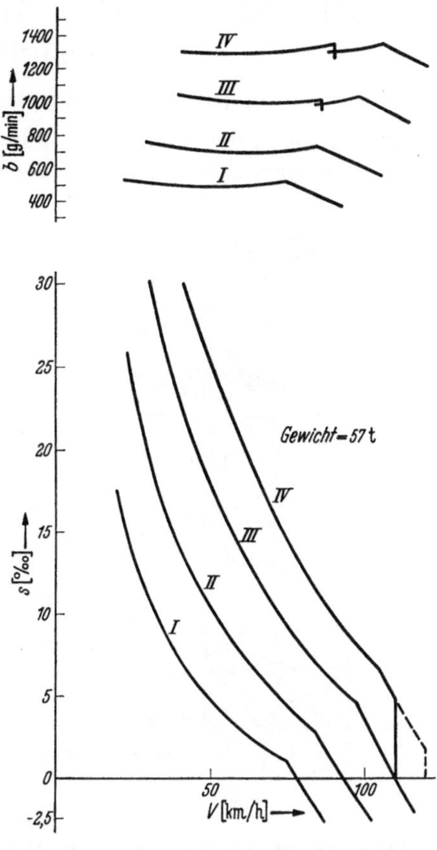

Abb. 72. Fahrkraftlinien und Brennstoffverbrauchslinien eines dieselelektrischen Triebwagens.

E. Der Brennstoffverbrauch je Zeitschritt.

Für die Ermittlung des Energieverbrauches ist der Brennstoffverbrauch in Abhängigkeit von der Fahrgeschwindigkeit zu berechnen. Es ist aus den Motorkennlinien des Dieselmotors der Brennstoffverbrauch je PSh in Abhängigkeit von den minutlichen Umdrehungen bekannt. Dividiert man den Brennstoffverbrauch b g/PSh durch die Leistung N PS, so erhält man den stündlichen Brennstoffverbrauch $b_{1h} = \dfrac{b}{N}$ g/h. Der Brennstoffverbrauch je Zeitschritt $\varDelta t\,\text{sec} = \dfrac{\varDelta t}{3600}\,h$ ist dann $b_1 = \dfrac{b \cdot \varDelta t}{3600 \cdot N}$. Nun sind nach Abb. 70 durch die Schnitte der Spannungs-Strom-Kurven des Generators je Umdrehung mit den Spannungs-Strom-Kurven des Bahnmotors je Geschwindigkeit die Umdrehungszahl des Generators und zugleich auch die des Dieselmotors den Geschwindigkeiten des Bahnmotors zugeordnet. Um für die Fahrt den Brennstoffverbrauch zu ermitteln, sind daher nach Abb. 72 für Vollast- und 3 Teillaststufen der Brennstoffverbrauch

$\dfrac{b \cdot \varDelta t}{3600 \cdot N}\, \mathrm{g}/\varDelta t$ für Vollast und Teillasten über der V-Achse als Linien wie beim Dampf- oder Stromverbrauch aufzutragen. Diese Linien werden mittels des Zeitwegstreifens für die Zugfahrt wie vorher beschrieben ausgewertet. Ebenso ist bei der Ermittlung der Arbeit der indizierten Zugkräfte $\varDelta A_m = \dfrac{Z_t \cdot V \cdot \varDelta t}{\eta \cdot 3600}$ kmt zu verfahren.

VIII. Die Fahrt eines Triebwagens mit hydraulischer Kraftübertragung.

A. Die Wirkungsweise des Flüssigkeitsgetriebes.

Die hydraulische Kraftübertragung mittels eines Flüssigkeitsgetriebes bringt zu den Vorteilen des elektrischen Getriebes noch die des geringen Gewichts, der

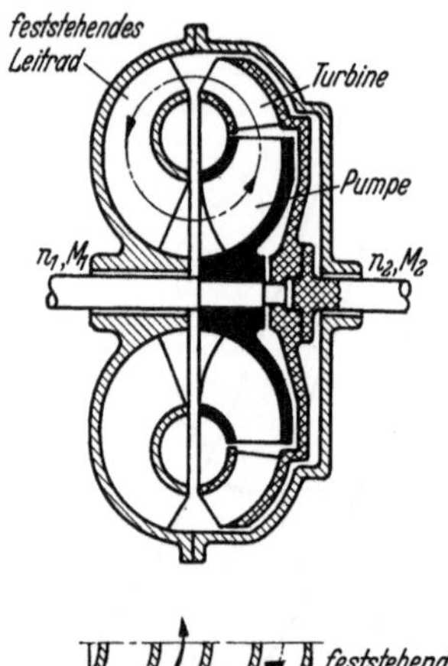

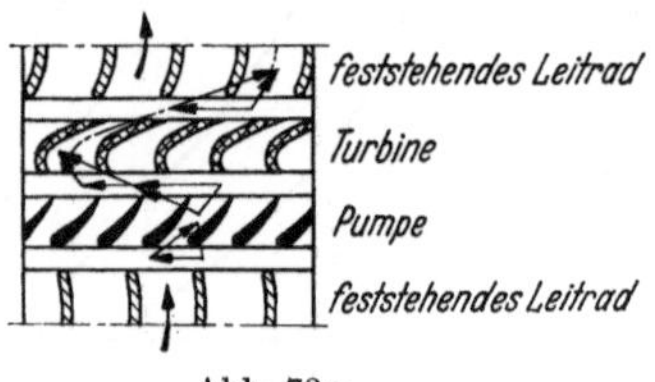

Abb. 73 a.

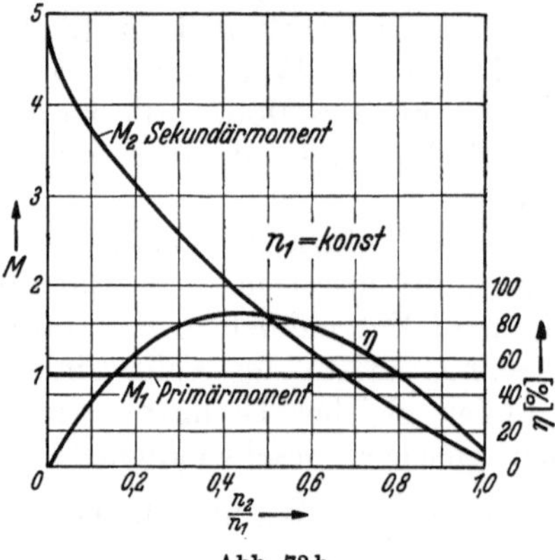

Abb. 73 b.

Abb. 73 a u. b. Schematischer Schnitt durch einen Wandler. Kennlinien. Abwicklung der Beschaufelung. M_1 Antriebsmoment, M_2 Abtriebsmoment, n_1 Antriebsdrehzahl, n_2 Abtriebsdrehzahl, η Wirkungsgrad.

einfacheren Handhabung und der Unempfindlichkeit gegen Bedienungsfehler. Das Flüssigkeitsgetriebe ist von Prof. Föttinger erfunden, der auch die theoretischen Grundlagen dazu geschaffen hat. Es hat zwei Strömungskreisläufe, die entsprechend ihren Aufgaben hydraulisch verschieden aufgebaut sind. Der erstere ist beim Anfahren und in starken Steigungen als „Wandler" wirksam, gleichachsig mit dem Wandler ist als zweiter Strömungskreislauf die hydraulische „Kupplung" angeordnet, die in der Ebene oder in geringen Steigungen praktisch verlustlos arbeitet.

Nach einer Beschreibung der Firma Voith, Heidenheim, sind im Wandler (Abb. 73a) 3 durch die Ausnutzung der Wasserkräfte in ihrem strömungstechnischen Verhalten längst bekannte Maschinenteile: das Pumpen-, das Turbinenlauf- und das Leitrad, unmittelbar zusammengefaßt. Vom Antriebsmotor (Dieselmotor) wird über die Antriebswelle mechanische Energie zugeführt und im Pumpenrad (schwarz) in Form von Druck und von Geschwindigkeitsenergie auf die Betriebsflüssigkeit (Öl) übertragen, die im Kreislauf aus einem Ölbehälter gefördert wird. Während das Turbinenlaufrad (gekreuzt schraffiert) durchströmt wird, teilt sich die Energie der Flüssigkeit dem Laufrad mit und übt auf dieses ein entsprechendes Drehmoment aus. Am feststehenden Leitrad (schräg schraffiert) stützt sich das Gegenmoment ab, wodurch die Umwandlung des Moments in die Bewegung des Turbinenrads möglich wird. Das Turbinenrad sitzt auf der Antriebswelle, von der aus die Bewegung auf die Treibachse des Fahrzeuges übertragen wird. Die Flüssigkeit wird dem Pumpenlaufrad strömungstechnisch günstig wieder zugeführt. Das Motormoment wird selbsttätig und stufenlos entsprechend den Anforderungen des Fahrbetriebs umgeformt. Bei geringen Geschwindigkeiten des Fahrzeuges steht ein großes Abtriebsdrehmoment zur Verfügung, so daß das Fahrzeug schnell aber stetig, weich und stoßfrei beschleunigt wird. Dies geht aus dem Diagramm der Abb. 73b hervor. Ist das Antriebsdrehmoment des Dieselmotors (Primärmoment) gleich 1 gesetzt, so ist bei konstanter Drehzahl n_1 des Dieselmotors das auf die Abtriebswelle des Turbinenlaufrads übertragene Moment (Sekundärmoment) bei der Abtriebsdrehzahl $n_2 : n_1 = 0$, d. h. zu Beginn des Anfahrens beinahe fünfmal so groß. Dieses nimmt stetig ab, und bei $n_2 : n_1 = 1$ sinkt es fast auf 0. Das Sekundärmoment wird bei

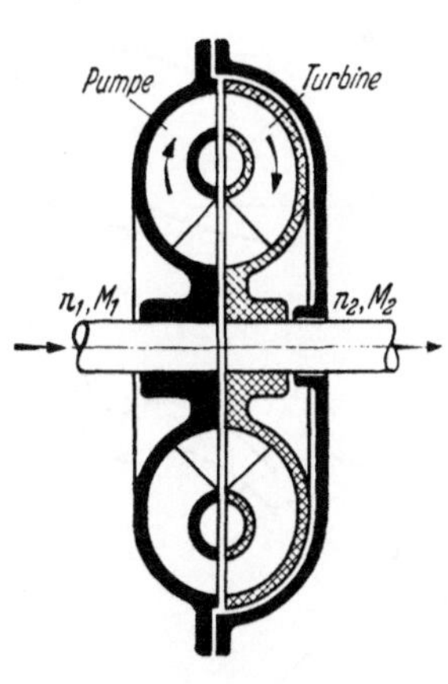

Abb. 74a.

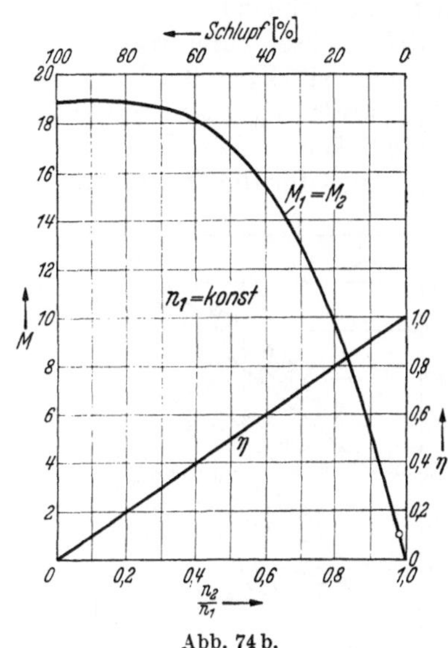

Abb. 74a u. b. Schematischer Schnitt durch eine Kupplung. Kennlinien der Kupplung.
M_1 Antriebsmoment, M_2 Abtriebsmoment, n_1 Antriebsdrehzahl, n_2 Abtriebsdrehzahl, η Wirkungsgrad.

Abb. 74b.

$n_2 : n_1 > 1$ negativ. Das Flüssigkeitsgetriebe kann dann als Bremse verwendet werden.

Die Abb. 74a zeigt die „Kupplung", die aus zwei gleichen Schaufelrädern besteht, deren eines als Pumpe (schwarz) und deren anderes als Turbine (gekreuzt schraffiert) arbeitet. Die Kupplung ist mit einem dichten Gehäuse umgeben und gleichachsig neben dem Wandler angeordnet. Wird das Pumpenrad angetrieben, so entsteht am äußeren Durchmesser durch die Fliehkraft ein Überdruck in der Betriebsflüssigkeit, der einen Kreislauf durch das Turbinenrad der Kupplung herbeiführt, bis auch dort durch die zunehmende Drehzahl eine Gegenfliehkraft entsteht. Würden beide Teile gleich schnell laufen, so würde der Kreislauf und der Kraftfluß aufhören. Da kein Leitrad vorhanden ist, sind Abtriebs- und Antriebsmoment gleich groß. Der hydraulische Wirkungsgrad ist daher das Drehzahlverhältnis $n_2 : n_1$. Dieses beträgt bei der Höchstgeschwindigkeit eines Fahrzeuges 98—99%. Den Verlauf des Wirkungsgrades und die Momentaufnahme durch die Kupplung zeigt Abb. 74b. Für den Wandler und die Kupplung ist die für Kreiselradmaschinen geltende Formel $N = k \cdot n^3 \cdot D^5$ PS anwendbar, in der N PS die Leistung, k einen Festwert entsprechend der Beschaufelung, n die Antriebsdrehzahl und D den Schaufelraddurchmesser ausdrückt. Die Drehzahl muß sehr hoch sein, um D gering und damit wirtschaftliche Abmessungen zu erhalten. Für den höheren Geschwindigkeitsbereich hat eine Sonderbauart des Wandlers mit verkleinertem festem Leitrad, der „Marschwandler", vielfach Verwendung gefunden. Der bessere Wirkungsgrad, der für diesen Bereich bisher verwendeten Kupplung kann wegen der unmittelbaren Verbindung der Motorwelle mit der Triebachse nicht voll ausgenützt werden, da ebenso wie bei dem mechanischen Stufengetriebe eine starke Drehzahldrückung und damit eine Leistungseinbuße gegeben ist. Der Marschwandler hat aber diese unmittelbare Verbindung zwischen Motorwelle und Triebachse nicht, denn er stellt keine feste Verbindung zwischen der Motordrehzahl und der Fahrgeschwindigkeit her. Der Wirkungsgrad ist daher besser.

B. Die Kennlinien eines Flüssigkeitsgetriebes mit Anfahr- und Marschwandler.

In Abb. 76, die dem bereits erwähnten Buch von Judtmann: „Motorzugförderung auf Schienen", S. 91, entnommen ist, sind die Kennlinien über der $\delta_2 = V/V_x$-Achse aufgetragen. In der Regel ist $V_x = 0{,}9\,V_{\max}$ bis $0{,}95\,V_{\max}$ km/h. $V_{\max}$ ist die Höchstgeschwindigkeit. Für $V = V_x$ ist $\delta_2 = 1$. Auch für die Ordinaten der

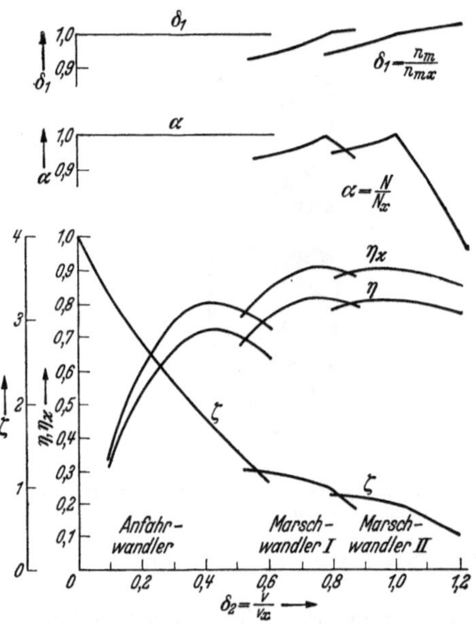

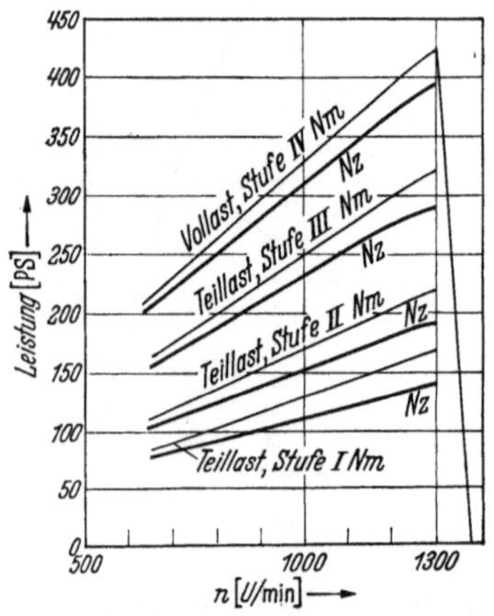

Abb. 75. Leistungskennlinien eines
425 PS Fahrzeug-Dieselmotors.

Abb. 76. Kennlinien eines Flüssigkeitsgetriebes
mit Anfahr- und Marschwandler.

verschiedenen Kurven der Kennlinien sind nur Verhältniszahlen angegeben. Die Kennlinien des Flüssigkeitsgetriebes gelten daher für verschiedene Motoren. Die unmittelbar über der δ_2-Achse gezeichneten Linien sind die ζ-Kurven. Die Werte ζ geben das Verhältnis der jeweiligen Motorzugkraft Z_{mo} zur ideellen Zugkraft $Z_i = 270\,N_{zx} : V_x$ kg an, so daß also $Z_{mo} = \zeta \cdot Z_i = \zeta \cdot 270 \cdot N_{zx} : V_x$ ist. Es ist N_{zx} PS die bei V_x auftretende Leistung für Dauerbeanspruchung des Dieselmotors. Ist die Kennlinie des Dieselmotors nach Abb. 75 gegeben und ist $V_{\max} = 110$ km/h und damit $V_x = 0{,}9 \cdot 110 = 100$ km/h, so möge V_x nach Abb. 75 der Regeldrehzahl des Motors $n_{mx} = 1300$ entsprechen, zu der die Dauerleistung $N_{zx} = 395$ PS gehört. Es ist daher $Z_i = 270 \cdot 395 : 100 = 1065$ kg. Beim Anfahren ist also mit $\delta_2 = 0$ der Wert $\zeta = 4$ und daher die Anfahrzugkraft $Z_{amo} = \zeta \cdot Z_i = 4 \cdot 1065 = 4270$ kg. In dieser Weise können für Vollast des Motors also die Motorzugkräfte des Anfahrwandlers, die mit $\alpha = 1$ zugleich die ausnutzbaren sind, aus den Kennlinien gefunden werden, wenn Z_i und V_x bekannt sind.

Nach Abb. 76 reichen die Geschwindigkeiten des Wandlers von $V = 0$ bis $V = \delta_2 \cdot V_x = 0{,}6 \cdot 100 = 60$ km/h, die des Marschwandlers I von $V = 55$ bis

$V = 84$ km/h und die des Marschwandlers II von $V = 80$ bis $V = 110$ km/h. Die Kurven η_k der Abb. 76 geben die Wirkungsgrade des Kreislaufes an, und die Kurven $\eta = 0{,}9 \cdot \eta_k$ sind die Gesamtwirkungsgrade der Übertragung. Die Werte α geben das Verhältnis der ausnutzbaren Leistung N_z zur Dauerleistung N_{zx} an, so daß $N_z = x \cdot N_{zx}$ PS ist. Für die Marschwandler ist $\alpha < 1$ und daher die ausnutzbare Motorzugkraft $Z_z = \alpha \cdot Z_{mo}$. Ebenso geben in der obersten Kurve die Werte δ_1 das Verhältnis der jeweiligen Motordrehzahl n_m zur Regeldrehzahl n_{mx} an. Sie stellen daher ein Maß für die Drückung dar. Es ist danach $n_m = \delta_1 \cdot n_{mx}$.

Für den Anfahrwandler sind noch die Teillasten bei dem Flüssigkeitsgetriebe zu bestimmen. Hierbei sind die Teillastdrehzahlen zu wählen. Für diese gewählten Teillastdrehzahlen kann man nach der Formel für die Leistung des Flüssigkeitsgetriebes $N_t = k \cdot n^3 \cdot D^5$ PS die entsprechenden vom Flüssigkeitsgetriebe aufnehmbaren Leistungen berechnen. Es ist nach der folgenden Zahlentafel (Judtmann. S. 107):

Zahlentafel 11.

	n_m U/min	$(n_m : 1000)^3$	N_z bzw. N_t	N_h	N_m PS
Vollast	1300	2,2	395	30	425
Teillast III	1180	1,64	295	25	320
„ II	1000	1,0	180	16	196
„ I	760	0,44	80	12	92

Man kann die Leistung N_t der Teillast aus der für Vollast berechnen, indem man die Leistung der Vollast im Verhältnis der dritten Potenz der Drehzahl von Teillast zu Vollast reduziert. Es ist z. B. die Leistung der Teillast III $N_t = 395 \cdot 1{,}64 : 2{,}2 = 295$ PS. Die gesamte Motorleistung N_m erhält man aus der Nutzleistung N_z, wenn man zu ihr die Leistungen für die Hilfseinrichtungen N_h. die für die verschiedenen Drehzahlen n_m in der Zahlentafel angegeben sind, noch hinzufügt.

C. Fahrkraftlinien und Brennstoffverbrauch je Zeitschritt.

Die ausnutzbare Zugkraft am Triebradumfang ist $Z_t = \eta \cdot Z_z = \eta \cdot \alpha \cdot Z_{mo} = \eta \cdot 270 \cdot N_z : V$ kg. Hier ist η der Wirkungsgrad der Kraftübertragung vom Motor zum Triebrad. Für das Triebwagengewicht G_t ist auf 1 t bezogen die Zugkraft am Triebradumfang $z = Z_t : G_t = \eta \cdot 270 \cdot N_z : V \cdot G_t$ kg/t und der Fahrzeugwiderstand $w = W : G_t$ kg/t (W s. S. 105). Für die Fahrzeitermittlung ist dann aus z und w wieder über der V-Achse die Fahrkraftlinie (Abb. 77). die auch s/V-

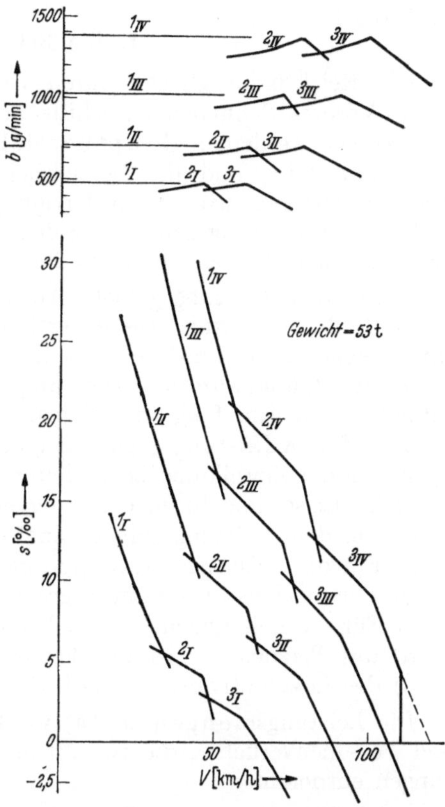

Abb. 77. Fahrkraftlinien und Brennstoffverbrauchslinien eines Triebwagens mit Dieselmotor und hydraulischer Kraftübertragung.

Linie genannt wird, zu zeichnen, und zwar für die Vollast und für die drei Teillasten.

Den **Brennstoffverbrauch** je Zeitschritt Δt ist aus dem auf dem Prüfstand für Vollast aufgenommenen Brennstoffverbrauch b g/PSh zu ermitteln, und zwar für die den Motordrehzahlen n entsprechenden Fahrgeschwindigkeiten. In Abb. 77 sind die Brennstoffverbrauchslinien für je 1 min dargestellt. Es ist der Brennstoffverbrauch je Zeitschritt Δt sec $b_1 = b \cdot N_m \cdot \Delta t : 3600$ g/Δt. Mit diesen Werten sind über der V-Achse die Brennstofflinie für Vollast und auch die für Teillasten zu zeichnen (Abb. 77), falls auch für letztere auf dem Prüfstande der Brennstoffverbrauch je PS/h aufgenommen worden ist. Ist für die Teillasten der Brennstoffverbrauch nicht aufgenommen, so kann man, wie in Abschn. V gezeigt, mittels der Drossellinie und der Brennstoffverbrauchslinie für Vollast die Brennstoffverbrauchslinien für die Teillasten berechnen.

Zweiter Teil: Anwendungen in der Praxis.

I. Kosten und Kostenvergleiche.

A. Die Betriebskostenrechnung (Beko) der Deutschen Reichsbahn.

Bevor gezeigt wird, wie die Kosten der Zugfahrten ermittelt werden, soll ein Überblick über die Betriebskostenrechnung der Reichsbahn gegeben werden. Nach der Dienstanweisung für die Aufstellung der Betriebskostenrechnung wird der **Betriebsleistung** der **Kostenaufwand** gegenübergestellt (vgl. Tecklenburg[1]).

1. Die Betriebsleistungen.

Die Reichsbahn gliedert ihren Gesamtverkehr nach **Verkehrszweigen:** Fern-, Vorort-, Schmalspur-, Schiffs- und Kraftwagenverkehr. Die Eisenbahnverkehrszweige werden in **Hauptbetriebsgruppen** für **Reisezüge** und **Güterzüge** unterteilt, und die Betriebsleistungen innerhalb dieser Gruppen nach drei **Leistungsgebieten:** Abfertigung, Zugbildung und Zugförderung. Innerhalb dieser Leistungsgebiete werden als kleinste Einheiten der betrieblichen Leistung folgende Leistungseinheiten unterschieden:

1. Auf dem Leistungsgebiet „Abfertigung":

a) Bei **Reisezügen:** Die Abfertigung je eines Reisenden, die Abfertigung je eines Gepäckstückes und je eines Expreßgutes in Empfang und Versand.

b) Bei **Güterzügen:** Die abgefertigte Tonne Stückgut- und Wagenladungsgut in Empfang und Versand und die behandelte Tonne Umladegut.

2. Auf dem Leistungsgebiet „Zugbildung":

Ein in der Zugbildung behandelter Wagen

a) im Reise- und b) im Güterzugverkehr.

3. Auf dem Leistungsgebiet „Zugförderung":

a) Für die Leistungen des Zugbegleitpersonals: Ein Zugbegleit-km.

b) Für die Leistungen am Zuge: Ein Zug-, Achs-, Brutto- und Netto-km.

c) Für die Leistungen beim Lokomotivdienst:

α) des Personals: Ein Lok-Personal-Kopf-km,

β) der Lokomotiven: Ein Lok-Einheits-km.

Die Leistungsmengen zu 1a) werden aus den Nachweisungen des Gepäck- und Personenverkehrs, die zu 1b) aus den Aufschreibungen der Güterabfertigungen entnommen.

---

[1] Betriebskostenrechnung und Selbstkostenermittlung bei der Deutschen Reichsbahn 1930, Verkehrstechn. Lehrmittelgesellschaft.

Die Leistungsmengen zu 2a) werden aus den Zugumlaufsplänen für die regelmäßigen Leistungen und für die unregelmäßigen aus anderen Aufschreibungen ermittelt. Als Unterlagen für die Leistungsmengen des Güterzugverkehrs (2b) dient die Wirtschaftsstatistik der Rangierbahnhöfe.

In der Zugförderung werden die Leistungsmengen der Züge und der Zugbegleiter durch den Zugdienstzettel und die der Lokomotive und der Lokomotivmannschaft durch den Lokomotivdienstzettel erfaßt.

2. Der Kostenaufwand.

Die Ausgaben der Betriebsführung werden von jeder Reichsbahndirektion in der „Betriebskostenrechnung" für den Zeitraum eines Jahres nach Kosten a) persönlicher, b) sachlicher Art und c) nach Verwaltungskosten erfaßt. Letztere werden als Zuschläge zu a) und b) in der Rechnung berücksichtigt.

Zu a): Bei der überragenden Bedeutung der persönlichen Ausgaben ist es unerläßlich, den persönlichen Aufwand mit größter Genauigkeit, getrennt nach Beamten und Arbeitern, zu erfassen. Es muß deshalb für jeden Bediensteten klargestellt werden, welchem besonderen Zweck seine Tätigkeit im Rahmen des Gesamtunternehmens dient. Die Tätigkeiten sind daher weitgehendst nach Dienstzweigen gegliedert, und es ist Aufgabe der Dienststellen, jeden Bediensteten an Hand des Dienstzweigzettels in denjenigen Dienstzweig einzuordnen, in dem er überwiegend tätig ist. Das geschieht durch sog. Aufnahmebogen des Personalaufwandes. Schwierig ist für eine Reihe von Dienstzweigen die Aufteilung der Tätigkeiten für Reise- und Güterzüge. Dagegen stellen für das Lok- und Zugbegleitpersonal die Zugdienst- und Lokdienstzettel eine einwandfreie Verteilungsgrundlage dar.

Zu all den persönlichen Ausgaben treten noch die Personalverwaltungskosten für Beamte und Lohnempfänger, in denen die Ausgaben für Pensionen, Wohlfahrtspflege usw. einbegriffen sind. Sie werden als prozentuale Zuschläge zu den reinen persönlichen Ausgaben ermittelt und gleichmäßig verteilt.

Zu b): Die sachlichen Aufwendungen sind ebenso zu erfassen:

α) Die Betriebsstoffe werden auf der Grundlage der Lokomotivleistungskm verteilt. Die Unterlagen liefern die Lokomotivleistungszettel.

β) Der Aufwand für Unterhaltung, Ausbesserung und Erneuerung der Fahrzeuge wird durch die sog. Vollabrechnung der Reichsbahnausbesserungswerke (RAW.) genau erfaßt und auf diese Reise- und Güterzüge verteilt.

γ) Die Sachaufwendungen für die Unterhaltung und Erneuerung der Bahnanlagen werden nur hinsichtlich des Oberbaues auf Grund seiner Inanspruchnahme durch die geleisteten Brutto-tkm genauer auf die Reise- und Güterzüge verteilt. Der Rest der Sachausgaben wird in der Hauptsache nach Schlüssel auf die beiden Zugarten umgelegt.

Ein Zuschlag zu den sachlichen Kosten berücksichtigt die Sachverwaltungskosten für Beschaffung, Lagerung und Verwaltung der Bau-, Betriebsund Werkstoffe. Für die Verwaltungskosten der Direktionen und des Reichsverkehrsministeriums ist noch ein Zuschlag anzufügen.

Die Verarbeitung des riesigen für die Betriebskostenermittlung erforderlichen Zahlenmaterials geschieht in der Hauptsache durch das sog. Lochkartenverfahren[1].

Die Umlegung der vorgenannten Kostenanteile auf die Leistungseinheiten der verschiedenen Leistungsgebiete liefert die „Betriebskosten". Sie werden zu den „Selbstkosten" dadurch ergänzt, daß die Zinsen für das im „Fahrweg"

---

[1] Vgl. Dr. Ing. Feindler: Das Hollerith-Lochkarten-Verfahren, Berlin 1929.

(Anlagen der freien Strecke und der Bahnhöfe) angelegte Kapital sowie die Personal- und die Unterhaltungskosten des stationären Apparates hinzugeschlagen werden.

Die Betriebskostenrechnung wird ausgewertet:

1. Als Grundlage der Selbstkostenermittlung und für die Aufstellung des jährlichen Wirtschaftsergebnisses.

2. Für die Überwachung und Verbesserung der Betriebsführung.

3. Zur Gewinnung von Kalkulationsunterlagen für die Tarifbildung.

Für letzteren Zweck wird in den sog. „Kalkulationsblättern" eine weitgehende Aufspaltung der Kosten der Leistungseinheiten nach Kostenstellen, das sind die örtlichen Stellen, an denen die Kosten aufkommen, vorgenommen und deren prozentualer Anteil im einzelnen angegeben.

Die Kostensätze der Betriebskostenrechnung sind ihrer Entstehung nach Mittelwerte aus den unter den Einflüssen der Gesamtbetriebslage eines Direktionsbezirks (Verkehrs-, Strecken-, Zug- und Personalverhältnissen) erwachsenden Kostensummen. Sie werden ihrerseits wieder im „Wirtschaftsergebnis" für den gesamten Reichsbahnbetrieb zu Mittelwerten zusammengefaßt.

B. Die Zugförderkostenrechnung (Zuko) der Deutschen Reichsbahn.

Die Betriebskosten einer einzelnen Zugfahrt auf einer bestimmten Strecke werden nach der Dienstvorschrift für die Berechnung der Kosten einer Zugfahrt (Zuko) ermittelt. Diese berechnet die von den besonderen Verhältnissen der betrachteten Zugfahrt abhängigen Kosten, die in der Hauptsache durch die Verbrauchswerte, die Dienstpläne der Zugpersonale und der Lokomotive sowie der Verkehrsbelastung der Strecke bestimmt sind, nach besonderen Formeln unter teilweiser Verwendung von Werten aus dem Rechenwerk der Betriebskostenrechnung. Die so erhaltenen Werte werden mit den Einheitskostensätzen der „Beko" derart in Verbindung gebracht, daß darin für die Formelwerte die auf mittleren Verhältnissen beruhenden Kostenanteile ausgeschieden und durch solche ersetzt werden, die auf bestimmte Verhältnisse zugeschnitten sind. Die Kostensätze nach der „Zuko" sind den Mittelwerten nach der „Beko" überall da vorzuziehen, wo es sich um Sonderuntersuchungen handelt, z. B. bei wirtschaftlichen Vergleichen von Neubaulinien, von Dampf- und Elektrobetrieb, von Eisenbahnen mit anderen Verkehrsmitteln sowie auch bei tariflichen Untersuchungen.

1. Die Kostengleichungen.

Die in der Zuko enthaltenen 33 Kostengleichungen für die Erfassung der Zugförderkosten einer Güterzugfahrt sind nachstehend durch Zusammenfassungen, die das Ergebnis nicht beeinflussen, auf 12 vermindert. Diese Formeln enthalten die im vorhergehenden Teil, S. 85, zusammengestellten Verbrauchswerte, die mit Kostensätzen je Einheit des Verbrauchswertes zu bewerten sind.

In den nachfolgenden Kostengleichungen berücksichtigt der Faktor 1,117 den Zuschlag für die Geschäftsleitungskosten des Direktionsapparates und der zentralen Stellen, der Faktor 1,137 den Zuschlag für die gesamten Geschäftsleitungskosten und für die Sachverwaltungskosten.

Die Formeln für die Kostenanteile sind wie folgt unterteilt:

1. Kosten für Lokomotiv- und Zugbegleitpersonal.

a) Lokpersonal $K_{pl} = \dfrac{n_l \cdot E_l \cdot (T + T_a + T_{vl})}{D_{stl} \cdot \eta_l \cdot 60} \cdot 1{,}117$ RM.

b) Zugführer $K_{pz} = \dfrac{E_z \cdot (T + T_a + T_{vz})}{D_{stz} \cdot \eta_z \cdot 60} \cdot 1{,}117$ RM.

c) Schaffner $\quad K_{ps} = \dfrac{n_x \cdot E_s \cdot (T + T_a + T_{vs})}{D_{sts} \cdot \eta_s \cdot 60} \cdot 1{,}117 \text{ RM}.$

d) Dienstfrau $\quad K_{pd} = \dfrac{E_d \cdot (T + T_a + T_{vd})}{D_{std} \cdot \eta_d \cdot 60} \cdot 1{,}117 \text{ RM}.$

Hier ist E_l, E_z, E_s und E_d das durchschnittliche Jahreseinkommen einschließlich der Nebenbezüge sowie des prozentualen Zuschlages für Wohlfahrt und Ruhegeld des Lokpersonals, des Zugführers, der Schaffner oder der Dienstfrau. Die Beträge können der Betriebskostenrechnung der Deutschen Reichsbahn entnommen werden.

n_l sowie n_s ist die Stärke des Lok- oder des Schaffnerpersonals.

D_{stl}, D_{stz}, D_{sts} oder D_{std} sind die im Jahr von einem Lokführer oder Zugführer oder Schaffner oder Dienstfrau zu leistenden Dienststunden (Fahrstunden + Vorbereitungs- und Abschlußzeit nach Dienstplan).

η_l, η_z, η_s, η_d ist das Verhältnis der infolge Erkrankung und Urlaub verminderten Dienststunden zu den zu leistenden Dienststunden D_{st}, z. B. $\eta_l = 0{,}85$, $\eta_z = \eta_s = 0{,}86$.

T = Gesamtfahrzeit. T_a = Stillstandzeit innerhalb der Zugfahrt in min.

T_{vl}, T_{vz}, T_{vs}, T_{vd} min ist die Vorbereitungs- und Abschlußzeit des Lokpersonals oder des Zugführers oder der Schaffner oder der Dienstfrau nach dem Dienstplan.

2. Personalkosten für Betriebspflege der Dampflokomotive.

$$K_{bpf} = k_{bpf}\left(\frac{T_{wbm}}{l_f} + \frac{1{,}1\,B_g}{10000}\right) \cdot 1{,}117 \text{ RM}.$$

k_{bpf} = Tagesausgaben für einen Tagewerkskopf eines Betriebsarbeiters nach der Betriebskostenrechnung der Deutschen Reichsbahn ($= 6{,}85$ RM.).

T_{wbm} = die für eine voll ausgenutzte Lok zugewiesene Zahl von Tagewerksköpfen für die Arbeiten der Kohlenlader und der Betriebsarbeiter. S. Zahlentafel 12.

l_f = Zahl der Läufe, die als Tagesdurchschnitt auf eine Lokomotive der Gruppe nach dem Lok-Dienstplan entfallen (z. B. $l_f = 2$).

$B_g = B + B_0 + 0{,}25 \cdot R \cdot T_n + 0{,}6 \cdot R \cdot T_a + b_h \cdot T_h$ ist der Gesamtkohlenverbrauch in kg für die Zugfahrt einschließlich Nebenleistung und Heizen (s. S. 64 u. 65).

b_h = Kohlenverbrauch je Heizstunde (Abb. 39).

$T_h = T + T_a$ Heizzeit.

$T_n = 200$ min für Fahrt von und zum Zug, Ruhe am Feuer, Bereitschaftsdienst und Anheizen der Lok. S. S. 64.

3. Kosten für den Gesamtkohlenverbrauch.

$K_b = B_g \cdot k_b \cdot 1{,}137$ RM.

k_b = Kosten für 1 kg Kohle ab Zeche einschließlich Frachtkosten in RM.

Als Frachtkosten werden für allgemeine Fälle die Dienstgutfrachten angesehen. In besonderen Fällen sind die Frachtselbstkosten zu berechnen. Der Kohlenpreis kann im Durchschnitt mit 17 RM./t ab Zeche, die Frachtkosten mit durchschnittlich 3,0 RM./t angesetzt werden, also $k_b = 20{,}00 : 1000 = 0{,}02$ RM./kg.

4. Lokomotivspeisewasser.

$K_w = 7{,}5 \cdot (B + B_h) \cdot k_w \cdot 1{,}137$ RM.

B = Kohlenverbrauch in kg für Fahrzeit mit Kraftverbrauch.

$B_h = b_h \cdot T_h : 60$ Kohlenverbrauch in kg für Heizen der Reisezüge (s. S. 65).

k_w = Kosten für 1 kg Wasser zuzüglich Reinigungskosten (0,1 RM./m³).

5. Sonstige Betriebsstoffe.

$$K_{bs} = k_{bs} \cdot \frac{\vartheta \cdot L}{100} \cdot 1{,}137 \text{ RM}.$$

k_{bs} = Kosten für sonstige Betriebsstoffe der Dampflok in Rpf. je Lokeinheitskm nach der Betriebskostenrechnung der Deutschen Reichsbahn.

ϑ = Lokleistungsziffer, L = Streckenlänge in km.

6. Unterhaltung des Kessels der Dampflokomotive.

$$K_{ku} = \frac{(B + B_h)^2}{T - T_0} \cdot \left[\frac{60\, H_k \cdot k_{Hk}}{R \cdot r_0 \cdot 1000} \right] \cdot 1{,}137 = \frac{(B + B_h)^2}{T - T_0} \cdot f_1 \cdot 1{,}137 \ \text{RM}.$$

$H_k =$ Zahl der Fertigungsstunden für die Unterhaltung des Kessels beim Reichsbahnausbesserungswerk (RAW.) und dem Betriebswerk (BW.), soweit die Unterhaltung von der Rostanstrengung abhängig ist, bezogen auf 1000 t Brennstoffverbrauch.

$k_{Hk} =$ durchschnittliche Lohnausgabe in RM. für eine Fertigungsstunde einschließlich Personalverwaltungskosten im RAW. und BW. bei der Kesseluntersuchung und einschließlich eines Zuschlags für den Geldwert der hierbei verbrauchten Stoffe für die Abnutzung der Werkzeuge und der Arbeitsmaschinen.

$r_0 =$ durchschnittliche auf eine Stunde Fahrzeit bezogene Rostanstrengung der Lokomotive gleicher Gattung in kg/m² Rostfläche, f_1 nach Zahlentafel 12.

7. Unterhaltung des Fahrgestells und Tenders der Dampflokomotive.

$$K_{tu} = \left[\frac{e \cdot H_l \cdot k_{Ht}}{1000} + \frac{(1 - e) H_l \cdot k_{Ht}}{a_{lo}(1 - \eta_{io})1000} \cdot \frac{(1 - \eta_i) \cdot A_l + A_p}{T} \right] \cdot L \cdot 1{,}137$$

$$= \left[f_2 + f_3 \cdot \frac{(1 - \eta_i) \cdot A_l + A_p}{T} \right] \cdot L \cdot 1{,}137 \ \text{RM}.$$

$e =$ Verhältnis der nur von der Laufleistung abhängigen Zahl der Arbeitsstunden zur Gesamtstundenzahl der Unterhaltung des Fahrgestells und Tenders.

$a_{lo}\,(1 - \eta_{io}) =$ innere Reibungsarbeit der Lokomotive bei der statistischen durchschnittlichen Arbeitsleistung der Lokomotiven gleicher Gattung auf 1 min Fahrzeit.

$H_t =$ Anzahl der Fertigungsstunden für die Unterhaltung des Fahrgestells und Tenders (einschließlich Erneuerung der Radreifen) bei RAW. und BW. bezogen auf 1000 Lokomotivkm.

$k_{Ht} =$ durchschnittliche Lohnausgabe in RM. für eine Fertigungsstunde einschließlich Wohlfahrtsabgaben in RAW. und BW. bei der Unterhaltung des Fahrgestells und Tenders.

$\eta_i =$ mechanischer Wirkungsgrad der Lokomotive, $\eta_i = 0{,}96 - \dfrac{c \cdot G_{l2} \cdot L}{A_l \cdot 1000}.$

Hier ist $c \cdot G_{l2}$ der Grundwiderstand der Triebachsen, L km die Streckenlänge.

$A_l =$ indizierte Lokomotivarbeit in kmt.

$A_p =$ indizierte Arbeit des Getriebewiderstandes in kmt.

f_2 und f_3 s. Zahlentafel 12.

8. Zeitkosten und feste Werkunkosten für Unterhaltung sowie Kosten für Erneuerung und Verzinsung der Lokomotiven.

$$K_{zl} = \left[\frac{H_z \cdot k_{Hz}}{60\, \eta_d} + \frac{k_{luz}}{60\, \eta_d} + \frac{a_l \cdot k_{cl}}{60 \cdot \eta_l} + \frac{z_l \cdot k_{al}}{6000 \cdot \eta_d \cdot 1{,}137} \right] \cdot \frac{(T + T_a + T_v)}{D_{stl}} \cdot 1{,}137 \ \text{RM}.$$

$$= \left(f_4 + f_5 + f_6 + \frac{f_7}{1{,}137} \right) \cdot \frac{(T + T_a + T_v)}{D_{stl}} \cdot 1{,}137 \ \text{RM}.$$

$H_z =$ Zahl der Fertigungsstunden für die nur von der Zeit abhängige Lokomotivunterhaltung (auch für Kesselunterhaltung) beim RAW. und BW. bezogen auf ein Jahr.

$k_{Hz} =$ durchschnittliche Lohnausgabe für eine Fertigungsstunde in RM. einschließlich Wohlfahrtsausgaben für die nur von der Zeit abhängige Lokomotivunterhaltung und einschließlich eines Zuschlages für den Geldwert der hierbei verbrauchten Stoffe und Ersatzstücke, für Abnutzung der Werkzeuge und Arbeitsmaschinen.

$\eta_d =$ Zusatzfaktor zur Berücksichtigung des Ausnutzungsgrades der Lokgattung.

$T_v =$ Vorbereitungs- und Abschlußzeit der Lokomotive in min.

$D_{stl} =$ Zahl der jährlichen Dienststunden der Lokomotive einer Gattung für Zug- und Rangierdienst + Vorbereitungs- und Abschlußzeit + Fahrt von und zum Zug. (Leistet z. B. eine Lok 01 durchschnittlich 14 Stunden je Tag, so ist $D_{stl} = 365 \cdot 14 = 5110$ h/Jahr).

$k_{luz} =$ durchschnittlich jährlich auf 1 Lok der Gattung entfallender Betrag für feste Werkunkosten.

$a_l =$ Abschreibungssatz (Erneuerungssatz) der Lok, $= 3{,}33\%$.

$k_{el} =$ Lokleergewicht in t mal Einheitspreis je t dieser Lokgattung in RM., für Loks mit Schlepptender 1500 RM./t, für Tenderloks 1680 RM./t.

$z_l =$ Zinssatz der Lok $= 3\%$.

$k_{al} =$ ursprünglicher Beschaffungspreis der Lok in RM. (Merkbuch der Dampflokomotiven). f_4, f_5, f_6 u. f_7 s. Zahlentafel 12.

9. a) Betriebspflege. Unterhaltung, Erneuerung und Verzinsung der Güterzugwagen.

$$K_{wug} = \frac{G_w}{100}\,(1{,}117 \cdot k_{ug} + k_{gz} \cdot \eta_w) \cdot L \ \text{RM.}$$

$G_w =$ Gewicht des Wagenzuges in t.

$k_{ug} =$ Kosten der Betriebspflege, Unterhaltung und Erneuerung der Wagen in Rpf. für 1 Bruttotkm. der Güterzüge nach der Betriebskostenrechnung der Deutschen Reichsbahn.

$k_{ug} = 0{,}04$ Rpf./Bruttotkm.

$k_{gz} =$ Kosten der Verzinsung in Rpf. für 1 Bruttotkm. der Güterzüge bei einem Zinsfuß von $3\% = 0{,}015$ Rpf./Bruttotkm.

$\eta_w =$ Zusatzfaktor für die Berücksichtigung der Wagenbereitschaft, $\eta_w = 0{,}9$.

b) Betriebspflege, Unterhaltung, Erneuerung und Verzinsung der Reisezugwagen.

$$K_{wu} = [n \cdot (1{,}117\,k_{wu} + k_{wz}) + m\,(1{,}117\,k_{wup} + k_{pz})] \cdot \frac{L}{L_t} \ \text{RM.}$$

$n =$ Anzahl der Reisezugwagen nach Zugbildungsplan.

$m =$ Zahl der Gepäckwagen nach Zugbildungsplan.

$k_{wu} =$ Kosten der Betriebspflege, Unterhaltung und Erneuerung der Reisezugwagen je Betriebstag in RM:

für D-Zugwagen	23,50 RM.
für Eilzugwagen	15,00 ,,
für Personenzugwagen	6,20 ,,

$k_{wup} =$ Kosten der Betriebspflege, Unterhaltung und Erneuerung der Reisezuggepäckwagen je Betriebstag in RM:

für D-Zuggepäckwagen	13,90 RM.
für Eilzuggepäckwagen	11,60 ,,
für Personenzuggepäckwagen	5,70 ,,

$k_{wz} =$ Kosten der Verzinsung der Reisezugwagen je Betriebstag in RM:

für D-Zugwagen	6,55 RM.
für Eilzugwagen	4,96 ,,
für Personenzugwagen	2,29 ,,

$k_{pz} =$ Kosten der Verzinsung der Gepäckwagen je Betriebstag in RM:

für D-Zuggepäckwagen	3,89 RM.
für Eilzuggepäckwagen	3,84 ,,
für Personenzuggepäckwagen	2,14 ,,

$L_t =$ durchschnittliche, tägliche Laufleistung des im Zuge verwendeten Wagenparkes in km aus Zugbildungsplan ($= 250$ km).

10. Unterhaltungskosten des Oberbaues.

$K_{ou} = 1,117 \cdot f_8 \cdot L \cdot G\,[(60 + n/3) + 6 \cdot \sqrt[3]{V_B}] : V_B\,\mathrm{RM}$. Diese Formel gilt für zweigleisige Flachlandbahnen ($s = 10^0/_{00}$). Statt $60 + n/3$ ist bei Gebirgsstrecken über $10^0/_{00}$ folgender Zuschlag zu machen:

Bahnart	Streckenneigung	Eingleisige Bahn	Zweigleisige Bahn
Hauptbahn	10—$16,7^0/_{00}$	12% Zuschlag	25% Zuschlag
	stärker als $16,7^0/_{00}$	25% ,,	35% ,,
Nebenbahn	20—$25^0/_{00}$	6% ,,	12% ,,
	stärker als 25%	12% ,,	18% ,,

Bei eingleisigen Hauptbahnen ist $45 + 2\,n/3$, bei eingleisigen Nebenbahnen $30 + n$ statt $60 + n/3$ zu setzen. $V_B\,t$ ist die tägliche Verkehrsbelastung der Strecke in beiden Richtungen einschließlich der Lok. Es ist n die Zahl der in beiden Richtungen täglich verkehrenden Züge, und $f_8 = 0,0292$ bei 7,12 RM. Tagelohn ein Festwert, der den Lohn und die Stoffe, die 1 Bahnarbeiter täglich verarbeitet, berücksichtigt.

11. Erneuerung des Oberbaues.

$$K_{on} = 1,117 \cdot f_{10} \cdot \left[\frac{2,5}{1000} \cdot \left(\frac{G \cdot L}{1000} + \eta_i\,A_l + A_p + w_{rm} \cdot \frac{\Sigma l_r \cdot G}{1000}\right) + \frac{3,25\,\Sigma A_b}{1000}\right]\,\mathrm{RM}.$$

Es ist $w_{rm} = \Sigma\,(l_r \cdot w_r) : \Sigma\,l_r\,^0/_{00}$ der mittlere Krümmungswiderstand der Strecke, wo Σl_r km die Summe aller Krümmungsstrecken der Linie ist. Es ist der Festwert $f_9 = 9,47$ RM. ΣA_b ist die gesamte Bremsarbeit.

12. Sonstige Fahrwegkosten.

$K_f = 1,117 \cdot L \cdot [k_{fb} + G\,(k_{fu} + k_{zf}/1,117)]\,\mathrm{RM}$. Hier sind $k_{fb} = 0,25$ RM./Zugkm die Personal- und Sachausgaben für das Vorhalten des stationären Apparates im Bahnhofs- und Streckendienst, $k_{fu} = 0,0005$ RM./tkm die Personal- und Sachkosten für Unterhaltung der Bahnanlagen mit Ausnahme des Oberbaues und der Stromverteilungsanlagen, $k_{fz} = 0,001$ RM./tkm die Zinskosten des Fahrweges einschließlich Oberbau.

Zahlentafel 12.

Betriebs-gattung	Bauart-reihe	T_{wbm}	Festwerte der Kostenformeln der Zuko (aufgestellt 1935)						
			$1000\,f_1$	f_2	f_3	f_4	f_5	f_6	f_7
			$\dfrac{60 \cdot H_k \cdot k_{Hk}}{R \cdot r_0}$	$\dfrac{e \cdot H_l \cdot k_{Hl}}{1000}$	$\dfrac{(1-e)H_l \cdot k_{Hl}}{a_{lo}(1-\eta_{io}) \cdot 1000}$	$\dfrac{H_z \cdot k_{Hz}}{60 \cdot \eta_d}$	$\dfrac{k_{luz}}{60 \cdot \eta_d}$	$\dfrac{a_l \cdot k_{el}}{60 \cdot \eta_d}$	$\dfrac{z_l \cdot k_{al}}{6000 \cdot \eta_d}$
S 36.20	01	1,73	0,202	0,0542	0,211	14,88	162,9	166,6	92,1
S 36.20	02	1,88	0,205	0,0645	0,396	15,26	220,0	175,2	93,0
S 36.17	03	1,68	0,218	0,0516	0,353	13,56	195,3	151,8	103,1
S 35.17	17^{10-12}	1,78	0,198	0,0517	0,335	11,35	185,1	127,2	61,2
S 36.18	18^5	1,88	0,220	0,0594	0,196	12,61	164,8	144,6	107,2
P 46.19	39^{0-2}	1,88	0,185	0,0584	0,408	13,96	170,4	155,3	109,8
P 35.17	38^{10-40}	1,47	0,188	0,0413	0,291	10,55	84,25	117,4	50,3
P 34.15	24	1,37	0,371	0,0356	0,242	7,94	72,84	88,7	76,6
Pt 37.17	78^{0-10}	1,27	0,214	0,0360	0,256	9,08	94,50	103,8	55,0
Pt 35.15	64	1,17	0,370	0,0300	0,537	6,34	52,10	72,8	57,2
Pt 34.17	74^{4-13}	1,06	0,294	0,0270	0,211	5,78	75,50	66,3	35,0
G 56.20	43	1,63	0,173	0,0583	0,461	15,10	190,2	158,1	118,5
G 56.20	44	1,78	0,173	0,0654	0,479	15,41	202,6	161,5	121,9
G 56.16	58^{10-22}	1,68	0,216	0,0576	0,406	12,56	170,3	131,5	86,5
G 55.15	57^{10-40}	1,37	0,190	0,0421	0,357	10,34	136,1	108,3	51,5
G 44.17	55^{25-26}	1,37	0,236	0,0407	0,287	19,34	92,6	99,0	50,2
Gt 55.17	94^{5-18}	1,26	0,244	0,0333	0,319	7,47	59,4	80,8	42,7
Gt 46.17	93^{5-20}	1,26	0,199	0,0379	0,298	9,10	117,9	98,04	77,5

2. Beispiel für den Vergleich der Selbstkosten zweier Güterzugfahrten mit Dampfbetrieb.

Das beschriebene Verfahren zur Ermittlung der Verbrauchswerte sowie die Kostengleichungen sollen nun angewandt werden, um eine geplante Bahnlinie mit einer bestehenden betrieblich ungünstigeren hinsichtlich der Selbstkosten für eine Güterzugfahrt zu vergleichen. Die Züge haben bei der Überschreitung des Thüringer Waldes auf der bisherigen Linie eine Steigung von $25\,^0/_{00}$ nach Abb. 78 zu überwinden. Hierdurch wird die Leistungsfähigkeit der Strecke stark herabgesetzt. Die Reisezüge können diese Steilstrecke nur mit einer Schiebelok befahren, und ohne diese ist die Last der Güterzüge sehr gering. Zur Umgehung der starken Steigung ist nach Abb. 79 zwischen den Bahnhöfen Schwarza und Lichtenfels eine neue Linie entworfen worden, so daß die Züge nunmehr auf dieser und dann weiter auf der bestehenden Linie Eisfeld-Koburg-Lichtenfels höchstens Steigungen von $10\,^0/_{00}$ zu überwinden haben. Die bestehende Linie zwischen Schwarza und Lichtenfels ist 92,86 km, die geplante Umgehungslinie 104 km lang. Für die Vergleichsrechnung sollen Durchgangsgüterzüge über beide Linien von einer Güterzuglok der Gattung G 56.20 (43) gezogen werden und zwischen Schwarza und Lichtenfels ohne Halt durchfahren. Die Höchstgeschwindigkeit ist 55 km/h. Das Lokomotivgewicht einschließlich Tender ist 172 t, das Gewicht auf den Triebachsen (Reibungsgewicht) ist $G_{l_2} = 96,6$ t. Diese Lok zieht auf der alten Strecke das Wagenzuggewicht $G_w = 452$ t und auf der neuen Strecke $G_w = 1200$ t. Demnach ist das Zuggewicht auf der alten Linie $G = 624$ t und auf der neuen Linie $G = 1372$ t. Die Verbrauchswerte wurden für die Züge in beiden Richtungen jeder Strecke nach dem auf Seite 83 bis 85 beschriebenen Verfahren ermittelt. Das Ergebnis zeigt folgende Zusammenstellung (Zahlentafel 13, Seite 124).

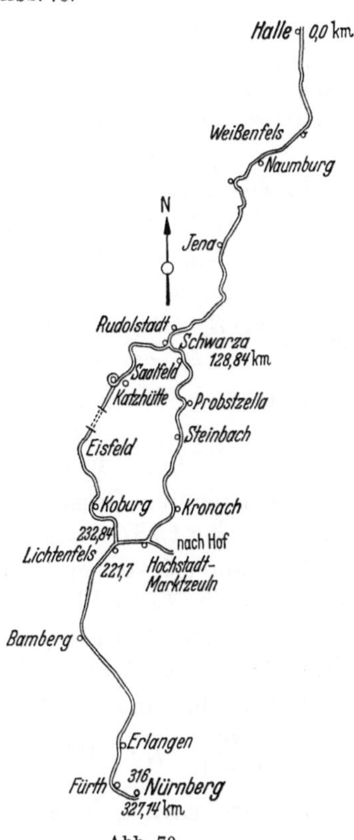

Abb. 78.

Abb. 79.

Zugförderkosten für die Fahrt des Güterzuges auf der bestehenden Strecke Schw.-Li.

Die Kosten für die Fahrt auf der geplanten Strecke sind in der Zahlentafel 14 enthalten.

1. Kosten für Lok- und Zugbegleitpersonal.

a) Lokpersonal:

$$K_{pl} = \frac{n_l \cdot E_l \cdot (T + T_a + T_{vl})}{D_{sll} \cdot \eta_l \cdot 60} \cdot 1{,}117 = \frac{2 \cdot 5200 \cdot (116 + 47)}{2672 \cdot 0{,}85 \cdot 60} \cdot 1{,}117 \ldots \quad 13{,}90 \text{ RM.}$$

Zahlentafel 13. Zusammenstellung der Verbrauchswerte. Güterzug
Schwarza-Lichtenfels.

	Vorhand. Linie Schw.-Li.	Geplante Linie Schw.-Li.
Zuggewicht G t	624	1372
Wagenzuggewicht G_w t	452	1200
Fahrweg L km	92,86	104
Gesamte Fahrzeit T min	115,85	151,21
Fahrzeit ohne Kraftverbr. T_o	37,75	35,0
Stillstand T_a min	—	—
Vorbereitungs- und Abschlußzeit[1]		
a) für Personal T_{vp} min	47	51
b) für Lok. T_{vl} min	44	48
Kohlenverbrauch		
a) Fahrt m. Kraftverbr. B kg	1910	3685
b) Fahrt o. ,, B_o	107	99
c) Stillstand B_a	—	—
d) für Nebenleist. B_n	67	72
Gesamtkohlenverbrauch B_g	2084	3856
Lokomotivarbeit A_l kmt	513	990
Getriebearbeit A_p ,, ...	27	25
Bremsklotzarbeit A_b ,, ...	92	168

b) Zugführer:

$$K_{pz} = \frac{E_z \cdot (T + T_a + T_{vz})}{D_{stz} \cdot \eta_z \cdot 60} \cdot 1{,}117 = \frac{5200 \cdot (116 + 47)}{2674 \cdot 0{,}86 \cdot 60} \cdot 1{,}117 \quad . . . . . \quad 6{,}85 \text{ RM.}$$

c) Schaffner:

$$K_{ps} = \frac{n_s \cdot E_s \cdot (T + T_a + T_{vs})}{D_{sts} \cdot \eta_s \cdot 60} \cdot 1{,}117 = \frac{2 \cdot 4300 \cdot (116 + 47)}{2674 \cdot 0{,}86 \cdot 60} \cdot 1{,}117 \quad . . \quad 11{,}30 \quad ,,$$

2. Personalkosten für Betriebspflege der Dampflok.

$$K_{bpf} = k_{bpf} \left(\frac{T_{wbm}}{l_f} + \frac{1{,}1 B_g}{10\,000} \right) \cdot 1{,}117 = 6{,}85 \, (1{,}63 + 1{,}1 \cdot 2084) \cdot 1{,}117 \quad . \quad 2{,}38 \quad ,,$$

3. Kosten für Gesamtkohlenverbrauch.

$$K_b = B_g \cdot k_b \cdot 1{,}137 = 2084 \cdot 0{,}02 \cdot 1{,}137 \quad . . . . \quad 47{,}50 \quad ,,$$

4. Lokomotivspeisewasser.

$$K_w = 7{,}5 \cdot B \cdot k_w \cdot 1{,}137 = 7{,}5 \cdot 1910 \cdot 0{,}1 \cdot 1{,}137 \quad . . . . \quad 1{,}64 \quad ,,$$

5. Sonstige Betriebsstoffe.

$$K_{bs} = k_{bs} \cdot \vartheta \cdot L \cdot 1{,}137 = 1{,}03 \cdot 3{,}5 \cdot 93 \cdot 1{,}137 \quad . . . . \quad 3{,}82 \quad ,,$$

6. Unterhaltung des Kessels der Dampflok.

$$K_{ku} = \frac{B^2}{T - T_0} \cdot f_1 \cdot 1{,}137 = \frac{1910^2}{116 - 38} \, 0{,}173 \cdot 1{,}137 \quad . . . . \quad 9{,}25 \quad ,,$$

7. Unterhaltung des Fahrgestells und Tenders der Dampflok.

$$K_{tu} = \left[f_2 + f_3 \frac{(1 - \eta_i) \cdot A_l + A_p}{T} \right] \cdot L \cdot 1{,}137$$

$$= \left[0{,}0583 + 0{,}461 \, \frac{(1 - 0{,}797) \cdot 513 + 27}{116} \right] \cdot 93 \cdot 1{,}137 \quad . . . . . \quad 74{,}00 \quad ,,$$

$$\text{Es ist } \eta_i = 0{,}96 - \frac{c \cdot G_{l2} \cdot L}{A_l \cdot 1000} = 0{,}96 - \frac{9{,}3 \cdot 96{,}6 \cdot 93}{513 \cdot 1000} = 0{,}797$$

---

[1] Da die Zugfahrt nur über eine Teilstrecke L der Gesamtstrecke L_g km zwischen den Lok- und Personalwechselbahnhöfen sich erstreckt, so sind die Werte T_{vp}, T_{ve} und B_n im Verhältnis L/L_g reduziert.

Zahlentafel 14. Zusammenstellung der Kosten für die Zugfahrten von Schw. nach Li.

	Vorhand. Linie RM.	Geplante Linie RM.
1. Personalkosten K_p	32,05	38,80
2. Betriebspflege der Lok K_{lpf}	2,38	3,87
3. Kohlenverbrauch K_b	47,50	87,45
4. Lokspeisewasser K_w	1,64	3,15
5. Sonstige Betriebsstoffe K_{bs}	3,82	4,26
6. Unterhaltung des Kessels K_{ku}	9,25	23,—
7. Unterhaltung des Fahrgestells und des Tend. K_{tu}	74,00	74,00
8. Feste Werkunkosten und Zeitkosten f. Unterhalt, Erneuerung und Zinsen der Lok K_{zl}	16,60	20,70
Gesamt-Lok-Kosten	155,19	216,43
9. Wagenkosten K_w	24,70	73,—
10. Oberbauunterhaltung K_{ou}	9,40	17,20
11. Oberbauerneuerung K_{on}	16,50	36,20
Sonstige Fahrzeugkosten K_f	116,50	252,—
Fahrwegkosten	142,40	305,40
Gesamtkosten der Zugfahrt	354,34	633,63
Wagenzuggewicht ohne Packwagen (16 t)	436 t	1184 t
Kosten je t Wagenzuggewicht	0,80	0,54

Soll dasselbe Wagenzuggewicht je Tag über jede Strecke befördert werden, so sind auf der alten Strecke 2.73 mal mehr Züge erforderlich als auf der neuen. Es ergeben sich für den schwersten auf der neuen Linie zu fahrenden Zug von 1184 t als Kosten auf der alten Linie 1184 · 354,34/436 . . . . 965,00 RM.

Auf der neuen Linie . . . . 633,63 „

Ersparnis . . . . 331,37 RM.

8. Zeitkosten und feste Werkkosten für Unterhaltung sowie Kosten für Erneuerung und Verzinsung der Lok.

$$K_{zl} = \left(f_4 + f_5 + f_6 + \frac{f_7}{1.137} \right) \cdot \frac{(T + T_a + T_v)}{D_{stl}} \cdot 1,137$$

$$= \left(15,10 + 190,2 + 158,1 + \frac{118,5}{1,137} \right) \cdot \frac{(116 + 44)}{5110} \cdot 1,137 \quad . . . . . \quad 16,60 \text{ RM.}$$

9. a) Betriebspflege. Unterhaltung, Erneuerung und Verzinsung der Güterzugwagen.

$$K_{wug} = G_w \left(1,117 \cdot k_{ug} + k_{gz} \cdot \eta_w \right) \cdot \frac{L}{100}$$

$$= 452 \left(1,117 \cdot 0,04 + 0.015 \cdot 0,9 \right) \cdot \frac{93}{100} \quad . . . . \quad 24,70 \text{ RM.}$$

10. Unterhaltungskosten des Oberbaues.

$$K_{ou} = 1,117 \cdot f_8 \cdot L \cdot G \left[(60 + n/3) + 6 \cdot \sqrt[3]{V_B} \right] \cdot 1,25 : V_B$$

$$= 1,117 \cdot 0,0292 \cdot 93 \cdot 624 \left[(60 + 180/3) + 6 \cdot \sqrt[3]{100\,000} \right] \cdot 1,25 : 100\,000 = 9,40 \quad „$$

$f_8 = 0,0292$ bei 7,12 RM. Tagelohn. Da auf der vorhandenen Linie die Durchschnittssteigung $16,7^0/_{00} > 10^0/_{00}$ ist, so ist hier ein Zuschlag von 25% gemacht. Verkehrsbelastung mit Reise- und Güterzügen in beiden Richtungen der Strecke $V_B = 1000000$ t mit $n = 180$ Zügen auf der vorhandenen und $n = 100$ Zügen auf der neuen Linie.

11. Erneuerung des Oberbaues.

$$K_{on} = 1,117 \cdot f_9 \left[\frac{2,5}{1000} \cdot \left(\frac{G \cdot L}{1000} + \eta_i \cdot A_l + A_p + w_{rm} \cdot \frac{\Sigma l_r \cdot G}{1000} \right) + \frac{3,25 \, \Sigma A_b}{1000} \right]$$

$$= 1,117 \cdot 9,47 \left[\frac{2,5}{1000} \cdot \left(\frac{624 \cdot 93}{1000} + 0,797 \cdot 513 + 27 + 1,71 \cdot \frac{0,15}{1000} \cdot 93 \cdot 624 \right) + \frac{3,25 \cdot 92}{1000} \right]$$

$$= 16,50 \text{ RM.}$$

$f_9 = 9,47$ RM., $\Sigma l_r = 0,15 \cdot L = 0,15 \cdot 93$ die Länge aller Bogenstrecken.

12. Sonstige Fahrwegkosten.

$$K_f = 1,117 \cdot L \left[k_{fb} + G \left(k_{fu} + \frac{k_{fz}}{1,117} \right) \right] = 1,117 \cdot 93 \left[0,25 + 624 \left(0,0005 + \frac{0,001}{1,117} \right) \right]$$

$$= 116,50 \quad \text{,,}$$

Es ist $k_{fb} = 0,33 \cdot \dfrac{4300}{5750} = 0,25$ RM./Zugkm reduziert nach Schaffnergehalt von

1935 von 4300 RM. und von dem in der Zuko von 1931 angegebenen 5750 RM., $f_{fu} = 0,0005$ RM./tkm, $k_{fz} = 0,001$ RM./tkm.

3. Beispiel für die Ermittlung der Zugförderkosten eines mit einer Ellok bespannten Schnellzuges.

Im I. Teil, S. 89, wurden die Verbrauchswerte eines Schnellzuges, der mit einer Ellok 2-D_0-2 bespannt ist, ermittelt. Das Wagenzuggewicht ist $G_w = 416$ t, das Lokgewicht $G_l = 140$ t, das Zuggewicht $G = 556$ t, die Höchstgeschwindigkeit $V = 180$ km/h.

Nach Zahlentafel 9 b S. 96 sind die Verbrauchswerte:

Fahrstrecke $L = 418$ km, Fahrzeit $11095 : 60 = 185$ min.

Vorbereitungs- und Abschlußzeit des Personals $T_{vp} = 120$ min.

Vorbereitungs- und Abschlußzeit der Lok $T_{vl} = 100$ min.

Aufenthaltszeit $T_a = 0$ min.

Fahrdrahtarbeit (Stromverbrauch) $B + B_0 = 7845$ kWh.

Lokomotivarbeit $A_l = 2465,6$ kmt nach den Vorzeichen, $\Sigma A_{la} = 3075,6$ kmt nach den Absolutwerten.

Bremsarbeit $A_b = 230$ kmt.

Mit diesen Verbrauchswerten sind die nachfolgenden Kostengleichungen eines mit einer Ellok bespannten Zuges für die einzelnen Kostenanteile ausgewertet:

1. **Kosten für Lokomotiv- und Zugbegleitpersonal (s. S. 118).**

$$K_p = 1,117 (2 E_l + E_z + 2 E_s)(T + T_a + T_{vp}) : (60 \, D_{st} \cdot \eta_p) + \frac{1,117 \cdot E_d (T + T_a + T_{vd})}{60 \cdot D_{std} \cdot \eta_d} \text{ RM.}$$

$$= \frac{1,117 \cdot (2 \cdot 5200 + 5200 + 2 \cdot 4300)}{60 \cdot 2672 \cdot 0,85} \cdot (185 + 120) + \frac{1,117 \cdot 2700 (185 + 60)}{60 \cdot 2300 \cdot 0,86}$$

$$= 60,20 \qquad\qquad\qquad\qquad + 6,30 \quad \ldots \ldots \quad \mathbf{66,50} \quad \text{,,}$$

2. **Betriebspflege der Lok.**

$$K_{bpf} = 1,117 \cdot k_{bpf} \frac{T_{wbm}}{l_f} = 1,117 \cdot 6,85 \cdot \frac{0,45}{1} \quad \ldots \ldots \ldots \ldots \quad \mathbf{3,54} \quad \text{,,}$$

$T_{wbm} = 0,45$ Tagewerkköpfe je Ellok, $k_{bpf} = 6,85$ RM. je Tagewerkkopf eines Betriebsarbeiters.

3. **Arbeitsaufwand des elektrischen Triebfahrzeuges sowie des Transformators und der Lüftung.**

$$K_b = 1,137 \cdot \frac{\varphi \cdot k_b'}{100} (B + B_0) \text{ RM.} = 1,137 \cdot 1,08 \cdot \frac{7845 \cdot 2,19}{100} \quad \ldots \ldots \quad \mathbf{211,50 \text{ RM.}}$$

$\varphi = 1,07$ bis $1,08$ Zusatzfaktor für die Arbeitsverluste für die Stromverteiler, also vom Kraftwerk bis zum Stromabnehmer, $k_b' = 2,19$ Rpf./kWh, $B + B_0 = 7845$ kWh Stromverbrauch bei Fahrt mit und ohne Strom einschließlich Transformator und Lüftung, jedoch ohne Nebenleistung vor und nach der Zugfahrt.

4. Arbeitsaufwand des elektrischen Triebfahrzeuges für Heizen der Reisezüge.

$$K_{bh} = \frac{1,137\,\varphi \cdot b_h' \cdot T_h \cdot k_h'}{60 \cdot 100}\ \text{RM.} \qquad \frac{1,137 \cdot 1,08 \cdot 143 \cdot 200 \cdot 2,19}{60 \cdot 100} \quad \ldots \ldots \ \textbf{12,80 RM.}$$

T_h min Heizzeit = Fahrzeit $+$ 15 min = 185 + 15 = 200 min. Ferner ist $\varphi = 1,08$, $k' = 2,19$ Rpf./kWh und $b_h' =$ Arbeitsaufwand der Ellok in kWh je Heizstunde. Es ist $b_h' = L_H \cdot c_H$ kWh (s. S. 101).

Hier ist L_H die Summe der in die Wagen eingebauten Heizleistungen. Bei 8 Wagen je 20 kW ist $L_H = 160$ kW, $c_H =$ Zusatzfaktor für den Einfluß der Außentemperatur t_a. Für 20° Raumtemperatur im Wagen ist nach Versuchen $c_H = 0,425 + 0,0172\,(20 - t_a)$. Für $t_a = -7°$ ist $c_H = 0,425 + 0,0172 \cdot 27 = 0,89$ und $b_h' = L_H \cdot c_H = 160 \cdot 0,89 = 143$.

5. Sonstige Betriebsstoffe für die Ellok.

$K_{bs} = 1,137 \cdot k_{bs} \cdot \vartheta \cdot L$ 100 RM. $= 1,137 \cdot 1 \cdot 4,5 \cdot 418/100\ \ldots\ldots$ **21,40 RM.**

$k_{bs} = 1$ Rpf./km $\vartheta = 4,5$ ist die Leistungsziffer der Ellok.

6. Unterhaltung des elektrischen Triebfahrzeuges.

$K_{uel} = 1,137 \cdot L \cdot k_{uel}/L_1$ RM. $= 1,137 \cdot 0,125 \cdot 418\ \ldots\ldots\ldots$ **59,50 RM.**

$k_{uel}/L_1 = 0,12$ bis 0,13 RM./km bei Einzelantrieb, bei Gruppenantrieb ist etwa der doppelte Wert einzusetzen.

7. Erneuerung und Verzinsung der Ellok.

$$K_{zl} = \frac{k_{el}}{k_d}\,(1,137 \cdot f_6 + f_7)\,\frac{(T - T_a + T_{vl})}{D_{stl}}\ \text{RM.}$$

Da für die 2-D_0-2 Ellok keine Festwerte f_6 und f_7 aufgestellt sind, und weil die Lebensdauer ($n = 25$ Jahre) und somit auch der Abschreibungssatz der Elloks der der Dampfloks gleich ist, so wurde im vorliegenden Beispiel angenommen, daß auch der Zinssatz und der Ausnutzungsgrad der 2-D_0-2 und der G 56.20 (43) des vorigen Beispiels gleich seien. Bei dieser Annahme verhalten sich die Kosten für die Erneuerung und Verzinsung der Ellok zu der der Dampflok wie die Beschaffungspreise beider Lokarten. Der Preis der G 56.20 (43) beträgt einschließlich Tender nach dem Merkbuch für Fahrzeuge 1931 $k_d = 210400$ RM. Den Preis der Ellok errechnete man überschlägig aus dem Baugewicht und dem Preis je kg Baugewicht. Für das Baugewicht 140000 kg und den Preis 3 RM./kg ist der Preis der Ellok 2-D_0-2 dann $k_{el} = 420000$ RM. Es lautet die Kostengleichung $K_{zl}\ \frac{k_{el}}{k_d}\,(1,137 \cdot f_6 + f_7) \cdot \frac{T + T_a + T_{vl}}{D_{stl}}$ RM. Es ist für die G 56.20 (43) nach Zahlentafel 12 $f_6 = 158,1$, $f_7 = 118,5$.

$D_{stl} = 14 \cdot 365 = 5110$ Dienststunden/Jahr der Ellok.

$$K_{zl} = \frac{k_{el}}{k_d}\,(1,137 \cdot f_6 + f_7)\frac{(T - T_a + T_{vl})}{D_{stl}} = \frac{420000}{210900}\cdot(1,137 \cdot 158,1 + 118,5)\frac{185+100}{5110}$$

33,20 RM.

8. Betriebspflege. Unterhaltung, Erneuerung und Verzinsung der Reisewagen.

$K_{wu} = [n\,(1,117\,k_{wu} + k_{wz}) + m\,(1,117\,k_{wup} + k_{pz})]\,L : L_t$

$\qquad = [7\,(1,117 \cdot 23,50 + 6,5) + (1,117 \cdot 13,90 + 3,85)]\ \ldots\ldots$ **249,35 RM.**

Hier ist $n = 7$ und $m = 1$ sowie $L = L_t$.

9. Unterhaltung des Oberbaues.

$K_{ou} = 1,117 \cdot f_8 \cdot L \cdot G\,[(60 + n/3) + 6\sqrt[3]{V_B}] : V_B$

$\qquad = 1,117 \cdot 0,0292 \cdot 418 \cdot 556\,[(60 + 120/3) + 6 \cdot \sqrt[3]{100000}] : 100000 = 28,70$ RM. (s. S. 122).

10. Erneuerung des Oberbaues.

$$K_{on} = 1,117 \cdot f_9 \left[\frac{2,5}{1000} \left(\frac{G \cdot L}{1000} + \eta_i \cdot A_l + w_r \cdot \Sigma l_r \cdot \frac{G}{1000} \right) + \frac{3,25 \cdot \Sigma A_b}{1000} \right]$$

$$= 1,117 \cdot 9,47 \left[\frac{2,5}{1000} \left(556 \cdot \frac{418}{1000} + 0,89 \cdot 2465,6 + 0,8 \cdot 0,05 \cdot 418 \cdot \frac{556}{1000} \right) + 3,25 \cdot \frac{230}{1000} \right]$$

$$66,70 \text{ RM.}$$

Es ist $\eta_i = 0,96 - \dfrac{c \cdot G_{e2} L}{A_l \cdot 1000}$

$$= 0,96 - \frac{5 \cdot 80 \cdot 418}{2465,6 \cdot 1000} = 0,89.$$

Länge aller Bogenstrecken $\Sigma l_r = 0,05 \cdot L = 0,05 \cdot 418$, $w_r = 0,8$ kg/t.

11. Sonstige Fahrkosten.

$$K_f \cdot 1,117 \cdot L \cdot \left[k_{fb} + G\left(k_{fu} + \frac{k_{fz}}{1,117} \right) \right] = 1,117 \cdot 418 \left[0,25 + 556\left(0,0005 + \frac{0,001}{1,117} \right) \right] = 475,00 \text{ RM.}$$

Festwerte wie S. 126.

Die Gesamtkosten der Zugfahrt betragen 1232,20 RM.

4. Die Kosten einer Triebwagenfahrt.

Für die Berechnung der Zugförderkosten eines Wechselstrom-Schnelltriebwagens können die vorgenannten Kostengleichungen 1—5 und 9—11 eines mit einer Ellok bespannten Schnellzuges verwendet werden. Die Kostengleichung 8 fällt fort. In der Kostengleichung 6: Unterhaltung des elektrischen Triebwagens $K_{uet} = 1,137 \cdot L \cdot k_{uet} : L_1$ RM. kann nach Schmer[1] für zweiteilige Triebwagen $k_{uet}/L_1 = 0,175$ RM./km und für dreiteilige Triebwagen $k_{uet}/L_1 = 0,235$ RM./km gesetzt werden.

Die Kostengleichung für Erneuerung und Verzinsung lautet nach der Zuko:

$$K_{ez} = \left(1,137 \frac{a_t \cdot k_{et}}{60 \cdot \eta_d} + \frac{z_t \cdot k_{at}}{6000 \cdot \eta_d} \right) \frac{T + T_a + T_v}{D_{stl}} \text{ RM.}$$

Hier ist der Erneuerungssatz a_t für Triebwagen 1,25mal größer als der für Dampf- und elektrische Lokomotiven. Letzterer ist, da Dampf- und elektrische Loks gleiche Lebensdauer haben, nach der Zuko $a_l = 3,33\%$. Dann ist für Triebwagen $a_t = 1,25 \cdot a_l = 1,25 \cdot 3,33 = 4\%$. Ferner ist k_{at} der ursprüngliche Beschaffungspreis eines Triebwagens. Es ist nach Schmer für einen zweiteiligen Wechselstrom-Schnelltriebwagen von Gewicht 107 t $k_{at} = 365\,000$ RM., für einen dreiteiligen vom Gewicht 155 t ist $k_{at} = 500\,000$ RM. Der Preis der bei der Neubeschaffung eines Triebwagens einzusetzen ist, ist k_{et} RM. Es ist η_d der Zusatzfaktor zur Berücksichtigung des Ausnützungsgrades der Triebwagen. z_t ist der Zinssatz des Triebwagens. Die anderen Werte sind bereits im vorhergehenden angegeben.

Für dieselelektrische Triebwagen sind die Zugförderkosten in ähnlicher Weise zu ermitteln. Nach Schmer sind die Unterhaltungskosten eines Doppeltriebwagens $k_{et}/L_1 = 0,8$ RM. Der Erneuerungssatz ist bei der geringeren Lebensdauer des Schnelltriebwagens höher als der des Wechselstrom-Triebwagens.

II. Die fahrdynamischen Grundlagen für die Aufstellung von Bahnhofsbetriebsplänen und der Streckenfahrpläne.

Bisher wurde nur die Fahrt eines Zuges über eine Bahnstrecke betrachtet. Für diese wurden die Fahrzeit, der Energieverbrauch, die Arbeit der Antriebsmaschinen und der Bremsen sowie bei Zügen mit elektrischen Triebfahrzeugen

---

[1] Vergleich zwischen Lokomotiv- und Triebwagenbetrieb im elektrischen Fernschnellverkehr. Elektr. Bahnen 1937 Novemberheft.

noch die Erwärmung der Bahnmotoren nach physikalischen Gesetzen im voraus bestimmt. Rollen aber mehrere Züge gleichzeitig auf einem Gleis, so regelt sich der Zuglauf, abgesehen von den vorstehend angedeuteten Naturgesetzen, noch durch geometrische Beziehungen. Ist nämlich bei ungünstigen Sichtverhältnissen der Bremsweg größer als die Sichtstrecke, so ist, um ein Auffahren auf den vorausfahrenden Zug zu vermeiden, die Bahnlinie in Blockstrecken unterteilt, die größer sind als die Bremswege. Jede Blockstrecke, die von einem Zuge besetzt ist, muß von allen anderen Zügen frei bleiben. Die Sicherung der Züge gegen Auffahren und auf eingleisiger Bahn noch vor Gegenfahrt besteht also in dem Grundsatz der Raumfolge, nach dem kein Zug in eine Blockstrecke fahren darf, bevor der vorherige Zug diese verlassen hat.

Die Reihenfolge der Züge kann nur auf Bahnhöfen oder Abzweigstellen geändert werden. Ändert man die Reihenfolge der Züge, indem man diese überholen oder kreuzen läßt, so sind hierbei auch wieder zwei Zugfahrten so miteinander zeitlich oder örtlich zu verknüpfen, daß die Änderung der Zugfolge ohne gegenseitige Störung der Zeitlage und ohne überflüssigen Zeitaufwand vor sich gehen kann.

Soll die Zusammensetzung der Züge geändert werden, und werden hierbei die Hauptgleise des Bahnhofs durch Rangierfahrten berührt, so sind letztere zeitlich so zu legen, daß sie die durch den Fahrplan festgesetzten Zugläufe nicht stören. Hiernach sind die Betriebspläne der Bahnhöfe mit den Aufenthalten, Überholungen und Kreuzungen der Züge sowie den Rangierfahrten auf den Fahrplan der Strecke aufzubauen. Andererseits ist aber, abgesehen von der vorerwähnten Raumfolge, die Zeitlage der Züge auf der Strecke so zu bestimmen, daß die Durchführung der vorgenannten Betriebsaufgaben auf den Bahnhöfen auch möglich ist. Es sind also die Leistungsfähigkeit der Strecke und die der Bahnhöfe miteinander in Einklang zu bringen. Das Maß für die Leistungsfähigkeit einer aus freier Strecke und Bahnhöfen bestehenden Bahnlinie sind die kleinsten Zeitabstände, in denen die Züge einander folgen können.

Während sich die Leistungsfähigkeit der Bahnsteig- und der sonstigen Gleise für die Aufstellung der Züge und Fahrzeuge auf Bahnhöfen einerseits und der freien Strecke andererseits verhältnismäßig leicht ermitteln läßt, bereitet es stets Schwierigkeiten, die Aufnahmefähigkeit der die Strecke mit den Bahnhofsgleisen verbindenden Weichenbezirke festzustellen, durch die ja die Züge bei Überholung und Kreuzung sowie die Rangierfahrten hindurch müssen. Hier muß eine Methode zur Anwendung kommen, bei der für die Weichenbezirke die gegenseitige Beeinflussung der Zug- und Rangierfahrten in Abhängigkeit von der Zeit dargestellt werden kann. Eine solche Darstellung hat Behr[1] mit seinem „Fahrtenabhängigkeitsplan" entwickelt, die später eingehender erläutert werden soll.

A. Die Darstellung der Betriebsvorgänge der Zug- und Rangierfahrten.

1. Grundbegriffe.

Die Grundlage nicht nur für die Aufstellung der Betriebspläne, sondern auch für die Gestaltung des Streckenfahrplans ist die übersichtliche und zuverlässige Darstellungsweise der einzelnen Zug- und Rangierfahrten. Der leitende Gedanke bei der Aufstellung der Betriebspläne ist nach dem Buche des Verfassers: „NeuereMethoden für dieBetriebsuntersuchungen der Bahnanlagen" (Berlin: Julius Springer 1935), der, daß die Zeiten für die Betriebsvorgänge in die Fahrzeiten und die Zeiten für die stationären Arbeiten unterteilt werden. Zu letzteren

---

[1] Dr.-Diss. Berlin 1938.

gehören die Einstellung der Fahrstraßen, die Bedienung der Verkehrseinrichtungen und die Arbeiten an den stillstehenden Fahrzeugen. Die Zeiten für die **stationären Arbeiten** sind in **Zeitelemente** so zu zerlegen, daß deren Zeitwerte von der Örtlichkeit unabhängig sind.

Als „Betriebsvorgänge" werden alle irgendwie abgeschlossene Fahrten innerhalb des betrachteten Bahnhofsbezirks bezeichnet. Zugfahrten sind danach immer Betriebsvorgänge, Rangierfahrten und Lokfahrten nur dann, wenn am Ende der Fahrt ein bestimmter betrieblicher Zweck erreicht ist. Es gibt ein- und mehrteilige Betriebsvorgänge, je nach der Zahl der „Gänge", in denen der Betriebszweck erreicht wird: z. B. wird das Umsetzen eines Kurwagens durch Vorziehen aus Gleis X nach Gleis *Y* und Zurückdrücken von Gleis *Y* nach Gleis *Z* in zwei Gängen ausgeführt. Der Betriebsvorgang ist daher zweiteilig.

Jeder einteilige Betriebsvorgang oder Teil eines mehrteiligen Betriebsvorganges wird nach dem vorerwähnten Grundsatz bei der Darstellung aus den Fahrzeiten und Zeitelementen zusammengebaut. Die Zeitelemente der stationären Arbeiten liegen unabhängig von der Örtlichkeit ein für allemal fest, z. B. das Umstellen eines Weichenhebels oder Signalhebels, Bedienung eines Blockfeldes, Prüfung der Fahrstraße usw. Im Gegensatz zu den Zeitelementen der stationären Arbeiten sind die Zeiten für die Zug- und Rangierfahrten von der Örtlichkeit abhängig. Die Fahrzeiten der Züge sind aus den Zeitwegstreifen durch Interpolieren zu entnehmen, falls nicht zeichnerische Ermittlungen in kleineren Zeitschritten und größerem Längenmaßstab für die Zugbewegung in den Bahnhöfen erforderlich sind. Die Zeiten für die Rangierfahrten können für gleichmäßige Geschwindigkeiten berechnet werden, denen man aus einem Diagramm Zeitzuschläge für Anfahren und Bremsen hinzufügt (s. S. 179).

2. Die Grenzen der Weichenbezirke.

Soll für einen Bahnhof ein Betriebsplan aufgestellt werden, so muß vorher, falls bei starkem Zug- und Rangierverkehr dies nicht ohne weiteres feststeht, durch eine Untersuchung nachgewiesen werden, ob die vorgesehenen Zug- und Rangierfahrten planmäßig durch die Gleisanlagen durchgebracht werden können. Man teilt daher den zu untersuchenden Bahnhof in einzelne Bezirke ein, die die Kreuzungs- und Berührungspunkte der zu betrachtenden Betriebsvorgänge umfassen. Vor allem werden das die Verzweigungen und Kreuzungen der Hauptgleise untereinander sowie die Kreuzungen der Rangiergleise mit den Hauptgleisen sein (Kreuzungspunkte I. Ordnung). Behr nennt diese Weichenbezirke, auf die er die „Fahrtenabhängigkeitspläne" aufbaut, Abhängigkeitsbezirke. In dem einfachen Beispiel aus der Dr.-Diss. Behr, das in erster Linie der Erläuterung des Verfahrens dient, ist in Abb. 80 für die Ostseite eines kleinen Durchgangsbahnhofs der Abhängigkeitsbezirk dargestellt, der alle Kreuzungen I. Ordnung enthält. Kreuzungen und Berührungen der Rangierfahrten untereinander, in Abb. 80 z. B. die doppelte Kreuzungsweiche 4 (Kreuzungspunkt II. Ordnung), können, wenn sie nicht sehr stark belastet sind, unberücksichtigt bleiben, weil die hier auftretenden Kreuzungen keinen unmittelbaren Einfluß auf die Zugfolge haben.

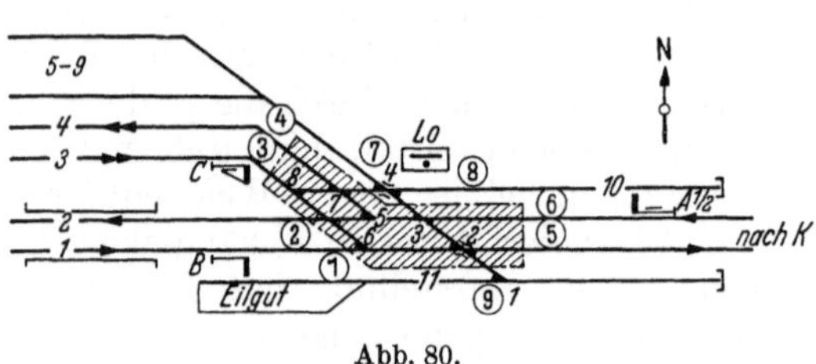

Abb. 80.

Der Abhängigkeitsbezirk wird durch folgende **Betriebsvorgänge** belastet:

I. Zugfahrten.

1. Einfahrt nach Gleis 2   (Fahrt ⑥ — ②)
2.   ,,   ,,   ,,   4   (,,   ⑥ — ④)
3. Ausfahrt aus Gleis 1   (,,   ① — ⑤)
4.   ,,   ,,   ,,   3   (,,   ③ — ⑤)

II. Rangierfahrten.

5. Fahrt zwischen ③ — ⑦
6.   ,,   ,,   ④ — ⑦
7.   ,,   ,,   ① — ⑨
8.   ,,   ,,   ② — ⑨
9.   ,,   ,,   ⑧ — ⑨

Die Betriebsvorgänge stellen immer Fahrten zwischen zwei „Eingangspunkten" (Zahl im Kreis der Abb. 80) dar. Einzelne Betriebsvorgänge müssen noch nach der Dauer des Fahrtvorganges unterteilt werden, z. B. *BV* 1 nach 1a (Personenzüge) und 1b (Schnellzüge). Bei den Rangierfahrten ist außerdem nach Fahrtrichtungen zu unterscheiden, z. B. *BV* 5a: Richtung ③ — ⑦, *BV* 5b: Richtung ⑦ — ③ usw.

3. Der Aufbau und die Darstellung der Betriebsvorgänge.

Die Zusammensetzung der Betriebsvorgänge aus den Betriebselementen, die vorerst als bekannt vorausgesetzt wird, und die von Behr vorgeschlagene bildliche Darstellung soll an einer Ausfahrt, an einer Einfahrt und an einer Rangierfahrt erläutert werden.

a) Ausfahrt. In Abb. 81 sind in verschiedenen Spalten sämtliche mit der Ausfahrt aus Gleis 1 zusammenhängenden Handlungen in ihrer zeitlichen Folge dargestellt. Für jeden an der Zugfahrt beteiligten Stellwerksbeamten ist eine besondere Spalte vorgesehen, und zwar für den Weichenwärter im abhängigen Stellwerk *Lo*, den Fahrdienstleiter im Befehlsstellwerk *Lb*, den Blockwärter in der vorgelegenen Blockstelle *Bk 6* und den Fahrdienstleiter in der vorgelegenen Zugmeldestelle *Kb*. Ist ein Stellwerk z. B. mit zwei Beamten besetzt, so sind auch zwei Spalten vorzusehen, weil man nur so beurteilen kann, inwieweit Handlungen von den beiden Beamten gleichzeitig ausgeführt werden können. Eine besondere Spalte ist für jede Zugfahrt vorhanden. Der Maßstab der senkrechten Achse ist zweckmäßig 1 mm = 2 sec. Für die Einzelhandlungen werden nach S. 132 bestimmte Zeichen angewendet. Durch beigeschriebene Buchstaben und Angabe der Zeiten für die Einzelhandlungen wird die Darstellung noch verständlicher gemacht.

Man kann aus Abb. 81 nun folgenden Ablauf des Betriebsvorganges 3a (Ausfahrt eines Personenzuges aus Gleis 1 nach *K*) ablesen:

1. Der Fahrdienstleiter (*Fdl*) in *Lb* blockt das Befehlsabgabefeld für die Ausfahrt *B*.

2. Sofort nach Eingang des Befehls prüft der Weichenwärter (*Ww*) in *Lo* die Fahrstraße und stellt

3. die Weichen, legt

4. den Fahrstraßenhebel *b* um, bedient

5. das Fahrstraßenfestlegefeld und zieht

6. das Ausfahrsignal *B*.

Die Handlungen 1—6 umfassen das Bilden der Fahrstraße in der Zeit t_1.

7. Zwischen dem Auffahrtgehen des Signals und der planmäßigen Abfahrtszeit liegt ein bestimmter Sicherheitszuschlag t_2 (s. S. 136 u. 137).

8. Vom Aufsichtsbeamten wird der Abfahrauftrag erteilt und vom Lokführer aufgenommen. Zeit t_3.

9. Der Fahrvorgang — t_4 — beginnt.

10. Unmittelbar nach der Abfahrt meldet der *Fdl* in *Lb* den Zug nach *Kb* ab, das Telegramm wird vom Blockwärter in *Bk 6* mitgelesen.

11. Letzterer stellt das Blocksignal *A* auf Fahrt. Nachdem

12. der Zugschluß die isolierte Schiene im Stellwerksbezirk *Lo* nach der Fahrzeit $t = 72$ sec verlassen hat und hierdurch

13. der Signalflügel *B* auf Halt gefallen sowie

14. das Fahrstraßenfestlegefeld für *b* aufgelöst ist, nimmt

15. der *Ww* die Vorgänge 13 und 14 wahr, legt

16. den Signalhebel *B* und

17. den Fahrstraßenhebel *b* zurück.

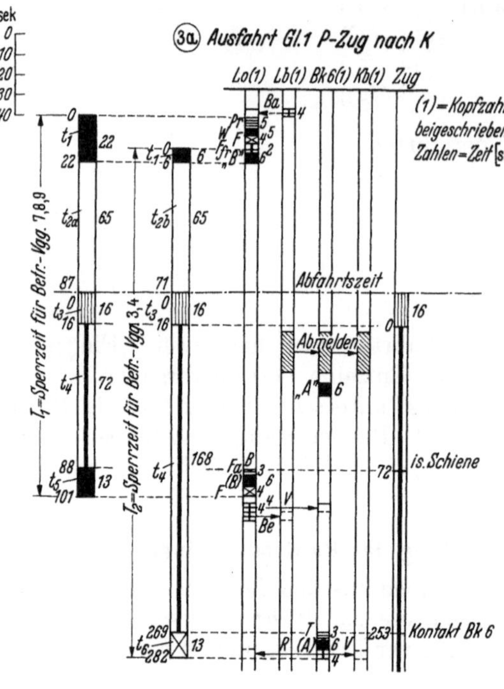

Abb. 81.

■   Umlegen eines Weichen-, Signal- oder Fahrstraßensignalhebels.
⊠   Umlegen eines Fahrstraßen-, Befehls- oder Zustimmungshebels.
⊞   Blocken eines Wechselstromblockfeldes.
⊡   Blocken eines Gleichstromblockfeldes.
⊟   Bedienen einer Auflösetaste, Taste für Vorrücksignal u. a.
Ⓦ   Winksignal (Handsignal).
▤   Wahrnehmen von Vorgängen, Gleisprüfung.
▥   Mündlicher Auftrag oder Zuruf, Abfahrauftrag.
▧   Meldung auf Telegraph oder Fernsprecher.
⊞   Zug- oder Rangierfahrt.
⟶   Haltfallen des Signalflügels und Auflösen des Gleichstrom *FF*-Feldes.
⟶   Auslösen der elektrischen Tastensperre.
▦   Zwischen- oder Wendehalt.

Prx Fahrwegprüfung.	*Be* Befehlsempfang.
Wa Wahrnehmungen von Vorgängen.	*Za* Zustimmungsabgabe.
A Auftrag (mündlich).	*Ze* Zustimmungsempfang.
W Weichenhebel.	*Zb* Zugschlußbeobachtung.
F Fahrstraßenhebel.	„*A*" Umlegen des Signalhebels *A*.
B Befehlshebel.	(*A*) Zurücklegen des Signalhebels *A*.
Z Zustimmungshebel.	
Ff Fahrstraßenfestlegung.	$\overset{v}{\to}$ Vorblocken.
Fa Fahrstraßenauflösung.	
Ba Befehlsabgabe.	$\overset{R}{\to}$ Zurückblocken.

Abb. 82. Erläuterungen.

Die Handlungen 14. bis 17. stellen das Auflösen der Fahrstraße dar, Zeit t_5.

18. Der *Ww* blockt hierauf nach *Bk 6* vor und anschließend

19. das Befehlsempfangsfeld für *B*.

20. Nach einer Fahrzeit von 253 sec bewirkt die letzte Achse des Zuges nach Überfahren der isolierten Schiene in *Bk 6* das Auslösen der elektrischen Tastensperre.

21. Der Blockwärter nimmt dies wahr, stellt

22. das Blocksignal A auf Halt und

23. blockt nach Lo zurück sowie gleichzeitig nach Kb vor.

Die letzten Handlungen 20. bis 23. werden zusammen als **Rückmeldung** bezeichnet, Zeit t_6.

In Abb. 81 sind die Summen aus den Einzelzeiten, die „Sperrzeiten" für die verschiedenen BV gebildet. Die Sperrzeit T_1 für die BV 7, 8 und 9 (Rangierfahrten) rechnet vom Beginn der Fahrwegprüfung bis zum vollendeten Zurücklegen des Fahrstraßenhebels b, also von dem Zeitpunkt ab, wo die zum BV 3a gehörigen Weichen nicht mehr für alle Fahrten verfügbar sind, bis zu dem Augenblick, wo sie wieder verfügbar werden. Die Sperrzeit T_2 für die BV 3 und 4 (Ausfahrten) rechnet vom Ziel des Ausfahrsignals bis zum Eintreffen der Rückblockung. Die Zusammensetzung von T_2 ist ähnlich wie bei T_1, jedoch schließen sich hier an den Fahrtvorgang (t_4) die als Rückmeldung (t_6) bezeichneten Vorgänge an.

b) Einfahrt. Der Verlauf einer Einfahrt von K nach Gleis 4 (BV 2) ist in Abb. 83 dargestellt. Die Spalteneinteilung ist die gleiche wie bei BV 3a, da dieselben Betriebsbeamten an der Zugfahrt mitwirken. Man entnimmt aus Abb. 83 folgende Einzelvorgänge:

1. Nach Abfahrt und

2. Abmeldung des Zuges von der rückliegenden Zugmeldestelle Kb stellt

3. der Blockwärter in $Bk\ 6$ das Blocksignal auf Fahrt,

4. der Fdl in Lb bereitet inzwischen die Einfahrt vor, indem er das Gleis auf Freisein prüft,

5. die Weichen in seinem Bezirk stellt,

6. den Fahrstraßenhebel umlegt und

7. das Befehlsabgabefeld für die Fahrt A^2 blockt.

8. Inzwischen ist in $Bk\ 6$ die Vorblockung eingegangen.

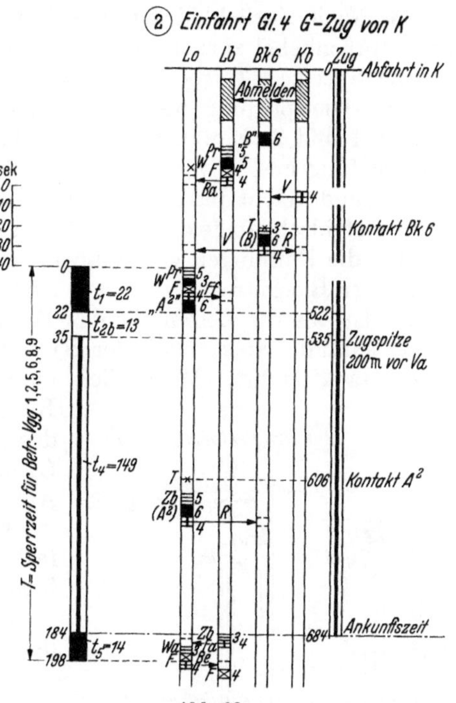

Abb. 83.

9. Der Zug fährt unter Auslösung der Streckentastensperre in $Bk\ 6$ durch.

10. Der Blockwärter nimmt dies wahr und legt

11. das Signal auf Halt und

12. blockt vor bzw. zurück.

13. Der Ww in Lo nimmt nach Eingang der Vorblockung die Nachprüfung vor,

14. stellt die Weichen,

15. legt den Fahrstraßenhebel um,

16. bedient das Fahrstraßenfestlegefeld und zieht

17. das Einfahrsignal A^2.

Vorgang 13 bis 17 zählt zum **Bilden der Fahrstraße** (Zeit t_1). Letzteres muß spätestens durchgeführt sein, wenn die Zugspitze eine bestimmte Entfernung vor dem Einfahrsignal erreicht hat. Im allgemeinen liegt zwischen dem Auffahrtgehen des Signals und dem Erreichen des vorerwähnten Punktes durch den Zug

18. ein bestimmter Sicherheitszuschlag von t_2 sec (s. S. 136 u. 137).

19. Es folgt der Fahrvorgang bis zum Halten in Gleis 4 (Zeit t_4).

20. Inzwischen löst der Zug die Streckentastensperre aus.

21. Der Wärter beobachtet den Zugschluß und legt

22. nach Überfahren der Zugschlußstelle das Signal A^2 auf Halt und

23. blockt nach *Bk 6* zurück.

24. Nach Wahrnehmung des Haltens des Zuges bedient der *Fdl*

25. das Fahrstraßenauflösefeld.

26. Das Entblocken des Fahrstraßenfestlegefeldes nimmt der *Ww* in *Lo* wahr und legt

27. den Fahrstraßenhebel zurück.

Hiermit ist das Auflösen der Fahrstraße in der Zeit t_5 (Vorgang 24 bis 27) abgeschlossen.

28. Nach Zurückblocken des Befehlsempfangsfeldes kann auch in *Lb* der Fahrstraßenhebel zurückgelegt werden.

Die Sperrzeit T_2 rechnet für die *BV* 5, 6, 8 und 9 (Rangierfahrten) wieder von der Gleisprüfung bis zum Zurücklegen des Fahrstraßenhebels in *Lo*. Für die *BV* 1 und 2 (Einfahrten von *K*) beginnt die Sperrzeit an sich schon bei der Gleisprüfung in *Lb* (wobei die Vorgänge in *Lb* und *Lo* unmittelbar aufeinanderfolgen) und reicht bis zum Zurücklegen des Fahrstraßenhebels in *Lb*, weil sich ja die Befehlsabgabefelder A^1 und A^2 in *Lb* nicht gleichzeitig blocken lassen. Nun können die Einfahrten von *K* aber nur in dem Zeitabstand folgen, der durch die Länge der Blockstrecke zwischen *Bk 6* und *Lo* bedingt und jedenfalls wesentlich größer ist, als die Zeiten für das Wechseln der Fahrstraßen a^1 und a^2 auf *Lb*. Daher kann die Sperrzeit T der *BV* 5, 6, 8 und 9 auch für *BV* 1 und 2 gelten.

c) Rangierfahrt. Wesentlich einfacher ist der betriebliche Aufbau einer Rangierfahrt. Behandelt wird *BV* 8. Dies ist das Absetzen eines Eilgutkurswagens (*Ek*) aus Gleis 2 nach Gleis 11 (②—⑨), dargestellt in Abb. 84.

Man braucht nur je eine Spalte für den *Ww* in *Lo* und für die Rangierfahrt. Es ergeben sich folgende Handlungen:

1. Fertigmelden der Rangierfahrt durch den Rangierleiter an *Lo*.

2. Prüfung der Gleisfreiheit.

3. Umlegen der Weichen.

4. Erteilen des Signals zum Vorrücken durch den *Ww* in *Lo* (Vorgang 1 bis 4 = Bilden der Fahrstraße in der Zeit t_1).

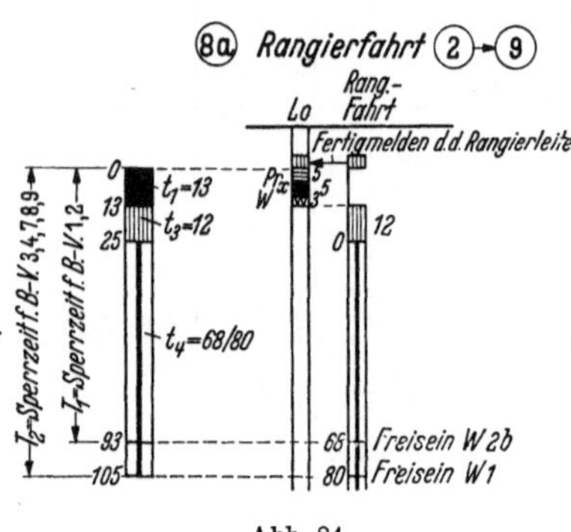

Abb. 84.

5. Rangierleiter nimmt das Signal auf und gibt es an den Lokführer weiter, der es gleichzeitig aufnimmt (Abfahrtauftrag, Zeit t_3).

6. Fahrvorgang Zeit t_4.

Nach 68 sec Fahrzeit ist die Weiche 2b und nach 80 sec Weiche 1 geräumt.

Durch den BV. 8 sind zeitweilig gesperrt die Fahrten 1, 2, 3, 4, 7 und 9. Die Sperrung beginnt bei allen mit der Fahrwegprüfung für BV. 8, sie ist beendet für BV. 1 und 2 mit dem Räumen der Weiche 2b und für BV. 3, 4, 7 und 9 mit dem Räumen der Weiche 1. Im Gegensatz zu den Zugfahrten, bei denen nach Auflösen der Fahrstraße die gesperrten Fahrten (mit Ausnahme der durch die Streckenblockung verschlossenen Ausfahrten) gleichzeitig frei werden, erfolgt dies bei den Rangierfahrten stufenweise mit dem aufeinanderfolgenden Räumen der betreffenden Weichen.

4. Die Zeitelemente der stationären Arbeiten.

Die Zeitelemente der stationären Arbeiten sind, wie gesagt, so weit zu unterteilen, daß sie von der Örtlichkeit unabhängig sind. Sie werden durch Beobachtung (Zeitaufnahmen) festgestellt, sodann werden nach der Häufigkeitsrechnung Mittelwert und Streuung bestimmt. Die so gefundenen Zeiten können dann mit den Fahrvorgängen zu anderen Betriebsvorgängen zusammengesetzt werden.

Für die Zugfahrten wurden zuerst von Hofmann[1] die Zeiten für das Bedienen der Stellwerksanlage ermittelt. Diese Zeitwerte wurden von Behr[2] für die Verhältnisse der großen Personenbahnhöfe ergänzt.

Die Zeitelemente der stationären Arbeiten des Rangierdienstes und weiterhin die mittleren Geschwindigkeiten der Rangierbewegungen wurden zuerst durch Zeitstudien und Auswertung nach der Häufigkeitsrechnung von E. Massute[3] ermittelt. Sowohl die Werte für die Zeitelemente der stationären Arbeiten als auch die Werte für die mittleren Geschwindigkeiten der Rangierbewegungen hat Nebelung[4] insbesondere für Rangierbahnhöfe ergänzt.

Es sollen zunächst die Zeitelemente der stationären Arbeiten für Zug- und Rangierfahrten, soweit sie mit dem Zugverkehr im Zusammenhang stehen, nach diesen Zeitaufnahmen mitgeteilt werden. Auf S. 262 werden dann insbesondere die entsprechenden Werte für Rangierbahnhöfe bekanntgegeben. Weiterhin wird auf S. 280 an einem Beispiel gezeigt, wie man die Zeitaufnahmen durchführt und deren Ergebnisse nach der Häufigkeitsrechnung auswertet.

a) Tätigkeiten der Betriebsbeamten. Es sollen zunächst die Mittelwerte für das Bilden der Fahrstraßen bei mechanischen Stellwerken nach den Ermittlungen von Hofmann und bei elektrischen Stellwerken nach den Feststellungen von Behr bekanntgegeben werden. In diesen Werten sind auch die von dem Wärter zurückgelegten Wege mit einbegriffen. Bei den elektrischen Stellwerken handelt es sich um die Bauart VES 1912. Die Werte können aber auch bei elektrischen Stellwerken anderer Bauarten sowie bei Mehrreihenstellwerken verwendet werden. Bei letzteren sind die Umstellzeiten etwas kürzer, jedoch fällt der Unterschied bei der Summierung nicht ins Gewicht. Man kann bei Zugfahrten durchschnittlich bei einem Weichensteller 4, bei zwei Weichenstellern 3 Weichenumstellungen, bei Rangierfahrten entsprechend 3 und 2 Weichenumstellungen in Rechnung stellen. Dabei ist die der Wirklichkeit entsprechende Annahme gemacht, daß die Weichenhebel nach jeder Zug- und Rangierfahrt in ihrer jeweiligen Stellung verbleiben.

Für das Nachprüfen der Gleisfreiheit empfiehlt Hoffmann 8 sec zu rechnen. Gut eingearbeitete Stellwerksbeamte sind aber bei ihrer Tätigkeit an den Sicherungsanlagen laufend über das Frei- und Besetztsein der Gleise ihres Bezirks unterrichtet, so daß es nach Behr für sie zur Erfüllung der Forderung der Fahrdienstvorschrift (§ 23[1]) fast immer genügt, einen kurzen Blick auf die Gleise zu werfen. Behr empfiehlt daher 5 sec, was auch für alle Fälle ausreicht, bei denen die Gleisprüfung mit kurzen Wegen verbunden ist.

Das Erteilen und Aufnehmen des Abfahrauftrages bei Zug- und Rangierfahrten (t_3) umfaßt ausschließlich menschliche Tätigkeiten, die unter sehr verschiedenartigen äußeren Bedingungen stattfinden. Dies hat größere Streuungen der Zeitwerte zur Folge. Zuverlässige Mittelwerte erfordern daher eine größere Anzahl von Beobachtungen.

---

[1] Dr.-Diss. Dresden 1930. B. G. Teubner, Dresden.
[2] Dr.-Diss. Berlin 1938 und Org. Fortschr. Eisenbahnw. 1938 Nr. 14.
[3] Dr.-Diss. Dresden und Org. Fortschr. Eisenbahnw. 1933 Nr. 4.
[4] Dr.-Diss. Berlin 1938 und Gleistechnik und Fahrbahnbau 1939 Nr. 1—4.

Bei Zugfahrten rechnet das betrachtete Zeitelement t_3 von der planmäßigen Abfahrzeit bis zur ersten Bewegung des Zuges, bei Rangierfahrten zählt t_3 vom Aufleuchten des Vorrücksignals oder Erteilen des Winksignals, Hornsignals oder mündlichen Auftrages zum Vorrücken bis zum Beginn des Fahrvorganges.

Sicherheitszuschläge. Die Aus- und Einfahrsignale der Bahnhöfe müssen immer eine gewisse Zeitspanne vor der planmäßigen Abfahrzeit oder der Durchfahrzeit am Einfahrvorsignal auf Fahrt gestellt sein. Bei ausfahrenden Zügen ist diese Zeitspanne der Sicherheitszuschlag bei der Ausfahrt (t_{2a}) genannt. Dieser ist deshalb nötig, damit das Zugbegleit- und Lokomotivpersonal sowie der Aufsichtsbeamte nach Beendigung ihrer Vorbereitungen zur Abfahrt sich ganz auf die Beobachtung der Bahnhofsuhr einstellen können, so daß nach Heranrücken der Abfahrzeit der Zug so schnell wie möglich in Gang gebracht werden kann. Die tatsächliche Größe des Sicherheitszuschlages t_{2a} ist von vielerlei Einflüssen wie: örtliche Verhältnisse, Verkehrsstärke, Fahrplanlage, psychologische Momente u. a. abhängig und daher außerordentlich verschieden.

Der Zeitpunkt, bei dem das Einfahrsignal spätestens auf Fahrt gestellt sein muß, ist der Augenblick, in dem der Lokführer eines fahrplanmäßig einfahrenden Zuges bei haltzeigendem Einfahrsignal die Dampfzufuhr der Lok abstellen würde. Räumlich entspricht dem nach den Ermittlungen von Hofmann ein Punkt, der auf gerader nicht zu steiler Strecke bei Schnellzügen etwa 500 m, bei Personen- und Güterzügen etwa 200 m vor dem Einfahrvorsignal liegt. Bei gekrümmter oder aus anderen Gründen unübersichtlicher Strecke ist es die Stelle, bei der das Vorsignal zuerst sichtbar wird. Damit mit Sicherheit unnötiges Bremsen des einfahrenden Zuges vermieden wird, zieht der Stellwerksbeamte das Einfahrsignal um eine bestimmte Zeitspanne früher als der Zug den Punkt 500 m oder 200 m vor dem Einfahrvorsignal erreicht hat. Diese Zeitspanne wird Sicherheitszuschlag bei der Einfahrt (t_{2b}) genannt. Die Größe dieses Zuschlages ist wieder sehr verschieden und von ähnlichen Einflüssen wie der Sicherheitszuschlag bei der Ausfahrt abhängig. Besonderen Einfluß hat hier die Örtlichkeit. Ist z. B. die Sicht vom Stellwerk auf den Einfahrweg ungünstig, so wird die obere Grenze der Streuung statt des Mittelwertes anzuwenden sein. In der „Zusammenstellung der Zeitelemente" sind wegen der großen Streuungen bei den Werten des Sicherheitszuschlages für Ein- und Ausfahrt außer den Mittelwerten die Streuungen angegeben.

Die Haltezeiten. Bei mehrteiligen Betriebsvorgängen liegen zwischen den einzelnen Bewegungsabschnitten Haltezeiten, die durch das Umsteuern der Antriebsmaschine für die Fahrt in entgegengesetzter Richtung entstehen. Für diese Zeiten, die als Wendehalte bezeichnet werden, hat Massute eingehende Zeitstudien angestellt. Für Personenbahnhöfe sind von besonderer Wichtigkeit der Wendehalt beim Überführen einer Rangierabteilung, wofür 9 sec, und derjenige Wendeaufenthalt einer alleinfahrenden Lok, wofür 10 sec ermittelt sind. Für Wendehalte eines Triebwagens oder eines Triebwagenzuges hat Behr nach Beobachtungen auf dem Lehrter Bahnhof, Berlin, bei Besetzung beider Führerstände 15 sec, bei Besetzung nur eines Führerstandes je nach der Länge des Triebwagenzuges 30 sec und mehr vorgeschlagen.

b) Zusammenstellung der Zeitelemente.

t_1 Bilden der Fahrstraße.

1. Für mechanische Stellwerke (von Hofmann ermittelt).

    a) Umlegen der Weichenhebel: Zeitdauer

1. Hebel	4 sec
2. „	8 „
3. „	12 „
4. „	16 „

Zeitdauer

5. Hebel . . . . 20 sec
6. „ . . . . 24 „
b) Umlegen oder Zurücklegen der Fahrstraßenhebel anschließend an eine
  oder vor einer Blocktätigkeit ohne Weg . . . . 1 „
c) Umlegen oder Zurücklegen des Fahrstraßenhebels einschließlich 4,5 m Weg
  vom letzten umgestellten Weichenhebel bis zum Fahrstraßenhebel . . 5 „
d) Umlegen oder Zurücklegen eines Signalhebels oder Vorsignalhebels . . 6 „
e) Umlegen oder Zurücklegen eines Hauptsignalhebels und des zugehörigen
  Vorsignalhebels
  mit gemeinsamem Hebel . . . . 8 „
  mit getrennten Hebeln . . . . 9 „

Die Werte b bis e gelten auch für die entsprechenden zu t_5 (Auflösen der Fahrstraße) und t_6 (Rückmeldung) zu rechnenden Betätigungen. Die anderen Werte für t_1, t_5 und t_6 s. unten.

2. Für elektrische Stellwerke (von Behr ermittelt):
  a) Umlegen der Weichenhebel
    1. Hebel . . . . 3 sec
    2. „ . . . . 4 „
    3. „ . . . . 6 „
    4. „ . . . . 7 „
    5. „ . . . . 9 „
    6. „ . . . . 10 „
  b) Prüfung der Gleisfreiheit . . . . 5 „
  c) Umlegen des Fahrstraßen-, Befehls- od. Zustimmungshebels von 0°—45° 2 „
  d) Umlegen des Fahrstraßensignalhebels von 0°—90° (ohne Vorsignal) . . 4 „
  e) Umlegen des Fahrstraßensignalhebels von 0°—90° (mit Vorsignal) . . 5 „
  f) Bedienen von Lichtzeichen (Vorrücksignal u. a.) . . . . 2 „
t_2 Sicherheitszuschlag
  a) Bei der Ausfahrt obere Streuung 84″, untere Str. 46″, Mittelwert . . . . 65 „
  b) Bei der Einfahrt obere Streuung 27″, untere Str. 0, Mittelwert . . . 13 „
t_3 Erteilen und Aufnehmen des Abfahrauftrages.
  a) Zugfahrten . . . . 16 „
  b) Begleitete Rangierfahrten . . . . 12 „
  c) Unbegleitete Rangierfahrten . . . . 5 „
t_5 Auflösen der Fahrstraße.
  a) Zurücklegen des Fahrstraßensignalhebels von 90°—45° (wenn Signal auf
    Halt laufen muß) . . . . 3 „
  b) Desgl., wenn Signalflügel vorher auf Halt gefallen ist . . . . 2 „
  c) Wahrnehmen der Blockvorgänge usw. (nur bei Stellwerken, bei denen Wei-
    chenhebel, Signalhebel und Blockfelder von einem Beamten bedient
    werden) . . . . 3 „
  d) Bedienen eines Wechselstromblockfeldes . . . . 4 „
  e) Abgabe einer telegraphischen Rückmeldung i. M. . . . . 30 „
t_7 Wendehalte.
  a) Wendehalt beim Überführen einer Rangierabteilung mit Lokomotive 9 „
  b) Wendehalt einer alleinfahrenden Lokomotive . . . . 10 „
  c) Wendehalt eines Triebwagens, wenn beide Führerstände besetzt sind . 15 „
  d) Desgl., wenn nur ein Führerstand besetzt ist . . . . 30 sec u. m.

Ein Abriß der Häufigkeitsrechnung, in dem auch die Ermittlung der Mittelwerte und der Streuung der beobachteten Zeitwerte gezeigt wird, ist als Anhang des Abschnitts „Die Zugbildung" zu finden.

5. Die Betriebsvorgangsbilder.

Um die gegenseitigen Ausschlüsse der Zug- und Rangierfahrten eines Abhängigkeitsbezirks nach der Zeit erkennen zu können, vereinigt man nach Behr die vorher ermittelten Betriebsvorgänge zu sog. Betriebsvorgangsbildern (Abb. 85). Letztere sind die Bausteine des Fahrtenabhängigkeitsplanes (Abb. 86), der entsteht, wenn man die Betriebsvorgangsbilder unter Zugrundelegung des Fahrplanes zusammensetzt. Diese Betriebsvorgangsbilder werden nur **einmal** aufgestellt und haben, sofern die Gleisanlagen des Bahnhofs nicht geändert werden, dauernde Gültigkeit. Die Abb. 85 zeigt einige Betriebsvorgangsbilder für das gewählte Bahnhofsbeispiel.

In den Betriebsvorgangsbildern ist ebenso wie im Fahrtenabhängigkeitsplan in senkrechter Richtung die Zeit aufgetragen, und die waagerechte Richtung ist nach den verschiedenen Betriebsvorgangsgruppen unterteilt (1, 2 usw.). Für jede von diesen ist eine Spalte vorgesehen, jedoch ist eine weitere Untergliederung nach Einzelbetriebsvorgängen (1a, 1b usw.) nicht nötig, da diese ja ein und denselben Fahrweg und infolgedessen auch dieselben Fahrtenabhängigkeiten haben. Als Maßstab der Zeitachse wird zweckmäßig 1 cm = 2,5 min gewählt.

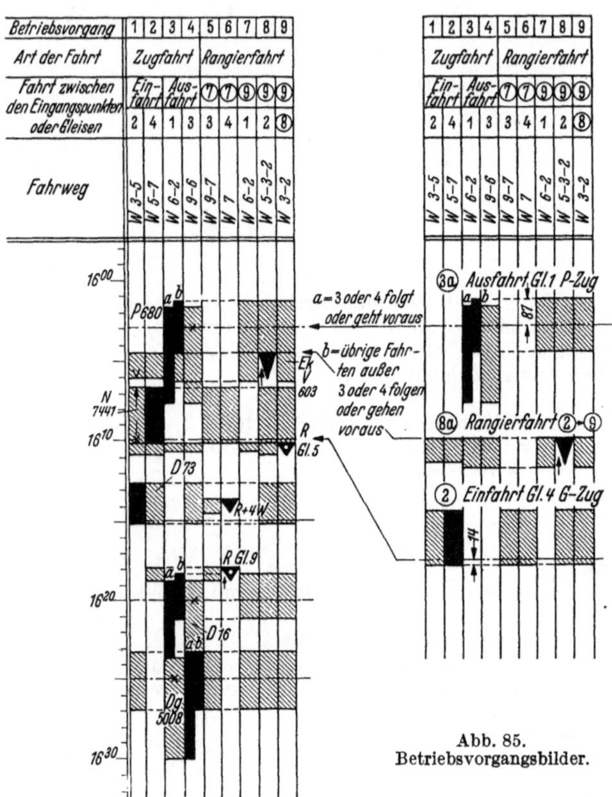

Abb. 85.
Betriebsvorgangsbilder.

Abb. 86. Fahrtenabhängigkeitsplan.

Jede in das Betriebsvorgangsbild eingetragene Fläche bedeutet nun, daß der Betriebsvorgang oder die Betriebsvorgangsgruppe der betreffenden Spalte während einer der Höhe der Fläche entsprechenden Zeit gesperrt ist. Die **schwarz** ausgefüllten Flächen stellen die **Fahrten** selbst, die **schraffierten Flächen** die durch die Fahrten hervorgerufenen **Ausschlüsse** dar. Bei Zugfahrten wird die **fahrplanmäßige Abfahrt** oder **Ankunftszeit** durch **waagerechte strichpunktierte Linien** (Bezugslinie) gekennzeichnet. In Abb. 85 ist im obersten Bild der Betriebsvorgang 3a (Ausfahrt eines Personenzuges aus Gleis 1) eingetragen, für den die Sperrzeiten in Abb. 81 ermittelt wurden. Aus den Sperrzeiten T ergeben sich unter Berücksichtigung des Zeitmaßstabes die Höhen der Sperrflächen im Be-

triebsvorgangsbild, so z. B. aus T_1 der Abb. 81 die Flächen der Spalten 7, 8 und 9 der Abb. 84; aus der Sperrzeit T_2 die Flächen der Spalten 3 und 4. In der Spalte des Betriebsvorganges 3 erscheinen 2 Sperrflächen. Die linke (*a*) gilt für den Fall, daß die *BV* 3 oder 4 (Ausfahrten) vorausgehen oder folgen, die rechte (*b*) für alle übrigen Fälle (Rangierfahrten). Die Abfahrtzeitlinie hat den in Abb. 81 ermittelten Abstand von 87 sec von der oberen Kante der Sperrfläche *b*.

Die in Abb. 84 ermittelte Rangierfahrt ② — ⑨ (*BV 8a*) ist im zweiten Bild der Abb. 85 dargestellt. In Spalte 8 müßten hier wie im ersten Beispiel 2 Sperrflächen eingetragen werden, eine von 93 sec Höhe, für den Fall, daß *BV 1* oder *2* folgt, und eine andere von 105 sec Höhe für die folgenden *BV 3, 4, 7,*

8 und *9*. Da es bei verwickelten Gleisanlagen Fälle gibt, wo hier eine ganze Reihe von verschiedenen Sperrflächen erscheinen würde, wäre eine genaue Darstellung der unteren treppenförmigen Begrenzung der Sperrfläche in Spalte 8 schwierig. Es genügt aber auch, lediglich die obere und untere Begrenzung für vorausgehende und folgende Fahrten der **gleichen** Betriebsvorgangsgruppe festzulegen, was durch ein schwarz ausgefülltes Dreieck geschieht. Denn das Ende der Sperrzeit für **andere** Betriebsvorgänge ist durch die unteren Begrenzungen der schraffierten Flächen in den betreffenden *BV*-Spalten gekennzeichnet. Bei den Rangierfahrten muß noch angegeben werden, um welche Fahrtrichtung es sich handelt. Steht kein Pfeil neben dem schwarzen Dreieck, so ist die im Kopf des Planes angegebene Richtung genannt, z. B. bei *BV 8a* Fahrtrichtung ⑨—②. Ist ein Pfeil vorhanden, so verläuft die Fahrt in der Gegenrichtung, bei *BV 8a*: Richtung ②—⑨. Außerdem bedeutet ein voll ausgefülltes Dreieck mit einem weißen Punkt eine alleinfahrende Lokomotive.

An dritter Stelle ist in Abb. 85 das BV.-Bild einer Güterzugeinfahrt in Gleis 4 (*BV 2*) gezeigt, das aus Abb. 83 gewonnen wurde. In ähnlicher Weise werden für die übrigen Betriebsvorgänge die BV.-Bilder aufgestellt.

6. Der Fahrtenabhängigkeitsplan von Behr.

Behr hat ein Verfahren entwickelt, nach dem ein Betriebsplan derart aufgebaut wird, daß einerseits die Besetzungspläne beibehalten, andererseits aber statt der Belegung der Fahrtenkreuzungspunkte die **gegenseitigen Ausschlüsse der Fahrten** selbst in ihrem zeitlichen Verlauf dargestellt werden. Dieser Betriebsplan wird **Fahrtenabhängigkeitsplan** genannt, weil aus ihm die **Abhängigkeiten der Betriebsvorgänge** untereinander wie aus einer Verschlußtafel die der **Fahrstraßen** hervorgehen. Er läßt alle diese Abhängigkeiten ohne Zuhilfenahme eines Lageplanes erkennen.

Die bisher in der Praxis angewendeten Betriebspläne stellen in erster Linie die zeitliche Besetzung von irgendwie begrenzten Gleisabschnitten (wozu auch Kreuzungen oder Weichen zu rechnen sind) dar. Für Gleise oder Gleisabschnitte, auf denen Züge oder Rangierabteilungen längere Zeit halten oder auf denen Fahrzeuge für irgendwelche Zwecke aufgestellt werden, also für Bahnsteig-, Überholungs- und Ladegleise oder in Abstellbahnhöfen für die Wagensatzgleise und auch für die Einfahrt-, Richtungs- und Ausfahrgleise der Rangierbahnhöfe können Gleisbesetzungspläne weder bei Betriebsuntersuchungen noch im praktischen Betriebsdienst entbehrt werden. Anders ist es bei Gleisabschnitten, die nur durch Fahrten oder kurzzeitig besetzt werden, wie Weichen, Kreuzungen, Verbindungsgleise usw. Die Angabe, wie lange z. B. eine Kreuzung durch eine Fahrt besetzt ist, nützt nur dann etwas, wenn man sich gleichzeitig im Lageplan klarmacht, welche Fahrtenausschlüsse die Kreuzungsbesetzung zur Folge hat. Diese Feststellung ist aber zeitraubend und erfordert dauernde Gedankenarbeit. Durch die Zuhilfenahme des Gleisplanes werden die Betriebspläne bei großen Anlagen schwerfällig im Gebrauch.

Die **Vorteile** des Behrschen Fahrtenabhängigkeitsplanes kommen also besonders bei Personenbahnhöfen zur Auswirkung, wo viel Bewegung ist. Er ist also der **Betriebsplan, der neben der Gleisbesetzung auch die Dynamik des Betriebes darstellt**, während der Gleisbesetzungsplan da am Platze ist, wo die Besetzung von Gleisabschnitten, also mehr der **statische** Zustand des Betriebes für Überlegungen und Entschließungen von Wichtigkeit ist.

Der **Fahrtenabhängigkeitsplan** entsteht durch die Vereinigung der vorgenannten Betriebsvorgangsbilder unter Zugrundelegung des

Fahrplanes. In Abb. 86 ist für das gewählte Beispiel ein Fahrtenabhängigkeitsplan für die Zeit von 16^{00} bis 16^{30} Uhr dargestellt. Neben den schwarzen Sperrflächen der Zugfahrten sind die Zugnummern, bei den Rangierfahrten geeignete
Angaben über die Zusammensetzung und das Fahrziel der Rangierabteilung bei-
geschrieben.

In dem Fahrtenabhängigkeitsplan der Abb. 86 sieht man zuerst den *BV 3a*
als Personenzug 680, der 16^{03} aus Gleis 1 nach *K* ausfährt, und man entnimmt, daß
die Ausfahrten aus Gleis 1 und 3 (*BV 3* und *4*) von $16^{01,8}$—$16^{07,7}$ sowie die Rangierfahrten 7, 8 und 9 von $16^{01,5}$—$16^{04,7}$ gesperrt sind. Weiter ist der fahrplanmäßig
16^{10} in Gleis 4 einfahrende N 7471 (*BV 2*) eingetragen. Er belegt die durch
P 680 gesperrten Spalten 8 und 9 bereits wieder $16^{06,8}$. Ob es möglich ist, in
der Zwischenzeit von rd. 2 min einen Eilgutkurswagen von Gleis 2 nach ⑨ zu
setzen (*BV 8*), läßt der Fahrtenabhängigkeitsplan erkennen, wenn man das entsprechende BV.-Bild einfügt. Dies ist in Abb. 86 geschehen: wie man sieht, ist
die Fahrt möglich und außerdem noch ein Spielraum von 35 sec vorhanden.

Die schraffierte Sperrfläche von *BV 8a* deckt sich in Spalte 4 mit der von
BV 3a. Das ist zulässig und hat nur die Bedeutung, daß *BV 4* für eine gewisse
Zeit sowohl durch *BV 3a* als auch durch *8a* gesperrt ist. Die Überdeckung der
schwarzen Fläche *a* von *BV 3a* mit der schraffierten von *BV 8a* hat nichts zu
bedeuten, da die Fläche *a* wie oben gesagt, nur für *BV 3* und *4* gilt. Würde man
die Fahrt *8a*, statt sie unmittelbar auf *3a* folgen zu lassen, der Fahrt *2* soweit als
möglich nähern, würde also der Zwischenraum in Spalte 2 von 35 sec verschwinden, so würde die Spitze des schwarzen Dreiecks von *BV 8a* in Spalte 8 etwas
in die schraffierte Fläche von *BV 2* hineinragen. Dies darf auch geschehen,
weil die Spitze des Dreiecks ja die untere Begrenzung der schwarzen Sperrfläche
ersetzt und wie oben festgelegt nur für eine nachfolgende Fahrt *8* gilt.

Abb. 86 zeigt weiter, daß die von der Eilgutanlage zurückfahrende Rangierlok (*BV 9b*) bis $16^{10,3}$ warten muß, um nach dem einfahrenden N 7441 nach
Gleis 5 zu fahren. Die weiteren Fahrten der Rangierlokomotive, Ansetzen von
4 Güterwagen an N 7441 in Gleis 4 (*BV 6b*) und Rückkehr der Lok nach Gleis 9
(*BV 6a*) werden weder durch die 16^{15} und 16^{20} durchfahrenden D 73 (*BV 1b*)
und D 16 (*BV 3b*) noch durch Dg 5008, der 16^{25} ausfährt (*BV 4*), behindert,
weil die zugehörigen Sperrflächen nicht zusammenfallen. Man sieht aus dem
Fahrtenabhängigkeitsplan noch, daß Dg 5008 im Blockabstand auf D 16 folgt,
da die Sperrflächen der beiden Züge ohne Zwischenraum aneinander stoßen. Die
kürzeste Zugfolgezeit ergibt sich aus dem Plan zu 5,0 min.

Folgende Regeln gelten nach dem Vorstehenden für die Bildung des
Fahrtenabhängigkeitsplanes aus den Betriebsvorgangsbildern:

1. Schraffierte Sperrflächen dürfen sich überdecken (Gleichzeitigkeit zweier
Abhängigkeiten).

2. Schraffierte Sperrflächen dürfen schwarze Sperrflächen nicht überdecken,
ausgenommen die Spitzen der Dreiecke der Rangierfahrten und Teile der schwarzen Flächen der Zugfahrten, soweit sie keine Gültigkeit für die vorhergehenden
und folgenden Fahrten haben.

3. Schwarze Sperrflächen dürfen sich nicht überdecken (Gleichzeitigkeit
verschiedener Fahrten an gleicher Stelle).

4. Entscheidend dafür, wieweit ein Betriebsvorgang einem anderen zeitlich
genähert werden kann, sind die oberen Begrenzungen der schwarzen Sperrflächen (soweit gültig) und die unteren Begrenzungen der schraffierten Sperrflächen.

Bei großen Bahnhöfen sind gegebenenfalls mehrere Abhängigkeitsbezirke zu bilden und eine entsprechende Zahl von Einzel-Fahrtenab-

hängigkeitsplänen aufzustellen. Die einzelnen Abhängigkeitsbezirke sind dann so gegeneinander abzugrenzen, daß die FA.-Pläne möglichst wenig voneinander abhängig werden. Abhängigkeit zwischen zwei FA.-Plänen besteht nur dann, wenn bestimmte Fahrten beide zugehörige Abhängigkeitsbezirke durchlaufen. Diese Fahrten erscheinen also zugleich in beiden FA.-Plänen, was deren Aufstellung erschwert. Sind zu viele solcher Fahrten vorhanden, so ist ein einziger, wenn auch sehr umfangreicher FA.-Plan in der Handhabung doch einfacher. Bei Durchgangsbahnhöfen ergibt sich in der Regel für jedes Bahnhofsende ein besonderer Abhängigkeitsbezirk. Falls auf einem Durchgangspersonenbahnhof alle Reisezüge halten, beschränkt sich auch die Abhängigkeit der FA.-Pläne auf die zwischen den Bahnhofsenden verkehrenden Rangierfahrten.

Behr[1] hat die Aufstellung eines Fahrtenabhängigkeitsplanes für einen Kopfbahnhof mit betrieblich schwierigen Verhältnissen, wie beengte Gleisentwicklung, unzureichende und verzettelte Aufstellgleise und viele Kreuzfahrten, eingehend beschrieben.

7. Anwendungsmöglichkeiten für den Fahrtenabhängigkeitsplan.

Die Art der Darstellung des Betriebsablaufs macht den Fahrtenabhängigkeitsplan geeignet, über eine Reihe von Fragen Auskunft zu geben, die bisher nur teilweise beantwortet werden konnten. Vor allem wird der Forderung nach zweckdienlichen Betriebsplänen großer Bahnhöfe oder Bahnhofteilen entsprochen. Mit Hilfe des FA.-Planes lassen sich Vergleiche verschiedener Neubau- oder Umbauentwürfe in betriebstechnischer Hinsicht durchführen. Allerdings ist bei großen Anlagen der zeichnerische Aufwand erheblich, da für jeden Entwurf ein besonderer Fahrtenabhängigkeitsplan mit allen Betriebsbildern aufzustellen ist. Andererseits ist die aufgewandte Arbeit gerade bei großen Anlagen lohnend, da sich bei ihnen Fehler in der Gesamtanordnung nachträglich meist nur mit sehr großen Kosten beseitigen lassen. Weiter gibt der FA.-Plan ein Mittel in die Hand, die Leistungsfähigkeit vorhandener Bahnhöfe, die in hohem Maße von der Aufnahmefähigkeit der verbindenden Gleis- und Weichenentwicklungen abhängig ist, einwandfrei festzustellen. Man braucht nur unter Berücksichtigung der Besetzung der sonstigen Bahnhofsgleise die im FA.-Plan vorhandenen Lücken mit möglichen Zug- und Rangierfahrten auszufüllen und erhält dann ein Bild, wieweit sich der vorhandene Verkehr noch steigern läßt.

Besonders brauchbar ist der FA.-Plan für die Aufstellung der Bahnhofsfahrordnung. Bisher mußte letztere von den mit der Örtlichkeit vertrauten Bahnhofsbediensteten angefertigt werden, weil diese auf Grund ihrer Erfahrung allein beurteilen konnten, ob sich die Fahrordnung durchführen ließ. Mit Hilfe des FA.-Plans können die Fahrordnungen aber von den den Bahnhöfen vorgesetzten Stellen selbst bearbeitet werden, wodurch in vielen Fällen eine Steigerung der Leistung aller Anlagen erzielt werden kann.

Schließlich dient der FA.-Plan den Beamten des örtlichen Betriebsdienstes sowie den leitenden Beamten als Hilfsmittel zur Überwachung des Betriebes. Das Einfügen von Sonderzügen in die Bahnhofsfahrordnung wird sehr erleichtert. Dabei ist die Frage sofort zu beantworten, ob sich die mit den Sonderzügen verbundenen Rangierfahrten durchführen lassen.

Auch zur Aufstellung von Dienstplänen für die an den Betriebsvorgängen beteiligten Beamten, ferner für Rangierarbeitspläne u. a. kann der Fahrtenabhängigkeitsplan als Unterlage dienen.

---

[1] Behr: Org. Fortschr. Eisenbahnw. 1938 S. 259.

B. Die fahrdynamischen Grundlagen für die Zugfolge auf zweigleisigen Bahnlinien.

1. Der Raumabstand zweier Zugfahrten.

Der vorgenannte Fahrtenabhängigkeitsplan wird aufgestellt auf der Grundlage des vorhandenen Fahrplans. Hierbei sind alle Züge ihrer Zeitlage nach gegeben, und die Abstände, in denen die Züge einander folgen, sind bekannt. Soll der Fahrtenabhängigkeitsplan für einen Bahnhof einer neuen Linie aufgestellt werden, so geht diesem die Ermittlung der zweckmäßigsten Lage der Züge voraus. Hierbei ist man begrenzt durch den Kleinstabstand, in dem die Züge einander folgen dürfen. Der Kleinstabstand ist auch stets beim Einlegen neuer Züge in ein bestehendes Fahrplannetz von maßgebender Bedeutung. Er ist an die geometrische Beziehung geknüpft, daß in den von einem Zug besetzten Streckenabschnitt ein zweiter nicht einfahren darf, bevor ersterer den Abschnitt verlassen hat. Für die Sicherung dieses Raumabstandes der Züge kommt auf neuzeitlich betriebenen Bahnen die handbetriebene oder die selbsttätige Streckenblockung in Betracht. Die Streckenabschnitte heißen dann Blockstrecken. An deren Anfang steht im Bahnhof ein Ausfahrsignal und an der Blockstelle ein Blocksignal, das auch gleichzeitig das Ende der rückliegenden Blockstrecke kennzeichnet. Vor einem Bahnhof bezeichnet das Einfahrsignal das Ende einer Blockstrecke. Die Streckenblockung wird durch die Bahnhofsblockung unterbrochen. Der Ermittlung des Kleinstabstandes zweier Züge wird jedoch eine größere Fahrstrecke als die Blockstrecke zugrunde gelegt. Der Zug muß nämlich mit seinem Schluß um eine Schutzstrecke hinter das Signal am Ende der Blockstrecke gefahren sein, damit nicht, falls er dort liegengeblieben ist, ein nachfolgender Zug am auf Halt stehenden Signal durchrutscht und auf den ersteren auffährt. Diese Durchrutschstrecken werden von Fall zu Fall bestimmt. Erst nach Räumung derselben legt der Wärter am Ende der Blockstrecke sein Signal auf Halt, verschließt es durch Bedienung des Streckenblocks und gibt gleichzeitig das Signal zur Einfahrt in die rückgelegene Blockstrecke frei. Darauf zieht der Wärter am Anfang dieser Blockstrecke sein Haupt- und Vorsignal. Ist das Anfangssignal der Blockstrecke das Ausfahrsignal eines Bahnhofs, so wird das Signal noch während des Stillstandes des Zuges aufgenommen. Außerdem hat der Aufsichtsbeamte nach Wahrnehmung des auf Fahrt stehenden Ausfahrsignals und nach Abfertigung des Zuges den Abfahrbefehl zu geben, der von dem Lokführer aufgenommen wird. Für das Erteilen und Aufnehmen des Abfahrauftrages hat Behr (S. 137) eine Zeitdauer von 16 sec ermittelt. Das Ausfahrsignal muß aber eine gewisse Zeitspanne vor der planmäßigen Abfahrtszeit auf Fahrt gestellt sein, die nach Behr durch den Sicherheitszuschlag für die Ausfahrt mit 65 sec (S. 137) zu berücksichtigen ist.

Bei einem durchfahrenden Zuge muß der Lokführer die Freistellung des Vorsignals nach Hofmann[1] auf geradem Gleis bei Schnellzügen etwa 500 m, bei Personen- und Güterzügen etwa 200 m davor wahrnehmen. Bei gekrümmter oder aus anderen Gründen unübersichtlicher Strecke ist es die Stelle, bei der das Vorsignal zuerst sichtbar wird. Bei in Warnstellung stehendem Vorsignal würde der Lokführer an dieser davorgelegenen Stelle die Dampfzufuhr der Lokomotive abstellen.

Gegen die eigentliche, durch die Hauptsignale begrenzte Blockstrecke verlängert sich also die der Ermittlung der kleinsten Zugfolgezeit zugrunde zu legende Fahrstrecke

---

[1] Dr.-Diss. Dresden 1930.

1. am Anfang der Blockstrecke

a) beim ausfahrenden Zug um den Abstand des Zugschlusses vom Ausfahrsignal,

b) bei einem an einer Blockstelle oder auf einem Bahnhof durchfahrenden Zuge um den Abstand des Zugschlusses vom Blockvorsignal bzw. vom Ausfahrvorsignal des Bahnhofs, der bei Personen- und Güterzügen 200 m + Zuglänge, bei Schnellzügen 500 m + Zuglänge beträgt.

Ist jedoch der Abstand des Ausfahrvorsignals vom Ausfahrsignal kleiner als der Bremsweg, so tritt an Stelle des Ausfahrvorsignals das Einfahrvorsignal.

Da der Bezugspunkt der Kleinstabstände der Zugschluß ist, so sind die vorgenannten Abstände auf diesen bezogen.

2. Am Ende der Blockstrecke wird die Blockstrecke um die Durchrutschstrecke verlängert.

a) Bei Blockstellen ist letztere gleich dem Abstand der isolierten Schiene vom Blocksignal, der 100 m beträgt.

b) Bei Bahnhofseinfahrten ist dies der Abstand der Zugschlußstelle vom Einfahrsignal. Diese liegt hinter den vom Einfahrsignal zu deckenden Weichen der Fahrstraße und wird von Fall zu Fall festgesetzt. Das Einfahrsignal steht in der Regel 100 bis 200 m vor dem Gefahrenpunkt (erste zu deckende Weiche). Nach örtlichen Verhältnissen kann jedoch diese Entfernung größer gewählt werden, jedoch nicht über 300 m.

2. Die Streckensperrzeit einer Zugfahrt.

Analog den Sperrzeiten eines Abhängigkeitsbezirks soll nunmehr die Sperrzeit der Strecke zwischen den Bahnhöfen oder zwischen den Blockstellen oder zwischen Bahnhof und Blockstelle ermittelt werden. Diese Streckensperrzeit T_s einer Blockstrecke ist gleich der kleinsten Zugfolgezeit.

Die Fahrzeiten werden bei der Ermittlung der Streckensperrzeiten stets auf den Zugschluß bezogen.

Man unterscheidet hierbei für den Beginn der Sperrstrecke a) den durchfahrenden Zug und b) den abfahrenden Zug.

Für den durchfahrenden Zug beginnt die Sperrstrecke nach Abb. 87 bei Punkt S_d, der bei Güter- und Personenzügen 200 m + Zuglänge und bei Schnellzügen 500 m + Zuglänge vor dem Blockvorsignal bzw. vor dem Ausfahrvorsignal liegt.

Für den abfahrenden Zug beginnt die Sperrstrecke nach Abb. 88 an der

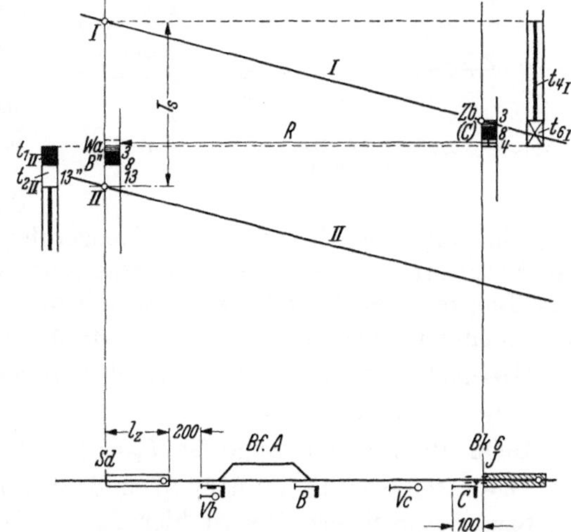

Abb. 87. Zugfahrt, auf Bahnhof *A* durchfahrender Zug.

Stelle S_a, an der der Zugschluß im Hauptgleis des Bahnhofs steht. Bei Reisezügen ist es das Bahnsteiggleis. Das Ende der Sperrstrecke ist hinter der Blockstelle die isolierte Schiene J im Abstand 100 m vom Blocksignal, auf Bahnhöfen die Zugschlußstelle Z_s hinter dem Einfahrsignal.

Die Streckensperrzeit T_s rechnet man von der Durchfahrt bzw. der Abfahrt des ersten Zuges bis zur Durchfahrt bzw. Abfahrt des zweiten Zuges im gleichen Punkte S_d bzw. S_a. Die Fahrzeit t_4 von S_d bis J bzw. von S_a bis Z_s zwischen diesen Stellen ist für die in den Zeitwegstreifen eingetragenen Punkte zu interpolieren (Abb. 99).

Die stationären Arbeiten sind zu Beginn der Fahrt für den durchfahrenden und den abfahrenden Zug verschieden, am Ende der Fahrt aus der Sperrstrecke sind sie für den durchfahrenden oder haltenden Zug gleich.

An die Durchfahrtszeit an der isolierten Schiene J oder an der Zugschlußstelle Z_s schließen sich bei mechanischen Stellwerken nach Abb. 87 1. die Zugschlußbeobachtung, 2. das Auf-Halt-Legen des Block- oder Einfahrsignals und 3. das Rückblocken an. Dies ist die Zeit t_6 für das Rückmelden. Die Signaturen sind aus Abb. 87 u. 82 zu ersehen.

Vor der Durchfahrt in Punkt S_d schließt sich nach Abb. 87 an das Eintreffen der Rückblockung 1. deren Wahrnehmung, 2. das Ziehen des Block- oder Ausfahrsignals (das sind die Zeiten t_1 für das Bilden der Fahrstraße) und 3. der Sicherheitszuschlag für Ein- oder Durchfahrt an (t_2).

Vor Abfahrt des Zuges in Punkt S_a (Abb. 88) schließt sich an das Eintreffen der Rückblockung 1. deren Wahrnehmung, 2. das Ziehen des Ausfahrsignals (das sind die Zeiten t_1 zum Bilden der Fahrstraße), 3. das Erteilen und Aufnehmen des Abfahrauftrages (t_3). Der Sicherheitszuschlag t_2 fällt hier weg, da der Zug auf den Abfahrauftrag wartet. Auch die Zeiten für Einstellen der Fahrstraße, das Umlegen des Fahrstraßenhebels und das Bedienen des Fahrstraßenfestlegefeldes sowie des Befehls- und des Zustimmungsfeldes werden nicht in Rechnung gestellt, da diese stationäre Arbeiten bereits

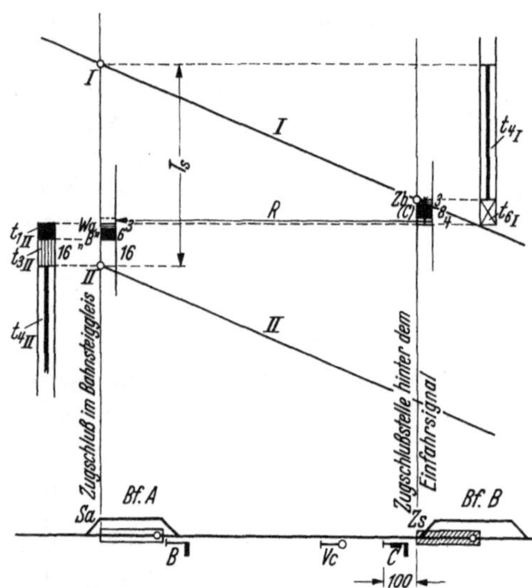

Abb. 88. Zugfahrt, auf Bahnhof A haltender und abfahrender Zug.

vor Eintreffen der Rückblockung ausgeführt werden. Nur wenn zwei Züge abfahrbereit stehen und noch nicht feststeht, welcher Zug zuerst abfahren soll, ist das Blocken des Fahrstraßenfestlegefeldes nach Eintreffen der Rückblockung vorzunehmen. Dies ist jedoch ein Ausnahmefall.

Hiernach ist also die Streckensperrzeit beim durchfahrenden Zuge

$$T_s = t_4 + t_6 + t_{1'} + t_2 \text{ sec.}$$

Beim abfahrenden Zuge ist $T_s = t_4 + t_6 + t_1 + t_3$ sec.

Diese Zeiten sind in Abb. 87 und 88 auf die Senkrechte durch den Punkt S_d bzw. S_a projiziert. Es ist hier $T_s = I\,II$.

Die Unterlagen für diese Ermittlung liefert

1. für die Zeiten t_4 der Zeitwegstreifen,

2. für die Zeiten t_1, t_2, t_3 und t_6

a) die Verschlußtafel, aus der man die stationären Arbeiten und deren Reihenfolge ersehen kann,

b) die Zusammenstellung der Zeitwerte, die die Zeiten für die Tätigkeiten im Stellwerk und die anderen Handlungen angeben (S. 137).

3. Warte- und Vorsprungszeiten.

Folgen sich zwei Züge gleicher Fahrzeiten, so ist die kleinste Zugfolgezeit an jedem Punkte der Fahrt gleich der Streckensperrzeit T_s. Wenn aber ein langsamer Zug einem schnelleren folgt, so kann am Anfang der gemeinsamen Fahrstrecke der Zug erst abfahren, wenn die Streckensperrzeit T_s des schnelleren Zuges verstrichen ist. Die kleinste Wartezeit des nachfolgenden Zuges auf dem Abfahrbahnhof ist also gleich T_s des schnelleren Zuges. Wenn umgekehrt einem langsamen Zuge ein schnellerer folgt, dann kann erst nach Ablauf der Sperrzeit T_s des langsamen Zuges und nach Ziehen des Signals am Anfang der Blockstrecke sowie des vorgelegenen Einfahrsignals für den schnelleren Zug dieser in den Überholungsbahnhof einfahren. Hierdurch ist die Abfahr- oder die Durchfahrzeit des schnelleren Zuges auf dem rückwärts gelegenen Bahnhof festgelegt. Der langsamere Zug muß also auf diesem Bahnhof einen so großen Vorsprung haben, daß er auf dem vorgelegenen Überholungsbahnhof den nachfolgenden Schnellzug nicht aufhält.

Unter Vorsprungszeit versteht man demnach die Zeitspanne, um die ein langsam fahrender Zug vor einem schneller fahrenden ihm folgenden Zuge von einem Bahnhof abfahren muß, um die nächst gelegene Überholungsstelle so rechtzeitig zu erreichen, daß der nachfolgende schnellere Zug nicht aufgehalten wird.

4. Die Ermittlung der Vorsprungszeiten.

Ist die Streckensperrzeit des langsameren Zuges bekannt, so ist die Abfahrzeit des nachfolgenden schnelleren Zuges aus obiger Bedingung zu bestimmen. Hier sind wieder zwei Fälle zu unterscheiden,

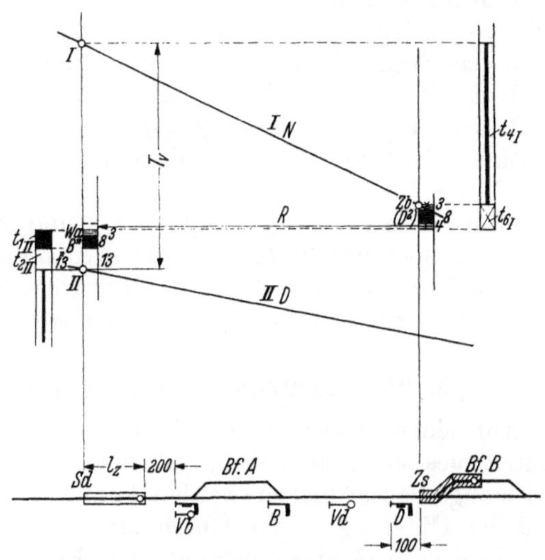

Abb. 89. Vorsprungszeit eines durchfahrenden Nahgüterzugs vor einem Schnellzug.

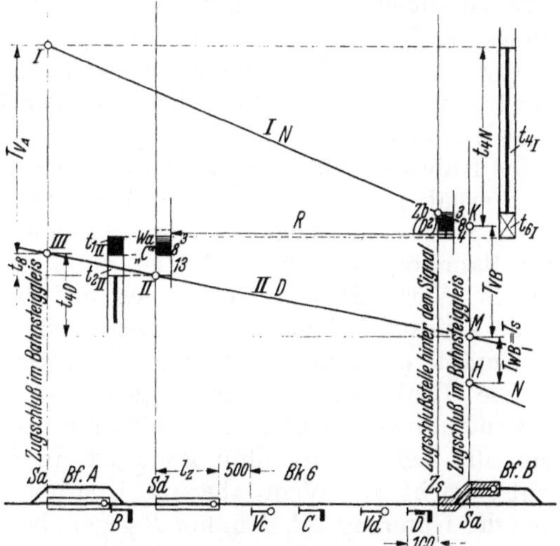

Abb. 90. Vorsprungszeit eines auf Bahnhof A anfahrenden Nahgüterzugs vor einem Schnellzug.

je nachdem zwischen beiden Bahnhöfen eine Blockstelle liegt oder nicht.

Im letzteren Falle ist die Vorsprungszeit T_v gleich der Streckensperrzeit des langsameren Zuges (Abb. 89).

Je nachdem die Züge durch- oder abfahren, kommt die Streckensperrzeit T_s nach Abb. 87 oder nach Abb. 88 in Frage.

Im ersteren Falle (Blockstelle) ist die Vorsprungszeit nach Abb. 90 wie folgt zu ermitteln:

Zunächst sind im Zeitwegstreifen die Punkte S_a, S_d und Z_s einzutragen und die Fahrzeiten zwischen S_a und Z_s und zwischen S_a und S_d zu interpolieren. An die Fahrzeit t_{4I} des langsameren Zuges auf der Strecke $S_a Z_s$, die im Punkt I auf der Senkrechten durch S_a beginnt, schließt sich auf Bahnhof B der Abb. 90 an

    1. die Beobachtung des Zugschlusses,
    2. das Auf-Halt-Legen des Signals D,
    3. Rückblocken.

(Dies ist das Rückmelden gleich t_{6I}) und auf der Blockstelle 6

    1. das Wahrnehmen der Rückblockung,
    2. das Ziehen des Blocksignals C (t_{1II} gleich Bilden der Fahrstraße),
    3. der Sicherheitszuschlag t_{2II}.

Man erhält so auf der Senkrechten durch den Punkt S_d der Blockstelle 6 den Punkt II.

Addiert man $t_{4I} + t_{6I} + t_{1II} + t_{2II}$ und zieht von dieser Summe die Fahrzeit t_8 auf der Sperrstrecke $S_a S_d$ zwischen Bahnhof A und Blockstelle 6 ab, so erhält man die Vorsprungszeit T_{vA} des Güterzuges vor dem Schnellzug. Sie ist auf der Senkrechten im Punkte S_a durch den Abstand $I\,III$ dargestellt.

5. Die Aufenthaltszeit eines Zuges in einem Überholungsgleis.

Auf einem Überholungsbahnhof ist der Aufenthalt des zu überholenden Güterzuges so zu bemessen, daß dort kleine unvermeidliche Verspätungen des Güterzuges ausgeglichen werden können. Es sei hier zunächst vorausgesetzt, daß der Güterzug in das Überholungsgleis und aus diesem ohne Berührung mit anderen Gleisen gelangt. Die Einflüsse auf die Zugfolge bei Überholung mit Kreuzung der Gegenrichtung sollen später behandelt werden.

Es ist zunächst, wie im vorigen Kapitel beschrieben, die erforderliche Vorsprungszeit $T_{vA} = I\,III$ des Güterzuges N vor dem Schnellzug D an der Zugschlußstelle S_a auf Bahnhof A zu ermitteln (Abb. 90). Die Vorsprungszeit des Nahgüterzugs vor dem Schnellzug an der Zugschlußstelle S_a auf Bahnhof B ist nach Abb. 90 $K\,M = T_{vB} = t_{4D} + T_{vA} - t_{4N}$.

Die früheste Abfahrzeit des Güterzuges aus dem Überholungsgleis auf Bahnhof B erhält man, wenn man zur Durchfahrtszeit des Schnellzuges (Punkt M), dessen Streckensperrzeit T_s vom Bahnhof B bis zur vorgelegenen Blockstelle oder Bahnhof hinzufügt. Es ist dann nach Abb. 90 $M\,H = T_{wB} = T_s$ die kleinste Wartezeit des Güterzuges auf Bahnhof B, und $K\,H = T_{vB} + T_{wB}$ ist die kleinste Aufenthaltszeit dieses Zuges. Läge der Güterzug etwas früher, dann müßte er länger auf Bahnhof B warten, es sei denn, daß er so früh kommt, daß die Überholung auf dem vorgelegenen Bahnhof C stattfinden könnte. Den größten Zusatzaufenthalt hat der Güterzug in dem Überholungsgleis auf Bahnhof A, wenn die Zeitlage, die ihm gestattet, in B überholt zu werden, gerade noch nicht erreicht ist. Wenn aber die Überholung auf Bahnhof A stattfände, dann fährt der Güterzug auf Bahnhof B gegenüber seiner Ankunft im Überholungsgleis um eine Zeitspanne früher durch, die gleich dem Unterschied der Fahrzeit des Güterzuges und der des Schnellzuges zwischen den Überholungsbahnhöfen B und A ist. Nach obiger Gleichung $T_{vB} = t_{4D} + T_{vA} - t_{4N}$ ist zwischen den Zugschlußstellen der Bahnhöfe A und B der Unterschied der Fahrzeiten $\varDelta t_z = t_{4N} - t_{4D} = T_{vA} - T_{vB}$ also gleich dem Unterschied der Vorsprungszeiten des Güterzugs vor dem Schnellzug. Gaede[1] schlägt vor, bei der praktischen Durchführung des Fahrplanes zur Vermeidung von Störungen alle Überholungsaufenthalte um den Zusatzaufenthalt $\varDelta t_z$ zu vergrößern. Es ist der

---

[1] Arch. Eisenbahnw. 1921 S. 52.

Gesamtaufenthalt des Güterzuges im Überholungsgleis auf Bahnhof B dann

$$T_{ü} = T_{vB} + T_{wB} + \varDelta t_z \text{ sec.}$$

Wird ein Personenzug durch einen D-Zug überholt, so ist für diesen der Zusatzaufenthalt $\varDelta t_z = t_{4P} - t_{4D}$ aus dem Zeitwegstreifen zu interpolieren.

Hinsichtlich der Überholungen sind die Reisezüge empfindlicher als die Güterzüge. Während man nämlich bei Verspätungen der Güterzüge diese auf einem vorgelegenen Bahnhof durch den Schnellzug überholen lassen kann, ist die Vorverlegung bei überholenden Schnell- oder Eilzügen, die halten, nicht angängig. Denn die Reisezüge fahren nach einem veröffentlichten Fahrplan, und wegen des Umsteigens der Reisenden zwischen Personenzügen einerseits sowie Eil- oder Schnellzügen andererseits muß die Überholung auf dem im Fahrplan vorgesehenen Bahnhof stattfinden. Bei Verspätung des Eil- oder Schnellzuges muß der Personenzug warten und dann hinter dem schnelleren Zuge herfahren. Ist der Personenzug nach Ablauf der vorgeschriebenen Wartezeit abgefahren, ohne daß ihn der Eil- oder Schnellzug überholt hat, und holt einer der letzteren ihn später ein, so erhält der Personenzug noch einmal den ganzen Verspätungsaufenthalt.

6. Überholung eines Güterzuges durch ein Schnellzugsbündel.

Es soll nach Abb. 91 auf Bahnhof B ein Güterzug G_1 durch ein Bündel von vier D-Zügen, die sich im Zeitabstand T_D folgen, überholt werden. Wie gesagt, ist bei Zügen gleicher Gattung der kleinste Zeitabstand der Züge gleich der Streckensperrzeit T_s, also $T_D = T_s$. Nach dem vorigen ist die kleinste Aufenthaltszeit des Güterzuges im Überholungsgleis $a_0 = T_{vB} + 3\,T_D + T_{wB}$, und bei Hinzufügung des Zusatzaufenthaltes $\varDelta t_z$ ist er $a = T_{vB} + 3\,T_D + T_{wB} + \varDelta t_z$. Ist der kleinste Zeitabstand der Güterzüge zwischen zwei Zugfolgestellen gleich der Streckensperrzeit, also $T_g = T_{sg}$, so geht durch den Aufenthalt der Güterzüge auf dem Bahnhof B die Möglichkeit verloren,

$$\frac{a}{T_{sg}} = \frac{T_{vB} + 3\,T_D + T_{wB} + \varDelta t_z}{T_{sg}}$$ Züge während dieser Zeit zu fahren. Würde der D-Zug nicht in einem Bündel, sondern jeder einzeln einen Güterzug überholen, so würde jede dieser Zeitlücken $a_1 = T_{vB} + T_{wB} + \varDelta t_z$ sein. Für die vier Züge des

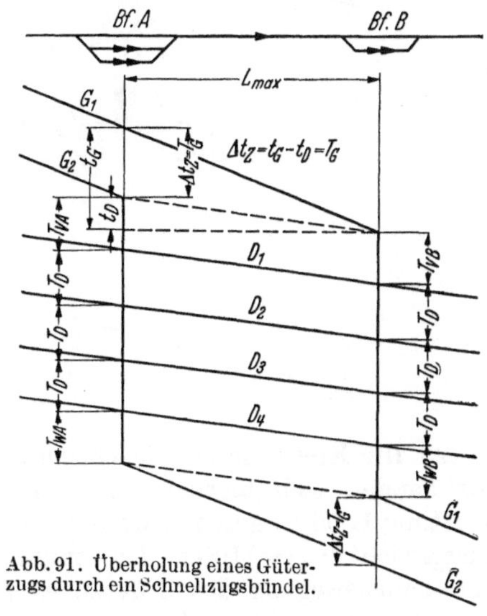

Abb. 91. Überholung eines Güterzugs durch ein Schnellzugsbündel.

D-Zug-Bündels würde also die Summe der Zeitlücken $4\,a_1$ sein. In dieser Zeitlücke könnten dann $4\,a_1/T_{sg}$ Güterzüge fahren. Der Unterschied zwischen a und $4\,a_1$ ist

$$\varDelta a = T_{vB} + 3\,T_D + T_{wB} + \varDelta t_z - 4\,T_{vB} - 4\,T_{wB} - 4\,\varDelta t_z = 3\,(T_{vB} + T_D + T_{wB} + \varDelta t_z)$$

zeigt deutlich die günstige Ausnutzung der Strecke durch das Zusammenfassen der D-Züge zu Bündeln.

7. Die Kreuzung der Hauptgleise durch Zugfahrten.

Zur Bedienung der Zwischenbahnhöfe einer zweigleisigen Bahn mit einseitig gelegenen Ortsgutanlagen müssen die Nahgüterzüge der einen Fahrtrichtung, wenn sie in das Überholungsgleis ein- bzw. ausfahren, die Gegenrichtung kreuzen. Hierbei ist zunächst, unabhängig von der tatsächlichen Zugfolgezeit auf den beiden Streckengleisen, zu ermitteln, wie groß unter Berücksichtigung der Bedienungszeiten der Weichen und Sicherungseinrichtungen die Zugfolgezeit auf dem Gleis der Gegenrichtung mindestens sein muß, damit ein Nahgüterzug ohne Störung überholt werden kann. Sodann ist aus dem Vergleich dieser ermittelten Mindestzugfolgezeit der Gegenrichtung mit der tatsächlichen Zugfolgezeit deren Einfluß auf die Verzögerung des kreuzenden Zuges festzustellen, um hieraus die Verminderung der Streckenleistung beurteilen zu können. Es wird daher zunächst für den ausfahrenden und dann für den einfahrenden kreuzenden Nahgüterzug die Streckensperrzeit für die Züge der Gegenrichtung ermittelt, und die hierbei entstehende mittlere Verzögerung des Nahgüterzuges berechnet.

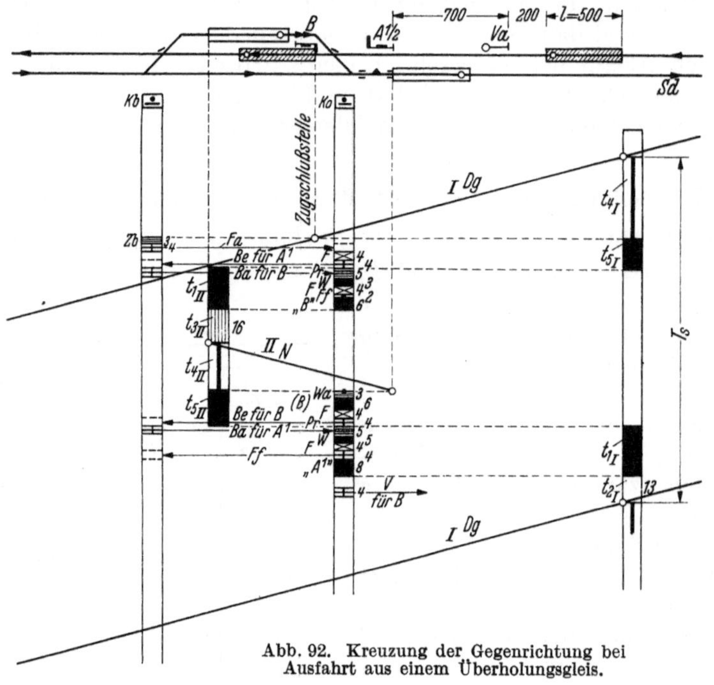

Abb. 92. Kreuzung der Gegenrichtung bei
Ausfahrt aus einem Überholungsgleis.

a) Die Kreuzung der Gegenrichtung bei Ausfahrt aus einem Überholungsgleis.
Es handelt sich hierbei um zwei Güterzüge, die von einer Lokomotive der Gattung G 56.16 gezogen werden. Das Zuggewicht ist $G_z = 1241$ t, das Wagenzuggewicht $G_w = 1100$ t. Die Zuglänge $l_z = 500$ m. Hier wurden nach Abb. 94 die Fahrbewegung des Güterzuges I, der mit $V = 45$ km/h durchfahren soll, und die des zu überholenden Güterzugs II, der ausfährt, in den Gleisplan, der den Längenmaßstab des Zeitwegstreifens, und ebenso die Stellung der Züge sowie des Befehls- und des abhängigen Stellwerks K_b und K_0 eingezeichnet. Es wurden dann unter diesen Stellwerken die Spalten für deren Tätigkeiten an Hand der Verschlußtafel und mit den Zeitwerten der Zusammenstellung auf S. 136 dargestellt und durch die geradlinigen Zeitweglinien für die aus dem Gleisplan entnommenen Fahrzeiten t_{4I} und t_{4II} verbunden. Die gesamte Sperrzeit ist dann
nach Abb. 92 $T_s = t_{4I} + t_{5I} + t_{1II} + t_{3II} + t_{4II} + t_{5II} + t_{1I} + t_{2I}$
$$= 132 + 15 + 20 + 16 + 150 + 17 + 24 + 13$$
$$= 387 \text{ sec} = 6 \text{ min } 27 \text{ sec.}$$
Diese Sperrzeit T_s ist also gleich der Mindestzugfolgezeit $T_{z\,min}$. Bei einer engeren Zugfolgezeit ist die Ausfahrt des Nahgüterzuges nur bei Hemmung des Zuglaufs

der Gegenrichtung möglich. Ist nun die tatsächliche Zugfolgezeit der Gegenrichtung T_z größer als $T_{z\,min}$, so würde innerhalb der Zugfolgezeit T_z der kreuzende Nahgüterzug in der Zeitspanne $T_z - T_{z\,min}$ ungehemmt ausfahren können, während er in der ganzen übrigen Zeit $T_{z\,min}$ das Freisein der Gegenrichtung abwarten müßte, und er so aus seinem Fahrplan gedrängt würde. Die längste Wartezeit $T_{z\,min}$ tritt dann ein, wenn der Nahgüterzug gerade nicht mehr vor dem Zug der Gegenrichtung ausfahren könnte. Läge die planmäßige Abfahrzeit des kreuzenden Nahgüterzuges $T_{z\,min}$ später, so würde seine Wartezeit gleich Null sein. Im Mittel ist also die Wartezeit $T_{z\,min} : 2$. Während der Zeit $T_{z\,min}$ muß der ausfahrende Güterzug in $T_{z\,min} : T_z$ von allen Fällen warten. Je größer der Unterschied von T_z gegen $T_{z\,min}$ ist, um so geringer ist die Zahl der Störungen

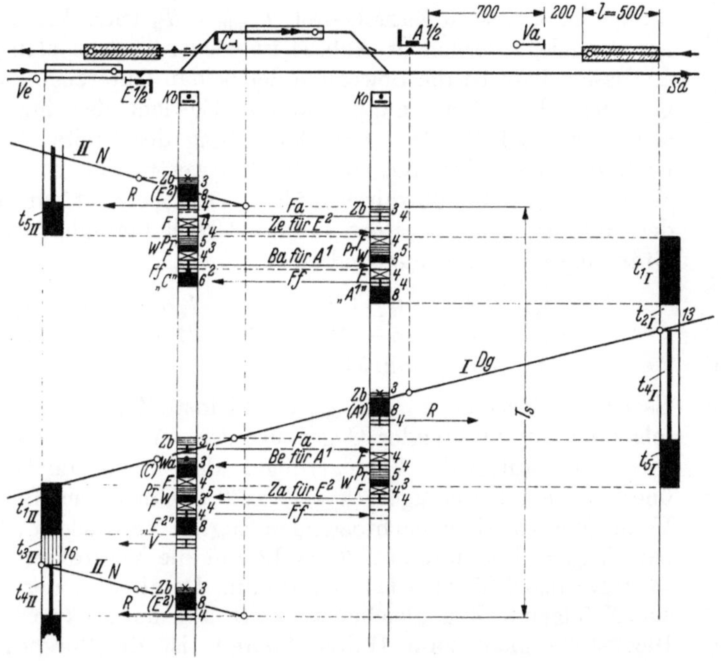

Abb. 93. Kreuzung der Gegenrichtung bei Einfahrt in das Überholungsgleis. (Der einfahrende Zug ist vor dem Einfahrsignal zum Halten gekommen.

und um so größer ist $(T_z - T_{z\,min}) : T_z$ die Zahl der Zeitlagen, bei denen der Nahgüterzug planmäßig abfahren kann. Für alle möglichen Lagen des ausfahrenden Nahgüterzuges in der Wartezeit $T_{z\,min}$ ist die mittlere Verzögerung $(T_{z\,min})^2 : 2\,T_z$. Ist z. B. $T_z = 12$ min und nach vorigem $T_{z\,min} = 387$ sec $= 6{,}45$ min, so ist die mittlere Verzögerung $\dfrac{6{,}45^2}{2\cdot 12} = 1{,}74$ min. Um diesen Betrag vergrößert sich die Abfahrzeit des Zuges II im Überholungsgleis.

b) Die Kreuzung der Gegenrichtung bei Einfahrt in ein Überholungsgleis. Der einfahrende zu überholende Güterzug II könnte ohne Hemmung in das Überholungsgleis einfahren, wenn er dort so früh zum Halten käme, daß nach Abb. 93 die Stellwerkstätigkeiten in der Zeit $t_{5\,II}$ für den ankommenden Nahgüterzug N [Einstellung der Fahrstraße $(t_{1\,I})$, Signalaufnahme $(t_{2\,I})$ für den durchfahrenden Durchgangsgüterzug I (Dg)] ausgeführt werden könnten, bevor die Spitze des Dg 200 m vor seinem Einfahrvorsignal ist. Die ungünstigste Lage für den einfahrenden zu überholenden Güterzug N wäre die, wenn der Zug N etwas später läge. Dann wäre das Einfahrsignal für den Gegenzug Dg bereits gezogen und der N käme vor seinem Einfahrsignal zum Halten. Er darf frühestens wieder anfahren, wenn der Gegenzug Dg die isolierte Schienenstrecke hinter seinem Ausfahrsignal überfahren, dessen Fahrstraße aufgelöst ist ($t_{5\,I}$), die Fahrstraße für den zu überholenden Nahgüterzug eingestellt ist ($t_{1\,II}$) und letzterer die Fahrstellung des Signals wahrgenommen hat ($t_{3\,II}$) (Abb. 93). Nun könnte die Zeitlage des zu überholenden Nahgüterzuges noch etwas später sein, und zwar so, daß seine Spitze nach Durchfahrt des Gegenzuges 200 m vor seinem Einfahrvorsignal dieses gerade in Fahrtstellung finden könnte. Dann könnte er ungestört einfahren. Er kommt dann früher im Überholungsgleis zum Halten, als wenn er vor dem Einfahrsignal gestellt worden wäre. Es soll aber der ungünstigere Fall der Bestimmung der kleinsten Zugfolgezeit $T_{z\,\min} = T_s$ (Streckensperrzeit) zugrunde gelegt werden. In Abb. 94 ist wieder der Gleisplan gezeichnet. In diesem Plan ist die Bewegung der beiden Güterzüge I und II eingetragen. Die Bespannung und das Gewicht des Zuges sind dieselben wie auf S. 148. Die Darstellung der Stellwerkstätigkeiten nach der Verschlußtafel und der Zeitwerttabelle ist in derselben Weise wie in Abb. 92 durchgeführt. Die Sperrzeit wurde hier von der Ankunft des ungestört in das Überholungsgleis einfahrenden Güterzuges ab gerechnet und ist

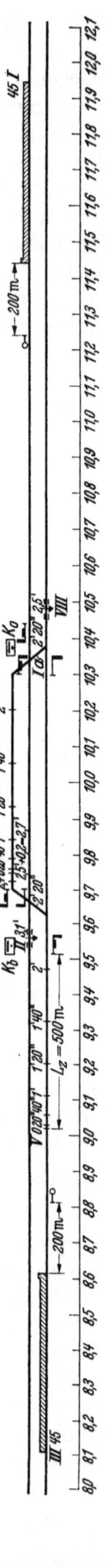

$$T_s = t_{5\,II} + t_{1\,I} + t_{2\,I} + t_{4\,I} + t_{5\,I} + t_{1\,II} + t_{3\,II} + t_{4\,II}$$
$$= 15 + 32 + 13 + 186 + 23 + 24 + 16 + 162$$
$$= 471\,\text{sec} = 7\,\text{min}\ 51\,\text{sec}.$$

Es ist die Sperrzeit $T_s = T_{z\,\min}$ die kleinste Zugfolgezeit zweier sich folgender durchfahrender Gegenzüge Dg. Auch in diesem Falle ist wieder das Mittel der Verzögerungen aller möglichen Lagen des zu überholenden Güterzuges $(T_{z\,\min})^2 : 2\,T_z$. Um diesen Betrag ist der Vorsprung vor dem nachfolgenden Zug zu vergrößern. Es ist z. B. bei $T_{z\,\min} = 7{,}85\,\text{min}$ und $T_z = 12\,\text{min}$ die Vergrößerung des Vorsprungs, also $7{,}85^2 : (2 \cdot 12) = 2{,}57\,\text{min}$. Damit also der dem Güterzug N folgende Zug gleicher Art z. B. auf der rückwärts gelegenen Blockstelle nicht zum Halten kommt, ist die Vorsprungszeit des Güterzuges N um die Summe der Verzögerungen sowohl bei der Einfahrt als auch bei der Ausfahrt zu vermehren. Nach dem Beispiel ist die Gesamtvergrößerung der Vorsprungszeit $1{,}74 + 2{,}57 = 4{,}31\,\text{min}$.

Die Berechnungen für die Überholungen ohne und mit Kreuzung der Gegenrichtung zweigleisiger Bahnen kann auch sinngemäß auf die Überholungen und Kreuzungen der Züge auf eingleisigen Strecken unter Zugrundelegung der Verschlußtafeln bzw. der Zeit für die Einstellung der Fahrstraßen, die Bedienung der Signale und der Abgabe der Zugmeldungen angewendet werden (S. 136).

8. Die Ausgestaltung zweigleisiger Bahnen mit Block- und Überholungsstellen.

a) Die Sperrzeiten eines Bahnhofs und der anschließenden Blockstrecke. In den vorherigen Ausführungen wurden die Vorsprungszeit und die Zugfolgezeit bei Kreuzung der Gegenrichtung für bestehende Bahnanlagen ermittelt, bei denen also die Gestalt der Bahnhöfe und deren Abstände voneinander, sowie die Länge der Blockstrecken gegeben waren.

Wird eine neue Strecke geplant, so kann durch derartige Untersuchungen auch die Frage geklärt werden, wie die Strecke nach Lage und Form der Bahnhöfe auszubauen ist, damit die Leistungsfähigkeit der Zugfolge auf den Bahnhöfen mit der auf der freien Strecke möglichst übereinstimmt. Zu diesem Zweck schlägt Rothacker[1] vor, die Sperrzeiten für den Bahnhof sowie für die anschließende Blockstrecke, die von der isolierten Schiene hinter dem Ausfahrsignal des Bahnhofs bis zur isolierten Schiene hinter dem Blocksignal reicht, zueinander in Beziehung zu setzen. Die Sperrzeiten der Bahnhöfe sind nach dem vorher beschriebenen Verfahren für Überholung ohne Kreuzung und solche mit Kreuzung der Gegenrichtung zu berechnen. Bei Überholungen ohne Kreuzung der Gegenrichtung wird der Zeitabstand zwischen dem voranfahrenden und dem nachfolgenden Zuge an dem Streckenpunkt S_d (Abb. 90) des gleichen Gleises gemessen, der um die Zuglänge $+$ 200 bzw. 500 m vor dem Einfahrvorsignal des Bahnhofs liegt. Bei Überholungen mit Kreuzung der Gegenrichtung wird der Zeitabstand der beiden Züge zwischen dem Punkt S_d des einen Gleises und dem Punkt S_d auf dem Gleis der Gegenrichtung gemessen. Es liegt also der eine Punkt S_d vor dem einen Bahnhofsende und der andere für die Gegenfahrt im Gleis der Gegenrichtung um die entsprechende Strecke vor dem andern Bahnhofsende.

Der Zeitabstand der beiden Züge ist in beiden Fällen in erster Linie durch die Sperrzeit des Bahnhofs bedingt. Bei letzterer kommt aber nicht lediglich die Überholung oder Kreuzung der beiden Züge in Frage, sondern es sind auch die Zusatzarbeiten zu berücksichtigen, die mit der Zugfahrt in unmittelbarer Verbindung stehen. Das sind die Rangierfahrten, die die Hauptgleise berühren oder deren Benutzung durch sicherungstechnische Abhängigkeit verbieten. Zu diesen Rangierarbeiten gehört das An- und Absetzen der Wagen und der Vorspannlokomotiven sowie der Lokomotivwechsel. Die Zeitdauer dieser Zusatzarbeiten kann nach dem auf S. 188 beschriebenen Verfahren ermittelt werden. Der Einfluß der Zugfahrten auf die Zeitfolge der Rangierfahrten wird zweckmäßig nach dem Fahrtenabhängigkeitsplan von Behr (S. 139) erfaßt.

Abgesehen von den Überholungen und Kreuzungen sowie den Zusatzarbeiten wird die Sperrzeit eines Bahnhofs noch durch seine Form beeinflußt. Insbesondere ist die Bahnhofssperrzeit von der Länge des Bahnhofs und von der Ausgestaltung der Sicherheitseinrichtungen abhängig. So ist z. B. die Sperrzeit eines Unterwegsbahnhofs größer, wenn dieser in Gleichlage gebaut ist, und kleiner, wenn er Gegenlage hat, da im letzteren Falle der Bahnhof in der Regel kürzer ist.

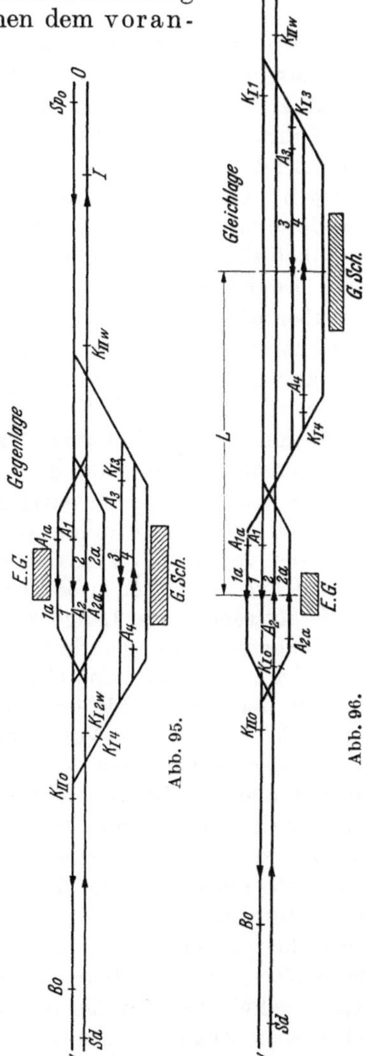

---

[1] Dr.-Ing. Diss. Berlin 1939.

Nach Abb. 95 liegt bei Gegenlage der Güterschuppen auf der einen und das Empfangsgebäude auf der anderen Seite des Bahnhofs, bei Gleichlage (Abb. 96) liegen beide Gebäude auf derselben Bahnhofsseite. Da sich die Zeiten für die stationären Arbeiten durch die vorgeschobene Lage der Personenzugüberholungsgleise bei Gleichlage nicht ändern, so ändern sich nur die Fahrzeiten, die von der Länge der Fahrwege abhängen. Die Sperrzeiten des Bahnhofs überwiegen die Streckensperrzeiten meist. Daher wird man, um beide möglichst aneinander anzugleichen, darauf hinarbeiten müssen, die für die Fahrstraßenauflösungen maßgebenden Punkte (Kontakte, Zugschlußstellen usw.) so nahe wie möglich an die betreffende Fahrstraße heranzurücken. Verbesserungen dieser Art werden sich besonders bei den Ausfahrten bemerkbar machen, da bei der Anfahrbewegung auch kleinere Wegverkürzungen merkliche Zeitersparnisse ergeben können.

Die Sperrzeit des Bahnhofs baut sich auf die Freimeldung der vorgelegenen Blockstrecke ($K_{IIw}I$ der Abb. 95) auf, da das auf die Strecke weisende Ausfahrsignal erst, nachdem die Rückblockung von der Blockstelle eingetroffen ist, auf Fahrt gestellt werden kann. Dadurch wird die erste an den Bahnhof anschließende Blockstrecke in die Untersuchung der Sperrzeit des Bahnhofs einbezogen. Letztere wird am kleinsten, wenn die Fahrzeit zwischen K_{IIw} und I gerade so groß ist, daß beim Eintreffen der Rückblockung auf dem rückgelegenen Bahnhof alle vorbereitenden Arbeiten für den nachfolgenden Zug abgeschlossen sind. Dann können sich die folgenden stationären Arbeiten lückenlos anschließen. Ist aber die Fahrzeit auf der Blockstrecke größer, so entsteht zwischen den stationären Arbeiten vor Eingang der Rückblockung und denen, die erst nach Eingang der Rückblockung folgen können, eine Lücke. Die Sperrzeit des Bahnhofs wird um diese Zeitlücke vergrößert.

Sobald jedoch die Fahrzeit zwischen K_{IIw} und I unter das notwendige Maß heruntergeht, dann entsteht eine Überdeckung der stationären Arbeiten. Da letztere aber nicht gleichzeitig ausgeführt werden können, ist ihr Zeitverbrauch genau so groß wie in allen anderen Fällen. Die Bahnhofssperrzeit bleibt also trotz der verkürzten Fahrzeit auf der anschließenden Blockstrecke gleich lang.

Zur Erlangung der größten Leistungsfähigkeit und Wirtschaftlichkeit wäre es somit notwendig, die Länge der Strecke $K_{IIw}I$ so zu bemessen, daß die erforderliche Fahrzeit immer gerade zur Erledigung der stationären Arbeiten ausreicht. Bei stets gleicher Zugfolge und Geschwindigkeit ließe sich dies ohne Schwierigkeit erreichen. Bei den verschiedenen Zuggattungen und Betriebsfällen (Durchfahrt, Einfahrt oder Ausfahrt von Vor- oder Nachzug) ist dieser Ausgleich aber nicht möglich.

Bei der Bestimmung der Länge der ersten Blockstrecke hinter dem Bahnhof ist man aber aus Betriebsrücksichten an eine untere Grenze gebunden. Die Entfernung des Punktes K_{IIw} vom Blocksignal muß mindestens so groß sein, daß sie den längsten vorkommenden Zug aufnehmen kann. Man braucht also hier bei einem 150 Achsen starken Güterzug mit 2 Lokomotiven $150 \cdot 4{,}5 + 2 \cdot 25 = 725$ m unter Zurechnung von 25 m Spielraum 750 m. Hierzu kommt noch der Abstand der isolierten Schiene I vom Blocksignal mit 100 m, so daß die Entfernung $K_{IIw}I$ dann $750 + 100 = 850$ m mindestens sein muß. Die Soll-Längen dieser Strecke $K_{IIw}I$ schwanken für die 5 von Rothacker durchgerechneten Fälle mit verschiedenen Zuggattungen zwischen 2150 und 350 m. Würde man das Maß von 2150 m wählen, dann hätte man einerseits zwar eine weite und dementsprechend billige Blockstellenausteilung, die den Anforderungen der schnelleren Züge genügen würde. Andererseits wird aber bei allen langsamer fahrenden Zügen die Leistungsfähigkeit verschlechtert. Die entsprechende Verlängerung der Bahnhofssperrzeiten würde bei diesen Zügen die Leistungsfähigkeit der

Zugfolge stark herabsetzen. Sollte dagegen eine Länge von 350 m zugrunde gelegt werden, so würden zwar die Bahnhofssperrzeiten und damit die Leistungsfähigkeit unverändert bleiben, aber die Wirtschaftlichkeit wäre nicht gewahrt. Das Optimum muß also durch Vergleichsrechnungen gefunden werden. Dabei sind Leistung und Wirtschaftlichkeit einander kostenmäßig gegenüberzustellen, und unter Berücksichtigung aller Verhältnisse wäre der günstigste Wert zu ermitteln. Die geforderte Leistung und der Anteil der einzelnen Zugarten werden dabei den Ausschlag geben. Nach den Berechnungen von Rothacker wird bei der aus Betriebsgründen geforderten Mindestlänge von 850 m die volle Leistung der Zugfolge nicht ganz erreicht, weil die Ist-Fahrzeiten in den meisten Fällen die Soll-Fahrzeiten überschreiten. Es entsteht somit theoretisch ein Nachteil, der aus betrieblichen Gründen in Kauf genommen werden muß. Die praktische Auswirkung dieser Verzögerungen ist aber unbedeutend, da man bei Ausfahrten stets die schneller fahrenden Züge vorfahren läßt, und bei ihnen daher nur geringe Fahrzeitverlängerungen eintreten.

b) Die Blockstrecken zwischen zwei Bahnhöfen. Während nach den vorhergehenden Ausführungen zwischen dem Bahnhof und der anschließenden Blockstrecke ein unmittelbarer Zusammenhang besteht, ist dieser bei den restlichen Blockstrecken zwischen zwei Bahnhöfen nicht in gleichem Maße vorhanden. Die theoretische Leistungsfähigkeit des Bahnhofes ist von der Blockstreckenausteilung zwar unabhängig, weil von dort aus kein Einfluß auf den Bahnhof ausgeübt werden kann. Jedoch bestehen im Gesamtverkehrsstrom einer Strecke praktisch doch folgende Zusammenhänge zwischen beiden Teilen:

1. Es ist die Leistungsfähigkeit des Bahnhofs nicht ausgenutzt, wenn die Züge durch die Blockteilung der freien Strecke zu weit auseinandergehalten werden.

2. Die Leistungsfähigkeit der freien Strecke ist nicht ausgenutzt, wenn die Bahnhofssperrzeiten größer als die Streckensperrzeiten sind.

Die Züge verlassen dann den Bahnhof in einem größeren Zeitabstand, als es die Ausrüstung der freien Strecke zulassen würde. Im ersteren Falle ist also die Bahnhofsleistung zu groß, während sie im letzteren Falle zu klein ist. Die Ideallösung wäre erreicht, wenn die Züge stets im Abstand der Bahnhofssperrzeiten einfahren würden oder den Bahnhof in diesem Abstand verlassen könnten. Eine Streckenausteilung nach diesen Gesichtspunkten ist nur möglich bei gleichartigen Zügen und gleichen Zugfolgearten. Die Verschiedenheit der Geschwindigkeiten und der Zugfolgearten läßt praktisch einen solchen Fall nur selten zu. Rothacker hat aber die vorkommenden Möglichkeiten untersucht und den Ausgleich der verschiedenen Anforderungen behandelt. Er kommt zu dem Ergebnis, daß sich die Lage der Bahnhöfe nach der letzten Blockstrecke richten müßte. Tatsächlich liegt aber fast immer der Fall umgekehrt. Die Lage der Bahnhöfe einer Eisenbahnstrecke ist durch die Wirtschaftsstruktur des durchfahrenen Verkehrsgebietes bedingt, und man kann an ihr nicht viel ändern. In solchen Fällen läßt sich aus der gegebenen Streckenlänge und der nach dem Verfahren von Rothacker berechneten Längen der Blockstrecken die Zahl der erforderlichen Blockstellen bestimmen. Die Zahl der Blockstellen ist aber nicht sehr groß, so daß in den meisten Fällen nur 1 bis 2 Blockstellen in Frage kommen. Ist diese Zahl bekannt, so kann man mit dem nachfolgenden Verfahren des Verfassers die Austeilung der Blockstrecken vornehmen, durch die die größtmögliche Leistung erreicht wird.

c) Das Verfahren des Verfassers zur günstigsten Austeilung der Blockstrecken. Ist die Zahl der Blockstellen bekannt, so kann die günstigste Lage der Blockstellen unter der Voraussetzung ermittelt werden, daß Züge gleicher Fahrzeiten einander folgen. Die Untersuchung wird zweckmäßig für zwei gleiche Schnellzüge

durchgeführt, da diese in bezug auf die Verspätungen am empfindlichsten sind.
Bei der günstigsten Lage der Blockstellen müssen die Sperrzeiten zwischen Bahnhof und Blockstellen sowie zwischen den Blockstellen einander gleich sein. Da
sich jedoch die Sperrstrecken überdecken, so genügt diese Bedingung noch nicht
zur Austeilung der Strecken. Für die Züge gleicher Fahrbewegung kann man nachweisen, daß bei günstigster Streckenausteilung auf dem Anfangsbahnhof die
Wartezeit des zweiten Zuges gleich den Vorsprungszeiten des ersten Zuges und
diese wieder gleich den Streckensperrzeiten sind. Nun kann man die Abstände
von dem Anfangsbahnhof aus bis zu den günstigsten Blockstellen berechnen.
Die Gleichungen hierfür sollen für die Fälle abgeleitet werden, daß die Strecke
zwischen zwei Bahnhöfen durch eine oder zwei Blockstellen unterteilt werden,
und zwar sollen die Züge auf dem Anfangsbahnhof durchfahren und auf dem
Endbahnhof halten. Die Aufstellung dieser Gleichungen für den Fall, daß die

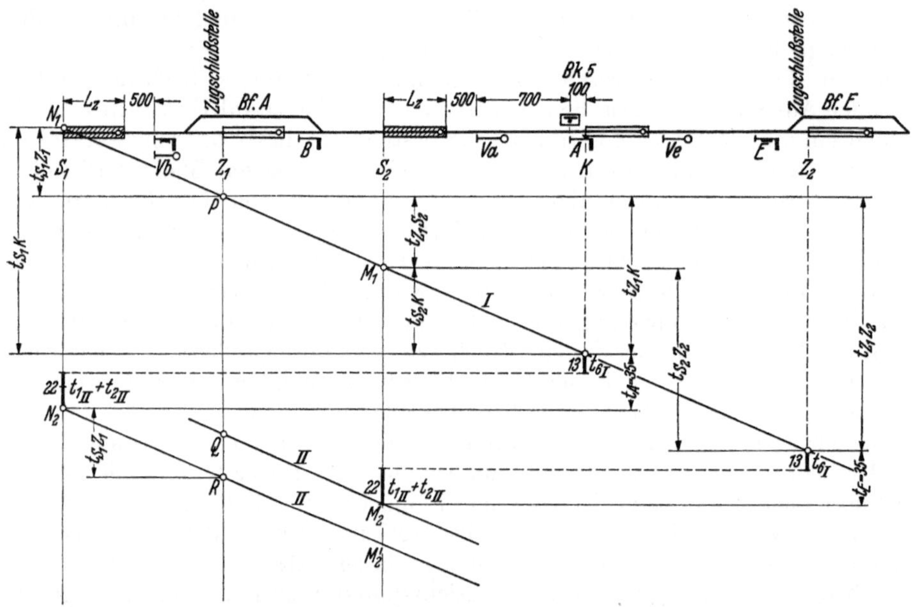

Abb. 97. Eine Blockstelle zwischen zwei Bahnhöfen. (Beide Züge fahren auf Bahnhof A durch.)

Züge auf beiden Bahnhöfen halten oder durchfahren oder auf dem ersten Bahnhof halten und auf dem zweiten durchfahren, kann in der gleichen Weise geschehen.

In Abb. 97 und 98 sind die Zugschlußstellen auf den Bahnhöfen A und E
mit Z_1 und Z_2, die isolierten Schienen hinter den Blockstellen mit K und die
Stellen des Zugschlusses 200 m bzw. 500 m + Zuglänge vor dem Vorsignal mit
S_1, S_2 usw. bezeichnet. Die Fahrzeiten zwischen diesen Stellen sind durch die
Indizes nach diesen Punkten gekennzeichnet. Die Zeiten für die Tätigkeiten
auf den Stellwerken und Blockstellen, die mit dem Bahnhof A zusammenhängen, sind mit t_A, diejenigen, die mit dem Bahnhof E zusammenhängen,
mit t_E und die nur mit den Blockstellen zusammenhängen mit t_{Bl} bezeichnet.
Diese Zeiten können, wie gesagt, aus der Verschlußtafel und der Zusammenstellung der Zeitwerte S. 136 ermittelt werden.

α) Eine Blockstelle zwischen zwei Bahnhöfen. Bei günstigster Austeilung der Blockstrecken müßte in Abb. 97 die Streckensperrzeit $N_1 N_2$ gleich
der der zweiten Blockstrecke $M_1 M_2$ sein. Es ist $N_1 N_2 = t_{s1k} + t_A$ und
$M_1 M_2 = t_{s2z2} + t_E$. Hier ist nach Abb. 97 $t_A = t_{6I} + t_{1II} + t_{2II}$ und
$t_E = t_{6I} + t_{1II} + t_{2II}$. Nach S. 137 bezeichnet t_{6I} die Zeiten für das Rückmelden

des ersten Zuges, $t_{1\,II}$ die Zeiten für das Bilden der Fahrstraße des zweiten Zuges und $t_{2\,II}$ den Sicherheitszuschlag für Ein- oder Durchfahrt des zweiten Zuges.

Zerlegt man die Fahrzeit $t_{s1\,k}$ in die Zeiten t_{s1z1} vor und t_{z1k} hinter den Bahnhof A, so ist bei der gleichen Fahrbewegung der Züge I und II die Wartezeit des zweiten Zuges auf den ersten Zug nach Abb. 97 $PR = t_{z1k} + t_A + t_{s1z1} = t_{s1k} + t_A = N_1\,N_2 = M_1\,M_2'$ die Streckensperrzeit der ersten Blockstrecke. Ferner ist nach Abb. 97 auf Bahnhof A die Vorsprungszeit des ersten Zuges vor dem zweiten $PQ = M_1\,M_2 = t_{z1z2} + t_E - t_{z1s2}$ die Streckensperrzeit der zweiten Blockstrecke. Es ist auf der Strecke die Stelle S_2 so zu bestimmen, daß die Punkte M_2 und M_2' zusammenfallen. Dann muß auch $PR = PQ$ sein.

Aus der Gleichheit von PR und PQ ergibt sich dann auch $N_1\,N_2 = M_1\,M_2$ mit
$$t_{s1z1} + t_{z1k} + t_A = t_{z1z2} - t_{z1s2} + t_E. \tag{1}$$
Die Längen $S_1\,Z_1$ und $S_2\,K$ sind nicht veränderlich, und es wird die Annahme gemacht, daß sich die Fahrzeiten t_{s2} auf der Strecke $S_2\,K$ kaum verändern, wenn die Blockstelle verschoben wird.

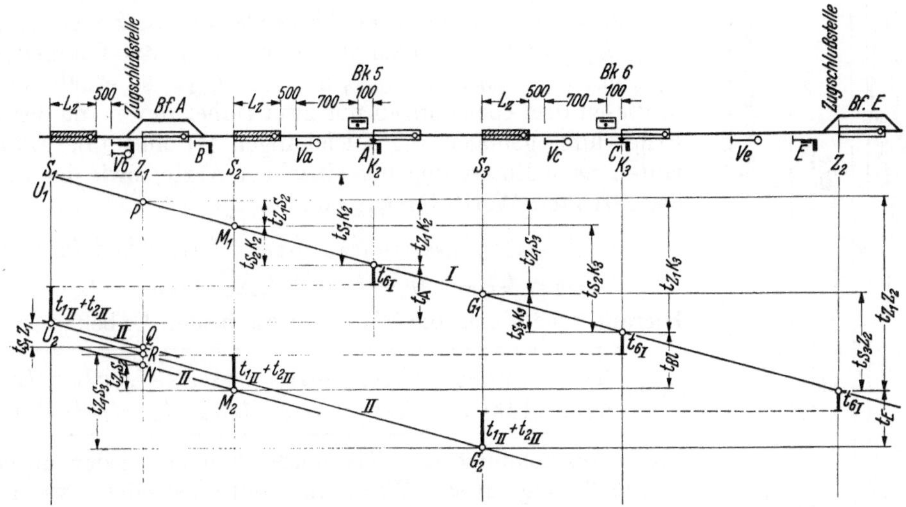

Abb. 98. Zwei Blockstellen zwischen zwei Bahnhöfen. (Beide Züge fahren auf Bahnhof A durch.)

Es ist aber $Z_1\,K = Z_1\,S_2 + S_2\,K$ und $S_2\,K$ ist bekannt. Die entsprechenden Fahrzeiten sind $t_{z1k} = t_{z1s2} + t_{s2k}$. Setzt man diesen Wert in die Gleichung (1) ein, so ist darin nur t_{z1s2} unbekannt, also lautet die Gleichung:
$$t_{s1z1} + t_{z1s2} + t_{s2k} + t_A = t_{z1z2} - t_{z1s2} + t_E \quad \text{und daher ist}$$
$$\boxed{t_{z1s2} = \tfrac{1}{2}\,(t_{z1z2} - t_{s1z1} - t_{s2k} + t_E - t_A)\ \text{min.}}$$

Aus dem Zeitwegstreifen kann man die Zeiten t_{z1z2}, t_{s1z1}, t_{s2k} durch Interpolieren zwischen den Zugschlußstellen Z_1 und Z_2, S_1 und Z_1 sowie S_2 und K entnehmen und bei bekanntem t_E und t_A die Fahrzeit t_{z1s2} berechnen. Interpoliert man nun im Zeitwegstreifen von der Zugschlußstelle Z_1 aus die Zeit t_{z1s2} und lotet den Endpunkt ins Längenprofil herunter, so erhält man die Stelle S_2. Von dieser geht man um die Länge $l_z + 500 + 700$ m (Vorsignal-Abstand) weiter, um den Standort des Blocksignals der Blockstelle 5 zu erhalten. Es ist hier als Abstand der Zugspitze vom Vorsignal 500 m gewählt, da die Untersuchung, wie gesagt, ja vornehmlich für Schnellzüge durchgeführt wird.

β) **Zwei Blockstellen zwischen zwei Bahnhöfen (Abb. 98).** Für die günstigste Blockausteilung müßten wieder die Streckensperrzeiten der drei

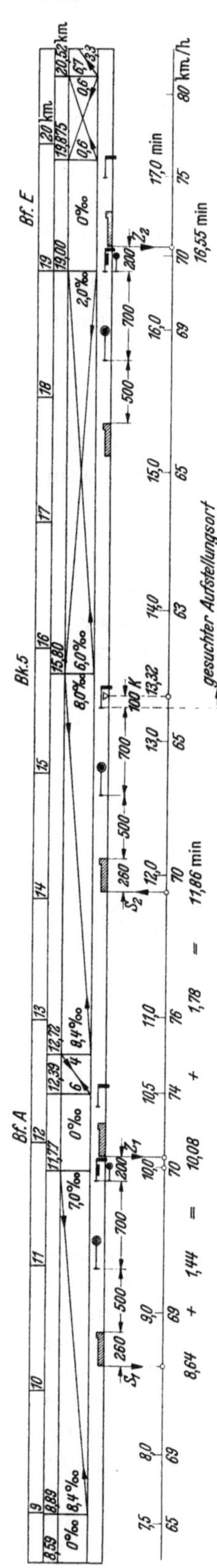

Blockstellen einander gleich sein, also $U_1 U_2 = t_{s1k2} + t_A = M_1 M_2 = t_{s2k3} + t_{Bl} = G_1 G_2 = t_{s3z2} + t_E$. Die Streckensperrzeit der ersten Blockstrecke $U_1 U_2$ ist bei gleichen Zügen gleich der Wartezeit des zweiten Zuges auf den ersten in Bahnhof A, also $U_1 U_2 = t_{s1k2} + t_A = PQ = t_{z1k2} + t_A + t_{s1z1}$. Es ist $t_{s1z1} + t_{z1k2} = t_{s1k2}$. Ferner ist die Streckensperrzeit der zweiten Blockstrecke gleich der Vorsprungszeit des ersten Zuges vor dem zweiten zwischen Bahnhof A und der zweiten Blockstelle, also ist $M_1 M_2 = t_{s2k3} + t_{Bl} = PN = t_{z1k3} + t_{Bl} - t_{z1s2}$. Endlich ist die Streckensperrzeit der dritten Blockstrecke gleich der Vorsprungszeit des ersten Zuges vor dem zweiten zwischen den Bahnhöfen A und E, also ist $G_1 G_2 = t_{s3z2} + t_E = PR = t_{z1z2} + t_E - t_{z1s3}$. Es sind auf der Strecke die Stellen S_2 und S_3 so zu bestimmen, daß $U_1 U_2 = M_1 M_2 = G_1 G_2$ ist. Dann müssen auch die Zeiten 1. $PQ = PN$, 2. $PN = PR$, 3. $PR = PQ$ sein.

Für die unveränderlichen Abstände sind die Zeiten t_{z1z2}, t_{s1z1}, t_{s2k2} und t_{s3k3} bekannt. Zerlegt man die Fahrzeiten t_{z1k2} in $t_{z1s2} + t_{s2k2}$ und t_{z1k3} in $t_{z1s3} + t_{s3k3}$, so erhält man in diesen drei Gleichungen nur zwei Unbekannte. Zu deren Ermittlung genügen die Gleichungen (1) und (3). Diese lauten nach Einsetzung der einzelnen Werte sowie der vorher zerlegten Werte für t_{z1k2} und t_{z1k3}:

$$t_{z1s2} + t_{z1s2} - t_{z1s3} = t_{s3k3} - t_{s2k2} - t_{s1z1} - t_A + t_{Bl}, \quad (1)$$

$$t_{z1z2} - t_{z1s3} + t_E = t_{z1s2} + t_{s2k2} + t_{s1z1} + t_A. \quad (3)$$

Hieraus erhält man die Werte für die beiden Unbekannten.

$$\text{und} \quad \begin{aligned} t_{z1s2} &= \tfrac{1}{3}\,(t_{z1z2} - 2t_{s2k2} - 2t_{s1z1} + t_{s3k3} - 2t_A + t_{Bl} + t_E) \\ t_{z1s3} &= \tfrac{1}{3}\,(2t_{z1z2} - t_{s2k2} - t_{s1z1} - t_{s3k3} - t_A - t_{Bl} + 2t_E). \end{aligned}$$

Nach Ausrechnung der Klammern können wieder durch Interpolierung dieser Werte im Zeitwegstreifen, wie im vorigen Abschnitt gezeigt, die Stellungen der beiden Blocksignale bestimmt werden.

Beispiel: Es soll nach Abb. 99 die Strecke zwischen den Bahnhöfen A und E in zwei Blockstrecken unterteilt werden. Gegeben ist hierfür der Fahrzeitstreifen eines Schnellzuges.

In der Gleichung

$$t_{z1s2} = 0,5 \cdot (t_{z1z2} - t_{s1z1} - t_{s2k} + t_E - t_A) \text{ min}$$

ist die Fahrzeit zwischen den beiden Bahnhöfen $t_{z1z2} = 16,55 - 10,08 = 6,47$ min. Ebenso ist aus dem Fahrzeitstreifen für die vor dem Bahnhof A gelegene Strecke $S_1 Z_1 = 1,66$ km die Fahrzeit $t_{s1z1} = 10,08 - 8,64 = 1,44$ min. Die Strecke $S_2 K = 1,56$ km (Abb. 99) ist zwar ihrer Länge nach, aber nicht ihrer Lage nach bekannt. Jedoch wird nach dem Fahrzeitstreifen die mittlere Geschwindigkeit auf ihr mit $V = 65$ km/h geschätzt (nötigenfalls ist die Schätzung durch Wiederholung zu verbessern). Dann ist die Fahrzeit $t_{s2k} = 1,56 \cdot 60 : 65 = 1,44$ min.

Die Zeiten für die stationären Arbeiten auf dem Bahnhof A und dem Bahnhof E sind einander gleich, also $t_E - t_A = 0$. Dann ist $t_{z_{182}} = 0,5 \cdot (6,47 - 1,44 - 1,44)$ $= 1,8$ min. Fährt der Schnellzug 10,08 min nach der Abfahrt vom rückwärts gelegenen Bahnhof auf Bahnhof A durch, dann ist die Durchfahrzeit im Punkt K (isolierte Schiene hinter dem Blocksignal) $10,08 + 1,8 + 1,44 = 13,32$ min. Interpoliert man im Zeitwegstreifen den Streckenpunkt für diese Fahrzeit, so erhält man Punkt K nach Abb. 99. Der gesuchte Standort für das Blocksignal liegt dann 100 m davor.

d) Die Abstände der Überholungsstellen im Verhältnis zur Länge der Blockstrecken. Folgen sich nach Abb. 91 zwei Güterzüge im Kleinstabstand T_G, so kann man hierfür den theoretisch höchsten zulässigen Abstand $L_{\max}$ der Überholungsstellen aus der Beziehung $\Delta t_z = T_G = L_{\max}/V_G - L_{\max}/V_D$ berechnen. Hier ist Δt_z der Unterschied der Fahrzeiten eines Güterzuges und eines D-Zuges auf der Strecke $L_{\max}$ gleich dem Kleinstabstand des Güterzuges gesetzt. Es ist $V_G = L_{\max} \cdot 60/t_G$ und $V_D = L_{\max} \cdot 60/t_D$ die mittleren Geschwindigkeiten der beiden Zugarten auf der Strecke $L_{\max}$. Dann ist $L_{\max} = \dfrac{T_G \cdot V_G \cdot V_D}{60\,(V_D - V_G)}$ km. Ist z. B. $T_G = 13$ min $= 13/60$ Std., $V_G = 40$ und $V_D = 80$ km/h, so ist $L_{\max} = 17,4$ km. Es mögen nun die Bahnhöfe A und B nach Abb. 91 diesen Größtabstand $L_{\max}$ haben. Der erste D-Zug liege so zu den G-Zügen, daß er unmittelbar, nachdem die zu überholenden Züge mit dem Mindestvorsprung in die Bahnhöfe A und B eingelaufen sind, diese beiden Bahnhöfe durchfährt. Bleibt nun der erste G-Zug hinter seinem Plan zurück, so wird er den Überholungsbahnhof B nicht mehr rechtzeitig vor dem D-Zug erreichen können. Der Bahnhof A muß dann den ersten G-Zug zurückhalten. Das wirkt aber auf die nachfolgenden Züge ein. Nur wenn der Bahnhof A zwei Überholungsgleise hätte, dann würde eine Hemmung für den D-Zug vermieden werden. Der Lauf der langsamen Züge bleibt aber doch gestört, da die Abfahrt der beiden G-Züge aus den Überholungsgleisen in Bahnhof A erst abgewartet werden müßte.

Um Maßnahmen zur Beseitigung der Störung auch der G-Züge zu treffen, sei daran erinnert, daß die Störung dadurch entstanden war, daß ein Zug gegen seinen Plan zurückgeblieben ist, und dadurch der Abstand von den folgenden sich unter das Maß $L_{\max}$ verkleinert hatte, das man der Bestimmung der Lage der Überholungsstelle zugrunde gelegt hatte. Damit dieses eintreten konnte, mußte durch die Blockteilung der rückliegenden Strecke die Möglichkeit einer derartigen engeren Annäherung der Züge gegeben sein. Denn wäre dieses nicht der Fall gewesen, so hätte eine Verzögerung des ersten G-Zuges sofort einen Stau auf die nachfolgenden Züge bewirkt.

Gelingt es bei dieser Blockteilung, die Abstände L der Überholungsstellen kleiner als $L_{\max}$ zu bemessen, daß sie auch bei der äußersten gegenseitigen Annäherung der G-Züge gerade noch genügen, so könnte, wenn jeder Bahnhof bei einem ausreichenden Vorsprung den langsameren Zug weiterfahren läßt, der Fall nicht eintreten, daß ein zu überholender Zug kein freies Überholungsgleis findet, und dadurch eine Störung einer Reihe nachfolgender Züge eintreten würde.

Die Aufgabe läuft also darauf hinaus, zu ermitteln, bis zu welcher Grenze bei gegebener Blockteilung sich die Güterzüge einander nähern können. Es bestehen also hier Zusammenhänge der Fahrgeschwindigkeit mit der Blockteilung l und dem Abstand L der Überholungsstellen. Gaede[1] hat Untersuchungen über das Verhältnis $L:l$ des Abstandes von Überholungs- und Blockstellen angestellt. Er hat hierbei gefunden, daß innerhalb der tatsächlich in Betracht kommenden Grenzen die Veränderlichkeit von $L:l$ vergleichsweise recht gering ist. Sie ist deshalb ohne praktische Bedeutung, weil man mit Rücksicht auf die gegebenen Festpunkte der Bahn ohnehin nicht in der Lage sein würde, die Abstände der Überholungsstellen entsprechend fein abzustufen. Zudem darf man auch eine nachträgliche Änderung der Fahrgeschwindigkeiten der Züge hierbei nicht außer acht lassen.

Allgemein sei daher gesagt, daß drei oder mehr Blockstellen zwischen zwei Überholungsbahnhöfen nur bei reinen Güterbahnen angebracht sind, wo die Überholungsgleise nur für die Behandlung der Nahgüterzüge in Anspruch genommen werden.

Bahnen mit Zügen verschiedener Geschwindigkeit bedürfen zur Bewältigung eines starken Verkehrs neben einer hinreichend engen Blockteilung auch der entsprechend engen Teilung der Überholungsstellen. Fehlt es an einem oder dem anderen, so ist eine Höchstauslastung und Ausnutzung der Strecke nicht möglich.

Man erzielt eine Verbesserung der Streckenleistung durch Verringerung des Unterschiedes der Geschwindigkeiten der verschiedenen Zuggattungen, die am wirkungsvollsten ist, wenn man die Geschwindigkeit der langsamen Züge erhöht.

C. Der Fahrplan.

1. Schmiegsamer, halbstarrer und starrer Fahrplan.

Auf Bahnen mit Zügen verschiedener Fahrgeschwindigkeiten wird die beste betriebliche Leistung der Strecke dann erreicht, wenn einerseits möglichst viele Züge durchgebracht werden, andererseits die Reisegeschwindigkeit der Züge möglichst groß ist, und die Überholungszeitverluste möglichst herabgedrückt werden. Dabei muß aber die Zeitlage der Züge so elastisch sein, daß bei geringeren Verschiebungen im Lauf der einzelnen Züge keine nennenswerten Störungen des ganzen Zuglaufs eintreten können. Die Voraussetzung für die Verwirklichung eines derartigen schmiegsamen Fahrplans ist die Ausgestaltung der Strecke mit Blockstellen, Überholungsgleisen und Abstellgruppen.

Unter einem starren Fahrplan wird ein solcher verstanden, bei dem die Abfahrt- und Ankunftszeiten aller Züge nach einem für alle Stunden des Tages übereinstimmenden Plan festgelegt sind. Der wichtigste Sonderfall ist der, wie bei den städtischen Schnellbahnen, daß nur Züge einer Gattung vorhanden sind, die einander in gleichen Abständen oder den vielfachen davon folgen.

Auf Strecken mit Schnell- und Güterzügen soll man bestrebt sein, die Schnellzüge in Bündeln zusammenzufassen. Um die Reisegeschwindigkeit der Nahgüterzüge zu erhöhen, sind deren Aufenthalte dadurch abzukürzen, daß die Bedienung der Ladeanlagen durch Kleinlokomotiven ausgeführt wird.

Ist eine Strecke stark mit Güterzügen belastet, so empfiehlt es sich, eine halbstarre Anordnung anzuwenden, bei der nach dem Vorschlag von Gaede[1] für die langsamen Züge ein starres Fahrplanschema, wie bei dem Militärfahrplan, benutzt wird. Bei Überholungen können dann die Güterzüge von einem Fahrplan zum anderen übergehen, ohne das Gesamtschema zu stören.

2. Der Fahrplan der zweigleisigen Strecke.

Der Bildfahrplan wird beim Vorhandensein von Zügen mit verschiedenen Geschwindigkeiten in der Regel so entworfen, daß man zunächst die bevorzugten Schnellzüge einträgt und dann schrittweise die Reise- und Güterzüge zwischen die vorhandenen geradlinigen Zeitweglinien einschiebt. Folgen sich Züge gleicher Gattung, so erreicht man die beste Ausnutzung der Strecke, wenn man sie im kleinsten zulässigen Zeitabstand einander folgen läßt, der sich aus den vorher-

---

[1] Arch. Eisenbahnw. 1921 S. 376.

gehenden Berechnungen ergibt. Praktisch wählt man den Abstand, wie vorher berechnet, etwas größer, weil unvermeidliche Abweichungen von dem Fahrplan vorkommen können.

Ein Nahgüterzug, der auf Unterwegsbahnhöfen zur Bedienung der Ortsgutanlagen in das Überholungsgleis ein- und aus diesem wieder ausfährt, wirkt jedesmal, wenn er auf das Streckengleis zurückkehrt, wie ein neuer eingeschobener Zug. Er nimmt dann im Bildfahrplan zwischen zwei Zügen immer wieder eine Lücke in Anspruch, die er aber nicht für die Fahrt auf der ganzen Strecke, sondern nur für die zwischen zwei Unterwegsbahnhöfen belegt. Für die Ausnutzung der Strecke ist also außer der Fahrgeschwindigkeit auch der Umstand von großem Einfluß, ob ein Zug die Strecke in ununterbrochener Fahrt oder mit Unterbrechungen belegt. Hieraus erkennt man, daß die Nahgüterzüge auf die Leistungsfähigkeit einer Strecke viel ungünstiger einwirken, als Durchgangsgüterzüge mit ihren selteneren Halten.

Sollen Schnellzüge, die im Bildfahrplan bereits festgelegt sind, langsamere Züge überholen, so ist die Vorsprungszeit und der Überholungsaufenthalt der langsameren Züge so nach den vorherigen Ausführungen zu bemessen, daß die Schnellzüge nicht aufgehalten werden, und daß bei der praktischen Durchführung des Betriebes kleine unvermeidliche Verspätungen auf den Überholungsbahnhöfen ausgeglichen werden können. Hierbei sind die Güterzüge, die ohne Kreuzung der Gegenrichtung in das Überholungsgleis gelangen und aus diesem wieder ausfahren, am unempfindlichsten. Die Güterzüge, die, um überholt zu werden, bei Ein- und Ausfahrt die Gegenrichtung kreuzen, beeinflussen bei Verspätung nicht nur die Züge der gleichen Fahrrichtung, sondern auch die der Gegenrichtung. Die mittleren Verzögerungen, die bei Kreuzung der Ein- und Ausfahrt entstehen, sind nach S. 146 zu den Vorsprungszeiten zuzuzählen.

Die Personenzüge sind hinsichtlich der Überholungen viel empfindlicher, da bei diesen die Überholungsbahnhöfe im Fahrplan veröffentlicht worden sind und daher nicht bei Verspätungen der überholenden, haltenden Schnellzüge verlegt werden können. Die Verspätung der haltenden Schnellzüge überträgt sich also auf die Personenzüge, während sie bei Verlegung der Überholung der Güterzüge auf letztere keinen oder nur geringen Einfluß hat.

Die Schnellzüge in Bündel zusammenzufassen ist besonders dann, wenn sie Güterzüge überholen, wie vorher gezeigt, von sehr günstigem Einfluß auf die Leistung der Strecke.

3. Der Fahrplan auf mehrgleisigen Bahnen.

Bei viergleisigen Bahnen können die Gleise linienweise und richtungsweise gruppiert sein, um den Anforderungen des Betriebes und des Verkehrs am zweckmäßigsten zu entsprechen. Die Züge sind auf die Gleise betrieblich zweckmäßig zu verteilen. Der Kreislauf der Betriebsmittel bringt es mit sich, daß die Zahl der Züge der einzelnen Gattungen in der Regel in beiden Fahrrichtungen annähernd gleich ist, so daß sich also bei viergleisigen Bahnen zwei Paar Gleise ergeben, die gleichartig, aber in entgegengesetzter Fahrrichtung betrieben werden.

Man wird grundsätzlich die Züge gleicher Gattung auf je einem Gleis zusammenfassen. Dabei wird man von bestimmten Annahmen für die Zahl der schnelleren Züge ausgehen und die Höchstzahl der langsameren Züge, die sich mit den schnelleren zusammenfassen lassen, ermitteln. Durch Vergleichsrechnungen wird man für verschiedene Annahmen der Verteilung nach den beschriebenen Methoden feststellen, bei welcher Art der Verteilung die zu erwartenden Überholungszeitverluste am kleinsten sind, bzw. der Leistungsüberschuß am größten ist. Weiterhin sind zu vergleichen die bei der Abwicklung des Verkehrs sich ergebenden Schwierigkeiten, die Kosten für die Einrichtung und Unterhaltung der Sicherungseinrichtungen und die Kosten für die Zwischenbahnhöfe sowie die oft sehr erheblichen Aufwendungen z. B. für Gleisüberwerfungen und Rangierarbeiten, die an den Enden der mehrgleisigen Strecken notwendig sind zur Erreichung der gewünschten Zugverteilung. Der Gesamtumfang der verschiedenartigen Fragen ist so groß, daß keine allgemeingültige Regel für die Zugverteilung gegeben werden kann. Die günstigste Verteilung der Züge auf die Gleise muß daher von Fall zu Fall geprüft werden.

Mitunter ist die Verteilung der Züge auch noch nachträglich zu verändern, um die Gesamtleistung zu erhöhen, ohne neue Hauptgleise hinzuzufügen. Derartige Umlagerungen der Züge können auch bei vorübergehenden Verschiebungen des Verkehrs zweckmäßig sein, etwa bei Verstärkung des Reisezugverkehrs zu Beginn der Ferien, beim Anschwellen des Güterverkehrs im Herbst oder bei militärischen und anderen Massenbeförderungen. Daher ist es zu empfehlen, viergleisige Bahnen nicht allzu eng für eine einzige Zugeinteilung auszubauen, sondern z. B. durch Anlage von Überholungsgleisen an beiden Gleispaaren, auch wenn diese zunächst nur von Reisezügen benutzt werden, für Güterzugbetrieb zu bemessen, oder die Möglichkeit zu geben, an beiden Gleispaaren, wenn auch provisorisch, Bahnsteige anzulegen. Man gewinnt also so gleichzeitig den großen Vorteil, bei Störungen auf einem Gleispaar den gesamten Betrieb auf dem befahrbar gebliebenen Gleispaar aufrechtzuerhalten.

4. Der Fahrplan auf eingleisiger Strecke.

Auf eingleisigen Strecken tritt außer der Überholung der Züge gleicher Fahrrichtung noch die Kreuzung bei Gegenfahrt ein. Die Ein- und Ausfahrsignale des einen Bahnhofsendes stehen durch die Bahnhofsblockung in Abhängigkeit mit denen des anderen Bahnhofsendes. Weiterhin sind bei eingleisiger Streckenblockung die Hauptsignale der zugekehrten Enden zweier benachbarter Bahnhöfe voneinander abhängig. Die Bedingungen, die beim Kreuzen zweier Züge erfüllt sein müssen, sind ähnlich denen für die Überholung mit und ohne Kreuzung der Gegenrichtung, wie sie in den vorhergehenden Kapiteln erörtert worden sind.

III. Die Zugfahrt auf Anlaufsteigungen.

A. Das Verfahren.

Während in den vorherigen Ausführungen die Ermittlung der Bewegung einer Zugfahrt die Grundlage für die Beurteilung der Wirtschaftlichkeit einer Strecke, für die Aufstellung der Betriebspläne der Bahnhöfe und des Streckenfahrplans sowie für die Ausgestaltung der Strecke mit Block- und Überholungsstellen bildete, soll die nachfolgende Ermittlung eines Zuglaufs der Gestaltung des Längenprofils dienen.

Mitunter muß die maßgebende Steigung einer Strecke vor Bahnhöfen infolge nachträglicher Herstellung schienenfreier Kreuzungen wegen Mangel an Entwicklungslänge überschritten werden. Jedoch soll hierdurch die Leistungsfähigkeit der Strecke nicht herabgemindert werden. Die Züge dürfen also bei den ungünstigsten Betriebsverhältnissen auf dieser starken Steigung nicht zum Halten kommen. Sie müssen die Steigungsstrecke stets überwinden, wenn auch mit Fahrzeitverlust gegenüber der früheren Linienführung. Sie ersparen aber dabei das Halten vor schienengleichen Kreuzungen bei Zugverspätungen, so daß der Betrieb durch den Bau der schienenfreien Kreuzung selbst beim Befahren einer sog. Anlaufsteigung auf jeden Fall flüssiger bleibt.

Auf Anlaufsteigungen sind die Strecken- und Fahrzeugwiderstände eines Zuges größer als die Reibungszugkräfte der Lokomotiven. Auf einer zu langen Anlaufsteigung kommt ein Zug durch die genannten Widerstände zum Halten, wenn er keine durch den Anlauf gewonnene hohe Geschwindigkeit am Fuße der Steilrampe hat. Der ungünstigste Betriebsfall ist also der, daß der Zug am Fuße der Rampe zum Halten gekommen ist und wieder anfahren soll. Die Anlauframpe muß daher nach Steigung und Länge so bemessen werden, daß der ausgelastete Güterzug vom Rampenfuß anfährt und am Kopfe der Rampe nicht zum Halten kommt, sondern dort noch mit einer geringen Geschwindigkeit fährt. Für eine gegebene Anlaufsteigung ist die Fahrzeitermittlung durchzuführen, um für die Fahrt auf der Rampe den Weg zu bestimmen, bei der die kleinste zulässige Geschwindigkeit erreicht ist. Die Länge der Anlauframpe ist dann gleich diesem Wege zu machen.

Bei dieser Untersuchung ist die vorherbeschriebene Fahrzeitermittlung, bei der der Zug als Massenpunkt betrachtet wird, etwas verändert, da hier die Bewegung unter Berücksichtigung der allmählichen Änderung des Zugwiderstandes beim Übergang von der schwachen Neigung zur Anlaufsteigung zu ermitteln ist, und der Zug daher als Band mit gleichmäßig verteilter Zuglast zu betrachten ist.

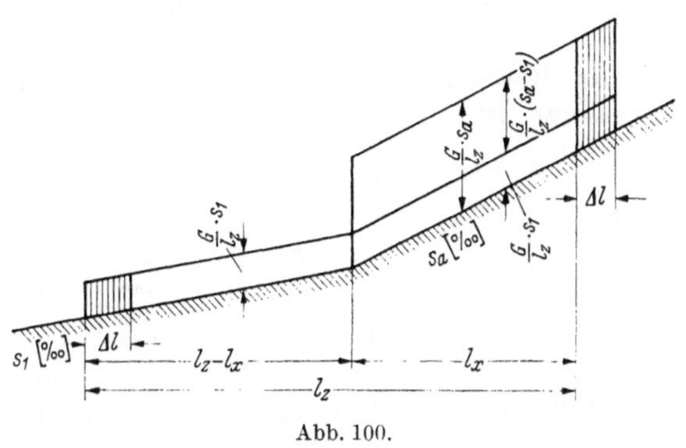

Abb. 100.

Es ist dann $G : l_z$ t/m oder $1000\,G : l_z$ kg/m das Zuggewicht auf den laufenden Meter. Bezeichnet man die Anlaufsteigung mit $s_a\,{}^0/_{00} = s_a : 1000$ und die davorliegende schwächere Neigung mit $s_1\,{}^0/_{00} = s_1 : 1000$ (+ Steigung, − Gefälle), so ist nach Abb. 100 der Streckenwiderstand

$$S = 1000\,\frac{G}{l_z}\left[\frac{\pm s_1}{1000}(l_z - l_x) + \frac{s_a \cdot l_x}{1000}\right]\ \text{kg}.$$

Rückt der Zug in der Zeit Δt sec um Δl m mit der mittleren Geschwindigkeit $v_m = V_m : 3{,}6$ m/sec vor, so ist $\Delta l = \Delta t \cdot V_m : 3{,}6$ m. Es ist $V_m = V_1 \pm {}^1/_2\,\Delta V$, wo V_1 die Geschwindigkeit zu Beginn und ΔV die Geschwindigkeitsänderung am Ende des Zeitschritts Δt ist.

Also ist $\Delta l = \Delta t \cdot V_1 : 3{,}6 \pm \Delta t \cdot \Delta V : 3{,}6 \cdot 2$ m der Weg je Δt.

Der mittlere Streckenwiderstand während des Vorrückens Δl ist dann

$$S_m = \left[\frac{\pm s_1}{1000}\cdot(l_z - l_x - \Delta l : 2) + \frac{s_a}{1000}\cdot(l_x + \Delta l : 2)\right]1000\,G : l_z$$

$$= \left[\frac{\pm s_1}{1000}\cdot(l_z - l_x - V_1 \cdot \Delta t : 2 \cdot 3{,}6 \mp \Delta V \cdot \Delta t : 4 \cdot 3{,}6)\right.$$

$$\left. + \frac{s_a}{1000}(l_x + V_1 \cdot \Delta t : 2 \cdot 3{,}6 \pm \Delta V \cdot \Delta t : 4 \cdot 3{,}6)\right]1000\,G : l_z$$

$$= \left[\frac{\pm s_1}{1000}\cdot(l_z - l_x - V_1 \cdot \Delta t : 2 \cdot 3{,}6) + \frac{s_a}{1000}\cdot(l_x + V_1 \cdot \Delta t : 2 \cdot 3{,}6)\right.$$

$$\left. \pm \frac{s_a \mp s_1}{1000}\cdot \Delta V \cdot \Delta t : 4 \cdot 3{,}6\right]1000\,G : l_z.$$

Ist der Zug über den Rampenfuß um die Strecke $l_x + V_1 \cdot \Delta t : 2 \cdot 3{,}6$ vorgerückt, so steht die Spitze des Zuges gegen das Ende nach Abb. 101 um

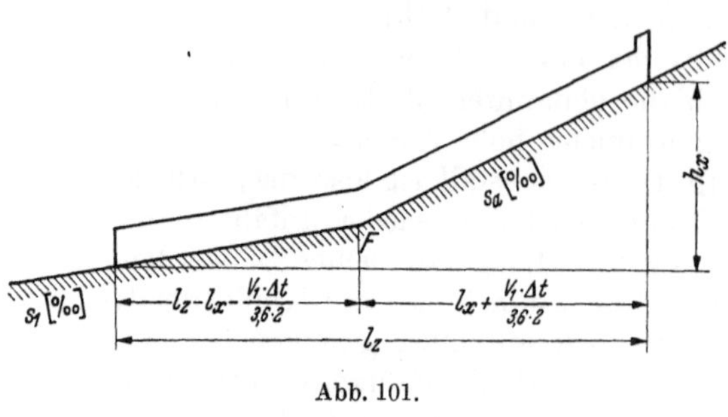

$$\frac{s_1}{1000} \cdot (l_z - l_x - V_1 \cdot \Delta t : 2 \cdot 3{,}6)$$
$$+ \frac{s_a}{1000} \cdot (l_x + V_1 \cdot \Delta t : 2 \cdot 3{,}6)$$
$$= h_x$$

höher und der mittlere Widerstand ist

$$S_m = \left[h_x \pm \frac{(s_a \mp s_1)}{1000} \Delta t \right.$$
$$\left. \cdot \Delta V : 4 \cdot 3{,}6 \right] 1000\, G : l_z \text{ kg.}$$

Abb. 101.

Für 1 t Zuggewicht ist

$$S_m : G = s_m = \left[h_x \pm \frac{(s_a \mp s_1)}{1000} \Delta t \cdot \Delta V : 4 \cdot 3{,}6 \right] 1000 : l_z \text{ kg/t.}$$

In der Bewegungsgleichung $p = z - w - s_m = \dfrac{1000 \cdot \varrho \cdot \Delta V}{g \cdot 3{,}6\, \Delta t}$ den Wert für s_m eingesetzt, ist

$$z - w - \left[h_x \pm \frac{(s_a \mp s_1)}{1000} \cdot \Delta t \cdot \Delta V : 4 \cdot 3{,}6 \right] 1000 : l_z = \frac{1000 \cdot \varrho\, \Delta V}{3{,}6\, g\, \Delta t}$$

oder

$$z - w - 1000\, h_x : l_z = \Delta V \left[\frac{1000 \cdot \varrho}{3{,}6\, g \cdot \Delta t} \pm \frac{(s_a \mp s_1)\Delta t \cdot 1000}{1000 \cdot 4 \cdot 3{,}6 \cdot l_z} \right] = \Delta V \left[\frac{1000 \cdot \varrho}{3{,}6 \cdot g\, \Delta t} \pm \frac{(s_a \mp s_1)\Delta t}{3{,}6 \cdot 4 \cdot l_z} \right].$$

Man setzt den Massenfaktor $\varrho = 1{,}06$ oder berücksichtigt einen davon abweichenden Massenfaktor z. B. $\varrho = 1{,}09$, wie früher gezeigt, durch Vergrößerung des Maßstabes der Geschwindigkeitsachse um $1{,}09 : 1{,}06$. Setzt man für $\varrho = 1{,}06$ und $\Delta t = {}^1/_2$ min $= 30$ sec, so ist $\dfrac{1000 \cdot 1{,}06}{3{,}6 \cdot g \cdot 30} = 1$. Hierfür ist in der Bewegungsgleichung

$$z - w - \frac{1000 \cdot h_x}{l_z} = \Delta V \left[1 \pm \frac{(s_a \mp s_1) \cdot 30}{3{,}6 \cdot 4 \cdot l_z} \right]$$

oder

$$\frac{\Delta V}{2 \left(z - w - \dfrac{1000 \cdot h_x}{l_z} \right)} = \frac{1}{2 \left[1 \pm \dfrac{(s_a \mp s_1) \cdot 30}{3{,}6 \cdot 4 \cdot l_z} \right]} .$$

Wählt man mit $\Delta t = 30$ sec, wie vorher bei der zeichnerischen Ermittlung der Geschwindigkeiten in der Fahrkraftlinie den Geschwindigkeitsmaßstab doppelt so groß wie den Kräftemaßstab, der z. B. $z = s = w = 1$ kg/t $= 2$ mm ist, so ist bei $\varrho = 1{,}06$ $V = 1$ km/h $= 4$ mm. Dann ist

$$\frac{\Delta V\, \text{mm}}{2 \left(z - w - \dfrac{1000 \cdot h_x}{l_z} \right) \text{mm}} = \frac{2}{2 \left[1 \pm \dfrac{(s_a \mp s_1) \cdot 30}{3{,}6 \cdot 4 \cdot l_z} \right]} = \frac{1}{1 \pm \dfrac{(s_a \mp s_1) \cdot 30}{3{,}6 \cdot 4 \cdot l_z}} .$$

Wäre der Neigungsunterschied $s_a - s_1 = 0$, so wäre wie vorher

$$\frac{\Delta V\, \text{mm}}{2 \left(z - w - \dfrac{1000 \cdot h_x}{l_z} \right) \text{mm}} = 1 = \operatorname{tg} 45°.$$

Das Verhältnis von $\Delta V : 2$ zur Mittelkraft je Zeitschritt wird daher, wie gesagt, durch ein gleichschenkliges, rechtwinkliges Dreieck (Zeitdreieck) dargestellt, wenn zwischen 2 benachbarten Neigungen kein Unterschied besteht. Die Zeitdreiecke zeichnet man aneinander gereiht in die Fahrkraftlinie ein, um die Geschwindigkeitsänderungen ΔV je Zeitschritt Δt zu erhalten.

Fährt aber der Zug über einen konkaven Knick des Längenprofils die Steigung hinauf, so vergrößert sich der Streckenwiderstand des Zuges, sobald die Lok den Rampenfuß überschritten hat, und der Zug verlangsamt sich. In obiger Gleichung wird der Nenner größer als eins, also $1 + \dfrac{(s_a \mp s_1) \cdot 30}{3,6 \cdot 4 \cdot l_z}$ und die Geschwindigkeitsänderung $\varDelta V$ je Zeitschritt wird kleiner als auf durchgehender Neigung. Um die Strecke $\varDelta V$ nun bei dieser Bewegung zeichnerisch im Fahrkraftdiagramm zu ermitteln, macht man in dem Zeitdreieck, falls dessen Grundlinie z. B. $\varDelta V = 100$ mm ist, die Höhe nicht 50 mm, sondern $50 \cdot \left[1 + 30 \cdot \dfrac{(s_a \mp s_1)}{3,6 \cdot 4 \cdot l_z}\right]$ mm (Abb. 102). Umgekehrt nimmt am Kopf der Rampe, wenn die Lok von der Anlaufsteigung auf die flachere Neigung kommt, der Streckenwiderstand ab. Infolgedessen vergrößert sich die Geschwindigkeitszunahme $\varDelta V$ je Zeitschritt. In der Bewegungsgleichung wird das $\varDelta V$ dadurch größer, so daß der Nenner der rechten Seite kleiner wird. Er lautet nunmehr $1 - \dfrac{(s_a \mp s_1) \cdot 30}{3,6 \cdot 4 \cdot l_z}$ bei konvexem Knick.

In dem Zeitdreieck hierfür wird bei der Grundlinie $\varDelta V = 100$ mm nunmehr nach Abb. 102 die Höhe $50 \cdot \left[1 - \dfrac{(s_a \mp s_1) \cdot 30}{3,6 \cdot 4 \cdot l_z}\right]$ mm. Diese korrigierten Zeitdreiecke zeichnet man neben die Fahrkraftlinie. An diesen Zeitdreiecken ändert sich nichts, wenn der Massenfaktor größer wird. Der größer werdende Massenfaktor wird lediglich dadurch berücksichtigt, daß man den Maßstab der V-Achse, wie oben gezeigt, vergrößert.

Unterhalb der V-Achse der Fahrkraftlinie zeichnet man den Wegstrahl für $\varDelta t = 30$ sec, indem man den Weg, den der Zug z. B. in 30 sec mit $V = 60$ km/h $=$ also den Weg 0,5 km im Längenmaßstab der Strecke senkrecht unter $V = 60$ km/h der V-Achse nach unten absetzt und sodann den unteren Endpunkt mit $V = 0$ verbindet (Abb. 103).

In der Bewegungsgleichung $z - w - \dfrac{1000 \cdot h_x}{l_z} = \varDelta V \left[1 \pm \dfrac{(s_a \mp s_1) \cdot 30}{3,6 \cdot 4 \cdot l_z}\right]$ ist $\dfrac{1000 \cdot h_x}{l_z}$ $^0/_{00}$ die Streckenkraft, die sich von s_1 auf s_a kg/t linear verändert, wenn der Zug über den Neigungsknick fährt.

Der Ausdruck $1000\, h_x : l_z$ kann, wie nachstehend gezeigt, aus dem Längenprofil abgegriffen werden. Es ist

$$h_x = \frac{s_1}{1000} (l_z - l_x - V_1 \cdot \varDelta t : 2 \cdot 3,6) + \frac{s_a}{1000} (l_x + V_1 \cdot \varDelta t : 2 \cdot 3,6).$$

Für $l_x + V_1 \cdot \varDelta t : 2 \cdot 3,6 = 0$ ist $h_x = \dfrac{s_1}{1000} \cdot l_z$ oder $1000\, h_x : l_z = s_1$.

Für $l_x + V_1 \cdot \varDelta t : 2 \cdot 3,6 = l_z$ ist $h_x = l_z \cdot s_a : 1000$ oder $1000\, h_x : l_z = s_a$.

Beide Seiten der obigen Gleichung für h_x mit $1000 : l_z$ multipliziert, erhält man zwischen s_1 und s_a als Streckenkräfte

$$1000\, h_x : l_z = \left(l_z - l_x - \frac{V_1 \cdot \varDelta t}{2 \cdot 3,6}\right) s_1 : l_z + \left(l_x + \frac{V_1 \cdot \varDelta t}{2 \cdot 3,6}\right) s_a : l_z$$

$$= \frac{1}{l_z} \left[(l_z - l_x)\, s_1 + l_x \cdot s_a + (s_a \mp s_1) \frac{V_1 \cdot \varDelta t}{3,6 \cdot 2}\right].$$

Man kann das Längenprofil als Seilzug aus einem Kräfteplan zeichnen, dessen Kräfte die Streckenkräfte s kg/t sind. Letztere sind im gleichen Maßstabe wie die Kräfte der Fahrkraftlinie aufzutragen. Der Polabstand des Kräfteplanes ist die Zuglänge l_z, die im Längenmaßstab zu zeichnen ist (Abb. 104a, b).

B. Beispiele.

1. Beispiel: Ein Güterzug vom Gewicht $G = 1300$ t und der Länge $l_z = 540$ m, der mit einer Lok der Gattung G 56.16 vom Gewicht $G_l = 141$ t bespannt ist, ist am Fuße einer Anlauframpe von der Steigung $s_a = 15^0/_{00}$ auf einer schwach geneigten Strecke von der Steigung $s_1 = 1,5^0/_{00}$ zum Halten gekommen und soll wieder anfahren. Auf der Anlauframpe soll der Zug die Geschwindigkeit von $V = 8$ km/h nicht unterschreiten. Für die Fahrzeitermittlung wurde als Zeitschritt $\Delta t = 0,5$ min $= 30$ sec gewählt. Der Kräftemaßstab ist 1 kg/t $= 2$ mm, der Geschwindigkeitsmaßstab bei dem Massenfaktor $\varrho = 1,06$ wäre $V = 1$ km/h $= 4$ mm, bei $\varrho = 1,09$ ist $V = 1$ km/h $= 4 \cdot 1,09 : 1,06 = 4,1$ mm. Der Längenmaßstab

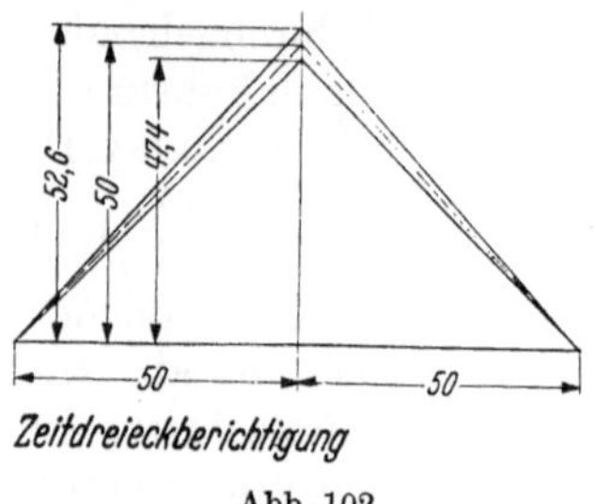

Abb. 102.

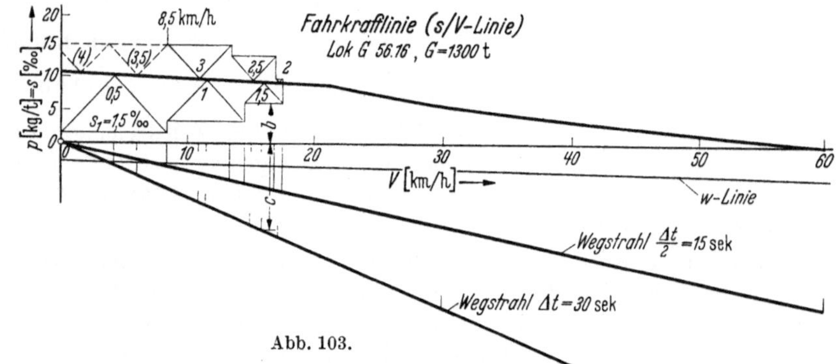

Abb. 103.

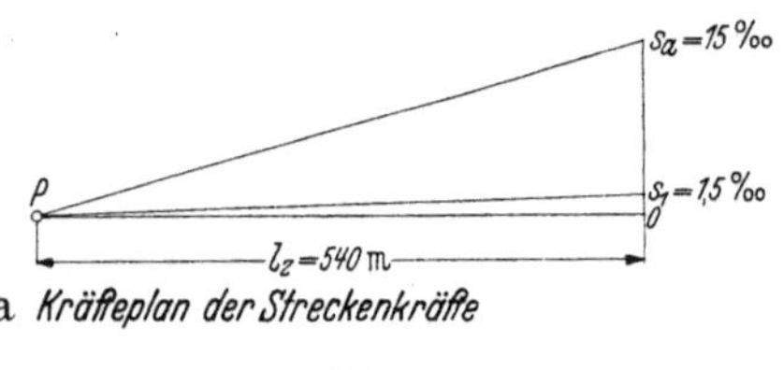

Abb. 104 a.

ist 1 km $= 200$ mm (1 : 5000). Mit diesen Maßstäben wurde die Fahrkraft- und die w-Linie sowie der Wegstrahl gezeichnet (Abb. 103). Die Fahrkräfte sind der Llv-Tafel S. 43 entnommen, nachdem in diese der Strahl für $G = 1300$ t eingetragen worden ist. Die w-Linie wurde nach der Gleichung

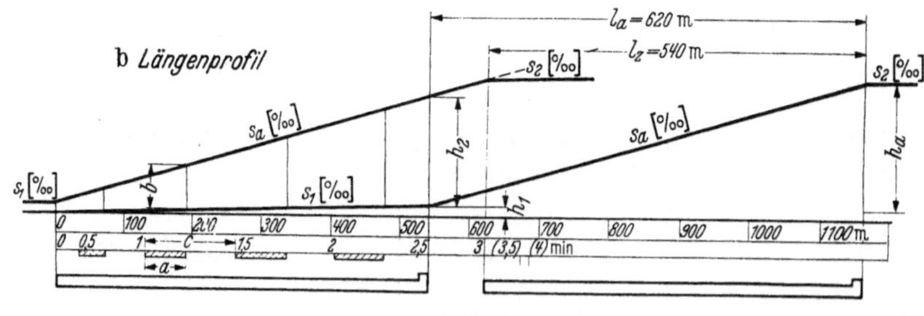

Abb. 104 b.

Abb. 102 bis 104. Ermittelung der zulässigen Länge einer Anlaufsteigung.

$w = (W_l + G_w \cdot w_w) : G$ kg/t aufgezeichnet, und zwar mit den Werten nach S. 39 u. 40. Der Kräfteplan der Streckenkräfte wurde mit dem Polabstand $l_z = 540$ m sowie für die Steigungen $s_1 = 1,5$ und $s_a = 15^0/_{00}$ und hieraus das

Längenprofil zweimal im waagerechten Abstand von $l_z = 540$ m durch Parallel-verschieben der Strahlen des Kräfteplans gezeichnet. **Die Korrektur des rechtwinklig, gleichschenkligen Dreiecks:** Für den konkaven Neigungs-wechsel am Rampenfuß ist der Korrektionsfaktor $1 + \dfrac{(s_a - s_1) \cdot \varDelta t}{3{,}6 \cdot 4 \cdot l_z} = 1 + \dfrac{(15 - 1{,}5) \cdot 30}{3{,}6 \cdot 4 \cdot 540}$
$= 1{,}055$. Die Höhe des Zeitdreiecks ist dann nicht 50 mm, sondern $50 \cdot 1{,}055$
$= 52{,}6$ mm, und die Grundlinie ist wie früher $2 \cdot 50 = 100$ mm.

Es soll für einen Zeitschritt an Hand der Abb. 103 und 104 b die Konstruktion eingezeichnet werden. Die Lok steht am Rampenfuß. Die Zugbewegung wird für den Zugschluß ermittelt. Man greift daher für letzteren zwischen den beiden Längsprofilen die Höhe (hier für $s_1 = 1{,}5\,^0/_{00}$) ab und überträgt sie von der V-Achse der Fahrkraftlinie nach oben. Durch den oberen Endpunkt zieht man eine Waagerechte. Über dieser zeichnet man von $V = 0$ aus das korrigierte gleich-schenklige Zeitdreieck. Unter der Dreieckspitze greift man sodann zwischen der V-Achse und dem Wegstrahl für $\varDelta t = 30$ sec den Weg $\varDelta l$ ab, den man vom Zugschluß aus auf den Zeitwegstreifen absetzt. An das Ende der Strecke schreibt man die Zeit 0,5 min. Um die mittlere Streckenkraft für den nächsten Zeitschritt zu erhalten, greift man in dem Fahrkraftdiagramm unterhalb des rechten Endes des Zeitdreiecks die Höhe zwischen der V-Achse und dem Wegstrahl für $\varDelta t/2 = 15$ sec ab, setzt diese Strecke $V_1 \cdot \varDelta t : 2$ im Zeitwegstreifen vom Zeitstrich 0,5 min nach rechts und greift senkrecht über dem rechten Ende (der schraffierten Strecke) die mittlere Streckenkraft für den zweiten Zeitschritt als Höhe zwischen den beiden Längsprofilen ab. Diese überträgt man wieder ins Fahrkraftdiagramm von der V-Achse nach oben, um in diesem Abstande die Grundlinie des folgenden Zeitdreiecks wie vor zu zeichnen. Für den dritten Zeitschritt sind nach der Abb. 103, 104 b die zugehörigen Strecken im Längsprofil und Fahrkraftdiagramm mit a, b und c bezeichnet.

Nach 2,5 min ist der Zugschluß auf die Anlaufsteigung $s_a = 15\,^0/_{00}$ gelangt. Dann vereinfacht sich die Konstruktion, indem man wie früher das gleich-schenklig, rechtwinklige Zeitdreieck im Fahrkraftdiagramm von der Waagerechten für $s_a = 15\,^0/_{00}$ mit der Spitze nach unten zeichnet. Aber schon nach der dritten Minute ist die Geschwindigkeit des Zuges $V = 8{,}5$ km/h, also fast an der an-gegebenen Grenze von 8 km/h. Man bricht daher die Ermittlung ab. Nachdem man den Weg von der 2,5. bis zur 3. min in den Zeitwegstreifen eingetragen hat, geht man von dem Zeitstrich für 3 min nach oben bis zum Längenprofil, um das obere Ende der Anlauframpe festzulegen. Würde man die Rampe länger machen, so würde der Zug, wie die gestrichelten Zeitdreiecke zeigen, nach der 4. min zum Halten kommen. Würde man dagegen die Fahrzeitermittlung über den konvexen Neigungsknick von s_a zu $s_2\,^0/_{00}$ fortsetzen, so müßte die Höhe des rechtwinkligen Zeitdreiecks durch den Faktor $1 - \dfrac{(s_a - s_2)\,\varDelta t}{3{,}6 \cdot 4 \cdot l_z}$ m verkleinert werden.

2. Beispiel (Abb. 105 und 106 a, b): Ein Beispiel für die Fahrzeitermittlung bei Neigungsstrecken, die kleiner als die Zuglänge sind, ist das Aufzeichnen der Bewegung einer Schleppfahrt aus den Richtungsgleisen eines Rangierbahnhofs über den Ablaufberg in die Einfahrgleise.

Nach Abb. 105 sind die Lokgattung und das Zuggewicht und daher auch die Ordinaten der Fahrkraftlinie (Abb. 103) die gleichen wie im vorhergehenden Beispiel. Nur wurde hier wegen der schnellwechselnden Neigungsstrecken der Zeitschritt halb so groß, also $\varDelta t = 15$ sec gewählt. Mit demselben Kräftemaß-stab 1 kg/t $= 2$ mm und demselben Polabstand $l_z = 540$ m wurde der Strecken-kräfteplan und hieraus die beiden Längenprofile gezeichnet, die den waagerechten Abstand der Zuglänge $l_z = 540$ m haben.

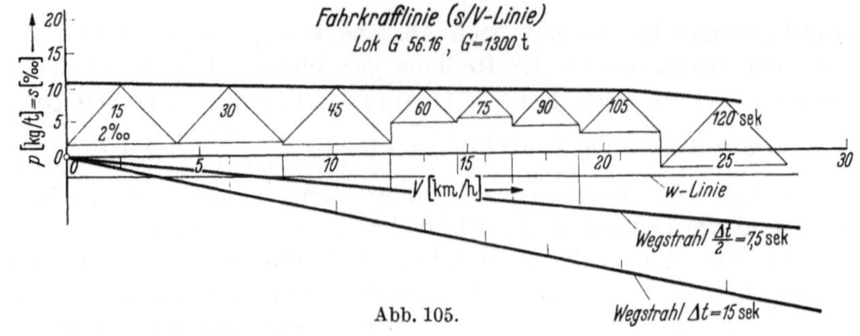

Abb. 105.

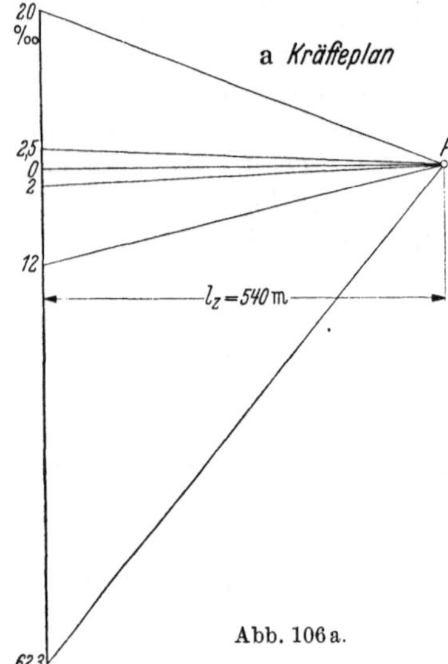

Abb. 106 a.

Der auf die Zuglänge bezogene Unterschied der Streckenkräfte $s_a - s_1$ ist nach den beiden Abb. 106a, b im Mittel gering. Weiterhin ist der Zeitschritt $\varDelta t = 15$ sec nur halb so groß wie im vorigen Beispiel. Daher ist der Korrektionsfaktor sehr klein und zu vernachlässigen, so daß die Ermittlung mit dem gleichschenklig, rechtwinkligen Zeitdreieck durchgeführt werden kann. Da für $\varDelta t = 15$ sec bei Verwendung des rechtwinkligen Zeitdreiecks der Maßstab der Geschwindigkeit doppelt so groß ist wie vorhin, so ist der Maßstab der V-Achse $V = 1$ km/h $= 8{,}2$ mm. Die Ermittlung wird in derselben Weise wie im vorhergehenden Beispiel durchgeführt.

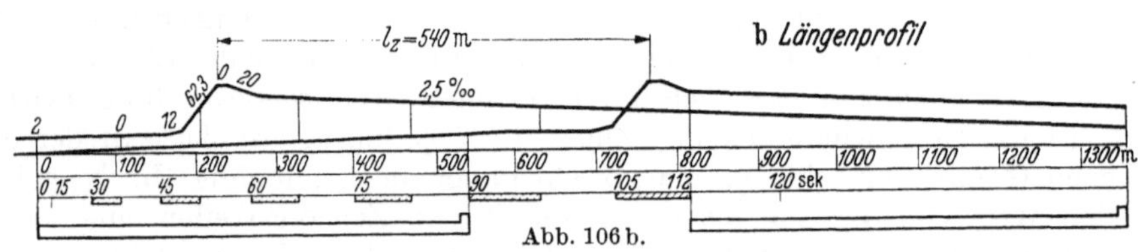

Abb. 106 b.

Abb. 105 u. 106. Schleppfahrt über den Ablaufberg.

2. Die Zugbildung.

I. Die Rangieranlagen.

A. Die Rangierbahnhöfe und deren Personal.

1. Die Rangierbahnhöfe.

Zu den Aufgaben des Rangierbetriebes gehört das Auflösen, Neubilden und Umbilden der Züge sowie die Bedienung der Verwendungsstellen. Letztere sind die Ladestraßengleise, die Güter-, Zoll- und Umladeschuppengleise, die Anschlußgleise, die Gleise der Wagenwäsche, die Werkstätten-, Ausbesserungs-, Bau- und Abstellgleise. Beim Rangieren sind die Eisenbahnfahrzeuge innerhalb der Bahnhöfe, Anschlußstellen usw. zu bewegen sowie an- und abzukuppeln.

Die Fahrzeuge werden zur Bildung der Züge auf den Zwischenbahnhöfen sowie zur Bedienung der Verwendungsstellen fast ausschließlich mit Lokomotiven bewegt.

Das Auflösen und Neubilden der Güterzüge erfolgt in der Regel auf den Rangierbahnhöfen. Diese enthalten

1. die Einfahrgruppe, 2. die Ablaufanlage zum Zerlegen der Züge, 3. die Richtungsgruppe zur Aufnahme der nach Richtungen abgelaufenen Wagen, 4. die Ordnungsgruppe (Stationsgruppe) zum Ordnen nach Bahnhöfen und zum Bilden der Nahgüterzüge, 5. die Ausfahrgruppe zur Aufnahme der Nahgüterzüge sowie der in den Richtungsgleisen gebildeten Durchgangsgüterzüge bis zur Abfahrt. Die Übergabegruppe $\ddot{U}$ nimmt Wagen des Eckverkehrs auf.

Man unterscheidet zweiseitige Rangierbahnhöfe (Abb. 107a) mit zwei einander entgegengerichteten Rangiersystemen und einseitige mit nur einem

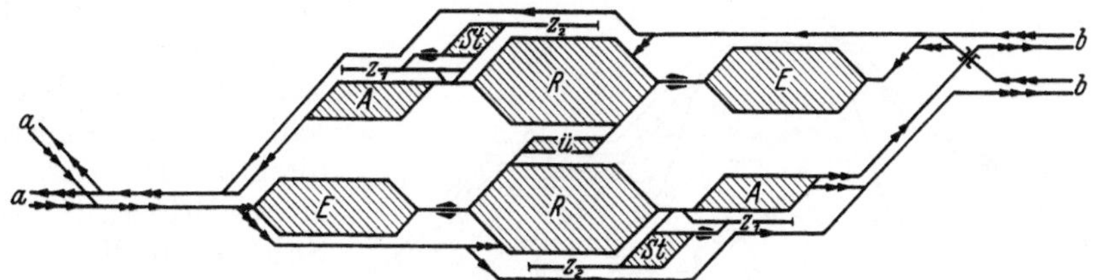

Abb. 107a. Zweiseitiger Flachbahnhof.

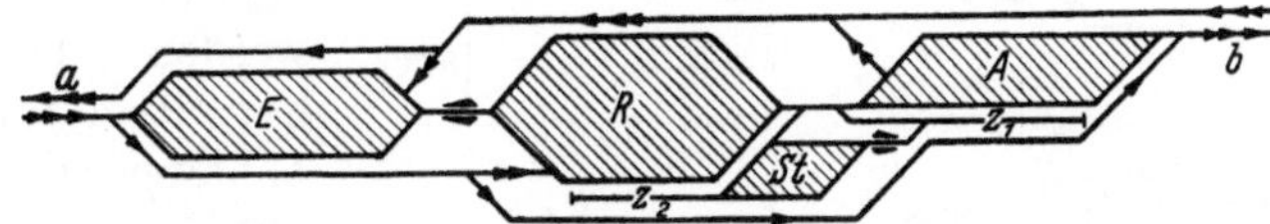

Abb. 107b. Einseitiger Flachbahnhof.

Rangiersystem (Abb. 107b, c). Letztere sind im Bau und Betrieb billiger und weisen, wenn sie richtig durchgebildet sind, schon bedeutende Tagesleistungen auf.

Nach dem Längsprofil unterscheidet man Flachbahnhöfe und Gefällbahnhöfe.

Auf den Flachbahnhöfen (Abb. 107a, b u. c) werden die Güterzüge mit

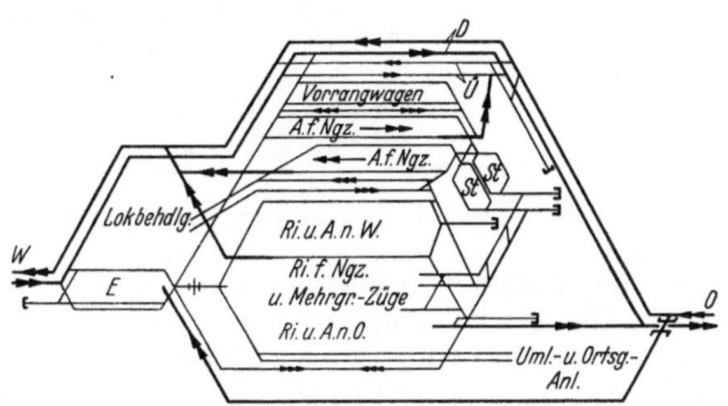

Abb. 107c. Einseitiger Flachbahnhof.

Lokomotivkraft auf den Ablaufgipfel gedrückt, von dem die Wagen durch Schwerkraft über ein Steilgefälle in flachgeneigte Richtungsgleise gelangen. In jedem dieser Gleise befinden sich Wagen, die etwa den gleichen Reiseweg (Richtungen) haben. Die Wagen verschiedener Richtungen, die aber einen Teil des Reiseweges gemeinsam haben, faßt man zu neuen Güterzügen (Durchgangsgüterzüge) zusammen. Letztere fahren entweder aus den Richtungsgleisen oder aus den Ausfahrgleisen aus, in die sie vorher überführt worden sind. Die Wagen, die auf den Unterwegsbahnhöfen abgesetzt werden sollen, werden in Ordnungsgleisen (St) nach diesen Unterwegsbahnhöfen geordnet, zu Nahgüterzügen zusammengesetzt und in die Ausfahrgleise überführt. Die Züge zur Überführung von Wagen zu benachbarten Bahnhöfen, Werkstätten oder gewerblichen Anlagen, die ebenso behandelt werden wie die Nahgüterzüge, heißen Übergabezüge.

Die Gefällbahnhöfe (Abb. 108) liegen in einem so starken Gefälle, daß sich die Wagen überall durch Schwerkraft fortbewegen und nach den notwendigen Zwischenhalten von Gleisgruppe zu Gleisgruppe weiterrollen. Die Gleisgruppen liegen daher hier sämtlich hintereinander. Zwischen Ordnungs- und Ausfahrgruppe ist eine Berichtigungsgruppe eingeschaltet. Die Wagengruppen laufen aus den Richtungs- bzw. den Ordnungsgruppen zur Neubildung eines Zuges in einer bestimmten Reihenfolge durch die Schwerkraft in die Ausfahrgleise. Die Zugbildung geht am schnellsten vor sich, wenn die Richtungs-, Stations- und Ausfahrgleise hintereinanderliegen. Dann können die Wagen ohne Rücklauf in die genannten Gleisgruppen gelangen. Diese Anordnung ist nur auf einem Gefällbahnhof sowie auf einem Flachbahnhof zu verwirklichen, auf dem die

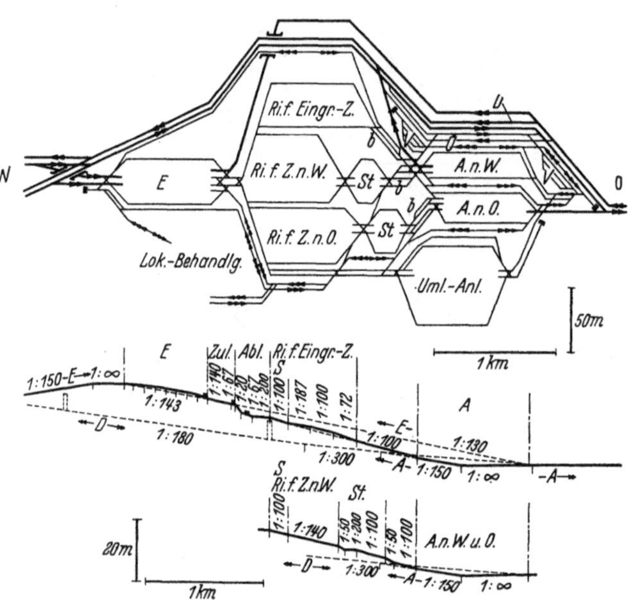

Abb. 108. Gefällbahnhof. *St* Stationsgruppe, *b* Berichtigungsgruppe.

Wagen von den Richtungsgleisen in die Stationsgleise nach dem Vorschlag von Ministerialdirektor Dr.-Ing. e. h. M. Leibbrand[1] durch Schlepper, die auf besonderem zwischen den Richtungsgleisen befindlichen Gleisen laufen, bewegt werden. Der Schlepper hat Regelspur und die Schleppergleise werden mit Weichen in das übrige Gleissystem eingebunden. Nur in jedem zweiten 5 m breiten Zwischenraum zwischen den Richtungsgleisen liegt ein Schleppergleis (Abb. 133c). Aus den Stationsgleisen können, falls diese nicht im Gefälle liegen, die Wagen von einer in den Ausfahrgleisen befindlichen Lokomotive in letztere Gleisgruppe vorgezogen werden.

Auf Flachbahnhöfen ohne Schlepperbetrieb ist es wegen der ablaufenden Wagen nicht ungefährlich, daß eine Lokomotive die Wagen aus einem Richtungsgleis in die vorgelegenen Stationsgleise drückt. Außerdem verursacht das Einfahren der Rangierlokomotive in die Richtungsgleise jedesmal eine Unterbrechung des Ablaufgeschäfts und somit eine Leistungsverminderung der Zugzerlegung. Man legt daher die Stationsgleise seitlich neben die Richtungsgleise. Aus letzteren zieht man die Wagen mit der Lokomotive in ein Ausziehgleis und drückt sie dann, falls sie zu einem Nahgüterzug geordnet werden sollen, über einen kleinen Ablaufberg zurück. Von dessen Gipfel laufen die Wagen durch Schwerkraft in die Stationsgleise. Das Umsetzen aus den Richtungsgleisen in die Stationsgleise ist zeitraubend, da der Richtungswechsel mit einem Stillstand der Wagengruppe verbunden ist.

Um das zeitraubende Umsetzen der Güterzüge zu vermeiden, läßt man die Durchgangsgüterzüge unmittelbar aus den Richtungsgleisen ausfahren. Wenn der Frachtenanfall für eine Verkehrsrichtung sehr stark ist, läßt sich hiergegen für Durchgangsgüterzüge, die in der Ablaufrichtung ausfahren, wenig sagen. Je-

---

[1] Verkehrstechn. Woche 1938 S. 113.

doch wird durch die Ausfahrt der Durchgangsgüterzüge aus den Richtungsgleisen
entgegen der Ablaufrichtung die Leistungsfähigkeit der Zugzerlegung sehr herabgemindert. Die für eine Ausfahrt erforderliche Sperrzeit kommt etwa der Zerlegezeit eines Zuges gleich, so daß für jeden in der Gegenrichtung ausfahrenden
Güterzug für die Zerlegung ein Zug ausfällt. Auch wird durch das lebhafte Ab-
laufgeschäft die Fertigstellung der Züge in den Richtungsgleisen (Bremsunter-
suchung und Bremsprobe) stark behindert. Es ist daher zweckmäßiger, die Züge
in eine vorgelegene Ausfahrgruppe vorzuziehen und sie aus dieser nach beiden
Richtungen ausfahren zu lassen. Überwiegt die Zahl der Durchgangsgüterzüge
stark die der nachzuordnenden Nahgüterzüge, so dürfte eine Gleisanordnung
nach Abb. 107b für die Zugbildung eines Tages leistungsfähiger sein. Die
Wagen der Nahgüterzüge werden in bunter Reihenfolge aus einem Richtungsgleis
in das Ausziehgleis Z_1 vorgezogen und über den Ablaufberg in den Stationsgleisen
zerlegt. Man setzt dann den Zug von dem Ausziehgleis Z_2 aus mit einer Lokomotive zusammen, oder läßt sie bei geneigten Stationsgleisen und Ausziehgleis Z_2
durch die Schwerkraft in letzteres laufen. Sodann überführt man den geord-
neten Zug, ohne das Zerlegegeschäft zu stören, in die Ausfahrgleise. Bei der
Gleisanordnung eines Rangierbahnhofs nach dem Vorschlag der rangiertechnischen
Studiengesellschaft (Abb. 107c) liegen sowohl die Stations- als auch die Ausfahrgleise neben den Richtungsgleisen, so daß mit Ausnahme der unmittelbar aus
den Richtungsgleisen ausfahrenden Züge alle umgesetzt werden müssen. Dieser
Rangierbahnhof ist nur für den in der Praxis selten vorkommenden Fall gerecht-
fertigt, daß die Zahl der Nahgüterzüge verhältnismäßig groß und die Zahl der
entgegen der Ablaufrichtung aus den Richtungsgleisen ausfahrenden Durchgangsgüterzüge gering ist. Es hängt also die Form des Rangierbahnhofs von den Zugbildungsaufgaben ab. Beim Entwurf eines Rangierbahnhofs ist daher der Zeitbedarf und der Personal- und Lokomotivaufwand für das Zerlegen und Bilden
der einzelnen Güterzugarten unter Berücksichtigung der Unterbrechungen nach
den im vorliegenden Kapitel beschriebenen Methoden für verschiedene Gleispläne
zu ermitteln, um hiernach für die durch den Zugbildungsplan festgelegte Tagesleistung die zweckmäßigste Bahnhofsform zu erhalten.

2. Das Rangierpersonal.

An den Rangierarbeiten sind meist 4—5 Gruppen von Bediensteten
beteiligt, deren Tätigkeit von einem Aufsichtsbeamten überwacht wird.

Diese Gruppen sind

1. Die Rangierkolonne, die aus einem Rangiermeister und bis zu 4 Rangie-
rern besteht. Der Rangiermeister trifft die Anordnungen zur Durchführung der
Rangierbewegungen und gibt die Rangiersignale. Die Rangierer kuppeln die
Fahrzeuge an und ab, bedienen die Wagenbremsen und begleiten diejenigen
Wagengruppen, die nicht ohne besetzte Bremse ablaufen dürfen.

2. Die Besatzung der Rangierlokomotiven, die nach den Anweisungen
und Signalen des Rangiermeisters die Bewegung durchführt.

3. Die Weichenwärter, die die Fahrwege herstellen.

4. Die Bremswärter, die auf dem sog. Bremsturm die fernbedienten Gleisbremsen betätigen.

5. Die Hemmschuhleger, die die abgestoßenen oder durch Schwerkraft
abgelaufenen Wagen in den Bestimmungsgleisen auffangen. Je nach der Gleis-
gestaltung sind einem Hemmschuhleger drei bis sechs Gleise zugeteilt.

Bei einfachen Verhältnissen können handgestellte Weichen und Hemmschuhe
von denselben Leuten bedient werden.

B. Die Rangierlokomotiven.

1. Dampflokomotiven.

Als Rangierlokomotiven werden zur Zeit überwiegend Naß- und Heißdampflokomotiven, und zwar Tenderlokomotiven verwendet. Die wirtschaftliche Überlegenheit des Heißdampfes gegenüber den Naßdampf tritt jedoch im Rangierdienst nicht so in Erscheinung wie im Zugdienst. Im Rangierdienst haben die Loks kleinere Abmessungen, und ihre Geschwindigkeiten sind geringer. Hierdurch und wegen der häufigen und längeren Dampfpausen ist die Überhitzung nicht so groß. Auch ist im Rangierbetrieb die mittlere Leistung, selbst bei hohen Spitzenbeanspruchungen, so gering, daß Kessel und Maschine im ungünstigen Leistungsbereich arbeiten. Infolgedessen kann sich auch die Kohlenersparnis durch Heißdampfloks nicht so auswirken wie im Zugdienst, aber die Energiekosten sind auch im Rangierdienst bei der Heißdampfmaschine bedeutend geringer als bei der Naßdampflokomotive. Das Gesamtbild der Wirtschaftlichkeit bei der Lokomotivgattung kann sich aber dadurch wieder verschieben, daß die Beschaffungs- und Unterhaltungskosten der Naßdampflokomotive kleiner sind als die der Heißdampflokomotive. Doch lassen sich hier keine allgemeingültigen Angaben machen, da die Unterhaltungskosten von der Art der Beschäftigung der Lokomotive stark abhängen, die auf Personenbahnhöfen meist günstiger als auf Güterbahnhöfen ist.

2. Elektrische Lokomotiven.

Da die elektrischen Loks auf kurze Zeit hohe Überlastungsfähigkeit besitzen, so sind sie vorteilhafter als Dampfloks, deren Kessel und Maschinen im Rangierbetrieb mit schlechtem Wirkungsgrad arbeiten. Die elektrischen Rangierlokomotiven sind sehr anpassungsfähig und gestatten beim Anfahren eine hohe Beschleunigung (W. Draeger[1]). Der Energieverbrauch tritt im Gegensatz zu den Dampfloks nur während der Bewegung auf. Da die elektrische Rangierlokomotive nur mit einem Mann besetzt ist, ist die Personalersparnis bedeutend. Auch fallen die Kosten für Kohlenladen, Wasserfassen, Ausschlacken, Auswaschen, Rauchkammer- und Rohrreinigung fort. Daher ist die elektrische Rangierlokomotive stets betriebsbereit und ihre Unterhaltungskosten sind gering. Sie muß ihren Strom entweder einer Oberleitung entnehmen, oder sie führt ihre Stromquelle als Akkumulator mit sich. Auf einem Rangierbahnhof, auf dem die Gleise mit Oberleitungen überspannt werden, betragen aber die Kosten für die Fahrleitungen das Vielfache des Preises einer Lokomotive. Deshalb ist hier den Speicherloks der Vorzug zu geben. Diese sind jedoch von einer Ladeanlage abhängig. Die Umformung des Wechsel- oder Drehstroms in Gleichstrom kann vollkommen selbsttätig vor sich gehen und bietet keine Schwierigkeiten.

Die Geschwindigkeitsstufen müssen bei der elektrischen Rangierlokomotive so bemessen werden, daß ebenso wie bei den Dampflokomotiven beim Abstoßen 20 km/h erreicht werden. Für die Leerfahrten genügt die Geschwindigkeit 30 km/h. Soll die elektrische Rangierlokomotive auf einem Ablaufberg Dienst tun, so bestimmt sich danach die kleinste Geschwindigkeit, die zwischen 2 und 4 km/h liegt. Da diese Bewegungen längere Zeit dauern, ist ein Vorschalten von Widerständen nicht zulässig. Diese niedrigen Geschwindigkeiten müssen bei einer Speicherlok mit reiner Reihenschaltung im besonderen Falle durch Batterieteilung erreichbar sein. Es sei hier auf die ferngesteuerte elektrische Rangierlokomotive S. 201 verwiesen.

---

[1] Elektr. Bahnen 1926 S. 172.

3. Dieselelektrische Lokomotiven mit Pufferbatterien.

Bei der Reichsbahn sind auch dieselelektrische Lokomotiven mit Pufferbatterien im Gebrauch. Gegenüber einer reinen dieselelektrischen Lokomotive hat sie den Vorteil der gleichmäßigen Ausnutzung des Dieselmotors, der nur nach der mittleren Leistung bemessen zu werden braucht. Die Pufferbatterie, die ebenfalls kleiner als bei einer reinen Speicherlok sein kann, übernimmt den Ausgleich zwischen Fahrmotorenstrom und Generatorstrom des Dieselaggregats und erlaubt auch das Anwerfen des Dieselmotors über den Generator, der dabei als Motor läuft. Die Lokomotive stellt einerseits eine dieselelektrische Lok, andererseits eine Speicherlok mit eigener dieselelektrischer Ladeanlage dar, also eine für den Rangierdienst geeignete freizügige Lok, von leichter Handhabung und steter Betriebsbereitschaft[1].

Auch bei kleinen Lokomotiven für den Rangierdienst auf Unterwegsbahnhöfen wird das gleiche Prinzip angewendet.

Ungünstig für die Erneuerungskosten wirkt sich bei den Loks mit Dieselmotoren der Umstand aus, daß die Lebensdauer der Motoren etwa halb so groß wie die des Fahrgestells ist. Die Lebensdauer des Fahrgestells der Diesellok wird ebenso wie die Lebensdauer der Dampf- und elektrischen Loks in der Regel mit 25 Jahren eingesetzt. Für die Batterien der Lok ist keine Abschreibung zu rechnen, da die Kosten für die Erneuerung der Batterien in den Unterhaltungskosten erscheinen.

4. Der regelspurige Schlepper.

Der Schlepper nach dem Vorschlag von M. Leibbrand (S. 168) hat zwei Triebachsen von je 8 t Gewicht. Diese werden von einem Dieselmotor angetrieben und die Kraftübertragung erfolgt durch ein Flüssigkeitsgetriebe. Die Zugkraft im Augenblick des Anfahrens ist $Z = 4000$ kg und fällt dann stark ab. Bei der üblichen Beidrückgeschwindigkeit von $v = 1$ m/s ($V = 3,6$ km/h) ist die Zugkraft $Z = 2300$ kg, bei $V = 10$ km/h ist $Z = 800$ kg. Die Geschwindigkeit des Schleppers ohne Last reicht bis $V = 25$ km/h. Auf einem Gefälle 1:600 bewegt der Schlepper 20 Wagen. Der Angriff der Schlepperkräfte am Eisenbahnfahrzeug erfolgt an dessen Puffer. Da der eine Puffer flach ist, der andere eine Wölbung von 25 mm hat, ist es möglich, mit einem kräftigen schaufelförmig zulaufenden Schubarm zwischen die Puffer zu fassen, auch wenn sich letztere berühren. Der Schubarm muß so geführt sein, daß er bei Druck in der Fahrrichtung durch einen nachfolgenden Wagen sich nach dem Schlepper zurückzieht, um die Gefahr, daß der Schlepper vom nachlaufenden Wagen mitgerissen wird, zu beseitigen.

5. Kleinlokomotiven.

Bei den Rangierarbeiten auf Unterwegsbahnhöfen werden zur Erhöhung der Reisegeschwindigkeit der Nahgüterzüge Kleinlokomotiven, in der Hauptsache Diesellokomotiven, die nur mit einem Mann besetzt sind, verwendet (vgl. Galle und Witte[2]).

Die Reichsbahn hat bisher 2 Typen geschaffen: Die Kleinloks der Leistungsgruppe I mit einer Leistung von 40 PS und einer Höchstgeschwindigkeit von 18 km/h und diejenigen der Leistungsgruppe II mit einer Leistung von 60 bis 85 PS und einer Höchstgeschwindigkeit von 30 km/h. Die ersteren Kleinloks sind nur für ganz kleine Betriebsstellen verwendbar, die letzteren sind imstande, die Ladeanlagen (Freiladegleise, Güterschuppen und Rampen) mittlerer

---

[1] Vgl. Verkehrstechn. Woche 1935 S. 225
[2] Die Kleinlokomotive. 2. Aufl. Verkehrswissenschaftliche Lehrmittelgesellschaft, Berlin 1932.

Unterwegsbahnhöfe und Gleisanschlüsse zu bedienen sowie nötigenfalls die Wagen für die Nahgüterzüge zu ordnen.

Um zu vermeiden, daß die Nahgüterzüge auf jedem Bahnhof halten, hat die Reichsbahn Wanderloks als Dieselloks von 200 PS konstruiert, die zwei Geschwindigkeitsbereiche haben, einen von 0—30 km/h für das Rangieren und den andern von 0—60 km/h für das Überführen. Die Wanderloks gestatten 2—3 Bahnhöfe zu bedienen und die aufkommenden Wagen mit schneller Fahrt einem Sammelbahnhof zuzuführen. Hierdurch wird die Zahl der Aufenthalte der Nahgüterzüge mindestens auf die Hälfte, mitunter sogar auf ein Drittel verringert.

Für die Dampf- und elektrischen Rangierlokomotiven sind (Abb. 124a u. 126a) wie für die Zuglokomotiven Lokomotivleistungs- und Verbrauchstafeln nach Abb. 26a aufgestellt worden.

C. Die Bremseinrichtungen der Rangierbahnhöfe.

Auf Rangierbahnhöfen kommen als Bremseinrichtungen 1. die Wagenbremsen, 2. die Hemmschuhe, 3. die Hemmschuhgleisbremsen und 4. die Balkengleisbremsen in Frage.

1. Die Wagenbremsen.

Die Wagenbremsen sind handbediente Spindelbremsen. Sie wirken nur bei dem mit einem Bremser besetzten Fahrzeug. Abgesehen von Vorsichtswagen dürfen nach den Fahrdienstvorschriften (§ 85,5) ohne bediente Wagenbremsen höchstens 6 Achsen gleichzeitig ablaufen. Unter geeigneten Verhältnissen kann die Direktion für einzelne Rangierbahnhöfe die Zahl bei Leerwagengruppen auf zehn erhöhen. Ist eine ablaufende Wagengruppe stärker, so muß mindestens der zehnte Teil der Achsen bediente Bremsen haben. Bei Gleisbremsanlagen kann die Direktion die Zahl der Achsen, die ohne bediente Bremsen gleichzeitig ablaufen dürfen, je nach der Wirkungsweise der Gleisbremse unter Berücksichtigung der darauffolgenden Neigungen erhöhen. Auf Gefällbahnhöfen wird bei dem Zusammenlauf der Wagengruppen zur Zugbildung von den Wagenbremsen ausgiebigster Gebrauch gemacht.

2. Der Hemmschuh.

Das einfachste und daher weitverbreitetste Bremsmittel beim Rangieren ist der Hemmschuh. Allein dient er dazu, die Wagen auf Halt abzubremsen, in der Hemmschuhgleisbremse bremst er die Wagen auf eine geringere Geschwindigkeit.

Zunächst soll das Kräftespiel beim Bremsen mit einem Hemmschuh erläutert werden: Während bei den Wagenbremsen die Bremsklötze durch ein Gestänge, das durch Spindeln oder durch Druckluft angetrieben wird, an die Laufflächen der Räder angepreßt werden, wird bei der Hemmschuhbremsung der Hemmschuh als Bremsklotz vom Rad über die Schiene geschoben und durch die Radlast an die Lauffläche des Rades gedrückt. Das Rad muß zunächst den Hemmschuh fassen, indem es auf dessen Schnabel aufläuft. Dann stützt es sich auf das obere Schleifstück. Dessen Neigung ist so stark, daß das Rad schlüpft. Das Schlüpfen tritt ein, weil der Steigungswiderstand größer ist als die zwischen Rad und Hemmschuh vorhandene Haftkraft. Der beim Schlüpfen auftretende Bremswiderstand verzögert die Raddrehungen, und das Rad kommt meist einige Umdrehungen nach dem Auflaufen auf den Hemmschuh zum Stehen, während letzterer unter der Radlast weiterrutscht. Wenn das Rad festgestellt ist, ist die Haftkraft $\mu_h \cdot G/4$. Es ist G t das Gewicht des gebremsten Wagens, μ_h ist die Haftreibung, die größer ist als die Bremsreibung μ_b. Zwischen Hemmschuh und Schiene tritt der Gleitwiderstand $\mu_g \cdot G/4$ auf. Am anderen Rade der Achse, das unmittelbar auf der Schiene rutscht, ist der Gleitwiderstand ebenfalls $\mu_g \cdot G/4$, so daß also der Gleitwiderstand des Wagens $\mu_g \cdot G/2$ kg ist. Mitunter bleibt das Rad auf dem Hemmschuh und somit auch das Rad auf der anderen Schiene im Rollen. Es soll jedoch zunächst angenommen werden, daß die Radachse sich nicht dreht. Der Gleitwiderstand am Rad ohne Hemmschuh greift senkrecht unter dem Radmittelpunkt auf der Schiene im Punkt A der Abb. 109 an und wirkt der Vorwärtsbewegung entgegen. Auf dem Hemmschuh ist der Angriffspunkt der Bremskraft zunächst unbekannt. Da aber der Radsatz sich nicht dreht, müssen die Drehmomente, die auf ihn wirken, im Gleichgewicht sein. Aus dieser Beziehung kann man den Angriffspunkt der Kraft auf den Hemmschuh bestimmen[1]. Im Punkt A des Rades ohne Hemmschuh greift die resul-

tierende Kraft $R = \dfrac{G \cdot \mu_g}{4 \cdot \sin\varrho}$ an, die nach Abb. 109 im Abstand p links von der

Achse vorbeigeht. Damit das Rad sich nicht
dreht, muß an dem anderen Rad, das sich
auf den Hemmschuh stützt, eine gleich große
Resultierende R im gleichen Abstand p rechts
der Achse vorbeigehen. Da die beiden Resultierenden R im Abstand $2p$ parallel verlaufen,
so erhält man den Angriffspunkt B der resultierenden Kraft R auf dem Hemmschuh,
wenn man vom Punkte E senkrecht unter
der Achse des Rades auf dem Hemmschuh
nach der Schleiffläche des Hemmschuhs $2p$
absetzt. Nach Abb. 109 ist aber $p = r \cdot \operatorname{tg}\varrho$,
wo r der Halbmesser des Laufkreises ist. Es
liegt also der gesuchte Angriffspunkt B der
Resultierenden R auf dem Hemmschuh in
der Laufrichtung vom Punkt A im Ab-
stand $2p = 2r \cdot \operatorname{tg}\varrho$ entfernt. Der im
Punkt A am Rad ohne Hemmschuh tan-

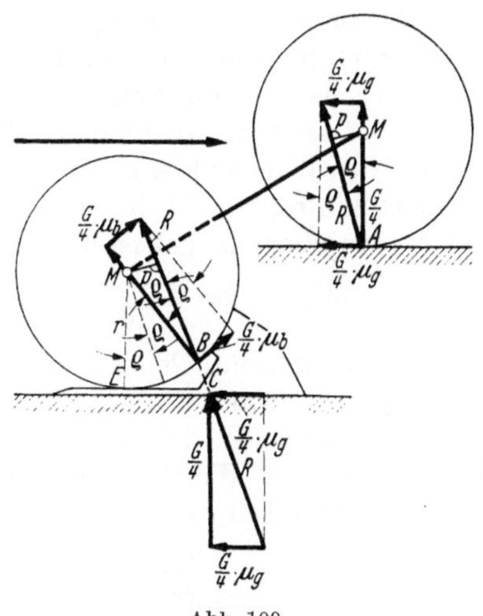

Abb. 109.

gential angreifende Gleitwiderstand $\mu_g \cdot G/4$ ist, wie gesagt, der Bewegung entgegengerichtet. Ist die Achse festgebremst, dann ist die im Punkt B am Hemmschuh tangential angreifende Bremskraft $\mu_b \cdot G/4$ dem Gleitwiderstand in A gleich, aber entgegengerichtet. Da das Hemmschuhgewicht gegenüber der Radlast verschwindend klein ist, so trifft die Verlängerung der Resultierenden R in B nach unten die Schiene im Punkt C, und der dort angreifende Gleitwiderstand ist, wie gesagt, $\mu_g \cdot G/4$ kg der Bewegung entgegengerichtet. Es ist also auch die Bremskraft $\mu_b \cdot G/4$ zwischen Rad und Hemmschuh gleich dem Gleitwiderstand $\mu_g \cdot G/4$ zwischen Hemmschuh und Schiene gleich dem zwischen Rad und Schiene $\mu_g \cdot G/4$, d. h. es muß, falls das Rad auf dem Hemmschuh festgestellt ist, die Bremsreibung μ_b = der Gleitreibung μ_g sein. Die Bremsreibung μ_b ist für die Bremsklötze der Wagen von Metzkow (s. S. 71) ermittelt. Diese Werte steigen stark bei niedrigen Geschwindigkeiten an, nehmen aber ab mit größer werdendem Druck auf die Einheit der Berührungsfläche. Die Berührungsfläche ist bei dem Bremsklotz ungleich größer als bei dem Hemmschuh, so daß bei letzteren die spezifischen Drücke größer und die Bremsreibung μ_b daher kleiner sind. Die Werte für die Bremsreibung schwanken in gewissen Grenzen ebenso wie die Werte für die Gleitreibung zwischen Rad und Schiene oder zwischen

[1] Vgl. Baeseler: Org. Fortschr. Eisenbahnw. 1926 S. 231 — Verkehrstechn. Woche 1927 S. 258.

Hemmschuh und Schiene, und die Streuung der Bremsreibung greift auf die der Gleitreibung über. Die Möglichkeit ist daher gegeben, daß gleichzeitig $\mu_g = \mu_b$ ist. Hierbei ist die Drehung der Räder aufgehoben.

Der gebremste Radsatz ist bei der Hemmschuhbremsung in einem labilen Zustand. Wird z. B. die Schiene, auf der kein Hemmschuh liegt, besandet, so wird hierdurch die Reibung vergrößert und wirkt als Haftreibung μ_h, und die Räder rollen. Wird die Bremsreibung μ_b größer, so sitzt das Rad auf dem Hemmschuh fest. Der Radsatz wird auch gedreht, wenn die Haftreibung dadurch die Bremsreibung übersteigt, daß man die Oberfläche des Hemmschuhes ölt. Dreht sich der Radsatz, so rollt das Rad ohne Hemmschuh auf der Schiene; dann tritt der Bremswiderstand zwischen Rad und Hemmschuh in B und der Gleitwiderstand zwischen Hemmschuh und Schiene in C auf. Steht das Rad fest auf dem Hemmschuh, dann tritt Gleitwiderstand zwischen Rad und Schiene in A und zwischen Hemmschuh und Schiene in C auf. In beiden Fällen ist aber die Bremsreibung des Wagens $\mu_b = \mu_g$ kg/t. Für die Berechnungen pflegt man bei Hemmschuhbremsungen $\mu_b = \mu_g = 120$ bis 150 kg/t zu setzen, ein Mittelwert, der nach Versuchen der Wirklichkeit gut entspricht.

Damit das Rad nicht über den Hemmschuh steigt, muß die Bewegungsenergie des Wagens kleiner sein als die entgegenwirkende Widerstandsarbeit, die beim Hinaufrollen auf die Hemmschuhneigung unter Berücksichtigung der Federarbeit des Wagens geleistet werden muß.

3. Die Hemmschuhgleisbremse.

Die Hemmschuhgleisbremse wird hinter der ersten Verteilungsweiche am Fuße der Steilrampe eines Ablaufberges eingebaut und soll die gutlaufenden Wagen abbremsen, damit ihr Abstand von dem voranlaufenden Wagen für das Umstellen einer Weiche nicht zu klein wird. Bei der Hemmschuhgleisbremse ist nach Abb. 110 an der Stelle B die eine Fahrschiene unterbrochen und die Spurkante nach außen abgebogen. Die nächste Fahrschiene ist mit der Spitze nur so weit an die abgeknickte herangeführt, daß in der entstandenen Lücke der Seitenflansch eines Hemmschuhes bequem Platz findet. Gegenüber an der anderen

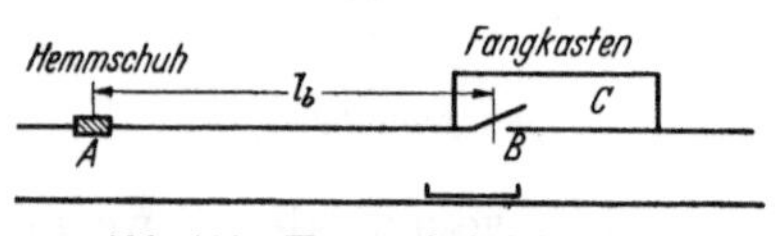

Abb. 110.   Hemmschuhgleisbremse.

Fahrschiene liegt ein Radlenker. Die Bremsung erfolgt so, daß vor der heranlaufenden Wagengruppe etwa bei A ein Hemmschuh aufgelegt wird. Dieser wird vom auflaufenden Rade bis B mitgeschleift und dort, weil er an der Schiene Führung hat, durch die Ablenkung der Schiene unter dem Rade beiseite gezogen. Er fliegt dann in den Fangkasten C, während die Wagen weiterlaufen. Deren Geschwindigkeit ist durch die Bremswirkung infolge des Schleifens der vorderen Achse auf den Schienen von A bis B vermindert worden.

Ist v_e m/s die Geschwindigkeit des ungebremsten Wagens bei A und v_a m/s die gebremste bei B, das Gewicht der Gruppe G_g t, das des gebremsten Wagens G_b t sowie l_b m die Bremsstrecke von A bis B, so ist die Bewegungsenergie

$$\frac{G_g\,(v_e^2 - v_a^2)}{2\,g'} = l_b \left[\frac{G_b}{2}\,\frac{\mu_g}{1000} + G_g \cdot \left(\frac{\pm s + w}{1000}\right)\right] \text{tm} .$$

Es ist $+ s\,{}^0/_{00}$ Steigung, $- s\,{}^0/_{00}$ Gefälle und w kg/t der Fahrzeugwiderstand der Wagengruppe auf der Bremsstrecke. Gegenüber der Wagenbremse, die alle Achsen bremst, bremst der Hemmschuh nur die vorderste Achse. Die Bremswirkung vermindert sich daher mit zunehmendem Gruppengewicht G_g, und sie ändert sich ferner mit dem Fahrzeugwiderstand w der Wagen sowie mit der Gleitreibung.

Das einzige Mittel zur Regelung der Bremswirkung ist die Veränderung der Rutschlänge $AB = l_b$. Die Bremszeit auf der Rutschstrecke ist $t_b = \dfrac{2\,l_b}{(v_e + v_a)}$ sec. Die Zeitzunahme durch das Bremsen ist dann

$$\varDelta t_b = t_b - t = l_b \left(\frac{2}{v_e + v_a} - \frac{1}{v_e} \right) \text{sec} .$$

Es ist l_b aus obiger Gleichung zu ermitteln und t ist die Laufzeit des ungebremsten Wagens auf der Rutschlänge AB, für den man die ungefähr gleichbleibende Geschwindigkeit v_e des in der Regel gebremsten Gutläufers in Rechnung stellen kann.

4. Die Balkengleisbremsen.

Zu diesen gehören die ausschließlich mit mechanischer Bremsreibung wirkende Thyssenbremse, die von E. Frölich erfunden wurde, sowie die Wirbelstrombremse, eine Erfindung von Baeseler. Beide Bremsen sind ferngesteuert.

a) Die Thyssenbremse. α) Beschreibung der Bremse. In etwa 3 m Abstand sind unter den Laufschienen quer zum Gleis nach Abb. 111 vertikal bewegliche Tragbalken angeordnet, die auf Drucktöpfen lagern und hydraulisch gehoben und gesenkt werden. Auf den Enden dieser Tragbalken liegen Schlitten, die U-förmig um die Laufschienen herumfassen und an ihren äußeren Enden

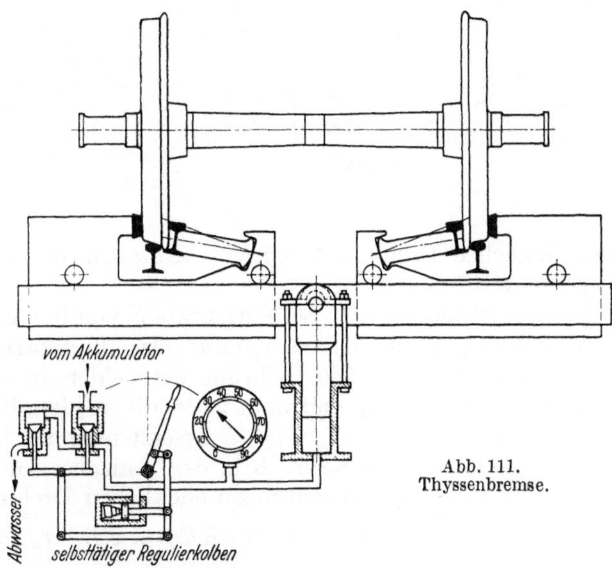

Abb. 111.
Thyssenbremse.

fest mit den äußeren Bremsschienen verbunden sind. Um die als Gelenke ausgebildeten inneren Enden der Schlitten schwingen die inneren Bremsschienen, durch leichte Federn in der Schwebe gehalten. In der Tieflage der Tragbalken ist das Profil des lichten Raumes frei. Vor Beginn des Bremsens werden die Tragbalken gehoben, und die Bremse ist in Bereitschaft. Fährt alsdann ein Fahrzeug in die Bremse ein, so läuft der Radflansch auf den Fuß der inneren Bremsschiene auf und drückt diese vermöge des Achsgewichtes des einlaufenden Wagens zunächst so weit herunter, bis die äußeren und inneren Bremsschienen an den Rädern anliegen. Der Anpreßdruck der Bremsschienen verändert sich mit dem Wagengewicht. Daher bezeichnet man die Bremse als gewichtsautomatisch. Durch regelbaren Wasserdruck kann die Bremskraft verstärkt werden. Neuerdings sind Versuche im Gange, das Heben und Senken der Tragbalken statt hydraulisch elektrisch zu bewirken.

β) Die Bremswirkung der Thyssenbremse. Zwischen den zwei Bremsschienen drehen sich fortschreitend die eingespannten Radreifen. Der Einspannungsdruck D sei auf jeder Radseite gleichmäßig über die beiden gepreßten Flächen verteilt. Ist also auf jeder gepreßten Fläche F eines Rades beiderseits der Achssenkrechten der spez. Flächendruck p kg/cm² konstant, so ist der

Einspannungsdruck jedes Rades $D = 2\,F \cdot p$ kg (Abb. 113). Die Bremskraft auf jede Fläche F ist $B_1 = F \cdot p \cdot \mu_b = \dfrac{D}{2} \cdot \mu_b$, wo μ_b kg/t die Bremsreibung zwischen Rad und Bremsschiene ist. Da eine gleichmäßige Verteilung des Druckes auf der Fläche angenommen ist, so greift die Bremskraft B_1 im Schwerpunkt S jeder Fläche F an. Rollen die Räder und schreitet hierbei die Radachse um den Weg $d\,l$ vorwärts (Abb. 112), so hat sie sich mit dem Winkel $d\varphi$ um den augenblicklichen Drehpunkt 0 im Stützpunkt jedes Rades auf der Schiene gedreht. Es ist dann bei dem Laufkreishalbmesser R der Weg $d\,l = R \cdot d\varphi$. Alle Punkte des Radreifens haben sich dann mit demselben Winkel $d\varphi$ um den

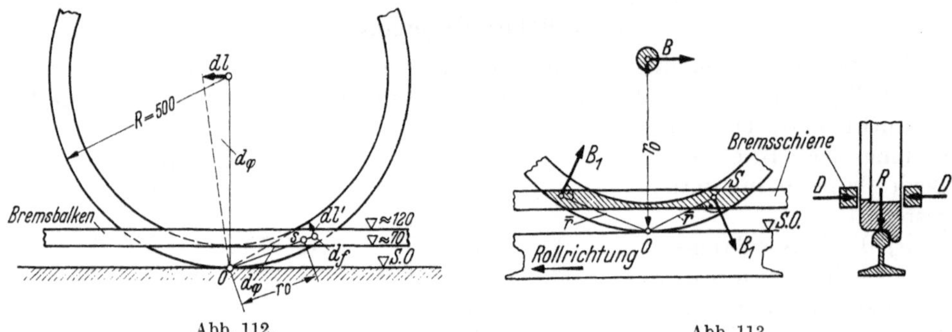

Abb. 112.   Abb. 113.

augenblicklichen Drehpunkt gedreht, also auch die Schwerpunkte S der beiden Einspannungsflächen F.

Bei dem Abstand r_0 der Schwerpunkte S von 0 sind die Wege, die die beiden Schwerpunkte gemacht haben, $r_0 \cdot d\varphi$. Die Bremsarbeit der Bremskräfte $2\,B_1$ ist dann $2\,B_1 \cdot r_0 \cdot d\varphi$. Die Richtung der beiden Bremskräfte B_1 ist senkrecht zu der Strecke $0\,S = r_0$, und zwar wirkt die vordere Bremskraft nach oben und die hintere nach unten (Abb. 113). Ersetzt man das Kräftepaar $2\,B_1$ durch ein Kräftepaar, dessen eine Kraft B in der Radachse, und dessen andere in 0 angreift, so ist in bezug auf den augenblicklichen Drehpunkt 0 deren Arbeit

$$B \cdot d\,l = B \cdot R\,d\varphi = 2\,B_1 \cdot r_0 \cdot d\varphi$$

und die Bremskraft in der Radachse ist

$$B = 2\,B_1 \cdot r_0/R = D \cdot \mu_b \cdot r_0/R = D \cdot \mu_b \cdot \varrho \text{ kg}.$$

Hier nennt man $r_0/R = \varrho$ der **Rollfaktor**, der von den Abmessungen der Radseitenflächen und der Bremsschienen abhängt. Ferner hängt das Verhältnis des Einspanndruckes D zur Radlast $G/4$ nach Abb. 113 von der Neigung n der Innenschiene ab, so daß $D = n \cdot G/4$ und somit

$$B = \varrho \cdot \mu_b \cdot n \cdot G/4 \text{ kg}$$

ist. Nach Bansen[1] ist $\varrho = 0{,}64$, sowie $n = D : G/4 = 3{,}3$ für Leerwagen und $n = 2{,}86$ für einen 20-t-Wagen. Hält ein Zug und sind schwere Wagen in der Bremse, dann ist $\mu_{bs} = 170$ kg/t, bei leichten Wagen ist $\mu_{bl} = 190$ kg/t. Beim Durchlauf der Wagen durch die Bremse ist mit $\mu_{bd} = 165$ kg/t zu rechnen. Es ist dann, falls beladene Wagen in Haltstellung gebremst werden sollen (Haltebremse) die Bremskraft je Rad $B = 0{,}64 \cdot 2{,}86 \cdot 170 \cdot G/4 = 311 \cdot G/4$ kg. Sind Leerwagen in der Haltebremse, so ist $B = 0{,}64 \cdot 3{,}3 \cdot 190 = 400 \cdot G/4$. Beim Durchschleusen ist die Bremskraft je Rad $B = 0{,}64 \cdot 3{,}15 \cdot 165\,G/4 = 333\,G/4$ kg.

---

[1] Bansen: Dr.-Diss. Dresden 1931.

Es ist also die **erreichbare Bremskraft** je t Raddruck beim haltenden Zuge, falls beladene Wagen in der Bremse sind, $b = B : G/4 = 311$ kg/t, sind leere Wagen in der Bremse, so ist $b = B : G/4 = 400$ kg/t und bei in Bewegung befindlichem Zuge ist $b = B : G/4 = 333$ kg/t. Ist n_b die Anzahl der in der Gleisbremse befindlichen Wagen, so ist $B_b = 4\,n_b \cdot B$ kg die Gesamtbremskraft.

b) Die Wirbelstrombremse. Die Wirbelstrombremse hat, wie die Thyssenbremse, beiderseits der Fahrschiene Bremsschienen. Die Fahrschienen sind aus unmagnetischem verschleißfestem Gußstahl mit 20% Mangan. Die Bremsschienen bestehen aus einzelnen Eisenblechen, die nach Abb. 114 vorn an der Bremskante ein Vorsatzstück aus Stahl haben. Die Bremsschienen ruhen auf sog. Paketen aus losen nebeneinandergestellten Eisenblechen. Hierdurch wird die erforderliche Parallelführung erreicht. Die Blechpakete stellen die magnetische Verbindung zwischen Bremsschienen und dem Magnetkern unter dem Gleis her. Zur

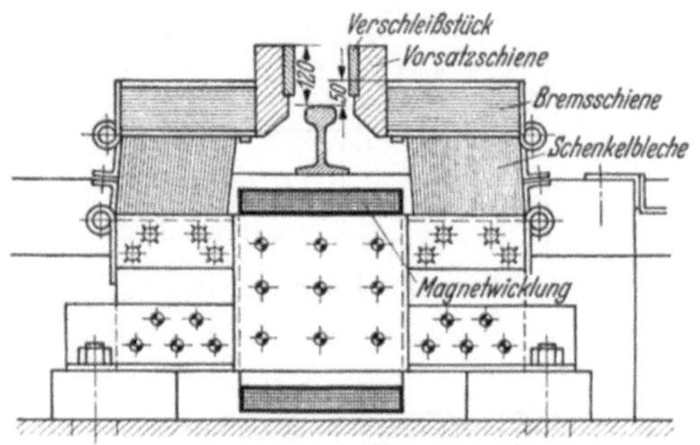

Abb. 114. Wirbelstromgleisbremse.

Erregung der Bremse dient Gleichstrom von 220 V Spannung. Der magnetische Kraftschluß geht von den Polen der Magnetkerne aus und schließt sich über die Bremsschienen. Die Kraftlinien werden nun von den Rädern geschnitten und rufen bei fortschreitender Bewegung Wirbelströme hervor. Diese erzeugen eine der Radbewegung entgegenwirkende Bremskraft. Gleichzeitig tritt eine Steigerung der magnetischen Anpressung ein, so daß auch noch eine mechanische Reibung zwischen Bremsschienen und Radreifen eintritt. Je schneller ein Wagen durch die Wirbelstrombremse läuft, um so mehr Kraftlinien werden in der Zeiteinheit geschnitten, und um so größer ist die Bremswirkung. Die Wirbelstrombremsen sind daher am Fuße eines Ablaufberges, aber nicht als Haltebremse auf einer Anlauframpe oder als Zulaufbremse (s. S. 215) zu verwenden. Über die Berechnung der Bremskräfte und des Stromverbrauchs vgl. Seltmann[1].

c) Berechnung der Bremszeiten. Die Berechnung der Geschwindigkeitsverminderung bzw. der Laufzeitzunahme durch die Balkengleisbremse ist grundsätzlich dieselbe wie bei der Hemmschuhgleisbremse, nur mit dem Unterschied, daß bei den Balkengleisbremsen alle Achsen gebremst werden. Ist die Bremsarbeit auf der Bremsstrecke gleich der Bewegungsenergie, so gilt allgemein die Gleichung

$$\left[\sum_0^n G_w \cdot \frac{(\pm s - w)}{1000} \cdot l_b - \sum_0^{n_b} G_a \frac{b}{1000} \cdot L_b \right] = \sum_0^n \frac{G_w}{2\,g'} (v_e^2 - v_a^2)\ \text{tm} .$$

Es ist v_e die Geschwindigkeit beim Einlauf in die Bremsstrecke und v_a m/s die beim Verlassen der Bremsstrecke. Ferner ist G_w das Gewicht eines Wagens und G_a die Belastung einer gebremsten Achse in t. Es ist n_b die Anzahl der gebremsten und n die sämtlicher Achsen und l_b die Strecke, auf der ein Wagen von der Bremse beeinflußt wird (l_b ist größer als die Länge L_b der Balkengleisbremse). Weiterhin ist b kg/t die Bremskraft bezogen auf 1 t des abgebremsten Gewichts.

Bei Balkengleisbremsen ist

$$\sum_0^{n_b} G_a = \sum_0^n G_w .$$

---

[1] Seltmann: Verkehrstechn. Woche 7. Sonderheft für Rangiertechnik 1934 S. 28.

Hiermit ist die Bremsarbeit

$$\frac{\pm\,s - w}{1000}\cdot l_b - \frac{b}{1000}\,L_b = \frac{v_e^2 - v_a^2}{2\,g'}\,.$$

Die Zeit für die Bremsstrecke l_b ist bei gleichmäßiger Bremsung

$$t_b = \frac{2\,l_b}{v_e + v_a}\,\mathrm{sec}\,,$$

und die Laufzeitzunahme durch das Bremsen ist

$$\Delta\,t_b = t_b - t = l_b\left(\frac{2}{v_e + v_a} - \frac{1}{v_e}\right)\mathrm{sec}\,.$$

Hier ist $t = l_b/v_e$ die Laufzeit des ungebremsten Wagens auf der Bremsstrecke l_b.

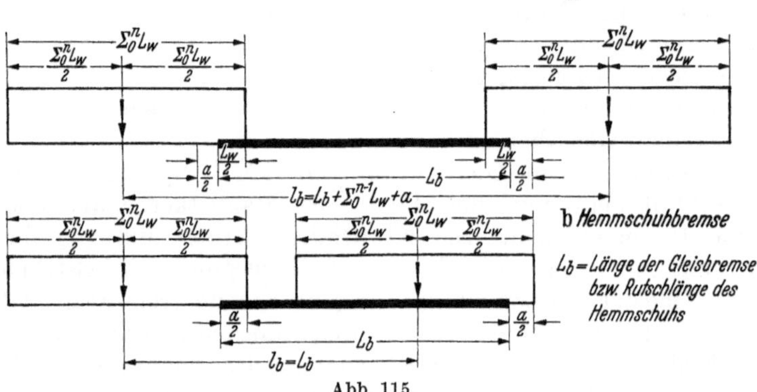

Abb. 115.

Die Bremsstrecke l_b, auf der Wagen durch Bremsen beeinflußt werden, ist bei einer Balkengleisbremse nach Abb. 115 $l_b = \sum_0^{n-1} L_w + a + L_b$. Hier ist L_w die Länge eines Wagens und a der Achsabstand.

II. Die Bewegung der Rangiergruppen mit Lokomotiven.

Das Zerlegen der Rangiergruppen mittels des Stoßverfahrens sowie das Überführen der Wagen soll im folgenden nach Zeit, Weg und Energieverbrauch ermittelt werden. In den nachfolgenden Abschnitten wird das Zerlegen und Neubilden der Güterzüge mit Lokomotiv- und Schwerkraft behandelt.

A. Das Überführen der Rangiergruppen.

Die Fahrzeiten der Rangiergruppen und der einzelnen Lokomotiven werden berechnet aus der Zeit für den mit gleichmäßiger Geschwindigkeit zurückgelegten Fahrweg und aus den Zeitzuschlägen für das Anfahren und Bremsen.

Beim Überführen gelten nach Beobachtungen von Massute, Behr und Nebelung als höchste Beharrungsgeschwindigkeiten

1. bei Vorwärtsfahrt $V_{\mathrm{max}} = 20\ \mathrm{km/h}$,
2. bei Rückwärtsfahrt $V_{\mathrm{max}} = 15\ \mathrm{km/h}$,
3. bei Lokomotivleerfahrt ist $V_{\mathrm{max}} = 25\ \mathrm{km/h}$.

Wenn eine Strecke l m mit gleichmäßiger Geschwindigkeit $v = V : 3,6$ m/s befahren wird, so ist die Fahrzeit $t_g = \dfrac{l}{v} = \dfrac{3,6}{V} \cdot l$ sec. Durch das Anfahren und Bremsen wird diese Fahrzeit verlängert. Sind die Anfahrzugkraft und die Widerstände sowie die Bremskraft gleichbleibend, so ist die gleichmäßiger Anfahrbeschleunigung b_a m/s² und die gleichmäßiger Bremsverzögerung b_b m/s². Die Anfahrzeit ist $t_a = v : b_a$ sec und die Bremszeit $t_b = v : b_b$ sec. Mit dem Anfahrweg $l_a = t_a \cdot v/2$ m und dem Bremsweg $l_b = t_b \cdot v/2$ m ist dann $t_a^2 = 2\,l_a/b_a$ bzw. $t_b^2 = 2\,l_b/b_b$. Trägt man die Fahrzeugbewegung nach

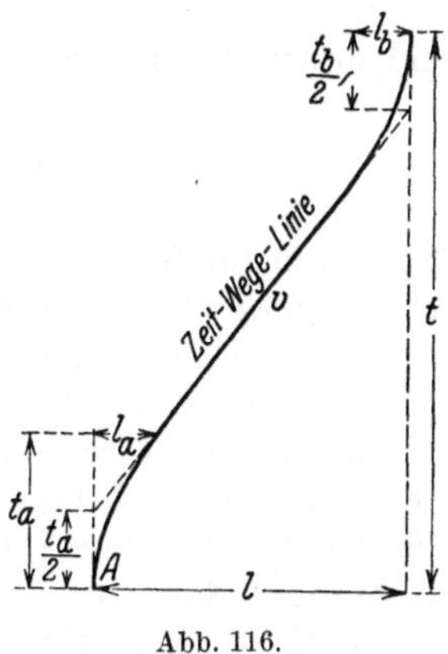

Abb. 116.

Abb. 116 als Zeit-Weg-Linie auf, so ist diese für das Anfahren und Bremsen nach den vorstehenden Gleichungen eine Parabel und die Zeit-Weg-Linie für die gleichförmige Bewegung eine Gerade. Im Abstand l_a vom Anfang und l_b vom Ende der Laufstrecke schmiegen sich an die geradlinige Zeit-Weg-Linie $t_g = l : v$ der gleichförmigen Bewegung als ihre gemeinsame Tangente die parabolischen Anfahr- und Bremszeit-Weg-Linien an (Abb. 116). Nach einem Satz der analytischen Geometrie halbiert die rückwärts verlängerte Parabeltangente die Scheitelordinate der Parabel, die hier t_a bzw. t_b ist. Es liegen daher die Schnittpunkte der verlängerten geraden Zeit-Weg-Linien um $t_a/2$ über dem Anfangspunkt und um $t_b/2$ unter dem Endpunkt der Zeit-Weg-Linie der ganzen Fahrt. Nach Abb. 116 ist daher die Gesamtzeit der Rangierfahrt $t_g + 0,5\,(t_a + t_b)$. Man nennt $t_a/2 = t_{az}$ den Anfahrzeitzuschlag und $t_b/2 = t_{bz}$ den Bremszeitzuschlag. Nach den vorstehenden Gleichungen ist der Anfahrzeitzuschlag

$$t_{az} = \frac{v}{2\,b_a} = \frac{V}{2 \cdot 3,6\,b_a}\ \text{sec}$$

und die Anfahrbeschleunigung ist

$$b_a = \left(\frac{G_r \cdot \mu_a}{G_z} \mp s - w\right)\frac{g}{1,09 \cdot 1000}\ \text{m/s}^2 .$$

Hier ist G_r das Reibungsgewicht der Lokomotive, G_z das Gewicht der Rangierabteilung einschließlich Lok, $\mu_a = 140$ kg/t nach Ermittlungen von Massute die Haftreibung beim Anfahren, $g = 9,81$ m/s² die Erdbeschleunigung und 1,09 der Massenfaktor zur Berücksichtigung der umdrehenden Radmassen. Ferner ist $s^0/_{00}$ das Gefälle und w kg/t der Fahrzeugwiderstand der Rangierfahrt. Bei dem Lokomotivwiderstand $w_l = 6,5$ kg/t und dem mittleren Wagenwiderstand $w_w = 3$ kg/t ist $w = \dfrac{6,5 \cdot G_l + 3\,G_w}{G_z}$ kg/t.

Da aber $G_w = G_z - G_l$ ist, so ist $w = \dfrac{6,5\,G_l}{G_z} + \dfrac{3\,(G_z - G_l)}{G_z} = \dfrac{3,5\,G_l}{G_z} + 3$ kg/t.

Setzt man in obiger Gleichung für die Anfahrbeschleunigung b_a den Ausdruck $\dfrac{G_r \cdot \mu_a}{G_z} = p_a'$, so ist mit $\dfrac{g}{1,09} = 9$

$$b_a = \frac{9}{1000}\,(p_a' \pm s - w) = \frac{9}{1000} \cdot p_a \quad \text{und} \quad \frac{t_a}{2} = t_{az} = \frac{V \cdot 1000}{2 \cdot 3,6 \cdot 9 \cdot p_a} = \frac{15,5 \cdot V}{p_a}\ \text{sec}.$$

Ebenso ist der Bremszeitzuschlag $t_{bz} = \dfrac{V}{2 \cdot 3,6 \cdot b_b}$ sec. Hier ist die Bremsverzögerung

$$b_b = \left(\frac{(G_{lb} + G_{wb})\,\mu_b}{G_z} \pm s + w\right)\frac{g}{1,09 \cdot 1000}\ \text{m/s}^2 .$$

Es ist hier G_{lb} das Gewicht auf den Bremsachsen der Lok, G_{wb} das Gewicht der gebremsten Wagen, $\mu_b = 100$ kg/t die Bremsreibung beim Rangierbetrieb. Meist sind alle Achsen der Rangierlok gebremst und die der Wagen ungebremst, dann ist $G_r = G_{lb} = G_l$ dem Lokgewicht.

Für $G_{wb} = 0$ ist dann mit $\dfrac{G_{lb}}{G_z}\,\mu_b = p'_b$ und mit $p'_b \pm s + w = p_b$ die Bremsverzögerung

$$b_b = \left[\frac{G_{lb}\,\mu_b}{G_z} \pm s + w\right]\frac{g}{1{,}09 \cdot 1000} = \frac{p_b\,g}{1{,}09 \cdot 1000}\ \text{m/s}^2$$

und daher der **Bremszeitzuschlag** mit $g : 1{,}09 = 9$

$$t_{bz} = \frac{t_b}{2} = \frac{1000\,V}{2 \cdot 3{,}6 \cdot 9 \cdot p_b} = \frac{15{,}5\,V}{p_b}\ \text{sec}.$$

Man kann für $G_z = G_l + n \cdot G_w$ setzen. Hier ist n die Wagenzahl. Das Durchschnittsgewicht der Güterwagen ist nach Aufschreibungen $G_w = 18$ t. Die Zahl der Bremswagen ergibt sich aus der Fahrdienstvorschrift § 85, nach der bis $s = 5^0/_{00}$ für je 29 Achsen eine Bremse erforderlich ist.

Für eine schwere, eine mittlere und eine leichtere Güterzugtenderlokomotive Gt 55.17, Gt 44.17 und Gt 33.17 hat Nebelung (Abb. 117, 118 u. 119) für je eine bestimmte Stärke der Rangierabteilungen von 0, 5, 10, 20, 30, 40, 50 und 60 Wagen die Summe der Anfahr- und Bremszeitzuschläge $t_z = t_{az} + t_{bz}$ $= 0{,}5 \cdot (t_a + t_b)$ sec für verschiedene Beharrungsgeschwindigkeiten und für den mittleren Streckenwiderstand der Bahnhöfe (Neigung + Krümmung) $s = 2^0/_{00}$ nach den vorhergehenden Gleichungen berechnet. In den vorgenannten Abbildungen wurden die ermittelten Werte t_z unterhalb der V-Achse aufgetragen. Man erhält einen Strahlenbüschel, an dem für jede Stärke der Rangierabteilungen und deren Geschwindigkeiten die zugehörigen t_z-Werte abgelesen bzw. interpoliert werden können. Für $V = 16{,}8$ km/h und 30 Wagen ist nach Abb. 117 $t_z = 30$ sec.

Da für die Wahl der Geschwindigkeit die zugelassenen aus Zeitstudien gefundenen Grenzen (s. S. 178) zu weit waren und sich deshalb zu große Zeitunterschiede für dieselbe Rangierfahrt bei verschiedenen zulässigen Geschwindigkeiten ergaben, wurde von Nebelung[1] die Verteilung der Geschwindigkeitszu- und abnahme beim Anfahren und Bremsen auf den gesamten Rangierweg nach der Häufigkeitsrechnung untersucht. Dabei ergab sich, daß bei normalem Betrieb eine solche Fahrweise vom Lokführer eingehalten wird, daß von der gesamten Wegstrecke l rd. ein Drittel auf die Fahrt mit Beharrungsgeschwindigkeit und rd. zwei Drittel auf den Anfahr- und Bremsweg entfallen, unter der Voraussetzung, daß der Anfahr- und der Bremsweg zusammen nicht größer als 250 m sind. Die Rangiergeschwindigkeit ist demnach so zu wählen, daß Anfahrund Bremsweg $l_a + l_b = \tfrac{2}{3} \cdot l$ des gesamten Rangierweges ist. Nach vorigem ist $l_a = 0{,}5 \cdot t_a \cdot v = t_{az} \cdot v = t_{az} \cdot V : 3{,}6$ m und ebenso der Bremsweg $l_b = t_{bz} \cdot V : 3{,}6$ m. Daher ist $l_a + l_b = (t_{az} + t_{bz}) \cdot V : 3{,}6$ m. Durch Einsetzen der Werte der Zeitzuschläge $t_z = t_{az} + t_{bz}$ für die betreffenden Geschwindigkeiten V und die verschiedenen Gruppenstärken, erhält man die Anfahrund Bremswege $l_a + l_b$ m. Diese Werte wurden in den Abb. 117 bis 119 von der V-Achse nach oben für die verschiedenen Wagengruppen aufgetragen. Man erhielt eine Schar von Parabeln, an der man für einen gegebenen Anfahr- und Bremsweg $l_a + l_b = \tfrac{2}{3} \cdot l$ die erreichte Geschwindigkeit V ablesen kann. Die Maximalgeschwindigkeiten für Rückwärts-, Vorwärts- und Leerfahrt, die nicht überschritten werden dürfen, sind als Lotrechte I, II und III eingetragen.

---

[1] Nebelung: Dr.-Diss. Berlin 1938 — Z. Gleistechn. u. Fahrbahnbau Heft 1—4.

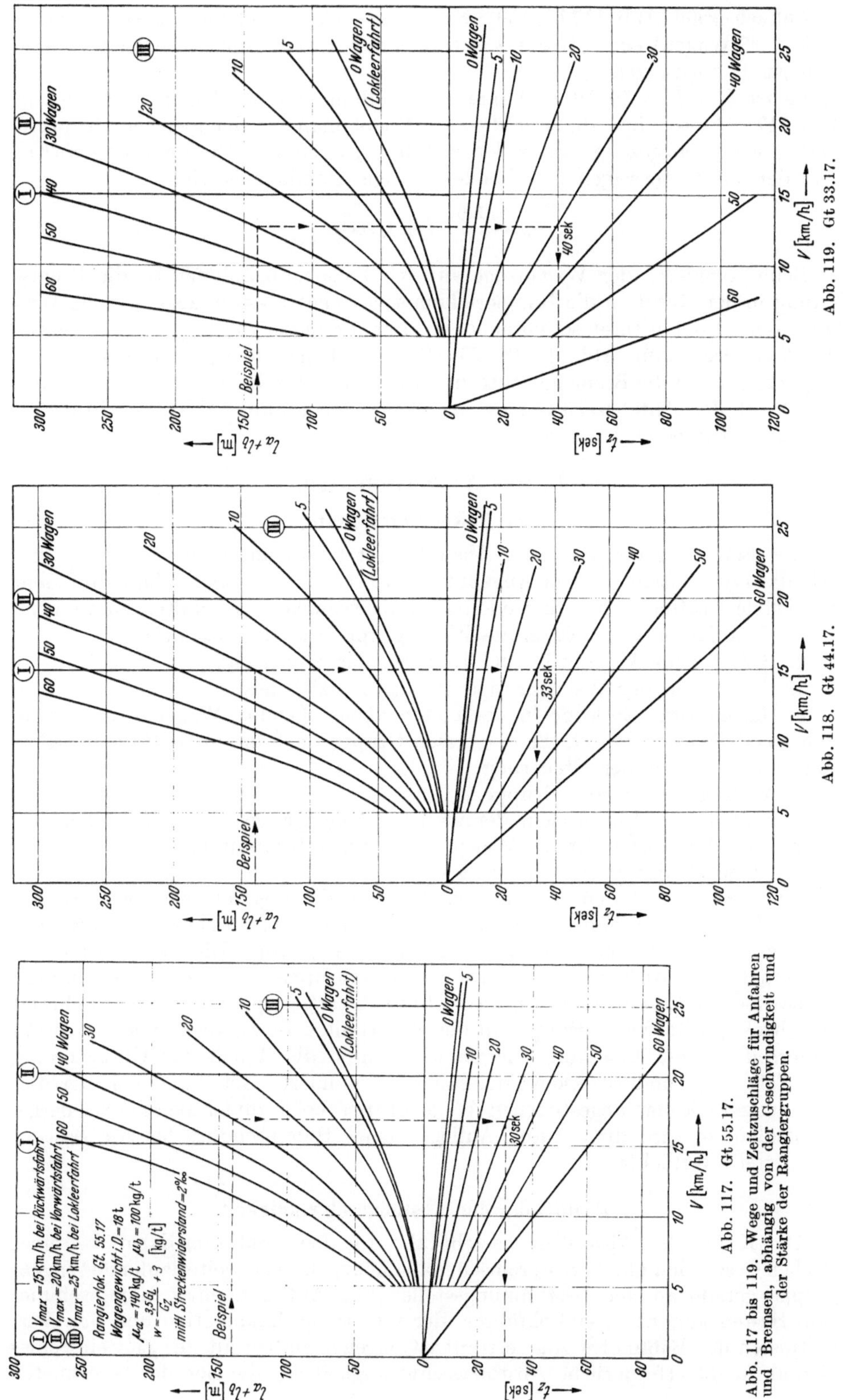

Abb. 117 bis 119. Wege und Zeitzuschläge für Anfahren und Bremsen, abhängig von der Geschwindigkeit und der Stärke der Rangiergruppen.

Ablesebeispiel (Abb. 117 bis 119): Nach dem Gleisplan soll die Rangierabteilung (Lok + 30 Wagen) eine Strecke $l = 210$ m in Vorwärtsfahrt zurücklegen. Wie groß ist V anzusetzen?

Es ist $l_a + l_b = \frac{2}{3} \cdot 210 = 140$ m. Für 140 m und 30 Wagen liest man in Abb. 117 $V = 16{,}8$ km ab. Für dieses V findet man bei der gleichen Gruppenstärke, wie oben gezeigt, unter der V-Achse $t_z = 30$ sec. Die gesamte Fahrzeit der aus Güterwagen bestehenden Rangierabteilung ist dann

$$t_R = \frac{3{,}6}{V} \cdot l + t_z \text{ sec}.$$

Beim Rangieren der Wagenzüge auf den Personenbahnhöfen ist die Bremsleitung in der Regel an die Rangierlokomotive angeschlossen, also ist volle Wirkung der Druckluftbremse vorhanden. Der Bremszeitzuschlag t_{bz} ist hierfür aus dem Diagramm Abb. 47 (S. 78) für die Beharrungsgeschwindigkeit des Wagenzuges und die Bremsprozente zu entnehmen. Für die gleiche Geschwindigkeit V ist der Anfahrzeitzuschlag aus dem Nomogramm Abb. 121 abzulesen, das auf S. 184 beschrieben wird.

B. Das Abstoßverfahren.

1. Der Bewegungsvorgang.

Der Bewegungsvorgang beim Abstoßen setzt sich unter der Annahme, daß sich die Lokomotive in dem Augenblick, wo sie den Auftrag erhält, auf dem Ausziehgleis befindet, aus folgenden Einzelbewegungen und Halten zusammen:

1. Heranfahren der Lok an die Wagengruppe im Ausgangsgleis.
2. Halten zum Ankuppeln und Umlegen der Steuerung.
3. Überführen der Wagengruppe auf das Ausziehgleis.
4. Halten zum Entkuppeln der ersten abzustoßenden Wagengruppe sowie zum Herstellen der Fahrstraße der ersten Gruppe nach ihrem Bestimmungsgleis und zum Umlegen der Steuerung.
5. Abstoßen der ersten Gruppe.
6. Halten zum Entkuppeln der zweiten Wagengruppe, zum Herstellen der Fahrstraße der abzustoßenden Wagen nach ihrem Bestimmungsgleis.
7. Abstoßen der zweiten Wagengruppe.

Im Gegensatz zu dem Überführen, bei dem die Lok und sämtliche Wagen während der ganzen Fahrt miteinander gekuppelt sind, ist beim Stoßverfahren die Kupplung der abzustoßenden Wagengruppe gelöst. Die Lokomotive beschleunigt beim Anfahren die gesamte Rangiergruppe bis zu einer bestimmten Geschwindigkeit, bremst dann sich selbst und die angekuppelten Wagen, während die abgekuppelte Wagengruppe mit der ihr erteilten Bewegungsenergie $(m \cdot v^2/2)$ weiterrollt. Diese Bewegungsenergie wird durch die Arbeit zur Überwindung der Fahrzeug- und Streckenwiderstände vermindert. Ist kurz vor der Bestimmungsstelle der abgestoßenen Wagengruppe noch zuviel Bewegungsenergie vorhanden, so wird diese durch Auflegen eines Hemmschuhes bis zur Bestimmungsstelle vernichtet.

2. Ermittlung der Abstoßgeschwindigkeit.

Die Kunst des Abstoßens besteht also für den Lokführer darin, bei einer solchen Geschwindigkeit abzubremsen, daß die ungebremst weiterlaufende Wagengruppe gerade an der Bestimmungsstelle ohne Auflegen eines Hemmschuhes zum Halten kommt. Der Lokführer, der mit seiner Lokomotive und den Verhältnissen des Bahnhofes gut vertraut ist, erreicht dabei mit der Zeit ein feines Gefühl für die erforderliche Abstoßgeschwindigkeit V_a, die sich der berechneten gut nähert, wenn die Berechnungen mit einwandfrei ermittelten Versuchswerten durchgeführt worden sind. Die Ermittlung von V_a ist also nur angenähert notwendig. Der Lokführer soll nicht zu knapp abstoßen, damit zeitraubende nachträgliche Verschiebungen vorzeitig stehengebliebener Wagen vermieden werden. Man stößt daher zweckmäßiger mit einer etwas zu hohen Geschwindigkeit ab und vernichtet die restliche Geschwindigkeit durch Abbremsen mit dem Hemmschuh, um die Wagen an der gewünschten Stelle anzuhalten. Daher wird man als Laufweite l der abgestoßenen, durch eigenen Fahrzeug- und Streckenwiderstand zum Halten kommenden Wagen die erhöhte Entfernung von der Stelle der Lok beim Beginn der Abstoßbewegung bis zur gewünschten Haltestelle der Gruppe zugrunde legen. Für die Berechnung der Abstoßgeschwindigkeit führt man eine mittlere Neigung $s^0/_{00}$ einschließlich eines mittleren Krümmungswiderstandes, sowie einen mittleren Wagenwiderstand $w_w = 3 \text{ kg/t}$ ein. Es ist dann die Abstoßgeschwindigkeit

$$V_a = 3,6\, v_a = 3,6 \sqrt{(s + w_w)\frac{2\,g'\,l}{1000}} \cong 0,5 \sqrt{l\,(s + w_w)} \text{ km/h}.$$

Nach S. 179 ist wieder $g' = g/1,09 = 9$ zu setzen.

3. Die Ermittlung der Lokomotivbewegung nach Zeit und Weg.

Die Lok hat zunächst sich und sämtliche Wagen der Gruppe von $V = 0$ auf V_a zu beschleunigen und sodann sich und die um die abgestoßenen Wagen verminderte Gruppe abzubremsen. Es ist die Zeit um die ganze Gruppe von 0 auf V_a zu beschleunigen gleich der Anfahrzeit beim Überführen $t_a = \dfrac{V_a}{3,6\, b_a}$. Die Anfahrbeschleunigung ist, wie vorher,

$$b_a = \left(\frac{G_r}{G_z}\,\mu_a \mp s - w\right)\frac{g}{1,09 \cdot 1000} \text{ m/s}^2 = \frac{9}{1000}\left(\frac{G_r}{G_z}\,\mu_a \mp s - w\right)\text{m/s}^2.$$

Hier ist G_r das Reibungsgewicht der Lokomotive meist gleich G_l dem Lokomotivgewicht, G_z das Gewicht der gesamten Rangiergruppe einschließlich Lok, $\mu_a = 140 \text{ kg/t}$ die Anfahrreibung, 1,09 der mittlere Massenfaktor von Lokomotive und Wagengruppe. Da beim Rangierbetrieb meist der erreichbare Höchstwert der Haftreibung $\mu_h \text{ kg/t}$ (S. 38) nicht ausgenutzt wird, wird hier die kleinere Reibung beim Anfahren mit $\mu_a \lessgtr \mu_h$ bezeichnet. Der mittlere Fahrzeugwiderstand der gesamten Rangiergruppe ist nach S. 179 $w = \dfrac{3,5\,G_l}{G_z} + 3 \text{ kg/t}$. Die Bremszeit ist $t_b = \dfrac{V_a}{3,6\, b_b}$; hierbei ist die Bremsverzögerung

$$b_b = \frac{9}{1000}\left[\frac{(G_{lb} + G_{wb})}{G_z'}\,\mu_b \pm s + w\right]\text{m/s}^2.$$

G_{lb} ist das Gewicht auf den gebremsten Achsen der Lok und G_{wb} das Gewicht der gebremsten Wagen, G_z' ist das Gewicht der um die abgestoßenen Wagen verminderte Rangiergruppe. Es ist wieder die Bremsreibung $\mu_b = 100 \text{ kg/t}$.

Nach Beobachtungen von Massute bleibt die Lok mindestens 2 sec, i. M. 3 sec bei der erreichten Abstoßgeschwindigkeit. Dann ist die Gesamtzeit der Lokbewegung $t_a + t_b + 3$ sec, und der entsprechende Lokomotivweg ist $l_l = \dfrac{V_a}{2 \cdot 3,6}(t_a + t_b + 3)$ m. Um für eine gegebene Abstoßgeschwindigkeit V_a die Anfahr- und Bremszeiten $t_a = 2 \cdot t_{az}$ und $t_b = 2 \cdot t_{bz}$, die also gleich den doppelten Zeitzuschlägen t_{az} und t_{bz} sind, zu berechnen, kann man sich nicht des von Nebelung entworfenen Nomogramms bedienen, das die Zeitzuschläge für Anfahren und Bremsen zusammenfaßt. Letzteres ist nur möglich, wenn das Gewicht der beschleunigten und der gebremsten Gruppe dasselbe ist. Beim Abstoßen ist aber das Gruppengewicht beim Anfahren und beim Bremsen verschieden. Es ist deshalb Anfahrweg und -zeit sowie Bremsweg und Bremszeit getrennt zu ermitteln. Hierfür hat **Verfasser** ein **allgemeingültiges Nomogramm** entworfen, daß also nicht nur für eine bestimmte Lokomotivgattung gilt.

4. Nomogramme für die Ermittlung der Rangierbewegungen.

α) Herstellung des Nomogramms. Das Nomogramm dient zur Ermittlung:

a) der Zeit bei annähernd gleichmäßiger Geschwindigkeit;

b) der Zeitzuschläge für das Anfahren und für das Bremsen;

c) der Abstoßgeschwindigkeit;

d) der Abstoßwege und -zeiten der Lokomotive;

e) der Laufwege und -zeiten der abgestoßenen Gruppen.

Zu a. Es ist bei gleichmäßiger Geschwindigkeit $V_a : 3,6$ m/s auf der Strecke l m die Fahrzeit $t_g = 3,6 \cdot l : V_a$ sec. Für diese Ermittlung zeichnet

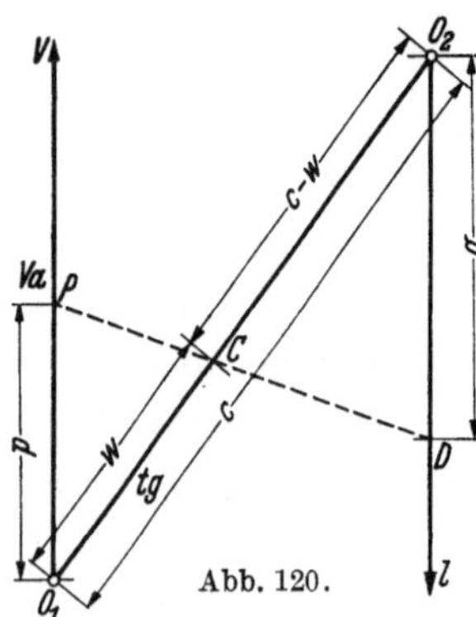

Abb. 120.

man nach Abb. 120 ein Nomogramm, das 2 parallele Skalen hat, die von einer dritten Skala geschnitten werden. Die parallele Skala für V km/h hat ihren Anfangspunkt in O_1 und die für l m in O_2. Beide Skalen sind linear unterteilt, O_1 ist zugleich der Anfangspunkt der geradlinigen schrägen Skala von der Länge $O_1 O_2 = c$, die unveränderlich ist. Die schräge Skala dient zum Ablesen der Zeiten t_g sec. Schneidet man diese 3 Skalen beliebig, so liegen die 3 Schnittpunkte P, C und D nur dann auf einer Geraden, wenn in den ähnlichen Dreiecken $P C O_1$ und $D C O_2$ die Proportion besteht $O_1 P : O_2 D = O_1 C : O_2 C$ oder $p : q = w : (c - w)$. Es ist hier $O_1 P = $ der Strecke p, $O_1 C = w$, $O_2 D = q$ und $O_2 C = c - w$. In dieser Gleichung sind p, q und w veränderlich und $O_1 O_2 = c$ ist unveränderlich.

Zieht man nun z. B. von dem beliebigen Pol $V_a = 36$ km/h auf der linken Skala einen Strahl zu dem Teilstrich $l = 100$ m der rechten Skala, so ist $t_g = 3,6 \cdot l : V_a = 3,6 \cdot 100 : 36 = 10$ sec. Diesen Betrag für t_g schreibt man an den Schnittpunkt des Strahls mit der schrägen Skala. Legt man nun vom Pol $V_a = 36$ km/h einen zweiten Strahl nach $l = 50$ m, so ist $t_g = 3,6 \cdot 50 : 36 = 5$ sec. Den Betrag $t_g = 5$ sec schreibt man an den Schnittpunkt des zweiten Strahls mit der schrägen Skala. Alle Strahlen, die man vom Pol $V_a = 36$ km/h zur linear unterteilten l-Skala zieht, unterteilen die schräge Skala **projektiv**. Geometrisch erfüllt jeder Strahl die Beziehungen zweier ähnlicher Dreiecke nach der genannten Gleichung $p : q = w : (c - w)$. Legt man nun von einem anderen Punkt der linken Skala als Pol Strahlen nach der rechten Skala, z. B. vom Pol $V_a = 18$ km/h nach $l = 25$ m und $l = 50$ m der rechten Skala, so ist $t_g = 3,6 \cdot l : V_a$ im einen Falle $t_g = 3,6 \cdot 50 : 18 = 10$ sec, im anderen Falle $t_g = 3,6 : 25 : 18 = 5$ sec. Es sind hier die V_a- und l-Werte halb so groß wie vorher, aber die Schnittpunkte auf der schrägen Skala sind die gleichen geblieben. Daher ist auch die projektive Teilung der schrägen Skala für alle Strahlen, die aus dem Pol $V_a = 18$ km/h gezeichnet werden, dieselbe wie für die Strahlen aus dem Pol $V_a = 36$ km/h. Es läßt sich nun nachweisen, daß diese projektive Teilung der schrägen Skala für jede beliebige Gerade zutrifft, die die drei Skalen schneidet. Wenn man also je zwei bekannte Werte für V_a km/h und l m der beiden parallelen Skalen geradlinig miteinander verbindet, so kann man auf der projektiven Teilung der schrägen Skala die Zeiten ablesen, die der Gleichung $t_g = 3,6 \cdot l : V_a$ entsprechen.

Herstellung der Skalen (Abb. 120): Die parallelen linearen Skalen sind einfach zu zeichnen. Die projektive Teilung der schrägen Skala könnte zeichnerisch geschehen, indem man nach dem ersten Rechenbeispiel vom Pol $P = V_a = 36$ km/h der linken Skala zu den Teilstrichen, z. B. $l = 10, 20, 30 \ldots$ m der rechten Skala zieht und an die Schnittpunkte der Strahlen mit der schrägen Skala die zehnfach kleineren Werte von l als die Beträge von t_g also $t_g = 1, 2, 3 \ldots$ sec anschreibt. Genauer ist es aber, wenn man für $V_a = 36$ km/h $= O_1 P = p$ cm der linken Skala und für die den Wegen $l = 10, 20, 30 \ldots$ m entsprechenden Strecken $O_2 D = q$ cm der rechten Skala, sowie für den Festwert $O_1 C_2 = c$ cm die Teilung der schrägen Skala aus der Gleichung $p : q = w : (c - w)$ berechnet. Es entsprechen dann die Teilstriche für t_g den Werten $w = c \cdot p : (q + p)$ cm. Die Strecken w setzt man von O_1 auf der schrägen Skala ab und schreibt an die Teilstriche die zehnmal kleineren Werte von l m.

Zu b. Der Anfahrzeitzuschlag ist nach S. 179 $t_{az} = t_a/2 = V_a : (2 \cdot 3{,}6 \cdot b_a)$ sec, und die Anfahrbeschleunigung ist

$$b_a = \frac{9}{1000}\left(\frac{G_r}{G_z}\mu_a \pm s - w\right) \text{m/s}^2 .$$

Setzt man $\dfrac{G_r \mu_a}{G_z} = p_a'$, so ist $b_a = \dfrac{9}{1000}(p_a' \mp s - w)$ m/s^2 und

$$t_{az} = \frac{1000\, V_a}{2 \cdot 3{,}6 \cdot (p_a' \mp s - w) \cdot 9} = \frac{15{,}5\, V_a}{p_a' \mp s - w} \text{ sec} .$$

Für die Ermittlung von t_{az} sind zwei Nomogramme herzustellen, und zwar eines für $p_a' = \dfrac{G_r \cdot \mu_a}{G_z}$ kg/t und das andere für $t_{az} = \dfrac{15{,}5\, V}{p_a' \mp s - w}$ sec. Beide Nomogramme 1 und 2 der Abb. 121 haben den gleichen Aufbau wie das vorher beschriebene Nomogramm 3. Das Nomogramm 1 zur Ermittlung von p_a' hat die linear geteilten senkrechten Skalen für p_a' und für $G_r \cdot \mu_a$ (Reibungszugkraft). Auf der schrägen Skala wird das Gewicht G_z der gesamten Rangiergruppe abgelesen. Der Pol zur Herstellung der schrägen Skala liegt außerhalb des Blattes in $p_a' = 140$ kg/t. An die Skala $G_r \cdot \mu_a$ schreibt man links für das konstante $\mu_a = 140$ kg/t die Reibungsgewichte G_r t der Lokomotiven an die Teilstriche an. Das Nomogramm 1 kann man auch für die Ermittlung der Bremskraft $p_b' = \dfrac{G_{lb} + G_{wb}}{G_z}\, \mu_b$ benutzen, indem man an die gleiche senkrechte linke Skala rechtsseitig für die konstante Bremsreibung $\mu_b = 100$ kg/t an die Teilstriche die Bremsgewichte von Lokomotiven und Wagen $G_b = G_{lb} + G_{wb}$ anschreibt. Der Pol liegt hier bei $p_b' = 100$ kg/t. Zum Ablesen der gesuchten Werte p_a' bzw. p_b' kg/t legt man ein Lineal an die gegebenenWerte für Reibungsgewichte G_r und Rangiergruppengewicht G_z bzw. für das Gewicht auf den Bremsachsen $G_{lb} + G_{wb}$ und für G_z der linken und der schrägen Skalen, um p_a' bzw. p_b' auf der rechten Skala zu erhalten. Bei der Ermittlung des Anfahrzeitzuschlages $t_{az} = \dfrac{15{,}5\, V_a}{p_a' \mp s - w}$ sec bzw. des Bremszeitzuschlages $t_{bz} = \dfrac{15{,}5\, V_a}{p_b' \pm s + w}$ sec ist zu den aus Nomogramm 1 gefundenen Werten für p_a' und p_b' die mittlere Neigung $s^0/_{00}$ und der mittlere Laufwiderstand $w = \dfrac{3{,}5\, G_l}{G_z} + 3$ kg/t, der auf S. 179 abgeleitet ist, entsprechend den Vorzeichen auf der rechten Skala anzufügen. Den Wert für w liest man an der Querskala 1a ab.

Entsprechend den Gleichungen $t_{az} = \dfrac{15{,}5\, V_a}{p_a' \mp s - w}$ sec bzw. $t_{bz} = \dfrac{15{,}5\, V_a}{p_b' \pm s + w}$ kg/t fügt man auf der dem Nomogramm 1 und 2 gemeinsamen senkrechten Skala für p_a' bzw. p_b' die Beträge $\mp s - w$ bzw. $\pm s + w$ hinzu und erhält die Punkte für

$p_a = p_a' \mp s - w$ bzw. für $p_b = p_b' + s + w$ kg/t. Das Nomogramm 2 hat auf der rechtseitigen lotrechten Skala die Werte V_a und auf der schrägen Skala die gesuchten Anfahr- und Bremszeitzuschläge t_{az} und t_{bz} sec. Ist also p_a bzw. p_b sowie die Anfahr- bzw. Abbremsgeschwindigkeit V_a bekannt, so kann man durch Anlegen des Lineals an die Werte p_a bzw. p_b sowie V_a auf der schrägen Skala die Zuschläge für Anfahren und Bremsen t_{az} und t_{bz} sec ablesen.

Zu c. Ist die Abstoßgeschwindigkeit V_a noch nicht bekannt, so kann man sie aus dem Nomogramm 4 ermitteln, falls die Laufstrecke l der abgestoßenen

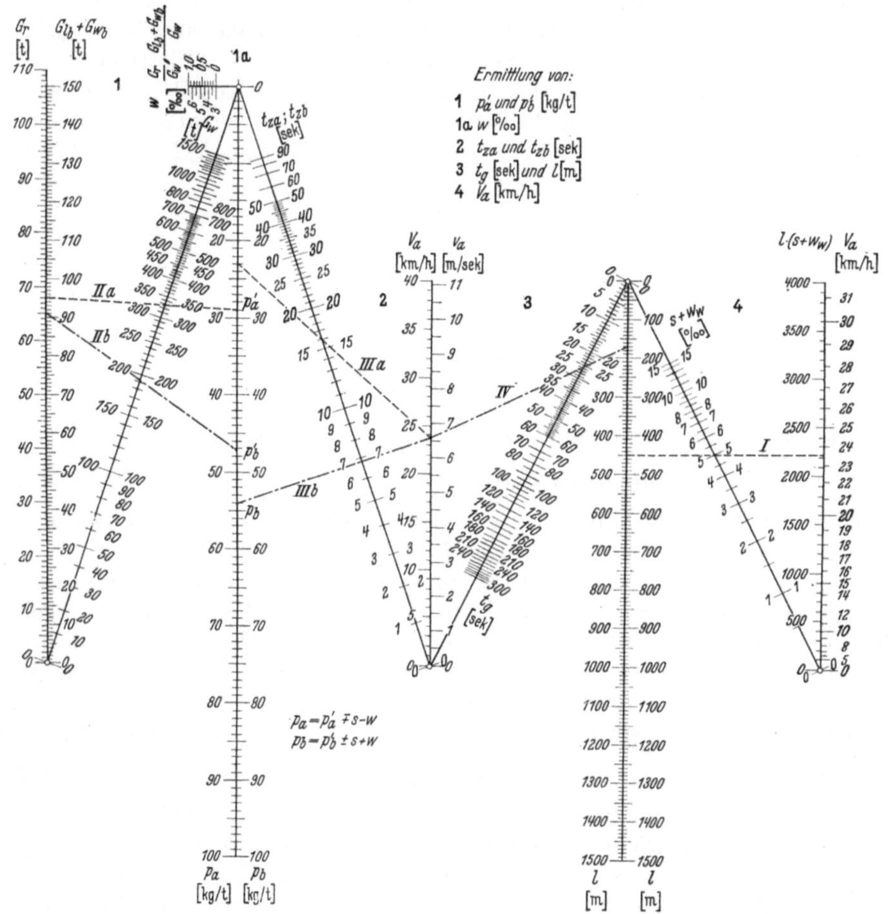

Abb. 121. Nomogramm für die Ermittlung der Rangierbewegungen.

Wagengruppe sowie der Fahrzeug- und Streckenwiderstand $\pm s + w_w$ bekannt sind. Für die Auswertung der Gleichung $V_a = 0{,}5 \cdot \sqrt{l (\pm s + w_w)}$ km/h ist im Nomogramm 4 je eine senkrechte Skala gezeichnet, die linear nach l und nach $l \cdot (s + w_w)$ unterteilt sind. Auf der schrägen Skala sind die Werte $s + w_w$ in projektiver Teilung eingezeichnet. Der Pol hierfür liegt auf der l-Achse bei $l = 400$ m. Für ein gegebenes l und $s + w_w$ kann man nun auf der rechten Skala den entsprechenden Wert $l \cdot (s + w)$ finden. Da aber die Abstoßgeschwindigkeit $V_a = 0{,}5 \cdot \sqrt{l (s + w_w)}$ gesucht wird, so ist die rechte senkrechte Skala rechtsseitig nach letzterer Gleichung noch quadratisch unterteilt, um zu dem Wert $l \cdot (s + w_w)$ die zugehörige Abstoßgeschwindigkeit zu erhalten.

β) **Ablesebeispiele.** Eine Tenderlokomotive von der Gattung Gt 46.17 soll von 10 angehängten Wagen 6 in ein Freiladegleis auf $l = 450$ m Laufweg abstoßen. Der Steigungs- einschließlich Krümmungswiderstand ist $s = +2^0/_{00}$. Der Fahrzeugwiderstand der abgestoßenen Wagen $w_w = 3$ kg/t. Daher ist $s + w_w = 5^0/_{00}$.

1. Die erforderliche Abstoßgeschwindigkeit $V_a = 23{,}7$ km/h erhält man aus dem Nomogramm 4, wenn man das Lineal an $l = 450$ m und $s + w_w = 5^0/_{00}$ anlegt (Lineallage I, Abb. 121). Das Reibungsgewicht der Lok ist $G_r = 4 \cdot 17 = 68$ t. Das Lokgewicht $G_l = 6 \cdot 17 = 102$ t, das Bremsgewicht der Lok ist gleich dem Reibungsgewicht, also $G_{lb} = G_r = 68$ t. Das Gesamtwagengewicht ist G_w gleich $10 \cdot 22{,}5 = 225$ t, das Gesamtgewicht des Rangierzuges $G_z = G_l + G_w = 327$ t, und das abgestoßene Gewicht $G_{wa} = 6 \cdot 22{,}5 = 135$ t. Das verbleibende Wagenzuggewicht ist $G_w - G_{wa} = 4 \cdot 22{,}5 = 90$ t und das verbleibende Rangierzuggewicht $G_z'' = 102 + 90 = 192$ t. Das Gewicht auf den Bremsachsen ist bei einem Bremswagen $G_{lb} + G_{wb} = 68 + 22{,}5 = 91$ t.

2. Nach Nomogramm 1a ist für den ganzen Rangierzug mit $G_l : G_z = 102 : 327 = 0{,}312$ der Fahrzeugwiderstand $w = 4{,}1$ kg/t und nach dem Abstoßen der Wagengruppe ist mit $G_l : G_z'' = 102 : 192 = 0{,}53$ der Fahrzeugwiderstand $w = 4{,}9^0/_{00}$.

3. Anfahrzeitzuschlag aus Nomogramm 1 und 2. Im Nomogramm 1 liest man für die Lineallage IIa bei $G_r = 68$ t und $G_z = 327$ t $p_a' = 29$ kg/t ab. Dann ist $p_a = p_a' - s - w_w = 29 - 2 - 4{,}1 = 22{,}9$ kg/t. Aus Nomogramm 2 liest man für die Lineallage IIIa bei $p_a = 22{,}9$ und $V_a = 23{,}7$ km/h den Anfahrzeitzuschlag $t_{az} = 16$ sec ab.

4. Bremszeitzuschlag. Aus Nomogramm 1 liest man für Lineallage IIb bei $G_b = 91$ t und $G_z'' = 192$ t $p_b' = 47{,}2$ kg/t ab. Es ist $p_b = p_b' + s + w = 47{,}2 + 2 + 4{,}9 = 54{,}1$ kg/t. Bei der Lineallage IIIb ist für $p_b = 54{,}1$ und $V_a = 23{,}7$ km/h der Bremszeitzuschlag $t_{bz} = 7$ sec.

5. Fahrzeit der Lokomotive beim Abstoßen ist gleich dem doppelten Anfahr- + Bremszeitzuschlag + 3 sec, also $T = 2(t_{az} + t_{bz}) + 3 = 2 \cdot (16 + 7) + 3 = 49$ sec.

6. Fahrweg der Lok beim Abstoßen erhält man aus Nomogramm III. Es ist $l = (t_{az} + t_{bz} + 3) \cdot V_a : 3{,}6$ m, da ja $t_{az} = $ der halben Anfahrzeit t_a und $t_{bz} = $ der halben Bremszeit t_b ist. Es ist nach vorigem $t_{az} + t_{bz} + 3 = 26$ sec. Bei Lineallage IV liest man für $V_a = 23{,}7$ km/h und $t_{az} + t_{bz} + 3 = 26$ sec den Fahrweg der Lok $l = 172$ m ab.

5. Der Kohlenverbrauch der Rangierbewegungen.

Beim Überführen, Abstoßen sowie Lokleerfahrten werden nach Versuchen durchschnittlich 60 kg Kohle je Stunde und m² Rostfläche verfeuert.

C. Rangierzeiten und -kosten für das Bedienen eines Zwischenbahnhofs.

Nach dem vorbeschriebenen Ermittlungsverfahren der einzelnen Rangierbewegungen soll jetzt für folgende Rangieraufgabe der Zeitaufwand für Personal und Lokomotiven und hieraus die Kosten ermittelt werden.

1. Darstellung der Rangierbewegungen im Gleisplan.

Die Rangieraufgabe sei im vorliegenden Beispiel folgende: Ein Nahgüterzug bringt auf einem Durchgangsbahnhof, dessen Südende in Abb. 122 gezeichnet ist, zehn Wagen an der Spitze des Zuges an, der von einer Lokomotive G 56.16 (G_{12}) gefahren wird. Die Zuglokomotive soll diese Wagen laderecht stellen und andererseits insgesamt 10 Wagen von den Ladestellen wegziehen und wieder auf den Zug aufsetzen. Die Ladestellen sind Kopframpe, Seitenrampe, Güterschuppen und Freiladestraße. Die Wege, die die Rangiergruppen zurücklegen, sind durch große arabische Ziffern fortlaufend gekennzeichnet. Die Rangierbewegungen

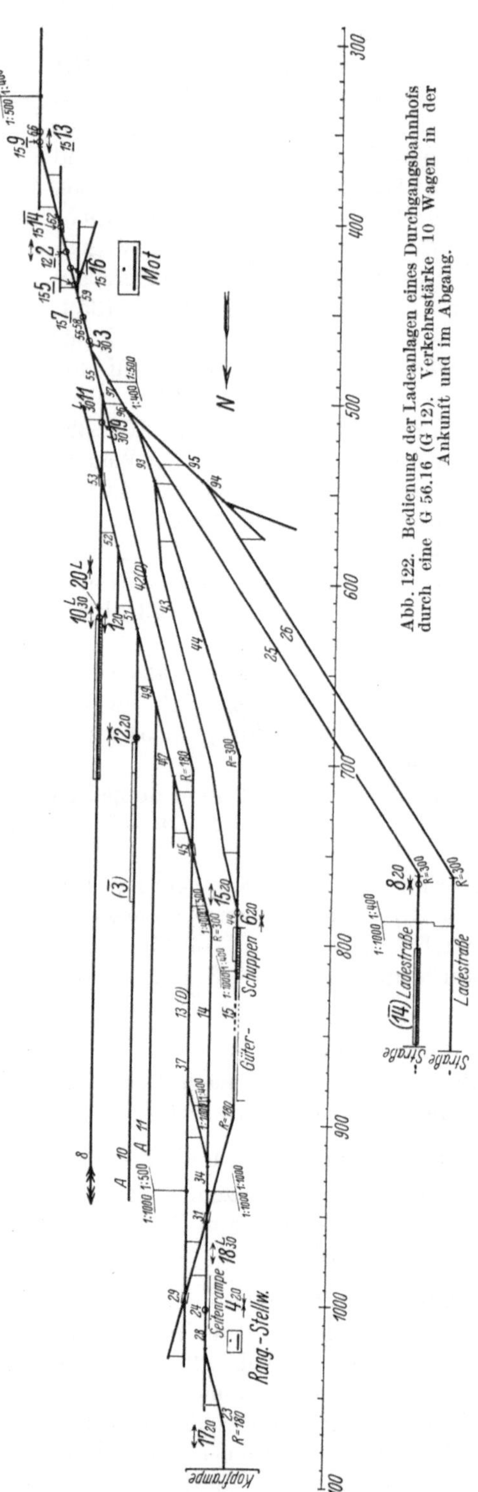

Abb. 122. Bedienung der Ladeanlagen eines Durchgangsbahnhofs durch eine G 56,16 (G 12). Verkehrsstärke 10 Wagen in der Ankunft und im Abgang.

der ankommenden und abgehenden Wagen sowie der Leerlokomotiven nach Weg und Geschwindigkeiten und die Arbeiten an den stehenden Fahrzeugen werden durch folgende Darstellungsweisen (mit Buntstift) in die durch Lichtpausen vervielfältigten Gleispläne (Längen 1 : 1000, Breiten verzerrt) eingezeichnet. Wegen der Verzerrung der Gleisbreiten sind wie vor als Wege die Horizontalprojektionen auf den darunter eingezeichneten Längenmaßstab durch Herunterloten der Anfangs- und Endpunkte der Einzelbewegungen abzulesen.

1. Erläuterung der Zeichen.

⎯⎯⎯⎯⎯⎯⎯	ankommende Wagen.
/////////////////	abgehende Wagen.

Große Zahlen: Bezifferung der Orte in der Reihenfolge der Bewegung, angegeben für das dem Wagenzugende zugekehrte Ende der Lokomotive bzw. des mitgeführten Packwagens.

$\overline{1}$ Strich **über** großer Zahl: Betriebsvorgang mit ankommenden Wagengruppen.

$\underline{1}$ Strich **unter** großer Zahl: Betriebsvorgang mit abgehenden Wagengruppen.

(1)   Klammer um große Zahl: Bewegungsende von Wagen, die an der mit uneingeklammerter gleicher Zahl bezeichneten Stelle abgestoßen wurden.

1L   Leerlok oder Lok + Packwagen (L neben großer Zahl).

Pfeile in den Gruppenstrichen:

→←   Spitzen zusammen: Ankuppeln.

←→   Spitzen auseinander: Abkuppeln.

Kleine Zahlen: In der Bewegungsrichtung an große Zahlen angesetzt:

15   Zahlen allein: etwa gleichförmige Rangiergeschwindigkeit.

15 (unterstrichen)   Zahlen unterstrichen: Abstoßgeschwindigkeit.

Das Rangierspiel soll nach dieser Darstellungsweise an Hand des Gleisplans (Abb. 122) und der Rangierliste mit den Abkürzungen der Spalten 2 und 12 nunmehr erläutert werden.

Ortsangabe	Betriebsvorgang und Bemerkungen
1	5 TrLl Ab: 5 mal Trennen der Druckluftleitung und Langhängen der Kupplungen sowie Abkuppeln der Wagengruppe (10 Wagen) vom Zugrumpf im Überholungsgleis 8.
1—2	Fv: Fahrt vorwärts aus Gleis 8 vor Weiche 53 ($V = 20$ km/h), B_l^{24}: 1 Bremswagen (24 t) besetzt.
2	WoZ Ab: Wendehalt ohne Änderung der Zugstärke, Abkuppeln der 10 abzustoßenden Wagen.
2—3	St Fr: Abstoßen von $D = 180$ t in das Aufstellgleis 10 [Pkt (3)] bei Fahrt rückwärts ($V_a = 12$ km/h).
3	Zw Lok: Zwischenhalt von Lok. + Pack. nach dem Abstoßen (Weichenumstellung).
3—4	Lok Fr: Fahrt rückwärts von Lok. + Pack. vor Seitenrampe ($V = 30$ km/h). L!: Langsamfahren (15 sec) vor dem Ankuppeln.
4	An + W: Ankuppeln von 1 Wagen und Wendehalt.
4—5	Fv: Fahrt vorwärts ($V = 20$ km/h) vor Weiche 56.
5	WoZ: Wendehalt ohne Änderung der Zugstärke (Weichenumstellung).
5—6	Fr: Fahrt rückwärts ($V = 15$ km/h) zum Güterschuppen. L!: 15 sec Langsamfahrt vor Ankuppeln.
6	An + W: Ankuppeln von 3 Wagen und Wendehalt.
6—7	Fv: Fahrt vorwärts ($V = 20$ km/h) bis vor Weiche 96.
7	WoZ: Wendehalt wie vor (Weichenumstellen).
7—8	Fr: Fahrt rückwärts ($V = 15$ km/h) ins Freiladegleis. L!: 15 sec Langsamfahrt wie vor.
8	An + W: Ankuppeln von 6 Wagen und Wendehalt.
8—9	Fv: Vorziehen der 10 Wagen ($V = 20$ km/h) vor Weiche 56. B_l^{24}: 1 Bremswagen (24 t) besetzt.
9	WoZ: Wendehalt wie vor.
9—10	Fr: Fahrt rückwärts auf Zugrumpf im Überholungsgleis 8. B_l^{24}: 1 besetzter Bremswagen, L! 15 sec Langsamfahrt wie vor.
10	Ab + W + An: Wendehalt, Abkuppeln von Lok. + Pack., Ankuppeln der 10 Wagen an Zugrumpf.
10—11	Lok Fv: Lok. + Pack. Fahrt vorwärts ($V = 30$ km/h) bis zur Weiche 53.
11	W Lok: Wendehalt von Lok. + Pack. (Weichenumstellen).
11—12	Lok Fr: Fahrt rückwärts von Lok. + Pack. ($V = 30$ km/h) auf die 10 angekommenen Wagen im Aufstellgleis 10. L!: 15 sec Langsamfahrt wie vor.
12	An + W: Wendehalt und Ankuppeln der Wagengruppe.
12—13	Fv: Vorfahren ($V = 20$ km/h) bis vor Weiche 86. B_l^{24}: 1 besetzter Bremswagen.
13	WoZ Ab: Wendehalt der Gruppe, Abkuppeln von 10 abzustoßenden Wagen.
13—14	St Fr: Abstoßen von $D = 130$ t (B_l^{24}) ins Freiladegleis 25 [Pkt (14)] bei Fahrt rückwärts ($V_a = 15$ km/h).
14	Zw: Zwischenhalt nach dem Abstoßen (Weichenstellen).
14—15	Fr: Fahrt rückwärts ($V = 15$ km/h) bis zum Güterschuppen.
15	Ab + W: Wendehalt wie vor und Abkuppeln von 2 Wagen.
15—16	Fv: Vorziehen ($V = 20$ km/h) vor Weiche 56.
16	WoZ: Wendehalt der Gruppe wie vor.
16—17	Fr: Fahrt rückwärts ($V = 15$ km/h) bis vor Kopframpe. L!: 15 sec Langsamfahrt vor der Rampe.
17	Ab + W: Wendehalt und Abkuppeln von 1 Wagen.
17—18	Fv: Vorziehen ($V = 20$ km/h) zur Seitenrampe.
18	Ab: Abkuppeln von 1 Wagen.
18—19	Lok Fv: Fahrt vorwärts von Lok. + Pack. ($V = 30$) vor Weiche 53.
19	W Lok: Wendehalt von Lok. + Pack. (Weichenstellen).
19—20	Lok Fr: Rücksetzen von Lok. + Pack. an Zugrumpf, L!: Langsamfahrt.
20	An 4 Ala: Ankuppeln von Lok. + Pack., Anschließen von 4 Druckluftleitungen und Anziehen der Kupplungen, 90 sec Bremsprobe.

Rangierliste.

Bedienung durch Lok G 12

Richtung von ....
Verkehrsstärke 10 + 10 Wagen

1	2	3	4	5	6	7	8	9	10	11	12
			Wagen-		Weg	Fahr-	t_g [*]	$t_{za}+t_{zb}$ [*]	Zeit-	Zeit-	
Orts-angabe	Betriebs-vorgang	zahl	länge	gewicht	l	geschw.			bedarf	summe	Bemerkungen
			m	G_w(t)	m	V(km/h)	sek.	sek.	sek.	sek.	
1	5 TrLl Ab								150	150	5 Trennst. je 30″
1—2	Fv	10	90	195	204	20	37	17	54	204	B_1^{24}
2	WoZ Ab								16	220	
2—3	St Fr	10/0	90/0	195/15	50	12a	11+3	11	25	245	MaW 53, D 180, B_1^{24}
3	Zw Lok								11	256	
3—4	Lok Fr	—	—	15	517	30	62+15	12	89	345	MaW 51, L!
4	An + W								27	372	
4—5	Fv	1	9	35	549	20	98	9	107	479	
5	WoZ								9	488	
5—6	Fr	1	9	35	348	15	83+15	7	105	593	MaW 56, L!
6	An + W								27	620	
6—7	Fv	4	36	85	330	20	59	12	71	691	
7	WoZ								9	700	
7—8	Fr	4	36	85	312	15	75+15	9	99	799	MaW 96, L!
8	An + W								27	826	
8—9	Fv	10	90	195	409	20	73	17	90	916	B_1^{24}
9	WoZ								9	925	
9—10	Fr	10	90	195	266	15	64+15	12	91	1016	MaW 56, L!, B_1^{24}
10	Ab+W+An								27	1043	
10—11	Lok Fv	—	—	15	109	30	13	12	25	1068	
11	W Lok								10	1078	
11—12	Lok Fr	—	—	15	177	30	22+15	12	49	1127	MaW 53, L!
12	An + W								27	1154	
12—13	Fv	10	90	195	338	20	61	17	78	1232	B_1^{24}
13	WoZ Ab								16	1248	
13—14	St Fr	10/4	90/36	195/65	58	15a	11+3	11	25	1273	MaW 56, D 130, B_1^{24}
14	Zw								18	1291	
14—15	Fr	4	36	65	366	15	88	8	96	1387	MaW 96
15	Ab + W								27	1414	
15—16	Fv	2	18	35	348	20	62	9	71	1485	
16	WoZ								9	1494	
16—17	Fr	2	18	35	646	15	155+15	7	177	1671	MaW 56, L!
17	Ab + W								27	1698	
17—18	Fv	1	9	25	90	20	16	8	24	1722	
18	Ab								14	1736	
18—19	Lok Fv	—	—	15	470	30	57	12	69	1805	
19	W Lok								10	1815	
19—20	Lok Fr	—	—	15	109	30	13+15	12	40	1855	MaW 53, L!
20	An 4 Ala								250	2105	4 Kuppelst. je 40″ + Bremspr. 90″

Abkürzungen.

Spalte 2: TrLl (Ala) = Trennen (Anschließen) der Druckluftleitung und Langhängen (Anziehen) der Kupplung; F = Fahrt; v = vorwärts; r = rückwärts; St = Abstoßen; W = Wendehalt; WoZ = W ohne Änderung der Zugstärke; An = Ankuppeln; Ab = Abkuppeln; Z = Zwischenhalt (beim Abstoßen).

Spalte 5: G_m = Wagengewicht; bei Überführungsfahrten einschl. Packwagengewicht von 15 t.

Spalte 7: a = Abstoßgeschwindigkeit.

Spalten 8/9: * = Zeiten auf volle Sekunden abgerundet.

Spalte 12: L! = Langsamfahrstrecke vor Ankuppeln; B = Bremsbesetzung erforderlich; B_1^{24} = (z. B.) 1 Wagen zu 24 t Bremsgewicht ist gebremst; MaW = die für die Trennung vor der vorhergehenden Fahrstraße maßgebende Weiche; D = abzustoßende t.

2. Die Zeiten der Rangierbewegungen.

Für diese Bewegungen einschließlich der Arbeiten an den stillstehenden Fahrzeugen sind die Spalten 1—7 der Rangierliste mit den vorstehenden Zeichen und nach Abb. 122 eingetragen. Nunmehr wurde für diese Angaben der Zeitaufwand ermittelt und die Ergebnisse in die Spalten 8—11 der Rangierliste eingetragen. Die Summe dieser Einzelzeiten ergibt dann die gesuchte Rangierzeit des Nahgüterzuges auf dem Durchgangsbahnhof.

Bei den Einzelbewegungen handelt es sich um

a) Abstoßbewegung,
b) Überführungs- und Lokomotiv-Leerfahrten.

Die so aufgestellten Gleispläne und Rangierlisten geben eine vollständige Darstellung des Rangiervorganges. In dem Gleisplan sind dargestellt:

1. Die Besetzung der Gleise nebst Zu- und Abgang,
2. die durch die Verkehrsaufgaben und den Gleisplan bedingten Rangierarbeiten, die noch durch die Symbole im einzelnen gekennzeichnet werden,
3. die Maße und Werte zur Berechnung der Bewegungszeiten (z. B. Wege, Geschwindigkeit, Lokomotivgattung, Anzahl und Länge der Wagen, Bahnhofsneigungen und Krümmungen).

In der Rangierliste sind die für die Ermittlung der Zeiten nötigen Angaben noch einmal tabellarisch zusammengestellt.

Es ist daher auch möglich, aus der Rangierliste umgekehrt den untersuchten Betriebsvorgang vollständig in dem Gleisplan darzustellen.

3. Die Rangierkosten.

Für die Aufstellung von Betriebsplänen sind noch Unterbrechungen zu berücksichtigen. Sollen aber für die gleiche Rangieraufgabe aus verschiedenen Entwürfen desselben Bahnhofs die Rangierzeiten ermittelt werden, so sind nur diejenigen Unterbrechungen zu berücksichtigen, die durch die Eigenart des betreffenden Entwurfs bedingt sind, und die Zeitunterschiede sind das Kriterium für die Güte der Entwürfe. Diese Untersuchungen sind für verschiedene Verkehrsstärken durchzuführen.

Ebenso können hiernach für dieselbe Rangieraufgabe Vergleiche hinsichtlich der Rangierkosten aufgestellt werden. Diese zerfallen in die Lokomotivkosten einschließlich Bemannung und in die Kosten der Rangierer. Verwaltungskosten sind hierbei durch Zuschläge zu berücksichtigen. Die Kohlenkosten können nach Versuchen für einen Verbrauch von durchschnittlich 60 kg je h und m² Rostfläche in Rechnung gestellt werden. Sie sind also linear mit der Zeit veränderlich, ebenso hängen die persönlichen Kosten direkt von der Zeit ab.

Beispiel. Die Rangierliste soll nun hinsichtlich der Rangierkosten ausgewertet werden. An dem Rangiergeschäft sind beteiligt:

die Zuglokomotive G 12 nebst Bemannung,
1 Güterzugschaffner für Besetzung der Bremswagen,
1 Weichensteller auf Mot,
1 Arbeiter auf Rangierstellwerk,
1 Aufsichtsbeamter,
1 Rangieraufseher, der auch Wagen kuppelt,
1 Arbeiter als Hemmschuhleger.

Lokomotivkosten: je Stunde K_L:

1. Lokomotivpersonalkosten

$$K_{LP} = \frac{1{,}8 \cdot \text{Monatsgeh. (Lokführ.} + \text{Heizer})}{202} = \frac{1{,}8\,(346 + 245)}{202} = \quad \ldots \quad 5{,}25 \text{ RM./h}$$

1,8 wegen 80% Zuschlag (55% Unkosten einschließlich Ruhegehalt
+ 10% Verwaltung + 5% Aufsicht + 10% Rangiergelder) 202
Dienststunden je Monat.

2. Kosten für Zins, Abschreibung und Reparatur

$$K_{Lzar} = \frac{z + a + r}{100} \cdot \frac{K_n}{3875} = \frac{(6 + 4 + 10)\,145\,600}{100 \cdot 3875} = \quad \ldots \ldots \ldots \quad 7{,}50 \quad ,,$$

$z = 6\%$ Zins, $a = 4\%$ Abschreibung (25 Jahre Lebensdauer), $r =$
10% Reparatur. K_n Neuwert der Lokomotive (1 kg Gz-Lokomotive
kostet 1,5 RM., 1 kg Tender 0,9 RM.).

G 12: Lokomotive (leer) 85 400 kg, Tender (leer) 19 600 kg. 3875
= jährl. Lok-Dienststunden.

3. Kosten für Bedienung im Lokomotivschuppen

$K_{LB} = (H + A)$. Stundenkosten der Gruppe VI $= 2{,}5 \cdot 0{,}71 = \quad . \quad 1{,}78 \quad ,,$

$H + A = 2{,}5$ für G 12 ist Anzahl der Handwerker und Arbeiter nach
Kopfplan des Bahnbetriebswerks für eine Lokomotive.

4. Kosten für Betriebsstoffe

$$K_{LK} = \frac{1{,}2 \cdot 60 \cdot R \cdot K_k}{1000} = \frac{1{,}2 \cdot 60 \cdot 3{,}9 \cdot 25}{1000} = \quad \ldots \ldots \ldots \ldots \quad 7{,}00 \quad ,,$$

$$K_L = 21{,}53 \text{ RM./h}$$

1,2 wegen 20% Zuschlag für andere Betriebsstoffe und Feuer in Ruhe.
$R = 3{,}9$ m² Rostfläche der G 12 $\cdot K_k = 25$ RM./t Kohlenpreis frei Tender.

Stundenkosten einschließlich 50% Zuschlag bei Beamten aus dem Monats-
gehalt berechnet für:

1 Güterzugschaffner $\dfrac{1{,}5 \cdot 260}{202} = 1{,}95$ RM./h.

1 Aufsichtsbeamter $\dfrac{1{,}5 \cdot 235}{202} = 1{,}77$ RM./h.

1 Weichensteller oder 1 Rangieraufseher $\dfrac{1{,}5 \cdot 222}{202} = 1{,}65$ RM./h.

1 Arbeiter der Gruppe V, einschließlich Zuschläge 0,75 RM./h.

Zusammenstellung der Stundenkosten:

Lokomotivkosten	21,53	RM./h
1 Güterzugschaffner	1,95	,,
1 Weichensteller auf Mot	1,65	,,
1 Arbeiter auf Rangierstellwerk	0,75	,,
1 Aufsichtsbeamter	1,77	,,
1 Rangieraufseher	1,65	,,
1 Arbeiter als Hemmschuhleger	0,75	,,

Die mittlere Klammer umfasst (1 Arbeiter auf Rangierstellwerk, 1 Aufsichtsbeamter, 1 Rangieraufseher, 1 Arbeiter als Hemmschuhleger) $5{,}12$.

$$30{,}05 \text{ RM./h}$$

Die Rangierzeit beträgt nach Rangierliste 2105 sec $= 0{,}59$ h. Bei dem Aufsichtsbeamten, dem Rangieraufseher und den beiden Arbeitern sind als Vor-
bereitungs- und Abschlußdienst nach den örtlichen Verhältnissen im Mittel
$2 \cdot 5 = 10$ min $= 0{,}17$ h gegebenenfalls zuzuschlagen.

Rangierkosten:

$$0{,}59 \cdot 30{,}05 = 17{,}80 \text{ RM.}$$
$$0{,}17 \cdot 5{,}12 = \underline{0{,}90 \quad ,,}$$
$$18{,}70 \text{ RM.}$$

III. Das Zerlegen der Züge auf Rangierbahnhöfen.

A. Die Zuführung eines Zuges zum Ablaufgipfel durch eine Lokomotive.

1. Zugkräfte und Widerstände.

Soll ein Zug zur Zerlegung von einer Lokomotive zum Ablaufgipfel gedrückt werden, so gehören zu diesem Arbeitsvorgang, abgesehen von den vorbereitenden Arbeiten (Brems- und Wagenuntersuchung, Lösen der Bremsleitungen, Langdrehen der Kupplungen, Aufschreiben und Verteilen der Rangierzettel sowie Aushängen der Kupplungen vor dem Ablauf der einzelnen Fahrzeuge), folgende Lokomotivbewegungen (Abb. 123a):

1. Die **Lokomotivleerfahrt** vom Wartegleis bis zu dem im Einfahrgleis stehenden Güterzuge.

2. Das **Anrücken** des Zuges, bis der erste ablaufende Wagen auf dem Ablaufgipfel ist.

3. Das **Abdrücken** des Zuges, bis alle Wagen abgelaufen sind.

4. Der **Rücklauf** der Lokomotive bis zum Wartegleis.

Die Bewegung 2 (Anrücken) ist eine Überführungsfahrt. Diese und die beiden Leerfahrten können nach den vorhergehenden Ausführungen ermittelt werden. Beim **Abdrücken** nimmt mit der Zahl der abgelaufenen Wagen die von der Lok zu bewegende Last ab. Da aber die Geschwindigkeit der Lokomotive hierdurch nicht größer werden darf, so sind die Zugkräfte den kleiner werdenden Widerständen anzupassen. Die Zugkräfte verändern sich also mit dem Vorrücken der Lokomotive. Sie werden über der Wegachse als Zugkraft-Weg-Linie aufgetragen, um hieraus mittels der Llv-Tafel den Kohlenverbrauch zu bestimmen.

Für die Aufzeichnung der Zugkraft-Weg-Linie denkt man sich das Einfahrgleis bis zum Ablaufgipfel mit dem daraufstehenden Zuge um $180°$ um die senkrechte Achse gedreht. Während nun in Wirklichkeit das Gleis festliegt und sich beim Abdrücken nach Abb. 123b der Zug von links nach rechts bewegt, soll nach Drehung um $180°$ der Zug nach Abb. 125 stehenbleiben, und das Gleis auf reibungsloser Unterlage von links nach rechts durch die unter dem Ablaufgipfel stehende Lokomotive unter dem Zuge weggeschoben werden. Dabei verschwinden die über den Ablaufgipfel gerollten abgekuppelten Wagen von dem Gleis und die Zahl der Wagen wird immer kleiner und somit auch der Widerstand zwischen Gleis und Rädern. Bei gleichförmiger Bewegung des Gleises unter den Rädern ist dieser Widerstand $W = $ der Zugkraft Z_t am Triebradumfang der Lokomotive. Teilt man Z_t durch den mechanischen Wirkungsgrad 0,96 für die Kraftübertragung vom Zylinder zum Radumfang, so erhält man die indizierte Zugkraft, für die die Llv-Tafel aufgestellt ist. Es ist also bei gleichmäßiger Geschwindigkeit $Z_t:0,96 = W:0,96 = Z_i$. Für diese umgekehrte Reihenfolge der Wagen trägt man also in Abb. 123d die Z_i-Werte als Ordinaten über der Wegachse im Schwerpunkte des Wagens hinter der Lokomotive auf; das ist in Wirklichkeit der Wagen, der jeweils auf dem Ablaufgipfel steht. Man kann dann senkrecht darunter die entsprechende Zuführungsgeschwindigkeit ablesen (Abb. 123d). Die Darstellung in umgekehrter Anordnung erspart das Auftragen der verschiedenen Stellungen der Zugrümpfe zur Ermittlung der jeweiligen erforderlichen Zugkräfte während des Abdrückens. Selbstverständlich trägt man die Z_i-Ordinaten nur in den Punkten auf, wo eine Unstetigkeit auftritt. So ermittelt man die Z_i-Werte des Zugrumpfs, wenn die Lokomotive vor dem Neigungswechsel der Gegensteigung steht, ferner wenn sie diese vollständig überfahren hat und endlich, wenn sie auf dem Ablaufgipfel steht. Hat das Einfahrgleis noch mehr Neigungen,

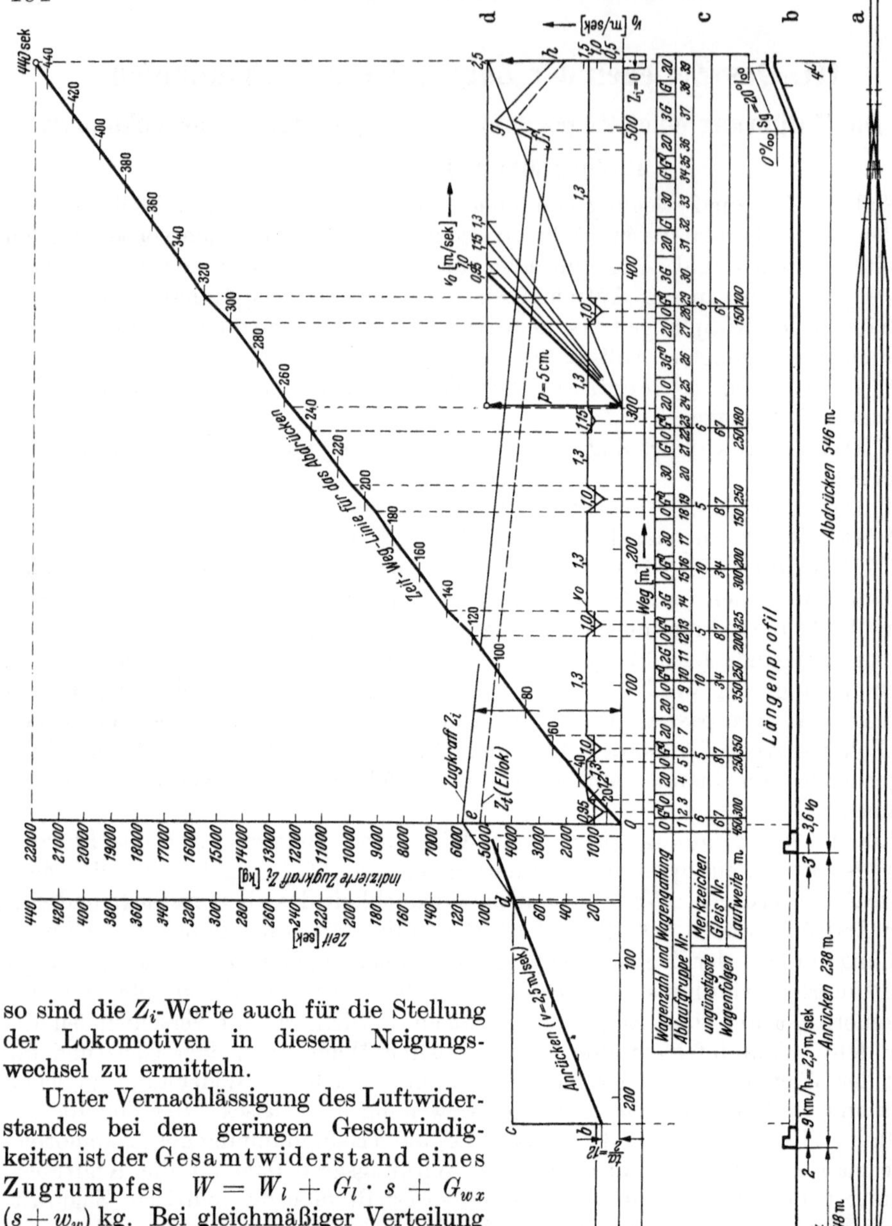

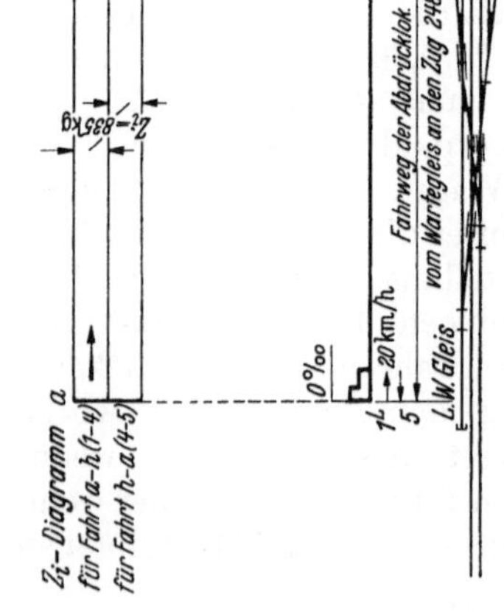

Abb. 123 a bis d.

so sind die Z_i-Werte auch für die Stellung der Lokomotiven in diesem Neigungswechsel zu ermitteln.

Unter Vernachlässigung des Luftwiderstandes bei den geringen Geschwindigkeiten ist der Gesamtwiderstand eines Zugrumpfes $W = W_l + G_l \cdot s + G_{wx}$ $(s + w_w)$ kg. Bei gleichmäßiger Verteilung der Zuglasten ist das Wagenzuggewicht des x m langen Zugrumpfs ohne Lok $G_{wx} = q \cdot x$, wo $q = G_w : L_{wz}$ t/m das Wagenzuggewicht je lfd m ist. G_w ist das Wagenzuggewicht des ganzen Zuges, L_{wz} die Länge des gesamten Wagenzuges, x ist die jeweilige Länge des Zugrumpfs ohne Lokomotive. Ferner sind $s\,^0/_{00}$ die Steigungen einschließlich Krümmungswiderstand, auf denen die Wagen stehen, und $w_w = 2{,}7$ kg/t ist der Wagenwiderstand. Der Lokomotivwiderstand ist ohne Luftwiderstand nach S. 39 $W_l = 2{,}5 \cdot G_{l_1} + c \cdot G_{l_2}$ kg. Die Werte für c stehen auf S. 39, G_{l_1} ist das Gewicht auf den Laufachsen und G_{l_2} das auf den Triebachsen. Hiernach kann man

$$Z_i = [2{,}5 \cdot G_{l_1} + c \cdot G_{l_2} + G_l \cdot s + q \cdot x \cdot (s + 2{,}7)] : 0{,}96 \text{ kg}$$

über der Wegachse in den Neigungswechseln auftragen und die oberen Enden geradlinig verbinden, um die Zugkraft-Weg-Linie für das Abdrücken zu erhalten. Anschließend hieran kann man auch nach Abb. 123d die Zugkraft-Weg-Linie für die Leerlokfahrten mit $Z_i = (2{,}5 \cdot G_{l_1} + c \cdot G_{l_2} + s \cdot G_l):0{,}96$ sowie für das Anrücken des ganzen Zuges mit

$$Z_i = [2{,}5 \cdot G_{l_1} + c \cdot G_{l_2} + G_l \cdot s$$
$$+ G_w(s + 2{,}7)]:0{,}96 \text{ kg}$$

auftragen, die sich nur mit der Neigung $s^0/_{00}$ ändern. Der Flächeninhalt zwischen der Zugkraft-Weg-Linie und der Weg-

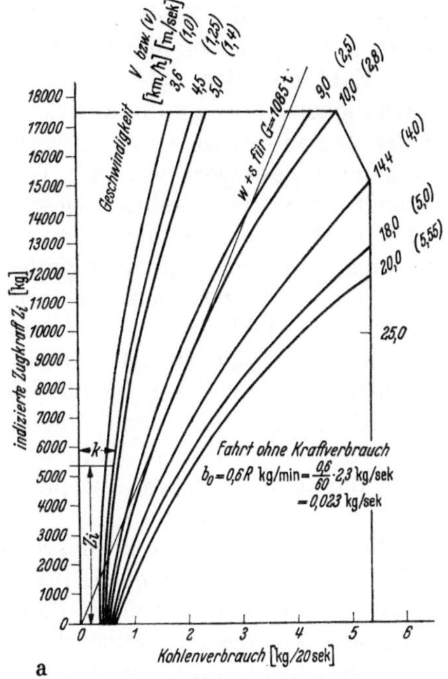

a

Abb. 124 a.

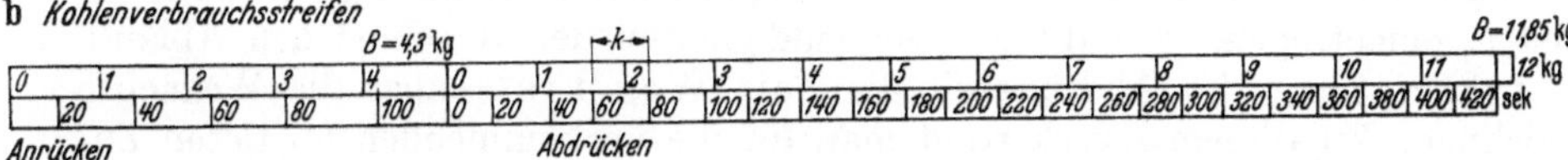

Abb. 124 b.

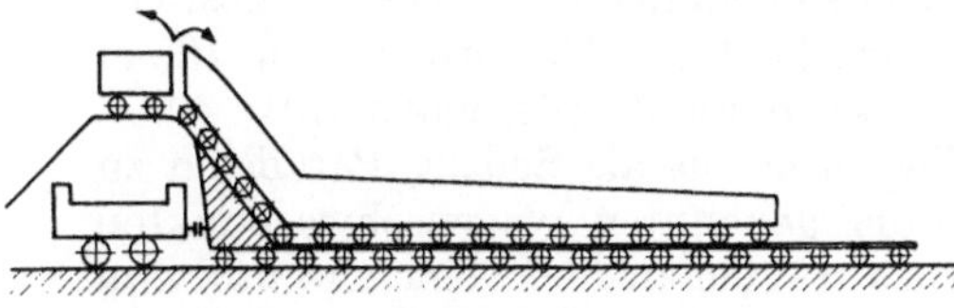

Abb. 125.

Abb. 123 bis 126. Zerlegen eines Güterzugs über einen Ablaufberg. Abb. 123 u. 124 mit einer Dampflok, Abb. 126 mit einer Ellok.

achse ist die indizierte Lokomotivarbeit $A_l = \sum Z_i \cdot \Delta l : 10^6$ kmt.

2. Die Fahrzeit.

Die Geschwindigkeiten, mit denen der Zug dem Ablaufgipfel zugeführt wird, müssen den Geschwindigkeiten, mit denen die Wagen vom Ablaufgipfel ablaufen dürfen, angepaßt sein. Die Anpassung der Zuführungsgeschwindigkeit der Lokomotive an die erreichbare Ablaufgeschwindigkeit der Wagen ist um so

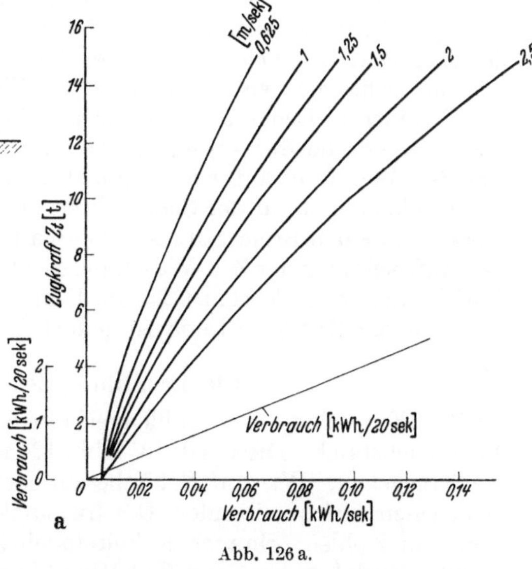

a

Abb. 126 a.

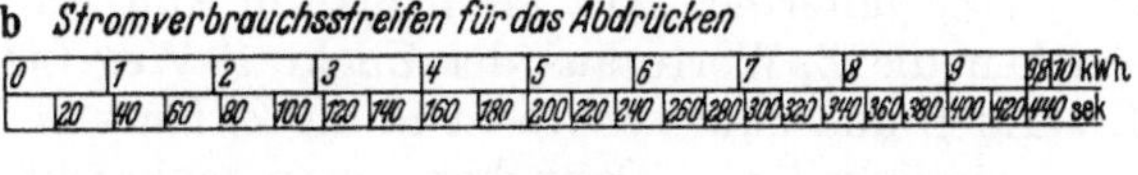

Abb. 126 b.

besser, je schneller die Zugkraft der Lokomotive geregelt werden kann. Die erreichbare Ablaufgeschwindigkeit hängt ab von dem Maß der Zerlegung, d. h. von der Zahl und der Stärke der Gruppen sowie von der Vorflut, d. h. der Geschwindigkeit, mit der die abrollenden Wagen in die Richtungsgleise rollen. Wird der Zug in wenige Gruppen zerlegt, so kann die Zuführungsgeschwindigkeit erheblich gesteigert werden. Werden die Wagen kurz vor ihrem Ablauf entkuppelt, so ist die Zuführungsgeschwindigkeit durch die Arbeitsgeschwindigkeit des Entkupplers bedingt. Im Dauerbetriebe soll daher nach S. 235 die Zuführungsgeschwindigkeit nicht größer als $v_0 = 1{,}3$ m/s sein. Bei ungünstiger Wagenfolge von Einzelläufern, also Schlechtläufer vor Gutläufer, muß je nach der Weichenentwicklung die Zuführungsgeschwindigkeit des Gutläufers bis auf $v_0 = 0{,}6$ m/s ermäßigt werden, damit noch Abstand · zwischen beiden Wagen zum Umstellen der Weichen bleibt. Wird die Zuführungsgeschwindigkeit größer als $v_0 = 1{,}3$ m/s gewählt, dann muß der Wagenzug vor dem Abdrücken entkuppelt werden. In diesem Falle ist auf dem Ablaufgipfel eine Bremse einzubauen, damit keine Wagen bei plötzlicher Unterbrechung des Ablaufes überschießen.

Die Bemessung der Zuführungsgeschwindigkeit wird auf S. 235 u. 252 eingehender behandelt. Sind nach diesen Ausführungen die Zuführungsgeschwindigkeiten v_0 bestimmt, so werden diese in Abb. 123d zur Ermittlung der Zeiten für das Abdrücken des Zuges über den Weg, den die Lokomotive während des Abdrückens zurücklegt, aufgetragen, und zwar bei Einzelwagen in den Wagenschwerpunkten, bei Gruppen in den Schwerpunkten des ersten und letzten Wagens. In Abb. 123d sind durch kleine Waagerechte die mittleren Zuführungsgeschwindigkeiten v_0 eingetragen. Für diese Geschwindigkeiten der verschiedenen Abläufe ist zur Ermittlung der Abdrückzeit die Zeit-Weg-Linie über die Wegachse zu zeichnen. Zu diesem Zweck trägt man für die vorkommenden mittleren Zuführungsgeschwindigkeiten ein Strahlenbüschel auf. Dieses hat nach Abb. 123d den Polabstand $p = 5$ cm, und es ist $v_0 = 1$ m/s ebenfalls durch 5 cm dargestellt. Bei $v_0 = 1$ m/s werden 100 m in 100 sec zurückgelegt. Die Strecke für 100 m des Lageplans ist gleich der Höhe, die 100 sec darstellt (Zeitmaßstab).

Nun zieht man vom Nullpunkt der Wegachse aus als Seilzug Parallelen zu den Strahlen zwischen den Senkrechten in den genannten Wagenschwerpunkten und erhält so die Zeit-Weg-Linie. Ebenso trägt man über dem Anrückweg eine Zeit-Weg-Linie auf, nachdem man vorher den Anfahrzeitzuschlag nach S. 179 ausgerechnet und auf der Senkrechten über dem Anfangspunkt aufgetragen hat. Diesen sowie den Bremszeitzuschlag erhält man aus dem Nomogramm (Abb. 117). Die Aufzeichnung der Zeit-Weg-Linie dient zur Ermittlung des Kohlenverbrauchs. Für die Lokomotivleerfahrt ist die Fahrzeit nach S. 182 auszurechnen, ein Aufzeichnen der Zeit-Weg-Linie ist jedoch nicht erforderlich.

3. Die Ermittlung des Kohlenverbrauchs.

Zur Ermittlung des Kohlenverbrauchs dient die Lokomotivleistungs- und Verbrauchstafel. Diese ist in Abb. 124a für die Tenderlokomotive Gt 55.17 wiedergegeben. Wie auf S. 35 beschrieben, geben die Z_i-Kurven für die verschiedenen gleichbleibenden Geschwindigkeiten die Zugkräfte in Abhängigkeit von dem Kohlenverbrauch je Zeiteinheit an. Hier ist als Zeiteinheit 20 sec gewählt. Nachdem man die Zeit-Weg-Linie durch kleine Querstriche in 20, 40, 60 . . . sec unterteilt hat, greift man in Abb. 123d senkrecht unter diesen Querstrichen die Z_i-Werte aus der Zugkraft-Weg-Linie ab und überträgt sie in die Llv-Tafel, und zwar senkrecht in die Z_i-Kurven für die angegebene Zuführungsgeschwindigkeit v_0. Dann kann man senkrecht unter diesen Schnittpunkt auf der waagerechten Achse den Kohlenverbrauch je 20 sec ablesen. Bei Zwischenwerten von v_0 ist der Kohlenverbrauch b kg/20 sec zwischen zwei benachbarten Z_i-Linien der Llv-Tafel zu interpolieren.

Unter einer waagerechten Skala Abb. 124 b gleichen Maßstabes wie die Abszissenachse der Llv-Tafel reiht man die Strecken b für den Kohlenverbrauch aneinander und erhält so den Kohlenverbrauch für das Anrücken und das Abdrücken. Der Kohlenverbrauch für die Leerfahrt ist je Zeiteinheit gleichbleibend. Er ist für die betreffende Geschwindigkeit aus der Llv-Tafel für

$$Z_i = (2{,}5\,G_{l_1} + c \cdot G_{l_2}) : 0{,}96 \text{ kg}$$

zu ermitteln, durch 20 zu teilen und mit der Zeit für die Lokomotivleerfahrt zu vervielfältigen, um den entsprechenden Kohlenverbrauch zu erhalten.

4. Beispiel für die Ermittlung der Verbrauchswerte und der Kosten für das Zerlegen eines Zuges durch eine Dampflokomotive.

a) Ermittlung der Verbrauchswerte. Auf dem Längenprofil, für das auch der Gleisplan gezeichnet ist, steht ein Güterzug, dessen Zusammensetzung ersichtlich ist (Abb. 123 a—d). Die Rangierlok, eine Gt 55.17 (T 16¹), beginnt im Punkt 3 mit dem Abdrücken. Die höchste Abdrückgeschwindigkeit ist $v_0 = 1{,}3$ m/sec. Die zulässigen Zuführungsgeschwindigkeiten für die ungünstigen Wagenfolgen, deren Ermittlung im Beispiel (S. 252) gezeigt werden soll, sind aus Abb. 123c u. d zu erkennen; auf diese kleineren Geschwindigkeiten ist die Bewegung des Nachläufers gegen die des Vorläufers zu verlangsamen und bei den nachfolgenden Wagen wieder zu erhöhen in dem Maße, wie in der Abb. 123d für die ungünstigsten Wagenfolgen angegeben. Die eingetragenen Änderungen von der Höchstgeschwindigkeit zu der niedrigen und umgekehrt können, wie später gezeigt wird, mit den zur Verfügung stehenden Zug- und Bremskräften innerhalb der Anschubstrecken verwirklicht werden. Sollte es aber wegen der Verständigungsmittel oder aus einem anderen Grunde nicht möglich sein, nach der Verzögerung gleich wieder zu beschleunigen, so kann man die nachfolgende Gruppe mit geringerer Geschwindigkeit zuführen, wodurch die Wagenfolge an der Trennungsweiche nicht gefährdet, sondern nur die Zerlegezeit des Zuges vergrößert wird.

Für die Aufzeichnung der Bewegung während des Abdrückens nach Zeit und Weg sind die mittleren Werte dieser Geschwindigkeitsänderungen in Abb. 123 d eingetragen. Man zieht nun in dieser Abb. im Polabstand $p = 5$ cm von der Wegachse eine Waagerechte, auf der man im Maßstab $v_0 = 1$ m/sec $= 5$ cm die vorkommenden Zuführungsgeschwindigkeiten absetzt und die Polstrahlen zieht. Vom Nullpunkt der Wegachse zeichnet man hierzu als Seillinie die Zeit-Weg-Linie, die die Gesamtzeit für das Abdrücken (Fahrt 3—4) zu 440 sec ergibt. Beim Längenmaßstab 1:2000, also 1 cm $= 20$ m oder 0,05 cm $= 1$ m, und dem Zeitmaßstab 1 cm $= 20$ sec oder 0,05 cm $= 1$ sec ist die Geschwindigkeit 1 m:1 sec $= 0{,}05:0{,}05 = 1:1$ dargestellt.

Für die Ermittlung des Kohlenverbrauchs unterteilt man die Zeit-Weg-Linien in den Mitten der Zeitintervalle von je 20 sec durch kleine Querstriche, an die man die Endzeiten der Intervalle anschreibt.

Die Zeit-Weg-Linie ist auch für das Anrücken (Fahrt 2—3) für eine Geschwindigkeit 9 km/h $= 2{,}5$ m/sec in derselben Weise zu zeichnen. Zuschlag für das Anfahren: $\mu_a \cdot G_r = 200 \cdot 85 = 17\,000$ kg Reibungszugkraft am Triebradumfang. Das Wagenzuggewicht ist $G_w = 1080$ t, das Zuggewicht $G_z = G_w + G_l$ $= 1080 + 85 = 1165$ t. Der Lokomotivwiderstand auf den waagerechten Einfahrgleisen ist $W_l = 2{,}5 \cdot G_{l_1} + c \cdot G_{l_2}$ kg. Mit $G_{l_2} = 85$ t $(G_{l_1} = 0)$ und $c = 9{,}5$ kg/t ist $W_l = 85 \cdot 9,5 = 800$ kg, Wagenwiderstand $G_w \cdot w_w = 1080 \cdot 2,7 = 3000$ kg. Beschleunigungskraft $p_a = (17000 - 800 - 3000) : 1165 = 11,4$ kg/t, Anfahrbeschleunigung $b_a = p_a \cdot g : 1000 \cdot 1,09 = 0,11$ m/s².

Anfahrzeitzuschlag $t_a : 2 = V : 3,6 \cdot 2 \cdot b_a = 9 : 3,6 \cdot 2 \cdot 0,11 = 12$ sec. Bremszeitzuschlag (sämtliche Achsen der Tenderlokomotive seien gebremst): die Verzögerungskraft ist $p_b = (\mu_b \cdot G_l + W_l + G_w \cdot w_w) : G_z = (100 \cdot 85 + 800 + 3000) : 1165 = 10,2$ kg/t und daher $b_b = 0,093$ m/s². Der Steigungswiderstand des Zugschlusses auf der Gegensteigung ist hierbei vernachlässigt. Bremszeitzuschlag $t_b : 2 = 9 : 3,6 \cdot 2 \cdot 0,093 = 14$ sec. Die Anrückstrecke beträgt 216 m, die Anrückzeit $= 3,6 \cdot l : V + {}^1/_2 (t_a + t_b) = 3,6 \cdot 216 : 9 + 12 + 14 = 113$ sec. Der Weg der Leerlok (Fahrt 4—5) vom Ablaufberg zum Wartegleis und wieder zurück (Fahrt 5—2) ist $1032 + 248 = 1280$ m. Für $V = 20$ km/h ist die Zeit $3,6 \cdot 1280 : 20 + 2 \cdot 0,5\,V = 241 + 20 = 261$ sec, bei zwei Zeitzuschlägen je $0,5\,V$ sec. Der Zeitzuschlag für Anfahren und Bremsen kann für die alleinfahrende Lok zusammengefaßt werden, wenn man die Beschleunigung b_a gleich der Verzögerung b_b setzt. Bei $b_a = b_b = 0,6$ m/s² ist der Zeitzuschlag $t_z = 0,5\,(t_a + t_b) = V : 3,6 \cdot 0,6 \cong 0,5 \cdot V$ sec.

Zusammenstellung der Zeiten:

$$\begin{array}{lll}
\text{für Anrücken} & = 113 \text{ sec} \\
\text{,,\quad Abdrücken} & = 440 & \text{,,} \\
\text{,,\quad Lokfahrt} & = \underline{261} & \text{,,} \\
T & = 814 \text{ sec} = 13,5 \text{ min.}
\end{array}$$

Der laufende Meter Wagenzuggewicht ist bei $G_w = 1080$ t und der Zuglänge $L_z = 62 \cdot 9 = 558$ m $q = 1080 : 558 = 1,94$ t/m. Der Zug ist 62 Wagen stark, Wagenlänge 9 m.

Berechnung der Z_i-Werte (Abb. 123 d).

Zugstellung $d = c$: $\quad W_l + w_w \cdot G_w = 85 \cdot 9,5 + 1080 \cdot 2,7 = 3720$ kg,
$$Z_i = W : 0,96 = 3720 : 0,96 = 3900 \text{ kg.}$$

,, $\qquad\quad e$: $\quad W = 3720 + q \cdot l \cdot s_g = 3720 + 1,94 \cdot 50 \cdot 20 = 5670$,
$$Z_i = 5670 : 0,96 = 5900 \text{ kg.}$$

,, $\qquad\quad f$: $\quad W = 85 \cdot 9,5 + 1,94 \cdot 56 \cdot (2,7 + 20) = 3290$,
$$Z_i = 3290 : 0,96 = 3430 \text{ kg.}$$

,, $\qquad\quad g$: $\quad W = 85 \cdot (9,5 + 20) + 1,94 \cdot 44 \,(2,7 + 20) = 4450$ kg,
$$Z_i = 4450 : 0,96 = 4640 \text{ kg.}$$

,, $\qquad\quad h$: $\quad W = 85\,(9,5 + 20) = 2510$ kg, $Z_i = 2510 : 0,96 = 2620$ kg.

Z_i der Leerlok $\quad W = 9,5 \cdot 85 = 800$ kg, $Z_i = 800 : 0,96 = 835$ kg.

Hiernach ist die Zugkraft-Weg-Linie in Abb. 123 d eingetragen. Ermittlung der Lokomotivarbeit A_l kmt aus der Zugkraft-Weg-Fläche:

$$\begin{array}{lll}
\text{Fläche } a\text{—}b: & 248 \cdot 835 : 10^6 \ldots\ldots\ldots\ldots\ldots\ldots & = 0,21 \ \text{ kmt} \\
\text{,,\quad } c\text{—}d: & 165 \cdot 3900 : 10^6 \ldots\ldots\ldots\ldots\ldots\ldots & = 0,642 \ \text{,,} \\
\text{,,\quad } d\text{—}e: & 55 \cdot (3900 + 5900) \cdot 0,5 : 10^6 \ldots\ldots\ldots & = 0,27 \ \text{,,} \\
\text{,,\quad } e\text{—}f: & 490\,(5900 + 3430) \cdot 0,5 : 10^6 \ldots\ldots\ldots & = 2,28 \ \text{,,} \\
\text{,,\quad } f\text{—}g: & 12\,(3430 + 4640) \cdot 0,5 : 10^6 \ldots\ldots\ldots & = 0,048 \ \text{,,} \\
\text{,,\quad } g\text{—}h: & 44\,(4640 + 2620) \cdot 0,5 : 10^6 \ldots\ldots\ldots & = 0,16 \ \text{,,} \\
\text{,,\quad } h\text{—}a: & 1014 \cdot 835 : 10^6 \ldots\ldots\ldots\ldots\ldots\ldots & = \underline{0,84} \ \text{,,} \\
\end{array}$$

Lokomotivarbeit $\sum Z_i \cdot \Delta l = A_l \ldots\ldots\ldots\ldots\ldots\ldots = 4,450$ kmt

Der Kohlenverbrauch ist wie beschrieben für Anrücken und Abdrücken aus der Zugkraft-Weg-Linie, der zugehörigen v_0-Weg-Linie und der Llv-Tafel ermittelt und in dem Kohlenverbrauchsstreifen aufgetragen. Es ist für das

Anrücken der Kohlenverbrauch nach Abb. 124b 4,3 kg und für das Abdrücken 11,85 kg ist Kohlenverbrauch, für die Lokfahrt mit $V = 20$ km/h und $Z_i = 835$ kg ist aus der Llv-Tafel für 20 sec $b = 0,75$ kg, für 1 sec ist er 0,75:20. Kohlenverbrauch für die Lokfahrt von 261 sec (Weg 4—5—2) ist $261 \cdot 0,75 : 20 = 9,8$ kg. Die Gesamtzeit für das Abdrücken eines Zuges ist nach vorigem $T = 13,5$ min. Bei 80 Zügen in 20 Stunden entfallen auf einen Zug 15 min, daher Zeit für Stillstand $T_a = 15$ min, wovon 0,6 min für zweimal Wendehalt und einmal Ankuppeln gebraucht werden. Kohlenverbrauch für Stillstand einschließlich Instandsetzen des Feuers und Anheizen (viermal im Monat) ist $b_0 = 0,6 \cdot R$ kg/min, wo $R = 2,3$ m² die Rostfläche der Gt 55.17 ist. Es ist $b_0 = 0,6 \cdot 2,3 = 1,38$ kg/min. Kohlenverbrauch während des Stillstandes $B_a = T_a \cdot b_0 = 1,5 \cdot 1,38 = 2,05$ kg.

Zusammenstellung des Kohlenverbrauchs:

Anrücken	4,30 kg
Abdrücken	11,85 ,,
Lokfahrt	9,80 ,,
Für den Arbeitsvorgang: $B = $	25,95 kg
Für Stillstand: $B_a = $	2,05 ,,
Gesamtkohlenverbrauch $B_g = $	28,00 kg

b) Kostenermittlung. Aus den Verbrauchswerten: Zeit, Brennstoffverbrauch und Lokomotivarbeit können nach den Ausführungen auf S. 118 die Kosten für das Zerlegen eines Zuges ermittelt werden.

Im folgenden bedeutet 1,137 ein Zuschlag für Geschäftsleitung und Sachverwaltung (S. 118) und 1,117 ein Zuschlag für Geschäftsleitung.

1. **Kohlenverbrauch.** $K_b = 1,137 \cdot k_b \cdot B_g = 1,137 \cdot 28,0 \cdot 0,025 = \mathbf{0,80}$ **RM.** $k_b = 0,025$ RM. Kosten für 1 kg Kohlen ab Zeche einschließlich Frachtkosten.

2. **Lokomotivspeisewasser.** $K_w = 1,137 \cdot 7 B \cdot k_w = 1,137 \cdot 7 \cdot 0,00015 \cdot 25,95 = \mathbf{0,03}$ **RM.**

7 = mittlere Verdampfungsziffer, $k_w = 0,00015$ RM. Kosten für 1 kg Wasser einschließlich Reinigungskosten.

3. **Sonstiger Betriebsstoff (Ölverbrauch usw.).** $K_{bs} = 1,137 \cdot k_{bs} \cdot \vartheta \cdot L : 100 = 1,137 \cdot 1,03 \cdot 3,5 \cdot 2,08 : 100 = \mathbf{0,096}$ **RM.**

$k_{bs} = 1,03$ Rpf. Kosten für sonstige Betriebsstoffe der Lok je Lokomotiveinheitskilometer, $\vartheta = 3,2$ Lokomotivleistungsziffer, $L = 2,08$ km Gesamtfahrweg der Lok.

4. **Unterhaltung des Kessels der Dampflok.**

$$K_{ku} = 1,137 \cdot f_1 \frac{B^2}{T} = 1,137 \cdot \frac{0,244 \cdot (25,95)^2}{1000 \cdot 13,5} = \mathbf{0,014 \ RM.}$$

$f_1 = 0,244 : 1000$ für Gt 55.17 siehe Zahlentafel 12, S. 122.

5. **Unterhaltung des Fahrgestells und des Tenders.**

$$K_{tu} = \left[f_2 + f_3 \frac{(1 - \eta_i) A_l}{T} \right] \cdot L \cdot 1,137 = \left[0,0333 + 0,319 \frac{0,42}{13,5} \right] 2,08 \cdot 1,137 = \mathbf{0,10 \ RM.}$$

Für den Gt 55.17 ist $f_2 = 0,0333$, $f_3 = 0,319$ und $1 - \eta_i = 1 - \left(0,96 - \frac{c \cdot G_2 \cdot L}{A_l \cdot 1000} \right)$ $= 0,04 + \frac{9,5 \cdot 85 \cdot 2,08}{1000 \cdot 4,45} = 0,42.$

6. **Kosten für Beseitigung der Zeitschäden sowie feste Werkkosten.** Für Gt 55.17 im Jahre 2500 RM. Bei 300 Arbeitstagen und 80 Zügen täglich $K_{zw} = 1,137 \cdot 2500 : 300 \cdot 80 = \mathbf{0,135}$ **RM.**

7. **Kosten für Abschreibungen und Zins einschließlich Ersatzlokomotive.** Die Ersatzlok wird durch den Faktor 1,2 berücksichtigt. Bei

einer Abschreibung von 3,33% und einem Zins von 3% sowie einem Neuwert der Lok $K_n = 1{,}5 \cdot 85\,000 = 128\,000$ RM. sind die Jahreskosten $1{,}2\,(3{,}33 \cdot 1{,}137 + 3)$ $\cdot \dfrac{128\,000}{100} = 10\,450$ RM., daher $k_{al} = 10\,450 \cdot 300 \cdot 80 = \mathbf{0{,}43}$ **RM.** (Preis für 1 kg Lok = 1,50 RM.)

8. **Betriebspflege der Lokomotive.** a) Zeitkosten: 6 RM. täglich oder für einen Zug $1{,}117 \cdot 6 : 80 = \mathbf{0{,}084}$ **RM.**

b) Kosten für Bekohlung und Entschlackung nach Org. Fortschr. Eisenbahnw. 1934 H. 3 (vgl. S. 119) $1{,}117 \cdot kb_{pf} \cdot B_g \cdot 1{,}1 : 10\,000 = 1{,}117 \cdot 6{,}85 \cdot 28 \cdot 1{,}1 : 10\,000 = \mathbf{0{,}023}$ **RM.**

9. **Kosten für Gleisbremsen bei einer Bremsanlage von vier Thyssenbremsen.** (Nach dem 6. Sonderheft der Studiengesellschaft für Rangiertechnik 1933 S. 13.)

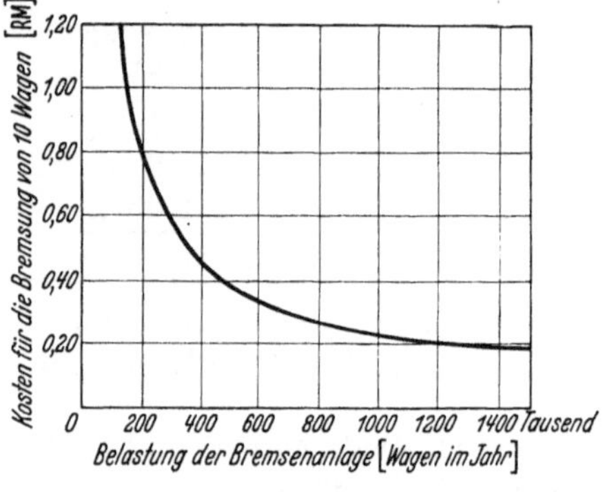

Abb. 127.

Die Kosten der Bremsung im Ablaufbetriebe betragen nach Abb. 127 bei 80 Zügen täglich mit durchschnittlich 55 Wagen (4400 Wagen am Tag oder 1350000 Wagen im Jahr) 0,2 RM. für Bremsung von 10 Wagen, also für einen Zug von 62 Wagen $1{,}137 \cdot 0{,}2 \cdot 62 : 10 = \mathbf{1{,}41}$ **RM.**

10. **Kosten für Hemmschuhverschleiß.** Nach Verkehrstechn. Woche 1927 S. 55 sind diese Kosten für 50 Wagen 0,02 RM., bei 62 Wagen $1{,}137 \cdot 0{,}02 \cdot 62 : 50 = \mathbf{0{,}027}$ **RM.**

11. **Wagenbeschädigungen.** Nach der gleichen Quelle bei 50 Wagen 0,43 RM., für 62 Wagen $1{,}137 \cdot 0{,}43 \cdot 62 : 50 = \mathbf{0{,}59}$ **RM.**

12. **Personalkosten.** Stundenkosten bei 202 Dienststunden im Monat Lokpersonal:

$$K_{lp} = \frac{1{,}8 \cdot \text{Monatsgehalt (Lokf.} + \text{Heizer)}}{202 \ (\text{Dienststunden})} = 1{,}8\,(346 + 245) : 202 = 5{,}25 \ \text{RM./h}$$

Weichensteller: $1{,}5 \cdot 222 : 202 = $ . . . . 1,65 ,,

    Die Faktoren 1,8 und 1,5 bedeuten einen Zuschlag für Ruhegehalt, Verwaltung, Aufsicht usw.

Gleisbremsenwärter . . . . 1,65 ,,

Rangieraufseher. . . . . 1,65 ,,

Wagenmeister (Wagenuntersuchung und Bremsprobe in den Einfahrgleisen) . . . . 1,75 ,,

1 Helfer (Wagenuntersuchung und Bremsprobe in den Einfahrgleisen) . . . . 0,75 ,,

Rangieraufseher. . . . . 1,65 ,,

1 Rangierarbeiter für Schreiben der Rangierzettel,
1 Rangierarbeiter für Langhängen der Kupplungen,
1 Rangierarbeiter als Entkuppler,
8 Rangierarbeiter als Hemmschuhleger 0,75 RM. Stundenlohn
    $= 11 \cdot 0{,}75 = $ . . . . 8,25 ,,

    Gesamtstundenkosten . . . . 22,60 RM./h

Mit dem Zuschlag für Geschäftsleitungskosten von 1,117 sind die Gesamtstundenkosten $1{,}117 \cdot 22{,}60 = $ 25,20 RM./h

Bei 4 Zügen in der Stunde Personalkosten/Zug . . . . . . **6,30 RM.**

Zusammenstellung der Kosten für das Zerlegen eines Zuges:

 1. Kohlenverbrauch . . . . 0,80 RM.
 2. Lokomotivspeisewasser . . . . 0,03 ,,
 3. Sonstige Betriebsstoffe. . . . . 0,096 ,,
 4. Unterhaltung des Lok-Kessels . . . . 0,014 ,,
 5. Unterhaltung des Fahrgestells . . . . 0,10 ,,
 6. Feste Werkkosten usw. . . . . 0,135 ,,
 7. Kosten für Abschreibungen und Zins . . . . 0,43 ,,
 8. Betriebspflege der Lok:
    a) Zeitkosten . . . . 0,084 ,,
    b) Bekohlung und Entschlackung . . . . 0,023 ,,
 9. Kosten für Gleisbremsen. . . . . 1,41 ,,
10. Hemmschuhverschleiß . . . . 0,027 ,,
11. Wagenbeschädigungen . . . . 0,59 ,,
12. Personalkosten . . . . 6,30 ,,

Gesamtkosten für das Zerlegen eines Zuges . . . . 10,04 RM.

5. Das Zerlegen der Züge mit einer ferngesteuerten elektrischen Lokomotive.

Der Nachteil der Dampflokomotive besteht darin, daß beim Abdrücken das Regeln der Geschwindigkeiten durch Signale oder Rangierfunk vom Rangierleiter dem Lokomotivführer übermittelt werden muß. Regelt der Rangierleiter die Zuführungsgeschwindigkeiten der elektrischen Lok durch Fernsteuerung, so kann er mit den zahlreichen Geschwindigkeitsstufen dieser Lok sich jeweils sofort allen Bedürfnissen des Ablaufes anpassen und alle Möglichkeiten, die Zuführungsgeschwindigkeit zu steigern, sofort ausnützen und damit die Leistungsfähigkeit des Ablaufgeschäfts bedeutend verbessern.

Die elektrische Lokomotive wird nach Verkehrstechn. Woche 1934 H. 46—48 nur während des Heranführens des Zuges zum Ablaufberg und beim Abdrücken des Zuges mittels der Leonard-Schaltung ferngesteuert. Die Zerlegegleise erhalten Oberleitung, die die Lok während des Anrückens und Abdrückens mit Strom versorgt. Damit die Ellok auch sonstige Rangierarbeiten auf den übrigen Gleisen ausführen kann, wird sie mit einem Mann besetzt. Außerdem ist sie mit einem Speicher ausgerüstet, der durch einen von einem Dieselmotor angetriebenen Generator oder aus dem Netz ständig nachgeladen werden kann. Die Abb. 126 a zeigt die Llv-Tafel der Ellok, aus der für die Zuführungsgeschwindigkeiten mittels der Zugkraft-Weg-Linie (vgl. Abb. 123 d) der Stromverbrauch ermittelt werden kann.

Der Stromverbrauch wurde für den gleichen Zug, die gleichen Zuführungsgeschwindigkeiten und das gleiche Längenprofil wie im Beispiel für den Dampfzug ermittelt. Gewicht der Ellok $G_l = 78$ t (alle 4 Achsen sind angetrieben). Gegenüber der Llv-Tafel der Gt 55.17, deren senkrechte Achse die indizierten Zugkräfte Z_i angibt, sind in der Llv-Tafel der Ellok die Zugkräfte am Triebradumfang Z_t aufgetragen. Letztere sind bei gleichmäßiger Geschwindigkeit gleich dem jeweiligen Zugwiderstand W. Es ist also $Z_t = W = W_l + G_l \cdot s + q \cdot x(s+2,7)$ kg. Da der abzudrückende Zug der gleiche wie bei der Dampflok ist, so ist das Gewicht je lfd m nach S. 198 auch hier $q = 1,94$ t/m. Der Widerstand je Tonne der angetriebenen Achsen einer Ellok ist nach S. 89 $c = 5$ kg/t. Daher ist der Lokwiderstand der Ellok mit $G_{l_2} = G_l = 78$ t. $W_l = c \cdot G_l = 5 \cdot 78 = 390$ kg. Für das gleiche Längenprofil ist hiernach die Zugkrafts-Weg-Linie der Ellok gestrichelt unter die der Dampflok in Abb. 123 d eingetragen. Die Ermittlung des Stromverbrauchs je 20 sec ist die gleiche wie für den Kohlenverbrauch. Nur wurde, da der Stromverbrauch in kWh/sec angegeben wurde, für das Zeitintervall

20 sec nach Abb. 126a ein besonderer Strahl gezeichnet, dessen Höhen über der Abszissenachse den Stromverbrauch je 20 sec angeben. Maßstab 1 kW je 20/sec = 20 mm. Für das Abdrücken des Zuges wurde nach Abb. 126b 9,8 kWh bestimmt. Die Kosten können wie für die Dampflok ermittelt werden.

6. Verhütung des Überschießens der Wagen über den Ablaufgipfel.

Die Einfahrgleise legt man bei Flachbahnhöfen zweckmäßig in die Waagerechte oder in eine Neigung von höchstens $\pm 2,5^0/_{00}$. An die Neigung der Einfahrgleise schließt sich eine Gegensteigung bis vor dem Ablaufgipfel an. Diese hat beim Zerlegen der Güterzüge mittels einer Drucklokomotive eine doppelte Aufgabe: a) die Wagenkupplungen so zu stauchen, daß sie während des Vordrückens ausgehoben werden können, b) zu verhüten, daß bereits entkuppelte Wagen bei einer plötzlichen Unterbrechung des Ablaufgeschäfts unbeabsichtigt über den Gipfel in die Richtungsgleise rollen. Reicht die Gegensteigung zur Verhütung des Überschießens der Wagen aus, so staucht sie auch die Wagenkupplungen so

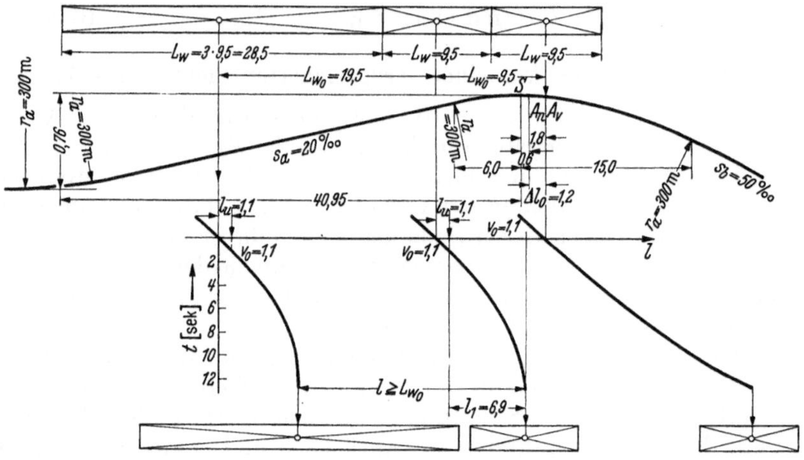

Abb. 128. Die Gegensteigung vor dem Ablaufgipfel.

stark, daß das Entkuppeln möglich ist. Es ist daher nur zu untersuchen, ob die Gegensteigung das Überschießen am Wagen verhütet. Hierbei soll der ungünstige Fall berücksichtigt werden, daß ein einzelner Wagen am Überschießen verhindert werden soll, wenn der Entkuppler außer dem Einzelwagen auch eine diesem folgende Gruppe von 3 Wagen, die Höchstzahl ohne Bremsbesetzung, vom Zuge getrennt hat. Diese Gruppe von 3 Wagen darf aber keine Nachschiebewirkung auf den Einzelwagen ausüben. Während es für das Überschießen des Einzelwagens darauf ankommt, die erforderliche Neigung der Gegensteigung zu bestimmen, hängt die Fähigkeit der Gegensteigung, das Nachschießen einer entkuppelten Wagengruppe zu verhüten, von der Länge der Gegensteigung bzw. von der aus dieser sich ergebenden Höhe ab. Verfasser hat diese Untersuchung für die Aufstellung der „Grundsätze zur Ermittlung der günstigsten Neigungsverhältnisse auf Flachbahnhöfen" im 6. Sonderheft der rangiertechnischen Studiengesellschaft Verkehrstechn. Woche 1933 durchgeführt.

a) Verhütung des Überschießens eines Einzelwagens. Besonders leicht schießt bei Segelwind selbstredend ein Gutläufer über. Außerdem soll noch die weitere Voraussetzung gemacht werden, daß der im Augenblick der Unterbrechung des Abdrückens gerade ablaufende Vorläufer desjenigen Einzelwagens, dessen Überschießen verhindert werden soll, ein Schlechtläufer ist. Aus Abb. 128

geht nämlich hervor, daß dies wieder besonders ungünstig ist. Der Weg, auf dem der entkuppelte Einzelwagen durch seinen Widerstand zum Stillstand gebracht werden soll, ist gegenüber dem Schwerpunktsabstand L_{w0} zwischen ihm und dem Vorläufer um den Abstand $\varDelta l_0$ der beiden Ablaufpunkte des Vorläufers A_v und des Nachläufers A_n kleiner. Der Weg wird also bei kleinen Wagen möglichst klein, wenn der Abstand $\varDelta l_0$ möglichst groß wird, wie dies bei der Ablauffolge Schlechtläufer vor Gutläufer eintritt. Der zur Herbeiführung des Stillstandes zur Verfügung stehende Weg (die verfügbare Verzögerungsstrecke l_1, s. Abb. 128) wird ferner noch verringert durch die Wegstrecke l_u*, die der Nachläufer in der Zeit zurücklegt, die von dem Augenblick des Ablaufens des Vorläufers vergeht, bis die Bremswirkung auf den nachdrückenden Zug wirksam geworden ist. Diese Wegstrecke ist bei der Abdrückgeschwindigkeit v_0

$$l_u = v_0 \cdot t_u.$$

So ergibt sich die Verzögerungsstrecke $l_1 = L_{w0} - \varDelta l_0 - l_u$ (s. Abb. 128).

Damit ein Überschießen nicht stattfindet, muß die Gegensteigung so bemessen sein, daß die Bewegungsenergie des zum Stillstand zu bringenden Wagens[1] durch die Widerstandsarbeit spätestens in dem Augenblick vernichtet ist, in dem sein Schwerpunkt den Ablaufpunkt A_n erreicht. Hierbei ändern sich die auf der Verzögerungsstrecke l_1 auf den Wagen wirkenden Neigungskräfte ständig. Daher ist die Anwendung der Streckenkraftlinien zweckmäßig, unter Teilung der Strecke l_0 in Teilstrecken. Es muß auf der Strecke l_1 im ganzen für 1 t Wagengewicht sein:

$$\frac{1000 \cdot v_0^2}{2\,g'} = \sum_{0}^{l_1} \cdot (p + w) \cdot \varDelta l.$$

Hierbei sind p die Ordinaten der Streckenkraftlinie und w ist der Widerstand eines Gutläufers, vermindert um die Einwirkung des Segelwindes.

Für einen Einzelwagen kann praktisch statt des Schwerpunktsweges die Profillinie angenommen werden, also $p = s$ gesetzt werden. Nach der Ableitung der Streckenkraftlinie auf S. 26 verändern sich in der Gipfelausrundung die Neigungen linear mit der Länge. Es ist

$$\frac{dy}{dx} = \frac{s}{1000} = \frac{x}{r_a},$$

wo x der waagerechte Abstand eines Punktes P vom Scheitel ist. Somit lautet die Gleichung für den Einzelwagen

$$\frac{1000 \cdot v_0^2}{2 \cdot g'} = \int_{x=0}^{x=l_1} (s + w)\,dx.$$

Statt dessen angenähert:

$$\sum_{x=0}^{x=l_1}{}' (s + w)\,\varDelta l \text{ mit } dx = \varDelta l.$$

Trägt man für einen Einzelwagen über der Abszissenachse die Streckenkraftlinie auf (Abb. 129) und zieht zu ihr parallel im Abstand $w^0/_{00}$ eine Waagerechte, so ist $\sum (s + w) \cdot \varDelta l$ gleich der schraffierten Fläche $\sum F$, die von A_n rückwärts verläuft und die Grundlinie l_1 hat. In dem in Abb. 129 dargestellten Beispiel ist

---

* Der Index u in den Ausdrücken l_u und t_u bedeutet: Unterbrechung.

[1] Es sei jedoch bemerkt, daß nach der Gleichung $l_1 = L_{w0} - \varDelta l_0 - l_u$ mit $l_u = v_0 \cdot t_u$ die Verzögerungsstrecke l_1 von v_0 abhängig ist. Man muß deshalb vorher für ein geschätztes v_0 die entsprechenden l_1-Werte berechnen.

$l_a = \dfrac{s_a \cdot r_a}{1000} = 3{,}0$ m, der Abstand des Scheitels S vom Beginn der Gipfel-Ausrundung. Ferner ist $SA_n = \dfrac{w \cdot r_a}{1000} = l_n = 0{,}6$ m. Hier ist $s_a = 10^0/_{00}$, $w = 2^0/_{00}$, $l_1 = 6{,}7$ m und der Radstand $a = 4{,}5$ m. Dabei setzt sich die schraffierte Fläche zusammen aus:

1. dem Rechteck von der Grundlinie $l_1 - \left(l_a + l_n + \dfrac{a}{2}\right)$ und der Höhe $s_a + w$,

2. dem Trapez von der Grundlinie a und den Höhen $(s_a + w)$ und $(s_d + w) = \dfrac{\left(l_a - \dfrac{a}{2}\right) s_a}{l_a} + w$,

3. dem Dreieck von der Grundlinie $\left(l_a - \dfrac{a}{2} + l_n\right)$ und der Höhe $(s_d + w)\,^0/_{00}$.

Hiernach ist mit obigen Zahlen und

$$(s_d + w) = \frac{s_a\left(l_a - \dfrac{a}{2}\right)}{l_a} + w = \frac{(3{,}0 - 2{,}25) \cdot 10}{3{,}0} + 2{,}0 = 4{,}5\,^0/_{00},$$

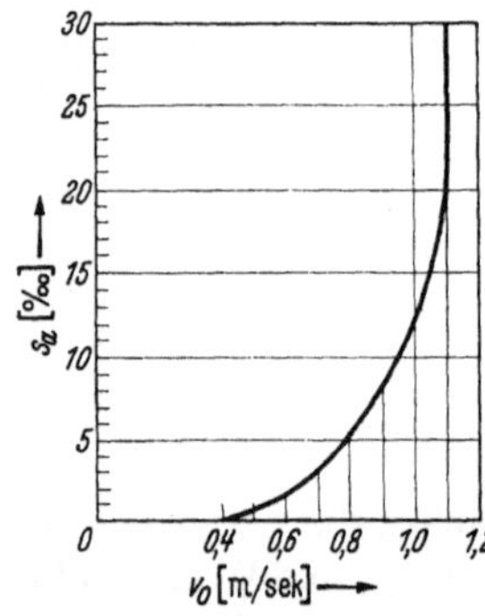

Abb. 129.

und die Bewegungsenergie ist

$$\frac{1000 \cdot v_0^2}{2 \cdot g'} = \sum F = F\,\square + F\,\square\!\!\!\!\diagdown + F\,\triangle = \sum (s + w)\,\varDelta l =$$

$F\,\square$	$= (s_a + w) \cdot \left[l_1 - \left(l_a + l_n + \dfrac{a}{2}\right)\right]$	$= 12\,[6{,}7 - (3{,}0 + 0{,}6 + 2{,}25)]$	$= 10{,}2$
$+ F\,\square\!\!\!\!\diagdown$	$+ \dfrac{(s_a + w) + (s_d + w)}{2} \cdot a$	$+ \dfrac{12{,}0 + 4{,}5}{2} \cdot 4{,}5$	$+ 37{,}0$
$F\,\triangle$	$+ \dfrac{s_d + w}{2} \cdot \left(l_a - \dfrac{a}{2} + l_n\right)$	$+ \dfrac{4{,}5}{2}\,(3{,}0 - 2{,}25 + 0{,}6)$	$+ 3{,}0$

$$\sum F = 50{,}2$$

Damit wird

$$v_0 = \sqrt{\frac{\sum F \cdot 2 \cdot g'}{1000}} = \sqrt{\frac{50{,}2 \cdot 19}{1000}} = 0{,}97 \text{ m/sec.}$$

Abb. 130. Erforderliche Gegenleistung $s_a\,^0/_{00}$ abhängig von der Zuführungsgeschwindigkeit v_0 m/s.

In gleicher Weise kann man für verschiedene s_a die Zuführungsgeschwindigkeiten v_0 berechnen und die Ergebnisse wie in Abb. 130 darstellen.

Bei der in Abb. 130 zugrunde liegenden Untersuchung sind die beiden Wagenlängen des Vorläufers und des am Überschießen zu hindernden Nachläufers (besonders ungünstig) zu 9,0 m angenommen, so daß auch $L_{w\,0} = 9{,}0$ m ist. Ferner ist der Widerstand des Vorläufers zu $6^0/_{00}$ angenommen, der des Nachläufers abzüglich Segelwind zu $2{,}0^0/_{00}$ und $t_u = 1$ sec.

Die Kurve der Abb. 130 gibt überall an, welche (als Ordinate dargestellte) Gegensteigung bei jeder (als Abszisse dargestellten) Abdrückgeschwindigkeit erforderlich ist, um den Einzelwagen (Nachläufer) auf der Verzögerungsstrecke l_1 zum Stillstand zu bringen.

Aus der Abb. 130 können mit hinreichender Genauigkeit die für jede Abdrückgeschwindigkeit v_0 jedenfalls ausreichenden Gegensteigungen entnommen werden. So ergibt sich bei $v_0 = 1{,}0\,\text{m/s}$ die ausreichende Gegensteigung etwa $12{,}5^0/_{00}$ und bei $v_0 = 1{,}13\,\text{m/s}$ die ausreichende Gegensteigung $20^0/_{00}$. Dabei ist, wie sich aus der vorherigen Berechnung ergibt, im ersten Falle $l_1 = 6{,}8\,\text{m}$, im zweiten Falle $l_1 = 6{,}7\,\text{m}$.

b) Verhütung des Nachschiebens einer folgenden Wagengruppe. Bedingung dafür, daß eine dem Einzelwagen folgende, bereits losgekuppelte Gruppe von drei Wagen auf den Einzelwagen nicht nachschiebend einwirkt, ist, daß der Widerstand je t bei der Wagengruppe mindestens so groß ist wie bei dem Einzelwagen. Bezeichnet man den Widerstand je t bei der Wagengruppe mit s_{am} und w_a sowie beim Einzelwagen mit s_{nm} und w_n*, so wird gefordert, daß

$$s_{am} + w_a \gtreqless s_{nm} + w_n.$$

Statt hier eine umständliche Untersuchung anzustellen, die wieder die Anwendung von Streckenkraftlinien erfordern würde, erscheint es bei waagerechtem Abdrückgleis[1] ausreichend, anzunehmen, daß die Hemmung der Wagengruppe genügend groß ist, wenn sie sich im Augenblick des Ablaufs des vorauslaufenden Schlechtläufers bereits vollständig in der Gegensteigung (ohne Berücksichtigung der Hohlausrundung an deren Beginn) befindet. Das in Abb. 128 eingezeichnete Beispiel zeigt, wie die Untersuchung auszuführen ist.

In Abb. 128 ist als für diese Berechnung ungünstiger Fall angenommen, daß sowohl die Einzelwagen wie die Wagen der Gruppe statt 9,0 m je 9,5 m lang sind, und daß die Gegensteigung $20^0/_{00}$ beträgt. Ferner ist (ungünstig) vorausgesetzt, daß der Widerstand des Schlechtläufers $6^0/_{00}$, der des Gutläufers und der Wagengruppe abzüglich der Wirkung von Segelwind $2^0/_{00}$ beträgt. Der Einzelwagen, dessen Überschießen verhindert werden soll, reicht im Augenblick der Ablaufstellung des Vorläufers weiter vorwärts in die Gipfelausrundung hinein, als der letzte Wagen der Dreiwagengruppe rückwärts in die Hohlausrundung am Beginn der Gegensteigung. Der hiernach an sich schon geringere vermindernde Einfluß der Ausrundung auf den Steigungswiderstand verteilt sich aber bei der Wagengruppe auf drei Wagenlängen, bei dem Einzelwagen auf eine Wagenlänge, fällt also bei der Gruppe weniger ins Gewicht. Selbst wenn also bei der Wagengruppe der Fahrzeugwiderstand etwas geringer sein sollte als bei dem Einzelwagen, so kann doch angenommen werden, daß der aus Gegensteigung und Fahrzeugwiderstand im ganzen sich ergebende hemmende Einfluß bei der Wagengruppe mindestens so groß ist, wie bei dem Einzelwagen, daß erstere also auf letzteren nicht nachschiebend wirkt. In dem in Abb. 128 dargestellten Beispiel, in dem für Einzelwagen und Wagengruppe der Fahrzeugwiderstand gleich groß zu $2^0/_{00}$ angenommen ist, zeigen die nach unten dargestellten Zeit-Wege-Linien sogar ein Zurückbleiben der Wagengruppe.

B. Die Zuführung eines Güterzuges zur Ablaufanlage durch Schwerkraft.

1. Allgemeines.

Ist auf einem Flachbahnhof ein Güterzug durch eine Lokomotive zur Zerlegung auf dem Ablaufgipfel gedrückt worden, so fährt diese in demselben Ein-

---

* s_a ist die Neigung der Gegensteigung, ebenso ist w_a der Widerstand für die auf der Gegensteigung befindliche Wagengruppe; in s_{nm} und w_n bedeutet das n den Nachläufer, in s_{am} und s_{nm} bedeutet das m, daß es sich um eine mittlere (durchschnittliche) Steigung handelt.

[1] Bei ansteigendem Abdrückgleis braucht die Wagengruppe nicht vollständig in die Gegensteigung des Berges eingetreten zu sein.

fahrgleis zurück, um in einem Nachbargleis einen anderen Güterzug dem Ablaufberg zuzuführen. Falls man kostenhalber nicht zwei Lokomotiven verwenden will,
kann sich wegen des Umfahrens der Maschine an die Zerlegung des einen Güterzuges nicht unmittelbar die eines anderen anschließen. Durch diese Zwischen-
pausen wird die Leistungsfähigkeit einer nach neuzeitlichen Gesichtspunkten
gestalteten Ablaufanlage gar nicht ausgenützt. Eine volle Ausnutzung der
Ablaufanlage durch Beseitigung der Aufenthalte zwischen zwei zu zerlegenden
Zügen wird außer durch das Vorhalten einer zweiten Drucklokomotive durch die
Anlage einer Rampe erreicht, auf der die Bewegung der Güterzüge durch Schwerkraft erfolgt und durch Bremsen geregelt wird. Auf Gefällbahnhöfen, auf denen
die Zerlegegleise, wie auf dem Rangierbahnhof Dresden-Friedrichstadt, in einem
durchgehenden Gefälle liegen, werden die Züge mit einer Seilanlage der Ablaufanlage zugeführt. Vor letzterer werden die Wagen entkuppelt und rollen
durch Schwerkraft in die Richtungsgleise. Auf Bahnhof Dresden-Friedrichstadt
fahren die Züge von der Strecke in tiefgelegene Einfahrgleise ein und werden
von einer Lok der Ablaufrichtung entgegen in die hochgelegenen Zerlegegleise, die in einem Gefälle 1:100 liegen, geschleppt. Hierbei werden die Ab-
laufgleise mitunter gekreuzt, und der Ablauf des Zuges muß daher unterbrochen werden. Die Einfahrt der Güterzüge an dem der Ablaufanlage
entgegengesetzten Ende stört den Ablaufbetrieb nicht. Deshalb ist die
Einführung der Güterzuggleise von der Strecke her an diesem Ende der hochgelegenen Einfahrgruppe anzustreben.

Da durch den Bau eines Gefällbahnhofs die Steigung der Zufahrstrecke vom
letzten Bahnhof her nicht größer als die maßgebende Steigung der ganzen Strecke
werden darf, so ist die Höhe des Gefällbahnhofs am Zufahrtende entsprechend
niedrig zu halten. Dies wird erreicht, wenn man von der Strecke die Güterzüge in
Einfahrgleise gelangen läßt, die kein durchgehendes Gefälle haben, sondern deren
Rampe so gestaltet ist, daß die Gefälle vom Rampenfuß nach dem Bahnhofsende
zu abnehmen. Das mittlere Gefälle dieser Rampe kann dann bedeutend kleiner
als 1:100 gehalten werden, wenn man in das stärkste Gefälle am Rampenfuß
eine Balkengleisbremse einbaut. Durch das Schließen der Gleisbremse wird
nämlich der Zug gestaucht, und die hierdurch in den Pufferfedern aufgespeicherten
Kräfte bringen im Verein mit den Gefällkräften beim Öffnen der Bremse den
Zug wieder in Bewegung.

Beim Einfahren eines Güterzuges in der Ablaufrichtung fährt die Lok gerade
noch über die Gleisbremse am Fuße der Rampe hinaus und bremst den Zug
auf Halt. Sodann wird die Gleisbremse hinter der Lok geschlossen. Letztere
löst, bevor sie zur Fahrt in den Schuppen abgekuppelt wird, die Wagenbremsen
des Zuges. Hierauf laufen die Wagen, deren Pufferteller bei gestrafften
Kupplungen etwa 4 cm Abstand haben, auf die vorderen auf. Die Pufferfedern werden hierbei, wie gesagt, durch die Bewegungsenergie der Wagen gestaucht.

Bei längerem Stehen des gestauchten Güterzuges entweicht das Öl zwischen
Achsschenkel und Lagerschale. Hierdurch erhalten die Wagen einen erhöhten
Widerstand, den sog. Anlaufwiderstand. Dieser vermindert sich aber nach
geringem Vorrückweg, wenn wieder Öl zwischen Lagerschale und Achsschenkel
gelangt ist. Beim Öffnen der Gleisbremse wird durch die freiwerdenden Pufferfederkräfte nicht nur der erhöhte Anlaufwiderstand vollständig überwunden,
sondern es laufen auch die Wagen auf den stärkeren Gefällen des vorderen Zugteils von selbst kräftig an. Die Wagen im hinteren Zugteil, die auf den flacheren
Gefällen nicht von selbst ins Rollen kommen, werden dann von den bereits in
Bewegung geratenen Wagen mitgerissen.

2. Die Gestaltung der Zulauframpe.

a) Die Anlaufwiderstände. Die Rampe, die die Einfahrgleise trägt, wird in der Praxis Zulauframpe genannt. Für deren Gestaltung hat der Verfasser ein Verfahren[1] entwickelt, das auf der Kenntnis der Pufferfederkräfte und der Anlaufwiderstände (Lagerreibung sowie Rollreibung zwischen Rad und Schiene) der Wagen in Abhängigkeit von ihren Vorrückweg beruht. Die Abhängigkeit der Pufferfederkräfte von dem Vorrückweg ist für die verschiedenen Pufferfedern durch Versuche auf dem Prüfstand bekannt. Die Lagerreibung in Abhängigkeit von dem Vorrückweg wurde durch Versuche des Verfassers (s. S. 21) ermittelt. Die Abb. 15a—c, S. 22 geben die ausgewerteten Messungen der Lagerreibung in Abhängigkeit von Belastung, Weg und Geschwindigkeit der Wagen an. Hier zeigt sich, daß etwa zwischen 3 und 5 cm Wagenweg, also während des Streckens der Kupplungen, der hohe Anlaufwiderstand steil abfällt. Vergleicht man in diesen Abb. die Lagerreibungswerte für verschiedene Radlasten und für die gleichen Geschwindigkeiten miteinander, so liegen die Lager-

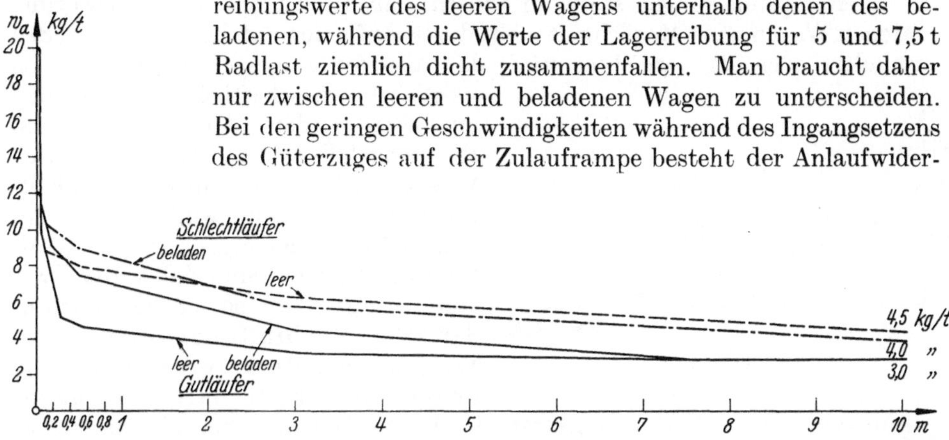

reibungswerte des leeren Wagens unterhalb denen des beladenen, während die Werte der Lagerreibung für 5 und 7,5 t Radlast ziemlich dicht zusammenfallen. Man braucht daher nur zwischen leeren und beladenen Wagen zu unterscheiden. Bei den geringen Geschwindigkeiten während des Ingangsetzens des Güterzuges auf der Zulauframpe besteht der Anlaufwider-

Abb. 131. Anlaufwiderstände aus Lager- und Rollreibung der beladenen und leeren Güterwagen abhängig vom Wege.

stand lediglich aus vorgenannter Lagerreibung und aus dem Rollwiderstand zwischen Rad und Schiene. Letzterer ist für Eisenbahnräder von 1 m Durchmesser nach Sauthoff (Bewegungswiderstände VDI-Verlag 1933) 1,0 kg/t. In Abb. 131 wurden die Linien für die Anlaufwiderstände w_a kg/t aus Lagerreibungs- und Rollwiderstand der leeren und beladenen Wagen für einen Vorrückweg bis 0,5 m aus den Messungen aufgetragen und bis 10 m, also für drei Radumdrehungen, durch Extrapolieren verlängert.

Ist nach dem Strecken der Kupplungen und Pufferfedern der letzte Wagen des Zuges gerade in Bewegung gekommen, so ist nach Ermittlungen aus Abb. 131 der mittlere Anlaufwiderstand von 60 gleich schweren Schlechtläufern je nach der Strecklänge $w_{amz} = 6{,}8$ bis 7,5 kg/t und bei 75 gleich schweren Schlechtläufern $w_{amz} = 6{,}3$ bis 6,9 kg/t.

b) Die mittlere Rampenneigung. Mit der Rampenlänge (gleich der Zuglänge l_z) und der Rampenhöhe h (m) ist $1000\,h : l_z = s_{mz}{}^0/_{00}$ die mittlere Rampenneigung, die bei gleichmäßiger Zugzusammensetzung gleich der mittleren Gefällkraft kg je t Zuggewicht ist. Wählt man $s_{mz}{}^0/_{00} = w_{amz}$ kg/t dem mittleren Anlaufwiderstand bei vollständiger Zugstreckung, dann besteht hierbei Gleichgewicht der Bahnkräfte, und der in Bewegung befindliche Zug hat gleichmäßige

---

[1] Org. Fortschr. Eisenbahnw. 1938 S. 125.

Geschwindigkeit. Bei ungleichmäßiger Zugzusammensetzung, wenn also ungünstigerweise die vordere Zughälfte aus leeren und die hintere aus beladenen Wagen besteht, ist die mittlere Gefällkraft je Tonne Zuggewicht bei vollständiger Streckung kleiner als der mittlere Anlaufwiderstand. Aber es reißt der beim Öffnen der Haltebremse durch den Druck der Pufferfedern in Bewegung geratene vordere Zugteil die hinteren Wagen mit. Es kann also auch bei ungünstiger Zugzusammensetzung $s_{mz}{}^0/_{00} = w_{amz}$ kg/t als mittlere Rampenneigung gewählt werden.

c) Die Rampenform. Über dieser mittleren Rampenneigung s_{mz} ist die Anlauframpe zu wölben. Die Anfangsneigung macht man in der Regel $s_{max} = 15\,^0/_{00}$. Die ersten Wagen werden dann hauptsächlich durch den Druck der Pufferfedern beschleunigt. Die kleinste Neigung am Ende der Rampe muß größer sein als der Fahrzeugwiderstand des einfahrenden Zuges (also $s_{min} > w = 3\,\text{kg/t}$), damit die Wagen beim Halten des Zuges alle auflaufen können, und die Pufferfedern gestaucht werden. Zwischen dem größten und dem kleinsten Gefälle sollen sich die Rampenneigungen stetig so ändern, daß die Energie der in Bewegung geratenen Wagen nach Möglichkeit nicht durch Auflaufen auf die vorhergehenden vermindert oder gar vernichtet wird, daß also die aufgespeicherten Energien möglichst wirtschaftlich in Bewegung umgesetzt werden. Aus dem mittleren Rampengefälle s_{mz}, das gleich dem durch Versuche gefundenen mittleren Anlaufwiderstand gesetzt wird, sowie aus $s_{max} = 15\,^0/_{00}$ und $s_{min} > w = 3\,^0/_{00}$ als Randbedingungen sind daher die **Zwischenneigungen so zu berechnen, daß die Verbindungskraft eines Wagens mit dem vorhergehenden größer ist als die mit dem nach**folgenden. Diese Verbindungskraft je Tonne von je zwei Wagen ist bei gleichartigen Wagen gleich dem Unterschied der benachbarten Neigungen $\varDelta s = s_1 - s_2$ kg/t. Dann läuft durch die größeren Gefällkräfte der vorhergehende Wagen nicht nur schneller als der nachfolgende, sondern bei gestrafften Kupplungen wird er auch von dem vorhergehenden stärker gezogen, als er selbst seinen nachfolgenden zieht. Zweckmäßig läßt man die Neigungsunterschiede nach Abb. 132a vom Rampenfuß aus quadratisch abnehmen. Der Neigungsunterschied je lfd. m ist hier

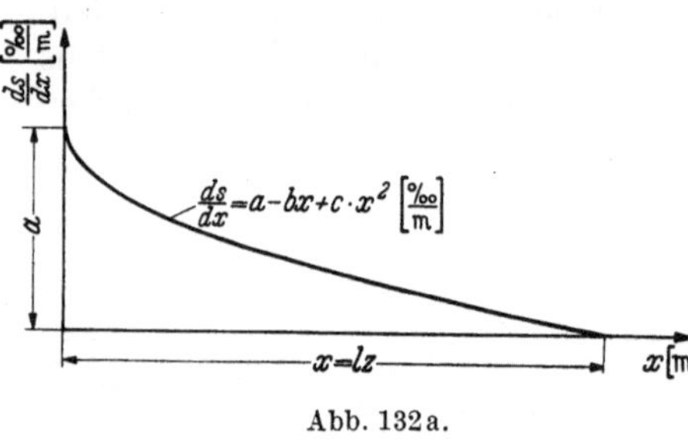

Abb. 132a.

$$\frac{ds}{dx} = a - bx + cx^2\,\frac{^0/_{00}}{\text{m}}\,. \tag{1}$$

Für $x = 0$ ist $\dfrac{ds}{dx} = a$, für $x = l_z$ wird $\dfrac{ds}{dx} = 0$ gewählt, also ist

$$a = b \cdot l_z - c \cdot l_z^2\,. \tag{1a}$$

Für die Neigungen der Rampe besteht dann die Gl. (2)

$$s = \int (a - b \cdot x + cx^2)\,dx = ax - \frac{bx^2}{2} + \frac{cx^3}{3} + C_1\,^0/_{00}\,,$$

für $x = 0$ ist $s = s_{max} = C_1$ und für $x = l_z$ ist

$$s = s_{min} = a \cdot l_z - \frac{b}{2}\,l_z^2 + \frac{c}{3}\,l_z^3\,, \tag{2a}$$

Die Gleichung des Profils ist dann

$$y = \int \frac{s \cdot dx}{1000} = \int \left(a x - \frac{b}{2} \cdot x^2 + \frac{c}{3} \cdot x^3 + s_{\max} \right) \frac{dx}{1000} \tag{3}$$

oder

$$1000\, y = \frac{a}{2} \cdot x^2 - \frac{b}{6} \cdot x^3 + \frac{c}{12} \cdot x^4 + x \cdot s_{\max} + C_2. \tag{3a}$$

Für $x = 0$ ist $y = 0$ und $C_2 = 0$. Da $1000\, y : x = s_{m\,x}\,^0/_{00}$ die Neigung der Verbindungsgeraden des Rampenfußes mit dem Rampenpunkt (Abb. 132 b), so ist

$$1000\, y : x = s_{m\,x} = s_{\max}$$
$$+ \frac{a}{2} \cdot x - \frac{b}{6} \cdot x^2 + \frac{c}{12} \cdot x^3. \tag{4}$$

Für $x = l_z$ ist

$$s_{m\,x} = s_{m\,z} = 1000\, h : l_z = s_{\max}$$
$$+ \frac{a}{2} \cdot l_z - \frac{b}{6} \cdot l_z^2 + \frac{c}{12} \cdot l_z^3. \tag{4a}$$

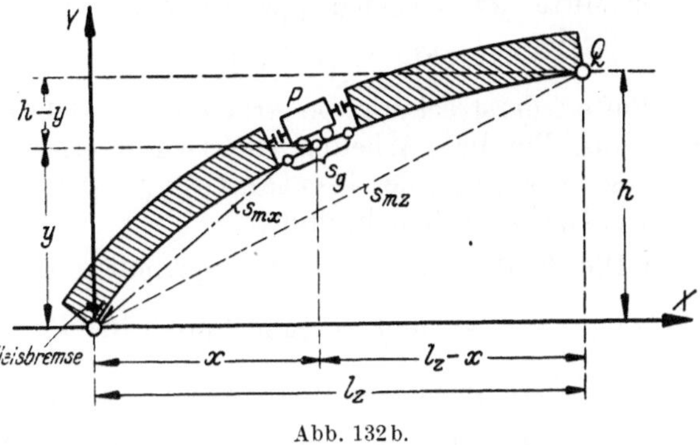

Abb. 132 b.

Aus den Gl. (1a). (2a) und (4a) berechnet man a, b und c. Mit diesen Werten und mit $s_{\max} - s_{\min} = \Delta S$ erhält man

$$s_{m\,x} = s_{\max} - \Delta S \left(\frac{3}{2}\, k - k^2 + \frac{k^3}{4} \right) = s_{\max} - \Delta S \cdot f(k)\,^0/_{00},$$

wo $k = x : l_z$ ist.

Für $k =$	$\frac{1}{6}$	$\frac{1}{3}$	$\frac{1}{2}$	$\frac{1}{1.5}$	$\frac{1}{1,2}$	1
ist $f(k)$	0,224	0,4	0,53	0,628	0,7	0,75

Für $k = 1$ ist $s_{m\,x} = s_{m\,z} = s_{\max} - \Delta S \cdot 0{,}75$ und

$$s_{\min} = (4\, s_{m\,z} - s_{\max}) : 3\,^0/_{00}.$$

Bei gegebenem $s_{m\,z}$ und $s_{\max}$ kann man also $s_{\min} > w = 3\ \text{kg/t}$ berechnen. Je größer $s_{\min}$ bei gleichem $s_{m\,z}$, desto besser ist der Anlauf.

Beispiel: Ist $l_z = 540$ m für 60 Wagen mit 30 leeren Wagen von je 10 t in der vorderen und 30 beladenen von je 25 t in der hinteren Hälfte des Zuges gleich der Rampenlänge, so ist mit $s_{m\,z} = w_{a\,m\,z} = 6{,}8\,^0/_{00}$ und $s_{\max} = 15\,^0/_{00}$, $s_{\min} = (4 \cdot 6{,}8 - 15):3 = 4{,}07\,^0/_{00}$. Nach Zeichnung F_w 06,003 · 2101 des Reichsbahn-Zentralamts Berlin kann die Dehnung einer Pufferfeder der heutigen Güterwagen durch die Gleichung

$$\Delta l_p = \sqrt{3{,}75\, (P - 1000) : 1000}\ \text{cm}$$

angegeben werden. Hier ist P kg der Pufferdruck in kg und 1000 kg die Vorspannung einer Pufferfeder. Man berechnet für sechs Rampenpunkte die Höhen y in den Abständen $\Delta x = l_z : 6$ und verbindet diese geradlinig zu den Neigungen

$$s_g = 1000 \cdot (y_2 - y_1) : \Delta x\,^0/_{00}.$$

Es ist $y = x \cdot s_{m\,x} : 1000$. In Zahlentafel 15 sind in Spalte 1 bis 4 die Werte für x, $s_{m\,x}$, y und s_g sowie in Spalte 5 die Wagengewichte G_g t auf den einzelnen Neigungen s_g von der Länge Δx eingetragen.

3. Berechnung der Anlaufbewegung.

Für diese Rampe ist nun der Nachweis zu erbringen, daß sie betriebstüchtig ist, also ein schlechtlaufender Zug mit leeren Wagen in der ersten und mit beladenen in der zweiten Hälfte nach vollständiger Streckung weiterrollt. Nach Abb. 132b wird jeder Wagen, der auf seinem Gefälle s den Anlaufwiderstand zu überwinden hat 1. von dem vorderen, durch die Bewegung bereits gestreckten Zugteil gezogen und 2. von den Pufferfederkräften des dahinterstehenden gestauchten Zugteils gedrückt. Für die Berechnung faßt man die auf einer Neigung $s_g{}^0/_{00}$ stehenden Wagen zu einer Gruppe zusammen und läßt die Kräfte in der Mitte der Wagengruppe angreifen, die vom Rampenfuß den Abstand

$$x_m = x + \frac{\varDelta x}{2}$$

hat. Für diese Kräfte rechnet man bei Kenntnis der Kupplungs- und Pufferfederstreckung die Arbeiten der Bahnkräfte und die der Pufferfederkräfte aus. Für diese Arbeiten jeder Gruppe ermittelt man deren Geschwindigkeit. Die Geschwindigkeit der letzten Gruppe ist die, mit der der gestreckte Zug zur Ablaufanlage zu rollen beginnt.

a) Die Kräfte. An jeder Gruppenmitte ziehen also vorn die Bahnkräfte $\sum\limits_{0}^{x_m} G_g \cdot (s_g - w_{ag})$ kg und drücken hinten die Pufferfederkräfte $\sum\limits_{x_m}^{l_z} G_g (s_g \pm w)$ kg. Mit dem Fahrzeugwiderstand $w = 3$ kg des einfahrenden Zuges ist der Kleinstwert der Federkräfte $\sum\limits_{x_m}^{l_z} G_g (s_g - 3)$, der Größtwert $\sum\limits_{x_m}^{l_z} G_g (s_g + 3)$ kg, der bestimmt erreicht wird, wenn der Zug durch Zurückdrücken der Lokomotive gestaucht wird. In die Berechnung soll der Mittelwert $\sum\limits_{0}^{l_z} G_g \cdot s_g$ eingeführt werden. Die Gefällkräfte sind $\sum\limits_{0}^{x_m} G_g \cdot s_g$ kg. Sie werden durch die mittleren Pufferfederkräfte $\sum\limits_{x_m}^{l_z} G_g \cdot s_g$ in jedem Punkte der Rampe zur Maximalgefällkraft ergänzt. Es ist also $\sum\limits_{0}^{x_m} G_g \cdot s_g + \sum\limits_{x_m}^{l_z} G_g \cdot s_g = \sum\limits_{0}^{l_z} G_g \cdot s_g$. Man rechnet daher für jede Gruppenlänge durch Vervielfältigung der Spalten 4 und 5 der Zahlentafel 15 die Kräfte $G_g \cdot s_g$ aus und zählt sie in Spalte 6 vom Rampenende nach dem Rampenfuß zu zusammen. Sodann addiert man je zwei benachbarte Summenwerte und trägt dies in Spalte 7 ein. Dies ist die Druckkraft $4\,P$ der vier Pufferfedern des mittleren Wagens. Zieht man nun die halben Werte der Spalte 7 von dem größten Werte der Spalte 6 ab, so erhält man in Spalte 12 die Gefällkräfte $\sum\limits_{0}^{x_m} G_g \cdot s_g$ (kg).

b) Pufferstreckung. Aus obiger Gleichung $\varDelta l_p = \sqrt{3,75\,(P - 1000) : 1000}$ sind jetzt die Pufferzusammendrückungen $\varDelta l_p$ cm eines Puffers für P kg zu berechnen und in Spalte 8 einzutragen. Nach Spalte 9 ist die Pufferdehnung der Gruppe $\varDelta l_g = 2\,n \cdot \varDelta l_p : 100$ m.

c) Pufferfederarbeit. Die Pufferfedern haben eine Vorspannung von je 1000 kg. Bei der Streckung einer Feder ist die mittlere Kraft $(P + 1000) : 2$. Jeder Wagen hat vier Pufferfedern, die sich um je $\varDelta l_p : 100$ m strecken. Die Federarbeit eines Wagens ist $(4\,P + 4000) \cdot \varDelta l_p : 2 \cdot 100$ mkg und die der n Wagen einer Gruppe ist

$$E_p = (4\,P + 4000) \cdot n \cdot \varDelta l_p : 2 \cdot 100 = (P + 1000) \cdot \varDelta l_g \text{ mkg (Spalte 10).}$$

d) Vorrückweg der Wagengruppe und Arbeit der Bahnkräfte. Beim Strecken einer Gruppe legt der erste Wagen den Weg $l_v = \varDelta l_g + n \cdot \varDelta l_k : 100$ zurück (Spalte 11), der mittlere Wagen hat den Streckweg $l_v : 2$. Es ist $\varDelta l_k$ der Streckweg einer Kupplung. Von den vor der Gruppe bereits gestreckten Wagen legt jeder den Weg l_v zurück. Ihre Arbeit ist

$$\sum_0^x G_g (s_g - w_{ag}) \cdot l_v.$$

Die Arbeit der sich streckenden Gruppe ist

$$G_g \cdot (s_g - w_{ag}) \cdot l_v : 2.$$

Die Gesamtarbeit der Bahnkräfte ist dann

$$E_b = l_v \cdot \left[\sum_0^x G_g(s_g - w_{ag}) + G_g \cdot (s_g - w_{ag}) : 2 \right]$$

$$= \sum_0^{x_m} G_g \cdot (s_g - w_{ag}) \cdot l_v$$

$$= \sum_0^{x_m} G_g \cdot s_g \cdot l_v - \sum_0^{x_m} G_g \cdot w_{ag} \cdot l_v.$$

Die $\sum$ ist zu bilden vom Rampenfuß bis zur Mitte jeder sich streckenden Gruppe. $\sum_0^{x_m} G_g \cdot s_g$ kommt in Spalte 12. In Zahlentafel 16 ist sodann $\sum_0^{x_m} G_g \cdot w_{ag}$ nacheinander für den jeweils gestreckten vorderen Zugteil zu berechnen. Hierbei ist w_{ag} für den Vorrückweg des mittleren Wagens jeder Gruppe (Spalte 11 der Zahlentafel 16) aus Abb. 131 abzulesen. Die mittleren Vorrückwege jeder Gruppe $\sum_0^{x_m} l_{vm}$ erhält man, wenn man in den Zeilen für x zu dem $l_v : 2$ der sich streckenden Gruppe die l_v der bereits gestreckten Gruppe von rechts nach links (in der in Zahlentafel 16 eingetragenen Pfeilrichtung) nacheinander addiert. Um die Anlaufwiderstände vom Rampenfuß bis zur Mitte der sich streckenden Gruppe zu erhalten, ist der Widerstand w_{ag} des mittleren Wagens der sich streckenden Gruppe mit $G_g : 2$ und das w_{ag} des mittleren Wagens jeder gestreckten Gruppe mit G_g zu vervielfältigen.

In Spalte 13 der Zahlentafel 15 sind aus Zahlentafel 16 die Zeilensummen $\sum_0^{x_m} G_g \cdot w_{ag}$ einzutragen. Die Differenz der Spalten 12 und 13 ergibt (Spalte 14) $\sum_0^{x_m} G_g \cdot (s_g - w_{ag})$ und deren Vervielfältigung mit dem Vorrückweg l_v (Spalte 11, Zahlentafel 15) ergibt in Spalte 15 die Arbeit der Bahnkräfte E_b mkg · Spalte 16 = Spalte 10 + Spalte 15.

Zahlentafel 15.

Profil				Pufferarbeit						Arbeit der Bahnkräfte						Anlaufbewegung			
1	2	3	4	5	6	7	8	9	10	11	12	13	14	15	16	17	18	19	20
x	$s_{m\,x}$	y	s_g	G_g	$\sum_x^{l_z} G_g \cdot s_g$	$2\sum_{x_m}^{l_z} G_g \cdot s_g = 4P$	l_p	l_g	E_p	l_v	$\sum_0^{x_m} G_g \cdot s_g$	$\sum_0^{x_m} G_g \cdot w_{ag}$	$\sum_0^{x_m} G_g(s_g - w_{ag})$	E_b	$E_p + E_b$	M	$\sum M$	v	u
m	‰	m	‰	t	kg	kg	cm	m	mkg	m	kg	kg	kg	mkg	mkg	kg·s²/m	kg·s²/m	m/s	m/s
					6127														
90	12,55	1,13	12,55	100	+1255	10999	2,56	0,512	1920	1,112	627	395	+232	+257	+2177	11240	11240	0,62	—
					4872														
180	10,62	1,91	8,67	100	+867	8877	2,14	0,428	1380	1,028	1687	1110	+577	+590	+1970	11240	22480	0,585	—
					4005														
270	9,2	2,485	6,38	100	+638	7372	1,78	0,356	1010	0,956	2547	1770	+777	+742	+1752	11240	33710	0,557	—
					3367														
360	8,13	2,93	4,95	250	+1273	5461	1,16	0,23	542	0,83	3396	3165	+225	+187	+629	26320	60020	0,22	0,425
					2094														
450	7,34	3,304	4,17	250	+1080	3108	—	—	—	0,6	4573	5145	−572	−343	−343	26320	86340	—	0,286
540	6,8	3,67	4,07	250	1014	1014	—	—	—	0,6	5620	6850	−1230	−738	−738	26320	112660	—	0,196

14*

Zahlentafel 16.

1	2	3	4	5	6	7	8	9	10	11	12	13
G_g t		100		100		100		250		250		250
$\frac{x}{m}$	Σl_{vm}	$\frac{w_{ag}}{G_g w_{ag}}$	Σl_{vm}	$\frac{w_{ag}}{G_g w_{ag}}$	Σl_{vm}	$\frac{w_{ag}}{G_g w_{ag}}$	Σl_{vm}	$\frac{w_{ag}}{G_g w_{ag}}$	Σl_{vm}	$\frac{w_{ag}}{G_g w_{ag}}$	Σl_{vm}	$\frac{w_{ag}}{G_g w_{ag}}$
90	0,556	7,9:2										
		$395 = G_g \cdot w_{ag}$										
180	1,662	7,1	0,515	7,95:2								
		710	1,112	398 =	$1110 = \Sigma G_g w_{ag}$							
270	2,618	6,5	1,506	7,2	0,478	8,0:2						
		650	1,112	720	1,028	400 =	$1770 = \Sigma G_g w_{ag}$					
360	3,521	6,1	2,409	6,65	1,371	7,3	0,415	9,3:2				
		610	1,112	665	1,028	730	0,956	1150 =	$3165 = \Sigma G_g w_{ag}$			
450	4,226	5,95	3,114	6,2	2,086	6,9	1,13	8,2	0,3	9,6:2		
		595	1,112	620	1,028	690	0,956	2040	0,83	1200 =	$5145 = \Sigma G_g w_{ag}$	
540	4,826	5,7	3,714	6,1	2,686	6,3	1,73	7,15	0,9	8,25	0,3	9,6:2
		570	1,112	610	1,028	630	0,956	1790	0,83	2050	0,6	1200

$$\Sigma G_g w_{ag} = 6850$$

e) **Die Anlaufgeschwindigkeiten.** Bei deren Berechnung ist zu unterscheiden zwischen den Wagengruppen, die von selbst anlaufen, und denen, die aus dem Stehen mitgerissen werden. Bei ersteren muß sowohl E_p als auch E_b positiv sein.

Solange ihre Kupplungen noch nicht gestreckt sind, bewegen sie sich als Einzelwagen. Mit Rücksicht auf die Abfederung der Zugstangen kann man bei den kleinen Geschwindigkeitsunterschieden der einzelnen von selbst anlaufenden Wagen nach dem Strecken der Kupplungen die Geschwindigkeiten ohne Stoßverlust berechnen. Sollte diese Annahme vielleicht etwas zu günstig sein, so gleicht sich dies beim Gesamtergebnis insofern wieder aus, als bei dem aus dem Stehen mitgerissenen Wagen die Abfederung der Zugstangen nicht in Rechnung gesetzt wird. Die Anlaufgeschwindigkeit wird für jede von selbst anlaufende Gruppe nach der Energiegleichung $v = \sqrt{\dfrac{2\,(E_p + E_b)}{M}}$ m/s (Spalte 19) für sich berechnet, und dann eine mittlere Geschwindigkeit aller von selbst anlaufender Gruppen nach der Gleichung $u = \dfrac{\sum v \cdot M}{\sum M}$ m/s gebildet (Spalte 20). Es wird $\sum v \cdot M$ aus Spalte 17 $\times$ 19 berechnet. Ferner sind M und $\sum M$ (Spalte 18) die Massen jeder Gruppe und deren Summen. Für ein Wagen vom Gewicht G_w t und vom Radreifengewicht $G' = 1$ t ist die Masse $\dfrac{G_w + G'}{G_w \cdot g}$ kg $\cdot$ s^2/m.

Bei den Wagen, die aus dem Stehen mitgerissen werden, wird die Geschwindigkeit u m/s einer Wagengruppe aus derjenigen u_{-1} m/s der vorhergehenden Wagengruppe (Spalte 20) nach dem Impulssatz $\sum\limits_{0}^{x} M \cdot u_{-1} + \sum\limits_{0}^{1\,x} K \cdot \Delta t = \left(\sum\limits_{0}^{x} M + M\right) \cdot u$ berechnet.

Es ist der Antrieb $\sum\limits_{0}^{1\,x} K \cdot \Delta t = K_m \cdot t$, wo K_m die Mittelkraft und $t = 2 \cdot l_v : (u + u_{-1})$ die Zeit ist, in der sich die Wagengruppe von der Länge Δx streckt. Eingesetzt mit $K_m \cdot l_v = E_p + E_b$ und $(u + u_{-1}):2 = u_m$ ist

$$K_m \cdot t = l_v \cdot K_m : u_m = (E_p + E_b):u_m.$$

Es ist dann

$$u = \sum\limits_{0}^{x} M \cdot u_{-1} : \left(\sum\limits_{0}^{x} M + M\right) + (E_p + E_b) : \left(\sum\limits_{0}^{x} M + M\right) \cdot u_m \ \text{m/s}.$$

In der Gleichung $u_m = (u_{-1} + u):2$ ist u unbekannt; es ist u_m zu schätzen und so lange zu verbessern, bis $u_m = (u_{-1} + u):2$ ist. Der Zug hat bei vollständiger Streckung die Geschwindigkeit $u = 0,196$ m/s. Es soll $u = 0,15$ m/s nicht unterschritten werden, andernfalls ist s_{mg} °/$_{00}$ zu erhöhen. Die u-Werte sind nämlich in Wirklichkeit etwas kleiner, weil die von selbstanlaufenden Wagen nacheinander und nicht, wie zur Vereinfachung der Rechnung angenommen wurde, gleichzeitig in Bewegung geraten.

In Wirklichkeit pflanzt sich nach dem Öffnen der Gleisbremsen bei den von selbst anlaufenden Wagen deren Bewegung mit der Geschwindigkeit $v = \sqrt{\dfrac{E \cdot g'}{q}}$ m/s fort[1]. Hier ist $E = \dfrac{4\,P_b \cdot L_w}{2\,\Delta l_{p\,m}}$ t das Elastizitätsmaß. $4\,P_b$ ist die Pufferkraft des Wagens in der Gleisbremse, L_w die Wagenlänge und $\Delta l_{p\,m} = \dfrac{\sum \Delta l_{p\,m}}{n}$ die mittlere Zusammendrückung einer Pufferfeder, wenn $\sum \Delta l_p$ die Zusammendrückung der Pufferfedern aller n-Wagen ist. Ferner ist q das Zuggewicht in t je lfd. m und $g' = g:1,06 = 9,25$ m/s^2 sowie 1,06 der Massenfaktor.

Unter der Annahme, daß die Pufferdehnung der nachfolgenden Wagengruppe beginnt, wenn sich die vorhergehende Gruppe ganz gestreckt hat, hat K. Leibbrand[2] die Anlaufgeschwindigkeit des Zuges mit den zeichnerischen Δt-Ver-

---

[1] Müller, W.: Verkehrstechn. Woche 1931, Sonderheft Rangiertechnik S. 28.
[2] Leibbrand, K.: Dr.-Ing.-Diss. Berlin 1938.

fahren des Verfassers untersucht. Die Anlaufgeschwindigkeit des Zuges ist danach geringer als nach dem vorher beschriebenen Verfahren. Ist jedoch die nach dem vereinfachten Verfahren des Verfassers ermittelte Anlaufgeschwindigkeit der letzten Wagengruppe größer als 0,15 m/s, so läuft nach durchgeführten Vergleichsrechnungen der Zug mit Sicherheit an. Der Nachweis, daß der Zug anläuft, ist ja auch das Ziel der Untersuchung.

Das von der Rangiertechn. Studien-Gesellschaft im Sonderheft der Verkehrstechn. Woche 1937 S. 139 bekanntgegebene Verfahren zur Beurteilung des Anlaufs berechnet nur die Geschwindigkeit des mittleren Wagens nach dem Strecken des Zuges und nicht die der Schlußwagen. Letztere ist aber maßgebend für den Anlauf des Zuges. Daß auch die Stoßwirkung beim Strecken des Zuges hier nicht berücksichtigt wird, ist ein weiterer Mangel des Verfahrens der Rangiertechn. Studien-Gesellschaft.

C. Die Bemessung der Gleisbremse am Fuße der Zulauframpe.

1. Die Balkengleisbremsen als Rampenbremsen.

Die Bremse am Fuße der Zulauframpe hat einen Zug in der Ruhelage zu sichern, ohne daß die Wagenbremsen angezogen zu werden brauchen (Haltebremse). Falls der Ablauf unmittelbar aus der Einfahrstellung erfolgt, was bei einer geringen Zahl von Einfahrgleisen üblich ist (Bahnhof Duisburg-Hochfeld), hat die Gleisbremse auch die Aufgabe, den Zulauf der Wagen zu der Ablaufanlage zu regeln. Die Gleisbremse muß deshalb so konstruiert werden, daß sie den Zug von der größten Zuführungsgeschwindigkeit nach einem kurzen Bremsweg zum Stehen bringt.

Am geeignetsten ist hierfür eine mechanische Balkengleisbremse, die eine möglichst große Steigerung des Anpreßdruckes gestattet. Man käme dann mit kurzen Bremsen aus, liefe aber Gefahr, daß die Radsätze zu stark beansprucht würden. Eine größere Bremslänge, bei der sich der Bremsdruck auf mehrere Achsen verteilt, ist deshalb vorzuziehen. Bei der Thyssenbremse, bei der nach Abb. 111 die Anpreßkraft erzeugt wird, wenn der Spurkranz zwischen den Bremsschienen auf dem Fuß der Innenschiene aufgelaufen ist, ergibt sich dadurch eine größere Länge, daß die Anpreßkraft vom Radgewicht abhängig ist und so eine bestimmte Größe nicht überschreiten kann. Damit ist auch eine Begrenzung der Radbeanspruchung gegeben, innerhalb der die Bremskraft durch den regelbaren Wasserdruck verstärkt werden kann. Völlige Betriebssicherheit der Rampenbremse ist nach Einführung des umgekehrten Bremsprinzips erreicht, wobei die Schwingschiene unmittelbar durch die Bremszylinder gesteuert werden kann und der Steuerdruck bei fallender Bremskraft steigt, so daß bei Störungen (z. B. Rohrbruch) Maximalbremsung eintritt[1]. Über die Berechnung der Bremskräfte s. S. 176.

2. Die Leistungsfähigkeit der Haltebremsen.

Der Nachprüfung, ob eine Haltebremse den Zug in der Ruhelage festhält, ist der Fall zugrunde zu legen, daß die Gleisbremse gerade geschlossen wird, wenn die Lokomotive noch am Zuge ist. Die Lokomotive hat den Zug mit der Druckluftbremse gebremst. Die Gleisbremse wird geschlossen, hiernach werden die Druckluftbremsen gelöst und der Zug staucht sich. Die Gleisbremse muß dann die Stauchkraft des Zuges $\sum G_g (s_g - w)$ aufnehmen. Beim Schließen der Bremse ist als Fahrzeugwiderstand noch der der Fahrt anzunehmen, also $w = 3$ kg/t. Letzterer vergrößert sich schnell bis zum Anlaufwiderstand. Bei gleichmäßiger

---

[1] Verkehrstechn. Woche 1933 S. 268.

Lastverteilung des Zuges ist $\sum G_g(s_g - w) = G_w \cdot (s_{mz} - w)$. Hier ist G_w das Gewicht des Wagenzuges und $s_{mz}\,^0/_{00}$ dessen mittleres Gefälle auf der Zulauframpe. Bei ungleichmäßiger Lastverteilung kann man $\sum G_g \cdot s_g$ aus der Zahlentafel 15, Spalte 12 entnehmen. Von dem dortigen Höchstwert ist dann noch $w \cdot G_w = 3 \cdot G_w$ kg abzuziehen, um die Stauchkraft zu erhalten.

Teilt man die Bremsbalkenlänge durch den Achsabstand, z. B. 4,5 m, so erhält man die in der Bremse befindlichen Achsen.

In dem Beispiel ist (Zahlentafel 15, Spalte 12) $\sum G_g \cdot s_g = 5620$ t. Hiervon ist $w \cdot G_w = 3\,G_w = 3 \cdot 1050$ abzuziehen, also ist die Stauchkraft $5620 - 3150 = 2470$ t. Bei einer Gleisbremse von 18 m Länge faßt diese zwei leere Wagen von $G_b = 20$ t Gewicht. Also ist die Bremsbeanspruchung $b = \sum G_g(s_g - 3) : G_b = 2470 : 20 = 123,5$ kg/t gegenüber der höchst zulässigen Bremskraft $b_h = 400$ kg/t.

Besteht der Zug aus 58 beladenen Wagen zu je 25 t und 2 leeren Wagen von je 10 t (in der Bremse), so ist das Zuggewicht $1450 + 20 = 1470$. Rechnet man mit einer mittleren Rampenneigung $s_{mz} = 6,8$ kg/t und $w = 3$ kg/t, so ist $1470 \cdot (6,8 - 3) = 5580$ kg. Die Bremskraft ist dann $b = 5580 : 20 = 280$ kg/t. Bei dem Höchstwert $b_h = 400$ kg/t ist also ein Überschuß an Bremskraft von 120 kg/t oder 30% vorhanden, um die Längsschwingungen während des Stauchens des Zuges aufzunehmen.

3. Leistungsfähigkeit der Zulaufbremsen.

Bei einer geringen Anzahl von Einfahrgleisen (bei etwa sechs) ist nach Abb. 133a nur eine Bremsstaffel unmittelbar vor dem Ablaufpunkt anzuordnen. Das

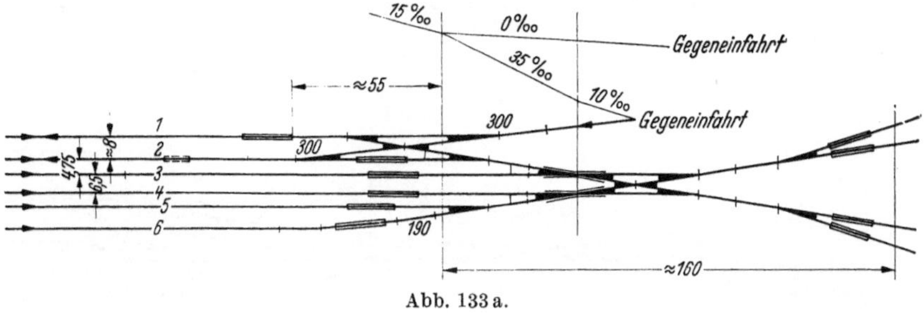

Abb. 133a.

Weichenkreuz im Übergang von der Einfahr- zu den Richtungsgleisen liegt dann am Fuß der Steilrampe. Die Balkengleisbremsen sind hier zugleich Halte- und Zulaufbremsen und infolgedessen nicht nur auf ihre Leistungsfähigkeit als Haltebremse, sondern auch noch auf die den Wagenzulauf zu regelnden Bremskräfte zu untersuchen.

Bei einer größeren Zahl von Einfahrgleisen ordnet man zweckmäßig nach Abb. 133b zwei Bremsstaffeln an, und zwar die Haltebremsen vor dem Zusammenlauf der Einfahrgleise und die Zulaufbremsen kurz vor dem Ablaufpunkt. Wegen der Weichenverbindungen der zahlreichen Einfahrgleise und wegen der Gegeneinfahrt in mehr als die Hälfte der Einfahrgleise liegen hier die Haltebremsen etwas von dem Ablaufpunkt entfernt. Würde man die Wagen schon an der Haltebremse einzeln oder in Gruppen abkuppeln und durch ihre Schwerkraft in die Richtungsgleise laufen lassen, dann würden die Laufwege bis zur letzten Verteilungsweiche vor den Richtungsgleisen sehr lang werden. Folgt nämlich beim Ablauf einem langsamen Wagen ein schnellerer, so würden sich beide so stark nähern, daß man zwischen ihnen diese Verteilungsweiche nicht mehr umstellen könnte. Je mehr aber die Verteilungsweichen nach dem Ablaufpunkt zu gelegen sind, um so größer bleiben die Abstände zwischen den Wagen zum Umstellen der Weichen. Nur auf einer kurzen Strecke von dem Ablaufpunkt ab sind die Abstände wieder sehr klein (Abb. 157). Die Verteilungsweichen sind daher in die Zone zu legen, in der die Zwischenräume möglichst groß sind, d. h. die erste Weiche ist nicht allzu weit vom Ablaufpunkt anzuordnen, und die anderen sind an diese gedrängt anzureihen. Der gemeinsame Laufweg zweier Wagen nach Verlassen der Rampenbremse muß daher möglichst klein sein. Deshalb ist es notwendig, vom Fuße der Zulauframpe bis zur Steilrampe der Ablaufanlage eine flachere sog. Zuführungszone anzulegen, auf der der Zulauf bis zum Ablaufpunkt noch durch die Zulaufbremse geregelt wird; und erst hinter dieser laufen die Wagen durch Schwerkraft die Steilrampe hinunter.

Aus dem gleichen Grunde ist in Abb. 133c nach dem Vorschlag von Dipl.-Ing. Kliese das Längenprofil eines Rangierbahnhofs, auf dem die Wagen mit dem Leibbrandschen Schlepper aus den Richtungsgleisen in die Stationsgleise geschoben werden, ausgebildet worden. Hier ist anschließend an die 1:600 geneigten

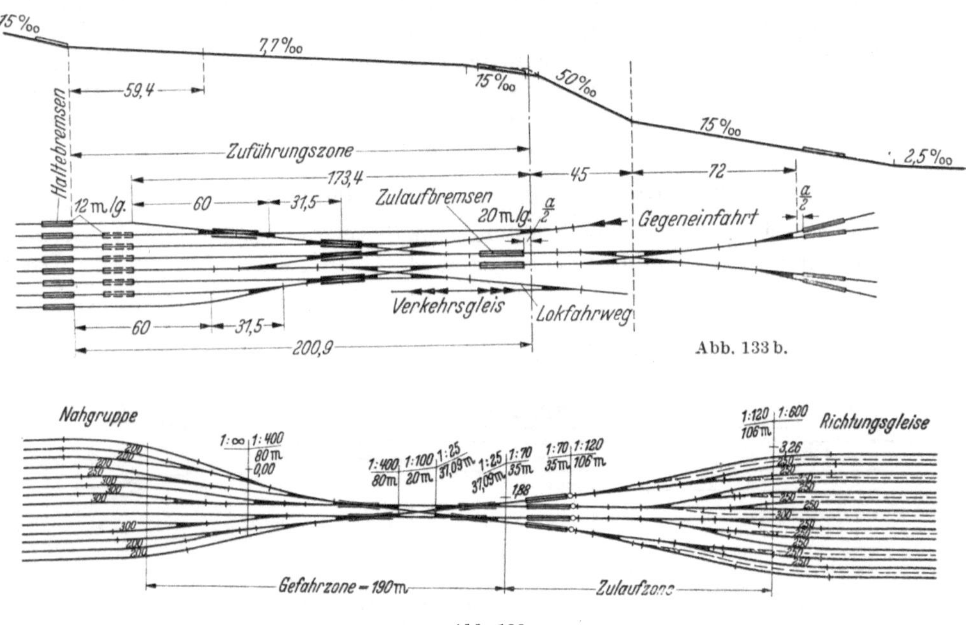

Abb. 133 c.

Richtungsgleise eine 1:120 geneigte Zulaufzone angelegt worden, auf der die Weichen liegen. Dieser folgt eine 1:70 geneigte Strecke zur Aufnahme der fernbedienten Hemmschuhgleisbremsen. Anschließend beginnt die Steilrampe. Die Wagen laufen also, nachdem sie die Hemmschuhgleisbremse verlassen haben, mit Schwerkraft durch die Ablaufanlage der Stationsgleise. Infolgedessen ist die Gefahrzone (Zerlegezone) nur 190 m lang (s. S. 168 u. 171).

a) Die Haltebremse ist zugleich Zulaufbremse (Abb. 134). Bei Ablaufanlagen mit Gleisbremsen am Fuße der Steilrampe bedeutet es keine Betriebsgefahr, wenn bei Einzelabläufen Wagen der Zulaufbremse entgangen sind, und nach diesen erst der dritte Ablauf von der Zulaufbremse wieder festgehalten wird. Die beiden der Zulaufbremse entgangenen Wagen können von der Talbremse abgefangen werden. Beim Eintreten der Bremswirkung der Zulaufbremse nach dem Vorrücken des Zuges um zwei Wagenlängen $\Delta l = 18$ m ist die Zuführungsgeschwindig-

keit $v_0 = \sqrt{\dfrac{2\,g'\,(s_{mz} - w)\,\Delta l}{1000}}$. Mit $g' = 9{,}40$, $s_{mz} = 6{,}8\,‰$ der mittleren Rampen-

neigung und $w = 3{,}8$ kg/t ist $v_0 = \sqrt{\dfrac{2 \cdot 9{,}4\,(6{,}8 - 3{,}8) \cdot 18}{1000}} \simeq 1{,}0$ m/s. Wegen des kurzen Vorrückweges aus der Haltebremse ist hier $w = 3,8$ kg/t gewählt worden, während bei längeren Vorrückwegen gewöhnlich $w = 3,5$ kg/t gesetzt wird. Demnach ist also die Bremskraft beim Durchschleusen des Zuges so groß zu bemessen, daß dieser von einer Zuführungsgeschwindigkeit $v_0 = 1$ m/s bei 18 m Bremsweg zum Halten gebracht wird.

Nachdem zwei Wagen ungebremst durchgegangen sind, hat beim Eintritt der Bremswirkung der Zug die in Abb. 134 eingezeichnete Stellung. Der vorderste Wagen wird also beim Einlauf in die Bremse gefaßt. Es sollen während des Bremsens die vier vorderen Wagen so weit durch die Bremse laufen, daß die hintere Achse des 4. Wagens noch von dem Bremsbalken gefaßt wird, und der Zug hierbei zum Halten gekommen ist. Die hintere Achse des 4. Wagens legt dabei nach Abb. 134 den Bremsweg $l_b = q\,p$ zurück. Sie hat im Punkt q die Geschwindigkeit $v_0 = 1$ m/s. Die Mitte der Gruppe von vier Wagen legt nach der Abb. bis zum unteren Ende der Gleisbremse den Bremsweg von 30 m zurück. Damit ungünstigstenfalls nur leere Wagen gebremst werden, so sind die beiden an den 4. Wagen anschließenden auch als leer angenommen. Soll der Zug an der angegebenen Stelle zum Halten kommen, so muß

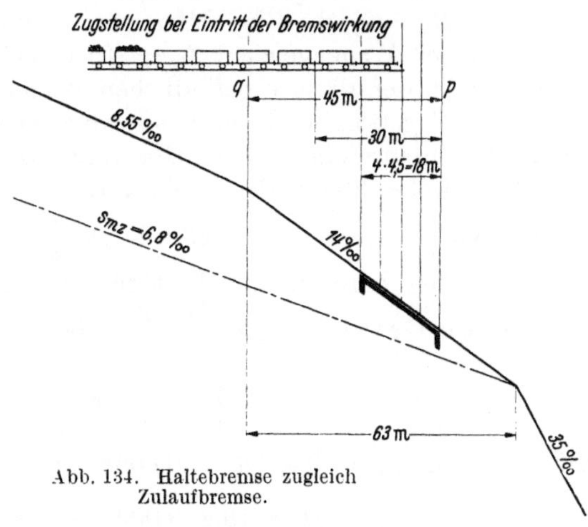

Abb. 134. Haltebremse zugleich Zulaufbremse.

auf der Strecke $l_b = q\,p$ die Bewegungsenergie des ungebremsten Zuges durch die Bremsung der leeren Wagen vernichtet werden. Die Zunahme der Bewegungsenergie des ungebremsten Zuges auf der Strecke $l_b = q\,p$ ist mit v_p m/s im Punkt p

$$\frac{G_w}{2\,g'}\,(v_p^2 - v_0^2) = \frac{\Sigma G_g\,(s_g - w)\,\varDelta l}{1000}\ \text{tm}\,.$$

Es ist

$$\Sigma G_g\,(s_g - w) = G_{g1}\,(s_{g1} - w) + G_{g2}\,(s_{g2} - w) + \cdots + G_{gn}\,(s_{gn} - w)\,.$$

Nach Zahlentafel 15 ist G_{g1} das Gewicht der Wagen auf der Neigung s_{g1}, G_{g2} das der Wagen auf der Neigung s_{g2} usw. $\varDelta l$ ist der Vorrückweg, w der Fahrzeugwiderstand nach Überwindung des hohen Anlaufwiderstandes. Setzt man unter Zugrundelegung der Abb. 131 für den Vorrückweg $w = 3,5$ kg/t, so trifft man damit die Wirklichkeit gut, da die Kurven nach Abb. 131 auf ihren weiteren Verlauf immer flacher werden. Haben alle Wagen gleiches Gewicht, so kann man $\Sigma G_g\,(s_g - w) = G_w \cdot (s_{mz} - 3,5)$ setzen. Hier ist $s_{mz} = 1000\,h : l_z\,°/_{00}$ die mittlere Neigung des ganzen Zuges von der Länge l_z, und h ist der Höhenunterschied zwischen den ersten und dem letzten Wagen. Sind nur sechs leere Wagen vor den anderen beladenen Wagen des Zuges, so kann man auch hier ohne merklichen Fehler $s_{mz} = 1000\,h : l_z\,°/_{00}$ setzen, so daß

$$\Sigma G_g\,(s_g - 3,5) = G_w\!\left(\frac{h\cdot 1000}{l_z} - 3,5\right)\ \text{ist.}$$

Die Werte $s_{mz} = 1000\,h : l_z$ sind für die verschiedenen Stellungen des Zuges beim Vorrücken um $\varDelta l$ zu ermitteln. Im vorliegenden Falle ist $q\,p = 45$ m. Es sollen alle Bewegungen auf den jeweiligen Standort der bei der Anfangsstellung in q stehenden hinteren Achse des 4. Wagens bezogen werden. Steht diese Achse in der Mitte von $q\,p$ und berechnet man hierfür $G_w(s_{mz} - 3{,}5)$, so ist dies die mittlere Bahnkraft auf der Strecke $l_b = qp$, und die Arbeit ist $G_w(s_{mz} - 3{,}5) \cdot l_b = G_w(h/l_z - 0{,}0035) \cdot l_b$ tm. Daher ist die Energiezunahme

$$\frac{G_w}{2\,g'}\,(v_p^2 - v_0^2) = G_w\left(\frac{h}{l_z} - 0{,}0035\right) l_b\,.$$

Es ist dann die Geschwindigkeit in Punkt p

$$v_p = \sqrt{v_0^2 + 2g'\left(\frac{h}{l_z} - 0{,}0035\right) l_b}\ \text{m/s}\,.$$

Diese muß durch die Bremsarbeit $A_b = \sum B_b \cdot \varDelta l_b$ tm zu Null werden. Es ist $l_b = 45$ m der Bremsweg. Die erreichbare Bremskraft beim Durchschleusen der Wagen ist $B_b = G_b \cdot n_b \cdot b$ kg. Hier ist nach vorigem $b = 333$ kg/t die erreichbare Bremskraft je t Wagengewicht, $G_b = 10$ t das Gewicht eines Leerwagens. n_b ist die Anzahl der in der Bremse befindlichen Wagen. Zu Beginn der Bremsbewegung ist nur ein Wagen in der Bremse, so daß zwei Wagen auf $45 - 9 = 36$ m Bremsweg in der Bremse sind. Beim Übergang von zwei auf vier Achsen sind durchschnittlich drei Achsen in der Bremse. Es ist also die Bremsarbeit $A_b = \sum B_b \cdot \varDelta l_b$ $= 10 \cdot 0{,}333 \left(\dfrac{3 \cdot 9 + 4 \cdot 36}{2}\right) = 285$ tm. Da $\dfrac{G_w}{2\,g'} \cdot v_p^2 = A_b$, so setzt man aus obiger Gleichung den berechneten Wert für A_b ein und kann hiernach das abzubremsende Gewicht $G_w = \dfrac{2\,g' \cdot A_b}{v_p^2}$ t berechnen. Es ist dann

$$v_p = \sqrt{v_0^2 + 2\,g'\left(\frac{h}{l_z} - 0{,}0035\right) l_b}\,.$$

Mit $v_0 = 1$ m/s, $g' = 9{,}4$, $h/l_z = 0{,}0068$ und $l_b = 45$ m ist

$$v_p = \sqrt{1 + 18{,}8\,(0{,}0068 - 0{,}0035)\,45} = 1{,}95\ \text{m/s}\,.$$

Eingesetzt ist $G_w = 2\,g'\,A_b : v_e^2 = \dfrac{18{,}8 \cdot 285}{1{,}95^2} = 1410$ t.

Der Zug für die Untersuchung der Zulaufbremsung hat acht Leerwagen, von denen vorher zwei ungebremst abgelaufen sind. Außerdem hat der Zug 49 beladene Wagen von je 25 t Gewicht, so daß das abzubremsende Gewicht des Zuges $G_w = 49 \cdot 25 + 6 \cdot 10 = 1285$ t beträgt, also kleiner als 1410 t ist. Daher kann der Zug in der geforderten Weise beim Durchschleusen von $v_0 = 1$ m/s auf Halt abgebremst werden.

b) Die Zulaufbremse ist von der Haltebremse getrennt. Hier ist für das Halten der Züge eine kürzere Haltebremse am unteren Ende der Einfahrgleise eingebaut und zur Regelung der Zuführungsgeschwindigkeiten eine größere Zulaufbremse kurz oberhalb der Steilrampe der Ablaufanlage angelegt. Zwischen den beiden Gleisbremsen liegt die sog. Zuführungszone, deren Länge sich nach Abb. 133b aus der Weichenentwicklung ergibt.

Die Neigung der Zuführungszone muß so stark sein, daß der auf der Zulauframpe in Bewegung geratene Zug nicht wieder zum Stehen kommt. Rückt ein längerer Zug nach dem Ablaufpunkt vor, so ist dies allerdings nicht zu befürchten, da der steilere Teil der Zulauframpe für die Bewegung noch wirksam bleibt. Ein ungünstiger Fall tritt ein, wenn ein Zug zugeführt wird, der nicht länger ist als die Zuführungszone. Sein Widerstand beträgt bei ungünstigen Witterungsverhältnissen etwa 5,5 kg/t. Die Zuführungszone muß also so stark geneigt sein, daß eine Gruppe schlechtlaufender Wagen, die während ihres Laufs auf ihr angehalten werden müßte, wieder von selbst anläuft. Hierfür ist nach Holfeld[1]

---

[1] Holfeld: Dr.-Ing.-Diss. Berlin 1935 — Org. Fortschr. Eisenbahnw. 1936 S. 405.

ein Gefälle von $7,7\,^0/_{00}$ ausreichend, da die Wagen in der Regel nicht lange
gestanden haben. Der Übergangsstrecke von der Zuführungszone nach der Steilrampe, auf der die Zulaufbremsen liegen, ist ein Gefälle von $15\,^0/_{00}$ auf eine Länge
von 25 m zu geben.

Damit Lokomotive und Packwagen des einfahrenden Zuges noch Platz haben,
und damit außerdem noch ein Spielraum von 20 m vorhanden ist (vgl. Richtlinien für die bauliche Ausgestaltung von Verschiebebahnhöfen der Deutschen
Reichsbahn), beginnt die Zuführungszone nach Abb. 133b etwa 60 m oberhalb
des Merkzeichens der ersten der Weichen, die die Einfahrgleise zusammenfassen.

Um die Länge der Zuführungszone und namentlich die Lage des Ablaufpunktes im Gleisplan festzustellen, ist vor allem die Ablauframpe in Einklang
mit der Gleisanlage zu bringen. Die Verbindung von Einfahr- und Richtungs-

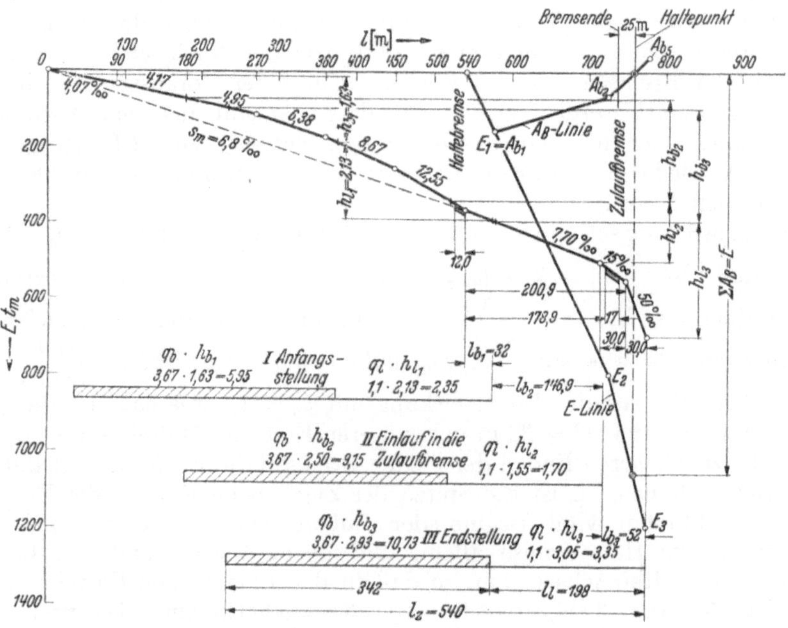

Abb. 135. Zulaufbremsen von Haltebremsen getrennt.

gleisen wird von den Weichen der Einfahrgruppe, der Zuführungszone einerseits
und von den Verteilungsweichen der Richtungsgruppe andererseits gebildet. Dem
Übergang von der einen Gruppe zur anderen dient das Weichenkreuz am Fuße
der Steilrampe (Abb. 133b). Ablauftechnisch ist es für die Entwicklung der
Gleisbüschel am günstigsten, wenn die bergseitigen Weichen des Kreuzes auf die
Steilrampe gelegt werden. Der Ablaufpunkt liegt dann oberhalb dieser Weiche[1].

Beim Entwurf der Weichenentwicklung in der Zuführungszone ist nach Abb. 133b
die Gegeneinfahrt in $\left(\dfrac{n}{2}+1\right)$ Einfahrgleise vorgesehen, hier ist n deren Gesamtzahl. Außerdem ist für die Zuglok ein Fahrweg zum Verlassen der Einfahrgruppe
anzulegen, der in das Verkehrsgleis einmündet.

**c) Die Bremsleistung der Zulaufbremse bei Regelung der Zuführungsgeschwin-
digkeit.** Nach Abb. 135 sind die Haltebremsen 12 m und die Zulaufbremsen 17 m
lang. Die Zuführungszone ist 200,9 m lang. Während der Überführung von der
Haltebremse nach der Zulaufbremse darf man die Gewalt über den Zug nicht

---

[1] Müller, W.: Verkehrstechn. Woche 1930 S. 631.

verlieren. Hier kommen zwei Fälle in Frage. In einem Falle, wenn sich der Ablauf an die Überführung unmittelbar anschließt, beschleunigt man, um Zeit zu sparen, den Zug bis auf etwa 1,5 m/s. Erst dann setzt das Bremsen auf Halt ein. Bis zur Zulaufbremse wird der Zug allein von der Haltebremse mit gleichmäßiger Kraft gebremst. Letztere erhöht sich beim Einlauf des Zuges in die Zulaufbremse. In der Praxis macht man die Annahme, daß die Bewegungsenergie des Zuges, der zum Halten kommen soll, durch die Bremswirkung aufgezehrt ist, wenn die Spitze des Zuges 30 m aus der Zulaufbremse herausgelaufen ist.

Im andern Fall wird bereits während des Ablaufs des ersten Zuges der folgende Zug in das zweite freiwerdende Zuführungsgleis hineingelassen, damit der Zug unmittelbar an den vorhergehenden anschließend zerlegt werden kann. Bei der Überführung des Zuges ist genügend Zeit vorhanden, in der der Zug sich langsam bewegen und nach dem Anlaufen so rechtzeitig durch die Haltebremse wieder zum Stehen gebracht werden kann, daß kein Wagen durch die Zulaufbremse durchrutscht. Für den ersten Fall soll der Nachweis der Leistungsfähigkeit beider Bremsen erbracht werden. Unter der Voraussetzung, daß nur Leerwagen gebremst werden, ergibt sich deren Anzahl aus dem Abstand der beiden Bremsen, der hier $200{,}9 - 5 = 196$ m beträgt, zu 22 Leerwagen. Es soll auch hier wieder das Wagenzuggewicht G_w bestimmt werden, das abgebremst werden kann.

Die Bremswirkung soll eintreten, wenn der Zug die Geschwindigkeit $v_0 = 1{,}4$ m/s hat. Es muß also $\dfrac{G_w}{2g'} v_0^2 = \sum G_w (s_{mz} - w) \cdot l_{b1}$ sein. Dann ist der Vorrückweg aus der Haltebremse $l_{b1} = \dfrac{v_0^2 \cdot 1000}{2g'(s_{mz} - w)}$ m. Setzt man $s_{mz} = $ der mittleren Neigung der Zulauframpe, also wieder $s_{mz} = 6{,}8^0/_{00}$ und $w = 3{,}5$ kg/t, so ist $l_{b1} = \dfrac{1{,}4^2 \cdot 1000}{18{,}8\,(6{,}8 - 3{,}5)}$ $= 32$ m. Beim Eintritt der Bremswirkung mit $v_0 = 1{,}4$ m/s hat also die Spitze des Zuges den Abstand $\Delta l = 32$ m vom unteren Ende der Haltebremse. Da nach Abb. 135 die zugekehrten Enden der beiden Bremsen die Entfernung $200{,}9 - 17$ $- 5 = 178{,}9$ m haben, so ist die Spitze des Zuges beim Eintritt der Bremsung $178{,}9 - 32 = 146{,}9$ m vom Beginn der Zulaufbremse entfernt. Auf dieser Strecke wirkt die Haltebremse allein. Bei einem Achsabstand von 4,5 m ist der Abstand von drei Achsen 9 m, so daß in der 12 m langen Haltebremse die Bremskräfte $B = 0{,}5 \cdot 3 \cdot G_w \cdot b = 1{,}5 \cdot 10 \cdot 333 = 5000$ kg sind. Die Bremsarbeit der Haltebremse ist dann $A_{b2} = \Delta A_{b1} = 5{,}0 \cdot 146{,}9 = 735$ tm. In der 17 m langen Zulaufbremse können 4 Achsen gefaßt werden. Nach Einlauf des ersten Wagens in die Zulaufbremse ist die Bremskraft $B_{b2} = 2{,}5 \cdot 10 \cdot 333 = 8330$ kg. Es sind zu den drei Bremsachsen in der Haltebremse noch die zwei in der Zulaufbremse hinzugekommen, so daß also $(3 + 2) G_b : 2 = 2{,}5 G_b$ ist. Die Zunahme der Bremsarbeit ist nunmehr $\Delta A_{b2} = \dfrac{5 + 8{,}33}{2} \cdot 9 = 60$ tm auf eine Wagenlänge von 9 m. Summe der Bremsarbeit $A_{b3} = \Delta A_{b1} + \Delta A_{b2} = 795$ tm.

Sind vier Achsen in der Zulaufbremse, dann ist bei insgesamt sieben Bremsachsen die Bremskraft $B_{b3} = 0{,}5 \cdot 7 \cdot 10 \cdot 333 = 1165$ kg. Nach der zweiten Wagenlänge ist die Zunahme der Bremsarbeit $\Delta A_{b3} = \dfrac{8{,}333 + 11{,}65}{2} \cdot 9 = 90$ tm, und die Summe der bisherigen Bremsarbeit ist dann

$$A_{b4} = \Delta A_{b1} + \Delta A_{b2} + \Delta A_{b3} = 885 \text{ tm.}$$

Da die Spitze des Zuges beim Halten 30 m über die Zulaufbremse hinausgeschossen ist, so ist die Bremsarbeit auf dieser Strecke bei sieben Bremsachsen $\Delta A_{b4} = 11{,}65 \cdot 30 = 350$ tm und die Gesamtbremsarbeit $A_{b5} = 1235$ tm. Diese Bremsarbeit soll die Bewegungsenergie der ungebremsten Wagen vernichten.

Die Spitze des Zuges darf hierbei nicht über 30 m aus der Zulaufbremse hinausrollen. Die Bewegungsenergie des Zuges vom Gewicht G_w ist

$$G_w v^2 : 2\, g' = \sum \left(\sum G \cdot s - G_w \cdot w \right) \varDelta l \text{ tm.}$$

Da der Zug von $v_0 = 1,4$ m/s abgebremst werden soll, ist die Bewegungsenergie beim Eintritt der Bremswirkung

$$E_1 = G_w \cdot v_0^2 : 2\, g' = 1470 \cdot 1,4^2 : 2 \cdot 9,4 = 153 \text{ tm.}$$

Der Zug besteht aus 60 Wagen, davon sind 38 beladen von je 33 t Wagengewicht und 22 leer von je 10 t Wagengewicht. Es ist daher das Zuggewicht

$$G_w = 38 \cdot 33 + 22 \cdot 10 = 1470 \text{ t.}$$

Für die beladenen Wagen ist das Gewicht je lfd. m bei 9 m Wagenlänge $q_b = 33 : 9 = 3,67$ t/m und für Leerwagen $q_l = 10 : 9 = 1,1$ t/m.

Beim weiteren Vorrücken ändert sich die Gefällkraft des Zuges $\sum G \cdot s$ mit den verschiedenen Neigungen und Gewichten des Zuges. Da hier die Zahl der Leerwagen im Verhältnis zu den beladenen groß ist, kann man nicht wie vorher die mittlere Neigung der Zulauframpe als gleichbleibend für die mittlere Neigung des Zuges beim Vorrücken beibehalten. Es wird deshalb auf die Länge der Gruppe der beladenen Wagen das vorher ermittelte Gewicht $q_b = 3,67$ t/m und auf die Länge der Gruppe der leeren Wagen das Gewicht $q_l = 1,1$ t/m eingeführt. Der gesamte Zug ist $l_z = 540$ m, die Leergruppe $l_l = 9 \cdot 22 = 198$ m und die beladene Gruppe $l_z - l_l = 342$ m lang. Das Gewicht der beladenen Gruppe ist $q_b (l_z - l_l)$ und das der Leerwagengruppe $q_l \cdot l_l$. Die Gefällkräfte sind dann $\sum\limits_{0}^{l_z - l_l} q_b \cdot s \cdot \varDelta l$ und $\sum\limits_{l_z - l_l}^{l_z} q_l \cdot s \cdot \varDelta l$. Für $q = 1$ t/m ist $h_b = \sum\limits_{0}^{l_z - l_l} s \cdot \varDelta l$ der Höhenunterschied der Rampenstrecke, auf der die beladenen Wagen stehen, und $h_l = \sum\limits_{l_z - l_l}^{l_z} s \cdot \varDelta l$ der entsprechende Höhenunterschied der Leerwagengruppe auf der Rampe.

Nun zeichnet man das Längsprofil der Zulauframpe nach Zahlentafel 15, S. 211 sowie das der Zuführungsstrecke nach Abb. 135. In diesem greift man mit dem Zirkel den Höhenunterschied h_b der Rampenstrecke $l_z - l_l$ ab, multipliziert ihn mit q_b und erhält $q_b \cdot h_b = q_b \sum\limits_{0}^{l_z - l_l} s \cdot \varDelta l$. Ebenso ist bei der Leerwagengruppe $q_l \cdot h_l = q_l \cdot \sum\limits_{l_z - l_l}^{l_z} s \cdot \varDelta l$. Den Höhenunterschied der beiden Enden der Belastungsstrecken bildet man in Abb. 135 mit dem Zirkel von der Wegachse aus und liest von dieser h_b bzw. h_l an der Ordinatenachse ab. Man kann so schnell die Gefällkräfte für die verschiedenen Zugstellungen ermitteln. Von dem Wert $q_b \cdot h_b + q_l \cdot h_l$ zieht man den Fahrzeugwiderstand des Zuges $G_w \cdot w$ $= 1470 \cdot 3,5 = 5,15$ t ab. Im Beispiel sind drei Zugstellungen angenommen:

1. Die Zugspitze steht 32 m hinter der Haltebremse (Eintritt der Bremswirkung)

$$\begin{aligned} h_{b1} &= 1,63 \text{ m} & q_b \cdot h_{b1} &= 5,95 \text{ t} \\ h_{l1} &= 2,13 \text{ m} & q_l \cdot h_{l1} &= \underline{2,35 \text{ t}} \end{aligned}$$

$$\text{Bahnkraft I:} \quad 8,30 = 5,15 = 3,15\,\text{t} = G_w (s - w)_I.$$

2. Zugspitze steht am Einlauf der Zulaufbremse

$$\begin{aligned} h_{b2} &= 2,5 \text{ m} & q_b \cdot h_{b2} &= 9,15 \text{ t} \\ h_{l2} &= 1,55 \text{ m} & q_l \cdot h_{l2} &= \underline{1,7 \text{ t}} \end{aligned}$$

$$\text{Bahnkraft II:} \quad 10,85 - 5,15 = 5,7\,\text{t} = G_w (s - w)_{II}.$$

3. Zugspitze steht 30 m unterhalb der Zulaufbremse

$$h_{b3} = 2,93 \text{ m} \qquad q_b \cdot h_{b3} = 10,73 \text{ t}$$
$$h_{l3} = 3,05 \text{ m} \qquad q_l \cdot h_{l3} = \underline{3,35 \text{ t}}$$

Bahnkraft III: $14,08 - 5,15 = 8,93 \text{ t} = G_w(s - w)_{III}$.

a) **Bewegungsenergie beim Beginn des Abbremsens** wie vor . . . . $E_1 = 153$ tm   Bremsarbeit $A_{b1} = 0$ tm

b) Arbeit der Bahnkräfte $0,5 \cdot (3,15 + 5,7)\ 146,9 = \underline{650 \text{ „}}$

$l_{b2} = 146,9$ m ist der Weg von I. zur II. Zugstellung.

Bewegungsenergie bei Zugstellung II . . . . $E_2 = 803$ tm $A_{b2} = 735$ tm

c) Arbeit der Bahnkräfte $0,5 \cdot (5,7 + 8,93) \cdot 52$ $\underline{381 \text{ „}}$

Der Weg von der II. zur III. Zugstellung ist $l_{b3} = 52$ m.

Bewegungsenergie bei Zugstellung III $E_3 = 1184$ tm $A_{b5} = 1225$ tm

Die den E-Werten entsprechenden Werte der Bremsarbeit A_b sind in der letzten Spalte hinter die zugehörigen Zahlen gesetzt. Mit den Werten E_1, E_2 und E_3 zeichnet man über dem Bremsweg $l_{b1} + l_{b2} + l_{b3}$ die E-Linie. Von dieser setzt man in Abb. 135 die Werte A_{b1}, A_{b2} und A_{b5} nach oben ab und erhält die A_b-Linie. Durch den Schnittpunkt letzterer Linie mit der Wegachse erhält man nach Abb. 135 zeichnerisch den Punkt, in dem die Spitze des Zuges durch Bremsen zum Stehen kommt. Im Beispiel liegt diese Stelle 25 m vom unteren Ende der Zulaufbremse entfernt.

Diese Ermittlung wurde für beladene Wagen mit verschiedenen Gewichten durchgeführt. Für das Wagengewicht 33 t ergab sich, daß die Spitze des Zuges 25 m unterhalb der Zulaufbremse, also etwas vor der verlangten Größtstrecke von 30 m zum Halten kam. Diese Ermittlungen führten mit dem soeben beschriebenen Verfahren des Verfassers zur Auswertung des Längsprofils schnell zum Ergebnis. Bei allen Wagen mit kleinerem Gewicht ist der Bremsweg kürzer.

D. Gestaltung der Ablaufanlage.

1. Die Zone der Verteilungsweichen.

Ein Zug wird um so schneller auf einer Ablaufanlage zerlegt, je dichter beim Abrollen die Wagen einander folgen können. Hierbei sollen die Wagenabstände trotz der verschiedenen Fahrzeugwiderstände der gut oder schlecht laufenden Fahrzeuge auf eine möglichst lange Laufstrecke sich wenig ändern. Die Wagenabstände blieben gleich, wenn beide Wagen die gleichen Bahnkräfte, das sind die um den Fahrzeugwiderstand w kg/t verminderten Gefällkräfte s kg/t, hätten. Diese Abstände verändern sich aber um so weniger, je steiler das Gefälle der Ablauframpe ist, auf dem die Wagen verschiedenen Fahrzeugwiderstandes herunterrollen. Denn bei großer Gefällkraft ist der Unterschied der Bahnkräfte $s - w$ kg/t der Gut- und Schlechtläufer relativ kleiner als bei geringen Gefällkräften s kg/t.

Folgt ein Gutläufer (beladener offener Wagen) einem Schlechtläufer (leerer gedeckter Wagen), so wird die Gefahr des Einholens vor der letzten Verteilungsweiche um so größer, je geringer, wie gesagt, das Gefälle der Ablauframpe und je länger die Weichenstraße ist. Letztere ist daher möglichst gedrängt zu entwickeln. Die Geschwindigkeit, die der Wagen auf der steilen Rampe erhält, ist meist größer, als sie mit Rücksicht auf das Laufziel der Wagen in den Richtungsgleisen sein darf. Sie muß daher vermindert werden, und zwar bei großer Länge

der Weichenentwicklungen sowohl am Fuß der Steilrampe durch Hemmschuh-,
Balken- oder Wirbelstromgleisbremsen (s. S. 175, 177), also auch in den Richtungs-
gleisen durch Auffangen der Wagen durch Hemmschuhe. In den Gleisbremsen
am Fuße der Steilrampe werden bei ungünstiger Wagenfolge (Schlechtläufer vor
Gutläufer) die Gutläufer stärker abgebremst, damit in der Weichenzone der
Wagenabstand nicht zu klein wird (Abb. 136a, gute Weichenentwicklung!).

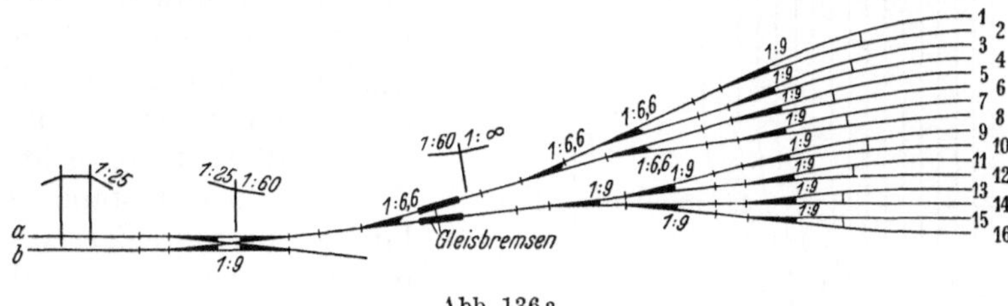

Abb. 136a.

Die Zone, in der Gefahr besteht, daß Gutläufer die Schlechtläufer einholen,
und daher die Weichen nicht mehr zwischen zwei Wagen umgestellt werden
können, läßt sich auch bei Verwendung von Weichen besonderer Bauart nicht
unter ein Maß zurückdrücken, das von der Zahl der Richtungsgleise n, dem
Gleisabstand a und dem ganzen Halbmesser r abhängt. Für die Ermittlung dieser

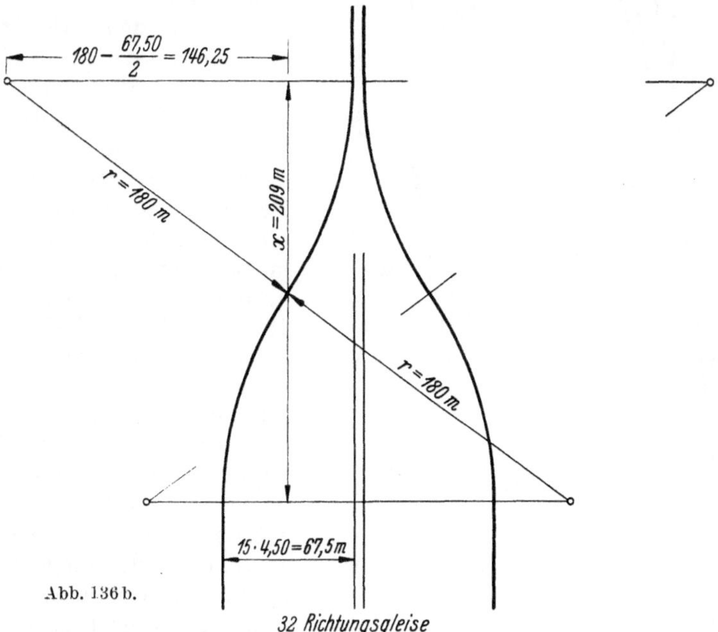

Abb. 136b.

kleinsten Entwicklungslänge aus den genannten geometrischen Gegebenheiten
hat K. Leibbrand[1] die Gleichung $x = \sqrt{r^2 - \left[r - \dfrac{(n-2)a}{2}\right]^2}$ m aufgestellt. Bei
symmetrischer Entwicklung der Verteilungsweichen für die Richtungsgleise und
bei zweiseitiger Verbindung der Einfahr- und Richtungsgruppe sind die Ver-
längerungen dieser Verbindungsgleise die beiden Richtungsgleise, die der Symmetrieachse benachbart liegen. Der Abstand eines dieser Gleise von dem zugehörigen Randgleis der Richtungsgruppe ist $(n-2):2$. Nach Abb. 136b sind

---

[1] Leibbrand, K.: Dr.-Ing.-Diss. Berlin 1938 — Org. Fortschr. Eisenbahnw. 1938 S. 272.

bei $n = 32$ Richtungsgleisen $n - 1 = 31$ Zwischenräume und für die Symmetrie-hälfte $(n - 2):2 = 15$ Gleiszwischenräume vorhanden. Bei dem Gleisabstand $a = 4,5$ m ist $(n - 2) \cdot a:2 = 15 \cdot 4,5 = 67,5$ m und bei $r = 180$ m als kleinsten Krümmungshalbmesser ist $x = 209$ m. Bei $r = 190$ m der Reichsbahnweiche ist die Entwicklungslänge $x = 216$ m.

Eine Kürzung der Gefahrzone kann durch Anordnung mehrerer Bremsstaffeln erreicht werden. Je kürzer der Abstand der Stafflung ist, desto weniger können sich die Unterschiede der Wagenabstände auswirken und desto dichter kann die Wagenfolge werden.

2. Das Ablaufprofil.

Das Ablaufprofil wird zweckmäßig folgendermaßen gestaltet (Abb. 137):

1. Vor dem Ablaufgipfel ist eine Gegensteigung $s_a = 20^0/_{00}$ von 70 cm Höhe zum Stauchen des Zuges für das Entkuppeln der Wagen anzulegen (Abb. 130).

2. Der Gipfel ist wegen der Befahrbarkeit für Drehgestellwagen mit den kleinsten zulässigen Halbmesser von $r_a = 300$ m auszurunden (vgl. Niederschrift Nr. 106/1928 des VDEV.).

3. Daran schließt sich die Steilrampe, in der die erste Verteilungsweiche liegt. Deren Spitze hat etwa 10 m Abstand von der Gipfelausrundung, damit an dieser Weiche die Wagen so große Abstände erhalten haben, daß sie zwischen beiden umgestellt werden kann. Das Gefälle $s_1{}^0/_{00}$ der Steilrampe ist so groß zu machen, wie der Gleisplan und die Profilausrundungen es zulassen (s. S. 226).

4. In der Zwischenneigung $s_2 = 12,5$ bis $20^0/_{00}$ liegen die Bremseinrichtungen. Auf diesem

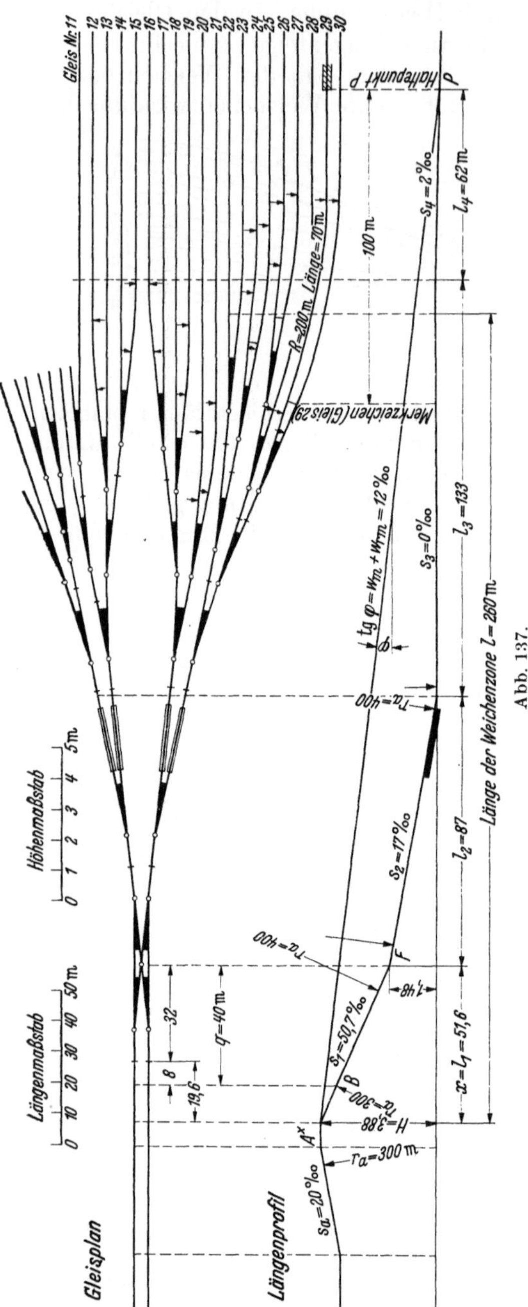

Gefälle kann ein auf Halt gebremster Gutläufer von selbst wieder anlaufen und die Weichenzone verlassen.

5. Die Weichenzone ist waagerecht oder flachgeneigt ($s_3 = 0$ bis $2^0/_{00}$), und die anschließenden Richtungsgleise haben ebenfalls ein Gefälle $s_4 = 2^0/_{00}$. Da die Gutläufer nie weniger als 2 kg/t Laufwiderstand haben, so werden in

der Weichenzone sowie in den Richtungsgleisen die Wagen nicht mehr beschleunigt.

6. In den hohlen Ausrundungen des Neigungswechsels ist der Ausrundungshalbmesser $r_a = 400$ m. In der Ausrundung am Fuße der Steilrampe liegt die Gleiskreuzung der zweigleisigen Verbindung der Verteilungsweichen mit den Einfahrgleisen.

Die Ablaufanlage ist so zu legen, daß die Wagen möglichst mit den vorherrschenden Winden ablaufen.

Für Gefällbahnhöfe wird man bei Verwendung von Balkengleisbremsen oder Wirbelstromgleisbremsen das Ablaufprofil ebenfalls in der vorher beschriebenen Weise ausbilden.

Zur Verminderung der Erdarbeiten wird man nach dem Vorschlag von Holfeld[1] auf Gefällbahnhöfen die Neigung der Steilrampe bis auf 35 und $25\,^0/_{00}$ bei 40 bis 50 m Länge, die Zwischenneigung auf 15 bis $12,5\,^0/_{00}$ bei 100 m Länge und das Gefälle der Weichenzone auf 15 bis $5\,^0/_{00}$ bei 100 m Länge ermäßigen. An die Weichenzone schließt sich im oberen Teile der Richtungsgleise die $10\,^0/_{00}$ geneigte Sammelstrecke an. Auf dieser werden die Wagen mit Hemmschuhen aufgefangen. Befinden sich auf der Sammelstrecke 10 bis 12 Wagen, so werden sie gekuppelt und rollen mit besetzter Wagenbremse in die anschließenden Richtungsgleise, wo sie zum Stehen gebracht werden, wenn der letzte Wagen der Gruppe die Sammelstrecke verlassen hat. Sobald die nachfolgenden 10 bis 12 Wagen auf der Sammelstrecke unter sich gekuppelt sind, läßt man sie hinter die vorhergehende Gruppe laufen und kuppelt sie mit diesen. Beide Gruppen rollen dann um eine Gruppenlänge weiter. Der Vorgang wiederholt sich, bis das betreffende Richtungsgleis mit Wagen angefüllt ist.

3. Ermittlung der Höhe des Ablaufberges und des größtmöglichen Gefälles der Steilrampe.

In dem Gleisplan mit möglichst gedrängter Entwicklung der Verteilungsweichen legt man zunächst den Haltepunkt des Schlechtläufers fest. Dieser

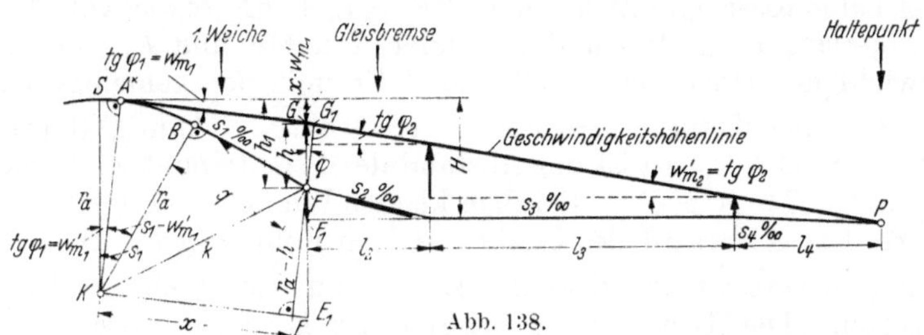

Abb. 138.

soll auf Flachbahnhöfen mindestens 8 bis 10 Wagenlängen hinter dem Merkzeichen der entferntesten Verteilungsweiche liegen (Punkt P der Abb. 138). Das ist auch meist das Gleis mit dem größten Weichen- und Krümmungswiderstand.

Bei Gefällbahnhöfen soll der Schlechtläufer zu Beginn der $10\,^0/_{00}$ geneigten Sammelstrecke der Richtungsgleise, in der er mit Hemmschuhen aufgefangen wird, nicht weniger als 2 m/s Geschwindigkeit haben. Anderenfalls wird die Wagenfolge zu stark aufgehalten.

Allgemein ist während des Ablaufens die Geschwindigkeit begrenzt durch die Krümmungen und die Notwendigkeit, jeden Wagen bei Betriebsstörungen an beliebiger Stelle mit Hemmschuhen anzuhalten und mit letzteren bei Störungen

---

[1] Holfeld: Org. Fortschr. Eisenbahnw. 1936 Nr. 20.

der Gleisbremse die Ablaufanlagen weiter zu betreiben. Nach den Fahrdienstvorschriften der Deutschen Reichsbahn (§ 38, 4) darf in Weichen die Geschwindigkeit $V = 40$ km/h $= 11{,}1$ m/s nicht überschritten werden. Bei Anwendung von Hemmschuhen soll die Laufgeschwindigkeit der Wagen nicht größer als $7{,}5$ m/s sein.

Das Gefälle $s_1{}^0/_{00}$ ist nach folgendem Verfahren des Verfassers[1] so groß zu machen, wie der Gleisplan und die Profilausrundungen es zulassen (Abb. 138):

Ist mit den angegebenen Neigungen das Längenprofil vom Punkt P der Richtungsgleise bis zum Fußpunkt F der Steilrampe entworfen, so ist die Geschwindigkeit des Schlechtläufers im Fußpunkt der Steilrampe zu ermitteln. Hierzu berechnet man zunächst von P aus, der Laufrichtung entgegen, die sog. Geschwindigkeitshöhe h in F aus den mittleren Fahrzeug- und Krümmungswiderständen w_m und w_{rm} kg/t. Nach den „Richtlinien für die bauliche Ausgestaltung der Verschiebebahnhöfe der Reichsbahn" ist $w_m = 9{,}4$ kg/t bei tiefer Temperatur und 3 m/s Gegenwind. In der Gleiskrümmung (l_{rg}) ist $w_{rg} = 700/R$, und in der Weiche (l_w m) ist $w_w = 1{,}0$ kg/t.

Es ist

$$w_{rm} = (w_{rg} \cdot l_{rg} + w_w \cdot l_w) : A^x P^0/_{00}.$$

Hier ist $A^x P$ die Laufweite vom Punkt A^x bis P. Würde man mit der Neigung $\mathrm{tg}\varphi = w_m + w_{rm}{}^0/_{00}$ zur Waagerechten von P aus nach oben eine Gerade (Geschwindigkeitshöhenlinie) ziehen, so hat diese über dem Fußpunkt F nach Abb. 138 die Höhe (Geschwindigkeitshöhe)

$$GF = h = [PF \cdot (w_m + w_{rm}) - l_2 \cdot s_2 - l_3 \cdot s_3 - l_4 \cdot s_4] : 1000 \text{ m}.$$

Die Geschwindigkeitshöhenlinie berühre den Ablaufgipfel in A^x. Die Ausrundung des Gipfels endet nach Abb. 138 bei B, und $BF = q$ ist die Länge der Steilrampe von der Neigung $s_1{}^0/_{00}$, auf der die erste Verteilungsweiche Platz findet. Deren Spitze ist 5 bis 10 m von B entfernt, damit zwischen zwei ablaufenden Wagen ausreichend Abstand zum Umstellen der Weiche entstehen kann. Nach der Abb. 138 ist die Verlängerung der Höhe $h = GF$ nach unten bis E_1 (also GFE_1) gleich dem Ausrundungshalbmesser r_a. Zieht man $BK = r_a \perp BF$ sowie von F aus EG_1 $= r_a \perp$ zur Verlängerung $A^x G$ und verbindet K mit F und E_1, so ist aus den zwei rechtwinkligen Dreiecken KBF und KEF mit der gemeinsamen Hypotenuse $k = KF$ die Kathete $x = KE = \sqrt{q^2 + h(2r_a - h)}$ m [Gl. (1)] zu berechnen. Da $h \cong 0{,}01 \cdot r_a$, so ist der Abstand des Scheitelpunktes S von A^x also $SA^x \cong EE_1$ und $KE \cong A^x G \cong x$. Bei dem kleinen Winkel φ ist dann $x \cong x \cdot \cos\varphi$ der waagerechte Abstand des Punkts A^x vom Fußpunkt F. Da in Gl. (1) h^2 gegenüber $2r_a \cdot h$ verschwindend klein ist, so kann man auch $x = \sqrt{q^2 + 2r_a \cdot h}$ [Gl. (1a)] setzen. Die Höhe von A^x über F ist $h_1 = h + x \cdot (w_m + w_{rm}):1000$ $\cdot$ [Gl. (2)]. Die größtmögliche Neigung der Steilrampe ist dann $s_1 = w_m$ $+ w_{rm} + 1000 \cdot (x - q):r_a{}^0/_{00}$ [Gl. (3)]. Während also nach den „Richtlinien" der Reichsbahn für die Ausbildung der Steilrampe ein Gefälle $s_1 = 40$ bis $67^0/_{00}$ angegeben wird, wird durch die Gl. (3) das bestmögliche Gefälle s_1 innerhalb der angegebenen Grenzen genau berechnet. Das Steilgefälle ist hiernach bei größeren Laufweiten und entsprechender Ablaufhöhe stärker und nähert sich bei kurzen Laufweiten und geringen Berghöhen der unteren Grenze.

K. Leibbrand[2] hat an Hand von Pufferabstandslinien für verschiedene Neigungen der Steilrampe gezeigt, daß bei einem Steilgefälle von $s_1 = 80^0/_{00}$ der

---

[1] Müller, W.: Verkehrstechn. Woche 1930 Heft 43/44 und Org. Fortschr. Eisenbahnw. 1938 Heft 7.

[2] Leibbrand, K.: Org. Fortschr. Eisenbahnw. 1938 S. 271.

Pufferabstand nur noch wenig wächst, also nicht mehr viel gewonnen werden kann. Dabei werden aber die Ausrundungsstrecken erheblich länger, und der Berg wird um so viel größer, daß schon auf der Steilrampe die zulässige Geschwindigkeit 7,5 m/s überschritten wird. Für die Praxis ist daher $s_1 = 70\,^0/_{00}$ als größtes Steilgefälle vorzuschlagen.

Beispiel 1. Nach Abb. 137 werden die Züge durch Lokomotiven zugeführt, der Ablauf erfolgt in die Richtungsgruppe von 30 Gleisen eines Flachbahnhofs. Gleis 29 ist das ungünstigste $(w_m + w_{rm} = 9,4 + 2,6 = 12\,^0/_{00})$. Es ist der waagerechte Abstand $PF = 87 + 133 + 62 = 282$ m. Die Geschwindigkeitshöhe in F ist $h = [282 \cdot 12 - (2 \cdot 62 + 87 \cdot 17)]:1000 = 1,785$ m. Soll die Spitze der ersten Verteilungsweiche 8 m von der Gipfelausrundung liegen, und ist die Weichenspitze vom Fußpunkt F (Mitte der Kreuzung) 32 m entfernt, so ist $BF = q = 8 + 32 = 40$ m. Dann ist der waagerechte Abstand des Punktes A^x von F $x = \sqrt{q^2 + 2r_a \cdot h} = \sqrt{40^2 + 2 \cdot 300 \cdot 1,785} = 51,6$ m. Die Höhe von A^x über F ist $h_1 = h + \dfrac{x\,(w_m + w_{rm})}{1000} = 1,785 + \dfrac{51,6 \cdot 12}{1000} = 2,402$ m, und das Gefälle der Steilrampe ist $s_1 = w_m + w_{rm} + \dfrac{1000\,(x - q)}{r_a} = 12 + 1000\,\dfrac{(51,6 - 40)}{300} = 50,7\,^0/_{00}$.

Der waagerechte Abstand A^x von der Einlaufstelle in die Gleisbremse ist, bei einer Länge der Balkengleisbremse bzw. der Rutschlänge eines Hemmschuhs der Hemmschuhgleisbremse von 20 m, $x + (l_2 - 20) = 51,6 + 67 = 118,6$ m, und die Höhe von A^x ist $H = h_1 + \dfrac{(l_2 - 20)}{1000} \cdot s_2 = 2,402 + \dfrac{67 \cdot 17}{1000} = 3,54$ m. Ein Gutläufer mit $w = 2$ kg/t und $w_{rm} = 0,2$ kg/t, der mit $v_0 = 1,3$ m/s zugeführt wird, hat an der Einlaufstelle die Geschwindigkeit

$$v = \sqrt{v_0^2 + 2g'\left(H - \frac{(w_m + w_{rm})\,(l_2 - 20)}{1000}\right)} = \sqrt{1,3^2 + 2 \cdot 9,43\left(3,54 - \frac{2,2 \cdot 67}{1000}\right)} = 8,1 \text{ m/s}.$$

Da ein Wagen aber mit höchstens 7,5 m/s auf einen Hemmschuh auflaufen soll, so kommt am Fuß des Ablaufberges keine Hemmschuhgleisbremse, sondern eine Balkengleisbremse in Frage.

E. Lage und Aufgaben der Talbremsen.

Als Gleisbremsen für Ablaufanlagen kommen Hemmschuhgleisbremsen, Thyssenbremsen und Wirbelstrombremsen zur Verwendung.

Für die Regelung der Laufweite ist es gleichgültig, ob die Gleisbremse in der Nähe des Gipfels oder am Fuße der Steilrampe liegt. Zeichnet man nämlich nach Abb. 139 die Geschwindigkeitshöhenlinie (s. S. 226), so ist die Verkürzung der Laufweiten um die Strecke $\varDelta l$ dieselbe, ob man nach der gestrichelten Geschwindigkeitshöhenlinie die Geschwindigkeitshöhen an der oberen oder an der unteren Gleisbremse um den Betrag $\varDelta h$ verkleinert.

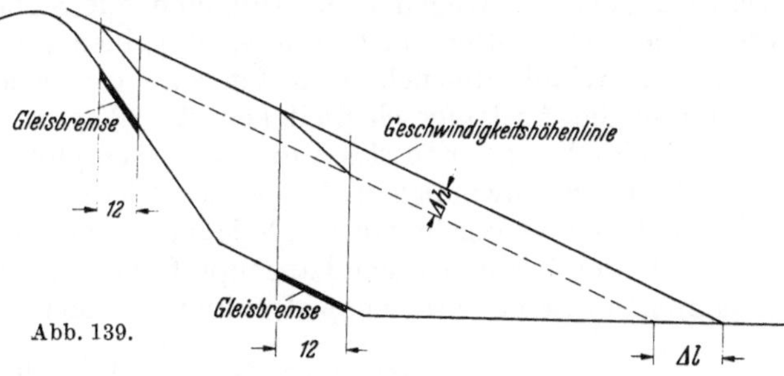

Abb. 139.

Für den zeitlichen Abstand des nachlaufenden Wagens von den voranlaufenden ist jedoch gemäß nachstehender Rechnung die Lage der Gleisbremse in der Nähe des Gipfels von größerem Einfluß:

Es soll die Geschwindigkeit eines Wagens in der Mitte der oberen Gleisbremse 3 m/s und im Mittel der unteren 6 m/s betragen. Die Geschwindigkeiten seien um 2 m/s im Mittel jeder Gleisbremse abzubremsen.

Bei einer Bremslänge $L_b = 12$ m ist

1. bei der oberen Bremse die Zeit auf der Bremsstrecke für den gebremsten Wagen $t_b = L_b : v_{bm} = 12 : (3 - 2)$ . . . . $= 12$ sec

für den ungebremsten Wagen $t = L_b : v_m = 12 : 3$ . . . . . . $= 4$ „

Zeitunterschied $\varDelta t = t_b - t$ . . . . $= 8$ sec

2. Bei der unteren Bremse ist

für den gebremsten Wagen $t_b = L_b : v_{bm} = 12 : (6 - 2)$ . . . . $= 3$ sec

für den ungebremsten Wagen $t = L_b : v_m = 12 : 6$ . . . . . . $= 2$ „

Zeitunterschied $\varDelta t = t_b - t$ . . . . $= 1$ sec

Der Einfluß der Bremsung auf die Laufzeit ist also in der Nähe des Gipfels bedeutend größer als am Rampenfuß.

Trotz der größeren Bremswirkung der Gleisbremsen in der Nähe des Gipfels ordnet man aber die Gleisbremsen in der Regel am Fuße der Steilrampen als sog. Talbremsen an, weil sie nach folgendem noch andere Aufgaben als die Vergrößerung des Zeitabstandes zu erfüllen haben, und weil der Abstand zweier Wagen auch schon durch die Veränderung der Zuführungsgeschwindigkeiten geregelt wird.

Die Talbremsen haben in erster Linie die Aufgabe, die Wagen so vorzubremsen, daß sie in den Richtungsgleisen mit Hemmschuhen sicher aufgehalten werden können. Durch diese Vorbremsung werden die Rangierschäden beim Auffangen der Wagen durch Hemmschuhe bedeutend verringert. Gleichzeitig wird durch die Vorbremsung auch der Abstand gegenüber den Vorläufern an den Weichen vergrößert. Nimmt man bei der Vorbremsung der Wagen auch Rücksicht auf die Besetzung der Gleise und auf ein gutes Aufschließen der Wagen, so wird die Vorbremsung zur Laufzielbremsung. Diesem Ziele, daß die Wagen an einer bestimmten Stelle der Richtungsgleise zum Stillstand gelangen, kommt man mit einer feinfühligen regelbaren Balkengleisbremse näher als mit einer Hemmschuhgleisbremse.

Aber es wird wegen der schwankenden Fahrzeugwiderstände der Wagen, die der Bremswärter nur durch den Wagenlauf abschätzen kann, niemals möglich sein, daß ein Wagen genau an der beabsichtigten Stelle anhält. Jedoch kann eine Laufzielbremsung schon als vollwertig angesprochen werden, wenn die Geschwindigkeit der Wagen beim Auflaufen auf Stehende höchstens 1 m/s beträgt[1]. Diese Geschwindigkeit verursacht keinen gefährlichen Stoß.

Um bei Ablaufuntersuchungen für eine gegebene Laufweite hinter einer Gleisbremse die Auslaufgeschwindigkeit des Wagens aus dieser zu berechnen, wird folgendes Verfahren des Verfassers empfohlen:

Die Auslaufgeschwindigkeit v_a aus der Gleisbremse wird für eine gegebene Laufweite l m und der mittleren Neigung s_m einschließlich der Krümmungswiderstände, die beide aus dem Längenprofil zu berechnen sind, sowie für einen geschätzten mittleren Fahrzeugwiderstand w_m nach der Gleichung

$$v_a = \sqrt{2\,g\,(w_m - s_m) \cdot l : \varrho} \cdot 1000 \text{ m/sec}$$

ermittelt. Es ist ϱ der Massenfaktor (s. S. 3).

Den mittleren Fahrzeugwiderstand w_m erhält man bei gegebener w-Linie aus dem Werte w_0 für $v = 0$ (Haltestelle des Wagens) sowie aus w_a (dem Fahrzeug-

---

[1] Gottschalk: Org. Fortschr. Eisenbahnw. 1934 S. 421.

widerstand für die Auslaufgeschwindigkeit aus der Gleisbremse) nach Abb. 140
$w_m = (2\,w_0 + w_a):3$ kg/t.

Der Inhalt des schraffierten Zwickels
der über der v-Achse aufgetragenen
w-Linie ist $v_a(w_a - w_0):3 =$ dem Rechteck über der Grundlinie v_a und der
Höhe $(w_a - w_0):3$. Der mittlere Fahrzeugwiderstand ist daher

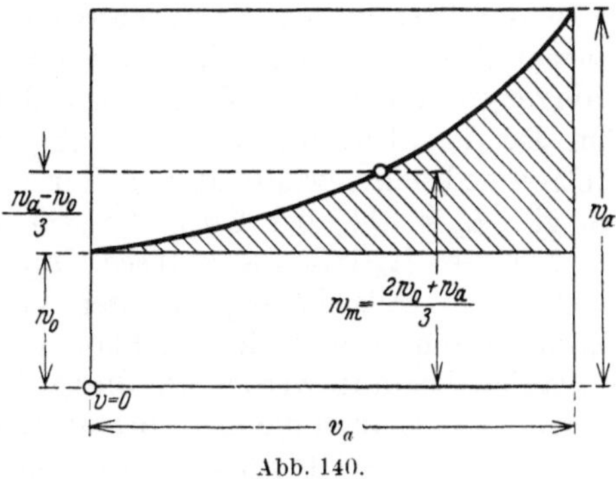

Abb. 140.

$$w_m = w_0 + (w_a - w_0):3$$
$$= (2\,w_0 + w_a):3 \text{ kg/t.}$$

Es sind w_0 und w_a, letzteres für ein geschätztes v_a, aus der w-Linie abzugreifen.
Setzt man das hiernach berechnete w_m in die Gleichung für v_a ein, und wiederholt man bei unrichtiger Schätzung die Rechnung mit dem für das ermittelte
v_a abgegriffenen w_a und dem hieraus berechneten w_m, so erhält man einen zu-
verlässigen Wert von v_a.

F. Die Ermittlung der Zuführungsgeschwindigkeiten.

1. Die Geschwindigkeiten des durch eine Lokomotive zugeführten Zuges.

Der Zug wird dem Ablaufgipfel mit einer Geschwindigkeit zugeführt, die
bedingt ist durch die Arbeitsgeschwindigkeit des Wagenentkupplers sowie durch
die Bedienungszeit der Gleisbremsen und der Weichen. Damit aber bei ungünstiger
Wagenfolge hinter der Bremsstrecke, d. h. wenn ein stark gebremster Gutläufer
mit kurzer Laufweite vor einem Schlechtläufer oder wenn ein Schlechtläufer
vor einem schwach gebremsten Gutläufer rollt, die Weichen noch zwischen den
Wagen umgestellt werden können, ist die Zuführungsgeschwindigkeit nötigenfalls
zu ermäßigen. Die Zuführungsgeschwindigkeiten sind für die erste und letzte Verteilungsweiche mit nach-
stehendem Verfahren des
Verfassers zu ermitteln.
Es kann nämlich vor-
kommen, daß die Wagen
bei der ersten Weiche noch
nicht genügend Abstand
haben, bei der letzten sich
aber schon wieder so sehr
genähert haben, daß die
Weichenzunge besetzt und
daher nicht umstellbar ist.
Ferner ist zu untersuchen,
ob am Merkzeichen der
letzten Weiche die beiden
Wagen sich nicht streifen.
Die Wagenfolgezeit
am Ablaufpunkt sei nach

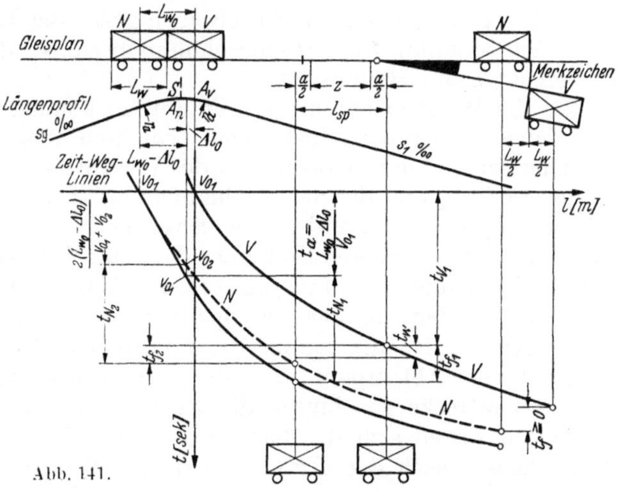

Abb. 141.

Abb. 141 erklärt: Die Zeit-Weg-Linien des Vor- und des Nachläufers, die den
Wagenlauf nach Zeit und Weg darstellen, dienen lediglich zur Erklärung und
sind bei dem Verfahren nicht zu konstruieren.

Der Vorläufer V, der mit v_{01} m/s zugeführt wird, steht mit seinem Schwerpunkt über dem Ablaufpunkt A_v, der Nachläufer N berührt den Vorläufer, und

es ist der Abstand der Wagenschwerpunkte $L_{w0} = $ der Wagenlänge L_w. Der Ablaufpunkt A_n hat von A_v den Abstand Δl_0. Im Ablaufpunkt ist bekanntlich der Fahrzeugwiderstand des Wagens $w = $ dem Gefälle $s^0/_{00}$, auf dem der Wagen steht. Auf der Anschubstrecke $L_w \mp \Delta l_0$ wird der Nachläufer noch von der Lokomotive gedrückt, während der Vorläufer in A_v seinen freien Ablauf beginnt (es gilt $L_w + \Delta l_0$ bei Gutläufer vor Schlechtläufer). Die Anschubzeit ist $t_a = [2\,(L_w \mp \Delta l_0)]:(v_{01} + v_{02})$ sec, v_{02} ist die Zuführungsgeschwindigkeit des Nachläufers, falls dieser gegen den Vorläufer beschleunigt oder verzögert wird. Da die Anschubzeit t_a des Nachläufers gleichzeitig mit dem freien Ablauf des Vorläufers beginnt, werden auf diesen Zeitpunkt sowohl die Laufzeiten des Nachläufers (t_N) als auch die des Vorläufers (t_V) bezogen (Ablaufstellung). Es sind t_{V1} und t_{N1} die Laufzeiten vom Ablaufpunkt bis zur Bremsstrecke, t_{V2} und t_{N2} die vom Ende der Bremsstrecke ab.

In Abb. 141 ist über dem Längenprofil die Gleisachse und darunter die Bewegung von Vor- und Nachläufer als Zeit-Weg-Linie dargestellt. Der Nullpunkt der Wegachse l liegt senkrecht unter A_v. Unterhalb der waagerechten Achse ist durch die gekrümmte Zeit-Weg-Linie der freie Ablauf des Vorläufers mit v_{01} als Ablaufgeschwindigkeit dargestellt, und zwar bis über das Merkzeichen der ersten Weiche. Im waagerechten Abstand L_w nach links beginnt auf der Wegachse mit der gleichen Geschwindigkeit v_{01} die Anschubbewegung bis senkrecht unter A_n. Bei der gleichförmigen Bewegung v_{01} ist auf der Anschubstrecke die Zeit-Weg-Linie gradlinig und rechts von der Senkrechten durch A_n bei freiem Ablauf des Nachläufers gekrümmt (ausgezogene Linie).

Wird aber der Nachläufer auf der Anschubstrecke von der Geschwindigkeit v_{01} bis v_{02} beschleunigt oder verzögert, so ist auch auf dieser Strecke die Zeit-Weg-Linie gekrümmt. Für Beschleunigung ist diese Linie gestrichelt eingetragen. Vom Ablaufpunkt A_n ab läuft dann der Nachläufer mit v_{02} ab.

Die Laufzeit auf der Bremsstrecke l_b ist $t_b = 2l_b:(v_e + v_a)$ sec, wo v_e die Einlauf-, v_a die Auslaufgeschwindigkeit aus der Bremsstrecke ist. Letztere ist bei Balkengleisbremsen für Einzelwagen gleich der Länge der Gleisbremse $L_b + a$ ($a = $ Achsabstand). Bei Hemmschuhbremsen ist die Bremsstrecke gleich der Rutschlänge des Hemmschuhes.

Da die Weichen nur umgestellt werden können, wenn sich keine Achse auf der Zunge z oder bei selbsttätigen bedienten Weichen auf der Isolierstrecke l_i befindet, so muß der Schwerpunkt des Vorläufers einen halben Achsabstand ($a/2$) hinter z oder l_i und der des Nachläufers $a/2$ davor sein. Es ist also $z + a$ bzw. $l_i + a = l_{sp}$ (Abb. 141 u. 142) die Sperrstrecke, für deren Anfangspunkt die Laufzeit t_N und für deren Endpunkt die Laufzeit t_V zu ermitteln sind. Der Unterschied der Laufzeiten, bezogen auf die Ablaufstellung, ist $t_f = (t_a + t_N) - t_V$. Dies ist die Zeit, in der die Sperrstrecke achsfrei ist. An der letzten Verteilungsweiche ist die Laufzeit des Vorläufers $t_V = t_{V1} + t_b + t_{V2}$, wo t_{V1} die Laufzeit vom Ablaufpunkt bis zur Bremsstrecke und t_{V2} diejenige vom Ende der Bremsstrecke bis hinter die Sperrstrecke der letzten Weiche ist. Entsprechend setzen sich die Laufzeiten t_N des Nachläufers zusammen. Es muß t_f möglichst gleich der Umstellzeit der Weiche t_w (einschließlich Vorbereitungszeit) sein.

Das Mittel, die Zeit t_f so zu beeinflussen, daß sie sich möglichst dem Wert t_w nähert, ist die Veränderung der Zuführungsgeschwindigkeit.

In Abb. 141 zeigt die gestrichelte Zeit-Weg-Linie des Nachläufers, wie durch die Vergrößerung der Zuführungsgeschwindigkeit von v_{01} auf v_{02} vom Beginn bis Ende der Anschubstrecke die Zeit der achsfreien Sperrstrecke t_{f2} kleiner geworden ist und sich der Umstellzeit t_w der Weiche stark genähert hat. Andererseits kann, falls $t_f < t_w$ ist, durch Verminderung der Zuführungsgeschwindigkeit auf der Anschubstrecke t_f größer als t_w gemacht werden.

Bei Bedienung der Weiche durch Weichensteller ist t_w je nach Ausbildung der Stellvorrichtung, nach den Sichtweiten und nach den Leitungslängen verschieden: a) bei Nahbedienung der Weichen ist $t_w = 0,5$ bis 1 sec, b) bei Fernbedienung durch Drahtzugstellwerk ist $t_w = 1,5$ bis 3 sec, c) bei Kraftstellwerken mit geringer Umstellgeschwindigkeit ist $t_w = 2,5$ sec, bei schnellumlaufenden Weichenantrieb ist $t_w = 0,4$ bis 0,5 sec. In der Zeit t_w ist auch die Vorbereitungszeit zum Umstellen berücksichtigt.

Bei Ablaufstellwerken, bei denen die Umstellung und Sperrung mit Hilfe isolierter Schienenstrecken, Wirkzonen genannt, erfolgt, ist die Sperrstrecke, wie gesagt, $l_{sp} = l_i + a$.

a) Die Länge l_i der Wirkzone muß, um eine unzeitige Umstellung der Weiche zu verhindern, größer sein als der größte Achsabstand, also $l_i > a_{max}$.

b) Damit es ausgeschlossen ist, daß ein auf die Weiche zulaufender Wagen mit einer Achse in die in der Umstellung begriffenen Weiche läuft, muß der Beginn der Wirkzone so weit von der Zungenspitze entfernt liegen, daß die Laufzeit vom Beginn der Isolierung bis zur Zungenspitze (Strecke l_i') mindestens gleich der Schalt- und Umstellzeit t_w der Weiche ist, also $l_i' = v_n \cdot t_w$, wo v_n die Geschwindigkeit des Nachläufers an der Weichenspitze ist. Es ist z. B. bei $v_n = 7$ m/s und $t_w = 0,8$ sec[1], wobei außer der Umstellzeit 0,5 sec der Weiche noch die Schaltzeit und ein Sicherheitszuschlag berücksichtigt sind, $l_i' = 7 \cdot 0,8 = 5,6$ m.

Da also bei selbsttätiger Weichenumstellung die Wirkzone mit Rücksicht auf die Umstellzeit länger ist als die Weichenzunge, ist bei selbsttätigen Weichen für die achsfreie Sperrstrecke $l_{sp} = l_i' + a$ die entsprechende Zeit $t_f \geqq 0$, also lautet hier die Gleichung für die Wagenfolge an der Weiche

$$t_f = t_a + t_{N1} - t_{V1} \geqq 0.$$

Die ersten Verteilungsweichen sind bei neueren Ablaufanlagen in der Regel mit selbsttätiger Umstellung ausgestattet. Die Weichen hinter der Gleisbremse werden von Weichenstellern gestellt.

Selbsttätige Ablaufstellwerke sind von den Vereinigten Eisenbahnsignalwerken in zwei Formen ausgeführt worden:

1. Das Schaltspeicherstellwerk (zum erstenmal 1925 auf Bahnhof Hamm).
2. Das Relaisstellwerk (z. B. Bahnhof Bremen).

Bei beiden Arten werden die Weichen von den abrollenden Wagen durch Befahren einer isolierten Schiene selbsttätig umgestellt. Die Reihenfolge der Weichenumstellungen wird auf Grund des „Rangierzettels" in einem Mechanismus festgelegt. Dieser besteht bei ersterem aus einem sog. „Schaltspeicher", während bei dem zweiten die Aufspeicherung der Umstellungen durch eine „Relaiskette" geschieht. Diese besitzt gegenüber dem Schaltspeicher den Vorzug, daß während des Ablaufes die Reihenfolge der aufgespeicherten Weichenumstellung noch abgeändert werden kann[2], weil hier der ablaufende selbst seine Weichen umstellt, während bei dem „Schaltspeicher" dies der Vorläufer tut.

---

[1] Neumann und Kesting: Verkehrstechn. Woche 1939 Sonderheft der Studiengesellsch. f. Rangiertechnik S. 47.
[2] Schmitz: Verkehrstechn. Woche 1936 S. 200.

In Abb. 141 ist ferner vor und hinter dem Merkzeichen im Gleisplan der Nach-
und der Vorläufer mit dem halben Wagenabstand $\frac{1}{2} L_w$ eingetragen. Damit
ein Ecken der Wagen vermieden wird, muß für diese Wagenstellungen

$$t_a + t_{N1_m} - t_{V1_m} \geqq 0$$

sein. Es ist hier t_{V1_m} die Laufzeit des Vorläufers von seinem Ablaufpunkt bis $\frac{1}{2} L_w$
hinter dem Merkzeichen, t_{N1_m} die Laufzeit des Nachläufers von seinem Ablaufpunkt bis $\frac{1}{2} L_w$ vor dem Merkzeichen.

Beim Merkzeichen der Weiche unter dem Ablaufgipfel ist, falls die Wagenfolge für das Umstellen der Weiche untersucht ist, ein Flankenstoß durch Anecken nicht zu erwarten, da hier die Wagenabstände wachsen. Anders ist es
bei der Trennungsweiche hinter der Gleisbremse, wo bei ungünstigen Wagenfolgen sich die Wagenabstände mit der Laufweite verringern.

Es muß dann die Zuführungsgeschwindigkeit so bestimmt werden, daß
$\sum t_{N_m} \geqq \sum t_{V_m}$ ist.

Bei zwei Bremsstaffeln ist für die Gleisbremsen der ersten Staffel die Bremszeit $t_{b1} = 2l_{b1} : (v_{e1} + v_{a1})$ sec; für die Gleisbremse der zweiten Staffel ist
$t_{b2} = 2l_{b2} : (v_{e2} + v_{a2})$ sec. Die Laufzeit auf der Strecke l_{zw} zwischen den beiden
Bremsen ist $t_{zw} = 2l_{zw} : (v_{a1} + v_{e2})$ sec.

Die Bestimmung von v_0 kommt für nachstehende ungünstige Wagenfolgen in Frage:
1. kurzlaufender Gutläufer vor weitlaufendem Schlechtläufer;
2. kurzlaufender Gutläufer vor weitlaufendem Gutläufer;
3. kurzlaufender Schlechtläufer vor weitlaufendem Schlechtläufer;
4. kurzlaufender Schlechtläufer vor weitlaufendem Gutläufer.

Bei allen anderen Wagenfolgen von Einzelwagen sowie bei allen Wagengruppen
sind Untersuchungen zur Bestimmung der zulässigen Zuführungsgeschwindigkeit
nicht erforderlich. Hier können stets die größten möglichen Zuführungsgeschwindigkeiten angewendet werden.

Ist es aber bei den ungünstigen Wagenfolgen durch Veränderung der Zuführungsgeschwindigkeit v_0 nicht möglich, daß die Sperrstrecke achsfrei und das
Anecken der Wagen vor dem Merkzeichen vermieden wird, so ist der Nachläufer
abzubremsen.

Die Ermittlung der einzelnen Laufzeiten sowie die Auswertung der Gleichungen
für die Wagenfolgezeit mittels der Laufzeitdiagramme soll im folgenden gezeigt werden.

2. Die bisherige ungenaue Ermittlung der Zuführungsgeschwindigkeit.

Die Gleichungen für die Wagenfolgezeiten sind bisher in anderer Form durch
die drei Gleichungen

I. $T_0 = L_w : v_0$ und II. $T_0 = t_p + \Delta t$, III. $t_p \geqq t_s$ wiedergegeben worden.

Nach Abb. 142 ist T_0 die Wagenfolgezeit am Ablaufgipfel, t_p die Wagenfolgezeit
an einem Punkte der Laufstrecke, z. B. an einer Weiche. $t_s = (l_i + a) : v_1 + t_w$,
ist mit v_1 der mittleren Geschwindigkeit des Vorläufers in einer Weiche, die
Sperrzeit der Weiche. Δt ist der Unterschied der Laufzeiten zweier Wagen vom
höher gelegenen Ablaufpunkt der beiden Wagen ab gerechnet bis zu dem vorgenannten Punkt der Laufstrecke (Weiche).

Δt ist sowohl von der Zuführungsgeschwindigkeit v_0 als auch von der Laufweite der Wagen abhängig. Für die in Frage kommenden Zuführungsgeschwindigkeiten und Laufweiten müßten daher zur Auswertung obiger Gleichung II die
Δt-Werte über der Wegachse gezeichnet werden. Man pflegt dies aber nicht
zu tun, sondern man berechnet bisher die Laufzeiten des Vor- und Nachläufers

(Gutläufer vor Schlechtläufer) für eine **mittlere** Zuführungsgeschwindigkeit v_0 bis zur Talbremse. Soll nun für die ungünstige Wagenfolge zweier Wagen mit gegebenen Laufweiten die hiervon verschiedene Zuführungsgeschwindigkeit v_{0_x} ermittelt werden, so berechnet man für die Laufweiten die Bremszeiten und die Laufzeiten vom Auslauf aus der Gleisbremse bis zur Spitze der Trennungsweiche und addiert diese Zeiten zu den bereits mit v_0 ermittelten Laufzeiten des Vor- und Nachläufers bis vor die Gleisbremse. Zieht man die Gesamtlaufzeiten von Vor- und Nachläufer voneinander ab, so erhält man den Δt-Wert für die Spitze der Trennungsweiche. Nach Berechnung der Sperrzeit t_s bildet man

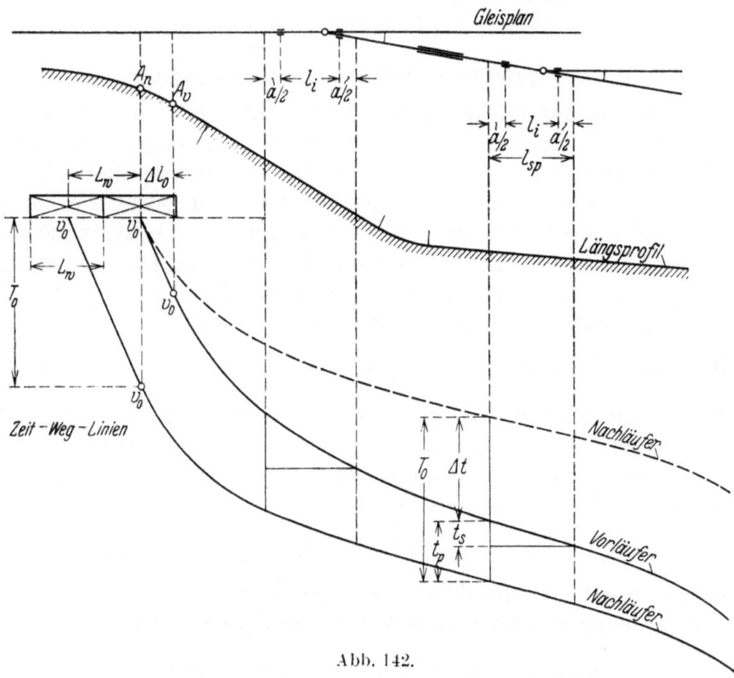

Abb. 142.

$T_0 = t_s + \Delta t$ und behauptet, daß $L_w : T_0 = v_{0_x}$ die gesuchte Zuführungsgeschwindigkeit sei, die von der mittleren Zuführungsgeschwindigkeit v_0 verschieden ist.

Die Gl. I $T_0 = L_w : v_0$ besagt allgemein, daß der Rangierzug und somit auch der Nachläufer von der Lokomotive in der Zeit T_0 auf die Wagenlänge L_w mit der gleichmäßigen Geschwindigkeit v_0 geschoben wird. Der Vorläufer muß aber in seinem Ablaufpunkt wegen der Kraftübertragung mit dem Nachläufer noch Pufferberührung haben. Dann haben aber Vorläufer und Nachläufer **gleiche** Zuführungsgeschwindigkeit v_0, und auch in dem etwas höher gelegenen Ablaufpunkt des Gutläufers, der der Anfangspunkt der Δt-Linie ist, ist die Geschwindigkeit v_0.

In der Gleichung $T_0 = t_s + \Delta t$ ist aber Δt die Differenz zweier Ablaufzeiten, die beide auch die Zuführungsgeschwindigkeit v_0 haben. Wenn aber aus v_0 der Wert Δt und aus Δt und t_s der Wert T_0 berechnet worden sind, so müssen T_0 und v_0 bekannt sein und L_w wäre die Unbekannte. Dann ist aber L_w hier nicht mehr die Wagenlänge, sondern der **Schwerpunktsabstand** L_{w_0} zweier sich nicht mehr berührender Wagen. Es ist also $L_{w_0} \gtreqless L_w$.

Die **physikalische Voraussetzung** für die **Kraftübertragung** ist aber die **Pufferberührung**, also $L_w = L_{w_0}$. Für $L_w = L_{w_0}$ ist in Gl. I $T_0 = L_w : v_0$; es ist nun $T_0 = t_p + \Delta t$ und das v_0 so zu bestimmen, daß t_p

möglichst gleich t_s wird. Da für Δt kein analytischer Ausdruck abhängig von v_0 und der Laufweite aufgestellt werden kann, so ist das aber nur durch **Probieren** möglich, indem man so lange für ein angenommenes v_0 nach dem im vorhergehenden beschriebenen **Verfahren des Verfassers** die Gleichung $\Sigma t_N - \Sigma t_V = t_f$ ermittelt, bis t_f möglichst gleich t_w bzw. 0 wird. Dem t_p entspricht hier t_f, dem t_s das t_w und dem T_0 die Anschubzeit t_a.

Es ist hierbei jedoch zu beachten, daß t_p und t_s sich auf **denselben Gleispunkt** beziehen, während t_f die Zeit ist, in der die **Sperrstrecke** l_{sp} **achsfrei** ist.

Die von **Frölich**[1] vorgeschlagene Gleichung $v_0 = L_w : T_0$ m/s zur Berechnung der Zuführungsgeschwindigkeit ist also ungenau.

3. Die erreichbare Zuführungsgeschwindigkeit.

a) Die Ermittlung der erforderlichen Beschleunigungs- und Bremskräfte der Drucklokomotive. Bei Beginn des Abdrückens ist der Zug am schwersten und daher der Überschuß der Zugkräfte über die Lauf- und Streckenwiderstände am kleinsten. Auch die Bremskraft des Zuges ist dann am geringsten, da ja in der Regel nur die Lokomotive gebremst wird. Die Zuführungsgeschwindigkeit kann aber nur auf der sog. Anschubstrecke verändert werden. Diese ist mit $L_{w_0} = L_w$ hier $L_w - \Delta l_0$. Die größte Zugkraft der Lok ist $Z_r = \mu_h \cdot G_{l2}$ (s. S. 38). Der Lauf- und Streckenwiderstand des zugeführten Zuges ist

$$W = 2{,}5 \cdot G_{l1} + c \cdot G_{l2} + (G_{l1} + G_{l2}) \cdot s + G_w \cdot (w_w + s) \text{ kg.}$$

Die Beschleunigungskraft des Rangierzuges vom Gewicht G_z ist $\mu_h \cdot G_{l2} - W$ und die Beschleunigung ist $b_a = (\mu_h \cdot G_{l2} - W) \cdot g : (G_z \cdot \varrho \cdot 1000)$ m/s^2. Soll die Zuführungsgeschwindigkeit des Rangierzuges von v_0 min bis $v_{0\max}$ auf der Anschubstrecke $L_w \pm \Delta l_0$ steigen, dann ist

$$1000 \cdot \varrho \cdot G_z \, (v_{0\max}^2 - v_{0\min}^2) : 2\,g = (\mu_a \cdot G_{l2} - W)\,(L_w \pm \Delta l_0).$$

Nach Einsetzen von b_a ist die durch die Beschleunigungskraft der Lokomotive erreichbare Zuführungsgeschwindigkeit auf der Anschubstrecke

$$v_{0\max} = \sqrt{2\,b_a\,(L_w \mp \Delta l_0) + v_{0\min}^2} \text{ m/s.}$$

Ist $\mu_b = 100$ kg/t die Bremskraft, die von 1 t Lokomotivgewicht G_l beim Rangieren ausgeübt wird, so ist die Bremsverzögerung $b_b = (\mu_b \cdot G_l + W) \cdot g : G_z \cdot \varrho \cdot 1000$ m/s^2, und die Zuführungsgeschwindigkeit, die durch das Bremsen auf der Anschubstrecke erreicht werden kann, ist $v_{0\min} = \sqrt{v_{0\max}^2 - 2\,b_b \cdot (L_w \mp \Delta l_0)}$ m/s.

Im Beispiel zur Ermittlung der Verbrauchswerte für das Zerlegen eines Güterzugs durch eine Dampflok (s. S. 198) ist als Anfahrbeschleunigung $b_a = 0{,}11$ m/s^2 und als Bremsverzögerung $b_b = 0{,}093$ m/s^2 ermittelt worden. Für $v_{0\min} = 0{,}7$ m/s und $L_w = 9$ m und $\Delta l_0 = 1$ m ist $v_{0\max} = \sqrt{2 \cdot 0{,}11 \cdot (9 - 1) + 0{,}7^2} = 1{,}5$ m/s. Für das Erreichen der zulässigen Zuführungsgeschwindigkeit $v_{0\max} = 1{,}3$ m/s ist also die Beschleunigungskraft ausreichend. Ist $v_{0\max} = 1{,}3$ m/s gegeben, so ist mit der Bremsverzögerung $b_b = 0{,}093$ m/s^2 die kleinste erreichbare Zuführungsgeschwindigkeit $v_{0\min} = \sqrt{1{,}3^2 - 2\,(9 - 1)\,0{,}093} = 0{,}45$ m/s. Da nur auf $v_{0\min} = 0{,}6$ abgebremst zu werden pflegt, ist auch die Bremskraft ausreichend.

b) Die Zuführungsgeschwindigkeit mit Rücksicht auf die Arbeitsgeschwindigkeit des Wagenentkupplers. Die Schrittgeschwindigkeit des Wagenentkupplers soll nach Untersuchungen von **Massute**[2] für Dauerleistung $v_k = 1$ m/s nicht

---

[1] **Frölich:** Verkehrstechn. Woche 1924 S. 359.
[2] **Massute:** Org. Fortschr. Eisenbahnw. 1931 S. 46.

übersteigen. Die Zeit zum Entkuppeln zweier Wagen während der Zugbewegung beträgt nach Massute $t_k = 3$ sec. Hieraus ergibt sich nach Ermittlungen des Verfassers[1] eine Höchstzuführungsgeschwindigkeit von $v_{0\,max} = 1{,}5$ m/s.

c) Die Zuführungsgeschwindigkeit mit Rücksicht auf die Bedienung der Gleisbremsen und auf die Arbeit der Hemmschuhleger. Die ermittelte Zuführungsgeschwindigkeit $v_{0\,max} = 1{,}5$ m/s kann aber mit Rücksicht auf die Bedienungszeit der ferngesteuerten Gleisbremsen sowie auf die Arbeit der Hemmschuhleger am Anfang der Richtungsgleise nicht erreicht werden.

Bei ferngesteuerten Gleisbremsen kann als Bedienungszeit, d. h. als Zeit für das Lösen der Bremsen nach Verlassen des ersten Wagens bis zur Einstellung der Bremse für den zweiten Wagen etwa 2,5 sec angesetzt werden. Bei einer Wagenfolge von Fahrzeugen gleicher Art muß die Bedienungszeit der Bremse gleich oder größer als der Unterschied der Anschubzeit $t_a = \dfrac{2\,(L_w \mp \varDelta l_0)}{v_{01} + v_{02}}$ sec von der Bremszeit $t_b = \dfrac{2\,l_b}{v_c + v_a}$ sec sein. Hiernach wäre die höchstzulässige Zuführungsgeschwindigkeit $v_{02} = v_{0\,max}$ zu bestimmen, die in der Regel kleiner als die vorher durch den Entkuppler bedingte Zuführungsgeschwindigkeit $v_{0\,max} = 1{,}5$ m/s ist. Bei Fahrzeugen ungleicher Art wird die Zuführungsgeschwindigkeit der ungünstigen Wagenfolge (Schlechtläufer vor Gutläufer) in der Regel mit Rücksicht auf die Anordnung der Weichen bestimmt.

Ebenso wie die ferngesteuerten Gleisbremsen soll auch die Zuführungsgeschwindigkeit bei Hemmschuhgleisbremsen mit Rücksicht auf deren Bedienung nach Beobachtung im Betriebe den Höchstwert $v_{0\,max} = 1{,}3$ m/s nicht übersteigen, da für die Bedienung der Hemmschuhgleisbremse zwischen zwei Abläufen die Zeit von 2,6 sec erforderlich ist.

Maschke[2] gibt als Ergebnis einer Untersuchung an, daß bei Vorbremsung durch eine Hemmschuh- oder Balkengleisbremse am Fuße der Steilrampe für die Hemmschuhlegerarbeit in den Richtungsgleisen eine größte Zuführungsgeschwindigkeit $v_{0\,max} = 1{,}3$ m/s nicht überschritten werden darf. Denn es muß nach dem Auffangen des ersten Wagens Zeit genug für den Hemmschuhleger bleiben, dem nächsten Wagen entgegenzulaufen und den Hemmschuh in ausreichendem Abstande aufzulegen. Dies trifft nicht nur für Wagen zu, die in dasselbe Richtungsgleis laufen. Erschwert wird die Arbeit des Hemmschuhlegers, der in der Regel mehrere Gleise bedient, dadurch, daß er, nachdem er in einem schwachbesetzten Richtungsgleis an der hinteren Grenze der Auffangzone einen Wagen aufzufangen hat, nun nach vorn laufen muß, um in einem anderen stark besetzten Gleis einen Wagen abzufangen. Bei niedrigen Zuführungsgeschwindigkeiten unter $v_0 = 1{,}0$ m/s hat der Hemmschuhleger mehr Zeit zur Verfügung und bei einer Zuführungsgeschwindigkeit von $v_0 = 0{,}75$ m/s kann zum sicheren Auffangen der Wagen durch Hemmschuhe die Vorbremsung entfallen. Andererseits entlastet bei hoher Zuführungsgeschwindigkeit eine gut regelbare und kräftige Balkengleisbremse, die die Wagen gut auf ihr Laufziel vorbremsen kann, die Hemmschuhleger in den Richtungsgleisen sehr. Dies wirkt sich auch auf die Personalersparnis aus, da nunmehr einem Hemmschuhleger eine größere Anzahl von Richtungsgleisen zur Bedienung zugewiesen werden kann.

d) Die Zuführungsgeschwindigkeit mit Rücksicht auf die Anordnung der Weichen. Hierbei ist die die Zuführungsgeschwindigkeit bestimmende Wagenfolge bei der Trennung der Wagen an der ersten Weiche unter dem Ablaufgipfel

---

[1] Maschke: Verkehrstechn. Woche 1934 S. 167.
[2] Verkehrstechn. Woche 1931 Heft 6.

sowie an der letzten Verteilungsweiche zu untersuchen. Die Zuführungsgeschwindigkeit hängt hierbei zum großen Teil von der Umstellzeit der Weichen t_w sec ab.

4. Mittel zur Erhöhung der Zuführungsgeschwindigkeit

a) bei Zuführung des Zuges durch eine Lokomotive. Die Zuführungsgeschwindigkeit von $v_{0\,max} = 1,3$ m/s ist, wie gesagt, bedingt durch die Arbeitsgeschwindigkeit der Wagenentkuppler und der Hemmschuhleger sowie durch die Bedienungszeit der Gleisbremsen und die Sperrzeit der Weichen. Sie kann nach einem Vorschlag von K. Leibbrand[1] bei Ablauf dynamisch richtiger Ausbildung des Längsprofils und der Weichenentwicklung bis zu $v_{0\,max} = 2,5$ m/s erhöht werden:

1. wenn der Zug mit einer Lokomotive der Ablaufanlage zugeführt wird, und die Wagen des ganzen Zuges vor dem Abdrücken entkuppelt werden;

2. wenn die Weichen und Gleisbremsen selbsttätig durch die Wagen bedient werden und hierbei die Wirkzone — das ist der Mindestabstand zwischen der letzten Achse des Vorläufers und der ersten Achse des Nachläufers — zur Sicherung gegen vorzeitiges Umstellen möglichst verkürzt wird;

3. wenn die Abstands- und Laufzielbremsung durch Einbau von zwei Bremsstaffeln getrennt werden.

In der ersten Bremsstaffel wird hier selbsttätig auf Abstand gebremst. In der zweiten Bremsstaffel wird die Laufzielbremsung verwirklicht, d. h. die Geschwindigkeit der Wagen in den Richtungsgleisen so verringert, daß die Wagen sanft, also keinesfalls mit mehr als $1,0$ m/s, auf die haltende Gruppe auflaufen. Dadurch wird die Hemmschuharbeit möglichst eingeschränkt.

Für die selbsttätige Bedienung der Weichen und der Gleisbremsen muß auf die isolierte Schiene wegen ihrer langen Wirkzone verzichtet werden. Dies ist möglich durch Einführung einer induktiven oder kapazitiven Steuerung der Weichen und der Bremsen. Die Dauer und Stärke der Bremsung ist bei selbsttätiger Bedienung nach der Geschwindigkeit einzustellen. Die Steuerung wird hierbei durch Messung der Laufzeit zwischen Kontakt und Bremse vorgenommen. Eine einfache Schaltung ergibt sich, wenn jede Achse beim Befahren eines Kontaktes die Bremse für eine bestimmte Zeit auf vollen Druck einschaltet. Diese Zeit ist so bemessen, daß ein Gutläufer auf der ganzen Länge der Bremse verlangsamt wird, die Achse eines Schlechtläufers dagegen die Bremse erst nach Ablauf dieser Zeit erreicht. In dieser Weise selbsttätig arbeitende Hemmschuhbremsen sind in Frankreich auf verschiedenen Rangierbahnhöfen im Betriebe. So wird bei der ferngesteuerten Hemmschuhgleisbremse Bauart Deloison durch Tastschienen über Zeitrelais der Seilmotor gesteuert. Der Gedanke läßt sich aber auch bei anderen Bremsen anwenden. Die Einrichtung besteht dann aus Schienenkontakten (Stromschließer oder sog. Klavierkontakte) und Zeitrelais, die auf Zehntelsekunden genau arbeiten und verstellbar sein müssen. Der Druckanstieg und -abfall beim Ein- und Ausschalten muß möglichst rasch erfolgen. Die hierfür nötige Zeit wird bei der Wahl der Bremsdauer berücksichtigt. Durch eine Zusatzeinrichtung muß vermieden werden, daß eine Achse eine Bremse einschaltet, ehe die vorhergehende sie verlassen hat. Am Ende der Bremsabschnitte werden daher Kontakte angeordnet. Erst wenn eine Achse diese befahren hat, kann der Bremsabschnitt die von der nächsten Achse eingeschaltete Stellung annehmen.

b) Regelung der Zuführungsgeschwindigkeit eines Zuges auf der Zulauframpe. Der Zug befindet sich mit seinen jeweils vordersten Wagen in der Zulaufbremse, in der die Wagen entkuppelt sind. Da die Bremse im Gefälle von $15^0/_{00}$ liegt,

---

[1] Leibbrand, K.: Org. Fortschr. Eisenbahnw. 1938 S. 268.

sind hier die Ablaufpunkte nicht mehr wie vorhin durch die geometrische Gestalt der Gipfelausrundung festgelegt. Gut- und Schlechtläufer beginnen ihren Weg auf der Ablauframpe, wenn die hintere Achse eines Wagens gerade die Gleisbremse verläßt, also wenn die Schwerpunkte der Wagen einen halben Achsabstand ($a/2$) hinter der Gleisbremse im gleichen Punkt A stehen (Abb. 143, 144). Auch hier ist die Zeit, in der die Sperrstrecke der Weiche frei ist, $t_f = t_a - t_x - t_r$ (vgl. S. 231). Da aber hier $\Delta l_0 = 0$, so ist die Anschubzeit $t_a = 2 L_w : (v_{01} + v_{02})$ sec. Es muß also in der Gleisbremse der Nachläufer auf der Strecke L_w eine Geschwindigkeitsänderung von v_{01} auf v_{02} erfahren. Bei der ungünstigen Wagenfolge „$S/G/S$" sei in A die Geschwindigkeit v_{01} des Schlechtläufers S größer als v_{02} des nachfolgenden Gutläufers G. Berühren sich die Wagen in der Gleisbremse auch noch nach der Entkupplung, so hat der nachfolgende Gutläufer dieselbe Geschwindigkeit wie der vorherige Schlechtläufer. Bei der Doppelfolge muß also sowohl der Schlechtläufer von v_{02} auf v_{01} beschleunigt, als auch der Gutläufer von v_{01} auf v_{02} verzögert werden. Es ist nun zu berechnen, in welchem Abstand l_x vom Punkt A mit dem Bremsen bei voller Ausnutzung der Bremskraft aufzuhören ist, um die Geschwindigkeitsänderungen $v_{01} - v_{02}$ und umgekehrt zu verwirklichen. Die

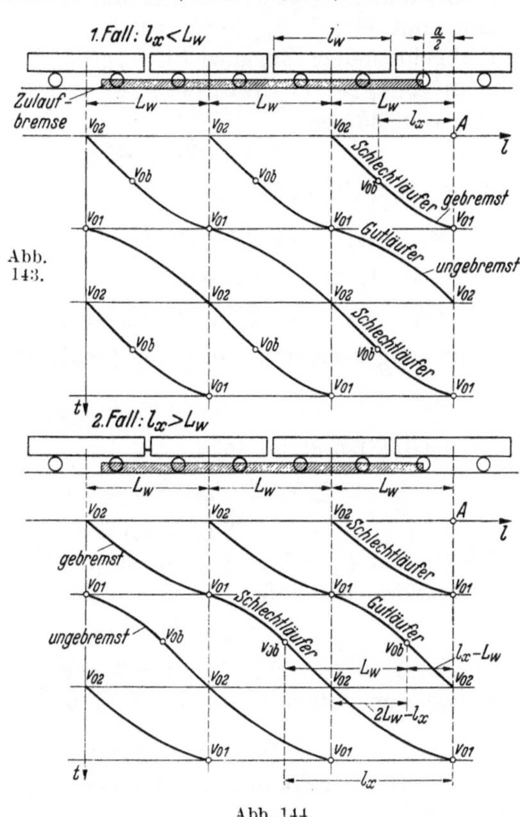

Abb. 144.

Geschwindigkeit, bei der das Bremsen aufhört, sei v_{0b} m/s. Die Bewegungen der gebremsten und ungebremsten Wagen sind in Abb. 143 und 144 durch Zeit-Weg-Linien zur Erklärung der Berechnung dargestellt.

Fall 1: $l_x < L_w$ (Abb. 143). Für den Schlechtläufer (Vorläufer) bestehen auf 1 t des Zuggewichts G_{w1} bezogen die Gl. (1) (ungebremst):

$$v_{01}^2 = v_{0b}^2 + 2 g' (s_z - w) \cdot l_x : 1000$$

und Gl. (2) (gebremst):

$$v_{0b}^2 = v_{02}^2 - 2 g' \sum G_a \cdot b \cdot l_{a1} : G_{w1} + 2 g' (s_z - w) \cdot (L_w - l_x) : 1000.$$

Es ist s_z das mittlere Gefälle und $w \approx 3$ kg/t der Laufwiderstand des Zuges. $G_a \cdot b$ ist die Kraft, die die Bremse auf eine Achse vom Gewicht G_a ausübt, l_a sind die Bremswege der einzelnen Achse in der Bremse[1]. Der Zeiger 1 bezieht sich auf den Vorläufer, für Nachläufer gilt Zeiger 2. Aus Gl. (1) und (2) folgt

$$v_{01}^2 - v_{02}^2 = -2 g' \sum G_a \cdot b \cdot l_{a1} : G_{w1} + 2 g' (s_z - w) \cdot L_w : 1000 \,[\text{Gl. (3)}].$$

Für den nachfolgenden Gutläufer ist auf 1 t des Zuggewichts G_{w2} bezogen

$$v_{02}^2 = v_{01}^2 - 2 g' \sum G_a b l_{a2} : G_{w2} + 2 g' (s_z - w) \cdot L_w : 1000 \quad [\text{Gl. (4)}].$$

---

[1] Vgl. Holfeld: Org. Fortschr. Eisenbahnw. 1937 Heft 16 S. 300.

Aus Gl. (3) und (4) folgt

$$2\,(s_z - w) \cdot L_w : 1000 = \sum G_a \cdot b \cdot l_{a1} : G_{w1} + \sum G_a \cdot b \cdot l_{a2} : G_{w2}.$$

Setzt man $\sum G_a b l_{a1} : (L_w - l_x) = C_1$ und $\sum G_a b l_{a2} : L_w = C_2$, so findet man mit $b = 0{,}311$ für schwere und $b = 0{,}4$ für leichte Wagen Werte für C_1 zwischen 11,8 und 13,4 und für C_2 zwischen 12 und 13,6. Man kann also i. M. $C_1 = C_2 = 12{,}5$ setzen; mit $G_{w1} = G_{w2} = G_w$ ist $l_x = 2\,L_w \cdot [1 - (s_z - w) \cdot G_w : 12{,}5 \cdot 1000]$ m. Mit abnehmendem Zuggewicht vergrößert sich l_x.

Fall 2: $l_x > L_w$ (Abb. 144). Es gelten für den Gutläufer als Nachläufer die Gl. (1) (ungebremst):

$$v_{02}^2 = v_{0b}^2 + 2\,g\,(s_z - w)\,(l_x - L_w) : 1000$$

und Gl. (2) (gebremst):

$$v_{0b}^2 = v_{01}^2 - 2\,g' \sum G_a \cdot b \cdot l_{a2} : G_{w2} + 2\,g'\,(s_z - w)\,(2\,L_w - l_x) : 1000.$$

Aus Gl. (1) und (2) folgt

$$v_{02}^2 = v_{01}^2 - 2\,g' \sum G_a \cdot b \cdot l_{a2} : G_{w2} + 2\,g'\,(s_z - w)\,L_w : 1000 \;[\text{Gl. (3)}].$$

Für den ungebremsten Vorläufer (Schlechtläufer) gilt Gl. (4)

$$v_{01}^2 = v_{02}^2 + \frac{2\,g'}{1000}\,(s_z - w)\,L_w.$$

Aus Gl. (3) und (4) folgt

$$\sum G_a \cdot b \cdot l_{a2} : G_{w2} = 2\,(s_z - w)\,L_w : 1000 \;[\text{Gl. (5)}].$$

Setzt man $\sum G_a \cdot b \cdot l_{a2} : (2\,L_w - l_x) = C_3$, das wieder nach Vergleichsrechnungen gleich C_1 und $C_2 = 12{,}5$ ist, so ist mit $\sum G_a \cdot b \cdot l_{a2} = 12{,}5 \cdot (2\,L_w - l_x)$ in Gl. (5) eingesetzt wie bei Fall 1

$$l_x = 2\,L_w\,[1 - (s_z - w) \cdot G_w : 12{,}5 \cdot 1000].$$

Bei $G_w = 0$ ist $l_x = 2\,L_w$ der Größtwert. Die Geschwindigkeit v_{0b}, bei der mit dem Bremsen aufgehört wird, ist in beiden Fällen

$$v_{0b} = \sqrt{v_{01}^2 - 2\,g'\,(s_z - w)\,l_x : 1000}.$$

Ist v_{02} statt v_{01} bekannt, so setzt man v_{02} und $l_x - L_w$ statt l_x in die Gleichung für v_{0b} ein.

Beispiel. Fall 1. $G_w = 1500$ t, $g' = 9{,}5$ und $s_z = 10\,^0/_{00}$. Eingesetzt in die Gleichung ist

$$l_x = 2 \cdot 9\,[1 - (10 - 3) \cdot 1500 : 12{,}5 \cdot 1000] = 2{,}9 \text{ m}.$$

Wählt man $v_{10} = 1{,}3$, dann ist $v_{0b} = \sqrt{1{,}3^2 - 2 \cdot 9{,}5\,(10 - 3) \cdot 2{,}9 : 1000} = 1{,}15$ und

$$v_{02} = \sqrt{v_{0b}^2 + 2\,g'\,(L_w - l_x)\left[\frac{12{,}5}{G_w} - \frac{s_z - w}{1000}\right]} = 1{,}22 \text{ m/s}.$$

Wählt man $v_{02} = 0{,}6$ m/s, dann ist $v_{0b} = 0{,}45$ m/s und $v_{01} = 0{,}78$ m/s.

Fall 2. Ist G_w sehr klein, dann ist $s_g \cong 8\,^0/_{00}$ und $l_x \cong 2\,L_w$.

Wählt man $v_{01} = 1{,}30$ m/s, dann ist $v_{0b} = 0$ und $v_{02} = 0{,}92$ m/s. Größere Unterschiede zwischen v_{01} und v_{02} können durch die Bremse nicht verwirklicht werden. Die Anschubzeit ist hier $t_a = 2\,L_w : (v_{01} + v_{02}) = 2 \cdot 9 : (1{,}3 + 0{,}92) = 8{,}1$ sec. Die Anschubzeit ist das einzig wirksame Mittel zur Veränderung von t_f. Erhält man hiernach zu kleine Werte von t_f, so muß man beide Wagen mit gleichem, aber niedrigen v_0 ablaufen lassen. Dann ist $t_a = L_w : v_0$ sec. In diesem Fall werden alle Wagen (da $v_{01} - v_{02} = 0$ ist) dauernd, aber nicht mit voller Ausnützung der Bremskräfte gebremst, und die Bremskraft muß stets gleich der Bahnkraft des Zuges sein. Dies ist auch die Art, wie meist in der Praxis gebremst wird. Man ersieht aber aus der vorherigen Berechnung, daß bei den geringen

Werten $v_{02} - v_{01}$ die erforderliche Veränderung der Zuführungsgeschwindigkeit sich meist über **mehrere** Wagenfolgen erstrecken muß. Dadurch wird aber auch die stoßweise Beanspruchung der Bremse klein gehalten.

c) Geschwindigkeit des durch eine Seilanlage zugeführten Zuges bei veränderlichem Ablaufpunkt. Die Tätigkeit der Ablaufmannschaft ist ähnlich der bei Zuführung des Zuges durch eine Lokomotive. Bei Zuführung eines Zuges zum Ablaufpunkt wird der abzuhängende Wagen von dem „Verteiler" durch Vorlegen einer Krücke gestaucht, die erste Kupplung wird schlaff und kann von dem „Loshänger" gelöst werden. Dieser geht darauf dem sich abwärts bewegenden Zuge entgegen, bis er die nächste Kupplung erreicht hat, die auszuhängen ist. Ist der jetzt abzulassende Wagen ein Schlechtläufer, dessen Ablaufpunkt möglichst hoch liegen möchte, so hebt der Loshänger den Kupplungsbügel sofort aus dem Zughaken. Er geht dabei neben dem Zug her. Folgt aber ein Gutläufer, so löst er die Kupplung etwas später. Die Aufgabe des Verteilers ist es, den Wagen im richtigen Augenblick mit der Krücke zu verzögern.

Während die Abwärtsverlegung des Ablaufpunktes von der Ablaufmannschaft in beliebigem Maß ausgeführt werden kann, ist die Bergwärtsverlegung durch die Geschwindigkeit von Zug und Arbeiter (v_0 und v_k) und durch die Loshängezeit t_k begrenzt. Bei gleichförmiger Zuführung ($v_0 = $ const) ist nach Massute[1] das Maß der Bergwärtsverlegung des Loshängepunktes $\Delta l = \dfrac{n_2 L_w \cdot v_k}{v_k + v_0} - t_k \cdot v_0$ m.

Für 2 Wagengruppen von **gleicher** Länge ist $\Delta l = \Delta l'$ die Verschiebung des Ablaufpunktes. Haben Vor- und Nachläufer **verschiedene** Gruppenstärken n_1 und n_2, so ist $\Delta l' = \Delta l - L_w (n_2 - n_1) : 2$. Für die Auswertung der Formel wird die Laufgeschwindigkeit des Loshängers $v_k = 1{,}0$ bis $1{,}2$ m/s und die Loshängezeit $t_k = 3$ sec angenommen. Mit der Größe $\Delta l'$ ist die gegenseitige Lage der Ablaufpunkte bekannt, so daß die Bewegung der ablaufenden Wagen ermittelt werden kann. Bei einer Folge von Einzelwagen ist die Bergwärtsverlegung des Ablaufpunktes am geringsten. Den Einfluß der veränderlichen Zulaufgeschwindigkeit auf dem Wagenablauf mit veränderlichem Ablaufpunkt hat Holfeld[2] eingehend untersucht.

Setzt man die ermittelten Werte für $\Delta l'$ in die Gleichung für die Anschubzeit ein, so ist diese $t_a = (L_w - \Delta l') : v_0$ sec. Für die Zeit t_f, in der die Sperrstrecke der Weiche achsfrei sein muß, ist wieder wie auf S. 231 $t_f = (t_a + t_N) - t_V$ sec.

G. Die Ermittlung der Laufzeiten der abrollenden Wagen.

Zur Auswertung der Gleichung der Wagenfolgezeiten $t_f = (t_a + t_N) - t_V$ sec soll ein Verfahren zur Ermittlung der Laufzeiten bekanntgegeben werden, das auf denselben Grundsätzen wie das für die Ermittlung der Zugbewegung beruht. Für dessen Anwendung müssen zunächst die vorwärtstreibenden Streckenkräfte (Gefälle) und die Streckenwiderstände (Steigungen und Krümmungen) durch die Streckenkraftlinie sowie die Fahrzeugwiderstände des Wagens durch die w-Linie gegeben sein.

1. Die Streckenkraftlinie.

Trägt man die Gefälle und Steigungen des Ablaufprofils nicht als Winkelneigungen, sondern als **Ordinaten über der Wegachse** auf, und zwar die Gefälle oberhalb und die Steigungen unterhalb, so erhält man durch diese Darstellung des Längenprofils die **Streckenkraftlinie**, deren Ableitung auf S. 26 wiedergegeben ist. Da die Krümmungs- und Weichenwiderstände auch Strecken-

---

[1] Massute: Org. Fortschr. Eisenbahnw. 1931 S. 46.
[2] Holfeld: Org. Fortschr. Eisenbahnw. 1937 S. 299.

kräfte sind, so ermäßigen oder vergrößern sich auf Krümmungsstrecken oder in Weichen die Gefäll- oder Steigungsordinaten der Streckenkraftlinie um den Krümmungs- oder Weichenwiderstand.

Es ist nach den Formeln von Protopapadakis (S. 29) für einen festen Achsabstand von 4,50 m des zweiachsigen Güterwagens in einer Krümmung der Widerstand $w_r = 700/R$ kg/t. Bei dem festen Achsstand eines Drehgestells der Güterwagen von höchstens 2,0 m ist $w_r = 440/R$ kg/t. Bei Tieflade-wagen mit 6 Achsen ist der feste Achsstand eines Drehgestells rd. 3,0 m und daher $w_r = 545/R$ kg/t. Personenwagen mit festem Drehgestellachsstand von 3,6 m und $w_r = 600/R$ kg/t (s. S. 41) dürfen nach § 84, 20 der Fahrdienstvor-schriften nicht über einen Ablaufberg rollen.

Sowohl in dem geraden als auch in dem krummen Strang einer Weiche ist zwischen den Stößen an der Weichenspitze oder hinter dem Herzstück ein Wider-stand $w_w = 0,5$ bis $1,0$ kg/t je nach dem Gleiszustand in Ansatz zu bringen. In der Krümmung der Weiche kommt hierzu noch der vorgenannte Krümmungs-widerstand w_r kg/t.

Für gleichbleibende Streckenkräfte verläuft die Streckenkraftlinie waage-recht. In der Scheitelausrundung vom Halbmesser r_a ist bei dem Abstand x eines Punktes vom Scheitel die Ordinate der Streckenkraftlinie (Abb. 150) $s = 1000\, x : r_a\, ^0/_{00}$, und die Länge der Ausrundung, an die sich auf der einen Seite die Neigung s_1 und auf der anderen die Neigung s_2 anschließt, ist

$$l_a = (s_1 - s_2)\, r_a : 1000 \text{ m}.$$

Wegen des Überganges der Wagenachsen von der durchgehenden Neigung zur Ausrundung werden die Ecken der Streckenkraftlinie auf die Länge des Achs-abstandes a abgeschrägt. Weiteres über Streckenkraftlinien s. S. 26—28.

2. Die Fahrzeugwiderstände der Güterwagen und die *w*-Linie.

Der Fahrzeugwiderstand eines Güterwagens w setzt sich zusammen aus dem Grundwiderstand w_0 und dem Luftwiderstand w_l kg/t. Es ist also $w = w_0 + w_l$. Der Grundwiderstand w_0 ist abhängig von der Wagenart (leer oder beladen) und von der Temperatur (normal oder tief).

Nach der Verkehrstechn. Woche 1936 S. 183 liegt w_0 für Einzelwagen und für Gruppen bis zu 10 Wagen innerhalb folgender Grenzen:

1. Bei normaler Temperatur: Gutläufer (beladene offene Wagen) $w_0 = 2,2$ kg/t, Schlechtläufer (leere gedeckte Wagen) $w_0 = 4,0$ kg/t.

2. Bei tiefer Temperatur: Gutläufer $w_0 = 3,5$ kg/t, Schlechtläufer $w_0 = 6,4$ kg/t.

Der Luftwiderstand ist $w_l = (v \pm v_l \cdot \cos\beta)^2 \cdot \dfrac{c \cdot F}{16\, G}$ kg/t. Es ist v m/s die Wagen- und v_l m/s die Luftgeschwindigkeit sowie $v_r = v \pm v_l$ die Relativ-geschwindigkeit zwischen Wagen und Luft.

Die Relativgeschwindigkeit $v_r = v$, mit der ein hinter dem abrollenden Wagen befindliches ruhendes Luftteilchen ($v_l = 0$) Abstand von dem Wagen erhält, wird auf $v_r = v + v_l$ vergrößert, wenn das Luftteilchen durch Gegenwind in Bewegung geraten ist, und auf $v_r = v - v_l$ verkleinert, wenn das Luftteilchen durch Segelwind bewegt wird. Es ist β der Winkel, den der Seitenwind, und α der Winkel, den nach Abb. 145 die resultierende Relativgeschwindig-keit v_r mit der Laufrichtung des Wagens bildet.

Es ist also nach Abb. 145

$$v_r \cdot \cos\alpha = v \pm v_l \cdot \cos\beta \text{ m/s}$$

die Relativgeschwindigkeit auf die Gleisachse bezogen.

Die Stirnfläche eines offenen Wagens kann mit $F = 4\,\mathrm{m}^2$ und die eines gedeckten Wagens mit $F = 7\,\mathrm{m}^2$ in Ansatz gebracht werden.

Der von dem Winkel α abhängige Beiwert ist

für $\alpha =$	$0°$	$30°$	$60°$	$90°$
bei Schlechtläufer $\quad c =$	0,94	1,4	0,28	0
bei Gutläufer $\qquad c =$	0,94	1,34	0,25	0

In Deutschland ist mit $v_l = 2$ bis $5\,\mathrm{m/s}$ Windgeschwindigkeit zu rechnen. Die Werte $w = w_0 + (v \pm v_l \cdot \cos\beta)^2 \cdot \dfrac{c \cdot F}{16\,G}\ \mathrm{kg/t}$ werden hiernach für verschiedene Geschwindigkeiten ausgerechnet und als w-Linie über der v-Achse aufgetragen. Der Maßstab $w\ \mathrm{kg/t}$ ist der gleiche wie für $s^0/_{00}$. Der Maßstab der v-Achse wird im folgenden Abschnitt berechnet.

3. Laufzeitermittlung.

Für die Bewegungskräfte gilt die dynamische Gleichung $s - w = m \cdot b\,(\mathrm{kg/t})$. Bei einem Wagen mit dem durchschnittlichen Gewicht $G = 19\,\mathrm{t}$ (9 t Eigengewicht

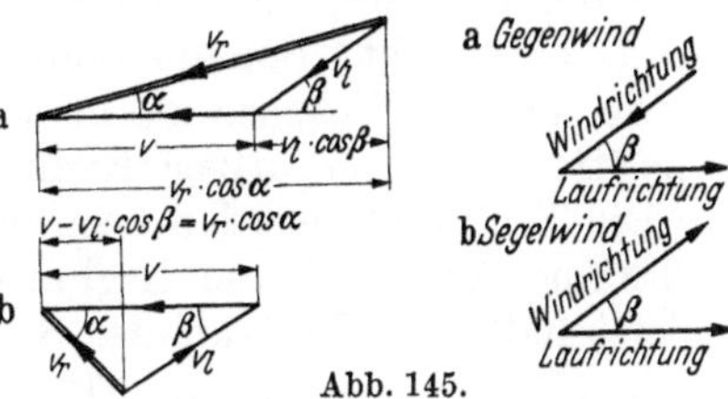

Abb. 145.

$+\ 10\,\mathrm{t}$ Ladung) ist unter Berücksichtigung des Einflusses der umlaufenden Radreifen vom Gewicht $G' = 1\,\mathrm{t}$ die Masse je Tonne Wagengewicht gleich $m = 1000\,(G + G') : G \cdot g = 1000 \cdot 1,06 : g$. Die Beschleunigung oder Verzögerung ist $b = \pm\,\Delta v / \Delta t\ \mathrm{m/s}^2$. Wählt man als gleichbleibenden Zeitabschnitt (Takt) $\Delta t = 6\,\mathrm{sec}$, dann ist $\Delta v = v_2 - v_1$, wo v_2 die Geschwindigkeit nach Ablauf und v_1 die zu Beginn der Zeit Δt ist. Es ist $\Delta v = \Delta V : 3,6\ \mathrm{m/s}$, wo $\Delta V = V_2 - V_1\ \mathrm{km/h}$ ist, und die mittlere Bewegungskraft während der Zeit $\Delta t = 6\,\mathrm{sec}$ ist

$$s - w = m \cdot b = \frac{1000 \cdot 1,06\,\Delta V}{g \cdot 6 \cdot 3,6} = \frac{\Delta V}{0,2}\ \text{ oder }\ \frac{\Delta V}{2} : (s - w) = 1 : 10$$

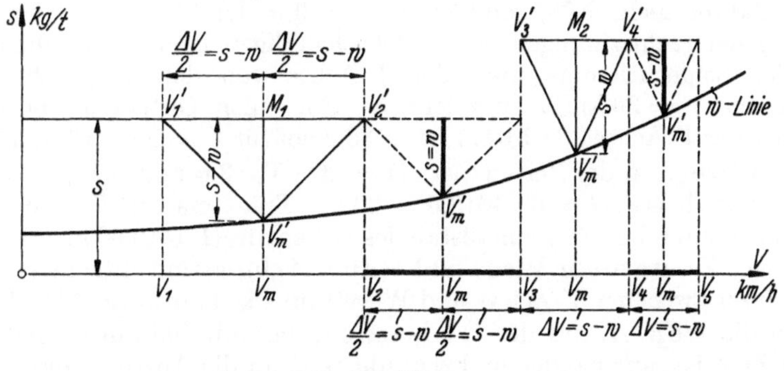

Abb. 146.

(konstant). Für die zeichnerische Ermittlung der Geschwindigkeit V_2 im Anschluß an den bereits ermittelten Wert V_1 wählt man den Maßstab der Geschwindigkeiten zehnmal größer als den der Kräfte (also $V = 1\,\mathrm{km/h} = 10\,\mathrm{mm}$ bei $s = w = 1\,\mathrm{kg/t} = 1\,\mathrm{mm}$). In der Zeichnung ist dann die Strecke für $\Delta V : 2$ gleich der für $s - w$. Sind diese gleichen Strecken aber die halbe Grundlinie und die Höhe eines Dreiecks, so ist dieses ein gleichschenklig, rechtwinkliges. Diese Überlegung liefert folgende zeichnerische Ermittlung von V_2 (Abb. 146). Zur V-Achse wird im Abstand $s^0/_{00}$ eine Waagerechte gezogen, die die Senkrechte durch den Punkt V_1 in V_1' schneidet. Darauf wird das gleichschenklige, rechtwinklige Dreieck $V_1'\,V_m'\,V_2'$ gezeichnet, dessen Spitze V_m' auf der w-Linie liegt. Die Senkrechte durch V_2' schneidet die V-Achse im gesuchten Punkt V_2. Im Dreieck $V_1'\,V_m'\,V_2'$ ist die Höhe $V_m'\,M_1 = s - w$ und der Winkel $V_1'\,V_m'\,M_1 = 45°$; dann ist $\mathrm{tg}\,45° = 1 = V_1'\,M_1 : (s - w)$. Hieraus ergibt sich, daß die Strecke $V_1'\,M_1 = M_1\,V_2'$ die für $\varDelta V : 2$ sowie gleich der für $s - w$ sein muß. Durch Wiederholung dieser Konstruktion können auf der V-Achse die Punkte für die einzelnen Geschwindigkeiten nach je 6 sec ermittelt werden. Da nun die w-Linie bei den gewählten Maßstäben nach Abb. 147b sehr flach verläuft, läßt sich (ohne die Genauigkeit zu verringern) ein vereinfachtes Verfahren anwenden, bei dem die rechtwinkligen Dreiecke nicht gezeichnet zu werden brauchen. Man entnimmt dazu der Streckenkraftlinie die Ordinate $s^0/_{00}$ und überträgt sie in den Punkt der V-Achse, der schätzungsweise der mittleren Laufgeschwindigkeit der Zeit $\varDelta t$ entspricht. Sodann bildet man mit dem Zirkel $s - w$ und setzt diese Strecke auf der V-Achse zweimal von der bereits ermittelten Geschwindigkeit in positiver oder negativer Richtung je nach dem Vorzeichen der Bahnkraft ab. Die Teilpunkte werden beziffert. Vom Ablaufpunkt bis zum Fußpunkt der Steilrampe (bzw. bis zum Beginn der Talbremse) wird die V-Achse wegen des ungleichmäßigeren Verlaufs der Streckenkraftlinie in Geschwindigkeiten je 3 sec unterteilt und beziffert. Bei $\dfrac{\varDelta t}{2} = 3$ sec wird bei demselben Geschwindigkeits- und Kräftemaßstab wie vorher in der Zeichnung (Abb. 146) statt mit einem rechtwinkligen gleichschenkligen Dreieck mit einem gleichschenkligen Dreieck, dessen Grundlinie gleich der Höhe ist, das V_2 von einem gegebenen V_1 aus bestimmt. Bei der flachen w-Linie ist hier das vereinfachte Verfahren folgendes: Man setzt die mittlere Bahnkraft $s - w$ von dem bekannten V_4 nur einmal bis V_5 als $\varDelta V$ auf der V-Achse ab. Bei dem gewählten Maßstab macht man die V-Achse für $V = 36$ km/h $= v = 10$ m/s 36 cm lang. Die über ihr gezeichnete w-Linie ist in zehn gleiche Teile zu teilen, also für je 1 m/s. Falls man nicht für einen Wagen mittleren Gewichts, sondern für das tatsächliche Gewicht die Laufbewegung aufzeichnen will, ist beispielsweise für einen leeren G-Wagen von 9 t der Massenfaktor nicht 1,06, sondern $(9 + 1) : 9 = 1,1$. Hier ist daher, um die Anwendung der rechtwinkligen und gleichschenkligen Dreiecke beizuhalten, die w-Linie des Schlechtläufers über der V-Achse von der Länge $36 \cdot 1,1 : 1,06 = 37,3$ cm für $V = 36$ km/h zu zeichnen. Für einen Gutläufer von $G = 25$ t ist die Länge der V-Achse $36 \cdot 1,04 : 1,06 = 35,3$ cm für $V = 36$ km/h (Abb. 147b).

Der Laufweg. In der Zeit $\varDelta t$ ist $\varDelta l = \varDelta t \cdot V_m : 3,6$ und für $\varDelta t = 6$ s sowie für $V_m = 36$ km/h ist $\varDelta l = 6 \cdot 36 : 3,6 = 60$ m. Trägt man in $V = 36$ km/h der V-Achse nach unten im Längenmaßstab des Gleisplans (1:500) 60 m $= 120$ mm auf und zieht nach $V = 0$ den sog. Wegstrahl (Abb. 147b), so sind unter den V_m-Werten die Lotrechten zwischen V-Achse und Wegstrahl die Laufwege $\varDelta l$ auf je 6 sec. Reiht man die Wege $\varDelta l$ auf der Gleisachse, die unterhalb der Streckenkraftlinie gezeichnet ist, aneinander und schreibt man an die Anstoßpunkte die Laufzeiten an, so ist dadurch der Wagenlauf auf der Gleisachse nach Zeit und Weg dargestellt. Für die Laufbewegung vom Ablaufpunkt bis zum Fußpunkt der Steilrampe (oder bis zur Talbremse), wo im Beispiel $v_l = 3$ m/s Gegenwind angenommen ist, ist die w-Linie von der Relativgeschwindigkeit $v_r = 3$ m/s ab mit der Laufgeschwindigkeit $v = 0$ beginnend zu beziffern. Senkrecht unter diesem Punkt ist von der V-Achse wie beschrieben der Wegstrahl für $\varDelta t : 2 = 3$ sec durch Halbierung der Neigung des Wegstrahls für 6 sec zu zeichnen (Abb. 147b). Für die Laufgeschwindigkeit vom Rampenfuß (oder hinter der Talbremse), wo $v_l = 1$ m/s Gegenwind herrschen soll, ist mit $v = 0$, bei $v_r = 1$ m/s beginnend, die w-Linie zu beziffern. Senkrecht unter diesem Punkt ist der Wegstrahl für $\Delta t = 6$ sec von der V-Achse abzuzweigen. Die Geschwindigkeiten in m/s für die ΔV-Teilstriche, die für $\Delta t/2 = 3$ sec oberhalb und die für $\Delta t = 6$ sec unterhalb der V-Achse, kann man an der Unterteilung der w-Linie ablesen. Beim Wechsel der Windgeschwindigkeit von $v_l = 3$ m/s auf $v_f = 1$ m/s ist nach Abb. 147 b, c die Geschwindigkeit im Fußpunkt der Steilrampe auf der V-Achse um 2 m/s nach dem 0-Punkt zu verlegen, um von da aus die Laufzeiten auf den flachen Strecken wie bisher zu ermitteln. Vor der Laufzeitermittlung ist auf der Gleisachse unterhalb der Streckenkraftlinie der Ablaufpunkt A einzuzeichnen. Bei Zuführung mit Lokomotiven trägt man für v_0 m/s im Abstand $w = w_0 + w_l = s^0/_{00}$ eine Waagerechte bis an die beginnende, schräg ansteigende Streckenkraftlinie und lotet den Schnittpunkt in die Gleisachse herunter, um A zu erhalten. Auf der V-Achse ist die Ermittlung in der Zuführungsgeschwindigkeit v_0 rechts von dem abzweigenden Wegstrahl für $\Delta t:2 = 3$ sec zu beginnen. Gegebenenfalls ist zur Erhöhung der Genauigkeit die Ermittlung auf der Gipfelausrundung zu wiederholen, indem man über dem gefundenen Δl die mittlere Streckenkraft nochmals abgreift und hierfür das genauere ΔV und Δl ermittelt. Um für Zwischenwerte von v_0 die Laufzeiten durch Zwischenschalten zu finden, ermittelt man zweckmäßig die Laufbewegungen jedes Wagens für drei Zuführungsgeschwindigkeiten $v_0 = 0,5 \ldots 0,9$ und $1,3$ m/s und verbindet die gleichartig bezifferten Zeitstriche miteinander. Befindet sich in der Laufstrecke eine Bremsstrecke von der Länge l_b, so interpoliert man vor dieser die Laufzeit und die Einlaufgeschwindigkeit v_e. Die Bremszeit auf der Bremsstrecke ist $t_b = 2\,l_b:(v_e + v_a)$ sec. Hinter der Bremsstrecke ist die Ermittlung für verschiedene angenommene Laufweiten l, an deren Ende $v = 0$ ist, durchzuführen. Man bestimmt für jede dieser Laufweiten aus dem Gleisplan den mittleren Neigungs- und Krümmungswiderstand s_m und berechnet den mittleren Fahrzeugwiderstand mit $w_m = (2\,w_0 + w_a)$ $:3$ kg/t (Abb. 140). Hier ist w_0 der Grundwiderstand und w_a der Fahrzeugwiderstand bei der geschätzten Bremsgeschwindigkeit v_a. Diese wird mit

$$v_a = \sqrt{2\,g'\,(w_m + s_m) \cdot l} : 1000 \text{ m/s}$$

berechnet. Von v_a aus beginnt man sodann auf der w-Linie die Ermittlung der Geschwindigkeitsunterschiede wie vor und trägt die Δl-Werte vom Ende der Bremsstrecke in der Laufrichtung ein.

4. Beispiele für die Ermittlung der Laufzeiten.

Mit den Fahrzeugwiderständen des Gutläufers (beladene O-Wagen von 25 t) $w = 3,5 + 0,0094\,v_r^2$ kg/t und dem des Schlechtläufers (leerer G-Wagen von 9 t) $w = 6,7 + 0,0457\,v_r^2$ kg/t sollen für die Gleise der Abb. 147 und 148 bei einer angenommenen Zuführungsgeschwindigkeit $v_0 = 0,75$ m/s die Laufzeiten ermittelt werden, und zwar wird nach Abb. 148 der Zug mit einer Lokomotive nach Abb. 147 durch Schwerkraft, die durch eine Zulaufbremse gesteuert wird, der Ablaufanlage zugeführt. Die Grundwiderstände der Wagen sind in dem Beispiel etwas höher angenommen, als vorher angegeben. Da die Ablaufanlage nur eine geringe Verkehrsbelastung von 2500 Wagen je Tag hat und die Zuführungsgeschwindigkeit infolgedessen nicht groß zu sein braucht, wurde vom Einbau der Talbremsen abgesehen. Die Laufzeitermittlung ist in Abb. 147 a, b, c vollständig durchgeführt, in Abb. 148 sind nur die Laufzeitstriche in die Gleisachse eingetragen, die man sich aber jederzeit aus der Streckenkraftlinie der Abb. 148 und den beiden w-Linien der Abb. 147 konstruieren kann.

Beispiel 1. Zuführung der Züge mit Lokomotiven. Der Abstand des Punktes A^x vom Fußpunkt F der Steilrampe wurde berechnet mit $A^x F = x = 52,6$ m. Der

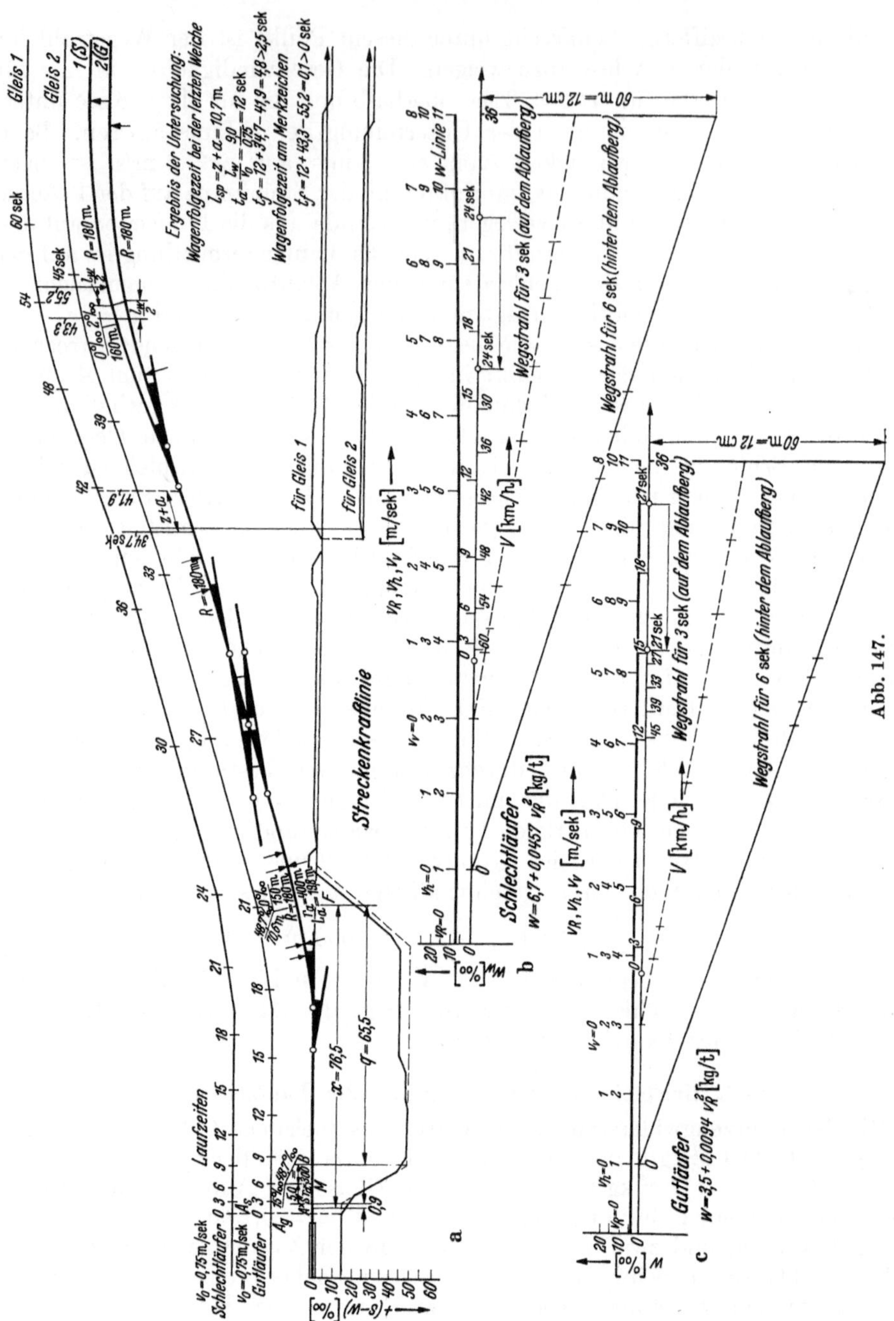

Abstand des Scheitelpunktes S von A^x ist

$$(w_m + w_{rm}) \cdot r_a : 1000 = 10{,}5 \cdot 300 : 1000 = 3{,}15 \text{ m}.$$

Die Länge der Ausrundungsstrecke ist vom Scheitel ab gerechnet

$$l_a = SB = s_1 \cdot r_a : 1000 = 62{,}3 \cdot 300 : 1000 = 18{,}8 = 2 \cdot 9{,}4 \text{ m}. \quad \text{(Abb. 148.)}$$

Die Ablaufpunkte des Schlecht- und Gutläufers (A_s und A_g) sind nach Abb. 148 dadurch ermittelt, daß man zu Beginn der Streckenkraftlinie im Abstand

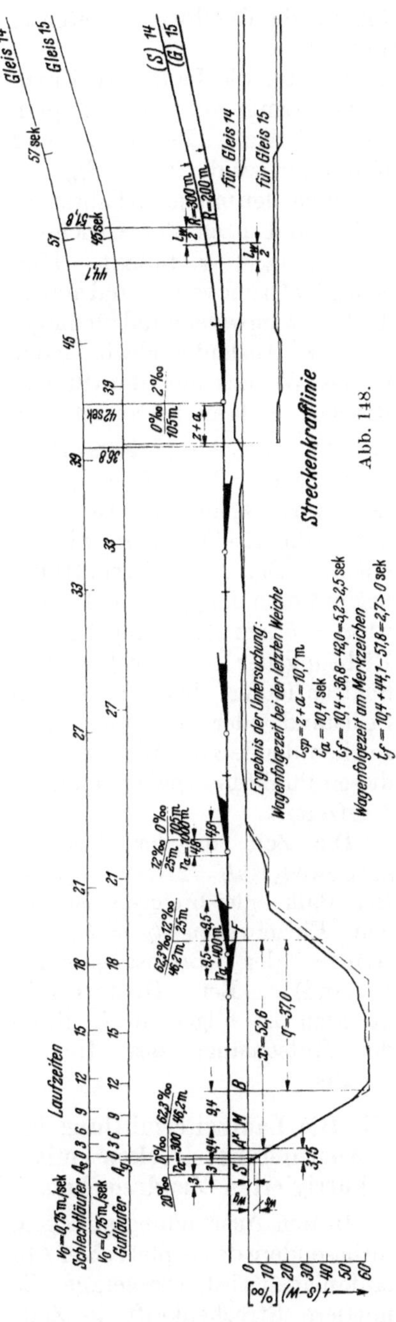

$w = w_s$ bzw. $= w_g$ für $v_0 = 0{,}75$ m/s oberhalb der Wegachse Waagerechte zog. Der waagerechte Abstand der Schnittpunkte $A_s A_g$ mit der aufsteigenden Streckenkraftlinie ist $\Delta l_0 = 1{,}2$ m. Die Anschubzeit ist $t_a = (L_w - \Delta l_0) : v_0 = (9 - 1{,}2) : 0{,}75 = 10{,}4$ sec. Die Sperrstrecke ist $l_{sp} = z + a = 10{,}7$ m. Bis zum Beginn der Sperrstrecke der letzten Weiche beträgt nach Abb. 148 die Laufzeit des Nachläufers (Gutläufer) $t_M = 36{,}8$ sec, und die Laufzeit des Vorläufers (Schlechtläufer) bis zum Ende dieser Sperrstrecke ist $t_V = 42$ sec. Die letzte Weichenzunge ist also während $t_f = t_a + t_N - t_V = 10{,}4 + 36{,}8 - 42{,}0 = 5{,}2$ sec achsfrei, während die Umstellzeit der Weiche 2,5 sec beträgt. Am Merkzeichen dieser Weiche beträgt der Zeitabstand zwischen Vor- und Nachläufer $t_f = 10{,}4 + 44{,}1 - 51{,}8 = 2{,}7$ sec, wo nach Abb. 148 $t_N = 44{,}1$ und $t_V = 51{,}8$ ist.

Beispiel 2. Der Zug wird durch Schwerkraft zugeführt (Abb. 147a—c). Als Punkt S wurde der Neigungswechsel des Gefälles der Zulaufbremse $s = 15^0/_{00}$ mit dem der Steilrampe $s_1 = 48{,}7^0/_{00}$ bezeichnet. Ist

$$SA^x = (w_m + w_{rm} - s_1) \cdot r_a : 1000$$
$$= (12{,}1 - 15) \cdot 300 : 1000 = -0{,}9 \text{ m}.$$

S liegt talwärts von A^x. Es ist $w_m + w_{mr} = 9{,}4 + 2{,}7 = 12{,}1^0/_{00}$. Ferner ist der Abstand des Punktes S von dem Ausrundungsende

$$SB = (48{,}7 - 15) \cdot 300 : 1000 = 10 \text{ m}.$$

Der Ablaufpunkt $A_s = A_g$ liegt um den halben Achsabstand, also $0{,}5 \cdot a = 2{,}25$ m von S bergwärts. Mit $v_0 = 0{,}75$ m/s ist, da beide Wagen im gleichen Punkte ihren Ablauf beginnen $(\Delta l_0 = 0)$, die Anschubzeit $t_a = L_w : v_0 = 9 : 0{,}75 = 12$ sec. Bis zum Beginn der Sperrstrecke der letzten Weiche ist nach Abb. 147a $t_N = 34{,}7$ sec (Gutläufer), und am Ende der Sperrstrecke ist die Laufzeit des Vorläufers (Schlechtläufer) $t_V = 41{,}9$ sec. Daher ist die Weichenzunge $t_f = t_a + t_N - t_V = 12 + 34{,}7 - 41{,}9 = 4{,}8$ sec achsfrei. Am Merkzeichen ist mit $t_N = 43{,}3$ sec

und $t_V = 55{,}2$ und $t_f = 12 + 43{,}3 - 55{,}2 = 0{,}1 > 0$ sec.

In Abb. 149a, b ist die Laufzeitermittlung für den Fall durchgeführt, daß die Wagen durch eine Talbremse auf Laufweite abgebremst werden. Der Schlechtläufer (Vorläufer) rollt vom Ablaufpunkt mit einer Geschwindigkeit von $v_0 = 1{,}0$ ab.

Die Ermittlung wird wie vor vom Ablaufpunkt bis zum Einlauf in die Talbremse mit dem Zeitschritt $\Delta t = 3$ sec durchgeführt. Die Einlaufgeschwindigkeit $v_e = 7{,}2$ m/s in die Bremsstrecke $l_b = 24{,}5$ m der Balkengleisbremse von $L_b = 20$ m

Länge wird durch Interpolierung aus Abb. 147, 149 für die Geschwindigkeiten v_v (oberste Reihe der Bezifferung der v-Achse) ermittelt.

Hinter der Bremsstrecke ist die Laufzeitermittlung für die Laufweite 150 m mit $\Delta t = 6$ sec durchgeführt. Man bestimmt für diese Länge aus dem Gleisplan den mittleren Neigungs- und Krümmungswiderstand $s_m{}^0/_{00}$ und berechnet den mittleren Fahrzeugwiderstand nach der Gleichung $w_m = (2\,w_0 + w_a):3$ kg/t. Hier ist w_0 der Grundwiderstand und w_a der Fahrzeugwiderstand für die geschätzte Auslaufgeschwindigkeit v_a des Wagens aus der Bremsstrecke. Sodann berechnet man

$$v_a = \sqrt{2\,g' \cdot (w_m - s_m)\,l : 1000}\ \text{m/sec}.$$

Hier ist $g' = 9{,}81 \cdot G:(G + G')$. (Mit verbessertem w_a ist, falls nötig, die Rechnung zu wiederholen.) Die Laufzeitermittlung beginnt man in v_a (in Abb. 149 a, b ist $v_a = 5{,}1$ m/s) in umgekehrter Richtung der V-Achse für einen Schlechtläufer bis zu dessen Stillstand oder bis zum Merkzeichen der letzten Weiche. Für diesen Punkt interpoliert man die Laufzeit t_2.

Die Zeit in der Bremsstrecke l_b ist $t_b = 2\,l_b:(v_e + v_a)$ sec. Bei Balkengleisbremsen ist für den Einzelwagen $l_b = L_b + a$ (Länge der Bremse + Achsabstand). Bei Hemmschuhbremsen ist allgemein l_b gleich der Rutschlänge des Hemmschuhs.

H. Die Laufzeitermittlung in Ausrundungsstrecken mit korrigierten Zeitdreiecken.

In den Ausrundungsstrecken, insbesondere des Gipfels einer Ablaufanlage, wird, wie gesagt, die mittlere Streckenkraft je Zeitschritt schätzungsweise angenommen und hieraus die Bewegung wie bei gleichbleibenden Streckenkräften ermittelt. Ist das Ergebnis ungenau, so ist es durch Wiederholung der Ermittlung (Iteration) zu verbessern. Dieses Verfahren wird wegen seiner Einfachheit in der Praxis meist angewendet. Man kann aber auch mit einem korrigierten Zeitdreieck, das den Einfluß des Ausrundungshalbmessers berücksichtigt, die mittlere Streckenkraft je Zeitschritt zeichnerisch unmittelbar bestimmen und erhält so ohne Wiederholung des Verfahrens das genaue Ergebnis.

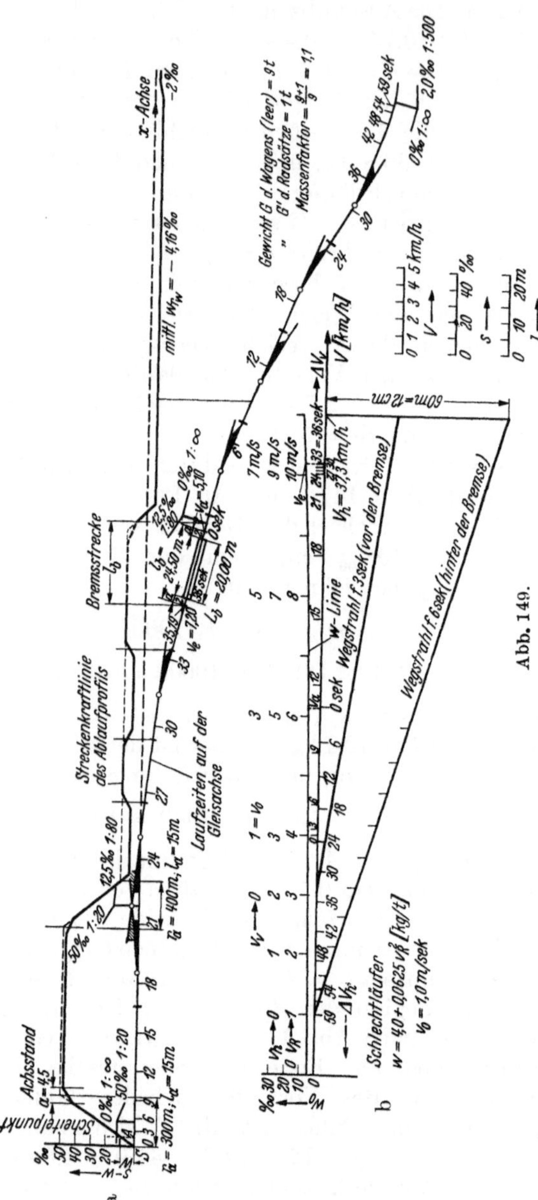

Im Punkt x der Abb. 150 ist die Bahnkraft des Wagens $s_x - w$ kg/t. Punkt x liege am Ende eines Zeitschrittes Δt, in dem der Wagen die Geschwindigkeit v_1 m/s hat. In der Mitte des folgenden Zeitschrittes ist die Geschwindigkeit $v_1 + \Delta v : 2$, zu der die Mittelkraft $s_{xm} - w = s_x \pm \Delta s_x : 2 - w = s_x \pm \dfrac{\Delta l \cdot 1000}{2 \cdot r_a} - w$ gehört. Das $+$ gilt für konvexe und das $-$ für konkave Ausrundungen. Es ist $\Delta s_x = \Delta l \cdot 1000 : r_a$ nach Ableitung der Streckenkraftlinie S. 26 die Zunahme des Gefälles Δs_x in der Ausrundung auf dem Wege Δl. Der Weg ist $\Delta l = v_m \cdot \Delta t = \left(v_1 + \dfrac{\Delta v}{2}\right) \cdot \Delta t$. Eingesetzt ist $s_{xm} - w = s_x \pm \left(v_1 + \dfrac{\Delta v}{2}\right) \cdot \dfrac{\Delta t \cdot 1000}{2 r_a} - w$. Da nach vorigem $1000 : r_a = (s_1 - s_2) : l_a$ ist, so ist die **mittlere Bahnkraft**

$$s_{xm} - w = s_x \pm \left(v_1 + \frac{\Delta v}{2}\right) \frac{\Delta t}{2} \cdot \frac{(s_1 - s_2)}{l_a} - w$$

$$= s_x \pm \left(v_1 + \frac{\Delta v}{2}\right) \frac{\Delta t}{2} \cdot \frac{1000}{r_a} - w \ \text{kg/t}.$$

Das ist derselbe Ausdruck wie bei der Anlaufsteigung S. 162. Was dort die Zuglänge l_z ist, ist hier die Ausrundungslänge l_a. Danach ist die Bewegungsgleichung

$$s_x \pm v_1 \cdot \frac{\Delta t \cdot 1000}{2 \cdot r_a} - w \pm \frac{\Delta v \cdot \Delta t \cdot 1000}{4 r_a}$$

$$= \frac{1000 \cdot 1{,}06 \cdot \Delta v}{g \cdot \Delta t} \ \text{kg/t}.$$

Infolgedessen ist auch das Ermittlungsverfahren das gleiche. Die Ermittlung wird bei der Anlaufsteigung für den Massenfaktor $\varrho = 1{,}06$ durchgeführt. Abweichende Massenfaktoren können, wie gezeigt, durch die Veränderung des Maßstabes der Geschwindigkeitsachse berücksichtigt werden.

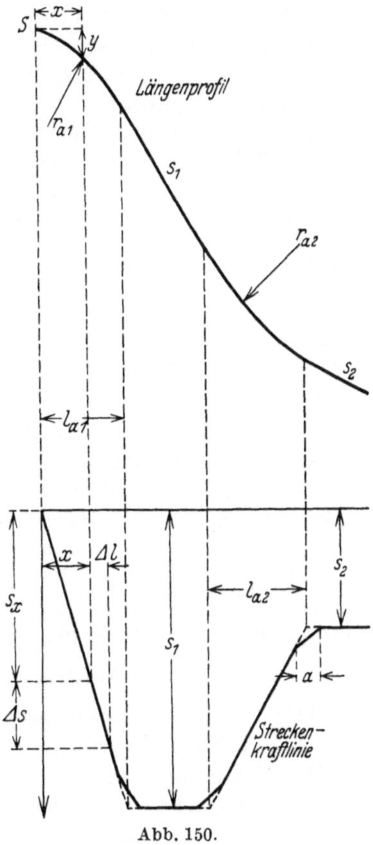

Abb. 150.

Setzt man $V : 3{,}6$ m/s statt v m/s und faßt man die bekannten Werte

$$s_x \pm V_1 \cdot \frac{\Delta t \cdot 1000}{3{,}6 \cdot 2 \cdot r_a} - w = p'$$

zusammen, so ist

$$p' \pm \frac{\Delta V \cdot \Delta t \cdot 1000}{3{,}6 \cdot 4 \cdot r_a} = \frac{1000 \cdot 1{,}06 \cdot \Delta V}{g \cdot \Delta t \cdot 3{,}6}$$

und für $\Delta t = 3$ sec ist

$$p' \pm \frac{\Delta V \cdot \Delta t \cdot 1000}{3{,}6 \cdot 4 \cdot r_a} = 10 \Delta V \quad \text{oder} \quad p' = 10 \Delta V \mp \frac{\Delta V \cdot \Delta t \cdot 1000}{3{,}6 \cdot 4 \cdot r_a}$$

oder

$$1 = \frac{10 \Delta V}{p'} \mp \frac{\Delta V}{p'} \cdot \frac{\Delta t \cdot 1000}{3{,}6 \cdot 4 \cdot r_a} = \frac{\Delta V}{p'}\left(10 \mp \frac{\Delta t \cdot 1000}{3{,}6 \cdot 4 \cdot r_a}\right)$$

oder

$$\frac{\Delta V}{2 p'} = \frac{1}{2 \cdot \left(10 \mp \dfrac{\Delta t \cdot 1000}{3{,}6 \cdot 4 \cdot r_a}\right)}.$$

Wählt man wie vorher bei der zeichnerischen Ermittlung der Geschwindigkeiten je Zeitschritt, falls $\varrho = 1{,}06$ ist, den Maßstab der Geschwindigkeiten 10mal größer als den der Kräfte (z. B. $V = 1\,\text{km/h} = 10\,\text{mm}$ und $s = w = 1\,\text{kg/t} = 1\,\text{mm}$), so ist bei $\varDelta t = 3\,\text{sec}$

$$\frac{\varDelta V\,\text{mm}}{2\,p'\,\text{mm}} = \frac{10}{2\left(10 \mp \dfrac{3 \cdot 1000}{3,6 \cdot 4 \cdot r_a}\right)}.$$

Wäre der Krümmungshalbmesser $r_a = \infty$, so wäre $\dfrac{\varDelta V\,\text{mm}}{2\,p'\,\text{mm}} = {}^1\!/_2$. Diese Beziehung wurde vorher durch ein gleichschenkliges Dreieck dargestellt, dessen Höhe p' = der Grundlinie $\varDelta V$ ist. Die halbe Grundlinie ist dann $\varDelta V : 2$. Rollt aber der Wagen auf einer konvexen Ausrundung (Gipfelausrundung) herab, so ist der Geschwindigkeitszuwachs je Zeitschritt größer als auf durchgehendem Gefälle, also $\dfrac{\varDelta V}{2}\,\text{mm} = \dfrac{p' \cdot 10\,\text{mm}}{2\left(10 - \dfrac{3 \cdot 1000}{3,6 \cdot 4 \cdot r_a}\right)}$; denn das Gefälle nimmt ja auf konvexer Ausrundung stetig zu. Umgekehrt ist auf einer konkaven Ausrundung die Geschwindigkeitszunahme $\dfrac{\varDelta V}{2}\,\text{mm} = \dfrac{p' \cdot 10\,\text{mm}}{2\left(10 + \dfrac{3 \cdot 1000}{3,6 \cdot 4 \cdot r_a}\right)}$ kleiner als in dem durchgehenden Gefälle. Für die zeichnerische Ermittlung des Geschwindigkeitszuwachses ist daher das Zeitdreieck für jeden Ausrundungshalbmesser der konkaven oder konvexen Ausrundung erst zu konstruieren. Diese Zeitdreiecke sind dann wie bei der Fahrzeitermittlung der Züge (S. 164) aneinandergereiht zwischen der w-Linie (Berührung mit der Dreieckspitze) und den Waagerechten im Abstand $s^0/_{00}$ von der V-Achse (Grundlinien der Zeitdreiecke) zu zeichnen.

Bei dem Zeitschritt $\varDelta t = 3\,\text{sec}$ ist in einer konvexen Ausrundung (Gipfel) mit $r_a = 300\,\text{m}$ für die Grundlinie $\varDelta V = 100\,\text{mm}$ des Zeitdreiecks dessen Höhe $p' = \dfrac{\varDelta V}{10}\left(10 - \dfrac{3 \cdot 1000}{3,6 \cdot 4 \cdot r_a}\right) = \dfrac{100}{10}\left(10 - \dfrac{3 \cdot 1000}{3,6 \cdot 4 \cdot 300}\right) = 93\,\text{mm}$. In der konkaven Ausrundung wäre die Höhe des Zeitdreiecks $107\,\text{mm}$ für die gleiche Grundlinie $\varDelta V = 100\,\text{mm}$. In dem Ausdruck $\varDelta s_x = V_1 \cdot \dfrac{\varDelta t \cdot 1000}{3,6 \cdot 2 \cdot V_a}$ ist $V_1 \cdot \dfrac{\varDelta t}{3,6 \cdot 2}$ der Weg in der Zeit $\varDelta t/2 = 1,5\,\text{sec}$. Diesen greift man senkrecht unter dem bereits ermittelten V_1-Wert am Ende des vorhergehenden Zeitschritts zwischen der V-Achse und dem Wegstrahl für $\varDelta t/2 = 1,5\,\text{sec}$ wie nach Abb. 147 c ab. Den Wegstrahl für $\varDelta t = 1,5\,\text{sec}$ erhält man durch Halbieren der Neigung des bereits gezeigten Wegstrahls für $\varDelta t = 3\,\text{sec}$. Fügt man die so gefundene Strecke für $V_1 \cdot \dfrac{\varDelta t}{3,6 \cdot 2}$ an den zuletzt gezeichneten Zeitstrich der Laufzeit in der Gleisachse an und greift senkrecht darüber in der Streckenkraftlinie die Ordinate ab, so erhält man $s_x \pm V_1 \cdot \dfrac{\varDelta t \cdot 1000}{3,6 \cdot 2 \cdot r_a} = p'$. Diese Strecke setzt man von der w-Linie nach unten ab etwa in der mittleren Geschwindigkeit des Zeitschrittes und zieht auf eine kleine Strecke eine Waagerechte, die die Grundlinie des Zeitdreiecks werden soll. Nun zieht man von dem zuletzt ermittelten V_1 eine Senkrechte bis zur eben gezeichneten Waagerechten. Von diesem Schnittpunkt trägt man das korrigierte Zeitdreieck ein, indem man Parallele zu dem vorher seitlich gezeichneten korrigierten Zeitdreieck (vgl. Abb. 102) zieht. Die Spitze des Zeitdreiecks berührt die w-Linie, und die eben gezeichnete kleine Waagerechte ist die Grundlinie. So erhält man die gesuchte Geschwindigkeit V_2 am Ende des Zeitschrittes. Die Ermittlung des Weges mittels des Wegstrahls ist die gleiche wie bei den zuerst beschriebenen Verfahren.

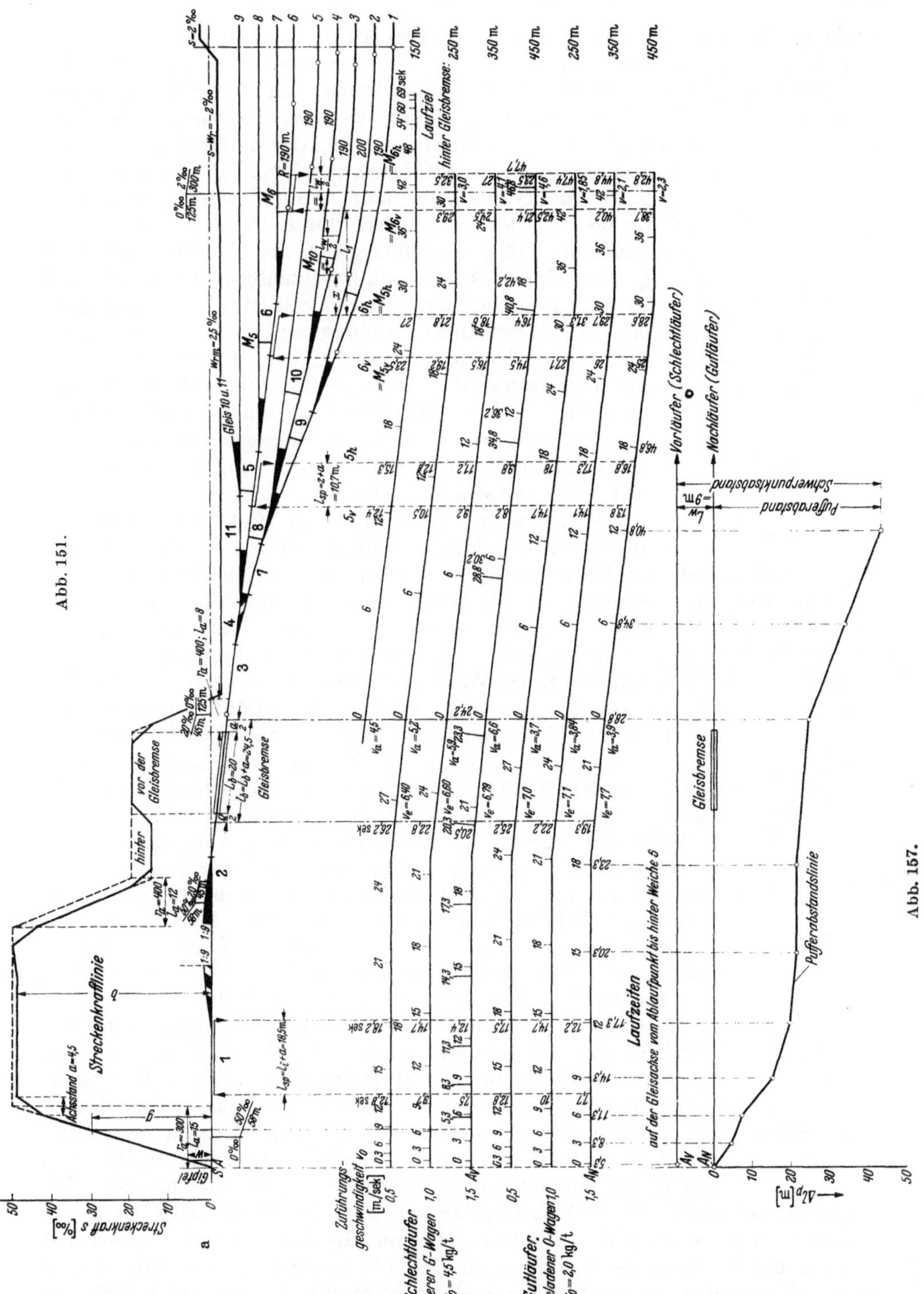

Abb. 151.

Abb. 157.

J. Die Ermittlung der Zuführungsgeschwindigkeit bei ungünstiger Wagenfolge.
1. Die Laufzeitdiagramme.

Auf S. 245 und in Abb. 147 u. 148 sind für eine bestimmte Zuführungs-geschwindigkeit $v_0 = 0,75$ m/s die Laufzeiten für einen Gut- und einen Schlechtläufer in die Gleisachse eingezeichnet. Hieraus wurde die Zeit $t_f = t_a + t_N - t_V$ ermittelt, in der die Sperrzeit der letzten Verteilungsweiche achsfrei ist. Es soll aber t_f möglichst gleich der Weichenumstellzeit t_w sein. Sind die Laufziele zweier sich folgender Wagen durch die Besetzung ihrer Richtungsgleise festgelegt, so kann man die Zeit t_f nur durch Veränderung der Zuführungsgeschwindigkeiten regeln. Meist nimmt man die Zuführungsgeschwindigkeit v_{01} des Vor-

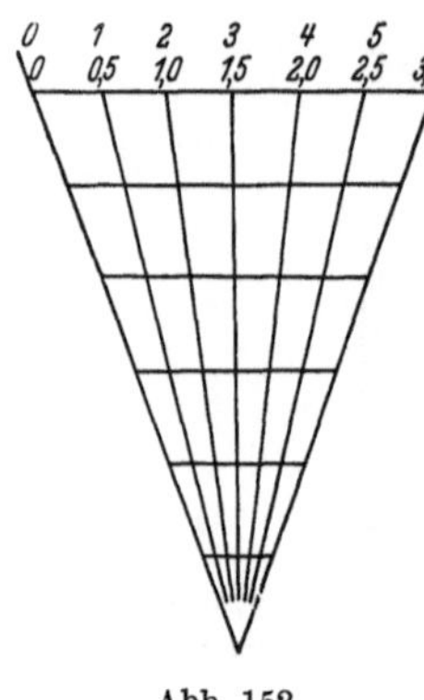

Abb. 152.

läufers als gegeben an, dann ist die Zuführungsgeschwindigkeit v_{02} des Nachläufers durch Probieren so zu bestimmen, daß t_f möglichst gleich der Weichenumstellzeit t_w wird. Dies geschieht am zweckmäßigsten dadurch, daß man je drei Gleislinien des Schlechtläufers und des Gutläufers untereinander zeichnet und in diese die Laufzeiten vom Ablaufpunkt ab, in dem die Wagen die Zuführungsgeschwindigkeiten $v_0 = 0{,}5$, $1{,}0$ und $1{,}5$ m/s haben, nach Abb. 151b, c, einzeichnet. In diese Gleislinien sind die Sperrstrecken l_{sp} und die Bremsstrecke l_b aus dem Gleisplan übertragen. Die Weichen 1 und 3 werden nach Abb. 151a selbsttätig gestellt.

Die Zeitwerte zu Beginn und Ende der Sperr- und Bremsstrecken können mittels eines auf durchsichtiges Papier gezeichneten Strahlenbüschels zwischen zwei benachbarten Laufzeitstrichen interpoliert werden, auf die man die beiden äußeren Strahlen der Abb. 152 auflegt. Mit diesem Strahlenbüschel kann man auch auf der w-Linie die Einlaufgeschwindigkeiten v_e in die Gleisbremse bestimmen.

a) Die Laufzeitdiagramme für den Wagenlauf durch Schwerkraft. In Abb. 153 wurden aus den Laufzeitstreifen des Gut- und des Schlechtläufers vom Ablauf-

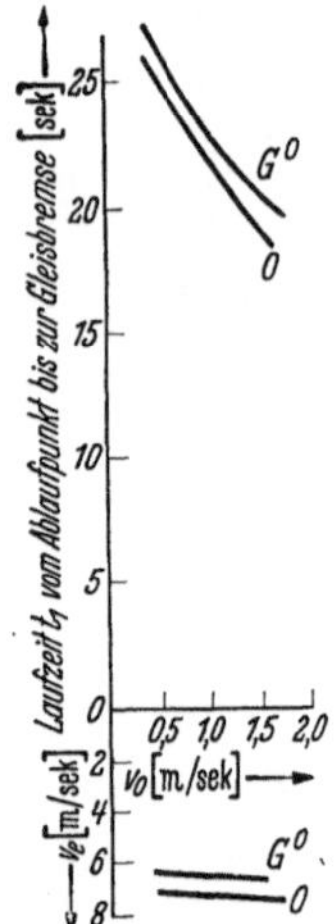

Abb. 153.

punkt bis zur Gleisbremse die Zeiten t_1 für $v_0 = 0{,}5$, $1{,}0$ und $1{,}5$ m/s über einer v_0-Achse als Kurven aufgetragen. Ebenso wurden unterhalb der v_0-Achse die entsprechenden Kurven für die Einlaufgeschwindigkeit v_e für beide Wagen gezeichnet.

Weiterhin wurden die für Laufzeiten t_2 vom Auslauf aus der Gleisbremse bis zum Beginn und Ende der Sperrstrecken sowie bis zu einer halben Wagenlänge vor und hinter dem Merkzeichen der Weichen 5 und 6 für beide Wagen Kurven über der Laufwegachse aufgetragen, und zwar mit den Laufzeiten für die Laufweiten 150 bis 450 m. Die Kurven für Merkzeichen 5 gelten auch für die Sperrstrecke der Weiche 6 (Abb. 154).

Es sind die betreffenden Kurven für die Sperrstrecke der Weiche 5 und für das Merkzeichen der Weiche 6 übereinander gezeichnet und die für die Sperrstrecke der Weiche 6 = Merkzeichen der Weiche 5 in einem Abstand von 5 cm seitlich davon. Der 5 cm breite Streifen zwischen diesen Diagrammen kann dazu benutzt werden, um z. B. für Weiche 10 (zwischen Weiche 5 und 6) die entsprechenden Laufzeiten t_2 zu interpolieren. Die Streifenbreite ist für die Verhältniszahlen $\alpha = x : l_1$ unterteilt. Hier ist l_1 der Abstand zweier Punkte des Gleisplans, für die die Laufzeitkurven gezeichnet sind, x der Abstand des Punktes, für den die Laufzeit gesucht ist. Es ist $\alpha = x : l_1$ mit dem genannten durchsichtigen Strahlenbüschel (Abb. 150) aus dem Gleisplan abzulesen. Ein Beispiel für x und l_1 (Merkzeichen der Weiche 10) ist im Gleisplan eingetragen. Für einen leeren G-Wagen (G^0) bei der Laufweite 300 m ist zwischen den Laufzeiten für den hinteren Punkt der Sperrstrecke Weiche 6 und dem Punkt, der $L_w/2$ vor dem Merkzeichen M_{6v} liegt, die Lauf-

zeit für den genannten Punkt vor dem Merkzeichen der Weiche 10 (M_{10_v}) interpoliert. Es ist $\alpha = 0{,}4$. Von den Punkten der Laufzeitkurven geht man, wie
in Abb. 154 eingetragen, waagerecht bis zu deren t_2-Achsen. Die Schnittpunkte
verbindet man und die Höhe der Verbindungslinie über der Abszisse $\alpha = 0{,}4$
ergibt im Beispiel die Laufzeit $t_2 = 24$ sec.

Einfacher kann man zwischen zwei Punkten der übereinanderliegenden
Laufzeitkurven gleicher Wagengattung und Laufweite mit dem Strahlenbüschel die Laufzeit für einen Zwischenpunkt des Gleisplanes ablesen, nachdem vorher das Abstandsverhältnis $\alpha = x : l_1$
festgestellt ist. Ebenso kann man verfahren,
wenn man eine durchsichtige Pause der
rechtsseitigen Laufzeitkurven auf die links-
seitigen legt.

Unter der Annahme, daß sich die Laufzeiten von der Gleisbremse bis zur Trennungsweiche für Wagen gleicher Laufweite bei
Widerständen zwischen dem für G^0- und
O-Wagen linear ändern, kann man die entsprechenden Laufzeiten für Wagen mit
zwischengelegenen Widerständen ebenfalls
aus der Abb. 154 mit dem Strahlenbüschel
ablesen. Es muß dann nur das Verhältnis
des Zwischenwertes für den Grundwert w_0
zu den Grundwerten des G^0- und O-Wagens
bekannt sein. Zum Interpolieren legt man
das Strahlenbüschel mit seinen äußersten
Strahlen auf die senkrecht übereinanderliegenden Punkte der betreffenden Laufweite
des O- und des G^0-Wagens auf und liest
die gesuchte Laufzeit bei dem Zwischen-
strahl für das gegebene Widerstandsver-
hältnis ab.

Es ist also durch das Strahlenbüschel die
Möglichkeit gegeben, ebenso wie für alle
Trennungsweichen auch für alle Wagen,

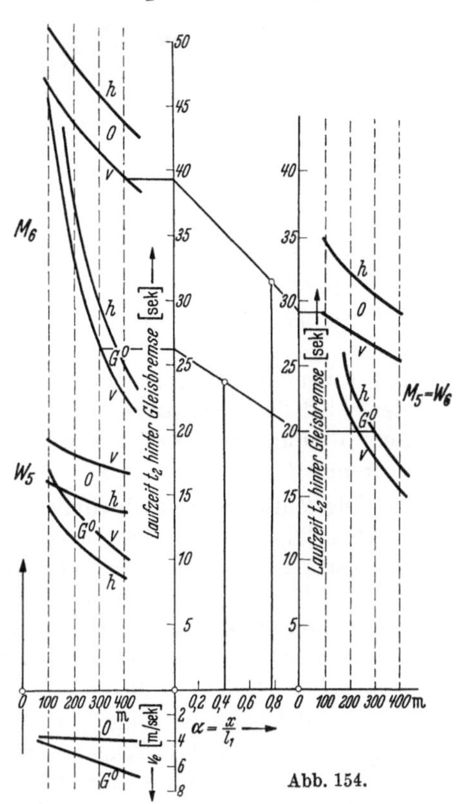

Abb. 154.

deren Widerstände zwischen denen des Gut- und Schlechtläufers liegen, die
ungünstigen Wagenfolgen und zulässigen Zuführungsgeschwindigkeiten zu untersuchen, ohne daß man neue Laufzeitstreifen und Laufzeitdiagramme herstellen muß.

b) Die Laufzeitdiagramme für Anschub und Bremsen. Nach vorigem ist
die Anschubzeit $t_a = 2\,(L_w \mp \Delta l_0) : (v_{01} + v_{02})$ sec. Hier ist Δl_0 der waagerechte
Abstand der beiden Ablaufpunkte des G^0- und des O-Wagens. Für eine mittlere
Zuführungsgeschwindigkeit ist bei den vorhandenen w-Linien $\Delta l_0 \cong 1$ m. Bei G^0
vor O gilt das —-Zeichen, bei O vor G^0 das +-Zeichen. Für Wagen gleichen
Widerstandes ist $\Delta l_0 = 0$. Bei der Wagenlänge $L_w = 9$ m ist daher $L_w \mp \Delta l_0$
$= 8, 9$ oder 10 m. Für diese Werte sind über einer Achse der mittleren Zuführungsgeschwindigkeiten $v_{0m} = 0{,}5\,(v_{01} + v_{02})$ m/s für die genannten Wagenfolgen drei Kurven gezeichnet, aus denen man die Anschubzeiten ablesen kann
(Abb. 155).

Die Bremszeit ist $t_b = l_b : 0{,}5\,(v_e + v_a)$ sec. In Abb. 156 ist die Bremsstrecke $l_b = 24{,}5$ m. Nach den Laufzeitstreifen schwankt für den Schechtläufer
der Wert für v_e zwischen $6{,}4$ und $6{,}8$ m/s und für den Gutläufer zwischen 7 und

7,7 m/s. Es wurden daher für die Mittelwerte von v_{eg_0} = 6,6 m/s und für v_{e_0} = 7,3 m/s Kurven für die Bremszeiten gezeichnet. Die Bremszeiten wurden dabei aus den Gleichungen $t_b = l_b : 0,5\,(6,6 + v_a)$ sec bzw. $t_b = l_b : 0,5\,(7,3 + v_a)$ sec berechnet und über der v_a-Achse für die einzelnen Werte von v_a aufgetragen, um bequem lediglich für die Auslaufgeschwindigkeiten v_a die Laufzeiten in der Gleisbremse ablesen zu können.

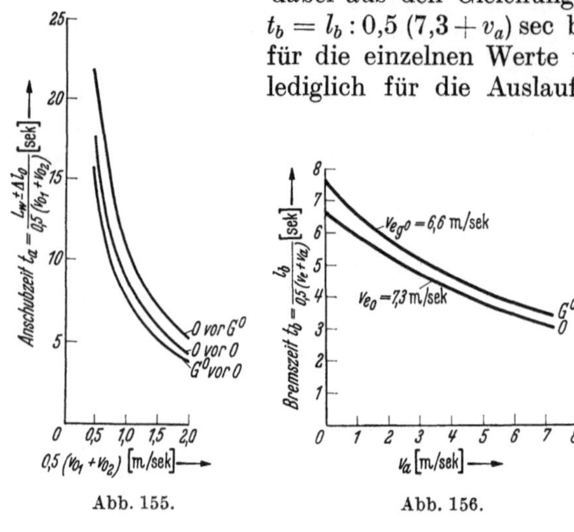

Abb. 155.   Abb. 156.

2. Ermittlung der Zuführungsgeschwindigkeiten durch Auswerten der Laufzeitdiagramme.

a) Die Zuführungsgeschwindigkeit mit Rücksicht auf die Bedienungszeit der ferngesteuerten Gleisbremse. Wie früher gesagt ist, muß die Zuführungsgeschwindigkeit so gewählt werden, daß die Bedienungszeit der Gleisbremse bei einer Wagenfolge von Fahrzeugen gleicher Art $\leqq$ sein muß als der Unterschied der Anschubzeit und Bremszeit. Aus den Laufzeitdiagrammen für Anschub- und Bremszeit ergibt sich, daß bei v_0 = 1,3 m/s die Bedienungszeit der Bremse $t_a - t_b$ = 7,0 — 4,5 = 2,5 sec ist.

b) Die Zuführungsgeschwindigkeit mit Rücksicht auf die erste Weiche unter dem Ablaufgipfel. Die erste Weiche unter dem Ablaufgipfel ist eine Weiche 1:9 mit selbsttätiger Umstellung. Die Sperrstrecke ist nach Abb. 151a l_{sp} = 18,5 m = $a + l_i$. Hier ist l_i = 15 m, und die Entfernung des vorderen Isolierstoßes von der Weichenspitze, und l'_i ist nach S. 231 mit 5,6 m berechnet. Damit die Weiche zwischen zwei Wagen umgestellt werden kann, muß nach vorigem $t_f = t_a + t_N - t_V \geqq 0$ sein.

α) Bei gleichartigen Wagen ist bei $v_{0\,max}$ = 1,5 m/s nach Abb. 155 t_a = 6 sec und t_N = 7,7 sec bei O-Wagen bzw. 7,5 sec bei G^0-Wagen, bei O-Wagen ist t_V = 12,2, bei G^0-Wagen ist t_v = 12,4 sec. Es ist daher $t_f = t_a + t_N - t_V$ = 1,5 sec bei O-Wagen bzw. 1,1 sec bei G^0-Wagen. Die beiden letzteren Werte für t_f sind positiv, also ist die Umstellung der Weiche zwischen zwei Wagen bei $v_{0\,max}$ = 1,5 möglich. Maßgebend ist nach S. 235 jedoch $v_{0\,max}$ = 1,3 m/s.

β) Folgt wie bei dem zweiten und dritten Wagenablauf (in umgekehrter Reihenfolge in Abb. 151b gezeichnet) auf einen G^0-Wagen ein O-Wagen und hat der G^0-Wagen die Zuführungsgeschwindigkeit v_0 = 0,5 und daher nach Abb. 151b t_V = 18,2 sec, so darf der nachfolgende O-Wagen nur auf v_0 = 1,2 m/s beschleunigt werden, denn es ist für v_{0m} = 0,5 (0,5 + 1,2) = 0,85 m/s, t_a = 9,5 sec und für v_0 = 1,2 m/s ist t_N = 9 sec (interpoliert), also ist $t_a + t_N$ = 9,5 + 9 = 18,5″ > 18,2″ = t_V und t_f = 0,3″. Bei dem weiteren Ablauf hat mehrmals bei der Wagenfolge G^0 vor O der G^0-Wagen die Zuführungsgeschwindigkeit v_0 = 0,7 m/s und hierfür t_V = 16,8 sec, der Nachläufer O-Wagen mit der Anschubstrecke $L_w - \Delta l_0$ = 8 m darf dann nur auf v_0 = 1,3 m/s beschleunigt werden. Es ist für die mittlere Zuführungsgeschwindigkeit v_{0m} = 1,0 m/s die Anschubzeit t_a = 8 sec, und t_N interpoliert = 8,8 sec, also $t_a + t_N - t_V$ = 8 + 8,8 — 16,8 = 0 sec.

c) Die Zuführungsgeschwindigkeit mit Rücksicht auf die Trennungsweichen hinter der Gleisbremse. Die Weichen haben alle die Neigung 1:7,5 und die

Zungenlänge 6,2 m, also ist $l_{sp} = z + a = 6,2 + 4,5 = 10,7$ m. Es ist die Weichenumstellzeit bei schnell umlaufenden Weichenmotoren $t_w = 0,8$ sec.

Die Gleichung $t_f = t_a + t_{N1} + t_{bN} + t_{N2} - (t_{V1} + t_{Vb} + t_{V2}) \geqq t_w$ ist für die Wagenfolgen verschiedener Laufweiten zur Ermittlung der möglichen Zuführungsgeschwindigkeiten mit Hilfe der Laufzeitdiagramme durch Probieren zu lösen. Außer für die Sperrstrecke der letzten Verteilungsweiche ist auch noch für deren Merkzeichen die Zuführungsgeschwindigkeit v_0 durch Probieren zu ermitteln. Der ungünstigste der beiden Werte ist maßgebend.

K. Pufferabstandslinien ablaufender Wagen.

Während im vorigen Abschnitt die Zuführungsgeschwindigkeit des Nachläufers ermittelt wurde, die erforderlich ist, damit an einer Weiche genügend Raum- und Zeitabstand für deren Umstellung oder damit am Merkzeichen der Weiche bei der Vorbeifahrt die Wagen nicht streifen, soll nunmehr für eine gegebene Zuführungsgeschwindigkeit des Nachläufers der Raumabstand auf dem ganzen Laufweg dargestellt werden, den er von seinem Vorläufer hat, dessen Zuführungsgeschwindigkeit ebenfalls bekannt ist. Für die Zeit t_f, in der die Sperrstrecke einer Weiche achsfrei sein muß, ist der Abstand der zugekehrten Wagenachsen zweier Abläufe maßgebend. Um festzustellen, ob an einem Merkzeichen die Fahrzeuge sich nicht streifen, wird die Ermittlung auf die sich zugekehrten Pufferteller zweier Wagen bezogen. Es ist üblich, bei der Ermittlung des Abstandes zweier Abläufe den Abstand auch für die Weichenumstellung stets auf die Puffer zu beziehen. Die Abläufe sind für die Wagenschwerpunkte in den Gleislinien dargestellt (Abb. 151b, c). Aus ihnen werden zunächst die Abstände der Wagenschwerpunkte ermittelt. Von diesen zieht man bei Einzelläufen die Wagenlängen ab, um den Pufferabstand zu erhalten. Es ist umständlich, erst für jeden Wagenablauf aus den bereits konstruierten Laufzeitlinien noch eine Zeitweglinie zu zeichnen und die Zeitweglinie des Nachläufers von dessen Ablaufpunkt aus aufzutragen, der um die Anschubzeit $t_a = 2 (L_w - \varDelta l_0) : (v_{01} + v_{02})$ sec unter dem des Vorläufers liegt. Aus beiden Linien wären dann die waagerechten Abstände zu entnehmen, die nach Abzug der Wagenlänge die Pufferabstände ergäben.

Daher soll gezeigt werden, wie man die Schwerpunktsabstände unmittelbar aus den in die Gleise eingetragenen Laufzeiten (Laufzeitlinien) der beiden Wagen abgreifen kann. Trägt man diese Abstände aus Abb. 151c in den jeweiligen Wegpunkten je Zeitschritt des Nachläufers als Ordinaten auf, so erhält man die Linien der Wagenabstände über der Wegachse. Zieht man über dieser Achse in der Höhe der Wagenlänge eine Waagerechte, so sind die Ordinaten über letzterer die Pufferabstände, und in bezug auf diese Waagerechte ist die konstruierte Linie die Pufferabstandslinie (Abb. 157 unterhalb Abb. 151).

Legt man in Abb. 141 durch die Zeitweglinien irgendeine Waagerechte, so sind in bezug auf die Ablaufstellung die durch diese Waagerechte gekennzeichneten Laufzeiten beider Wagen gleich, und es ist $t_a + t_N = t_V$. Auf Grund dieser Beziehung addiert man in Abb. 151c an den Zeitstrichen der Laufzeitlinien des Nachläufers zu den angeschriebenen Laufzeiten die gleichbleibende Anschubzeit $t_a = 2 \cdot (L_w - \varDelta l_0) : (v_{01} + v_{02})$ sec und schreibt fortlaufend die Zeiten $t_a + t_N$ an die Zeitstriche des Nachläufers an. Es geben daher, da jede Laufzeitlinie unter ihrem Ablaufpunkt beginnt, die waagerechten Abstände gleich bezifferter Laufzeitstriche von Vor- und Nachläufer die Wagenabstände an. Zweckmäßig geht man von den Laufzeiten t_V je Zeitschritt des Vorläufers aus und sucht in dessen Laufzeitlinie (Abb. 151b) durch Interpolieren (mit dem auf Pauspapier gezeichneten Strahlenbüschel der Abb. 152) den Punkt, der die gleiche Laufzeit $t_V = t_a + t_N$, wie der Nachläufer hat.

Selbstverständlich sind die Laufzeiten durchzunumerieren. Die Laufzeitstriche hinter der Gleisbremse haben die Laufzeit

$$t_{V1} + t_{bV} + t_{V2} \quad \text{bzw.} \quad t_a + t_{N1} + t_{bN} + t_{N2}.$$

Beispiel: Es soll die Pufferabstandslinie einer Wagenfolge Schlechtläufer vor Gutläufer, beide mit $v_0 = 1{,}5$ m/s zugeführt, aus den Laufzeitlinien der Abb. 151 b, c in Abb. 157 aufgezeichnet werden. Es ist die Wagenlänge $L_w = 9$ m und der Abstand der Ablaufpunkte $A_N A_V = \varDelta l_0 = 1$ m, also ist die Anschubzeit

$$t_a = (L_w - \varDelta l_0) : v_0 = 8 : 1{,}5 = 5{,}3 \text{ sec.}$$

Diesen Betrag addiert man durchnumerierend zu den Zeiten an den Zeitstrichen des Nachläufers (Abb. 151 c). Ebenso numeriert man die Zeiten des Vorläufers hinter der Gleisbremse durch (Abb. 151 c). Sodann interpoliert man die Zeiten $t_a + t_N$ des Nachläufers in der Laufzeitlinie des Vorläufers, z. B. $t_a + t_N = 5{,}3 + 12 = 17{,}3 = t_V$. Man mißt in der Abb. 151 b vom Ablaufpunkt A_v des Vorläufers aus zwischen 0 und 18 sec den Weg, der 64,7 m ist. Sodann berechnet man (mit dem Rechenschieber) den Weg von 0 bis 17,3 sec, der $l_v = 64{,}7 \cdot 17{,}3 : 18 = 62$ m ist. Diesen Weg trägt man in Abb. 151 b ($v_0 = 1{,}5$ m/s) vom Ablaufpunkt des Vorläufers ab und schreibt an das Ende 17,3 sec. Nunmehr lotet man in Abb. 157 von Abb. 151 auf die Wegachse für jeden Zeitstrich die Laufwege des Nachläufers herunter. In diesen Punkten trägt man nun als Ordinaten die Wegunterschiede gleichbezifferter Teilstriche der Laufzeitlinien des Gut- und Schlechtläufers (Nach- und Vorläufer) auf und verbindet die oberen Endpunkte der Ordinaten, die die Abstände der Wagenschwerpunkte sind. Zieht man nun im Abstand der Wagenlänge $L_w = 9$ m unter der Wegachse eine Waagerechte, deren Anfangspunkt der nach links gelegene Ablaufpunkt A_n des Nachläufers (Gutläufer) ist, so erhält man unter dieser als Ordinaten die Pufferabstände (Abb. 157). Im Ablaufpunkt A_n ist der Pufferabstand praktisch gleich Null. Von A_n aus wird die senkrechte Achse der Pufferabstände $\varDelta l_{pm}$ numeriert. Man erkennt deutlich in Abb. 157 den Einfluß der Gleisbremse auf dem Nachläufer, der immer mehr hinter dem Vorläufer zurückbleibt.

Die Pufferabstandslinien lassen sich vorteilhaft verwenden, um den Einfluß der Profilgestaltung bei gleicher Zuführungsgeschwindigkeit oder um den Einfluß der verschiedenen Zuführungsgeschwindigkeiten bei demselben Ablaufprofil auf die Wagenfolge und die Bedienung der Weichen oder der Gleisbremsen zu veranschaulichen.

L. Der Ablauf der Wagengruppen und deren Zuführungsgeschwindigkeiten.

Zum Aufzeichnen des Ablaufes der Wagengruppen ist erforderlich die Streckenkraftlinie der Gruppen und die Widerstandslinie (w-Linie). Auf S. 26 wurde gezeigt, wie nach Abb. 20 u. 21 aus der Streckenkraftlinie eines Einzelwagens unter Berücksichtigung der Wagengewichte und der Stellung der Wagen verschiedenen Gewichts die Streckenkraftlinie einer Gruppe aufgezeichnet werden kann. Das Verfahren zur Ermittlung der Laufzeiten ist das gleiche wie beim Einzelwagen. Die Ermittlung der Zeiten für die Achsfreiheit der Sperrstrecken sowie der Pufferabstände geschieht selbstverständlich unter Berücksichtigung der Gruppenlänge. Die Bremsstrecke l_b ist bei Gleisbalkenbremsen nach Abb. 115 zu ermitteln. Die Zuführungsgeschwindigkeiten bei ungünstiger Wagenfolge sind bei Einzelabläufen geringer als bei Gruppenabläufen. Deshalb führt man die Untersuchung der ungünstigsten Wagenfolge in der Regel nur für Einzelwagen durch. Für die Leistungsfähigkeit der Ablaufanlage ist es jedoch viel vorteilhafter, wenn der Zug in wenige Gruppen zerlegt wird.

M. Die Leistungsfähigkeit der Ablaufanlagen.

Die eigentliche Zerlegezeit eines Zuges wird nach dem beschriebenen Verfahren ermittelt. Die Leistungsfähigkeit einer Ablaufanlage wird aber nicht allein durch die eigentliche Zerlegezeit, sondern auch durch die Zwischenzeiten zwischen dem Zerlegen zweier Züge bestimmt.

Die Zwischenzeiten auf Bahnhöfen mit Zulauframpen und Vorrückzone können gleich Null gesetzt werden, wenn man den nachfolgenden Zug bereits nach der zweiten freien Zulaufbremse überführt, während der vorherige Zug noch abläuft. Je größer die Zahl der Einfahrgleise ist, in die von beiden Enden Züge einfahren können, um so seltener ist die Unterbrechung des Ablaufs durch Züge, die diesem entgegen einfahren.

Bei Seilanlagen rechnet man auf Rangierbahnhof Dresden-Friedrichstadt nach Angaben von Frohne mit einer Zwischenzeit von rund 0,9 min.

Bei Flachbahnhöfen kann man mit derselben Zwischenzeit rechnen, wenn der nachfolgende Zug von einer anderen Lok bis nahe an den Gipfel herangebracht wird. Groß wird aber die Zwischenzeit, wenn nur eine Drucklok tätig ist. Hier beträgt nach dem Beispiel auf S. 198 die eigentliche Zerlegezeit 440 sec, während für das Anrücken und die Lokleerfahrt noch 374 sec gebraucht werden. Insgesamt werden also für die Zerlegung eines Zuges 814 sec = 13,5 min gebraucht. Bei unvermeidbaren Zwischenzeiten muß man also für jeden Zug 15 min rechnen. Bei 62 Wagen laufen also nur 62 : 15 = 4,14 Wagen/min ab.

Die Tagesleistung des Ablaufberges sinkt, wenn die Züge kürzer und daher die Zwischenzeiten häufiger sind. Für die Tagesleistung steht gewöhnlich eine Nutzzeit von 20 Stunden zur Verfügung. Jedoch müßte man bei höheren Zuführungsgeschwindigkeiten als den bisherigen wegen des stärkeren Verschleißes von Oberbau und Bremsen mit einer größeren Zeit für deren Unterhaltung rechnen. Allgemein zeigt sich, daß bei genügendem Einsatz von Lokomotiven der Flachbahnhof dieselbe Zerlegeleistungsfähigkeit wie der Gefällbahnhof erreichen kann. Während bei Bahnhöfen mit niedriger Zuführungsgeschwindigkeit die Zulauframpe vorzuziehen ist, wird bei hoher Leistung, also hoher Zuführungsgeschwindigkeit, nach Untersuchungen (S. 236) von K. Leibbrand der Flachbahnhof bei Verwendung von zwei Abdrückloks wegen der kürzeren Besetzung der Zuführungszone und der Möglichkeit des Entkuppelns vor Beginn des Ablaufes günstiger.

IV. Das Bilden der Züge auf Rangierbahnhöfen.

A. Die Benutzung der Richtungsgleise in Abhängigkeit von der Zugbildung und den Streckenfahrplänen.

Die Zugbildung beginnt in den Richtungsgleisen. In diesen entsteht durch Zulauf vom Ablaufberg her der Wagenvorrat, aus dem die einzelnen Züge gebildet werden. Meist wird für jede Richtung ein Gleis vorgesehen. Ist jedoch der Wagenanfall aus einer Richtung so stark, daß ein Gleis mehr als dreimal am Tage gefüllt wird, so ist ein zweites Richtungsgleis erforderlich. Dies ist vor allem notwendig, wenn Durchgangsgüterzüge, weniger jedoch wenn Nahgüterzüge gebildet werden sollen. Da nämlich letztere vor Beginn oder nach Beendigung der Arbeitszeit die Ladestellen auf den Unterwegsbahnhöfen bedienen, so verlassen sie die Rangierbahnhöfe nur zu bestimmten Tageszeiten und dann möglichst in dichter Zeitfolge. Es ist daher hier angängig, Wagen mehrerer Richtungen in ein und dasselbe Richtungsgleis laufen zu lassen, das geräumt wird, um die Nahgüterzüge in der Ordnungsgruppe zu bilden und diese dann in Ausfahrgleise vorzuziehen.

Am idealsten ist es, wenn gleich, nachdem genügend Wagen in die betreffenden Richtungsgleise gelaufen sind, die Zugbildung erfolgt und anschließend der Zug ausfahren kann. Liegt die Abfahrtzeit jedoch so zeitig, daß noch nicht genug Wagen im Richtungsgleis stehen, dann fahren die Züge schlecht ausgelastet aus, und die Zugförderung ist unwirtschaftlich; liegt die Abfahrtzeit zu spät, dann besteht die Gefahr, daß eine Überfüllung der Richtungsgleise eintritt. Dadurch stockt der Ablauf, und es kann ein Rückstau auf den Zuglauf der Strecke entstehen. Wird der Rückstau dadurch verhütet, daß die Richtungsgleise geräumt und nach der Zugbildung die Durchgangsgüterzüge in die Ausfahrgleise überführt werden und dort die Abfahrtzeit abwarten können, dann ist die Mehrarbeit geringer, wenn die Züge lediglich in die vorgelegenen Ausfahrgleise vorgezogen, als wenn sie noch in die neben den Richtungsgleisen liegende Ausfahrgruppe umgesetzt werden müssen.

Im allgemeinen sollen die Gleisanlagen eines Rangierbahnhofs so bemessen sein, daß die Zugbildung für den Regelbetrieb reibungslos bewältigt werden kann. Dann ist es auch möglich, Betriebsunregelmäßigkeiten ohne allzu starke Behinderung auszugleichen. Die Zugbildung der Bedarfsgüterzüge kann in den vorhandenen Zeitlücken erfolgen. Für die reibungslose Durchführung des Regelbetriebes muß aber Wagenzulauf, Gleisbenutzung, Zugbildung und Streckenfahrplan aufeinander abgestimmt sein.

Mit welchen Mitteln dieses Ziel erreicht werden kann, hat Verfasser in einer Abhandlung „Betriebspläne der Verschiebebahnhöfe" gezeigt, die in dem im VDI-Verlag 1925 erschienenen Band „Eisenbahnwesen" S. 236 enthalten ist[1]. Dort ist in einem Betriebsplan nach Zeit und Weg anschließend an die Fahrplanlage der einfahrenden Güterzüge einerseits die Zerlegung und andererseits die Bildung der Güterzüge im Zusammenhang mit dem Fahrplan der ausfahrenden Züge dargestellt. Das Bindeglied zwischen den beiden Betriebsplänen für Zugzerlegung und Zugbildung ist der Gleisbesetzungsplan der Richtungsgleise. Im letzteren ist für jedes Richtungsgleis der Zulauf der Wagen vom Ablaufberg her sowie die Entnahme der Wagengruppen für die Zugbildung nach Wagenzahl und Zeit eingetragen. Für jedes Richtungsgleis ist also ein Wagenkonto aufgestellt. Die Unterlagen für das Wagenkonto der einzelnen Richtungsgleise in Zulauf und Abgang liefern die Wagenzettel der ankommenden und der ausfahrenden Güterzüge. Die Zeiten zwischen denen des Gleisbesetzungsplans und denen der Streckenfahrpläne sind unter Berücksichtigung der Wartezeiten die Zerlege- und die Zugbildungszeiten, die nach den vorherigen und den nachstehend beschriebenen Methoden ermittelt werden können. Der sog. „Gleisspiegel"[2], der bei der Reichsbahn angewendet wird, übernimmt meinen Vorschlag, den Gleisbesetzungsplan als Wagenkonto zu verwenden und verbindet diesen mit den Streckenfahrplänen in tabellarischer Nachbildung meines Verfahrens. Jedoch sind aus dem Gleisspiegel die Rangierbewegungen und ihre Wechselbeziehungen nicht zu erkennen.

---

[1] Vgl. auch Verkehrstechn. Woche 1924 S. 354.
[2] Frölich: Z. Ver. mitteleurop. Eisenbahnverw. 1933 S. 181.

B. Die Zugbildungszeiten.

1. Die Fahrzeugbewegung auf Flach- und Gefällbahnhöfen.

Die Zugbildung wird auf Flachbahnhöfen in der Hauptsache mit Lokomotivkraft, auf Gefällbahnhöfen mit Schwerkraft durchgeführt. Die Bewegungen sind bei den Lokomotivfahrten dadurch, daß sie ständig von der Bremskraft der Lokomotive gezügelt werden können, meist gleichmäßiger als auf Gefällbahnhöfen, wo die Schwerkraft die treibende Kraft ist. Wenn auch größere Wagengruppen mit besetzter Wagenbremse abrollen, so ist in der Regel die zur Verfügung stehende Bremskraft nicht so groß, wie wenn die Gruppe mit einer Lokomotive bespannt wäre. Auf Gefällbahnhöfen sind bei der Zugbildung daher die Geschwindigkeiten der Rangiergruppen geringer als auf Flachbahnhöfen. Aber dafür sind auf ersteren die Stillstandszeiten nicht so häufig, und im einzelnen können sie kürzer sein, da hier alle Rangierbewegungen in gleicher Richtung verlaufen, und die zeitraubenden Richtungswechsel und die Fahrten entgegen der Zerlegerichtung zwischen Richtungs-, Stations- und Ausfahrgleisen fortfallen.

Für die Ermittlung der Zugbildungszeiten sind als Grundlagen die zulässigen Höchstgeschwindigkeiten für die einzelnen Rangiervorgänge sowie die Stillstandszeiten durch zahlreiche Beobachtungen festzustellen. Hieraus sind nach der Häufigkeitsrechnung die Mittelwerte und die Grenzen der Streuung zu berechnen.

Eine Zusammenstellung dieser Werte für die Höchstgeschwindigkeiten beim Rangieren und für die Stillstandszeiten ist nebst einem Abriß der Häufigkeitsrechnung am Schluß des Abschnitts angefügt.

2. Ermittlung der Zugbildungszeiten auf Flachbahnhöfen.

Wie bekannt, geschieht auf Flachbahnhöfen das Zusammensetzen der Züge durch Überführen der einzelnen Gruppen mittels Lokomotiven, nachdem die Wagen vorher in den Richtungsgleisen zusammengedrückt und gekuppelt worden sind.

Das Verfahren zur Ermittlung der Zuführungszeiten, die sich aus den Fahr- und Stillstandszeiten zusammensetzen, beruht auf einem genauen Erfassen der einzelnen Arbeitsvorgänge und deren Darstellung im Gleisplan, wie es für die Rangierbewegungen auf einem Durchgangsbahnhof auf S. 187 gezeigt worden ist. Zu diesem Zweck trägt man für jede Anfangs-, Mittel- und Schlußstellung der Rangierfahrt, an der die Stillstandszeiten aufkommen, die Längen der Rangiergruppen maßstäblich in die Gleisachse der vorhandenen Pläne 1:1000 ein und mißt hieraus die Rangierwege, das sind die Abstände der einzelnen Stellungen der Rangiergruppen, ab. Werden die jeweiligen Stellungen der Rangiergruppe fortlaufend entsprechend der Reihenfolge der Zugbildung durch Zahlen und die einzelnen Gruppen durch Buchstaben gekennzeichnet, so ist die Möglichkeit einer Nachprüfung oder Abänderung jederzeit gegeben. Die verschiedenartigen Rangieraufgaben können hierbei noch durch verschiedene Farben kenntlich gemacht werden. Mit dem aus dem Gleisplan abgegriffenen Rangierwegen ermittelt man nach Kenntnis der Rangiergeschwindigkeiten (S. 178 u. 182) die Fahrzeiten für die gleichmäßigen Geschwindigkeiten und fügt zu diesen aus den Diagrammen S. 181 die Zeitzuschläge für Anfahren und Bremsen hinzu. Sodann entnimmt man aus der Zusammenstellung die Stillstandszeiten (S. 262) und stellt hierauf in zeitlicher Reihenfolge von Fahrt und Stillstand die Rangierliste auf. Ein durchgeführtes Beispiel befindet sich auf S. 263.

3. Ermittlung der Zugbildungszeiten auf Gefällbahnhöfen.

a) Beschreibung der Betriebsweise bei der Zugzusammensetzung. Eine Gruppe, die in einem Gefälle von $10^0/_{00}$ steht, soll auf eine 160 m talwärts stehende Gruppe auffahren, um mit dieser zusammengekuppelt in ein Ausfahrgleis abgelassen zu werden. Dieser Vorgang spielt sich wie folgt ab:

Der Rangiermeister gibt den Auftrag zum Abrollen. Ein oder mehrere Rangierer, je nach der Wagenzahl der Gruppe, lösen die Handbremsen, so daß sich die Rangierabteilung mit geringer Anfangsgeschwindigkeit in Bewegung setzen kann. Durch die Gefällkraft beschleunigt sich die Gruppe, bis sie die Geschwindigkeit 2 bis 3 m/s erreicht hat. Höhere Beschleunigungskräfte werden durch leichtes Anziehen der Wagenhandbremsen abgestoppt. Die Wagengruppe ist so jederzeit in der Gewalt der Wagenbremse und kann aus dieser Geschwindigkeit leichter nach Abschätzen des Bremsweges zum Halten gebracht werden. Hierdurch wird die Sicherheit des Abrollvorganges nicht nur während der Fahrt, sondern auch an deren Ende, erhöht und ein Aufprallen auf die untenstehende Gruppe wird vermieden. Die durch leichtes Anziehen der Handbremse gehaltenen Geschwindigkeit hat Nebelung[1] durch zahlreiche Messungen festgestellt. Es sind für Laufweiten bis zu 50 m i. M. $v = 2$ m/s, für Laufweiten über 200 m $v = 3$ m/s beobachtet worden.

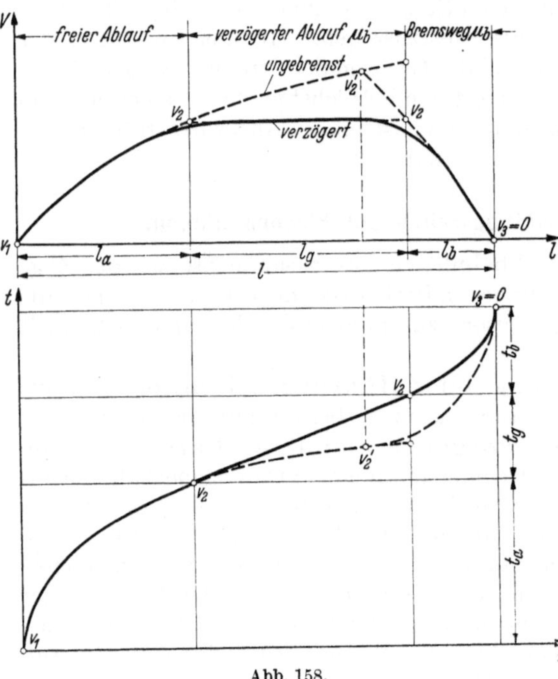

Abb. 158.

Der geschilderte Betriebsvorgang ist der gleiche, sobald die abrollende Gruppe nur sechs oder weniger Achsen stark ist und an Stelle der bedienten Handbremse die Bremsung mit Hemmschuh tritt (Fahrdienstvorschrift § 85, 5). Damit die Geschwindigkeit nicht so stark gesteigert wird, daß die auf Halt zu bremsenden Wagen etwa den Hemmschuh überklettern, wird je nach der Länge des ganzen Laufweges nach etwa 50 m Laufweg eine Zwischenbremsung mit Hemmschuhen eingeschaltet, so daß die Wagengeschwindigkeit auf Null verzögert, sich von neuem bis zu der Auffanggeschwindigkeit $v = 4$ m/s beschleunigen kann.

b) Die Abrollzeit einer Wagengruppe bei Abbremsung mit Handbremsen. Rollt eine Gruppe mit besetzter Wagenbremse auf einem Gefälle $s^0/_{00}$ ab, so unterscheidet man nach Abb. 158

1. den freien Ablauf, Beschleunigung bis v_2 in der Zeit t_a,
2. Weiterlauf mit Abbremsen auf gleichbleibendes v_2 in der Zeit t_g,
3. Abbremsen auf Halt, Bremszeit t_b.

Die gesamte Rollzeit ist $t = t_a + t_g + t_b$ sec.

---

[1] Nebelung: Dr.-Ing.-Diss. Berlin 1939.

Zu b 3. Ermittlung der Bremszeit t_b.

Die Bremszeit soll deshalb zuerst ermittelt werden, weil sich aus ihr unter Benutzung der auf Rangierbahnhöfen gemachten Beobachtungen und Messungen die Geschwindigkeit v_2 errechnen läßt, bei der das Bremsen auf Halt einsetzt und mit der vorher die Rangiergruppe mit leicht angezogenen Bremsen gleichförmig weiterrollt. Aus der Gleichsetzung von Bewegungsenergie und Bremsarbeit $\dfrac{1000\,G}{2\,g'}\,(v_2^2 - v_3^2) = G \cdot p_b \cdot l_b$ erhält man nach Einsetzen von $p_b = \dfrac{G_{wb} \cdot \mu_b}{G} + w \mp s$ kg/t die Geschwindigkeit

$$v_2 = \sqrt{\frac{2\,g' \cdot l_b}{1000}\left(\frac{\sum G_{wb} \cdot \mu_b}{G} + w \mp s\right) + v_3^2}\ \text{m/s},$$

hierbei ist $g' = g \cdot \dfrac{G}{G + G'}$, G ist das Gesamtgewicht der Gruppe ohne Lok, $G' = 1$ t das Gewicht der vier Radreifen, $\sum G_{wb}$ das Gewicht der Bremswagen. Je Wagen ist G_{wb} i. M. 17 t zu setzen. Ferner ist μ_b die Bremsreibung, und zwar μ_{bha} bei Handbremse, μ_{bhe} bei Hemmschuhbremse. Ferner ist $w = 3$ kg/t i. M. der Wagenwiderstand und $s^0/_{00}$ der mittlere Steigungs- und Krümmungswiderstand auf der Bremsstrecke l_b. Nach Beobachtung auf Gefällbahnhöfen ist $v_3 \approx 0{,}1$ m/s die Endgeschwindigkeit, mit der die Rangiergruppe auf die talwärts stehenden Wagen aufläuft.

In obiger Gleichung sind nur die Grenzwerte bekannt. Diese sind für μ_{bha} = 140 bis 170 kg/t, für $v_2 = 2$ und 3 m/s und für $l_b = 10$ und 25 m.

Es ist deshalb die Gleichung v_2 durch Probieren so auszuwerten, daß keiner von den vorgenannten Grenzwerten über- bzw. unterschritten wird. Diese Grenzwerte wurden wie folgt festgesetzt: Da die Bremsen, um ein Schleifen der Räder zu verhüten, nicht zu scharf angezogen werden sollen, die Bremskraft also gleich oder kleiner als die Haftkraft zwischen Rad und Schiene sein muß, und letztere im Rangierbetrieb zwischen 140 und 170 kg/t schwankt, so sind μ_{bha} = 140 bis 170 kg/t die Grenzwerte der Bremsreibung. Durch Messungen auf Rangierbahnhof Dresden-Friedrichstadt hat Nebelung Zwischenwerte von v in Abhängigkeit von der Laufweite l der Gruppen ermittelt, die das Schätzen zur Lösung der Gleichung für v_2 noch schärfer eingrenzt. Hiernach entspricht annäherungsweise einem Gesamtlaufweg der Gruppe

bis 50 m ein $v_2 = 2{,}0$ m/s
„ 100 m „ $v_2 = 2{,}33$ „
„ 200 m „ $v_2 = 2{,}66$ „
über 200 m „ $v_2 = 3{,}0$ „

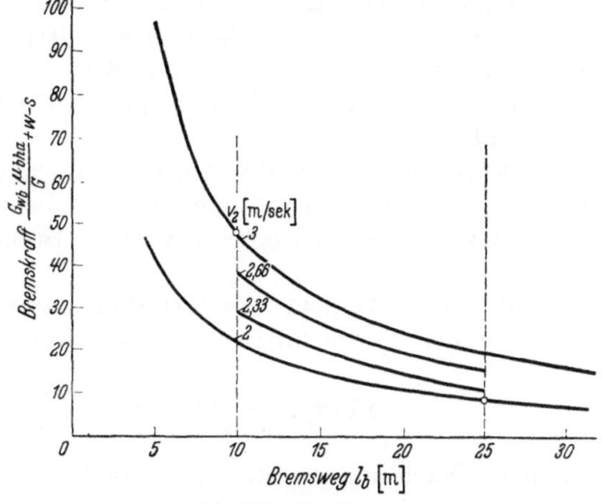

Abb. 159. Handbremsung.

$v_2 = 2$ m/s bei einer Laufweite bis 50 m
$v_2 = 2{,}33$ „ „ „ „ „ 100 m
$v_2 = 2{,}66$ „ „ „ „ „ 200 m
$v_2 = 3{,}00$ „ „ „ „ über 200 m

Mit diesen Werten hat Nebelung für das Auswerten der Gleichung für v_2 ein Diagramm (Abb. 159) entworfen. Man rechnet $\dfrac{\mu_{bha} \cdot G_{wb}}{G} + w \mp s$ kg/t bei gegebenen w und s sowie G_{wb} und G für etwa drei Werte von $\mu_{bha} = 140$, 155 und 170 kg/t aus und kann dann bei Kenntnis der Laufweite l die Gruppe mittels der zugehörigen

17*

hyperbolischen Linie für die Bremskraft bei gleichbleibendem v_2 den Bremsweg l_b auf der Abszissenachse ablesen. Die Bremszeit ist dann $t_b = 2\,l_b : (v_2 + v_3)$ sec.

Zu b 1. Ermittlung der Anfahrzeit.

Ist v_2 ermittelt, so kann man die Anfahrstrecke l_a, die im freien Ablauf zurückgelegt wird, bis v_2 erreicht ist, nach der Gleichung $l_a = \dfrac{(v_2^2 - v_1^2) \cdot 1000}{2\,g'(\pm s - w)}$ m berechnen. Hier ist $v_1 = 0{,}1$ m/s die Anfangsgeschwindigkeit der Wagengruppe nach dem Losdrehen der Handbremse, $s^0/_{00}$ die mittlere Neigung der Abfahrstrecke, und die Anfahrzeit ist $t_a = 2\,l_a : (v_1 + v_2)$ sec.

Zu b 2. Ermittlung der Abrollzeit mit gleichmäßiger Geschwindigkeit.

Die Abrollzeit kann erst nach Berechnung der Anfahr- und Bremswege l_a und l_b aus der Beziehung $l_g = l - (l_a + l_b)$ ermittelt werden. Es ist l m der Gesamtlaufweg der Rangiergruppe gleich dem Abstand der Gruppenmitten der Anfangs- und Mittelstellung oder letzterer und der Schlußstellung der Rangiergruppe, die in dem Gleisplan vorher eingetragen sind. Die Laufzeit bei konstantem v_2 ist $t_g = l_g : v_2$ sec. Die Gesamtlaufzeit ist dann $T = \dfrac{2\,l_a}{(v_1 + v_2)} + \dfrac{l_g}{v_2} + \dfrac{2\,l_b}{(v_2 - v_3)}$ sec. Würde die Gruppe nicht erst durch leichtes Anziehen der Handbremse auf ein gleichbleibendes v_2 m/s und dann erst auf Halt gebremst werden, sondern würde man die Bremse erst kurz vor dem Halten so anziehen, daß die bis dahin im freien Ablauf erreichte Geschwindigkeit $v_2' > v_2$ bei nochmaliger Bedienung der Handbremse auf Null gebracht wird, dann ist $l_g = 0$, und der Bremsweg ist dann $l_b' = l - l_a'$ m. Berechnet man für zwei oder drei Werte von l_a' und $l_b' = l - l_a'$ die Geschwindigkeiten $v_2' = \sqrt{v_1^2 + \dfrac{2\,g'(s - w)}{1000} \cdot l_a'} = \sqrt{\dfrac{2\,g' \cdot l_b'}{1000}\,\dfrac{(\sum G_{wb})}{G} \cdot \mu_b + (w - s) + v_3^2}$ m/s, trägt in den Abständen l_a' und l_b' vom Anfangs- bzw. Endpunkt der Gesamtstrecke l die berechneten Werte v_2' auf und verbindet die zugehörigen Punkte, so erhält man nach Abb. 158 den Schnittpunkt zweier Geschwindigkeitsweglinien, der die für Anfahren und Bremsen gemeinsame Geschwindigkeit v_2' und somit auch die Strecken l_a' und l_b' liefert, die in Abb. 158 nicht eingetragen sind.

Bleibt jedoch während des Abrollens auf der Strecke l_g die Geschwindigkeit v_2 konstant, wie es beim Abrollvorgang mit bedienten Handbremsen der Fall ist, so muß die Gruppe mit einer mittleren Bremsreibung μ_b' während der Zeit t_g verzögert werden.

Es läßt sich aus dem Geschwindigkeitsunterschied $v_2' - v_2$ und der bereits ermittelten Zeit t_g die mittlere Bremsreibung

$$\mu_b' = \frac{G}{\sum G_{wv}}\left[(v_2' - v_2) \cdot \frac{1000}{g' \cdot t_g} - w \pm s\right] \text{ kg/t}$$

berechnen. Nach ausgewerteten Beispielen liegen die Werte für μ_b' zwischen 70 und 120 kg/t.

c) Abbremsen mit Hemmschuhen. Ist die Stärke der abrollenden Gruppe sechs oder weniger Achsen (Fahrdienstvorschrift § 85,5), so werden diese mit Hemmschuhen zum Halten gebracht. Die Ermittlung der Laufzeiten ist die gleiche wie bei den vorher beschriebenen Rangiergruppen mit bedienten Wagenbremsen. Maßgebend für die Berechnung der Hemmschuhbremsung ist die Auffanggeschwindigkeit eines Hemmschuhes. Nach Massute[1] ist die größtmögliche

---

[1] Massute: Org. Fortschr. Eisenbahnw. 1937 S. 136.

Auffanggeschwindigkeit $v_{\mathrm{max}} = 7$ m/s. Auf Gefällbahnhöfen wird nach Beobachtungen von Nebelung auf Rangierbahnhof Dresden-Friedrichstadt in den Richtungs- und Stationsgleisen eine Auflaufgeschwindigkeit von $v = 4$ m/s selten überschritten. Man erhält dadurch eine größere Sicherheit gegen das Überklettern der Hemmschuhe. Im Gegensatz zum Abrollvorgang mit bedienter Wagenbremse, der sich, wie vorher beschrieben, bei der Berechnung aus drei Teilzeiten zusammensetzt, besteht der Wagenablauf bei Hemmschuhbremsung aus zwei Teilzeiten: 1. dem freien Ablauf, Beschleunigung bis $v = 4,0$ m/s und 2. dem Abbremsen durch Hemmschuh auf Halt. Die Endgeschwindigkeit, die im freien Ablauf von einer Anfangsgeschwindigkeit Null aus erreicht wird, ist

$$v_e = \sqrt{\frac{2 \cdot g'(s - w)}{1000}}\,(l - l_b)\ \text{m/s}\,.$$

Soll von v_e auf Null abgebremst werden, so ist

$$v_e = \sqrt{\frac{2 \cdot g'}{1000} \cdot l_b \left(\frac{G_w}{2G} \cdot \mu_{bhe} - w - s\right)}\ \text{m/s} \quad \text{und} \quad l_b = \frac{1000\, v_e^2}{2\,g'\left(\frac{G_w}{2G}\,\mu_{bhe} + w - s\right)}\ \text{m}\,.$$

Es ist in diesen beiden Gleichungen die Anfahrstrecke $l_a = l - l_{br}$. Die Gesamtlaufweite l ist wieder aus dem Gleisplan, in den die Rangierstellungen eingetragen sind, zu entnehmen. Der Bremsweg ist nach Beobachtungen von Nebelung auf Rangierbahnhof Dresden-Friedrichstadt $l_b = 2$ bis 31 m.

Die Reibungswerte für Hemmschuhe sind nach Gottschalk[1] für trockene Schienen $\mu_{bhe} = 191$ kg/t und für nasse Schienen $\mu_{bhe} = 156$ kg/t. Der ungünstigere Wert soll verwendet werden. Rechnet man wie auf S. 259 für drei verschiedene Werte von l_b, sowohl für die Anfahrstrecke $l_a = l - l_b$ als auch für die Bremsstrecke l_b selbst, die Geschwindigkeit v_e aus und trägt diese als Ordinaten im Abstand l_a und l_b vom Anfang und Ende der Laufstrecke l auf, so erhält man durch Verbindung der zugehörigen Ordinaten die Geschwindigkeitsweglinie für Anfahren und Bremsen, deren Schnitt die gemeinsame Geschwindigkeit v_e und somit auch die Anfahr- und Bremsstrecken l_a und l_b bei $l_a + l_b = l$ ergeben. Die Berechnung kann man ersparen, wenn man die von Nebelung entworfenen Diagramme (Abb. 160) zur Ermittlung der Bremswege und Geschwindigkeiten bei verschiedenen Laufweiten benutzt.

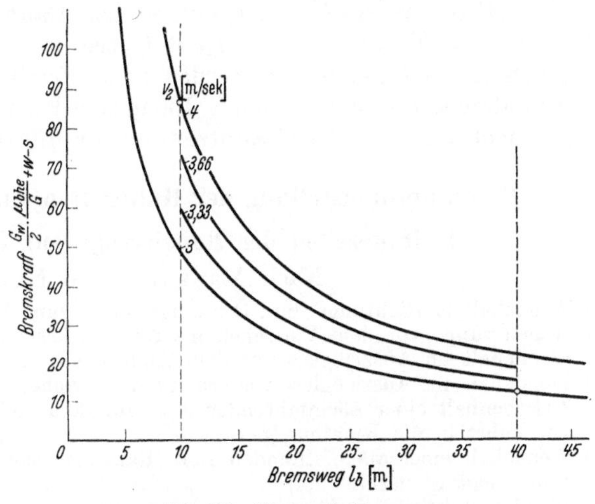

Abb. 160. Hemmschuhbremsung.

$v_e = 3$	m/s bei einer Laufweite bis	50 m
$v_e = 3,33$	„ „ „ „ „	60 m
$v_e = 3,66$	„ „ „ „ „	80 m
$v_e = 4,0$	„ „ „ „	über 80 m

Die Laufzeiten sind dann

1. Bei freiem Ablauf $t_a = 2\,l_a : v_e$ sec. Hier ist $l_a = l - l_b$ und $v_e \leqq 4$ m/s.

2. Beim Abbremsen durch den Hemmschuh auf Halt ist die Zeit hierfür $t_b = 2 \cdot l_b : v_e$ sec. Die Gesamtlaufzeit ist $T = t_a + t_b$ sec.

[1] Gottschalk: Verkehrstechn. Woche 1931 Heft 8.

Es kann der Fall eintreten, daß die sechs oder weniger Achsen durch ihr größeres Gewicht oder durch das Streckengefälle eine so große Beschleunigung erhalten, daß die Gruppe bereits nach verhältnismäßig kurzem Laufweg die Grenze der Auffanggeschwindigkeit von 4 m/s erreicht hat. Der Fall tritt auch ein, wenn die Wagen einen längeren Laufweg zurückzulegen haben, auf dem sie anfangs bald auf über 4 m/s beschleunigt worden sind. Um die Wagen in diesem Falle an der vorgeschriebenen Stelle zum Halten zu bringen, muß man sie entweder mit bedienter Wagenbremse ablassen, oder man muß eine Hemmschuhzwischenbremsung einschalten. Im ersteren Falle ist die Gesamtlaufzeit nach dem Abschnitt über das Bremsen mit Wagenbremsung zu ermitteln. Bei einer Hemmschuhzwischenbremsung wird in der Regel bereits nach einem Laufweg $l_{a1} = 50$ m der Wagen durch einen Hemmschuh zum Stehen gebracht, auf den er mit $v = 1{,}5$ bis $2{,}5$ m/s aufgelaufen ist. Die Wagen werden dann auf der Strecke l_{b1} durch den Hemmschuh auf Null gebremst. Nach Wegnahme des Hemmschuhes werden sie auf dem anschließenden Laufweg l_{a2} von neuem beschleunigt und kurz vor dem Ziel auf der Bremsstrecke l_{b2} wieder durch einen Hemmschuh zum Halten gebracht. Dann ist die Gesamtlaufstrecke
$$l = l_{a1} + l_{b1} + l_{a2} + l_{b2} \text{ m.}$$

Im praktischen Betriebe überblicken die Rangierer die Laufweite und beobachten das Laufvermögen der Wagen, so daß sie sofort die Notwendigkeit einer Zwischenhemmung beurteilen können.

Die Berechnung der Laufweiten mit Hemmschuhzwischenbremsung erfolgt demnach aus den vier Teilstrecken l_{a1}, l_{b1}, l_{a2} und l_{b2}, was einer zweimaligen Anwendung des vorher beschriebenen Verfahrens zur zeichnerischen Ermittlung von v_e und der Werte l_a und l_b entspricht. Dann ist die Zeit für den Gesamtabrollvorgang $T = t_{a1} + t_{b1} + t_{a2} + t_{b2}$ sec.

Auch für Gefällbahnhöfe werden nach Ermittlung der Laufzeiten und der Stillstandszeiten diese wie nach S. 190 in eine Rangierliste in zeitlicher Reihenfolge eingetragen und der Gesamtzeitaufwand für diese Rangieraufgabe ermittelt.

C. Zusammenstellung der Haltezeiten und Geschwindigkeiten.

1. Haltezeiten der Rangierzüge auf Rangierbahnhöfen.

(Nach Massute[1] und Nebelung.)

a) Wendehalt in Richtungs- und Ordnungsgleisen zum Ankuppeln der Lok an die Wagengruppe vor dem Vorziehen ins Ausziehgleis . . . . 27 sec

b) Wendehalt im Ausziehgleis vor dem Abdrücken . . . . 16 sec

c) Wendehalt im Ausziehgleis vor erneutem Vorziehen . . . . 9 sec

d) Zwischenhalt einer alleinfahrenden Lok auf dem Ablaufberg nach Abdrücken vor Fahrt in die Richtungsgleise . . . . 11 sec

e) Wendehalt einer alleinfahrenden Lok (Rangiermeister gibt Abfahrsignal, Lokführer legt Steuerung um) . . . . 10 sec

f) Wendehalt beim Überführen einer Wagengruppe, wenn Gruppe in ein anderes Gleis zurückgesetzt wird, oder Wendehalt einer Einzellok . . . . 13 sec

g) Zwischen- oder Wendehalt vor oder nach dem Überführen der Gruppe:

    α) Lokführer legt gegebenenfalls Steuerung um, Rangierer kuppelt an Trennstelle Wagen ab . . . . 27 sec

    β) Lokführer legt gegebenenfalls Steuerung um, Rangierer kuppelt Lok ab oder an . . . . 20 sec

Zeitwerte für andere Tätigkeiten im Rangierdienst.

Lösen einer Wagenbremse . . . . 15 sec

Ankuppeln zweier Wagengruppen . . . . 14 sec

Ankuppeln eines Wagenzuges an die Zuglok bei gleichzeitigem Anschluß an die Druckluftleitung . . . . 40 sec

---

[1] Massute: Org. Fortschr. Eisenbahnw. 1933 Nr. 34/35.

Langhängen einer Kupplung und Trennung der Druckluftleitung vor der Zug-
zerlegung . . . . 30 sec
Bremsprobe . . . . 90 sec
Wassernehmen (W m³ Wasservorrat, W' m³/min ausfließende Wassermenge je min)
$$W/W' + 1{,}25 \text{ min}$$
Drehen einer Lok (Handbetrieb) . . . . 3 bis 5 min
„   „   „ (Motorbetrieb) . . . . 1,5 bis 2,5 min
Aufenthalt eines Wagens auf der Gleiswaage . . . . 1,1 min
Aufschließen eines Weichenschlosses oder einer benachbarten Gleissperre . . . . 1,5 min

2. Geschwindigkeiten der Rangiergruppen. (Nach Massute und Nebelung.)

a) Fahrten mit gleichmäßigen Geschwindigkeiten.

Alleinfahrende Lok . . . . $V =$ 25 km/h
Rangierabteilung bei einer Überführungsfahrt, vorwärts . . . . . . $V =$ 15 bis 20 km/h
„   „   „   „ rückwärts . . . . . . $V =$ 15 km/h
Rund 20 m vor der anzukuppelnden Wagengruppe oder beim Beidrücken
in ein besetztes Gleis hat die Rangierabteilung . . . . $V =$ 7 km/h
Während des Zusammendrückens und Kuppelns der Wagen . . . . $V =$ 2,3 km/h
(Siehe Beispiel der Häufigkeitsrechnung S. 280.)

Der Rangierweg beim Zusammendrücken ist $L = w \cdot (a - L_w)$ m. Hierbei
ist w die Wagenzahl, L_w die Wagenlänge i. M. 9 m, a ist der Schwerpunktsabstand
der Wagen vor dem Zusammendrücken. Es ist $a = 14$ m bei $0^0/_{00}$, $a = 11$ m
bei $2{,}5^0/_{00}$ Gefälle.

Zum Rangierweg ist an der maßgebenden Weiche ein Zuschlag von 25 m zu
machen.

b) Geschwindigkeiten durch Schwerkraft rollender Wagen und Wagengruppen.

		Flachbf.	Gefällbf.
Unbegleitete Wagen und Gruppen	$v_{max} =$	5 m/s	3 m/s
Begleitete „ „ „	$v_{max} =$	7 m/s	4 m/s

c) Zerlegegeschwindigkeiten in der Ordnungsgruppe.

Bei vielen Einzelabläufen	$v_0 = 0{,}7$ m/s	0,3 m/s
Bei wenigen Abläufen	$v_0 = 0{,}8$ m/s	0,4 m/s

D. Beispiele für die Berechnung der Zugbildungszeiten.

1. Beispiel für einen Flachbahnhof.

Rangierliste[1] für die Zugbildung eines Nahgüterzuges von 45 Wagen (Abb. 161).

Aufgabe: 25 Wagen für 5 Gruppen a bis e stehen bunt im Richtungsgleis 62
der Abb. 161, die 20 Wagen der Schlußgruppe f stehen in Gleis 59. Der Nahgüterzug soll nach erfolgter Ausgangsbehandlung aus der nördlich liegenden
Ausfahrgruppe nach Westen ausfahren.

Rangierliste.

Ortsangabe	A. Beidrücken, Schleppen und Zerlegen der Gruppe a bis e mit Lok.	
1	Ausgangsstellung der Rangierlok vor Beginn der Arbeit, Rangierlok Gt 55.17 fährt in Richtungsgleis 62, um Gruppen a bis e vor-zuziehen. Nach Gleisplan ist $l = 325$ m. Rangiergang besteht aus 3 Teilen	
1—2	Leerlokfahrt $l_1 = 175$ m mit $V = 25$ km/h. $t_g = 3{,}6 \cdot l_1 : V = 3{,}6 \cdot 175 : 25 =$ . . . . 25 sec Nach Abb. 161 Zuschlag für Anfahren und Bremsen $\underline{t_z = 13 \text{ sec}}$	38 sec
2—3	25 m vor der Gruppe mit $V = 7$ km/h $t_g = 3{,}6 \cdot 25 : 7 =$ . . . (der Zeitzuschlag ist schon bei 1—2 berücksichtigt)	13 sec
3—4	Beidrückweg $w(a - L_w) = 25 \cdot (14 - 9) = 125$ mit $V = 2{,}3$ km/h $t = 3{,}6 \cdot 125 : 2{,}3 =$	195 sec
4	Wendehalt vor dem Vorziehen in das Z-Gleis, Ankuppeln der Rangierlok	27 sec

[1] Nebelung: „Gleistechnik und Fahrbahnbau" Heft 1—4 1939.

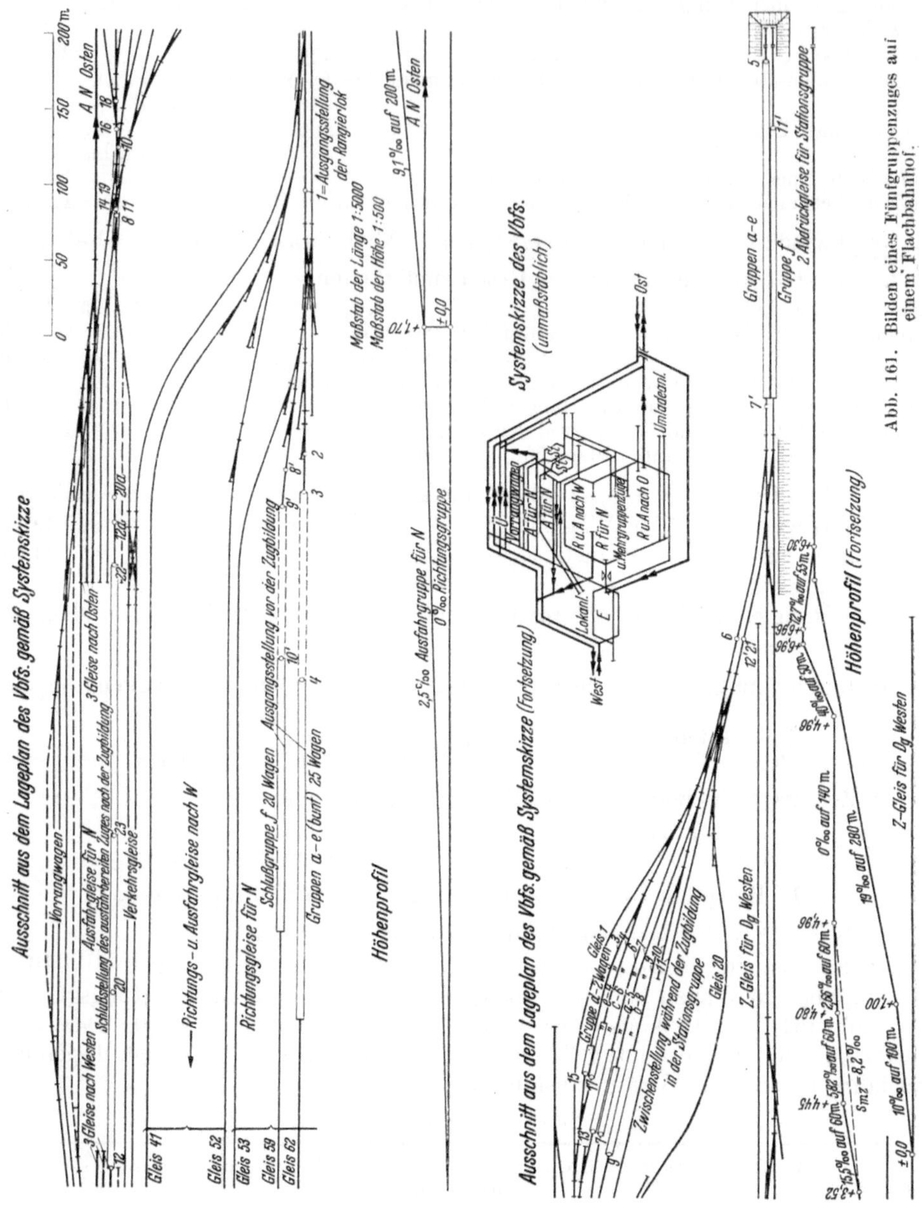

Abb. 161. Bilden eines Fünfgruppenzuges auf einem Flachbahnhof.

Rangierliste (Fortsetzung).

Ortsangabe		
4—5	Vorziehen der 25 Wagen in das Z-Gleis $l = 25 \cdot 9 + 270 + 670 + 25$ (Zuschlag) $= 1190$ m da $s_m = 7^0/_{00}$ wird $V = 15$ km/h gewählt. $t_g = 3,6 \cdot 1190 : 15 = 285$ sec, $t_z = 23$ sec, $t_g + t_z =$	308 sec
5	Wendehalt vor dem Abdrücken über dem Ablaufberg der Stationsgruppe.	16 sec
5—6	Abdrücken der 25 Wagen zum Nachordnen in Ord.-Gruppe $l = 250 + 140 = 390$ m, $v_0 = 0,7$ m/s, $t_g = 390 : 0,7 =$	560 sec
	Gesamtzeit der Arbeiten unter für $A = 19,3$ min $=$	1157 sec

Rangierliste (Fortsetzung).

Ortsangabe

Während die Rangierlok in die Richtungsgruppe zurückfährt, um die Schlußgruppe f zu holen, vollzieht sich in der Zwischenzeit das Sammeln der Gruppen a bis e von der im Gefälle liegenden Ordnungsgruppe in die Ausfahrgruppe.

B. Zugbildung durch Schwerkraft mit den Gruppen a bis e.

Abgelaufen sind in

Gleis	7	9	6	3	4
Wagen	5	8	6	2	4
der Gruppe	a	b	c	d	e

Diese Zwischenstellung ist im Gleisplan der Ord.-Gruppe eingetragen.

7—8

Gruppe a (5 Wagen = 10 Achsen von $G = 5 \cdot 17 = 85$ t fahren mit besetzter Wagenbremse $G_{wb} = 17$ t, auf $l = 170$ m in Richtung Ausfahrgruppe vor).

Laufzeitermittlung erfolgt in 3 Abschnitten

α) Bremsung: $s = 9,1^0/_{00}$, $w = 3^0/_{00}$, Bremsweg $l_b = 15$ m (geschätzt)

$$v_2 = \sqrt{\frac{2\,g'}{1000} \cdot l_b \left(\frac{G_{wb}}{G} \cdot \mu_{bha} - w - s \right)} = \sqrt{\frac{2 \cdot 9,25}{1000} \cdot 15\,(17 \cdot 150 + 3 - 9,1)}$$

$$= \sqrt{6,61} = 2,57 \text{ m/s}.$$

Bremszeit $t_b = 2 \cdot l_b : (v_2 + v_3) = 2 \cdot 15 : (2,57 + 0) = \quad$ 12 sec

β) Anfahren: Weg $l_a = (v_2^2 - v_1^2) \cdot \dfrac{1000}{2\,g'(s_a - w)}$.

Mit $s_a = 15,5^0/_{00}$ und $v_1 = 0,1$ m/s ist $l_a = \dfrac{(6,61 - 0,01) \cdot 1000}{2 \cdot 9,25\,(15,5 - 3)}$

$= 29$ m.   Zeit $t_a = 2 \cdot l_a : (v_1 + v_2) = \dfrac{2 \cdot 29}{(0,1 + 2,57)} = \quad$ 22 sec

γ) Gleichmäßige Geschw. $t_g = [170 - (15 + 29)] : 2,57 = 49$ sec | 83 sec

9—10

Gruppe b (16 Achsen, $G = 136$ t, 1 Handbremse) läuft auf Gruppe a vor. $l = 110$ m.

α) Mit $s = 9,1^0/_{00}$, $l_b = 20$ m (geschätzt, um v_2 bei $G = 136$ t nicht zu klein werden zu lassen) ist

$$v_2 = \sqrt{2 \cdot 9,25 \cdot 20 \left(\frac{17 \cdot 170}{136} + 3 - 9,1 \right)} = \sqrt{5,62} = 2,37 \text{ m/s}$$

$t_b = 2 \cdot 20 : (2,37 + 0,3) = \ldots\ldots\ldots\ldots\ldots$ 14 sec

Gruppe b wird nicht auf Null, sondern auf $v_1 = 0,3$ m/s gebremst, weil Gruppen a + b nach Kupplung sogleich in Ausfahrgruppe weiterlaufen sollen.

β) $l_a = \dfrac{5,62 \cdot 1000}{2 \cdot 9,25 \cdot (15,5 - 3)} = 24$ m, $t_a = 2 \cdot 24 : 2,37 = \quad$ 21 sec

γ) $t_g = [110 - (24 + 20)] : 2,37 = \ldots\ldots\ldots\ldots$ 28 sec | 63 sec

10

Ankuppeln der Gruppe b an a $\ldots\ldots\ldots\ldots\ldots\ldots$ | 14 sec

11—12a
(wobei
11 = 8)

Fahrt der gekuppelten Gruppe a + b in die Ausfahrgruppe (26 Achsen, 2 Wagenbremsen, $G = 221$ t). Der Laufweg sollte eigentlich bis ans Ende des Ausfahrgleises, d. i. Pkt. 12 der Ortsangabe des Gleisplanes, gehen. Für die Zeitermittlung interessiert nur der Weg 11—12a mit $l = 200$ m, weil nach Freigabe des maßgebenden Merkzeichens die weitere Zugbildung erfolgen kann.

α) $v_2 = \sqrt{\dfrac{2 \cdot 9,25 \cdot 20}{1000} \left(\dfrac{2 \cdot 17 \cdot 140}{221} + 3 - 2,5 \right)} = \sqrt{8,2} = 2,86 \text{ m/s}.$

Hier ist $s = 2,5^0/_{00}$. Bremsweg und Zeit interessieren nicht.

β) $l_a = \dfrac{8,2 \cdot 1000}{2 \cdot 9,25 \cdot (0,1 - 3)} = 73$ m, $t_a = 2 \cdot 73 : 2,86 = \quad$ 51 sec

γ) $t_g = (200 - 73) : 2,86 = \ldots\ldots\ldots\ldots\ldots$ 45 sec | 96 sec

Rangierliste (Fortsetzung).

Ortsangabe		
13—14	Gruppe c (12 Achsen, 1 Handbremse, $G = 102$ t) läuft aus Gleis 6 auf $l = 165$ m talwärts vor.	

$\alpha)\ \ v_2 = \sqrt{2 \cdot 9{,}25 \cdot 17 \left(\dfrac{17 \cdot 170}{102} + 3 - 9{,}1\right)} = \sqrt{7} = 2{,}65$ m/s

(Bremsweg $l_b = 17$ m geschätzt) $t_b = 2 \cdot 17 : 2{,}65 = \hspace{3em} 13$ sec

$\beta)\ \ l_a = \dfrac{7 \cdot 1000}{2 \cdot 9{,}25\,(15{,}5 - 3)} = 31{,}5$ m, $t_a = 2 \cdot 31{,}5 : 2{,}65 = \hspace{2em} 24$ sec

$\gamma)\ \ l = (165 - 17 - 31{,}5) = 116$ m, $t_g = 116 : 2{,}65 = \hspace{2em} \underline{44\ \text{sec}}$ **81 sec**

15—16   Gruppe d (4 Achsen, $G = 34$ t) rückt um $l = 150$ m vor, um auf Gruppe c aufzuschließen. Abbremsung erfolgt durch Hemmschuh. Nach Abb. 160 ist $v_e = 4$ m/s anzustreben. Der Bremsweg wird deshalb möglichst groß angenommen, also $l_b = 30$ m, $l_a = 150 - 30 = 120$ m.

$$v_e = \sqrt{v_1^2 + 2\,g'\left(\frac{s - w}{1000}\right) \cdot l_a} = \sqrt{\frac{0 + 2 \cdot 9{,}25}{1000}\,(11{,}6 - 3)\,120}$$
$$= \sqrt{18{,}5} = 4{,}3\ \text{m/s}.$$

Es ist nach Längsprofil der Stationsgruppe

$$s = \left(\frac{23 \cdot 5{,}82 + 60 \cdot 15{,}5 \cdot 37 \cdot 9{,}1}{120}\right) = 11{,}6\,^0/_{00}$$

$t_a = 2\,l_a : v_e = 2 \cdot 120 : 4{,}3 = \ \ldots\ldots\ldots\ldots\ldots\ 56$ sec

Rutschlänge des Hemmschuhes

$$l_b = \frac{4{,}3^2 \cdot 1000}{2 \cdot 9{,}25\left(\dfrac{8{,}5 \cdot 156}{34} + 3 - 9{,}1\right)} = 30\ \text{m}$$

$t_b = 2 \cdot 30 : 4{,}3 = \ \ldots\ldots\ldots\ldots\ldots\ \underline{14\ \text{sec}}$ **70 sec**

16   Ankuppeln der Gruppe d an c . . . .   **14 sec**

17—18   Gruppe e (8 Achsen, 1 Handbremse, $G = 68$ t) läuft auf Gruppe c+d auf. $l = 130$ m.

$\alpha)$ Bremsweg geschätzt $l_b = 10$ m

$$v_2 = \sqrt{\frac{2 \cdot 9{,}25 \cdot 10}{1000}\left(\frac{17 \cdot 150}{68} + 3 - 9{,}1\right)} = \sqrt{5{,}78} = 2{,}41\ \text{m/s}$$

$t_b = 2 \cdot 10 : (2{,}41 + 0{,}4) = \ \ldots\ldots\ldots\ldots\ldots\ 8$ sec

$\beta)\ \ l_a = \dfrac{5{,}78 \cdot 1000}{2 \cdot 9{,}25\,(10{,}7 - 3)} = 40$ m, $t_a = 2 \cdot 40 : 2{,}41 = \ \ . . \ 33$ sec

$\gamma)\ \ l_g = 130 - (40 + 10) = 80$ m, $t_g = 80 : 2{,}41 = \ . \underline{. . . .\ 33\ \text{sec}}$ **74 sec**

Zur Kontrolle ist hier die Bremsreibung μ_b' bei Fahrt mit gleichförmiger Geschwindigkeit nach der Gleichung

$$\mu_b' = 68\left(\frac{2{,}41 \cdot 1000}{17 \cdot 9{,}25 \cdot 33} - 3 + 12{,}8\right) = 70\ \text{kg/t berechnet.}$$

18   Ankuppeln der Gruppe e an c + d . . . .   **14 sec**

19—20a   Fahrt der gekuppelten Gruppe c + d + e in die Ausfahrgruppe
(wobei   (24 Achsen, 2 Handbremsen, $G = 204$ t, $l = 190$ m). Eigentlich
19 = 14)   reicht der Laufweg bis Pkt. 20, jedoch wird er wie bei 11—12a nur bis Pkt. 20a in Rechnung gesetzt.

$\alpha)\ l_b = 20$ m geschätzt

$$v_2 = \sqrt{\frac{2 \cdot 9{,}25 \cdot 20}{1000}\left(\frac{2 \cdot 17 \cdot 140}{204} + 3 - 2{,}5\right)} = \sqrt{8{,}7} = 2{,}95\ \text{m/s.}$$

$\beta)\ \ l_a = \dfrac{8{,}7 \cdot 1000}{2 \cdot 9{,}25\,(9{,}1 - 3)} = 77$ m, $t_a = 2 \cdot 77 : 2{,}95 = \ . . . \ 52$ sec

$\gamma)\ \ l = 190 - 77 = 113$ m, $t_g = 113 : 2{,}95 = \ \ldots\ldots\underline{. . . .\ 38\ \text{sec}}$ **90 sec**

Insgesamt Zugbildungszeit für Gruppen a bis e = 10 min =   599 sec

Rangierliste (Fortsetzung).

Ortsangabe		
	C. Beidrücken, Schleppen und Abdrücken der Schluß- gruppe f mit Lok.	
	Während der Zugbildung mit den Gruppen a bis e durch Schwer- kraft (Arbeitsvorgang 7—20) war die Rangierlok mit folgenden Arbeiten beschäftigt:	
6	Wendehalt der Lok nach dem Abdrücken	10 sec
6—7′	Zurückfahren der Leerlok in Z-Gleis, $l = 155$ m, $V = 25$ km/h. Aus Abb. 117 für Zeitzuschläge liest man für	
	$2/3 \cdot 155 = 105\,t_z$ . . . . 11 sec	
	$+ t_g = 3,6 \cdot 155 : 25$ . . . . 24 sec	35 sec
7′	Wendehalt	10 sec
7′—8′	Zurück ins Richtungsgleis 59, um Gruppe f zu holen	
	$l = 670 + 150 = 820$ m, $V = 25$ km/h, $t_g + t_z = 118 + 12$ sec $=$	130 sec
8′—9′	Langsam an Gruppe f heranfahren, $l = 25$ m, $V = 7$ km/h	
	$t_g = 3,6 \cdot 25 : 7 =$	13 sec
	Zeitzuschlag ist schon bei 7′ bis 8′ berücksichtigt.	
9′—10′	Zusammendrücken von 20 Wagen (Gruppe f) und Ankuppeln	
	$l = w (a - L_w) = 20 (14 - 9) = 100$ m, $t = 3,6 \cdot 100 : 2,3 =$ . .	156 sec
10′	Wendehalt vor Vorziehen ins Z-Gleis, Ankuppeln der Lok	27 sec
10′—11′	Vorziehen der Gruppe f ins Z-Gleis	
	$l = 20 \cdot 9 = 100 + 150 + 670 + 25 = 1125$ m (Gleisplan) $V = 15$ km/h	
	$t_g = 3,6 \cdot 1125 : 15 = 270$ sec, $t_z = 18$ sec, $t_g + t_z =$	288 sec
11′	Wendehalt vor dem Abdrücken	16 sec
11′—12′	Abdrücken der Gruppe f, die Gruppe läuft geschlossen ab, daher	
	$v_0 = 1$ m/s. und $l = 345$ m, also $t = 345 : 1 =$	345 sec
	Insgesamt Beidrücken, Schleppen und Ablauf der Schlußgruppe f . . . . 18,1 min $=$	1030 sec

Da die Zugbildung von 7—20a nur 599 sec benötigt, die Gruppe f
aber erst nach 1030 sec (6—12′) in die Stationsgruppe gelangt, muß
bis zum Ablauf der Schlußgruppe 1030 — 599 = 431 sec gewartet
werden. Die Rangierlok kehrt nach Ablauf der Gruppe f an ihren
Ausgangspunkt zurück, um mit der Bildung eines neuen Zuges zu
beginnen.

D. Lauf der Schlußgruppe f von der Stationsgruppe
ins Ausfahrgleis.

21—22 (wobei 21—12′)	Gruppe f (40 Achsen, 2 Handbremsen, $G = 340$ t) läuft durch Gleis 10 der Stationsgruppe auf Gruppen a bis e in der Ausfahr- gruppe auf. $l = 740$ m.	
	α) Bremsweg $= 25$ m geschätzt	
	$v_2 = \sqrt{\dfrac{2 \cdot 9,25 \cdot 25}{1000}\left(\dfrac{2 \cdot 17 \cdot 140}{340} + 3 - 2,5\right)} = \sqrt{6,73} = 2,58$ m/s	
	$t_b = 2 \cdot 25 : 2,58 =$	19 sec
	β) $l_a = \dfrac{(6,73 - 1,0) \cdot 1000}{2 \cdot 9,25 (20 - 3)} = 18$ m, $t_a = 2 \cdot 18 : (2,58 + 1) =$ . .	10 sec
	$s = 20^0/_{00}$. $v_1 = 1,0$ m/s	
	γ) $l = 740 - (25 + 18) = 697$ m, $t_g = 697 : 2,58 =$	270 sec
22	Ankuppeln der Gruppe f an Gruppe a + b + c + d + e	14 sec
	Gesamtzeit für den Zusammenschluß mit der Gruppe f $=$	313 sec
	Die Zeit für die Zugbildung setzt sich also aus folgenden zusammen:	
1—6	A. Beidrücken, Schleppen und Zerlegen der Gruppe a bis e = 1157 sec	19,3 min
7—20a	B. Zusammenlauf der Gruppen a bis e durch Schwerkraft ins Ausfahrgleis . . . . 599 sec	
	Warten auf Gruppe f (Zeit $C - B$) = 1030 — 599 = . 431 sec	22,3 min
21—22	D. Durchlauf von Gruppe f durch Stationsgruppe ins Aus- fahrgleis . . . . 313 sec	
	Die Bildung des Nahgüterzuges erfordert also 2500 sec	41,6 min

2. Beispiel für einen Gefällbahnhof.

Aufgabe: Bildung eines Zweigruppenzuges auf einem Gefällbahnhof.

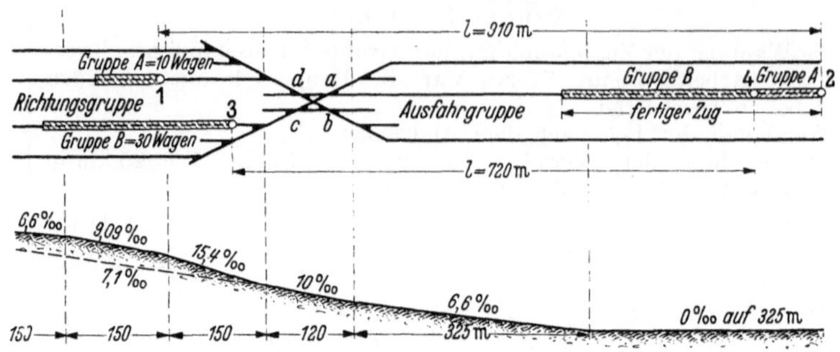

Abb. 162. Bilden eines Zweigruppenzuges auf einem Gefällbahnhof.

Rangierliste (Abb. 162).

Ortsangabe	Ermittlung des Zeitbedarfs für die Einzelvorgänge.		
1—2	Gruppe A (10 Wagen, Gesamtgewicht $G = 10 \cdot 17 = 170$ t) fährt mit 1 bedienter Wagenbr. ($G_{wb} = 17$ t) auf $l = 910$ m in Ausfahrgruppe vor.		
	$\alpha)$ $s_m = 0\,^0/_{00}$, $l_b = 20$ m (geschätzt)		
	$v_2 = \sqrt{\dfrac{2 \cdot 9,25 \cdot 20}{1000}\left(\dfrac{17 \cdot 150}{170} + 3 - 0\right)} = \sqrt{6,67} = 2,58$ m/s		
	$t_b = 2 \cdot 20 : 2,58 = \dots\dots\dots\dots$	16 sec	
	$\beta)$ $l_a = \dfrac{(6,67 - 0,01^2) \cdot 1000}{2 \cdot 9,25\,(15,4 - 3)} = 29$ m, $t_a = 2 \cdot 29 : 2,58 =$	22 sec	
	$s_{ma} = 15,4\,^0/_{00}$		
	$\gamma)$ $t_g = [910 - (20 + 29)] : 2,58 = \dots\dots\dots$	334 sec	
		372 sec	
	Da aber Gruppe B bereits nach Freiwerden der Kreuzungsweiche a anlaufen kann, werden für Gruppe A nur in Rechnung gesetzt		
	$\beta)$ Anfahren $l_a = 20$ m, $t_a = \dots\dots\dots\dots$	22 sec	
	$\gamma)$ $l = 250$ m, $t_g = 250 : 2,58 = \dots\dots\dots$	97 sec	119 sec
3—4	Gruppe B (30 Wagen, $G = 30 \cdot 17 = 510$ t) fahren mit 3 bedienten Wagenbr. ($3\,G_{wb} = 3 \cdot 17 = 51$ t) auf $l = 720$ m in die Ausfahrgruppe an Gruppe A heran.		
	$\alpha)$ $s_m = 0\,^0/_{00}$, $l_b = 25$ m (geschätzt)		
	$v_2 = \sqrt{\dfrac{2 \cdot 9,25 \cdot 25}{1000}\left(\dfrac{51 \cdot 150}{510} + 3 - 0\right)} = \sqrt{8,3} = 2,88$ m/s		
	$t_b = 2 \cdot 25 : 2,88 = \dots\dots\dots\dots$	17 sec	
	$\beta)$ $s_m = 15,4\,^0/_{00}$, $l_a = \dfrac{(8,3 - 0,1^2) \cdot 1000}{2 \cdot 9,25\,(15,4 - 3)} = 37$ m		
	$t_a = 2 \cdot 37 : 2,88 = \dots\dots\dots\dots$	26 sec	
	$\gamma)$ $l_g = 720 - (37 + 25) = 658$ m, $t_g = 658 : 2,88 =$	228 sec	271 sec
4	Ankuppeln der Gruppen A und B mit Kuppeln der Bremsschläuche $\dots\dots\dots\dots\dots\dots\dots$		36 sec
	Gesamtzeitbedarf 7,1 min =		**426** sec

E. Vergleich verschiedener Zugbildungsanlagen (Abb. 163).

Aus den verschiedenen Bauformen der Zugbildungsanlagen der Rangierbahnhöfe wurden von Nebelung vier grundsätzlich verschiedene näher untersucht, die in Abb. 163 durch Prinzipskizzen dargestellt sind. Diese haben folgende Betriebsweisen:

I. Bildung des Durchgangsgüterzuges (Dg) in der Richtungsgruppe durch Umsetzen, unmittelbare Ausfahrt aus dieser. Bildung der Nahgüterzüge in einem Ausziehgleis mit Nebenablaufberg in die Spitzen der Richtungsgleise. Eine besondere Stationsgruppe fehlt also bei dieser Bahnhofsform.

II. Bildung der Dg wie bei I. Dagegen Nachordnung der Wagen für Nahgüterzüge in einer seitlich angeschlossenen stumpf endigenden Stationsgruppe, in die durch Schwerkraft über einen kleinen Ablaufberg die Wagen

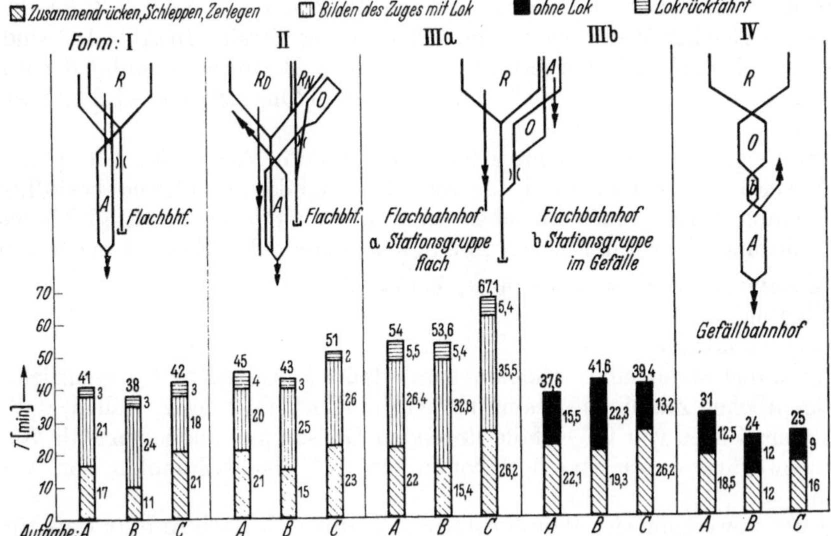

Abb. 163. Zugbildungszeiten eines Fünfgruppenzuges bei vier verschiedenen Bahnhofsformen.

rollen. Das Zusammenholen der Wagen erfolgt von einem Gleis der Ausfahrgruppe aus.

III. Zugbildungsgleise für Dg sind auch hier Richtungsgleise und zugleich Ausfahrgleise. Die Zugbildungsgleise für Nahgüterzüge liegen in Verlängerung der Stationsgruppe:

a) Stationsgruppe flach. Die Wagen werden vom Berg aus durchgedrückt oder vom Zugbildungsgleis aus gesammelt.

b) Stationsgruppe liegt in einer Rampe, deren einzelne Gefällstrecke über einem mittleren Gefälle von $8,2^0/_{00}$ nach den Ausführungen auf S. 207 berechnet werden. Die Wagen gelangen durch Schwerkraft in die Ausfahrgleise.

IV. Gefällbahnhof mit Längenentwicklung. Einfahr-, Richtungs-, Stations- und Ausfahrgleise liegen hintereinander.

Der Vergleich der Bauformen wurde unter Zugrundelegung folgender gleicher Aufgabe durchgeführt: Die Nachordnung und Bildung eines ausfahrenden Nahgüterzuges wiederhole sich innerhalb kurzer Zeit und mache dann die zeitweiligen Arbeiten einer zweiten Rangierlok bei der Zugbildung erforderlich. Das Ziel der Untersuchung ist, festzustellen, durch welche Bahnhofsform und welche Betriebsweise die Arbeiten so beschleunigt werden können, daß das Einsetzen einer zweiten Rangierlokomotive entfallen kann.

Der Nahgüterzug soll gebildet werden nach den drei Aufgaben A, B und C. von denen die Aufgabe B im Beispiel 1 ausführlich für das Bilden eines Nahgüterzuges durchgerechnet worden ist.

Ein 90 Achsen starker Nahgüterzug soll nach folgenden Aufgaben gebildet werden:

Aufgabe A: Sämtliche 45 Wagen stehen bunt in einem Richtungsgleis. Sie sollen nach 6 Bahnhöfen geordnet werden.

Aufgabe B: 25 Wagen für 5 Gruppen stehen bunt in einem Richtungsgleis. Die 20 Wagen der Schlußgruppe stehen in einem anderen Richtungsgleis.

Aufgabe C: 57 Wagen stehen bunt in einem Richtungsgleis. 12 davon = 1 Gruppe sollen bei der Nachordnung aussortiert und wieder in die Richtungsgleise überführt werden. Diese restlichen 45 Wagen sind nach 5 Bahnhöfen nachzuordnen.

Für jede der 4 Bahnhofsformen wurden die Zeiten für diese 3 Zugbildungsaufgaben in gleicher Weise wie in den Beispielen ermittelt. In Abb. 163 sind die Ergebnisse übersichtlich dargestellt. Hier ist z. B. unter Bahnhofsform IIIb und Aufgabe B die im 1. Beispiel ermittelte Zugbildungszeit von 41,6 min wieder zu finden.

Beim Vergleich der Ergebnisse fällt zunächst auf, wie stark Gleisplan und Betriebsweise den Zeitaufwand für dieselbe Zugbildungsaufgabe beeinflussen. Die Streuung beträgt hier zwischen einer oberen Grenze der Zugbildungszeit von 67 min und einer unteren von 24 min also 43 min. Da die Gesamtzeiten nach

    a) Zusammendrücken, Schleppen, Zerlegen,

    b) Zugbilden,

    c) Leerlokfahrten

getrennt aufgetragen sind, erkennt man, daß die Gesamtzeit wesentlich von dem eigentlichen Zugbilden beeinflußt wird. Hierbei ist festzustellen, daß das Bilden eines Zuges von im Gefälle liegenden Gleisen aus auf jeden Fall vor der Umsetzbewegung durch Rangierlokomotiven auf Flachbahnhöfen den Vorzug verdient.

Bei der Bewertung der Bahnhofsformen ergibt sich nach Abb. 163 als für die Zugbildung günstigste Lösung die Ausbildung des Rangierbahnhofs als Gefällbahnhof.

Von den Grundformen I, II, IIIa und b erfordern die Zugbildungsanlagen nach der Form I (Nachordnung in den Spitzen der Richtungsgruppe) und nach Form IIIb (Nachordnung in einer im Gefälle liegenden Stationsgruppe, aus der die Wagen durch ihre Schwerkraft in die Ausfahrgleise gelangen) nahezu die gleichen Zeiten. Es sind nämlich die Zeitmittelwerte für Form I 40,3 min und für Form IIIb 39,5 min. Für den Neubau eines Rangierbahnhofs, in denen das Nachordnen von Güterzügen den Hauptanteil der Zugbildungsaufgabe einnimmt, wird daher Bahnhofsform IIIb die zweckmäßigste Entwurfsunterlage sein. Bei bestehenden Anlagen dagegen kann schon eine Beschleunigung der Rangierarbeiten durch eine teilweise Verlegung des Zugbildungsgeschäfts aus der Stationsgruppe in die Spitzen der Richtungsgruppe erreicht werden, so daß hierdurch gegebenenfalls der Einsatz der zweiten Rangierlok erspart wird.

F. Vergleich der Betriebsweise für mehrere Rangieraufgaben auf derselben Zugbildungsanlage. (Rangierpläne.)

Die gegenseitigen Behinderungen von Zug- und Rangierfahrten beeinflussen den Zugbildungsdienst ungünstig. Hierdurch kann sich das Ergebnis nach Abb. 163 zugunsten oder -ungunsten der einen oder anderen Bahnhofsform verschieben.

Erst die Aufstellung eines Rangierplanes für die tatsächlichen Aufgaben eines Rangierbahnhofs läßt erkennen, wie bei der gesamten Betriebsabwicklung des Bahnhofs, also unter Berücksichtigung der Wagenübergänge und der Behinderungen, der Lokomotiv- und Personalaufwand und ferner der Verschleiß der Anlage und des rollenden Materials die Kosten beeinflußt.

Der Rangierplan wird nicht für 24 Stunden, sondern nur für die arbeitsreichsten Stunden eines Tages aufgestellt, d. h. für den ungünstigsten Belastungszustand. Die Aufstellung erfolgt zweckmäßig nach der Dienstvorschrift für die Aufstellung von Rangierplänen (VRP) der Deutschen Reichsbahn (Dienstvorschrift Nr. 435). (Vgl. S. 139 u. 141.)

Im folgenden von Nebelung aufgestellten Beispiel werden die Stunden von 14 bis 17 Uhr gewählt, in denen täglich nach dem Fahrplan 18 Züge auf dem Bahnhof neu gebildet werden sollen. Die Zugbildungszeiten für diese 18 Züge wurden nach dem vorher beschriebenen Verfahren ermittelt. Bei den Rangieraufgaben ist in diesem Falle zu unterscheiden

a) die Bildung der Nahgüterzüge,

b) die Bildung der Durchgangsgüterzüge.

Einzelheiten der Aufgabe, die Abfahrzeit, Zugstärke, Gruppenzahl und Ausfahrrichtung des fertigen Zuges gehen aus Zahlentafel 17 hervor.

Zahlentafel 17. Fahrplan und Zugbildungsplan.

1	2	3	4	5	6	7	8		9		10		11		12	
		Aus dem Fahrplan entnommen: gegeben					a) angenommen b) berechnet									
Abfahrzeiten		Gattung und Nummer der Züge	Zahl der Gruppen im Zug	Zugstärke in Wagen	Ausfahrrichtung		a Ausfahrt aus A- oder R_i-Gruppe b Lokarbeitszeit je Zug bei Bfsform									
							I		II		IIIa		IIIb		IV	
Std.	Min.				Ost	West	a	b	a	b	a	b	a	b	a	b^1
14	00	BDg 8056	1	60	—	W	A	12,3	A	12	R	6,5	R	6,5	A	9,0
	00	Dg 7433	3	60	O	—	R	15	A	24	R	15,5	R	15,5	A	16,3
	09	N 8105	2 (Aufg. B)	45	O	—	R	31	A	34	A	59	A	43,2	A	24
	18	Dg 9056	2	60	—	W	A	16,4	A	17	R	11,3	R	11,3	A	11
	26	Dg 5049	1	60	O	—	A	12,3	A	12	R	7,0	R	7,0	A	9,0
	30	Ü 8326	1	55	—	W	R	6,5	R	7,0	R	6,5	R	6,5	A	9,0
	33	BDg 3053	1	60	O	—	R	6,5	A	12	R	7,0	R	7,0	A	10,0
	54	Dg 5039	1	60	O	—	A	12,3	A	12	R	7,0	R	7,0	A	9,0
	58	BDg 9569	2	60	—	W	A	16,4	A	17	R	11,3	R	11,3	A	11,0
15	25	BDg 5031	1	60	O	—	A	12,3	A	12	R	7,0	R	7,0	A	9,0
	36	BN 9539	1 Aufg. C)	57	—	W	A	46	A	52	A	67,1	A	39,4	A	25,0
	57	BN 8079	2 (Aufg. B)	45	O	—	A	31	A	34,0	A	59,0	A	43,2	A	24,0
16	15	Dg 9561	3	60	—	W	R	15	A	24,0	R	14,0	R	14,0	A	16,3
	28	N 9023	1 (Aufg. A)	45	—	W	A	44	A	45	A	54	A	37,6	A	30,9
	30	BDg 7437	2	60	O	—	R	11	A	17	R	11,5	R	11,5	A	11
	38	BDg 3005	1	60	O	—	A	12,3	A	12	R	7,0	R	7,0	A	10
	40	Ü 8420	1	55	—	W	R	6,5	R	7,0	R	6,5	R	6,5	A	9,0
	50	Dg 5023	2	60	O	—	A	19,4	A	17,0	R	11,5	R	11,5	A	11,0
		18 Züge	28 Gruppen i. M. 57		10	8		326,2′		383,0′		368,7′		293,0′		254,5′[1]

1,56 Gruppen/1 Zug   [1] Arbeitszeit der Rangier-Kolonnen.

Zu a) Bei der Bildung der Nahgüterzüge erscheinen hier die drei Zugarten nach den Aufgaben A, B und C wieder, wie aus Zahlentafel 17, Spalte 4 hervorgeht. Die Zugbildungszeiten sind in Spalten 8 bis 12 eingetragen. Sie weichen von den in Abb. 163 ab, wenn die Ausfahrrichtung des fertigen Zuges oder schon die Reihenfolge und Dauer der Einzelvorgänge (größere Gruppenstärke = längere Rangierwege) eine andere ist.

Zu b) Die Zugbildungszeiten für die Durchgangsgüterzüge werden in gleicher Weise durch Addition der Stillstands- und Bewegungselemente in einer Rangierliste gefunden. Hier führt das Verfahren um so schneller zum Ziele, je nachdem es sich um Drei-, Zwei- oder Eingruppenzüge handelt, da hier die Zugbildung durch Umsetzen von wenigen Gruppen in den Richtungsgleisen (und gegebenenfalls Vorziehen in eine besondere Ausfahrgruppe) vor sich geht. Die Rangierlisten werden dann wesentlich kürzer. Im einzelnen ist zu sagen, daß z. B. bei Eingruppenzügen das Zusammendrücken der Wagen im Richtungsgleis durch die Zuglok bei gespannter Betriebslage erfolgen kann. Eine Rangierlok ist dann nicht nötig. Zweigruppenzüge werden in der Regel aus einer längeren Stammgruppe und einer kürzeren Auslastungsgruppe gebildet. Bei Dreigruppenzügen wurden i. M. 15, 20 und 25 Wagen je Gruppe angenommen.

Die errechneten Zeiten für die Bildung der Durchgangsgüterzüge sind ebenfalls in Zahlentafel 17, Spalte 8 bis 12 eingetragen. Ein Überblick über die Betriebsabwicklung in den der Untersuchung zugrunde gelegten Zeitraum (14 bis 17 Uhr) erhält man durch die zeitliche Verknüpfung der absoluten Zeitwerte in einem Rangierplan.

In Abb. 164 ist ein Rangierplan für die Bahnhofsform IIIb wiedergegeben. Alle Anlagen, die für die Zugbildung nötig sind: Stations-, Richtungs- und Ausfahrgleise sind in den einzelnen Spalten als senkrechte Streifen dargestellt, während der ganze Rangierplan durch Waagerechte in 10-Minutenabschnitte unterteilt ist. Werden nun während der Bildung eines Zuges die auf ein Gleis entfallenden Zeiten in die zugehörigen Streifen eingetragen, so ist die zeitliche Abwicklung des Rangiergeschäfts aus diesem Gleisbelegstreifen zu ersehen. Im besonderen ergibt sich hieraus zur Lösung der durch den Fahrplan gegebenen Aufgaben die erforderliche Anzahl von Arbeitskräften (Rangierkolonnen und Rangierlokomotiven, deren Zahl bei Flach- oder Gefällbahnhöfen verschieden ist). Die für die Bildung jedes Zuges erforderliche Zeit (einschließlich Wartezeit, z. B. wegen Kreuzen der Fahrstraße) erscheint am rechten Rande der Rangierpläne in den Arbeitsplänen der Rangierloks bzw. Rangiermannschaften wieder. Sie stimmt mit der errechneten überein (Zahlentafel 17, Spalte 8 bis 12), wenn keine Behinderung durch andere Fahrten eintreten. Anderenfalls verlängert sie sich um eine Wartezeit, die nach S. 138 (Sperrzeiten) ermittelt werden kann (hier 3 bis 4 min). Erst beim Verfolgen der Arbeitsgänge im Gleisplan in Verbindung mit dem Rangierplan läßt sich erkennen, wann und wo Behinderungen auftreten werden. Die Zahl der Behinderungen kann aber weitgehend vermindert werden, wenn eine der gleichzeitig arbeitenden Rangierloks entsprechende Anzahl von Ausziehgleisen im Gleisplan vorhanden ist. Das ist ein besonderer Vorteil der Bahnhofsform III.

Als Stillstandszeiten sind auch die Bremsprobe und die technische Untersuchung vor der Abfahrt des Zuges im Ausfahr- oder Richtungsgleis aufzufassen. Ihre Dauer beträgt in der Regel 40 bis 50 min und vor kürzeren Übergabefahrten nur etwa 25 min. Ebenso wie für die Bahnhofsform III wurden auch für die Formen I, II und IV Rangierpläne aufgestellt, die aber nicht wiedergegeben sind. Das Ergebnis der Untersuchung ist folgendes: Auf allen 4 Gleisanlagen können die 18 Züge in 3 Stunden gebildet werden.

Bei einer durchschnittlichen Zuglänge von 57 Wagen (Zahlentafel 17) beträgt die Leistung für die angenommenen 22 Stunden $18 \cdot 57 \cdot 22 : 3 = 7524$ Wagen. Diese Leistung der Zugbildung muß gleich der der Zugzerlegung sein. Bei der Zugzerlegung wird diese Tagesleistung stets erreicht, wenn die Züge mit einer Geschwindigkeit bis zu $v_0 = 1{,}3$ m/s der Ablaufanlage zugeführt werden. Bei einer Steigerung der Zuführungsgeschwindigkeit und entsprechend höheren

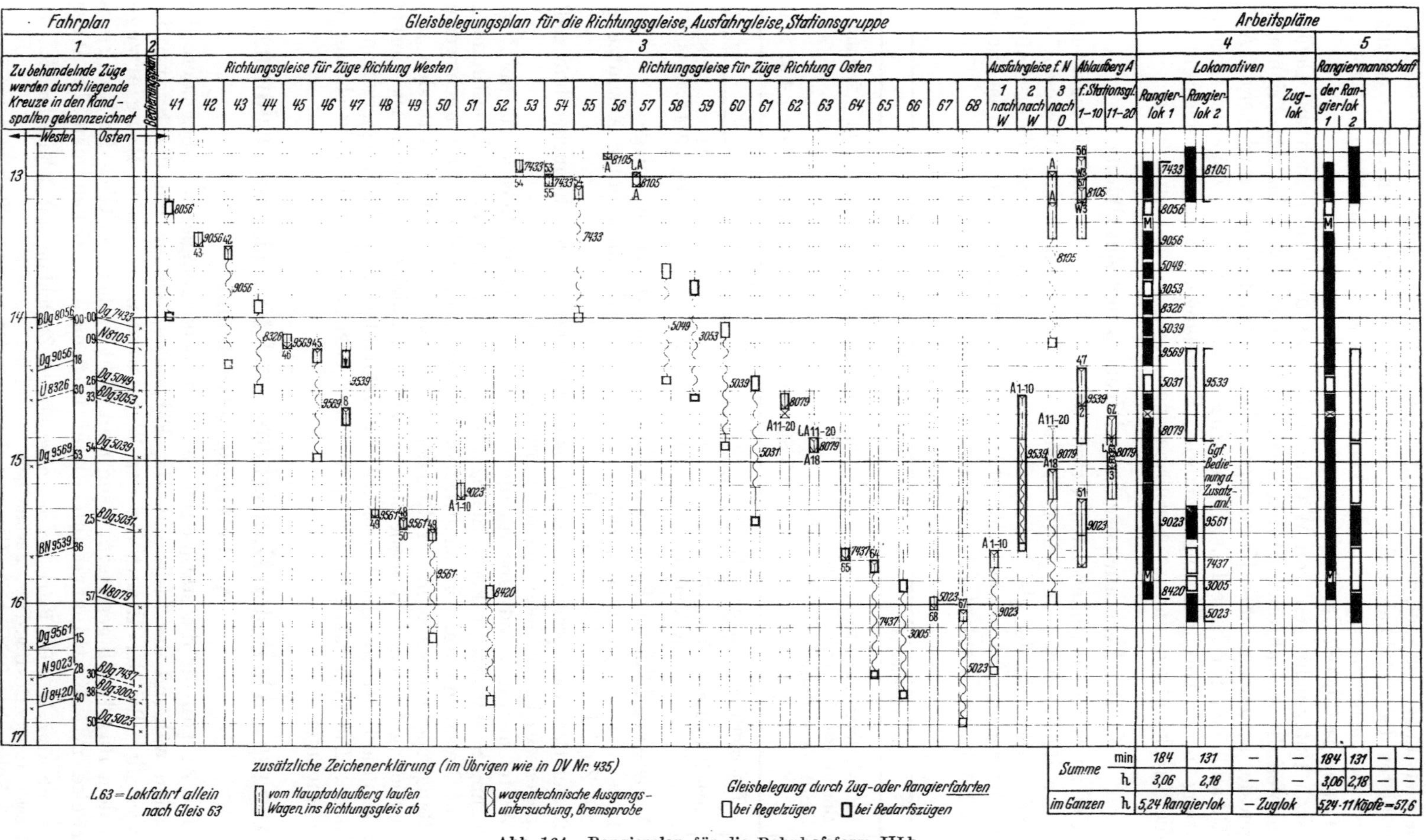

Abb. 164. Rangierplan für die Bahnhofsform III b.

Zerlegeleistungen ist auch die Leistung der Zugbildung entsprechend zu steigern. Hier bietet der Gefällbahnhof die größere Möglichkeit zur Leistungssteigerung. Eine wesentliche Verbesserung der Verständigungsmittel dürfte zur Steigerung der Leistungsfähigkeit der Zugbildung beitragen.

Nach Untersuchungen von Walter Schmitz[1] drücken jedoch auf Gefällbahnhöfen die Ausfahrten aus den Ausfahrgleisen entgegen der Abrollrichtung wegen der schienengleichen Kreuzungen die Leistungsfähigkeit stark herab. Auf Gefällbahnhöfen für hohe Leistungen müssen daher auch die Züge der Gegenrichtung in der Abrollrichtung ausfahren. Sie gelangen dann über eine Schleife in die Streckengleise, die der Abrollrichtung entgegen befahren werden.

G. Die Verbrauchswerte und Kosten der Zugbildung.

Um zu einem abschließenden Urteil über die Güte der Zugbildungsanlage und der Betriebsweise zu gelangen, muß auch der technische Aufwand, insbesondere die Zahl der gleichzeitig arbeitenden Rangierloks und Mannschaften in Rechnung gestellt werden. Für die untersuchten Bahnhofsformen ist dieser in nachstehender Zahlentafel zusammengestellt:

Zahlentafel 18.

	Bahnhofsformen		I	II	III a	III b	IV
1	Erforderliche Arbeitszeit für das Bilden von 18 gegb. Zügen in 3 Std. (aus Rang-Plan ermittelt)		343 min	409 min	379 min	315 min	280 min
2			5,7 Std.	6,8 Std.	6,3 Std.	5,2 Std.	4,67 Std.
3	Erforderliche	Rang-Loks	2	3	3	2	—
4	Arbeitskräfte	Rang-Personal	9	13	13	11	28
		Kolonnen	2	3	3	3 K+2 M[2]	4

Als leistungsfähigste Bauform ergibt sich dann diejenige Anlage,

1. bei der wenige Arbeitskräfte (Lok + Personal) unter guter Ausnutzung für die Zugbildungsarbeiten ausreichen;

2. bei der noch weitere Rangierloks eingesetzt werden können, ohne daß die gegenseitigen Behinderungen zahlreicher werden.

Wertet man den Aufwand für die Tagesleistung, wie im Beispiel für die Zugzerlegung S. 199 gezeigt, kostenmäßig aus, so kann man hieraus auch bestimmen, welche Gleisanlage am wirtschaftlichsten ist. Hierbei sind die Verbrauchswerte a) Rangierpersonalstunden, b) Rangierlokstunden und c) Wagenstunden mit statistisch gefundenen Kosteneinheiten zu multiplizieren. Ferner ist hierbei der Kapitaldienst und der Verschleiß der Bahnanlagen für die Rangierzeiten zu erfassen. Die Unterlagen hierfür sind auch wieder statistischen Aufzeichnungen zu entnehmen.

Anhang: Abriß der Häufigkeits- und Korrelationsrechnung.

A. Die Häufigkeitsrechnung.

Die Zeiten für die stationären Arbeiten, beim Rangieren insbesondere die Arbeiten während des Stillstands der Fahrzeuge, werden mit der Stoppuhr festgestellt. Bei der Ermittlung der Wege werden kleinere Rangierwege mit dem Bandmaß gemessen, wenn man nicht vorher das Gleis der Rangierstrecke mit Kreidestrichen unterteilt hat, an denen man die Wege

---

[1] Schmitz, W.: Die Betriebsverhältnisse bei der Zugbildung auf Gefällbahnhöfen für Höchstleistung. Dr.-Ing.-Diss. Berlin 1939.

[2] 3 Kolonnen + 2 Mann für Hemmschuhlegen in der geneigten Stationsgruppe.

ablesen kann. Die Ergebnisse der Messungen werden in einem Aufnahmeblatt (S. 278) eingetragen.

Je größer die Zahl der gemessenen Zeiten und Wege ist, um so zuverlässiger sind die aus ihnen gewonnenen Werte für das Mittel und für die Streuung. Die Ermittlung dieser Werte erfolgt nach der Häufigkeitsrechnung.

Bei der Häufigkeitsrechnung werden die Werte B der gemessenen Beobachtungen und die Anzahl n der Beobachtungen zunächst nach einem veränderlichen Merkmal, das Argument heißt, rein quantitativ statistisch geordnet. Der Unterschied des kleinsten und größten Beobachtungswertes (z. B. Zeiten oder Geschwindigkeiten) ist die Variationsbreite $V = B_{max} - B_{min}$. Die Variationsbreite wird in gleich große Klassen oder Intervalle eingeteilt. Die Größe der Klasse oder des Intervalls ist δ. Die Beobachtungswerte, die zu jeder einzelnen Klasse gehören, werden abgezählt. Die Wahl der Klassengrößen ist so zu treffen, daß sie dem Genauigkeitsgrad der vorliegenden Beobachtungen entspricht. Die Anzahl der Klassen ist $k = \dfrac{V}{\delta} + 1$. Die Klassen müssen alle gleiche Größen haben, da man sie sonst nicht mehr vergleichen kann. Für die $k$te Klasse sind H_k Werte durch Messungen gefunden worden. H_k ist also die Häufigkeit der Beobachtungen der Klasse k. Die beobachteten B-Werte der Klassenmitten sind die Merkmale der Klassen und heißen Argumente. Sie sind also die Merkmale, nach denen die Beobachtungen der Größe nach geordnet werden. Das Argument der $k$ten Klasse ist durch die Gleichung $B_k = B_0 + k \cdot \delta$ bestimmt. Hierbei ist B_0 ein Bezugswert zur vereinfachten Durchführung der Rechnung. B_0 kann beliebig gewählt werden. Es wird jedoch zweckmäßig ungefähr $B_0 = \frac{1}{2}(B_{max} + B_{min})$ gesetzt.

Die Beobachtungen werden charakterisiert

1. durch den Mittelwert M_0 (arithmetisches Mittel),

2. durch die Streuung σ, die eine Funktion der Abweichung der Beobachtung von dem Mittelwert ist.

Zu 1. Multipliziert man jedes Argument B mit seiner Häufigkeit H und teilt die Summe dieser Produkte durch die Anzahl n der Beobachtungen, so erhält man den Mittelwert

$$M_0 = \frac{1}{n} \cdot \sum_1^k B_k \cdot H_k.$$

Bei k Klassen ist $n = \sum_1^k H_k$ die Anzahl der Beobachtungen und

$$\sum_1^k B_k \cdot H_k = \sum_1^k (B_0 + k \cdot \delta) \cdot H_k.$$

Dann ist

$$M_0 = \frac{1}{n}\left(B_0 \cdot \sum_1^k H_k + \delta \cdot \sum_1^k k \cdot H_k \right) = B_0 + \delta \cdot \frac{\sum_1^k k \cdot H_k}{n} = B_0 + c \cdot \delta,$$

wobei $c = \dfrac{\sum_1^k k \cdot H_k}{n}$ ist. Die Ermittlung von c wird weiter unten angegeben.

Zu 2. Die Abweichung vom Mittelwert ist

$$v = B_k - M_0 = B_0 + k \cdot \delta - B_0 - c \cdot \delta = (k - c) \cdot \delta.$$

Bildet man nach der Methode der kleinsten Quadrate nunmehr die Quadrate von v und summiert unter Berücksichtigung der Häufigkeit der einzelnen Argumente, wobei nach obigem $n = \sum_1^k H_k$ ist, so ist

$$\sum_1^n v_k^2 = \delta^2 \cdot \sum_1^k (k - c)^2 \cdot H_k = \delta^2 \left[\sum_1^k k^2 \cdot H_k - 2c \sum_1^k H_k \cdot k + c^2 \sum_1^k H_k \right].$$

Da nach vorigem $\sum_1^k H_k \cdot k = n \cdot c$ mit $\sum_1^k H_k = n$ ist, so ist

$$\sum_1^k v^2 = \delta^2 \left(\sum_1^k k^2 \cdot H_k - c^2 \cdot n \right).$$

Bezeichnet $\sqrt{\dfrac{\Sigma v^2}{n}} = \sigma$ die Streuung, so ist

$$\sigma = \delta \sqrt{\dfrac{\sum_1^k k^2 \cdot H_k}{n} - c^2}.$$

Zur einfachen Berechnung der Produkte $\sum_1^k k \cdot H_k$ und $\sum_1^k k^2 \cdot H_k$ gab Professor Dr. Gravelius, Dresden, nach Zahlentafel 19[1] eine Methode an, die die Produkte auf Additionen zurückführt. Nach dieser Methode werden zunächst die Häufigkeiten H summiert (Summen erster Ordnung $'H$-Werte), und erhält die Anzahl der Beobachtungen. Sodann werden die Summen erster Ordnung nochmals summiert (Summen zweiter Ordnung $''H$-Werte) und erhält den Ausdruck $\sum_1^k k \cdot H_k$. Die nochmalige Summierung der Summe zweiter Ordnung ergibt als Summen dritter Ordnung ($'''H$-Werte) als Endergebnis $\sum_1^k k^2 \cdot H_k$.

In der Zahlentafel 19 sind die negativen k-Werte mit α und die positiven mit β bezeichnet.

Um Mittelwert und Streuung zu berechnen, ist die Häufigkeitstabelle (Zahlentafel 21) aufzustellen. In dieser sind die Zeilen (waagerecht) nach Klassen geordnet. Die mittlere Zeile hat die Klasse 0 für $B_0 = \frac{1}{2}(B_{\max} + B_{\min})$. Die Klassen sind von Klasse 0 nach oben negativ und nach unten positiv (Spalte 1). Die 2. Spalte (senkrecht) der Häufigkeitstabelle enthält die Argumente, also die Werte der Klassenmitten (im Beispiel Geschwindigkeiten V_0 km/h). In der 3. Spalte sind die beobachteten Häufigkeiten H eingetragen, die 4. Spalte enthält als erste Summierung der Häufigkeiten die $'H$-Werte, die 5. Spalte als zweite Summierung die $''H$-Werte und die 6. Spalte als dritte Summierung die $'''H$-Werte. Die Summierungen erfolgen bei den negativen Klassen, also derjenigen oberhalb der eingerahmten Zeile, der Klasse $k = 0$, von oben bis zur Zeile der (-1)-ten Klasse. Bei den positiven Klassen unterhalb wird von unten nach oben bis zur Zeile der $(+1)$-ten Klasse die Summierung durchgeführt. Die Art der Summierung ist in der Häufigkeitstabelle durch die zusammengehörigen Pfeile gekennzeichnet. Nach der Zahlentafel 19 ist in der Häufigkeitstabelle die Anzahl der Beobachtungen $n = 'H_{-1} + H_0 + 'H_{+1}$. Hierbei ist H_0 die Häufigkeit der Klasse $k = 0$, weiterhin $'H_{-1}$ die Summe der Häufigkeiten der negativen Klassen bis $k = -1$ und $'H_{+1}$ die Summe der Häufigkeiten der positiven Klassen bis $k = +1$. Ferner ist $\sum_1^k k \cdot H_k = ''H_{+1} - ''H_{-1}$. Dann ist

$$c = \dfrac{\sum_1^k k \cdot H_k}{n} = \dfrac{''H_{+1} - ''H_{-1}}{'H_{-1} + H_0 + 'H_{+1}}.$$

Endlich ist $\sum_1^k k^2 \cdot H_k = 2('''H_{+1} + '''H_{-1}) - (''H_{+1} + ''H_{-1})$. Bei letzteren Formeln sind die Absolutwerte von $'''H_{-1}$ sowie von $''H_{-1}$ und $'H_{-1}$ einzuführen.

---

[1] Vgl. Schlums: Landstraßenverkehr. Dr.-Ing.-Diss. Dresden 1929.

Zahlentafel 19.

Argumente	Häufigkeiten	Summen 1. Ordnung	Summen 2. Ordnung	Summen 3. Ordnung
$B_{-\alpha}$	$H_{-\alpha}$	${}'H_{-\alpha} = H_{-\alpha}$	${}''H_{-\alpha} = {}'H_{-\alpha} = H_{-\alpha}$	${}'''H_{-\alpha} = H_{-\alpha}$
$B_{-\alpha+1}$	$H_{-\alpha+1}$	${}'H_{-\alpha+1} = {}'H_{-\alpha} + H_{-\alpha+1} = H_{-\alpha} + H_{-\alpha+1}$	${}''H_{-\alpha+1} = {}'H_{-\alpha} + {}'H_{-\alpha+1} = 2H_{-\alpha} + H_{-\alpha+1}$	${}'''H_{-\alpha+1} = 2H_{-\alpha} + H_{-\alpha+1}$
$B_{-\alpha+2}$	$H_{-\alpha+2}$	${}'H_{-\alpha+2} = {}'H_{-\alpha+1} + H_{-\alpha+2} = H_{-\alpha} + H_{-\alpha+1} + H_{-\alpha+2}$	${}''H_{-\alpha+2} = {}'H_{-\alpha} + {}'H_{-\alpha+1} + {}'H_{-\alpha+2} = 3H_{-\alpha} + 2H_{-\alpha+1} + H_{-\alpha+2}$	${}'''H_{-\alpha+2} = 3H_{-\alpha} + 2H_{-\alpha+1} + H_{-\alpha+2}$
⋮	⋮	⋮	⋮	${}'''H_{-1} = \dfrac{\alpha+1}{2}\cdot\alpha H_{-\alpha} + \dfrac{\alpha(\alpha-1)}{2}H_{-(\alpha-1)} + \cdots + \dfrac{2\cdot1}{2}H_{-1}$ ${}'''H_{-1} = \frac{1}{2}\big[\alpha^2 H_{-\alpha} + (\alpha-1)^2 H_{-(\alpha-1)} + \cdots + 1^2 H_{-1} + \alpha H_{-\alpha} + (\alpha-1)H_{-(\alpha-1)} + \cdots + 1H_{-1}\big]$
B_{-1}	H_{-1}	${}'H_{-1} = {}'H_{-2} + H_{-1} = H_{-\alpha} + H_{-\alpha+1} + \cdots + H_{-1}$	${}''H_{-1} = \alpha H_{-\alpha} + (\alpha-1)H_{-(\alpha-1)} + (\alpha-2)H_{-(\alpha-2)} + \cdots + H_{-1} = \sum_{-1}^{-\alpha} kH_k$	${}'''H_{-1} = \frac{1}{2}\Big[\sum_{-1}^{-\alpha} k^2 H_k + \sum_{-1}^{-\alpha} kH_k\Big]$
B_0	H_0			
B_{+1}	H_{+1}	${}'H_{+1} = {}'H_{+2} + H_{+1} = H_\beta + H_{\beta-1} + \cdots + H_1$	${}''H_{+1} = \beta H_\beta + (\beta-1)H_{\beta-1} + (\beta-2)H_{\beta-2} + \cdots + H_1 = \sum_{1}^{\beta} kH_k$	${}'''H_{+1} = \frac{1}{2}\Big[\sum_{+1}^{\beta} k^2 H_k + \sum_{+1}^{\beta} kH_k\Big]$
⋮	⋮	⋮	⋮	⋮
B_β	H_β	${}'H_\beta = H_\beta$	${}''H_\beta = {}'H_\beta = H_\beta$	${}'''H_\beta = H_\beta$

Aus dieser Ableitung erhält man folgende Ergebnisse:

Anzahl der Beobachtungen:

$$n = \sum_{-\alpha}^{\beta} H_k = \underline{{}'H_{-1} + H_0 + {}'H_{+1}}$$
(Rechenkontrolle)

$$\sum_{-\alpha}^{\beta} kH_k = \underline{{}''H_{+1} - {}''H_{-1}}$$

$$\sum_{-\alpha}^{\beta} k^2 H_k = 2({}'''H_{+1} + {}'''H_{-1}) - \sum_{-\alpha}^{\beta} kH_k$$
$$= \underline{2({}'''H_{+1} + {}'''H_{-1}) - ({}''H_{+1} + {}''H_{-1})}$$

Die Streuung ergibt sich hiernach zu:
$$\sigma = \sqrt{\frac{\sum v^2}{n}} = \delta\cdot\sqrt{\frac{\sum k^2 H_k}{n} - c^2} = \delta\cdot\sqrt{\frac{2\,\overline{({}'''H_{+1} + {}'''H_{-1}) - ({}''H_{+1} + {}''H_{-1})}}{n} - c^2}$$

Zahlentafel 20. Aufnahmeblatt: Ermitt-
Richtungsgleise des Rangier-
Tag: 20. 1. 1936. Wetter: bedeckt. Auf-

1	2	3	4	5	6	7	8	9
		Wagen				Lücken		
Lfd. Nr. der Beobachtung	Bezirk	einzeln	Gruppen zu 2 Wagen	Gruppen zu 3 Wagen und mehr	insgesamt a) Zahl b) Länge m	normal 1 bis 2 Wagen	größere a) Zahl b) Länge m	insgesamt
1	III/IV	10	—	—	10 100	8	1 zu 30 m	9
2	III/IV	3	1	1	8 80	3	2	5
3	III/IV	—	—	3	21 200	11	—	11
4	I/II	7	4	$\frac{1}{3}$ $\frac{1}{11}$	29 261	12	—	12
5	III/IV	7	5	3 + 1 zu 10 m	38 342	13	1 zu 20 m	14
6	III	10	5	3	32 288	15	1 zu 24 m	16
7	III	5	2	3	18 162	7	1 zu 20 m	8
8	II	6	4	4	34 306	—	—	12
9	IV	11	2	—	24 216	Gl 95		13
10	IV	17	—	2	24 216	—	—	18
11	IV	14	4	1	25 225	—	—	18
12	IV	9	2	3	24 265	12	— 1 zu 61	13
13	IV	6	3	4	38 252	9	1 „ 85 2 „ 28	12
14	IV	9	4	—	17 153	9	2 zu 45 1 „ 25	12
15	I	6	2	$\frac{1}{3}$	13 110	5	1 zu 40 1 „ 140	7
16	I	9	2	—	13 120	8	1 zu 28 1 „ 102	10
17	II	3	2	2	14 134	5	1 zu 22	6
18	IV	3	—	1 zu 30	33 297	1	1 zu 30 1 „ 88	3
19	IV	5	—	3	20 180	8	1 zu 240	9
20	IV	4	1	4	22 198	7	1 zu 50	8
21	IV	5	—	4	24 216	7	1 zu 95	8
22	IV	—	—	—	20 180	—	1 zu 66	—

lung der Beidrückgeschwindigkeit.
bahnhofs Berlin-Wustermark.
genommen durch 1. Rbf. Nebelung, 2. ROJ. Mädler.

10	11	12	13	14	15	16	17
	Lokweg l		Lokzeit t				$\dfrac{(L_w + l_ü)}{w}$
Entfernung vom 1. bis letzten Wagen	l_z während Zusammdrückens	l_l darüber hinaus	t_z während Zusammdrückens (gestoppt)	t_l darüber hinaus	Änderung von V_0 ja $+$ nein $-$	$v_0 = l:t$ berechnet a) v_0 m/s b) V_0 km/h	mittlerer Schwerpkts-abstand
m	m	m	min	min			
166	66	46	—	3,35	—	0,56 / 2,0	16,6
110	50	—	1,03	—	—	0,8 / 2,9	13,7
260	60	—	1,81	—	—	0,56 / 2,0	12,3
330	60	60	4,23	—	$+$	0,47 / 1,07	11,4
540	233	30	5,17	—	$+$	0,75 / 2,7	14,2
420	132	15	3,3	—	—	0,66 / 2,4	13,1
262	100	—	3,0	—	—	0,55 / 2,0	14,5
496	190	120	4,5	—	—	0,7 / 2,5	14,5
490	285	10	5,5	—	—	0,86 / 3,1	20,4
460	244	6	5,3	—	—	0,75 / 2,7	19,1
388	163	7	4,0	—	—	0,7 / 2,5	15,4
395	128	5	3,3	—	$+$	0,64 / 2,4	16,4
427	175	—	4,45	—	$+$	0,65 / 2,4	15,5
283	130	—	3,3	—	$+$	0,64 / 2,4	16,6
310	200	—	3,45	—	—	0,95 / 3,4	23,8
220	200	—	3,40	—	$+$	0,98 / 3,5	24,5
184	50	—	2,10	—	—	0,4 / 1,4	13,2
423	126	35	4,15	—	—	0,65 / 2,34	12,8
480	300	50	3,75	—	—	1,55 / 5,60	24,0
290	90	40	3,10	—	$+$	0,71 / 2,55	13,2
366	150	25	3,47	—	—	0,83 / 3,0	15,2
306	126	—	3,58	—	—	0,59 / 2,1	15,2

Zahlentafel 21. Häufigkeitstabelle.

H	2	3	4	5	6
k	V_0 km/h	H	$'H$	$''H$	$'''H$
			0	0	0
−13	1,4	1	1	1	1
−12	1,5	0	1	2	3
−11	1,6	2	3	5	8
−10	1,7	5	8	13	21
− 9	1,8	6	14	27	48
− 8	1,9	8	22	49	97
− 7	2,0	12	34	83	180
− 6	2,1	8	42	125	305
− 5	2,2	4	46	171	476
− 4	2,3	6	52	223	699
− 3	2,4	12	64	287	986
− 2	2,5	16	80	367	1353
− 1	2,6	7	87	454	1807
0	2,7	9	116		
+ 1	2,8	4	20	73	256
+ 2	2,9	6	16	53	185
+ 3	3,0	3	10	37	132
+ 4	3,1	2	7	27	95
+ 5	3,2	1	5	20	68
+ 6	3,3	0	4	15	48
+ 7	3,4	2	4	11	33
+ 8	3,5	1	2	7	22
+ 9	3,6	0	1	5	15
+10	3,7	0	1	4	10
+11	3,8	0	1	3	6
+12	3,9	0	1	2	3
+13	4,0	1	1	1	1
			0	0	0

$$B_0 = (4,0 + 1,4) : 2 = 2,7 \text{ km/h}.$$

$$n = {'H}_{-1} + H_0 + {'H}_{+1}.$$

$$n = 87 + 9 + 20 = 116.$$

$$\sum_1^k k \cdot H_k = {''H}_{+1} - {''H}_{-1}$$
$$= 73 - 454 = -381.$$

$$c = \frac{\sum\limits_1^k k \cdot H_k}{n} = -381 : 116$$
$$= -3,29.$$

$$c^2 = 10,80.$$

$$V_0 = M_0 = B_0 + c \cdot \delta = 2,7 - 3,29 \cdot 0,1.$$

$M_0 = V_0 = \mathbf{2{,}37\ km/h}$. Es ist $\delta = 0,1$ km/h

$$\sum_1^k k^2 \cdot H_k = 2({'''H}_{+1} + {'''H}_{-1}) - ({''H}_{+1}$$
$$+ {''H}_{-1}) = 2 \cdot (1807 + 256)$$
$$- (454 + 73) = 3599.$$

$$\sum_1^k \frac{k^2 \cdot H_k}{n} = 3599 : 116 = 31,2.$$

$$\sigma = \delta \cdot \sqrt{\frac{\sum\limits_1^k k^2 \cdot H_k}{n} - c^2}.$$

$$\sigma = 0,1 \sqrt{31,2 - 10,8} = \mathbf{0{,}45\ km/h.}$$

Beispiel. Als Beispiel für die Anwendung der Häufigkeitsrechnung soll die von Nebelung auf Rangierbahnhof Wustermark durchgeführte Bestimmung von Mittelwert und Streuung der Beidrückgeschwindigkeit V_0 km/h der Wagen in den Richtungsgleisen bekanntgegeben werden. Zu diesem Zweck wurden in 116 Aufnahmen Weg- und Zeitmessungen vorgenommen, von denen die ersten 22 die Zahlentafel 20 wiedergibt. Die Beobachtungen wurden in 4 Bezirken gemacht, und zwar getrennt an Einzelwagen, Gruppen zu 2 Wagen sowie Gruppen zu 3 Wagen und mehr. Bei jeder Beobachtung wurde die Anzahl und die Länge der Wagen sowie die Lücken getrennt nach normalen (1 bis 2 Wagenlängen) und größeren festgestellt. Der Unterschied der Entfernungen vom ersten bis letzten Wagen $\sum(L_w + l_ü)$ und der gesamten Wagenlänge $\sum L_w$ jeder Beobachtung ergab den Lokomotivweg l während des Zusammendrückens z. Es ist $l_ü$ die Länge einer Lücke. Sodann wurde noch der Lokomotivweg l_I über das Zusammendrücken hinaus gemessen und die Lokfahrzeit t gestoppt, auch wieder getrennt für das Zusammendrücken t_z und für die Zeit darüber hinaus t_I. In diesen Zeiten ist auch das Winken des Rangierleiters für Anfahren und Halten einbegriffen. Für jede Beobachtung wurde sodann $v_0 = l:t$ m/s bzw. $V_0 = 3,6 \cdot v_0$ km/h hieraus berechnet. In der letzten Spalte des Aufnahmeblattes ist noch die mittlere Lückenlänge für jede Beobachtung $\dfrac{\Sigma(L_w + l_ü)}{w}$ m angegeben. Es ist w die Wagenanzahl. Da der gemessene Rangierweg beim Zusammendrücken $l_z + l_I = l = w \cdot (a - L_w)$ ist, so kann man hieraus $a = \dfrac{l}{w} - L_w$ den mittleren Schwerpunktsabstand der Wagen vor dem Zusammendrücken bzw. $l_ü = a - L_w$ die durchschnittliche Lückenlänge ermitteln. Zur Aufstellung der Häufigkeitstabelle wählt man die Klassenbreite $\delta = 0,1$ km/h. Es ist das größte Argument $B_{max} = 4$ km/h und das kleinste $B_{min} = 1,4$ km/h. Daher ist $B_0 = (4 + 1,4):2 = 2,7$ km/h für Klasse $k = 0$. Hiernach wurde die 2. Spalte der Häufigkeitstabelle eingetragen und die Zeile der Klasse $k = 0$ eingerahmt. In der 3. Spalte wurden dann die Häufigkeitswerte H jedes Argumentes eingeschrieben. Sodann erfolgte die Summenbildung in der 4., 5. und 6. Spalte für $'H$, $''H$ und $'''H$ in der beschriebenen Weise nach den eingetragenen Zeilen. Die Ausrechnung von Mittelwert und Streuung befindet sich neben der Häufigkeitstabelle (Zahlentafel 21). Es ist der Mittelwert $V_0 = M_0 = 2,37$ km/h und die Streuung $\sigma = 0,45$ km/h, die hier zur Hälfte beiderseits des Mittelwertes in einer bildlichen Darstellung der Beobachtungswerte einzutragen wäre.

B. Die Korrelationsrechnung.

Die Häufigkeitsrechnung befaßt sich mit Beobachtungswerten, die sich nur nach einem Argument verändern. Verändern sich die Beobachtungen nach zwei oder mehreren Argumenten, so verschafft die Korrelationsrechnung ein Urteil, wie diese Argumente nach Sinn und Grad voneinander abhängig sind. Mathematisch wird diese Abhängigkeit durch den Korrelationskoeffizient ausgedrückt. Die Grundlage für diese Ermittlungen bilden die vorgenannten Häufigkeitstabellen dieser Argumente. Je zwei dieser Häufigkeitstabellen werden zur sog. Korrelationstabelle (Zahlentafel 24) vereinigt, aus der der Korrelationskoeffizient zeichnerisch oder rechnerisch bestimmt werden kann. In dieser Tabelle ist die senkrechte Richtung in die Klassen des einen und die waagerechte in die Klassen des anderen Arguments eingeteilt. In jedem Viereck dieses Netzes trägt man die Häufigkeitszahl ein, für die sowohl das Argument der entsprechenden senkrechten als auch das der entsprechenden waagerechten Reihe zutrifft. Die Klassen sind in senkrechter Richtung mit den Werten $\lambda = 1, 2, 3 \ldots$ und in waagerechter Richtung mit den Werten $\mu = 1, 2, 3 \ldots$ beziffert (Zahlentafel 22, 23 und 24).

Soll z. B. für die Versuche der Anfahrwiderstände (Abb. 16) die Abhängigkeit der Lagertemperaturen von der Lagerreibung bei gegebenen Achsdruck eines Lagers durch den Korrelationskoeffizient festgestellt werden, so trägt man am oberen Rande der Korrelationstabelle die Reibungswerte von 2 zu 2 kg/t und auf dem senkrechten Rande die Lagertemperaturen von je 20 zu 20° C als Klassen ein. Für alle Beobachtungen sind die Häufigkeitszahlen hierbei immer in dasjenige Viereck einzuschreiben, das der beobachteten Lagertemperatur und Lagerreibung entspricht.

Zur Berechnung des Korrelationskoeffizienten bildet man nun für jede senkrechte und für jede waagerechte Reihe den Mittelwert der Argumente, indem man zunächst das Argument jeder Klasse mit der in dem zugehörigen

Viereck stehenden Häufigkeitszahl vervielfältigt. Die Produkte jeder Reihe addiert man und teilt sie durch die Summe der Häufigkeiten der betreffenden Reihe. So erhält man die arithmetischen Mittel jeder senkrechten und jeder waagerechten Reihe. Diese werden in der Tabelle, und zwar die der waagerechten Richtung mit * und die der senkrechten Richtung mit o markiert. Die Punktscharen der Mittelwerte der senkrechten Reihe werden durch eine Gerade *I I* und die der waagerechten Reihe durch eine Gerade *II II* ausgeglichen. Diese Geraden schneiden sich im Gesamtmittelpunkt der Korrelationstabelle, der die Ordinaten M_{01} und M_{02} hat. Bei der praktischen Anwendung wird der Ausgleich nicht zeichnerisch, sondern rechnerisch vorgenommen, jedoch auch hier unter der Annahme, daß die Mittel der einzelnen Klassen um eine Gerade streuen.

Es sind nach Abb. 165 v_1 die Abweichungen von der senkrechten Achse und v_2 diejenigen von der waagerechten Achse. Die Ausgleichsgerade der Mittelwerte aus den senkrechten Reihen ist wie gesagt mit *I I* und die der Mittelwerte aus den waagerechten Reihen mit *II II* gekennzeichnet. Für jeden Punkt der Geraden *I I*

besteht die Gleichung $v_2 = v_1 \cdot \mathrm{tg}\,\alpha$, und ebenso lautet die Gleichung für jeden Punkt der Geraden *II II* $v_1 = v_2 \cdot \mathrm{tg}\,\beta$ (Abb. 165).

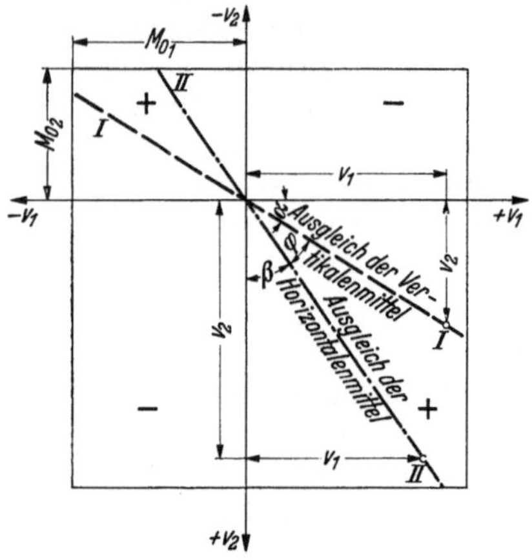

Jedem von den beiden Geraden geschnittenen Viereck des Netzes der Korrelationstabelle entspricht ein Punkt der betreffenden Geraden. Multipliziert man die Gleichung $v_2 = v_1 \cdot \mathrm{tg}\,\alpha$ mit v_1 und ebenso die Gleichung $v_1 = v_2 \cdot \mathrm{tg}\,\beta$ mit v_2 und bildet für jede Gerade die Summe der eben bezeichneten Punkte, so ist $\sum v_1 \cdot v_2 = \sum v_1^2\,\mathrm{tg}\,\alpha$ und $\sum v_1 \cdot v_2 = \sum v_2^2\,\mathrm{tg}\,\beta$. Und es ist $\mathrm{tg}\,\alpha = \dfrac{\sum v_1 \cdot v_2}{\sum v_1^2}$ und $\mathrm{tg}\,\beta = \dfrac{\sum v_1 \cdot v_2}{\sum v_2^2}$. Nach der

Häufigkeitsrechnung ist aber $\sqrt{\dfrac{\sum v^2}{n}} = \sigma$ die mittlere Abweichung oder die Streuung. Setzt man $v_1 \cdot v_1 = v^2$, so ist $\sum v_1 \cdot v_1 = n \cdot \sigma_1^2$ für die

Abb. 165.

Gerade *I I* und $\sum v_2 \cdot v_2 = n \cdot \sigma_2^2$ für die Gerade *II II*.

Hier ist σ_1 die Streuung der Punktschar um die Gerade *I I* und σ_2 die Streuung der Punktschar um die Gerade *II II*. Es sind σ_1 und σ_2 nach der Häufigkeitsrechnung für beide Argumente zu berechnen. Die Richtung der Geraden *I I* ist dann $\mathrm{tg}\,\alpha = \dfrac{\sum v_1 \cdot v_2}{n\,\sigma_1^2}$, und die Richtung der Geraden *II II* ist $\mathrm{tg}\,\beta = \dfrac{\sum v_1 \cdot v_2}{n \cdot \sigma_2^2}$.

Es ist $\mathrm{tg}\,\alpha \cdot \mathrm{tg}\,\beta = \dfrac{\left(\sum v_1 \cdot v_2\right)^2}{n^2 \cdot \sigma_1^2 \cdot \sigma_2^2} = r^2$. Man nennt r den Korrelationskoeffizient, der durch die Gleichung $r = \dfrac{\sum v_1 \cdot v_2}{\sqrt{\sum v_1 \cdot v_1 \cdot \sum v_2 v_2}} = \dfrac{\sum v_1 v_2}{n \cdot \sigma_1 \cdot \sigma_2}$ definiert ist.

Man wertet diese Gleichungen aus, indem man nach der Korrelationstabelle die Abweichungen v_1 und v_2 der einzelnen Beobachtungen von der horizontalen bzw. vertikalen Achse einsetzt.

Die Bedeutung des Korrelationskoeffizienten r wird klar, wenn man die Gleichung für den Winkel φ, den die beiden Ausgleichsgeraden bilden, aufstellt. Es ist $\varphi = 90° - (\alpha + \beta) = (90° - \alpha) - \beta$ und $\mathrm{tg}\,\varphi = \dfrac{\mathrm{tg}(90° - \alpha) - \mathrm{tg}\,\beta}{1 + \mathrm{tg}(90° - \alpha)\,\mathrm{tg}\,\beta}$. Da $\mathrm{tg}(90° - \alpha) = \mathrm{ctg}\,\alpha = 1 : \mathrm{tg}\,\alpha$ ist, so ist

$$\mathrm{tg}\,\varphi = \dfrac{\dfrac{1}{\mathrm{tg}\,\alpha} - \mathrm{tg}\,\beta}{1 + \dfrac{\mathrm{tg}\,\beta}{\mathrm{tg}\,\alpha}} = \dfrac{1 - \mathrm{tg}\,\alpha \cdot \mathrm{tg}\,\beta}{\mathrm{tg}\,\alpha + \mathrm{tg}\,\beta} = \dfrac{(1 - r^2)\,\sigma_1 \cdot \sigma_2}{r \cdot (\sigma_1^2 + \sigma_2^2)}.$$

Häufigkeitstabellen.

Zahlentafel 22.

$h = $ Ortshöhen. $\delta_1 = 50$ m.

λ	h	H	$'H$	$''H$	$'''H$
			0	0	0
-9	125	13	$\to 13$	$\to 13$	$\to 13$
-8	175	15	$\to 28$	41	54
-7	225	9	37	78	132
-6	275	8	45	123	255
-5	325	10	55	178	433
-4	375	10	65	243	676
-3	425	6	$\to 71$	314	990
-2	475	5	76	390	1380
-1	525	4	80	$\to 470$	$\to 1850$
0	575	3	$\to n=104$		
$+1$	625	7	21	$\to 60$	$\to 152$
$+2$	675	3	14	39	92
$+3$	725	4	11	25	53
$+4$	775	4	7	14	28
$+5$	825	1	3	7	14
$+6$	875	1	$\to 2$	4	7
$+7$	925	—	$\to 1$	$\to 2$	$\to 3$
$+8$	975	1	1	1	1

$$n = {'H}_{-1} + H_0 + {'H}_1 = 80 + 3 + 21 = 104$$

$$\Sigma k \cdot H_k = {''H}_{+1} - {''H}_{-1} = -470 + 60 = -410$$

$$c_1 = \frac{\Sigma k H_k}{n} = \frac{-410}{104} = -3{,}94; \quad c_1^2 = 15{,}5$$

$$h_0 = M_{01} = B_{01} - c_1 \cdot \delta_1 = 575 - 50 \cdot 3{,}94$$

$$h_0 = 378$$

$$\Sigma k^2 H_k = 2({'''H}_1 + {'''H}_{-1}) - ({''H}_1 + {''H}_{-1})$$

$$= 2 \cdot 2002 - 530 = 3474$$

$$\frac{\Sigma k^2 H_k}{n} = \frac{3474}{104} = 33{,}4$$

$$\sigma_1 = \delta_1 \sqrt{\frac{\Sigma k^2 \cdot H_k}{n} - c_1^2} = 50 \sqrt{33{,}4 - 15{,}5}$$

$$= 212 \text{ m.}$$

Zahlentafel 23.

$R = $ Niederschlagshöhen. $\delta_2 = 50$ mm.

μ	R	H	$'H$	$''H$	$'''H$
-7	525	1	1	1	1
-6	575	1	2	3	4
-5	625	14	16	19	23
-4	675	17	33	52	75
-3	725	17	50	102	177
-2	775	10	60	162	339
-1	825	13	73	$\to 235$	$\to 574$
0	875	12	$\to n=104$		
$+1$	925	9	19	$\to 46$	$\to 108$
$+2$	975	2	10	27	62
$+3$	1025	4	8	17	35
$+4$	1075	2	4	9	18
$+5$	1125	—	2	5	9
$+6$	1175	1	2	3	4
$+7$	1225	1	1	1	1

$$n = 104$$

$$\Sigma k \cdot H_k = {''H}_{+1} - {''H}_{-1} = -235 + 46 = -189$$

$$c_2 = \frac{\Sigma k \cdot H_k}{n} = \frac{-189}{104} = -1{,}82; \quad c_2^2 = 3{,}3$$

$$R_0 = M_{02} = B_{02} + c_2 \delta_2 = 875 - 1{,}82 \cdot 50$$

$$R_0 = 784$$

$$\Sigma k^2 H_k = 1083 = 2(574 + 108) - (235 + 46)$$

$$\frac{\Sigma k^2 H_k}{n} = \frac{1083}{n} = 10{,}42$$

$$\sigma_2 = \delta_2 \sqrt{\frac{\Sigma k^2 H_k}{n} - c_2^2} = 50 \sqrt{10{,}42 - 3{,}3}$$

$$= 133{,}6 \text{ mm.}$$

Ist $r = 1$, so ist $\operatorname{tg} \varphi = 0$, d. h. die Gerade II fällt mit der Geraden IIII zusammen. Ist $r = 0$, dann ist $\operatorname{tg} \varphi = \infty$, also steht die Gerade II senkrecht auf der Geraden IIII. Fallen die beiden ausgleichenden Geraden zusammen, so besteht eine mathematische gesetzmäßige und umkehrbare Abhängigkeit zwischen den beiden Veränderlichen. Stehen die beiden ausgleichenden Geraden senkrecht aufeinander, so besteht absolute Unabhängigkeit der einen Veränderlichen von der anderen.

Es sei noch auf den Unterschied zwischen Korrelationsrechnung und Wahrscheinlichkeitsrechnung hingewiesen.

Auf der Voraussetzung der absoluten Unabhängigkeit der Argumente baut sich z. B. das Gesetz für die zusammengesetzten Wahrscheinlichkeiten $w_1 \cdot w_2 = w_{1,2}$ auf. Die Wahrscheinlichkeit ist bekanntlich der Quotient der eintretenden Fälle zur Anzahl der möglichen Fälle. Sowohl die Wahrscheinlichkeitsrechnung als auch die Korrelationsrechnung befassen sich mit Beobachtungen, die sich nach mehreren Merkmalen unterscheiden. Bei der Wahrscheinlichkeitsrechnung ist jedoch der Korrelationskoeffizient gleich Null, und daher das Abhängigkeitsverhältnis der Merkmale bekannt. Für diese Voraussetzung kann man nunmehr Gesetzmäßigkeiten aufstellen, wie z. B. das genannte Gesetz von den zusammengesetzten Wahrscheinlichkeiten. Im Gegensatz zur Wahrscheinlichkeitsrechnung soll durch die Korrelationsrechnung die Abhängigkeit der Beobachtungen verschiedener Merkmale erst gefunden werden. Der Korrelationskoeffizient r ist also aus den Beobachtungen erst zu berechnen. Bei der Korrelationsrechnung sind die Beobachtungen, also die bereits eingetretenen Fälle gegeben, und für diese soll ihr Verwandtschaftsverhältnis ermittelt werden. Bei der Wahrscheinlichkeitsrechnung ist vorausgesetzt, daß die möglichen Fälle gar keine Verwandtschaft miteinander besitzen, und auf Grund dieser Voraussetzung können Gesetzmäßigkeiten über die eintretenden Fälle angegeben werden.

Es liegt der Wert des Korrelationskoeffizienten r zwischen Null und Eins. Die Werte zwischen 0,5 und 1 lassen auf einen korrelativen Zusammenhang schließen. Werte zwischen 0 und 0,5 deuten darauf hin, daß ein wesentlicher korrelativer Zusammenhang nicht besteht oder, daß zumindesten zur Erhärtung des Ergebnisses die Untersuchung noch für ein größeres Kollektiv n durchgeführt werden muß. Der Korrelationskoeffizient sagt natürlich nur etwas aus über die kollektiven Zusammenhänge innerhalb der Begrenzung der jeweiligen Korrelationstabelle. Nur für diese Begrenzung wird der Zusammenhang gemessen.

Es soll zum Schluß noch gezeigt werden, wie mit der erwähnten Additionsmethode von Gravelius (S. 276) der Ausdruck $\sum v_1 \cdot v_2$ berechnet werden kann.

Es ist $v_1 = B_1 - M_{01}$ und $v_2 = B_2 - M_{02}$. Hier sind B_1 und B_2 die beobachteten Werte nach den beiden Veränderlichen. Es ist entsprechend dem Ausdruck der Häufigkeitsrechnung $\sum v^2 = \delta^2 (B - M_0) \cdot H$ hier $\sum v_1 \cdot v_2$ $= \sum (B_1 - M_{01}) \cdot (B_2 - M_{02}) \cdot H$. Ferner ist nach der Häufigkeitsrechnung

$$M_{01} = B_{01} + c_1 \cdot \delta_1 \quad \text{und} \quad B_1 = B_{01} + \lambda \cdot \delta_1,$$

$$M_{02} = B_{02} + c_2 \cdot \delta_2 \quad \text{und} \quad B_2 = B_{02} + \mu \cdot \delta_2.$$

λ und μ sind wie gesagt die Klassenziffern der waagerechten und der senkrechten Klasseneinteilung, entsprechend den k-Werten der Häufigkeitsrechnung (s. Korrelationstabelle), die etwa von $(B_{\max} + B_{\min}) : 2$ ab beziffert werden. Es ist $c_1 = \dfrac{\sum \lambda H}{n}$ und $c_2 = \dfrac{\sum \mu \cdot H}{n}$, sowie $n = \sum H$. Daher ist $\sum \lambda \cdot H = c_1 \cdot \sum H$ und $\sum \mu \cdot H = c_2 \cdot \sum H$. Eingesetzt ist

$$\sum v_1 \cdot v_2 = \sum (B_{01} + \lambda \cdot \delta_1 - B_{01} - c_1 \cdot \delta_1)(B_{02} + \mu \cdot \delta_2 - B_{02} - c_2 \cdot \delta_2) \cdot H$$

$$= \sum (\lambda - c_1) \cdot (\mu - c_2) \delta_1 \cdot \delta_2 \cdot H$$

$$= \{\sum \lambda \cdot \mu \cdot H + c_1 \cdot c_2 \sum H - (c_2 \cdot \sum \lambda \cdot H + c_1 \sum \mu \cdot H)\} \delta_1 \cdot \delta_2.$$

Mit $\sum \lambda H = c_1 \cdot \sum H$ und $\sum \mu \cdot H = c_2 \sum H$ ist

$$\sum v_1 \cdot v_2 = \{\sum \lambda \cdot \mu \cdot H + c_1 c_2 \sum H - (c_1 c_2 \sum H + c_1 c_2 \sum H\} \delta_1 \cdot \delta_2,$$

$$\sum v_1 \cdot v_2 = (\sum \lambda \cdot \mu \cdot H - c_1 \cdot c_2 \sum H) \delta_1 \delta_2 = (\sum \lambda \cdot \mu \cdot H - c_1 \cdot c_2 \cdot n) \delta_1 \cdot \delta_2.$$

Die Ermittlung von c_1, c_2, n sowie δ_1 und δ_2 sind bereits in der Häufigkeitsrechnung gezeigt. Die Werte $\lambda \cdot \mu \cdot H$ sind für alle Zeilen der Korrelationstabelle, in die die Häufigkeitswerte eingeschrieben sind, unter Berücksichtigung des Vorzeichens zu bilden. Vorher sind an diese H-Werte noch die Produkte der beiden Klassenziffern einzuschreiben. Der Korrelationskoeffizient ergibt sich hiernach zu

$$r = \frac{\sum v_1 v_2}{n \cdot \sigma_1 \cdot \sigma_2} = \frac{(\sum \lambda \cdot \mu \cdot H - c_1 \cdot c_2 \cdot n) \delta_1 \cdot \delta_2}{n \cdot \sigma_1 \cdot \sigma_2}.$$

Zahlentafel 24. Korrelationstabelle.
Sachsen: Höhen und Niederschlag.

$R_m{}^*$ $H_m{}^\circ$

$\mu =$	-7	-6	-5	-4	-3	-2	-1	0	+1	+2	+3	+4	+5	+6	+7			λ
h \\ R	525	575	625	675	725	775	825	875	925	975	1025	1075	1125	1175	1225	H	M_1	
125	—	—	8*	5					—	—	—	—	—	—	—	13	644	—9
175	1	—	5	3*	5	1			—	—	—	—	—	—	—	15	675	—8
225	—	1	—	4	2*	1	1		—	—	—	—	—	—	—	9	703	—7
275	—	—	1	1	4*	2			—	—	—	—	—	—	—	8	720	—6
325	—	—	—	3	1	4*	2		—	—	—	—	—	—	—	10	752	—5
375					2	1	3*	4								10	820	—4
425	—	—	—		1	2	2*	1	—	—	—	—	—	—	—	6	851	—3
475	—	—	—	2		*2°		1	—	—	—	—	—	—	—	5	805	—2
525	—	—	—	1	1	*		2	—	—	—	—	—	—	—	4	788	—1
575	—	—	—					3*°	—	—	—	—	—	—	—	3	925	0
625	—	—	—				2	4*	—	1	—	—	—	—	—	7	925	+1
675	—	—	—			1	1	—*	—	1	—	—	—	—	—	3	968	+2
725	—	—	—			1	1	—	—*	1°	1	—	—	—	—	4	951	+3
775	—	—	—			1		—	1	—*	1°	—	—	—	1°	4	1038	+4
825	—	—	—					—	—	—	—	—	1*°	—		1	1175	+5
875	—	—	—					—	1*°	—	—	—	—	—		1	995	+6
925	—	—	—					—	—	—	—	—	—	—	—	—	—	+7
975	—	—	—					—	1*	—	—	—	—	—		1	1026	+8
H	1	1	14	17	17	10	13	12	9	2	4	2	—	1	1	104		
M_2	195	225	154	226	293	305	460	510	570	825	750	750	—	900	775			

$$h_0 = 378\,\text{m}. \qquad R_0 = 784\,\text{mm}.$$

Auch bei der Ermittlung der physikalischen Grundlagen der Fahrdynamik, z. B. bei der Ermittlung der Abhängigkeit der Lagertemperaturen von der Lagerreibung der Fahrzeuge (s. oben) kommt die Korrelationsrechnung in Frage. Bisher sind aber nach Wissen des Verfassers derartige Anwendungen noch nicht durchgeführt worden. Um aber für wissenschaftliche Untersuchungen etwas Rüstzeug zu geben, soll die Ermittlung des Korrelationskoeffizienten an einem angewandten Beispiel aus der Gewässerkunde gezeigt werden.

Beispiel. In Sachsen hat man für 104 Orte die Höhen h über N. N. und die Regenhöhen R festgestellt. Es soll der Zusammenhang zwischen beiden Merkmalen festgestellt werden.

Zunächst werden für die Ortshöhen h und die Regenhöhen R nach Zahlentafeln 22 und 23 die Häufigkeitstabellen aufgestellt. Die Klassenbreiten sind $\delta_1 = 50$ m und $\delta_2 = 50$ mm gewählt. Der Kollektivumfang ist $n = \sum H = 104$. Die mittlere Ortshöhe ist mit $h_0 = M_{01} = B_{01} + c_1 \cdot \delta_1 = 378$ m und die mittlere Regenhöhe mit $R_0 = M_{02} = B_{02} + c_2 \cdot \delta_2 = 784$ mm berechnet worden. Hierbei sind nach den Häufigkeitstabellen $c_1 = -3,94$ und $c_2 = -1,82$. Ferner ist hier die Streuung bei den Ortshöhen mit $\sigma_1 = 212$ m und bei den Regenhöhen mit $\sigma_2 = 133,6$ mm ermittelt worden. In der Korrelationstabelle (Zahlentafeln 24) sind für jede senkrechte und für jede waagerechte Reihe die Häufigkeiten H gebildet worden. Ferner sind hier die Argumente, die die Mittelwerte der Regenhöhen angeben, mit * und diejenigen, die die Ortshöhen angeben, durch o bezeichnet worden. Die Punktscharen der * und diejenigen der o sind rechnerisch durch Geraden (Abb. 165) ausgeglichen (in Zahlentafel 24 nicht eingezeichnet).

Es ist $\sum \lambda \cdot \mu \cdot H = 1737$ berechnet worden, dann ist

$$\sum v_1 \cdot v_2 = \{\sum \lambda \cdot \mu \cdot H - c_1 \cdot c_2 \, n\} \delta_1 \cdot \delta_2 = (1737 - 3,94 \cdot 1,82 \cdot 104) \cdot 50 \cdot 50 = 2\,480\,000.$$

Der Korrelationskoeffizient ist $r = \dfrac{\sum v_1 \cdot v_2}{n \cdot \sigma_1 \cdot \sigma_2} = \dfrac{2\,480\,000}{104 \cdot 212 \cdot 133,6} = 0,841$, so daß also zwischen den Regenhöhen und den Ortshöhen eine starke Verwandtschaft besteht.

Fahrdynamik der städtischen Verkehrsmittel.

I. Kurze Charakteristik der städtischen Verkehrsmittel.

Die städtischen Verkehrsmittel Stadtschnellbahnen, Straßenbahnen, Oberleitungsomnibusse und Autobusse dienen dazu, eine leistungsfähige schnelle und häufige Verkehrsverbindung zwischen den verschiedenen Stadtbezirken, den Wohngegenden, den Industrie-, Geschäfts- und Vergnügungsstadtteilen sowie zwischen dem Stadtinnern mit den Vororten und den Ausflugspunkten zu schaffen. Die Wahl der verschiedenen Verkehrsmittel hängt von dem Verkehrsbedürfnis, von der Siedlungs- und Beschäftigungsdichte sowie von der Auflockerung der einzelnen Stadtgebiete und von der Art der Verkehrsmittelpunkte ab. Die **Reisegeschwindigkeit und die Fahrgelegenheit,** ausgedrückt durch die Anzahl der in der Stunde verkehrenden Züge oder Wagen und durch das Platzangebot, bestimmen den **Verkehrswert** der verschiedenen Verkehrsmittel.

A. Stadtschnellbahnen.

Der Verkehrswert ist am größten bei den Stadtschnellbahnen, die im Stadtinnern als Hoch- und Untergrundbahnen, in den Außenbezirken als Damm- oder Einschnittbahnen gebaut werden. Der Betrieb der Stadtschnellbahnen ist vom Straßenverkehr ganz unabhängig. Die Stadtschnellbahnen werden durchweg elektrisch und meist mit Gleichstrom betrieben. Die Zugfolge wird durch ein selbsttätiges Signalsystem, auf Bahnhöfen (mit Weichen) durch ein halb selbsttätiges Signalsystem geregelt. Diese Sicherungseinrichtungen und die elektrische Zugförderung gestatten eine dichte Zugfolge, eine große Aufnahmefähigkeit der Züge und eine hohe Reisegeschwindigkeit. Ein mittlerer Haltestellenabstand von etwa 600 m ist für die Innenstadt am günstigsten. In den Außenbezirken kann der Haltestellenabstand bis auf etwa 1200 m, auf Vorortstrecken sogar bis auf 2000 m vergrößert werden. Der Haltestellenabstand beeinflußt die Zugfolge. Diese hängt aber wiederum von der Stärke des aufkommenden Verkehrs ab, der von der Stadt nach außen hin abnimmt. Da zur Erzielung einer dichten Zugfolge auch die Haltestellenaufenthalte möglichst klein gehalten werden müssen, sind die Wagentüren, die selbsttätig geöffnet und geschlossen werden, breit und in großer Anzahl anzuordnen. Bei einer 1,5 min-Zugfolge dürfen die Haltestellenaufenthalte 15 sec nicht überschreiten. Hierbei können 40 Züge in der Stunde in jeder Richtung verkehren. Ein Zug mit 8 Wagen der Berliner S-Bahn faßt 1200 Fahrgäste.

Die Reisegeschwindigkeit ist neben den Haltestellenaufenthalten durch die zugelassene Höchstgeschwindigkeit, die Anfahrbeschleunigung sowie durch die Bremsverzögerung bedingt. Die Anfahrbeschleunigung darf mit Rücksicht auf das Wohlbefinden der Reisenden nicht höher als 1,2 m/s² sein. In der Regel erreicht sie jedoch nur 0,6 bis 0,8 m/s². Die Bremsverzögerung ist meist 0,75 bis 1,0 m/s². Die Züge werden durch Druckluftbremsen oder durch elektrische Nutz- und Widerstandsbremsung gebremst.

B. Straßenbahnen.

Die schienengebundenen Straßenbahnen, die mit dem übrigen Straßenverkehr in Berührung kommen, bilden für diesen ein Hindernis, und ihre Reisegeschwindigkeit ist gering. Sie sollen daher in der Innenstadt und in den Geschäfts- und Wirtschaftszentren verschwinden und dort den Verkehr den Untergrundbahnen oder den schienenfreien Verkehrsmitteln überlassen. Dagegen sind die Straßenbahnen außerhalb der Innenstadt zur Verbindung benachbarter Stadtteile und als Zubringer der Schnellbahn Verkehrsmittel, die weitgehend den örtlichen Verkehrsbedürfnissen gerecht werden und dabei im Betrieb und in der Unterhaltung äußerst billig sind. Bei einem mittleren Haltestellenabstand von etwa 300 m wirken sich auf verkehrsreichen Strecken die Vorteile der Straßenbahnen, die in der Hauptsache für kurze Reiselängen bestimmt sind, am besten aus. Der Haltestellenaufenthalt schwankt zwischen 5 und 30 sec. Die Höchstgeschwindigkeit erreicht 30 bis 35 km/h. Die Anfahrbeschleunigung schwankt je nach der Motorstärke und der Zahl der Anhänger zwischen 0,3 und 0,75 m s^2. Letzterer Wert gilt für Triebwagen allein. Nach dem Anfahren wird der Strom abgestellt (Auslauf). Gebremst werden die Straßenbahnen entweder elektrisch oder mit Druckluft. Die Bremsverzögerungen sind etwa die gleichen wie bei den Stadtschnellbahnen. Die Reisegeschwindigkeit der Straßenbahnen hängt von der Linienführung ab und beträgt je nach dieser 10 bis 25 km/h. Ein Straßenbahnwagen faßt i. M. 70 bis 90 Fahrgäste. Je nach dem Verkehrsanfall beträgt die Wagenfolgezeit 5 bis 30 min.

C. Autobusse.

Die Autobusse sind in der Innenstadt sowie in engen Straßen den Straßenbahnen vorzuziehen, weil sie nicht schienengebunden sind und sich daher dem übrigen Straßenverkehr besser einfügen können. Da eine besondere Spur nicht erforderlich ist, ist eine Autobuslinie schnell einzurichten, und der Autobus ist daher das geeignete Verkehrsmittel für Außenbezirke mit schwachem Verkehr sowie an Stellen, wo selten und plötzlich ein stärkerer Verkehr auftritt. Dies trifft auch insbesondere bei längeren Außenstrecken zu, auf denen sich der Einsatz von Straßen- und Schnellbahnen noch nicht lohnt. Für diese sind dann die Autobusse Zubringer, wenn sie nicht selbst bis in den Kern der Großstadt hineinfahren.

Meist werden zwei- oder dreiachsige Eindecker mit etwa 50 Personen oder Doppeldecker mit etwa 75 Personen Fassungsvermögen verwendet. Als Antriebsmaschinen werden zur Zeit Benzinmotoren, in stärkerem Maße jedoch immer mehr Dieselmotoren eingebaut. In neuerer Zeit werden auch Autobusse mit Gas betrieben. Die Motoren mit mechanischer Kraftübertragung sind wegen des Schaltens und Kuppelns für das Anfahren bei weitem nicht so günstig wie die elektrischen Hauptstrommotoren. Die hydraulische Kraftübertragung, die die Nachteile der mechanischen vermeidet, konnte bisher letztere noch nicht verdrängen. Die Anfahrbeschleunigung der Autobusse ist etwa 0,5 m/s^2. Hat der Autobus seine durch den allgemeinen Verkehr praktisch bestimmte Höchstgeschwindigkeit erreicht, so fährt der Fahrer mit dieser Geschwindigkeit unter entsprechender Drosselung des Motors im allgemeinen weiter, bis mit dem Bremsen begonnen wird. Die Bremsverzögerung wird meist für Stadtverkehr mit 1,25 m/s^2 eingesetzt.

Der Autobusbetrieb ist, trotzdem die Kosten für die Herstellung der Fahrbahn fortfallen, insbesondere wegen der hohen Abschreibung verhältnismäßig teuer. Ihm gegenüber ist der Straßenbahnbetrieb, wie gesagt, billiger und leistungsfähiger.

D. Oberleitungsomnibusse.

Im Gegensatz zu der eindrahtigen Fahrleitung der Straßenbahn, bei der der Strom durch die Fahrschienen zurückgeleitet wird, erfordert der Oberleitungsomnibus eine doppelte Fahrleitung, eine für die Stromzuführung und die andere für die Rückleitung. Die Stromabnehmer sind länger und weit beweglicher als bei der Straßenbahn. Daher können sich die nichtschienengebundenen Oberleitungsomnibusse gut dem Straßenverkehr anpassen. Sie sind aber nicht so freizügig wie die Autobusse, da sie ja an die Linienführung der Fahrleitung gebunden sind. Fahrtechnisch sind sie gegenüber dem Autobus wegen des gutbewährten elektrischen Gleichstrommotors im Vorteil. Infolgedessen ist der Oberleitungsomnibus wesentlich billiger im Betrieb und Unterhaltung als der von einem Verbrennungsmotor angetriebene Autobus.

Die Oberleitungsomnibusse sind in Deutschland Eindecker mit zwei- oder dreiachsigen Fahrgestellen. Ihr Fassungsvermögen beträgt etwa 60 Personen. Die Kraftübertragung vom Motor zur Achse ist dem Kraftwagenbau entnommen. Der Fahrschalter wird nicht wie bei der Straßenbahn mit einer Kurbel, sondern mit einem Fußhebel, der dem Gashebel des Autobusses entspricht, bedient. Das Fahren des Oberleitungsomnibusses ist für den Fahrer einfacher als bei dem Autobus, da das Gängeschalten und Kuppeln fortfällt. Die Anfahrbeschleunigung ist etwa die gleiche wie bei der Straßenbahn und die Bremsverzögerung wie die beim Autobus. Wird der Oberleitungsomnibus von 2 Motoren angetrieben, so kann eine elektrische Bremse mit Kurzschlußschaltung den Wagen auf Gefällstrecken auf eine gleichbleibende Geschwindigkeit abbremsen. Als Haltebremse wird meist eine hydraulische Öldruckbremse verwendet.

Der Oberleitungsomnibus hat besonders in England eine große Verwendung gefunden.

II. Der Gleichstrombahnmotor.

A. Die Motorkennlinien.

Städtische Schnellbahnen und Straßenbahnen werden in der Regel mit Gleichstrom betrieben. Die Gleichstrommotoren der Triebwagen dieser Bahnen sind meist als Hauptstrommotoren gebaut, die bei niedriger Drehzahl ein hohes Drehmoment bzw. große Zugkräfte entwickeln. Mit der Steigerung der Geschwindigkeit vermindern sich die Drehmomente bzw. die Zugkräfte von selbst. Der Hauptstrommotor paßt sich dem Längenprofil der Strecke gut an, da die Drehzahl des Motors auf starken Steigungen entsprechend den höheren Zugkräften sich von selbst ermäßigt, und der Motor hat während der ganzen Fahrt eine nahezu gleichbleibende Leistung. Stark anwachsende Stromaufnahmen, die für das Kraftwerk und die Leitungsanlagen sehr unbequem sind und hohe Anlagekosten erfordern, treten daher hier nicht auf. Ferner ist der Hauptstrommotor gegen Spannungsschwankungen unempfindlich. Da nämlich Drehmoment und Zugkraft mit abnehmender Geschwindigkeit wachsen, so hat ein Spannungsabfall wohl eine Verminderung der Drehzahl, aber keine Schwächung des Drehmoments bzw. der Zugkräfte zur Folge.

Gegenüber dem Drehstrommotor ist die Regelung der Stromzufuhr beim Gleichstrommotor nicht so günstig. Sind in einem Triebwagen 2 Motoren oder ein Vielfaches davon eingebaut, so kann man durch Reihen- oder durch Parallelschaltung 2 Hauptgeschwindigkeitsstufen und durch Feldschwächung allenfalls zwei weitere Stufen schaffen. Für die notwendigen Zwischenstufen sind Vorschaltwiderstände erforderlich, der Motor wird also, wie man sagt, „geshuntet". Beim häufigen Anfahren verursachen die Vorschaltwiderstände erhebliche

Energieverluste. Bei Reihenschaltung der 2 Motoren wird gegenüber der Parallelschaltung die Spannung und damit auch der Energieverbrauch halbiert.

Außer dem ungeschwächten Feld (100proz. Erregung des Feldes) sind Feldschwächungen bei 67 und 50% erregtem Felde üblich. Diese teilweise Erregungen werden durch parallel zu den Feldwicklungen geschaltete Widerstände bewirkt.

Die Gleichstrombetriebsspannung, die bei Straßenbahnen von 500 bis 750 V und Stadtschnellbahnen bis 800 V beträgt, ist wegen der großen Leitungsverluste für Fernbahnen nicht geeignet. Für die Energieübertragung vom Kraftwerk bis zu den Fahrzeugen auf der Strecke reicht die Gleichstromspannung nicht aus. Daher ist für die Fernübertragung hochgespannter Drehstrom zu verwenden. Dieser wird in passend gelegenen Umformwerken an der Bahnstrecke zunächst auf niedrigere Spannung transformiert und mittels rotierender Umformer oder Gleichrichter in Gleichstrom verwandelt. Hierdurch werden die

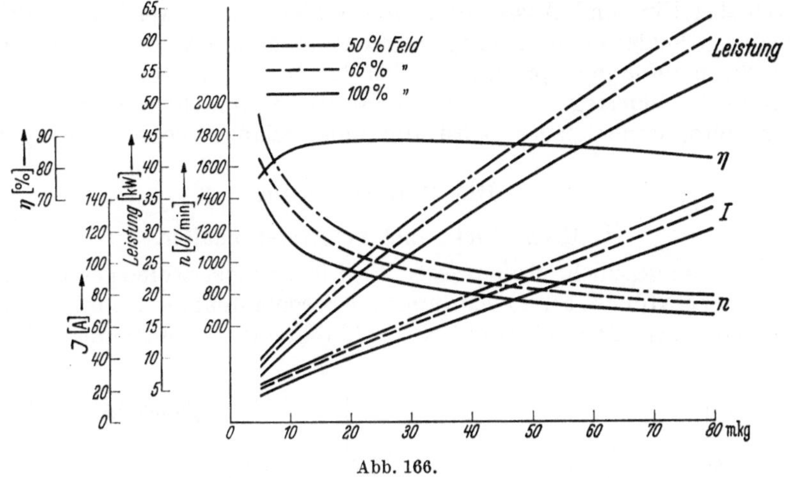

Abb. 166.

Anlage- und Betriebskosten erhöht und der Wirkungsgrad der Anlage verschlechtert.

Für die Gleichstrommotoren wird auf ortsfesten Prüfständen die Abhängigkeit der Stromstärke J A, der elektrischen Leistung kW, ferner der minutlichen Drehzahl n des Motors sowie des Wirkungsgrades η des Getriebes von dem Drehmoment M_d mkg ermittelt und in Motorkennlinien für vollerregtes Feld sowie für die Teilerregungen (Feldschwächungen) nach Abb. 166 dargestellt.

Die Fahrgeschwindigkeit ist wie beim Drehstrommotor $V = \dfrac{60 \cdot n \cdot u \cdot D \cdot \pi}{1000}$ km/h.

Hier sind u das Untersetzungsverhältnis und D m der Triebraddurchmesser. Die

Zugkraft an der Motorwelle ist $Z_{mo} = \dfrac{2\,M_d}{D \cdot u}$ kg, und die Zugkraft am Triebrad

umfang ist $Z_t = \eta \cdot Z_{mo}$. Der sekundliche Verbrauch an elektrischer Arbeit

(Leistung) ist beim Gleichstrommotor $\beta_{mo} = \dfrac{E \cdot J}{1000}$ kW, wo E V die Spannung ist.

Meist werden aber die Ergebnisse der Prüffelder durch Motorkennlinien nach Abb. 169a, Taf. I, dargestellt. In Abb. 169a sind demnach für jeden Motor des Triebwagens und für jede Felderregung die Zugkräfte am Triebradumfang Z_t kg, die Fahrgeschwindigkeiten V km/h und der Wirkungsgrad η des Getriebes in Abhängigkeit von der Stromstärke J A dargestellt. Die drei zugehörigen Motorkennlinien für Zugkraft, Geschwindigkeit und Wirkungsgrad abhängig von der Stromstärke, sind bei gleichbleibender Spannung durch die Leistungsgleichung $\dfrac{E \cdot J \cdot \eta}{1000}$

$$= \frac{Z_t \cdot V \cdot 0{,}7351}{270} = \frac{Z_t \cdot V}{367} \text{ kW miteinander verbunden. Es ist } \frac{Z_t \cdot V}{270} \text{ die Leistung in}$$

PS und 1 PS $= 0{,}7351$ kW bzw. ist 1 kW $= 367$ kg $\cdot$ km/h (vgl. S. 5 u. 88).

Im Gegensatz zu den Motorkennlinien ersterer Art, die auf die Motordrehzahl bezogen sind, sind aus den Kennlinien letzterer Art Fahrgeschwindigkeit V und Zugkräfte Z_t unmittelbar zu entnehmen. Für verschiedene Felderregungen ist durch Konstruktion und Schaltung die Abhängigkeit zwischen Zugkraft, Geschwindigkeit und Stromverbrauch zwangläufig festgelegt. Der Motor hält die diesen Felderregungen entsprechenden Fahrweisen selbsttätig inne. Nach Abb. 169a wird bei teilweiser Erregung gegenüber der vollen für die gleiche Fahrgeschwindigkeit eine größere Zugkraft bei höherer Stromstärke erreicht, oder für die gleiche Zugkraft hat der Wagen bei teilweiser Erregung des elektrischen Feldes eine größere Geschwindigkeit als bei voll erregtem. Der Motor verbraucht dafür aber mehr Strom.

Durch das Ein- und Ausschalten von Widerständen werden die durch die verschiedenen Felderregungen festgelegten Fahrweisen geändert. Hierbei ändert sich die Stromaufnahme sprungweise, bis der Motor wieder auf eine der durch die betreffende Felderregung festgelegte Fahrweise gebracht worden ist. Letztere hält der Motor dann wieder selbsttätig inne, solange nicht anders geschaltet wird.

B. Die Motorsteuerung.

1. Grob- Viel-, und Feinstufenschalter.

Das Schalten geschieht stufenweise. Wird in wenigen Stufen geschaltet (Grobstufenschalter) (Abb. 167a), so schwankt die Stromaufnahme beim Anfahren und Bremsen sehr stark. Die elektrische Kurzschlußbremse bei mittleren und größeren

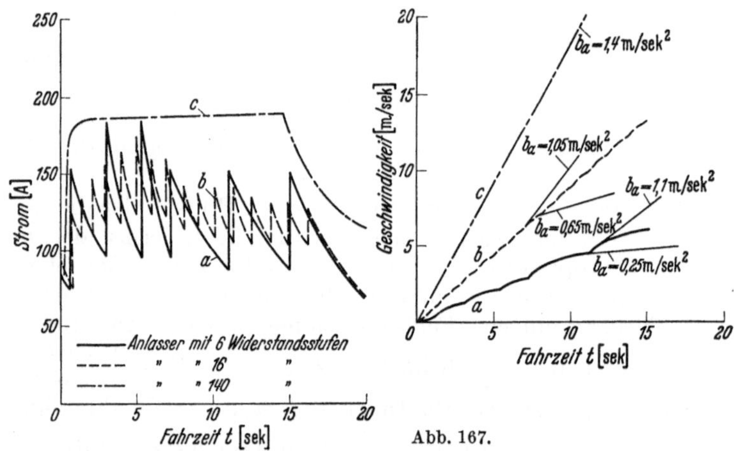

Abb. 167.

Straßenbahnbetrieben machten ebenso wie eine Erhöhung der Anfahrbeschleunigung auch eine Vermehrung der Brems- und Anfahrstufen erforderlich. Es wurde daher die Zahl der Anfahr- und Bremsstufen auf je etwa 18 bis 20 erhöht (Abb. 167b). Bei diesen Vielstufenschaltern ist die Schwankung bei der Stromaufnahme geringer als bei den grobstufigen Fahrschaltern. Die beim Anfahren bzw. Bremsen erreichbare Beschleunigung oder Verzögerung ist daher beim Vielstufenschalter größer, da sich der Strommittelwert der oberen durch die Erwärmung der Motorwicklungen bedingten Grenze der Stromstärke besser nähern kann. Infolgedessen kann schneller angefahren und gebremst, also an Fahrzeit gespart werden. Die Schwankungsbreite bei der Stromaufnahme kann noch verringert und dadurch die Anfahrbeschleunigung und die Bremsverzögerung noch mehr gesteigert werden, wenn man statt der Vielstufenschalter Feinstufenschalter verwendet, die je etwa 150 bis 300 und mehr Stufen beim Anfahren und Bremsen haben (Abb. 167c). Die Feinstufenschalter sind einfacher gebaut als die Vielstufenschalter, da bei ihnen wegen des geringen Spannungsunterschiedes zwischen zwei aufeinanderfolgenden Stufen die Funkenlöschung fortfällt[1]. Wenn auch praktisch infolge der Massenträgheit und infolge des nicht ganz gleichmäßigen Schaltens die krassen Unterschiede der Abb. 167 nicht auftreten, so hat doch der Feinstufenschalter auch hinsichtlich der Fahr- und Bremstechnik Vorteile gegenüber dem Vielstufenschalter.

2. Die selbsttätige Anfahrsteuerung.

Bei Stadtschnellbahnen und neuerdings auch bei Straßenbahnen werden vielstufige Steuerungen meist für selbsttätiges Anfahren verwendet. Letztere ermöglichen eine stoßfreie und rasche Beschleunigung ohne Überschreitung der Reibungsgrenze. Das Wesen der selbsttätigen Steuerung, wie sie bei der Berliner Stadtbahn in die Triebwagen eingebaut ist, besteht darin, daß 1. der Übergang von einer Schaltstufe auf die nächst höhere (Abb. 168) erfolgen kann, wenn durch die Erhöhung der Drehzahl der Motoren bzw. der Fahrgeschwindigkeit des Zuges die Stromstärke so weit gesunken ist, daß der folgende Schaltsprung keine übermäßige Strom- bzw. Zugkraftspitzen gibt, und daß 2. aber auch stets im richtigen Augenblick weitergeschaltet wird. Die Abhängigkeit des Weiterschaltens wird durch ein

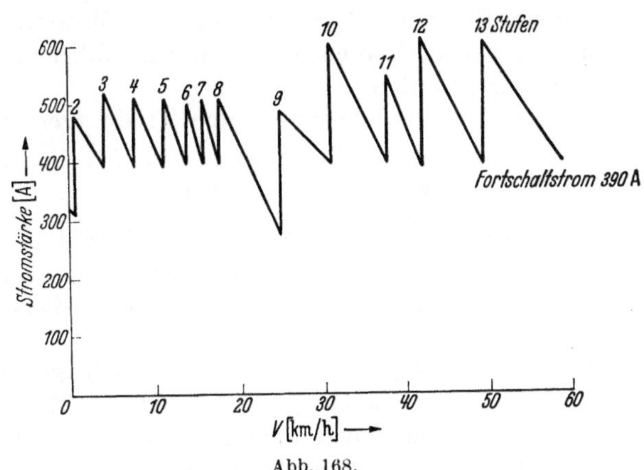

Abb. 168.

Fortschaltrelais erzielt, das im Prinzip ein Minimalrelais ist. Mittels eines an ihm angeordneten Kontaktpaares hat das Fortschaltrelais den Antriebsapparat für die Schaltwalze zu steuern. Durch diese Steuerung wird ohne besondere Aufmerksamkeit des Triebwagenführers die erforderliche hohe Anfahrbeschleunigung erzielt. Die Zugkraftspitzen werden hierbei nicht zu hoch, so daß keine Schleudergefahr eintritt. Der Fahrer kann sich dadurch seiner wichtigen Aufgabe, der Beobachtung der Strecke, insbesondere der Signale widmen. In Abb. 168 ist der Verlauf der Geschwindigkeit und der Stromstärke beim Anfahren eingezeichnet.

III. Die Verbrauchswerte der Zugfahrt auf einer Stadtschnellbahn.

Die Verbrauchswerte der Zugfahrt auf städtischen Schnell- und Straßenbahnen sind 1. die Fahrzeit, 2. der Stromverbrauch (elektrische Arbeit) und 3. die mechanische Arbeit. Außerdem wird noch die Beanspruchung der Motoren durch die Erwärmung bestimmt. Die Grundlagen für die Ermittlung der Verbrauchswerte sind 1. die Bewegungswiderstände, 2. die Motorkennlinien und 3. die Kenntnis der Fahrweise.

---

[1] Verkehrstechnik 1939 S. 167.

A. Die Bewegungswiderstände.

Wie früher gesagt, setzen sich die Bewegungswiderstände aus dem Streckenwiderstand und dem Fahrzeugwiderstand zusammen. Zu dem Streckenwiderstand gehört a) der Steigungswiderstand $-s\,\mathrm{kg/t} = -s^0/_{00}$, dem im Gefälle die Gefällkraft $+s\,\mathrm{kg/t} = +s^0/_{00}$ entspricht, b) der Krümmungswiderstand. Letzterer ist für die verschiedenen Spurweiten auf S. 30 angegeben.

Der Fahrzeugwiderstand besteht aus dem Grundwiderstand und dem Luftwiderstand. Beide sind für städtische Schnellbahnen in der sog. AEG-Formel zusammengefaßt. Sie lautet:

$$w = w_0 + w_2 = 2{,}5 + \frac{(0{,}00015 \cdot G + 0{,}00813\,n + 0{,}0065\,F)}{G} \cdot V^2\ \mathrm{kg/t}.$$

Hier ist n die Anzahl der Fahrzeuge mit Ausnahme des ersten, $F\,\mathrm{m}^2$ der Fahrzeugquerschnitt und $G\,\mathrm{t}$ das Gewicht des Zuges.

B. Die Ermittlung der Zugkräfte aus den Motorkennlinien.

1. Die technischen Daten des Triebwagenzuges und des Motors.

Die Ermittlung der Zugkräfte aus den Motorkennlinien soll ebenso wie die Bestimmung der Verbrauchswerte einer Zugfahrt an einem Beispiel der Berliner S-Bahn gezeigt werden.

Der Viertelzug besteht aus einem Triebwagen und einem Steuerwagen.

Triebwagen, Leergewicht . . . . 39,5 t
Steuerwagen, Leergewicht. . . . . 27,7 t

Gesamtleergewicht des Viertelzuges . . . . . . 67,2 t

Die Besetzung des Viertelzuges wird angenommen mit 270 Personen, entsprechend 242% der Sitzplatzzahl, Gewicht je Person 75 kg, insgesamt $270 \cdot 75 = 20{,}3\,\mathrm{t}$.

Mithin ist das Gesamtgewicht des Viertelzuges 87,5 t.

Ausrüstung des Triebwagens: 4 Motoren, 375 V, 90 kW, 800 U/min. Raddurchmesser 880 mm, Untersetzung 1:4,25. Zuggewicht je Motor $G_{mo} = 87{,}5{:}4 = 21{,}9\,\mathrm{t}$. Der Triebwagen ist mit selbsttätiger Anfahrsteuerung ausgerüstet (Beschreibung: der Stadtbahnzug DV. 624, Abb. 5). Das Fortschaltrelais kann auf große und auf kleine Beschleunigung eingestellt werden. Die große Beschleunigung wird auf den innerstädtischen Strecken bei Vollbesetzung, die kleine bei geringer Besetzung sowie auf Vorortstrecken angewendet.

Es schaltet bei Einstellung der großen Beschleunigung (Vollbesetzung des Zuges) nach Abb. 168 bei 390 A weiter. Durch die beim Fortschalten entstehenden Stromspitzen ist ein Strommittel gelegt worden, das bei Hintereinanderschaltung (s. Abb. 168) 440 A und bei Parallelschaltung 240 A beträgt.

Bei kleiner Beschleunigung schaltet das Fortschaltrelais bei 300 A weiter. Bei Hintereinanderschaltung wird für die Widerstands- und Feldschwächungsstufen ein mittlerer Strom von 340 A und bei Parallelschaltung von 180 A angenommen.

2. Die Linien der Fahrweise.

Für die Ermittlung der Fahrzeiten, der elektrischen sowie der mechanischen Arbeiten und der Motorbeanspruchung durch die Erwärmung sind vorher die Linien der Fahrweise für die Geschwindigkeiten und für die Zugkräfte in die V-J-Linien und die Z-J-Linien der Motorkennlinien einzuzeichnen. In Abb. 169a, Taf. I, sind die Linien der Fahrweise für große Beschleunigung eingetragen.

Hier ist bei Hintereinanderschaltung die Fahrweise für die Geschwindigkeiten durch den Linienzug gekennzeichnet, der vom Strommittel $J = 440$ A der

J-Achse senkrecht nach oben bis zur V-J-Linie für 50% Felderregung bei 187,5 V geht und auf letzterer Linie weiter nach links verläuft. Die entsprechende Linie der Fahrweise verläuft für die Zugkräfte auf der Z-J-Linie bei 50% Erregung bis zur Senkrechten für $J = 440$ A und von dieser nach oben bis zu der Waagerechten AB für die Anfahrzugkraft $Z_a = 1830$ kg. Die Ermittlung der Anfahrzugkraft Z_a wird unten gezeigt. Bei Parallelschaltung ist die Linie der Fahrweise für die Geschwindigkeiten gekennzeichnet durch die Senkrechte für das Strommittel $J = 240$ A und die V-J-Linie für 50% Erregung bei der Spannung 375 V. Die entsprechende Linie der Fahrweise für die Zugkräfte verläuft auf der zugehörigen Z-J-Linie für 50% Erregung bis zur Senkrechten für das Strommittel $J = 240$ A und dann auf dieser nach oben bis zur Z-J-Linie für 100% Erregung.

Die Anfahrzugkraft beim Hintereinanderschalten erhält man auf folgende Weise: Die Senkrechte durch die mittlere Stromstärke $J = 440$ A schneidet die Z-J-Linie für 100% Felderregung in der Ordinate $Z = 1840$ kg. Mit Rücksicht auf den geshunteten Gleichstrom-Hauptstrommotor wählt man die Anfahrzugkraft etwas geringer, also wie vorher gesagt $Z_a = 1830$ kg. Das ist der höchste Punkt der Linie der Fahrweise für die Zugkräfte.

3. Zeichnerische Ermittlung der Zugkräfte.

Es ist die Anfahrbeschleunigungskraft auf der Waagerechten $G \cdot p_a = Z_a - G \cdot w$, dann ist die Anfahrzugkraft $Z_a = G \cdot (p_a + w)$ kg. Hier bedeutet p_a kg/t die Anfahrbeschleunigungskraft je Tonne und w kg/t den Fahrzeugwiderstand auf der waagerechten geraden Bahn. Es ist mit $Z_a = 1830$ kg, dem auf 1 Motor entfallenden Gewicht $G_{mo} = 21,9$ t und $w = 2,5$ kg/t (bei kleinen Geschwindigkeiten) die

$$\text{Anfahrbeschleunigungskraft } p_a = \frac{Z_a}{G_{mo}} - w = \frac{1830}{21,9} - 2,5 = 81 \text{ kg/t.}$$

Die entsprechende Anfahrbeschleunigung ist dann $b_a = 9,81 \cdot p_a : (1000 \cdot 1,06) = 0,75 \text{ m/s}^2$. Dieser Wert überschreitet nicht die zulässige Grenze. Die Zugkraft je Tonne Zuggewicht ist dann auf der waagerechten geraden Bahn $z_a = Z_a : G = p_a + w$ $= 81 + 2,5 = 83,5$ kg/t.

Damit auf einem Gefälle $s^0/_{00}$ die zulässige Anfahrbeschleunigung b_a m/s^2 nicht überschritten wird, muß dort $z_a - w + s \leqq p_a = \dfrac{1000 \cdot 1,06 \cdot b_a}{g}$ kg/t sein.

Durch die Anfahrzugkraft $Z_a = 1830$ kg legt man nach Abb. 169a, Taf. I, eine Waagerechte. Auf dieser setzt man vom rechten Endpunkt B nach links die Strecke $AB = z_a = 83,5$ kg/t im Kräftemaßstab, der 1 kg/t = 1 mm beträgt, ab. Nun verbindet man A mit C auf der J-Achse. Sodann kann man waagerecht zwischen den Schenkeln AC und BC die Zugkräfte $z = Z : G$ kg/t für verschiedene Geschwindigkeiten entsprechend den Linien der Fahrweise mit dem Zirkel abgreifen. Dies sei gezeigt für die Zugkraft z bei der Geschwindigkeit $V = 50$ km/h.

Von $V = 50$ km/h auf der senkrechten Achse geht man bis zur Linie der Fahrweise der Geschwindigkeiten (gestrichelte V-J-Linie für 50% Erregung) und von da abwärts zur entsprechenden Z-J-Linie und sodann wieder waagerecht nach rechts. Der waagerechte Abschnitt zwischen den Schenkeln AC und BC ist dann die Zugkraft z kg/t.

4. Die Fahrkraftlinie.

Die Fahrkraftlinie erhält man, wie früher (S. 31) gezeigt, wenn man unterhalb der Geschwindigkeitsachse die Widerstandslinie aus Grund- und Luftwiderstand (w-Linie) aufzeichnet, in den zugehörigen Geschwindigkeiten die aus den Motorkennlinien abgegriffenen z-Strecken nach oben absetzt und die oberen

Endpunkte verbindet. Der Kräftemaßstab der w-Linie ist der gleiche wie der der z Kräfte (1 kg/t = 1 mm). In der AEG.-Formel für die Fahrzeugwiderstände

$$w = 2,5 + \left[0,015 + \frac{(0,813\,n + 0,65\,F)}{G}\right] \cdot \left(\frac{V}{10}\right)^2 \text{ kg/t}$$

ist $n = 1$, $F = 3 \cdot 2,5 = 7,5 \text{ m}^2$ und $G = 87,5$ t für den Viertelzug. Hiermit ist $w = 2,5 + 0,08 \left(\frac{V}{10}\right)^2 \text{kg/t}$. Es ist für

$V = 0$	10	20	70	40	50	60 km/h
$w = 2,50$	2,51	2,82	3,06	3,78	4,5	5,38 kg/t

Da für die Fahrzeitermittlung als Zeitschritt $\Delta t = 0,1$ min $= 6$ sec angenommen wurde, und der Massenfaktor bei elektrischen Triebwagenzügen mit $\varrho = 1,06$ in Rechnung gesetzt werden kann, so ist bei Verwendung des gleichschenklig rechtwinkligen Dreiecks zur Ermittlung der Geschwindigkeitsänderungen ΔV nach Zahlentafel 6, S. 61 der Geschwindigkeitsmaßstab zehnmal größer als der Kräftemaßstab. Es ist also $V = 1$ km/h $= 10$ mm. Mit diesen Maßstäben ist unter der V-Achse die w-Linie aufgezeichnet worden, von der aus dann die z Werte zur Herstellung der Fahrkraftlinie nach Abb. 169b, Taf. I, aufgesetzt worden sind.

Durch den Nullpunkt der Geschwindigkeitsachse der Fahrkraftlinie zeichnet man noch den Wegstrahl, um die Wege je Zeitschritt abgreifen zu können. Bei $V = 60$ km/h legt der Triebwagenzug im Zeitschritt $\Delta t = 0,1$ min $= 6$ sec jeweils 100 m zurück. Bei dem Längenmaßstab 1:1000 werden 100 m durch 100 mm dargestellt. Trägt man diese Strecke als Höhe in $V = 60$ km/h der V-Achse auf und verbindet den Endpunkt mit $V = 0$, so erhält man den (1:6 geneigten) Wegstrahl.

C. Die Fahrzeitermittlung.

1. Das Verfahren des Verfassers.

Die Fahrt zwischen zwei Haltestellen setzt sich in der Regel zusammen aus dem Anfahren, aus dem Auslaufen und aus dem Bremsen. Beim Anfahren drückt der Triebwagenführer den Knopf am Fahrschalter und schaltet damit den Strom ein, beim Auslaufen läuft der Zug infolge der ihm erteilten Geschwindigkeit ohne Strom weiter. Fährt der Zug auf der Steigung $s^0/_{00}$ an, so ist die Fahrkraft $p = z - s - w$ kg/t. Zieht man im Abstand $s^0/_{00}$ oberhalb der V-Achse eine Waagerechte, so sind die Höhen zwischen dieser und der Fahrkraftlinie $p = z - s - w$. Nach der Bewegungsgleichung ist bei $\Delta t = 6$ sec

$$p = \frac{m \cdot \Delta V}{3,6 \cdot \Delta t} = \frac{1000 \cdot 1,06 \cdot \Delta V}{9,81 \cdot 3,6 \cdot 6} = 5\,\Delta V \text{ kg/t},$$

oder die halbe Geschwindigkeitsänderung $\Delta V : 2$ je Zeitschritt verhält sich zur Mittelkraft p wie 1:10. Wählt man, wie gesagt, den Geschwindigkeitsmaßstab zehnmal so groß wie den Kräftemaßstab, dann ist $\dfrac{\frac{\Delta V}{2}\,\text{mm}}{p\,\text{mm}} = 1 = \text{tg } 45°$.

Diese Beziehung trifft in einem gleichschenklig, rechtwinkligen Dreieck zu, in dem die halbe Grundlinie $\Delta V : 2$ mm gleich der Höhe p mm ist. Zeichnet man nach Abb. 169b über der Waagerechten im Abstand s von der V-Achse aneinandergereiht gleichschenklige, rechtwinklige Dreiecke, deren Spitzen auf der Fahrkraftlinie liegen, so kennzeichnen die Enden der Dreiecksgrundlinien die Geschwindigkeiten am Schluß jedes Zeitschrittes. Die Dreieckspitzen bezeichnen die mittlere Geschwindigkeit je Zeitschritt, und die Höhen zwischen Wegstrahl und V-Achse senkrecht unter den Dreieckspitzen sind die Wege je Zeitschritt, die man auf einem waagerechten Zeitwegstreifen aneinanderreiht. Die Anstoßpunkte dieser Wegstrecken beziffert man nach der Zeit. Somit ist die Bewegung des Zuges auf dem Zeitwegstreifen dargestellt.

Beim Auslaufen ist die Motorzugkraft gleich Null, und die Fahrkraftlinie ist in diesem Falle die w-Linie. Die Ermittlung der Fahrzeiten ist hier genau wie vorher beschrieben, jedoch kann man wegen der flachen w-Linie auf das Einzeichnen der Zeitdreiecke verzichten. Man macht hierbei mit dem Augenmaß die Strecke ΔV gleich der für die mittlere Fahrkraft p. Sodann nimmt man die Strecke für p in den Zirkel und setzt sie zweimal auf der Waagerechten ab, die man im Abstand $s\,^0/_{00}$ über der V-Achse gezeichnet hat. Die Ermittlung setzt man bis zur Haltestelle fort und erhält so die Fahrzeit des durchfahrenden Zuges. Die Fahrzeit des haltenden Zuges erhält man, wenn man zur Durchfahrzeit den Bremszeitzuschlag hinzuzählt. Letzterer ist nach S. 179 gleich der halben Bremszeit, also $\Delta t_b = V : (2 \cdot 3{,}6 \cdot b_r)$ sec. Es ist V die Geschwindigkeit beim Bremsbeginn, die man durch Schätzen aus der benachbarten Durchfahrgeschwindigkeit erhält. Ferner ist $b_r = 0{,}75\ \text{m/s}^2$ nach Beobachtungen die mittlere Bremsverzögerung. Will man noch den Bremsweg berechnen, so ist mit $b_r = 0{,}75\ \text{m/s}^2$ der Bremsweg $l_b = V^2 : (2 \cdot 3{,}6^2 \cdot b_r) = V^2 : 19{,}44$ m, und die Bremszeit ist $t_b = V : (3{,}6 \cdot b_r) = V : 2{,}7$ sec.

2. Die Bremsen und die Berechnung der Bremsfahrt des Triebwagenzuges.

Bei den Zügen der Berliner Stadtschnellbahn werden Einkammer-Druckluftbremsen statt der Zweikammerbremsen der Fernbahnzüge verwendet, weil bei den Einkammerbremsen die Lösezeiten viel kürzer sind. Beschleunigt wird das Lösen zudem noch dadurch, daß das Ventil, durch das die Luft vom Bremszylinder ins Freie entweicht, eine weite Bohrung hat. Der Bremszylinderdruck $q = 4{,}2\ \text{kg/cm}^2$ hat nach Abb. 170 schon nach etwa 6 sec seinen Höchstwert erreicht, und der Lösevorgang dauert nach Abb. 170 nur 12 sec.

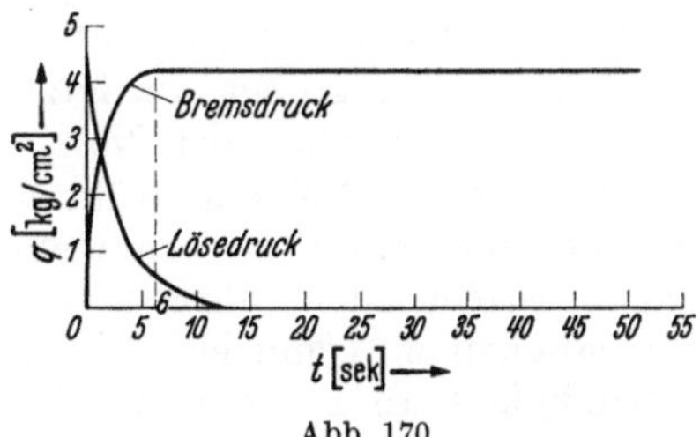

Abb. 170.

Die Ermittlung der Bremsbewegung nach Zeit und Weg kommt insbesondere für die Bemessung der Signalabstände in Frage, und die Ergebnisse nach dem Verfahren des Verfassers zeigen eine vorzügliche Übereinstimmung mit den durch Versuch gefundenen Bremswegen. Bei der Fahrzeitermittlung wird jedoch das Bremsen durch Bremszeitzuschläge berücksichtigt. Die Ermittlung von Bremsweg und Zeit wird nach dem auf S. 69 beschriebenen Verfahren durchgeführt.

3. Die Netztafeln für die Fahrzeit (Taf. I).

Bei dem bisher üblichen Verfahren von Pforr zur Ermittlung der Fahrzeit werden die Geschwindigkeiten einmal über der Zeitachse und sodann über der Wegachse aufgezeichnet. Da es zuviel Arbeit macht, hiernach für jeden der vielen Haltestellenabstände diese Ermittlungen durchzuführen, so half man sich vielfach dadurch, daß die Fahrzeit nur für einen Haltestellenabstand von mittlerer Länge und Neigungsstärke aufgezeichnet wurde. Ebenso wurde für diese Strecke der Stromverbrauch ermittelt. Diese Werte (Fahrzeit und Stromverbrauch) wurden dann mit der Anzahl der Fahrten zwischen den einzelnen Haltestellen vervielfältigt, um die Verbrauchswerte für die ganze Linie zu erhalten.

Die Ergebnisse dieser Mittelwertsberechnung liefern kein für den Vergleich geeignetes charakterisches Bild der Linie. Eine schnelle und genaue Ermittlung der Verbrauchswerte für die Fahrten zwischen allen Haltestellen ermöglicht das Verfahren des Verfassers.

Während die Fahrzeiten bei den anderen Verfahren durch Zeit-Weg- oder durch Zeit-Geschwindigkeits- und Weg-Geschwindigkeits-Linien also zweidimensional dargestellt wurden, werden nach dem vorher beschriebenen Verfahren die Fahrbewegungen eindimensional dargestellt. Ebenso wird auch der Energieverbrauch eindimensional aufgezeichnet. Die eindimensionale Darstellung ermöglicht für ein Fahrzeug von gegebenem Gewicht und gegebener Fahrweise die Anfertigung von Netztafeln, aus denen man für jede Neigungsstrecke Fahrzeit, Geschwindigkeit sowie den Energieverbrauch ablesen kann. Zur Fahrplanbildung und zu Wirtschaftlichkeitsuntersuchungen werden dann Fahrzeiten und Energieverbrauch aus den Netztafeln entnommen und zusammengezählt. Die Auswertung der Netztafeln ist besonders einfach, wenn die Neigungen der kurzen Haltestellenabstände durch eine mittlere ersetzt werden können. Hergestellt werden die Netztafeln für die Fahrzeitermittlung wie folgt:

Man errichtet eine Senkrechte, die nach den Streckenneigungen $s\,^0/_{00}$ unterteilt ist, und zeichnet von verschiedenen Teilpunkten aus die entsprechenden waagerechten Zeitwegstreifen. Dann kann man auf diesen die Zeitstriche gleicher Ziffern zu den Linien gleicher Fahrzeiten, den sog. Isochronen, miteinander verbinden. Jede dieser Isochronen gibt dann für die gleiche Fahrzeit die Fahrwege auf den verschiedenen Streckenneigungen an. In Abb. 171, Taf. I, wurden die Zeitwegstreifen für 6 Werte von $s\,^0/_{00}$ gezeichnet.

Um aus Abb. 169 b die Netztafeln der Abb. 171, 173 und 175 zu zeichnen, sind in der Abb. 169 b die Wege an dem Wegstrahl für den Längenmaßstab $1:10000$ über der V-Achse statt an dem für den Längenmaßstab $1:1000$ unter der V-Achse abzugreifen, da letzterer für die Erklärung des Verfahrens diente, aber für das Zeichnen der Netztafeln zu groß ist.

Wechselt die Neigung während der Fahrt, so ist die Geschwindigkeit im Neigungsknickpunkt zu ermitteln, um von dieser aus für die anschließende Neigungsstrecke die Fahrzeit aus der Netztafel abzulesen. Ebenso ist die Geschwindigkeit zu ermitteln, bei der der Strom abgestellt wird. Von dieser Geschwindigkeit ab ist dann in der Netztafel für das Auslaufen, die nach Abb. 175 ebenso wie die für die Fahrt mit Strom hergestellt wird, die Fahrzeit für die Auslaufstrecke abzulesen. Um diese Geschwindigkeiten ebenfalls den Netztafeln entnehmen zu können, sind in letztere noch die Linien gleicher Geschwindigkeiten, die sog. Isotachen, eingezeichnet. Die einzelnen Punkte einer Isotache, z. B. der für $V = 30$ km/h, erhält man wie folgt: In den Fahrkraftlinien hat man an die Enden der Grundlinien der Zeitdreiecke die Geschwindigkeiten am Schluß jedes Zeitschrittes angeschrieben. Diese Zahlen schreibt man auch in die betreffenden Streckenneigungen an die Isochronen mit Bleistift an, um sie später wieder wegzuradieren. Zwischen je zwei angeschriebenen Geschwindigkeiten interpoliert man zweckmäßig mit dem durchsichtigen Strahlenbüschel nach Abb. 152 die Geschwindigkeiten, für die die Isotachen gezeichnet werden sollen. Die Abb. 171 zeigt eine Netztafel für das Anfahren. Kommt ein Zug bei eingeschaltetem Strom auf eine Steigung mit einer größeren Geschwindigkeit als die Beharrungsgeschwindigkeit dieser Steigung, so wird auf dieser der Zug verzögert. Für diese Fälle, die bei Gleisüberwerfungen vorkommen, sind nach Abb. 173 ebenfalls Netztafeln entworfen worden. Die Steigungen sind hier auf dem Bereich $s = +10$ bis $40\,^0/_{00}$ beschränkt. Beim Ablesen ist zu beachten, daß die Fahrrichtung bei sämtlichen Netztafeln von links nach rechts geht.

Weiterhin sind in Abb. 175 Netztafeln für Auslaufstrecken, die also ohne Strom befahren werden, aus der w-Linie gezeichnet worden, und zwar von der Steigung $+23^0/_{00}$ bis zum Gefälle $-23^0/_{00}$. Um spitze Schnitte zwischen den Isotachen und den s-Linien in den Netztafeln zu vermeiden, wurde von $V = 60$ km/h nach beiden Seiten vorgegangen. Die Isotache für $V = 60$ km/h ist eine Senkrechte und die Symmetrieachse der Netztafel. In der Nähe von $s = -5^0/_{00}$ ändert sich die Geschwindigkeit nur in unerheblichem Maße. Für diese Fälle versagt die Darstellung in der Netztafel, und man benutzt zweckmäßig die in Abb. 176 aufgetragene Darstellung der Wege und Zeiten bei konstanter Geschwindigkeit.

D. Der Stromverbrauch der Zugfahrt (Taf. I).

Die von dem Viertelzuge im Zeitschritt Δt von den vier Motoren verbrauchte elektrische Arbeit ist $\Delta A_e = \dfrac{E \cdot J \cdot 4 \cdot \Delta t}{1000 \cdot 3600}$ kWh. Für $\Delta t = 6$ sec ist $\Delta A_e = E \cdot J : 1000 \cdot 150$ kWh. Bei Hintereinanderschaltung ist mit der Spannung $E = 187,5\ V$

$$\Delta A_e = J \cdot 187,5 \cdot 4 \cdot 6 : (3600 \cdot 1000) = 1,25\ J : 1000\ \text{kWh}/6\ \text{sec},$$

bei Parallelschaltung ($E = 375\,V$) ist $\Delta A_e = \dfrac{J \cdot 375 \cdot 4 \cdot 6}{1000 \cdot 3600} = 2,5\ J : 1000\ \text{kWh}/6\,\text{sec}.$

Die Stromstärke für die verschiedenen Geschwindigkeiten entnimmt man aus den Motorkennlinien und rechnet die ΔA_e-Werte aus (vgl. Zahlentafel 25).

Trägt man die ΔA_e-Werte über der V-Achse zur ΔA_e-V-Linie (Abb. 169c) auf, so kann man hieraus den Stromverbrauch für die Fahrt ermitteln, indem man die Ordinaten senkrecht unter den Dreieckspitzen abgreift und auf einer Waagerechten als Stromverbrauchsstreifen aneinanderreiht. An die Anstoßpunkte schreibt man die Fahrzeiten.

Zahlentafel 25.

V km.h	J A	Z kg	ΔA_e kWh	ΔA_m kWh	$J^2 \cdot \Delta t$ $10^6 \cdot A^2 \cdot s$
0	440	1830	0,550	0	1,160
11,5	440	1830	0,550	0,382	1,160
16,0	440	1450	0,550	0,421	1,160
27,0	180	400	0,225	0,196	0,194
27,0	240	880	0,600	0,431	0,346
33,0	240	880	0,600	0,527	0,346
46	240	640	0,600	0,535	0,346
50	210	500	0,525	0,454	0,265
60	150	290	0,375	0,316	0,135
70	122	200	0,305	0,254	0,089
80	110	160	0,275	0,232	0,073

E. Die mechanische Arbeit der Zugfahrt.

Die mechanische Arbeit wird benutzt, um den Wirkungsgrad des Motors zu berechnen. Es ist für den Zeitschritt Δt die mechanische Arbeit je Motor

$$\Delta A_m = Z \cdot V \cdot \Delta t : (1000 \cdot 3600)\ \text{kmt}.$$

In kWh ausgedrückt ist bei 4 Motoren und für $\Delta t = 6$ sec

$$\Delta A_m = 4 \cdot Z \cdot V \cdot 2,7225 \cdot 6 : (1000 \cdot 3600) = Z \cdot V : 55\,100\ \text{kWh}.$$

Hierbei ist 1 kmt $= 2,7225$ kWh. Die ΔA_m-Werte sind in der Zahlentafel 25 enthalten und über der V-Achse zur ΔA_m-V-Linie aufgetragen. Und zwar gestrichelt unter der ΔA_e-V-Linie (Abb. 169c). Es ist dann der Wirkungsgrad auf einer Fahrt

$$\eta = \frac{\sum \Delta A_m}{\sum \Delta A_e}.$$

F. Die Motorbeanspruchung durch Erwärmung.

Ebenso wie bei den Bahnmotoren der elektrischen Lokomotiven ist auch bei den Motoren der Straßen- und Stadtschnellbahnen der Einfluß der Erwärmung zu berücksichtigen. Auch hier darf die Erwärmung eine bestimmte Temperatur nicht überschreiten, da sonst bei den Isolierstoffen das Gefüge zerstört würde, und der Kollektor anlaufen und dadurch rauh werden kann.

Die Erwärmung des Motors hängt auch bei den Straßen- und Stadtschnellbahnen nicht nur von der Motorbelastung, sondern auch von der Belastungsdauer ab. Im Gegensatz zu den Zugfahrten elektrisch bespannter Fernbahnzüge gehen die Fahrten auf Straßen- und Stadtschnellbahnen mit ihren kurzen Haltestellenabständen taktmäßig vonstatten. Hier sind bei den langsam umlaufenden selbstlüftenden Bahnmotoren die Temperaturschwankungen meist klein. Bei diesen einfacher liegenden Verhältnissen wird die Erwärmung der Bahnmotoren nicht nach dem für die Schnellzugsfahrt beschriebenen Wärmeverlustverfahren berechnet, sondern die Beanspruchung der Motoren durch Erwärmung wird nach einem überschläglichen, dem sog. J^2-Verfahren, berücksichtigt. Für neuzeitliche schnellaufende Motoren der Stadtschnell- und Straßenbahnen empfiehlt es sich jedoch, vom J^2-Verfahren abzugehen und die Erwärmung der Motoren nach dem früher beschriebenen Wärmeverlustverfahren von Kother[1] zu berechnen. Die in den Beispielen behandelten Motoren sind keine schnellaufenden.

Das J^2-Verfahren sei nachstehend erklärt:

Ist Q die sekundliche Wärmemenge in Watt, so ist die in der Zeit Δt einem Motor zugeführte Wärmemenge $Q \cdot \Delta t$. Schwankt in den einzelnen Zeitabschnitten $\Delta t_1, \Delta t_2, \Delta t_n$ die Temperatur prozentual sehr wenig, so kann die zugeführte Wärmemenge $Q_1 \cdot \Delta t_1 + Q_2 \cdot \Delta t_2 + \cdots + Q_n \cdot \Delta t_n = Q_m \cdot \sum \Delta t$ gesetzt werden. Hier ist Q_m die mittlere sekundlich zugeführte Wärmemenge und $\sum \Delta t$ sec ist die Gesamtdauer von Fahrzeiten und Aufenthalten. Denkt man sich die einzelnen Wärmemengen $Q_1, Q_2, \cdots Q_n$ durch die Stromstärken $J_1, J_2, \cdots J_n$ mit dem Widerstand R wirkend erzeugt, dann geht nach dem Jouleschen Gesetz obige Gleichung über in

$$J_1^2 \cdot \Delta t_1 \cdot R + J_2^2 \cdot \Delta t_2 \cdot R + \cdots + J_n^2 \cdot \Delta t_n \cdot R = R \cdot J_m^2 \cdot \sum \Delta t.$$

Es ist J_m der zu Q_m gehörige mittlere Ersatzstrom. Allgemein ist, mit $E = R \cdot J$, $R \cdot J^2 \cdot \Delta t$ die elektrische Arbeit in der Zeit Δt, die äquivalent der zugeführten Wärmemenge ist. Teilt man die letzte Gleichung durch den gleichbleibenden Widerstand R, so ist

$$J_m^2 \cdot \sum \Delta t = \sum J^2 \cdot \Delta t = J_1^2 \cdot \Delta t_1 + J_2^2 \cdot \Delta t_2 + \cdots + J_n^2 \cdot \Delta t_n.$$

Der zu Q_m gehörige Ersatzstrom ist dann

$$J_m = \sqrt{\frac{\sum J^2 \cdot \Delta t}{\sum \Delta t}}\, \text{A}.$$

In der Gleichung für J_m kommt aber nicht das Verhältnis der Wärmeaufnahmefähigkeit zum Wärmeverlust vor, das nach S. 102 durch die Zeitkonstante des Motors ausgedrückt wird. Diese ist $\tau = T_e \cdot G \cdot c_m : W$ sec. Hier ist G kg das Motorgewicht, $c_m \dfrac{\text{Watt} \cdot \text{sec}}{\text{kg} \,^\circ \text{C}}$ der mittlere spezifische Wärmekoeffizient, T_e° ist die Übertemperatur in der Zeit ∞, und W Watt ist der Wärmeverlust, wenn der Motor sich auf die Endübertemperatur T_e° erwärmt. $G \cdot c_m$ ist die Wärmeaufnahmefähigkeit (Wärmekapazität) des Motors.

---

[1] Elektr. Bahnen 1937 S. 108.

Das J^2-Verfahren liefert daher nur zuverlässige Werte, wenn $\sum \Delta t$ (Fahrzeit plus Aufenthalte) im Verhältnis zur Zeitkonstanten τ klein ist. Nach Buchhold-Trawnik[1] kann man ein Verhältnis $\sum \Delta t : \tau = 1 : 5$ noch zulassen, wenn es sich um gelüftete Motoren handelt. Die mittlere Stromstärke J_m muß unter dem zulässigen Dauerstrom J_d des Motors bleiben, damit letzterer nicht durch die Erwärmung überlastet wird. Meist ist aber bei den Motoren nicht der zulässige Dauerstrom, sondern der Stundenstrom J_h angegeben. Bei selbstgelüfteten Motoren kann man $J_d = 0{,}65 \cdot J_h$ setzen, so daß für die Fahrzeiten und die Aufenthalte

$$J_d = 0{,}65 \cdot J_h = J_m = \left| \sqrt{\frac{\sum J^2 \cdot \Delta t}{\sum \Delta t}} \right. \text{ A bleiben muß.}$$

Für den konstanten Zeitschritt $\Delta t = 6$ sec liest man bei den verschiedenen Fahrgeschwindigkeiten und Schaltstufen die Stromstärke J aus den Motorkennlinien an Hand der Linien der Fahrweise ab, berechnet $J^2 \cdot \Delta t$ und trägt diese Werte nach Abb. 169d über der V-Achse zur $J^2 \cdot \Delta t$-V-Linie auf. Falls man die $J^2 \cdot \Delta t$-V-Linie senkrecht unter die Fahrkraftlinie zeichnet, kann man wieder unter den Spitzen der Zeitdreiecke die zugehörigen $J^2 \cdot \Delta t$-Werte abgreifen und auf einem waagerechten Streifen aneinanderreihen, um $\sum J^2 \cdot \Delta t$ zu erhalten. Man addiert die $J^2 \cdot \Delta t$-Werte für die aufeinanderfolgenden Zeitschritte, braucht aber diesen Streifen, wie nachstehend gezeigt, nicht zu zeichnen, da die Motorbeanspruchung infolge der Erwärmung in den Netztafeln für den Stromverbrauch berücksichtigt werden kann.

G. Die Netztafeln für den Stromverbrauch und für die $J^2 \cdot \Delta t$-Werte (Taf. I).

Für die verschiedenen Streckenneigungen können aus einer Netztafel sowohl der Stromverbrauch als auch die zugehörigen Werte von $\sum J^2 \cdot \Delta t$ abgelesen werden. Der Maßstab der Abszissenachse der Netztafeln des Stromverbrauchs (Abb. 172 und 174) ist hier halb so groß wie der für 1 kWh der ΔA_e-V-Linie (Abb. 169c). Man trägt nun zunächst auf den verschiedenen Waagerechten für die Streckenneigungen die ΔA_e-Strecken je Δt auf, die man unter den Dreieckspitzen abgegriffen hat und schreibt an die Anstoßpunkte die Endgeschwindigkeiten je Zeitschritt. Interpoliert man zwischen den angeschriebenen Endgeschwindigkeiten nach Abb. 172 und 174 diejenigen von 5 zu 5 bzw. 2 zu 2 km/h, so kann man durch die interpolierten Punkte die Isotachen zeichnen.

Hierauf schreibt man an die Endgeschwindigkeiten je Zeitschritt ebenfalls mit Bleistift noch die zugehörigen Summen der $J^2 \cdot \Delta t$-Werte ein, die man aus den unter den Spitzen der Zeitdreiecke in der $J^2 \cdot \Delta t$-V-Linie abgelesenen Werten $J^2 \cdot \Delta t$ bildet und interpoliert in der Netztafel die $\sum J^2 \cdot \Delta t$ von $0{,}25 \cdot 10^6$ zu $0{,}25 \cdot 10^6$ A$^2 \cdot$ sec ($A^2 \cdot s$). Verbindet man die Punkte gleicher $A^2 \cdot s$ miteinander, so erhält man nach Abb. 172 und 174 eine zweite Linienschar, an der man die Motorbeanspruchung durch Erwärmung ablesen kann.

Für den Teil der Netztafel, für den die Geschwindigkeiten konstant sind (Beharrungszustand), verlaufen die Isotachen waagerecht und sind daher zum Ablesen von ΔV ungeeignet. In diesem Teil sind daher statt der Isotachen Kurven gleicher Fahrzeiten (Isochronen) angewendet worden. Es ist beim Ablesen der Isochronen in diesem Gebiet gleichgültig, an welcher Stelle abgelesen wird.

Das zu einer Zeit T gehörige A_e und $\sum J^2 \cdot \Delta t$ ist wegen des Beharrungszustandes konstant und unabhängig von der Lage, wenn lediglich auf der betreffenden Neigung $s^0/_{00}$ abgelesen wird.

---

[1] Buchhold-Trawnik: Die elektrischen Ausrüstungen der Gleichstrombahnen. Berlin: Julius Springer.

H. Die Mittelung der Streckenneigungen.

Eine wesentliche Verminderung der Arbeiten der Fahrzeitermittlung wird durch die Zusammenfassung benachbarter Neigungen mit geringen Neigungsunterschieden zu mittleren Neigungen erreicht. Da hierbei Fehler auftreten können, so ist es erforderlich, nach dem Verfahren des Verfassers (S. 44) zu untersuchen, wie groß die Neigungsunterschiede sein dürfen, wenn die Fehler bei der Fahrzeit T, der Endgeschwindigkeit V_e und dem Stromverbrauch A_e bestimmte Grenzen nicht überschreiten sollen. Dr.-Ing. Potthoff hat die Neigungen für einen Weg von 1000 m von $s = 0\,^0/_{00}$ aus für die Neigungsunterschiede $\Delta s = \pm 2,\ \pm 4,\ \pm 6,\ \pm 8,\ \pm 10\,^0/_{00}$, ferner von $s = +5\,^0/_{00}$ aus für $\Delta s = +3,\ +6\,^0/_{00}$ und von $s = -5\,^0/_{00}$ aus für $\Delta s = -3,\ -6\,^0/_{00}$ und endlich für $l = 500$ m von $0\,^0/_{00}$ aus für $\Delta s = +3,\ +6,\ +9\,^0/_{00}$ in bezug auf die Fehler für T, V_e und A_e untersucht. Die Einteilung der Strecken von $l = 1000$ und $l = 500$ m in zwei Hälften läßt die größten Fehler erwarten gegenüber einer anderen Einteilung ($^1/_3$ und $^2/_3$ oder $^1/_4$ und $^3/_4$). Es wurden Abweichungen für zulässig gehalten von 2% bei Fahrzeiten, 2% bei Höchstgeschwindigkeiten und 5% bei der elektrischen Arbeit. Dann ergibt sich bei allen untersuchten Fällen **eine zulässige Zusammenfassung von benachbarten Neigungen, wenn der Unterschied nicht größer ist als $\Delta s = 5\,^0/_{00}$.** Bei den kleineren Haltestellenabständen der Straßenbahnen kann man bis zu $\Delta s = 7\,^0/_{00}$ gehen.

J. Ablesebeispiele für die Netztafeln.

1. Beispiel. Die Strecke Sm—Ho verläuft nach Abb. 177a, in der die Streckenneigungen als Ordinaten nach Art der Streckenkraftlinie (S. 26) aufgetragen sind, auf 260 m im Gefälle $s = -3,33\,^0/_{00}$, sodann auf 535 m im Gefälle $s = -2,5\,^0/_{00}$.

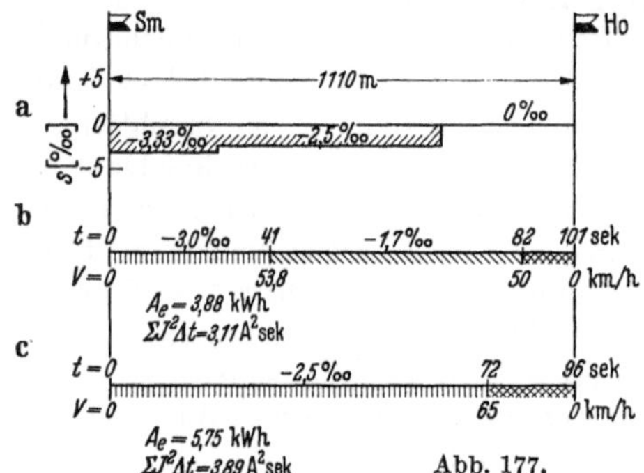

Abb. 177.

Die restlichen 315 m liegen waagerecht ($s = 0\,^0/_{00}$).

Der Triebwagenführer soll in Sm anfahren und nach 390 m ausschalten (den Schaltknopf loslassen). Für diese Strecke ist das mittlere Gefälle $s = -3,0\,^0/_{00}$. In den Netztafeln für das Anfahren (Abb. 171) geht man auf der Waagerechten für das Gefälle $s = -3,0\,^0/_{00}$ von 0 aus (linke Begrenzung der Tafel) 390 m nach rechts (Längenmaßstab 1 : 10000). Durch Interpolieren liest man die zugehörige Anfahrzeit $t_a = 41$ sec und die Anfahrgeschwindigkeit $V_a = 53,8$ km/h ab. Fahrzeit und Geschwindigkeit schreibt man in Abb. 177b an den Fahrzeitstreifen an und schraffiert den Anfahrweg durch senkrechte Striche. Die $1110 - 390 = 720$ m lange Reststrecke läuft der Zug ohne Strom weiter. Das mittlere Gefälle ist dabei $s = -1,7\,^0/_{00}$. Der Triebwagenführer hatte ausgeschaltet bei $V = 53,8$ km/h. Mit dieser Geschwindigkeit beginnt das Auslaufen. Die Auslaufstrecke ist, falls der Zug auf Bahnhof Ho durchfährt, 720 m. Hierfür liest man in der Netztafel für das Auslaufen (Abb. 175) bei $s = -1,7\,^0/_{00}$ und von $V = 53,8$ km/h $290 - 239 = 51$ sec ab. Die Durchfahrgeschwindigkeit auf Bahnhof Ho ist $V = 49,3$ km/h. Nimmt man schätzungsweise die Geschwindigkeit, bei der mit dem Bremsen begonnen wird, mit $V = 50$ km/h an, so ist der Bremszeitzuschlag

$$\Delta t_b = V : (2 \cdot 3,6 \cdot 0,75) = 50 : 5,4 = 9 \text{ sec}.$$

Hier ist $b_r = 0,75$ m/s² die mittlere Bremsverzögerung. Die Gesamtfahrzeit ist dann $T_g = 41 + 51 + 9 = 101$ sec.

Soll die kürzeste Fahrzeit erreicht werden, muß der Triebwagenführer bis kurz vor *Ho* Strom geben und dann sofort bremsen. Das Anfahren verläuft dann auf dem mittleren Gefälle $s = -2,5^0/_{00}$. Auf der Strecke $1 = 895$ m wird nach Abb. 171 die Fahrzeit 72 sec, und die Geschwindigkeit $V = 65$ km/h erreicht. Das Bremsen von 65 km/h auf 0 (Halt) erfolgt auf 215 m in der Bremszeit $t_b = V:(3,6 \cdot 0,75) = 65:(3,6 \cdot 0,75) = 24$ sec. Zur Nachprüfung sei der Bremsweg bei $V_a = 65$ km/h nochmals berechnet. Er ist $l_b = V^2:(2 \cdot 3,6^2 \cdot 0,75)$ $= 65^2:19,44 = 217$ m. Das Ergebnis befriedigt, anderenfalls ist mit einem verbesserten Werte von V die Rechnung zu wiederholen. Die gesamte kürzeste Fahrzeit ist dann $T_{gk} = 72 + 24 = 96$ sec. Die oben berechnete Fahrzeit hat also einen Zeitrückhalt von 5% (Abb. 177c).

Den Stromverbrauch für das Anfahren liest man aus der Netztafel Abb. 172 bei dem Gefälle $s = -3,0^0/_{00}$ und $V = 53,8$ km/h mit 3,9 kWh ab. Bei der kürzesten Fahrzeit auf $s = -2,5^0/_{00}$ und $V = 65$ km/h liest man 5,8 kWh ab. Die Motorbeanspruchung ist im ersten Falle $3,11 \cdot 10^6 A^2 s$ und bei den kürzesten Fahrzeiten $3,89 \cdot 10^6 A^2 \cdot s$.

Bei Strecken mit stärkeren Unterschieden in den Neigungen ist es nicht angängig, die gesamten Anfahr- bzw. Auslaufstrecken zu mittleren Neigungen zusammenzufassen. Es ist vielmehr notwendig, den Anfahr- bzw. Auslaufvorgang in mehrere Strecken zu zerlegen. Dies sei in folgendem Beispiel erläutert.

2. Beispiel. Für die Strecke $Ko - Pa = 1753$ m sind wieder in Abb. 178a die Einzelsteigungen über den zugehörigen Längen aufgetragen. Auf 250 m ist die mittlere Steigung $s = +4,2^0/_{00}$ durch Flächenausgleich nach Augenmaß bestimmt. Auf

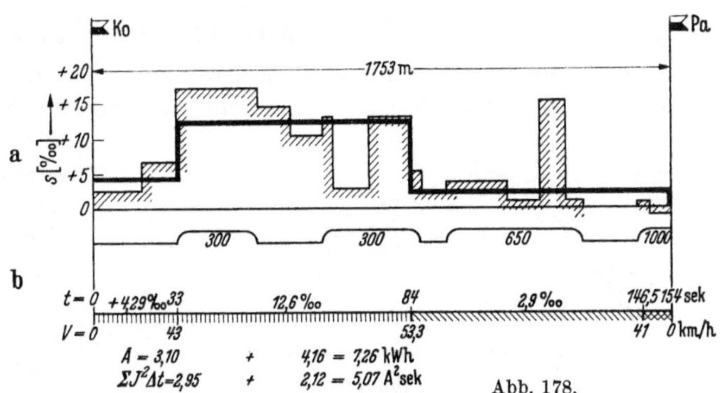

Abb. 178.

weiter 710 m ist $s = +12,6^0/_{00}$, und der Rest 793 ist mit $s = +2,9^0/_{00}$ gemittelt worden. Der Anfahrweg setzt sich hier aus zwei Teilen zusammen. Für die erste Strecke von 250 m wird aus der Netztafel für das Anfahren Abb. 171 die Fahrzeit 33 sec und die Geschwindigkeit $V_a = 43,0$ km/h abgelesen. Mit dieser Geschwindigkeit kommt der Zug auf die Steigung $s = +12,6^0/_{00}$ und fährt die 720 m nach der gleichen Netztafel in $96 - 45 = 51$ sec bis $V = 53,3$ km/h. Dann schaltet der Triebwagenführer nach $33 + 51 = 84$ sec den Strom ab. Für die Auslaufstrecke von $1753 - (250 + 710) = 793$ ist die Fahrzeit $269 - 206,5$ $= 62,5$ sec und die Durchfahrgeschwindigkeit auf Bahnhof *Pa* ist $V = 38,5$ km/h. Schätzt man die Geschwindigkeit, bei der abgebremst wird, mit $V = 41$ km/h, so ist der Bremszeitzuschlag $\Delta t_b = 40:(2 \cdot 3,6 \cdot 0,75) = 7,4$ sec. Also ist die Gesamtfahrzeit $33 + 51 + 62,5 + 7,4 = 154$ sec.

K. Einfluß der Wagenbesetzung auf Fahrzeit und Stromverbrauch.

Nach einem Aufsatz des Verfassers[1] kann mit Hilfe von Ähnlichkeitsbetrachtungen aus dem Zeitwegstreifen, der für ein bestimmtes Gewicht gezeichnet worden ist, auf Zeitwegstreifen für Gewichte geschlossen werden, die sich nicht allzu stark von der ersten Annahme unterscheiden, und zwar ist dann der

---

[1] Org. Fortschr. Eisenbahnw. 1932 Heft 17 S. 326.

Fahrweg, die Fahrzeit, der Stromverbrauch sowie $\Sigma J^2 \cdot \Delta t$ beim Anfahren bis zur gleichen Endgeschwindigkeit proportional dem Gewicht.

Die aus den Netztafeln entnommenen Anfahrzeiten und -wege sowie der Stromverbrauch sind bei verschiedenen Gewichten mit dem Gewichtsverhältnis zu vervielfältigen. Im Beispiel ist das Leerwagenzuggewicht 67,2 t und das des besetzten Zuges 87,5 t. Der Faktor, mit dem die Verbrauchswerte des besetzten Zuges vervielfältigt werden müssen, um die entsprechenden Werte des leeren Zuges zu erhalten, ist dann $\alpha = 67,2 : 87,5 = 0,768$.   —

Für Auslaufen und Bremsen tritt infolge der verschiedenen Gewichte kaum ein Unterschied in den Fahrzeiten auf.

Sollen dagegen bei verschiedenen Besetzungen, wie es in der Praxis meist gefordert wird, die Fahrzeiten möglichst gleichbleiben, so sind nach den Untersuchungen von Dr. Potthoff die Abweichungen von der Regelfahrzeit beim Ausschalten bei einer bestimmten (und gleichbleibenden) Geschwindigkeit bedeutend kleiner als beim Ausschalten an einer bestimmten Stelle der Strecke. Es empfiehlt sich daher, die Ausschaltgeschwindigkeit für jede Einzelstrecke dem Triebwagenführer durch ein Täfelchen anzugeben. Das gibt bessere Ergebnisse, als wenn man durch aufgestellte Signale die Stelle für das Ausschalten des Stromes kennzeichnet.

L. Die wirtschaftliche Fahrweise.

Bei den kleinen Haltestellenabständen wird in der Regel dem Triebwagen während des Anfahrens elektrische Energie für das Zurücklegen des Weges

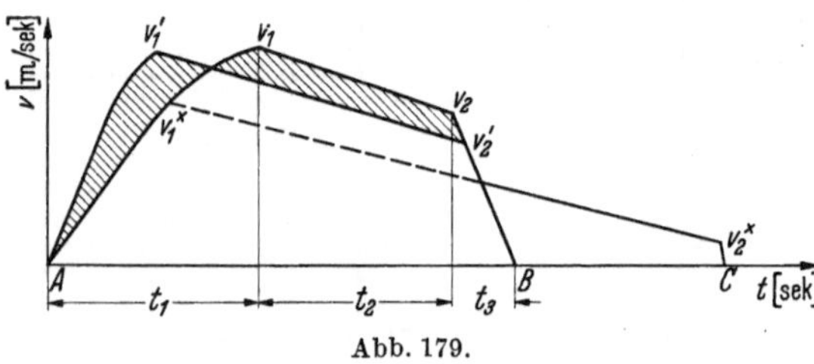

Abb. 179.

zwischen den beiden Haltestellen in einer gegebenen Zeit zugeführt. Durch die elektrische Energie wird beim Anfahren der Wagen nach Abb. 179 in der Zeit t_1 auf eine Geschwindigkeit v_1 beschleunigt. Dann läuft der Wagen in der Zeit t_2, bis sich die Geschwindigkeit auf v_2 vermindert hat, aus. Von v_2 ab wird der Wagen in der Zeit t_3 auf Halt abgebremst. Die Geschwindigkeiten v m/s sind in Abb. 179 über der Zeitachse zu dem Zeit-Geschwindigkeits-Bild aufgetragen, dessen Fläche $A v_1 v_2 B = \int v \cdot dt = l$ der Haltestellenabstand ist. Würde man schon bei v_1^x den Strom abstellen, dann würde der Wagen bis v_2^x auslaufen und dann abgebremst werden. Es ist die Fläche $A v_1 v_2 B = A v_1^x v_2^x C = l$. Diese Fahrzeit $t = AC$ wäre aber zu groß.

Soll die für den ersten Fall ermittelte Fahrzeit nicht überschritten, aber der Stromverbrauch verkleinert werden, dann fährt man mit größerer Anfahrbeschleunigung an. Jedoch soll die Geschwindigkeit v_1', bei der der Strom abgestellt wird, etwas kleiner als die entsprechende Geschwindigkeit v_1 bei der ersten Fahrweise sein. Soll die Fahrzeit für den gleichen Haltestellenabstand dieselbe wie bei der ersten Fahrweise bleiben, dann müssen nicht nur der Flächeninhalt $A v_1 v_2 B$ und $A v_1' v_2' B$ der beiden Zeit-Geschwindigkeits-Linien, sondern auch die Grundlinie AB (Zeit t) dieser Flächen gleich sein. Es gleichen sich dann in Abb. 179 die schraffierten Flächen aus. Bei gleichem Fahrweg und gleicher Fahrzeit zwischen zwei Haltestellen wird also an elektrischer Energie gespart, wenn man mit stärkerer Anfahrbeschleunigung auf eine geringere Auslaufgeschwindigkeit v_2' als bei der ersten Fahrweise (v_2) gelangt.

Da beim Anfahren nicht die ganze elektrische Energie für die Beschleunigung des Wagens verbraucht wird, sondern ein Teil in den Anfahrwiderständen vernichtet und dadurch in Wärme umgewandelt wird, so soll gezeigt werden, wie sich letzterer Anteil bei starker oder schwacher Anfahrt verhält.

Für eine Stadtschnellbahn mit selbsttätiger Steuerung ist in Abb. 169c, Taf. I, die elektrische und die mechanische Arbeit je Zeitschritt Δt über der V-Achse aufgetragen worden. In Abb. 184c ist dies für eine Straßenbahn dargestellt. Es steigt nach Abb. 184c, Taf. II, die mechanische Arbeit bei gleichbleibender Anfahrzugkraft von 0 ab geradlinig an, während die elektrische Arbeit auf diesem Geschwindigkeitsbereich konstant ist. Es wird also beim Anfahren die elektrische Arbeit über der schräg ansteigenden Linie durch die Anfahrwiderstände vernichtet, während diejenige unterhalb für die Anfahrbewegung nutzbar gemacht wird. Um die zu vernichtende elektrische Arbeit gering zu halten, wird beim Anfahren zuerst hintereinandergeschaltet. Bei zwei Motoren ist dann die Spannung und daher auch die elektrische Arbeit halb so groß. Man spart dann nach Abb. 184c die zu vernichtende elektrische Energie. Beim Hintereinanderschalten ist die elektrische Arbeit je Zeitschritt Δt dann $\Delta A_e = E \cdot J \cdot \Delta t : 2$ $\cdot (1000 \cdot 3600 \cdot 2)$ kWh, und bei Parallelschaltung ist sie doppelt so groß. Die mittlere Stromstärke J beim Anfahren ist aus der Motorkennlinie (V-J-Linie) zu entnehmen. Wird mit stärkerer Beschleunigung, also auch mit größerer Stromstärke J angefahren, so wird nach der Motorkennlinie Abb. 184a die Geschwindigkeit V kleiner. Ebenso wie die Geschwindigkeit wird bei stärkerer Anfahrbeschleunigung auch die Anfahrstrecke geringer. Infolgedessen wird auch die mechanische Arbeit A_m beim Anfahren kleiner. Daher nimmt auch mit größer werdender Beschleunigung die in den Anfahrwiderständen vernichtete elektrische Arbeit ab. *Hiernach wird sowohl die dem Fahrzeug vom Motor zugeführte Arbeit als auch die in den Anfahrwiderständen vernichtete möglichst klein, wenn mit stärker werdender Beschleunigung angefahren wird. Der Motor darf hierbei jedoch nicht überlastet werden.*

Anders liegen jedoch die Verhältnisse, wenn die Fahrzeit dadurch verkürzt werden soll, daß bei der erhöhten Anfahrbeschleunigung die Geschwindigkeit noch gesteigert wird. Bei dieser Steigerung wird in der Regel nicht mehr mit der gleichbleibenden Anfahrzugkraft, sondern mit der Motorzugkraft weitergefahren, die mit zunehmender Geschwindigkeit abnimmt. Mit zunehmender Geschwindigkeit nimmt aber auch nach der Motorkennlinie (V-J-Linie) die Stromstärke ab.

Soll eine bestimmte Verkürzung der Fahrzeiten erreicht werden, so nimmt die Intensität dieser Verkürzung ab, da, wie gesagt, mit zunehmender Geschwindigkeit die Beschleunigungskraft geringer wird. Je länger daher mit der Motorzugkraft für eine Verkürzung der Fahrzeit gefahren werden muß, um so größer wird der Gesamtstromverbrauch.

M. Einfluß der Fahrzeitverkürzung auf den Stromverbrauch.

Um den Einfluß der Fahrzeitverkürzung auf den Stromverbrauch kennenzulernen, hat Potthoff nach meinem Vorschlag[1] in Abb. 180 die Summe der Fahrzeiten, des Stromverbrauchs und der Motorbelastung auf der über mehrere Haltestellen reichende Strecke *Pow—Liw* wie folgt dargestellt. Als Abszissen sind die Fahrzeiten ihren Absolutwerten nach und als Prozentsatz der Regelfahrzeit 790 sec sowie als Ordinaten der Stromverbrauch und die Motorbelastung aufgetragen. Die Punkte gleicher Besetzung sind verbunden. Außerdem ist die der Motorbelastung $B = 65\%$ (zulässige Grenze) entsprechende Kurve in die A_e-T-Kurven (oberer Abbildung) eingetragen.

Man sieht 1. daß bei allen Besetzungen die Stromverbrauchskurven nach der Seite der kürzesten Fahrzeiten hin steil ansteigen, ein kleiner Gewinn an Fahrzeit

---

[1] Org. Fortschr. Eisenbahnw. 1932 S. 319.

also mit einem unverhältnismäßigen Mehraufwand von elektrischer Arbeit erkauft wird;

2. daß die jetzt als Regelfahrzeit angenommene Zeit es gestattet, auch einmal allerstärkste Belastungsspitzen ohne Verspätung aufzufangen (bei vorübergehender Überlastung des Motors bis zu $B = 70\%$), aber bei geringer Besetzung, wie sie im Durchschnitt auftritt, erhebliche Stromersparnisse erwarten läßt. Voraussetzung dafür ist die Erziehung des Fahrers zu einer sparsamen Fahrweise.

Mittels der Netztafel können diese Zusammenhänge schnell klargelegt und durch die Kurven nach Abb. 180 dargestellt werden. Aus letzteren kann man unter Berücksichtigung von Fahrzeitverkürzung und Stromverbrauch die günstigste Fahrweise und auch die Grenzen der wirtschaftlichsten Reisegeschwindigkeit bestimmen. Wollte man diese Ermittlungen mit den Zeit-Geschwindigkeits- und Weg-Geschwindigkeits-Linien durchführen, so wäre das recht umständlich. Denn es muß jedesmal durch Probieren erreicht werden, daß für denselben Haltestellenabstand die durch die verschiedenen Fahrweisen verschiedenen Geschwindigkeits-Zeit-Flächen alle inhaltsgleich sind.

Wird aber mittels der Netztafeln die wirtschaftlichste Fahrweise durch Probieren bestimmt, so braucht man nur die abgelesenen Anfahr- und Auslaufzeiten nebst den Bremszeitzuschlägen zu addieren und die verschiedenen Summenwerte miteinander zu vergleichen. Ebenso ist der beim Anfahren

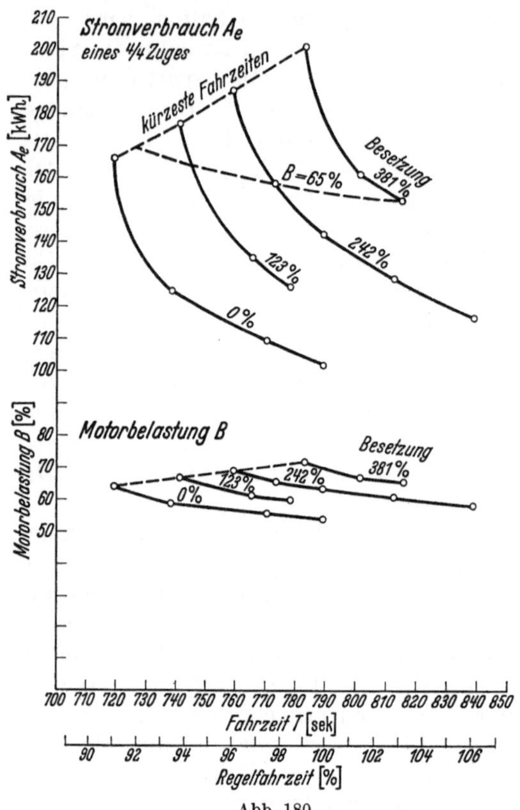

Abb. 180.

verbrauchte Strom für die verschiedenen Fahrweisen miteinander zu vergleichen. Diese Ermittlungen sind aber ungleich schneller durchzuführen als der Flächenvergleich mit Hilfe eines Planimeters.

N. Die Zugfolge auf Stadtschnellbahnen in Abhängigkeit von der selbsttätigen Streckenblockung[1].

1. Die selbsttätige Streckenblockung.

Auf Stadtschnellbahnen wird die Zugfolge nach einem starren Fahrplan geregelt. Zur Verdichtung der Zugfolge ist der Abstand zwischen zwei Haltestellen in Blockabschnitte unterteilt. Die Signale zur Einfahrt in die einzelnen Blockabschnitte sind durch die selbsttätige Streckenblockung miteinander verbunden.

---

[1] Org. Fortschr. Eisenbahnw. 1932, H. 17.

Beim selbsttätigen Streckenblock bewirkt der Zug die Signalstellung, d. h. nach Einfahrt des Zuges in eine Blockstrecke zeigt das Signal selbsttätig Halt; es geht selbsttätig wieder auf Fahrt, wenn der Zug mit allen seinen Achsen die Blockstrecke geräumt und sie am nächsten Signal durch Aufhaltlegen desselben vorschriftsmäßig gedeckt hat. Die Hilfsmittel des selbsttätigen Streckenblocks sind Gleisstromkreise (Liniensystem).

Die Wirkungsweise des selbsttätigen Streckenblocks mit Gleisstromkreisen geht aus Abb. 181 hervor, die den Aufbau eines Gleisstromkreises eines elektrischen Bahnbetriebes für 800 V Gleichstrom zeigt. Bei elektrischem Bahnbetrieb mit Gleichstrom wird als Blockstrom Wechselstrom verwendet. An den Trennstößen der Blockstrecke sind Drosselstöße i eingebaut, die für den Triebrückstrom (Gleichstrom) einen ganz kleinen Widerstand bilden, während sie für den Blockstrom (Wechselstrom) einen sehr großen Widerstand darstellen (Drosselung des Blockstroms). Die Führung der Triebströme aus der Fahrschiene über die

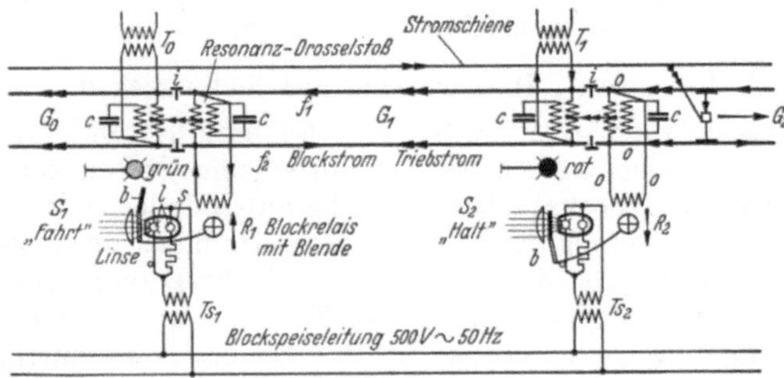

Abb. 181.

Wagenmotoren ist in Abb. 181 durch Doppelpfeile, die der Blockströme (Gleisstromkreise) durch einfache Pfeile gekennzeichnet.

Die Blockrelais R_1, R_2 usw. der einzelnen Gleisstromkreise G_0, G_1 und G_2 werden über die Schienen aus den entsprechenden Transformatoren T_0, T_1 usw. gespeist, so daß die Blockrelais bei freiem Gleis angezogen sind und durch Steuern einer grünen Blende die Signallampe (in Abb. 181 ein sog. Relaissignal) freie Fahrt zeigt (grüne Blende) Wird das Gleis besetzt (in Abb. 181, Abschnitt G_2), so fällt das zugehörige Relais R_2 infolge des durch die Achsen verursachten Kurzschlusses ab und steuert das Signal in die Haltstellung (rote Blende). Das Blockrelais wird erst wieder frei, wenn der Zug mit der letzten Achse den Blockabschnitt geräumt hat. Bei Gleisstromkreisen verursacht der Ausfall des Blockspeisestromes die sofortige Haltestellung des Signals. Die in Abb. 181 gezeigte einfachste Form wird im allgemeinen ergänzt durch die sog. Blockabhängigkeit zwischen den einzelnen Signalen. Wie beim Handblock darf ein Signal erst dann wieder in Fahrt gehen, wenn der Zug nach Räumen der Blockstrecke durch Aufhaltlegen des nächsten Signals und der gewöhnlich vorhandenen Fahrsperre gedeckt ist. Diese Abhängigkeit wird meist mit Hilfe besonderer Blockleitungen hergestellt. Neuerdings wird bei der Berliner Nord-Süd-S-Bahn die Blockabhängigkeit ohne besondere Blockleitungen durch eine von den Vereinigten Signalwerken (VES.) angewandte Schaltung dadurch erreicht, daß einem Blockabschnitt je nach der Signalstellung des vorausliegenden Signals verschiedene Stromarten in einer bestimmten Reihenfolge (Haltstellung—Fahrtstellung—Haltstellung) zugeführt werden.

In den Bahnhöfen muß die Fahrtstellung der Signale von der richtigen Weichenstellung und mithin von der Tätigkeit eines Wärters abhängig sein, auch wenn mittels eines **Fahrtenspeichers** die Weichenumstellungen für die Fahrwege z. B. in Kehrgleise schon vorbereitet werden können, und dann jedesmal ein Zug die Weichen durch Befahren der vorgelegenen Schienenkontakte umstellt. Man verwendet daher in den Bahnhöfen die **halbselbsttätige** Streckenblockeinrichtung, die nach Bedarf die selbsttätige und die handgesteuerte Signalstellung zuläßt. Die halbselbsttätigen Signale stehen in Grundstellung auf Halt, während die selbsttätigen in Grundstellung auf Fahrt stehen. Die Einfahrt eines Zuges in eine besetzte Blockstrecke wird durch die **Fahrsperre** verhindert. Diese wird dadurch ausgelöst, daß bei Haltstellung des Signals ein am Triebwagen befestigter **Auslösehebel**, der über die Fahrzeugumgrenzungslinie hinausragt, gegen den sog. **Streckenanschlag** schlägt, der in den Spielraum zwischen Fahrzeugumgrenzung und Lichtraumprofil hineinragt. Beim Gegenschlagen gegen den Streckenanschlag wird der Auslösehebel gedreht. Dadurch wird die Bremsleitung geöffnet und somit die Notbremsung ausgeführt. Bei Signal auf Fahrt ist der Streckenanschlag aus dem Lichtraumprofil herausgeklappt, so daß der Auslösehebel ihn nicht berühren kann.

2. Bremswege, Durchrutsch- und Sichtstrecken.

Wenn ein Zug ein Halt zeigendes Signal überfahren hat und dabei die Fahrsperre zur Auswirkung gekommen ist, so muß er zum Stehen kommen, bevor die Spitze des Zuges den Blockabschnitt, den das auf Halt zeigende Signal decken soll, erreicht hat. Den Anfang dieses Blockabschnitts bildet der Isolierstoß, und der Abstand des Signals von diesem Isolierstoß heißt **Durchrutschstrecke**. Diese muß mindestens so groß sein wie der **Bremsweg des Zuges**.

Man könnte den Bremsweg ebenso wie bei der Fahrzeitermittlung (S. 295) den Bremszeitzuschlag für eine **mittlere** Bremsverzögerung berechnen. Die Einführung einer mittleren an Stelle der tatsächlichen mit wachsender Geschwindigkeit abnehmenden Bremsverzögerung, die nach den **Untersuchungen des Verfassers**[1] bei den Bremszeitzuschlägen einen untergeordneten Einfluß auf die Richtigkeit des Ergebnisses hat, liefert bei der Berechnung des **Bremsweges zu kurze Werte**. Bei der Fahrzeitermittlung wird also das Bremsen der Einfachheit wegen durch die Bremszeitzuschläge berücksichtigt, die man nach Abb. 187 aus einem Strahlenbüschel ablesen kann. Es erübrigt sich daher, für die Bremszeitermittlung besondere Netztafeln aufzustellen. Anders ist es jedoch, wenn zur Erzielung einer dichten Zugfolge der Abstand zwischen zwei Haltestellen in Blockabschnitte unterteilt werden soll, deren kleinste Länge nach dem Bremswege der Züge zu bestimmen sind. Da nach Abb. 44 die Bremsreibung bei hohen Geschwindigkeiten klein ist und mit abnehmender Geschwindigkeit wächst, wird unter Annahme **gleichbleibender** Bremsreibung der Zug bei den hohen Geschwindigkeiten mit den kleineren tatsächlichen Bremskräften weiter vorschießen, als die Rechnung ergibt. Bei kleineren Geschwindigkeiten sind zwar die tatsächlichen Bremskräfte größer als die mittleren. Da aber hier die Bewegung des Zuges langsamer ist, wirken sich die tatsächlichen höheren Bremskräfte auf die Verkürzung des Weges nicht mehr so stark aus. Die Berechnung des Bremsweges mit einer mittleren Bremsverzögerung kann Bremswege liefern, die bis zu 30% zu kurz sind. Es ist daher die Bremsfahrt nach dem auf S. 69 beschriebenen zeichnerischen Verfahren zu ermitteln, das auch die Eigenart der bei Triebwagenzügen verwendeten Bremsen berücksichtigt.

Es werden nämlich bei den Zügen der Stadtschnellbahnen statt der Zweikammerbremsen der Fernbahnzüge **Einkammerdruckluftbremsen** verwendet, weil bei den Zweikammerbremsen die Lösezeiten viel zu lang sind. Be-

---

[1] Verkehrstechn. Woche 1929 Heft 18.

schleunigt wird bei den Einkammerbremsen das Lösen noch dadurch, daß das Ventil, durch das die Luft vom Bremszylinder ins Freie entweicht, eine weite Bohrung hat. Der Bremszylinderdruck ist hier $q = 4,2\ \text{kg/cm}^2$ und hat nach Abb. 170 schon nach 6 sec seinen Höchstwert erreicht. Von 0 bis 3 sec ist der mittlere Bremszylinderdruck $q = 2,75\ \text{kg/cm}^2$, von 3 bis 6 sec ist im Mittel $q = 3,9\ \text{kg/cm}^2$. Der Lösevorgang dauert nach Abb. 170 nur 12 sec.

Die Bremsfahrt wird, abgesehen von den Fahrzeugwiderständen und den Streckenkräften, aus den an den Bremsklötzen wirkenden Bremskräften

$$P_k = \frac{n_k \cdot k \cdot F_k}{1000} \cdot 0,8 \cdot \mu_b \ \text{kg}$$ ermittelt (s. S. 71). Hier ist n die Anzahl der Bremsklötze eines Wagens, $F_k\ \text{cm}^2$ ist die Anpreßfläche der Bremsklötze, $k\ \text{kgcm}^2$ oder $k:1000\ \text{t/cm}^2$ ist der spezifische Bremsklotzdruck, und $K = n_k \cdot k \cdot F_k : 1000\ \text{t}$ ist der Bremsklotzdruck eines Wagens. Ferner ist $\mu_b\ \text{kg/t}$ die Bremsreibung zwischen Rad und Bremsklötzen, die in Abb. 44 nach den Versuchen von Metzkow in ihrer Abhängigkeit von der Geschwindigkeit und dem spezifischen Bremsklotzdruck dargestellt ist. Letztere Werte sind für die Praxis um 20% zu verkleinern. Es ist der von dem Bremszylinder durch das Gestänge übertragene Druck der Bremsklotzdruck eines Wagens, also $q \cdot 0,945 \cdot \dfrac{D^2}{4} \cdot \pi \cdot \ddot{u} \cdot \eta = K = n_k \cdot k \cdot F_k : 1000$. Bei den Druckluftbremsen der Triebwagen ist der Bremszylinderdurchmesser $D = 35,6\ \text{cm}$. Der Bremszylinderdruck q ist aus Abb. 170 zu ersehen. Das Übersetzungsverhältnis des Bremsgestänges ist $\ddot{u} = 8,35:1$, und der mechanische Wirkungsgrad der Übertragung ist $\eta = 0,98$. Der Faktor 0,945 berücksichtigt die Wirkung der Rückzugfeder im Einkammerbremszylinder. Die Anpreßfläche eines Bremsklotzes ist $F_k = 8 \cdot 60 = 480\ \text{cm}^2$, $n_k = 16$ ist die Anzahl der Bremsklötze je Wagen. Diese Werte in die Gleichung $q \cdot 0,945 \cdot \dfrac{D^2}{4} \cdot \pi \cdot \ddot{u} \cdot \eta = n_k \cdot k \cdot F_k : 1000$ eingesetzt ergibt

$$q \cdot 0,945 \cdot \frac{35,6^2}{4} \cdot \pi \cdot 8,35 \cdot 0,98 = k \cdot 16 \cdot 480 : 1000 \ \text{oder}\ q = k.$$

Man kann daher das Schaubild der Bremszylinderdrücke q (Abb. 170) auch als Schaubild der Bremsklotzdrücke k verwenden. Hieraus und aus dem Metzkowschen Diagramm der Bremsreibung kann man weiterhin bei gleichbleibendem k die Bremskräfte $n_k \cdot k \cdot F_k : G_w\ \text{kg/t}$ für verschiedene Geschwindigkeiten berechnen. Es ist $G_w\ \text{t}$ das Gewicht eines Wagens. Die Bremskräfte je Tonne Wagengewicht sind dann $p_k = 0,8\ \mu_b \cdot n_k \cdot k \cdot F_k : G_w\ \text{kg/t}$. Bei dem Gewicht $G_w = 87,1\ \text{t}$ des besetzten Viertelzuges, der aus 2 Wagen besteht und $n_k = 32$ Bremsklötze hat, ist die Bremskraft

$$p_k = 0,8 \cdot \mu_b \cdot n_k \cdot k \cdot F_k : G_w = 0,8 \cdot 32 \cdot 480 \cdot k \cdot \mu_b : 87,1 = 0,14\ k \cdot \mu_b\ \text{kg/t}.$$

Beim leeren Zug mit $G_w = 67,2\ \text{t}$ ist die Bremskraft

$$p_k = 0,8 \cdot 32 \cdot 480 \cdot k \cdot \mu_b : 67,2 = 0,183\ k \cdot \mu_b\ \text{kg/t}.$$

Die Bremskräfte werden mit den spez. Bremsklotzdrücken $k = q = 2,47,\ 3,9$ und $4,2\ \text{kg/cm}^2$ für verschiedene Geschwindigkeiten ermittelt und über der V-Achse von der w-Linie aus nach oben zur Bremsfahrkraftlinie aufgetragen. Aus letzterer ist dann nach dem beschriebenen Verfahren die Bremsfahrt nach Zeit und Weg aufzuzeichnen bis zum Eintritt der Bremswirkung. Zeichnet man die Bremsfahrzeitstreifen für verschiedene Streckenneigungen $+ s^0/_{00}$ übereinander und verbindet die Punkte gleicher Zeiten miteinander und ebenso die Punkte gleicher Geschwindigkeiten, so erhält man wieder wie bei Fahrt mit Strom die aus Isochronen und Isotachen bestehenden Netztafeln für die Bremsfahrt (Abb. 182a).

Zu dem Bremsweg aus den Bremskräften kommt noch der Weg des ungebremsten Zuges, da die Bremswirkung erst nach einer Zeit $t_0 + t_D + t_s$ von der Bedienung des Führerbremsventils abgerechnet eintritt (Verlustzeiten s. S. 74).

Da die Zugbewegung für die Zugmitte berechnet wird, ist zunächst die Zeit t_0, in der sich die Druckverminderung der Luft vom Führerbremsventil bis zur

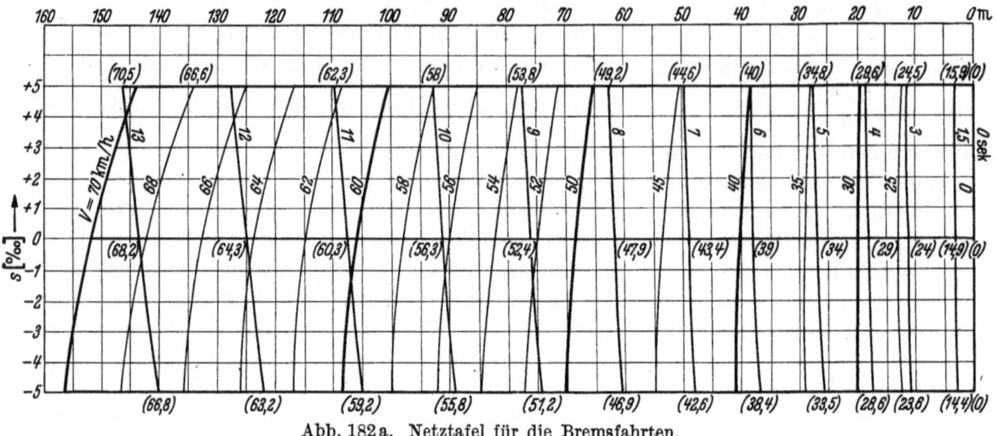

Abb. 182a. Netztafel für die Bremsfahrten.

Zugmitte fortpflanzt, anzugeben. Die Länge der Bremsleitung ist 10% größer als die Zuglänge l_z. Die Durchschlagsgeschwindigkeit der Luft ist bei Betriebsbremsungen nach Kopp (S. 74) 60 m/s. Daher ist die Durchschlagszeit $t_0 = 1,1 \, l_z : (2 \cdot 60)$ sec. Mit $l_z = 140$ m ist $t_0 = 1,1 \cdot 140 : (2 \cdot 60) = 1,3$ sec. Ist die Druckverminderung bis zum Bremszylinder des mittleren Wagens vorgedrungen,

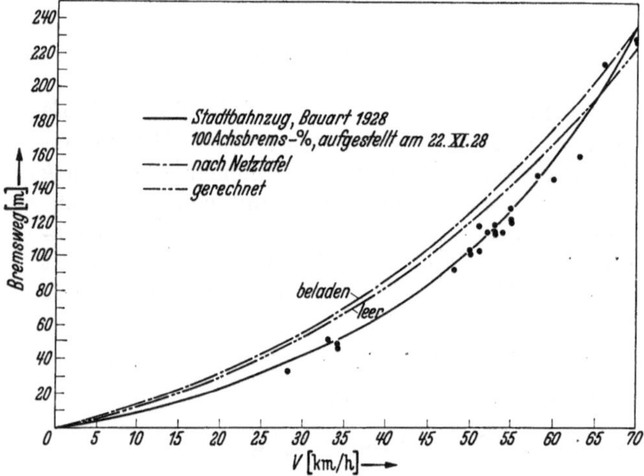

Abb. 182b. Bremsversuchsfahrten auf der Berliner S-Bahn.

so dauert es nach Kopp noch $t_D = 2$ sec, bis der Druck in dem Bremszylinder ansteigt. Endlich ist noch für die Kraftübertragung vom Bremszylinder zu den Bremsklötzen die Schlupfzeit $t_s = 1$ sec erforderlich. Es ist also hier $t_0 + t_D + t_s = 4,3$ sec.

Das Reichsbahnwerk Grunewald, Versuchsabteilung für Bremsen, hat Bremsversuche mit elektrischen Stadtbahnzügen, die mit Einkammerbremsen ausgerüstet sind,

durchgeführt. Die bei den verschiedenen Abbremsgeschwindigkeiten V_b km/h gemessenen Bremswege sind von der Versuchsabteilung nach Abb. 182b als Punkte sowie durch eine ausgleichende Kurve dargestellt worden. Es wurden in diese Zeichnung die Bremswege aus den Netztafeln der Abb. 182a zuzüglich der Verlustwege $(t_0 + t_D + t_s) \cdot V_b : 3,6$ m für die Fahrt auf der waagerechten Bahn als —·—·—·—-Linie eingetragen. Für $V_b = 70$ km/h und $s = 0^0/_{00}$ ist nach der Netztafel (Abb. 182a) der eigentliche Bremsweg 152 m und der Verlustweg $4,3 \cdot 70 : 3,6 = 84$ m, zusammen also 236 m. Dieser Wert ist ein Punkt der —·—·—-Linie. Nach der Netztafel ändern sich die Bremswege zwischen der Steigung $+ 5\,^0/_{00}$ und dem Gefälle $-5\,^0/_{00}$ wenig.

Die Bremswege nach der Netztafel sind für den besetzten Zug ermittelt. Da aber die Versuchsfahrten mit einem leeren Zug ausgeführt wurden, wurde nach dem Verfahren des Verfassers auch für diesen die Bremswege für die verschiedenen Abbremsgeschwindigkeiten für die waagerechte Bahn ermittelt. Die Ergebnisse sind in Abb. 182b durch die ———··———··———-Kurve dargestellt. Vergleicht man die letztere Kurve mit der ausgezogenen (Versuchswerte), so sind die Wege nach ersterer bis zur Abbremsgeschwindigkeit $V_b = 68$ km/h größer. Im Maximum ist dieser Betrag 17 m. Die berechneten etwas längeren Bremswege bieten also gegenüber dem durch Versuch gefundenen Werte eine gewisse Sicherheit und sind daher für die Praxis zuverlässig.

Die Abstände (Durchrutschstrecken), in denen die Einfahr- und Zwischensignale von dem Isolierstoß zu Beginn der Blockstrecke aufgestellt werden, können also aus den Netztafeln (Abb. 171, 173 und 175) abgelesen werden. Hierbei

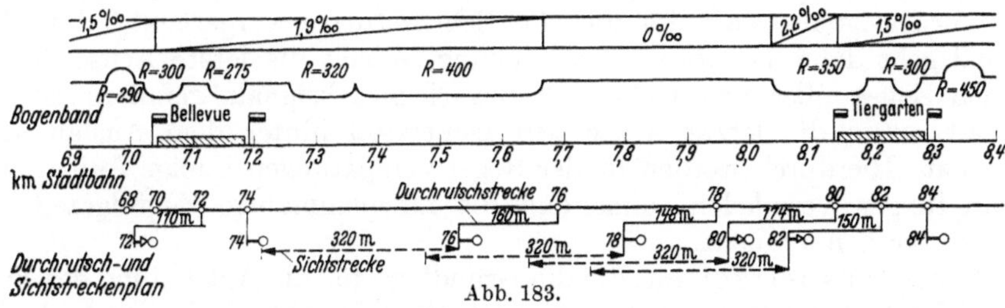

Abb. 183.

wird man gewisse Überschreitungen der Geschwindigkeiten gegenüber der planmäßigen vor Beginn des Bremsens in Ansatz bringen. Da die Züge an den Bahnsteigen halten, werden die Ausfahrsignale nach Abb. 183 unmittelbar vor dem Isolierstoß hinter dem Bahnsteig aufgestellt.

Das Bremsen durch Auslösen der Fahrsperre oder durch den Triebwagenführer bei haltzeigendem Zwischen- oder Einfahrsignal soll aber nur in Ausnahmefällen erfolgen. Die Regel ist, daß diese Signale bereits auf Fahrt stehen, wenn die Spitze des Zuges sich dem Signal auf Bremswegabstand genähert hat. Da für das Freisein einer Blockstrecke die letzte Zugachse maßgebend ist, so ist vor den Zwischen- und Einfahrsignalen die sog. Sichtstrecke = Bremsweg + Zuglänge. Bei dichtester Blockausteilung darf die Blockstrecke von Drosselstoß zu Drosselstoß nie kleiner als Sichtstrecke + Durchrutschstrecke, also = 2 Bremswege + Zuglänge, sein.

3. Die Streckensperrzeiten und die Zugfolgezeit.

Nach dem Vorhergehenden ist jede Blockstrecke am Anfang und Ende durch einen Isolierstoß begrenzt. Die Einfahr- und Zwischensignale stehen um die Durchrutschstrecke vor dem Beginn der Blockstrecke (Isolierstoß). Die Ausfahrsignale stehen, wie gesagt, unmittelbar vor dem Isolierstoß, der an den Bahnsteig anschließenden Blockstrecke. Es ist nun zu ermitteln, wie lange ein Blockabschnitt für die folgende Zugfahrt gesperrt ist. Bei dieser Ermittlung wird die Zugbewegung auf den Zugschluß bezogen. Für die Zugfolge an den Einfahr- und Zwischensignalen ist die um die Sicht- und Schutzstrecke vergrößerte Blockstrecke die Sperrstrecke. Für die Zugfolge an den Ausfahrsignalen ist die um den Abstand des Zugschlusses vom ersten Isolierstoß vergrößerte Blockstrecke die Sperrstrecke (Abb. 183).

Die Sperrzeit für die Zugfolge am Einfahr- und Zwischensignal ist die Fahrzeit auf der vorgenannten Sperrstrecke, vermehrt um die Signalstellzeit + dem Aufenthalt am Bahnsteig bis zur Abfertigung des Zuges. Die Streckensperrzeit für die Zugfolge am Ausfahrsignal ist die Fahrzeit auf der genannten Sperrstrecke vermehrt um die Ausfahrsignalstellzeit + Abfertigungszeit nach der Fahrtstellung des Signals. Die Stellzeit für selbsttätige Flügelsignale wird mit 1 sec, für Lichttagessignale mit 0,5 sec in Rechnung gestellt. Die Abfertigungszeit wird z. B. mit 6 sec, die Aufenthaltszeit je nach der Verkehrsstärke, für mittlere Verhältnisse zu 25 sec, angenommen.

Die Unterschiede zwischen der fahrplanmäßigen Zugfolgezeit und den vorgenannten Sperrzeiten sind die Zeitrückhalte vor den einzelnen Signalen. Sind mit Rücksicht auf die Verspätungsmöglichkeiten diese Zeitrückhalte knapp, so empfiehlt es sich, besonders vor Einfahrt in verkehrsreiche Bahnhöfe mit zeitweilig besonders hohen Aufenthaltszeiten oder auf Bahnhöfen mit langen Einfahrschutzstrecken Nachrücksignale aufzustellen (Abb. 183).

Der Isolierstoß für die Nachrücksignale ist in der Bahnsteigmitte angeordnet. Das Nachrücksignal selbst ist um die Schutzstrecke vorgerückt. Das Einfahrsignal geht dann bereits in Fahrtstellung, sobald die letzte Achse des abfahrenden Zuges über den Isolierstoß des Nachrücksignals gefahren ist und nicht erst, wenn die letzte Achse den Isolierstoß hinter dem Ausfahrsignal passiert hat. Hierdurch werden in der Regel Verspätungen infolge Aufenthaltsüberschreitungen vermieden, ohne daß die fahrplanmäßige Zugfolgezeit vergrößert zu werden braucht.

Die Streckensperrzeiten, die die Grundlage für die Aufstellung des Fahrplans und für die Ermittlung der Leistungsfähigkeit einer Stadtschnellbahn bilden, können nach den vorherigen Ausführungen aus dem Durchrutsch- und Sichtstreckenplan sowie aus den Netztafeln für die Fahrzeitermittlung bei Kenntnis der Aufenthalts-, Abfertigungs- und Signalstellzeiten schnell und in einfacher Weise ermittelt sowie in den Durchrutsch- und Sichtstreckenplan eingeschrieben werden. Es erübrigt sich hierdurch die bisher übliche schwerfällige Darstellung der kleinsten Zugfolgezeiten durch Zeit-Weg-Linien. Letztere wurden bisher zwischen je zwei Haltestellen für die Spitze und das Ende des Zuges gezeichnet und besagen mit viel zeichnerischem Aufwand verhältnismäßig wenig, da ja wegen des Prinzips der Raumfolge der Züge nur die Streckensperrzeiten interessieren.

Mit der vorbeschriebenen Methode zur Ermittlung der Streckensperrzeiten kann man z. B. auch die Frage beantworten, ob auf einem Trennungs- oder Kreuzungsbahnhof die von einem Streckengleis kommenden, aber nach verschiedenen Richtungen weiterfahrenden Züge an den gleichen Bahnsteig abgefertigt werden können, oder ob für jede Richtung ein besonderer Bahnsteig anzulegen ist. Ein derartiges Beispiel bietet der Bahnhof Wittenbergplatz der Berliner Untergrundbahn. Hier halten alle vom Bahnhof Nollendorfplatz kommenden Züge am selben Bahnsteig, ganz gleich, ob sie nach Richtung Krumme Lanke oder Ruhleben weiterfahren. Es wäre mit der vorbeschriebenen Methode zu untersuchen, bei welcher Zugfolgezeit oder bei welcher Aufenthaltszeit die Züge nach Richtungen getrennt je an einem besonderen Bahnsteig halten müßten.

IV. Die Verbrauchswerte einer Straßenbahnfahrt.

A. Die Widerstände.

1. Grundwiderstand.

Die Grundlagen für die Ermittlung der Verbrauchswerte sind die Motorkennlinien des Gleichstromhauptmotors sowie die Fahrzeugwiderstände. Bei den letzteren, die sich aus dem Lager- und Rollwiderstand w_0, auch Grundwiderstand genannt, und dem Luftwiderstand w_l zusammensetzen, ist der Grundwiderstand verschieden, je nachdem die Fahrbahn aus Kopf- oder Rillenschienen besteht, oder die Wagen Gleit- oder Rollenlager haben. Die Triebwagen haben annähernd den 1,5fachen Widerstand des gleichartig gebauten Beiwagens. Der Widerstand der vierachsigen Wagen ist größer als der der zweiachsigen.

Als Grundwiderstand (Lager- und Rollwiderstand) auf Kopfschienen wurden die Versuchsergebnisse des Forschungsinstitutes für Straßenbahnwesen Hannover 1933 Heft 5 übernommen. Bei Verwendung von Rillenschienen schwanken die Grundwiderstände nach Buchhold-Trawnik[1] zwischen 5 und 8 kg/t. Zwischen diesen Grenzen wurden die Grundwiderstände auf Rillenschienen der vierachsigen sowie der zweiachsigen Trieb- und Beiwagen aus Holz oder Stahl mit Gleit- oder Rollenlagern unter Berücksichtigung der Hannoverschen Versuchswerte in nachstehender Zahlentafel 26 angegeben.

Der mittlere Lager- und Rollwiderstand eines Straßenbahnzuges mit zwei Beiwagen ist dann beispielsweise $w_{0m} = (G_t \cdot w_{0t} + 2 \cdot G_b \cdot w_{0b}) : (G_t + 2 \cdot G_b)$ kg/t.

2. Der Luftwiderstand.

Der Luftwiderstand wird nach der AEG.-Formel

$$w_l = \left(0{,}015 + \frac{0{,}813 \cdot n + 0{,}65\,F}{G}\right) \cdot \left(\frac{V}{10}\right)^2 \text{ kg/t.}$$

Hier ist n die Anzahl der Fahrzeuge ohne das erste, F m² der Wagenquerschnitt, G t das Gewicht des Wagenzuges.

Der Fahrzeugwiderstand ist dann $w = w_{0m} + w_l$ kg/t.

3. Die **Krümmungswiderstände** sind auf S. 30 angegeben.

Zahlentafel 26. Zusammenstellung der Lager- und Rollwiderstände der Straßenbahnwagen (Grundwiderstände).

	Kopfschienen	Rillenschienen
	kg/t	kg/t
a) Triebwagen w_{0t}		
4achsige Holzwagen (Gleitlager)	6,0	8,0
4achsige Holzwagen (Rollenlager).	5,5	7,0
2achsige Holzwagen (Gleitlager)	4,3	6,5
2achsige Stahlwagen (Rollenlager)	4,0	6,0
b) Beiwagen w_{0b}		
4achsige Holzwagen (Gleitlager)	4,4	6,0
4achsige Stahlwagen (Rollenlager)	3,5	5,0
2achsige Holzwagen (Gleitlager)	3,0	4,5
2achsige neue Stahlwagen (Rollenlager) . .	2,5	4,0

B. Die Fahrkräfte.

1. Die Anfahrzugkraft.

Die größte Anfahrzugkraft wird durch die gleichbleibende Anfahrbeschleunigung bestimmt, die bei stufenweisem Schalten noch eine ruhige Wagenbewegung

---

[1] Buchhold-Trawnik: Die elektrischen Ausrüstungen der Gleichstrombahnen. S. 83. Berlin: J. Springer, 1931.

gewährleistet. Mit Rücksicht auf die Erwärmung der Motoren wird man die Anfahrbeschleunigung so wählen, daß die der mittleren Stundenzugkraft entsprechende Stromstärke beim Anfahren nicht überschritten wird.

Für die Fahrzeitermittlung werden hiernach folgende gleichbleibenden Anfahrbeschleunigungen angenommen:

$$\begin{aligned}
\text{Triebwagen allein} & \quad\ldots\ldots\ldots\ldots\ldots\quad b_a = 0{,}6 \ \ \text{bis } 0{,}75 \ \text{m/s}^2\\
\text{Triebwagen mit 1 Beiwagen} & \quad\ldots\ldots\quad b_a = 0{,}35 \ \ ,, \ \ 0{,}5 \ \text{m/s}^2\\
\text{Triebwagen mit 2 Beiwagen} & \quad\ldots\ldots\quad b_a = 0{,}30 \ \ ,, \ \ 0{,}4 \ \text{m/s}^2\\
\text{Leerwagen} & \quad\ldots\ldots\ldots\ldots\ldots\quad b_a = 0{,}85 \ \text{m/s}^2
\end{aligned}$$

Bei Triebwagen mit Vielstufen- und Feinstufenschalter sind nach Abb. 167 größere Anfahrbeschleunigungen zulässig, da sich hier der Strommittelwert der oberen durch die Erwärmung der Motorwicklungen bedingten Grenze der Stromstärke besser nähern kann.

Die Anfahrbeschleunigungskraft ist $P_a = \dfrac{1000 \cdot G \cdot \varrho}{g} \cdot b_a = Z_a - G(w + w_r \pm s)$ kg, dann ist die Anfahrzugkraft $Z_a = G\left(\dfrac{1000\,\varrho}{g} \cdot b_a + w + w_r \pm s\right)$ kg. Bei Straßenbahnen ist der Massenfaktor $\varrho = 1{,}06$. Auf der waagerechten geraden Bahn ist $Z_a = G\left(\dfrac{1000 \cdot 1{,}06}{g} \cdot b_a + w\right) = G(108 \cdot b_a + w)$ kg. Das Gewicht G ist das der Fahrzeuge + das der Wagenbesetzung. Bei der Berliner Verkehrsgesellschaft pflegt man der Fahrzeitermittlung das Fahrgewicht $G = $ Eigengewicht $+\,^1/_3$ Wagenbesetzungsgewicht zugrunde zu legen. Andere Verwaltungen berechnen die Fahrzeiten für 100% Wagenbesetzung. Bei voller Besetzung dürfen dann ohne Überanstrengung der Motoren die Fahrzeiten nicht unterschritten werden. Ist aber der Wagenzug nicht voll besetzt, so besteht im Verhältnis des Gewichtsunterschiedes die Möglichkeit, Verspätungen durch kürzere Fahrzeiten auszugleichen.

Die Nachprüfung, daß bei stärkster Last die der mittleren Stundenleistung entsprechende Zugkraft nicht überschritten wird, soll an einem Beispiel gezeigt werden:

Der Wagenzug besteht aus einem Triebwagen und 2 Beiwagen. Alle Wagen sind voll besetzt. Der Triebwagen, ein zweiachsiger Stahlwagen mit Rollenlagern, hat einen Querschnitt $F = 7{,}2$ m², er wiegt leer 11,4 t und mit 64 Personen besetzt 16,4 t. Der zweiachsige Beiwagen wiegt leer 8,1 t und mit 70 Personen besetzt 13,4 t. Das Gesamtgewicht ist $G = 16{,}4 + 2 \cdot 13{,}4 = 43{,}2$ t. Der Lager- und Rollwiderstand des Triebwagens ist nach der Zusammenstellung (S. 311) für Rillenschienen $w_{0t} = 6{,}0$ kg/t und der des Beiwagens $w_{0b} = 4{,}0$ kg/t. Der mittlere Grundwiderstand ist beim Anfahren

$$w_{0m} = (6 \cdot 16{,}4 + 2 \cdot 4 \cdot 13{,}4) : 43{,}2 = 4{,}8 \ \text{kg/t}.$$

Der Triebwagen hat zwei Motoren ULS 253, von denen die Kennlinien (Abb. 184a, Taf. II) gegeben sind. Nach diesen ist die Stromstärke bei Stundenleistung 85 A, und zwar für 92% Felderregung. Zur Ermittlung der Höchstbeschleunigung müßte man in Abb. 184a im Punkte $J = 85$ A der Abszissenachse eine Senkrechte (nicht eingetragen) errichten und auf ihr etwas unter der Z-J-Linie für 100% Felderregung den Punkt für 92% Felderregung interpolieren, so ist durch diesen die entsprechende Anfahrzugkraft $Z_{a\max} = 813$ kg/Motor bestimmt. Das auf einen Motor entfallende Gewicht des Wagenzuges ist $G/2 = 21{,}6$ t, und aus der Anfahrzugkraft $Z_a = 0{,}5 \cdot G\,(108\,b_a + w_{0m})$ ist dann die Anfahrbeschleunigung

$$b_a = \left(\frac{2}{G} \cdot Z_a - w_{0m}\right) : 108 = \left(\frac{813}{21{,}6} - 4{,}8\right) : 108 = 0{,}306 \ \text{m/s}^2$$

als höchst zulässige berechnet worden.

Beim Triebwagen mit 1 Beiwagen ist $0,5 \cdot G = 0,5 \, (16,4 + 13,4) = 14,9$ t und $w_{0m} = 5$ kg/t. Also ist hier die zulässige Anfahrbeschleunigung

$$b_a = \left(\frac{813}{14,9} - 5\right) : 108 = 0,46 \text{ m/s}^2.$$

Bei Triebwagen allein ist $b_a = \left(\frac{813}{8,2} - 6\right) : 108 = 0,86 \text{ m/s}^2.$

2. Die Linien der Fahrweise (Taf. II, Abb. 184a).

Die Fahrzeitermittlung soll für einen Triebwagen und einem Beiwagen, beide mit 100% besetzt, gezeigt werden. Mit Rücksicht auf ein ruhiges Fahren bei stufenweisem Schalten ist auf der waagerechten Bahn $b_a = 0,38$ m/s^2 gewählt worden. Dann ist die Anfahrzugkraft $Z_a = 0,5 \cdot G \cdot (108\,b_a + w_{0m}) = 14,9$ $(108 \cdot 0,38 + 5) = 685$ kg/Motor. Beim Anfahren auf dem Gefälle $s^0/_{00}$ muß $Z_a - 0,5 \cdot G\,(w_{0m} - s) = 108 \cdot 0,5\,G \cdot b_a$ sein.

Legt man durch die Motorkennlinien der Abb. 184a eine Waagerechte in Höhe $Z_a = 685$ kg über der J-Achse, so schneidet diese die Z-J-Linie für 100% Felderregung. Geht man mit Rücksicht auf den geshunteten Gleichstrom-Hauptstrommotor von einem Punkt der Waagerechten, der etwa der Felderregung 92% entspricht, senkrecht nach unten, so erhält man auf der J-Achse die mittlere Stromstärke $J = 75$ A für das Anfahren. Der Schnitt dieser Senkrechten mit der V-J-Linie für 50% Erregung gibt die Geschwindigkeit an, mit der die Anfahrzugkraft auf die Motorzugkraft übergeht und dann der Z-J-Linie für 50% Felderregung folgt. Die schraffierten V-J-Linien und die senkrecht darüberliegenden Teile der Z-J-Linie (ebenfalls schraffiert) sind dann die Linien der Fahrweise für Geschwindigkeiten und Zugkräfte, aus denen die Fahrkraftlinie wie folgt gezeichnet werden kann.

3. Die Fahrkraftlinien (Taf. II, Abb. 184b).

Zuerst trägt man unter der V-Achse die Linie der Widerstände nach der Gleichung (S. 311)

$$w = w_{0m} + w_l = 5,0 + \left(0,015 + \frac{0,813 + 0,65 \cdot 7,2}{29,8}\right) \cdot \left(\frac{V}{10}\right)^2 = 5,0 + 0,2\left(\frac{V}{10}\right)^2 \text{ kg/t}$$

auf. Hier ist $n = 1$, $F = 7,2$ m^2 und $G = 29,8$ t.

Es ist für

$V =$	0	10	20	30	40 km/h
w	5,0	5,2	5,8	6,8	8,2 kg/t

Bei dem Zeitschritt $\Delta t = 6$ sec wählt man wieder als Kräftemaßstab 1 kg/t $= 1$ mm und als Geschwindigkeitsmaßstab $V = 1$ km/h $= 10$ mm und zeichnet hierfür die w-Linie.

Sodann trägt man im Kräftemaßstab in Abb. 184a der Motorkennlinie vom rechten Ende der Waagerechten für $Z_a = 685$ kg die Kraft $z_a = 2 \cdot Z_a : G$ $= 685 : 14,9 = 108\,b_a + w_{0m} = 108 \cdot 0,38 + 5 = 46$ kg/t $= AB$ auf und zieht den Strahl AC. Die Waagerechten zwischen den Strahlen AC und CB sind dann die Zugkräfte $z = 2 \cdot Z : G$ kg/t, die man von der w-Linie in den zugehörigen Geschwindigkeiten nach oben absetzt, um die Fahrkraftlinie nach Abb. 184b, Taf. II zu erhalten.

C. Die Netztafeln für die Fahrzeiten und den Energieverbrauch.

1. Für Straßenbahnwagen (Taf. II, Abb. 185—188).

Aus der Fahrkraftlinie wurden die Netztafeln für das Anfahren und aus der w-Linie die für das Auslaufen nach S. 295 gezeichnet (Abb. 185, 186 und 188). Sodann wurden zur Ermittlung des Stromverbrauches die elektrische Arbeit je Zeitschritt für die verschiedenen Geschwindigkeiten berechnet und über der

V-Achse zur ΔA_e-V-Linie aufgetragen (Abb. 184c). Für $\Delta t = 6$ sec und für zwei Motoren des Triebwagens ist dann $\Delta A_e = \dfrac{E \cdot J \cdot 2 \cdot \Delta t}{1000 \cdot 3600} = \dfrac{E \cdot J}{1000 \cdot 300}$ kWh/6 sec bei Parallelschaltung. Bei Hintereinanderschaltung ist mit der Spannung $E:2$ die elektrische Arbeit

$$\Delta A_e = \frac{E \cdot J}{1000 \cdot 600} \text{ kWh/6 sec.}$$

Bei Straßenbahnen wird in der Regel 4 bis 6 sec lang hintereinandergeschaltet angefahren. Für die Fahrzeitermittlung wird diese Dauer gleich dem Zeitschritt $\Delta t = 6$ sec gewählt.

Falls bei den kurzen Haltestellenabständen das Anfahren mit Strom stets durch das Auslaufen und die Aufenthalte unterbrochen wird, und sich der Motor immer wieder abkühlen kann, wird eine unzulässige Erwärmung des Motors meist nicht eintreten. Daher können hier in den Netztafeln für den Stromverbrauch der Straßenbahnen die Linien für die gleichen $J^2 \cdot \Delta t$-Werte wie in den Netztafeln für Stadtschnellbahnen (Abb. 172 u. 174) fortgelassen werden. Es sind also nach Abb. 188, wie früher beschrieben, nur die Linien des Stromverbrauchs für gleiche Zeiten und für gleiche Geschwindigkeiten eingetragen. Die Linien des Stromverbrauchs für gleiche Zeiten werden ermittelt, indem man, wie auf S. 299 (Abb. 172 u. 174, Taf. I) beschrieben, für jede Streckenneigung $\pm s^0/_{00}$ in Abb. 169b, c, d unter den Zeitdreieckspitzen der Fahrkraftlinie in der Abb. 172 u. 174 die Höhen der ΔA_e-V-Linie abgreift und in Abb. 188 waagerecht aneinanderreiht sowie die Punkte gleicher Ziffern miteinander verbindet. Die Punkte für die Linien des Stromverbrauchs bei gleichen Geschwindigkeiten kann man aus den Netztafeln für die Anfahrzeiten aus der Tatsache bestimmen, daß die Linien gleicher Fahrzeiten und gleicher Geschwindigkeiten sich sowohl in den Netztafeln für die Anfahrbewegung als auch in denen für den Stromverbrauch in denselben Neigungen $s^0/_{00}$ schneiden. Man entnimmt daher aus den Netztafeln der Anfahrbewegung die Neigungen $s^0/_{00}$, in denen sich die Isochronen und die Isotachen schneiden und sucht in den Netztafeln für den Stromverbrauch die Schnittpunkte dieser Neigungen $s^0/_{00}$ mit den Isochronen auf, die dann auch die entsprechenden Punkte für die Isotachen sind.

2. Für Oberleitungsomnibusse und Autobusse.

Die Netztafeln für die Fahrzeiten und den Stromverbrauch der Oberleitungsomnibusse sind in der gleichen Weise zu entwerfen. Jedoch ist hier ebenso wie bei den Autobussen wegen des häufig wechselnden Widerstandes der Straßenoberfläche unter der V-Achse nur die Linie des Luftwiderstandes (w_l-Linie) zu zeichnen, und von dieser sind dann die Zugkräfte z kg/t nach oben zur Fahrkraftlinie abzusetzen. Für die verschiedenen Grundwiderstände w_0 sowie Steigungen $+ s^0/_{00}$ und Gefälle $- s^0/_{00}$ sind dann im Fahrkraftdiagramm im Abstand $w_0 + s$ von der V-Achse die Waagerechten für die Fahrzeitermittlung der einzelnen Streckenabschnitte zu ziehen. Auch in den Netztafeln geben die Ordinatenachsen die entsprechenden Werte $w_0 + s^0/_{00}$ an. Beim Autobus sind nur die Netztafeln für die Fahrzeit und den Brennstoffverbrauch beim Anfahren zu entwerfen. Mit der erreichten Geschwindigkeit wird dann gleichmäßig bis zum Bremsen weitergefahren, und der Brennstoffverbrauch wird hierbei gedrosselt. Die Ermittlung des ungedrosselten und des gedrosselten Brennstoffverbrauches geschieht nach dem auf S. 355 beschriebenen Verfahren.

Bei gleichmäßiger Geschwindigkeit können für die gegebenen Wege die entsprechenden Zeiten mit dem Rechenschieber ermittelt werden. Die Bremszeitzuschläge werden beim Oberleitungsomnibus und Autobus im Stadtverkehr für eine Bremsverzögerung $b_r = 1{,}25$ m/s² berechnet.

D. Die elektrischen Bremsen der Straßenbahnwagen.

Wird ein Motor, der von der Fahrleitung abgeschaltet ist, von der Bewegungsenergie des Wagens getrieben, so arbeitet er als Generator. Ist hierbei Anker und Feld so geschaltet, daß der durch die elektromotorische Kraft hervorgerufene Strom auf einen Widerstand arbeitet, so wird in diesem die generatorisch erzeugte elektrische Energie vernichtet. Der Motor und damit die Triebräder laufen dann immer langsamer. Diesen Vorgang nennt man Widerstandsbremsung.

Gegenüber den Luftdruckbremsen hat die Widerstandsbremse den Vorzug, daß sich beim Triebwagen die Räder nicht völlig feststellen. Jedoch besteht diese Möglichkeit beim Beiwagen. Da aber die Bremsung des Beiwagens von dem vom Triebwagen abgegebenen Strom abhängt, ist hier die Gefahr der Festbremsung der Räder geringer als bei der Luftdruckbremse.

Für elektrische Bremsen wurde nach Versuchen des Forschungsinstituts für Straßenbahnwesen Hannover, Forschungsheft 3, auf Betriebsstrecken (trocken, auch feucht) ohne Sandung eine mittlere Bremsverzögerung von $b_r = 1{,}07$ m/s² festgestellt. Man setzt daher bei elektrischen Bremsen auf der waagerechten Bahn eine mittlere Bremsverzögerung von $b_{r\,0} = 1{,}0$ m/s² in Rechnung. Bei Betriebsstrecken mit Sandung ist die Bremsverzögerung doppelt so groß.

Bei handbedienten Radklotzdruckbremsen ist bei einem Handkurbeldruck von etwa 30 kg die Bremsverzögerung auf der waagerechten Bahn $b_{r\,0} = 0{,}7$ m/s².

Auf Steigungen und Gefällen $s^0/_{00}$, denen eine Verzögerung bzw. Beschleunigung von $s \cdot g : (1000 \cdot 1{,}06) \cong 0{,}01\,s$ m/s² entspricht, ist die gesamte mittlere Bremsverzögerung $b_r = b_{r\,0} \pm 0{,}01 \cdot s$ m/s².

Bei Straßenbahnen wird das Bremsen durch Bremszeitzuschläge berücksichtigt, die man zur Fahrzeit der an den Haltestellen durchfahrenden Wagen hinzuzählt (vgl. S. 295).

Der Bremszeitzuschlag ist $\Delta t_b = V : [2 \cdot 3{,}6 \cdot (b_{r\,0} + 0{,}01 \cdot s)]$ sec. Für das Abgreifen der Δt_b-Werte kann man nach Abb. 187, Taf. II ein Strahlenbüschel zeichnen.

V. Selbstkostenberechnung städtischer Verkehrsmittel.

A. Auswertung der Netztafeln.

Der Aufbau der Kostenberechnung ist für Straßenbahnen, Oberleitungsomnibusse und Autobusse der gleiche.

Die Ermittlung der Zeit (Fahrzeiten, Haltestellenaufenthalte und Wendezeit) sowie des Energieverbrauchs aus den Netztafeln liefert die Grundlage für die Berechnung der Selbstkosten.

Vor der Ermittlung der Verbrauchswerte sind erst die Streckenneigungen zwischen 2 Haltestellen zu mitteln. Bei den kurzen Abständen der Straßenbahnhaltestellen kann man ohne wesentlichen Fehler benachbarte Neigungen bis zu einem Unterschied von $7^0/_{00}$ zu einer mittleren zusammenfassen. Bei den längeren Haltestellenabständen der Vorortstrecken soll der Neigungsunterschied nicht größer als $5^0/_{00}$ sein.

Vor der Auswertung der Netztafeln ist noch die Höchstgeschwindigkeit festzusetzen, bis zu der in günstigsten Fällen angefahren werden darf. Die unter dieser Höchstgrenze liegenden wirtschaftlichsten Anfahrgeschwindigkeiten können nach S. 302—304 durch Interpolieren aus den Netztafeln gefunden werden.

B. Ermittlung der Umlaufszeit und der Wagenzahl.

In Zahlentafel 27 sind für die einzelnen Haltestellenabstände und deren Streckenneigung die Anfahrgeschwindigkeit, die Anfahr- und Auslaufzeit sowie die Bremszeitzuschläge und weiterhin der Stromverbrauch einzusetzen. Zu der Gesamtfahrzeit sind noch die Haltestellenaufenthalte t_a sowie die Wendezeit T_w hinzuzufügen. Wenn keine durch Zeitstudien ermittelten Werte gegeben sind, kann man für die Haltestellenaufenthalte etwa $t_a = 10$ sec einsetzen. Die Wendezeit rundet man mit Rücksicht auf den Fahrplan auf. Es ist dann die Umlaufzeit eines Straßenbahnzuges für Hin- und Rückfahrt auf der Linie l km und dem Umlaufweg l_u km $\quad T_u = \sum (t + t_a) + T_w$.

Zur Ermittlung des Wagenbedarfs für den Betrieb einer Linie ist angepaßt an das Verkehrsaufkommen während eines Tages die Zahl der täglichen Fahrten n_t auf der Umlaufstrecke l_u km zu ermitteln. Hieraus erhält man die kilometrische Jahresleistung $\sum l_j = 365 \cdot l_u \cdot n_t$ km.

Nach Stuckhardt[1] hat ein Straßenbahnwagen bei einer wirtschaftlichen Lebensdauer von $n = 25$ bis 20 Jahren eine Jahresleistung $\sum l_w = 20$ bis 70000 km. Nach der gleichen Quelle ist für Diesel- und Benzinautobussen bei einer wirtschaftlichen Lebensdauer von $n = 7$ bis 5 Jahren $\sum l_w = 50$ bis 70000 km und für einen Oberleitungsomnibus bei $n = 12$ bis 9,5 Jahren ist $\sum l_w = 60$ bis 85000 km. Die Wagenzahl einschließlich Reserve ist dann $a = \sum l_j : \sum l_w$. Zur Innehaltung des Fahrplanes bei kleinster Wagenfolgezeit t_f min ist die Wagenzahl $a_1 = 1{,}2 \cdot T_u : t_f$. Für Ausfälle und Überholungen des Wagenparkes sind hier 20% Zuschlag eingesetzt. Der größere Wert von a oder a_1 ist maßgebend.

C. Die Kostenberechnung.

1. Das Anlagekapital.

Das Anlagekapital ist aufzubringen a) für die Fahrzeuge, b) für den Betriebsbahnhof einschließlich Grunderwerb (Wagenhalle mit Oberleitung, Werkstätten, Lager-, Personal- und Verwaltungsräume, bei Autobusbetrieb auch für Tankanlage), c) für Werkstatteinrichtung und Ersatzteillager, d) für Gleise und Weichen, e) für Fahrleitung, f) für Gleichrichter, Unterwerke und Montagewagen, g) für sonstige Anschaffungen und Unvorhergesehenes.

2. Die Jahreskosten.

Die Jahreskosten $\sum K_j$ RM/Jahr setzen sich zusammen a) aus den Zinsen, b) aus der Abschreibung oder den Erneuerungsrücklagen des Anlagekapitals, c) aus den Löhnen.

Zu a) Da das Kapital durch die Abschreibungen vom Neuwert W_n auf den Altwert W_a sinkt, ist während der Lebensdauer der Anlage das zu verzinsende Kapital gleich dem Mittelwert aus Neu- und Altwert. Bei dem Zinssatz $z\%$ sind die Jahreskosten für Zinsen $K_z = 0{,}5 \, (W_n + W_a) \cdot z : 100$ RM/Jahr.

Zu b) Wenn am Ende der wirtschaftlichen Lebensdauer einer technischen Anlage bzw. eines Betriebsgegenstandes die Instandsetzungskosten unzulässig hoch angewachsen sind, muß der Betrag K_n für die Neubeschaffung zusammengespart sein. Es ist $K_n = W_n \cdot k : [(1 + k/100)^n - 1]$ RM/Jahr. Hier ist $k : [(1 + k/100)^n - 1] = q$ der Abschreibesatz und n ist die wirtschaftliche Lebensdauer der Anlage bzw. des Betriebsgegenstandes. Der Abschreibesatz berücksichtigt gleichzeitig die Zinseszinsen beim Zinssatz $k\%$ für die jährlichen Rücklagen. Die Werte q können für die verschiedenen Zinssätze k aus Hütte Bd. 1 26. Aufl. S. 67 Tafel 15 entnommen werden.

---

[1] Stuckhardt: AEG-Mitt. 1933 Heft 6 und 1936 Heft 18.

Höhere Werte des Abschreibesatzes q erhält man, wenn man diesen ohne Berücksichtigung der Verzinsung der jährlichen Rücklagen nach der Formel $q = 100 : n\%$ berechnet.

Die Lebensdauer n der Fahrzeuge ist oben angegeben. Für Betriebsbahnhöfe ist $n = 25$ bis 30, für Werkstätteneinrichtung und Ersatzteillager $n = 7$ bis 10, für Gleise und Fahrleitung, Unterwerke und Montagewagen je nach der Fahrleistung $n = 20$ bis 30 Jahre zu setzen.

Zu c) Für die Berechnung der Löhne ist die Anzahl der Schichten je Tag $S_p = n_t \cdot T_u : (60 \cdot 5)$. Hier sind von 8 Arbeitsstunden 5 Fahrstunden ($n_t =$ Anzahl der täglichen Fahrten). Der Jahreslohn ist dann

$$L_j = S_p \cdot 8 \cdot L_s \cdot 365 \cdot 365 : 280 \text{ RM/Jahr}.$$

Es ist L_s RM der Bruttostundenlohn. Der Faktor $365 : 280$ berücksichtigt die Sonn- und Feiertage, den Urlaub und die Erkrankungen.

3. Kosten eines Wagenumlaufs.

Da der Wagenumlauf ein in sich abgeschlossener Betriebsvorgang ist, der durch die Fahrzeit und den Fahrweg sowie durch den Energieverbrauch physikalisch festgelegt ist, so sind folgerichtig auch die Kosten nach der Zeit, dem Weg und dem Energieverbrauch zu unterteilen.

a) Zeitkosten. Dies sind die Jahreskosten geteilt durch die jährlichen Umläufe, also $K_z = \sum K_j : (365 \cdot n_t)$ RM. Hier ist n_t die Zahl der täglichen Umläufe.

b) Wegkosten. Diese erhält man, wenn man die Umlaufstrecke l_u km mit statistisch ermittelten Kostensätzen je Wagenkm vervielfältigt, und zwar 1. für Wagenunterhaltung (bei Autobus und Obus auch Reifenunterhaltung siehe S. 367), 2. für Unterhaltung der Gebäude, 3. für Unterhaltung der Werkstatteinrichtung, 4. für Gleisunterhaltung, 5. für Instandhaltung der Fahrleitung, 6. für Schmieröl und Wartungsstoffe, 7. für Verwaltungskosten, 8. für Haftpflicht, 9. für Steuern.

Kostensätze: Zu 1. Für Straßenbahntriebwagen und Oberleitungsomnibusse 0,04 RM/Wagenkm, für Beiwagen 0,025 RM/Wgkm, für Autobusse 0,14 RM/Wgkm sowie für Reifen $n_r \cdot 1{,}15 \cdot K_r : 35000$ RM/Wgkm.

Es sind K_r die Kosten eines Reifens, n_r ist die Reifenzahl je Wagen, 15% ist der Zuschlag für Reifenpflege. Ferner ist angenommen, daß nach 35000 Fahrkm ein Reifen verbraucht ist.

Zu 2. Nach Stuckhardt[1] für Gebäude 0,003 RM/Wgkm.

Zu 3. Für Werkstätten und Betriebsausrüstung 0,004 RM/Wgkm.

Zu 4. Für Gleisunterhaltung je nach der Wagenfolgezeit 0,04 bis 0,01 RM je Wgkm.

Zu 5. Für Fahrleitung und Unterwerkausrüstung 0,01 RM/Wgkm.

Zu 6. Für Schmieröl und Wartungsstoffe bei Straßenbahn und Oberleitungsomnibussen 0,003 RM/Wgkm, bei Autobussen 0,008 RM/Wgkm.

Zu 7. Für Verwaltungskosten z. B. 0,015 RM/Wgkm.

Zu 8. Für Haftpflicht z. B. 0,007 RM/Wgkm.

Zu 9. Für Steuern z. B. 0,04 RM/Wgkm.

c) Energiekosten. Diese erhält man, wenn man den Stromverbrauch in kWh mit dem Strompreis RM/kWh vervielfältigt. Bei Autobussen ist der Literpreis für Brennstoffe in dem Preis je kg umzurechnen. Es ist für das spez. Gewicht des Benzin-Benzol-Gemischs 0,78 kg/l und des Mineralöls 0,86 kg/l.

---

[1] Stuckhardt: AEG-Mitt. 1933 Nr. 16 u. 1936 Nr. 18.

Zahlentafel 27. Fahrzeit und Stromverbrauch für den Hinfahrt.

Längen in m, $+s‰$ Steigung, $-s‰$ Gefälle	Σl km	V_1 km/h	t_1 sec	t_2 sec	V_2 km/h	Δt_b sec	Σt sec	ΔA_e kWh
Alexanderplatz, Ecke Neue Königstr.	0,000							
1. 375 m $+1,0‰$		33	38	19	26	3,5	60,5	0,71
Litzmannstraße	0,375							
2. 205 m $+2‰$		30	29	8	27	4,0	41	0,54
Jostystraße	0,580							
3. 310 m $+3,9‰$		30	31	21	21	3,0	55	0,59
Prenzlauer Tor	0,890							
4. 460 m $+23‰$		26,5	79	10	16,5	2,0	91	1,66
Heinrich-Roller-Straße	1,35							
5. 120 m $+19,2‰$, 220 m $+3,2‰$		23,5	35					0,71
		31,5	15	13	27	3,5	66,5	0,28
Immanuelkirchstraße	1,69							
6. 230 m $+8,3‰$		25	24,5	30	10	1,5	56	0,475
Marienburger Straße	1,92							
7. 420 m $-1,9‰$		35	41	18	32	4,5	63,5	0,665
Danziger Straße	2,34							
8. 210 m $-10,5‰$		35	27	5	35	5,3	37,3	0,467
Fröbelstraße	2,55							
9. 240 m $+0,2‰$, 140 m $+16‰$		33,7	39,5					0,635
Bahnhof Prenzlauer Allee	2,93	30,9	12	4	27	3,0	58,5	
10. 440 m $-8‰$		35	30	27	35	5,5	62,5	0,51
Carmen-Sylva-Straße	3,37							
11. 160 m $+6,3‰$, 280 m $-1,4‰$		29,5	33					0,635
Gustav-Adolf-Straße	3,81	35,0	17	14	32,5	4,7	68,7	0,200
12. 410 m $+1,7‰$		34	42	18	29,5	4,0	64,0	0,75
Langhansstraße	4,22							
13. 200 m $+5‰$, 300 m $-4,7‰$		31	37					
Steinbergstraße—Pistoriusstraße	4,72	35	10	23	32	5,0	75,0	0,685
14. 300 m $-1,75‰$		33,5	34,3	11	32	4,5	49,8	0,6
Treskowstraße	5,02							
15. 590 m $-0,85‰$		35	42	34	32	4,5	80,5	0,70
Wasserturm	5,61							
16. 420 m $+5,3‰$		33,5	54	8	29	3,8	65,8	1,00
Heinersdorfer Kirche	6,03							
17. 140 m $+6,4‰$, 510 m $-6,3‰$		28,6	30,5					0,60
Mimestraße	6,68	35	11	43,5	33	5,00	90,0	0,15

$$
\begin{aligned}
&\underline{\hphantom{xxxxxxxxxxxx}}\ \text{1086,6 sec} \quad \text{12,562 kWh}\\
&+\ 16\ \text{Aufenthalte je } 10\ \text{sec} = 160 \quad „\\
&\overline{\hphantom{xxxxxxxxxxxxxxxxxx}}\ \text{1246,6 sec}\\
&\hphantom{xxxxxxxxxxxxxxxxx} = 20,8\ \text{min}\\
&+\ \text{Wendezeit} = \hphantom{xx}9,2 \quad „\\
&\overline{\hphantom{xxxxxxxxxxxxxxxxxx}}\\
&\hphantom{xxx}\text{Hinfahrt} = 30,0\ \text{min}
\end{aligned}
$$

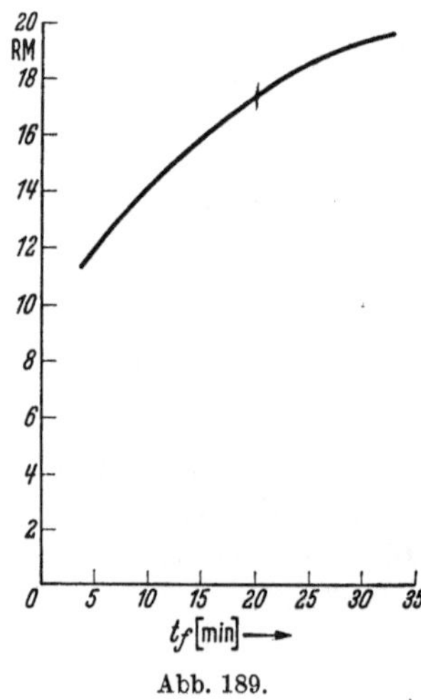

Abb. 189.

Die Selbstkosten einer Linie erhält man für einen Tag, wenn man die Umlaufkosten mit der Anzahl der täglichen Fahrten multipliziert. Bei verschiedenen Wagenfolgezeiten sind die Umlaufkosten zweckmäßig für eine kleine, eine mittlere und eine größere Wagenfolgezeit auszurechnen. Diese Kosten trägt man über einer waagerechten Achse der Wagenfolgezeiten auf und verbindet die drei oberen Endpunkte durch eine Kurve (Abb. 189). Dann kann man die Umlaufkosten für dazwischenliegende Wagenfolgezeiten abgreifen.

Umlauf eines Straßenbahntriebwagens mit Beiwagen.

Rückfahrt.

Längen in m, $+s\%_{00}$ Steigung, $-s\%_{00}$ Gefälle	Σl km	V_1 km/h	t_1 sec	t_2 sec	V_2 km/h	Δt_b sec	Σt sec	ΔA_e kWh
Mimestraße	0,000							
1. 510 m $+6,3\%_{00}$, 140 m $-6,4\%_{00}$		34,3	72	13,5	34,3	5	90,5	1,15
Heinersdorfer Kirche	0,65							
2. 420 m $\quad -5,3\%_{00}$		35	34	23	33	5	62	0,65
Wasserturm	1,07							
3. 590 m $\quad +0,85\%_{00}$		35	49	31	26	4	84	0,81
Treskowstraße	1,66							
4. 300 m $\quad +1,75\%_{00}$		33,4	41	12	30,5	4,2	57,2	0,71
Steinbergstraße—Pistoriusstraße	1,96							
5. 300 m $+4,7\%_{00}$, 200 m $-5,0\%_{00}$		33,1	48	23	31	4,2	75,2	0,88
Langhansstraße	2,46							
6. 410 m $\quad -1,7\%_{00}$		35	41	16	32	4	61	0,69
Gustav-Adolf-Straße	2,87							
7. 280 m $+1,4\%_{00}$, 160 m $-6,3\%_{00}$		34	44,1	17	34	5	66,1	0,75
Carmen-Sylva-Straße	3,31							
8. 440 m $\quad +8,0\%_{00}$		32,7	59	7	28	3,5	69,5	1,02
Bahnhof Prenzlauer Allee	3,75							
9. 140 m $-16\%_{00}$, 240 m $-0,2\%_{00}$		35	24,5	27	28	4,5	56,5	0,40
Fröbelstraße	4,13							
10. 210 m $\quad +10,5\%_{00}$		28,5	36	5	26,5	3,5	44,5	0,71
Danziger Straße	4,34							
11. 420 m $\quad +1,9\%_{00}$		34,3	48	12	31	4,2	64,2	0,80
Marienburger Straße	4,76							
12. 230 m $\quad -8,3\%_{00}$		34,5	30	6	34,5	5,2	41,5	0,51
Immanuelkirchstraße	4,99							
13. 220 m $-3,2\%_{00}$, 120 m $-19,2\%_{00}$		34,7	36	12	35	6	54	0,60
Heinrich-Roller-Straße	5,33							
14. 460 m $\quad -23\%_{00}$		35	20	36	35	6,5	32,5	0,34
Prenzlauer Tor	5,79							
15. 440 m $\quad -5,3\%_{00}$		32	27	6	31	4,6	37,6	0,49
Hirtenstraße	6,23							
16. 590 m $\quad -2,0\%_{00}$		35	41,5	25	31	4,4	71,1	0,69
Alexanderplatz, Ecke Memhardstraße	6,82							

$$\begin{array}{rl} & 995,3 \text{ sec} \quad 11,20\,\text{kWh} \\ +\ 15 \text{ Aufenthalte je } 10 \text{ sec} = & 150 \quad,, \\ \hline & 1145,3 \text{ sec} \\ = & 19,1 \text{ min} \\ +\text{ Aufenthalt am Alexanderplatz} = & 0,9 \quad,, \\ \hline \text{Rückfahrt} = & 20,0 \text{ min} \end{array}$$

Umlaufweg: Hinfahrt 6,68 km   Umlaufzeit: Hinfahrt 30 min
Rückfahrt 6,82 ,,   Rückfahrt 20 ,,
$l_u = 13,50$ km $T_u = 50$ min

Haben z. B. nach dem tatsächlichen Fahrplan

k Fahrten 30 min Wagenfolgezeit je Tag
m ,, 15 ,,   ,,   ,, ,,
n ,, 10 ,,   ,,   ,, ,,
p ,, 5 ,,   ,,   ,, ,,

so ist die mittlere Wagenfolgezeit eines Tages

$$t_{fm} = \frac{k\cdot 30 + m\cdot 15 + n\cdot 10 + p\cdot 5}{k + m + n + p}\ \text{min}.$$

Für diese mittlere Wagenfolgezeit greift man dann aus dem Diagramm nach Abb. 189 die mittleren Umlaufkosten ab, die man mit der täglichen Fahrtenzahl $k + m + n + p$ multipliziert, um die Tageskosten der Linie zu erhalten.

Die Stromkosten ändern sich infolge der Wagenbesetzung verhältnismäßig sehr wenig.

D. Beispiel für die Berechnung der Umlaufkosten einer Straßenbahnfahrt.

Es sollen für den Wagenumlauf auf der Umlaufstrecke $l_u = 13{,}50$ km nach gegebenem Längenprofil die Kosten eines vollbesetzten Straßenbahntriebwagens mit 1 Beiwagen für 30, 15 und 5 min Wagenfolgezeit ermittelt werden. Der Triebwagen hat zwei Motoren USL 253, dessen Motorkennlinien nach Abb. 184 a gegeben sind. Gewicht des zweiachsigen Triebwagens (Stahlwagen mit Rollenlagern) leer: 11,4 t, besetzt mit 64 Personen 16,4 t, des zweiachsigen Beiwagens leer: $8 \cdot 1$ t, besetzt mit 70 Personen 13,4 t. Anfahrbeschleunigung auf waagerechter Bahn $b_a = 0{,}38$ m/s², Höchstgeschwindigkeit 35 km/h. Hierfür wurden die Netztafeln für die Fahrzeit und des Stromverbrauchs bei der Anfahrt sowie die für die Fahrzeiten beim Auslaufen aufgestellt. Die Netztafeln für Verzögerung bei Fahrt mit Strom wurde nicht bezeichnet, da nach dem Längenprofil dieser Fall nur einmal auftritt. Fahrzeit und Stromverbrauch können hierfür mit dem rechtwinkligen Zeitdreieck aus der Fahrkraftlinie bzw. aus der ΔA_e-V-Linie Abb. 184c zeichnerisch ermittelt werden. Die Bremszeitzuschläge werden aus dem Strahlenbüschel der Abb. 187 abgegriffen. Zusammenstellung in Zahlentafel 27.

I. Betriebsverhältnisse.

Umlaufsstrecke $l_u = 13{,}5$ km, Umlaufszeit $T_u = 50$ min.

Bei 17 Std. Betriebszeit ist für die Wagenfolgezeit $t_{f\min}$	30	15	5
die Zahl der täglichen Umläufe n_t	34	68	204
und die jährlichen Umläufe $\sum n_j = 365 \cdot n_t$	12400	24800	74400
Jährliche km-Leistung $\sum l_j = l_u \cdot \sum n_j$	168000	336000	1010000
Bei $\sum l_w = 65000$ km/Jahr ist die Wagenzahl $a = \sum l_j : \sum l_w =$	3	6	16
Hierfür ist kleinste Wagenfolgezeit $t_{f\min} = 1{,}2 \cdot T_u : a$ min	20	10	3,75
Anzahl der tägl. Personalschichten $S_p = n_t \cdot T_u : (60 \cdot 5) =$	6	12	34

II. Anlagekapital.

		RM	RM	RM
1. Triebwagen . . . . 48000 } 75000		225000	450000	1200000
Beiwagen 27000				
2. Betriebsbahnhof 8000 RM/Wagen		24000	48000	128000
3. Werkstatt- und Ersatzteillager 1500 RM/Wagen . . .		4500	9000	24000
4. Doppelgleis einschl. Fahrleitung $13{,}55 \cdot 250000 \cdot 2$ . .		1820000	1820000	1820000
5. Sonstige Anschaffungen		15000	20000	20000
Nennwert der Anlage $W_n =$		2088500	2347000	3192000

III. Jahreskosten.

a) Zinsen. Altwert $W_a = 0{,}2 \cdot W_n$			
Bankzins $z = 5\%$ $\quad 1{,}2 \cdot W_n \cdot 5/2 \cdot 100$	62700	70000	95700
b) Abschreibung bei $k = 4\%$			
1. Wagen $n = 25$ Jahre, $q = 2{,}4\%$	5400	10800	28800
2. Betriebsbahnhof $n = 30$, $q = 1{,}78\%$	427	853	2275
3. Werkstatt und Ersatzlager $n = 10$, $q = 8{,}33\%$.	375	750	1920
4. Gleise und Fahrleitung			
bei $t_f = 30$ min, $n = 20$, $q = 3{,}36\%$	61000		
bei $t_f = 5$ und 15 min $n = 15$, $q = 5\%$		91000	91000
c) Löhne Jahresausgaben je Schicht 10000 RM	60000	120000	340000
$\sum K_j =$	189902	293403	559695

Bruttojahreslohn	eines Fahrers	eines Schaffners
	2300 RM	2000 RM
Soziale Abgaben . . .	360 ,,	300 ,,
Uniform u. Ausrüstung	100 ,,	100 ,,
	2760 RM	2400 RM

für eine Mannschaft:
1 Fahrer$+$2 Schaffner $2760+4800$
$= 7560$ RM.
Infolge Sonn- und Feiertage, Urlaub und Erkrankung erhöht sich der Betrag auf $7560 \cdot 365 : 280 = 10000$ RM.

IV. Kosten eines Wagenumlaufs.

a) Zeitkosten $\sum K_j : \sum n_j$ RM	15,30	11,80	7,50

b) Wegkosten   Unterhaltungskosten

1. der Wagen: Triebwagen $13,5 \cdot 0,04$	0,54		
Beiwagen $\quad 13,5 \cdot 0,025$	0,34		
2. Gebäude $13,5 \cdot 0,03$	0,04		
3. Werkstätten und Lager $13,5 \cdot 0,004$	0,05		
4. Gleise $13,5 \cdot 0,01$	0,14		
$13,5 \cdot 0,02$		0,27	
$13,5 \cdot 0,04$			0,54
5. Fahrleitung $13,5 \cdot 0,1$	0,14		
6. Schmieröl $13,5 \cdot 0,003$	0,04		
7. Verwaltungskosten $13,5 \cdot 0,015$	0,2		
8. Haftpflicht $13,5 \cdot 0,007$	0,1		
9. Steuern $13,5 \cdot 0,04$	0,54		
Wegkosten = RM	2,13	2,26	2,53

c) Stromkosten bei 0,083 RM/kWh = k_e			
$K_e = B \cdot k_e = (12{,}562 + 11{,}2) \cdot 0{,}083 =$	1,97	1,97	1,97

d) Gesamtumlaufskosten des vollbesetzten Wagens bei den drei Wagenfolgezeiten in RM	19,40	16,03	12,02

Die Fahrdynamik des Bauzugbetriebes als Berechnungsgrundlage für die Kostenermittlung der Erdarbeiten.

Vorbemerkung.

Als letzte der schienengebundenen Fahrzeuge folgt die Fahrdynamik des Bauzugbetriebes. Hierbei werden die Verbrauchswerte, Fahrzeit, Lokomotiv- und Bremsarbeit sowie die Betriebsstoffe und weiterhin die Zugfolgezeiten und die Kosten der Förderung in einfachster Weise ermittelt. Als Einführung in das Gesamtgebiet der Fahrdynamik der Verkehrsmittel ist daher die Fahrdynamik des Bauzugbetriebes besonders geeignet.

A. Über den Wert des zuverlässigen Veranschlagens.

Die Kosten für die Erdarbeiten bilden den Hauptbestandteil der Baukosten eines Verkehrsweges. Sie bestehen aus den Kosten für die Gewinnung, die Förderung und den Einbau der Bodenmassen sowie für die Vorbereitungs- und Abschlußarbeiten. Bei den eigentlichen Erdarbeiten handelt es sich darum, die getrennt liegenden Gewinnungs- und Einbaustellen durch einen Förderbetrieb so zu verbinden, daß die Arbeiten möglichst wirtschaftlich durchgeführt werden. Hierzu ist Vorbedingung, daß bei Einsatz der günstigst arbeitenden Geräte Gewinnungs-, Förder- und Einbaubetrieb so aufeinander abgestimmt sind, daß Betriebsunterbrechungen möglichst vermieden werden, und daß die Arbeiten rasch vorwärtsschreiten. Die Verhältnisse liegen meist für jede Baustelle anders, und die Betriebsgestaltung ist in bezug auf den Aufwand an Zeit, Energie, Personal und Geräten, das ist der sog. technische Aufwand, sehr verschiedenartig. Der technische Aufwand bildet aber die Grundlage für die Kostenermittlung. Nichts rächt sich daher mehr, als wenn die Kosten nur überschläglich ermittelt werden. Denn es handelt sich bei den Erdarbeiten um stets sich wiederholende Arbeitsvorgänge. Ist aber der Einzelvorgang kostenmäßig nicht genau erfaßt, so entstehen bei dessen häufiger Wiederholung Fehler, die für die Wirtschaftlichkeit entscheidend sein können. Diese Fehler werden bei einer Berechnungsmethode, wie sie nachstehend entwickelt wird, vermieden. Eine überschlägige Berechnung, bei der man die einzelnen Kostenanteile aufzurunden pflegt, weil man den Zusammenhängen im einzelnen nicht auf den Grund geht, ergibt eine Angebotssumme, die zwar im Falle des Zuschlages einen höheren Gewinn bringt. Aber die Erteilung des Auftrages wird durch das hohe Angebot in Frage gestellt. Der hierdurch entstehende Einnahmeausfall steht aber in keinem Verhältnis zu dem Aufwand für eine zuverlässige ingenieurmäßige Veranschlagung.

B. Die Bodenarten und ihre technischen Eigenschaften.

1. Die Bodenarten.

Nach den „Technischen Vorschriften für Bauleistungen" werden unterschieden:

1. schlammiger Boden, Triebsand — nur mit Schöpfgefäßen zu beseitigen;
2. leichter Boden — mit Schaufeln oder Spaten lösbar — (loser Boden, Muttererde, Sand), Böschungswinkel etwa $45°$;

3. mittlerer Boden — mit Spitzhacke, Breithacke oder Spaten lösbar — (festgelagerter Lehm, kiesiger Lehm, leichter Ton, Torf), Böschungswinkel etwa 60°;

4. fester Boden — durch Keile oder Sprengen lösbar — (schwerer Lehm mit Trümmern, fester Ton, grober Kies mit Ton, fester Mergel, lange lagernder Bauschutt oder Asche, schieferartiger Fels oder Steingeschiebe), Böschungswinkel etwa 80°;

5. Felsen — nur durch Sprengen mit Sprengstoffen lösbar — mit Böschungswinkel bis zu 90°.

Bei der Bodengewinnung mit Bagger kommen für die Bodenklassen 1 bis 3 Eimerkettenbagger, für die Bodenklassen 1 bis 4 Löffelbagger, und für die Bodenklasse 5 Löffel- und Greifbagger in Frage.

2. Bodengewichte für 1 m³.

Zahlentafel 28.

Bodenart	kg/m³
Dammerde, locker, trocken oder wenig feucht	1400
„ angestampft, trocken oder wenig feucht . . .	1400
„ locker, von Wasser durchdrungen	1800
Lehmige Erde, nicht festgestampft, trocken oder wenig feucht	1500
„ „ festgestampft, trocken oder wenig feucht . .	1700
„ „ von Wasser durchdrungen	1900
Sand, Kies, Schotter, trocken	1500—2000
(Sind die Zwischenräume mit Wasser gefüllt, so ist dessen Gewicht noch zuzuschlagen.)	
Ton	1800—2600
Sandstein	1900—2700
Kalkstein	2200—2800
Granit	2400—3000
Also Mittelwerte: für leichten Boden	1500
für mittleren Boden	2000
für schweren Boden	2500

3. Böschungsverhältnisse.

Innerer Zusammenhang und Reibung der Erdteilchen bedingen die Eignung zu Schüttungen sowie die zulässige Neigung der unbekleideten Böschungen.

Zahlentafel 29.

Böschungsverhältnisse für mittlere Dammhöhen und Einschnittstiefen.

Das Böschungsverhältnis m beträgt:	Feiner Sand	Kies und Dammerde (Mutterboden)	Lehm und Ton	Gerölle, Steine	Felsen
a) Abtrag: unbedeckt oder mit Rasen	1,8—1,7	1,6—1,4	1,5—1,4	1,5—1,0	im Mittel 0,5—0,33 ($^1/_2$—$^1/_3$)
gepflastert	1,5	1,25—1,0	1,0	1,0—0,75	bis $^1/_6$
b) Auftrag: unbedeckt oder mit Rasen	2,0—1,9	1,7—1,5	1,5	1,5	geschüttet 0,75
gepflastert	1,5	1,4—1,25	1,0	bis 1,0	gepackt 0,5

4. Die Auflockerung der Bodenmassen.

Die vorübergehende Auflockerung φ' ist bei der Bodenförderung, die bleibende Auflockerung q bei der Massenverteilung zu berücksichtigen.

Zahlentafel 30.

Bodenart	Vorübergehende φ'	Bleibende φ
	Auflockerung	
Sand	0,1 —0,2	0,01—0,02
Schwerer Lehm	0,2 —0,25	0,03—0,05
Mergel	0,25—0,3	0,06—0,08
Fester Ton	} 0,3 —0,35	0,08—0,1
Leichter Felsen		
Fester Felsen	0,35—0,5	0,1 —0,15

Vergebung und Abrechnung der Erdarbeiten werden fast stets nach dem Inhalte der Einschnitte, selten nach dem Inhalt der Dämme vorgenommen.

C. Kostenermittlung der Vorbereitungs- und Abschlußarbeiten.

Zu den Vorbereitungs- und Abschlußarbeiten gehören:

1. Herstellung der Zugänglichkeit zu den Arbeits-, Lager- und Werkplätzen.

2. Einrichtung des Werkplatzes, auf dem sich Baubuden, Geräteschuppen, Werkstätten, Lokomotivschuppen, Unterkunfts- und Verpflegungsräume befinden. Der Werkplatz ist etwa in der Mitte des Bauloses, meist im Übergang vom Damm zum Einschnitt, mit Gleisverbindung zu jedem Förderabschnitt anzulegen.

3. Beschaffung und Anliefern sämtlicher Arbeits- und Fördergeräte. Hierfür ist eine Geräteliste aufzustellen, getrennt nach Förder- und Gewinnungsbetrieb. Sie enthält Angaben über Stückzahl, Gewichte, Tarifklasse und Anschaffungskosten der einzelnen Geräte nebst den Hundertsätzen für Zins, Abschreibung und Instandsetzung sowie über Tageskosten hierfür, unter Berücksichtigung der Betriebszeiten, die für zwei Schichten zu verdoppeln sind.

Bei den Vorbereitungsarbeiten entstehen Kosten durch

a) die Eisenbahn- und Straßentransporte,

b) das Verladen der Geräte und sonstiger Einrichtungsgegenstände für die Baustelle. Für das einfache Auf- oder Abladen der Geräte sind einzusetzen bei Fördergleisen von

Zahlentafel 31.

	60 cm Spurweite	90 cm Spurweite
für Lokomotiven, Kippwagen einschl. Einsetzen ins Baugleis	4,0 h/t	5,0 h/t
für Schienen und Kleineisenzeug	0,8 „	1,5 „
für Weichen	1,0 „	1,6 „
für Schwellen	1,3 „	1,7 „
für Baubuden, Kleingerät	0,6 bis	0,8 h/t
für Bagger	4,0 „	5,0 „

Das betriebsfertige Herrichten der Lokomotiven und Wagen ist in diesen Zeiten nicht enthalten. Für Umladen sind die 1,5fachen Zeiten einzusetzen. Ladetrupp: 1 Vorarbeiter und 7 Mann.

c) Zusammenbau. Eine Lokomotive von 60 cm Spur erfordert 8 Maschinisten- und 8 Heizerstunden, bei 90 cm Spur die doppelte Zeit. Für Kippwagen bei 60 cm Spur sind 1,5 Arbeiterstunden je Wagen, bei 90 cm Spur 3 bis 5 anzusetzen für Löffelbagger

vom Löffelinhalt	1,0	1,5	2,5 m³
1 Baggermeister und 10 Mann . .	6	10	12 Tage

Für Herstellen der Baubuden sind je m³ Holz 45 Zimmererstunden nötig. Gleisvorstrecken: 1 Schachtmeister und 10 Mann strecken in 8 Stunden 200 m Gleisrahmen oder 150 m Gleis auf Holzschwellen von 60 cm Spur oder 100 m Gleis von 90 cm Spur vor. Der Abbau vorstehender Geräte beträgt $^2/_3$ der Aufbaukosten.

d) **Abdecken von Mutterboden, Rasenschälen und Rodungsarbeit.** 1 Schachtmeister und 20 Mann heben in 8 Stunden 120 m³ Mutterboden ab und setzen ihn seitlich bis zu 50 m aus. 1 Vorarbeiter und 8 Mann schälen in 8 Stunden 250 m² Rasen und setzen ihn seitlich aus. Rodungsarbeiten 0,5 Std./m², Planierungsarbeiten nach den Baggern 0,27 Std./m² Grundfläche.

Böschungsschutz. Zum Andecken einer 15 cm starken Humusschicht und zum Besäen oder zum Belegen mit Rasenstücken sind 0,3 Stunden je m² erforderlich. Bei hohen Böschungen ist für je 2,5 m Hebung des Bodens ein Zuschlag von 0,15 Stunden erforderlich. Bei Querneigung des Geländes über 1:10 ist der Untergrund abzutragen.

e) **Verzinsung des Kapitals für Vorbereitungsarbeiten.**

f) **Verzinsung z, Abschreibung a und Instandsetzen i der Geräte.** Verzinst wird der jeweils noch nicht abgeschriebene Teil des im Gerät angelegten Kapitals. Man rechnet daher die Verzinsung des halben Anlagekapitals auf die Lebensdauer des Gerätes. Dieser Betrag ist in den Betriebszeiten aufzubringen. Unter **Abschreibung** versteht man das Ansammeln einer der Wertverminderung eines Geräts entsprechenden Summe während seiner Lebensdauer bis zur Höhe des Neubeschaffungspreises. Nur in der Betriebszeit liefert das Gerät Erträge. Es muß also die Summe der Abschreibungen bezogen auf die Betriebszeiten des Geräts dessen Beschaffungspreis ergeben. Neue Geräte haben hohe Abschreibungssätze und niedrige Instandsetzungskosten, so daß die Summe der Abschreibungs- und Instandsetzungskosten in jedem Alter nahezu gleichbleiben. Nach der vom Reichsverband des Ingenieurbaues herausgegebenen „Selbstkostenermittlung der Bauarbeiten", Berlin 1934, gelten bei 8-Stunden-Betrieb folgende Mittelwerte für Abschreibung und Instandsetzung: Wagen und Baubuden $a = 23\%$, $i = 3\%$, Lokomotive, Bagger, Krane, Gleisrückmaschinen, Planierungspflüge, Lastkraftwagen und Anhänger $a = 16\%$, $i = 4\%$, Weichen, Drehscheiben, Pumpen, Lokomobilen, Werkzeugmaschinen $a = 12\%$, $i = 3\%$, Elektromotoren, Rollbahn- und Baggergleise $a = 10\%$, $i = 2\%$.

Wird in zwei oder mehr Schichten gearbeitet, so ist mit einer entsprechend stärkeren Abnutzung der Geräte zu rechnen.

g) Zu a) bis f) ist ein **Zuschlag für Geschäftsunkosten, Wagnis, Gewinn und Umsatzsteuer** zu machen. Seine angemessene Höhe unterliegt Schwankungen innerhalb weiter Grenzen. Ungefährer Anhalt etwa 21% nach „Der angemessene Preis im Straßenbau". Berlin 1936.

f) und g) werden zweckmäßig für die gesamte Bauzeit am Schluß der Gesamtrechnung aufgestellt.

Die **Schlußarbeiten** bestehen aus:

α) Nachbearbeitung der Einschnitte, Andeckung der Böschung mit Mutterboden, Ansäen und Belegung der Böschung mit Rasenstücken (s. vorher unter d).

β) Auseinandernehmen der Geräte, Abbauen der Gleise und Abbrechen der Baubuden (s. unter c).

γ) Verladen und Rückbeförderung der Geräte (s. unter a und b).

Die Ermittlung der Anzahl und die Verteilung der Arbeiter während der Vorbereitungs- und Abschlußarbeiten sowie die Bestimmung der Dauer dieser

Zeitplan für die Vorbereitungs- und Abschlußarbeiten.

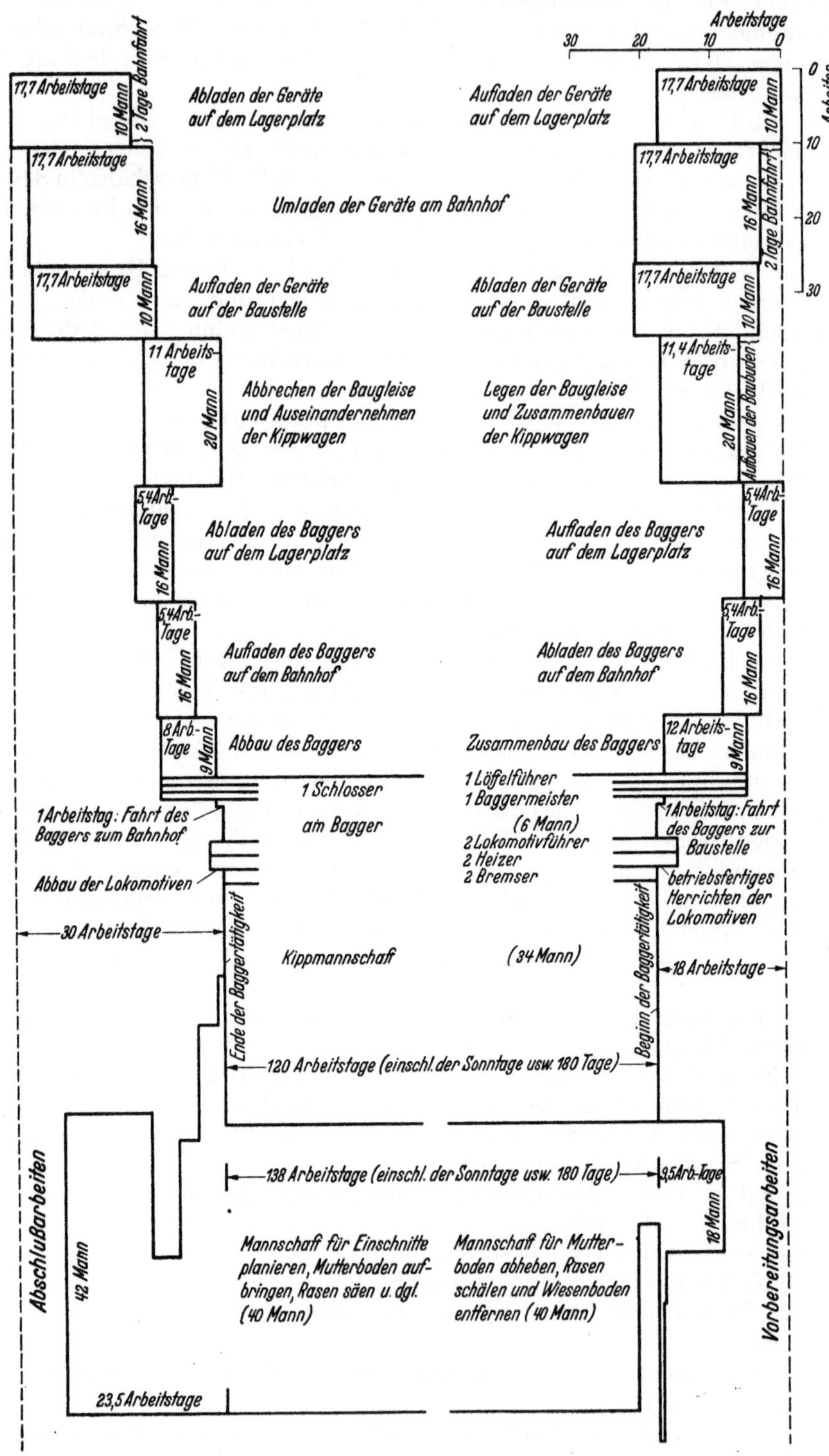

Arbeiten erfolgt zweckmäßig mittels des als Muster vorstehend wiedergegebenen Zeitplanes[1]. Der Aufstellung des Zeitplanes geht die Feststellung voraus, welche Arbeiten **gleichzeitig** in Angriff genommen werden können, und welche **nacheinander** ausgeführt werden müssen. Für die Bemessung der Zahl der Arbeiter soll als Richtlinie gelten, daß für die Vorbereitungs- und Abschlußarbeiten **nicht mehr** Arbeiter als im **Dauerbetrieb** der Bauarbeiten benötigt werden sollen.

Preise und Gewichte siehe Selbstkostenermittlung für Bauarbeiten, herausgegeben vom Reichsverband des Ingenieurbaues, Berlin 1934 S. 67.

D. Zeiten und Kostenermittlung für die Gewinnung und den Einbau der Erdmassen.

1. Der Zeitaufwand.

Für die Kostenermittlung der Erdarbeiten sind zunächst die Baggertage, die Lohntage und die Bauzeit zu berechnen.

Die Gesamtarbeitszeit für Baggern, Fördern und Kippen bestimmt man aus der stündlichen Dauerleistung des Baggers L_n m³/h unter Berücksichtigung der Bodenart, nebst einem Zuschlag von 7 bis 10 % für Betriebsunterbrechungen (Zahlentafel 32).

a) **Zahl der Baggertage** bei 8-Stundenschicht $D = 1{,}07\, M/8\, L_n$ bis $1{,}1\, M/8\, L_n$ Tage. Es sind M m³ die Baggermassen eines Bauloses. Hiernach werden die Betriebsstoffkosten für Baggern und Fördern berechnet.

b) **Bauzeit** ohne Vorbereitungs- und Abschlußzeit $B_z = 30 \cdot D/23$ bis $30\, D/18$ Tage, bei 18 bis 23 Baggertagen im Monat nach Abzug der Sonn- und Feiertage und der Regentage. B_z dient zur Berechnung der Gerätekosten.

c) **Lohntage.** α) Für **Baggerführer** und **Klappenschläger, Schmierer, Lokführer, Heizer** und **Schlosser** gelten alle Wochentage, also $D_{lb} = 25\, D/23$ bis $25\, D/18$ Tage.

β) **Für Arbeiter** $D_{la} = 1{,}1\, D$ Tage.

Zahlentafel 32. (Orenstein u. Koppel.)

Typ	Hochlöffel-, Tiefl.ffel- Schleppschaufel Inhalt m³	Greifer m³	Konstruktionsgewicht t	Abtraghöhe[3] bei Hochlöffel m	Bei 100° Schwenkwinkel[4] Dauerleistung in Wagen geladen. Bodenart leicht L_n m³/h	mittel L_n m³/h	schwer L_n m³/h	Kohlenverbrauch je Baggerstunden kg/h
6[2]	0,8	0,8	32	1—2	80	54	25	70
				3—8	100	65	28	
9	1,2	1,0	50	1,5—3	110	75	50	80
				3,5—10,3	140	92	58	
14	1,6	1,4	75	2—3	150	100	75	105
				4—12	190	125	90	
16	2,2	2,0	85	2—4	170	130	95	135
				5—12,3	220	160	115	
32	3,0	2,5	110	3—5	215	170	140	180
				5,5—14,2	275	210	160	

Die Zeit für die Bodengewinnung bei **Handbetrieb** kann man nach der folgenden Zahlentafel 33 berechnen.

---

[1] Siehe K. Dieke: „Der Bahn-Ingenieur" Nr. 47 (1935) S. 798.
[2] Ohne Demontage und Bahnverladen.
[3] Die größte Ausschütthöhe, falls Wagen oberhalb der Böschung, ist etwa 2 m kleiner.
[4] Bei 180° Schwenkwinkel (Vorkopfbaggern) 15 % geringere Dauerleistung.

Zahlentafel 33. Grabearbeit.

Boden-klasse	Bodenart	Geräte	Lösen und Laden in 1 Std. bei günstigen m^3/h	ungünstigen m^3/h	Geräte-kosten in % des Lohnes
1	schlammiger Boden	Schöpfgefäß	1	0,5	1
2	Mutterboden, loser Sand, Kies	Spaten oder Schaufel	2	0,85	2
3	sandiger Lehm, leichter Ton	Hacke oder Spaten	1,1	0,55	2
4	Ton, Lehm, schwerer Gruben-kies, steiniger Boden	Keile	0,4	0,2	3

Ungünstige Verhältnisse sind gegeben bei Wasserhaltigkeit des Bodens und bei engen Baugruben. Hier kann noch ein Kostenzuschlag von 15 bis 30% in Frage kommen.

Die Zeit für das Kippen und den Einbau des Bodens kann man aus den **Massen** berechnen, die ein **Arbeiter in einer Stunde kippt und einbaut**. Diese sind:

$\alpha = 5 \text{ m}^3/\text{h}$ bei leicht kippbarem Boden,

$\alpha = 3,5 \text{ m}^3/\text{h}$ bei mittelschwer kippbarem Boden,

$\alpha = 2 \text{ m}^3/\text{h}$ bei schwer kippbarem Boden.

2. Die Kostenermittlung des Bagger- und Kippbetriebes.

Zu den Kosten des Bagger- und Kippbetriebes gehören:

a) **Die Kosten für Zins, Abschreibung und Instandsetzen der Geräte.** Diese Kosten sind für die Vorbereitungs-, Bau- und Abschlußzeit anzusetzen. (Die Ermittlung der Bauzeit ist am Schluß des Abschnitts angegeben.)

b) **Die Betriebsstoffkosten.** Den Kohlenverbrauch je Baggerstunde vgl. Zahlentafel 32. Derjenige für Anheizen beträgt 50 bis 100 kg täglich. Insgesamt ist ein Zuschlag von 10% für Verluste und Diebstahl hinzuzufügen. Die Kosten für Wasser, Öl und Fette frei Baustelle betragen 8 bis 10% der Kohlenkosten.

c) **Die Löhne für Baggerpersonal.** Für soziale Abgaben sind 13 bis 15% hinzuzufügen. Personalbedarf: α) **Am Bagger:** Ein Baggerführer, ein Klappen-schläger, ein Schmierer. β) **Auf der Kippe:** Die Größe der Kippmannschaft ist $n_k = 60 \, f/\alpha \cdot t_f$ Mann $+ 1$ Schachtmeister. Es ist $f = n \cdot i : (1 + \varphi') \text{ m}^3$ das Fassungsvermögen eines Zuges von n Wagen in gewachsenem Boden gemessen. Hier bedeutet i m³ der Inhalt eines Wagens, φ' die vorübergehende Auflockerung (Zahlentafel 30) und t_f die Zugfolgezeit (vgl. S. 331).

d) **Die Verzinsung des Betriebskapitals.** Diese ist anzusetzen für die Vorbereitungsarbeiten und für den ersten Monat der Bodenförderung. Die Betriebskosten der folgenden Monate und der Abschlußarbeiten werden von den Abschlagszahlungen der geleisteten Arbeit bezahlt.

e) **Die allgemeinen Unkosten.** Diese werden als Zuschlag zu a) bis d) berücksichtigt (S. 325).

E. Der Bauzugbetrieb und die Kosten für die Bodenförderung mit Lokomotiven.

1. Der Bauzugbetrieb.

a) Der Gleisbedarf. Zu der Länge der Fördergleise kommt ein Zuschlag von etwa 33% für Ausweichen, Vorrats- und Schuppengleise. An Gleisen müssen einmal $1,33 \, l_{max}$ km vorhanden sein, wo l_{max} die größte vorkommende Förder-strecke des Bauloses ist. Andererseits muß bei der Gesamtlänge l_t km des Bauloses mit Rücksicht auf die Verbindung zum Werkplatz, der in der Mitte des Bauloses anzunehmen ist, der Gleisbedarf $1{,}33 \cdot 0{,}5\,l_t$ km sein. Das Schienengewicht ist $g = 10\sqrt[3]{P^2}$ kg/m, wo P kg der Raddruck ist.

5 m lange Gleisrahmen (Schienen einschl. Stahlschwellen) für 60 cm Spur wiegen 9 bis 13 kg/m.

Gleise auf Holzschwellen.

Zahlentafel 34.

		Spur cm	
		60	90
Schienengewicht . . . . kg/m		12—14	25—30
Holzschwellen: Länge . . . . . cm		120	180
Breite . . . . . cm		14	18
Höhe . . . . . . cm		12	14

Schwellenabstand. 60 cm Spur, größter 100 cm für $P = 2000$ kg
kleinster 60 „ „ $P = 4000$ „
90 cm Spur, größter 100 „ „ $P = 4000$ „
kleinster 70 „ „ $P = 6850$ „

Weiche auf Holzschwellen 60 cm Spur 300 bis 400 kg Gewicht,
90 „ „ 500 „ 800 „ „
Eine Rahmengleisweiche . . 60 „ „ 200 kg.
Einbaudrehscheibe für Rahmengleis 180 „ .

b) Lokomotiven. Da die Last eines Zuges von der Lokomotive erst beschleunigt werden muß, und hierfür eine erhebliche Kraft aufzuwenden ist, so ist für die Beurteilung einer Lokomotive nicht nur die Zugleistung bei gleichmäßiger Geschwindigkeit, sondern auch deren Beschleunigungsvermögen von großer Wichtigkeit. Vorbedingung hierfür sind das notwendige Reibungsgewicht der Lokomotive und gutgriffige Räder mit möglichst kleinem Durchmesser. Der Radstand soll möglichst groß sein, damit die Lokomotive beim Anfahren nicht hin und her pendelt und sich nicht in den Gleisen verklemmt. Ferner muß die Lokomotive zentrale Puffer mit gut federndem Zughaken haben. Bekanntlich fahren Dieselloks besser als Dampfloks unter Last an. Ebenso wie beim Kraftwagen wächst bei Dieselloks mit der Zylinderzahl das Beschleunigungsvermögen. Bei der Diesellok wirken zudem die großen Schwungradmassen ausgleichend.

Zahlentafel 35. Naßdampf, 2/2 gekuppelte Tenderlokomotiven.

	Spurweite				
	60 cm			90 cm	
Dauerleistung N am Triebrad . PS	50	60	80	90	160/180
Leergewicht . . . . t	6,8	8,4	11,5	10,6	14,6
Dienstgewicht . . . . t	8,6	10,6	14	13,5	19,2
Rostfläche R . . . . m²	0,4	0,43	0.5	0,52	0,87
Höchstgeschwindigkeit . . . V km/h	20	25	25	20	30
Kleinster Krümmungshalbmesser m	20	30	30	30	26

Zahlentafel 36. Diesellokomotiven 2/2 gekoppelt (Orenstein u. Koppel).

	Spurweite			
	60 cm			90 cm
Dauerleistung N_{mo} des Motors . PS	33	48	72	110
Leergewicht . . . . t	6,3	9,3	11,7	19,6
Dienstgewicht . . . . t	6,5	9,6	12,0	20,0
I. Gang . . . . V km/h	2,5—5,2	2,5—4,8		4,6
II. „ . . . . „	9,0	10,5		9,2
III. „	18,0	21,5		13,0
IV. „ . . . .,				26,0

Diesellok von 110 PS auf Normalspur wird auch als Kleinlok auf Bahnhöfen zum Rangieren verwandt.

Die Zugkraft der Diesellok am Triebradumfang ist $Z_t = \eta \cdot 270 \cdot N_{mo} : V$ kg, wo $\eta = 0{,}75$ für den 1. Gang und $\eta = 0{,}85$ für die anderen Gänge der mechanische Wirkungsgrad ist.

Betriebsstoffverbrauch (Kohlen und Rohöl) der Lok s. S. 331.

c) **Wagen.** Am besten sind Kippwagen mit kleinen Laufrädern, großem Radstand, tiefer Schwerpunktslage, gefederten Achsen und Wälzlagern. Puffer- und Zugketten sollen möglichst im Wagenschwerpunkt angreifen.

Zahlentafel 37. Rollwagen (Orenstein u. Koppel).

Muldenkipper mit 60 cm Spur			Holzkastenkipper mit 90 cm Spur		Stahlkastenkipper mit 90 cm Spur	
Inhalt i m³	Gewichte kg ohne Bremse	mit Bremse	Inhalt i m³	Gewicht kg	Inhalt i m³	Gewicht kg
0,75	365	450	2,0	ca. 1200	2,0	ca. 2300
1,0 (leicht)	395	485	3,0	„ 2000—2150	3,0	„ 2550
1,0 (verstärkt) . .	540	655	4,0	„ 2400—2500	4,0	„ 3600
1,0 (niedrig) . . .	642	768			Selbstkipper	
1,25 (Baukipper) .	670	790			5,3	ca. 4500
1,5 (Baukipper) .	895	1025				

Muldenkipper mit 90 cm Spur

2,0	1485	1700

d) **Die Zugkräfte.** Es kommen in erster Linie zweiachsige Dampf- und Dieselloks in Betracht. Zugwiderstand (Lok + Wagen) je nach Lage der Gleise $w = 8$ bis 10 kg/t bei 60 cm Spur, $w = 6$ bis 8 kg/t bei 90 cm Spur. Der Luftwiderstand ist zu vernachlässigen, da V km/h klein ist.

Zugkraft: Falls Leistung am Triebradumfang N PS gegeben, ist die Zugkraft $Z = 270\,N : V$ kg. Drückt man nach Abb. 190 die Kesselleistung durch einen gleichbleibenden Mittelwert N PS aus, dann ist die Linie der Zugkraft über der Geschwindigkeitsachse V km/h eine Hyperbel. Sie ist eine Waagerechte, wenn die höchste Zugkraft gleich der Reibungszugkraft $Z_r = \mu_h \cdot G_r$ kg ist. Das Gewicht auf den Triebachsen G_r ist gleich dem Lokomotivgewicht G_l t, falls alle Achsen gekuppelt sind. Es ist $\mu_h = 150$ bis 170 kg/t die Haftreibung zwischen Rad und Schiene (bei trockenen Schienen gilt der höhere Wert). Bei gleichbleibender Geschwindigkeit ist die Zugkraft gleich dem Widerstand, also $Z = W = G \cdot (\pm s + w)$ kg.

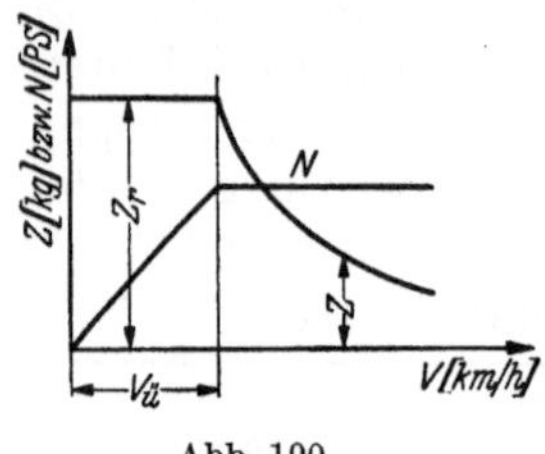

Abb. 190.

Hier ist $G = G_l + G_w$ t das Zuggewicht, G_w das Gewicht der angehängten Wagen, $+s\,^0/_{00}$ Steigung, $-s\,^0/_{00}$ Gefälle.

e) **Der Bauzug.** α) **Gewicht der angehängten Wagen.** $G_w = (n - 2) \cdot g_0 + 2\,g_m + \gamma \cdot n \cdot i : (1 + \varphi')$ t. Hier ist n die Wagenzahl (höchstens 25). Erster und letzter Wagen sind mit Bremsen (Gewicht g_m t) ausgerüstet. Wagen ohne Bremse g_0 t. Das Fassungsvermögen des Zuges an gewachsenen Boden ist $f = n \cdot i : (1 + \varphi')$ m³, γ t/m³ ist das Bodengewicht für 1 m³ nach Zahlentafel 28. Das Zuggewicht darf nur so groß sein, daß noch mit der Reibungszugkraft auf der größten Steigung $s_h\,^0/_{00}$ angefahren werden kann, also $Z_r = \mu_h \cdot G_r > G \cdot (s_h + w)$.

β) **Die Bremsausrüstung.** Erfahrungsgemäß soll eine Lokomotive im Gefälle so viel Last abbremsen, wie sie bergauf ziehen kann. Ist die Last für das Gefälle zu groß, dann müssen noch Bremswagen eingesetzt werden. Bei Talfahrt werden in der Regel nur die Lok und der letzte Wagen gebremst, in starken Gefällen entsprechend mehr Wagen. Auf Gefällen $1:15$ oder $67^0/_{00}$ sind 30%, auf Gefällen $1:25$ oder $40^0/_{00}$ 20% des Zuggewichts abzubremsen, also ist das Bremsgewicht $G_b = 0{,}3\,G$ bzw. $G_b = 0{,}2\,G$.

Berücksichtigt man mit $1{,}03$ den Einfluß der sich drehenden Radmassen, und ist G_b das Gewicht der gebremsten Lokomotive + Wagen, so ist die Bremsarbeit $[G_b \cdot \mu_b \cdot k + G(w - s)] \cdot l_{br} = M \cdot v^2:2 = 1000 \cdot 1{,}03 \cdot G \cdot v^2/2\,g = 4 \cdot G \cdot V^2\,\mathrm{mkg}$ mit $v = V:3{,}6\,\mathrm{m/s}$. Dann ist der Bremsweg $l_{br} = 4\,V^2:[w - s + (\mu_b \cdot k \cdot G_b:G)]$, wobei $\mu_b = 150\,\mathrm{kg/t}$ die Bremsreibung zwischen Rad und Bremsklotz und $k = 0{,}5$ bis $0{,}67$ das Verhältnis des Bremsklotzdruckes zum abgebremsten Gewicht infolge des Übersetzungsverhältnisses des Bremsgestänges ist. Bremszeit $t_{br} = l_{br} \cdot 2 \cdot 3{,}6/V_h$. Es ist $V_h = 15\,\mathrm{km/h}$ bei 60 cm Spur und $V_h = 20\,\mathrm{km/h}$ bei 90 cm Spur die Höchstgeschwindigkeit bei Talfahrt.

γ) Die Fahrzeit. Bei gleichmäßiger Geschwindigkeit auf der Strecke l km mit der Neigung $\pm s^0/_{00}$ ist die Fahrzeit $t = 60\,l/V$ min. Hier ist mit $Z = W = G \cdot (s + w)$ kg $V = 270 \cdot N:[G(s + w)]$ km/h, falls N bekannt. Zu diesen Fahrzeiten kommen noch die Zuschläge für Anfahren und Bremsen, die bei mittlerer konstanter Anfahr- oder Bremskraft gleich der halben Anfahr- oder Bremszeit sind. Daher ist der Bremszeitzuschlag $t_{zbr} = 3{,}6\,l_{br}:(60\,V) = 0{,}06 \cdot l_{br}:V$ min. Der Anfahrzeitzuschlag $t_{za} = t_a/2 = V:(2 \cdot 3{,}6 \cdot 60 \cdot b_a)$ min, wo $b_a = (Z - W):M$ m/s² die Anfahrbeschleunigung. Mit $Z_r = \mu_h \cdot G_r$ und $W = G \cdot (s + w)$ sowie $M = 1{,}03 \cdot 1000\,G:g = 105\,G$ ist $b_a = [G_r \cdot \mu_h - G(s + w)]:(105\,G)$ m/s². Die Gesamtfahrzeit ist $T = \sum t + t_{za} + t_{zbr}$ min.

δ) Die Zugförderarbeit ist gleich der Summe der Hebearbeit $\sum G(s + w) \cdot l$ und der Beschleunigungsarbeit beim Anfahren $\dfrac{1{,}03 \cdot G \cdot 1000}{2\,g}\left(\dfrac{V_a}{3{,}6}\right)^2$ mkg, also

$$A = \frac{G}{1000}\left[\sum (s + w) \cdot l + 0{,}4\left(\frac{V_a}{10}\right)^2\right] = \frac{G}{1000}\left[H + w \cdot \sum l + 0{,}4\left(\frac{V_a}{10}\right)^2\right]\,\mathrm{kmt.}$$

$\sum s \cdot l = H$ m ist der Höhenunterschied auf der Fahrstrecke $\sum l$ km, V_a die Geschwindigkeit nach der Anfahrt. Bei Talfahrt ist für die Ermittlung des Kohlenverbrauchs nur die Anfahrarbeit zu berechnen.

ε_1) Der Kohlenverbrauch. 1. Bei Fahrt unter Dampf $B = A \cdot b$ kg, wo $b = 10$ kg/kmt Kohle bei 60 cm Spur und $b = 8$ bis 9 kg/kmt bei 90 cm Spur ist.

2. Bei Fahrt mit abgestelltem Dampf $B_0 = b_0 \cdot T_0$ kg, $b_0 = 0{,}5 \cdot R$ kg/min Kohle, T_0 min Fahrzeit bei abgestelltem Dampf, R m² die Rostfläche (nach Zahlentafel 35).

3. Bei langsamem Vorrücken am Bagger und an der Kippe $B_v = b_v(t_l + t_k)$ kg, wo $b_v = 1 \cdot R$ kg/min i. M., t_l min die Ladezeit und t_k die eigentlich Kippzeit ist.

Für Anheizen einer Lok von 50 bis 80 PS sind 45 kg, von 150 bis 200 PS 65 kg Kohle erforderlich. Hierzu kommt noch ein Zuschlag von 10% für Verluste und Diebstahl.

ε_2) Der Rohölverbrauch (Gasöl). 1. Bei Fahrt mit Kraft 740 g/kmt = 200 g/PSh, da 1 PSh = 0{,}27 kmt.

2. Bei abgestelltem Motor 50 g/min.

3. Bei langsamem Vorrücken i. M. 100 g/min.

ζ) Die Ladezeit ist $t_l = 60\,f:L$ min, wo $f = n \cdot i/(1 + \varphi')$ m³ das Fassungsvermögen des Zuges, L m³/h die stündliche Leistung der Bodengewinnung ist. Bei Löffelbagger auf Raupenbändern und Eimerkettenbagger ist $L = L_n$ m³/h die durchschnittliche Dauerleistung nach Zahlentafel 32 und $L = 1{,}25 \cdot L_n$ m³/h die erreichbare Höchstleistung.

η) Die Zugfolgezeit ist $t_f = t_l + t_w$ min. Es ist $t_w = 3$ bis 5 min für den Zugwechsel am Bagger. Bei kleineren Zügen ist der Zugwechsel häufiger und daher die Tagesleistung geringer. Bei der **Dauerleistung** L_n des Baggers ist $t_{fd} = t_w + (60 \cdot f : L_n)$ min, bei der **erreichbaren Höchstleistung** des Baggers ist die **kürzeste Zugfolgezeit** $t_{fk} = t_w + (60 \cdot f : 1{,}25\,L_n)$ min. Die Zeitreserve ist $t_{fd} - t_{fk}$.

ϑ) **Die Kippzeit.** Innerhalb der kürzesten Zugfolgezeit t_{fk} muß der Boden gekippt und eingebaut sein, also ist $60\,f : \alpha \cdot n_k = t_{fk}$ min. Es ist $\alpha = 5\,\mathrm{m^3/h}$ bei leichtem, $\alpha = 3\,\mathrm{m^3/h}$ bei mittlerem, $\alpha = 2\,\mathrm{m^3/h}$ bei schwerem Boden die Leistung eines Arbeiters beim Kippen und Einbauen. Hieraus ist n_k die Zahl der Arbeiter zum Kippen und Einbauen zu berechnen. Zum eigentlichen Kippen sind von der Gesamtkippmannschaft n_k nur $n_k' = 0{,}5\,n_k$ bis $0{,}7\,n_k$ Mann erforderlich. Die eigentliche Kippzeit des Bauzuges ist daher $t_k = n \cdot r \cdot \varrho / n_k'$ min, r und ϱ nach Zahlentafel 38.

Zahlentafel 38.

Fassungsraum eines Wagens m³	Anzahl r, der zum Kippen eines Wagens erforderlichen Arbeiter	Eine Kippkolonne braucht für einen Wagen eine Kippzeit von ϱ min bei		
		leichtem Boden	mittelschwerem Boden	schwerem Boden
0,75—1,25 und Selbstkipper	2	0,75	1,0	1,5
1,5—2,5	3—4	1,0	1,3	1,5
3 —3,5	5—6	1,3	2,0	3,0
4 —4,5	7—8	2,0	4,0	5,0

f) Der Fahrplan als Grundlage der Kostenermittlung. Bei größeren Erdbewegungen handelt es sich in der Regel um zwei getrennte Arbeitsstellen für Bodengewinnung einerseits und Bodeneinbau andererseits. Zwischen beiden bewegt sich der Förderbetrieb. Es müssen Gewinnungs-, Förder- und Kippleistung aufeinander abgestimmt werden. Hierzu bedarf es eines Arbeits- und Fahrplanes. Geschieht die Bodengewinnung durch Bagger, so sind diese in der Regel das teuerste Gerät und entsprechend möglichst auszunutzen. Anzahl der Zuggarnituren und ihr Fahrplan sind daher so zu bestimmen, daß der Bagger ununterbrochen arbeitet, und das Laden nur beim Zugwechsel unterbrochen zu werden braucht. Anders ist es auf der Kippe, wo in den Zugpausen der Boden eingebaut werden muß. Bei eingleisigem Betrieb sind Ausweichen anzulegen (Abb. 191). Da am Bagger stets ein Zug steht, sind bei z Zug-

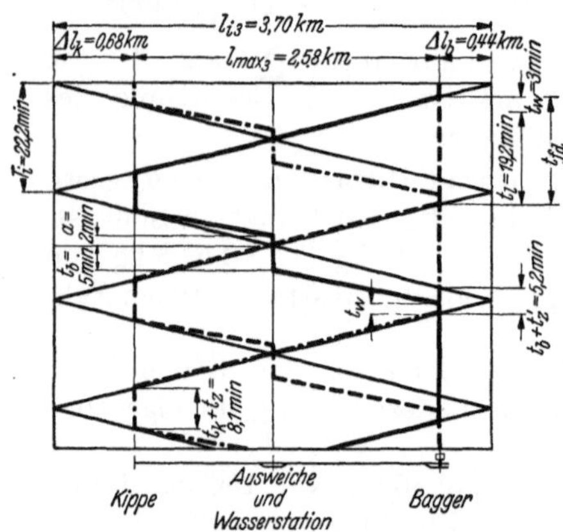

Abb. 191. Fahrplan für 3 Zuggarnituren.

garnituren $z - 1$ Züge auf der Strecke, für die $z - 2$ Ausweichen vorhanden sein müssen. Beladene Züge fahren an der Ausweichstelle durch, leere halten. Die der Baggerstelle benachbarte Ausweichstelle dient in der Regel auch zur Übernahme der Betriebsstoffe.

Größtmögliche Förderweiten. Beim Vortreiben eines Dammes ändert sich bei gleichbleibender Zugfolgezeit mit der Kippstelle auch die für das Kippen zur Verfügung stehende Zeit. Sie darf die berechnete Kippzeit t_k nicht unterschreiten. Ebenso darf die Baggerstelle nur so weit vorgetrieben werden, daß der Leerzug an der Ausweiche noch Betriebsstoff fassen und rechtzeitig zum Bagger kommen kann. Um bei der Fahrplanbildung von den sich stets ändernden

Kipp- und Baggerstellen unabhängig zu sein, bestimmt man zwei ideelle äußerste Umkehrstellen der Züge durch den Schnitt der Zeit-Weg-Linien des ohne Aufenthalt wendenden Zuges gleichbleibender Geschwindigkeit V_b km/h (beladener Zug). Der Abstand dieser Umkehrstellen ist die ideelle Förderstrecke l_i km. Es ist die ideelle Fahrzeit $T_i = 60\,l_i : V_b$ min. Die Hin- und Rückfahrzeiten auf dem Überschuß der ideellen Förderstrecke gegenüber der tatsächlichen Strecke ist gleich der Haltezeit des Zuges auf der Kippe und der für Betriebsstoffassen. Von der letzten Ausweiche darf die ideelle Umkehrstelle nur so weit entfernt sein, daß der Zug innerhalb der Zugfolgezeit t_{fd} noch hin- und zurückfahren kann. Die Ausweichstellen liegen aber so, daß sie bei $z - 1$ Teilstrecken die ideelle Fahrzeit T_i in die gleichen Teile $T_i : (z - 1)$ teilen. Daher ist nach Abb. 191 $t_{fd} = 2\,T_i : (z - 1)$ min, also $T_i = 0{,}5 \cdot (z - 1)\,t_{fd} = 60\,l_i : V_b$ min, oder $l_i = 0{,}5\,(z - 1)\,t_{fd} \cdot V_b : 60$ km ist die ideelle Förderstrecke (Abb. 191). Um die tatsächliche größte Förderlänge l_{max} zu erhalten, trägt man von den Enden der l_i-Strecke die Längen Δl_k und Δl_b km ab, das sind die in Fahrwege umgerechneten Zeiten auf der Kippe und am Bagger. Es ist also $l_{max} = l_i - (\Delta l_k + \Delta l_b)$ km mit $\Delta l_k = 0{,}5\,V_b \cdot (t_k + t_z)/60$ und $\Delta l_b = 0{,}5\,V_b$ $(t_b + t'_z + a) : 60$. Hier ist $t_k = $ Kippzeit, $t_b = 3$ bis 5 min für Betriebsstoffassen, t_z und t'_z sind die Zeitzuschläge für Anfahren und Bremsen an der Kipp- bzw. an der Baggerstelle, a ist die Zeit, um die der Leerwagenzug vor Durchfahrt des beladenen an der Ausweiche sein muß. Diese Zeit a fährt der Leerwagenzug mit erhöhter Geschwindigkeit wieder ein. **Durch die beiden Gleichungen für $l_{max} = l_i - (\Delta l_k + \Delta l_b)$ und $t_{fd} = t_w + (60\,f : L_n)$ ist die größte Förderstrecke abhängig von der Baggerleistung, der Kippleistung und der Zugförderleistung, und weiterhin von der Zahl der Zuggarnituren, der Geschwindigkeit, dem Fassungsvermögen des Zuges, der Zugfolgezeit und der Zeit für Betriebsstoffassen.** Um nicht für geringe Bodenmengen eine weitere Zuggarnitur einzusetzen, kann man l_{max} verlängern 1. durch Verminderung der Baggerleistung, 2. durch Erhöhung von V_b.

Durch die Ausweichen in eingleisigen Förderstrecken treten häufig gegenseitige Behinderungen der Züge und leicht Entgleisungen auf. Auch müssen die Ausweichen mitunter bei Änderung der Streckenlängen verlegt werden. **Daher ist ein Förderbetrieb mit nur 2 Lokomotiven am zuverlässigsten.** Der Betrieb mit 2 Lokomotiven setzt jedoch bei langen Förderstrecken starke und schnelle Lokomotiven mit großen Wagen voraus. Hierdurch wird die Ladezeit und somit auch die Zugfolgezeit länger. Ferner werden bei größeren Geschwindigkeiten die Zeit-Weg-Linien flacher. Durch die größere Zugfolgezeit und die größere Geschwindigkeit wird die ideelle Förderstrecke und daher auch die größte tatsächliche Förderstrecke länger. Abb. 192 u. 191 zeigen den Fahrplan für 2 und 3 Zuggarnituren (Talförderung).

Der bildliche Fahrplan (Abb. 191 u. 192) ist mit der Massenlinie

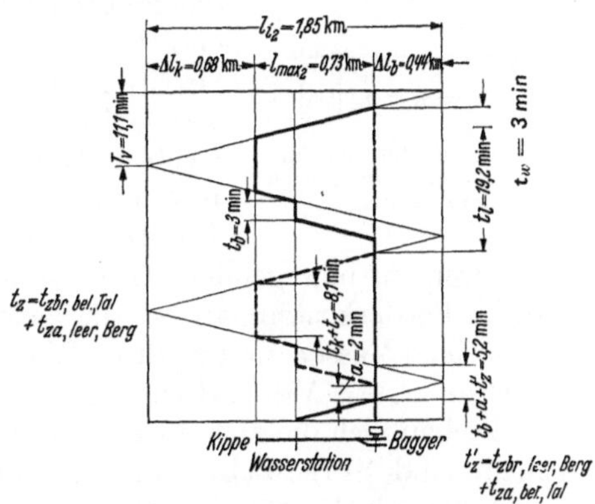

Abb. 192. Fahrplan für 2 Zuggarnituren.

(Abb. 194b u. 196e) in Verbindung zu bringen, und zwar dadurch, daß man in jeder Wellenlinie ohne Rücksicht auf die Massenverteilung sowohl für Berg- als auch für Talförderung die l_{max}-Strecken für zwei und mehr Zuggarnituren als waagerechte Trennlinien einzeichnet, um festzustellen, mit wieviel Zuggarnituren die Massen befördert werden. Hierdurch erhält man eine Grundlage für den Gerätebedarf des Bauloses (Geräteliste).

2. Die Kosten für Bodenbeförderung.

Es sind die Kostenanteile:

a) Betriebsstoffkosten, Kohlen oder Rohölverbrauch nach S. 331. Für die anderen Betriebsstoffkosten ist ein Zuschlag von 10 % zu den Kohlenkosten zu machen.

b) Löhne des Zugpersonals.

c) Zinsen des Betriebskapitals für die Vorbereitungsarbeiten in dem ersten Monat der Erdbewegung.

d) Zinsabschreibung und Instandsetzungskosten der Geräte während der Vorbereitungs-, Bau- und Abschlußzeit.

e) Allgemeine Unkosten als Zuschlag zu a bis d (vgl. S. 325).

3. Die günstigste Massenverteilung.

Sie wird bestimmt durch die billigsten Förderkosten. Es ändern sich mit der Förderstrecke (Berg- oder Talfahrt) die Betriebsstoffkosten und mit der Zahl der Zuggarnituren nur die Löhne des Zugpersonals je m³ Bodenförderung. Die Zinsen für Betriebskapital und die Gerätekosten für Fördern werden durch die Massenverteilung nicht beeinflußt. Es sind daher die Kosten für den Betriebsstoffverbrauch je Zugumlauf wie angegeben zu berechnen und durch das Fassungsvermögen f des Zuges zu teilen, um die Betriebsstoffkosten k_b Pf./m³ zu erhalten. Der Anteil für Anheizen und Verlust ist hierbei zu berücksichtigen. Ferner sind die Lohnkosten k_l Pf./m³ aus dem Stundenlohn für Lokführer und Heizer (D_{lb} Lohntage) und für Bremser (D_{la} Lohntage) unter Berücksichtigung der Sozialabgaben und der Lohntage zu ermitteln, die man mit der Umlaufzeit eines Zuges vervielfältigt und durch dessen Fassungsvermögen f teilt.

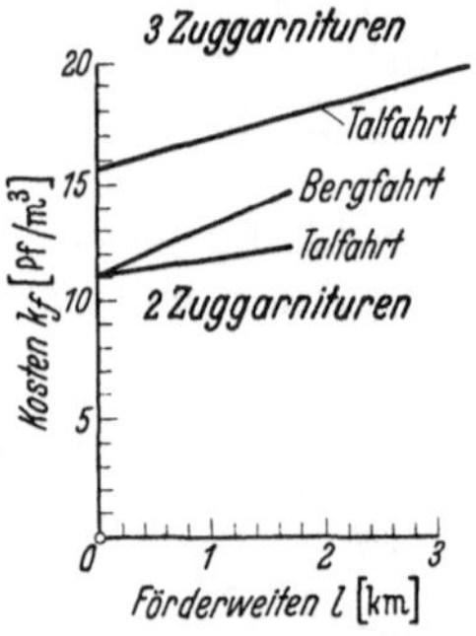

Nach Abb. 193 zeichnet man für Berg- und Talfahrten und für jede Zahl der Zuggarnituren aus Betriebsstoffkosten und Löhnen über der Förderweite l die geradlinigen Kostenlinien als Förderkostenmaßstäbe. In der Massenlinie (Abb. 194b, 196e), in der bereits die größten Förderweiten l_{max} für 2 und 3 Zuggarnituren eingetragen sind, trägt man versuchsweise einige Verteilungslinien ein und wertet jede dieser Massenverteilungen mit den Förderkostenmaßstäben (Abb. 193) aus, um das Optimum zu erhalten. Hierfür bestimmt man zunächst in Abb. 196e die mittleren Förderweiten l_{02} und l_{03} (S. 350) der mit 2 oder 3 Zuggarnituren zu bewegenden Erdmassen. Für diese mittleren Förderweiten greift man im Förderkostenmaßstab die Kosten in Pf./m³ ab, vervielfältigt sie mit den zugehörigen Massen und zählt die Werte zusammen. Die kleinsten Kosten liefern die günstigste Verteilungslinie (Verteilungslinie erster Ordnung).

Abb. 193. Kosten für Betriebsstoffe und Löhne nach Förderweiten.

Gleichen sich die Massen nicht aus, so sind für die Massen der Seitenentnahme und Seitenablagerung außer den Förderkosten nach dem Fördermaßstab noch die für den Grunderwerb hinzuzufügen.

Verteilungslinien zweiter Ordnung. Sind zwischen einem großen Einschnitt und einem großen Damm kleinere Massen zu bewegen oder liegt zwischen zwei großen Einschnitten ein kleiner Damm, so sind die zwischenliegenden Massen erst auszugleichen, bevor am großen Einschnitt die Förderung beginnt. Der

Ausgleich der großen Massen geschieht durch die eben genannten, versuchsweise gelegte Verteilungslinie erster Ordnung. Die kleineren Massen sind durch die Verteilungslinie zweiter Ordnung auszugleichen, die nicht zu berechnen ist. Sie ist unter Anpassung an den Bagger- und Förderbetrieb so zu legen, daß möglichst Talförderung mit demselben Gerät entsteht.

4. Die Gesamtkosten.

Sie sind zu trennen nach Bodengewinnung und -förderung für die Kostenanteile: 1. Betriebsstoffkosten, 2. Löhne, 3. Zinsen des Betriebskapitals für Vorbereitungsarbeiten im 1. Monat der Erdbewegung, 4. Zins, Abschreibungs- und Unterhaltungskosten der Geräte während der Erdbewegung, 5. allgemeine Unkosten als Zuschlag zu 1 bis 4 i. M. z. B. 21%.

5. Das Bauprogramm (Abb. 194c u. 196f).

Längenprofil, Massenprofil und Bauprogramm sind untereinander über die Bahnachse zu zeichnen, die durch die Fördergrenzen senkrecht unterteilt ist. Die Bodenbewegung ist im Bauprogramm zwischen den Fördergrenzen in zeitlicher Reihenfolge bei Talförderung durch Dreiecke, bei Bergförderung durch Vierecke dargestellt. Die Höhen der Dreiecke und der waagerechten Viereckseiten sind die Förderzeiten der Massen. Die eine schräge Linie mit Pfeil gibt den Baggervortrieb, die andere die Länge des Dammvortriebes an. Zwischen die einzelnen Förderabschnitte tritt eine Umstellzeit von 1 bis 2 Tagen. Die Arbeitsstellen sind örtlich und zeitlich im Bauprogramm so einzuzeichnen, daß sie sich gegenseitig nicht behindern. Die Zeiten für Vorbereitungs- und Abschlußarbeiten sind als Streifen im Bauprogramm vor und hinter den Förderzeiten darzustellen, falls man sie nicht in die Einzelarbeiten unterteilt (s. Zeitplan S. 326).

6. Die Einteilung der Baulose.

Zunächst sind die natürlichen Fördergrenzen, z. B. Tunnels und große Viadukte, die nicht durch Rollbahnen umgangen werden können, festzustellen. Baustellen für kleinere Bauwerke kann man mit Holzgerüsten überschreiten. Nach Möglichkeit sollen die natürlichen Fördergrenzen auch Grenzen des Bauloses sein. Fehlen solche Grenzen, dann ist die Größe des Bauloses nach der verfügbaren Bauzeit festzulegen, die durch technische und wirtschaftliche Gesichtspunkte bestimmt wird. Erstere sind maßgebend bei der Abhängigkeit der Bauzeit von den Terminen für andere Bauten, letztere, wenn die Bewilligung der Geldmittel von bestimmten Zeitabschnitten (Etat) abhängt, oder wenn die günstige Konjunktur ausgenützt werden soll. Je nach der Dauer der in Aussicht genommenen Bauzeit hat man die durchschnittliche Tagesleistung der Förder- und Baggergeräte unter Berücksichtigung der Steigungen, Einschnittiefen und Bodenarten zu bemessen. Hiernach sind dann an Hand des Längen- und Massenprofils die Baulose abzugrenzen.

F. Beispiel.

1. Bauzugbetrieb.

a) Gerätearten. Als Gerät für die Bodengewinnung dient ein Dampflöffelbagger auf Raupenbändern, Löffelinhalt 1,5 m³, mit einer durchschnittlichen Dauerleistung bei mittelschwerem Boden von $L_n = 90$ m³/h, der im Wagen gemessen ist. Bei einer vorübergehenden Auflockerung dieser Bodenart von $\varphi' = 0{,}20$ entspricht dies einer Leistung von $L_n : (1 + \varphi') = 90 : 1{,}2 = 75$ m³/h gewachsenem Boden.

Zur Beförderung werden **Holzkastenkippwagen** gleichen Inhaltes wie der Baggerlöffel, $i = 1,5$ m³ verwendet, Eigengewicht ohne Bremse 1,0 t, mit Bremse 1,2 t. Bei dem spez. Gewicht des Bodens $\gamma = 1,8$ t/m³ ist das Gewicht der Ladung eines Wagens $g_i = i \cdot \gamma : (1 + \varphi') = 1,5 \cdot 1,8 : 1,2 = 2,25$ t. Gewicht von Ladung + Wagen mit Bremse $g_m = 1,2 + 2,25 = 3,45$ t, ohne Bremse $g_0 = 1,0 + 2,25 = 3,25$ t.

Als **Lokomotive** wurde eine Dampflok mit $N = 80$ PS am Triebradumfang für 60 cm Spur gewählt. Dienstgewicht G_l = Reibungsgewicht $G_r = 14,0$ t. Zugwiderstand $w = 8$ bis 10 kg/t je nach Beschaffenheit der Gleise.

b) Gewicht und Fassungsvermögen des Zuges. Gewicht des Zuges $G = G_l + G_w$, wo G_w Gesamtgewicht der angehängten Wagen ist, deren Anzahl in der Regel 25 nicht übersteigt. Die Größe des Wagenzuges ist so zu wählen, daß mit der Reibungszugkraft auf der Steigung noch angefahren werden kann. Im Beispiel ist die größte Steigung $s_h = 14\,^0/_{00}$. Gewählt wurden $n = 24$ Wagen, von denen der erste und letzte Bremswagen sind. Es ist dann $G_w = 2\,g_m + 22\,g_0$ $= 2 \cdot 3,45 + 22 \cdot 3,25 = 78,4$ t. Der Inhalt des Zuges ist $f = n \cdot i : (1 + \varphi')$ $= 24 \cdot 1,5 : 1,2 = 30$ m³ gewachsener Boden. Das Zuggewicht ist dann beim Vollzug $G = G_l + G_w = 14,0 + 78,4 = 92,4$ t und beim Leerzug $G_0 = 14,0 + 2 \cdot 1,2 + 22 \cdot 1,0 = 38,4$ t. Der Widerstand des Zuges auf der Steigung ist $W = G(w + s) = 92,4(8 + 14)$ kg, und die Reibungszugkraft ist $Z_r = G_r \cdot \mu_h$ $= 14,0 \cdot 170$ kg. Die Anfahrbeschleunigung des Zuges ist $b_a = (Z - W) : M$ m/s². Hier ist $M = 1,03 \cdot 1000 \cdot G : g = 105 \cdot G$ die Masse des Zuges. Der Faktor 1,03 berücksichtigt die umdrehenden Radmassen. Eingesetzt ist $b_a = [G_r \cdot \mu_h - G \cdot (w + s)] : (105 \cdot G) = [14,0 \cdot 170 - 92,4(8 + 14)] : (105 \cdot 92,4) = 0,04$ m/s². Der Zug kann also auf $s_h = 14\,^0/_{00}$ anfahren.

c) Bremsausrüstung und Fahrzeiten des Bauzuges. Bei der Talfahrt eines beladenen Zuges ist die Lokomotive und der letzte Wagen gebremst. Bremsgewicht $14,0 + 3,45 = 17,45$ t $= G_b$.

Die Bremsprozente sind $b = 100 \cdot G_b : G = 100 \cdot 17,45 : 92,4 = 19\%$. Beim Leerwagenzug ist $b = 100 \cdot (14,0 + 1,2) : 38,4 = 40\%$.

Für die Talfahrt kann man die Höchstgeschwindigkeit anwenden, die bei 60 cm Spur $V_h = 15$ km/h und bei 90 cm Spur $V_h = 20$ km/h ist. Auf Steigungen kann die Geschwindigkeit aus der Gleichung $V = 270 \cdot N : Z$ berechnet werden. Mit $Z = (G_l + G_w) \cdot (w + s)$ ist $V = 270 \cdot N : [(G_l + G_w) \cdot (w + s)]$ $= 270 \cdot 80 : [92,4(8 + 14)] = 10,6$ km/h. Dieser Wert muß kleiner als V_h sein. Gewählt wurde für den Lastzug sowohl für Berg- als auch für Talfahrt 10 km/h. Die Geschwindigkeit der Leerwagenzüge wird, wie später gezeigt, zu $V_h = 14$ km/h berechnet. Mit der Geschwindigkeit $V = 10$ km/h ist der Bremsweg $l_{br} = 4 \cdot V^2$ $: (b \cdot \mu_b \cdot k/100 + w \mp s) = 4 \cdot 10^2 : (19 \cdot 150 \cdot 0,6/100 + 8 - 14) = 36$ m für die Talfahrt des **beladenen** Zuges. Die Bremszeit ist dann $t_{br} = 2 \cdot l_{br} \cdot 3,6 : (V \cdot 60)$ $= 2 \cdot 3,6 \cdot 36 : (10 \cdot 60) = 0,43$ min.

Die Fahrzeiten werden für die gleichmäßige Geschwindigkeit eines Streckenabschnittes von der Länge l km mit der Neigung $s\,^0/_{00}$ nach der Gleichung $t = 60 \cdot l : V$ min berechnet. Zu diesen Fahrzeiten sind noch die Zuschläge für Anfahren und Bremsen hinzuzufügen, die bei konstanter Anfahr- und Bremskraft gleich der halben Anfahr- und Bremszeit sind. Der Bremszeitzuschlag ist daher nach obigem $t_{zbr} = 0,43 : 2 = 0,22$ min. Bei Leerzügen ist, wie gesagt, die Höchstgeschwindigkeit $V_h = 14$ km/h. Bei Talfahrt ist hiernach $l_{br} = 4 \cdot 14^2 : (40 \cdot 150 \cdot 0,6/100 + 8 - 14) = 26$ m und der Bremszeitzuschlag daher gleich $t_{zbr} = 0,5\,t_{br}$ $= 2 \cdot 3,6 \cdot 26 : (2 \cdot 14 \cdot 60) = 0,1$ min. Für den Anfahrzeitzuschlag bei Bergfahrt ist bereits die Anfahrbeschleunigung $b_a = 0,04$ m/s² berechnet worden.

Der Anfahrzeitzuschlag ist dann $t_{za} = 0,5\,t_a = V:(2 \cdot 3,6 \cdot 60 \cdot b_a) = 10:(2 \cdot 3,6 \cdot 60 \cdot 0,04) = 0,6$ min. Für die Talfahrt des beladenen Zuges wurde nach den genannten Gleichungen $b_a = 0,27$ m/s² berechnet sowie als Anfahrzeitzuschlag $t_{za} = 0,1$ min. In derselben Weise wurden für den Leerwagenzug die Zuschläge berechnet. Der Einfachheit halber wurden für diese ebenfalls $t_{za} = 0,1$ min in Rechnung gesetzt. Hiermit ist die Bewegung der einzelnen Zugfahrten bestimmt.

d) Zugfolgezeit (Abb. 191 u. 192). Für $L_n = 75$ m³/h ist $L = 1,25 \cdot 75 = 94$ m³/h. Zum Auswechseln des Zuges am Bagger ist eine Wartezeit von 2 bis 3 min erforderlich. Dann ist die kürzeste Zugfolgezeit $t_{fk} = t_l + 3 = 60 \cdot f:L + 3 = 60 \cdot 30:94 + 3 = 22,2$ min.

Die tägliche Höchstleistung bei 8 Stunden Arbeitszeit ist dann $8 \cdot 60 \cdot f:t_{fk} = 8 \cdot 60 \cdot 30:22,2 = 650$ m³ gewachsener Boden. Bei ungestörter Abfuhr ist die durchschnittliche tägliche Dauerleistung in 8 Stunden $8 \cdot 75 = 600$ m³/Tag. Die durchschnittliche Zugfolgezeit ist dann $t_{fd} = 8 \cdot 60 \cdot 30:600 = 24,0$ min. Es ergibt sich also eine Zeitreserve von 1,8 min oder $100 \cdot (24,0 - 22,2):24,0 = 7,5\%$.

e) Kippmannschaft und Kippzeit. Die Gesamtzahl der Arbeiter auf der Kippe ist $n_k = 60\,f/(t_{fk} \cdot \alpha) = 60 \cdot 30:(22,2 \cdot 3,5) \cong 24$ Arbeiter, dazu 1 Schachtmeister. Von diesen sind nur $n'_k = 0,5\,n_k$ bis $0,7\,n_k$, hier $n'_k = 0,5\,n_k = 0,5 \cdot 24 = 12$ Mann erforderlich.

Die eigentliche Kippzeit des Bauzuges ist $t_k = n \cdot r \cdot \varrho/n'_k = 24 \cdot 3 \cdot 1,3:12 = 7,8$ min, wo r die Stärke einer Kippkolonne für 1 Wagen, ϱ die Kippzeit eines Wagens ist.

f) Größtmögliche Förderweiten (Abb. 191 u. 192). Um bei der Konstruktion des Fahrplans von den sich stets ändernden Kipp- und Baggerstellen unabhängig zu sein, bestimmt man zwei ideelle äußerste Umkehrstellen der Züge durch den Schnitt der Zeit-Weg-Linien der sich ohne Aufenthalt kreuzenden Züge gleicher Geschwindigkeit V_b.

Mit den auf S. 331 ermittelten Zeitzuschlägen für Anfahren und Bremsen ist bei Talförderung an der Kippstelle:

$$t_z = t_{z\,br\,\text{bel. Tal}} + t_{za\,\text{leer Berg}} = 0,2 + 0,1 = 0,3 \text{ min,}$$

am Bagger:

$$t'_z = t_{z\,br\,\text{leer Berg}} + t_{za\,\text{bel. Tal}} = 0,1 + 0,1 = 0,2 \text{ min.}$$

Bei Bergförderung ist an der Kippe:

$$t_z = t_{z\,br\,\text{bel. Berg}} + t_{za\,\text{leer Tal}} = 0,1 + 0,1 = 0,2 \text{ min,}$$

am Bagger:

$$t'_z = t_{z\,br\,\text{leer Tal}} + t_{za\,\text{bel. Berg}} = 0,1 + 0,6 = 0,7 \text{ min.}$$

Es ist daher bei Talfahrt:

$$\Delta l_k = 10(7,8 + 0,3)/(2 \cdot 60) = 0,68 \text{ km}$$
$$\Delta l_b = 10(5,0 + 0,2)/(2 \cdot 60) = \underline{0,44 \text{ ,,}}$$
$$1,12 \text{ km}$$

Bei Bergfahrt:

$$\Delta l_k = 10(7,8 + 0,2)/(2 \cdot 60) = 0,67 \text{ km}$$
$$\Delta l_b = 10(5,0 + 0,7)/(2 \cdot 60) = \underline{0,48 \text{ ,,}}$$
$$1,15 \text{ km}$$

Bei $z = 3$ Zuggarnituren ist:

$$l_{i3} = (z - 1)\,t_{fk} \cdot V_b/(2 \cdot 60) = 2 \cdot 22,2 \cdot 10/2 \cdot 60 = 3,70 \text{ km (Abb. 191).}$$

Bei Talfahrt:

$$l_{\max 3} = l_{i3} - (\Delta l_k + \Delta l_b) = 3,70 - 1,12 = 2,58 \text{ km (Abb. 191).}$$

Bei Bergfahrt: $l_{\max 3} = 3{,}70 - 1{,}15 = 2{,}55$ km.

Bei $z = 2$ Zuggarnituren ist:

$$l_{i2} = 22{,}2 \cdot 10/(2 \cdot 60) = 1{,}85 \text{ km (Abb. 192)}.$$

Talfahrt: $l_{\max 2} = 1{,}85 - 1{,}12 = 0{,}73$ km (Abb. 192).

Bergfahrt: $l_{\max 2} = 1{,}85 - 1{,}15 = 0{,}70$ km.

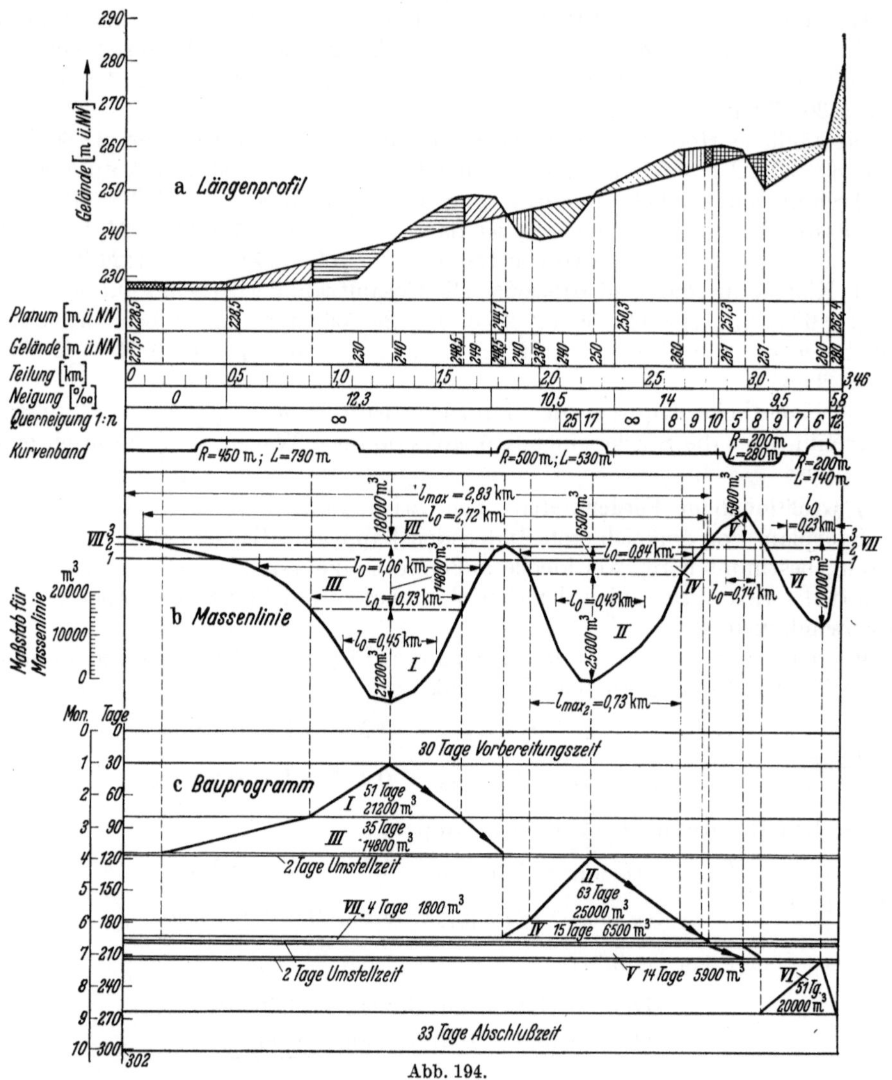

Abb. 194.

Die Geschwindigkeit des Leerwagenzuges ist bei drei und mehr Zuggarnituren so zu bemessen, daß die Zeitverluste $a = 2$ min, um die der Leerzug früher an den Ausweichen sein muß als der Gegenzug, wieder eingefahren werden. Die zur Verfügung stehende Fahrzeit für einen Endabschnitt von der Länge $l_i/(z-1)$ $-\Delta l_k$ ist $T_i/(z-1) - 0{,}5 \cdot (t_k + t_z) - a$ min. Da $T_i/(z-1) = t_{fk}/2$ ist, beträgt die Geschwindigkeit in diesem Abschnitt $V_h = 60 \cdot [l_i/(z-1) - \Delta l_k] : [0{,}5 \cdot (t_{fk} - t_k - t_z) - a]$ km/h. Im vorliegenden Beispiel ergibt sich hierfür bei $z = 3$ Zuggarnituren: $V_h = 60 \cdot (3{,}70/2 - 0{,}71) : [0{,}5 \cdot (22{,}2 - 8{,}5) - 2] = 14$ km/h. Bei mehr als $z = 3$ Zuggarnituren ist auf der Strecke zwischen zwei Ausweichstellen von der Länge $l_i/(z-1)$ km die Zeit $T_i/(z-1) - 2\,a$ min als Fahrzeit verfügbar und daher dort: $V_h = 60 \cdot l_i/(z-1):(0{,}5 \cdot t_{fk} - 2\,a)$ km/h.

Bei zwei Garnituren ist V bei Last- und Leerfahrt gleich groß.

g) Mittel zur Verlängerung von l_{max}. Um nicht wegen einer geringen Bodenmenge eine weitere Zuggarnitur einzusetzen, kann man l_{max} durch folgende Maßnahmen verlängern.

1. Verminderung der Baggerleistung.

Bei der Dauerleistung $L_n = 75$ m³/h ist, wie gesagt, $t_{fd} = 24$ min. Dann ist $l_{i\,3} = (z-1) \cdot t_{fd} \cdot V_b/(2 \cdot 60) = 2 \cdot 24 \cdot 10(2 \cdot 60) = 4{,}00$ km, $l_{max\,3} = 4{,}00 - 1{,}12 = 2{,}83$ km (bei Talförderung) (Abb. 194b).

2. Erhöhung von V_b ohne Senkung der Baggerleistung.

Es soll V_b um 20%, also von 10 auf 12 km/h, erhöht werden. Dann erhöht sich auch $l_{max\,3}$ um 20% auf $1{,}2 \cdot 2{,}58 = 3{,}08$ km. Man kann auch beide Mittel gleichzeitig anwenden.

Der bildliche Fahrplan für zwei und drei Zuggarnituren kann nun nach Abb. 191 und 192 aufgetragen werden.

Da der Betrieb sich erst einspielen muß, werden erst mit fortschreitender Arbeit die Betriebsunterbrechungen so klein sein, daß der auf die höchste Stundenleistung aufgebaute Fahrplan durchgeführt werden kann. Er wird deshalb aufgestellt, um festzustellen, welche Leistungen der Bauzugbetrieb verwirklichen kann. Man wird jedoch den Betrieb auf die durchschnittliche Dauerleistung L_n abstellen. Im vorliegenden Beispiel ist daher für die Tagesleistung $L_n = 600$ m³ die Zugfolge $t_{fd} = 24$ min statt $t_{fk} = 22{,}2$ min zu wählen. Dieser Fahrplan ist zwar nicht aufgezeichnet, aber für ihn ist die Ermittlung des Betriebsstoffes und der Löhne für Fördern und Baggern nach Abb. 194b, c durchgeführt.

Der bildliche Fahrplan ist nun dadurch mit der Massenlinie Abb. 194b in Verbindung zu bringen, daß man in jeder Wellenlinie ohne Rücksicht auf die günstige Massenverteilung, sowohl für Tal- als auch für Bergförderung, die l_{max}-Strecken einzeichnet, um so festzustellen, welche Massen mit der verschiedenen Zahl der Zuggarnituren gefahren werden können. Hierdurch erhält man eine Grundlage für den Gerätebedarf des Bauloses, der für die Kostenermittlung für Vorbereitungs- und Abschlußarbeiten dient (Geräteliste).

Geräteliste.

Geräte	Tarif-klasse	Gewichte		Anschaffungswert K		Frachten	Lebens-dauer n Jahre	a	i	z	Tageskosten $\dfrac{K(a+i+z)}{100 \cdot 360}$
		einzeln	gesamt	einzeln	gesamt						
		t	t	RM	RM	RM		%	%	%	RM

2. Kosten für die Vorbereitungs- und Abschlußarbeiten.

Als Hilfsmittel für das Veranschlagen dieser Kosten dient die Geräteliste, die getrennt nach Bagger- und Fördergerät in nachstehender Form aufzustellen ist.

Es ist a der Prozentsatz für Abschreibung, i der für Instandsetzung und z der für Zinsen. Für den Förderbetrieb kommen in Frage: Lokomotiven einschließlich einer Reservelokomotive, Wagen einschließlich 10% Reserve. Gleismaterial $1{,}33 \cdot l$ km, wo l die größte Förderlänge ist und $1{,}33$ den Zuschlag für Ausweich- und Abstellgleise berücksichtigt, Kleineisenzeug $= 10\%$ des Schienengewichts, Weichen, Drehscheiben, ferner Lokschuppen, Baubuden, Werkstatt- und Baubudeneinrichtung und Kleingerät, für den Baggerbetrieb: Bagger, gegebenenfalls Baggergleismaterial, Dreibock, Bockwinden, Flaschenzug, Baubuden und Kleingerät.

Wegen der einzelnen Angaben und Preise für die Geräte wird auf die „Selbstkostenermittlung des Reichsverbandes des Ingenieurbaues" 1934 hingewiesen. Die Gerätebeförderung zur Baustelle mit Kraftwagen ist auf S. 375 ermittelt.

Die Ergebnisse einer nicht wiedergegebenen Berechnung für Vorbereitungs- und Abschlußarbeiten nach dem im Buch des Verfassers „Massenermittlung, Massenverteilung und Kosten der Erdarbeiten", Berlin: W. Ernst & Sohn, angegebenen Verfahren sind folgende: Zeit für Vorbereitungs- und Abschlußarbeiten 61 Tage, Betriebskapital für Vorbereitungsarbeiten des Baggerns RM 3000.—, des Förderns RM 3700.—. Gerätekosten für Zins, Unterhaltung und Abschreibung je Tag RM 40.— für Baggergerät, RM 60.— für Fördergerät, Gesamtkosten der Vorbereitungs- und Abschlußarbeiten ohne die allgemeinen Unkosten RM 55000.—.

3. Kosten für die Erdarbeiten.

a) Baggertage, Bauzeit und Lohntage. Die Kosten, die durch das Baggern und Fördern der Bodenmassen entstehen, berechnet man aus der stündlichen Dauerleistung des Baggers unter Berücksichtigung der Bodenart. Für Betriebsunterbrechung schlägt man 7 bis 10% zu. Bei täglich 8 Stunden Arbeit ist die Zahl der Baggertage $D = 1{,}07 \cdot M/(8 \cdot L_n)$ bis $1{,}10 \cdot (M/(8 \cdot L_n)$ Tage. Im Beispiel ist für das Baulos mit $M = 95200$ m³ und $L_n = 75$ m³/h gerechnet worden. Die Zahl der Baggertage ist $1{,}07 \cdot 95200/(8 \cdot 75) = 169$.

Die eigentliche Bauzeit ist $B_z = D \cdot 30/23$ bis $D_f \cdot 30/18$ Tage ohne die Zeit für Vorbereitungs- und Abschlußarbeiten. Im Beispiel ist $B_z = 169 \cdot 30:21 = 240$ Tage (Abb. 194).

Als Lohntage für Schachtmeister, Baggermeister, Löffelführer, Lokomotivführer, Heizer und Schlosser, also des Betriebspersonals, gelten alle Wochentage, also: $D_{lb} = D \cdot 25/23$ bis $D \cdot 25/18$ Tage, Lohntage der Arbeiter bei 10% Betriebsstörungen: $D_{la} = 1{,}1 \cdot D$ Tage.

Bei Doppelschichten wird die Bauzeit erheblich verkürzt. Wird z. B. von Juni bis August in zwei Schichten gearbeitet, dann ist die tägliche Förderleistung $16 \cdot 75 = 1200$ m³, hierbei werden gefördert an $21 \cdot 3 = 63$ Tagen $63 \cdot 1200/1{,}07 = 70000$ m³. Die restlichen 25200 m³ werden bei einer Schicht in $1{,}07 \cdot 25200/600 = 45$ Fördertagen bewegt, Gesamtbauzeit $45 \cdot 30/21 + 63 = 127$ Tage gegenüber 240 Tagen.

b) Kosten für Bagger- und Kippbetrieb. α) Betriebsstoffe. Kohlenverbrauch für eine Baggerstunde 95 kg. Bei 8 Stunden Arbeit Gesamtkohlenverbrauch:

$$B_b = 8 \cdot D \cdot 0{,}095 = 8 \cdot 169 \cdot 0{,}095 \; \ldots\ldots\ldots\ldots = 129 \text{ t}$$

$$\text{Für Anheizen 65 kg pro Tag, also: } 169 \cdot 0{,}065 \ldots\ldots\ldots = \underline{11 \text{ t}}$$

$$140 \text{ t}$$

Mit einem Zuschlag von 15% für Verlust und Diebstahl und bei 8% Preiserhöhung für Nebenbetriebsstoffe (Wasser, Öl, Fette, Putzwolle) sowie bei einem Kohlenpreis von 30 RM/t frei Baustelle sind die Kosten für die Betriebsstoffe $1{,}15 \cdot 1{,}08 \cdot 30 \cdot 140 = 5220.—$ RM.

β) Löhne. Nachstehend steht der Stundenlohn an erster Stelle, Zuschlag von 15% für soziale Lasten, von 17% für Überstunden und Kesselauswaschen zum Lohn des Baggermeisters.

Am Bagger sind beschäftigt:

1 Baggermeister $0,75 \cdot 1,15 \cdot 1,17 \cdot 8 \cdot 169 \cdot 25/21$ . . . . = 1630.— RM
1 Löffelführer $0,68 \cdot 1,15 \cdot 8 \cdot 169 \cdot 25/21$ . . . . = 1250.— „
1 Vorarbeiter $0,68 \cdot 1,15 \cdot 8 \cdot 169 \cdot 25/21$ . . . . = 1250.— „
1 Schlosser (für Bagger und Lok) $0,67 \cdot 1,15 \cdot 8 \cdot 169 \cdot 25/21$ = 1230.— „
1 Arbeiter (für Bagger) $0,50 \cdot 1,15 \cdot 8 \cdot 169 \cdot 1,1$ . . . . = 855.— „
4 Arbeiter (für Gleisunterhaltung) $4 \cdot 0,50 \cdot 1,15 \cdot 8 \cdot 169 \cdot 1,1$ = 3420.— „

$\qquad\qquad\qquad\qquad\qquad\qquad\qquad\qquad\qquad\qquad$ 9635.— RM

An der Kippe sind beschäftigt:

1 Schachtmeister $1,20 \cdot 1,15 \cdot 8 \cdot 169 \cdot 25/21$ . . . . . =: 2220.— RM
24 Arbeiter $24 \cdot 0,50 \cdot 1,15 \cdot 8 \cdot 169 \cdot 1,1$ . . . . = 20500.— „

Gesamtlohn für Bauzeit von 240 Tagen . . . . = 32355.— RM

γ) **Zins des Betriebskapitals.** Zu verzinsen sind das Betriebskapital für die Vorbereitungsarbeiten und für den ersten Monat der Erdbewegung; die Betriebskosten der folgenden Monate werden von den Abschlagszahlungen der im Vormonat geleisteten Arbeit bezahlt.

a) Betriebskapital für Vorbereitungsarbeiten nach S. 340 = 3000.— RM
b) Betriebskapital für den 1. Monat
$\qquad$ Löhne $32355 \cdot 30/240$ . . . . = 4050.— „
$\qquad$ Betriebsstoffe $5220 \cdot 21/169$ . . . . = 650.— „

$\qquad\qquad\qquad\qquad\qquad\qquad\qquad\qquad\qquad\qquad$ 7700.— RM

Bei 5% Verzinsung ergeben sich für die Gesamtdauer der
$\qquad$ Erdarbeiten an Zinsen: $240 \cdot 7700 \cdot 5/360 \cdot 100$ . . . . = 257.— RM

δ) **Gerätekosten.** Die täglichen Gerätekosten für Baggergerät (Zins, Abschreibung und Unterhaltung) sind
$\qquad$ nach S. 340: 40.— RM, insgesamt für die gesamte Zeit
$\qquad$ der Erdarbeiten also: 40.— RM/Tag $\cdot$ 240 Tage . . . . = 9600.— RM
Für den Bagger- und Kippbetrieb sind also die Gesamt-
$\qquad$ kosten von α bis δ: $5220 + 32355 + 257 + 9600$. = 47432.— RM

c) Kosten für den Förderbetrieb. α) **Betriebsstoffe.** Die Kohlenkosten werden für den Förderkostenmaßstab für zwei Fahrstrecken ermittelt: 1. für eine sehr kurze Strecke ($l = 0,1$ km), die sich bei der gewählten Fahrgeschwindigkeit nur etwa aus Anfahr- und Bremsweg zusammensetzt, 2. für eine größere Entfernung, die bei 2 Garnituren 1 km, bei 3 Garnituren 2 km und bei 4 Garnituren 3 km beträgt.

Kohlenverbrauch für eine Rundfahrt bei 2 Zuggarnituren und Talförderung, $l = 1$ km, durchschnittliches Gefälle $s = 11,5\,^0/_{00}$, $V = 10$ km/h, Vollzug, $G = 92,4$ t. Hier nur Anfahrarbeit $A_{ba} = 1,03 \cdot 1000 \cdot G \cdot V^2/(2 \cdot g \cdot 3,6^2)$

$$= 4 \cdot G \cdot V^2 \,\text{mkg} = \frac{0,4 \cdot G}{1000} \cdot (V \cdot 10)^2 \,\text{kmt} = \frac{0,4 \cdot 92,4}{1000} (10/10)^2 = 0,037 \,\text{kmt}$$

Leerzug, $G_0 = 38,4$ t, Bergfahrt mit $V = 10$ km/h. Zugförderarbeit $A_0 = \frac{0,4 \cdot G_0}{1000} \cdot$

$$(V/10)^2 + G_0 \cdot \frac{(w + s) \cdot l}{1000} = \frac{0,4 \cdot 38,4}{1000} \cdot (10/10)^2 + 38,4 \frac{(8 + 11,5)}{1000} \cdot 1,0 = 0,015 + 0,750$$

$= 0,765$ kmt.

Kohlenverbrauch bei Fahrt unter Dampf (Steinkohle 7000 WE) mit $b = 10$ kg/kmt ist $B = b (A_{ba} + A_0) = 10(0,037 + 0,765) = 8,0$ kg.

Fahrzeit des Leerzuges unter Dampf: $60 \cdot l : V + t_{za} = 60 \cdot 1,0 : 10 + 0,1$ $= 6$ min $+ 0,1$ min $= 6,1$ min (t_{za} ist Anfahrzeitzuschlag).

Fahrzeit des Vollzuges unter Dampf (Anfahrzeit) $= 0,2$ min, insgesamt $T_d = 6,1 + 0,2 = 6,3$ min Fahrt unter Dampf.

Langsames Vorrücken an Bagger und Kippe:

Bei $t_{fd} = 24$ min (s. S. 337) ist die

$$\begin{array}{rl} \text{Ladezeit} \ \ t_l = & 21{,}0 \ \text{min} \\ \text{Kippzeit} \ \ t_k = & \underline{\ 7{,}8 \ \text{,,}} \\ t_l + t_k = & 28{,}8 \ \text{min} \end{array}$$

Gesamtumlaufszeit einer Zuggarnitur $2 \cdot 24 = 48$ min.

Zeit bei abgestelltem Dampf $48 - T_d - t_l - t_k = 48 - 6{,}3 - 28{,}8 = 12{,}9$ min $= T_0$.

Kohlenverbrauch bei abgestelltem Dampf bei Rostfläche $R = 0{,}5\ \text{m}^2$ ist $B_0 = b_0 \cdot T_0 = 0{,}5 \cdot R \cdot T_0 = 0{,}5 \cdot 0{,}5 \cdot 12{,}9 = 32\ \text{kg}$.

Kohlenverbrauch bei langsamem Vorrücken $B_v = b_v \cdot (t_l + t_k) = R (t_l + t_k)$ $= 0{,}5 \cdot 28{,}8 = 14{,}4\ \text{kg}$.

Gesamtkohlenverbrauch für eine Rundfahrt $B + B_0 + B_v = 8{,}0 + 3{,}2$ $+ 14{,}4 = 25{,}6\ \text{kg}$. Bei $f = 30\ \text{m}^3$ Fördermasse je Rundfahrt ist für $1\ \text{m}^3$ der Kohlenverbrauch $25{,}6 : 30 = 0{,}85\ \text{kg/m}^3$. Für Anheizen von 2 Loks werden gebraucht täglich $2 \cdot 45\ \text{kg}$ Kohlen, an Schmiedekohlen täglich $30\ \text{kg}$. Bei $600\ \text{m}^3$ Tagesleistung ist also der Kohlenverbrauch hierfür $(2 \cdot 45 + 30) : 600 = 0{,}20\ \text{kg/m}^3$. Bei einer Erhöhung des Kohlenverbrauchs um 15% für Verlust und Diebstahl sowie um 2% für Betriebsunterbrechung und mit 10% Kostenzuschlag für andere Betriebsstoffe sind bei einem Kohlenpreis von $30\ \text{RM/t}$ frei Baustelle die Betriebsstoffkosten für $l = 1\ \text{km}$ Förderweg $1{,}15 \cdot 1{,}02 (0{,}85 + 0{,}20) \cdot 30$ $\cdot 1{,}1 \cdot 100/1000 = 4{,}0\ \text{Pf./m}^3$.

Kohlenverbrauch für $l = 0{,}1\ \text{km}$. Hier wird nur die Anfahrarbeit berücksichtigt.

Nach vorigem ist der Kohlenverbrauch bei Fahrt unter Dampf $B = b\,(A_{ba} + A_{oa})$ $= 10 (0{,}037 + 0{,}015) = 0{,}52\ \text{kg}$ bei $2 \cdot 0{,}2 = 0{,}4$ min Anfahrzeit. A_{oa} ist die Anfahrarbeit des leeren Zuges. Zeit bei abgestelltem Dampf $T_0 = 48 - 0{,}4 - 28{,}8$ $= 18{,}8$ min. Kohlenverbrauch bei abgestelltem Dampf $B_0 = 0{,}5 \cdot 0{,}5 \cdot 18{,}8$ $= 4{,}7\ \text{kg}$. Kohlenverbrauch je m^3 ist also: $(0{,}5 + 4{,}7 + 14{,}4) : 30 = 0{,}65\ \text{kg/m}^3$. Hierzu $0{,}20\ \text{kg/m}^3$ für Anheizen und Schmiedekohlen, insgesamt $0{,}85\ \text{kg/m}^3$. Betriebsstoffkosten bei den vorgenannten Zuschlägen $1{,}15 \cdot 1{,}02 \cdot 30 \cdot 1{,}1 \cdot 0{,}85$ $\cdot 100/1000 = 3{,}3\ \text{Pf./m}^3$.

In der gleichen Weise wurde für die Bergförderung von 2 Garnituren für $l = 0{,}1\ \text{km}\ 3{,}4\ \text{Pf./m}^3$ und für $l = 1\ \text{km}\ 5{,}3\ \text{Pf.}$ ermittelt, weiterhin für die Talförderung für 3 Garnituren für $l = 0{,}1\ \text{km}\ 4{,}0\ \text{Pf./m}^3$ und für $l = 2\ \text{km}\ 6{,}4\,\text{Pf./m}^3$. Hierbei ist zu berücksichtigen, daß der Leerwagenzug zweimal anfährt (an Kippe und Ausweiche) und $V_h = 14\ \text{km/h}$ ist. Die Umlaufszeit ist hier 72 min.

β) **Löhne.** Der Stundenlohn ist mit 15% Zuschlag für soziale Lasten und 7% wegen Betriebsunterbrechungen sowie 17% für Überstunden des Lokpersonals für

$$\begin{array}{llr} 1 \ \text{Lokführer} & 0{,}69 \cdot 1{,}15 \cdot 1{,}07 \cdot 1{,}17 \cdot 25/21 \ldots\ldots\ldots & = 1{,}18 \ \text{RM/h} \\ 1 \ \text{Heizer} & 0{,}60 \cdot 1{,}15 \cdot 1{,}07 \cdot 1{,}17 \cdot 25/21 \ldots\ldots\ldots & = 1{,}03 \ \text{,,} \\ 1 \ \text{Bremser} & 0{,}50 \cdot 1{,}15 \cdot 1{,}07 \cdot 1{,}1 \ldots\ldots\ldots\ldots & = \underline{0{,}68 \ \text{,,}} \\ & \qquad\qquad\qquad\qquad\quad \text{zusammen} & = 2{,}89 \ \text{RM/h} \end{array}$$

Bei 2 Garnituren mit Umlaufszeit 48 min und $f = 30\ \text{m}^3$ Fassungsvermögen ist der Lohn für $1\ \text{m}^3\ 100 \cdot 2{,}89 \cdot 48/(60 \cdot 30) = 7{,}7\ \text{Pf./m}^3$.

Bei 3 Garnituren mit Umlaufszeit 72 min ist der Lohn $100 \cdot 2{,}89 \cdot 72 : (60 \cdot 30)$ $= 11{,}6\ \text{Pf./m}^3$.

In Abb. 193 sind die **Förderkostenmaßstäbe** für Betriebsstoffe und Löhne aufgetragen. Die Werte für die errechneten Punkte der Kostenlinien sind in der folgenden Zahlentafel 39 zusammengestellt.

Zahlentafel 39.

Anzahl der Zuggarnituren	2 Zuggarnituren				3 Zuggarnituren	
Förderrichtung	Talförderung		Bergförderung		Talförderung	
Förderlänge l . . . . km	0,1	1,0	0,1	1,0	0,1	2,0
Betriebsstoffe . . . Pf./m³	3,3	4,0	3,4	5,3	4,0	6,4
Löhne	7,7	7,7	7,7	7,7	11,6	11,6
Gesamt	11,0	11,7	11,1	13,0	15,6	18,0

Die in dem Förderkostenmaßstab enthaltenen Betriebsstoffkosten vergrößern sich mit dem Förderwege und der Zahl der Zuggarnituren, die Löhne mit wachsender Umlaufzeit und der Zahl der Zuggarnituren sowie mit kleinerem Fassungsvermögen. Alle anderen Kostenanteile für die Bodenförderung, z. B. Zinsen für Betriebskapital zu den Vorbereitungsarbeiten und den Förderarbeiten im 1. Fördermonat, Gerätekosten und Geschäftsunkosten, sind für alle Massen des Bauloses gleich.

γ) Zins des Betriebskapitals. Ebenso wie bei den Bagger- und Kipparbeiten sind auch hier das Betriebskapital für die Vorbereitungsarbeiten und das für den 1. Monat der Erdbewegung zu verzinsen:

a) Betriebskapital für die Vorbereitungsarbeiten nach S. 340 $= 3700.—$ RM

b) Betriebskapital für den 1. Monat Löhne und Betriebsstoffe bei $M = 12\,600$ m³/Monat und $l_0 = 335$ m (überschläglich aus Massenlinie abgegriffen) bei Talförderung nach Kostenmaßstab 12 600 m³ · 0,112 M/m³ . . . . . $= 1410.—$,,

$$5110.— \text{ RM}$$

Bei 5% Zins für die Gesamtdauer der Erdarbeiten
240 · 5110 · 5 : (100 · 360) . . . . $= 170.—$ RM

δ) Gerätekosten. Die täglichen Gerätekosten für Fördergerät (Zins, Abschreibung und Unterhaltung) sind 60.— RM (S. 340), insgesamt für die gesamte Zeit der Erdarbeiten also:
240 · 60 . . . . $= 14400.—$ RM

d) Massenverteilung (Abb. 194 b). Die Massenverteilungslinie ist nach dem genannten Buche des Verfassers so zu legen, daß die Gesamtbaukosten ein Minimum werden. Zu diesem Zweck zieht man versuchsweise mehrere Verteilungslinien durch die Massenlinie, wertet diese mittels des Förderkostenmaßstabes (Abb. 193) aus und zählt die Zinsen und Gerätekosten für die Förderarbeit sowie die Gewinnungs- und Einbaukosten hinzu. Gleichen sich die Massen innerhalb eines Bauloses nicht aus, dann sind entweder Massen seitlich abzulagern oder seitlich zu entnehmen. Bei Seitenentnahme und Ablagerung sind noch die Grunderwerbskosten in Rechnung zu setzen. Ist die Schütthöhe h und die Menge M sowie die bleibende Auflockerung φ nach S. 324 des abzulagernden Bodens bekannt, so ist die Ablagerfläche $F_a = (1 + \varphi)\,M : h$ m². Bei Seitenentnahme ist wegen des gewachsenen Bodens die Grunderwerbsfläche $F_e = M : h$ m²; die zu erwerbenden Flächen werden jedoch wegen Böschung, Zufahrt und Grundstücksgrenzen größer sein. Die berechneten Werte F_a und F_e geben aber immerhin einen Anhalt für die Ermittlung des Grunderwerbs.

Es sei nun die Ermittlung der günstigsten Verteilungslinie an einem Beispiel beschrieben.

Von drei untersuchten Verteilungslinien wird in nachfolgender Zahlentafel die Kostenberechnung für die Verteilungslinien 2 und 3 wiedergegeben. Für die Verteilungslinie 1 ergibt sich ein ungünstigeres Ergebnis als für die beiden genannten. Die mittleren Förderweiten für die einzelnen Förderabschnitte findet man dadurch, daß man nach Abb. 196e die Abschnitte der Massenlinie der Abb. 194b mit Hilfe des Eckenabstoßens oder nach Augenmaß durch eine Gerade ausgleicht und die Länge der Mittelparallelen des dadurch entstehenden Trapezes bzw. Dreiecks abmißt. Soweit die mit der gleichen Zugzahl zu Tal oder Berg zu befördernden Massen bereits in dem Massenplan durch Waagerechte abgeteilt und ihre Massenwerte eingetragen waren, schreibt man letztere in die Zahlentafel 40 (Spalte 2) ebenso wie die mittleren Förderweiten l_0 (Spalte 3) ein, anderfalls ermittelt man sie zwischen den l_{max}-Strecken und der versuchsweise gelegten Verteilungslinie ebenso wie die mittleren Förderweiten mit dem Zentimetermaßstab. Mit den gefundenen Förderweiten greift man nun je nach der Garniturenzahl für Berg- und Talförderung die Förderpreise k_f Pf./m³ aus dem Förderkostenmaßstab ab und multipliziert letztere mit den Massen. Für die Förderung der Ablagerung und Seitenentnahme wurde im Beispiel Talförderung mit 2 Garnituren bei $l_0 = 0,5$ km angenommen und nach dem Fördermaßstab $k_f = 11,3$ Pf./m³ eingesetzt.

Zahlentafel 40 für Berechnung der günstigsten Verteilungslinie (Abb. 194).

		Verteilungslinie 2				Verteilungslinie 3				
	Fördern									
				1. und 2. Betriebsstoff und Löhne						
1	2	3	4	5	6	7	8	9	10	11
	M m³	l_0 km	z	k_f Pf/m³	$k_f \cdot M/100$ RM	M m³	l_0 km	z	k_f Pf/m³	$k_f \cdot M/100$ RM
I	21200	0,45	2 Tal	11,3	2400	21200	0,45	2 Tal	11,3	2400
II	25000	0,43	2 ,,	11,2	2800	25000	0,43	2 ,,	11,2	2800
III	14800	1,06	3 ,,	16,8	2485	14800	1,06	3 ,,	16,8	2485
IV	6500	0,84	3 ,,	16,6	1080	6500	0,84	3 ,,	16,6	1080
V	7700	0,17	2 Berg	11,3	870	5900	0,14	2 Berg	11,2	660
VI	18200	0,22	2 Tal	11,1	2020	20000	0,23	2 Tal	11,1	2220
VII	1800 E	0,50	2 ,,	11,3	204	1800	2,72	3 ,,	18,8	340
VIII	1800 A	0,50	2 ,,	11,3	204					

| 97000 m³ | | | | 12063 | 95200 m³ | | | | 11985 |

3. Zinsen
$170 \cdot 97000/95200$ — 173 — 170

4. Gerätekosten
$14400 \cdot 97000/95200$ — 14700 — 14400

Summe der Förderkosten — 26936 — 26555

Baggern und Einbauen
$47432 \cdot 97000/95200$ — 48300 — 47432

Grunderwerb
10% Flächenvermehrung für Böschung, Weg, Grundstückbegrenzung ($h = 3$ m, $1 + \varphi = 1,05$):

$$F_e = 1800 \cdot 1,1/3 = 0,066 \text{ ha}$$
$$F_a = 1800 \cdot 1,1 \cdot 1,05/3 = 0,070 \text{ ha}$$
$$F_e + F_a = 0,136 \text{ ha}$$

mit 1 ha = 2500 RM
$2500 \cdot 0,136$ — 340

Vergleichszahlen für günstigste Verteilungslinie 75576 — 73987

Bei der Verteilungslinie 3 werden keine Massen abgelagert.

Nach dieser Berechnung ist es also billiger, mit drei Garnituren die Massen VII nach dem Anfang des Bauloses zu transportieren, als die Massen an den beiden Enden des Bauloses seitlich abzulagern bzw. zu entnehmen (Abb. 194c).

Bei der Ermittlung der Gesamtkosten sind zu den vorgenannten für Verteilungslinie 3 noch die Kosten für Vorbereitung und Abschluß von 55000 RM. (s. S. 340) hinzuzuzählen und die Summe wegen der Geschäftsunkosten mit 1,21 zu vervielfältigen.

Die günstigste Verteilungslinie 3 geht über die beiden Wellentäler der Massenlinien weg. Bevor die Einschnittmassen VII zu dem Anfangsbahnhof befördert werden können, sind die zwischenliegenden Massen, die den beiden Wellentälern der Massenlinie entsprechen, talwärts zu fördern. Man legt deshalb eine Verteilungslinie zweiter Ordnung, hier in Höhe der Verteilungslinie 2, und lotet die Schnittpunkte mit der Massenlinie auf das Längenprofil herauf, um die entsprechenden Fördergrenzen zu erhalten. Die erstgenannte Verteilungslinie ist eine erster Ordnung. Die Verteilungslinie zweiter Ordnung ist in der Regel nicht zu berechnen, sie ist nach praktischen Gesichtspunkten unter Anpassung an den Förder- und Baggerbetrieb so zu legen, daß möglichst Talförderung mit dem gleichen Gerät entsteht, da hierdurch auch die Verteilungslinie zweiter Ordnung ihrer Lage nach dem Minimum der Baukosten entsprechen dürfte.

Bei einzelnen langgezogenen Wellen, also bei weiten Transporten, kann man im Zweifel sein, ob man eine oder mehrere getrennte Verteilungslinien, diese also mit zwischenliegender Entnahme oder Ablagerung, durch die Massenlinie legt. An solchen Stellen ist dann, wie vorher beschrieben, zu ermitteln, ob es billiger ist, die Massen auf weite Entfernung zu fördern oder statt dessen den Boden an dem einen Ende abzulagern und am anderen zu entnehmen. Hier sind also zunächst getrennte Verteilungslinien anzunehmen und durch Untersuchung festzustellen, ob und wo Verteilungslinien zusammenfallen, also zwischenliegende Ablagerung und Entnahme ausschließen.

4. Gesamtbaukosten des Bauloses.

Um die Gesamtbaukosten für das Baulos zu erhalten, müssen, wie schon erwähnt, zu den Kosten für Fördern, Baggern und Einbauen der Massen einschließlich der etwaigen Kosten für Grunderwerb bei Seitenentnahme bzw. Ablagerung, deren Summe in der Zahlentafel 39 für die Berechnung der günstigsten Verteilungslinie ermittelt wurde, noch die Kosten für die Vorbereitungs- und Abschlußarbeiten sowie die Geschäftsunkosten (Wagnis, Gewinn, Umsatzsteuer) als Prozentsatz aller vorher berechneten Kosten hinzugefügt werden. Insgesamt ist also ein Zuschlag von 21 % nach S. 325 zu den übrigen Baukosten zu machen.

Als Gesamtbaukosten für die Verteilungslinie 3 ergeben sich also:

Kosten für Fördern, Baggern und Einbauen der Massen $= 73987,—$ RM
Kosten für Vorbereitungs- und Abschlußarbeiten nach S. 340 $= 55000,—$,,

$128987,—$ RM

und unter Berücksichtigung der allgemeinen Unkosten:

$1,21 \cdot 128987$ RM . . . . $= 156000,—$ RM

Der Durchschnittspreis für die Bewegung von 1 m³ Boden beträgt dann:

156000 RM : 95200 m³ = 1,64 RM/m³.

Die entsprechenden Zahlen für die Verteilungslinie 2 sind:

$1,21 \cdot (75576 + 55000) = 1,21 \cdot 130576$ . . . . $= 158000,—$ RM

und

158000 RM : 97000 m³ = 1,63 RM/m³.

Es erhellt hieraus, daß bei Verteilungslinie 2 zwar der Preis je m³ niedriger ist als bei Verteilungslinie 3, der Gesamtpreis für die im Baulos vorzunehmenden Erdbewegungen, auf den es ankommt, aber höher ist.

Anhang: Die Massenermittlung.

Sind für die Einschnitte und Dämme, wie z. B. bei allgemeinen Vorarbeiten für Straßen- oder Eisenbahnbauten, Querschnittszeichnungen nicht vorhanden, so kann die Massenermittlung in nicht zu schwierigem Gelände aus den Dammhöhen oder den Einschnittstiefen unter Berücksichtigung der Querneigung des Geländes nach dem Verfahren des Verfassers[1] erfolgen. Die Entfernungen der Querprofile voneinander sind hierbei so zu wählen, daß die Begrenzung des Geländes zwischen ihnen als annähernd eben angesehen werden kann.

Dieses Verfahren ist gegenüber dem Göringschen 1. wegen der Beseitigung der Raumfehler genauer und 2. wegen Fortfalls des Flächenplans einfacher und schneller, da hier aus dem Längenprofil mit dem Profilmaßstab unmittelbar die Massenlinie gezeichnet wird.

1. Der Querschnittsinhalt.

Nach Abb. 196a wird der Querschnitt F des Erdkörpers $ACDE$ von der Achshöhe h durch das Dreieck AGC von der Höhe h_0 und dem Inhalt F_0 zu einem Dreieck ergänzt. Durch die Planumsbreite B und die Böschungsneigung $\operatorname{tg}\alpha = 1:m$ ist F_0 und h_0 gegeben $\left(h_0 = \dfrac{B}{2\,m},\quad F_0 = B \cdot \dfrac{h_0}{2} = \dfrac{B^2}{4\,m}\quad \text{und}\quad h_1 = h + h_0\right).$

Es ist $x_1(\operatorname{tg}\alpha - \operatorname{tg}\beta) = x_1(1/m - n) = h_1$ und $x_1 = \dfrac{m \cdot h_1}{1 - m \cdot n}$,

$$x_2(\operatorname{tg}\alpha + \operatorname{tg}\beta) = x_2(1/m + n) = h_1 \quad \text{und}\quad x_2 = \frac{m \cdot h_1}{1 + m \cdot n},$$

wo die Geländequerneigung $n = \operatorname{tg}\beta$ bedeutet.

Geländebreite des Dammes und des Einschnittes $x_1 + x_2 = \dfrac{2\,m \cdot h_1}{1 - m^2 \cdot n^2}$;

Inhalt des Dreieckes DGE ist $F_1 = \dfrac{h_1(x_1 + x_2)}{2} = \dfrac{m \cdot h_1^2}{1 - m^2 \cdot n^2}$;

Inhalt des Dammquerschnitts $F = F_1 - F_0 = \dfrac{m \cdot h_1^2}{1 - m^2 \cdot n^2} - \dfrac{B^2}{4\,m}$.

Der Einschnittquerschnitt nach Abb. 194b

$$F = F_1 - F_0' + 2\,g = \frac{m \cdot h_1^2}{1 - m^2 \cdot n^2} - \frac{B_1^2}{4\,m} + 2\,g\,.$$

Hier ist $B_1 = B + 2$ Grabenbreiten, $g =$ Grabeninhalt und $F_0' = \dfrac{B_1 \cdot h_0'}{2} = \dfrac{B_1^2}{4\,m}$.

2. Der Erdkörperinhalt.

a) Die Näherungsgleichung für das zeichnerische Verfahren. Ersetzt man den Erdkörper von der Länge l und den Höhen h_a und h_b der Endquerschnitte durch ein Prisma (Abb. 195), dessen Querschnitt gleich dem des Erdkörpers in der Mitte von l und dessen Höhe $(h_a + h_b):2$ ist, so ist das Prisma gegen den Erdkörper etwas zu klein, und der Fehler beträgt im Flach- und Hügelland $f = 0{,}01$ bis $0{,}02$ und im Gebirge $f = 0{,}03$ bis $0{,}04$. Dieser Raumfehler kann durch Teilung des Prismeninhaltes durch $1 - f$ beseitigt werden. Mit $h_1 + h_2 = h_a + h_b + 2\,h_0'$ ist der Inhalt des Einschnittkörpers

$$\varDelta M_e = \frac{l}{1 - f}\left[\frac{m}{2(1 - m^2 \cdot n^2)} \cdot \frac{(h_a + h_b + 2\,h_0')^2}{2} - F_0' + 2\,g\right] = F_{me} \cdot l\,\mathrm{m}^3\,.$$

---

[1] Müller, W.: Der Bahningenieur 1934 Nr. 24.

Da bei der Dammschüttung mit einer bleibenden Auflockerung des Bodens zu rechnen ist, so ist beim Massenausgleich nicht mit den wirklichen Dammmassen, sondern mit den um die bleibende Auflockerung verkleinerten zu rechnen. φ ist nach Zahlentafel 30 die bleibende Auflockerung. Es ist dann der Inhalt des Dammkörpers

Zahlentafel 41.

$k = m : 2\,(1 - m^2 \cdot n^2).$

m	1,5	1,25
$1:n$		
∞	0,750	0,625
10	0,768	0,635
7	0,787	0,645
6	0,800	0,655
5	0,826	0,668
4	0,827	0,692
3	1,000	0,735

$$\Delta M_d = \frac{l}{(1-f)\,(1+\varphi)}\left[\frac{m}{2\,(1 - m^2 \cdot n^2)}\cdot\frac{(h_a + h_b + 2\,h_0)^2}{2} - F_0\right]$$

$$= F_{md}\cdot l\ \mathrm{m}^3.$$

Da der Erdkörperinhalt hier durch das Profil in der Mitte von l ausgedrückt wird, nennt man diese Berechnungsart „die mittlere Profilrechnung".

Es ist $m : 2\,(1 - m^2 \cdot n^2) = k$ nach Zahlentafel 41.

b) Die Gleichung des genauen Inhaltes. Der Erdkörper (Abb. 195) von der Länge l hat die Endquerschnitte $EAC'D$ und $E'A'C''D'$ mit den Inhalten F_a und F_b, die in der Bahnachse gemessen die Höhen h_a und h_b haben. Das Gelände begrenze den Bahnkörper mit einer quer- und längsgeneigten Ebene.

Zur Ermittlung des Inhalts zerlegt man den Erdkörper nach Abb. 195, nachdem man $E'K\|C''C$ und $D'P\,\|A'A$ gezogen hat,

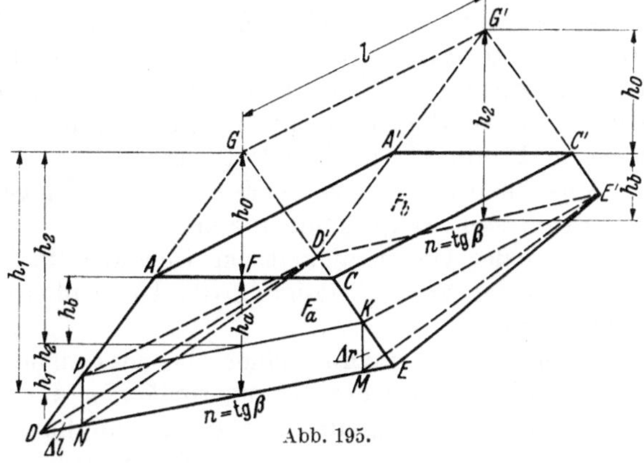

Abb. 195.

1. in das Prisma $ACPKA'C''D'E' = F_b \cdot l$,
2. in den Keil $PKMND'E' = (F_a - F_b - \Delta r - \Delta l)\,l : 2$,
3. in die 2 Pyramiden $D'PDN$ und $E'KME = (\Delta r + \Delta l)\cdot l : 3$.

Dann ist der genaue Inhalt

$$\Delta M_{dg} = [(F_a + F_b) : 2 - (\Delta r + \Delta l) : 6]\,l. \tag{Ia}$$

Die Dreiecke $\Delta r + \Delta l$ rechts und links mit den Höhen $h_1 - h_2$ sind zusammen ähnlich dem Dreieck mit der Höhe h_1 bzw. h_2.

Es ist also nach vorigem $\Delta r + \Delta l = m(h_1 - h_2)^2 : (1 - m^2 \cdot n^2)$.

Da $F_a = m \cdot h_1^2 : (1 - m^2 \cdot n^2) - F_0$ und $F_b = m \cdot h_2^2 : (1 - m^2 \cdot n^2) - F_0$, so ist der genaue Inhalt

$$\Delta M_{dg} = \frac{l \cdot m}{1 - m^2 \cdot n^2}\,[(h_1^2 + h_2^2) : 2 - (h_1 - h_2)^2 : 6] - l \cdot F_0$$

oder

$$\Delta M_{dg} = \frac{l \cdot m}{2\,(1 - m^2 \cdot n^2)}\cdot\frac{3\,h_1^2 + 3\,h_2^2 - h_1^2 + 2\,h_1 \cdot h_2 - h_2^2}{3} - l \cdot F_0$$

$$= \frac{l \cdot m}{3\,(1 - m^2 \cdot n^2)}\cdot\frac{2\,h_1^2 + 2\,h_1 \cdot h_2 + 2\,h_2^2}{2} - l \cdot F_0$$

$$= \frac{l \cdot m}{3\,(1 - m^2 \cdot n^2)}\cdot\frac{(h_1 + h_2)^2 + h_1^2 + h_2^2}{2} - l \cdot F_0 = F_m \cdot l, \tag{Ib}$$

wobei $F_m = \dfrac{m}{3\,(1 - m^2 \cdot n^2)}\cdot\dfrac{(h_1 + h_2)^2 + h_1^2 + h_2^2}{2} - F_0$ der mittlere Querschnitt ist, der aber nicht in der Mitte von l liegt.

c) Die Fehler der Erdmassenermittlung und deren Beseitigung. Vergleicht man den genauen und den näherungsweisen Inhalt eines Dammes, so ist mit $h_a + h_0 = h_1$ und $h_b + h_0 = h_2$ nun

$$\Delta M_{dg} - \Delta M_d = \frac{l \cdot m}{1 - m^2 \cdot n^2} \cdot \frac{(h_1 + h_2)^2 + h_1^2 + h_2^2}{6} - F_0 l - \frac{l \cdot m}{(1 - m^2 \cdot n^2)} \cdot \frac{(h_1 + h_2)^2}{4}$$

$$+ F_0 l = \frac{l \cdot m}{1 - m^2 \cdot n^2} \cdot \left[\frac{2(h_1 + h_2)^2 - 3(h_1 + h_2)^2 + 2 h_1^2 + 2 h_2^2}{12} \right]$$

$$= - \frac{l \cdot m}{1 - m^2 \cdot n^2} \cdot \frac{(h_1 - h_2)^2}{12} \, .$$

Der Fehler wächst mit dem Quadrate der Höhenunterschiede der Endquerschnitte.

Meist wird der Inhalt eines Erdkörpers nach der Näherungsgleichung $\Delta M_{d'} = (F_a + F_b) \cdot l : 2 = l \, (h_1^2 + h_2^2) \cdot m : 2 \, (1 - m^2 \cdot n^2) - l \cdot F_0$ berechnet. Vergleicht man diese Formel mit der genauen (Gl. Ib), so ist der näherungsweise berechnete Erdkörper um $(\Delta r + \Delta l) \cdot l : 6 = l (h_1 - h_2)^2 m : 6 (1 - m^2 \cdot n^2)$ zu groß. Dem Absolutwerte nach ist dieser Fehler doppelt so groß wie der nach der mittleren Profilrechnung. Die durch die Näherungsformeln entstehenden Fehler heißen Raumfehler, die sich nicht aus gleichen und durch den nachstehend beschriebenenen Profilmaßstab beseitigt werden.

Abgesehen von den vorgenannten Raumfehlern entstehen bei der Ermittlung der Erdmassen hauptsächlich Fehler:

1. aus der Ungenauigkeit der Geländeaufnahme,
2. aus der Vernachlässigung der Unebenheiten des Geländes im Quer- und Längsprofil,
3. durch die Annahme einer ebenen Geländebegrenzung des Erdkörpers,
4. infolge Ersatz der Gradientenlängen durch ihre Projektionen,
5. durch das Abgreifen der Höhen im Längenprofil,
6. durch das Abgreifen im Profilmaßstab.

Alle diese Fehler können sich im Gegensatz zu den Raumfehlern bis zu einem gewissen Grade ausgleichen, und bei geschickter und sorgfältiger technischer Arbeit gelingt es stets, sie auf einen Kleinstwert zu beschränken, der das Endergebnis kaum noch beeinflußt.

Vergleicht man die übliche Näherungsformel $l \cdot (F_a + F_b) : 2$, die auch bei dem Göringschen Verfahren angewendet wird, mit der nach der sog. mittleren Profilrechnung, so werden in ersterer die Höhen zunächst quadriert und dann addiert. Nach der zweiten Formel werden die Höhen zunächst addiert, und dann die Summe der Höhen quadriert. Bei der zeichnerischen Ermittlung werden nach der ersten Formel aus der Höhe jedes Endquerschnitts am Profilmaßstab die Flächeninhalte einzeln ermittelt. Von diesen beiden Inhalten ist nun die halbe Summe zu bilden. Das geschieht an dem Flächenplan, wie er nach dem Göringschen Verfahren bekannt ist. Die Anwendung der ersten Näherungsformel führt also zwangsläufig zum Flächenplan. Bei dem Verfahren des Verfassers erfolgt die Summierung der Höhen im Längenprofil, so daß also nur für einen, und zwar für den mittleren Querschnitt am Profilmaßstab der Flächeninhalt zu bilden ist. Mit diesem wird unmittelbar die Massenlinie aufgezeichnet. Hier ist also das Hilfsmittel des Flächenplans überflüssig.

3. Der Profilmaßstab.

Mittels des Profilmaßstabes erhält man aus den Einschnitts- und Dammhöhen der Erdkörper von der Stationslänge l die mittleren Querschnitte F_m als Strecken.

Er besteht nach Abb. 196c a) aus der **Parabel** für $x = \dfrac{y^2}{2} = \dfrac{(h_a + h_b + 2 h_0)^2}{2}$,
b) aus dem **Strahlenbüschel** k' für $k/(1 - f)$ für Einschnitt bzw. $k/(1 - f)$
$(1 + \varphi)$ für Damm. In dieser Abb. sind für $f = 0,02$ und $\varphi = 0,05$ mit $1 - f$
$= 98$ mm und mit $(1 - f) \cdot (1 + \varphi) = 103$ mm Abstand vom Nullpunkt die k-Werte
in mm nach oben und unten für die Strahlen abgesetzt: c) aus den **Waage-**
rechten p und q im Abstand F_0 und $F_0' - 2 g$ von der x-Achse; d) aus den
Punkten D und E der y-Achse. $OD = 2 h_0$ für Damm und $OE = 2 h_0'$ für
Einschnitt.

<h3 align="center">4. Die Massenlinie (Abb. 196e).</h3>

Bei gleichbleibendem Stationsabstand l (z. B. $l = 100$ m) ist der Inhalt
des ganzen Einschnittes $\sum M_e = l \cdot \sum F_{me}$ m³ und der des ganzen Dammes
$\sum M_d = l \cdot \sum F_{md}$. Reiht man auf den Senkrechten durch die Übergangspunkte
des Längenprofils (A', B', Abb. 196d) vom Einschnitt zum Damm für Einschnitte in Abb. 196e von A nach oben und für Dämme von B nach unten die
Strecken für F_m aneinander, geht an deren Anstoßpunkten waagerecht zu den
Senkrechten durch die Stationspunkte und verbindet die letzten Schnitte miteinander, so erhält man eine wellenförmige Linie, deren Höhen die Massen angeben, wenn man den Maßstab der Massen $l$mal kleiner wählt als den Maßstab
der Flächen. Die Linie heißt daher **Massenlinie**.

Als **Maßstäbe** werden empfohlen Längen $1 : 10000$ (1 cm $= 100$ m), Höhen
$1 : 500$ (1 cm $= 5$ m), x-Achse des Profilmaßstabs und Flächen $F = 1$ cm $= 50$ m².
Massen $\Delta M = F \cdot l = 50 \cdot 100 = 5000$ m³ $= 1$ cm. Im Beispiel (Abb. 196d) ist für
eine **eingleisige Hauptbahn im Hügelland** bei Damm: $B = 5,55$ m, $f = 0,02$,
$\varphi = 0,05$, $m = 1,5$, $OD = 2 h_0 = 3,70$ m, $F_0/0,98 \cdot 1,05 = 4,98$ m² $= q$ und
bei Einschnitt: $B_1 = 9,55$ m, $m = 1,25$, $OE = 2 h_0' = 7,64$ m, $(F_0' - 2 g)/0,98$
$= 17,34$ m² $= p$.

<h3 align="center">5. Die Handhabung des Verfahrens.</h3>

Nach Abb. 196d ist das Längenprofil in senkrechte Streifen von je $l = 100$ m
(Stationsabstand) geteilt. Man addiert mit dem Zirkel 2 benachbarte Höhen
$h_a + h_b$, setzt diese im Profilmaßstab (Abb. 196c) von E nach oben bis 1 ab,
geht waagerecht bis Punkt 2 der Parabel und senkrecht herunter bis Punkt 4
auf dem Strahl für $1 : n$ z. B. $= 4$. Die Höhe zwischen 4 und 3 auf der Waagerechten p ist F_{me_2}, der Querschnitt des mittleren Einschnittsprofils. Auf
den Senkrechten durch die Übergangspunkte von Einschnitt zu Damm des
Längenprofils reiht man für Einschnitte nach oben und für Dämme nach unten
die F_m-Strecken aneinander und geht an den Anstoßpunkten waagerecht zu den
Senkrechten durch die Stationspunkte. Die Verbindung der Schnittpunkte ergibt
die **Massenlinie** (Abb. 196e).

Ist an den Übergangspunkten die Erdkörperlänge a kleiner als die Stationslänge l, so ist der Inhalt des Mittelquerschnitts auf den Stationsabstand l bezogen
$F_m' = F_m \cdot a/l$. Je höher die Einschnitte und Dämme, um so steiler ist die Massenlinie. Bei Brücken ist sie waagerecht, bei Wegrampen verläuft sie senkrecht.
Ist die Dammhöhe größer als 16 bis 18 m, so sind Brücken, bei Einschnitten tiefer
als 25 m, Tunnels wirtschaftlicher.

Sind aus den Längsprofilen die Erdhöhenkörper h_a, h_b an den Bauwerken
sowie an den Gelände- und Planungsknickpunkten zu entnehmen, so können die
Massen zwischen diesen Knickpunkten oder dem Übergang zwischen Damm und
Einschnitt ermittelt werden. Hier sind die Erdkörperlängen L verschieden.
Man setzt in Abb. 196c z. B. für Reichsautobahnen von E oder D die Summe der
abgelesenen Erdkörperhöhen $h_a - h_b$ senkrecht ab, geht waagerecht zur Parabel

und greift dann senkrecht die Höhe zwischen der waagerechten oder p oder q und dem Strahl für k' (Böschungs- und Geländequerneigung) ab. Für diese liest man an der Waagerechten den Wert F_m m² ab. Profilmaßstab: Höhen 1 cm

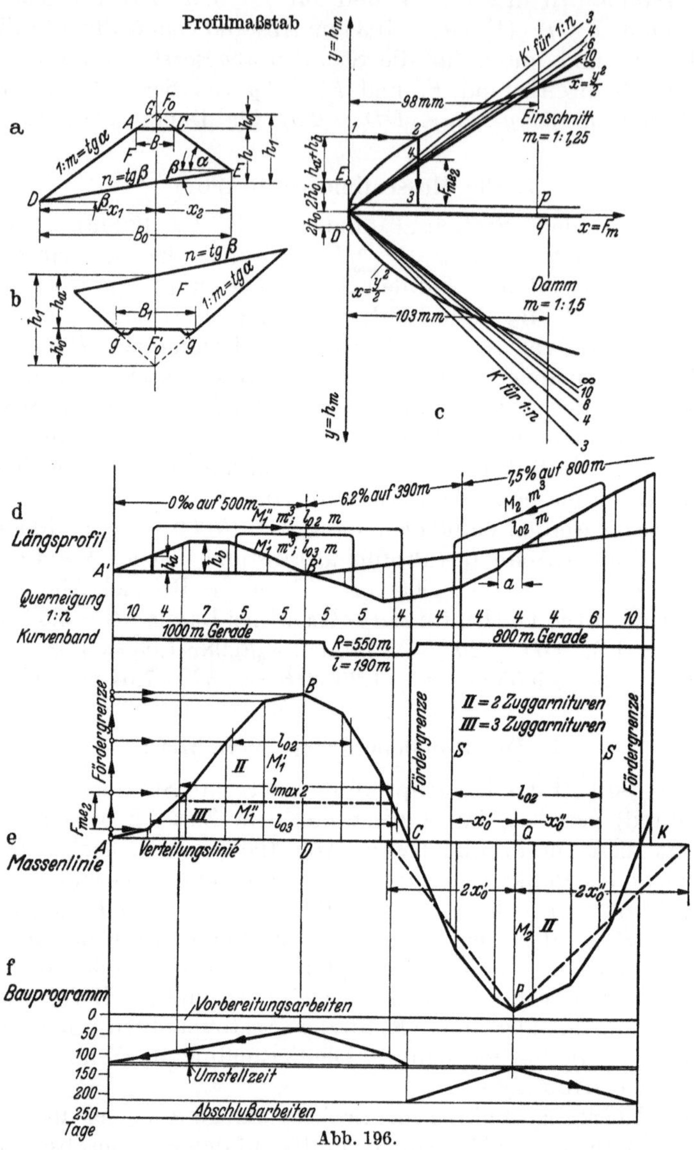

Abb. 196.

$= 2$ m, Flächen 1 cm $= 20$ m². Mit dem Rechenschieber bildet man sodann $\Delta M = F_m \cdot L$ m³ und zeichnet wie vor die Massenlinie.

6. Der mittlere Förderweg.

Legt man durch die Massenlinie eine Waagerechte, so gleichen sich die Damm- und Einschnittsmassen zwischen zwei Schnittpunkten aus. Diese Waagerechte heißt die Verteilungslinie. Lotet man deren Schnittpunkte auf das Längenprofil, so erhält man die Fördergrenzen, zwischen denen sich die Massen ausgleichen. Die Ordinaten zwischen der Verteilungslinie und den freien Ästen der Massenlinie sind die seitlich abzulagernden oder zu entnehmenden Massen.

Der Abstand der Schwerpunkte der sich ausgleichenden Einschnitt- und Dammassen, die durch die Massenlinie CPK (Abb. 196e) als aufsteigender und fallender Linienzug über der Verteilungslinie CK dargestellt sind, ist der mittlere Förderweg $x_0' + x_0''$. Die größte Höhe PQ ist gleichbedeutend mit den Damm- und Einschnittmassen, die sich ausgleichen. Den mittleren Förderweg $x_0' + x_0''$ erhält man durch Verwandlung der Flächen CPQ und KPQ in flächengleiche Rechtecke von der Höhe QP, deren Grundlinien die Schwerpunktabstände x_0' und x_0'' sind. Praktischer ist es, die Flächen CPQ und KPQ geometrisch durch sog. „Eckenabstoßen" oder mit dem Augenmaß in zwei Dreiecke von der Höhe PQ und den Grundlinien $2\,x_0'$ und $2\,x_0''$ zu verwandeln. Welche Verteilungslinie die wirtschaftlichste Massenverteilung gibt, ist S. 343 erörtert.

Im „Bahn-Ingenieur" 1934 Nr. 24 ist in der gleichen Weise wie für Dämme und Einschnitte (mit voller Planumsbreite) auch ein Profilmaßstab für Anschnitte wiedergegeben. In der Massenlinie ist hier die Längs- und Querförderung (letztere für den Querausgleich) getrennt dargestellt.

Fahrdynamik des Kraftwagenbetriebes.

I. Die Güterbeförderung mit Lastkraftwagen und mit Schleppern.

A. Die Grundgedanken des Verfahrens der Betriebskostenermittlung.

Wie im Eisenbahnverkehr, so werden auch im Straßenverkehr von den Verkehrsbetrieben die Omnibusfahrten durch Veröffentlichung eines Fahrplans bekanntgegeben. In diesem müssen die Fahrzeiten und die Aufenthalte so bemessen sein, daß die Fahrten mit der erforderlichen Sicherheit und Schnelligkeit sowie mit wirtschaftlichem Energieverbrauch durchgeführt werden können. Die Genauigkeit der Fahrzeitermittlung städtischer Verkehrslinien mit dichter Wagenfolge und kurzen Haltestellenabständen ist eine Vorbedingung für die Durchführung des Fahrplans.

Auch für Gütertransporte mit Kraftwagen, besonders wenn sie im Pendelverkehr durchgeführt werden, sind zweckmäßig vorher die Fahrzeiten und der Brennstoffverbrauch zu berechnen 1. um einen Betriebsplan für die wirtschaftliche Verwendung des rollenden Materials und des Personals aufzustellen und 2. um die Kosten der Transporte zu veranschlagen.

Die Ermittlung von Fahrzeit und Brennstoffverbrauch der Gütertransporte mit Kraftwagen sind auch für Einzelfahrten geboten, wenn ihre Kosten veranschlagt werden sollen. Denn die Transportkosten gehören bekanntlich auch zu den Gestehungskosten und können bei der Auftragserteilung für große Ingenieurbauwerke oder für die Lieferung von Gütern von ausschlaggebender Bedeutung sein. Nichts rächt sich hierbei mehr, als wenn die Transportkosten nicht aus den gegebenen Verhältnissen heraus berechnet worden sind. Denn die Transporte und insbesondere auch die Umschlagsverhältnisse sind in bezug auf ihren Zeit-, Energie- und Personalaufwand meist sehr verschiedenartig, so daß bei einer überschlägigen, ungenauen Ermittlung des einzelnen Transportvorganges sich bei dessen häufiger Wiederholung beträchtliche Fehler ergeben können, die für die Wirtschaftlichkeit entscheidend sind, und die man bei einer Berechnung, wie sie im nachfolgenden durchgeführt wird, hätte vermeiden können.

Der Grundgedanke des Verfahrens zur Veranschlagung der Transportkosten ist allgemein folgender:

Zunächst hat man auf Grund der gegebenen Förderleistungen das Transportmittel und die Umschlagsart zu wählen. Für die Motorkräfte sowie für die Widerstände der Fahrzeuge und der Fahrbahnen ist sodann der Transportvorgang nach Zeit-, Weg- und Energieaufwand zu erfassen und der technische Aufwand für den Umschlag zu ermitteln. Da sich jeder Transport auf dem Wege, in der Zeit und durch den Verbrauch an Energie abspielt, entstehen Kosten auf dem Wege, in der Zeit und durch den Energieverbrauch. Der ermittelte technische Aufwand an Weg, Zeit, Energie und Personal für den Transport ist sodann kostenmäßig auszuwerten. Ebenso sind der technische Aufwand und hieraus die Kosten des Güterumschlags zu ermitteln. Man erhält so die Gesamtkosten, die sich aus der Eigenart des Transport- und Umschlagbetriebes ergeben und die infolge ihrer natürlichen Gliederung ihrer Kostenanteile auch leicht nachprüfbar sind. Da die Gütertransporte meist gleichmäßige Geschwindigkeiten haben, und nicht wie die Fahrten der städtischen Verkehrsmittel in der Hauptsache aus Anfahren und Bremsen bestehen, so sollen hier in erster Linie die Fahrzeiten und der Brennstoffverbrauch für gleichmäßige Geschwindigkeiten ermittelt werden. Diese Fahrzeiten sind dann durch Zuschläge für das Anfahren und Bremsen zu ergänzen. Die Ermittlung der Fahrzeiten und des Energieverbrauchs gestaltet sich hierbei einfacher, ohne an Zuverlässigkeit zu verlieren. Die einzelnen Berechnungsgänge sind durch den Wechsel der Streckenwiderstände, also der Neigungen oder der Befestigungsart der Straße bedingt. Im Flachlande liegen den einzelnen Berechnungsgängen daher meist längere, im Gebirge kürzere Strecken zugrunde. Die Erfassung des Transportvorganges paßt sich also der Eigenart des Geländes an.

Zunächst sollen Aufwand und Kosten der Gütertransporte mit Kraftwagen nach diesem einfacheren Verfahren ermittelt werden. Hieran schließt sich die Bekanntgabe eines genaueren Verfahrens für die städtischen Omnibusbetriebe.

B. Die Zugkräfte und der Energieverbrauch bei Fahrzeugen mit mechanischer Kraftübertragung.

1. Die Ermittlung der Geschwindigkeiten der Zugkräfte und des minutlichen Brennstoffverbrauchs aus den Motorkennlinien.

Nach S. 19 werden sowohl für die Vergasermotoren als auch für die Dieselmotoren die Zugkräfte und der Energieverbrauch aus den auf dem ortsfesten Prüfstand aufgenommenen Motorkennlinien berechnet. In letzteren sind nach Abb. 197 die Leistungen in PS und der Brennstoffverbrauch je PSh in Abhängigkeit von der minutlichen Drehzahl für die volle Motorbelastung dargestellt. Bei voller Motorbelastung ist bei Vergasermotoren die Drosselklappe voll geöffnet, und beim Dieselmotor hat die Brennstoffpumpe volle Füllung. Mitunter werden auch noch für Leistungen und Brennstoffverbrauch Motorkennlinien für $^3/_4$, $^1/_2$ und $^1/_4$ Motorbelastung bei Füllungsregelung, also entsprechender Stellung der Drosselklappe bzw. Füllung der Brennstoffpumpe aufgestellt. Eine Drehzahlregelung kommt bei Motoren mit mechanischer Kraftübertragung deshalb nicht in Frage, weil hierbei die Höchstgeschwindigkeit nur bei Vollast des Motors gefahren werden kann. Bei Füllungsregelung kann man aber die Höchstgeschwindigkeit auch bei Teilbelastung des Motors fahren. Die Abb. 197 zeigt derartige Motorkennlinien für einen

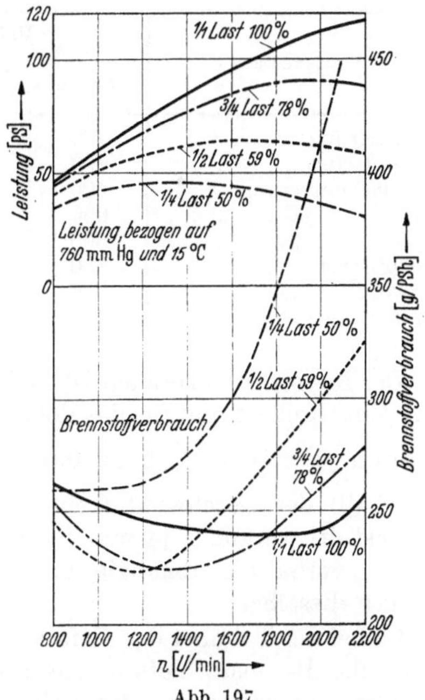

Abb. 197.

Maybach OS-Motor (6 Zyl.), Vergaser für Vollast, $^3/_4$-, $^1/_2$- und $^1/_4$-Last.

Für den im Kraftwagen eingebauten Motor sind nun aus dessen minutlichen Drehzahlen die Fahrgeschwindigkeiten des Wagens zu bestimmen.

Diese sind abhängig von dem Triebraddurchmesser D m, der Getriebeuntersetzung u_1 (für jeden Gang verschieden) und der Hinterachsenuntersetzung u_2 (für alle Gänge gleich). Die Werte D, u_1 und u_2 können für jeden Kraftwagen aus dem Autotypenbuch entnommen werden. Ist n die minutliche Drehzahl eines Motors, so kann hieraus die Fahrgeschwindigkeit des Wagens nach der Gleichung

$$V = \frac{60 \cdot n \cdot u_1 \cdot u_2 \cdot D \cdot \pi}{1000} \text{ km/h}$$

errechnet werden.

Zweckmäßig ermittelt man für je drei oder vier Werte von n die Geschwindigkeiten jedes Ganges. Sodann ist aus der Kennlinie für die Leistungen die Zugkraft des Motors zu berechnen. Allgemein besteht zwischen Motorleistung N_{mo} PS, Motorzugkraft Z_{mo} kg und Geschwindigkeit V km/h die Beziehung

$$N_{mo} = \frac{Z_{mo} \cdot V}{270} \text{ PS}.$$

Hieraus ist die Motorzugkraft $Z_{mo} = N_{mo} \cdot 270 : V$ kg. Da aber die Strecken- und Grundwiderstände am Radumfang des Wagens angreifen, so ist die Zugkraft am Triebradumfang Z_t zu berechnen, also $Z_t = \eta \cdot Z_{mo} = \eta \cdot N_{mo} \cdot 270 : V$ kg. Hier ist η der mechanische Wirkungsgrad des Getriebes bei Übertragung der Zugkraft vom Motor zum Triebradumfang. Bei Straßenfahrzeugen kann man für den direkten Gang ($u_1 = 1:1$) $\eta = 0{,}85$ setzen. Dieser Wert sinkt bei den niedrigeren Gängen um je 1,5 bis 2%. Die Zugkräfte sind ebenso wie die Geschwindigkeiten für drei Werte jedes Ganges zu ermitteln. Die Zugkräfte des ersten Ganges sind am größten. Sie müssen aber kleiner gehalten werden als die Reibungszugkraft $Z_r = \mu_h \cdot G_r$ kg. Hier ist G_r t das Gewicht auf der Triebachse, und μ_h kg/t ist die Haftreibung. Sie ist abhängig von Art und Zustand der Deckenbefestigung.

Schenck[1] hat die Haftreibung nach nebenstehender Zahlentafel 42 ermittelt.

Zahlentafel 42.

Straßendecke	Haftreibung μ_h		
	trocken	naß, verschlammt	vereist
Chaussierung	700	400	
Steinpflaster	600	300	
Oberflächenteerung . . .	500	250	
Beton	650	350	200—250
Asphalt	500	200	
Holzpflaster	550	300	
Erdwege	500	200	
Sand	400	—	

Der Brennstoffverbrauch ist in den Motorkennlinien (Abb. 197), wie gesagt, für jede Motorteillast und für die Vollast in g/PSh angegeben. Der Brennstoffverbrauch je min $= {}^1\!/_{60}$ h ist dann $b_1 = \dfrac{b \cdot N_{mo}}{60}$ g. Diese Werte sind über- bzw. unterhalb der Geschwindigkeitsachse aufzutragen (Abb. 199 b). Die Größe des Brennstoffverbrauchs je min ist von der Leistung, aber nicht von dem Übersetzungsverhältnis abhängig und daher für die gleichen Drehzahlen n jedes Ganges dieselbe.

Ist bei der Talfahrt das Gefälle gleich oder größer als der Fahrzeugwiderstand, so ist die Brennstoffzufuhr abzustellen. Bei schwachen Steigungen und bei Gefällen, die kleiner als der Fahrzeugwiderstand sind, ist die Brennstoffzufuhr zu drosseln.

---

[1] Schenck, R.: Die Fahrbahnreibung im Kraftverkehr. Halle 1928.

2. Die Drossellinien zur Ermittlung des Brennstoffverbrauchs.

Stehen nur für Vollbeanspruchung des Motors die Kennlinien für Leistung und Brennstoffverbrauch zur Verfügung, so kann man die Zugkräfte und den minutlichen Brennstoffverbrauch für die Teilbeanspruchungen wie folgt ermitteln:

Die Zugkräfte Z_{tt} für Teilbeanspruchung erhält man, wenn man die Zugkräfte Z_{tv} am Triebradumfang bei voller Beanspruchung für jeden Gang nach Abb. 199b z. B. in vier gleiche Teile teilt. Die Teilzugkräfte, die zur Überwindung des Steigungs-, Grund- und Luftwiderstandes dienen, müssen bei gleich-

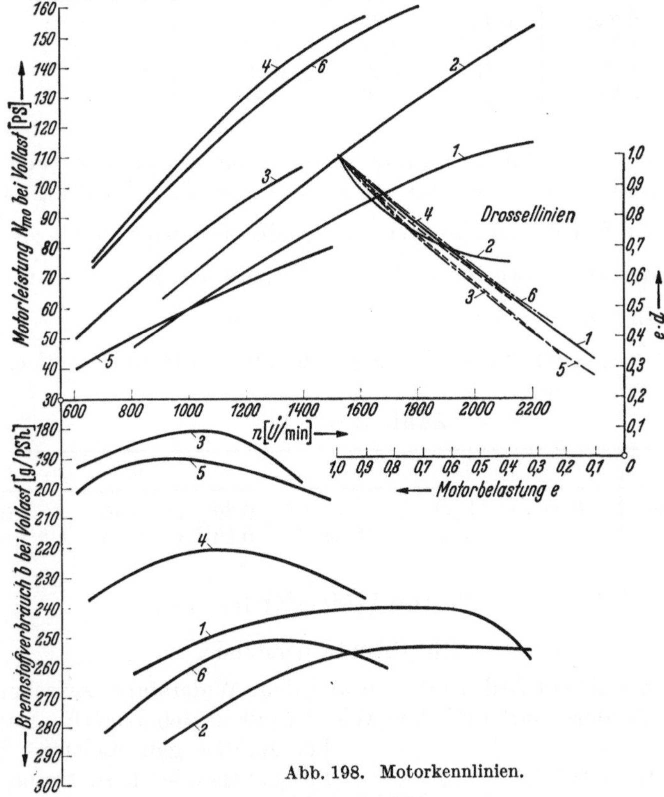

Abb. 198. Motorkennlinien.

1 100 PS Maybach OS-Motor mit Vergaser, 6 Zyl.; 2 150 PS Maybach-Vergasermotor, 12 Zyl.; 3 100 PS-MAN-Dieselmotor, 6 Zyl.; 4 150 PS-MAN-Vergasermotor, 6 Zyl.; 5 80 PS Junkers-Dieselmotor; 6 150 PS Krupp-Vergasermotor, 6 Zyl.

mäßiger Geschwindigkeit gleich den Widerständen sein. Setzt man also die Teilzugkraft am Triebradumfang $Z_{tt} = W$, so ist $e = Z_{tt} : Z_{tv} = W : Z_{tv}$ die Motorbeanspruchung.

Der Brennstoffverbrauch bei Teilbeanspruchung wurde für eine Reihe von Vergaser- und Dieselmotoren mit 6 und 12 Zylinder vom Verfasser in der Zeitschrift „Autobahn" 1934 Heft 9 an Hand der Motorkennlinien für Voll- und Teilbelastungen nach Art der Abb. 198 (Maybach OS, 6 Zyl.) ermittelt, und sodann für die verschiedenen Motorbeanspruchungen e aus dem Verhältnis des Brennstoffverbrauchs bei Teilbelastung zu dem bei Vollast der Drosselfaktor d berechnet. Diese Faktoren wurden mit den zugehörigen Motorbelastungen $e = W : Z_{tv}$ multipliziert und nach Abb. 198 als Ordinaten $e \cdot d$ über der waagerechten e-Achse als Drossellinien aufgetragen.

Die Abb. 198 zeigt, daß für 6 Zylinder die Drossellinien sowohl für Vergaser als auch die für Dieselmotoren gut zusammenfallen, daß jedoch die für 12 Zyl.-Motoren einen anderen Verlauf nimmt. Die Zahl der Zylinder ist also von Einfluß auf die Gestalt der Drossellinie. Verfasser hat für Dieselmotoren mit 2, 3, 4 und 6 Zylinder die Drosselwerte $e \cdot d$ in Abhängigkeit von der Motorbeanspruchung e ermittelt und die nachstehende Zahlentafel 43a zusammengestellt:

Zahlentafel 43a.

Motorbeanspruchung $e =$	0	0,25	0,5	0,75	1
2 Zyl.	0,12	0,263	0,47	0,72	1
3 Zyl.	0,125	0,27	0,48	0,725	1
4 Zyl.	0,15	0,29	0,49	0,74	1
6 Zyl.	0,23	0,36	0,54	0,75	1

Die Zahlen zeigen, daß bei Motoren mit 2 bis 4 Zylinder bei $e = 0,5$ und 0,75 der Brennstoffverbrauch besser ausgenutzt wird als bei Vollast. Multipliziert man den Brennstoffverbrauch je min bei voller Motorbeanspruchung $b_1 = \dfrac{b \cdot N_{mo}}{60}$ g/min mit vorstehenden Drosselwerten $e \cdot d$, so erhält man den **Brennstoffverbrauch** bei Drosselung $b_{1d} = b_1 \cdot e \cdot d = \dfrac{b \cdot N_{mo} \cdot e \cdot d}{60}$ g/min.

Für den Vergasermotor sind folgende Drosselwerte $e \cdot d$ ermittelt:

Zahlentafel 43b.

$e =$	0,1	0,25	0,4	0,5	0,75	1,0
6 Zyl.	0,32	0,43	—	0,60	0,80	1,0
12 Zyl.	—	—	0,64	0,66	0,75	1,0

C. Die Widerstände.

1. Die Grundwiderstände.

Der Grundwiderstand setzt sich aus dem Widerstand zwischen Rad und Fahrbahn (Rollwiderstand) und dem Widerstand in den Lagern zusammen. Da bei Kraftwagen meistens Rollenlager in Gebrauch sind, so treten die Lagerwiderstände gegen dem Rollwiderstand zwischen Rad und Straße zurück. In der Regel werden wie bei Schienenfahrzeugen der Roll- und Lagerwiderstand als Grundwiderstand w_0 zusammengefaßt für die verschiedenen Straßenbefestigungsarten im Schrifttum angegeben. Es ist der Grundwiderstand bei Luftbereifung (nach Bosch: Kraftfahrtechnisches Taschenbuch 1938) in Zahlentafel 44 angegeben.

Zahlentafel 44.

Straßendecke	Grundwiderstand w_0 kg/t	
	fest	ausgefahren
Chaussierung . . .	20	40
Steinpflaster . . .	15	30
Oberflächenteerung	25	35
Beton	15	25
Asphalt	10	20
Holzpflaster . . .	20	30
Erdwege	50—150	
Sand	150—300	

Für Omnibusse im städtischen Verkehr ist nach Versuchen der Berliner Verkehrs-Gesellschaft (BVG) (vgl. AEG-Mitt. 1934, Heft 7) der Grundwiderstand der Oberleitungsomnibusse und der Autobusse auf Asphaltstraßen $w_0 = 8$ kg/t und auf Steinpflaster $w_0 = 13$ kg/t.

2. Der Luftwiderstand.

Der Luftwiderstand eines Fahrzeugs ist

$$W_L = 0,5\,c \cdot F\,(V/10)^2\ \text{kg}.$$

Auf eine Tonne Wagengewicht G bezogen ist $w_l = W_L : G$ kg/t. Die Formel ist ebenso wie die für Schienenfahrzeuge aufgebaut. Für Lastwagen ist der Luftwiderstandsbeiwert $c = 0,8$ und der Wagenquerschnitt $F = 4$ bis 7 m². Für Personenwagen ist $c = 0,5$ bis 0,6 und $F = 2$ bis 3 m². Bei Stromlinienwagen ist $c = 0,3$.

Die BVG hat nach Versuchen den Luftwiderstand bei Omnibussen ebenfalls in den AEG-Mitt. 1934 Heft 7 bekanntgegeben. Hiernach ist:

bei V km/h	0	10	20	30	40	50
für Doppeldecker w_l kg/t	0	1,4	4,2	8,0	13,0	20,0
für Eindecker w_l kg/t . .	0	1.4	4,0	6,8	10,0	13,5

D. Das Betriebsdiagramm eines Lastkraftwagens.

Das Betriebsdiagramm dient zur Ermittlung der Fahrzeit und des Brennstoffverbrauchs bei gleichmäßiger Fahrbewegung. Es stellt in drei Quadranten (Abb. 199 b)

1. die Abhängigkeit des Gewichts von den Grund- und Steigungswiderständen,

2. die Abhängigkeit der Zugkraft am Triebradumfang und des Luftwiderstandes von der Geschwindigkeit sowie den verschiedenen Gängen.

3. die Abhängigkeit des minutlichen Brennstoffverbrauchs von Fahrgeschwindigkeit und Gängen dar. Die Quadranten 2 und 3 der Abb. 199 b sind aus den Motorkennlinien der Abb. 199 a ermittelt.

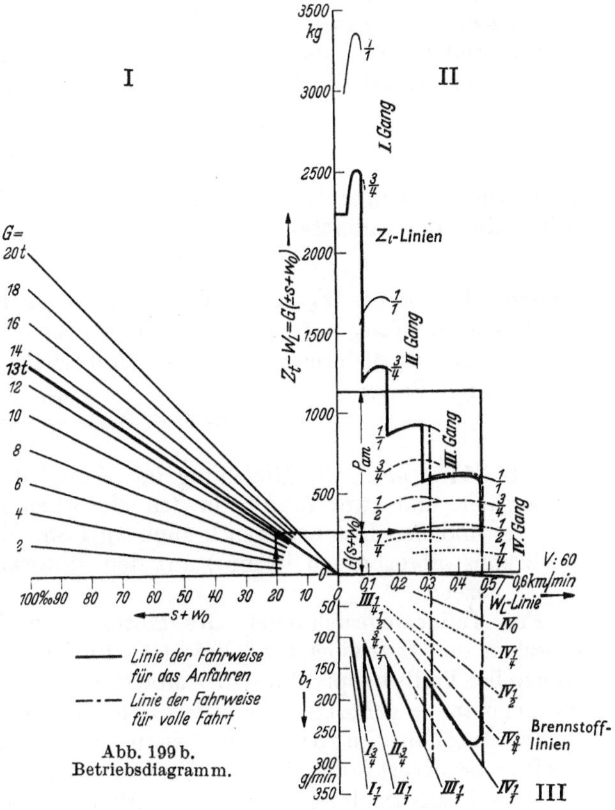

Bei gleichmäßiger Geschwindigkeit muß die Zugkraft am Triebradumfang gleich den Widerständen sein, also

$$Z_t = W = G\,(s + w_0) - 0,5\,c \cdot F\,(V/10)^2.$$

Faßt man die von der Geschwindigkeit abhängigen Kräfte Z_t und $0,5\,c \cdot F\,(V/10)^2$ zusammen, so ist $Z_t - 0,5 \cdot c \cdot F\,(V/10)^2 = G\,(s + w_0)$, d. h. die um den Luftwiderstand verminderten Zugkräfte sind gleich dem Steigungs- und Grundwiderstand des Fahrzeugs. Die linke Seite der Gleichung wird im zweiten Quadrant und die rechte Seite im ersten Quadrant

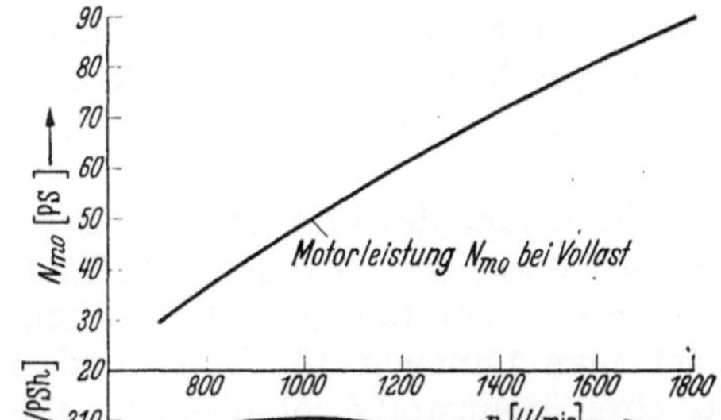

Abb. 199 b. Betriebsdiagramm.

Abb. 199 a. Motorkennlinie.

des Betriebsdiagramms dargestellt. Im dritten Quadrant ist der Brennstoffverbrauch je min aufgetragen.

Die Werte des Betriebsdiagramms sind auf das Gesamtgewicht G des Fahrzeuges nebst Anhänger bezogen.

Im ersten Quadrant kann man den Grund- und Steigungswiderstand $G(s+w_0)$ des Fahrzeuges an einem Strahlenbüschel ablesen. Um den Strahl für das Fahrzeuggewicht $G = 10$ t zu zeichnen, trägt man z. B. in $s + w_0 = 100$ kg/t der waagerechten Achse als Höhe den Betrag $G(s+w_0) = 10 \cdot 100 = 1000$ kg im Maßstabe der Z_t-Achse nach oben ab und zieht vom Endpunkt bis zum Nullpunkt der Achse einen Strahl, an den man $G = 10$ t anschreibt. Nach Unterteilung der Höhe 1000 kg in fünf gleiche Teile zeichnet man die Strahlen für die Gewichte 2, 4, 6 . . . t. Als Maßstab der $(s + w_0)$-Achse wird $s + w_0 = 10^0/_{00} = 1$ cm, als Maßstab der Widerstände des Fahrzeugs und der Zugkräfte $W = Z_t = 200$ kg $= 1$ cm empfohlen.

Im zweiten Quadrant zeichnet man die V-Achse und unterteilt sie in die Werte V: 60 km/min, also den Weg je min, bei dem Maßstabe 0,1 km/min $= 1$ cm. Es ist nach S. 354 die Fahrgeschwindigkeit

$$V = \frac{60 \cdot n \cdot u_1 \cdot u_2 \cdot D \cdot \pi}{1000} \text{ km/h}$$

zu berechnen. Unter der V-Achse setzt man für die verschiedenen Geschwindigkeiten den Luftwiderstand

$$W_L = 0{,}5 \cdot c \cdot F (V/10)^2 \text{ kg}$$

ab und erhält so die W_L-Linie. Von dieser trägt man nach oben die Zugkräfte Z_t am Triebradumfang auf, und zwar etwa drei oder vier Werte für jeden Gang bei voller Beanspruchung des Motors. Man erhält so die Z_t-Linien für $\frac{1}{1}$-Belastung des Motors. Es ist

$$Z_t = \eta \cdot N_{mo} \cdot \frac{270}{V} \text{ kg}$$

nach S. 354. Durch die Gleichung für V sind diesen Werten die Drehzahlen n zugeordnet, und zwar für die in den Motorkennlinien angegebenen Leistungen N_{mo} PS und den Brennstoffverbrauch b g/PSh. Die Ermittlungen von V, Z_t und b_1 (Brennstoffverbrauch je min) aus den Motorkennlinien sind in dem Beispiel S. 375 gezeigt.

Für Teilbeanspruchungen des Motors von $\frac{1}{4}$, $\frac{1}{2}$, $\frac{3}{4}$ teilt man die Höhen zwischen der Luftwiderstandslinie (W_L-Linie) und den Z_t-Linien der einzelnen Gänge bei Vollbeanspruchung des Motors z. B. in vier gleiche Teile und verbindet die zueinander gehörigen Punkte zu je einer Kurve.

Im dritten Quadrant unterhalb der V-Achse zeichnet man die Linien des Brennstoffverbrauchs je min. Ihre Ordinaten sind wie gesagt $b_1 = b \cdot N_{mo}/60$ g/min für volle Beanspruchung des Motors. Man berechnet vorher wieder für drei oder vier Werte von n (Kleinst-, Mittel- und Höchstwert) b_1 und setzt diese Ordinaten in den entsprechenden Geschwindigkeiten jedes Ganges nach unten ab. Die den gleichen Drehzahlen entsprechenden Ordinaten sind in allen Gängen einander gleich.

Zur Ermittlung des Brennstoffverbrauchs für Teilbelastung des Motors dienen die Drosselwerte $e \cdot d$ der Zahlentafeln S. 356, mit denen man die Ordinaten der gezeichneten Brennstofflinien für Vollast multipliziert. Mit den Werten $b_{1d} = e \cdot d \cdot b_1$ zeichnet man nunmehr für $\frac{3}{4}$-, $\frac{1}{2}$- und $\frac{1}{4}$-Motorbelastung die Linien für den gedrosselten Brennstoffverbrauch (Abb. 199 b). Ist die Motorbelastung im direkten Gang kleiner als $\frac{1}{4}$, so wird man hier noch den Brennstoffverbrauch für die Motorbeanspruchung für $e = 0{,}1$ zeichnen.

E. Die Linien der Fahrweisen.

Um die Beanspruchung des Motors bei den verschiedenen Gängen und Geschwindigkeiten zu kennzeichnen, trägt man in die Zugkrafts- und Brennstofflinien des Betriebsdiagramms nach Abb. 199 b die Linien der Fahrweise ein. Man unterscheidet eine Linie der Fahrweise für das Anfahren (————) und eine für volle Fahrt (—·—·—·—).

Fällt die Linie für das Anfahren mit der Zugkraftlinie für volle Motorbelastung zusammen, so erhält man die kürzeste Anfahrzeit. Meist wird in den ersten Gängen mit $\frac{3}{4}$-Motorbelastung angefahren und dann im direkten Gang und auch in den nächst kleineren mit voller Beanspruchung weitergefahren. Kurz bevor die gleichmäßige Geschwindigkeit erreicht ist, verringert man allmählich die Brennstoffzufuhr so weit, daß die Zugkraft gleich dem Grund-, Steigungs- und Luftwiderstand wird. Man geht also von der Linie der Fahrweise bei voller Fahrt, die mit der Zugkraftlinie für volle Motorbelastung zusammenfällt, kurz vor der gleichmäßigen Geschwindigkeit nach unten bis zu dem Punkt, wo $Z_t = W_L + G(s + w_0)$ ist. Die Schaltgeschwindigkeit von einem Gang zum nächsten liegt in dem Bereich, in dem sich die Zugkraftlinien beider Gänge überdecken.

Um ein Schleudern der Räder zu verhüten, darf die größte Fahrkraft die Reibungszugkraft $Z_r = \mu_h \cdot G_r$ nicht übersteigen. Die Werte für μ_h sind auf S. 354 angegeben. G_r ist das Gewicht auf der Triebachse.

Die erreichte gleichmäßige Geschwindigkeit ist nach Möglichkeit innezuhalten. Ändern sich die Widerstände, so ist zur Einhaltung dieser Geschwindigkeit die Brennstoffzufuhr entsprechend zu regeln. Hierbei ist die Linie der Fahrweise für volle Fahrt eine Senkrechte in der Geschwindigkeit des direkten Ganges, die der um 10% verminderten höchsten Drehzahl n der Motorkennlinie entspricht. Übersteigen die Widerstände die Zugkraft dieser Geschwindigkeit des direkten Ganges, so kann man in der gewölbten Z_t-Linie für volle Motorbeanspruchung auf eine niedrigere Geschwindigkeit des Ganges mit größerer Zugkraft zurückgehen. Sind aber die Widerstände noch größer als die größte Zugkraft dieses Ganges, so setzt sich die Linie der Fahrweise auf einer Senkrechten durch die höchste Dauergeschwindigkeit des nächst kleineren Ganges fort (Abb. 199 b), die auch wieder der um 10% verminderten höchsten Drehzahl n entspricht. Im dritten Quadrant sind entsprechend den Linien der Fahrweise diejenigen für den Brennstoffverbrauch einzuzeichnen.

F. Ablesebeispiel für Fahrzeit- und Brennstoffverbrauch im Betriebsdiagramm.

Das Gewicht des Wagens einschließlich Last sei $G = 13$ t, der Steigungs- und Grundwiderstand sei $s + w_0 = 20\,^0/_{00}$ und die Länge der Neigungsstrecke $l = 2,32$ km. Wie in Abb. 199 b eingetragen, geht man beim Ablesen vom Punkte $s + w_0 = 20\,^0/_{00}$ der $(s + w_0)$-Achse senkrecht bis zum Strahl für das Fahrgewicht $G = 13$ t. So erhält man den Grund- und Steigungswiderstand des Fahrzeuges $G(s + w_0)$ kg. Dann geht man waagerecht nach rechts in den zweiten Quadrant bis zur senkrechten Linie der Fahrweise für volle Fahrt und liest senkrecht darunter auf der Geschwindigkeitsachse den Wert $V/60 = 0,48$ km/min ab. Geht man von diesem Punkt lotrecht weiter nach unten bis zu dem Punkt, der dem Brennstoffverbrauch der Teilbelastung entspricht, so liest man auf der senkrechten Brennstoffachse (b_1-Achse) den minutlichen Brennstoffverbrauch $b_1 = 160$ g/min ab. Der Brennstoffverbrauch ist, wie im Beispiel geschehen, zwischen zwei Brennstofflinien für Teilbelastungen entsprechend den Zugkraftlinien zu interpolieren.

Die Fahrzeit auf der Strecke $l = 2{,}32$ km ist $t = 60 \cdot l / V = 2{,}32 : 0{,}48 = 4{,}83$ min. Sie wird mit dem Rechenschieber ermittelt. Läßt man diesen Wert im Rechenschieber stehen und multipliziert ihn mit dem abgelesenen $b_1 = 160$ g/min, so erhält man als Brennstoffverbrauch auf der Steigungsstrecke $B = b_1 \cdot t = 160 \cdot 4{,}83 = 774$ g.

Diese Werte sind für jede Neigungsstrecke in eine Fahrtabelle einzutragen.

Fahrtabelle.

l km	$\pm s + w_0$ $^0/_{00}$	V_{zul} km/h	$V : 60$ km/min	t min	b_1 g/min	B g
2,32	20		0,48	4,83	160	773

In der Spalte V_{zul} sind die Geschwindigkeitsbeschränkungen z. B. in Ortschaften einzutragen.

G. Mittelung der Neigungen.

Ist das Längsprofil einer Straße nicht vorhanden, so läßt sich dieses genau genug aus den Meßtischblättern (1:25000) ermitteln, da sich die Straßen enger an das Gelände anschmiegen als die Eisenbahnen.

Um die Zahl der Ermittlungen von Fahrzeit und Brennstoff je Neigungsstrecke zu verringern, kann man benachbarte Neigungen ohne Einschränkung der Genauigkeit nach folgenden Regeln durch eine mittlere Neigung ersetzen. Die Gleichung für die mittlere Neigung ist

$$s_m = \frac{(l_1 \cdot s_1 + l_2 \cdot s_2 + \cdots + l_n \cdot s_n)}{(l_1 + l_2 + \cdots l_n)} \, ^0/_{00} \, .$$

Es sind l_1, l_2 und $\ldots l_n$ die Längen der zusammenzufassenden Neigungsstrecken. Sind die Neigungsunterschiede und Längen zu groß, so werden die aus der mittleren Neigung $s_m \, ^0/_{00}$ berechnete Fahrzeit kleiner sein als die Summe der Fahrzeiten auf den einzelnen Neigungsstrecken (S. 45). Um diesen Fehler in engen Grenzen zu halten, werden bei der Zusammenfassung der Neigungen folgende Regeln beachtet:

1. Steigungen und Gefälle, die nach der Linie der Fahrweise noch nicht mit der Höchstgeschwindigkeit befahren werden, können bis zu einer Länge von etwa $l = 5$ km gemittelt werden, wenn der größte Neigungsunterschied der zusammenzufassenden Neigungsstrecken nicht größer als $5^0/_{00}$ ist.

2. Bis zu einer Mittelungslänge $l = 2{,}5$ km ist der Neigungsunterschied beliebig.

3. Es sind Gefälle, die mit der Höchstgeschwindigkeit befahren werden bis zu einem Bremsgefälle $s = w$, bei dem der Brennstoff abgestellt wird, ohne Rücksicht auf die Länge und den Neigungsunterschied zu mitteln.

H. Zeitzuschlag und Brennstoffzuschlag für das Anfahren.

Das Anfahren und das Bremsen auf Halt wird durch Zeitzuschläge, die man zu den Fahrzeiten für die gleichmäßige Geschwindigkeit hinzufügt, berücksichtigt.

Um den Zuschlag für das Anfahren zu berechnen, verwandelt man in Abb. 199 b nach Augenmaß die Fläche, die oben von der Linie der Fahrweise und unten von der Waagerechten im Abstande $G(s + w_0)$ von der V-Achse begrenzt wird, in ein Rechteck mit der Grundlinie V der gleichmäßigen Geschwindigkeit bei voller Fahrt. Die Höhe des Rechteckes ist P_{am} kg die mittlere Beschleunigungskraft beim Anfahren, die man, wie gesagt, erhält, wenn man die treppenförmige Zugkraftlinie in eine Waagerechte für mittlere Anfahrzugkraft $Z_{am} - W_L$ verwandelt. P_{am} ist also der

Überschuß der mittleren Anfahrzugkraft $Z_{am} - W_L$ über die Widerstände $G(s + w_0)$. Im Beispiel ist $V = 0{,}48 \cdot 60 = 28{,}8$ km/h, ferner $G(s + w_0) = 13 \cdot 20 = 260$ kg. Als mittlere Anfahrzugkraft ist nach Augenmaß $Z_{am} - W_L = 1140$ kg ermittelt worden, dann ist $P_{am} = 1140 - 260 = 880$ kg die mittlere Beschleunigungskraft. Die mittlere Anfahrbeschleunigung ist dann $b_{am} = \dfrac{P_{am} \cdot g}{1000 \cdot \varrho \cdot G} = \dfrac{880 \cdot 9{,}81}{1000 \cdot 1{,}06 \cdot 13}$
$= 0{,}628$ m/s². Hier ist $\varrho = 1{,}06$ der Massenfaktor zur Berücksichtigung der umdrehenden Radmassen.

Der Anfahrzeitzuschlag ist nach S. 179 gleich der halben Anfahrzeit. Letztere ist

$$t_a = \frac{V}{3{,}6 \cdot 60 \cdot b_{am}} = \frac{28{,}8}{3{,}6 \cdot 60 \cdot 0{,}628} = 0{,}21 \text{ min},$$

also ist der Anfahrzeitzuschlag $\Delta t_a = t_a : 2 = 0{,}105$ min. Der Bremszeitzuschlag wird weiter unten ermittelt.

Der Brennstoffzuschlag für das Anfahren ist $t_z = b_{1m} \cdot t_{az}$ g. Hier ist b_{1m} g/min der mittlere minutliche Brennstoffverbrauch nach der Linie der Fahrweise des Betriebsdiagramms Abb. 199b und t_{az} ist der vorher berechnete Anfahrzeitzuschlag.

J. Das Bremsen der Kraftwagen.

1. Die Wirkungsweise der Bremsen.

Die Räder der Kraftwagen werden mit Innenbackenbremsen gebremst. Bei der mechanischen Übertragung wird der Druck P auf das Bremspedal mittels einer Übersetzung auf die Bremsbacken der Innenbackenbremse übertragen, wodurch diese auf die Bremstrommel drücken. Ist das Übersetzungsverhältnis i und der Wirkungsgrad der Übertragung η, so ist der Druck der Bremsbacken auf die Trommel $K = P \cdot i \cdot \eta$ kg. Bei Druckluftbremsen (Knorrbremse) betätigt der Fahrer mit dem Pedal das Bremsventil, und die in Behältern aufgespeicherte Druckluft strömt in die Bremszylinder. Dessen Kolbenstange drückt nun über Bremshebel und Bremswelle die Bremsbacken an die Bremstrommel (Abb. 200). Die Erzeugung der Druckluft

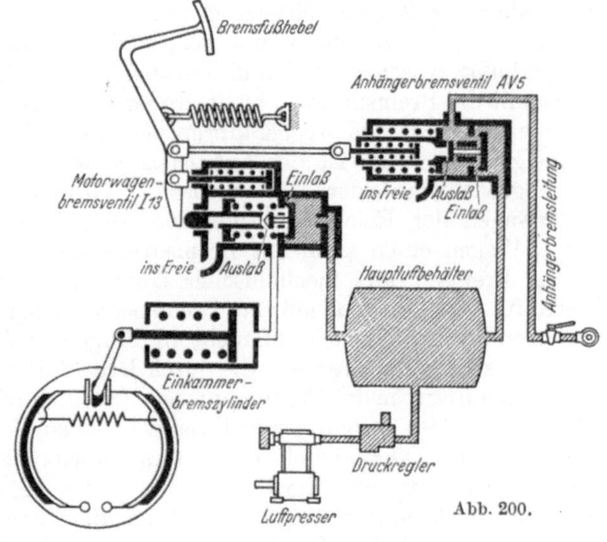

Abb. 200.

erfolgt durch einen Luftpresser, der von dem Motor angetrieben wird. Er läuft ständig mit und speichert die gepumpte Luft in Luftbehälter, bei einem Druck von 5 kg/cm². Beim Bremsen des Motorwagens wird der Druck in den Bremsleitungen des Anhängers durch ein mechanisch betätigtes Anhängerventil erniedrigt. Durch Druckverminderung bringen die Bremszylinder die Bremsbacken zum Anliegen an die Trommel. Reißt ein Anhänger ab, so entweicht die Luft aus der Leitung unmittelbar und der Anhänger wird voll gebremst.

2. Ermittlung der Bremskräfte und der Bremsfahrt.

Der Druck K auf die Bremstrommel ist abhängig von dem Luftdruck und dem Übersetzungsverhältnis. Es ist also $K = F_z \cdot q \cdot i \cdot \eta$ kg. Hier ist F_z cm² die Fläche der Kolbenscheibe der Bremszylinder, q kg/cm² ist der spezifische Zylinderdruck. Die Bremskraft der Räder ist dann sowohl bei mechanischer Kraftübertragung als auch bei Luftdruck $K \cdot \mu_b$ kg.

Hier ist μ_b kg/t die Reibungskraft zwischen Bremsbacken und Trommel. Sie ist abhängig von der Fahrgeschwindigkeit und von dem spezifischen Druck auf die Bremstrommel $k = K : F_b$ kg/cm². Es ist F_b die gesamte die Bremstrommel berührende Fläche der Bremsbacken des Wagens.

Bei luftgebremsten Wagen ist $K = F_z \cdot q \cdot i \cdot \eta = k \cdot F_b$, so daß hierbei die auf die Räder wirkende Bremskraft $K \cdot \mu_b = k \cdot F_b \cdot \mu_b = F_z \cdot q \cdot i \cdot \eta \cdot \mu_b$ kg ist.

Die auf den Wagen insgesamt wirkende Bremskraft ist (s. S. 71)

$$P_k = K \cdot \mu_b + W_L + G \cdot (w_0 \pm s) \text{ kg.}$$

Auf eine Tonne Wagengewicht G ist die Bremskraft

$$p_k = \frac{K \cdot \mu_b + W_L}{G} + w_0 + s \text{ kg/t.}$$

Bei mechanischer Kraftübertragung ist

$$p_k = \frac{P \cdot i \cdot \eta \cdot \mu_b + W_L}{G} + w_0 + s \text{ kg/t.}$$

Bei Druckluftübertragung ist

$$p_k = \frac{F_z \cdot q \cdot i \cdot \eta \cdot \mu_b + W_L}{G} + w_0 + s \text{ kg/t.}$$

Mit kleiner werdendem Fahrgewicht G wird also die Bremskraft p_k größer und daher der Wagen schärfer gebremst.

Es muß $p_k \leqq \mu_h$ sein, damit beim Bremsen die Räder rollen. Es ist μ_h die Haftreibung zwischen Rad und Fahrbahn nach Zahlentafel 42.

Damit die Bremskraft p_k nicht größer wird als die Haftreibung μ_h, haben die Druckluftvierrad- und -sechsradbremsen Laststufen z. B. für $G = 1,5$, 3 und 5 t Wagengewicht. Hier ist der Luftdruck q im Bremszylinder entsprechend dem Wagengewicht verändert. Aus demselben Grunde sind die Druckluftbremsen der Güterwagen der Reichsbahn mit dem sog. Lastwechsel ausgestattet, der bei leeren Wagen einen kleineren Bremsdruck als bei beladenen hervorruft.

Bei Bremsen mit mechanischer Übertragung ist es schwierig, zutreffende Werte für den Druck P auf das Bremspedal anzugeben, so daß eine Ermittlung der Bremskraft p_k hier wohl nicht in Frage kommt.

Anders ist es bei Bremsen, die durch Druckluft betätigt werden. Falls ähnlich wie bei den Bremsen der Eisenbahnwagen (S. 70) durch Diagramme die spezifischen Drücke q der Bremszylinder in ihrem zeitlichen Verlauf und ebenso die Bremsreibung μ_b in Abhängigkeit von Fahrgeschwindigkeit und spezifischem Klotzdruck k bekannt sowie die technischen Daten gegeben sind, so kann man mit dem auf S. 69 beschriebenen Verfahren die Bremsbewegung nach Zeit, Weg und Geschwindigkeit aufzeichnen. Für die Praxis ist μ_b nach S. 71 zu ermäßigen.

Zu diesen Bremszeiten und -wegen infolge der eigentlichen Bremswirkung rechnet man noch Zeit und Weg, die von der Wahrnehmung des Fahrthindernisses bis zum Eintritt der Bremswirkung vergehen, während denen der Wagen ungebremst weiter rollt. Die sog. Auswirkzeit sei t_a sec und der zugehörige Weg $l_a = t_a \cdot V : 3,6$ m.

Die Auswirkzeit t_a setzt sich nach Wehner zusammen

1. aus der sog. Latenzzeit (0,05 sec), nach der aus physiologischen Gründen dem Fahrer die Tatsache bewußt wird;

2. die eigentliche Reaktionszeit, das ist die Zeit, in der der Fahrer das Bremsen einleitet, nachdem ihm die Verkehrsbehinderung zum Bewußtsein gekommen ist. Diese Zeit hängt von der Eignung des Fahrers ab. Auch spielt hier die Ermüdung eine Rolle;

3. die Zeit zum Pedalwechsel;

4. die Zeit für das Durchtreten des Pedals.

Als mittlere Auswirkzeit für diese vier Tätigkeiten schlägt Wehner[1] vor:

1. bei übersichtlichen Verkehrsverhältnissen und nichtermüdeten Berufsfahrern . . . . $t_a = 0{,}5$ sec

2. bei schwierigen Verkehrsverhältnissen und nichtermüdeten Berufsfahrern . . . . $t_a = 0{,}8$ „

3. bei übersichtlichen Verkehrsverhältnissen und ermüdeten Berufsfahrern oder sonstigen Fahrern . . . . $t_a = 1{,}0$ „

4. bei schwierigen Verkehrsverhältnissen und ermüdeten Berufsfahrern oder sonstigen Fahrern . . . . $t_a = 1{,}5$ „

Heute berechnet man die Bremsbewegung noch unter Annahme einer konstanten mittleren Bremskraft p_k kg/t bzw. Bremsverzögerung $b_r = \dfrac{p_k \cdot g}{1000 \cdot 1{,}06}$ m/s².
Bei Festsetzung der mittleren Bremsverzögerung ist die Auswirkzeit sowie der Anstieg der Bremsverzögerung bis zum Höchstwert zu berücksichtigen. Bei scharfem Bremsen ist häufig beobachtet worden, daß sich der Wagen quer zur Fahrtrichtung stellt, also schleudert. Daher ist die Bremskraft allmählich zu steigern. Der Anstieg der Verzögerung wird nach Angaben der Literatur nicht als unangenehm empfunden, wenn die zeitliche Zunahme der Bremsverzögerung, das ist der Ruck, $R = db/dt = 0{,}5$ m/s³ nicht übersteigt (s. S. 4).

Als Höchstwerte der Bremsverzögerung seien die Werte angenommen, die nach der Straßenverkehrs-Zulassungsordnung (St.V.Z.O.) bei jedem Wagen erreicht werden müssen.

Es ist $b_{r\,\max} = 1{,}5$ m/s², wenn $V = 20$ km/h ist,

„ „ $b_{r\,\max} = 2{,}5$ „   „ $V \leqq 100$ „   „ , und

„ „ $b_{r\,\max} = 3{,}5$ „   „ $V > 100$ „   „ .

Mit Bezug auf Auswirkzeit und allmählichen Anstieg der Bremsverzögerung soll für die Berechnung der Bremswege die Bremsverzögerung auf der waagerechten auch für Geschwindigkeiten über $V = 100$ km/h den Wert $b_r = 3{,}0$ m/s² nicht übersteigen (S. 364). Bei Vierrad- und Sechsradbremsen ist der Bremsweg

$$l_b = V^2 : [2 \cdot 3{,}6^2 (b_r \mp 0{,}01 \cdot s)]\ \text{m}.$$

Auf der waagerechten Straße ist dann der Bremsweg $l_b = 0{,}015\ V^2$ m. Hier ist $\pm s/100 \cong \pm g \cdot s/1000$ m/s² die Beschleunigung oder Verzögerung auf Gefällen (—) oder Steigungen (+).

Derartige Bremswegberechnungen werden angestellt, um z. B. die Kuppen der Straßen so auszurunden, daß der Bremsweg kleiner als die Sichtstrecke ist. Hier handelt es sich um hohe Fahrgeschwindigkeiten, so daß also hier meist $V = 100$ bis 200 km/h ist.

3. Die Bremszeitzuschläge.

Von allgemeinerem Interesse, insbesondere für die Fahrzeitermittlung, ist die Berechnung der Bremszeit $t_b = V : [3{,}6\,(b_r \mp 0{,}01 \cdot s)]$ sec. Es ist wie vorher b_r m/s² die Bremsverzögerung auf der waagerechten Straße, also einschließlich des Fahrzeugwiderstandes.

---

[1] Wehner: Leistungsfähigkeit von Straßen. Berlin 1939.

Zweckmäßiger ermittelt man jedoch statt der Bremszeit den Bremszeitzuschlag. Dies ist der Unterschied zwischen der Bremszeit t_b und der Fahrzeit des ungebremsten Wagens auf der Bremsstrecke l_b. Letztere Zeit ist $t_0 = 3{,}6\,l_b : V$ sec. Es ist dann der Bremszeitzuschlag bei gleichbleibender Bremsverzögerung

$$\Delta t_b = t_b - t_0 = V : [3{,}6\,(b_r \mp 0{,}01 \cdot s)] - V : [2 \cdot 3{,}6\,(b_r \mp 0{,}01 \cdot s)]$$
$$= V : [2 \cdot 3{,}6\,(b_r \mp 0{,}01 \cdot s)] \text{ sec,}$$

also gleich der halben Bremszeit. Hier ist aber als Wert für die Bremsverzögerung der Mittelwert während der eigentlichen Bremswirkung einzusetzen, der zwar das allmähliche Ansteigen von b_r berücksichtigt, aber die unsichere Zeit von der Wahrnehmung des Hindernisses bis zum Eintritt der Bremswirkung vermeidet. Der Berechnung der Bremszeitzuschläge möchte der Verfasser daher die um im Mittel 20% ermäßigten Bremsverzögerungen nach der Straßenverkehrs-Zulassungsordnung zugrunde legen. Es gelten dann für die Berechnung der Bremszeitzuschläge die Bremsverzögerungen:

$b_r = 1{,}25 \text{ m/s}^2$, wenn $V = 30$ km/h ist (städtischer Autobusverkehr)
$b_r = 2{,}0 \text{,,} \text{,,} V \leqq 100 \text{,,} \text{,,}$
$b_r = 3{,}0 \text{,,} \text{,,} V > 100 \text{,,} \text{,,}$

Dann lauten die Gleichungen für die Bremszeitzuschläge:

$$\Delta t_b = V : [2 \cdot 3{,}6\,(1{,}25 \mp 0{,}01 \cdot s)] \text{ sec,}$$

wenn $V = 30$ km/h ist. Die Grenze ist hier von $V = 20$ km/h auf $V = 30$ km/h erhöht.

$$\Delta t_b = V : [2 \cdot 3{,}6\,(2 \mp 0{,}01 \cdot s)] \text{ sec,}$$

wenn $V \leqq 100$ km/h.

$$\Delta t_b = V : [2 \cdot 3{,}6\,(3 \mp 0{,}01 \cdot s)] \text{ sec,}$$

wenn $V > 100$ km/h ist.

K. Der Kleinstabstand der Kraftwagen als Berechnungsgrundlage für die Leistungsfähigkeit der Straßen.

Die Leistungsfähigkeit einer Straße wird durch die Zahl der Wagen angegeben, die in einer Stunde auf einer Fahrspur an einem Punkte der Straße durchfahren. Die Wagenzahl C je Stunde hängt ab von der Geschwindigkeit $v = V : 3{,}6$ m/s und dem Abstand l m der Fahrzeuge. Es ist $C = 3600 \cdot V : (3{,}6 \cdot l) = \dfrac{1000 \cdot V}{l}$ Wg/Std.

Die größte Leistungsfähigkeit ist bei dem kleinstmöglichen Fahrzeugabstand vorhanden. Ist die Fahrbahn nicht durch Querverkehr oder sonstige Verkehrsbeschränkungen behindert, so ist der Fahrzeugabstand l lediglich nach der Verkehrssicherheit zu ermitteln, daß nämlich beim plötzlichen Halten eines vorhergehenden Fahrzeugs ein nachfolgender Wagen noch unbehindert zum Halten gebracht werden kann. Ausweichmöglichkeit soll hierbei unberücksichtigt bleiben.

Zeichnet man nach Abb. 201[1] die Bewegung der beiden Fahrzeuge von der Wahrnehmung des Verkehrshindernisses bis zu ihrem Stillstand nach Zeit und Weg auf, so erhält man den kleinsten Fahrzeugabstand $l = KE_1$. Haben beide Fahrer das Verkehrshindernis gleichzeitig wahrgenommen, so fahren die Wagen bis zum Beginn der Bremswirkung mit gleichmäßiger Geschwindigkeit weiter. Der in der Auswirkzeit $t_a = D_2 G$ zurückgelegte Weg ist dann $F_2 G = l_a = t_a \cdot V : 3{,}6$ m.

---

[1] Müller, W.: Verkehrstechnik 1926 S. 457.

Durch das Bremsen verkürzt sich der Abstand der beiden Fahrzeuge nach Abb. 201 bis auf eine Strecke, die beim Halten des Wagens um eine Sicherheitsstrecke l_s m größer ist als die Fahrzeuglänge L_f. Es ist $l_s = 1,5$ bis 4 m (Wehner). Die Abnahme der Wagenabstände geht schneller vor sich, wenn der Bremsweg des nachfolgenden Fahrzeugs größer ist als der des vorhergehenden. Infolgedessen wird der Kleinstabstand bei Wahrnehmung des Verkehrshindernisses länger. Der größere Bremsweg des nachfolgenden Wagens ist entweder bedingt durch die größere Geschwindigkeit vor dem Wahrnehmen des Verkehrshindernisses oder durch die auf 1 t Fahrzeuggewicht bezogene geringere Bremskraft des nachfolgenden Wagens, oder auch durch beide Einflüsse. Wenn bei der Höchstleistung der Straße die Wagen im Kleinstabstand hintereinander fahren, so sind die Geschwindigkeiten einander gleich, falls sich die Bewegung aller Wagen im Beharrungszustand befindet. Der Unterschied der Bremswege zweier Wagen kann daher nicht von der Verschiedenheit der Geschwindigkeiten herrühren, sondern von den verschiedenen Bremskräften. Wird für dieselbe Straße bei beiden Wagen die gleiche Haftreibung als obere Grenze der Bremskräfte angenommen, so müssen aber die Bremsbackendrücke K der beiden Wagen bzw. deren Gewichte verschieden sein. Man wird daher z. B. für den voranlaufenden Wagen annehmen, der Fahrer bediene die Bremse so, daß er die Haftreibung voll ausnützt, also der Größtwert der Bremskraft $p_{k1} = \mu_h$ ist. Für den nachfolgenden Wagen soll die Haftreibung nicht ausgenützt werden, so daß $\mu_h > p_{k2}$ kg/t ist. Über die Größe von p_{k2} können viele Annahmen gemacht werden.

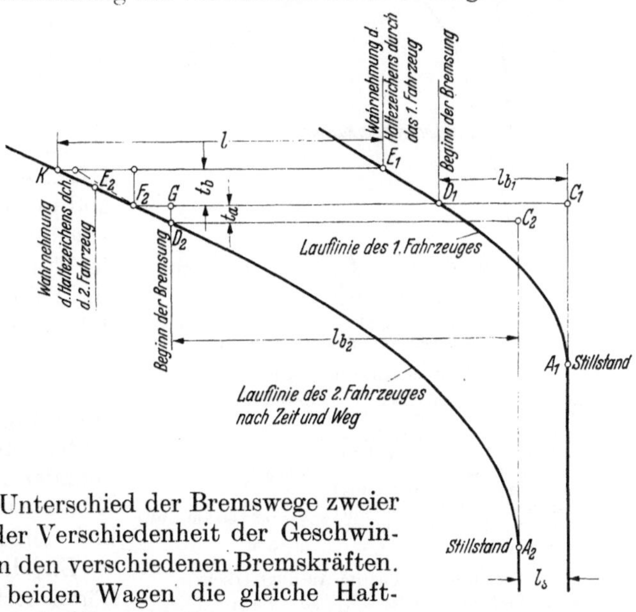

Der Abstand der Wagen ist demnach

$$l = L_f + l_s + t_a \cdot V/3,6 + \frac{V^{2,2}}{2\,g\,(3,6)^{2,2}}\,(1/\mu_h - 1/p_{k2})\ \text{m}.$$

Abb. 201.

Nach Versuchen[1] ist der Exponent 2,2 statt 2 eingesetzt, um den Fehler des zu geringen Bremsweges auszumerzen, der durch die Einführung konstanter mittlerer Bremskräfte entsteht.

Wehner[2] hat bei Lastwagen in Kolonnen $\mu_h = 600$ kg/t und $p_{k2} = 300$ kg/t, bei Personenwagen im Ausflugverkehr $\mu_h = 700$ kg/t und $p_{k2} = 300$ kg/t angenommen.

Die Leistungsfähigkeit einer Straße ist dann, wenn man den Wert l in die Gleichung $C = 1000\,V{:}l$ einsetzt,

$$C = 1000\ V : \left[L_f + l_s + t_a \cdot V/3,6 + \frac{V^{2,2}}{2\,g\,(3,6)^{2,2}}\,(1/\mu_h - 1/p_{k2})\right]\ \text{Wg/h}.$$

Diese Werte hat für die genannten Fahrzeuge und verschiedene Geschwindigkeit Wehner ausgewertet. Sie ergeben die Linien nach Abb. 202.

---

[1] Ministry of Transport Roads Department (London): Experimental work on roads. Report of the year 1931 (London 1932) und Report on Massachusetts Highway Accident Survey (Cambridge, Mass. 1934) S. 51—57, 93—112.

[2] Wehner: Verkehrstechn. Woche 1938 Nr 37.

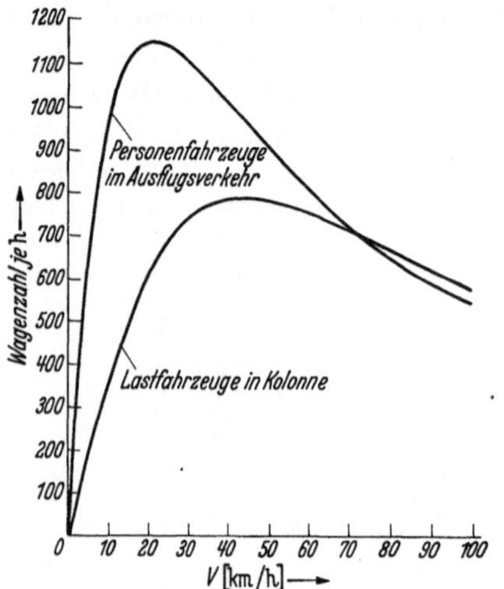

Abb. 202. Leistungsfähigkeit einer Straße unter verschiedenen Verkehrsbedingungen.

1. Lastfahrzeuge in Kolonne.

Lange Verkehrseinheiten . . $L_f = 22$ m
Mittlere Auswirkzeiten
(Schwierige Verkehrsverhält-
nisse und nicht ermüdete
Berufsfahrer) . . . . . . $t_a = 0,8$ sec
Fahrzeuge mit mittlerer bis $\left. \begin{array}{l} \mu_h = 0.6 \\ p_{k2} = 0,3 \end{array} \right\}$ (bei 30 km/Std.)
ungünstiger Bremseignung,
mittlere Deckenrauhigkeit
Sicherheitsabstand . . . . . $l_s = 3$ m.

2. Personenfahrzeuge im Ausflugsverkehr.

Kurze Verkehrseinheiten . . $L_f = 4,5$ m
Große Auswirkzeiten
(Mittlere Verkehrsverhält-
nisse und größerer Anteil
ungeübter Fahrer) . . . . $t_a = 1,3$ sec
Fahrzeuge mit günstiger bis $\left. \begin{array}{l} \mu_h = 0,7 \\ p_{k2} = 0,3 \end{array} \right\}$ (bei 30 km/Std.)
ungünstiger Bremseignung,
hohe Deckenrauhigkeit . .
Sicherheitsabstand . . . . . $l_s = 1,5$ m.

L. Kosten einer Kraftwagenfahrt.

Die Fahrkosten setzen sich zusammen aus festen und aus veränderlichen Kosten. Die festen Kosten sind unabhängig von dem Transport und entstehen auch bei Nichtbenutzung der Fahrzeuge, während die veränderlichen Kosten nur auf der Fahrt entstehen.

Zu den festen Kosten gehören die Zinsen, Abschreibungen, Versicherung, Steuern, Kosten für Unterstellmöglichkeit sowie der Fahrerlohn. Diese Kosten sind je Jahr zu bezahlen. Auf die Kraftwagenfahrt ist der der Fahrzeit sowie der Vorbereitungs- und Abschlußzeit für die Fahrt entsprechende Anteil dieser Jahreskosten umzulegen (Zeitkosten).

Zu den veränderlichen Kosten gehören die Unterhaltungs- und Ausbesserungskosten, ferner die für die Reifenabnutzung sowie die Kosten für Schmieröl und Wartungsstoffe. Diese Kosten sind von dem Fahrweg abhängig und heißen daher Wegkosten.

Zu den veränderlichen Kosten gehören ferner die Brennstoffkosten.

Die Verwaltungskosten oder Geschäftsunkosten werden als proportionaler Zuschlag zu den gesamten vorgenannten Kosten hinzugefügt.

Bevor die eigentlichen Fahrkosten berechnet werden, sind zunächst die Jahreskosten des Kraftwagenbetriebes zu ermitteln.

Zu den Jahreskosten gehören

1. Zinsen. Da durch die Abschreibung der Neuwert K_n auf den Altwert K_a des Wagens sinkt, so ist der durchschnittliche Zinsdienst $K_z = \dfrac{z(K_n + K_a)}{2 \cdot 100}$ RM. $z\%$ ist der Zinssatz.

2. Abschreibung des Wagens ohne Bereifung (s. S. 316)

$$K_{ab} = \frac{(K_n - n_r \cdot K_r)}{100}\, q \text{ RM.}$$

Hier ist n_r die Anzahl der Räder, K_r ist der Preis eines Reifens, $q/100$ ist der Abschreibesatz. Bei 5000 km jährliche Fahrleistung ist $q = 11\%$. Dieser Wert steigt linear bis $q = 25\%$ bei einer jährlichen Fahrleistung von 40000 km.

3. Kraftwagensteuer K_{st} RM. Der Anhänger ist steuerfrei.

4. Versicherung, Haftpflicht und Kasko K_v RM.

5. Unterstellkosten einschließlich Heizung, Licht und Wasser K_g RM.

6. Jahreslohn für Fahrer (und gegebenenfalls Begleiter) einschließlich 15% Sozialbeiträge K_p RM.

Wird das Personal nur zu bestimmten Fahrten eingestellt, so wird die Bezahlung zu den eigentlichen Fahrkosten gerechnet. Die gesamten festen Jahreskosten sind dann

$$K_j = K_z + K_{ab} + K_{st} + K_v + K_g + K_p \text{ RM.}$$

Kosten der Kraftwagenfahrt.

a) Zeitkosten. 1. Der Anteil der Jahreskosten für die Fahrt sind die Zeitkosten

$$K_{aj} = \frac{K_j \cdot \sum t}{T \cdot F_t \cdot 60}\ \text{RM}.$$

Hier ist $\sum t = t_h + t_r + t_a + t_v$ min, wobei $t_h + t_r$ die Fahrzeiten für Hin- und Rückfahrt, t_a die Aufenthaltszeit und t_v die Vorbereitungs- und Abschlußzeit der Fahrt sind. Ferner sind T h die durchschnittlichen, täglichen Arbeitsstunden für den Kraftwagenbetrieb, F_t ist die Anzahl der jährlichen Fahrtage, die höchstens 285 Tage betragen. Da die Beschäftigungsdauer eines Kraftwagens im Jahr im voraus schwierig zu veranschlagen ist, so berechnet man die anteiligen Jahreskosten zweckmäßig für eine geringe, mittlere und hohe Beschäftigungsdauer $T \cdot F_t$. Trägt man die anteiligen Jahreskosten K_{aj} über eine Achse der jährlichen Beschäftigungsdauer $T \cdot F_t$ in den gewählten drei Punkten nach oben auf und verbindet die oberen Endpunkte durch eine Kurve, so erhält man hieraus die Abhängigkeit der anteiligen Jahreskosten von dem Beschäftigungsgrad. Man kann so für jeden angenommenen Beschäftigungsgrad aus der Kurve die anteiligen Jahreskosten ablesen.

2. **Tageskosten für die Betriebspflege** $K_{pf} = k_{pf} \cdot T_w$ RM. Hier ist k_{pf} der Stundenlohn eines Arbeiters, T_w sind die täglichen Arbeitsstunden für die Pflege eines voll ausgenutzten Wagens.

b) Wegkosten. 1. **Unterhaltungskosten des Kraftwagens ohne Bereifung.** $K_{uw} = k_{uw} \cdot \sum l$ RM. Hier ist $k_{uw} = 0,03$ bis $0,05$ RM/km der Unterhaltungssatz je km Fahrt eines Lastkraftwagens und $k_{uw} = 0,02$ bis $0,03$ RM/km der Unterhaltungssatz für 1 km Fahrt mit Schlepper, $\sum l$ km ist der auf der Fahrt zurückgelegte Weg.

2. **Bereifungskosten.** $K_{ur} = 1,15 \cdot n_r \cdot K_r \cdot \sum l : L_r$ RM. Nach $L_r = 35\,000$ km ist ein Reifen vollständig abgenutzt.

Der Faktor 1,15 berücksichtigt einen Zuschlag für das Instandhalten der Reifen.

3. **Schmieröl.** $K_{\ddot{o}} = \ddot{o} \cdot k_{\ddot{o}} \sum l : 100$ RM. Hier ist $\ddot{o}$ Liter je 100 km der Ölverbrauch (Autotypenbuch), $k_{\ddot{o}}$ ist der Preis je Liter.

4. **Wartungsmaterial (Fette und Putzwolle).** $K_w = k_w \cdot \sum l : 10\,000$ RM. Hier ist k_w der Preis des Wartungsmaterials für je 10 000 km Fahrt ($k_w = 20$ RM).

c) Brennstoffkosten. $K_b = \sum B \cdot k_b : \gamma$ RM. Es ist k_b RM der Literpreis des Brennstoffes, ferner ist $\gamma = 0,78$ kg/l (spez. Gewicht) für Benzingemisch und $\gamma = 0,86$ kg/l für Mineralöl.

d) Geschäfts- und Verwaltungsunkosten. K_{gv} ist gleich 10 bis 15% der Summe der unter a) bis c) genannten Kosten.

M. Das Elektrofahrzeug.

Während die Kraftwagen mit Vergaser- und Dieselmotoren mit ihren hohen Geschwindigkeiten und ihrem großen Aktionsradius das Fernverkehrsmittel der Straße sind, sind die Elektrowagen die Fahrzeuge für den Nahverkehr. Da bei dem städtischen Güterverkehr wegen der vielen Zwangshaltestellen hohe Geschwindigkeiten doch nicht erreicht werden, können die Kraftwagen mit Vergaser- und Dieselmotoren im städtischen Verkehr ihre hohen Geschwindigkeiten gar nicht ausnutzen. Die Elektrowagen mit ihren niedrigen Höchstgeschwindigkeiten von 25 bis 30 km/h haben wegen der vielen Zwangshaltestellen im städtischen Verkehr auf ebenen und glatten Straßen eine ebenso große Reisegeschwindigkeit wie der Vergaser- oder Dieselkraftwagen, weil sie schneller starten können. Wegen ihres großen Eigengewichts infolge der zusätzlichen Batterieanlagen sind jedoch die **Elektrowagen**, um ein erträgliches Verhältnis zwischen Eigengewicht und Nutzlast zu haben, auf **ebenen und glatten** Straßen angewiesen. Ihr Fahrbereich beträgt nur 60 bis 70 km je Tag. Bei der Bedienung des Nahverkehrs genügt in mindestens der Hälfte der Fälle der Elektrowagen mit seinen einschränkenden Bedingungen vollkommen und arbeitet hier wirtschaftlicher als andere Verkehrsmittel. Der Ladestrom wird aus dem Ortsnetz als Wechsel- oder Drehstrom entnommen und in Gleichstrom umgeformt. Zur Stromumwandlung werden für größere Betriebe Einankerumformer verwendet, für mittlere und kleinere Betriebe arbeiten Quecksilberdampfgleichrichter am wirtschaftlichsten. Die Ausnutzung des Nachtstromes verbilligt den Ladebetrieb sehr. Gute Akkumulatoren liefern ungefähr 90 bis 95 % der Elektrizitätsmenge Amperestunden (Ah) zurück und bei Zellengrößen bis 4000 Ah etwa 75 % zurück bei drei- bis zehnstündiger Entladung.

Die **Motorkennlinien** der Elektrowagen sind ebenso aufgebaut wie die der Vergaser- und Dieselwagen. Wie letztere zeigt die Abb. 203 die Abhängigkeit

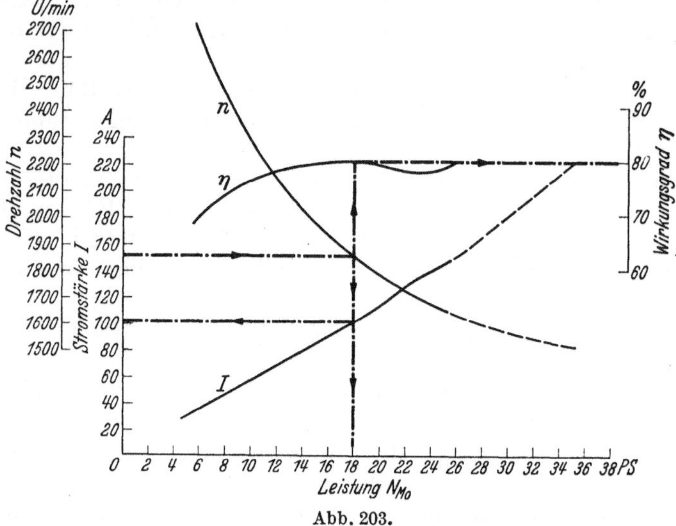

Abb. 203.

der Motorleistung N_{mo} PS von den minutlichen Drehzahlen n. Hieraus läßt sich die Geschwindigkeit nach der auf S. 289 angegebenen Formel $V = 60 \cdot n \cdot u \cdot D \cdot \pi : 1000$ km/h berechnen. Aus der Leistung N_{mo} sowie der Geschwindigkeit V erhält man die **Zugkraft am Triebradumfange** $Z_t = \eta \cdot 270 \cdot N_{mo} : V$ kg. Der Wirkungsgrad η ist für die verschiedenen Leistungen aus der Abb. 203 zu entnehmen.

Beispielsweise ist für einen Elektrowagen El 3500 (s. Autotypenbuch) das Eigengewicht 4 t und die Tragfähigkeit 3,5 t. Der Triebraddurchmesser ist $D = 0,82$ m, die Achsuntersetzung $u = 1:15$. Der Wirkungsgrad des Getriebes ist nach Abb. 202 im Höchstfalle $\eta = 0,8$. Weiterhin ist in den Motorkennlinien die **Stromstärke** J A in Abhängigkeit von der Leistung dargestellt. Bei der Batteriespannung $E = 150$ V ist die elektrische Arbeit je min $\Delta A_e = \dfrac{E \cdot J \cdot 1}{1000 \cdot 60}$ kWh/min, die für die verschiedenen Drehzahlen bzw. die Geschwindigkeiten zu ermitteln und über der V-Achse aufzutragen sind, also in ähnlicher Weise wie der minutliche Brennstoffverbrauch. Im Gegensatz zu den Diesel- und Vergasermotoren wird hier nicht von Gang zu Gang umgeschaltet, sondern die **Zugkraft** und der **Stromverbrauch** nimmt **stetig** mit zunehmender Geschwindigkeit ab (s. Abb. 204).

In derselben Weise, wie der Verfasser für Diesel- und Vergasermotoren das Betriebsdiagramm entworfen hat, hat Warning[1] in Abb. 204 dieses für den Elektrowagen dargestellt.

Aus dem Betriebsdiagramm kann man bei Gleichheit von Zugkraft Z_t und Fahrwiderstand $G \cdot (s + w_0)$, der auch wieder durch ein Strahlenbüschel dargestellt ist (der Luftwiderstand ist bei den geringen Geschwindigkeiten vernachlässigt), die gleichmäßigen Geschwindigkeiten, die Wege sowie den Stromverbrauch je min, ablesen. Man stellt für die Ermittlung der Fahrzeit und des Stromverbrauchs wieder eine Fahrttabelle auf. Die Zeitzuschläge für Anfahren und Bremsen sowie der Zuschlag für den Stromverbrauch beim Anfahren können in der gleichen Weise wie vorher berechnet werden, wenn man die Zuschläge nicht wegen ihrer Kleinheit ganz vernachlässigt.

Die Kostenermittlung wird in ähnlicher Weise wie bei den Diesel- und Vergasermotoren durchgeführt. Eine

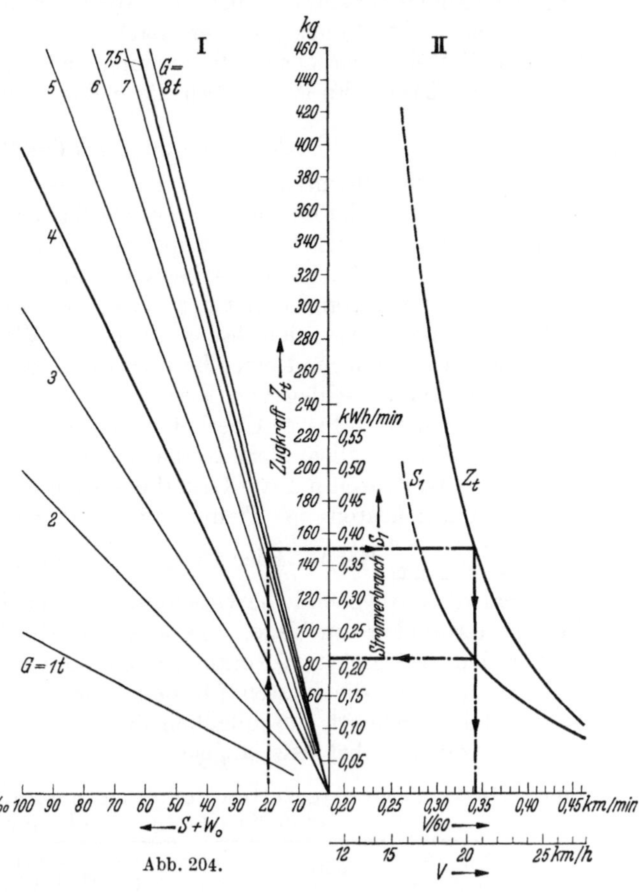

Abb. 204.

Änderung ergibt sich nur bei der Abschreibung und den Batteriekosten. Außerdem sind die Versicherungskosten 25% und die Steuer 33,3% niedriger.

Die jährliche Abschreibungssumme eines Elektromobils ohne Bereifung und Batterie ist verhältnismäßig gering, denn die Elektrofahrzeuge haben eine Lebensdauer von 15 bis 20 Jahren mit Fahrstrecken von 300000 bis 400000 km. Unter die Abschreibung fällt nicht die Batterie, deren Verschleiß größer ist. Die jährlichen Abschreibungskosten sind

$$K_{ab} = q(K - n_r K_r - K_b) : 100 \text{ RM}.$$

Hier sind K die Kosten des gesamten Wagens, n_r die Anzahl der Räder, K_r die Kosten eines Reifens sowie K_b die Kosten der Batterie. Bei normaler Abschreibung (Lebensdauer des Wagens 15 Jahre) und einem Zinsfuß von 5% beträgt der Abschreibungssatz $q = 4,63\%$[2]. Der Gleichrichter hat die gleiche Lebensdauer und daher auch den gleichen Abschreibesatz. Oft wird dieser von Elektrizitätswerken kostenlos oder gegen entsprechend höheren Strompreis zur Verfügung gestellt.

Batteriekosten. Die Batterie kauft man entweder, oder man bezahlt die Unterhaltungskosten selbst, oder man schließt mit einer Akkumulatorenfirma einen Batterieleihvertrag ab, nachdem die Firma die Akkumulatoren gegen einen entsprechenden Betrag einschließlich Unterhaltung zur Verfügung stellt.

---

[1] Warning: Bauingenieur 1937 S. 64.　　[2] Vgl. Hütte Bd. I S. 54.

Die Kosten für die Bereifung sind hier geringer, da die Lebensdauer eines Reifens beim Elektromobil wegen der glatten städtischen Straßen und der geringen Geschwindigkeiten 50000 bis 70000 km beträgt.

Bei einem Wirkungsgrad der Batterien von 75% sind die Stromkosten $k_s \cdot A_e : 0{,}75$ RM. Hierbei sind die Stromkosten bei Nachtstrom zur Zeit $k_s = 0{,}03$ bis 0,06 RM/kWh. Es ist A_e kWh die elektrische Arbeit.

N. Be- und Entladekosten.

Will man die Benutzung eines Fahrzeugs von der Beladung bis zu seiner Wiederverwendung für eine andere Fahrt erfassen, so sind außer dem technischen Aufwand für die eigentliche Fahrt noch die Kosten für das Be- und Entladen des Fahrzeugs nach Zeit und Arbeitskräften zu ermitteln. Diese Be- und Entladekosten hängen von der Art des Gutes und von dem Beschäftigungsgrad der Lademannschaft sowie auch davon ab, ob die Wagen mit Hand oder mit Kran be- oder entladen oder mit einer Kippvorrichtung entleert werden. Meist handelt es sich um den Umschlag von Eisenbahnwagen zum Lastkraftwagen oder umgekehrt. Ein unmittelbares Überladen ist wegen des großen Abstandes der beiden Fahrzeuge selten möglich. Meist treten zwischen dem Beladen zweier Wagen Pausen auf, so daß die Kosten nur auf Grund der Tagesleistung ermittelt werden können.

Die Arbeitskosten je Tonne umzuschlagen, betragen nach Warning[1]

$$K_u = \frac{1{,}25 \cdot l_s \cdot T_a \cdot n}{\text{Tagesleistung}} \text{ RM/t.}$$

Hier ist l_s der Stundenlohn. 1,25 ist ein Faktor, der die sozialen Beiträge und die Geschäftsunkosten berücksichtigt. Ferner sind T_a die Arbeitsstunden am Tage, und n ist die Stärke der Lademannschaft.

Für den praktischen Verbrauch seien für eine Anzahl von Gütern die Umschlagszeiten und die Kosten für den Umschlag von Eisenbahn auf Lastkraftwagen und umgekehrt einschließlich der Kosten für die benutzten Geräte, wie Karren, Krane, Kübel usw. angegeben[2].

Zahlentafel 45. Umschlagszeiten und Kosten beim Übergang von der Eisenbahn zum Kraftwagen und umgekehrt.

Güterart	Arbeitsstunden T_a für 10 t Gut	Umschlagskosten für 1 t Gut in RM.
1. Umschlag von Hand:		
Stückgut		
a) gewöhnliches	6	0,52
b) schweres je 200—300 kg .	10—12	0,83—1,0
c) sperriges	30,0	2,5
Milchkannen (1 Eisenbahn-		
wag. faßt 200 Kannen je		
25 kg)	2,0	0,18
Holz	8,0	0,7
Ziegelsteine	9,0	0,79
Kohle	4,0	0,35
2. Umschlag mit Kran:		
Schweres Stückgut	9,0	0,8
Behälterverkehr	8,0	0,42
Kohle	0,67	

Entladen mit Kippvorrichtung: 4 t-Wagen in 10 min.

Zeiten für Auf- und Abladen der Geräte für Erdarbeiten[3] siehe Abschnitt: Bauzugbetrieb S. 324.

---

[1] Warning: Verkehrstechnik 1937 S. 3, 4, 5.

[2] Vgl. Pirath: Verkehrswirtschaft S. 208 u. 209.

[3] Vgl. W. Müller: Massenermittlung, Massenverteilung und Kosten der Erdarbeiten. Berlin: W. Ernst & Sohn.

O. Die wirtschaftlichste Tagesleistung der Nahverkehrsmittel für Güterbeförderung.

1. Allgemeines.

Bei der Güterbeförderung mit Kraftwagen ist zwischen Fern- und Nahverkehr zu unterscheiden. Während der Fernverkehr die Verkehrspunkte ohne Rücksicht auf die Entfernungen verbindet, hat der Nahverkehr die Aufgabe, einen begrenzten Bezirk zu bedienen. Die Größe des Bezirks ist entsprechend der Fahrzeuggeschwindigkeiten verschieden. Die Grenze liegt einmal nach dem Gesetz über den Güterfernverkehr bei 50 km, andererseits bei der Entfernung, die ein Fahrzeug ohne Übernachtung zurücklegen kann. Fahrzeuge und Personale kehren also beim Nahverkehr nach Schluß der Tagesarbeit stets in ihren Standort zurück, um am nächsten Morgen von hier aus wieder die Arbeit zu beginnen. Wenn auch die täglichen Verkehrsaufgaben wechseln, so liegen doch die Arbeitszeit sowie der Anfangs- und Endpunkt der täglichen Arbeit fest.

Der Güterfernverkehr ist im Interesse der Wirtschaftlichkeit so zu gestalten, daß möglichst Rückfracht vorhanden ist. Dagegen ist beim Güternahverkehr fast jede Beförderung mit einer Leerfahrt verbunden. Zwei Lastfahrten sind Ausnahmefälle, wenn sie auch erwünscht sind. Die täglichen Fördermengen eines Verkehrsmittels sind nach der Art des Gutes, nach dessen Menge und nach der Länge des Verkehrsweges verschieden.

Für den Verkehrstreibenden ist es nun wichtig, zu wissen, welche Tagesleistungen er bei den verschiedenen Verkehrsaufgaben erreichen muß, wenn sein Fahrzeug wirtschaftlich ausgenutzt sein soll. Diesen Gegenstand hat Warning[1] für den Nahverkehr untersucht. Das Ergebnis dieser Untersuchung sei nachstehend bekanntgegeben:

Die Verkehrsaufgaben des Nahverkehrs sind verschieden, je nachdem es sich um Einzelfahrten handelt oder um Fahrten, die nach einem festen Plan ausgeführt werden können. Der Idealfall des Planverkehrs ist der Pendelbetrieb zwischen zwei festen Punkten, wie er bei Fahrten zwischen Bahnhöfen, Hafen, Lagerstätte, Fabrikgelände usw. auftritt. Hier werden die Fahrten nur durch die Zeiten für das Be- und Entladen und das Umkuppeln am Anfang und Ende jeder Fahrt unterbrochen. Infolge dieser Regelmäßigkeit können die Fahrten nach einem festen Betriebsplan ausgeführt werden, wodurch die Tagesleistung genau im voraus bestimmt werden kann. Schwieriger ist schon diese Rechnung, wenn mit einer Fahrt mehrere Kunden bedient werden, wie es bei den Fahrten der Brauereien und der Post üblich ist. Sind bei diesen Fahrten die Haltestellenabstände, die Wartezeiten, die Lieferzeiten und die zu ladenden Mengen annähernd gleich groß, so können durch geeignete Mittelwerte die Tagesleistung und hieraus die Kosten ermittelt werden. Diese Fahrten nennt man Lieferfahrten. Ist überhaupt keine Regelmäßigkeit zu beobachten, so müssen diese Fahrten als Einzelfahrten behandelt werden.

Die Tagesleistung der Nahverkehrsmittel hängt ab
a) von der Länge der Wartezeit,
b) von der Entfernung der Ladeorte,
c) von der Geschwindigkeit der Fahrzeuge und
d) von der Ladefähigkeit des Verkehrsmittels.

2. Die Einzel- und Lieferfahrten.

a) Bei Einzelfahrten ist nach den Untersuchungen von Warning bis 40 km Fahrweg am Tage das Gespann, von 40 bis 60 km je Tag auf guten und

---

[1] Warning: Dr.-Diss. Berlin 1937 — Verkehrstechn. 1937 Heft 14.

ebenen Straßen das Elektromobil und über 65 km je Tag der Diesellast-wagen am wirtschaftlichsten.

b) Der Lieferdienst von Haus zu Haus, insbesondere beim Nahrungs-mittelgewerbe, bei Speditionsbetrieben, Warenhäusern, Post usw. setzt sich aus dem Beladen, der Zustellungsfahrt und der Verteilungsfahrt zusammen. Die Zeiten für das Beladen und die Aufenthalte sind bei allen Fahrzeugen, die die gleiche Lieferung haben, gleich. Bei der Zustellungsfahrt ist das Fahrzeug mit der größeren Geschwindigkeit, bei der Verteilungsfahrt das mit der größeren Anfahrbeschleunigung im Vorteil. Nur bei sehr großen Haltestellenentfernungen ist der Wagen mit der größeren Geschwindigkeit überlegen. Bei der Verteilungs-fahrt mit kürzeren Haltestellenabständen ist das Elektromobil wegen seiner hohen Anfahrbeschleunigung und seiner kürzeren Startzeit dem Diesel- oder Vergaserkraftwagen vorteilhafter. Während bei ersterem nur der Fahrschalter betätigt wird, sind bei letzteren eine Anzahl von genau aufeinander abgestimmten Betriebsvorgängen an der Gaszufuhr und der Kupplung erforderlich, welche die Anfahrzugkraft sprungartig verändern und deren Bedienung eine gewisse Zeit in Anspruch nimmt. Dieses Starten erfordert im Mittel 10 sec.

Warning hat die Grenzen der Zustellbezirke bei Bedienung mit Elektro-mobil und Diesellastwagen für den gleichen Zeitaufwand der beiden Fahrzeuge, für verschiedene Anzahl der Haltestellen er-mittelt. Diese Entfernung des Zustell-bezirks für gleichen Zeitaufwand wird nach der Gleichung

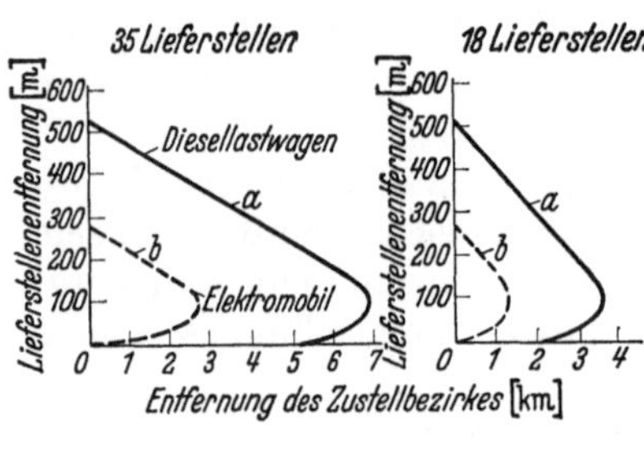

Abb. 205.

$$l_1 = \frac{t_u \cdot n \cdot V_1 \cdot V_2}{(V_1 - V_2)\,120}\ \text{km}$$

berechnet. Hier sind V_1 und V_2 km/h die mittleren gleichmäßigen Geschwindigkeiten beider Fahrzeuge, t_u ist der mittlere Fahr-zeitunterschied bei der Fahrt zwischen zwei Haltestellen, und n ist die Anzahl der Haltestellen. Das Ergebnis der Untersuchung zeigt Abb. 205.

3. Die Pendelfahrten.

Geht das Beladen oder Entladen der Fahrzeuge immer am gleichen Ort vor sich, so wird man sich des einseitigen, bei Be- und Entladen am gleichen Ort des doppelseitigen Pendelbetriebs bedienen. Es ist hierbei notwendig, daß wenigstens für eine bestimmte Zeit, also für die Ausführung mehrerer Fahrten, die Be- oder Entladestelle oder beide dieselben bleiben, z. B. zwischen Lager- und Güterbahnhof oder Schiffsentladestelle. Bei einer Doppelfahrt ist die eine die Last- und die andere die Leerfahrt.

Ist die tägliche nutzbare Betriebszeit T Std., die Umlaufszeit eines Fahr-zeuges zwischen dem Anfangs- und Endpunkt einschließlich der Wartezeiten für Be- und Entladen usw. T_u min $= T_u : 60$ Std. und m_1 t die in einem Umlauf beförderte Gütermenge, so ist $N_t = \dfrac{T \cdot m_1 \cdot 60}{T_u}$ t die Tagesleistung. Diese Glei-chung verknüpft die vorgenannten vier Faktoren, die die Tagesleistung der Last-kraftwagenfahrten beeinflussen, miteinander, nämlich 1. die Ladefähigkeit des Fahrzeugs (m_1), 2. die Länge der Wartezeiten, 3. die Entfernung der Ladeorte, 4. die Geschwindigkeit der Fahrzeuge. In m_1 ist die Ladefähigkeit und in T_u sind die Längen der Wartezeiten und die Fahrzeiten enthalten, die wieder von der Entfernung der Ladeorte und der Geschwindigkeit abhängen. Die Umlaufszeit T_u ist verschieden, je nachdem es sich um Pendelbetrieb mit Lastkraftwagen

oder um Wechselbetrieb mit Schleppern und Anhängern handelt. Bei letzteren ist wieder zu unterscheiden zwischen dem Dauerbetrieb bei unbegrenzter
Fördermenge und dem Zeitbetrieb bei begrenzter Fördermenge.

a) Der Pendelbetrieb mit Lastkraftwagen. Die Umlaufszeit ist hier

$$T_u = (t_h + t_r + t_b + t_e + t_w) : 60 \text{ Std.}$$

Hier sind t_h und t_r min die Fahrzeiten für Hin- und Rückfahrt, die nach dem auf
S. 357 beschriebenen Verfahren zu ermitteln sind, t_b und t_e sind die Be- und Ent-
ladezeiten, t_w die Wartezeiten.

Die Anzahl der täglichen Doppelfahrten ist $d_f = \dfrac{60\,T}{T_u} = \dfrac{L_t}{2\,L}$. Dieser
Wert wird einmal durch die tägliche Arbeits- und die Umlaufszeit und das andere
Mal durch die wirtschaftliche kilometrische Tagesleistung L_t km und die Ent-
fernungen L km zwischen Be- und Entladestelle bestimmt. Ist die kilometrische
Tagesleistung L_t kleiner als 80 bis 100 km, so sind die Wartezeiten für Be- und
Entladen in der Regel zu groß, und der Lastkraftwagen ist nicht ausgenutzt.
Es ist daher eine Trennung der Nutzlast von der Zugkraft vorteilhafter und
statt des Lastkraftwagens ein Schlepper mit Anhängern zu wählen.

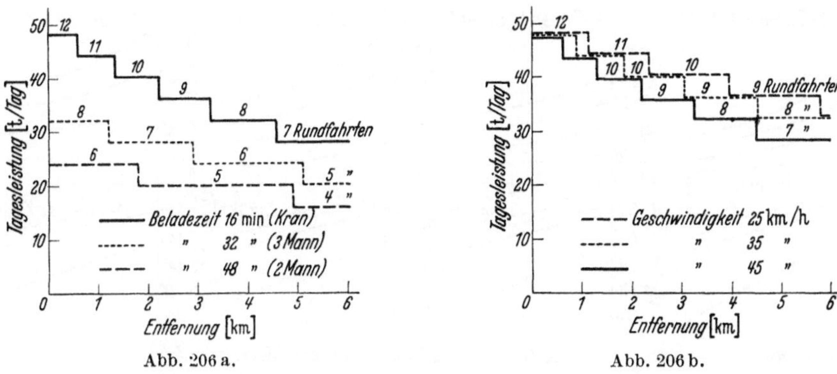

Abb. 206 a. Abb. 206 b.

Die Abb. 206a zeigt die Tagesleistung eines Diesellastwagens von 4 t bei verschiedenen Beladezeiten und Entfernungen der Be- und Entladestellen. Auch
ist hier die Zahl der täglichen Doppelfahrten (Rundfahrt) in die Treppenlinie
eingeschrieben. Es handelt sich hierbei um die Beförderung von Kohlen. Die
Ladeleistung eines Arbeiters ist hier 2,5 t/h. Dem gegenüber steht die eines
Krans mit einer mittleren Leistung von 15 t/h. Zum Füllen eines 4-Tonners
sind also bei einer Ladekolonne von zwei Mann $t_b = 48$ min, von drei Mann
$t_b = 32$ min. Beim Umschlag mit Kran ist $t_b = 16$ min. Die Entladezeit ist bei
einer Kippvorrichtung $t_e = 10$ min.

Die Wartezeit t_w setzt sich zusammen aus

1. Warten an der Umschlagsstelle: 1 bis 2 min,
2. Fahrt zur Waage einschließlich Wiegen: 4 min,
3. sonstige Zeitverluste der Fahrt: 2 bis 3 min.

Jede Rundfahrt erfordert also eine Standzeit von 66,5 bzw. 55,5 und 34,5 min.
Für die erste Fahrt zur Umschlagsstelle und für eine etwaige Leerfahrt am Abend
ist ein Zeitbedarf von 0,5 Std. angesetzt, so daß eine nutzbare Betriebszeit von
$T = 7,5$ Std./Tag bleibt. Die Abb. 206b zeigt für einen 4-Tonner bei Beladen
mit Kran und Entladen durch Kippvorrichtung die Tagesleistung bei verschiedenen Höchstgeschwindigkeiten an. Die Höchstgeschwindigkeit ist auf 25 km/h
bei elastisch bereiften Fahrzeugen begrenzt, während für luftbereifte eine

bedeutend höhere Geschwindigkeitsgrenze besteht. Die Abb. 207 zeigt den Einfluß der Tagesleistung und der Kosten in Abhängigkeit vom Fassungsvermögen sowie der Entfernungen für verschiedene Auslastungen der Fahrzeuge.

b) Wechselbetrieb mit Schleppern. α) Dauerbetrieb bei unbegrenzter Fördermenge. Hier ist die Umlaufszeit $T_u = (t_h + t_r + 2\,t_k):60$ Std. Die

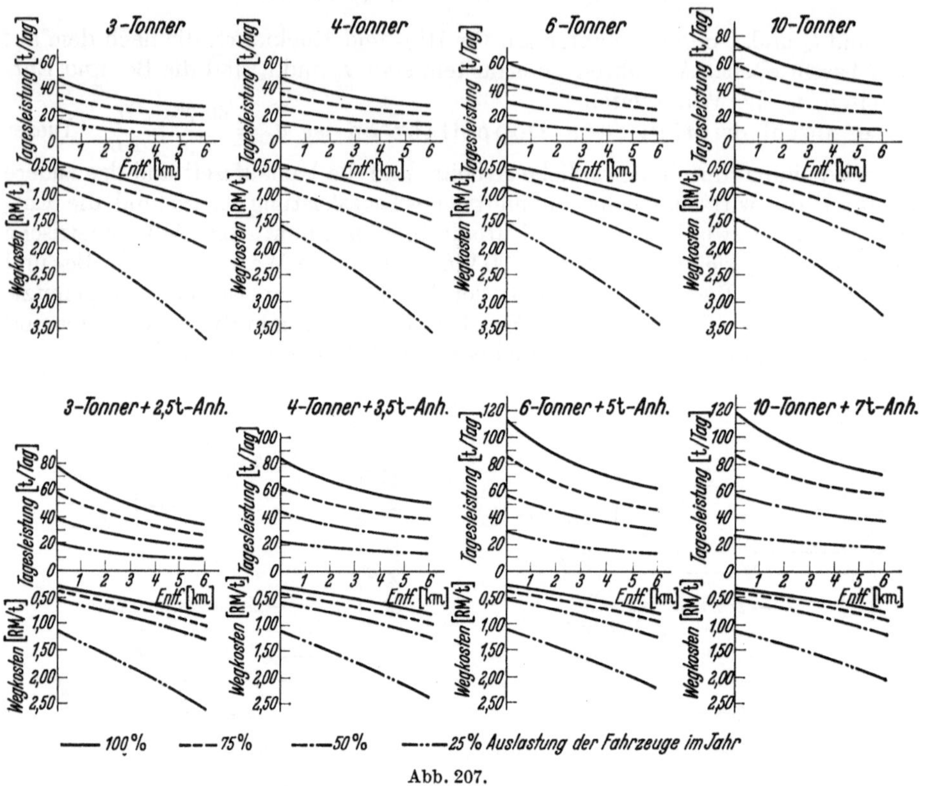

Abb. 207.

Verlustzeit ist $2\,t_k = $ der doppelten Kuppelzeit. Für einmaliges Kuppeln rechnet man $t_k = 6$ bis 9 min. Die Zahl der täglichen Doppelfahrten ist dann

$$d_f = 60\,T : [t_h + t_r + 2\,(t_k + t_w)].$$

Innerhalb der Zeit $t_h + t_r + t_k + t_w = T_l$ muß der Wagen be- bzw. entladen sein. Ist T_l länger, so ist das Ladepersonal zu verstärken. Ist die Umlaufszeit T_u zu lang, so ist schneller zu fahren. Der Unterschied von Umlaufszeit und Ladezeit muß gleich oder größer als die Kuppelzeit sein, also $t_k = T_u - T_l \gtrless 6$ bis 9 min. T ist die tägliche Betriebszeit.

β) Zeitbetrieb bei begrenzter Fördermenge. Ist die Gesamtfördermenge M t und das Fassungsvermögen eines Schleppzuges m_1 t, so ist die Anzahl der Doppelfahrten $d_f = M : m_1$. Die gesamte Förderzeit ist

$$T_z = [d_f(t_h + t_r) + (2\,d_f - 1)\,(t_k + t_w) + t_l] : 60 \text{ Std.}$$

Und die Zahl der Fördertage ist $a = T_z : T$.

Ein Unterschied in der Umlaufszeit vom Dauer- und Zeitbetrieb entsteht dadurch, daß beim Zeitbetrieb alle Fahrzeuge nach Erledigung der täglichen Doppelfahrten d_f nach ihrem Standort zurückkehren. Ist A der Beladeort und B der Entladeort, so tritt durch Warten auf das Entladen des letzten Anhängers

eine zusätzliche Verlustzeit t_l auf. Die Zugmaschine kehrt bei dieser Betriebsgestaltung nach Beendigung der Transportaufgabe mit zwei leeren Anhängern

an ihren Standort zurück, wo der
dritte Anhänger inzwischen beladen
ist und für die erste Fahrt nach
dem Ort C bereitsteht. Umgekehrt
fährt die Zugmaschine, wenn am
Standort A die Fahrzeuge entladen
und in B beladen werden, zu Beginn
der Transporte mit zwei leeren An-
hängerwagen von A nach B, wo
durch das Warten auf das Beladen
des ersten Fahrzeugs eine Verlustzeit t_l entsteht.

In Abb. 208 sind die Tagesleistungen und die Förderkosten
zweier Dieseltraktoren dargestellt.
Sie zeigt gegen Abb. 207 die große
Überlegenheit des Traktors gegenüber den Lastkraftwagen. Das ungünstigere Ergebnis des 36/40 PS-
Schleppzuges beruht auf den zusätzlichen Kosten für den Bremser
auf dem zweiten Anhänger, da hier
keine Luftdruckbremse vorhanden
ist. Bei beiden Traktoren zeigt sich,
daß trotz der Verschiedenheit des
Schleppzuges bei kurzen Entfer-

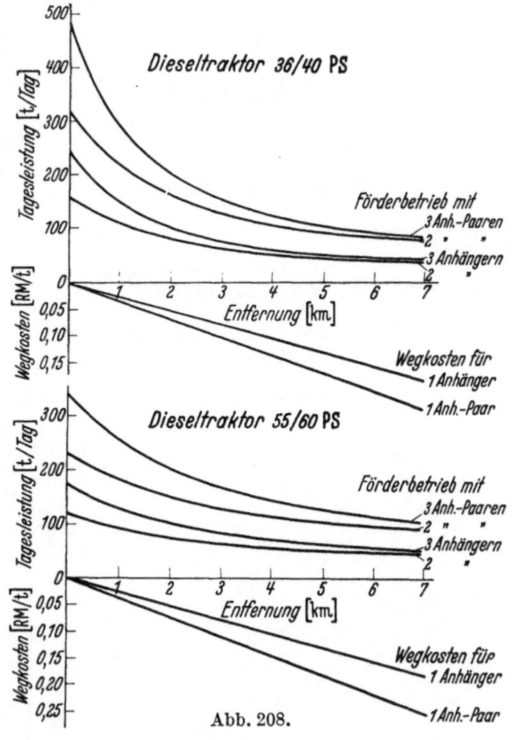

Abb. 208.

nungen die Verkürzung der Wartezeit, bei größeren Entfernungen die Erhöhung
der Geschwindigkeit die Leistungsfähigkeit eines Fahrzeugs steigern.

P. Beispiel.

Es soll das Förder-
gerät eines Bauzuges
mit 60 cm Spur für die
Erdarbeiten eines Bau-
loses der Reichsauto-
bahn vom Bahnhof zum
Lagerplatz befördert
werden (Abb. 209). Für
die Beförderung steht
ein 50 PS-Deutz-Stra-
ßenschlepper Diesel-
motor F 3 M. 317 mit
6 Lindner-Anhänger zur
Verfügung. Das Längen-
profil ist aus dem
Schichtenplan (1:10000,

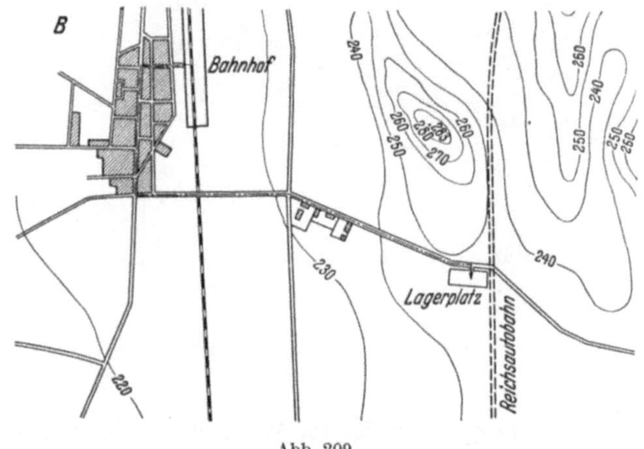

Abb. 209.

Abb. 209) ermittelt. Die Straßenbefestigung besteht vom Bahnhof ab auf 0,750 km
aus Großsteinpflaster mit dem Grundwiderstand $w_0 = 25$ kg/t, sodann auf 1,33 km
aus Schotter mit $w_0 = 30$ kg/t. Die letzten 0,040 km sind Erdweg und Bohlen-
belag mit $w_0 = 80$ kg/t.

Technische Daten der Fahrzeuge: Die Motorkennlinien sind nach Abb. 210 und die Drossellinien des 3-Zylindermotors sind nach der Zahlentafel S. 356 gegeben. Nach dem Autotypenbuch ist das Eigengewicht des Schleppers 4,3 t, das eines Anhängers 2,7 t. Die Tragfähigkeit eines Anhängers ist 7 t, die Windfläche $F = 6\ \mathrm{m}^2$, der Luftwiderstandsbeiwert $c = 0,8$ und der Triebraddurchmesser $D = 1,11$ m.

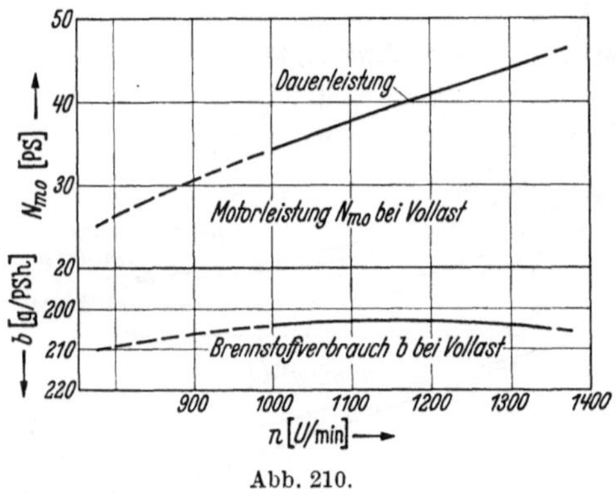

Abb. 210.

Getriebeuntersetzung u_1:

I. Gg 1:5,5, $\eta = 0\,74$
II. ,, 1:4,1, $\eta = 0,76$
III. ,, 1:3,1, $\eta = 0,78$
IV. ,, 1:1,7, $\eta = 0,8$
V. ,, 1:1, $\eta = 0,8$

Hinterachsenuntersetzung $u_2 = 1:10$, $\eta =$ Wirkungsgrad des Getriebes,

Brennstoff: Mineralgasöl $\gamma = 0,86$, Schmierölverbrauch $\ddot{o} = 0,4$ Liter je 100 km.

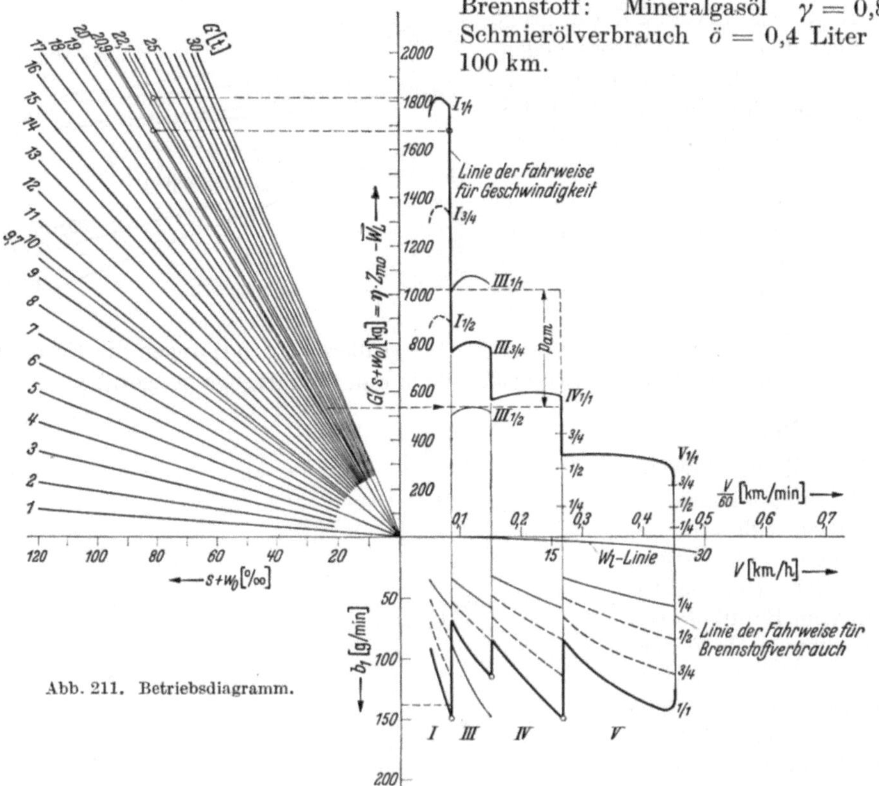

Abb. 211. Betriebsdiagramm.

Der Transport erfolgt im Wechselbetrieb, so daß immer je 2 Anhänger beladen, 2 leer und 2 unterwegs sind. Für das Beladen und für das Entladen wird für jeden Wagen eine Kolonne mit 7 Mann und einem Vorarbeiter, also 16 Mann für die 2 Anhänger, gestellt, außerdem je 1 Schachtmeister. Die Geschwindigkeiten sind mit $V = 0,06\,D \cdot u_1 \cdot u_2 \cdot n \cdot \pi$ km/h, die Zugkräfte nach der Gleichung

$$Z_t = \eta \cdot N_{mo} \cdot \frac{270}{V}\ \mathrm{kg}, \quad \text{der Luftwiderstand ist}\quad W_L = 0,5 \cdot 0,8 \cdot 6 \cdot \left(\frac{V}{10}\right)^2\ \mathrm{kg}. \quad \text{Der}$$

Brennstoffverbrauch je min wird mit $b_1 = b \cdot N_{mo} : 60$ g/min berechnet. Die Werte für N_{mo} PS und b g/PSh in Abhängigkeit von der Drehzahl n/min sind aus den Motorkennlinien Abb. 210 entnommen. Hieraus wurden die Werte für V, Z_t und b_1 berechnet und in nachstehender Zahlentafel 46 zusammengestellt. Mit diesen Werten wurde das Betriebsdiagramm gezeichnet (Abb. 211). Nunmehr wurden hieraus nach der Fahrtabelle für Hin- und Rückfahrt die Fahrzeiten und der Brennstoffverbrauch ermittelt.

Zahlentafeln 46.

e	$n =$	800	1000	1200	1300
	N_{mo} PS	26,2	34,2	40,75	43,5
	b g/PSh	209	204	203	204,5
$1/1$	b_1 g/min . . .	91,3	116,3	138,0	148,0
$3/4$	b_1 ,, . . .	70,8	90,3	107,0	114,6
$1/2$	b_1 ,, . . .	52,1	66,4	78,6	84,3
$1/4$	b_1 ,, . . .	34,7	44,2	52,5	56,2
I. Gg	V km/h . .	3,04	3,8	4,56	4,91
	Z_t kg . . .	1725	1800	1786	1780
II. Gg	V km/h . .	4,08	5,1	6,12	6,63
	Z_t kg . . .	1317	1375	1368	1345
III. Gg	V km/h . .	5,4	6,74	8,08	8,76
	Z_t kg . . .	1023	1070	1062	1041
IV. Gg	V km/h . .	9,85	12,3	14,75	16
	Z_t kg . . .	576	600	596	593
V. Gg	V km/h . .	16,7	20,9	25,1	27,2
	Z_t kg . . .	347	362	359	354

Fahrtabelle.

Fahrt zur Baustelle, 2 Anhänger, 93% beladen: $G = 4,3 + 2(2,7 + 6,15) = 22,7$.
80% beladen: $G = 4,3 + 2(2,7 + 5,6) = 20,9$ t.

Stat.	l km	$s^0/_{00}$	$s + w_0{}^0/_{00}$	$V:60$ km/min	$G=20,9$ t b_1 g/min	t min	$G=20,9$ t B g	$G=22,7$ t b_1 g/min	$G=22,7$ t B g
0,75	0,75	$+ 0$	25	0,267	142	2,81	400	150	423
1,33	0,58	$+10$	40	0,09	74	6,45	477	95	612
1,82	0,49	$+20$	50	0,09	95	5,44	417	115	625
1,92	0,1	$+50$	80	0,09	148	1,11	164	150	166
2,08	0,16	$+20$	50	0,09	95	1,77	68	115	204
2,14	0,04	$+ 0$	80	0,09	148	0,44	65	150	66
						18,02	1791		2096 g

Einschließlich Anfahr- und Bremszeitzuschlag ist die Fahrzeit $t_h = 18,5$ min.

Ladefolge. 1. Zunächst wird das Budenmaterial und das Kleingerät befördert, Gesamtgewicht 39 t, je Fahrt also 13 t. Das Fahrgewicht ist dann $22,7$ t $= G$ (93% beladen). Rechnet man 0,6 Std./t nach Zahlentafel 31, S. 324, so dauert das Beladen eines Zuges bei 16 Mann $0,6 \cdot 13,0 \cdot 60 : 16 = 30$ min. Wählt man als Umlaufszeit $T_u = 40$ min, so steht als Kuppelzeit $t_k = 0,5 (T_u - t_h - t_r) = 40 - 18,5 - 5,5 = 8$ min zur Verfügung. Die Gesamtzeit zur Beförderung der Buden und des Kleinmaterials dauert $3 \cdot 40 = 120$ min.

Fahrt zum Bahnhof, 2 Anhänger leer.
$G = 4,3 + 2 \cdot 2,7 = 9,7$ t.

Stat.	l km	$s^0/_{00}$	$s + w_0{}^0/_{00}$	$V:60$	b_1 g/min	t min	B g
2,14							
2,08	0,04	$+ 0$	$+80$	0,09	115	0,45	52
1,92	0,16	-20	$+10$	0,45	63	0,36	23
1,82	0,10	-50	-20	0,45	12	0,22	3
1,33	0,49	-20	$+10$	0,45	63	1,09	70
0,75	0,58	-10	$+20$	0,45	103	1,29	133
0,75	0,75	$+ 0$	$+25$	0,45	123	1,67	205
						5,08	496

Einschließlich Anfahr- und Bremszeitzuschlag $t_r = 5,5$ min.

2. Sodann werden die Schienen mit dem Kleineisenzeug verladen, Gesamtgewicht 106 t. Die Anhänger sind mit 80% Nutzlast beladen, so daß $106:(2\cdot7\cdot0{,}8) = 10$ Fahrten erforderlich sind. Die Ladezeit eines Zuges ist bei 0,8 Std./t nach Zahlentafel 31, S. 324 dann $2\cdot0{,}8\cdot7\cdot0{,}8\cdot60:16 = 33{,}5$ min $= T_l$ Ladezeit. Gewählt wird wieder $T_u = 40$ min. Die Kuppelzeit ist einerseits wie vor $t_k = 8$ min und andererseits ist sie bei dem Unterschied zwischen Umlaufzeit und Ladezeit $t_k = T_u - T_l = 40 - 33{,}5 = 6{,}5$ min. Auch der kleinere Wert reicht für das Kuppeln aus. Gesamtförderzeit $10\cdot40 = 400$ min.

3. Weiterhin sind ungefähr 55 t Weichen und Schwellen zu befördern. Bei 80% Nutzlast sind $55:(0{,}8\cdot2\cdot7) = 5$ Fahrten nötig. Bei 1,0 Std./t Ladezeit ist die Ladezeit des Schleppzuges $T_l = (1{,}0\cdot2\cdot7\cdot0{,}8\cdot60):16 = 42$ min. Als Umlaufzeit des Schleppzuges ist $T_u = 50$ min gewählt. Die Kuppelzeit ist $t_k = T_u - T_l = 50 - 42 = 8$ min. Andererseits ist $t_k = 0{,}5\cdot(T_u - t_h - t_r)$ $= 0{,}5\,(50 - 18{,}5 - 5{,}5) = 13$ min. Der erste Wert ist maßgebend. Gesamtförderzeit $50\cdot5 = 250$ min.

4. Das Verladen der Lokomotiven und der Muldenkipper dauert 4,0 Std./t. Da die Beladezeiten sehr groß sind, ist das Fahrpersonal sowie der Schlepper schlecht ausgenutzt. Insgesamt sind 3 Loks und 66 Muldenkipper (davon 6 mit Bremsen) zu befördern. Gewicht $3\cdot9 + 60\cdot0{,}6 + 6\cdot0{,}65 = 66{,}9$ t. Bei 80% Ausnutzung der Tragfähigkeit sind $66{,}9:(0{,}8\cdot7\cdot2) = 6$ Fahrten erforderlich. Ladezeit $T_l = (4{,}0\cdot2\cdot7\cdot0{,}8\cdot60):16 = 168$ min. Bei einer Kuppelzeit $t_k = 7$ min ist die Gesamtförderzeit für die Loks und die Muldenkipper $(168 + 7)\cdot6 = 1050$ min.

Zusammenstellung der Fahrten.

Geräte	Gewicht t	Fahrtenzahl	Lade- und Kuppelzeit	
			einzeln	insgesamt
B = Buden und Kleingerät	39	3	40	120
S = Schienen und Kleineisenzeug. . .	106	10	40	400
W = Weichen und Schwellen	55	5	50	250
Lk = Loks und Kipper	66,9	6	175	1050
	267	24		1820 = 4 Tage

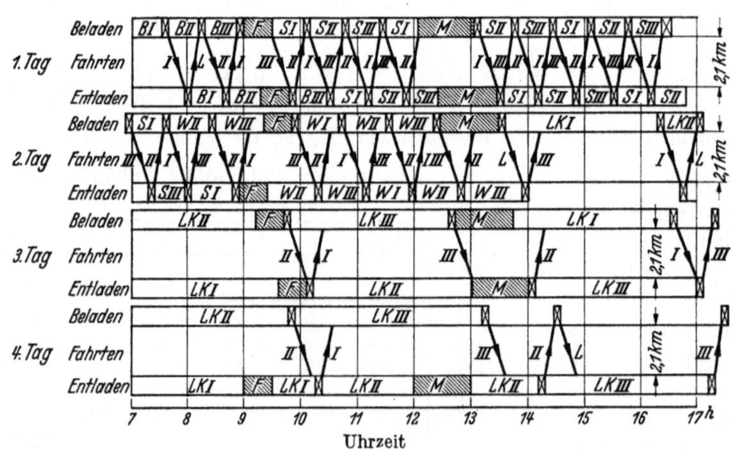

Abb. 212. Betriebsplan.

L = Leerfahrt ohne Anhänger. I, II, III = Anhängerpaare. F, M = Frühstücks-, Mittagspause. B = Baubuden und Kleingerät. S = Schienen und Kleineisenzeug. W = Weichen und Schwellen. LK = Loks und Muldenkipper. ⊠ = Umkuppeln.

Hiernach ist der Betriebsplan für die Gerätegruppen B, S, W und Lk nach Abb. 212 aufgestellt.

Kostenermittlung.

I. Anschaffungskosten.

Schlepper einschließlich Beleuchtung und Bereifung, Riesenlufthochdruck-
reifen . . . . 9500,— RM.
6 Lindner-Anhänger zweiachsig Typ F, einschließlich Bereifung je 3350 RM. 20100,— „

29600,— RM.

Bereifung des Schleppers . . . . 1138,— „
Bereifung des Anhängers je 8 Räder des 32,61/2″ je 1132,— RM., für
6 Anhänger . . . . 7400,— „

38138,— RM.

II. Jahreskosten.

a) Zinsen (Zinssatz 6%) . . . . 1150,— RM.
b) Abschreibung:
    1. Schlepper kosten ohne Bereifung 8360,— RM., Abschreibungssatz
        $q = 15\%$ bei 15000 km/Jahr $0{,}15 \cdot 8360$ . . . . 1255,— „
    2. 6 Anhänger (Kosten ohne Bereifung 12700,— RM.), Abschreibesatz
        q ist zwei Drittel desjenigen des Schleppers $0{,}1 \cdot 12700$ . . . . . 1270,— „
c) Steuern im Jahr für Schlepper (Anhänger ist steuerfrei) . . . . . 330,— „
d) Versicherung:
    1. Haftpflicht: Schlepper 300,— RM., 6 Anhänger 600,— RM. . . 900,— „
    2. Kasko: Schlepper 300,— RM., 6 Anhänger 480,— RM. . . . . . 780,— „
e) Löhne:
    1. Für Fahrer 50,— RM./Woche einschließlich Sozialbeiträge, Jahres-
        lohn . . . . 2600,— „
    2. Für Bremser des zweiten Anhängers 45,— RM./Woche, Jahreslohn 2360,— „
f) Kosten für Unterstellen des Schleppers und der Anhänger . . . . . 800,— „

Jahreskosten K_{ja} . . . . 11445,— RM.

Die Betriebspflege wird vom Fahrer und Bremser mit übernommen und verursacht
keine besonderen Kosten.

II. Zeitkosten.

Der Anteil der Jahreskosten würde für die vier Transporttage bei höchstens 280 Fahrtagen im Jahr $11445{,}— \cdot \dfrac{4}{280} = 164{,}—$ RM. sein. Bei einem geringeren Beschäftigungsgrad im Jahr steigt der Betrag. Zweckmäßig berechnet man die Zeitkosten für einen
geringen, zwei mittlere und einen hohen Beschäftigungsgrad und trägt mit diesen Werten
über der Achse der Beschäftigungstage pro Jahr die Kurve (Abb. 189) auf. Bei 200 Fahrtagen z. B. beträgt der Anteil $164 \cdot \dfrac{280}{200} = 230{,}—$ RM.

IV. Wegkosten.

Die Zugmaschine legt ungefähr $\sum l = 100$ km, jeder Anhänger $\sum l = 35$ km zurück.
a) Unterhaltungskosten. Fahrzeug ohne Bereifung:
    Für Anhänger und Schlepper je 0,025 RM./km, Schlepper $100 \cdot 0{,}025$ 2,50 RM.
    6 Anhänger $6 \cdot 0{,}025 \cdot 35$ . . . . 5,25 „
b) Reifenkosten: $K_{ur} = 1{,}15 \cdot n_r \cdot K_r \sum l / L_r$, wo $L_r = 35000$ km.

    Schlepper $n \cdot K_r = 1138{,}—$ RM. $K_{ur} = \dfrac{1{,}15 \cdot 1138 \cdot 100}{35000}$ . . . . 3,74 „

    Anhänger $n \cdot K_r = 7400$, $K_{ur} = \dfrac{1{,}15 \cdot 7400 \cdot 35}{35000}$ . . . . . . 8,40 „

c) Schmierölkosten. Ölverbrauch $\ddot{o} = 0{,}4$ l/100 km.
    Schlepper $100 \cdot 0{,}4/100 = 0{,}4$ l und 6 Anhänger $6 \cdot 35 \cdot 0{,}4/100 = 0{,}84$
    $= 1{,}24$ l, Preis je Liter 0,9 RM., $0{,}9 \cdot 1{,}24 =$ . . . . 1,10 „
d) Wartungskosten: 0,02 RM./km.
    Schlepper $0{,}02 \cdot 100 =$ . . . . 2,— „
    6 Anhänger $6 \cdot 35 \cdot 0{,}02$ . . . . 4,20 „

27,19 RM.

V. Brennstoffkosten.

Brennstoffbedarf: 3 Fahrten je 2,096 kg (Hinfahrt)

$\underline{\phantom{3 \text{ Fahrten je } }0,496 \text{ ,, } \text{(Rückfahrt)}}$

$3 \cdot 2,592 \text{ kg} = 7,78 \text{ kg}$

21 Fahrten je 1,791 kg (Hinfahrt)

$\underline{\phantom{21 \text{ Fahrten je } }0,496 \text{ ,, } \text{(Rückfahrt)}}$

$21 \cdot 2,287 \text{ kg} = 48,000 \text{ kg}$

Insgesamt 7,75 + 48,0 $\cong$ 56 kg.

Eine Leerrundfahrt des Schleppers . . . . . . 2 kg

Für Abholen und Zubringen . . . . 4 ,,

Gesamtbrennstoffverbrauch 56 + 6 . . = 62 kg.

Preis je kg 0,184 RM. insgesamt . . . . 11,40 RM.

1. Zeitkosten (bei 200 Fahrtagen im Jahr) . . . . 230,— RM.
2. Wegkosten. . . . . 27,19 RM.
3. Brennstoffkosten . . . . 11,40 ,,

Gesamtförderkosten . . . . 268,59 RM.

Kosten für Be- und Entladen:

2 Kolonnen je 16 Mann während 8 · 4 = 32 Std. je 0,75 RM./Std.. . . 765,— RM.

2 Schachtmeister je 1,2 RM. = 2 · 32 · 1,2 . . . . =   77,— ,,

Ladekosten . . . . 842,— RM.

Fördern . . . . 268,59 ,,

Laden . . . . 842,— RM.

                                                  1110,59 RM.

Hierzu 10% Zuschlag für Geschäftsunkosten . . . . 111,06 ,,

Gesamtkosten für die Beförderung des Baugeräts vom Bahnhof zur
Baustelle . . . . 1221,65 RM.

II. Gleisanschluß und Kraftwagen.

A. Die Eigenart des Gleisanschluß- und des Kraftwagenbetriebes.

Jedes Verkehrsmittel hat seine Eigenart und erfüllt am wirtschaftlichsten seinen Zweck, wenn es der Eigenart der Verkehrsaufgabe nach Möglichkeit gerecht wird. Die Eigenart eines Verkehrsmittels äußert sich in seinem technischen Aufwand und daher auch in den Kosten, die nicht nur bei der Ausführung des Transports entstehen, sondern auch aufkommen, um die technische Anlage zu schaffen und im Betriebe zu erhalten. Während die Kosten der ersteren Art, z. B. die Betriebsstoffkosten, nur bei den Transporten entstehen, sind bei gleichbleibendem technischem Apparat die Kosten für Kapitaldienst, Fahrlöhne, Kosten für Unterbringen der Fahrzeuge sowie die Steuern und Versicherungsprämien, das sind die sog. festen Kosten, von der Stärke des Verkehrs unabhängig. Zwischen diesen beiden Gruppen stehen Kosten, die zwar auch aufkommen, wenn der Betrieb ruht, die aber mit Zunahme des Verkehrs noch wachsen. Hierzu gehören insbesondere die durch den Verschleiß entstehenden Kosten, also die Kosten für Unterhaltung und Erneuerung (Abschreibung) der Anlage. Die genaue Kenntnis dieser Zusammenhänge ermöglicht es, das richtige Verkehrsmittel zu wählen, wenn die Eigenart der Verkehrsaufgabe klar erkannt ist. Derartige Entscheidungen sind bei der fortschreitenden Motorisierung häufig zu treffen, wenn es sich z. B. um die Frage handelt, ob die mit der Eisenbahn beförderten Frachten zwischen Bahnhof und Werk auf einem Gleisanschluß oder mit Kraftwagen gefahren werden sollen.

Schon in den Kosten für die technische Anlage unterscheiden sich beide Beförderungsmöglichkeiten. Beim Gleisanschluß muß der Werkbesitzer die Gleisanlage herstellen lassen, während das Verkehrsunternehmen die Fahrzeuge und für die Überführung in der Regel auch die Zugkraft und das Bedienungspersonal vorhält. Im anderen Falle muß der Werkbesitzer den Kraftwagen kaufen, aber die Herstellung der Fahrbahn erübrigt sich, wenn bestehende Straßen benutzt werden können.

Der Gleisanschluß ist durch den Schienenstrang an einen festen Weg gebunden und kann daher nur für die eine Verkehrsaufgabe verwendet werden, während der freizügigere Kraftwagen allgemeiner verwendungsfähig ist. Dafür ist aber für den Transport zwischen Bahnhof und Werk der Gleisanschluß dem Kraftwagen dadurch überlegen, daß das Gut beim Lastwagenbetrieb sowohl auf dem Bahnhof als auf dem Werk, also zweimal, umgeschlagen werden muß, während der Gleisanschluß nur eine einmalige Behandlung auf der Ladestelle des Werkes erforderlich macht.

Aus diesen Betrachtungen geht schon hervor, daß ein Gleisanschluß für vorübergehende Benutzung (Baustelle) und bei geringen Umschlagsmengen nicht in Frage kommt, und daß ferner mit der größeren Entfernung zwischen Bahnhof und Werk der Kraftwagen im Vorteil ist.

Die Entscheidung, welches Verkehrsmittel für eine vorliegende Verkehrsaufgabe am wirtschaftlichsten ist, kann aber nur auf Grund eines Kostenvergleichs getroffen werden, der die Anlage-, Transport- und Umladekosten unter Berücksichtigung der Verkehrsstärke, des Förderweges, des Fassungsvermögens des Fahrzeuges sowie seiner Geschwindigkeit erfaßt.

Da die Transporte physikalisch durch den Fahrweg, die Fahrzeit und den Energieverbrauch bestimmt sind, so können auch, wie z. B. bei den städtischen Verkehrsmitteln, die Kosten für die Bedienungsfahrten nach Zeit-, Weg- und Energiekosten unterteilt werden. Die Energiekosten, die aber im Verhältnis zu den Zeit- und Wegkosten gering sind, können hierbei ohne merklichen Fehler als vom Wege abhängig angenommen und den Wegkosten zugerechnet werden.

Die Ermittlung der Kosten einer Kraftwagenfahrt ist auf S. 379 behandelt worden. Die Kosten eines Gleisanschlusses hat Warning in seinem Aufsatz: Die „Wirtschaftlichkeit der Privatanschlußgleise"[1] nach Zeit und Weg erfaßt.

B. Die Zeit- und Wegkosten für die Zuführung von Wagenladungen auf einem Gleisanschluß.

1. Zu den Zeitkosten gehören:

a) Zinsen, Tilgung und Abschreibung des Kapitals, das der Bau des Gleisanschlusses fordert, getrennt nach Anschlußanlagen auf dem Bahnhof, auf dem Werkhof und auf der freien Strecke.

b) Die Kosten für außerordentliche Unterhaltung des Oberbaues. Hierbei ist nach 15 Jahren eine gründliche Überholung der Gleisanlage vorgesehen.

c) Die jährlich an das Eisenbahnunternehmen zu entrichtenden Abgaben für die Anlagen auf dem Bahnhof und Fabrikhof.

Nach der Versteuerung werden unterschieden:

a) umsatzsteuerpflichtige Abgaben:

1. Die Pauschvergütung für Bewachung und Bedienung des Anschlusses.

2. Die Pauschvergütung für gewöhnliche bauliche Unterhaltung des Gleises und der Weichen.

3. Die Pauschvergütung für Gangbarhalten, Beleuchten und Schmieren der Weichen sowie der mechanischen Sicherungseinrichtungen.

---

[1] Warning: Verkehrstechnik 1938 Heft 5.

4. Sonstige Vergütungen, z. B. Anteil für die Unterhaltung, Beleuchtung und Heizung des Stellwerksraumes.

b) umsatzsteuerfreie Abgaben. Hierzu gehört der Mietzins für das von der Anschlußanlage beanspruchte Gelände.

Näheres hierüber ist in den „Allgemeinen Bedingungen für Privatgleisanschlüsse der Deutschen Reichsbahn" (PAB) enthalten.

2. Die Wegkosten.

Die Wegkosten werden nach dem Anschlußgebührentarif für das Überführen der Wagen ermittelt. Bei der Deutschen Reichsbahn ist dieser Tarif gestaffelt

a) nach dem jährlichen Wagenverkehr,

b) nach dem zu befördernden Gut (Kohle wird billiger als alle übrigen Güter befördert, weil bei letzteren die Verkehrssteuer in den Sätzen eingerechnet ist),

c) nach der Entfernung. Die Tarife sind für das Zustellen eines beladenen Wagens gültig. Das Abholen entladener Wagen ist gebührenfrei.

Außer den Anschlußgebühren ist noch eine Stellgebühr in Ansatz zu bringen, falls die Wagen in bestimmter Reihenfolge übergeben werden sollen.

Um sich für einen Gleisanschluß oder eine Überführung der Frachten mit Kraftwagen zu entscheiden, kann man nach einem weiteren Aufsatz von Warning: „Gleisanschluß oder Straßenfahrzeug[1]?" aus Diagrammen den Grenzfall ermitteln, bei dem die Zeit- und Wegkosten je Tonne bei der Überführung eines mit der Bahn beförderten Gutes auf einem Privatanschluß, und die Zeit-, Weg- und zusätzlichen Umladekosten je Tonne bei einem Transport des Gutes von bzw. zum Bahnhof mit Straßenfahrzeugen gleich sind. Liegt der Empfang und Versand höher, so ist der Gleisanschluß billiger, im anderen Falle kommt das Straßenfahrzeug in Frage.

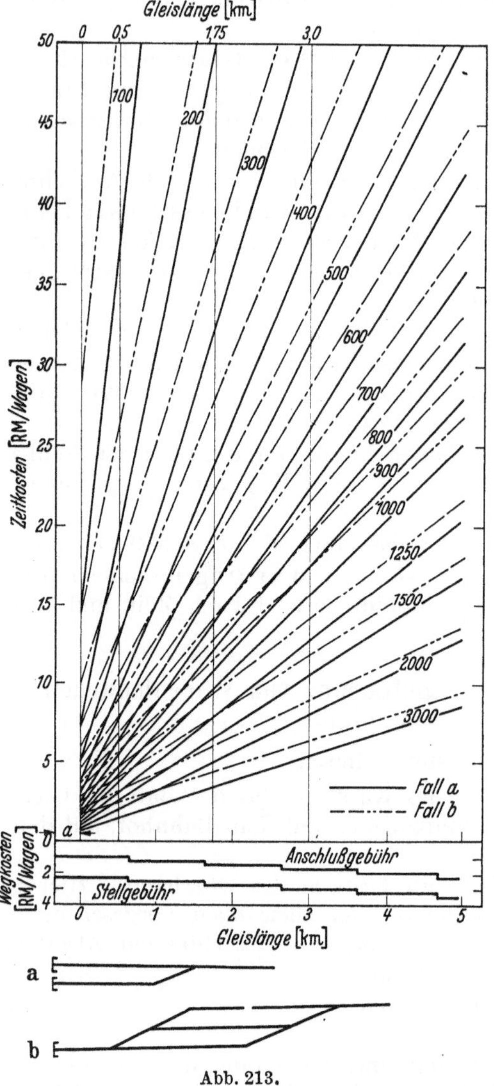

Abb. 213.

Die Zeit- und Wegkosten für die Zuführung von Wagenladungen auf einem Gleisanschluß sind in Abb. 213 in Abhängigkeit von der Gleislänge und der jährlichen Wagenzahl für zwei Gleisanordnungen (Fall a und Fall b) dargestellt.

[1] Warning: Verkehrstechnik 1939 Heft 10.

Im Fall a), bei dem die Wagen von der Reichsbahn überführt werden, sind auf dem Bahnhof keine Übergabegleise erforderlich und auf dem Werkhof sind zwei Aufstellgleise mit je 30 m Nutzlänge vorgesehen. Ist ein drittes Gleis mit den nötigen Weichenverbindungen vorhanden (Fall b), so besteht die Möglichkeit, die gestellten Wagen zu umfahren.

Größere Ausführungen hat Warning nicht betrachtet, weil hier ja die Fragen geklärt werden sollen, bis zu welchem Kleinstwert ein Gleisanschluß ausgelastet werden muß, damit er wirtschaftlicher ist als der Kraftwagenbetrieb.

C. Die Zeit- und Wegkosten für die Zuführung der Frachten mit Straßenfahrzeugen.

1. Lastwagenbetrieb.

In Abb. 214a sind die Zeit- und Wegkosten für die Transportleistungen mit 3-, 4-, 6- und 10-Tonnern dargestellt, die nach den Ausführungen vorher ermittelt

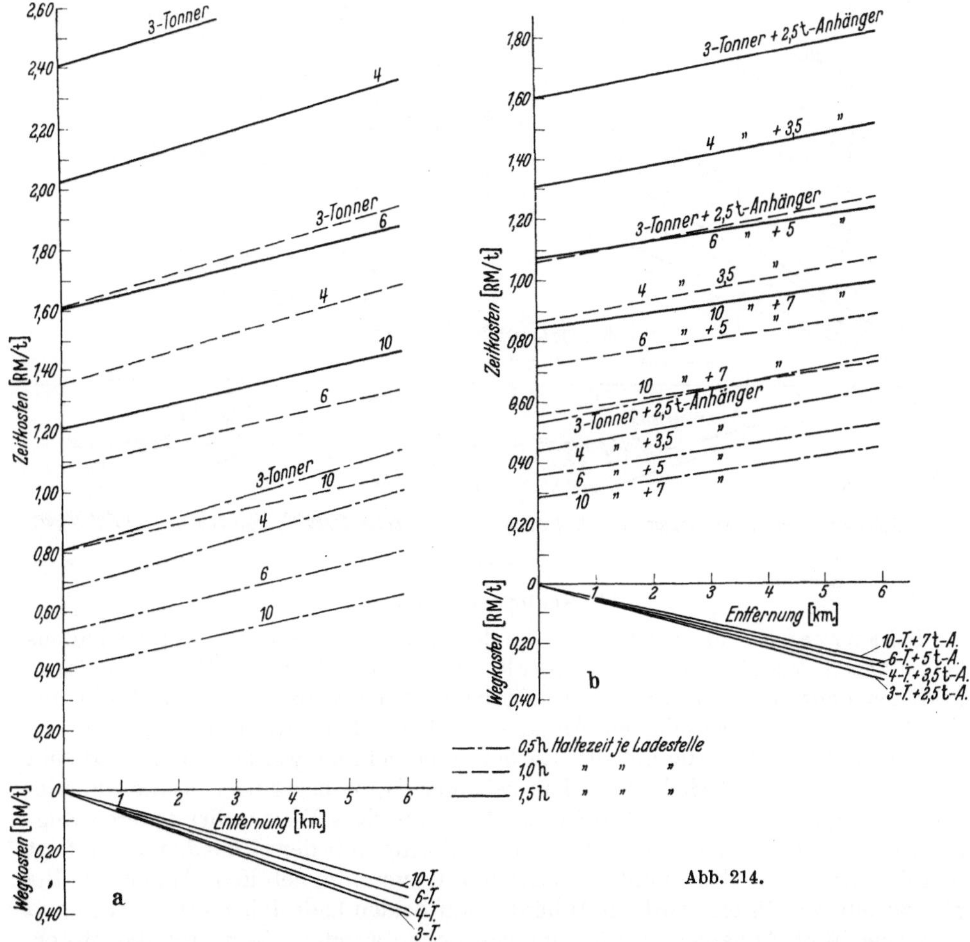

Abb. 214.

worden sind. In Abb. 214b sind die entsprechenden Kosten derselben Wagen mit Anhängern bei ein- und zweiseitigem Wechselbetrieb dargestellt. Bei der Ermittlung dieser Kosten ist 100proz. Auslastung, d. h. für 280 Betriebstage im Jahr und 7,5stündiger Betriebszeit, bei 8stündiger Arbeitszeit angenommen worden. Außerdem ist in den Abb. 214a und b in der Transportleistung eine

Haltezeit von 0,5, 1,0 und 1,5 Std. je Haltestelle vorgesehen. Bei dem Förderbetrieb mit Lastwagen werden die Tagesleistungen durch die längeren Haltezeiten während des Ladens stark herabgedrückt und daher die Zeitkosten je Tonne sehr hoch. Dies wird bei Lastzügen mit Anhängern dadurch günstiger, daß die Anhänger auf den Ladestellen gewechselt werden können. Beim Transport von Schüttgütern wird man den Anhänger auf dem Bahnhof wechseln und das Gut auf ihn während der Abwesenheit des Lastwagens überladen. Auf dem Werkhof erfolgt das Entladen mittels Kippvorrichtung bzw. das Beladen mit Hilfe eines Kranes oder aus einem Silo. Ist ein derartiger schneller Umschlag nicht möglich, so wird der Anhänger auf beiden Ladestellen gewechselt und drei Anhänger sind erforderlich.

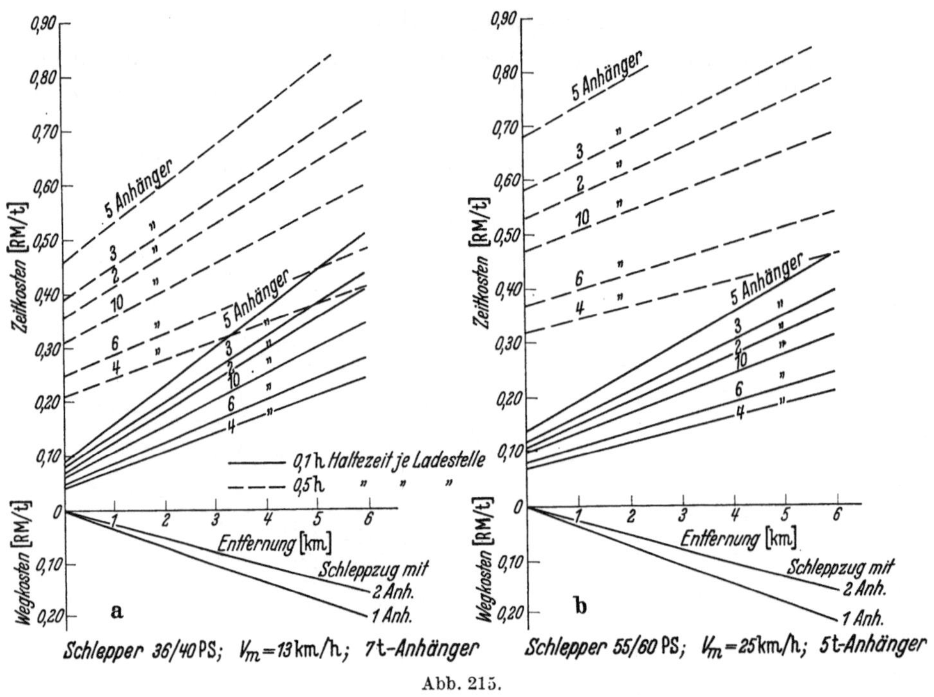

Abb. 215.

2. Schlepperbetrieb.

Bei k u r z e n Strecken tritt an Stelle des Lastwagens, der während des Ladens keine Arbeit leistet, der S c h l e p p e r b e t r i e b, bei dem Ladefläche und Zugkraft getrennt sind. Im Idealfalle tritt beim Schlepperbetrieb als Haltezeit nur die Zeit für das Wechseln der Anhänger auf den Ladestellen auf. Handelt es sich um Schüttgüter, die auf der Entladestelle gekippt werden können, so sind zwei Anhänger erforderlich. Sind Fahrzeit und Kippzeit geringer als die Umladezeit, so erhöht sich die Zahl auf drei. Um unnötiges Warten der teuren Zugmaschine zu vermeiden, werden zwei Mannschaften mit dem Umladen beschäftigt und der Schlepper übernimmt abwechselnd die von ihm gefüllten Anhänger. Bei nichtkippbaren Gütern wird ein Anhänger auf beiden Ladestellen erforderlich und drei bzw. fünf Anhänger werden im ganzen notwendig. Gestattet die Motorleistung oder die Beschaffenheit der Straße ein Behängen des Schleppers mit zwei Wagen, so verdoppelt sich die jeweilige Anzahl der Anhänger.

In Abb. 215a und b sind die Zeit- und Wegkosten eines Schlepperbetriebes mit 2, 3, 4, 5, 6 und 10 Anhängern bei einfacher und doppelter Behängung in Abhängigkeit von den Förderweiten und des Haltestellenaufenthaltes von 0,1 und 0,5 Stunden aufgetragen. Hierbei zeigt sich im Vergleich zum Lastwagenbetrieb (Abb. 214a u. b), daß der Schlepperbetrieb bedeutend billiger ist.

Im Vergleich zum Gleisanschluß sei hervorgehoben, daß der Weg, den das Kraftfahrzeug vom Bahnhof bis zum Werk zurückzulegen hat, meist größer ist als die Länge des Gleisanschlusses, weil für letzteren die kürzeste Verbindung gewählt wird. Das Motorfahrzeug ist dagegen an die bestehenden Straßen gebunden, und der Förderweg auf der Landstraße kann im Mittel 2 bis 3 km länger als der Schienenweg sein.

Vergleicht man die Darstellung der Zeitwegkosten des Gleisanschlusses (Abb. 213) einerseits mit denen der Straßenfahrzeuge (Abb. 214 u. 215) andererseits, so steigen bei ersterem die Zeitkostenlinien stark an, während sie bei letzterem flach verlaufen. Demnach schlagen beim Gleisanschluß die Fahrbahnkosten stärker zu Buch, während bei dem Kraftwagen die Anschaffungskosten der Fahrzeuge ausschlaggebend sind.

D. Kosten für das Umladen des Gutes.

Die Kosten für den Förderbetrieb erhöhen sich noch um die Umschlags- und Entladekosten, die einen großen Teil der Gesamtkosten beanspruchen. Wie gesagt, erfordert der Gleisanschluß nur ein einmaliges Umladen auf der Ladestelle, während bei Lastwagen oder Schleppern das Gut zweimal umgeschlagen wird. Nimmt man an, daß die Ladekosten auf dem Werkhof für beide Verkehrsmittel gleich sind, so können bei einem Vergleich diese Ausgaben fortgelassen werden. Es sind daher den Zeit- und Wegkosten für die Zuführung der Eisenbahnwagen auf einem Gleisanschluß die Zeit- und Wegkosten für die Beförderung der Frachten auf Straßenfahrzeugen sowie deren Kosten für den Umschlag auf dem Güterbahnhof gegenüberzustellen. Die Umschlagskosten sind wie auf S. 370 nach der Tagesleistung ermittelt und betragen $\frac{1,25 \cdot l_s \cdot T_a \cdot n}{\text{Tagesleistung}}$ RM./t. Es sind l_s der Stundenlohn in RM., T_a die Arbeitsstunden am Tage, n die Stärke der Lademannschaft, und der Faktor 1,25 berücksichtigt einen Zuschlag von 25% für Sozialabgaben und Geschäftsunkosten.

1. Lastwagen.

Handelt es sich um kleinere Mengen, und wird der Transport von einem Lastwagen ausgeführt, dann bleibt die Ladekolonne bei dem Fahrzeug. Die Fahrzeit zwischen Bahnhof und Werkhof ist für die Lademannschaft eine Zeit, während der sie keine Arbeit leistet. Der Beschäftigungsgrad beträgt also $\frac{\text{mittlere Ladezeit}}{\text{mittlere Ladezeit} + \text{Fahrzeit}}$. Bei zwei oder mehreren Fahrzeugen werden beide Ladestellen besetzt. Nimmt die Zahl der Fahrzeuge mit dem Ansteigen des Verkehrsaufkommens zu, so kann die Zahl der Lademannschaften bei entsprechender Fahrzeit verringert werden. Unvorteilhaft ist es, die Mannschaft zu klein zu bemessen, da dann die Tagesleistung der Fahrzeuge abnimmt, und die Zeitkosten anwachsen. Warning setzt bei der Ermittlung der Ladekosten für einen 3-Tonner eine dreiköpfige und für einen 4-Tonner eine vierköpfige Mannschaft an.

Der Beschäftigungsgrad der Lademannschaften, der bei einem Lastwagenbetrieb nicht von der Stärke der Ladekolonne abhängt, ist für eine Ladezeit von je 0,5, 1,0 und 1,5 Stunden auf beiden Ladestellen in Abb. 216a dargestellt. Bei zwei Fahrzeugen und bei kleinen Entfernungen sind so viel Lademannschaften wie Lastwagen erforderlich. Für drei 3 t-Lastwagen wird die zweite Lademannschaft auf beiden Haltestellen für Entfernungen von 7,25 km bei $\frac{1}{2}$ stündiger, bei 14,5 km bei 1 stündiger und von 21,75 und mehr km bei $1\frac{1}{2}$- stündiger Ladezeit überflüssig, weil Fahrzeit und Ladezeit gleich sind.

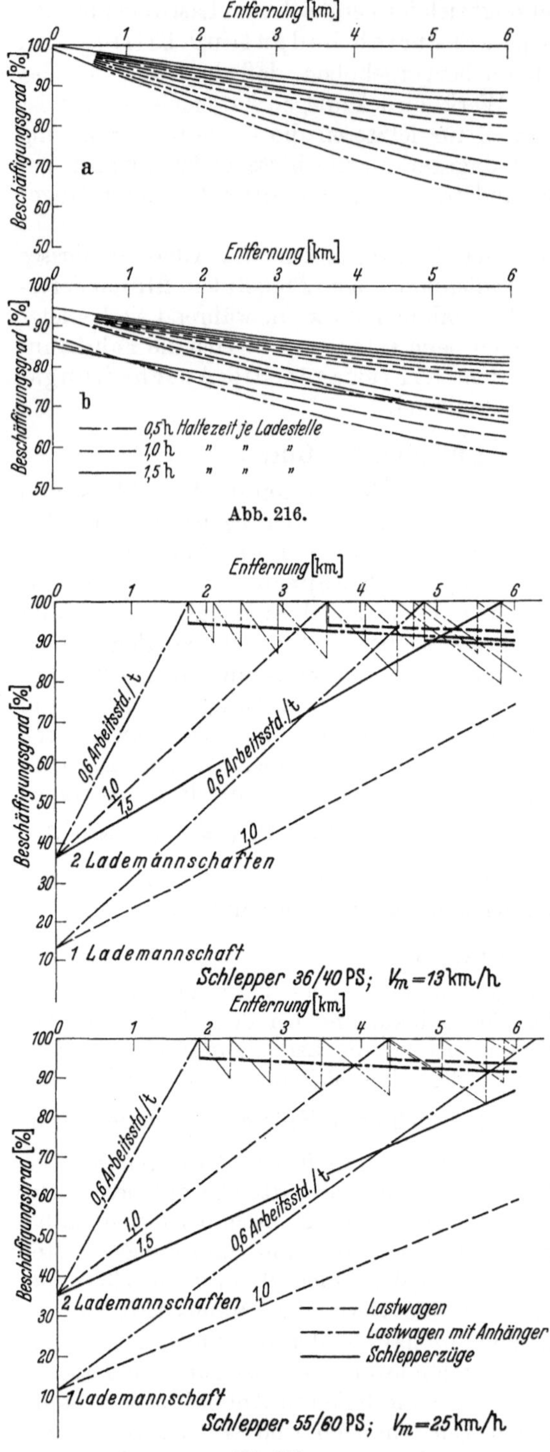

Abb. 216.

Abb. 217.

2. Lastwagen mit Anhänger.

Der Lastwagenbetrieb mit Anhänger hat den Vorteil, daß die festen Kosten je Tonne Fracht geringer werden, die Zwangspausen auf den Ladestellen werden jedoch bei kurzen Fahrzeiten größer, wenn die Anhänger ein kleineres Fassungsvermögen als die Lastwagen haben. Für die vorgenannten Ladezeiten des 3-Tonners und für den entsprechenden Zeitbedarf beim Beladen eines 2,5 t-Anhängers von 0,42, 0,84 bzw. 1,26 Stunden, für einen Zeitverlust von je 0,1 Stunden zum Umhängen und Laderechtstellen der Anhänger ist der Beschäftigungsgrad der Ladekolonnen in Abb. 216 b aufgezeichnet. Die Zeit zum Umhängen und Zurechtrücken der Wagen ist hier als Arbeitszeit gewertet, weil der Anhängerbetrieb diese zusätzlichen Zeiten fordert.

3. Schlepperbetrieb.

Beim Schlepperbetrieb können nicht nur die Haltezeiten der Zugmaschine auf den Ladestellen sehr gering bemessen werden, sondern es können auch die Ladezeiten entsprechend der Fahrzeit durch Anpassen der Mannschaftsstärke so angesetzt werden, daß keine langen Zwangspausen auftreten. Kann die Mannschaft aus Raummangel nicht mehr verstärkt werden, so werden zwei Kolonnen zum Umschlagen eingesetzt. Der Schlepper übernimmt dann nach der halben Ladezeit abwechselnd den einen oder den anderen Anhänger. Die Zahl der Kolonnen ist durch die Zahl der Güterwagen begrenzt. Bei sehr kurzen Entfernungen wird eine Wartezeit für die Zugmaschine nicht zu umgehen sein.

In Abb. 217 ist der Beschäftigungsgrad der Lademannschaften durch Vermehren und Verringern der Mannschaftsstärke und der Zahl der Ladekolonnen sowie die Auslastungsmöglichkeit der Zugmaschine gezeigt. Für größere Entfernungen ist der Schlepper voll ausgenutzt, und die Mannschaften sind i. M. 85 bis 95% der Arbeitszeit beschäftigt. Ist die Entfernung klein, so tritt im Gegensatz zu den Ladekolonnen für den Schlepper ein ungünstigerer Wirkungsgrad auf. Zum Umladen sind 0,6, 1,0 und 1,5 Arbeitsstunden je Tonne vorgesehen.

Legt man einen Stundenlohn von 0,7 RM. zugrunde, und benötigt man zum Umladen eine Arbeitsstunde je Tonne sowie zum Umspannen 0,1 h/t, so betragen die Ladekosten einer Tonne einschließlich der Zwangspausen, Rangierzeiten usw. für einen Schlepperbetrieb mit 7 t-Anhängern

$$\frac{0,7 \cdot 1,25 \cdot 1,0}{0,925} + 0,7 \cdot 1,25 \cdot 0,1 = 1,04 \, \text{RM.}/t.$$

Es berücksichtigt 0,925 den Beschäftigungsgrad der Mannschaft bei ausgenutztem Schlepper.

Eine Auswertung der in Abb. 217 angenommenen Fälle eines Schlepperbetriebes führt zu dem Ergebnis, daß bei dem oben angenommenen Stundenlohn die Umladekosten je Tonne etwas höher liegen als die zum Umladen erforderlichen Arbeitsstunden.

Arbeitsstunden/t	Umladekosten/t RM./t
0,6	0,66
1,0	1,04
1,5	1,51

E. Kostenvergleich.

Die Einflüsse auf die Gesamtkosten eines Förderbetriebes sind sehr mannigfaltig. Die Umladekosten werden von der Beschaffenheit des Gutes bestimmt, der Zustand der Straße und die Entfernung bestimmen die Wegkosten, und das Verkehrsaufkommen ist für die Wahl des Fahrzeuges und damit für die Zeitkosten maßgebend.

Fahrzeuge mit einem größeren Fassungsvermögen erfordern geringere Zeit- und Wegkosten. Ersterer Vorteil besteht, solange die Größe des Wagens ausgenutzt werden kann. Werden die Frachtmengen geringer, so steigen entsprechend der Verkehrsverminderung die Zeitkosten je Einheit. Kleinere Fahrzeuge mit geringeren festen Kosten arbeiten dann wirtschaftlicher. Zeitweilig starkes Verkehrsaufkommen fordert einen Wagenpark, der, über eine größere Zeit betrachtet, nur gering ausgelastet werden kann. Dadurch entstehen hohe Zeitkosten je Einheit. Wenn auch bei der größeren Freizügigkeit des Kraftwagens ein Industrieunternehmen den Fahrzeugpark je nach den Verkehrsbedürfnissen nicht nur für die Transporte zwischen Bahnhof und Werk, sondern auch für sonstige Aufgaben verwenden kann, so wird doch eine volle Verwendungsmöglichkeit aller Fahrzeuge nie erreicht.

Außerdem wirkt die Höhe des Lohnes sowie der mit der Betriebsart verbundene Beschäftigungsgrad der Lade- und Fahrmannschaft bestimmend auf die Zeit- und die Umladekosten. Ebenso wie beim Kraftwagenbetrieb sind auch bei den Gleisanschlüssen die Verhältnisse sehr verschiedenartig. So werden die Baukosten eines Gleisanschlusses von dem Preis für das erforderliche Gelände, dem Umfang der Planierungsarbeiten, den notwendigen Bauwerken und ferner von der Länge der Verbindungsgleise sowie dem Umfang des Werkbahnhofs stark beeinflußt. Beim Kostenvergleich des Gleisanschlusses mit dem Kraftwagen ist auch, wie gesagt, zu beachten, daß der Weg, den der Kraftwagen zwischen Bahnhof und Werk zurückzulegen hat, größer ist als die Länge des Gleisanschlusses.

Um aber trotz der verschiedenartigen Einflüsse zu einem gewissen Kostenvergleich zu kommen, sind für 1 t Ladegut die Zeit- und Wegkosten für

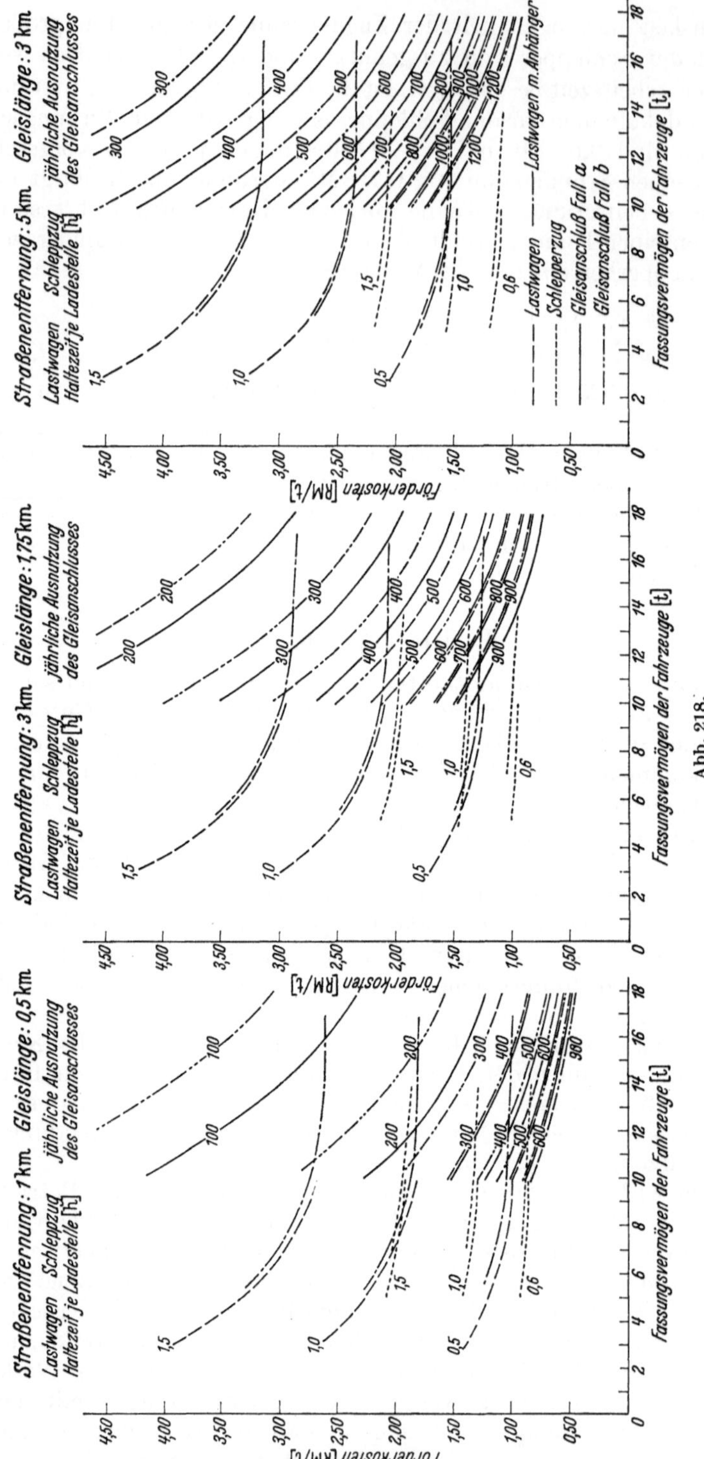

den Transport von Wagenladungen auf einem Gleisanschluß und die Kosten
für Fördern und Umladen derselben jährlichen Frachtmengen auf Lastwagen
mit und ohne Anhänger und Schlepperzügen bei Ladezeiten von 0,5, 1,0 und

1,5 Stunden in Abhängigkeit von dem Fassungsvermögen der Fahrzeuge für drei verschiedene Förderweiten berechnet und in Abb. 218 aufgetragen. Die Kosten für Zwischenwerte der Förderweiten können aus den drei Abbildungen interpoliert werden.

Diese Darstellungen zeigen, daß bei kleinerer Entfernung zwischen Bahnhof und Werk der Gleisanschluß schon bei geringer Ausnutzung dem Kraftwagen wirtschaftlich überlegen ist. Mit zunehmender Entfernung verschiebt sich jedoch die Grenze mehr und mehr zugunsten der Straßenfahrzeuge.

Bei einer Gleislänge von 500 m und bei einer Straßenentfernung von 1000 m z. B. sind die Förderkosten auf einem Gleisanschluß für ein jährliches Aufkommen von 600 Wagen (i. M. zwei Wagen je Tag) selbst bei einem Gut, das nur 0,6 Std./t für das Umladen erfordert, geringer als mit Straßenfahrzeugen (Abb. 218). Für kleinere Frachtmengen ist das Frachtgut (Umladezeit) von Einfluß hierauf. Wächst aber die Entfernung auf 3 bzw. 5 km, so zeigt sich eine Verlagerung der Kosten zugunsten des Kraftwagens. Die festen Kosten des Gleisanschlusses nehmen dann derart zu, daß bei der gleichen Frachtmenge der Schlepperbetrieb billiger arbeitet. Bei Lastwagen gibt die Wartezeit auf den Ladestellen den Ausschlag.

III. Die Personenbeförderung mit Autobussen.

A. Die Ermittlung der Verbrauchswerte.

Bei kurzen Haltestellenabständen werden die Fahrzeiten und der Brennstoffverbrauch nicht wie im vorherigen für gleichmäßige Geschwindigkeiten, sondern für ungleichmäßige, und zwar je Zeitschritt $\Delta t = 6$ sec nach dem auf S. 294 beschriebenen

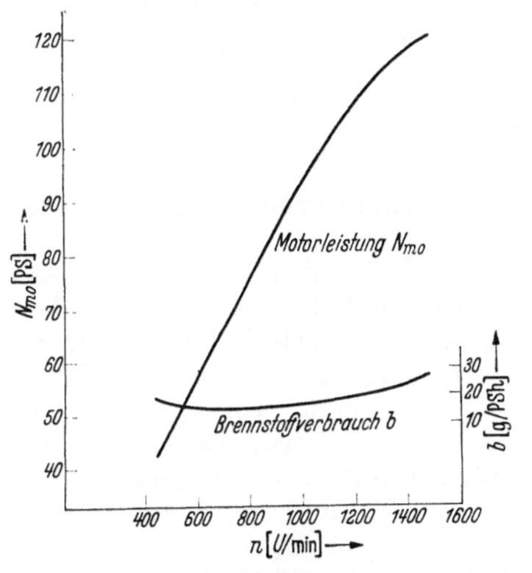

Abb. 219.

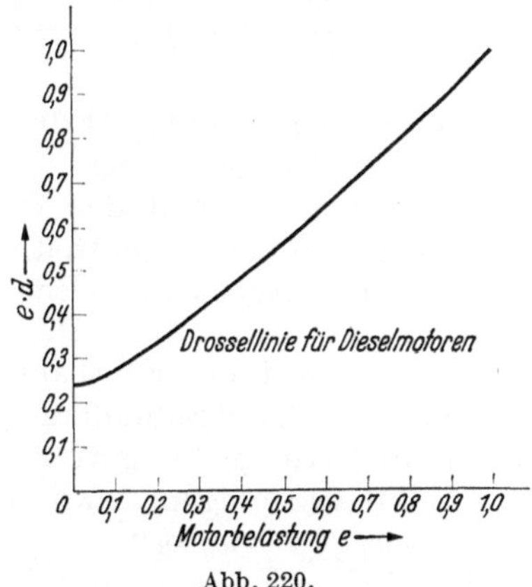

Abb. 220.

Verfahren ermittelt. Die Konstruktion der Fahrkraft- und Brennstofflinien aus den Motorkennlinien sowie die Ermittlung der Fahrzeiten und des Brennstoffverbrauchs soll an einem Beispiel gezeigt werden.

Die Motorkennlinien eines 6 Zyl.-Dieselmotors sind in Abb. 219 und die Drossellinie in Abb. 220 gegeben. Das Eigengewicht eines Doppeldeckomnibusses mit 75 Plätzen ist 8,9 t. Das Gewicht von 50 Personen ($^2/_3$-Verkehrsbelastung) ist mit 67,5 kg je Person $0,0675 \cdot 50 = 3,4$ t. Demnach ist das Fahrgewicht $G = 8,9 + 3,4 = 12,3$ t. Der Triebraddurchmesser $D = 1,02$ m. Die Hinterachsenuntersetzung ist $u_2 = 1 : 5,95$.

Getriebeuntersetzung $u_1 = 1:3{,}09$ für I. Gang, $\eta = 0{,}74$
$\qquad\qquad\qquad = 1:1{,}66$,, II. ,, $\eta = 0{,}76$
$\qquad\qquad\qquad = 1:1$,, III. ,, $\eta = 0{,}78$
$\qquad\qquad\qquad = 1{,}4:1$,, IV. ,, $\eta = 0{,}80$.

$\eta =$ Wirkungsgrad. Geschwindigkeit $V = 60 \cdot n \cdot u_1 \cdot u_2 \cdot D \cdot \pi : 1000$ km/h.

n Umdrehungen je min	450	800	1000	1200	1400
I. Gang V km/h	4,7	8,35	10,45	12,5	14,6
II. „ V „	8,75	15,55	19,45	23,4	27,2
III. „ V „	14,5	26,8	32,3	38,8	45,2
IV. „ V „	20,3	36,1	45,2	54,2	63,3

Die Zugkraft am Triebradumfang ist $z_t = \eta \cdot 270 \cdot N_{mo} : (V \cdot G)$ kg/t. Die Werte z_t sind für vorstehende Geschwindigkeiten zu berechnen.

n Umdrehungen je min	450	800	1000	1200	1400
I. Gang z_t kg/t	149	150	149	145	135
II. „ z_t „	81	82	82	79	74
III. „ z_t „	50	50	50	49	44
IV. „ z_t „	35	35	35	34	32

Der Luftwiderstand ist $w_l = W_L : G = 0{,}5 \cdot c \cdot \dfrac{F}{G} \cdot \left(\dfrac{V}{10}\right)^2$ kg/t.

Mit $c = 1{,}5$, $G = 12{,}3$ t und $F = 8{,}3$ m² ist

für $V =$	10	20	30	40	50	60	70 km/h
w_l	0,51	2,03	4,56	8,1	12,7	18,2	24,8 kg/t

Der Brennstoffverbrauch ist für $\varDelta t = 6$ sec $b_1 = b \cdot N_{mo} : 600$ g/6 sec.

für $n =$	450	600	800	1000	1200	1400
b_1 g/6 sec	16	20,9	27,8	34,5	40,2	44,3

Hieraus wurden in Abb. 221 die w_l-Linie, die Fahrkraftlinien und die Brennstoffverbrauchslinien gezeichnet.

Die Fahrzeiten und der Brennstoffverbrauch für den I. und II. Gang wurden rechnerisch ermittelt, nachdem vorher durch die Fahrkraftlinien dieser Gänge eine Waagerechte gelegt worden ist, um die mittlere Beschleunigungskraft p_m kg/t zu erhalten. Die mittlere Beschleunigungskraft auf der reibungslosen, waagerechten Fahrbahn ist $p_{mo} = z_m - w_l$ kg/t, wo z_m die mittlere Zugkraft am Triebradumfang während eines Ganges ist. Es wurden aber die um 10 % ermäßigten mittleren Beschleunigungskräfte als p_{mo} eingesetzt. Dann ist die Beschleunigungskraft bei der Fahrt insgesamt $p_m = p_{mo} \pm s - w_0$ $= z_m - w_l \pm s - w_0$ kg/t.

Ist $\varDelta V_s = V_{II} - V_I$ der Unterschied der Schaltgeschwindigkeiten, so ist die Fahrzeit des I. Ganges

$$\varDelta t_I = \frac{m \cdot \varDelta V_s}{p_m \cdot 3{,}6} = \frac{1000 \cdot 1{,}06 \cdot \varDelta V_s}{9{,}81 \cdot p_m \cdot 3{,}6} = \frac{30 \cdot \varDelta V_s}{p_m}\ \text{sec}\ .$$

Der zurückgelegte Weg ist $\varDelta l_I = \dfrac{\varDelta t \cdot (V_I + V_{II})}{2 \cdot 3{,}6}$ m. Dieser Wert ist im Längenmaßstab in dem Fahrzeitstreifen abzusetzen.

Beispiel: $V_I - V_{II} = 14$ km/h, $p_{mo\,I} = 130$ kg/t, $s + w_0 = 30$ kg/t, dann ist $p_{mo\,I} - (s + w_0) = 100$ kg/t und die Fahrzeit während des I. Ganges ist $\varDelta t_I = 30 \cdot 14 : 100 = 4{,}2$ sec. Der entsprechende Fahrweg ist $\varDelta l_I = 14 \cdot 4{,}2 : (2 \cdot 3{,}6) = 8$ m. Für den II. Gang ist bei $V_{III} - V_{II}$ $= 26 - 14\,\text{km/h}$ und $p_{mo\,II} = 70\,\text{kg/t}$ die Fahrzeit $\Delta t_{II} = 30\,(26 - 14)$ $:(70 - 30) = 9\,\text{sec}$ und der Weg $\Delta l_{II} = 9 \cdot (14 + 26)\,(2 \cdot 3{,}6) = 50\,\text{m}$. Hierzu kommt noch zweimal Schalten mit je 2 sec, so daß die Anfahrzeit $4{,}2 + 9 + 2 \cdot 2 = 17{,}2\,\text{sec}$ ist. Der Schaltweg ist bei $V_{s\,I} = 14\,\text{km/h}$ und $V_{s\,II} = 26\,\text{km/h}$, insgesamt also $\Delta l_s = 2 \cdot (14 + 26):3{,}6 = 22\,\text{m}$. Der gesamte Anfahrweg ist $8 + 50 + 22 = 80\,\text{m}$.

Der Brennstoffverbrauch beim Anfahren ist $B_a = (\Delta t_I + \Delta t_{II}) \cdot b_{1\,m}$. Es ist $b_{1\,m} = 24\,\text{g/6 sec}$, und der Gesamtbrennstoffverbrauch für das Anfahren ist $B_a = \dfrac{(4{,}2 + 9)}{6} \cdot 24 = 53\,\text{g}$.

Für volle Fahrt wird im III. und IV. Gang die Fahrzeit und der Brennstoffverbrauch zeichnerisch ermittelt. Da der Zeitschritt $\Delta t = 6\,\text{sec} = 0{,}1\,\text{min}$ und der Massenfaktor beim Kraftwagen $\varrho = 1{,}06$ ist, so ist bei einem gleichschenklig, rechtwinkligen Zeitdreieck nach S. 61 der Geschwindigkeitsmaßstab zehnmal größer als der Kräftemaßstab. Gewählt werden $V = 1\,\text{km/h} = 10\,\text{mm}$ und $p = s = w = 1\,\text{kg/t} = 1\,\text{mm}$. Die w_l-Linie wird unter der V-Achse aufgezeichnet. Von der w_l-Linie werden die z_t-Werte für die einzelnen Gänge nach oben abgesetzt, um die Fahrkraftlinien zu erhalten. Ebenso werden unterhalb der V-Achse die Brennstoffverbrauchslinien für die einzelnen Gänge mit den b_1-Werten der Zahlentafel gezeichnet.

Für die Strecke vom Bahnhof A nach der Haltestelle H_1 der geplanten Straße (Abb. 224), für die schon Fahrzeit, Weg und Brenn-

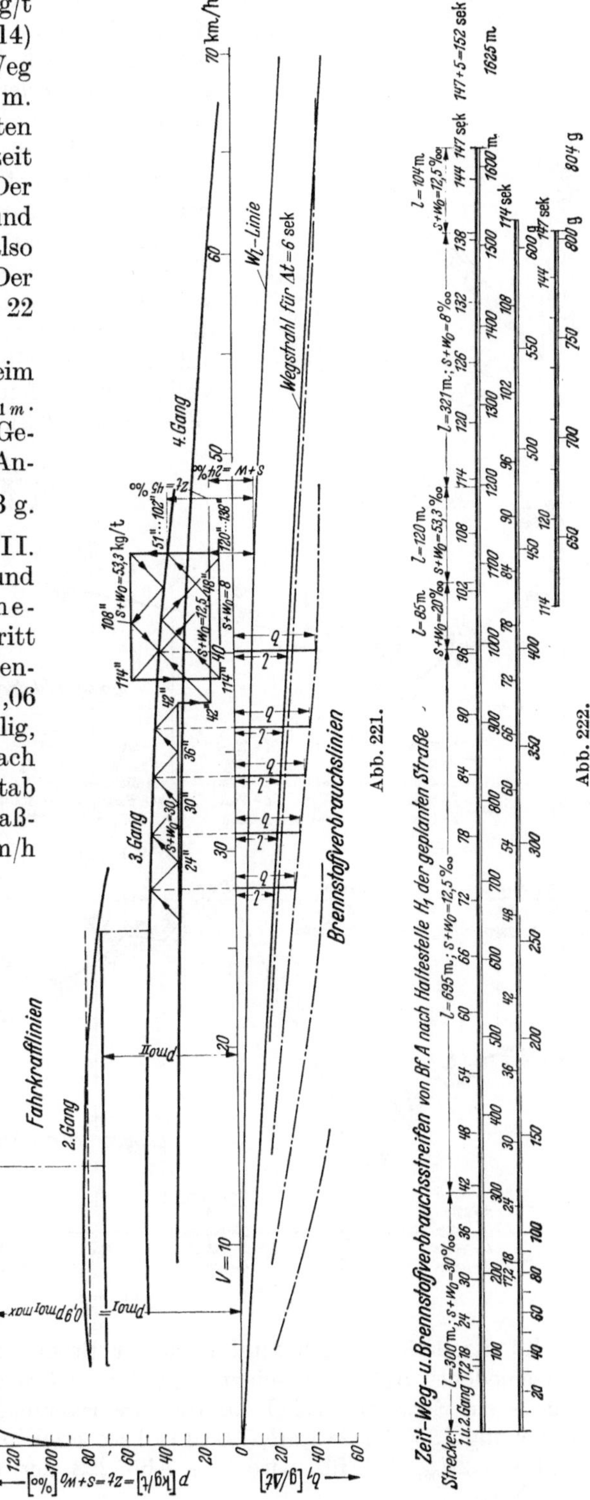

stoffverbrauch der Anfahrt berechnet worden sind, werden jetzt für volle Fahrt mittels des rechtwinklig, gleichschenkligen Zeitdreiecks die Geschwindigkeiten für volle Fahrt in Abb. 221 auf Grund des Längenprofils und der Fahrbahnbefestigung nach Abb. 224 ermittelt und in ihrer Zeitfolge numeriert. Sodann wird der Wegstrahl gezeichnet: bei $V = 60$ km/h werden in 6 sec $= 0,1$ min 100 m zurückgelegt, die im Längenmaßstab durch 4 cm dargestellt werden. Diese Strecke setzt man in $V = 60$ km/h unter der V-Achse ab und erhält durch Verbindung mit $V = 0$ den Wegstrahl. Unter den Dreieckspitzen werden nun die Ordinaten des Wegstrahles und der Brennstoffverbrauchslinien abgegriffen und auf den Fahrzeitstreifen bzw. dem Brennstoffverbrauchsstreifen aneinandergereiht und beziffert (Abb. 222).

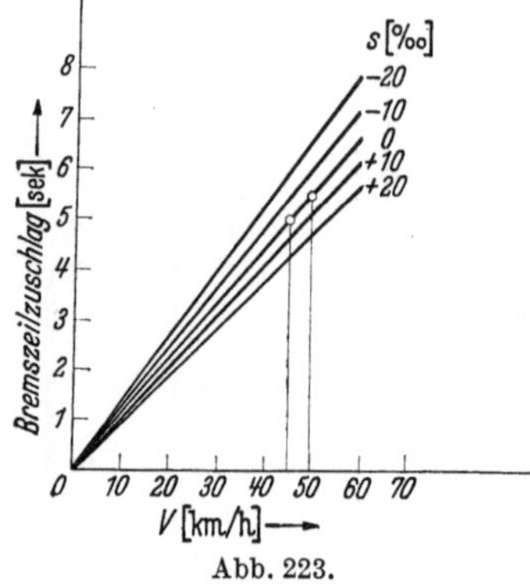

Abb. 223.

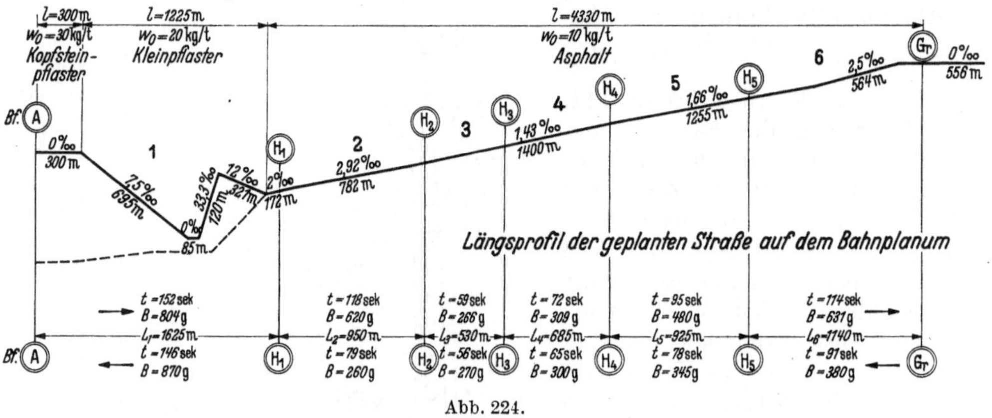

Abb. 224.

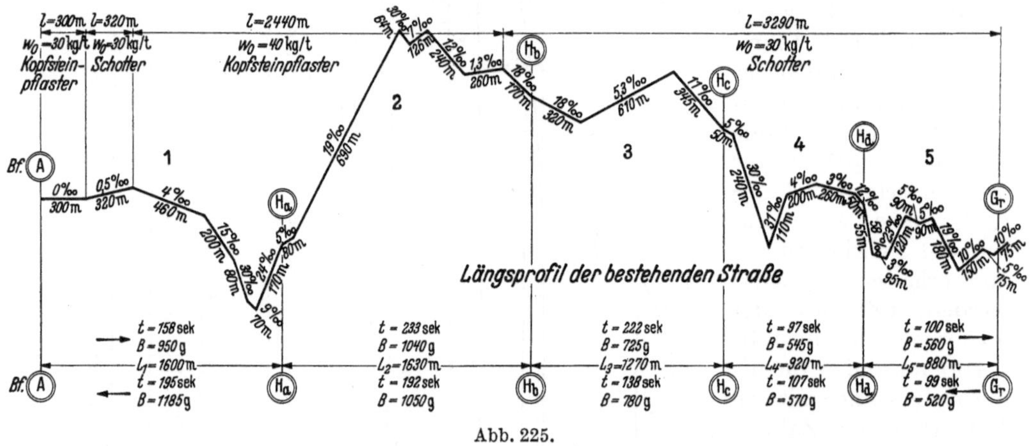

Abb. 225.

Zu den Fahrzeiten kommt noch der Bremszeitzuschlag. Um diesen für die verschiedenen Abbremsgeschwindigkeiten und Streckenneigungen $s^0/_{00}$ abzulesen, wurde ein Strahlenbüschel für die Bremsverzögerung $b_r = 1,25$ m/s² nach der Gleichung $\Delta t_b = V : [2 \cdot 3,6 (b_r \mp 0,01 \cdot s)]$ sec gezeichnet. Im Beispiel ist $V = 45$ km/h und $s = 2^0/_{00}$. Hierfür wird aus Abb. 223 der Bremszeitzuschlag $\Delta t_b = 5$ sec abgelesen.

Es ist noch der gedrosselte Brennstoffverbrauch von der Fahrt von der 51. bis 102. sec für $s + w_0 = 12{,}5^0/_{00}$ und von der 126. bis 138. sec für $s + w_0 = 8^0/_{00}$ zu ermitteln. Die Geschwindigkeit ist in beiden Fällen $V = 45$ km/h. Es ist für $s + w_0 = 12{,}5^0/_{00}$ der Fahrwiderstand $s + w_0 + w_l = s + w = 24$ kg/t und die Zugkraft $z_t = 45$ kg/t (Abb. 221).

Dann ist die Motorbelastung $e = (s + w_0 + w_l) : z_t = 24 : 45 = 0{,}53$. Hierfür wird in der Abb. 220 der Drosselwert $e \cdot d = 0{,}61$ abgelesen. Für $V = 45$ km/h ist ungedrosselt $b_1 = 45$ g/Δt. Der gedrosselte Brennstoffverbrauch je $\Delta t = 6$ sec ist dann $0{,}61 \cdot 45 = 27{,}5$ g. Dieser Wert für die Zeit von der 51. bis 102. sec und ebenso der entsprechende Wert für die Fahrzeit von der 126. bis 138. sec wurden in den Brennstoffstreifen eingetragen.

In derselben Weise wurde der Fahrzeit- und Brennstoffverbrauch für die Fahrt über die bestehende Straße nach Längenprofil (Abb. 225) ermittelt.

B. Kostenvergleich zweier Autobuslinien.

Die Ermittlung der Verbrauchswerte eines Autobusses soll als Grundlage für den wirtschaftlichen Vergleich zweier Autobuslinien dienen.

Um dem stark besiedelten Gebiet seitlich einer Eisenbahnlinie eine bequeme und günstige Verbindung mit Anschluß an die Züge auf Bahnhof A zu schaffen, soll eine Autobuslinie eingerichtet werden. Für diese bestehen zwei Möglichkeiten:

1. Die Autobuslinie benutzt die vorhandene 6,35 km lange Straße nach dem Längenprofil (Abb. 225), die mit einer schlechten Straßenbefestigung versehen ist.

2. Es kann das vorhandene Planum einer wegen Unwirtschaftlichkeit stillgelegten, der Personenbeförderung dienenden Bahn (Abb. 224) mit einer Asphaltdecke versehen und für die Autobuslinie benutzt werden. Zwischen Bahnhof A und der Haltestelle besteht nach dem Längenprofil (Abb. 224) eine Verbindungsstraße. Die Gesamtlänge dieser Linie ist 5,86 km.

Fahrzeiten und Brennstoffverbrauch auf beiden Straßen.
(Vgl. die Angaben in den beiden Längsprofilen Abb. 224 und 225.)

	Geplante Straße		Vorhandene Straße	
	sec	g	sec	g
1. Von Bf. A nach G_r:				
Streckenfahrzeit und Brennstoff.	610	3110	810	3820
Haltezeiten, je Person 1,3 sec zum Ein- und				
Aussteigen $75 \cdot 1{,}3 = 100$ sec . . . . =	100	50[1]	100	50[1]
$\Sigma =$	710	3160	910	3870
10% Zuschlag für Unregelmäßigkeit	71	316	91	387
	781	3476	1001	4257
=	13 min		17 min	
2. Von G_r nach Bf. A:				
Streckenfahrzeit und Brennstoff.	515	2425	731	4105
Haltezeiten sowie Brennstoff	100	50	100	50
10% Zuschlag.	62	248	83	416
	677	2723	914	4571
=	12 min		16 min	
Für eine Rundfahrt	25 ,,	6,2 kg	33 ,,	8,9 kg

Zur Bewältigung des Verkehrs nach einem Fahrplanentwurf sind zwei Autobusse wie im vorigen angegeben und ein Reservewagen notwendig. Es sollen 31 Rundfahrten

---

[1] Brennstoff für Haltezeiten 50 g.

am Tage ausgeführt werden. Auf der längsten Linie mit 6,5 km ist die Rundfahrt $2 \cdot 6{,}5 = 13$ km und die Tagesleistung $31 \cdot 13 = 403$ km. Die Jahresleistung ist $403 \cdot 365 = 148000$ km. Bei drei Fahrzeugen fährt jedes im Jahre 50000 km.

Anlagekapital.

1. Kosten für 3 Fahrzeuge je 55000,— RM. . . . . 165000,— RM.
2. Betriebsbahnhof, für 3 Fahrzeuge je 4000,— RM. . . . . 12000,— „
3. Werkstatt, Ersatzteillager, Tankanlage. Größere
   Reparaturen werden in Auftrag gegeben . . . . 9000,— „
4. Sonstiges . . . . 3000,— „

189000,— RM.

Jahreskosten.

	Vorhandene Straße	Geplante Straße
1. Zinsen (Zinssatz $z = 5\%$) $\dfrac{K_n \cdot z}{2 \cdot 100} = \dfrac{189000 \cdot 5}{2 \cdot 100}$ (vgl. S. 366)	4725,— RM.	4725,— RM.
2. Abschreibung der Fahrzeuge ohne Bereifung. Kosten eines Reifens 324,50 RM., Kosten eines Reifensatzes $6 \cdot 324{,}50 = 1950$,— RM., Fahrzeuge ohne Bereifung $3 \cdot (55000-1950)$, Lebensdauer bei 50000 km/ Jahr auf einer guten Straße 11 bis 12 Jahre, daher Abschreibesatz $q=9\%$, also $0{,}09 \cdot 3 \,(55000 - 1950)$. Auf einer schlechten Straße Lebensdauer 10 Jahre, $q = 10\%$, also $0{,}1 \cdot 3 \,(55000—1950)$.	15915,— „	14240,— „
3. Abschreibung der Werkstatt nebst Ausrüstung $q = 14\%$, also $0{,}14 \cdot 9000$	1260,— „	1260,— „
4. Abschreibung des Betriebsbahnhofs $q = 3\%$, also $0{,}03 \cdot 12000$.	360,— „	360,— „
5. Haftpflicht $2{,}25 \cdot 590$ das Reservefahrzeug kostet nur 25% des vollen Versicherungssatzes von je	1328,— „	1328,— „
6. Vollkasko $2{,}25 \cdot 590$ 590 RM.	1328,— „	1328,— „
7. Steuern $3 \cdot 325$ (Steuersatz 325,— RM.)	975,— „	975,— „
8. Verwaltungskosten und sonstige Handlungskosten	8000,— „	8000,— „
9. Personalkosten (s. unten)	13500,— „	13500,— „
10. Sonstiges	1409,— „	1584,— „
Jahreskosten für die neue Straße		47300,— RM.
Jahreskosten für die alte Straße	48800,— RM.	

Berechnung der Personalkosten.

Betriebszeit der Autobusse einschließlich der durch den Fahrplan bedingten Pausen:

Autobus I: 4^{39} bis $13^{12} = 8^{33}$ Std. (1 Schicht)

16^{06} „ $24^{06} = 8^{00}$ „   (1   „   )

Autobus II: 5^{49} „ $18^{56} = 13^{07}$ „   (2 Schichten)

29^{40} Std. $+ 4$mal je 35 min

für Vorbereitungs- und Abschlußzeit ergibt für die Fahrer eine Betriebszeit von 32 Std. Bei 8 Std. Arbeitszeit je Tag und Fahrer sind 5 Fahrer erforderlich mit Rücksicht auf den Ausfall durch die freien Tage der Woche, Urlaub, Krankheiten sowie durch Reparaturen und Reinigen der Fahrzeuge. Daher ist die Arbeitszeit eines Fahrers 48 Std. je Woche. Fahrerlohn 0,9 RM./Std. $+ 15\%$ für Sozialabgaben und 100 RM. im Jahr für Uniformen und Ausrüstung je Fahrer.

Personalkosten je Woche $0{,}9 \cdot 1{,}15 \cdot 5 \cdot 48 = 248$ RM.,

„   im Jahr $248 \cdot 52 + 5 \cdot 100 = 13500$ RM.

Kosten je Rundfahrt.

	Vorhandene Straße	Geplante Straße
1. Zeitkosten: 48800:(31 · 365) (bei 31 Fahrten tgl.)	4,30 RM.	
47300:(31 · 365)		4,18 RM.
2. Wegkosten: Umlaufstrecke rd. 13 km alte Straße		
12 „ neue „		
a) Reifenabnutzung bei 10% Zuschlag für Unterhaltung 1950 · 1,1:40000 = 0,05, bei 13 km . . .	0,65 RM.	
Nach 40000 = L_r km ist Reifen abgenutzt. Bei 12 km.		0,60 RM.
b) Überholung der Wagen nach 100000 km auf guter, nach 70000 km auf schlechter Straße einschließlich laufender Unterhaltung:		
0,14 RM./km auf guter Straße		1,68 „
0,18 „ „ schlechter Straße	2,34 „	
c) Schmier- und Putzmaterial 0,08 RM./km	0,11 „	0,10 „
d) Ölverbrauch 0,9 Liter/100 km, 1 Liter = 0,90 RM.	0,11 „	0,10 „
Wegkosten je Rundfahrt (a bis d)	3,21 RM.	2,48 RM.
3. Brennstoffkosten: 8,9 kg · 0,184 RM./kg	1,64 „	
6,2 „ · 0,184 „		1,14 „
Hierzu Zeitkosten.	4,30 RM.	4,18 RM.
Kosten je Rundfahrt	9,15 RM.	7,80 RM.
Wegkosten im Jahr 31 · 365 · 2,48		28000,— RM.
31 · 365 · 3,21	36300,— RM.	
Brennstoffkosten im Jahr	18600,— „	12900,— „
Jahreskosten (s. vorher).	48800,— „	47300,— „
Gesamtbetriebskosten im Jahr	104700,— RM.	88200,— RM.

Zum wirtschaftlichen Vergleich sind zu den Betriebskosten der geplanten Straße noch die Jahreskosten für den Straßenneubau hinzuzuzählen.

Straßenbaukosten.

Länge der Straße 5 km, Fahrbahnbreite 5,0 m, Ausbau der Decke und Befestigen des Planums einschließlich der sonstigen Kosten 12 RM./m²

5000 · 5 · 12 . . . . 300000,— RM.

Jahreskosten.

1. Verzinsung: 300000 · 5:2 · 100 . . . . 7500,— „
2. Abschreibung bei 25 Jahren Haltbarkeit 300000:25 . . . . 12000,— „
3. Unterhaltung. In den ersten 5 Jahren übernimmt die Baufirma die Unterhaltung, in den folgenden Jahren kostet sie 0,1 RM./m², also

5000 · 5 · 0,1 · 20:25 . . . . 2000,— „

Gesamtjahreskosten der Straße . . . . 21500,— RM.
Der Altwert des Deckenmaterials ist hierbei nicht in Abzug gebracht.
Autobusbetriebskosten (s. oben). . . . . 88200,— „
Kosten der geplanten Straße . . . . 21500,— „

Gesamtjahreskosten für Betrieb und Bau . . . . 109700,— RM.
Der Betrieb auf der alten Straße kostet im Jahr . . . . 104700,— „
Über die Ermittlung der Selbstkosten einer städtischen Autobuslinie vgl. S. 316.

IV. Anwendung der Fahrdynamik auf das Trassieren der Kraftfahrbahnen.

Die Linienführung einer Kraftfahrbahn ist so zu gestalten, daß die Bau- und Unterhaltungskosten der Straße sowie die Betriebskosten der Fahrzeuge möglichst gering werden.

Die Baukosten ändern sich mit den Erdmassen, den Bauwerken und der Länge der Straße, die Unterhaltungskosten mit der Fahrbahnlänge und die Betriebskosten der Fahrzeuge mit der Fahrzeit und dem Brennstoffverbrauch.

Sollen zwei Orte, die auf verschiedenen Höhen liegen, durch eine Straße verbunden werden, so ist eine geradlinige Verbindung die kürzeste. Aber deren Steigung kann so groß werden, daß sie für den Fahrbetrieb ungeeignet ist. Damit der Fahrbetrieb wirtschaftlich wird, ist die Steigung der Straße so zu bestimmen, daß bei ausgelastetem Fahrzeug und voller Ausnutzung der Motorleistung mit nicht zu kleiner Geschwindigkeit gefahren wird. Diese Geschwindigkeit ist gleichmäßig, wenn die Zugkraft am Triebradumfang Z_t kg gleich dem Steigungs-, Grund- und Luftwiderstand $G(s + w_0 + w_l)$ kg ist. Durch das Fahrgewicht G geteilt lautet die Gleichung $Z_t : G = s + w_0 + w_l$ kg/t oder der Steigungswiderstand ist $s = Z_t/G - w_0 - w_l$ kg/t [Gl. (1)]. Da aber s kg/t gleich der Steigung $s\,^0/_{00}$ ist, so ist durch die vorgenannte Gleichung eine Beziehung zwischen der Steigung der Straße, der Zugkraft, dem Fahrgewicht und dem Grund- und Luftwiderstand hergestellt. Die Beziehung der Steigung zur Fahrgeschwindigkeit V km/h liefert die Gleichung der Motorleistung $N_{mo} = Z_{mo} \cdot V : 270$ PS. Es ist Z_{mo} die Motorzugkraft. Da nämlich die Zugkraft am Triebradumfang $Z_t = \eta \cdot Z_{mo}$ ist, so kann man $Z_t = \eta \cdot 270 \cdot N_{mo} : V$ in Gl. (1) $s = Z_t/G - w_0 - w_l$ einsetzen und erhält die Steigung $s = \eta \cdot \dfrac{270 \cdot N_{mo}}{V \cdot G} - w_0 - w_l\,^0/_{00}$ [Gl. (2)], die den gegebenen Werten der Leistung, der Fahrgeschwindigkeit, des Fahrgewichts sowie des Grund- und Luftwiderstandes entspricht. Es ist η der Wirkungsgrad des Getriebes. Die Zugkraft am Triebradumfang je Tonne Fahrgewicht ist $z_t = \eta \cdot 270 \cdot N_{mo} : (V \cdot G)$ kg/t [Gl. (3)].

Die Motorleistung wird auf der ganzen Strecke gleichmäßig ausgenutzt, wenn letztere zwischen den beiden Orten mit der durchgehenden Steigung $s\,^0/_{00}$ trassiert wird. Die Länge der Straße ist dann $L = 1000\,h{:}s$ m, wobei h der Höhenunterschied der beiden Orte ist. Auf dieser Straße ist die Fahrzeit $T = 3{,}6 \cdot L : V$ sec und der Brennstoffverbrauch $B = T \cdot b_1$ g. Hierbei ist $b_1 = \dfrac{b \cdot N_{mo}}{3600}$ g/sec der Brennstoffverbrauch je sec bei ausgelastetem Motor und bei der Fahrgeschwindigkeit V.

Bei durchgehender Steigung sind aber in hügeligem Gelände die Dämme hoch, die Einschnitte tief und die Bauwerke groß. Die Baukosten der Straße werden daher bedeutend. Würde man die Straße dem Gelände anpassen, sie also aus starken und flachen Neigungen zusammensetzen, dann würden die Baukosten geringer werden. Wenn aber Steigungen größer als die Zugkraft z_t kg/t sind, wird eine Geschwindigkeitsverminderung eintreten (Anlaufsteigungen), die eine größere Fahrzeit und erhöhten Brennstoffverbrauch zur Folge hat. Dieser Mehrverbrauch an Zeit und Energie kann teilweise oder ganz auf einer anschließenden Beschleunigungsstrecke wieder ausgeglichen werden.

Sollen einerseits die Baukosten der Straße gering und andererseits die Fahrzeit und der Brennstoffverbrauch aber gegenüber der Fahrt auf durchgehender Steigung dieselben bleiben, so sind in einem sägeförmigen Längsprofil der Straße die Steigungen und Längen der Anlauframpen sowie der anschließenden Beschleunigungsstrecken so zu bemessen, daß der Betriebswert der Straße mit durchgehender Steigung erhalten bleibt[1].

Es soll bei dem sägeförmigen Profil die Geschwindigkeitsverminderung auf der Anlauframpe gleich der Geschwindigkeitszunahme auf der Beschleunigungsstrecke sein. Geschwindigkeitsänderungen sollen jedoch nur innerhalb desselben Ganges vor sich gehen, denn ein Umschalten auf den nächst schnelleren Gang ist auf starken Steigungen unerwünscht. Das Umschalten auf den schnelleren Gang kann nur dann erfolgen,

---

[1] Vgl. Warning: Verkehrstechnik 1938 Nr. 11/12.

wenn sich die Motorzugkraft des Ganges, mit dem gefahren wird, mit der des nächst schnelleren über einen kleinen Geschwindigkeitsbereich überdeckt. Da aber beim Umschalten die Motorzugkraft abgestellt ist, so kann der allein wirkende starke Steigungs-, Grund- und Luftwiderstand die Geschwindigkeit so stark ver-

zögern, daß während des Schaltens bereits der Überdeckungsbereich der Zugkraftlinien wieder verlassen ist.

Die Anlaufsteigung darf nur so groß sein, daß ein Fahrzeug, das auf ihr zum Halten gekommen ist, wieder anfahren kann.

Da die Zugkraftlinien während eines Ganges flach verlaufen (Abb. 226), so kann bei einer Geschwindigkeitsänderung δV die Zugkraft konstant angenommen werden. Es sei V_a' die Geschwindigkeit am Fuß der An-

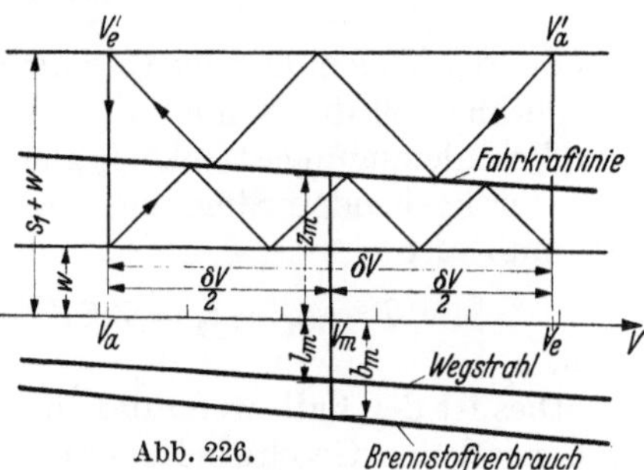

Abb. 226.

lauframpe und V_e' die am anderen Ende. Auf der Anlauframpe ist $V_a' - V_e' = -\delta V$ eine Geschwindigkeitsabnahme und auf der Beschleunigungsstrecke ist $V_e - V_a = +\delta V$ eine Geschwindigkeitszunahme, wenn V_e und V_a die Geschwindigkeiten am Ende bzw. am Anfang der Beschleunigungsstrecke sind. Mit $V_e' = V_a$ und $V_a' = V_e$ ist die Geschwindigkeitsabnahme $-\delta V$ dem Absolutwerte nach gleich der Geschwindigkeitszunahme $+\delta V$. Auf dem Geschwindigkeitsbereich δV ist die **Verzögerungskraft** auf der Anlauframpe mit der Steigung $s_1\,^0/_{00}$ $p_1 = s_1 + w_0 + w_l - z_t$ kg/t und auf der **Beschleunigungsstrecke** mit der Steigung $s_2\,^0/_{00}$ ist die Beschleunigungskraft $p_2 = z_t - s_2 - w_0 - w_l$ kg/t. Bei gleich-bleibender Kraft p ist allgemein $p = \dfrac{m \cdot \delta V}{t \cdot 3{,}6} = \dfrac{1000 \cdot 1{,}06 \cdot \delta V}{g \cdot t \cdot 3{,}6} = \dfrac{30\,\delta V}{t}$ kg/t, und die Fahrzeit während der Geschwindigkeitsänderung δV ist $t = 30 \cdot \delta V : p$ sec. Diese **Zeit ist auf der Anlauframpe** $t_1 = 30 \cdot \delta V : (s_1 + w_0 + w_l - z_t)$ sec und auf der **Beschleunigungsstrecke** $t_2 = 30 \cdot \delta V : (z_t - s_2 - w_0 - w_l)$ sec. Der Luftwiderstand kann während der Geschwindigkeitsveränderung gleichbleibend eingesetzt werden.

Die **mittlere** Geschwindigkeit auf der Anlauframpe ist $V_m = (V_a' + V_e') : 2 = V_a' - \dfrac{\delta V}{2}$, der **Weg**, der auf der Anlauframpe während der Geschwindigkeitsveränderung δV in der Zeit t_1 zurückgelegt wird, ist $l_1 = V_m \cdot t_1 : 3{,}6$

$$= \frac{\left(V_a' - \dfrac{\delta V}{2}\right) \cdot \delta V \cdot 30}{3{,}6 \cdot (s_1 + w_0 + w_l - z_t)},$$ und auf der Beschleunigungsstrecke ist der Weg

$$l_2 = \frac{\left(V_a + \dfrac{\delta V}{2}\right) \delta V \cdot 30}{3{,}6\,(z_t - s_2 - w_0 - w_l)}$$ m. Es ist $V_a' - \dfrac{\delta V}{2} = V_a + \dfrac{\delta V}{2} = V_m$. Macht man die **Länge** der Anlauframpe und die der Beschleunigungsstrecke gleich den **Wegen** l_1 und l_2, so ist die **mittlere Neigung** der beiden anschließenden Strecken

$$s_m = (s_1 \cdot l_1 + s_2 \cdot l_2) : (l_1 + l_2)\,^0/_{00}.$$

Für die gleichen Werte V_m und δV in den Gleichungen für l_1 und l_2 ist

$$s_m = \frac{\dfrac{s_1}{s_1 + w_0 + w_l - z_t} + \dfrac{s_2}{z_t - w_0 - w_l - s_2}}{\dfrac{1}{s_1 + w_0 + w_l - z_t} + \dfrac{1}{z_t - w_0 - w_l - s_1}}\,{}^0/_{00}$$

$$s_m = \frac{s_1(z_t - w_0 - w_l - s_2) + s_2(s_1 + w_0 + w_l - z_t)}{z_t - w_0 - w_l - s_2 + s_1 + w_0 + w_l - z_t} = \frac{(z_t - w_0 - w_l)(s_1 - s_2)}{s_1 - s_2} = z_t - w_0 - w_l\,{}^0/_{00}.$$

Umgeformt ist $z_t = s_m + w_0 + w_l$. Es wird also auf der mittleren Steigung s_m gleichförmig gefahren. Ist $z_t = \eta \cdot N_{mo} \cdot 270 : (G \cdot V)$, so ist die **mittlere** Steigung $s_m{}^0/_{00}$ gleich der vorher berechneten **durchgehenden** Steigung

$$s = \eta \cdot N_{mo} \cdot 270 : (G \cdot V) - w_0 - w_l{}^0/_{00},$$

auf der der Wagen mit der Geschwindigkeit V fährt. Nach der eingangs gestellten Forderung soll die Summe der Fahrzeiten t_1 und t_2 auf der Anlauframpe l_1 und der Beschleunigungsstrecke l_2 gleich der Fahrzeit T auf der Strecke $l_1 + l_2$ mit der durchgehenden Steigung s sein, die ja auch nach vorigem gleich $s_m{}^0/_{00}$ ist. Es muß also

$$T = t_1 + t_2 = 3{,}6\,(l_1 + l_2) : V = 3{,}6\,(l_1 + l_2) : \left(V_a' - \frac{\delta V}{2}\right)$$

sein.

Dies ist der Fall, wenn das für die durchgehende Steigung ermittelte V gleich den mittleren Geschwindigkeiten V_m auf der Anlauframpe und der Beschleunigungsstrecke, also $V = V_m = V_a' - \dfrac{\delta V}{2} = V_a + \dfrac{\delta V}{2}$ ist. Letztere wird in der Mitte der beiden Strecken erreicht. Da V_a' die Anfangsgeschwindigkeit auf der Strecke l_1 ist, so muß der Übergang von der durchgehenden Steigung $s^0/_{00}$ auf die Anlauframpe $(s_1{}^0/_{00}, l_1)$ in deren Mitte liegen, wo $V_m = V'_a - \dfrac{\delta V}{2}$ ist. Beim Übergang von der durchgehenden Steigung zum sägeförmigen Profil ist also die Anlauframpe nur $l_1 : 2$ lang zu machen. Ebenso ist am anderen Ende des sägeförmigen Profils die Beschleunigungsstrecke auf $l_2 : 2$ zu verkürzen, wenn diese auf die durchgehende Steigung übergeht. Die zwischenliegenden Zähne des Sägeprofils haben die vollen Längen l_1 und l_2. Ist die mittlere Geschwindigkeit auf **allen** Zahnstrecken $V_m = V$ auf der durchgehenden Steigung, und ist die Geschwindigkeitsänderung δV ebenfalls auf allen Zahnstrecken konstant, so ist in der Gleichung

$$l = \left(V_a' - \frac{\delta V}{2}\right) \cdot \delta V \cdot 30 : (3{,}6 \cdot p)$$

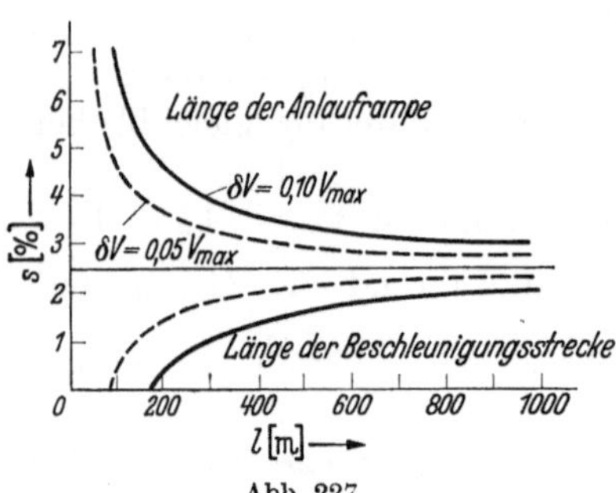

Abb. 227.

der **Zähler konstant**, d. h. bei den einzelnen Zahnstrecken ändern sich deren Längen mit den zugehörigen Steigungen **hyperbolisch**. Diese Beziehung ist in Abb. 227 dargestellt.

Ist die mittlere Geschwindigkeit auf den einzelnen Zahnstrecken V gleich der gleichmäßigen Geschwindigkeit auf der durchgehenden Steigung, und wird die Zugkraft innerhalb desselben Ganges konstant angenommen, so ändert sich beim Sägeprofil auch der **Brennstoffverbrauch** nicht.

Beispiel. Für den Höhenunterschied h zweier Orte von der Entfernung L ist die durchgehende Steigung $s = 1000\,h : L$ . . . $= 25^0/_{00}$
Der Grund- und Luftwiderstand ist $w_0 + w_l$ . . . . $= 16^0/_{00}$

$s + w_0 + w_l$ . . . . $= 41^0/_{00}$

Bei gleichmäßiger Geschwindigkeit muß $z_t = s + w_0 + w_l$ auch $= 41^0/_{00}$ sein. Aus der Motorleistung ergibt sich $z_t = \eta \cdot 270 \cdot N_{mo} : (V \cdot G) = 0{,}835 \cdot 270 \cdot 133$ $: (56{,}6 \cdot 12{,}6) = 41^0/_{00}$ wie vor. Hier ist $G = 12{,}6$ t das Fahrgewicht eines Autobahnomnibusses, dessen Motorleistung $N_{mo} = 133$ PS bei der Drehzahl $n = 1260$ Umdrehungen je min ist (Abb. 228). Dieser entspricht die Geschwindigkeit $V = 0{,}06 \cdot \pi \cdot D \cdot u_1 \cdot u_2 \cdot n = 0{,}06 \cdot \pi \cdot 1{,}146 \cdot 1 \cdot 1260 : 4{,}75 = 56{,}6$ km/h. Es

ist $D = 1{,}146$ m der Triebraddurchmesser, $u_1 = 1{:}1$ die Untersetzung beim direkten Gang und $u_2 = 1{:}4{,}75$ die Hinterachsenuntersetzung. Ferner ist $\eta = 0{,}835$ der Getriebewirkungsgrad. Querschnitt des Wagens $F = 5{,}6$ m², Luftwiderstandszahl $c = 0{,}3$.

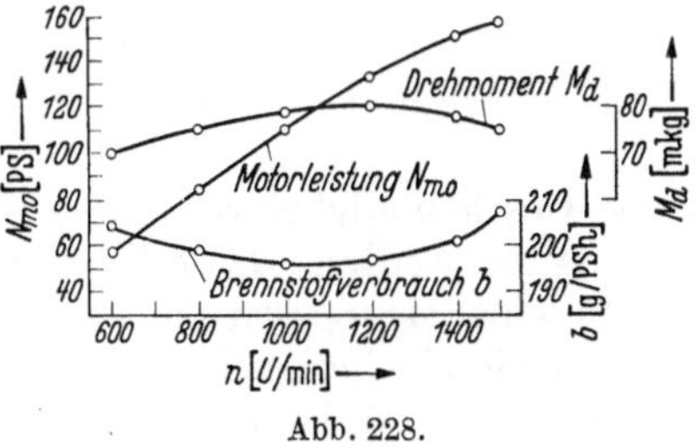

Abb. 228.

Die höchste Dauergeschwindigkeit $V_{\max}$ des Omnibusses, die 10 bis 15% geringer als die für die höchste Drehzahl ist, ist $V_{\max} = 0{,}9 \cdot 97{,}5 = 88$ km/h. Wählt man die Geschwindigkeitsänderung $\delta V = 0{,}1\, V_{\max} = 8{,}8$ km/h, so ist $V'_a = V_m + \dfrac{\delta V}{2} = 56{,}6 + 4{,}4 = 61$ km/h am Fuße der Anlauframpe und $V'_c = 56{,}6 - 4{,}4 = 52{,}2$ km/h am Kopfe der Anlauframpe. Für verschiedene Neigungen der Anlauframpe und der Beschleunigungsstrecken sind mit den Verzögerungskräften $p_1 = s_1 - w_0 - w_l - z_t$ und mit den Beschleunigungskräften $p_2 = z_t - s_2 - w_0 - w_l$ kg/t die Fahrzeiten t_1 und weiterhin die Längen l_1 und l_2 nachstehend zusammengestellt (vgl. auch Abb. 227).

Zahlentafel 47.

	Beschleunigungsstrecke				Verzögerungsstrecke			
$s\,^0/_{00}$	$+\ 0$	$+10$	$+20$	$+25$	$+30$	$+40$	$+50$	$+60$
$w_0 + w_l\,^0/_{00}$	16	16	16	16	16	16	16	16
$s + w_0 + w_l\,^0/_{00}$ . .	$+16$	$+26$	$+36$	$+41$	$+46$	$+56$	$+66$	$+76$
$z_t - (s + w_0 + w_l)\,^0/_{00}$	$+25$	$+15$	$+\ 5$	0	$-\ 5$	-15	-25	-35
t sec	10,6	17,6	52,8	∞	52,8	17,6	10,6	7,5
l m	166	277	831	∞	831	277	166	119

Man sieht hieraus, daß man durch die Wahl der verschiedenen Steigungen und Längen die Straße in beliebiger Weise jeder Geländegestaltung anpassen kann. Sollen kleinere Höhenunterschiede überwunden werden oder soll z. B. genügend Höhe zur Überführung der Kraftfahrbahn über einen anderen Verkehrsweg gewonnen werden, so kann man für diese Rampe die Steigung wählen, die sich am besten dem Gelände anschmiegt. Die Neigung der Anlauframpe hat in diesem Falle nach Vergleichsrechnungen kaum einen Einfluß auf die Fahrzeit und den Brennstoffverbrauch.

Die verschiedenen Fahrzeugtypen haben verschiedene Motorleistungen, Umdrehungen und Untersetzungen. Damit ist auch die Zugkraft verschieden. Ein gleichwertiges Längenprofil für alle Typen zu finden, ist unmöglich. Hat ein Kraftwagen z. B. eine größere Zugkraft z_t kg/t als das Fahrzeug, das der Berechnung des Sägeprofils zugrunde gelegt ist, so ist die Geschwindigkeitsermäßigung auf der Anlauframpe kleiner und die Durchschnittsgeschwindigkeit daher größer. Für dieselbe Anlauframpe kann man die Geschwindigkeitsänderung δV_2 eines anderen Wagentyps berechnen. Ist nämlich für den der Berechnung zugrunde gelegte Wagentyp die Geschwindigkeit am Fuße der Rampe $V'_{a\,1}$ sowie δV_1 bekannt und ebenso die Geschwindigkeit $V'_{a\,2}$ am Rampenfuß für den anderen Wagentyp, so ist bei den gegebenen Zugkräften $z_{t\,1}$ und $z_{t\,2}$ kg/t der beiden Wagentypen für die bestehende Anlauframpe mit der Länge l_1 und der Steigung $s_1\,^0/_{00}$

$$l_1 = \frac{\left(V'_{a1} - \dfrac{\delta V_1}{2}\right) \cdot \delta V_1 \cdot 30}{3{,}6\,(s_1 + w_0 + w_l - z_{l1})} = \frac{\left(V'_{a2} - \dfrac{\delta V_2}{2}\right) \delta V_2 \cdot 30}{3{,}6\,(s_1 + w_0 + w_l - z_{l2})}\,,$$

$$\delta V_2 = V'_{a1} - \sqrt{(\delta V_1^2 - 2\,V'_{a1} \cdot \delta V_1)\frac{(s_1 + w_0 + w_l - z_{l1})}{(s_1 + w_0 + w_l - z_{l2})} + V'^2_{a2}}\ \mathrm{km/h}\,.$$

Diese Geschwindigkeitsänderung δV_2 soll auch auf der Beschleunigungsstrecke beibehalten werden. Ist $\delta V_2 < \delta V_1$, so wird $V_a + \delta V_2$ schon vor dem Ende der Beschleunigungsstrecke erreicht und auf der Reststrecke wird mit gleichmäßiger Geschwindigkeit $V_a + \delta V_2$ gefahren. Ist $\delta V_2 > \delta V_1$, so wird auf der Strecke l_2 der Wert δV_2 gar nicht erreicht.

Mit der Änderung von δV_2 tritt auch eine andere Fahrzeit ein. Nach den vorherigen Ausführungen kann man für den anderen Wagentyp die Fahrzeiten t'_2 und t'_1 auf der Beschleunigungs- und Verzögerungsstrecke berechnen und den Unterschied gegenüber der Fahrt mit dem Normaltyp ermitteln. Meist sind diese Fahrzeitunterschiede gering.

Würde man für jede Entwurfsklasse der Kraftfahrbahnen die Geschwindigkeit und die mittlere Zugkraft je Tonne Fahrgewicht angeben, so wäre durch die vorbeschriebene Berechnungsweise dem Straßenbauer die Möglichkeit gegeben, durch ein sägeförmiges Längenprofil eine in Bau und Betrieb wirtschaftliche und leistungsfähige Straße in das Gelände einzufügen.

Fahrdynamik der Binnenschiffahrt.

A. Einleitung.

Im Vergleich zu den Schienen- und Straßenfahrzeugen bewegen sich die Schiffe auf natürlichen Wasserstraßen und auf Kanälen nur mit geringen Geschwindigkeiten. Die größeren Geschwindigkeiten der Landfahrzeuge bedingen aus Sicherheitsgründen größere Abstände voneinander. Dagegen brauchen diese Abstände auf den Wasserstraßen nur klein zu sein. Dadurch kann der Nachteil, der für die Gesamtförderleistung einer Wasserstraße in der geringen Geschwindigkeit der Wasserfahrzeuge liegt, ausgeglichen werden.

Wegen der geringen Geschwindigkeiten liegen fahrdynamisch die Verhältnisse bei der Binnenschiffahrt bedeutend einfacher als bei den Eisenbahnen und Straßen. Man kann deshalb, abgesehen von der Ermittlung der Voreilbewegung eines treibenden Kahns (S. 404), im allgemeinen bei der Fahrzeitermittlung der Schiffe gleichmäßige Geschwindigkeit voraussetzen. Ferner ist von Zuschlägen für Anfahren und Bremsen abzusehen. Auch die Ermittlung des Energieverbrauchs ist bei der gleichmäßigen Geschwindigkeit einfach. Die erforderliche Zugkraft ist bei gleichförmiger Bewegung durch den Fahrwiderstand der Schiffe und durch das Spiegelgefälle des Wassers bestimmt.

B. Der Fahrwiderstand der Schiffe.

Der Fahrwiderstand der Schiffe entsteht durch die Reibung zwischen Wasser und Schiffshaut. Er ist abhängig von der Geschwindigkeit des Schiffes gegen das Wasser, von der Größe der benetzten Oberfläche des Schiffes sowie von der Schiffsform, durch die die Wellen- und Wirbelbildung beeinflußt wird. Der Fahrwiderstand der Schiffe, der im Totwasser anders als im strömenden Wasser ist, wird durch Versuche ermittelt. Die Ergebnisse dieser Versuche sind durch Formeln ausgedrückt, von denen die gebräuchlichsten nachstehend aufgeführt werden sollen.

Bei der Binnenschiffahrt kann von dem Windwiderstand abgesehen werden.

1. Kanalschiffe in Totwasser.

Nach der Formel von Gebers ist der Fahrwiderstand der Kanalschiffe

$$W = (k \cdot f_k + \lambda \cdot O)\, v_{re}^{2,25}\ \text{kg.}$$

Wird die Wassertiefe unter dem Schiff infolge der Eintauchung durch die Beladung kleiner als 1 m, dann wird für eiserne, unverbeulte, gut gestrichene Böden

$$W = (k \cdot f_k + \lambda \cdot O_S + \lambda_B \cdot O_B)\, v_{re}^{2,25}\ \text{kg.}$$

Für schlechte Eisenböden und für abgenutzte Holzböden macht sich die Einwirkung der Kanalsohle schon bedeutend früher bemerkbar. Es ist $v_{re} = v_k + v_r$.

In diesen Formeln und in der Abb. 229 bezeichnet

$F =$ den Kanalquerschnitt in m^2,

$B =$ die Wasserspiegelbreite in m,

$f_s =$ den Querschnitt der Absenkung (Wasser $+$ Schiff) während der Fahrt in m^2,

$\Delta h =$ die Tiefe der Absenkung in m,

$l =$ die Länge des Schiffes zwischen den Loten in m,

$b =$ die größte Breite des Schiffes in m,

$t =$ den Tiefgang des Schiffes in m,

$f_k = 0{,}98 \cdot b \cdot t$ die Hauptspantenfläche des Kanalschiffes,

$O = 0{,}85 \cdot l(b + 2t)$ die benetzte Oberfläche in m^2,

$O_B =$ die benetzte Oberfläche des Bodens in m^2.

Für scharfe Schiffe ist $O_B = 0{,}7 \cdot l \cdot b$ m^2,

für stumpfe Schiffe ist $O_B = 0{,}8 \cdot l \cdot b$ m^2.

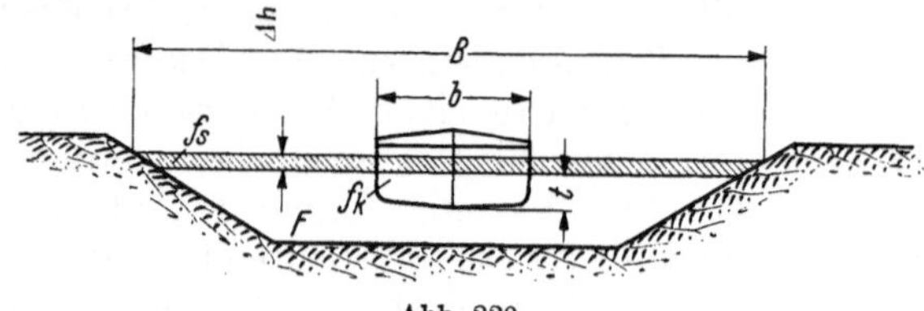

Abb. 229.

$O_S = O - O_B$ die benetzte Oberfläche der Seiten des Kahnes,

$v_k =$ die Fahrgeschwindigkeit des Kahnes in bezug auf das Ufer in m/s,

$v_r =$ die mittlere Rückströmgeschwindigkeit des Wassers in m/s,

$v_{re} =$ die Relativgeschwindigkeit gegen das Wasser an den Seiten,

$W =$ der Schiffswiderstand in kg,

$k =$ den Beiwert des Formwiderstandes,

$k = 1{,}7$ für scharfe Schiffe (Passagierdampfer, scharf gebaute Leichter, oft auch leere Kähne),

$k = 3{,}5$ für stumpfe Kähne (beladene Kanalkähne),

$\lambda =$ den Beiwert der Reibung und Wirbelbildung, abhängig von der Rauhigkeit der Oberfläche und der Wassertiefe unter dem Schiffsboden,

$\lambda_B =$ den Beiwert für den Boden,

$\lambda = 0{,}14$ für eiserne Schiffe mit gutem Anstrich, für hölzerne Schiffe mit rauhem Boden kann der Wert von λ auf das Zweifache und mehr anwachsen.

Wassertiefe unter dem Schiffsboden	λ_B
1 m	0,14
0,75 ,,	0,185
0,5 ,,	0,258
0,25 ,,	0,35

Diese Werte gelten für den guten, eisernen Boden mit glattem Anstrich und wachsen mit zunehmender Rauhigkeit. Für hölzerne sehr rauhe Böden ist der doppelte Wert λ_B zu wählen.

Mit obigen Werten kann man die Fahrwiderstände W berechnen, wenn außerdem noch die mittlere Rückströmgeschwindigkeit v_r nach folgendem ermittelt worden ist.

In Kanälen erzeugt die seitlich des Schiffes verstärkte Rückströmgeschwindigkeit und die daraus entstehende Wasserspiegelabsenkung einen zusätzlichen Widerstand. Dem Schiff eilt nämlich eine erhöhte Stauwelle voraus, die die Rückströmgeschwindigkeit zwischen Ufer und Schiff beträchtlich vermehrt, so daß die nötige Wassermenge nach dem hinten freiwerdenden Raum zurückbefördert wird. Die Folge ist eine vermehrte Wasserspiegelabsenkung neben dem Schiff, die $\Delta h = [(v_k + v_r)^2 - v_k^2] : 2\,g$ m ist. Die Rückströmgeschwindigkeit wird nach Gebers aus der Kahngeschwindigkeit v_k, dem Kahnquerschnitt f_k und dem

Kanalquerschnitt F berechnet. Es ist $v_r = v_k \cdot f_k : (F - f_k) = v_k : (n - 1)$ m/s, falls $n = F : f_k$ ist.

2. Schiffe im strömenden Wasser.

Im Band II S. 210 Binnenschiffahrt von Teubert teilt Gebers für den Fahrwiderstand im strömenden Wasser die Formel

$$W = (k \cdot f_k + \lambda \cdot O_S + \lambda_B \cdot O_B)\left(v_k + \frac{v_k}{n-1} \pm v_w\right)^{2,25} \text{kg}$$

mit, oder es ist

$$W = (k \cdot f_k + \lambda \cdot O_S + \lambda_B \cdot O_B) \cdot \left(\frac{n \cdot v_k}{n-1} \pm v_w\right)^{2,25} \text{kg}.$$

Alle Erfahrungsbeiwerte sind genau so groß wie bei Kanälen. Bei Strömen ist die Relativgeschwindigkeit gegen das Wasser an den Seiten $v_{re} = v_k + v_r \pm v_w$ eingesetzt und mit $v_r = v_k : (n - 1)$ ist $v_{re} = \dfrac{n \cdot v_k}{n-1} \pm v_w$ m/s. Es ist v_w die Geschwindigkeit der Strömung.

Bei Bergfahrt gilt das Pluszeichen, bei Talfahrt das Minuszeichen.

Als Fahrwiderstand für Rhein- und Donaukähne gibt Strickler[1] in weitem Fahrwasser an

$$W = C \cdot V \left(\frac{l}{t}\right)^{\frac{2}{3}} \cdot \left(\frac{n \cdot v_k}{n-1} \pm v_w\right)^{2} \text{kg}.$$

Es ist $C = 0{,}016$ für eiserne Böden und $C = 0{,}0245$ für hölzerne Böden. $V = \delta \cdot l \cdot b \cdot t = G$ ist die Verdrängung.

$\delta = 0{,}75$ bis $0{,}95$ ist der Völligkeitsgrad für Kähne,

$\delta = 0{,}32$ bis $0{,}5$ derjenige für Schlepper.

Bisher ist nur der Widerstand einzelner Schiffe und Kähne, aber nicht der mehrerer Kähne, die im Schleppzug hintereinander fahren, behandelt worden.

Da bei mehreren hintereinander fahrenden Kähnen der hintere im Nachstrom des ersteren fährt, so ist es erklärlich, wenn er einen um so kleineren Widerstand erhält, je näher er hinter dem vorfahrenden Kahn liegt. Abb. 230 zeigt die Anordnung von Schleppversuchen mit vier

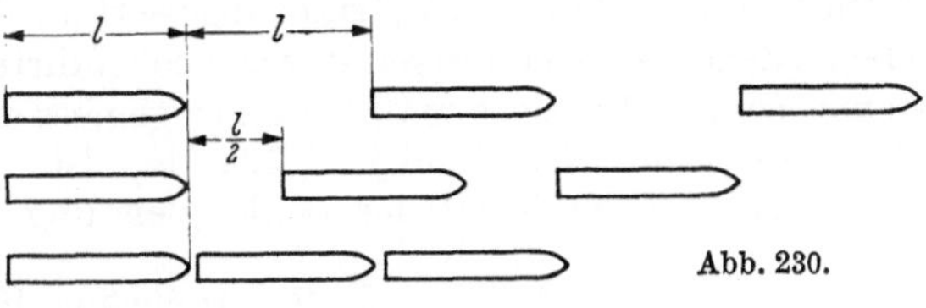

Abb. 230.

Rheinkahnmodellen in der Hamburgischen Schiffbauversuchsanstalt. Bei einem Kahnzwischenraum von einer bis einer halben Kahnlänge ist der Widerstand des Schleppzuges 3,3 mal so groß wie der eines einzelnen Kahnes. Bei dichter Koppelung ist er nur 2.75 mal so groß.

3. Die Schwerkraftskomponente.

Bei der Fahrt auf Strömen tritt zu dem Fahrwiderstand W noch die Schwerkraftskomponente $K = G \cdot \sin\alpha = G \cdot \mathrm{tg}\,\alpha = G \cdot s$ kg. Es ist $\mathrm{tg}\,\alpha = s^0/_{00}$ die Neigung des Spiegelgefälles.

4. Die Zugkraft und die Leistung eines Schleppers.

Es muß der größte nutzbare Trossenzug des Schleppers $Z = W + K$ dem Fahrwiderstand $+$ der Schwerkraftskomponente sein. Der Trossenzug ist entweder gegeben oder wird aus dem Schraubenzug S des Schleppers, den letzterer bei einer gegebenen Geschwindigkeit V hergeben kann, nach der Gleichung $Z = (1 - t)S - W_s$ kg berechnet. Hier ist t die Sogziffer. Nach Versuchen für

---

[1] Strickler: Mitteilungen des Amtes für Wasserwirtschaft. Bern 1924.

Kanalschlepper ist $t = 0,1$. Der Schraubenzug wird also durch den Sog, den der Propeller beim Arbeiten hinter dem Schlepper ausübt, vermindert. W_s ist der Fahrwiderstand des Schleppers, der nach einer der vorgenannten Formeln berechnet werden kann.

Ist nicht der Schraubenzug, sondern die indizierte Leistung der Maschine des Schleppers N_i PS gegeben, so ist die Nutzleistung der Maschine $N_n = \eta \cdot N_i$ PS. Es ist η der Wirkungsgrad. In Kanälen ist $\eta = 0,2$ bis $0,3$. Der Wirkungsgrad nimmt mit der Größe der geschleppten Last ab. Der größere Wert gilt für leere Kähne.

Die Schleppleistung des Schleppzuges darf höchstens gleich N_n sein. Es ist die Schleppleistung

$$(\textstyle\sum W_k \pm n \cdot K_k + W_s \pm K_s) \cdot v_k + v_r \pm v_w : 75 \text{ PS.}$$

Hier ist $\sum W_k$ der Fahrwiderstand der Kähne, W_s der des Schleppers, K_k die Schwerkraftskomponente der Kähne und K_s die des Schleppers, n ist die Anzahl der Kähne.

Die Relativgeschwindigkeit des Schiffes gegen das Wasser an den Seiten ist $v_{re} = v_k + v_r \pm v_w$ m/s. Es gilt $+$ für Bergfahrt, $-$ für Talfahrt. Die Relativgeschwindigkeit ermittelt man aus der Gleichung

$$\textstyle\sum W_k = n \cdot K_k\,.$$

Bei $N_n = (\sum W_k \pm n \cdot K_k + W_s \pm K_s) \cdot (v_k + v_r \pm v_w) : 75$ PS ist dann die Zugleistung des Schiffes $N_z = N_n - (W_s \pm K_s) \cdot (v_k + v_r \pm v_w) : 75$

$$= (\textstyle\sum W_k \pm n \cdot K_k) \cdot (v_k + v_r \pm v_w) : 75 \text{ PS.}$$

Mit $v_r = v_k : (n-1)$ ist $v_{re} = \dfrac{n\,v_k}{n-1} \pm v_w$. Bei breiten Strömen kann $n = n - 1$ gesetzt werden. Daher ist $v_{re} = v_k \pm v_w$, und die Zugleistung eines Schiffes ist $(\sum W_k \pm n \cdot K_{.k}) \cdot (v_k \pm v_w) : 75$ PS.

Um die Berechnung von $W_k + W_s$ zu vermeiden, berechnet man die Zugleistung eines Schiffes aus Erfahrungswerten, die man für deutsche Ströme bei verschiedenen Wasserständen durch Probefahrten ermittelt hat und die angeben, wieviel Tonnen Nutzlast man bei einer gemessenen Geschwindigkeit mit einer PS_i schleppen kann. In Band I S. 595 der Binnenschiffahrt von Teubert sind diese Werte in der Tafel der Schleppleistung angegeben.

5. Der treibende Kahn.

Beim treibenden Kahn (ohne Schlepper) heißt die Relativgeschwindigkeit v_{re} die Gleitgeschwindigkeit v_g. Es ist also nach vorigem für die Talfahrt $v_g = v_{re} = v_k + v_r - v_w$, oder mit $v_r = v_k : (n-1)$ ist $v_g = v_{re} = \dfrac{n \cdot v_k}{n-1} - v_w$. Bei breiten Strömen kann wie vor $n = n - 1$ gesetzt werden, also ist $v_g = v_{re} = v_k - v_w$. Nach dieser Gleichung eilt also, Fall $v_k > v_w$, der Kahn vor. Die Tatsache des Voreilens ist die Bedingung für die Steuerfähigkeit des Kahns, weil dadurch der notwendige Ruderdruck erzeugt wird. Es ändert sich v_g mit dem Unterschied der Schwerkraftskomponente K vom Fahrwiderstand W. Ist $K = W$, dann ist die Gleitgeschwindigkeit v_g gleichmäßig.

C. Beispiele.

1. Ermittlung des Voreilens eines treibenden Kahnes (Abb. 231a u. b).

Die Bewegungskraft ist die Schwerkraftskomponente des Kahnes in Richtung des Spiegelgefälles. Dieses ist bei Köln $s = 1:5000 = 0,2^0/_{00}$. Die Länge des Kahnes ist $l = 64$ m, die Breite $b = 9$ m, der Tiefgang $t = 2,1$ m. Der Völligkeitsgrad ist $\delta = 0,83$ und die Verdrängung $V = 64 \cdot 9 \cdot 2,1 \cdot 0,83 = 1000$ m³ oder $\gamma \cdot V = G = 1000$ t.

Der Fahrwiderstand ist nach **Strickler** $W = C \cdot V\,(1/t)^{\frac{2}{3}} \cdot \left(\dfrac{n \cdot v_k}{n-1} \pm v_w\right)^2$. Auf eine Tonne bezogen und mit dem spez. Gewicht des Wassers $\gamma = 1$ ist $\gamma \cdot V = V = G\,\mathrm{t}$ und der Fahrwiderstand $w = W : G = C \cdot (1/t)^{\frac{2}{3}} \cdot \left(\dfrac{n \cdot v_k}{n-1} \pm v_w\right)^2 = 0{,}016 \cdot \left(\dfrac{64}{2{,}1}\right)^{\frac{2}{3}}$ $\cdot \left(\dfrac{n \cdot v_k}{n-1} \pm v_w\right)^2 = 0{,}155\,(v_k \pm v_w)^2\ \mathrm{kg/t}$.

Bei dem großen Stromquerschnitt des Rheines wurde nämlich $n = n - 1$ gesetzt, da hier der Kahnquerschnitt vernachlässigt werden kann.

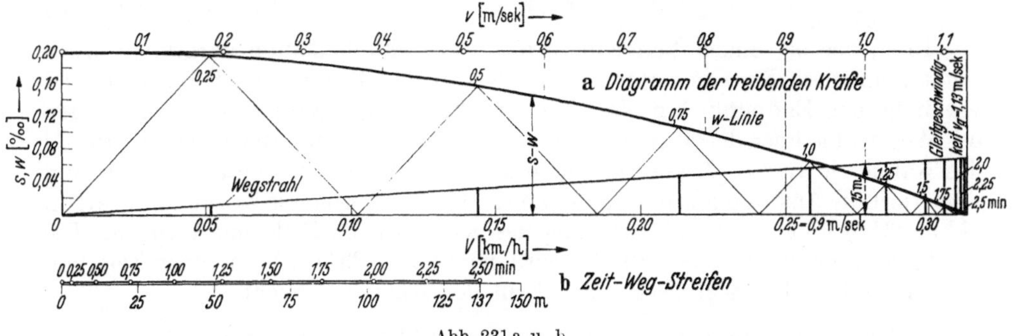

Abb. 231a u. b.

Beim treibenden Kahn (Talfahrt) ist $v_g = v_k - v_w$. Es ist v_g konstant, wenn $s = w$ oder eingesetzt $0{,}2 = 0{,}155\,v_g^2$ ist. Dann ist $v_g = \sqrt{0{,}2 : 0{,}155} = 1{,}13\ \mathrm{m/s}$.

Es ist die Bewegung des Kahnes bis zur Erreichung von v_g nach Zeit, Weg und Geschwindigkeit zeichnerisch aus den Kräften $s - w$ zu ermitteln. Man zeichnet zunächst nach der folgenden Zahlentafel die Widerstandslinie (w-Linie) von $v = 0$ bis $1{,}2\ \mathrm{m/s}$ von einer Waagerechten im Abstand $s = 0{,}2\ \mathrm{kg/t}$ von der V-Achse. Die Ordinaten zwischen der w-Linie und der Geschwindigkeitsachse sind dann die Werte $s - w\ \mathrm{kg/t}$.

Zahlentafel 48.

V km/h . . . . . . v m/s	0	0,2	0,4	0,6	0,8	0,25 0,9	1,0	1,2
$w = 0{,}155\,v^2$ kg/t .	0	0,0062	0,0248	0,0558	0,099	0,126	0,155	0,223

Es ist $0{,}9\ \mathrm{m/s} = 0{,}25\ \mathrm{km/h}$ die Beziehung zwischen den Geschwindigkeitsmaßstäben m/s und km/h.

Die Ermittlung wird mit einem Zeitschritt $\varDelta t = {}^1/_4\,\mathrm{min} = 15\ \mathrm{sec}$ durchgeführt. Dann lautet die Bewegungsgleichung mit $v = V : 3{,}6\ \mathrm{m/s}$ nunmehr $s - w = m \cdot \dfrac{\varDelta v}{\varDelta t} = \dfrac{1000 \cdot \varDelta V}{g \cdot 15 \cdot 3{,}6} = 2 \cdot 1{,}89 \cdot \dfrac{\varDelta V}{2}$ oder $\dfrac{\varDelta V}{2} : (s - w) = 1 : 3{,}78$.

Falls die Ermittlung der Geschwindigkeitsänderungen $\varDelta V$ mit einem gleichschenklig, rechtwinkligen Dreieck, wie auf S. 49 beschrieben, durchgeführt wird, wäre bei Landfahrzeugen mit dem Massenfaktor $\varrho = 1{,}06$ für den Zeitschritt $\varDelta t = {}^1/_4\,\mathrm{min}$ der Geschwindigkeitsmaßstab viermal größer zu wählen als der Kräftemaßstab. Bei $\varrho = 1{,}06$ wäre $s = w = 1\ \mathrm{kg/t} = 500\ \mathrm{mm}$ und $V = 1\ \mathrm{km/h} = 4 \cdot 500 = 2000\ \mathrm{mm}$. Bei Wasserfahrzeugen ist aber der Massenfaktor $\varrho = 1$. Bei Anwendung des gleichschenklig, rechtwinkligen Dreiecks für einen Kahn mit $\varrho = 1$ ist daher der Maßstab der Geschwindigkeiten $V = 1\ \mathrm{km/h} = 1 \cdot 2000 : 1{,}06 = 1890\ \mathrm{mm}$. Der Kräftemaßstab ist wie vor $s = w = 1^0/_{00} = 500\ \mathrm{mm}$. Zur Unterteilung der Geschwindigkeitsachse trägt man für $V = 0{,}25\ \mathrm{km/h} = 0{,}9\ \mathrm{m/s}$ die Strecke $1890 : 4 = 472{,}5\ \mathrm{mm}$ auf. Diese

Strecke ist auf der V-Achse in fünf gleiche Teile und auf der Waagerechten im Abstande $s = 0{,}2\,^0/_{00}$ oberhalb der V-Achse in neun gleiche Teile zu teilen, um von diesen Punkten aus die in der Zahlentafel 48 berechneten w-Werte nach unten abzusetzen (Abb. 231a, b).

Zeichnet man über der V-Achse von $V = 0$ ab die gleichschenklig, rechtwinkligen Dreiecke aneinandergereiht auf, deren Spitzen die w-Linie berühren, so besteht für jedes dieser Dreiecke die geometrische Beziehung $\dfrac{\dfrac{\Delta V}{2}\,\text{mm}}{(s-w)\,\text{mm}}$ $= \dfrac{1 \cdot 1890\,\text{mm}}{3{,}78 \cdot 500\,\text{mm}} = 1 = \operatorname{tg} 45°$. Für $\Delta t = 15\,\text{sec}$ ist bei $v = 1\,\text{m/s}$ der Weg $l = 15\,\text{m}$, der bei einem Längenmaßstab $1:500$ durch $30\,\text{mm}$ dargestellt wird. Setzt man diese Strecke unter $v = 1\,\text{m/s}$ von der V-Achse nach oben ab und verbindet den Endpunkt mit $V = 0$, so erhält man den Wegstrahl. Die Höhen des Wegstrahls über der V-Achse in den Dreieckspitzen sind die Voreilwege Δl des Kahnes je 15 sec. Diese reiht man auf einer Waagerechten aneinander und numeriert die Anstoßpunkte nach der Zeit. Der so entstandene Zeitwegstreifen (Abb. 231b) gibt die Voreilbewegung des Kahnes nach Zeit und Weg an. Die Gleitgeschwindigkeit $v_g = 1{,}13\,\text{m/s}$ wird nach Abb. 231b ab in einer Zeit von 2,5 min und nach einem Weg von $137\,\text{m}$ des Kahnes erreicht.

2. Kostenermittlung für die Fahrt eines Schleppzuges auf dem Rhein.

Ein 1500 t-Rheinkahn, der zu 90% beladen ist und ein Leergewicht von 300 t hat, ist $l = 80\,\text{m}$ lang, $b = 9\,\text{m}$ breit und sein Tiefgang bei 100% Auslastung ist $t = 2{,}5\,\text{m}$. Bei 90% Auslastung ist der Tiefgang $2{,}5 \cdot \left(\dfrac{1350 + 300}{1500 + 300}\right)$ $= 2{,}3\,\text{m}$. Vier dieser Kähne bilden einen Schleppzug, der mit Kohlen beladen von Duisburg-Ruhrhäfen nach Köln $= 93\,\text{km}$ fahren soll.

Das Spiegelgefälle des Rheins ist dort $s = 1:5000 = 0{,}2\,^0/_{00}$ und die Stromgeschwindigkeit bei mittlerem Wasserstand $v_w = 1{,}77\,\text{m/s}$. Die durchschnittliche Schleppgeschwindigkeit ist nach S. 595 der Tafel der Schleppleistungen in Bd. I der Binnenschiffahrt von Teubert $V_k = 4{,}9\,\text{km/h}$ oder $v_k = V_k : 3{,}6$ $= 1{,}36\,\text{m/s}$. Bei den großen Stromquerschnitten ist der Kahnquerschnitt gegen diesen zu vernachlässigen, so daß $n \cdot v_k : (n-1) = v_k$ ist.

Der Fahrwiderstand des Schiffes ist nach Strickler bei Bergfahrt

$$W = C \cdot V \left(\frac{l}{t}\right)^{\frac{2}{3}} (v_k + v_w)^2 = 0{,}016 \cdot 1650 \left(\frac{80}{2{,}3}\right)^{\frac{2}{3}} (1{,}36 + 1{,}77)^2 = 2740\,\text{kg}.$$

a) Die Verbrauchswerte. Für den Schleppzug von vier hintereinander fahrenden Kähnen ist

$$\begin{aligned}
\text{der Widerstand } 3{,}3 \cdot W &= 3{,}3 \cdot 2740 &= 9050\,\text{kg}\\
\text{die Schwerkraftskomponente ist } 4 \cdot 0{,}2 \cdot 1650 &= &1320 \,\text{,,}\\
\hline
3{,}3\,W + 4\,K &= &10370\,\text{kg}
\end{aligned}$$

Die Zugleistung ist dann nach S. 404

$$N_z = \frac{(3{,}3\,W + 4\,K)\,(v_k + v_w)}{75} = \frac{10370 \cdot (1{,}36 + 1{,}77)}{75} = 434\,\text{PS}.$$

Da auf dieser Strecke nach der genannten Tafel von Teubert der Schleppleistung mit Maschinen von einer indizierten Leistung 1200 bis 1600 PS_i und Nutzlast von 4500 bis 6500 t in 3 bis 6 guten Schiffen von einer $\text{PS}_i\,4{,}1\,\text{t}$ Nutzlast mit einer Durchschnittsgeschwindigkeit $V_k = 4{,}9\,\text{km/h}$ geschleppt werden, so ist bei 4 Kähnen je 1650 t die indizierte Maschinenleistung $N_i = 4 \cdot 1650 : 4{,}1 = 1600\,\text{PS}_i$. Bei der Fahrstrecke $L = 93\,\text{km}$ ist dann die Fahrzeit $T = L : V_k = 93 : 4{,}9$ $= 19$ Stunden.

Auf geraden unbehinderten Strecken ist die Geschwindigkeit etwas größer, dagegen beim Begegnen mit anderen Schiffen, beim Überholtwerden, beim Vorbeifahren an Fähren, ladenden oder löschenden Schiffen, Baggern, gefährdeten Ufern usw. ist sie vorübergehend kleiner. Bei Bergfahrt auf Strömen wird auch bei gleichbleibender Maschinenleistung in Stromschnellen (z. B. Bingerloch) die Geschwindigkeit vermindert.

Die tägliche Fahrtleistung bei Schleppzügen hängt von der Durchschnittsgeschwindigkeit und der täglichen Betriebsdauer ab. Bei der Binnenschiffahrt gibt es nicht wie bei der Seeschiffahrt Tag- und Nachtbetrieb. Es ist zu unterscheiden zwischen Fahrstunden und Betriebsstunden. Die Betriebszeiten dauern auf deutschen Hauptwasserstraßen im Frühling und Sommer 17 bis 19 Std., im Herbst und Winter 12 bis 17 Std. Zieht man 1 bis 1,5 Std. je Tag von den Betriebsstunden ab, so erhält man die Fahrstunden. Es ist hier die tägliche Fahrzeit 13 Std. und die Betriebszeit 14 bis 14,5 Std. Diese Werte liegen innerhalb der angegebenen Grenzen; bei alleinfahrenden Güterdampfern ist die Betriebszeit etwa 4 Std. weniger, da das Personal, das stärker angestrengt ist als bei Schleppzügen, auch mehr Ruhe gebraucht.

Die Fahrtunterbrechungen an Schleusen sind nach Teubert[1]:

Für den Durchgang eines Schiffes durch eine einschiffige Schleuse . 27 min
„ „ „ „ Schleppzuges, der aus einem Dampfer mit
2 Lastschiffen besteht, bei einschiffiger Schleuse . . . . 95 „
Für den Durchgang eines Schleppzuges durch eine Doppelschleuse . 75 „
„ „ „ „ „ „ „ einen ganzen Zug
(1 Schlepper, 2 Kähne) aufnehmende Zugschleuse . . . . 43 „

Kohlenverbrauch.

Nach Teubert[2] ist der wirkliche Kohlenverbrauch in gewöhnlichem Betrieb bei günstigen Füllungsgraden ohne Überhitzung: in kg je indizierte $PS_i h$,

1   bis 1,25 kg/PS_ih bei älteren Verbundmaschinen mit 5 und 6 at
0,9   „ 1,0   „   „ neueren   „   „ 7 „ 8 „
0,8   „ 0,9   „   „ älteren Dreifach-Expansionsmaschinen mit 9 bis 11 at
0,75 „ 0,85   „   „ neueren   „   „ 11 „ 13 „
0,7   „ 0,75   „   „ Vierfach-Expansionsmaschinen mit 15 bis 16 at
0,6   „ 0,7   „   „ neuen   „   „ 17 „ 21 „

Der Schlepper des Beispiels hat eine neuere dreifache Expansionsmaschine und daher im Mittel einen Kohlenverbrauch von 0,8 kg je PS_i. Bei der oben angegebenen indizierten Leistung des Schleppers von 1600 PS_i ist der Kohlenverbrauch bei 19 Fahrstunden $B = 0,8 \cdot 1600 \cdot 19 = 24,3$ t. Hierzu kommt noch ein Zuschlag für Anheizen des Kessels zur Erhaltung der Dampfspannung während der kleinen Fahrtunterbrechungen (Schleusen) und zur Anwärmung des Kessels während der Nachtruhe. Dieser Zuschlag ist nach Teubert[3]:

Zahlentafel 49.

Dampfer von	100	200	300	600	1000	1400 PS_i
Kohlenzuschlag je Fahrstunde und PS_i	0,2	0,15	0,1	0,07	0,05	0,03 kg
Zylinderöl kg/h	0,08	0,13	0,25	0,45	0,6	0,8 „
Schmieröl kg/h	0,17	0,23	0,25	0,35	0,4	0,5 „

[1] Teubert: Binnenschiffahrt Bd. 2 S. 295.
[2] Teubert: Binnenschiffahrt Bd. 1 S. 510.
[3] Teubert: Binnenschiffahrt Bd. 2 S. 445.

Bei dem Schlepper von 1600 PS$_i$ ist der Kohlenzuschlag je Fahrstunde etwa 0,025 kg, also Gesamtkohlenzuschlag 0,025 · 19 · 1600 = 0,75 t.

Gesamtkohlenverbrauch: **B = 24,3 + 0,75 = 25,05 t.**

Ölverbrauch: Zylinderöl 19 · 0,8 = 15,2 kg = $\ddot{O}_z$ nach Zahlentafel 49,

Schmieröl 19,5 · 0,5 = 9,5 „ = $\ddot{O}_s$ „ · „ „

b) Die Kosten. Die Anschaffungspreise für Schlepper und Kähne, die im Schrifttum für Schiffe der Baujahre bis 1914 angegeben sind, werden für neue Schiffe durch den Bauindex 1,5 erhöht. Für Schlepper wird im Schrifttum ein Anschaffungspreis von 250,— RM. je PS$_i$ angegeben, bei 1600 PS$_i$ ist der Anschaffungspreis des Schleppers A_s = 1600 · 250 · 1,5 = 600 000,— RM. Die Kähne kosteten früher 50,— RM. je Tonne, also ist der heutige Anschaffungspreis für einen 1500 t-Kahn A_k = 50 · 1500 · 1,5 = 112 500,— RM., also für 4 Kähne 450 000,— RM.

Zusammenstellung der Verbrauchswerte:

Fahrstunden. . . . . T_f = 19 Std.
Betriebsstunden . . . . T_b' = 22 „
Nachtruhe. . . . . T_n = 8 „
Gesamtreisezeit . . . . T_r = 30 „
Betriebszeit auf dem Rhein 300 Tage im Jahr.
Kohlenverbrauch des Schleppers. . . . B = 17,50 t
Zylinderöl des Schleppers. . . . . . . $\ddot{O}_z$ = 15,2 kg
Schmieröl „ „ . . . . $\ddot{O}_s$ = 9,5 „

1. Personalkosten.

Die im Jahr durchschnittlich geleisteten Dienststunden bei 8 Stunden Arbeitszeit (Betriebsstunden) abzüglich des Stundenausfalles für Urlaub und Erkrankung D_{st} = 2300 Std./Jahr K_p = 1,12 $(E_s + n \cdot E_k) \cdot T_d : D_{st}$ RM.

Der Faktor 1,12 berücksichtigt 12% Sozialabgaben, n = 4 = Anzahl der Kähne, E_s = Jahreslohn für den Betrieb eines Schleppbootes nach „Die Deutsche Rheinschiffahrt", Gutachten der Rheinkommission 1930. E_s = 28 861,50 RM. Jahreslohn für den Betrieb eines Kahns nach derselben Quelle E_k = 9654,40 RM. K_p = 1,12 (28 861,50 + 4 · 9654,40) · 22 : 2300 = **722 RM.**

Die vorgenannten Werte für E_s und E_k setzen sich wie folgt zusammen:

a) Schraubenschlepper, 200 bis 320 m² Heizfläche:

Kapitän: Gehalt	3990,— RM.
Verheiratetenzulage	399,— „
Gratifikation	249,40 „
1. Maschinist: wie Kapitän	4638,40 „
Steuermann: Lohn	2948,40 „
Nebenvergütungen	589,70 „
2. Maschinist: wie Steuermann.	3538,10 „
Menagemann: Lohn.	2563,60 „
Nebenvergütungen	512,70 „
Matrose: Lohn	2236,— „
Nebenvergütungen	447,20 „
2 Heizer: Lohn.	5023,20 „
Nebenvergütungen	1004,60 „
Sommerzulage	366,— „
Urlaubersatz	355,20 „
	28 861,50 RM.

b) Kahn von 1350 t:

Schiffer	3600,— RM.
Verheiratetenzulage	360,— „
Gratifikation	120,— „
2 Matrosen.	4472,— „
Nebenvergütungen	894,40 „
Urlaubersatz für den Schiffer und 1 Matrosen.	208,— „
	9654,40 RM.

1. Personalkosten (s. oben) . . . . 722,— RM.

2. Reisekosten.

Hierzu sind zu rechnen die Barauslagen des Kapitäns und der Schiffer für Fahrgelder, Fernsprechgebühren, Lotsen-, Hafen-, Werft- und Ufergeld usw. Nach dem Gutachten der Rheinkommission betragen diese Auslagen $k_r = 11$ bis 14%, i. M. 12% der Personalkosten, also $K_r = K_p \cdot k_r : 100 = 722 \cdot 12 : 100$ . . . . $=$ 87,00 RM.

3. Kohlenkosten.

$K_b = K \cdot k_b = 25{,}05 \cdot 20$ . . . . $= 500{,}00$ RM.

Es ist $k_b = 20{,}{-}$ RM. der Preis je Tonne Kohlen einschließlich Fracht und Bunkerung, B ist nach vorigem der Gesamtkohlenverbrauch.

4. Sonstige Betriebsstoffe.

a) Zylinderöl $\ddot{O}_z \cdot k_{\ddot{o}z} = 15{,}2 \cdot 0{,}55$ . . . . 8,36 RM.
b) Schmieröl $\ddot{O}_s \cdot k_{\ddot{o}s} = 9{,}5 \cdot 0{,}3$ . . . . 2,85 „
$k_{\ddot{o}z} = 0{,}55$ RM./kg und $k_{\ddot{o}s} = 0{,}30$ RM./kg ist der Preis je kg Zylinder- bzw. Schmieröl.
c) Konservierungsmittel zur Unterhaltung der Schiffsgefäße während der Fahrt (Farben, Teer, Karbolineum usw.).
d) Material für Fahrpersonal: Kannen, Eimer, Geschirr, Wolldecken, Öfen, Herde.
Die Betriebsstoffe unter c) und d) betragen etwa $k_m = 5\%$ der Fahrpersonalkosten.
c) und d) $K_m = K_p \cdot k_m : 100 = 722 \cdot 5 : 100$ . . . . $=$ 36,— RM.

5. Unterhaltungskosten.

a) Beim Schlepper[1] $k_{us} = 3$ bis 4% des Anschaffungspreises
$K_{us} = k_{us} \cdot A_s \cdot T_r : (100 \cdot 24 \cdot 300) = 4 \cdot 600000 \cdot 30 : (100 \cdot 24 \cdot 300)$ . . $= 100{,}{-}$ RM.
b) Unterhaltungssatz für Stahlkähne[2] ist $k_{uk} = 1{,}5\%$.
Für 4 Kähne $K_{uk} = k_{uk} \cdot A_k \cdot T_r : (100 \cdot 24 \cdot 300)$
$= 1{,}5 \cdot 450000 \cdot 30 : (100 \cdot 24 \cdot 300)$ . . . . $= 28{,}20$ „

6. Zinsen.

Beim Zinssatz $z = 5\%$ ist $K_z = z \dfrac{(A_s + A_k) \cdot T_r}{100 \cdot 24 \cdot 300}$
$= K_z = 5 (600000 + 450000) \cdot 30 : (100 \cdot 24 \cdot 300)$ . . . . $= 218{,}50$ RM.

7. Abschreibung.

$K_a = a(A_s + A_k) \cdot T_r : (100 \cdot 24 \cdot 300)$
$= 3 \cdot (600000 + 450000) \cdot 30 : (100 \cdot 24 \cdot 300)$ . . . . $= 131{,}{-}$ RM.
Nach Teubert[3] ist für Schlepper und Kähne der Abschreibesatz i. M. $a = 3\%$ bei einer Lebensdauer von 25 Jahren des Schleppers und 40 Jahren des Kahns. Beim Kahn ist die geringere Lebensdauer der einzelnen Ausrüstungsteile berücksichtigt.

8. Versicherung.

a) Schraubendampfer: Versicherungssatz $v_s = 2{,}25\%$
$K_{vs} = v_s \cdot A_s \cdot T_r : (100 \cdot 24 \cdot 300) = 2{,}25 \cdot 100000 \cdot 30 : (100 \cdot 24 \cdot 300)$. $=$ 56,20 RM.
b) 4 Kähne: Versicherungssatz $v_k = 2\%$, v_s und v_k nach Gutachten
der „Rheinkommission 1930" $K_{vk} = v_k \cdot A_k \cdot T_r : (100 \cdot 24 \cdot 300)$
$= 2 \cdot 450000 \cdot 30 : (100 \cdot 24 \cdot 300)$ . . . . $= 37{,}40$ „

9. Steuern.

Nach Gutachten der Rheinkommission betragen die Steuern 6% der Lohnsumme des Fahrpersonals $K_{st} = K_p \cdot st : 100 = 722 \cdot 6 : 100$ . . . . . $=$ 43,40 RM.

10. Verwaltungskosten (persönliche und sachliche).

Wenn keine Angaben vorhanden sind, kann man nach dem Gutachten der Rheinkommission S. 368 durchschnittlich 32% der Lohnkosten des Fahrpersonals in Ansatz bringen, $K_v = K_p \cdot k_v : 100 = 722 \cdot 32 : 100$ . . . $= 232{,}{-}$ RM.

Gesamtkosten für die Fahrt von Duisburg nach Köln . . . . $\boxed{2202{,}91 \text{ RM.}}$

Die Fahrkosten je Tonne sind dann $2202{,}91 : 4 \cdot 1350$ . . . . 0,41 RM.
Die Fahrkosten je tkm betragen $0{,}41 \cdot 100 : 93$ . . . . 0,44 Rpf./tkm
Zu den Fahrkosten kommen noch die Kosten für die Liegezeiten der Kähne, für das Laden, Löschen und Warten.

---

[1] Nach Teubert: Binnenschiffahrt Bd. 2 S. 442.
[2] Nach Teubert: Binnenschiffahrt Bd. 2 S. 432.
[3] Teubert: Binnenschiffahrt Bd. 2 S. 412 u. 416.

Zeichnerische Ermittlung der Flugbahn eines Motorflugzeuges.

Für die Berechnung der **Startlänge** eines Landflugzeuges entwickelte **Blenk**[1] eine Formel, die auf verschiedenen vereinfachenden Annahmen beruht, z. B. unveränderlichem Anstellwinkel und gleichbleibender Bodenreibung, Windstille und Abnahme des Schraubenzuges im Quadrate der Geschwindigkeit. Diese vereinfachenden Annahmen brauchen nicht gemacht zu werden, wenn man das **Anrollen zeichnerisch ermittelt,** wie es **Hermann**[2] für den Start der Wasserflugzeuge und **Proell**[3] für schwerbelastete Landflugzeuge nach der **zeichnerischen Fahrtzeitermittlung des Verfassers** gezeigt haben. Nachstehend soll nun nicht nur das Anrollen, sondern auch die **Flugbahn eines Motorflugzeugs nach Zeit, Weg und Geschwindigkeit aus den auftretenden Antriebs- und Widerstandskräften für jede Bedienungsweise des Höhensteuers und des Motors** dargestellt werden. Mit zeichnerischen Verfahren, bei denen der Zwang, die Funktionen durch Gleichungen auszudrücken, fortfällt, kann mit einfachem mathematischem Rüstzeug in ähnlicher Weise wie das Anrollen auch der Steigflug in Anpassung an die Bedienungsweise aufgezeichnet werden. Aus den Ermittlungen kann man schon beim Entwurf des Flugzeuges durch Vergleich der Rollstrecken und der Steiglinien die beste Bedienungsweise herausfinden. Die Ermittlung des **Gleitfluges** (Motor abgestellt) ist nach dem zeichnerischen Verfahren in ähnlicher Weise vorzunehmen.

A. Ermittlung der Kräfte.

1. Der Luftwiderstand des Flugzeuges.

Die Ausführungen über den Luftwiderstand der Fahrzeuge nach S. 24 treffen auch für die Flugzeuge zu.

Bewegt sich das Flugzeug durch strömende Luftmassen, so entsteht durch den Druck und die Reibungskräfte der Luftwiderstand. Der größte Druck tritt an der Stelle auf, an der die Luft sich relativ zum Flugzeug in Ruhe befindet. An dieser Stelle entsteht der Staudruck $q = \gamma \cdot v_r^2 : 2\,g \ \text{kg/m}^2$. Es ist v_r m/s die Relativgeschwindigkeit von der Geschwindigkeit v_l der strömenden Luftmassen und der des Flugzeugs v m/s. Bei Gegenwind ist $v_r = v + v_l$ m/s. γ ist das Gewicht von 1 m³ Luft und $\varrho = \gamma : g$ ist die Luftdichte, die mit der Höhe abnimmt. Diejenigen Luftmassen, deren Geschwindigkeit nicht Null wird, strömen an der Oberfläche des Flugzeugs entlang und rufen dort Reibungskräfte hervor. Wieviel Luftwiderstand durch Staudruck und wieviel durch Reibung entsteht, läßt sich durch Rechnung nicht feststellen. Deshalb wird an Tragflügelmodellen oder auch an Flugzeugmodellen im Windkanal der Luftwiderstand gemessen. Hierbei wird die Abhängigkeit der Druck- und der Reibungskraft

---

[1] **Blenk:** Jb. dtsch. Versuchsanst. Luftf. 1927 S. 1—8.
[2] **Hermann:** Jb. wiss. Ges. Flugtechn.
[3] **Proell:** Z. Flugtechn. 1928 S. 25.

durch den Luftwiderstandsbeiwert c'_w angegeben. Die gesamten Druck- und Reibungskräfte, also der gesamte Luftdruck auf die von der strömenden Luft getroffene Stirnfläche f m² des Tragflügels, ist $W = c'_w \cdot f \cdot q = c'_w \cdot f \cdot \varrho \cdot v_r^2{:}2$.

In den üblichen Formeln für den Luftwiderstand ist aber statt der Stirnfläche f die Grundrißfläche F des Tragflügels gewählt, weil sie sich leichter als die erstere, die sich ja mit dem Anstellwinkel ändert, ermitteln läßt. Wenn man F statt f zur Bezugsfläche wählt, ändert sich der Widerstandsbeiwert von c'_w in c_{wt}. Der Widerstand des Rumpfes und der anderen Teile des Flugzeuges wird durch den Festwert k berücksichtigt, so daß also der Widerstand des Flugzeuges durch die Gleichung $W = c_{wt} \cdot k \cdot F \cdot \varrho \cdot v_r^2 : 2$ kg ausgedrückt wird. Wird jedoch im Windkanal der Widerstand für das Modell des ganzen Flugzeugs gemessen, so ist der Luftwiderstandsbeiwert c_w. Es ist $c_w = c_{wt} \cdot k$. In diesem Falle lautet die Formel für den Luftwiderstand $W = c_w \cdot F \cdot \varrho \cdot v_r^2 {:} 2$ kg. F ist wieder wie vorher die Grundfläche der Tragflügel.

2. Der Auftrieb des Flugzeugs.

Es ist üblich, den nach oben wirkenden Auftrieb senkrecht zur Richtung des Windwiderstandes anzunehmen. Der Auftrieb wird an Modellen im Windkanal gemessen und ist ebenfalls abhängig von der Tragflügelgrundfläche F und dem Staudruck $q = \varrho \cdot v_r^2 : 2$. Der Gesamtauftrieb des Flugzeuges ist $A = c_a \cdot F \cdot \varrho \cdot v_r^2 : 2$ kg. Der Faktor k fällt hierbei fort. Es ist c_a der Auftriebsbeiwert, der sich ebenso wie der Luftwiderstandsbeiwert c_w mit dem Anstellwinkel α (s. unten) ändert.

3. Das Polardiagramm.

Für die durch Messung festgestellten Beiwerte c_a und c_w wird mit c_w als Abszissen und c_a als Ordinaten nach Abb. 235f eine Kurve gezeichnet, die das Polardiagramm heißt. Die c_w-Werte sind fünfmal größer als die c_a-Werte aufgetragen. An den Meßpunkten dieser Kurve schreibt man die zugehörigen Anstellwinkel α an. Die in Abb. 235f dargestellte Vollgaspolare bezieht sich auf das ganze Flugzeug.

4. Die Schraubenzugkraft.

Die Tragflügelkräfte (Widerstand und Auftrieb) werden beim Motorflugzeug durch die Arbeit des Propellers hervorgerufen. Der Propeller ist ein umlaufender Tragflügel. Die eine Komponente der erzeugten Luftkraft, die bei der Drehung entsteht, wirkt als Vortrieb, Schraubenzugkraft, in Richtung der Propellerachse, die andere Komponente hemmt als Widerstand die Drehung. Der Schraubenzug im Stand $(v = 0)$ wird für bestimmte Umdrehungen gemessen. Beim bewegten Flugzeug nimmt der Schraubenzug mit wachsender Geschwindigkeit des Flugzeugs v m/s ab. Bei gegebener Schraubenzugkraft im Stand S_0 kg kann man die Werte S in Abhängigkeit von der Fluggeschwindigkeit, wie im nachstehenden Beispiel gezeigt, berechnen.

5. Die Richtung der Kräfte.

In Abb. 232 bezeichnet G kg das Flugzeuggewicht, S kg den Schraubenzug des Propellers, dem der Luftwiderstand W kg entgegenwirkt. Man nimmt an, daß die Kräfte im Schwerpunkt des Flugzeuges angreifen, und zwar der Widerstand W tangential zur Flugbahn. Senkrecht dazu nach oben wirkend greift im Schwerpunkt der Auftrieb A an. Die Tangente an die Flugbahn bildet mit der Waagerechten den Steigwinkel $\varphi°$.

Der Schraubenzug wirkt in Richtung der Flugzeuglängsachse. Mit dieser bildet die Flügelsehne den unveränderlichen Einstellwinkel $\varepsilon°$. Der

Winkel, den die Flügelsehne mit der Bewegungsrichtung, also der Flugbahntangente, bildet, ist der Anstellwinkel $\alpha°$. Infolgedessen ist der Winkel, den

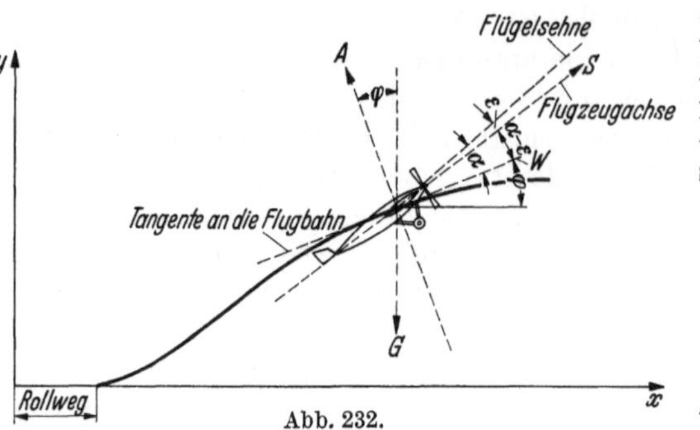

der Schraubenzug S mit der Flugbahntangente einschließt, $\alpha - \varepsilon$. Die Änderung von α ist durch die Bedienung des Höhensteuers bestimmt.

6. Der Schraubenzug in Abhängigkeit von der Flugzeuggeschwindigkeit.

Beim Horizontalflug ist der Auftrieb A gleich dem Gewicht G, also $A = G = 0,5 \cdot c_a \cdot F$ $\cdot \varrho \cdot v_r^2$ kg. Bei Windstille ist die Relativgeschwindigkeit zwischen Flugzeug und Luft $v_r = v_h$ der Horizontalgeschwindigkeit des Flugzeugs. Letztere ist dann $v_h = \sqrt{G : (0,5 \cdot c_a \cdot F \cdot \varrho)}$ m/s. Beim Horizontalflug ist der Anstellwinkel $\alpha = \varepsilon$ dem Einstellwinkel, der unveränderlich ist. Im Beispiel ist $\varepsilon = 3,4°$. Nach Abb. 235f (Vollgaspolare) entspricht bei $\alpha = \varepsilon = 3,4°$ dem $c_a = 0,355$ ein $c_w = 0,035$. Bei dem Flugzeuggewicht $1000 \, G = 7200$ kg, der Tragflügelgrundfläche $F = 116$ m² und der Luftdichte $\varrho = 0,132$ ist $v_h = \sqrt{7200 : (0,5 \cdot 0,355 \cdot 116 \cdot 0,132)}$ $= 51,5$ m/s. Im Horizontalflug ist bei gleichmäßiger Geschwindigkeit der Motor so gedrosselt, daß der Schraubenzug $S_h = W = 0,5 \cdot c_w \cdot F \cdot \varrho \cdot v_r^2$ kg ist. Bei Windstille ist $v_r = v_h = 51,5$ m/s. Daher ist $S_h = 0,5 \cdot 0,035 \cdot 116 \cdot 0,132 \cdot 51,5^2$ $= 700$ kg. Der Schraubenzug S in Abhängigkeit von der Geschwindigkeit wird meist nach der Gleichung $S = S_0 - B \cdot v^2$ kg berechnet. Hier ist der Schraubenzug im Stand mit $S_0 = 1580$ kg angegeben. Der Beiwert B wird aus S_0 und dem vorher berechneten Schraubenzug bei gleichförmigem Horizontalflug ermittelt. Es ist für $S = S_h$ und $v = v_h = 51,5$ der Beiwert $B = (S_0 - S_h) : v^2 = (1580 - 700)$ $: 51,5^2 = 0,33$. Die Gleichung für den Schraubenzug lautet also für das Flugzeug des Beispiels $S = S_0 - B \cdot v^2 = 1580 - 0,33 \, v^2$ kg.

7. Die Ermittlung der Geschwindigkeit und des Anstellwinkels beim Abheben des Flugzeugs.

Der Steigflug beginnt mit der Abhebegeschwindigkeit v_{ab}, die am Ende der Rollbewegung erreicht sein muß. Beim Abheben muß der Auftrieb A gleich dem Flugzeuggewicht G sein, also $G = A = 0,5 \cdot c_a \cdot F \cdot \varrho \cdot v_{ab}^2$. In dieser Gleichung ist außer v_{ab} noch der Beiwert c_a des Auftriebs unbekannt, der von dem Anstellwinkel α abhängig ist. Die Flugzeuggeschwindigkeit ändert sich während des Steigens sehr wenig, so daß die Abhebegeschwindigkeit v_{ab} gleich der mittleren Steiggeschwindigkeit v_s gesetzt werden kann. Die mittlere Steiggeschwindigkeit kann aus der Motordrehzahl n und dem Durchmesser $D \, m$ des Propellers berechnet werden. Es ist nämlich die mittlere Steiggeschwindigkeit des Flugzeuges $v_s = \lambda \cdot n \cdot D : 60$ m/s. Hier ist λ der sog. Fortschrittsgrad für das Steigen, der durch Versuche gefunden worden ist.

Im Beispiel ist die Motordrehzahl $n = 830$ Umdrehungen je min, der Propellerdurchmesser $D = 4,9$ m und der Fortschrittsgrad für das Steigen $\lambda = 0,51$ gegeben, so daß die mittlere Steiggeschwindigkeit $v_s = 0,51 \cdot 830 \cdot 4,9 : 60 = 34,3$ m/s ist. Setzt man diesen Wert für $v_s = v_{ab}$ in die Gleichung $c_a = 1000 \, G : (0,5 \cdot F \cdot \varrho \cdot v_{ab}^2)$ ein, so ist $c_a = 7200 : (0,5 \cdot 116 \cdot 0,132 \cdot 34,3^2) = 0,8$. Hierfür ist aus der Vollgaspolaren der Abb. 235f der Anstellwinkel $\alpha = 5,3°$ abzulesen.

B. Die Bewegungsgleichungen.

In den Bewegungsgleichungen der Landfahrzeuge $p = z - w \mp s = p_0 \mp s$
$= m \cdot \dfrac{\Delta v}{\Delta t}$ kg/t wurden die Fahrkräfte p auf einer Steigung $s\,^0/\!_{00}$ durch die Differenz der Fahrkräfte p_0 auf der waagerechten Bahn und dem Steigungswiderstand s kg/t angegeben. Die Neigung der Flugzeuglängsachse beim Steigflug entspricht der Steigung $s\,^0/\!_{00}$ des Landfahrzeugs. Zur Ermittlung der Flugzeugbewegung werden in dem folgenden Verfahren des Verfassers die Horizontal- und Vertikalprojektionen der Bewegungskräfte als eine Funktion des Steigwinkels ausgedrückt, weil der Steigwinkel mit Ausnahme des Flugzeuggewichts in allen Gliedern der Summe der Bewegungskräfte (s. Gl. I und II unten) enthalten ist. Diese Kräfte teilt man durch die Masse m des Flugzeugs und erhält so die Horizontal- und Vertikalbeschleunigungen bzw. -verzögerungen des Flugzeugs. An Stelle des Flugzeuggewichts tritt dann die Erdbeschleunigung $g = 9{,}81$ m/s². Die Summen dieser waagerechten und senkrechten Beschleunigungen bzw. Verzögerungen trägt man als Diagramme über den Geschwindigkeitsachsen auf, um hieraus die Flugzeugbewegung aufzuzeichnen.

Würde man auch bei den Landfahrzeugen die Bewegungskräfte durch die Masse m teilen, so erhielte man entsprechend der obigen Gleichung die Gleichung für die Beschleunigung bzw. für die Verzögerung $\dfrac{p}{m} = \dfrac{p_0}{m} \mp \dfrac{s}{m} = \dfrac{\Delta v}{\Delta t}$ m/s². Bei der Fahrzeitermittlung würde man hier wieder über der Geschwindigkeitsachse das Diagramm der Beschleunigungen auf der waagerechten Bahn als $p_0/m\text{-}v$-Linie auftragen. Für Fahrten auf Steigungen oder Gefällen $\mp s\,^0/\!_{00}$ wären dann über oder unter der v-Achse im Abstand $\dfrac{s}{m} = \dfrac{s \cdot g}{\varrho \cdot 1000}$ m/s² Waagerechte zu ziehen und zwischen dieser und der $p_0/m\text{-}v$-Linie die Zeitdreiecke zu zeichnen.

Es ist aber unbequem, jedesmal die Steigungen und Gefälle $s\,^0/\!_{00}$ erst in die entsprechenden Verzögerungen bzw. Beschleunigungen umzurechnen, wenn man nicht die Ordinatenachse als Doppelskala einmal für $\dfrac{p_0 \cdot g}{\varrho \cdot 1000}$ m/s² und dann für $s\,^0/\!_{00}$ austeilen wollte. Jedoch würden sich auf der Skala für $s\,^0/\!_{00}$ unrunde Maßstäbe ergeben, was das Interpolieren erschwert. Dies ist besonders störend, als bei der Fahrzeitermittlung der Landfahrzeuge für die häufig wechselnden Streckenneigungen die Ordinatenachse den Eingang in das Diagramm bildete. Bequemer ist es daher, bei Landfahrzeugen als Ordinatenachse die Bewegungskräfte für eine Tonne Fahrzeug- bzw. Zuggewicht zu wählen, da man dann die Streckenneigungen $s\,^0/\!_{00}$ unmittelbar als Streckenkräfte s kg/t im runden Maßstab auftragen und daher Zwischenwerte von $s\,^0/\!_{00}$ schnell und genau ablesen kann, besonders dann, wenn die Fahrkraftlinie auf Millimeternetzpapier aufgezeichnet ist.

In den folgenden Bewegungsgleichungen des Flugzeugs sind die Horizontal- und Vertikalbeschleunigungen mit p_x bzw. p_y m/s² bezeichnet, also mit denselben Buchstaben wie bei den Landfahrzeugen der Kräfte je Tonne.

Nach Abb. 232 gilt für die horizontalen Kräfte die Bewegungsgleichung

$$p_x = \{ S \cdot \cos[(\alpha - \varepsilon) + \varphi] - W \cdot \cos\varphi - A \cdot \sin\varphi \} \cdot \frac{g}{G} = \frac{\Delta v_x}{\Delta t} \ \text{m/s}^2 \qquad\text{(I)}$$

und für die vertikalen Kräfte die Bewegungsgleichung

$$p_y = \{ A \cdot \cos\varphi - G + S \cdot \sin[(\alpha - \varepsilon) + \varphi] - W \cdot \sin\varphi \} \cdot \frac{g}{G} = \frac{\Delta v_y}{\Delta t} \ \text{m/s}^2. \qquad\text{(II)}$$

Bevor die Ermittlung der Rollbewegung und des Steigfluges beginnt, ist zu bestimmen, welchen Anstellwinkel während des Rollens der Tragflügel haben soll und ob während des Steigens mit dem Anstellwinkel nach dem Abheben gewechselt werden soll. Es sind dann für diese Anstellwinkel der Auftrieb A und der Widerstand W für mehrere Geschwindigkeiten zu berechnen.

In obigen Gl. (I) und (II) setzt man:

$$\cos[(\alpha - \varepsilon) + \varphi] = \cos(\alpha - \varepsilon) \cdot \cos\varphi - \sin(\alpha - \varepsilon) \cdot \sin\varphi$$

und

$$\sin[(\alpha - \varepsilon) + \varphi] = \sin(\alpha - \varepsilon) \cdot \cos\varphi + \cos(\alpha - \varepsilon) \cdot \sin\varphi\,.$$

Da $\varepsilon = 3$ bis $4°$ ist, und der Anstellwinkel nach den Polardiagrammen 13 bis $14°$ nicht übersteigt, so ist $\alpha - \varepsilon$ höchstens $= 10$ bis $11°$, also $\cos(\alpha - \varepsilon)$ höchstens $0,98$ und i. M. also $0,99$. Der Wert für $\sin(\alpha - \varepsilon)$ ist für jeden vorgesehenen Anstellwinkel einzusetzen. Es ist dann Gl. (I) und (II) allgemein:

$$p_x = [S \cdot \cos(\alpha - \varepsilon) \cdot \cos\varphi - S\sin(\alpha - \varepsilon) \cdot \sin\varphi - W \cdot \cos\varphi - A\sin\varphi]g : G = \frac{\varDelta v_x}{\varDelta t}, \quad \text{(I\,a)}$$

$$p_y = [A \cdot \cos\varphi - G + S\sin(\alpha - \varepsilon) \cdot \cos\varphi + S\cos(\alpha - \varepsilon) \cdot \sin\varphi - W \cdot \sin\varphi]g : G = \frac{\varDelta v_y}{\varDelta t}. \quad \text{(II\,a)}$$

Drückt man ferner die Fluggeschwindigkeit v durch deren Horizontalkomponente v_x und den Steigwinkel φ aus, so ist $v = v_x : \cos\varphi$ m/s, und man kann setzen

$$S \cdot g : G = (S_0 - B \cdot v^2)\,g : G = \left[S_0 - B\left(\frac{v_x}{\cos\varphi}\right)^2\right]g : G$$

$$= (S_0 \cdot \cos^2\varphi - B \cdot v_x^2) \cdot g : G \cdot \cos^2\varphi = s : \cos^2\varphi\,,$$

wo $s = (S_0 \cos^2\varphi - B \cdot v_x^2) \cdot g : G$ ist.

Dann ist

$$(S\cos\varphi)\,g : G = s : \cos\varphi\,.$$

Ferner ist

$$W \cdot g : G = (0,5 \cdot c_w \cdot F \cdot \varrho \cdot v^2)\,g : G = (0,5 \cdot c_w \cdot F \cdot \varrho \cdot v_x^2)\,g : G\cos^2\varphi = w : \cos^2\varphi\,,$$

wo $w = (0,5 \cdot c_w \cdot F \cdot \varrho \cdot v_x^2)\,g : G$ ist.

Dann ist auch

$$(W\cos\varphi)\,g : G = w : \cos\varphi\,.$$

Ebenso ist

$$A \cdot g : G = (0,5 \cdot c_a \cdot F \cdot \varrho \cdot v^2) \cdot g : G = (0,5 \cdot c_a \cdot F \cdot \varrho \cdot v_x^2)g : G\cos^2\varphi = a : \cos^2\varphi\,,$$

wo $a = (0,5 \cdot c_a \cdot F \cdot \varrho \cdot v_x^2) \cdot g : G$ ist.

Dann ist auch

$$(A\cos\varphi)g : G = a : \cos\varphi\,.$$

Entsprechend ist

$$(W \cdot \sin\varphi) \cdot g : G = w \cdot \mathrm{tg}\,\varphi : \cos\varphi \quad \text{sowie} \quad (A\sin\varphi)\,g : G$$

$$= a \cdot \mathrm{tg}\,\varphi : \cos\varphi \quad \text{und} \quad (S\sin\varphi)\,g : G = s \cdot \mathrm{tg}\,\varphi : \cos\varphi\,.$$

Setzt man die vorstehenden Werte in die linke Seite der Gl. (I\,a) und (II\,a) ein, so ist

$$\left.\begin{aligned}
p_x &= \{0,99 \cdot s - w - [a + s \cdot \sin(\alpha - \varepsilon)] \cdot \mathrm{tg}\,\varphi\} : \cos\varphi = \frac{\varDelta v_x}{\varDelta t} \\
&= q - z \cdot \mathrm{tg}\,\varphi = \frac{\varDelta v_x}{\varDelta t}
\end{aligned}\right\} \quad \text{(I\,b)}$$

und mit $g = 9,81$ m/s^2 ist

$$\left.\begin{aligned}
p_y &= \{a + s \cdot \sin(\alpha - \varepsilon) + (0,99 \cdot s - w)\,\mathrm{tg}\,\varphi\} : \cos\varphi - 9,81 = \frac{\varDelta v_y}{\varDelta t} \\
&= z + q\,\mathrm{tg}\,\varphi - 9,81 = \frac{\varDelta v_y}{\varDelta t}\,.
\end{aligned}\right\} \quad \text{(II\,b)}$$

Hier ist $(0,99 \cdot s - w) : \cos\varphi = q$ und $[a + s \cdot \sin(\alpha - \varepsilon)] : \cos\varphi = z$ gesetzt. Für $\varphi = 0$ ist $p_x = p_{x0} = 0,99 \cdot s - w$ sowie $p_y = p_{y0} = a + s \cdot \sin(\alpha - \varepsilon) - 9,81$ m/s^2.

Es ist dann der Widerstand W waagerecht und der Auftrieb A senkrecht. Beim Rollen, wo ebenfalls $\varphi = 0$ ist, ist der Grundwiderstand (Rollreibung) zwischen Rad und Startbahn w_0 kg/t zu überwinden. Die Bewegungsgleichung lautet dann

$$p_r = [(S - W) - (G - A) \cdot w_0] \cdot g : G = s - w - (9{,}81 - a) \cdot w_0 = \frac{\Delta v_r}{\Delta t}. \quad \text{(III)}$$

Zu Beginn des Rollens ist der Grundwiderstand w_0 erheblich größer, da außer den Rädern noch der Sporn (Schwanzkufe) den Boden berührt. Nachdem dieser sich infolge der Drehwirkung der Kräfte besonders infolge des hochangreifenden Propellers abgehoben hat, bleibt nur die Rollreibung zwischen Rad und Startbahn bestehen, die man bei gleichartiger Bodenbefestigung als gleichbleibend annehmen kann. (Bei Rasen $w_0 = 100$ kg/t, bei Betonrollbahn $w_0 = 30$ kg/t.) Bei Wasserflugzeugen ist w_0 veränderlich und nach Versuchen durch ein Diagramm gegeben[1].

C. Ermittlung der Rollbewegung.

1. Landflugzeug.

Es sind zunächst für die gewählten Anstellwinkel α in ihren ungefähren Geschwindigkeitsbereichen zwischen $v = 0$ und v_{ab} die p_r-Werte zu berechnen und entsprechend die p_r-Linien über der Geschwindigkeitsachse v_x aufzutragen (Abb. 233a und b).

Wählt man in der Bewegungsgleichung $p_r = \Delta v_x : \Delta t$ m/s^2 den gleichbleibenden Zeitabschnitt $\Delta t = 4$ sec, so ist $p_r = \frac{\Delta v_x}{4}$ oder $\frac{\Delta v_x}{2} : p_r = 2$. Hier ist $\Delta v_x = v_{x2} - v_{x1}$, wo v_{x1} die Geschwindigkeit zu Beginn und v_{x2} die nach Verlauf von $\Delta t = 4$ sec ist. Wählt man bei $\Delta t = 4$ sec den Maßstab der Geschwindigkeiten **halb** so groß wie den der Beschleunigung, also $v_x = 1$ m/s $= 10$ mm und $p_r = 1$ m/s$^2 = 20$ mm, so ist in der Zeichnung die Strecke für $\frac{\Delta v_x}{2}$ gleich der für p_r. Sind diese gleichen Strecken die halbe Grundlinie und die Höhe

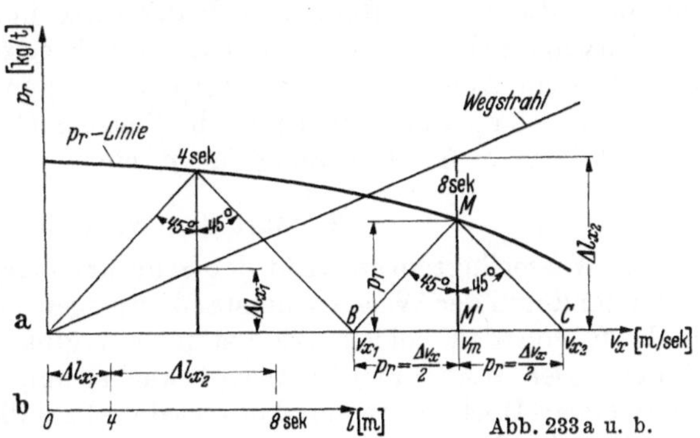

Abb. 233a u. b.

eines Dreiecks, so ist dieses ein gleichschenkelig rechtwinkliges. Diese Überlegung liefert das S. 49 beschriebene zeichnerische Verfahren aus der bereits ermittelten Geschwindigkeit v_{x1} die Geschwindigkeit v_{x2} zu bestimmen. Nach Abb. 233a zeichnet man über der v_x-Achse von v_{x1} (Punkt B) aus ein gleichschenkliges rechtwinkliges Dreieck BMC, dessen Spitze M auf der p_r-Linie liegt. Dann ist die andere Ecke C des Dreiecks die gesuchte Geschwindigkeit v_{x2} und die Dreiecksspitze M bezeichnet im Zeitabschnitt $\Delta t = 4$ sec die mittlere Geschwindigkeit v_m (Punkt M'). Es ist nämlich im Dreieck BMC die Höhe MM' die mittlere Rollbeschleunigung p_r und $\sphericalangle BMM' = \sphericalangle M'MC = 45°$. Dann ist tg $45° = 1 = BM' : p_r = M'C : p_r$. Hieraus ergibt sich, daß die Strecke $BM' = M'C$ die für $\Delta v_x : 2$ sowie gleich der für p_r sein muß. Durch Wiederholung dieser Konstruktion bis zur Abhebegeschwindigkeit v_{ab} können auf der v_x-Achse die Punkte

---

[1] Vgl. Hermann: Jb. wiss. Ges. Flugtechn. 1926.

für die einzelnen Geschwindigkeiten nach Ablauf von je 4 sec ermittelt werden. Die Ermittlung der in den Zeitabschnitten Δt zurückgelegten Wege Δl_x geschieht nach folgenden Überlegungen: Für die mittlere Geschwindigkeit v_m ist im Zeitabschnitt $\Delta t = 4\,\text{sec}$ der Weg $= \Delta l_x = v_m \cdot \Delta t = v_m \cdot 4\,\text{m}$. Trägt man in Abb. 233a z. B. in $v_m = 25\,\text{m/s}$ senkrecht nach oben $\Delta l_x = 4\,v_m = 100$ m im Längenmaßstab auf, d. h. bei 1:2000 die Höhe 5 cm für 100 m, und verbindet den oberen Endpunkt mit $v = 0$, so erhält man den sog. Wegstrahl. Man kann nunmehr durch die Dreieckspitzen, also in den mittleren Geschwindigkeiten, die Wege Δl_x als Höhen zwischen der v_x-Achse und dem Wegstrahl abgreifen, die ja auch proportional den mittleren Geschwindigkeiten sind. Überträgt man die Wege Δl_x mit dem Zirkel in Abb. 233b auf die Achse der Rollbahn und beziffert die Anstoßpunkte ebenso wie die Dreieckspitzen nach der Zeit, so ist die Startbewegung nach Zeit, Weg und Geschwindigkeit auf der Rollbahn dargestellt.

Im Beispiel ist nach S. 412 bei Windstille $v_r = v$ von $v = 0$ bis $v_{ab} = 34{,}3\,\text{m/s}$ der Anstellwinkel $\alpha = 5{,}3°$ mit $c_a = 0{,}8$ und $c_w = 0{,}06$. Es gilt dann für die Gl. (III)

$$
\begin{aligned}
S &= & +1580 - 0{,}33\,v^2\ \text{kg} \\
-W &= -0{,}5 \cdot 0{,}06 \cdot 116 \cdot 0{,}132 \cdot v^2 = & -0{,}46\,v^2\ \text{,,} \\
+w_0 \cdot A &= +0{,}1 \cdot 0{,}5 \cdot 0{,}8 \cdot 116 \cdot 0{,}132 \cdot v^2 = & +0{,}61\,v^2\ \text{,,} \\
-w_0 \cdot G &= -0{,}1 \cdot 7200 = & -720\ \text{,,} \\
\hline
S - W + w_0(A - G) &= & +860 - 0{,}18\,v^2
\end{aligned}
$$

Dividiert man diese Werte durch $1000\,\dfrac{G}{g} = 102\,G$, so erhält man die Beschleunigung $p_r = (860 - 0{,}18\,v^2) : 102 \cdot 7{,}2 = 1{,}17 - 0{,}000252\,v^2\ \text{m/s}^2$ die Gleichung für die p_r-Linie beim Rollen, nach der diese in Abb. 235a gezeichnet ist. Geht der Zeitwinkelschenkel nicht durch die Abhebegeschwindigkeit v_{ab}, so können Zeit und Weg im Abheben durch Interpolieren gefunden werden. Bei Gegenwind, z. B. $v_l = +5\,\text{m/s}$, berechnet man die Werte $S\!:\!G$, $A\!:\!G$ und $W\!:\!G$ für $v_r = v + 5\,\text{m/s}$ und setzt sie in die Gleichung für p_r ein.

2. Start des Wasserflugzeugs.

Bei Wasserflugzeugen wirkt der Schraubenzugkraft nach Abb. 234a der Luftwiderstand und der Wasserwiderstand entgegen. Der Unterschied der Schraubenzugkraft von den beiden Widerständen ergibt die Beschleunigungskraft beim Rollen. Der Wasserwiderstand wächst mit zunehmender Geschwindigkeit bis zu einem Höchstwert, um dann wieder abzufallen und bei der Abfluggeschwindigkeit gleich Null zu werden. Er fällt mit dem „Austauchen" oder „Auf Stufe kommen" des Bootes oder Schwimmers wieder ab. Gleichzeitig wird durch Wasserkräfte ein großer Anstellwinkel des ganzen Flugzeugs verursacht. Die Widerstandskurven ändern sich mit dem Gesamtgewicht, der vom Wasser getragenen Last sowie mit der Abfluggeschwindigkeit.

In Abb. 234a und b sind nach Abb. 79 des Aufsatzes „Schwimmer und Flugbootkörper" von Hermann[1] die Beschleunigungen eines Wasserflugzeuges vom Gewicht $G = 2{,}6$ t aus dem um den Luft- und Wasserwiderstand verminderten Schraubenzug über der Geschwindigkeitsachse aufgezeichnet. Bei dem Zeitschritt $\Delta t = 2\,\text{sec}$ ist $\dfrac{\Delta v_x}{\Delta t} = \dfrac{\Delta v_x}{2} = p_r$ oder $\dfrac{\Delta v_x}{2} : p = 1$ und dem Maßstab für $p_r = 1\,\text{m/s}^2 = 20\,\text{mm}$ und für $v_x = 1\,\text{m/s} = 20\,\text{mm}$ sind in dem Diagramm nach Abb. 234b mit dem gleichschenkligen rechtwinkligen Zeitdreieck die Geschwindigkeitsänderungen je Zeitschritt ermittelt. Sodann wurde nach

---

[1] Hermann: Jb. wiss. Ges. Flugtechn. 1926 S. 127.

Eintragen des Wegstrahls Startlänge und -zeit im Zeitwegstreifen,
wie vorher beschrieben, aufgezeichnet. Der Längenmaßstab ist
$l = 1\,\mathrm{m} = 1\,\mathrm{mm}$. Für $v = 10\,\mathrm{m/s}$
ist bei Δt je 2 sec der Weg je
Zeitschritt $l = 20\,\mathrm{m} = 20\,\mathrm{mm}$. Für
Startlänge und Zeit sind dieselben
Werte wie im Aufsatz von Hermann, wenn auch viel einfacher,
mit $l = 220\,\mathrm{m}$ und $t = 16\,\mathrm{sec}$ ermittelt worden.

D. Ermittlung des Steigfluges.

1. Ungleichförmige Bewegung.

**a) Der Grundgedanke des Ver-
fahrens.** Der Grundgedanke des
Verfahrens zur Ermittlung des
Steigfluges ist folgender.

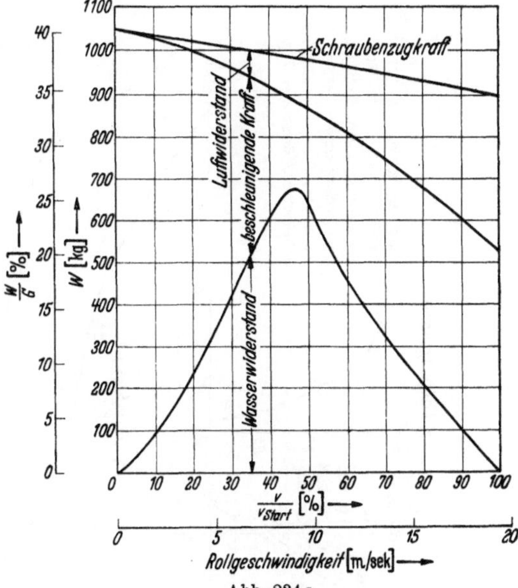

Abb. 234 a.

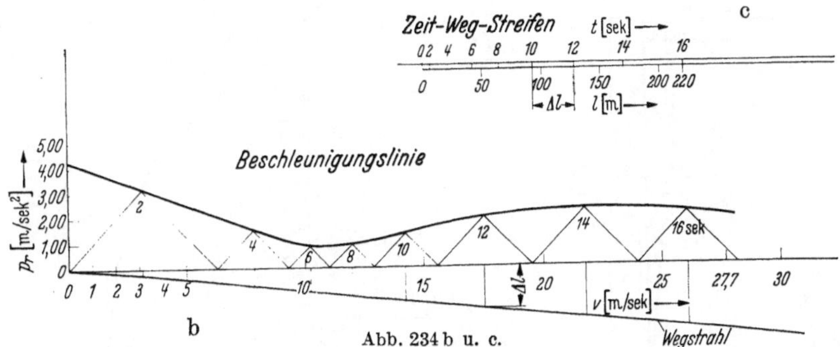

Abb. 234 b u. c.

Die auf das Flugzeug wirkenden Kräfte werden nach waagerechten und senkrechten Komponenten zerlegt. Für diese Kräftekomponenten werden die Gleichungen der Beschleunigungen aufgestellt. In den Gleichungen treten neben
den durch das Flugzeug, die Luftverhältnisse und die Steuerung bestimmten
Festwerten die Horizontalgeschwindigkeit v_x und der Steigwinkel φ mit
seinen Funktionen als Veränderliche auf. Die senkrechten Beschleunigungen p_y
werden über den Horizontalgeschwindigkeiten v_x, die waagerechten Beschleunigungen p_x über den Steiggeschwindigkeiten v_y aufgetragen. Die Geschwin-
digkeitsänderungen je Zeitschritt Δt sind $\Delta v_x = p_x \cdot \Delta t$ und $\Delta v_y = p_y \cdot \Delta t$.
Für jeden Zeitschritt wird nun zunächst mit dem Zirkel geprüft, ob für eine
angenommene Geschwindigkeitsänderung die auf das Flugzeug wirkenden Kräfte
mit den d'Alembertschen Kräften für p_x und p_y ein Gleichgewichtssystem
bilden. Durch Iteration findet man den endgültigen Wert Δv_x und daraus Δv_y.
Durch Summierung der Δv_x und der Δv_y erhält man die mittleren Geschwindigkeiten v_{xm} und v_{ym} je Zeitschritt. Die horizontalen und vertikalen Komponenten
der Flugstrecken je Zeitschritt sind $\Delta l_x = v_{xm} \cdot \Delta t$ und $\Delta l_y = v_{ym} \cdot \Delta t$. Mit
diesen Wegen kann man die Flugbahn aufzeichnen. Aus der Unterteilung der
Flugstrecken für jeden Zeitschritt kann auch die Flugzeit abgelesen werden.

Im einzelnen soll nun das Verfahren an einem Beispiel beschrieben
werden.

a Roll- und Flugkraftdiagramm
a) für gleichbleibenden Anstellwinkel α = 5,3°
b) für veränderlichen Anstellwinkel α
b Flugbahn
c
α = 5,3°
f Vollgaspolare
d
e
α = 5,3°
α = 6°
α = 7°
Wegstrahl 1:5 = tg φ = 0,2
pr-Linie
pyo-Linie
pyo-Linien
px-Linien
α = 5,3°
α = 6°
α = 7°
Gewicht des Flugzeuges G = 7,2 t
Tragfläche F = 116 m²
Schraubenzug im Stand S₀ = 1580 kg
Propellerdurchmesser D = 4,9 m
Motordrehzahl n = 380 U/min
Rollwiderstand (Rasen) w₀ = 100 kg/t
Δl_x
l_x [m]

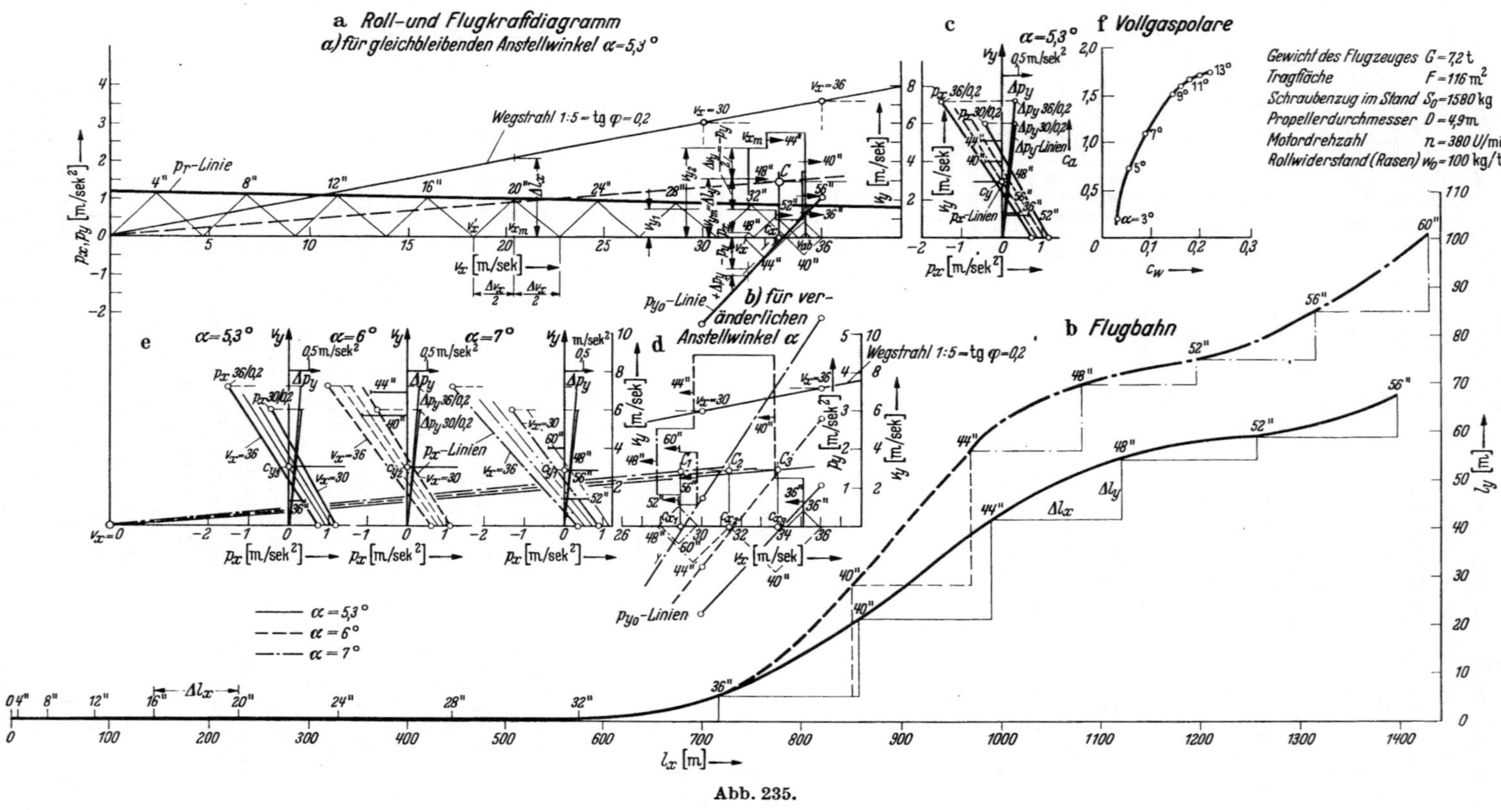

Abb. 235.

b) Die Beschleunigungsdiagramme. Die Ermittlung beginnt bei der Abhebegeschwindigkeit v_{ab}. Da das Flugzeug des Beispiels 7,2 t wiegt, wird es bei dieser Schwere den Steigwinkel $\operatorname{tg}\varphi = 0{,}2$ wohl wenig überschreiten. Man rechnet daher für die gewählten Anstellwinkel $\alpha = 5{,}3°$, $\alpha = 6°$ und $\alpha = 7°$, aus den Gl. (Ib) und (IIb) die Beschleunigungen bzw. Verzögerungen p_x und p_y für $\operatorname{tg}\varphi = 0$ bzw. $-0{,}2$ aus, und zwar für $v_x = 30$ und 36 m/s, da die Abhebegeschwindigkeit $v_{ab} = 34{,}3$ m/s ist. Um das Verfahren zu erläutern, soll zunächst das Flugzeug beim Rollen und Steigen den Anstellwinkel $\alpha = 5{,}3°$ haben (Abb. 235a, b, c). In einem weiteren Beispiel soll das Steigen mit den drei vorgenannten Anstellwinkeln aufgezeichnet werden, um den Unterschied der Steighöhe bei der Veränderung des Höhensteuers zu zeigen (Abb. 235b, d, e). Aus der Zahlentafel 50 trägt man zunächst in Abb. 235a für $\alpha = 5{,}3°$ in $v_x = 30$ und 36 m/s senkrecht je nach dem Vorzeichen die p_{y0}-Werte für $\operatorname{tg}\varphi = 0$ als p_{y0}-Linie auf und verbindet die Endpunkte gradlinig. Da die vertikalen Beschleunigungen oder Verzögerungen $p_y = \pm\, p_{y0} + \varDelta p_y$ sind, so erhält man die p_y-Werte, wenn man von der p_{y0}-Linie für die Steigneigungen $\operatorname{tg}\varphi$ je nach Bedarf die $\varDelta p_y$-Werte nach oben absetzt. Die $\varDelta p_y$-Werte greift man für die verschiedenen $\operatorname{tg}\varphi$ an einem Strahlenbüschel der Abb. 235c ab. Letzteres zeichnet man nach folgender Überlegung: Geometrisch wird die Steigneigung $\operatorname{tg}\varphi$ durch den Vertikal- und den Horizontalweg $\varDelta l_y$ und $\varDelta l_x$ je Zeitabschnitt $\varDelta t$ dargestellt. Es ist aber $\varDelta l_y = v_{my} \cdot \varDelta t$ und $\varDelta l_x = v_{mx} \cdot \varDelta t$, wo v_{my} und v_{mx} m/s die mittleren Vertikal- und Horizontalgeschwindigkeiten je Zeitabschnitt $\varDelta t$ sind. Da bei den zeichnerischen Verfahren die Maßstäbe für v_y und v_x die gleichen sind, so kann man die Steigneigung nicht nur durch $\varDelta l_y$ und $\varDelta l_x$ in der Flugbahn (Abb. 235b), sondern auch im Diagramm (Abb. 235a) darstellen, in dem von der v_x-Achse aus sowohl die p_x- und p_y-Werte als auch die jeweiligen mittleren Steiggeschwindigkeiten v_{my} je Zeitabschnitt $\varDelta t$ in ihren mittleren Horizontalgeschwindigkeiten v_{mx} aufgetragen werden.

Die Verbindung von $v_x = 0$ mit der Höhe von v_{my} ist jeweils die Steigneigung $\operatorname{tg}\varphi$ in natürlicher Größe. In Abb. 235a ist dann der beim Rollen genannte 1:5 geneigte Wegstrahl gleichzeitig die Steigneigung $\operatorname{tg}\varphi = 0{,}2$. Sind z. B. $v_{mx} = 30$ bzw. 36 m/s die mittleren Geschwindigkeiten je $\varDelta t$, so sind die Höhen des Wegstrahls über der v_x-Achse die entsprechenden v_{my}-Werte für die mittleren Steiggeschwindigkeiten bei der Steigneigung $\operatorname{tg}\varphi = 0{,}2$. Man projiziert nun die Wegstrahlhöhen über $v_x = 30$ und $v_x = 36$ m/s auf die v_y-Achse der Abb. 235c, setzt hier waagerecht nach rechts im Maßstab der Beschleunigungen die für den Anstellwinkel ($\alpha = 5{,}3°$) aus der Zahlentafel entnommenen $\varDelta p_y$-Werte ab und verbindet die Endpunkte mit dem 0-Punkt der senkrechten v_y-Achse. Dann kann man auf diesen beiden Strahlen für $v_{mx} = 30$ und $v_{mx} = 36$ m/s die $\varDelta p_y$-Werte für alle Steigneigungen zwischen $\operatorname{tg}\varphi = 0$ und 0,2 waagerecht abgreifen. Zwischen diesen beiden Strahlen interpoliert man für die zwischenliegenden Geschwindigkeiten die $\varDelta p_y$-Werte mit dem Augenmaß.

In derselben Weise trägt man in Abb. 235c von der v_y-Achse in $v_y = 0$ und in den beiden durch die Wegstrahlhöhen in $v_{mx} = 30$ und 36 m/s (Abb. 235a) gekennzeichneten Geschwindigkeiten v_{my} aus der Zahlentafel 50 waagerecht die Werte p_x auf, und zwar die positiven rechts und die negativen links der v_y-Achse. Sodann verbindet man die p_x-Werte gleicher Geschwindigkeiten zu den p_x-Linien, auf denen man für $v_{mx} = 30$ und 36 m/s die p_x-Werte für die Steigneigungen zwischen $\operatorname{tg}\varphi = 0$ und 0,2 waagerecht abgreifen kann. Für Zwischenwerte zwischen 30 und 36 m/s kann man den Abstand zwischen den beiden p_x-Linien linear unterteilen.

Man zeichnet zweckmäßig bei verschiedenen Anstellwinkeln für jeden die p_x-Linien. Das Strahlenbüschel Δp_y ist jedoch nur für den mittleren Anstellwinkel zu berechnen, da die Δp_y-Werte anderer Anstellwinkel nur unmerklich abweichen. Bei leichteren Flugzeugen sind nicht nur für die Steigneigung $\operatorname{tg} \varphi$ von 0 bis 0,2, sondern auch für $\operatorname{tg} \varphi = 0,4$, 0,6 bzw. die p_x- und Δp_y-Werte von der v_y-Achse waagerecht abzusetzen und zu den p_x- und den Δp_y-Linien zu verbinden, indem man vorher über der v_x-Achse die Steigneigungen für $\operatorname{tg} \varphi = 0,4$, 0,6 usw. aufträgt und die Höhen dieser Linien über z. B. $v_{mx} = 30$ und 36 m/s auf die v_y-Achse waagerecht projiziert (vgl. Abb. 235a u. c, d u. e).

c) Die Ermittlung der Geschwindigkeiten je Zeitschritt. Zur leichteren Erklärung der Ermittlung des Steigfluges dient die Abb. 236, die eine Vergrößerung eines Teiles der Abb. 236 darstellt.

Beim Steigflug ist wie gesagt die Steigneigung $\operatorname{tg} \varphi = v_{my}/v_{mx}$. Es ist also zunächst v_{mx} und v_{my} zu bilden. Die Horizontalgeschwindigkeit v_{mx} wird wie

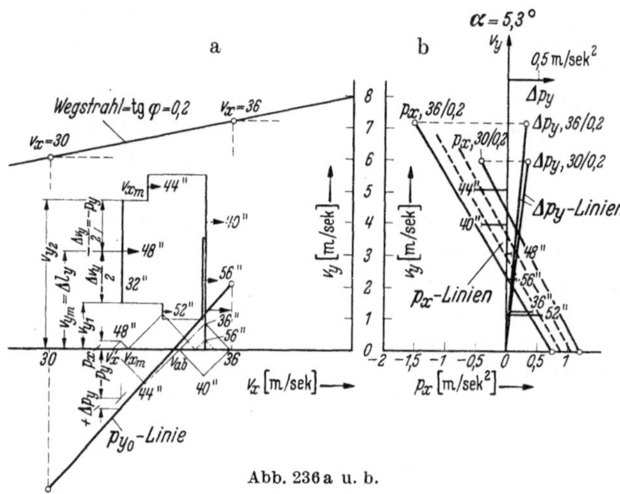

Abb. 236a u. b.

beim Rollen dadurch ermittelt, daß man anschließend an die Endgeschwindigkeit des letzten Zeitabschnittes Δt über der v_x-Achse ein gleichschenkliges rechtwinkliges Dreieck zeichnet. Unter der Dreiecksspitze (Abb. 236) liegt dann das v_{mx}. Die Höhe dieses Dreiecks ist die mittlere Beschleunigung bzw. Verzögerung p_x, und es ist die Höhe p_x gleich der Strecke $\Delta v_x/2$, die die halbe Geschwindigkeitsänderung je Zeitabschnitt darstellt. Da nach Gl. (Ib) und (IIb) die horizontalen und vertikalen Beschleunigungen bzw. Verzögerungen p_x und p_y von der Geschwindigkeit v_x abhängig und die Werte $p_y = \pm\, p_{y0} + \Delta p_y$ über der v-Achse aufgetragen sind, so ist auch die mittlere Beschleunigung bzw. Verzögerung p_y im Zeitabschnitt Δt durch v_{mx} festgelegt. Da ferner in der Zeichnung ebenso wie die Strecke für p_x gleich der für $\Delta v_x : 2$ die Ordinate p_y gleich der Strecke für die halbe Änderung der Steiggeschwindigkeit $\Delta v_y : 2$ ist, so erhält man die mittlere Steiggeschwindigkeit v_{my}, wenn man auf der Senkrechten durch v_{mx} an die Endgeschwindigkeit v_y des zuletzt ermittelten Zeitabschnitts die Strecke $\Delta v_y : 2$ je nach dem Vorzeichen nach oben oder nach unten anreiht.

Beim **Rollen** ist $\operatorname{tg} \varphi = 0$, und zur Bestimmung von v_{mx} zeichnet man die Zeitdreiecke über der v_x-Achse, und ihre Spitzen liegen auf der p_r-Linie. Beim Steigflug ist die Steigneigung $\operatorname{tg} \varphi$ zunächst nicht bekannt. Infolgedessen kennt man auch nicht die vom Steigwinkel abhängige Kraft p_x, die ja durch die Höhe des Zeitwinkeldreiecks dargestellt wird. Man zeichnet daher, wie in Abb. 236a, b für den Zeitabschnitt von der 44." bis 48." als Beispiel eingetragen, von der zuletzt ermittelten Endgeschwindigkeit v_x' aus eine unter 45° geneigte Linie als Kathetenseite des Zeitdreiecks und bezeichnet auf dieser schätzungsweise die Dreiecksspitze (48") und erhält hierfür in Abb. 236 das p_x als Höhe und die mittlere Geschwindigkeit v_{mx} des Zeitabschnitts. Liegt in Abb. 236a das geschätzte p_x über der v_x-Achse, so setzt man in Abb. 236b rechts der v_y-Achse mit dem Zirkel die Strecke p_x waagerecht bis zu dem Punkt zwischen den beiden p_x-Linien ab, der dem v_{mx} entspricht. (Bei negativen p_x, wenn also die Zeitdreiecke in Abb. 236a unterhalb der v_x-Achse liegen, setzt man die p_x-Werte in Abb. 236b waagerecht links der v_y-Achse ab.) Nun läßt man die Zirkelspitze auf der v_y-Achse stehen und greift waagerecht für das gleiche v_{mx} an den Δp_y-Strahlen das Δp_y ab, das man in Abb. 236a von der p_{y0}-Linie nach oben abträgt, und zwar senkrecht unter oder über der angenommenen Dreieckspitze. Durch diesen Punkt, der von der v_x-Achse die Ordinate $p_y = \Delta p_y \pm p_{y0}$ hat, zieht man auf eine kleine Strecke eine Parallele zur p_{y0}-Linie. Nun reiht man die Ordinate p_y auf der Senkrechten durch die Dreieckspitze an die zuletzt ermittelte Steiggeschwindigkeit v_{y1} an. (Im ersten Zeitabschnitt nach dem Abheben ist $v_{y1} = 0$.) Je nachdem p_y über oder unter der v_x-Achse liegt, ist die Ordinate p_y gleich der Strecke für die halbe Geschwindigkeitszu- oder -abnahme $\pm \Delta v_y : 2$ in dem Zeitabschnitt und setzt es demnach nach oben oder nach unten von v_{y1} ab. Einmal an v_{y1} angereiht, ergibt die mittlere Geschwindigkeit des Zeitabschnitts $v_{my} = v_{y1} \pm \Delta v_y : 2$, zweimal angereiht erhält man die Endgeschwindigkeit $v_{y2} = v_{y1} \pm \Delta v_y$. Hier ist v_{y2} die Endgeschwindigkeit des augenblicklichen Zeitabschnitts. Von der mittleren Steiggeschwindigkeit v_{my} geht man waagerecht in Abb. 236b und greift für das angenommene v_{mx} von der v_y-Achse nach rechts oder links den Wert p_x ab, der der Steigneigung $\mathrm{tg}\,\varphi = v_{my} : v_{mx}$ entspricht. Dieses p_x überträgt man mit dem Zirkel in Abb. 236a senkrecht von der v_x-Achse in Richtung der angenommenen Dreieckspitze (48''). Stimmt die übertragene Strecke p_x mit der angenommenen Dreieckhöhe p_x überein, wie im eingezeichneten Beispiel, so war die Dreieckspitze richtig geschätzt. Andernfalls muß man diese Ermittlung mit einer verbessert geschätzten Dreieckspitze wiederholen. Hierbei braucht man bei geringen Abweichungen in der Regel nicht mehr Δp_y zu ermitteln, sondern man benutzt die bereits eingezeichnete kleine Parallele zur p_{y0}-Linie als p_y-Linie. Es ist also dann in Abb. 236a nur $p_y = \Delta v_y : 2$ an v_{y1} anzureihen, mit v_{my} in Abb. 236b waagerecht das entsprechende p_x abzugreifen und in v_{mx} in Richtung der Dreieckspitze (Abb. 236a) zu übertragen. Von der endgültigen Dreieckspitze zieht man unter 45° die andere Kathetenseite bis zur v_x-Achse. Die richtige Ermittlung der mittleren Geschwindigkeiten v_{my} und v_{mx} liefert also gleichzeitig auch den richtigen Steigwinkel φ in dem Zeitabschnitt. Die Maßstäbe für v_x und v_y sind sehr groß. Die Ordinaten v_{mx} und v_{my} und somit die Steigneigung $\mathrm{tg}\,\varphi$ werden daher bei diesem Verfahren sehr genau ermittelt.

d) Die Konstruktion der Flugbahn. Zur Konstruktion der Flugbahn greift man für das v_{mx} jedes Zeitabschnitts, wie beim Rollweg beschrieben, über den Dreieckspitzen die Höhe zwischen der v_x-Achse und dem Wegstrahl ab und reiht sie als Δl_x in Abb. 235b waagerecht an die bereits gefundene Flugbahn an.

Da der Steigweg in einem Zeitabschnitt $\Delta l_y = v_{my} \cdot \Delta t$ ist, so kann man bei den gewählten, nachfolgend angegebenen Maßstäben die mittlere Steiggeschwindigkeit v_{my} aus Abb. 235a (236a) als Δl_y in Abb. 235b im Endpunkt von Δl_x nach oben absetzen und den oberen Endpunkt mit dem Ende der bisher ermittelten Flugbahn verbinden, um die Flugbahn für den neuen Zeitabschnitt zu erhalten. Als Maßstäbe sind für $v_y = 1\ \mathrm{m/s} = 10\ \mathrm{mm}$ und für die Höhen $\Delta l_y = 1\ \mathrm{m} = 2{,}5\ \mathrm{mm}$ gewählt. Dann ist für $v_y = 1\ \mathrm{m/s}$ und $\Delta t = 4\ \mathrm{sec}$ $\Delta l_y = v_{my} \cdot \Delta t = 4\ \mathrm{m}$ durch $4 \cdot 2{,}5 = 10\ \mathrm{mm}$ darzustellen. Das ist dieselbe Strecke, durch die $v_{my} = 1\ \mathrm{m/s}$ dargestellt wird. Bei dem Längenmaßstab $1\ \mathrm{m} = 0{,}5\ \mathrm{mm}$ ist also die Flugbahn 5fach überhöht.

In Abb. 235b, d, e sind die p_x- und p_y-Linien sowie die Flugbahn für die drei Anstellwinkel $\alpha = 5{,}3$, 6 und 7° in verschiedener Strichmanier gezeichnet. Bis zum Zeitpunkt 4 sec nach dem Abheben sind die Ermittlungen dieselben wie die mit gleichbleibendem Anstellwinkel vorher durchgeführten.

Falls für ein leichtes Flugzeug die Flugbahn ermittelt werden soll, ist $\Delta t = 2\,\mathrm{sec}$ gewählt. Es ist dann $\dfrac{\Delta v_x}{\Delta t} = \dfrac{\Delta v_x}{2} = p_x\ \mathrm{m/s^2}$ oder $\dfrac{\Delta v_x}{2} : p_x = 1$. Wählt man den Geschwindigkeitsmaßstab so groß wie den der Beschleunigungen, dann ist die Strecke für p_x gleich der für $\Delta v_x : 2$, und das Zeitdreieck ist wieder wie früher ein gleichschenkliges rechtwinkliges. Die Maßstäbe für v_x und v_y sind dieselben wie im Beispiel, also $v_x = v_y = 1\ \mathrm{m/s} = 10\ \mathrm{mm}$ und $p_x = p_y = 1\ \mathrm{m/s^2} = 10\ \mathrm{mm}$. Der Längenmaßstab ist $\Delta l_x = 10\ \mathrm{m} = 10\ \mathrm{mm}$, der Höhenmaßstab $\Delta l_y = 10\ \mathrm{m} = 25\ \mathrm{mm}$. Es ist also hier die Flugbahn mit 2,5facher Überhöhung aufgezeichnet. Da beim Steigen die Geschwindigkeiten stärker als beim schweren Flugzeug schwanken, wurden die p_x- und p_y-Werte für einen größeren Geschwindigkeitsbereich berechnet.

2. Gleichförmige Bewegung.

Die Diagramme der Abb. 236a und 235a u. d zeigen deutlich die gegenseitige Abhängigkeit der horizontalen und der vertikalen Geschwindigkeiten von dem Steig- und dem Anstellwinkel sowie von dem Schraubenzug. Hier heben sich zwei charakteristische Linienzüge voneinander ab.

1. Für die Horizontalbewegung reihen sich auf der v_x-Achse mit der Spitze nach oben oder unten die rechtwinkligen Zeitdreiecke aneinander.

2. Für die Vertikalbewegung sind über den Spitzen der Zeitdreiecke Senkrechte gezeichnet, die die Geschwindigkeitsänderungen beim Steigen angeben und durch Waagerechte zu einem treppenförmigen Linienzug verbunden sind.

Bei zunehmender Steiggeschwindigkeit nehmen die Horizontalgeschwindigkeiten ab.

Der treppenförmige Linienzug wickelt sich nach Art einer Spirale um den Punkt C der Abb. 235a u. d. Die aus diesen beiden Linienzügen gezeichnete Flugbahn (Abb. 235b) ist eine wellenförmig ansteigende Linie. Die Wellen werden um so flacher, je mehr sich in Abb. 235a u. d mit den Zeitschritten der treppenförmige Linienzug dem Punkte C nähert. Trifft der treppenförmige Linienzug den Punkt C, dann geht die wellenförmige Flugbahn in eine ansteigende Gerade über. Auf dieser Geraden bewegt sich dann das Flugzeug mit gleichmäßiger Geschwindigkeit. Der Punkt C in Abb. 235a hat die Abszisse im Punkt C_x der v_x-Achse und die Ordinate v_y im Punkt C_y der v_y-Achse der Abb. 235c. Bei gleichmäßiger Flugzeuggeschwindigkeit müssen sowohl die Horizontal- als auch die Vertikalbeschleunigungen gleich Null sein. Daher wird Punkt C wie folgt gefunden: Man ermittelt in den Abb. 235a und 235c durch Probieren die Schnittpunkte C_x und C_y der p_x- bzw. der p_y-Linie mit der v_x- bzw. der v_y-Achse. In der Abb. 235c schneidet die p_x-Linie für die verschiedenen Geschwindigkeiten die v_y-Achse. In Abb. 235a ist nur die p_{y0}-Linie, d. h. die für den Steigwinkel $\varphi = 0$ eingetragen. Greift man den Zuschlag Δp_y aus der Abb. 235c ab und setzt ihn nach oben auf die p_{y0}-Linie auf, so erhält man die Vertikalbeschleunigung $p_y = p_{y0} + \Delta p_y$ bei der betreffenden Horizontalgeschwindigkeit v_x. Es muß nun für denselben Wert von v_x sowohl p_x als auch $p_y = 0$ sein. Deshalb ist schätzungsweise für verschiedene Werte von v_x aus der Abb. 235c das Δp_y auf die p_{y0}-Linie der Abb. 235a so lange aufzusetzen, bis der Wert $p_y = p_{y0} + \Delta p_y = 0$ ist, also auf der v_x-Achse liegt. In demselben Werte v_x muß in Abb. 235c

Zahlentafel 50.

$$\text{Es ist}\quad \frac{0,5\cdot\varrho\cdot F}{102\cdot G}=\frac{0,5\cdot 0,132\cdot 116}{102\cdot 7,2}=0,0104,\quad \varepsilon=3,4^\circ.$$

$\sin(\alpha-\varepsilon)=$	$\alpha=$ 5,3° 0.033 $c_w=0,06,\ c_a=0,8$		$\alpha=$ 6° 0,045 $c_w=0,07,\ c_a=0,92$		$\alpha=$ 7° 0,063 $c_w=0,09,\ c_a=1,11$	
$v_x=$	30	36	30	36	30	36
tg $\varphi=0$, cos $\varphi=1$						
$0,99\cdot s=0,99\,S\,g:G$ m/s²	1,73	1,56	1,73	1,56	1,73	1,56
w ,,	−0,56	− 0,81	−0,66	− 0,95	− 0,84	− 1,22
$q_0=p_{x_0}=0,99\cdot s-w$ m/s²	+1,17	+ 0,75	+1,07	+ 0,61	+ 0,89	+ 0,34
$a=w\cdot c_a:c_w$ m/s²	7,48	10,80	8,67	12,50	10,40	15,10
$+s\cdot\sin(\alpha-\varepsilon)$ m/s²	+0,06	+ 0,05	+0,08	+ 0,07	+ 0,11	+ 0,10
$z_0=a+s\cdot\sin(\alpha-\varepsilon)=p_{y_0}+9,81$	7,54	10,85	8,75	12,57	10,51	15,20
	−9,81	− 9,81	−9,81	− 9,81	− 9,81	− 9,81
$p_{y_0}=a+s\cdot\sin(\alpha-\varepsilon)-9,81$ m/s²	−2,27	+ 1,04	−1,06	+ 2,76	+ 0,70	+ 5,39
tg $\varphi=0,2$						
cos $\varphi=0,981$, $1:$cos $\varphi=1,02$						
$0,99\,s\cdot 1,02=$						
$0,99\,(S_0\cos^2\varphi-0,33\,v_x^2)\,1,02\cdot g:G$	1,69	1,50	1,69	1,50	1,69	1,50
$-w\cdot 1,02$	−0,57	− 0,83	−0,67	− 0,97	− 0,86	− 1,25
$(0,99\,s-w)\,1,02=q$	+1,12	+ 0,67	+1,02	+ 0,53	+ 0,83	+ 0,25
$a\cdot 1,02=0,0104\cdot c_a\cdot v_x^2\cdot 1,02$ . .	7,63	11,1	8,75	12,7	10,6	15,35
$+s\cdot\sin(\alpha-\varepsilon)\cdot 1,02$	0,06	0,05	0,08	0,07	0,11	0,1
$[a-s\cdot\sin(\alpha-\varepsilon)]\cdot 1,02=z$ . .	7,69	11,15	8,83	12,77	10,77	15,45
q	1,12	0,67	1,02	0,53	0,83	0,25
$-0,2\cdot z$	−1,54	− 2,32	−1,77	− 2,56	− 2,15	− 3,10
$p_x=q-0,2\cdot z$	−0,42	− 1,65	−0,75	− 2,03	− 1,32	− 2,85
z	7,69	11,15	8,83	12,77	10,77	15,45
$+0,2\cdot q$	0,22	0,13	0,20	0,11	0,17	0,05
$z+0,2\cdot q$	7,91	11,28	9,03	12,88	10,88	15,50
$-z_0$	−7,54	−10,85	−8,75	−12,57	−10,51	−15,20
$\Delta p_y=z+0,2\cdot q-z_0$	+0,37	+ 0,43	+0,30	+ 0,31	+ 0,37	+ 0,29

auch der Schnitt der p_x-Linie mit der v_y-Achse liegen. Sind somit die Punkte C_x und C_y gefunden, so trägt man deren Koordinaten auf und erhält den gesuchten Punkt C. Da die Maßstäbe für v_x und v_y einander gleich sind und für die gleichen Zeiten t die Wege $l_x=v_x\cdot t$ und $l_y=v_y\cdot t$ proportional diesen Geschwindigkeiten sind, so ist die Neigung $v_y:v_x$ des Strahls OC die Steigneigung des Flugzeugs in natürlicher Größe. Der Punkt O ist der Nullpunkt von der v_x-Achse. Die Länge des Strahls $OC=v$ ist die gleichmäßige Flugzeuggeschwindigkeit.

In Abb. 235d sind für die drei Anstellwinkel $\alpha=5,3^\circ$, $\alpha=6^\circ$ und $\alpha=7^\circ$ die Punkte C sowie die Steigneigungen für die gleichmäßigen Geschwindigkeiten eingetragen. Die Flugbahn für die gleichmäßige Geschwindigkeit müßte in Abb. 235b wie bei der ungleichförmigen Bewegung fünfmal überhöht aufgetragen werden.

Literaturverzeichnis.

A. Schriften des Verfassers und seiner Schüler.

1920. Ein einheitliches zeichnerisches Verfahren zur Ermittlung der Fahrzeiten, der Zugförderarbeit sowie des Kohlen- und Stromverbrauchs. (Habilitationsschrift T.H.Darmstadt. Mainz: Prickarts 1920.)

— Ermittlung der Fahrzeiten durch Zeichnung. (Org. Fortschr. Eisenbahnw. Nr. 13.)

1921. Die Entwicklung der Fahrzeitberechnungen der Personen- und Güterzüge. (Verkehrstechn. Woche Nr. 26/27.)

— Der Einfluß der Gefällwechsel auf den Brennstoffverbrauch der Heißdampflokomotiven. (Verkehrstechn. Woche Nr. 51.)

— Einflußlinien zur Ermittelung der Ablaufpunkte und der Zeitweglinien der vom Ablaufberg rollenden Wagen. (Zbl. Bauverw. Nr. 57.)

— Graphische Rechentafeln für den Eisenbahnbetrieb. (Ztg. Ver. mitteleurop. Eisenb.-Verw. Nr. 128.)

1922. Widerstände, Gleisbremsen und Aufzeichnung des Bewegungsvorganges der vom Ablaufberg rollenden Wagen. (Zbl. Bauverw. Nr. 9.)

— Der Kohlenverbrauch beim Zerlegen der Güterzüge über den Ablaufberg. (Verkehrstechn. Woche Nr. 2.)

— Zeichnerische Ermittlung der Fahrzeiten und des Kohlenverbrauchs der Dampfzüge. (Verkehrstechn. Woche Nr. 10.)

— Maßstäbe für den Kohlenverbrauch der Dampfzüge. (Verkehrstechn. Woche Nr. 12.)

— Die Mittelung der Neigungen des Längenprofils für die Fahrzeitberechnungen. (Verkehrstechn. Woche Nr. 16/17.)

— Der Personal- und Stoffverbrauch der Zugfahrt als Vergleichsmaßstab für die betriebliche Bewertung von Eisenbahnlinien. (Habilitationsschrift T. H. Berlin. Verkehrstechn. Woche Nr. 26/27.)

— Die graphische Dynamik der vom Ablaufberg rollenden Wagen. (Verkehrstechn. Woche Nr. 36/38.)

— Geschichtliche Entwicklung der Verschiebebahnhöfe. (1. Sonderheft der Verkehrstechn. Woche: Verschiebebahnhöfe.)

— Die Regelung der Wagenfolgen durch Gleisbremsen. (Quelle wie vor.)

— Die Arbeitsleistung oder der Kohlenverbrauch der Güterzüge als Vergleichsmaßstab für Leitungswege. (Verkehrstechn. Woche Nr. 45/46.)

1923. Current Consumption of electrically driven trains. (Int. Railway J. Nr. 4.)

— Fahrzeitermittlung durch Zeichnung. (Z. VDI Nr. 15.)

— Die Widerstände der ablaufenden Wagen. (Verkehrstechn. Woche Nr. 17/20.)

1924. Die Ermittelung des elektrischen Stromverbrauchs einer Zugfahrt. (Verkehrstechn. Woche Nr. 7/8.)

— Aufzeichnen des Fahrzeuglaufes nach Zeit und Weg sowie der Arbeit und Leistung der Bewegungskräfte. (Bautechn. Nr. 40.)

— Betriebspläne für Verschiebebahnhöfe. (Eisenbahnwesen, Sonderausgabe des VDI.)

— Zeichnerische Darstellung des Betriebes auf Flachbahnhöfen. (Verkehrstechn. Woche Nr. 38.)

1925. Betriebswissenschaftliche Ziele im Eisenbahnwesen. (Bauingenieur Nr. 18.)

— Eine wesentliche Vereinfachung des zeichnerischen Verfahrens zur Ermittelung der Fahrzeiten. (Verkehrstechn. Woche Nr. 8.)

— Die Linien des Stromverbrauchs und des Temperaturverlaufs der Bahnmotoren elektrisch betriebener Züge. (Verkehrstechn. Woche Nr. 19.)

— Praktische Winke für die Fahrplanbearbeitung. (Verkehrstechn. Woche Nr. 37.)

— Anlaufsteigungen. (Verkehrstechn. Woche Nr. 41.)

— Die Ermittelung des wirtschaftlichsten Fahrplans einer Zugfahrt aus Kohlenverbrauch und Fahrzeit. (Verkehrstechn. Woche Nr. 44/46.)

— Die dynamischen Grundlagen für die Kostenberechnung der Dampfzüge. (Verkehrstechn. Woche Nr. 51/52.)

1926. Die dynamischen Grundlagen für den Betrieb und die Selbstkosten bei elektrischer Zugförderung. (Elektr. Bahnen Nr. 5.)

1926. Die Grundgleichungen der Mechanik in geometrischer Anordnung. (Kosmos Nr. 9.)
— Der Kleinstabstand der Kraftwagen bei Wahrnehmung des Haltezeichens. (Verkehrstechn. Woche Nr. 29.)
— Betriebswissenschaftliche Untersuchungen von Bahnanlagen. (Verkehrstechn. Woche Nr. 37.)
— Die Ermittelung der Abstände zweier vom Ablaufberg rollenden Wagen. (Verkehrstechn. Woche Nr. 48.)
— Der Bauzugbetrieb. (Bautechn. Nr. 13.)
— Ermittelung der Höhe des Ablaufberges und Zuführungsgeschwindigkeit der Güterzüge unter Berücksichtigung des Windwiderstandes der Wagen. (Bahnbau Nr. 17.)
1927. Die betriebswirtschaftliche Wertung der Eisenbahnstrecken. (Verkehrstechn. Woche Nr. 3/4.)
— Die Sätze vom Anschluß- und vom Knotenpunkt. (Verkehrstechn. Woche Nr. 12.)
1928. Die Zugfolge auf Stadtschnellbahnen in Abhängigkeit von der selbsttätigen Streckenblockung. (Verkehrstechn. Woche Nr. 7.)
— Das Maß der Abbremsung bei kleinster Wagenfolgezeit. (Verkehrstechn. Woche Nr. 38.)
1929. Die Ermittelung der Fahrzeit, der Motorbeanspruchung und des Stromverbrauchs eines elektrischen Triebwagenzuges aus den Motorkennlinien. (ETZ Nr. 2.)
— Über den Einfluß der Abbremsung auf die Wagenfolgezeit. (Verkehrstechn. Woche Nr. 10.)
— Die Ermittelung des Bremsvorganges eines Zuges durch zeichnerische Integration. (Verkehrstechn. Woche Nr. 18.)
— Der Einfluß der veränderlichen Zuführungsgeschwindigkeit der Wagen auf die Leistungsfähigkeit der Ablaufanlagen. (Verkehrstechn. Woche Nr. 37/38.)
— Der Ausgleich der Laufzeitunterschiede in der Weichenzone durch Gleisbremsen. (Verkehrstechn. Woche Nr. 39.)
— Massenermittelung, Massenverteilung und Kosten der Erdarbeiten. (Berlin: W. Ernst & Sohn.)
1930. Die Gegensteigung vor dem Ablaufgipfel. (Verkehrstechn. Woche Nr. 9.)
— Konstruktion und Eigenschaften der Streckenkraftlinien. (Verkehrstechn. Woche Nr. 10.)
— Rechentafel zur überschlägigen Ermittelung der Ablaufbewegung von Einzelwagen. (Verkehrstechn. Woche Nr. 17.)
— Verbesserung der Rechentafel zur überschlägigen Ermittelung der Ablaufbewegung. (Verkehrstechn. Woche Nr. 30.)
— Die Gestaltung des Ablaufprofils. (Verkehrstechn. Woche Nr. 43/44.)
— Ein neues Verfahren zur Ermittelung der Fahrzeiten, des Betriebsstoffverbrauchs und der Fahrkosten der Kraftwagen. (Verkehrstechnik Nr. 8.)
1931. Die Profilgestaltung zum Zerlegen der Güterzüge über den Ablaufberg. (Verkehrstechn. Woche Nr. 6.)
— Die Gestaltung des Zulaufprofils auf Verschiebebahnhöfen. (Verkehrstechn. Woche Nr. 8.)
— Betriebswirtschaftliche Untersuchung einer Kraftverkehrslinie. (Verkehrstechnik Nr. 19/20.)
— Fahrzeiten und Brennstoffverbrauch bei einem städtischen Kraftverkehrsnetz. (Verkehrstechnik Nr. 36/37.)
1932. Nomogramm zur Ermittelung des Rohölverbrauchs eines Dieselstraßenschleppers. (Verkehrstechnik Nr. 2.)
— Selbstkostenberechnung der Kraftwagenfahrten. (Verkehrstechn. Woche Nr. 6/7.)
— Die Aufzeichnung der gesamten Startbewegung eines Flugzeugs. (Verkehrstechn. Woche Nr. 34.)
— Netztafeln für die Untersuchung des Betriebes der Berliner Stadtbahn. (Org. Fortschr. Eisenbahnw. Nr. 17.)
1933. Das selbsttätige Ablaufen eines Wagenzuges auf einer Rampe. (Verkehrstechn. Woche Nr. 15/16.)
— Neuere Methoden für die Betriebsuntersuchung flach geneigter Bahnhöfe. (Org. Fortschr. Eisenbahnw. Nr. 11.)
1934. Betriebstechnische Untersuchung der freien Strecke. (Org. Fortschr. Eisenbahnw. Nr. 3.)
— Neuere Methoden zur betriebstechnischen Untersuchung der Ablaufanlagen eines Verschiebebahnhofs. (Org. Fortschr. Eisenbahnw. Nr. 17.)
— Eine vereinfachte Massenermittlung der Erdarbeiten von Reichsauto- und Eisenbahnen. (Bahningenieur Nr. 24.)

1934. Bauzugbetrieb, Massenverteilung und Kosten der Erdarbeiten beim Bau von Verkehrswegen. (Bahningenieur Nr. 50.)
— Die Fahrkosten der Lastkraftwagen und ihre Verringerung durch die Autobahnen. (Autobahn Nr. 9.)
— Vereinfachte Ermittelung der Fahrzeit und des Brennstoffverbrauchs einer Kraftwagenfahrt. (Autobahn Nr. 13.)
1935. Betriebs- und Kostenuntersuchung städtischer Verkehrsmittel. (Verkehrstechnik Nr. 20/23.)
— Gestalt und Betrieb der Anlauframpe. (Bahningenieur Nr. 20.)
— Neuere Methoden für die Betriebsuntersuchung der Bahnanlagen. (Berlin: Julius Springer.)
1936. Vereinfachte Fahrzeitermittlung. (Bahningenieur Nr. 6.)
— Die Grundlagen des Eisenbahnbetriebes und der technische Fortschritt. (Ztg. Ver. mitteleurop. Eisenb.-Verw. Nr. 16.)
— Der Anlaufwiderstand der Güterwagen und die Gestaltung der Anlauframpe eines Verschiebebahnhofs. (Bahningenieur Nr. 35.)
— Die Beförderung des Baugeräts mit Traktoren. (Bauingenieur Nr. 50.)
1937. Das Bewegungsproblem der Verkehrsmittel als Grundlage für die Wirtschaftlichkeit. (Z. öffentl. Wirtschaft Nr. 8.)
1938. Ablaufanlagen ohne Talbremsen bei Zuführung der Züge durch Lokomotiv- oder Schwerkraft. (Org. Fortschr. Eisenbahnw. Nr. 7.)
1939. Fahrzeitermittlung und Bestimmung der Beanspruchung der Fahrmotoren und des Transformators elektrischer Triebfahrzeuge. (Elektr. Bahnen 1939, Novemberheft.)

Bansen, W.: Beitrag zur Statik der mechan. Balkengleisbremse. (Dr.-Ing.-Diss. Dresden 1931.)
Bartsch, H.: Betriebsführung auf Spurwechselbahnhöfen. (Dr.-Ing.-Diss. Dresden 1930.)
Behr, E.: Der Fahrtenabhängigkeitsplan für große Personenbahnhöfe. (Dr.-Ing.-Diss. Berlin 1937 — Org. Fortschr. Eisenbahnw. 1938 Nr. 14.)
Dieke, K.: Veranschlagen der Vorbereitung und des Abschlusses von Erdarbeiten für Verkehrswege. (Bahningenieur 1935 Nr. 47.)
Holfeld, W.: Die Zulaufanlage der Gefällbahnhöfe. (Dr.-Ing.-Diss. Berlin 1935 — Org. Fortschr. Eisenbahnw. 1936 Nr. 20.)
— Die Hauptablaufanlage der Gefällbahnhöfe bei flacher Geländegestaltung. (Org. Fortschr. Eisenbahnw. 1937 Nr. 16.)
Kopp, G.: Der Einfluß der Langsamfahrstrecken der Eisenbahnen auf Fahrplan und Kosten. (Dr.-Ing.-Diss. Berlin 1937 — Ztg. Ver. mitteleurop. Eisenb.-Verw. 1938 Nr. 32/33.)
Leibbrand, K.: Die Leistungsgrenze der Ablaufanlagen. (Dr.-Ing.-Diss. Berlin 1938 — Org. Fortschr. Eisenbahnw. 1938 Nr. 14.)
Massute, E.: Betriebswissenschaftliche Untersuchung über den Verschiebedienst ohne Ablaufanlage. (Dr.-Ing.-Diss. Dresden 1931 — Org. Fortschr. Eisenbahnw. 1933 Nr. 4.)
— Ablaufdynamische Untersuchungen des veränderlichen Ablaufpunktes. (Org. Fortschr. Eisenbahnw. 1931 Nr. 1/2.)
— Fahrzeitberechnung im Verschiebedienst. (Verkehrstechn. Woche 1933 Nr. 34/35.)
— Betriebliche und wirtschaftliche Voraussetzungen für den Einbau der Bremsen. (Verkehrstechn. Woche 1934, Sonderheft Rangiertechnik.)
— Die Wirbelstrombremse auf dem Verschiebebahnhof Dresden-Friedrichstadt im Betriebe. (Quelle wie vor.)
— Gefällbahnhöfe. (Org. Fortschr. Eisenbahnw. 1937 Nr. 8.)
Nebelung, H.: Die Bewertung der Zugbildungsanlagen eines Verschiebebahnhofs nach den Rangieraufgaben und der Betriebsweise. (Dr.-Ing.-Diss. Berlin 1938 — Gleistechn. u. Fahrbahnbau 1939 Nr. 1/4.)
— Die Ablaufanlagen in Gestalt und Betrieb. (Bahningenieur 1935 S. 132.)
Potthoff, G.: Fehler bei den zeichnerischen Fahrzeitermittelungen. (Dr.-Ing.-Diss. Berlin 1938. Borna, Bez. Leipzig: R. Noske 1939.)
Rothacker, O.: Leistung und Ausbau zweigleisiger Strecken in Abhängigkeit von Lage und Form der Bahnhöfe. (Dr.-Ing.-Diss. Berlin 1939. Borna, Bez. Leipzig: R. Noske 1939.)
Schlums, Joh.: Landstraßenverkehr, Untersuchungen über Verkehrsgrößen, Bevölkerung, Fahrzeuge und Straßennetz und deren Beziehungen zueinander. (Dr.-Ing.-Diss. Dresden 1929.)
Schmitz, Walter: Die Betriebsverhältnisse bei der Zugbildung auf Gefällbahnhöfen für Höchstleistung. (Dr.-Ing.-Diss. Berlin 1939.)
Schulz, Joh.: Der Einfluß der Weichenentwicklung auf die Leistungsfähigkeit der Verschiebebahnhöfe. (Dr.-Ing.-Diss. Dresden 1926 — Verkehrstechn. Woche 1926 Nr. 26.)

Söllner, A.: Die Ausgestaltung der Privatanschlüsse in bau- und betrieblicher Hinsicht. (Dr.-Ing.-Diss. Dresden 1925 — Werkbahn 1926 Nr. 13/18.)
Warning, M.: Die wirtschaftlichste Tagesleistung der Nahverkehrsmittel für Güterbeförderung. (Dr.-Ing.-Diss. Berlin 1937 — Verkehrstechnik 1937 Nr. 14.)
— Das Elektrofahrzeug, das wirtschaftlichste Nahverkehrsmittel. (Bauingenieur 1937 Nr. 5/6.)
— Der Brennstoffverbrauch der Kraftfahrzeuge, der Einfluß des Windes, der Straße, der Nutzlast und der Geschwindigkeit. (Verkehrstechnik 1937 Nr. 8.)
— Beitrag zum Trassieren von Kraftwagenstraßen. (Habilitationsschrift T. H. Berlin 1938 — Verkehrstechnik 1938 Nr. 11/12.)
— Die Wirtschaftlichkeit der Privatgleisanschlüsse. (Verkehrstechnik 1938 S. 123.)
— Gleisanschluß und Kraftwagen. (Verkehrstechnik 1939 Nr. 10.)

B. Schriften anderer Verfasser.

Erster Abschnitt.

Kriemler: Über die Kraftwirkung zwischen Kraftwagen und Straße. (Bautechn. 1929 S. 292.)
Fink: Die Reibung zwischen Rad und Schiene. [Arch. Eisenhüttenw. Bd. 9 (1932/33) S. 161.]
Metzkow: Untersuchung der Haftungsverhältnisse zwischen Rad und Schiene beim Bremsvorgang. (Org. Fortschr. Eisenbahnw. 1934 Nr. 13.)
Melchior: Der Ruck. (Z. VDI 1928 S. 1842.)
Sauthoff: Die Bewegungswiderstände der Eisenbahnwagen. (Dr.-Ing.-Diss. Berlin: VDI-Verlag 1933.)
Garbers: Die Fahrzeuglager der Deutschen Reichsbahn. (Org. Fortschr. Eisenbahnw. 1936 S. 293.)
Jahn: Der Lauf von Eisenbahnfahrzeugen durch Gleiskrümmungen. (Verkehrstechn. Lehrmittelges. Berlin 1927.)
Protopapadakis: Bemerkungen über die zur Berechnung des Krümmungswiderstandes w_r angegebenen Formeln. (Int. Eisenbahn-Kongreß-Vereinigung 1937, Aprilheft.)
Nordmann: Der Krümmungswiderstand der Eisenbahnfahrzeuge. (Glasers Ann. 1935, Sonderausgabe: Die wirtschaftliche Bedeutung der Eisenbahn und ihrer technischen Entwicklung.)

Zweiter Abschnitt.

Wetzler: Leistungs- und Verbrauchstafeln für Triebfahrzeuge. (Org. Fortschr. Eisenbahnw. 1931 S. 460.)
Strahl: Hanomag-Nachr. 1934.
Quirchmayer: Z. öst. Ing- u. Archit.-Ver. 1930 Nr. 9/10.
Nordmann: Ist die Dampflokomotive veraltet? (Glasers Ann. 1934 S. 1371.)
Dittmann: Anweisung für die Ermittelung der Fahrzeiten der Züge nach dem zeichnerischen Verfahren. (Org. Fortschr. Eisenbahnw. 1924 S. 117.)
Lubimoff: Über rechnerische und zeichnerische Ermittelungen der Fahrzeiten von Eisenbahnzügen. (Dr.-Ing.-Diss. Berlin 1932.)
Raab: Über eine exakte Methode der Fahrzeitermittlung. (Org. Fortschr. Eisenbahnw. 1936 S. 381.)
Klein: Die Ermittelung der kürzesten Fahrzeit auf mechanisch-dynamischer Grundlage. (Org. Fortschr. Eisenbahnw. 1937 S. 77.)
Deutsche Reichsbahn: Dienstvorschrift für die Berechnung der Kosten einer Zugfahrt. Wiesbaden 1931.
Ehrensberger: Die Kosten einer Zugfahrt in Abhängigkeit von der Fahrweise und der Anstrengung des Triebfahrzeuges. (Org. Fortschr. Eisenbahnw. 1931 Nr. 21/22.)
Druckschriften der Knorr-Bremse-AG, Berlin.
Metzkow: Ergebnisse der Versuche für die Ermittelung des Reibungswertes zwischen Rad und Bremsklotz. (Glasers Ann. 1926 S. 149.)
Heinrich: Eisenbahnbetriebslehre 1933. Verkehrswissenschaftl. Lehrmittelges.
Eisenbahnbau und Betriebsordnung 1933.
Kother: Zeichnerisches Verfahren zur Vorausbestimmung der betriebsmäßigen Erwärmung elektrischer Maschinen, insbesondere von Bahnmotoren. (Elektr. Bahnen 1937 Maiheft.)
— Fahrzeitermittelung und Bestimmung der Beanspruchung der Fahrmotoren und des Transformators elektrischer Triebfahrzeuge. (Elektr. Bahnen 1937 Dezemberheft.)

Wolf: Wiss. Veröff. Siemens-Werk Bd. 3 (1923) S. 77.
Breuer: Neue vierteilige dieselelektrische Schnelltriebwagen der Deutschen Reichsbahn. (Org. Fortschr. Eisenbahnw. 1937 Nr. 23.)
Judtmann: Motorzugförderung auf Schienen. Berlin: Julius Springer 1938.
Druckschrift Nr. 1021. Voith-Turbogetriebe für Schienenfahrzeuge. Heidenheim (Brenz): J. M. Voith.
Tecklenburg, K.: Betriebskostenrechnung und Selbstkostenermittlung bei der Deutschen Reichsbahn. (Verkehrstechn. Lehrmittelges. 1930.)
Feindler: Das Hollerith-Lochkarten-Verfahren. Berlin 1929.
Schmer: Vergleich zwischen Lokomotiv- und Triebwagenbetrieb im elektrischen Fernschnellverkehr. (Elektr. Bahnen 1937 Novemberheft.)
Hoffmann: Vergleichende Arbeits- und Zeitstudien über den sächsischen und preußischen Eisenbahnblockdienst. (Dr.-Ing.-Diss. Dresden: B. G. Teubner 1930.)
Gaede: Der Zuglauf bei Bahnen mit nur in einer Fahrrichtung benutzten Streckengleisen (Arch. Eisenbahnw. 1921 S. 52.)
Leibbrand, M.: Leistungserhöhung bei Rangierbahnhöfen. (Verkehrstechn. Woche 1938 Nr. 11.)
Draeger, W.: Verschiebedienst mit elektrischen Lokomotiven. (Elektr. Bahnen 1926 Maiheft.)
Witte: Zweikraftlokomotive für Verschiebedienst der Deutschen Reichsbahn. (Verkehrstechn. Woche 1935 S. 225.)
Galle und Witte: Die Kleinlokomotive. (Verkehrswiss. Lehrmittelges. Berlin 1932.)
Achenbach und Kreuter: Dieselelektrische Verschiebelokomotive 185 PS. (Elektr. Bahnen 1937 Novemberheft.)
Baeseler: Ziele und Wege der Verschiebetechnik. (Org. Fortschr. Eisenbahnw. 1926 Nr. 12.)
— Zur Mechanik des Hemmschuhes. (Verkehrstechn. Woche 1927 Nr. 22.)
Lohse: Gleisbremse. (Verkehrstechn. Woche 1922 S. 42 Sonderheft Verschiebebahnhöfe in Ausgestaltung und Betrieb.)
Frölich: Mechanisierte Rangierrampe (Balkengleisbremse). (Quelle wie vor.)
Baeseler: Die Wirbelstromgleisbremse. (Quelle wie vor.)
Seltmann: Konstruktive Entwicklung der Wirbelstrombremse. (Verkehrstechn. Woche 1934 Sonderheft für Rangiertechnik.)
Gottschalk: Die ferngesteuerte Hemmschuhgleisbremse mit veränderlichem Bremsweg und kuppelbarem Hemmschuh. (Verkehrstechn. Woche 1934 Nr. 19.)
— Die Rangiertechnik der großen Verschiebebahnhöfe. (Verkehrstechn. Woche 1935 Nr. 46/48.)
— Schädlichkeit der Rangierstöße beim Stoßverfahren. (Org. Fortschr. Eisenbahnw. 1934 S. 421.)
Sonderhefte 1 bis 11 der Studiengesellschaft für Rangiertechnik. (Verkehrstechn. Woche.)
Niederschrift Nr. 106 des Vereins mitteleurop. Eisenbahnverw. 1928.
Schmitz, W.: Die Wirkzone der Beeinflussungsmittel für die selbsttätige Weichenumstellung in Ablaufstellwerken. (Verkehrstechn. Woche 1936 S. 200.)
Maschke: Hemmschuhlegerarbeit und Ablaufbeschleunigung. (Verkehrstechn. Woche 1934 Nr. 11/12.)
Frölich, E.: Beiträge zur dynamischen Untersuchung der Ablaufanlagen. (Verkehrstechn. Woche 1924 S. 359.)
— Betriebsuntersuchungen von Bahnhöfen. (Ztg. Ver. mitteleurop. Eisenb.-Verw. 1933 S. 181.)
Dienstvorschrift für die Aufstellung von Rangierplänen (V.R.P.) der Deutschen Reichsbahn. (Dienstvorschrift Nr. 435.)

Dritter Abschnitt.

Buchhold-Trawnik: Die elektrischen Ausrüstungen der Gleichstrombahnen. Berlin: Julius Springer 1931.
Prüss: Fein- und Vielstufenschalter. (Verkehrstechnik 1939 S. 167.)
Deutsche Reichsbahn: Beschreibung der Triebwagenzüge der Berliner Stadt-Schnellbahn 1931.
Forschungshefte 1 bis 8 des Forschungsinstituts für Straßenbahnwesen. Hannover 1931 bis 1934.
Pforr: Berechnung von Zugbewegungen. München: R. Oldenbourg 1919.
Stuckhardt, W.: Wirtschaftlichkeit der Nahverkehrsmittel-Straßenbahn, Oberleitungsomnibus, Diesel- und Benzin-Omnibus. (AEG-Mitt. f. Bahnbetrieb 1933 Nr. 6.)
— Obus oder Autobus für Stadtverkehr. (AEG-Mitt. 1936 Nr. 18.)
Otto, G.: Fahrzeuge für Massenbeförderung des großstädtischen Verkehrs und ihr zweckmäßiger Einsatz. (Verkehrstechn. Woche 1939 Nr. 23.)

Vierter Abschnitt.

Reichsverband des Ingenieurbaues E.V.: Selbstkostenermittelung für Bauarbeiten. Berlin 1934.

Fünfter Abschnitt.

Schenck, R.: Die Fahrbahnreibung im Kraftwagenverkehr. Halle 1928.
Berliner Verkehrs-Gesellschaft BVG: Versuche über Lauf- und Luftwiderstände der Oberleitungsomnibusse und der Autobusse. (AEG-Mitt. 1934 Nr. 7.)
Straßenverkehrs-Zulassungs-Ordnung (St.V.Z.O.) 1937.
Halter, G.: Elemente der Linienführung von Kraftwagen-Fernstraßen. (Straßenbau 1935 Nr. 11.)
Wehner, B.: Die Leistungsfähigkeit mehrspuriger Straßen unter verschiedenen Verkehrsbedingungen. (Verkehrstechn. Woche 1938 Nr. 37.)
Pirath: Die Grundlagen der Verkehrswirtschaft. Berlin: Julius Springer 1934.

Sechster Abschnitt.

Taschenbuch für Bauingenieure 1928 Band 2 Abschn. Binnenschiffahrt.
Teubert: Binnenschiffahrt Bd. 1 und 2.
Gutachten der Rheinkommission: Die deutsche Rheinschiffahrt. Berlin: R. Hobbing 1930.
May, J.: Der Rhein-Rhonekanal und der Schiffzug mit Motorlokomotiven 1921. VDI-Verlag, Berlin.

Siebenter Abschnitt.

Blenk, H.: Startformeln. (Jb. dtsch. Versuchsanst. Luftf. 1927 S. 1—8.)
Hermann: Schwimmer und Flugbootkörper. (Jb. wiss. Ges. Flugtechn. 1926 S. 127.)
Pröll: Der Start schwer belasteter Flugzeuge. (Z. Flugtechn. 1928 Nr. 2.)
Müller, W.: Einführung in die Mechanik des Fluges. Leipzig: Jänecke 1936.

Sachverzeichnis.

Additional information of this book

(Die Fahrdynamik der Verkehrsmittel. Eine Berechnungsgrundlage für das Wirtschaften; 978-3-642-50596-6) is provided:

http://Extras.Springer.com

Druckfehlerberichtigungen.

Seite 11: 7. Zeile von oben: Es muß Y_{ls} statt Y_{zs} heißen.

Seite 243: 5. Zeile von oben: Es muß v_l statt v_2 heißen.

Seite 307: 9. Zeile von oben: Es muß n_k statt n heißen.

Seite 309: 14. Zeile von unten: Es muß „größer" statt „kleiner" heißen.

Seite 409: 3. Zeile von unten: Es muß $0{,}41 \cdot 100 : 93$ statt $0{,}41 \cdot 100 \cdot 93$ heißen.

Müller, Fahrdynamik.